石科院研发的部分工业应用技术

惠州炼化公司 480 万吨 / 年 MIP 装置

沙特 Aramco Petro-Rabigh 公司 460 万吨 / 年 DCC 装置

中国石化长岭分公司 170 万吨 / 年渣油加氢处理装置

中国石化安庆分公司 100 万吨 / 年 LCO 加氢裂化装置

中国石化洛阳分公司 20 万吨 / 年硫酸烷基化装置

海南炼化 60 万吨 / 年对二甲苯芳烃联合装置

长岭石化 10 万吨 / 年 HPPO 法制环氧丙烷装置

载体流态化生物膜反应器（FCBR），中国石化湛江东兴 100m^3/h 工业示范装置

盘锦迪宝催化剂技术有限公司

盘锦迪宝催化剂技术有限公司成立于2012年4月，公司坐落于辽宁省盘锦高新技术产业开发区化工产业园，占地57亩，总投资7,000万人民币，设计年产各类催化剂5,000吨。公司秉承“坚守技术前沿，用行业领先的产品和服务，实现用户利润最大化”的企业宗旨，坚持“锤炼一流队伍，开发一流技术，雕刻一流产品，享用一流服务”的质量方针。

公司拥有多名催化剂行业专家，长期与大连理工大学、天津大学、大连化物所、新奥新能（北京）科技有限公司、北方华锦化学工业集团技术中心等院校、企业精诚合作。从事石油化工、炼油催化剂的研发、生产、销售及技术服务。

公司与大连理工大学盘锦校区成立了催化剂工程技术研发中心。2017年被盘锦市政府批准为市级技术中心。公司拥有多项国际领先的催化剂专有技术，铜基中温变换催化剂被授予国家发明专利（201610064233.7）。主导产品FCC硫转移剂、金属捕集助剂以及各类形催化剂载体远销美国、俄罗斯和中东，性能达到或超过国际同类产品先进水平。公司在低碳烷烃脱氢催化剂、固体磷酸催化剂、低水比乙苯脱氢催化剂、高强度氧化锌脱硫剂、固定床二氧化硫脱除剂等各类石油化工催化剂和净化剂的研制和工业化都取得重大突破。

联系人：

总 经 理：陈　超 15842788300 chao.chen@dpcatalyst.com

营销总监：尹九冬 18583669906 jayden.yin@dpcatalyst.com

销售经理：江志斌 13604231052 service@dpcatalyst.com

2019年
中国石油炼制科技大会
论文集

中国石油学会石油炼制分会
中国石油化工信息学会 编

中国石化出版社

内 容 提 要

本文集收录了2019年中国石油炼制科技大会论文127篇，内容包括炼油工艺与工程，炼油催化剂与催化材料，安全、环保与节能，分析、设备与智能化，石油产品与其他等五大部分，体现了近年来我国炼油行业发展趋势和技术开发动向，彰显了我国炼油工业创新、协调、绿色、开放、共享的发展理念，具有较高的学术水平和实用价值。

本文集不仅可为炼油领域的广大生产、科研、设计、管理和规划工作者，以及大专院校相关专业师生等提供重要的参考和借鉴，还将为促进我国炼油技术交流和科技成果转化发挥重要作用。

图书在版编目(CIP)数据

2019年中国石油炼制科技大会论文集/中国石油学会石油炼制分会，中国石油化工信息学会编. —北京：中国石化出版社，2019.9
ISBN 978-7-5114-5509-3

Ⅰ.①2… Ⅱ.①中… ②中… Ⅲ.①石油炼制-学术会议-文集 Ⅳ.①TE62-53

中国版本图书馆CIP数据核字(2019)第177608号

中国石化出版社出版发行

地址：北京市朝阳区吉市口路9号
邮编：100020 电话：(010)59964500
发行部电话：(010)59964526
http://www.sinopec-press.com
E-mail:press@sinopec.com
北京科信印刷有限公司印刷
全国各地新华书店经销

*

787×1092毫米 16开本 53.5印张 2彩页 1349千字
2019年9月第1版 2019年9月第1次印刷
定价：360.00元

2019年中国石油炼制科技大会

主办单位： 中国石油学会石油炼制分会
中国石油化工信息学会

承办单位： 中国石化石油化工科学研究院

支持单位： 中国石油化工集团有限公司
中国石油天然气集团有限公司
中国海洋石油集团有限公司
中国中化集团有限公司
陕西延长石油（集团）有限责任公司

指导委员会

（按姓氏拼音排序）

曹湘洪　常振勇　陈丙珍　陈俊武　何鸣元　胡永康　李大东　钱　锋
舒兴田　汪燮卿　王基铭　谢在库　徐承恩　杨启业　于明祥　袁晴棠

组织委员会

主　任：聂　红

副主任（按姓氏拼音排序）：

戴宝华　杜吉洲　顾松园　关明华　何盛宝　李亮耀　李永林　李志国
孙丽丽　吴　青　杨　哲　俞珠峰　张　强　张浩文　张日勇　朱华兴

委　员（按姓氏拼音排序）：

陈　淳　陈晓光　程嘉猷　傅　军　高金森　高雄厚　郭晓军　侯章贵
胡志海　蒋荣兴　蒋文军　李殿军　李明丰　廉金龙　练　弢　刘海超
刘志坚　刘忠生　罗重春　马　安　慕旭宏　邱　彤　施　力　寿建祥
宋　华　孙振光　田金光　田文君　王海彦　王金凤　王立新　王文珍
武国庆　徐广通　阳永荣　杨　超　杨朝合　杨勇刚　张建荣　张久顺
张连红　张迎恺　周忠立　宗义山

学术委员会

主　任：汪燮卿

副主任：陈俊武　徐承恩　杨启业　胡永康

委　员（按姓氏拼音排序）：

白跃华　郭　群　韩崇仁　洪定一　胡长禄　胡志海　蒋荣兴　康小洪
兰　玲　李文乐　刘灵丽　马爱增　舒朝霞　王　京　温　凯　许友好
杨文中　张国生　周　涵　宗保宁

前　言

党的十九大报告指出，我国经济已由高速增长阶段转向高质量发展阶段，正处在转变发展方式、优化经济结构、转换增长动力的攻关期。中国炼油工业在新的阶段面临产能严重过剩、资源环境约束加剧、产品结构与市场需求差距较大等发展不平衡、不充分的问题，传统的方法已难于解决问题，亟需转变固有思路、研发关键技术、采用可行方案应对。在此背景下，由中国石油学会石油炼制分会和中国石油化工信息学会联合主办、中国石化石油化工科学研究院承办的2019年中国石油炼制科技大会于9月在北京召开，会议主题为“未来炼厂模式和关键技术”。

大会的论文征集工作得到了中国石油化工集团有限公司、中国石油天然气集团有限公司、中国海洋石油集团有限公司、中国中化集团有限公司、陕西延长石油(集团)有限责任公司以及国内有关高校、科研院所的积极响应和大力支持，我们共收到论文212篇，经过专家认真评审，精选其中的127篇汇编成《2019年中国石油炼制科技大会论文集》。

本论文集涉及炼油工艺与工程、炼油催化剂与催化材料、保护环境与节约能源、石油化工分析与设备、石油产品及添加剂、信息技术等专业领域，内容涵盖面广，具有较高的学术水平和实用价值，不仅可为炼油领域的广大技术人员、大专院校相关专业师生等提供重要的参考和借鉴，还将为促进我国炼油技术交流和科技成果转化发挥重要作用。

借此机会，向所有投稿的作者表示感谢。向支持和关心本届科技大会的所有单位和专家谨致谢忱。向所有赞助单位以及负责论文集编辑、出版工作的中国石化出版社表示感谢。

由于论文集涉及的专业跨度较大，整理编排时间较紧，书中难免有不妥之处，敬请谅解。

中国石油学会石油炼制分会

中国石油化工信息学会

二〇一九年八月十六日

目　录

炼油工艺与工程

炼油催化剂与催化材料

安全、环保与节能

分析、设备与智能化

石油产品与其他

炼油工艺与工程

原油最大化生产化工原料技术思考及相关技术开发

许友好，汪燮卿，舒兴田

（中国石化石油化工科学研究院，北京 100083）

摘　要　原油最大化生产化工原料是当前石油化工研究热点。基于国内外原油生产化工原料技术方案和中国石化石油化工科学研究院多年在这方面的研究积累，概括总结原油最大化生产或直接生产BTX或和多产低碳烯烃存在着5个技术方案，以生产BTX为主的方案，渣油加氢裂化工艺是核心技术，以生产低碳烯烃为主的方案，催化裂解工艺是核心技术。多产低碳烯烃特别是丙烯时，开发出烯烃定向催化裂解工艺，可大幅度提高丙烯产率。在原油最大化生产化工原料技术路线中，溶剂脱沥青和RGCT/POX工艺成为必备的工艺。

关键词　原油　化工原料　渣油加氢裂化　催化裂解　烯烃　丙烯

1　原油生产化工原料技术现状

2017年全球汽煤柴成品油平均增速2.1%，乙烯、丙烯、丁烯、苯及二甲苯的平均增速为5.6%。从2018年到2026年，全球汽油复合年均增长率预计将低于1%，但丙烯增长约4%，对二甲苯增长约5%。此外，石化产品是更有价值的产品，对二甲苯和石脑油的价差为400美元/t，丙烯和丙烷的价差为500美元/t[1]。全球化学品需求在未来10年仍将保持年均4%的增速，高于3%的全球GDP年增速，相比之下，同期全球运输燃料需求年增速仅略高于1%，主要原因是燃油效率提高和非化石燃料汽车快速发展。预计到2035年，全球运输燃料仍将以个位数增长，而对石化产品的需求增速是燃料的3倍。据国际能源署（IEA）预测，石化产品原料占世界石油需求增长的比例，到2030年会超过三分之一，到2050年会接近50%，相当于日加工原油增加700万桶。2035年美国汽油需求量预计将比2018年下降15%，柴油需求量预计将下降6%。同时，全球对石化产品的需求增长预计将是燃料的3~6倍[2]。我国成品燃油消费量增速也是持续放缓，汽油消费量预计2025年将达到峰值，柴油消费量已接近峰值，航煤在2030年前将持续增长。

由于化工原料需求-直保持较高的增速，将成为原油需求增长的主要驱动力，因此，原油生产化工原料有可能成为石油炼制企业转型升级、提质增效的主要手段之一。正是燃料和石化市场发展的因素不断变化，给石油化工行业带来了挑战和机遇。石油炼制与石油化工将向更大规模和更紧密一体化方向发展，通过炼化一体化建设和密切协调上下游生产，消耗更少的能量，消除废物，同时使化学品产量不断提高，通过原油制化学品技术的变革，有望原油制化学品比例由现有的10%转化率提高到50%以上，燃油产率降至30%以下。

基于目前技术现状及未来技术发展，原油生产化工原料技术途径分为原油最大化生产成品油与化工原料、原油最大化生产化工原料和原油直接生产化工原料，其工艺路线示意图见图1。

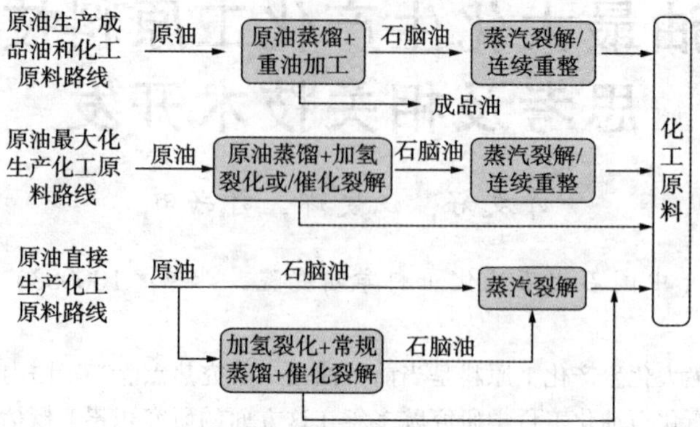

图1 原油生产化工原料工艺路线

原油最大化生产成品油与化工原料技术是将原油进入常减压蒸馏装置后，生成的石脑油进入催化重整装置和蒸汽裂解装置，经后续的分离、精馏、转化等工艺处理后，生产乙烯、丙烯、丁烯、苯、甲苯、二甲苯等化工原料。该工艺流程难以生产更多的化工原料，石脑油的收率约为8%，即使炼油与化工一体化企业，石脑油的收率也只能在17%~20%。随着新能源汽车、乙醇汽油等交通替代燃料的快速发展，油品消耗量和价格逐步下降，采用原油最大化生产成品油与化工原料技术，不仅在数量上将无法满足日益增长的化工原料需求量，而且在市场需求、投资回报率方面均无法与原油最大化生产化工原料技术、原油直接生产化工原料技术相媲美[3,4]。

原油最大化生产化工原料技术主要采用沸腾床或浆态床渣油加氢裂化工艺、蜡油加氢裂化工艺和柴油加氢裂化工艺以及优化工艺流程，将原油中的重质烃类转化成分子量较小的烃类同时提高其碳氢比，为芳烃生产单元提供最大化的重石脑油原料，石脑油收率达到40%以上，进而实现石化产品产量最大化目标，其工艺流程如图2所示。国内几家民营企业采用此流程来生产BTX化工原料[4]。

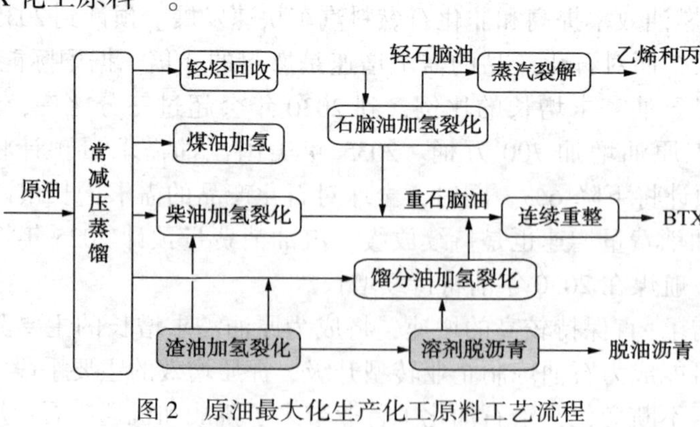

图2 原油最大化生产化工原料工艺流程

原油直接生产化工原料技术特点是省略了常减压蒸馏等炼油装置，使得工艺流程大为简化。最具代表性的技术是国际石化巨头埃克森美孚(ExxonMobil)开发的原油直接转化为低碳烯烃的新型蒸汽裂解工艺技术[3,5]。该工艺绕过炼油过程，将原油直接供给裂解炉，并在裂解炉对流段和辐射段之间加入一个闪蒸罐。其工艺原则流程是将原油在对流段预热后进入闪蒸罐，气液组分分离，气态组分(76%)进入辐射段进行裂解，底部重质液态组分(24%)则作为其他炼油装置原料或者作为燃料油直接卖出，如图3所示。2014年1月，全球唯一一套商业化运营的原油直接制烯烃装置在新加坡投产，可从原油直接生产100万t/a乙烯。

该工艺要求原油中含有较多的轻馏分，这是因为原油中重馏分在此工艺中未采用更为先进的处理方法。如果原料中重馏分过多，重馏分只是简单地转化为燃油，从而会导致该技术市场竞争力降低。

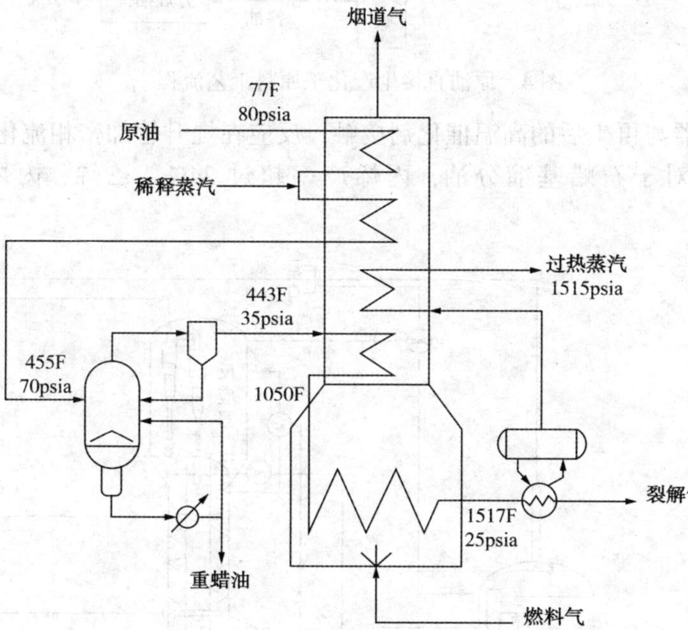

图3　埃克森美孚原油直接生产化工原料工艺流程

原油直接生产化工原料另一条技术路线是原油直接进入加氢裂化装置，脱除原油中的硫并将高沸点组分转化为低沸点组分，之后经过蒸馏分离，蜡油及更轻的组分进入蒸汽裂解装置，重组分则进入多产低碳烯烃的催化裂解装置，如图4所示。沙特阿美(Saudi Aramco)及沙特基础工业公司(SABIC)计划以阿拉伯轻质原油为原料，采用原油直接加氢裂化和沙特阿美公司自主研发的深度催化裂化装置为核心技术，直接最大化生产低碳烯烃，化工原料收率约45%，该技术尚未建成商业化运营装置[3,6,7,8]。2016年6月，沙特阿美和SABIC宣布成立一家合资公司在沙特阿拉伯建设原油直接制烯烃项目，该项目将成为SABIC增长战略和沙特阿拉伯愿景2030的重要支撑。据沙特阿美相关部门测算，采用此技术路线，原油直接制石化产品的成本比石脑油蒸汽裂解低200美元/t。

如果原油中重金属含量过高，而加氢裂化工艺脱金属率在70%~80%，从而会导致后续的催化裂解装置难以处理金属含量过高的加氢重油。需要在催化裂解装置前面再设溶解脱沥青装置除去加氢重油中的重金属。此外，原油一开始采用加氢裂化工艺处理，将原油中的大分子裂解成小分子，不利于后续的催化裂解装置多产低碳烯烃。

20世纪80年代中期以来，中国石化石油化工科学研究院致力于重油催化裂解制取低碳烯烃技术的研究，开发出以重质油料(减压馏分油、焦化蜡油及渣油等)为原料生产低碳烯烃的催化裂解(Deep Catalytic Cracking，DCC)工艺，其反应再生流程见图5，原料油经水蒸

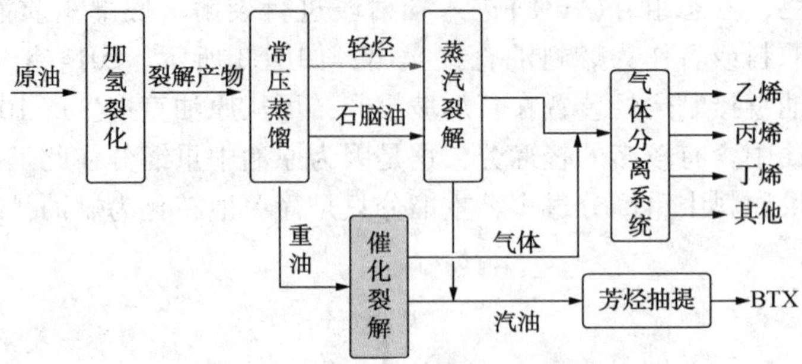

图4 原油直接生产化工原料工艺流程

气雾化后进入反应器与再生后的高温催化剂接触，反应在提升管加密相流化床反应器，采用专用催化剂[9,10]。对于石蜡基馏分油，丙烯产率超过24%，乙烯、丙烯和丁烯之和超过40%。

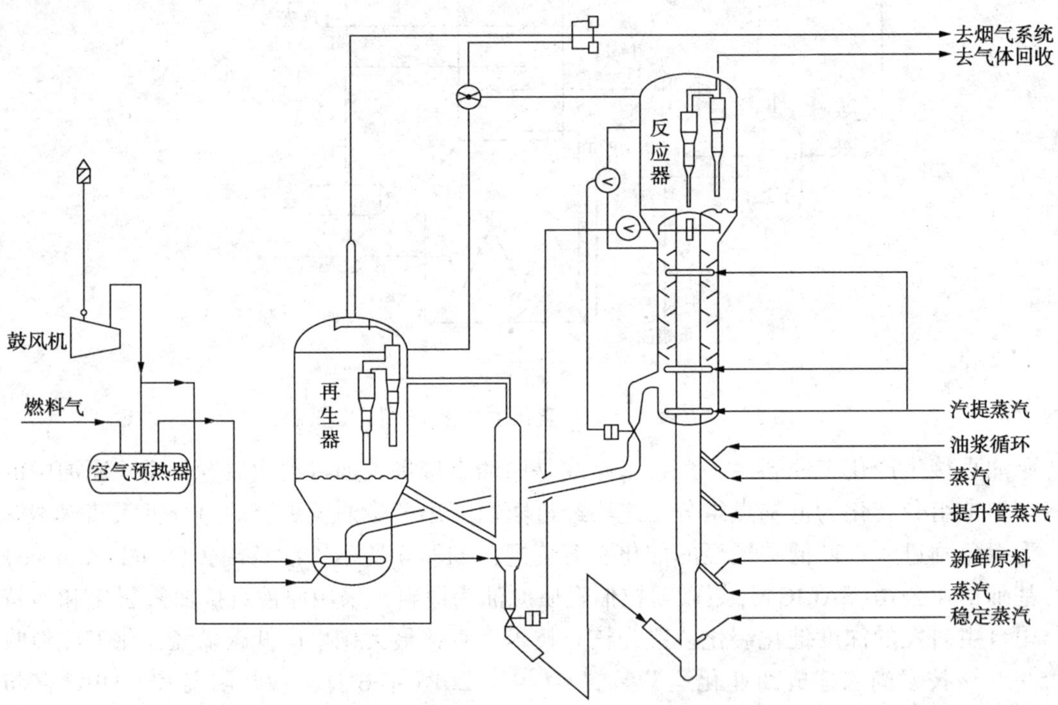

图5 DCC工艺反应再生系统原则流程

在DCC技术成功工业化以后，RIPP又开发出由重质原料油直接制取乙烯和丙烯的催化热裂解(CPP，Catalytic Pyrolysis Process)工艺，具有最大量乙烯、最大量丙烯以及乙烯和丙烯兼产等多种生产方案。相对于蒸汽裂解工艺，CPP工艺扩宽了乙烯的原料来源，降低了乙烯原料成本，同时反应温度低于蒸汽裂解工艺，因而装置能耗显著能耗。2009年8月，CPP工艺已成功实现了工业化，随后许可到多家石化企业。

催化裂解(DCC)工艺技术自1990年工业化以来，在国内外已有多套工业装置投产，先后出口到泰国、沙特、印度和俄罗斯等国家，最大单套催化裂解装置处理能力为4.5Mt/a，在全球范围内最具有竞争力多产低碳烯烃的催化裂化工艺技术。催化裂解工艺技术为我国首创，受到了国际同行专家的高度评价，被誉为在“在炼油和化工之间架起了桥梁”。可以预见，DCC和CPP工艺在原油直接生产化工原料工艺流程中将发挥核心作用。

基于国内外原油生产化工原料技术方案和中国石化石油化工科学研究院多年在这方面的研究积累，概括总结原油最大化生产或直接生产化工原料方案如下：

（1）最大量乙烯，兼顾丙烯和BTX；

（2）最大量乙烯和丙烯，兼顾BTX；

（3）最大量丙烯，兼顾乙烯和BTX；

（4）最大量丙烯和BTX，兼顾乙烯；

（5）最大量BTX，兼顾乙烯和丙烯。

前3个化工原料生产方案基础流程是原油的轻馏分段作为蒸汽裂解装置原料，而重馏分段作为催化裂解装置原料。后2个化工原料生产方案基础流程是原油的轻馏分段作为催化重整装置原料，而重馏分段作为加氢裂化装置原料。由此可以看出：开发重质馏分段高效深度转化技术是原油最大化生产或直接生产化工原料的关键。

从化工原料需求来看，重质馏分段转化存在两个方向，一是低碳烯烃；二是苯、甲苯和二甲苯。当原油最大化生产或直接生产苯、甲苯和二甲苯时，重质馏分段高效深度转化核心技术是加氢裂化工艺。加氢裂化工艺可以将原油中的重质烃类转化成分子量较小的烃类，有利于最大化生产芳烃单元所需的重石脑油原料。但原油中的重质馏分段经加氢裂化工艺处理后，其烃类分子结构发生变化，部分链烷烃或烷基侧链发生裂解反应，从而不利于多产低碳烯烃化工原料。而高烯烃选择性的原油直接生产化工原料技术仍然没有得到足够的重视。一旦原油高效转化低碳烯烃技术开发成功，可实现化工原料收率超过70%。

原油最大化生产或直接生产化工原料技术将大幅提升低碳烯烃、BTX等石油化工原料的供应量，特别是原油直接生产化工原料技术，随着原油中重质馏分段高效转化工艺持续不断的进步，化工原料收率可达到70%以上，将形成规模效应、成本优势，从而带来巨大的经济效益和强有力的竞争力，推动石化行业发生革命性的改变。

2 原油高选择性地生产低碳烯烃技术开发关键

2.1 原油组成及化工原料种类

开发原油高选择性地生产化工原料技术首先要评估原油组成，尽可能地实现原油结构组成与化工原料类型在分子结构上高度一致，这是高效利用石油资源前提条件。原油是一种极为复杂的混合物，品种繁多，大部分属于中间基，少部分属于石蜡基。即使同属中间基原油，原油性质与组成也存在着差异，如高硫中间基、含硫中间基和低硫中间基。从石油资源高效利用角度来看，原油生产化工原料技术必须要实现原油结构组成与化工原料类型在分子结构上高度一致。当化工原料是以低碳烯烃为主时，应选择石蜡基原油或低硫偏石蜡的中间基原油；当化工原料是以苯、甲苯和二甲苯为主时，应选择中间基原油或环烷基原油。

原油分类法通常是以原油中特定的轻、重两个馏分的API度为指标。由于每种原油的轻、重馏分不一定同属一类，因此，3种类型的原油按轻、重馏分分类，共计9种类型的原油（见表1）。石蜡基-环烷基、环烷基-石蜡基原油极为罕见，大部分原油属于前七类[11]。

表1 原油分类

原油类别	轻关键馏分(250~275℃)		重关键馏分(275~300℃)	
	API度	馏分类别	API度	馏分类别
石蜡基	≥40.0	石蜡基	≥30.0	石蜡基
石蜡-中间基	≥40.0	石蜡基	20.1~29.9	中间基
中间-石蜡基	33.1~39.9	中间基	≥30.0	石蜡基
中间基	33.1~39.9	中间基	20.1~29.9	环烷基
中间-环烷基	33.1~39.9	中间基	≤20.0	中间基
环烷-中间基	≤33.0	环烷基	20.1~29.9	中间基
环烷基	≤33.0	环烷基	≤20.0	环烷基
石蜡-环烷基	≥40.0	石蜡基	≤20.0	环烷基
环烷-石蜡基	≤33.0	环烷基	≥30.0	石蜡基

特性因数(K值)是原油分类常用的方法之一，$K≥12.1$的原油称为石蜡基原油；在12.1~11.5之间的原油称为中间基原油；在11.5~10.5之间的原油称为环烷基原油。实际上K值分类法就是依据油品族组成来分类的，烷烃K值为12.7；环烷烃K值为11.0~12.0；芳香烃K值为10.0~11.0。

对于催化裂解工艺，低碳烯烃产率和BTX产率与原料油性质之间关系列于表2。从表2可以看出，石蜡基原料有利于多产低碳烯烃，中间基原料有利于多产BTX。原料油特性因数(K值)可作为衡量原料中的低碳烯烃和BTX潜在产率的重要指标。

表2 催化裂解工艺的低碳烯烃和BTX与原料油性质之间关系

项　　目	石蜡基VGO	中间基VGO	偏中间基VGO
原料K值	12.2	11.6	11.8
低碳烯烃产率/%			
乙烯	6.10	4.47	4.06
丙烯	21.03	16.65	17.18
丁烯	14.23	11.58	13.72
汽油产率/%	26.60	26.63	30.18
汽油中芳烃含量/%	48.64	55.48	52.58
单环芳烃/%	46.54	53.70	50.82
其中　苯	1.07	1.74	1.34
甲苯	8.67	11.71	10.48
间对二甲苯	12.78	15.85	15.08
邻二甲苯	5.25	5.67	4.96

K值是平均沸点和相对密度的函数。由于同时考虑原料的馏程和密度，K值大小较好地

反映原料催化裂解能力，尤其能够反映原料催化裂解生产低碳烯烃潜在趋势。当密度相近时，平均沸点越高，其 K 值越大；当平均沸点相近时，密度越小，其 K 值越大。由于减压渣油含有较多的沥青质和胶质，沸点特别高，造成难以测量减压渣油的平均沸点，因而无法准确地计算出减压渣油的 K 值。实际上沥青质和胶质分子量大，氢含量低，富集大部分杂质和金属，最好通过物理分离方法将其分离出去，留下的饱和烃和芳香烃再进行原料组成评估，此时可以采用 K 值大小来评估其加工途径。

当生产化工原料主要是苯、甲苯和二甲苯时，原油选择最好属于中间基、中间-环烷基或环烷-中间基；当生产化工原料主要是低碳烯烃时，原油选择最好属于石蜡基、中间-石蜡基、石蜡-中间基。

2.2 原油中重馏分段高烯烃选择性催化裂解生产低碳烯烃工艺

原油直接生产低碳烯烃核心技术是原油中重馏分段高烯烃选择性催化裂解工艺。DCC 和 CPP 工艺可以将原油中重馏分段直接转化为低碳烯烃。但 DCC 和 CPP 工艺仍有巨大的改善和优化空间。CPP 工艺存在着乙烯与甲烷产率同时增加问题，需要开发乙烯产率增加，而甲烷产率降低技术。或者退而求之，开发甲烷再利用技术。DCC 工艺存在着丙烯选择性与重油转化能力难以协调问题，同时干气产率较高，对石油资源高效利用产生不利的影响。从石油资源高效利用角度来看，将低碳烯烃选择性和重油转化能力分开处理，基于此，开发出重馏分段高烯烃选择性催化裂解工艺技术(Highly Olefin Selective Deep Catalytic Cracking Process，简称 HOS-DCC 或 HOS)[12]。HOS 工艺产品特点是产品中的烯烃含量较高，这些烯烃产品可作为生产丙烯前身物，从而可以生产更多的丙烯。由于 HOS 工艺产品中的烯烃含量较高，同时干气产率较低，因此，HOS 工艺不仅从产物分布上节约氢资源，而且从产品中的氢分布来提高氢的有效利用率。

2.3 HOS 工艺中型试验探索研究

HOS 工艺中型试验是在连续流化催化裂化装置上进行的，以变径流化床为反应器，采用专用催化剂。试验所用的原料油组成为大庆蜡油加 30%减压渣油(以下简称大庆 VGO+30%VR)。其性质为原料油密度为 0.8905g/cm^3、残炭 2.94%、氢含量 13.18%、饱和烃 64.5%、芳烃 24.2%、胶质 11.1%、沥青质 0.2%。操作条件和产率分布列于表 3。表 3 同时列出大庆 VGO 催化裂解中型试验结果以作对比分析之用。

从表 3 可以看出，HOS 工艺具有液化气产率高而干气产率低特点，液化气与干气之比在 10 以上，而 DCC 工艺的液化气与干气之比一般在 4.0 以下；HOS 工艺液化气中的丙烯含量为 47.75%，而 DCC 工艺液化气中的丙烯含量为 49.81%；HOS 工艺液化气中的丙烯与丙烷比高达 11.08，丁烯与丁烷比在 5.77 以上；而 DCC 工艺液化气中的丙烯与丙烷比只有 6.34，而 DCC 工艺液化气中的丁烯与丁烷比为 3.98。因此，HOS 工艺的液化气中的烯烃含量较高，这意味着液化气消耗更少的原料中氢，此外，低碳烯烃比低碳烷烃具有更高的应用价值。

此外，HOS 工艺产物中有催化馏分油(简称 FGO)，这种馏分油性质不同于一般减压蜡油性质，含有较多的多环芳烃，且芳烃侧链是短侧链。当采用加氢处理技术加工这种类型的馏分油时，多环芳烃易于加氢饱和，而短侧链难以断裂，从而更有利于提高加氢过程中的氢有效利用率。

表3 HOS和DCC工艺中型试验操作条件和产物分布

工艺类型	HOS	DCC
原料类型	VGO+30%VR	VGO
反应器类型	变径流化床	提升管+密相流化床
反应温度/℃	550	580
产物分布/%		
干气	3.63	11.91
液化气	36.26	42.22
汽油	33.12	26.60
催化馏分油/(轻循环油+重油)	22.09	12.67
焦炭	4.91	6.00
转化率/%	77.91	87.33
干气和焦炭之和/转化率/%	10.96	20.51
丙烯产率/%	17.32	21.03
液化气/干气	9.99	3.54
乙烯/干气	49.46	51.23
丙烯/液化气	47.75	49.81
丁烯/液化气	41.05	33.66
丙烯/丙烷	11.08	6.34
丁烯/丁烷	5.96	3.98

3 重质馏分段最大地生产丙烯和BTX深度集成工艺

3.1 集成工艺开发思路与工艺特点

原油中重馏分段催化裂解工艺作为原油高选择性地生产低碳烯烃核心技术，在现有的DCC和CPP工艺基础上，需开发更高烯烃选择性的重馏分段催化裂解工艺如下：

(1) 多产乙烯；

(2) 多产乙烯和丙烯；

(3) 多产丙烯。

乙烯产品作为最为重要的石化原料之一，占石化产品的75%以上。传统的乙烯生产路线是原油炼制分离出的轻质组分(如石脑油)在裂解装置中产生乙烯和丙烯等产品。多产乙烯、多产乙烯和丙烯的重馏分段催化裂解工艺目前在乙烯收率上仍然难以与蒸汽裂解工艺竞争，主要原因受困于其乙烯选择性由于甲烷生成速度过快难以明显改善。需要开发新的催化材料和催化反应工程，方可解决重馏分段催化裂解工艺面临乙烯选择性过低问题。

多产丙烯的重馏分段催化裂解工艺开发可以重馏分段高烯烃选择性催化裂解工艺(HOS)为核心，采用专用催化剂，尽可能提高产品中的烯烃选择性，重油转化能力留给后续的加氢处理技术，加氢处理技术用来提高难以裂解的重油可裂化性能，从而将烯烃选择性与重油转化能力之间矛盾分开，分别加以解决；同时开发多产丙烯前身物技术以实现丙烯产率最大化，不追求单程丙烯产率最大化；为了降低干气产率，减少甲烷生成，不追求乙烯作为目标产品。基于此，提出烯烃定向催化裂解工艺(Olefin Orientation Catalytic Cracking, OOCC)，以实现重质馏分段最大量生产丙烯和 BTX。OOCC 工艺是由 5 个子工艺构成的，其子工艺相互关系与原则流程见图 6，5 个子工艺分别如下：

(1) 子工艺一：重馏分段高烯烃选择性催化裂解工艺，该工艺采用由变径流化床反应器与高烯烃选择性催化剂构成的反应系统，采用较合理高的反应温度和较大的注水量以尽可能提高产品中的烯烃选择性；

(2) 子工艺二：FGO 高压加氢处理技术以提高重油(多环芳烃)可裂化性能，该工艺采用较高反应压力和适度开环的专用加氢催化剂。

(3) 子工艺三：高烯烃汽油精细切割与分离技术；

(4) 子工艺四：丙烯前身物制备技术；

(5) 子工艺五：反应物有序分级裂化反应技术，以最大量生成丙烯和 BTX，实现石油资源高效利用。

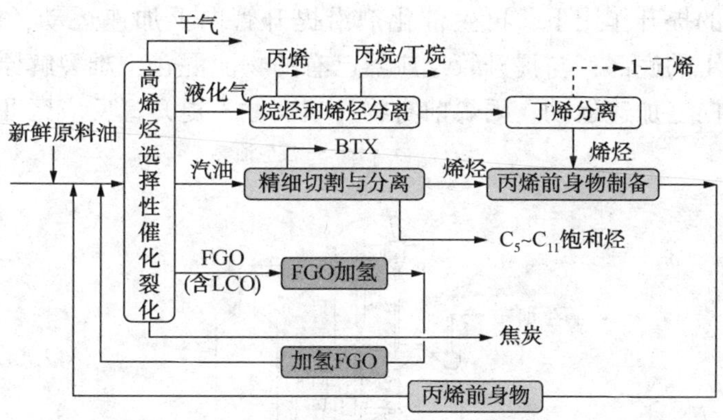

图 6　OOCC 工艺中的 5 个子工艺流程及相互关系

当然如果丁烯有更高的使用价值，那就直接作为化工原料，可不作为丙烯前身物制备的原料。通常丁烯-1 是较为重要的化工原料，丁烯-2 也是烷基化原料。

3.2　重质馏分段最大量生产丙烯和 BTX 的 OOCC 工艺部分试验结果及预测

以表 3 所列 HOS 产物分布为基础，列于表 4 中的方案 1。对 22.09% FGO 进行加氢处理，加氢 FGO 再进行 HOS 试验，以试验产物分布为依据，对加氢 FGO 进行分割计算，计算出的产率加到方案 1 所列的产物中，得到方案 2 产物分布。将方案 2 所列的汽油中 C_5 ~ C_8 烯烃转化为 C_3 和 C_4 烯烃，得到方案 3 产物分布。将方案 3 所列的液化气中 C_4 烯烃转化为 C_3 烯烃，得到方案 4 产物分布。由此可以得到丙烯产率高达 52.90%，BTX 产率约为 15%，此外还有约3%乙烯。

表4 OOCC工艺部分试验结果及计算结果

方案	1	2	3	4
产物分布/%	HOS	1+加氢FGO回炼①	2+汽油烯烃处理与回炼	3+丁烯叠合与叠合物回炼②
干气	3.63	5.13	5.53	5.83
液化气	36.26	44.86	28.34+37.90	10.04+52.90
丙烯	17.32	20.16	37.90	52.90
汽油	33.11	44.95	22.79	25.59
BTX	—	—	~12.00	~15.00
FGO	22.09	—	—	
焦炭	4.91	5.64	6.04	6.24

①FGO补加了0.6个百分点氢，原料氢合计为13.18+0.6=13.78。

②产品氢为13.78。

3.3 OOCC工艺反应系统工艺流程

OOCC工艺反应与再生系统工艺流程见图7。预提升介质经管线由提升管反应器底部进入，在预提升介质的提升作用下，再生催化剂沿提升管向上加速运动，BTX前身物经喷嘴注入提升管反应区Ⅰ的底部，与提升管反应器已有的物流混合，难裂解原料在热的催化剂上发生裂化反应，并向上加速运动。丙烯前身物经喷嘴注入提升管反应区Ⅱ的底部，与提升管

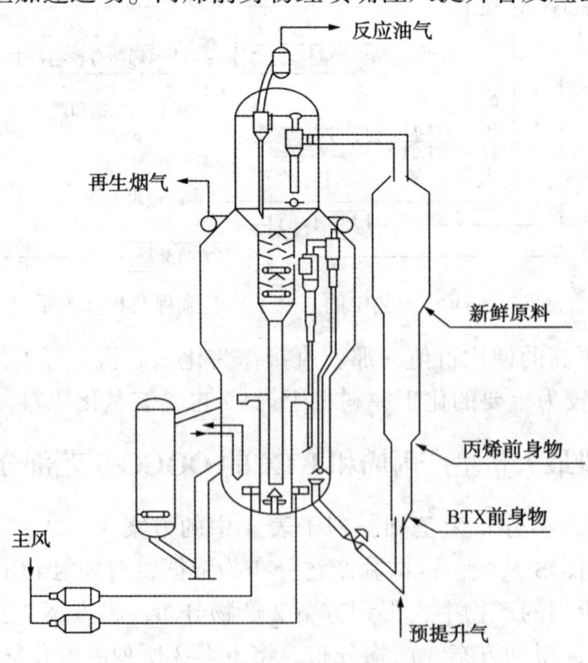

图7 OOCC工艺反应和再生系统工艺流程

反应器已有的物流混合，烯烃及叠合原料在较热的含有少量炭的催化剂上发生裂化反应，并向上加速运动；新鲜原料经喷嘴提升管反应区Ⅲ的底部，与提升管反应器已有的物流混合，在含有一定炭的较低温度的催化剂上发生裂化反应，并向上加速运动。生成的油气和失活的待生催化剂经管线进入沉降器中的旋风分离器，实现待生催化剂与油气的分离，油气进入集气室，催化剂细粉由料腿返回沉降器。沉降器中待生催化剂流向汽提段，与来自管线的蒸汽接触。从待生催化剂中汽提出的油气经旋风分离器后进入集气室。汽提后的待生催化剂经斜管进入再生器，主风经管线进入再生器，烧去待生催化剂上的焦炭，使失活的待生催化剂再生，烟气经管线进入烟机，再生后的催化剂经斜管进入提升管。集气室中的油气经过大油气管线，进入后续的分离系统，分离得到的乙烯、丙烯、$C_4\sim C_8$烯烃、BTX前身物、FGO以及其他物流。大于260℃的FGO馏分经管线送到加氢处理单元，加氢FGO与新鲜原料混合注入提升管反应区Ⅲ的底部。$C_4\sim C_8$烯烃经管线送到丙烯前身物处理单元，生成丙烯前身物注入提升管反应区Ⅱ的底部，分离出的BTX前身物注入提升管Ⅰ反应区Ⅰ的底部[13,14,15]。

4 原油高选择性地生产低碳烯烃工艺流程重要节点

原油高选择性地生产低碳烯烃工艺仍然需要轻重馏分段分离。原油通过初蒸馏切割，轻馏分段进入蒸气裂解或催化重整，拔头原油直接进入重馏分重质馏分段最大地生产丙烯和BTX的OOCC深度集成工艺单元，其流程见图8。如果拔头原油含有较多的金属，可在OOCC装置前设置溶剂脱沥青装置，脱油沥青送到RGCT或POX装置。

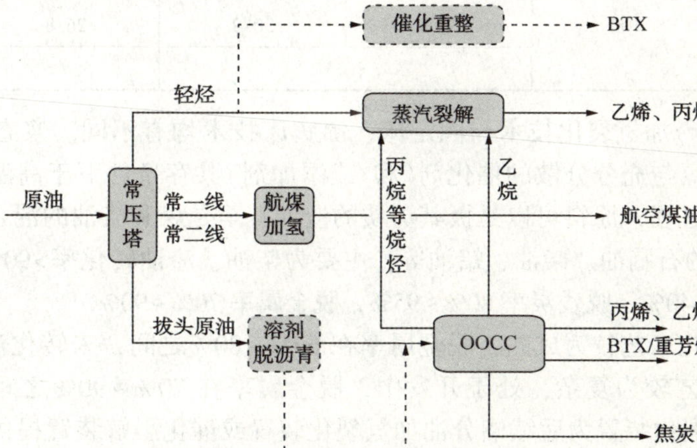

图8 原油最大量生产丙烯和BTX工艺原则流程

4.1 蒸汽裂解和催化重整

蒸汽裂解和催化重整工艺是十分成熟生产化工原料技术。在原油最大化生产或直接生产化工原料工艺流程中，蒸汽裂解和催化重整技术是加工原油轻馏分段的核心技术。当以生产低碳烯烃化工原料为主时，蒸汽裂解工艺将起到更大的作用；当以生产BTX化工原料为主时，催化重整工艺将起到更大的作用。

4.2 渣油加氢裂化和渣油催化裂解

4.2.1 渣油加氢裂化

沸腾床加氢裂化工艺可以加工高硫、高残炭、高金属含量的劣质渣油。沸腾床反应器内存在强烈返混，利于传质和传热，床内温度比较均匀，轴向几乎没有温度梯度。在运转过程中可以在线补充新鲜催化剂和卸出失活的催化剂，使装置开工周期延长，一般可连续运转3-4年。催化剂的补充速率可以根据原料性质变化和目标产物质量需求随时调整，转化率可在50%~90%内调控。沸腾床加氢裂化工艺处理混合阿拉伯原油的减压渣油在中等转化率和深度转化率两种情况下的产品性质见表5。从表5可以看出：加氢后的HVR性质与VR差别很大，并且随着转化率的增加差别更为突出，HVR性质更劣质。HVGO性质较好，满足催化裂化工艺对原料油性质的要求[16]。

表5 沸腾床加氢裂化工艺的产品性质

项　目	原料VR	转化率65%		转化率90%	
		HVGO	HVR	HVGO	HVR
密度/(g/cm^3)	1.039	0.930	0.975	0.851	1.050
残炭/%	24.6	1.7	18.0	1.8	40.5
S/%	5.3	0.19	0.87	0.01	3.76
N/%	0.44	0.10	0.27	0.11	0.67
Ni+V/(μg/g)	220	1.0	74	1.0	310
产率/%	100	31.9	30.2	26.8	10.0
化学氢耗/%		2.33		3.93	

浆态床(悬浮床)加氢裂化技术与固定床、沸腾床技术均有不同。浆态床重油加氢裂化是指渣油馏分在临氢与充分分散的催化剂(和/或添加剂)共存条件下于高温、高压下发生热裂解与加氢反应的过程，原料可以是极其劣质的渣油甚至是煤和渣油的混合物，而处理所得产品是硫含量很低的石脑油、柴油、蜡油等，主要为柴油，渣油转化率>90%，脱硫率60%~70%，脱氮率30%~40%，脱残炭率80%~95%，脱金属率70%~90%。

沸腾床加氢裂化工艺较为成熟，脱金属率在60%~80%之间，未转化油10%~50%，而浆态床加氢裂化工艺较为复杂，处于开发中，脱金属率在70%~90%之间，未转化油小于10%。当渣油加氢裂化装置为后续馏分油加氢裂化装置或催化裂解装置提供原料时，必须设置溶解脱沥青装置，脱除未转化油及重金属。溶解脱沥青工艺可能成为未来原油制化工原料工艺流程中必备工艺。

4.2.2 渣油催化裂解

早在20世纪50年代，在石油化工开始发展的初期，德国鲁奇公司开发出砂子炉裂解技术，以重质石油烃作原料，生产乙烯、丙烯等轻质烯烃。随着石油化工迅速发展，以石脑油为原料的蒸汽裂解技术成为生产轻烯烃的主宰技术。但对重质石油烃制低碳烯烃的研究还在继续，最有代表性的是原民主德国科学院有机化工研究所的热催化蒸汽裂解工艺，其构想的新颖性在于将多相催化剂用于蒸汽裂解过程，以促进原料的裂化深度。但低碳烯烃产率低，分离难度大，未能实现工业化。20世纪80年代，中国石化石油化工科学研究院开发出催化裂解工艺(DCC)并实现了工业化，为重质油裂解生产低碳烯烃，特别是丙烯，开启了新篇章。随后国内外开发出多项重质石油烃生成低碳烯烃技术，这方面的研究处于方兴未艾之中[9]。

重馏分段催化裂解工艺开发可以在多产乙烯、多产乙烯和丙烯或多产丙烯3个方向上进行深入研究。多产乙烯、多产乙烯和丙烯技术仍有较大的研究空间，多产丙烯技术有望借助OOCC工艺开发，使丙烯产率大幅度增加。

4.3 溶剂脱沥青

溶剂脱沥青(Solvent deasphalting，简称SDA)工艺是脱去减压渣油中的沥青质及部分胶质。由于渣油中所含的重金属绝大部分存在于其胶质、沥青质中，因此，脱除沥青质及部分胶质就意味着溶剂脱金属，这为催化裂化或加氢裂化工艺提供残炭值和重金属含量均较低的原料。脱油沥青组成是以沥青质、胶质为主，并含有多环芳烃，可作为道路沥青或其调合组分。对于城市炼油厂，脱油沥青可作为RCGT装置或POX装置原料。

渣油溶剂脱沥青采用不同溶剂，其脱沥青油、脱油沥青数量和性质存在明显的差异。具体渣油溶剂脱沥青试验结果列于表6[17]。这为渣油溶剂脱沥青工艺、催化裂解工艺、RGCT或POX工艺之间流程优化留下巨大空间。

表6 渣油溶剂脱沥青试验结果

项目	渣油	脱沥青油及脱油沥青		
溶剂		丙烷	丁烷	戊烷
脱沥青油收率/%	100.0	45.2	70.1	85.5
脱沥青油性质				
密度/(g/cm³)	1.003	0.933	0.950	0.974
黏度(99.9℃)/(mm²/s)	345	34.9	63	105
残炭/%	16.40	1.65	5.30	7.90
庚烷沥青质/%	4.2	<0.05	<0.05	<0.05
硫/%	4.05	2.55	3.30	3.65
氮/(μg/g)	2875	1200	1950	2170
镍/(μg/g)	19	1.0	2.0	7.0
钒/(μg/g)	61	1.4	2.6	15.5

4.4 RCGT工艺/POX工艺

针对劣质重油加工中存在的问题和困难，本着提高重油轻质化程度和经济环保的宗旨，石油化工科学研究院依据劣质重油的特点正在开发接触裂化-焦炭气化一体化工艺(Resid Contact Cracking and Coke Gasification Integrated Technology，简称RCGT)[18]。该工艺采用类似催化裂化的工艺过程，采用含有较多的金属、胶质和沥青质的劣质重油为原料，如常压渣油，减压渣油、稠油等。对劣质重油进行脱碳、脱金属，并最大量生产液体产品，脱除的炭原位气化制得富含氢和一氧化碳的气化气，该工艺可实现清洁生产，提高了原油的利用率，降低能耗。该工艺可以解决延迟焦化存在的问题，是延迟焦化的升级技术。

RCGT工艺是类似于流化焦化和灵活焦化的技术，与之不同点是流化介质不是微颗粒焦炭而是开发一种具有催化功能的微颗粒接触剂，使原料在接触剂上形成薄层裂化，用流态化的方式高温短接触(接触时间短，秒级)来加工劣质重油，所产生的焦炭进行原位气化。其优势在于减小液相停留时间，减少二次反应，可以降低干气和焦炭产率，增加液收。对于塔河常压渣油，RGCT工艺液体收率比延迟焦化高5.45个百分点，焦炭与残炭的比值为1.08，明显小于延迟焦化工艺。试验结果列于表7

表7　RGCT与延迟焦化产物分布对比

工艺类型	RGCT	延迟焦化
接触剂活性	2.0	—
反应温度/℃	500	495
产物分布/%		
H_2S	0.16	0.52
干气	1.67	3.91
液化气	1.01	3.57
C_5~205℃	4.91	9.00(~180 ℃)
205℃~350℃	15.25	26.70(180~350 ℃)
>350℃~524℃	56.55	33.0
焦炭	20.45	23.30
总计	100	100
转化率/%	43.45	67.00
轻质油收率/%	20.16	35.70
液体收率/%	77.72	72.27
焦炭/残炭	1.08	1.39

POX工艺是煤制气或石油焦造气过程，由于造气过程中需要提供氧源和一定的反应温度，将以碳为主的煤或石油焦与不足量的氧进行反应，即部分氧化造气(Partial Oxidation)。

RGCT和POX工艺不仅处理原油中的沥青质和部分重胶质，同时脱除原油中的重金属。相对于POX工艺，RGCT工艺优势在于将脱油沥青中的油转化为有效液体组分，这些组分可以回收再处理，同时较低溶剂脱沥青装置操作苛刻度。当以丙烷或丁烷作为溶剂时，脱油沥青最好采用RGCT工艺处理；当以戊烷作为溶剂时，脱油沥青可采用POX工艺或RGCT工艺处理。

当原油最大化生产BTX原料时，渣油加氢、溶剂脱沥青、馏分油加氢和RGCT/POX装置布置见图9。

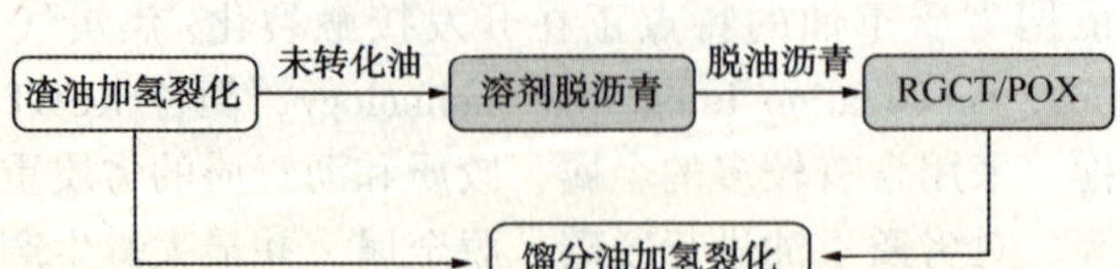

图9　渣油加氢、溶剂脱沥青和RGCT/POX装置布置示意图

当原油最大化生产低碳烯烃工艺时，原油性质较差，需要采用溶剂脱沥青工艺。渣油溶剂脱沥青、催化裂解、未转化的重油后加氢处理和RGCT/POX装置布置见图10。

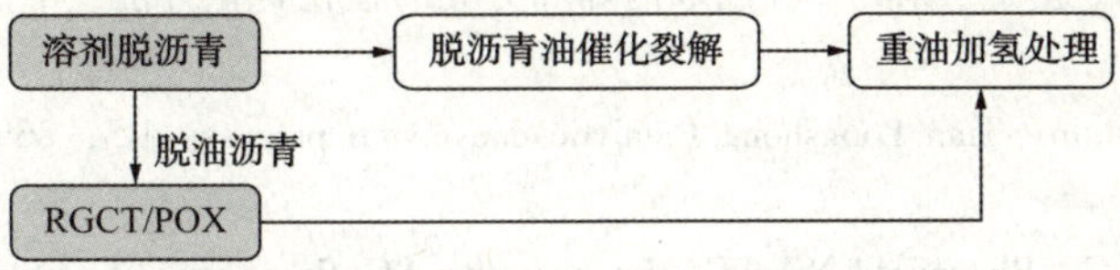

图10 溶剂脱沥青、催化裂解和RGCT/POX装置布置示意图

5 结论

(1) 原油最大量生产化工原料分为低碳烯烃或BTX两条技术路线。对于以生产BTX为主的工艺路线，渣油加氢裂化和溶剂脱沥青是核心技术；对于以生产低碳烯烃为主的工艺路线，催化裂解以及重油加氢改质是核心技术。

(2) 重馏分段催化裂解工艺开发可以在多产乙烯、多产乙烯和丙烯或多产丙烯3个方向上进行深入研究。多产乙烯、多产乙烯和丙烯技术仍有较大的研究空间，有望借助深度集成的OOCC工艺开发，使丙烯产率大幅度增加。

(3) 溶剂脱沥青工艺和RGCT工艺在原油最大量生产化工原料技术路线中将发挥重要作用，应强化溶剂脱沥青工艺开发，集中力量开发RGCT工艺。

参考文献

[1] Mario B, Stan C, Keith C, et al. A new look at integration opportunities: American Fuel & Petrochemical Manufacturers Annual Meeting[C]. Texas: Hydrocarbon Processing, 2019-03-17.

[2] Matt F. Capturing value through refinery and petrochemical integration: American Fuel & Petrochemical Manufacturers Annual Meeting[C]. Texas: Hydrocarbon Processing, 2019-03-19.

[3] Corma A, Corresa E, Matthieu Y, et al. Crude oil to chemicals: Light olefins from crude oil[J]. Catalysis Science & Technology, 2016, 7(1): 10.1039.

[4] 宋倩倩，王红秋，李锦山．原油生产化工品技术发展现状与趋势[J]．现代化工，2019，39(2)：7-10.

[5] Stell R C, Bancroft J L, Dinicolantonio A R, et al. Converting mist flow to annular flow in thermal cracking application: US, 7097758 [P]. 2006-08-29.

[6] Abba I A, Shafi R, Bourane A, et al. Integrated hydroprocessing and fluid catalytic cracking for processing of a crude oil: WO, 2013142563[P]. 2013-03-20.

[7] Bourane A, Al-Ghrami M S, Abba I A, et al. Process for high severity catalytic cracking of crude oil: US, 2014/0110308[P]. 2013-10-10.

[8] Xu W, Abba I. Direct catalytic cracking of crude oil by a temperature gradient process: WO, 2013188729[P]. 2013-06-14.

[9] 汪燮卿，舒兴田．重质油裂解制轻烯烃[M]．北京：中国石化出版社，2015.

[10] Chang S H, Robinson P R. Practical Advances in Petroleum Processing[M]. New York: Springer, 2006, ch. 5, vol. 1: 149-168.

[11] 侯芙生．中国炼油技术[M]. 3版．北京：中国石化出版社，2011.

[12] 许友好．催化裂化化学与工艺[M]．北京：科技出版社，2013.

[13] 许友好，汪燮卿，谢朝钢，等．一种制取丙烯的催化转化方法：中国，200710120110.1[P].2007-08-09.

[14] 许友好，谢朝钢，戴立顺．等．一种制取丙烯和芳烃的催化转化方法：中国，200810101852.4[P].2008-03-13.

[15] Xu Youhao，Dai Lishun，Tian Longsheng. Catalytic conversion process：US，8696887B2[P]，2014-04-15.

[16] Mario B，Chevron L G，Bloomfield N J. LC-Max and other LC-fining process enhancements to extend conversion and on-stream factor：American Fuel & Petrochemical Manufacturers Annual Meeting[C]. Texas：Hydrocarbon Processing，2012.

[17] 梁文杰，阙国和，刘晨光，等．石油化学[M]．山东：中国石油大学出版社，2009.

[18] 张书红，王子军，汪燮卿，等．一种劣质重油接触裂化-气化-再生的组合方法：中国，201010519197.1[P].2010-10-26.

现代煤化工与石油化工融合发展路径分析

马　安，黄格省，张占全

（中国石油石油化工研究院，北京　102206）

摘　要　分析了我国石化行业与现代煤化工行业的发展现状与趋势，提出现代煤化工与石油化工技术相结合实现融合发展的独特见解，详细分析了加强煤制氢在炼厂应用、石油炼制技术在煤制油企业应用的具体建议。基于我国化石资源禀赋特点，作者认为：需要积极探索现代煤化工与石油化工深度融合，生产过程互接、产品互补、市场共赢的发展路径，促进两种产业协同发展，发挥优势，实现共赢。

关键词　石油化工　现代煤化工　融合发展　煤制氢　煤制油　能源安全

经过六十多年的发展，我国石化工业体系已经十分完善，炼油能力和乙烯产能均居于世界第二位，装置规模和技术水平已处于世界先进水平行列。近三十多年来，我国现代煤化工发展取得显著进步，现代煤化工产业示范区建设和升级示范均取得突破性进展，一些关键技术的水平已居世界领先地位。我国化石资源的禀赋特点是“富煤缺油少气”，能源消费虽然以煤为主，但由于石油和天然气消费量巨大，油气对外依存度逐年提高，能源安全问题日益凸显，在此背景下，需要积极探索现代煤化工与石油化工的深度融合，促进煤炭与石油两种资源高效利用，实现两个产业协同发展、互利共赢。本文拟对这一问题进行初步分析，试图引发行业广泛重视，起到“抛砖引玉”的作用。

1　石化行业与煤化工行业发展现状分析

1.1　石化行业现状分析

根据中国石油企业协会2019年3月发布的《中国油气产业发展分析与展望报告蓝皮书（2018—2019）》显示，2018年，我国石油表观消费量达6.48亿t，国内原油产量连续第3年下滑，降至1.89亿t；原油加工量首破6亿吨大关，达到6.06亿t。同时，2018年我国油气对外依存度双创新高，其中石油对外依存度逼近70%，天然气对外依存度升至45.3%。当前，我国石化产业形势总体处于行业景气周期，但也面临诸多挑战，具体表现在四个方面：一是炼油能力逐年增长，2018年达到8.3亿t/a，过剩9000万t/a，而成品油消费增速放缓，我国已从成品油进口大国转变为亚太地区主要的成品油净出口国；二是国内地方与民营炼化迅速崛起，国外跨国石油公司争先布局中国市场，炼化经营主体多元化格局正在加速形成，市场竞争持续加剧；三是我国环保要求趋严，油品质量升级步伐加快，绿色环保、清洁低碳、节能降耗成为行业发展的重要任务；四是替代能源发展加快，煤制油、电动汽车等非油基能源相关产能继续增长，对国有石化企业经营压力加大；五是国内油品消费放缓而高端化石化产品需求旺盛，传统燃料型炼厂向燃料+化工型炼厂转型、实现炼化一体化成为炼化行业转型升级的普遍共识。

1.2 现代煤化工发展现状分析

经过多年科技攻关以及工程示范和推广，我国现代煤化工产业发展取得长足进步，主要体现在三个方面[1~3]：一是先进煤气化技术迅速发展。我国先后开发了多喷嘴对置式水煤浆气化、航天粉煤加压气化、清华水冷壁水煤浆气化、SE粉煤气化、两段式干煤粉加压气化等一批先进煤气化技术，已在100多套装置上实现工业应用，还有一些新型煤气化技术如大型输运床气化、催化气化、加氢气化、地下气化等定向气化技术等正在开发中。二是关键技术取得重大突破。煤直接液化工艺和催化剂等核心技术、新一代高温浆态床费托合成煤炭间接液化工艺和催化剂技术、低温费托合成油技术、甲醇制取低碳烯烃(DMTO)技术等均已成功实现工业应用，我国煤制烯烃、煤制油、煤制芳烃、煤制乙二醇技术和工业化水平均处于国际先进水平。三是产业发展的园区化、基地化格局初步形成。内蒙古鄂尔多斯煤化工基地、宁夏宁东能源化工基地、陕西榆横煤化工基地以及新疆准东、伊犁煤化工基地园区化建设持续完善。我国现代煤化工产业的快速发展，可谓独树一帜，成为全球能源行业一抹亮丽的“风景”，引领着全球煤化工行业的未来走势。

我国相对丰富的煤炭资源为发展下游燃料和化工产业链提供了原料保障，但煤化工产品生产工艺流程长、装置一次性投资大、生产过程耗水量大、CO_2排放量大、废水及废渣等污染物排放量多。与煤化工比较，虽然我国石油资源对外依存度高，但石油化工生产过程相对清洁，耗水量及CO_2排放量较少，产业链门类齐全、技术成熟。如何加快现代煤化工与石油化工的融合，发挥煤化工与石油化工各自优势，将石油化工的成熟技术应用于煤化工，探索煤化工与石油化工生产过程互接、产品互补、市场共赢的发展路径，对于推进现代煤化工清洁高效发展和石化行业转型升级具有重要意义。笔者认为，煤制氢在炼厂的普遍应用、炼油技术在煤制油企业的应用，就是现代煤化工与石油化工融合发展的重要路径之一。

2 煤制氢在炼厂的应用

随着我国成品油质量升级的推进，为满足轻质油收率、综合商品率等关键技术经济指标要求，国内新建炼厂大多选择了全加氢工艺路线，极大增加了炼厂的氢气需求量，因此炼厂新建或改造项目对制氢原料和制氢工艺的选择至关重要。炼厂制氢原料主要有炼厂干气、天然气、煤、石脑油和重油等，制氢原料路线的选择主要取决于原料的可获得性和成本。目前国内炼化一体化项目的典型氢源包括：天然气或煤制氢、干气制氢、重整装置副产氢、PSA回收氢及乙烯装置产氢等。据亚化咨询公司统计，近几年我国在建/拟建的15个炼化一体化项目中，采用煤制氢的项目有11个，其中包括恒力石化2000万t/a、浙江石化4000万t/a、盛宏石化2600万t/a等新建大型炼化一体化项目，以及中海油惠州炼化2200万t/a、中国石化燕山石化1200万t/a、洛阳石化1800万t/a等。而采用天然气制氢的只有中国石油云南石化1300万t/a炼油项目。

煤制氢工艺之所以受到国内炼厂的青睐，主要原因有5个方面：一是由于炼厂对氢气的需求量大，而采用原料(煤炭)来源丰富、技术成熟的煤气化制氢工艺，才能实现大规模制氢、满足炼厂用氢需求；二是煤制氢工艺与天然气、干气制氢等工艺相比，制氢成本降低30%-40%，经济性好，煤制氢已成为近年来炼厂降本增效、实现供氢平衡的首选工艺；三是天然气来源受限、制氢成本高，而煤制氢成本优势明显，外购天然气制氢的国内炼厂，天然气价格一般超过3元/m^3，而沿海地区使用进口LNG的炼厂，天然气成本高达4元/m^3左右。据亚化咨询公司成本模型测算结果，以煤价550元/t、吨氢耗煤7.5吨计，制氢成本7920元/t；当煤价上涨至950元/t，制氢成本13860元/t；而以2.9元/m^3的天然气制氢，吨氢成本14300元/t。四是炼厂建设煤制氢装置，可替代现有炼厂干气等制氢原料，节约的干气可用于生产乙烯等化工原料；五是随着近年气流床加压气化工艺的普遍应用和煤化工“三废”处理技术水平的提高，煤制氢工艺能够实现达标排放，炼油企业采用煤制氢基本不存在环保方面的担忧。整体来看，大规模煤气化制氢不仅具备成本优势，而且可以优化炼厂的物料平衡，提高炼厂盈利能力，无疑是我国炼厂制氢的重要发展方向。在近四年来国际原油价格持续低位运行的背景下，煤制氢尚能够占据主流，因此在当前原油价格逐步回升的趋势下，煤制氢的成本优势更能得到充分体现。

煤制氢技术在我国炼厂的成功应用，是煤化工与石油化工融合发展的典型实例之一。采用煤制氢技术的新建炼化一体化企业，必须牢固地树立低碳环保与清洁发展理念，采用先进煤气化技术、气体气净化技术与CO变换系列技术，实现装置平稳运行与达标排放，为炼厂供氢平衡发挥作用。

3 炼油技术在煤制油企业的应用

3.1 费托合成产品分布

近年来煤间接液化技术已在我国开始大规模工业化推广应用。间接液化工艺的优点是煤质适应性广，煤的灰分要求相对不严格，反应条件比较温和，装置运行可靠性高，但也存在目标产品的选择性相对较低、合成副产物较多等缺点，同时需配备大规模的煤气化装置。间接液化费托合成技术根据反应工况及产品分布分为高温费托合成和低温费托合成。高温费托合成的特点是烯烃含量高、轻组分多、碳数分布相对较窄，产物加工以尾气和轻组分为主；低温费托合成的特点是以轻质油馏分、重质馏分、石蜡为主，正构烷烃含量高，因此产物加工以重质馏分和石蜡加工利用为主[4]。

目前，费托合成及下游配套加工装置存在的问题是：产品分离系统不合理，产品分离不清晰；轻油、重油中含有C_4以下轻组分(轻油中C_4以下轻组分更多)；尾气中含有大量的C_3及以上组分，甚至含有10%左右的C_5及以上组分。由于费托合成初级产品是组成复杂的烃类混合物，不符合国家产品质量标准，如何对初级产品进行进一步的加工分离，是煤制油行业普遍关注的问题。目前主要采用稳定加氢-加氢裂化工艺路线生产低凝柴油或者液蜡，但是目前产品加工方案不能满足市场需求。笔者通过深入研究分析认为：通过对煤制油初级产品组分合理的馏分切割(分离)之后，采用现代石油炼制相关技术，结合市场需求和分子炼油概念，可进一步将费托合成初级产品加工为符合国家产品质量标准和用户需要、具有一定市场容量的高附加值产品。

低温费托合成油是费托合成主要产物，具有以链烷烃为主(含量>95%)，富含正构烷烃、正构烯烃，不含芳烃、硫氮等杂质，高α，烯烃(含量>50%)的鲜明特点，适合加工成清洁柴油、汽油、航空煤油等油品、聚α烯烃(PAO)、油田化学品等多种高附加值化工产品。费托合成初级产品分布与用途见表1。

表1　费托合成产品分布及其用途

费托合成产品分布	用　　途	费托合成产品分布	用　　途
C_2烯烃	聚烯烃单体	C_{10}~C_{25}馏分	合成基钻井液原料
C_3烯烃	聚烯烃单体	C_{12}~C_{20}烯烃	高碳醇洗涤剂原料
C_4烯烃	聚合单体、烷基化油	C_{25}^+烷烃	润滑油基础油原料
C_8~C_{12}烯烃	PAO原料	C_{50}^+	高滴熔点蜡
C_{12}~C_{20}烯烃	柴油、喷气燃料和液体蜡		

3.2　费托合成初级产品的加工途径

结合当前炼油化工一体化以及炼化产品结构调整的特点，低温费托合成初级产品的加工路线的选择应该进一步适应市场需求，同时要最大限度地利用低温费托产品的分子价值。本文以最大化生产化工原料以及高辛烷值汽油调合为例，提出费托合成初级产品的加工基本思路：首先借鉴催化裂化装置的分离系统，优化费托合成装置的分离系统，将产品切割成干气、液化气、轻油(石脑油馏程范围，即C_5~C_{10})和重油(C_{10}^+)等组分。液化气部分可借鉴炼厂气分装置分离得到丙烯、丙烷、1-丁烯和正丁烷，轻油进行加氢处理后作为蒸汽裂解原料生产三烯，重油作为催化裂解原料多产烯烃。

(1)费托轻油加工

费托轻油组分可通过加氢装置得到精制轻油，精制轻油与来自气分装置的乙烷、丙烷一起进入蒸汽裂解装置生产三烯(乙烯、丙烯、丁二烯)及裂解汽油、裂解C_4等。费托合成轻油加氢精制后绝大多数为C_5~C_{10}正构烷烃，裂解性能优异。产物中的乙烷、丙烷循环裂解，经测算产品组成见表2(均为质量分数)，其中乙烯收率可达46%、丙烯收率可达16%；裂解汽油收率可达8.3%，其中饱和烃含量61.5%，芳烃含量38.5%。

表2　费托合成轻油裂解产品组成预测

产　　品	收率/%	产　　品	收率/%
氢　气	2.3	1-丁烯	1.8
甲　烷	15.0	2-丁烯	0.7
乙　烯	46.0	正丁烯	0.4
丙　烯	16.0	裂解汽油	8.3
1，3-丁二烯	5.7	裂解重油	2.7
异丁烯	1.1	合　计	100.0

(2)费托重油加工

费托重油可经过催化裂解多产乙烯、丙烯等低碳烯烃、同时兼产汽油，或者通过催化裂化生产汽油。经测算，重油催化裂解产品分布见表3。在重油催化裂解产品构成(均为质量分数)中，液化气占 50.92%，催化汽油占 42.88%，其余为干气和焦炭。在催化汽油组成中，饱和烃占 46.5%，烯烃 23%，芳烃 28%，环烷烃 2.5%，辛烷值(RON)可达 95。催化裂解液化气可经气分装置分离出混合 C_4，用来进一步加工生产叠合异辛烷和烷基化油，最终与裂解汽油、催化汽油一起作为汽油调合组分，调合之后汽油辛烷值可达 95.6。

表 3　重油催化裂解产品分布及干气组成预测

产品分布	收率/%	干气组成	收率/%
干　气	3.56	氢　气	0.18
液化气	50.92	甲　烷	0.36
催化汽油	42.88	乙　烯	2.32
焦　炭	2.64	乙　烷	0.70
合　计	100.00	合　计	3.56

费托重油还可用来生产油田钻井液、润滑油基础油产品。如以低温 C_{10} ~ C_{20} 馏分为原料，通过稳定加氢-加氢异构工艺，可以生产环境友好型钻井液基础油，同时兼产液体石蜡和 D 系列溶剂油，同时根据市场容量，可以调节液体石蜡、钻井液和溶剂油的比例。由于重油馏分(>C18)含有大量的正构烷烃，可以通过稳定加氢-加氢异构-补充精制组合工艺，生产不同黏度和品质润滑油基础油产品。加氢装置产生的低碳烃类可以通过气体分离加工单元分离燃料气和乙烯裂解原料。

4　建议

现代煤化工是对石油化工的有益补充，其与石油化工只是原料不同，但产品都是油品、烯烃、芳烃等石化产品，从长远看发展现代煤化工对于降低我国石油对外依存度和部分石化产品(如乙烯、丙烯及其衍生物、乙二醇、对二甲苯等)进口量具有重要意义。现代煤化工与石油化工从原料和产品两方面均具有一定的互补性，通过有效融合，创新煤炭、石油两种资源高效利用模式，推动煤化工与石油化工协同发展，在未来具有较大的市场拓展空间和产业升级潜力。

煤制合成油产品组成丰富，是颇具特色的现代煤化工加工路线，可将清洁汽油、航空煤油、军用特种油品、高端煤基化学品作为产品发展方向，在生产低硫、低烯烃、低芳烃的超清洁油品，提供国 VI 及以上标准油品的同时，生产高密度、高热值、超低凝点的军用、航空航天等特种油品，以及费托合成蜡、PAO、高端润滑油基础油等高端化煤基化学品。煤制烯烃生产企业要不断突破产品同质化技术瓶颈，开发市场需求旺盛、产品附加值高的管材料、车用料及医用料等高端化下游产品，降低国内市场对进口产品的依赖。煤制乙二醇企业要进一步优化装置运行指标，尤其是要提高乙二醇产品质量，使之完全达到化纤级聚酯原料指标要求，提升产品竞争力。煤制天然气企业应尽快掌握具有自主知识产权的甲烷化催化剂等核心技术，做好现有示范装置运行，为长远发展奠定基础。

总体而言，我国石油资源严重不足而石油加工技术完全成熟，现代煤化工原料资源丰富但生产技术仍有待提升和完善，此外，我国油品消费增速放缓而高端石化产品需求旺盛，石化行业转型升级步伐加快，在此行业形势下，需要进一步强化能源安全战略，积极探索现代煤化工与石油化工融合发展的有效途径，发挥优势，实现共赢。

参 考 文 献

[1] 黄格省，杨延翔，张博，等．我国现代煤化工产业发展现状及策略分析[J]．石化技术与应用，2017，35(05)：335-338.

[2] 陈继军．煤化工：从“传统”走向“现代”[M]．中国化工报，2019-05-27.

[3] 傅向升．现代煤化工之近与远[M]．中国化工报，2019-06-13.

[4] 黄格省，李雪静，杨延翔，等．我国煤制油技术发展现状与产业发展方向[J]．石化技术与应用，2017，35(06)：421-428.

RSDS-Ⅲ催化汽油全馏分加氢脱硫技术的应用

于长青

（中国石化广州分公司，广东广州 510700）

摘 要 中国石油化工股份有限公司广州分公司60万t/a柴油加氢装置通过增加循环氢脱硫系统改造，利用RSDS-Ⅲ全馏分加氢技术，进行催化汽油脱硫生产国Ⅴ汽油调和组分。结果显示精制汽油在硫含量在13.0μg/g以内，辛烷值损失在1.5~2.0，可以满足检修期间生产国Ⅴ汽油的要求。

关键词 催化汽油 加氢脱硫 辛烷值

1 前言

中国石油化工股份有限公司广州分公司(以下简称广州石化公司)炼油装置分成高酸油(炼油Ⅰ系列)和高硫油(炼油Ⅱ系列)两个系列进行生产、检修。正常生产期间，国Ⅴ汽油的生产主要依靠催化汽油吸附脱硫S Zorb装置，根据生产实际情况，S Zorb装置的检修安排在炼油Ⅱ系列。因此当炼油Ⅱ系列大修，炼油Ⅰ系列生产时，广州石化公司根据罐容和汽油出厂的需要，必须要有催化汽油脱硫装置才能满足生产需要，否则无法安排炼油Ⅱ系列检修并造成很大的效益损失。

2 技术方案的选择

广州石化公司加氢(二)A装置为柴油加氢装置，原设计压力为8.0MPa，处理量为40万t/a，后进行扩能改造，对换热流程进行优化调整，装置处理能力提高到60万t/a。广州石化公司经过国Ⅴ柴油质量升级改造后，该装置基本处于闲置状态。

近年来，我国开发了多种催化汽油选择性加氢技术，主要有中石化石油化工科学研究院开发的RSDS技术、中石化抚顺石油化工研究院的OCT-M技术、中国石油大学等单位开发的Gardes技术[1]、中石油石油化工研究院开发的DSO技术[2]、以及中海石油炼化有限责任公司惠州炼化分公司等单位开发的CDOS-FRCN技术等[3]，上述技术均已得到成功应用。

广州石化公司根据对催化汽油选择性加氢技术的调研及实际应用情况，准备选用RSDS技术把加氢二A装置改造进行催化汽油脱硫装置，设计院按照RSDS-Ⅲ技术的要求，对加氢(二)A装置生产国Ⅴ汽油进行了适应性改造方案设计。适应性改造方案需要对加氢二A装置改造的内容包括：①更换现有加热炉炉管；②增设循环氢脱硫设施，降低循环氢中的H_2S浓度，提高脱硫反应深度；③升级改造氢气压缩机；④新增脱二烯烃加氢反应器，原加氢反应器利旧，内部构件做适当改造；⑤因反应压力降低，装置反应部分中处于气相、气液混相介质的实际体积流量翻倍，反应部分相关设备及管道等相应调整。整个改造方案的投资较高，由于该装置正常生产时利用率不高，仅在S Zorb装置检修或消缺时生产汽油调和组分，投资费用的控制及提高装置的利用效率是需要考虑的重要内容。因此，对改造内容进行了以下分析：

(1) 新增脱二烯烃加氢反应器主要是为了装置的长周期运行，因加氢二A装置的换热流程已经比较优化，在加工焦化汽油时，没有发生换热器结垢的现象。同时，该装置作为备用装置，需要运行的时间不长，可以不增加二烯烃加氢反应器。

(2) 加热炉炉管、氢气压缩机、反应部分相关设备及管道的改造主要是为了在反应压力降低后，适应汽油加工的工况，同时保证需要的处理量。广州分公司加氢一A装置曾利用OCT-M工艺改造过，本次可以适当改造利用，弥补加氢二改造后处理量低的问题，因此，确定本部分内容也不进行改造。

(3) 催化汽油进行加氢深度脱硫，需控制好循环氢中的硫化氢浓度。因此，加氢装置改造生产国Ⅴ汽油必须进行循环氢脱硫，故应增设循环氢脱硫设施及配套内容改造。

基于对催化汽油加氢脱硫的技术分析，为了充分利用现有装置，尽可能减少改造内容，降低投资，提高装置的利用率，在加氢(二)A装置中增设循环氢脱硫塔及相关配套设施，更换RSDS-Ⅲ技术专有催化剂。利用RSDS-Ⅲ技术的核心内容，改造成全馏分催化汽油加氢装置，生产国Ⅴ汽油。为了弥补规模不足的问题，同时也对原加氢一A装置进行局部改造生产国Ⅴ汽油。经过技术方案优化后，整个改造的费用大幅降低，两套装置的改造费用仅为原来一套装置的1/3左右。加氢二A装置改造后，在使用汽油加氢催化剂的情况下，可以进行航煤加氢，提高了装置的利用率。。

3　装置改造情况

装置自2016年11月开始改造，2017年5月改造完成，装置的主要改造内容为在原设计压力下，增加循环氢脱硫系统，改造后的流程示意如图1所示。

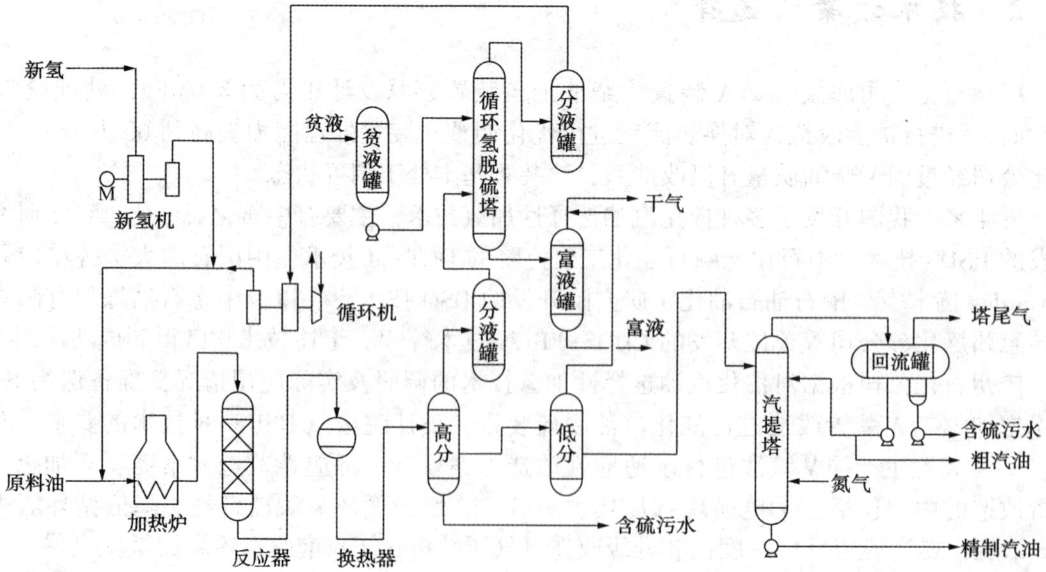

图1　改造后流程示意图

装置重新更换了RSDS-Ⅲ技术的专有RGO-3、RSDS-21、RSDS-22催化剂，催化剂装填情况见表1。

表1 催化剂装填表

反应器床层	装填物质	高度/mm	体积/m^3	质量/t	堆比/(kg/m^3)
一床层	RGO-3	270	1.43	0.80	558
	RSDS-21	1100	5.84	3.48	596
二床层	RSDS-21	1080	5.73	3.45	602
	RSDS-22	380	2.02	1.55	769

4 运行效果

2017年6月30日，炼油Ⅱ系列开始停工，7月5日，加氢二A装置开工正常，并在7~9月份一直运行。由于装置没有进行汽提塔改造，无法将精制汽油中的硫化氢完全汽提干净，影响精制汽油的铜片腐蚀。在运行中，把精制汽油再通过汽油脱硫醇单元，脱除汽油中的微量硫化氢和硫醇，保证铜片腐蚀合格。2017年8月7日~8日，对装置进行了24小时标定。

4.1 原料性质

标定期间催化汽油来自蜡油催化裂化装置，其性质见表2，催化汽油的硫质量分数为213μg/g，稍高于限制值。

表2 催化裂化稳定汽油性质

项　目	限制值	实际
密度(20℃)/(kg/m^3)		723.2
馏程/℃		
初馏点		30
10%		43.5
50%		84.0
90%		164.5
终馏点	≯205	191.5
总硫/(μg/g)	≯200	213
硫醇硫)/(μg/g)		36.1
组成/%		
苯		0.41
烯烃	≯15	11.2
芳烃	≮20	23.6
蒸气压/kPa		77
RON		90.4

4.2 操作条件

标定期间，处理量为44.0t/h(即37万t/a)，反应压力1.64MPa，氢油比233，脱后循环氢中硫化氢质量浓度(20℃，101.325kPa，下同)30mg/m^3，反应器入口温度在272.3℃，反应温升约38.0℃。标定完成后，短时间进行了高负荷的试验，期间装置的处理量最大可以达到53.3t/h(即44.8万t/a)，反应压力降低到1.53MPa，氢油比180，脱后循环氢中硫化氢质量浓度30mg/m^3，反应器入口温度提高在277.1℃，反应温升31.1℃左右。主要操作参数见表3。

表3 主要工艺参数

项　目	8月7日9：00	8月8日21：00(高负荷试验)
进料量/(t/h)	44.0	53.3
体积空速/h^{-1}	4.48	5.42
反应压力/MPa	1.64	1.53
脱后循环氢中硫化氢(20℃，101.325kPa)/(mg/m^3)	30	30
反应器入口气油体积比	233.6	181.5
反应器温度/℃		
一床层入口/出口	272.3/290.0	277.1/294.5
二床层入口/出口	392.2/310.3	294.2/308.2
床层温升	38.0	31.1

4.3 产品性质

标定期间，精制汽油的硫质量分数为10.1μg/g，辛烷值损失为1.7个单位。在高负荷试验、处理量为53.3t/h时，精制汽油的总硫质量分数为11.8μg/g，辛烷值损失为1.0个单位，辛烷值损失减少的原因和产品中的硫含量升高有关。

表4 精制汽油产品性质

项　目	8月7日9：00	8月8日21：00
总硫/(μg/g)	10.1	11.8
硫醇/(μg/g)	9.6	—
族组成/%		
烯烃	8.2	11.77
芳烃	19.9	24.39
蒸气压/kPa	65.4	—
RON	88.6	89.1(原料90.1)
RON损失	1.8	1.0

加氢二A装置加工催化汽油期间，反应压力控制约1.6MPa，处理量44t/h，原料硫质量分数在190~230μg/g之间，开双循环机运行，氢油比约200，精制汽油中硫质量分数基本

控制在13.0μg/g以内，辛烷值损失在1.5~2.0之间，满足了全厂国Ⅴ汽油调和组分的质量要求。

4.4 运行期间问题分析

加氢二A装置应用RSDS-Ⅲ全馏分加氢技术简单改造后，汽提塔不进行改造，精制汽油中的硫醇含量较高，8月8日15时的分析数据显示，精制汽油碱洗前后硫质量分数分别为9.7μg/g和5.6μg/g，说明精制汽油中硫醇含量较高。但如果通过不断提高气提量和降低塔压来脱除轻组分，降低硫醇含量，减少对产品质量的影响，对提高产品收率和减少辛烷值损失是不利的，产品收率和控制辛烷值损失之间需要根据全厂汽油池的具体情况进行平衡。

加氢二A装置主要设备没有经过改造，反应进料泵出口压力和系统操作压力的压差大，导致进料调节阀调节难度大，流量调节不稳，需要小心操作，减少波动。

5 结论

(1) RSDS-Ⅲ全馏分加氢技术可在柴油加氢装置仅增加循环氢脱硫系统后进行催化汽油深度脱硫，产品中总硫质量分数控制在13.0μg/g以内，辛烷值损失为1.5~2.0个单位，可以满足生产国Ⅴ汽油调和组分的质量要求。

(2) 60万t/a柴油加氢装置改造为催化汽油加氢装置后，处理量可达到44.8万t/a。

(3) 柴油加氢装置汽提塔不改造，需要经过下游的汽油脱硫装置碱洗才能使得铜片腐蚀合格。

参 考 文 献

[1] 于理伟，李向进，黄明富，等．催化汽油加氢脱硫工艺技术现状及节能方向研究[J]．石油石化节能 2016，6(6)：4-7.

[2] 胡耀强，刘传强，刘晓步，等．40万t/a催化汽油加氢装置设计与开工[J]．当代化工 2015，44(2)：318-320.

[3] 赵晨曦，彭成华，付玉梅，等．全馏分催化汽油选择性加氢脱硫工艺技术(CDOS-FRCN)开发及应用[J]．炼油技术与工程，2016，46(12)：14-17.

MIP和LTAG技术在重油催化裂化装置的工业应用

田士卿，侯和乾

（中国石化济南分公司，山东济南 250101）

摘　要　多产异构烷烃的催化裂化工艺（MIP）和LTAG（LCO To Aromatics and Gasoline）技术成功应用在中国石化济南分公司催化裂化装置上。工业试验结果表明，以蜡油和渣油为原料，即使在原料性质更差的条件下，采用MIP和LTAG技术，与装置改造前FDFCC技术对比，稳定汽油的收率提高了3.2个百分点，柴汽比降低了0.08个百分点，汽油中苯质量分数由0.68%提高到0.88%，芳烃质量分数由25.9%提高至36.2%，汽油的辛烷值比原来提高了1.4，汽油性质全面改善；轻收增加了2个百分点。

关键词　LTAG技术　催化裂化　MIP技术　辛烷值

近年来原油重质化不断加剧，柴油的需求持续降低，为进一步提高经济效益和社会效益，将重质油转化为汽油、丙烯等高附加值产品，减少催化裂化LCO产量成为各炼油厂的主要攻关方向。为此，中国石化石油化工科学研究院（以下简称石科院）开发了多产异构烷烃的MIP工艺和LTAG（LCO To Aromatics and Gasoline）技术。

MIP工艺具有重油转化能力高、产品分布好、对原料的适应性强以及装置能耗低等优点，因而得以迅速推广，已成功地应用到国内50套催化裂化装置上并出口古巴等国[1]。MIP工艺提出了两个反应区的概念，即混合原料与高温催化剂在提升管下部接触，进入第一反应区，经高温和短时间接触后，进入扩径的第二反应区，在较低的温度和较长的油气停留时间下反应，反应后的物料经VQS快分系统分离油气和催化剂。第一反应区以一次裂化反应为主，采用较高的反应苛刻度，裂解较重的原料油并生产较多的烯烃；第二反应区主要增加氢转移反应和异构化反应，采用较低的反应温度和较长的反应时间，降低汽油中的烯烃含量[2]。

LTAG技术可将催化裂化劣质柴油转化为高辛烷值汽油或轻质芳烃[3]。该技术利用加氢单元和催化裂化单元组合，将LCO先加氢再进行催化裂化，实现最大化生产高辛烷值汽油或轻质芳烃。在加氢处理单元通过对LCO中的芳烃进行定向加氢饱和，将LCO中双环以上芳烃加氢饱和为单环芳烃或环烷烃；在催化裂化单元通过工艺参数等的优化，使加氢产物最大化进行开环裂化反应，最终实现LCO转化为富含芳烃的高辛烷值汽油[4-5]。

中国石化济南分公司（简称：济南炼化公司）原800kt/a重油催化裂化装置初始设计由中国石化总公司北京设计院完成，于1988年12月9日一次投料试车成功。2007年10月，为实现济南炼化公司产品结构优化、增产液化气及丙烯，完成汽油质量升级，装置改造为灵活多效的催化裂化工艺（FDFCC-Ⅲ工艺），该技术由洛阳石油化工工程公司设计开发，改造后，设计规模为重油提升管反应器处理量80万t/a，副提升管反应器处理量500kt/a。后来根据济南炼化公司炼油结构调整的总体规划，装置于 2017 年 2 月停工进行全面改造。改造后装置工艺路线主反应部分采用石科院开发的 MIP 工艺，公称加工能力 1.20Mt/a；副反应利旧原重油反应器，采用石科院开发的 LTAG 技术，公称加工能力 880kt/a。同时采用中国石化工程建设有限公司(以下简称 SEI)开发的多项工程技术，如主提升管出口采用密闭旋流式快速分离系统(VQS)；再生部分采用重叠式两段不完全再生技术。装置改造后于 2018 年 9 月顺利开工，经过一段时间的调整与优化，装置运行平稳。为验证改造后的总体效果，装置运行 2 个月后进行全面标定，并与装置改造前进行对比。

1 原料性质

改造前催化裂化装置的原料组成为罐区渣油、罐区蜡油、南常热渣油、南常热蜡油、预处理热蜡油。改造后催化裂化装置的新鲜原料构成为罐区渣油、罐区蜡油、南常热蜡油、预处理热蜡油。投用 MIP 技术后，原料掺渣率由 21.65%提高到 38.4%，渣油进料量大幅度提高。改造前后催化裂化装置的新鲜进料性质见表 1。由表 1 可知，主反应器采用 MIP 技术后，原料的密度提高，残炭由 3.03%上升至 7.27%，硫氮含量显著增加，500℃馏出率降低，饱和烃含量降低了 21.1%，芳烃、胶质、沥青质的质量分数有所增加。副反应器采用 LTAG 技术后进料为加氢柴油，先将劣质 LCO 馏分中多环芳烃先选择性加氢饱和成单环芳烃再选择性催化裂化，催化柴油经加氢处理后总单环芳烃增加了 22.8%，双环以上芳烃含量占 7.4%，满足 LTAG 技术柴油加氢改质后进催化作原料双环以上芳烃含量≯15%的要求，整体来说，装置改造后，催化裂化原料性质相对较重。

表 1 装置改造前后的原料性质

项 目	FDFCC-Ⅲ	MIP	LTAG
密度(20℃)/(kg/m^3)	913.3	948.1	889.4
残炭/%	3.03	7.27	
总氮/(μg/g)	3699	4027	0.24
总硫/(μg/g)	4610	7328	1.23
馏程/℃			
2%	306	331	191
10%	348	387	216
30%	399	426	228
50%	439	474	242
500℃馏出量/mL	69.8	55	
重金属含量/(μg/g)			
Fe	9.1	16.8	
V	1.6	7.8	
Ca	2.9	4.5	
Na	0.18	0.7	
Ni	5.94	16.7	

续表

项目	FDFCC-Ⅲ	MIP	LTAG
族组成/%			
饱和烃	65.0	43.9	
芳烃	21.1	31.4	
胶质	13.5	23.2	
沥青质	0.5	1.5	

2 操作条件

投用MIP和LTAG技术期间该催化裂化装置的新鲜进料量为141 t/h，加氢LCO为70 t/h。与之前装置相比，加工量大幅度提高。催化裂化装置改造前后的主要操作条件如表2所示。由表2可以看出，与采用FDFCC-Ⅲ技术相比，投用MIP技术后反应温度有所提高，反应压力基本不变。再生温度和新鲜原料油预热温度基本保持不变。加氢LCO预热温度为180.5℃左右，以确保良好的雾化效果。总体来说，装置改造后大大提高了新鲜重油的加工能力，反应温度略有提高，其他操作条件基本不变。

表2 改造前后催化裂化装置的主要操作条件

项目	FDFCC-Ⅲ	MIP	LTAG
反应温度/℃	505	515	516.5
反应压力/kPa	0.19	0.2	0.189
原料预热温度/℃	231	230	180.5
再生器压力/kPa	0.198	0.22	0.22
再生器温度/℃	698	694.2	694.2
进料量/(t/h)	104/21	141	70

3 催化剂性质

投用MIP和LTAG技术前后该催化裂化装置的平衡催化剂性质如表3所示。FDFCC-Ⅲ工艺采用MLC-500型催化剂，MIP和LTAG工艺采用了CDC型催化剂。由表3可以看出：投用MIP和LTAG技术后，平衡催化剂的活性有所降低，分别为63.8%和62%；再生器的再生效果较好，定碳质量分数均不大于0.05%，装置改造前后平衡催化剂的堆密度、孔体积数值相近，但改造后催化剂比表面积有所下降；但是重金属Ni、Ca、V的质量分数与之前平衡催化剂有较大提高，改造前催化剂Ni含量为4429.0mg/kg，目前催化剂Ni含量为8196.8mg/kg。平衡催化剂Ca含量由616.0mg/kg变为1499.8mg/kg。平衡催化剂V含量由1155.6mg/kg变为5300.5mg/kg。这与原料中重金属含量大幅增加有关。

表 3　改造前后催化裂化装置的平衡催化剂性质

项　　目	FDFCC-Ⅲ	MIP+LTAG
型号	MLC-500 型	CDC 型
活性/%	63.8	62
定碳/%	0.03	0.05
堆密度/(g/mL)	0.87	0.77
孔体积/(mL/g)	0.28	0.3
比表面积/(m^2/g)	105	97.8
重金属/(mg/kg)		
Fe	7032.4	8244.8
Ni	4429.0	8196.8
Na	2032.4	1750.8
Sb	1073.3	1771
Ca	616.0	1499.8
Cu	36.0	45.3
V	1155.6	5300.5

4　装置运行结果

FDFCC-Ⅲ的标定能耗为 60.07 kg 标油/t，改造后装置标定能耗为 50.79kg 标油/t，改造后装置能耗大幅度降低。这是因为在反应过程中，MIP 工艺的氢转移、异构化等放热效应的反应比例较高，导致过剩热上升，发气量增加，装置能耗降低。投用 MIP 和 LTAG 技术前后催化裂化装置的产品分布如表 4 所示。由表可知，投用 MIP 和 LTAG 技术后汽油收率由 38.0%提高到 41.2%，柴油收率降低了 1.2 个百分点，柴汽比降低了 0.08 个百分点，液化气收率由 19.6%降低到 15.8%，干气产率上升 1.2 个百分点，轻收提高 2 个百分点。但是油浆和焦炭产率略有增加，总液收降低了 1.8 个百分点，这是由于装置改造后原料掺渣比大幅提升，重组分难以裂化。总体来看，通过生产工艺的改进，达到了多产汽油，降低柴汽比，少产液化气的目的。

表 4　改造前后催化裂化装置的产品分布　　%

项　　目	FDFCC-Ⅲ	MIP+LTAG
干气	3.1	4.3
液化气	19.6	15.8
稳定汽油	38.0	41.2
柴油	25.8	24.6
柴汽比	0.68	0.60
油浆	5.2	5.4
焦炭	8.1	8.4

续表

项　　目	FDFCC-Ⅲ	MIP+LTAG
损失	0.3	0.3
轻收	63.8	65.8
总液收	83.4	81.6

表5　改造前后催化裂化装置的主要产品性质

项　　目	FDFCC-Ⅲ	MIP+LTAG
稳定汽油		
密度(20℃)/(kg/m^3)	731.1	745.5
族组成/%		
烷烃	55.8	34.9
烯烃	18.4	28.0
芳烃	25.9	36.2
RON	93.2	94.6
苯/(w%)	0.68	0.88
液化气组成/%(v)		
丙烯	36.5	44.3
异丁烷	21.9	17.7
正异丁烯	13.0	11.0
油浆密度(20℃)/(kg/m^3)	1081.2	1096.6
柴油密度(20℃)/(kg/m^3)	936.7	947.4

投用MIP和LTAG技术前后催化裂化装置的产品性质如表5所示。投用MIP和LTAG技术后，因汽油烯烃已满足生产要求，装置MIP循环斜管暂时没有投用，总体烯烃含量略有上升。稳定汽油中芳烃质量分数显著升高，由25.9%提高至36.3%，苯质量分数由0.68%升高至0.88%，烷烃含量有所降低，密度略有增加，辛烷值显著提高，RON由93.2提高至94.6；在原料显著变重的条件下，油浆密度(20℃)升高，由1081.2kg/m^{3}升高至1096.6kg/m^3，说明投用MIP和LTAG技术后重油的裂化深度有所升高。干气收率提高，液化气中丙烯含量显著增加，提高了经济效益。

5　结论

济南炼化公司炼油二部催化裂化装置成功应用MIP和LTAG技术。工业试验结果表明，以蜡油和渣油为原料，即使在原料掺渣比大幅度提高，性质更差的条件下，采用MIP和LTAG技术，与装置改造前FDFCC技术对比，稳定汽油的收率提高了3.2个百分点，柴汽比降低了0.08个百分点，汽油中苯质量分数由0.68%提高到0.88%，芳烃质量分数由25.9%提高至36.2%，汽油的辛烷值比原来提高了1.4，汽油性质全面改善，液化气收率下降；轻收增加2个百分点。重油加工量大大提升的同时降低了装置能耗，提高了公司的经济和社会效益。

参考文献

[1] 杨成伟. 多产异构烷烃的催化裂化工艺(MIP)的工业应用[J]. 炼油技术与工程，2004，34(9)：15-17.

[2] 许友好，张久顺，徐惠，等. 多产异构烷烃的催化裂化工艺的工业应用[J]. 石油炼制与化工，2003，34(11)：1-6.

[3] 龚剑洪，毛安国，刘晓欣，等. 催化裂化轻循环油加氢-催化裂化组合生产高辛烷值汽油或轻质芳烃(LTAG)技术[J]. 石油炼制与化工，2016，47(7)：1-5.

[4] 龚剑洪，龙军，毛安国，等. LCO加氢催化组合生产高辛烷值汽油或轻质芳烃技术(LTAG)的开发[J]. 石油学报(石油加工)，2016，32(5)：867-874.

[5] 倪前银，黄波林. LTAG技术在重油催化裂化装置的工业应用[J]. 石油炼制与化工，2017(11)：49-52.

特色资源差异化加工方案的技术探讨

蔡烈奎，张翠侦 焦祖凯 王志超

（中海油炼油化工科学研究院，山东青岛　266500）

摘　要　以中海油某原油为原料，进行差异化产品生产的技术方案探讨研究。结果表明，此中海油原油属于低硫环烷基原油，其润滑油馏分油适合生产变压器油、橡胶填充油，重质润滑油糠醛抽出油可以生产针状焦，其减压渣油可以采用丙烷脱沥青工艺生产轻脱油，然后生产150BS光亮油等产品；脱油沥青调和生产高等级道路沥青。100万t/a的资源量可以配套建设25万t轻质油高压加氢装置1套(加工包括常压馏分、针状焦焦化汽柴油馏分)、30万t/a中压加氢脱酸装置1套、30万t/a糠醛精制装置1套、6万t/a针状焦焦化装置1套、50万t/a溶剂脱沥青装置1套、30万t/a润滑油高压加氢装置1套，15000Nm^3/h制氢装置1套，40万t/a沥青调和设施1套，以及相应的污水汽提及硫黄回收装置1套。差异化产品总量占比达85.1%，免消费税产品占比达80%，初步预计吨油利润在800元以上。

关键词　环烷基原油　加工工艺　润滑油　针状焦　沥青

1　前言

环烷基原油是宝贵的石油资源[1,2]，以其馏分油为原料，采用两段或三段高压加氢工艺，加氢脱酸、糠醛精制和白土精制组合工艺可以生产出变压器油、橡胶填充油、轮胎用环保橡胶油等产品[3~6]；以其糠醛抽提副产的糠醛抽出油，可以生产针状焦产品[7]；以其减压渣油为原料，采用丙烷脱沥青工艺得到的轻脱油可以生产150BS光亮油[3,8]；脱油沥青通过调和的方式可以生产高等级道路沥青。[9,10]采用以上的整套生产工艺，可以将环烷基原油275℃以上馏分全部加工为特色产品。许加海曾提到采用特色资源打造差异化炼厂的思路和实践[11]，但其差异化产品产量总体偏少。

中海油某环烷基原油年产量只有260万t，对于规模较大的炼化企业，此原油只能进行混合加工，其原有特性不能充分发挥。本文以此原油100万t/a加工规模为研究对象，进行差异化产品加工方案的技术探讨研究，以生产润滑油、针状焦和沥青等差异化产品为主要目的，以期为较低加工规模的差异化炼厂找到一条盈利之路。

2　实验部分

2.1　原料

中海油某环烷基原油性质见表1，各馏分段收率见表2，各馏分段主要性质见表3。

表 1 中海油某原油性质

项目		中海油某原油
密度(20℃)/(g/cm^3)		0.9504
API 度		16.90
100℃运动粘度/(mm^2/s)		38.84
凝点/℃		-6
闪点(闭口杯)/℃		115
残炭/%		4.8
水分/%		0.28
灰分/%		0.028
硫含量/%		0.33
酸值/(mgKOH/g)		2.21
氮含量/%		0.37
蜡含量/%		3.6
金属分析/(mg/kg)	Fe	11.2
	Ni	6.08
	V	0.44
	Na	6.40
	K	0.24
	Ca	55.2
第一关键组分密度/(g/cm^3)		0.8933
第二关键组分密度/(g/cm^3)		0.9432
原油类别		低硫环烷基

表 2 中海油某原油各馏分段收率

馏程温度范围/℃	馏分收率/%	累计收率/%
HK~180	0.64	0.64
180~275	9.16	9.8
275~350	10.12	19.92
350~425	10.05	29.97
425~500	17.08	47.05
≥500	52.37	99.42

从表 1、表 2 可以看出，此原油属于低硫环烷基原油，蜡含量略高。100 万 t/a 的此种原油，年产汽油馏分约 0.64 万 t，柴油馏分 9.16 万 t，变压器油馏分 10.12 万 t，减二线馏分油 10.05 万 t，减三线、减四线馏分油 17.08 万 t，减压渣油 52.37 万 t。

表3 中海油某原油各馏分油性质

原料名称		常二线	减一线	减二线	减三线	减四线
密度(20℃)/(kg/m³)		0.9025	0.9099	0.9370	0.9432	0.9823
100℃运动黏度/(mm²/s)		2.44	2.11	8.43	14.18	23.3
40℃运动黏度/(mm²/s)		10.34	7.85	116.1	342.8	757.4
黏度指数		29	50	-14	-56	-30
酸值/(mgKOH/g)		3.34	2.93	4.45	5.16	5.21
倾点/℃		-51	-51	-12	12	8
闪点(闭口)/℃		145	—	—	—	—
闪点(开口)/℃		—	136	212	245	269
含硫量/(μg/g)		1783	2177	2100	2700	3000
含氮量/(μg/g)		449	565	1349	1428	2111
碳型分布/%	C_A	19.1	22.5	21.3	20.5	21.0
	C_N	37.7	37.1	37.1	36.1	30.4
	C_P	43.2	40.4	41.6	43.4	48.6
八种芳烃/(μg/g)	苯并(a)蒽(BaA)	ND	2.6	15.5	15.9	8.0
	屈(CHR)	ND	4.1	16.2	19.1	10.5
	苯并(b)荧蒽+苯并(j)	ND	ND	23.4	51.9	15.3
	荧蒽					
	苯并(k)荧蒽苯并(e)	ND	ND	0.5	0.5	0.5
	芘(BeP)	ND	ND	51.9	89.7	55.4
	苯并(a)芘(BaP)	ND	ND	9.0	15.8	10.5
	二苯芘(a, h)蒽	ND	ND	4.2	2.9	9.8
八种芳烃总和/(μg/g)		ND	6.7	120.2	195.3	109.4

表4 中海油某原油减压渣油性质

项　　目	分析结果	项　　目	分析结果
收率/%	46.8	Ca	214.3
密度(20℃)/(kg/m³)	0.9823	Na	8.0
100℃运动黏度/(mm²/s)	540.1	Mg	21.0
残炭/%	12.91	V	1.8
含硫量/(μg/g)	3400	Cu	0.5
含氮量/(μg/g)	4100	Ni	25.8
软化点/℃	30.1	饱和度/%	33.6
针入度/0.1mm	>300	芳香分/%	36.4
延度(10℃)/cm	>100	沥青质/%	7.0
蜡含量/%	3.0	胶质/%	23.0
金属含量/(μg/g)			
Fe	16.3		

结果讨论：

(1) 由表3、表4可知，中海油某原油为低凝环烷基原油，各馏分油酸值在2.3~5.3之间，硫、氮含量较低，芳烃含量较高，各馏分油黏度指数呈现“两头高、中间低”的特性；

(2) 其变压器油馏分(常二线+减一线馏分油)具有倾点低、氮含量低、芳烃含量高、黏度指数适中的特点，特别适合生产变压器油；

(3) 其减压馏分油芳烃含量高，其八种芳烃含量和PCA含量相对较低，特别适合生产环保轮胎用橡胶油；

(4) 其减压渣油针入度大、软化点低、蜡含量偏高，不能直接作为高等级道路沥青产品。从减四线馏分油其黏度指数升高趋势来看，预计其轻脱油黏度指数较高；可以考虑采用丙烷脱沥青工艺对减压渣油进行处理，考察其轻脱油生产150BS光亮油和脱油沥青作为沥青调和组分的可能性。

2.2 试验装置及过程

加氢试验采用固定床加氢试验装置，单个反应器催化剂装填量为200mL；糠醛精制试验采用双塔抽提试验装置，处理能力为1 kg/h；丙烷脱沥青试验采用连续式丙烷脱沥青试验装置，进料量为1.0 kg/h；焦化中试试验采用连续焦化中试装置，进油量为3kg/h。

3 试验结果与讨论

3.1 常二线馏分油工艺试验

常二线馏分油采用单段高压加氢精制工艺，采用的催化剂为市售加氢处理催化剂，其工艺条件及分馏后的样品性质见表5。

表5 常二线馏分油加氢工艺条件及生成油分馏后的样品性质数据

项目		条件1	条件2	变压器油标准
工艺条件	氢分压/MPa	15	15	GB 2536—2011
	反应温度/℃	310	320	
	体积空速/h^{-1}	0.5	0.5	
	氢油体积比	1000 : 1	1000 : 1	
分析项目		分析结果		U-30变压器油(通用)
		≥280℃馏分		
收率/%		90.3	89.3	
40℃运动黏度/(mm^2/s)		10.57	10.23	≯12
100℃运动黏度/(mm^2/s)		2.51	2.48	—
-20℃运动黏度/(mm^2/s)		511.3	485.2	≯1800

续表

项目		条件1	条件2	变压器油标准
黏度指数 VI		40	46	—
密度(20℃)/(g/cm^3)		0.8873	0.8821	≯0.895
倾点/℃		-51	-48	≯-40
闪点/℃		153	153	≮135
硫/(μg/g)		56	14	非腐蚀性
氮/(μg/g)		<3	<3	—
析气性/(μL/min)		+5.3	+18.8	无通用要求
击穿电压(未处理)/kV		47	48	≮30
界面张力/(mN/m)		51	45	≮40
碳型分析/%	C_A	8.5	5.0	—
	C_P	45.4	45.2	
	C_N	46.1	49.8	

结果讨论：常二线馏分油经单段高压加氢精制后其分馏后的样品各常规性质符合 GB 2536—2011 通用变压器油标准要求，但氧化安定性数据未检测。从 C_A 值数据可以看出，样品的芳烃仍然较高，可以考虑在加氢处理后增加加氢精制段，形成两段高压加氢技术，便于提高变压器油氧化安定性。

3.2 减压馏分油糠醛精制工艺试验

为充分发挥减压馏分油芳烃含量高的特点，采用加氢脱酸+糠醛一次精制工艺，抽余油可以制备 C_A 值 10%左右的轮胎用环保橡胶油，一次抽出油作为针状焦的原料。减二线、减三线、减四线馏分油糠醛精制试验结果见表6。

表6 减压馏分油糠醛精制试验条件及结果

项目		减二线		减三线		减四线	
操作条件	剂油比(m/m)	0.6∶1		0.8∶1		0.8∶1	
	抽提温度/℃	60/80		60/80		75/95	
	停留时间/min	50		50		50	
产品收率及性质		抽余油	抽出油	抽余油	抽出油	抽余油	抽出油
收率/%		76.1	23.9	81.3	18.7	77.0	23.0
20℃密度/(g/cm^3)		0.9121	1.0116	0.9263	1.0317	0.9255	—
100℃运动黏度/(mm^2/s)		5.74	9.16	13.10	30.26	19.53	—
折光率(20℃)		1.5017	1.5797	1.5069	1.5939	1.5094	—

续表

项目		减二线		减三线		减四线	
结构族组成/%	C_A	13.0	45.6	10.0	47.2	12.0	—
	C_P	46.4	30.2	45.2	35.3	52.6	
	C_N	40.6	24.2	44.9	17.5	35.4	
PCA/%		1.93	—	2.21	-	1.92	—
八种芳烃含量/(μg/g)	BaA	3.9	—	ND	—	ND	—
	CHR	1.5		ND		ND	
	BkF	ND		0.8		ND	
	BaP	ND		ND		ND	
	DBA	ND		2.0		1.5	
	BbF+BjF	ND		1.0		ND	
	BeP	ND		ND		0.6	
八种芳烃含量总和/(μg/g)		5.4	—	3.8	—	2.1	—

结果讨论：由表6可知，采用加氢脱酸+一次糠醛精制工艺，减二线、减三线、减四线馏分油都可以生产出 C_A 值不低于10%的橡胶增塑剂 芳香基矿物油产品，其PCA均小于3.0%，八种芳烃含量皆较低。其抽出油芳烃含量较高，CA值在40%以上。

3.3　减压渣油工艺试验

以减压渣油为原料，采用丙烷脱沥青工艺脱除胶质、沥青质，以得到合适的脱沥青油。以此脱沥青油为原料，采用三段高压加氢工艺，制备150BS光亮油，并对其副产的轻、中质润滑油进行橡胶增塑剂环烷基矿物油和变压器油的利用研究；对溶剂脱沥青工艺所得的脱油沥青进行生产道路沥青的可行性研究。具体工艺路线如图1所示。

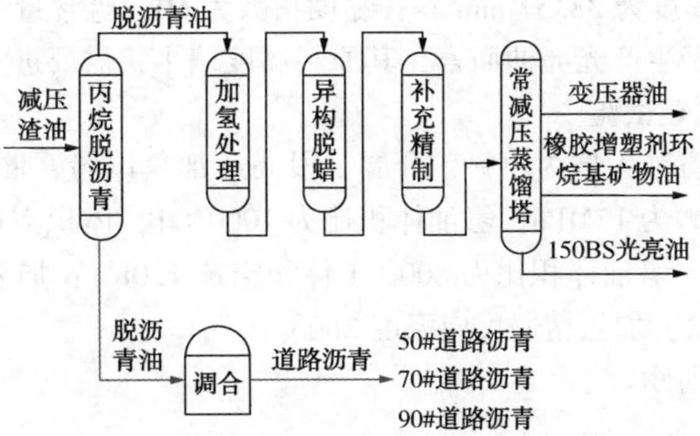

图1　环烷基减压渣油加工路线

3.3.1　溶剂脱沥青试验

以表3所示的环烷基减压渣油为原料，依托溶剂脱沥青中试装置，开展丙烷脱沥青试验。在固定抽提压力4MPa、溶剂比为6∶1、固定抽提塔温差为17℃的前提下，进行抽提温度的条件考察试验，具体试验条件及脱沥青油样品的性质如表7所示。

表7 中海油某减压渣油轻脱油性质分析

分析项目	中海油某减压渣油轻脱油
萃取塔温度梯度/℃	58/75
脱沥青油收率/%	45.3
40℃运动黏度/(mm^2/s)	1013
100℃运动黏度/(mm^2/s)	38.57
黏度指数	60
残炭/%	0.89
20℃密度/(g/cm^3)	0.9311
蜡含量/%	10.31
硫含量/%	0.22
氮含量/(mg/kg)	1878
凝点/℃	24
金属含量/(mg/kg)	
Fe	<0.2
V	<0.2
Na	0.2
Ca	<0.2
Mg	<0.2

由表7中数据可知：

脱沥青油大样的残炭为0.89%，金属总含量小于2ppm，满足加氢试验进料要求；脱沥青油大样的100℃运动黏度为38.57 mm^2/s，黏度指数为60，硫含量、氮含量较低，C_P值为58.1%，凝点较高，对于生产光亮油而言，其原料黏度偏小，需要进一步试验。

3.3.2 三段高压加氢试验

以表7所示的脱沥青油大样为原料，开展三段高压加氢试验，催化剂采用市售催化剂。加氢处理采用的反应压力为15MPa，氢油体积比为1000∶1，体积空速0.4h^{-1}；异构脱蜡采用的反应压力为15MPa，氢油体积比为800∶1体积空速1.0h^{-1}；加氢处理反应温度382℃、异构脱蜡反应温度340℃、加氢精制反应温度260℃。

各产品性质如表8所示。

表8 轻脱油三段加氢试验的工艺条件和产品性质

分析项目	变压器油	N4006	N4016	光亮油
切割温度/℃	280~360	360~420	420~480	≥480
收率/%	6.59	9.16	26.25	51.83
密度(20℃)/(g/cm^3)	0.8770	0.9042	0.9102	0.8935
100℃运动黏度/(mm^2/s)	—	6.28	16.59	32.84

续表

分析项目		变压器油	N4006	N4016	光亮油
40℃运动黏度/(mm^2/s)		8.30	63.92	329.2	621
黏度指数			3	-8	81
倾点/℃		<-57	-24	-15	-12
闪点(开口)/℃		140	215	224	300
颜色/赛氏号		>+30	>+30	>+30	+28
紫外光安定性/赛氏号		+28	+28	+20	+5
热安定性/赛氏号		+30	+30	+30	+15
碳型分布/%	C_A	0.7	0	0	/
	C_P	45	46.5	55.6	
	C_N	54.3	53.5	44.4	

由表 8 可知：

(1) 三段加氢后得到的≥480℃馏分段 100℃运动黏度为 32.84mm^2/s，黏度指数为 81，倾点为-12℃，开口闪点为 300℃，满足 150BS 光亮油的指标要求；其总体收率相对减压渣油为 21.16%；

(2) 副产的 280~360℃馏分 20℃密度、40℃运动黏度、倾点、闭口闪点等性质满足 GB 2536-2011 通用变压器油基础油 40#的指标要求；360~420℃馏分段的主要性质满足 HG/T 5085 中 N4006 橡胶增塑剂环烷基矿物油的指标要求；420~480℃馏分段的主要性质满足 HG/T 5085 中 N4016 橡胶增塑剂环烷基矿物油的指标要求。

经分析测试，生产 150BS 光亮油的加氢工艺氢耗为 2.26%(重量)。

3.3.3 DOA 调和生产沥青试验

因轻脱油黏度较小，脱油沥青调和生产沥青主要考虑将脱油沥青与抽出油进行调和方案。调和比例及主要性质见表 9。

表 9 抽出油与脱油沥青调和试验

项　　目	调和后产品性质					
调和比例	20∶80	21∶79	23∶77	27∶73	32∶68	35∶65
软化点/℃	54.5	53.1	52	48.6	45.6	43
25℃针入度/0.1mm	28	29	32	52	72	88
10℃延度/cm	—	4	—	10	>150	>150
15℃延度/cm	45	>100	—	—	—	—
蜡含量/%	—	—	—	—	2.1	—

由表 9 可知，根据 JTG F40 标准要求，50 号沥青软化点及 10℃延度不符合要求，因此不能调和出合格的 50 号沥青样品；调和比例 20∶80 时，30 号沥青软化点及 15℃延度仍不符合要求，因此也不能调和出合格的 30 号沥青样品；在质量比 32∶68 时，沥青的各项指标均满足相应标号(70 号)A 级沥青的要求。

4. 抽出油生产针状焦试验

将减三、减四抽出油进行混合，其性质见表10。

表10 糠醛一次抽出油性质

分析项目		抽出油	针状焦原料指标
20℃密度/(g/cm³)		1.033	≮1.00
100℃运动黏度/(mm²/s)		34.75	—
C/%		88.94	—
H/%		9.41	—
O/%		0.84	—
S/%		0.329	≯0.5
N/%		0.48	—
相对分子质量		352	—
残炭/%		0.45	≤4
灰分/%		0.001	≤0.05
甲苯不溶物/%		0.005	—
三环+四环芳烃含量/%		37.5	30~50
微量元素/(mg/kg)	钒	<0.2	镍+钒≤50
	镍	<0.2	

从表10可以看出，抽出油性质符合针状焦的原料指标要求。

在实验室采用焦化中试装置进行针状焦的探索性试验，其中针状焦收率36.7%，气体产品20.3%，石脑油产品18%，轻柴油组分24%左右，得到产品性质见表11。

表11 实验室针状焦样品分析结果

分析项目		NB/SH/T 0527			针状焦样品
		1号	2号	3号	
硫含量/%		≤0.5	≤0.5	≤0.5	0.39
氮含量/%		≤0.5	—	—	1.15
灰分/%		≤0.3	≤0.3	≤0.3	0.05
真密度/(g/cm³)		≥2.12	≥2.11	≥2.10	2.17
微量元素/(mg/kg)	硅	300	—	—	<0.2
	钒	80	—	—	<0.2
	铁	250	—	—	3.2
	钙	100	—	—	<0.2
	镍	150	—	—	<0.2
	钠	100	—	—	0.8
热膨胀系数/(10^{-6}/℃)		≤1.5	≤2.0	≤2.5	0.9

结果讨论：

糠醛抽出油经过中试试验，其主要指标基本满足 NB/SH/T 0527 标准中 2 号和 3 号石油针状焦的标准，除氮含量超标外，其余性质满足 1 号针状焦的指标要求。

5 生产工艺流程讨论

按照以上工艺流程，对 100 万 t/a 炼厂的生产装置及物料平衡统计如表 12。

表 12 100 万 t/a 原油加工物料平衡表

原 料	万 t/a	加工方案	需要生产装置及规模	合计所需生产装置数量及规模	产品产量
石脑油	1.22	作为化工原料	无	无	化工原料：1.22 万 t/a
轻柴油	9.16	生产轻柴油或溶剂油	高压加氢装置 10 万 t/a	25 万 t/a 轻质馏分高压加氢装置 1 套(加氢处理+加氢精制)	轻柴油 7.5 万 t/a，变压器油 8.5 万 t/a；化工原料 3.28 万 t/a
常二、减一线馏分油	10.12	生产变压器油	高压加氢装置 10 万 t/a		
减二线馏分油	10.05	生产芳香基橡胶增塑剂及抽出油	中压加氢脱酸装置+糠醛精制装置各 10 万 t/a，2 万 t/a 针状焦	30 万 t/a 中压加氢脱酸装置 1 套；30 万 t/a 糠醛精制装置 1 套；6 万 t/a 针状焦焦化装置 1 套	芳香基橡胶增塑剂 21.7 万 t/a；针状焦 2 万 t/a；气体 1.1 万 t/a，化工原料 1.1 万 t/a，轻柴油 1.3 万 t/a
减三线馏分油	13.38	生产芳香基橡胶增塑剂及抽出油	中压加氢脱酸装置+糠醛精制装置各 14 万 t/a；2.7 万 t/a 针状焦		
减四线馏分油	3.70	生产芳香基橡胶增塑剂及抽出油	中压加氢脱酸装置+糠醛精制装置各 4 万 t/a；0.7 万 t/a 针状焦		
减压渣油	52.37	生产光亮油及环烷基橡胶增塑剂、沥青	50 万 t/a 溶剂脱沥青装置、23.5 万 t/a 三段润滑油高压加氢装置、28.8 万 t/a 沥青调和设施	50 万 t/a 溶剂脱沥青装置 1 套、30 万 t/a 三段润滑油高压加氢装置 1 套、40 万 t/a 沥青调和设施 1 套	150BS 光亮油 12.2 万 t/a；6.2 万 t/aN4016；2.2 万 t/aN4006；1.5 万 t/a 变压器油；轻柴油 0.7 万 t/a；化工原料 0.7 万 t/a

由表 12 可知，经过上述组合工艺后，100 万 t 的特种原油需要 100 万 t/a 常减压装置 1 套、25 万 t 轻质油高压加氢装置 1 套(加工包括常压馏分、针状焦焦化汽柴油馏分)、30 万 t/a 中压加氢脱酸装置 1 套、30 万 t/a 糠醛精制装置 1 套、6 万 t/a 针状焦焦化装置 1 套、50 万 t/a 溶剂脱沥青装置 1 套、30 万 t/a 润滑油高压加氢装置 1 套，15000Nm^3/h 制氢装置 1 套，40 万 t/a 沥青调和设施 1 套，以及相应的污水汽提及硫黄回收装置 1 套。100 万 t 特色资源生产化工原料 6.3 万 t、轻柴油或特种溶剂油组分 9.5 万 t、变压器油基础油 10 万 t、芳香基橡胶增塑剂 21.7 万 t/a、环烷基橡胶增塑剂 8.4 万 t、光亮油 12.2 万 t、针状焦 2 万 t、沥青 42.3 万 t(需外购芳烃油 13.5 万 t)。其中润滑油基础油+橡胶增塑剂+针状焦+沥青等差异化产品总量达到 96.6 万 t。其中免消费税产品如化工原料、变压器油、橡胶增塑剂、石油焦、沥青等产品总量达到 90.7 万 t。产品中，如光亮油、针状焦都是目前市场价格高的产

品，仅这两个产品年产生经济效益约 6 亿元左右。按现有原油体系价格和我国税收政策对 100 万 t 原油生产的所有产品进行核算，预计其总的利润在 8 亿元以上。

6 结论

中海油某特色原油采用差异化的加工工艺可以生产优质的变压器油、橡胶增塑剂、150BS 光亮油、针状焦、沥青等产品，100 万 t/a 的特种原油和外购 13.5 万 t 芳烃燃料油，可以生产润滑油基础油+橡胶增塑剂+针状焦+沥青等差异化产品总量达到 96.6 万 t，占总进料比例 85.1%；生产免消费税产品如化工原料、变压器油、橡胶增塑剂、石油焦、沥青等产品总量达到 90.7 万 t，占总进料比例达 80%。需要建设包括常减压装置、轻质油高压加氢装置、中压加氢脱酸装置、糠醛精制装置、针状焦焦化装置、丙烷脱沥青装置、润滑油高压加氢装置、沥青调和设施、制氢装置和污水汽提及硫黄回收等辅助装置等，共 10 套主要装置，t 油利润在 800 元以上。

参 考 文 献

[1] 王力波，蒋世滨. 环烷基基础油市场供需分析及其应用发展[J]. 石油商技，2017(2)：4-9.
[2] 陈文燕，唐海军，丁恬甜，等. 环烷基原油的特点及环烷基基础油市场供需分析[J]. 石油商技，2013(1)：47-51.
[3] 李国英，范惠明，孙晓瑜，等. 全氢工艺生产优质环烷基润滑油[J]. 润滑油，2001，16(6)：23-27.
[4] 尹宏. 全氢法高压加氢工艺生产优质环烷基橡胶油产品[J]. 橡胶科技市场，2004(4)：18-21.
[5] 付玉娥，于恩强，商希红，等. 环保橡胶油的研究开发及工业化[J]. 润滑油，2011，26(5)：7-11.
[6] 田义斌，张翠侦，马莉莉，等. 环烷基减三线馏分油生产环保橡胶油工艺研究[J]. 石油炼制与化工，2017，48(6)：69-72.
[7] 瞿国华. 延迟焦化工艺与工程[M]. 北京：中国石化出版社，2017：211-221.
[8] 汪军平，王华，田凌燕，等. HVIH150BS 光亮油研制[J]. 润滑油，2011，06：16-19.
[9] 杨书显. 脱油沥青调和降蜡生产重交通道路石油沥青[J]. 石油沥青，2006，20(1)：9-11.
[10] 田原宇，程建，罗运华. 脱油沥青生产道路沥青方案研究[J]. 石油炼制与化工，2005，19(4)：20-25.
[11] 许加海. 打造差异化炼厂的探索与实践[J]. 产业与投资，2017(21)：64.

焦化煤油馏分加氢生产液体石蜡原料技术研究及工业应用

徐大海，丁　贺，陈　光，牛世坤，李　扬，郭　蓉

（中国石化抚顺石油化工研究院，辽宁抚顺　113001）

摘　要　介绍了抚顺石油化工研究院（FRIPP）开展的焦化煤油馏分加氢生产液体石蜡原料的工艺试验研究结果及工业应用情况。中型试验结果表明，处理典型的焦化煤油馏分，在反应压力5.5MPa、平均反应温度为320℃、体积空速为1.5h^{-1}、氢油体积比400或反应压力4.5MPa、平均反应温度为320℃、体积空速为1.0h^{-1}、氢油体积比400的条件下，可以将其硫含量和碱氮含量降低至1.0μg/g以下，满足液体石蜡原料的质量要求。工业应用结果表明，焦化煤油馏分加氢生产液体石蜡原料是完全可行的。该研究结果为缓解液体石蜡原料紧张，提高焦化馏分油的附加值提供了一条新的技术路线。

关键词　焦化煤油　加氢　液体石蜡原料

液体石蜡是指C_6~C_{20}的正构烷烃混合物，其性状为无色透明油状液体。它是一种重要的石油化工产品，可用于生产食品添加剂、饲料蛋白、表面活性剂、洗涤剂、润滑油添加剂、油田化学品、变相储能材料等[1]。液体石蜡通常由尿素脱蜡和分子筛脱蜡两种工艺方法生产，其原料主要来源于直馏煤油。直馏煤油通过加氢精制，脱除其中的硫、氮等杂质，使硫含量和碱氮含量达到1μg/g后，可以作为生产液体石蜡的原料[2~4]。但是，由于直馏煤油也是生产航空煤油的主要来源，而且目前我国航空运输业正处于高速发展时期，航空煤油需求量快速增加，造成直馏煤油供应紧张。为了扩大液体石蜡原料的来源，采用焦化煤油馏分为原料，通过加氢精制，生产出硫、碱氮等杂质含量合格的液体石蜡原料，对于缓解直馏煤油供应紧张和提高炼油企业经济效益，具有重要的现实意义[5-6]。

与直馏煤油相比，焦化煤油馏分芳烃含量较低，加氢精制后链烷烃含量与直馏煤油基本相当，比较适合作为生产液体石蜡的原料[7]。但其碱氮含量远高于直馏煤油，脱除难度较大。能否采用加氢活性较高的催化剂和适宜的工艺条件，生产出硫、碱氮等杂质含量合格的液体石蜡原料？为此，中国石化抚顺石油化工研究院（FRIPP）开展了焦化煤油馏分加氢生产液体石蜡原料的工艺研究，以确定该技术方案的可行性，同时为企业建设同类装置提供理论依据。

1　实验

1.1　实验装置和氢气

工艺试验在200mL中型试验装置上进行，该装置配备有精密的机泵、可靠的计量仪表

和先进的控制系统。反应器进料流向自上而下，反应温度用电炉瓦精确控制，压力自动调节。试验用氢气为经过高压加氢脱氧及硅胶/分子筛脱水净化处理后的电解氢气，氢气纯度大于99.9%(φ)，氧体积分数小于5 μL/L。氢气可采用循环流程，也可采用一次通过流程。中型加氢试验装置原则流程见图1。

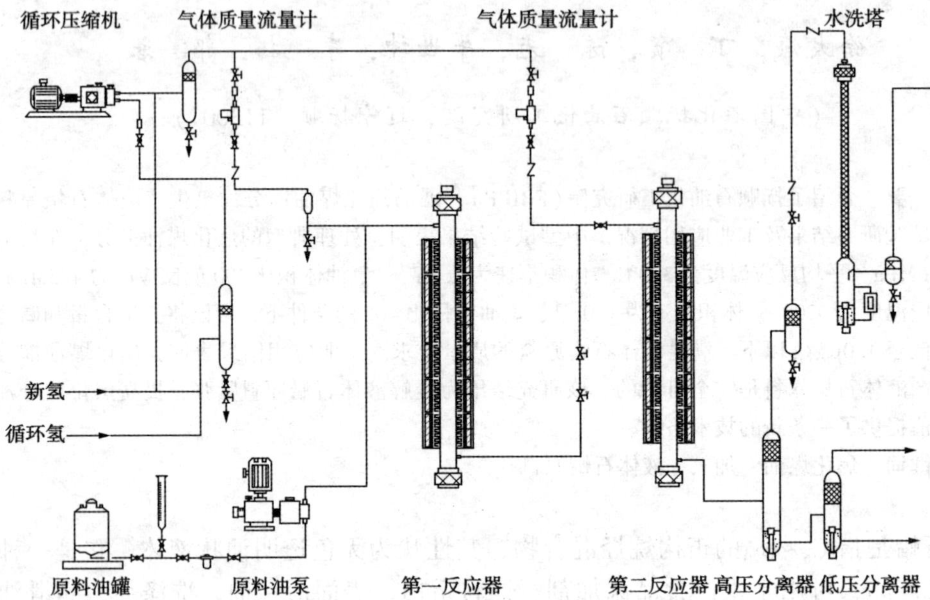

图1 中型试验装置原则流程图

1.2 催化剂

本实验采用FRIPP开发的FHUDS-6加氢催化剂[8-9]。该催化剂选用孔直径较大、圆柱形孔道较多的新型氧化铝载体。这种载体有利于反应物分子的扩散、吸附、反应和脱附。同时，对活性金属组分进行优化，改进活性金属负载方式，因而提高了有效活性中心数及其本征活性，具有较高的加氢性能。该催化剂已在国内多套大型汽柴油加氢装置上实现工业应用。催化剂理化性质见表1。

表1 FHUDS-6催化剂理化性质

催化剂	FHUDS-6	催化剂	FHUDS-6
活性金属	Mo-Ni	孔容积/(cm^3/g)	≮0.25
物理性质		比表面积/(m^2/g)	≮200
形状	三叶草条	压碎强度/(N/cm)	≮150
长度/mm	2~8		

1.3 原料油

实验原料油为取自某炼油企业焦化装置的煤油馏分，原料油性质见表2。同时，将典型的直馏煤油原料性质和液体石蜡原料要求也列于表2内，以供对比参考。

表 2 原料油性质

原料油	焦化煤油	直馏煤油	液体石蜡原料要求
密度(20℃)/(g/cm^3)	0.7940	0.7996	
馏程/℃			
IBP/10%	167/197	184/196	
30%/50%	208/214	202/207	
70%/90%	220/229	213/224	
95%/EBP	234/247	230/240	
硫/(μg/g)	505	1370	<1.0
氮/(μg/g)	386	9.6	
碱氮/(μg/g)	320	3.3	<1.0
芳烃/%	13.8	14.5	
溴价/[gBr/(100g)]	47.75	0.59	<0.2

由表 2 可以看出，焦化煤油原料氮含量和碱氮含量远高于直馏煤油原料，这说明其加氢精制脱除氮化物的难度较大。与直馏煤油原料相比，焦化煤油原料的硫含量较低，芳烃含量基本相当。

2 结果与讨论

结合现有实验结果及相近工业装置操作工况，反应压力考察范围确定在 3.5~5.5MPa，平均反应温度控制在 300~340℃，进料体积空速在 1.0~1.5h^{-1}，氢油体积比确定为 400，进行工艺试验考察。

对加氢精制煤油的硫含量、碱氮含量、芳烃及溴价等关键指标进行分析比较，从而确定该技术方案的可行性，并提出适宜的操作条件，供装置设计时参考。

2.1 反应压力的影响

首先考察了反应压力对焦化煤油馏分加氢脱硫、加氢脱碱氮的影响。确定反应平均温度为 320℃，体积空速为 1.5h^{-1}，氢油体积比 400，考察反应压力 3.5MPa、4.5MPa 和 5.5MPa 时，加氢脱杂质的情况，试验结果见表 3。

表 3 反应压力的考察试验结果

项目	数据		
工艺条件			
平均反应温度/℃	320		
体积空速/h^{-1}	1.5		
氢油体积比	400		
氢分压/MPa	3.5	4.5	5.5

续表

项　目	数　据		
生成油性质			
密度(20℃)/(g/cm³)	0.7891	0.7868	0.7825
馏程/℃			
IBP/10%	169/196	171/197	170/195
30%/50%	206/213	207/214	205/212
70%/90%	218/229	219/230	216/228
95%/EBP	233/247	234/248	232/246
硫/(μg/g)	13.5	3.7	<1.0
脱硫率/%	97.3	99.3	99.8
碱氮/(μg/g)	40.7	11.5	<1.0
脱碱氮率/%	87.3	96.4	99.7
芳烃/%	9.4	9.4	9.4
溴价/[gBr/(100g)]	0.3	0.3	0.2

由表3试验结果可见，处理焦化煤油原料，在平均反应温度为320℃、体积空速为1.5h^{-1}、氢油体积比400的条件下，当反应压力为3.5MPa时，脱硫率为97.3%，脱碱氮率为87.3%；当反应压力为4.5MPa时，脱硫率为99.3%，脱碱氮率为96.4%；当反应压力为5.5MPa时，精制煤油硫含量小于1μg/g，碱氮含量小于1μg/g，脱硫率为99.8%，脱碱氮率为99.7%。因此，当进料体积空速为1.5h^{-1}时，反应压力需要5.5MPa才能满足精制煤油硫含量和碱氮含量小于1μg/g的要求，同时也可以满足溴价不大于0.2gBr/100g的指标。

2.2 反应温度的影响

考察了反应温度对焦化煤油馏分加氢脱硫、加氢脱碱氮的影响。确定反应压力为4.5MPa，体积空速为1.5h^{-1}，氢油体积比400，考察反应温度300℃、320℃和340℃时，加氢脱杂质的情况，试验结果列于表4。

表4　反应温度的考察试验结果

项　目	数　据		
工艺条件			
氢分压/MPa	4.5		
体积空速/h^{-1}	1.5		
氢油体积比	400		
平均反应温度/℃	300	320	340
生成油性质			
密度(20℃)/(g/cm³)	0.7873	0.7868	0.7866
馏程/℃			
IBP/10%	170/196	171/197	165/194

续表

项目	数据		
30%/50%	208/215	207/214	204/212
70%/90%	220/231	219/230	218/230
95%/EBP	235/248	234/248	233/246
硫/(μg/g)	32.1	3.7	2.0
脱硫率/%	93.6	99.3	99.6
碱氮/(μg/g)	23.2	11.5	9.5
脱碱氮率/%	92.7	96.4	97.0
芳烃/%	9.7	9.4	9.3
溴价/[gBr/(100g)]	0.3	0.4	0.5

由表4试验结果可见，处理焦化煤油原料，在反应压力为4.5MPa、体积空速为1.5h^{-1}、氢油体积比400的条件下，随着反应温度的不断提高，精制煤油的硫含量由32.1μg/g下降到2.0μg/g，碱氮含量由23.2μg/g降低到9.5μg/g，均不能满足液体石蜡原料的指标要求。这表明反应温度的提高对焦化煤油馏分加氢脱硫影响较为明显，对加氢脱碱氮影响相对较小，因此，选择操作压力是应该重点考虑的问题之一。

2.3 体积空速的影响

考察了体积空速对焦化煤油馏分加氢脱硫、加氢脱碱氮的影响。确定反应压力为4.5MPa，反应温度320℃，氢油体积比400，考察体积空速1.0 h^{-1}、1.2 h^{-1}和1.5h^{-1}时，加氢脱杂质的情况，试验结果列于表5。

表5 体积空速的考察试验结果

项目	数据		
工艺条件			
氢分压/MPa	4.5		
平均反应温度/℃	320		
氢油体积比	400		
体积空速/h^{-1}	1.0	1.2	1.5
生成油性质			
密度(20℃)/(g/cm^3)	0.7850	0.7855	0.7868
馏程/℃			
IBP/10%	162/194	166/195	171/197
30%/50%	203/211	205/212	207/214
70%/90%	217/228	218/229	219/230
95%/EBP	231/245	232/246	234/248
硫/(μg/g)	<1.0	1.6	3.7
脱硫率/%	99.8	99.7	99.3

续表

项　目	数　据		
碱氮/(μg/g)	<1.0	3.0	11.5
脱碱氮率/%	99.7	99.1	96.4
芳烃/%	8.5	8.7	9.4
溴价/[gBr/(100g)]	0.2	0.2	0.4

由表5试验结果可以看出，处理焦化煤油原料，在反应压力为4.5MPa、反应温度320℃、氢油体积比400的条件下，随着体积空速不断降低，精制煤油的硫含量和碱氮含量逐渐下降。当体积空速降低到1.0h^{-1}时，硫含量和碱氮含量均小于1.0μg/g，可以满足液体石蜡原料的指标要求。这表明体积空速的降低对焦化煤油馏分加氢脱碱氮的影响较为明显，对加氢脱硫影响相对较小。因此，要实现焦化煤油深度加氢脱氮，选择适宜的体积空速也是应该重点考虑的问题之一。

综合上述试验结果可以看出，焦化煤油馏分氮含量较高，特别是其中的碱性氮化物含量也是较高的，因此，加氢脱除的难度比较大。在反应压力5.5MPa、平均反应温度为320℃、体积空速为1.5h^{-1}、氢油体积比400的条件下，可以将其硫含量和碱氮含量降低至1.0μg/g以下，满足液体石蜡原料的指标要求。如果将反应压力降低4.5MPa，在其他操作条件不变的情况下，需要将体积空速由1.5h^{-1}降低至1.0h^{-1}，精制煤油才能达到同样的加氢效果。因此，设计焦化煤油加氢生产液体石蜡原料的工业装置时，应重点考虑操作压力和体积空速。应当根据焦化煤油原料的性质、选用加氢催化剂的性能和综合投资情况来确定最终的设计条件。

3　工业应用

为满足下游分子筛脱蜡装置生产液体石蜡的需要，国内某炼油企业新建一套17万t/a焦化煤油加氢装置，为分子筛脱蜡装置提供合格的煤油馏分原料。该装置采用了FRIPP开发的焦化煤油加氢技术及配套的FHUDS-6加氢催化剂。装置于2015年6月投入生产，并于2018年8月停工检修，累计运行时间超过3年，精制煤油产品各项指标满足下游生产装置的需要。该技术的实施大幅度提高了焦化煤油馏分的附加值，缓解了液体石蜡原料不足的问题，为企业创造了良好的经济效益。

工业装置生产情况见表6。

表6　工业装置生产情况

项　目	数　据
操作条件	
高分压力/MPa	4.5
氢油体积比	500
体积空速/h^{-1}	1.24
平均反应温度/℃	313

续表

项　　目	数　　据		
油品性质	原料油	精制煤油	控制指标
密度(20℃)/(g/cm^3)	0.7936	0.7825	
馏程/℃			
IBP/10%	151/188	142/184	
50%/90%	210/225	205/223	
FBP	246	244	
硫含量/(μg/g)	505	1.0	≯10.0
氮含量/(μg/g)	362	2.0	
碱氮含量/(μg/g)	307	1.5	≯4.0
溴价/[gBr/(100g)]	40.0	0.3	≯1.0

由表6工业装置生产情况可见，在高分压力4.5MPa、平均反应温度为313℃，体积空速为1.24h^{-1}，氢油体积比500的条件下，精制煤油的硫含量为1.0μg/g，氮含量为2.0μg/g，碱氮含量1.5μg/g，溴价0.3gBr/100g，完全满足了该石化企业生产液体石蜡原料调和组分的要求。

工业应用结果表明，选择适宜的工艺条件和活性较高的催化剂加氢处理焦化煤油馏分，可以生产出合格的液体石蜡原料，在一定程度上缓解了与航煤加氢装置“争原料”的问题，具有较好的经济效益。同时，也为提高焦化馏分油的附加值，提供了一条新的技术路线。

4 小结

(1) 中型试验结果表明，在反应压力5.5MPa、平均反应温度320℃、体积空速1.5h^{-1}、氢油体积比400的条件下，可以将焦化煤油馏分硫含量和碱氮含量降低至1.0μg/g以下，满足液体石蜡原料的指标要求。如果将反应压力降低至4.5MPa，在其他操作条件不变的情况下，需要将体积空速由1.5h^{-1}降低至1.0h^{-1}，精制煤油才能达到同样的加氢效果。

(2) 工业应用结果表明，选择适宜的工艺条件和具有较高活性的催化剂，加氢处理焦化煤油馏分，可以生产出合格的液体石蜡原料，在一定程度上缓解了与航煤加氢装置“争原料”的问题，具有较好的经济效益，也为提高焦化馏分油的附加值提供了一条新的技术路线。

参考文献

[1] 张晓辉．液体石蜡的制备工艺研究[D]．西安：西安石油大学，2014.

[2] 高洪亮．延迟焦化侧线油加氢精制生产灯用煤油[J]．石油炼制与化工，1985，43(7)：17-20.

[3] 李桂华．FH-40A催化剂对煤油加氢装置的适应性试验[J]．当代化工，2005，34(6)：175-177.

[4] 周立群．Molex原料煤油加氢装置扩容改造运行分析[J]．精细石油化工进展，2001，2(10)：35-39.

[5] 霍宏敏，赵小青．加氢精制-分子筛脱蜡生产优质无味煤油[J]．石油炼制与化工，2000，31(4)：33-35.

[6] 李立权．煤油加氢技术工程化问题及对策[J]．炼油技术与工程，2011，41(12)：8-13.

[7]王震，关明华，刘继华，等．一种宽馏分焦化煤油加氢工艺方法：中国，CN101376826A[P].2009-03-04.

[8]薛金召，王滨，丁贺，等.FHUDS-6催化剂在高空速下生产超低硫柴油的工业应用[J]. 石油化工，2014，43(3)：51-53.

[9]王军，穆海涛，戴天林.FHUDS-6催化剂在4.1Mt/a柴油加氢装置上的工业应用[J]. 石油炼制与化工，2012，36(5)：49-53.

劣质重油加工技术现状与技术创新方向

李雪静，乔　明

（中国石油石油化工研究院，北京　102206）

摘　要　对目前主要的劣质重油加工加氢和脱碳技术发展现状及应用情况进行了综述。渣油加氢的优势在于液体产品收率高，连续操作，产品结构及质量好，但其对于原料中杂质含量要求较严格，投资、催化剂及氢气成本较高。焦化的优势在于原料适应性强，技术成熟度较高，不使用催化剂和氢气，投资及操作成本较低，但其液体收率较低，焦炭收率在产品结构中占比达到25%~30%。在全球劣质重油加工能力继续增长的情况下，渣油加氢和焦化作为劣质重油加工的主流技术，创新重点围绕技术、催化剂、组合工艺、关键设备、应用领域等方面，尤其是组合工艺的开发，代表了今后劣质重油加工技术的发展趋势。

关键词　劣质重油　加氢　脱碳　固定床　沸腾床　悬浮床　焦化

重质劣质原油是全球炼厂加工原料的重要组成部分，在炼厂原料结构中占很大比例。随着重质劣质原油供应量增加，炼厂加工的原料重劣质化趋势进一步加剧。同时，随着炼油行业生产过程和炼油产品向着清洁低碳方向转型，重劣质原油的深度转化和高效利用受到越来越多的关注，推动劣质重油加工技术不断进步。

目前劣质重油的加工路线主要是渣油加氢和焦化，全球新建的重质劣质原油加工装置也以这两类装置为主。渣油加氢是催化加氢路线，包括固定床、沸腾床和悬浮床三种，焦化是热加工脱碳路线，主要是延迟焦化、流化焦化和灵活焦化三种。渣油加氢投资较高，对原料灵活性有限，但生产的馏分油质量较高。焦化工艺原料灵活性好，投资较低，但生产的馏分油产品质量较差，焦炭产率高，生产过程对环境影响较大。减黏裂化和溶剂脱沥青由于转化率不高，目前较少用于劣质重油的加工。本文主要介绍渣油加氢及焦化技术最新的研发动向。

1　劣质重油加工技术发展现状

劣质重油加工工艺路线的选择，主要受原料性质、产品方案、投资操作成本等多方面因素影响。渣油加氢的优势在于液体产品收率高，连续操作，产品结构及质量好，但其对于原料中杂质含量要求较严格，投资、催化剂及氢气成本较高。全球渣油加氢能力接近1.3亿t/a。延迟焦化的优势在于原料适应性强，技术成熟度较高，不使用催化剂和氢气，投资及操作成本较低，但其液体收率较低，焦炭收率在产品结构中占比达到25%~30%。全球延迟焦化能力约为5亿t/a。

渣油固定床加氢处理技术是应用最多的渣油加氢技术，约占渣油加氢总能力的80%。可将劣质渣油转化生产轻质产品，实现脱金属、脱氮、脱硫、脱残炭和沥青质，适合于金属含量小于200μg/g、残炭小于20%的原料。开发渣油固定床加氢处理技术的公司主要有CLG（Chevron Lummus Global）、UOP、Axens、中石化等公司。CLG公司的RDS/VRDS技术在全球40余套装置应用，占全球渣油加氢处理能力的一半。开发渣油固定床加氢处理催化剂的公司包括Chevron、ART、Criterion、Topsøe等，这些公司的催化剂都形成了系列化产品，不断升级换代，提高加氢脱杂质活性。中国石化开发的FZC/RHT配套催化剂体系，具有较好的加氢/脱金属性能，可长周期稳定运转，目前已应用18套工业装置。中国石油开发的PHR系列渣油固定床加氢催化剂具有高而稳定的脱硫、脱氮、脱残炭等活性，床层压降更低，能够延长装置运转周期，已经实现工业应用。渣油固定床加氢技术比较成熟，但其转化率仅为50%左右，对原料的要求也比较苛刻，使该工艺的应用受到一定限制。目前工业运行及在建的部分固定床渣油加氢处理装置见表1。

表1 部分运行及在建的固定床渣油加氢处理装置

公司和技术名称	技术特点	应用企业	装置能力/(万t/a)
CLG公司 RDS/VRDS	可在主反应器前增加上流式保护床反应器，加工更劣质的原料，保护下游催化剂，提高下游装置处理量；操作成本和氢耗较低	科威特国家石油公司 Mina Abdulla炼厂	462
		韩国SK公司Ulsan炼厂	440
		中石油云南石化	400
		科威特KIPIC石油公司	825(在建)
UOP公司 Unionfining	可以脱除常(减)压渣油或其他重油中的硫、氮、有机金属化合物和沥青质，常用于FCC/RFCC原料预处理；选用不同的催化剂，催化剂床层前部负责除去金属，后部负责脱硫	浙江石化	500(在建)
		Valero公司St. Charles炼厂	313(设计)
		西班牙CEPSA公司 Huelva炼厂	227(设计)
中石化S-RHT	开发了配套催化剂体系，具有较好的加氢/脱金属性能，可长周期稳定运转	中石油辽阳石化	240
		中石化金陵分公司	380
中国石油PHR系列渣油固定床加氢催化剂	四叶草形催化剂，适用原料于硫含量<4%、残炭<12%、Ni+V<150μg/g的减压渣油和常压渣油，具有高而稳定的脱硫、脱氮、脱残炭等活性，床层压降更低	中石油大连西太公司	200

渣油沸腾床加氢裂化适用于金属含量小于800μg/g、残炭小于25%的原料，采用活性金属组分是镍-钼或钴-钼的非均相催化剂，渣油转化率比固定床渣油加氢高。目前Axens和CLG两家公司开发的渣油沸腾床加氢裂化技术应用最多。中国石化开发了STRONG沸腾床渣油加氢技术，正在建设50万t/a的煤焦油沸腾床加氢装置，并计划建设一套300万t/a的渣油沸腾床加氢裂化装置。工业运行的渣油沸腾床加氢裂化装置反应器最大内径达到4.1米，最高进料速率为4.7万~5万桶/日。受装置结焦结垢的限制，渣油沸腾床加氢裂化转化率最高可达到65%，但最新报道显示，通过技术创新，转化率最高可达85%。CLG公司提出了将其ISOSLURRY催化剂用于渣油沸腾床加氢裂化装置，降低结焦结垢，渣油转化率可提高到95%以上。在催化剂方面，新一代催化剂使装置的操作性能得到较大改进，特别是脱硫、脱残炭和沉积物控制方面，能在渣油转化率高达80%~85%的情况下生产稳定的低硫燃料油。催化剂供应商主要有Albemarle、Criterion公司等，开发的催化剂均可用于Axens和

CLG 工艺的装置。中国石化针对 STRONG 工艺开发了微球型 MoNi 催化剂，完成了工业试验。目前工业运行及在建的部分渣油沸腾床加氢裂化装置见表 2。

表 2 部分工业运行及计划建设的渣油沸腾床加氢裂化装置

公司和技术名称	技术特点	应用企业	装置能力/(万 t/a)
Axens 公司 H-Oil	通常采用 2 台反应器串联，条形催化剂，外置循环泵，外循环操作	美国 Motiva enterprises 炼油厂	225
		加拿大 Husky 石油公司改质厂	195
		镇海炼化	260(在建)
		恒力石化	两套 320(第一套已投产)
		盛虹石化	320(在建)
CLG 公司 LC-Fining	通常采用 3 台反应器串联，条形催化剂，循环泵内置于反应器底部，内循环操作	美国马拉松石油公司	414
		Shell 加拿大油砂沥青改质厂	261
		山东神弛化工公司	276
		西班牙石油公司 CEPSA	209
		巴林国家石油公司	374(计划)
		泰国国家石油公司	407(在建)

渣油悬浮床加氢裂化技术可加工金属含量大于 800μg/g、残炭小于 40%的劣质含硫原油的渣油、劣质稠油和油砂沥青等劣质原料，转化率通常在 90%以上。近年来国内外悬浮床加氢技术的工业化进程在加快，各项技术之间的竞争也将全面展开。其中 ENI 公司的 EST 技术已经工业应用并对外转让 3 套装置，BP、UOP、CLG 等公司也都在加快技术工业化，建设工业装置。此外，中国石油开展了 5 万 t/a 重油悬浮床加氢裂化工业试验；三聚环保公司开发的超级悬浮床技术(MCT)正在开展 150 万 t/a 煤焦油/煤沥青悬浮床项目。渣油悬浮床加氢催化剂分为固体粉末和“均相”两大类，主要功能是抑制胶质及重胶质热裂解缩合成沥青质和焦炭，使渣油在较高空速下加快反应加氢脱硫，同时生成的微量焦炭可吸附在催化剂上，减少器壁生焦累积量，及时排出反应器。各家公司采用的催化剂有所不同，其中 Eni 公司采用油溶性的微晶辉钼矿细粉催化剂，在反应器中在线分解成纳米级无载体的 MoS_2，渣油转化率>95%；UOP 公司采用廉价的铁基纳米级固体催化剂，转化率达到 90%以上。目前工业运行及在建的部分渣油悬浮床加氢裂化装置见表 3。

表 3 部分计划建设的渣油悬浮床加氢裂化装置

公司和技术名称	技术特点	应用企业	装置能力/(万 t/a)
Eni 公司 EST	油溶性钼催化剂；浆相鼓泡塔式反应器；尾油循环操作方案	Eni 公司意大利 Pavia 炼厂	126
		中国石化茂名石化	260(计划)
		浙江石化	330(在建)
		泰国国家石油公司 Sriracha 炼厂	475(在建)
BP 公司 VCC	粉末型固体催化剂；渣油 1 次通过方案，多个反应器串联；集成了加氢处理装置，直馏减压瓦斯油循环至加氢处理部分	约旦国家石油公司	660(计划)

续表

公司和技术名称	技术特点	应用企业	装置能力/(万t/a)
CLG公司VRSH	水溶性钼催化剂；尾油循环操作方案，多个反应器串联，在第2个反应器中引入直馏减压瓦斯油，提高反应原料的胶体稳定性，抑制结焦	瑞典Preem公司	250(计划)
UOP公司Uniflex	纳米级铁基固体催化剂；渣油1次通过方案，减压重瓦斯油循环至反应器参与反应；集成了加氢处理装置	巴基斯坦国家炼油公司Karachi炼厂	258
		俄罗斯Mendeleev公司	300(计划)
PDVSA公司HDHPLUS	粉末型固体催化剂；尾油循环操作方案；集成了加氢处理装置，直馏减压瓦斯油循环至连续加氢处理(SHP)部分进行加氢反应	PDVSA公司Puerto la Cruz炼厂	276(在建)
中国石油重油悬浮床加氢裂化技术	Mo、Ni系列油溶性催化剂，尾油可直接排出，也可循环至反应器继续参与反应，减压重瓦斯油循环至反应器反应；集成了加氢处理装置	中国石油抚顺石化	5

焦化能够加工金属含量高于800μg/g、残炭小于40%的劣质渣油，渣油转化率可达70%，金属脱除率约为100%。焦化技术中延迟焦化应用最多，延迟焦化在劣质重油加工中的广泛应用与该技术对原料的适应性较好、技术相对成熟密切相关。在国内外众多公司开发的焦化工艺中，Foster Wheeler、BECHTEL、Lummus和KBR等公司的延迟焦化技术居于领先地位，市场占有率居前。世界上先进的延迟焦化装置都具有大型化、先进的双面辐射加热炉、焦化操作周期短、低压低循环比、在线清焦等特点。从装置能力来看，延迟焦化仍是炼厂和合成原油改质厂主要应用的重油加工手段，预计今后其工业应用还将有所增加。灵活焦化是ExxonMobil公司于上世纪70年代开发的技术，早期受到ExxonMobil对外技术转让的限制，仅有少量工业装置建成运行，且多年以来没有新装置建设。2010年以后，灵活焦化技术开始对外推广，在建/设计的灵活焦化装置有6套，分别位于秘鲁、俄罗斯、中国、文莱。中国石化和中国石油也各自开发了焦化技术，采用中国石化石科院延迟焦化技术的装置已达到50多套，中国石油的延迟焦化技术也在7套装置实现了应用。目前工业运行及在建的部分焦化装置见表4。

表4 部分工业运行及计划建设的焦化装置

公司和技术名称	技术特点	应用企业	装置能力/(万t/a)
Foster Wheeler公司SYDEC	超低或零循环操作；专用加热炉；在线清焦；自动卸头盖	Total加拿大Edmonton油砂沥青改质厂	624
		Total-沙特阿美沙特Jubail炼厂	515
		BP美国印第安纳州Whiting炼厂	510
		美国得克萨斯阿瑟港炼厂	300(设计)
		印度石油公司Gujarat炼厂	370(设计)
		中石油广东石化	两套300(在建)

续表

公司和技术名称	技术特点	应用企业	装置能力/(万 t/a)
BECHTEL 公司 Thruplus	零自然循环；焦炭塔生焦周期较短；自动卸头盖和安全联锁；先进的密闭放空系统	Suncor 加拿大阿尔伯达省 Fort McMurray 改质厂	700
		美国得克萨斯州 Sweeny 炼厂	329.5
		美国路易斯安那 Baton Rouge 炼厂	515
		巴西 Presidente 公司 Araucaria 炼厂	151(计划)
		墨西哥 Petroleos 公司 Tula 炼厂	473(在建)
CLG 公司延迟焦化技术	循环比在 0~1；主板式焦化塔；在线蒸汽除焦；增加了分馏塔水洗区塔板	CNRL 公司加拿大 Horizaon 改质厂	630
		Pan America 公司美国路易斯安那炼厂	412
		俄罗斯 Lukoil 公司 Kstovo 炼厂	210(设计)
		印度 Chennal 石油公司	250(计划)
ExxonMobil 公司灵活焦化	连续操作；包含汽化器，可将 95%以上的石油焦转化为低热值气体	ExxonMobil 公司荷兰鹿特丹炼厂	210
		ExxonMobil 公司美国德州 Baytown 炼厂	210
		PDVSA 委内瑞拉阿穆艾炼厂	330
		俄罗斯 Gaspromneft 公司莫斯科炼厂	200(设计)
		中海石化(营口)辽宁营口炼厂	200(设计)
		恒逸石化文莱炼厂	110(在建)
中石化延迟焦化技术	双面辐射加热炉，运行周期长；在线清焦；焦炭塔生焦周期较短	中石化上海石化	220
		中石化扬子石化	240
		中石化镇海炼化	350
		盛虹石化	200(在建)
中国石油 HLDC 延迟焦化技术	加工 100%委内瑞拉超重原油渣油，攻克了供氢体循环抑制结焦、弹丸焦安全处置等关键技术	中石油辽河石化	100
		苏丹喀土穆炼厂	200
		中石油乌鲁木齐石化	120
		中石油独山子石化	120

2 劣质重油加工技术创新方向

劣质重油加工是世界炼油行业长期面临的挑战和难题，主要的炼油技术供应商和石油公司都投入了大量资源，对劣质重油加工技术进行改进和创新。延迟焦化技术工业应用已接近 90 年，沸腾床渣油加氢裂化技术工业应用已经超过 50 年，悬浮床渣油加氢裂化技术从最初研发到目前也已接近 30 年。在全球劣质重油加工能力继续增长的情况下，渣油加氢和焦化作为劣质重油加工的主流技术，围绕提高渣油深度转化能力，在技术、催化剂、组合工艺、关键设备、应用领域等方面都有创新和突破的空间，国外公司正加紧在这些领域进行技术布局。

在固定床渣油加氢方面，技术创新围绕提高液体产品收率和提高装置运行效率展开。其中一个重要方向就是开发组合工艺，例如生产低硫船用燃料油的组合工艺；与催化裂化组合提高高附加值产品产量，降低能耗；开发重油分离-渣油加氢-催化裂化组合工艺，提高汽油收率。其他创新方向还包括提高原料灵活性、延长装置运转周期、改进反应器设计等方面。催化剂的创新方向一是开发更高脱金属、脱硫、脱氮活性的催化剂，延长使用寿命；二是开展催化剂级配技术研究，提高处理原料的灵活性，提高反应效率。

在沸腾床渣油加氢裂化方面，技术创新主要有：沸腾床加氢裂化与溶剂脱沥青、催化裂化等工艺组合；用于油砂沥青改质；处理劣质重油的沸腾床加氢裂化催化剂制备。CLG 和 Axens 两家公司都开展了将渣油沸腾床加氢裂化与溶剂脱沥青相结合的组合工艺，据报道减压渣油转化率都能达到85%~90%，其中 CLG 公司的组合工艺已经在应用了 5 套工业装置。催化剂的创新重点主要有：开发新型的高活性脱硫、脱氮、芳烃饱和催化剂，适用于不同的沥青质和沉积物脱除需求；研究如何降低催化剂消耗，延长催化剂寿命；开发针对含镍、钼或钴钼等活性金属的催化剂的再生技术，降低催化剂成本。

渣油悬浮床加氢裂化在工艺方面的创新重点是：将超临界抽提与悬浮床加氢裂化组合以加工沥青质含量高的原油；开发其他组合工艺，以提高加氢效率、降低催化剂失活；处理渣油悬浮床加氢裂化装置结焦的工艺；几个反应区间实现串联，每个反应区进行加氢裂化，对重油进行部分改质。催化剂方面的创新主要有：油溶性金属催化剂的回收；自硫化油溶性 NiMo 催化剂开发；含二茂铁油溶性减压渣油悬浮床加氢裂化催化剂开发；低成本多功能催化剂开发；多反应器加氢裂化装置中降低催化剂聚集的方法；MoS2 分散型催化剂在悬浮床加氢裂化反应中的应用。

延迟焦化技术虽然比较成熟，拥有焦化技术的公司仍在不遗余力地继续寻找和拓展延迟焦化的发展空间，在提高液体产品收率/质量、延长装置运行周期、升级改进关键设备、自动控制和环保等方面持续进行创新，以及更多应用于超重原油现场改质等领域。同时，与加氢等技术组合，进一步提高渣油转化率和轻油收率。

从上面的分析可以看出，尽管渣油加氢和延迟焦化技术的创新方向各有不同，但组合工艺路线是各家公司共同关注的方向，因为组合工艺能结合各种技术的优势，提升炼厂对原油的适应能力，增强炼厂抵抗市场冲击能力和盈利能力，代表了今后劣质重油加工技术的发展趋势。

3 小结

劣质重油加工技术路线的选择对于炼油总流程的确定至关重要，各炼厂加工流程最大的不同点就是渣油加工方案。各种劣质重油加工技术路线各有特点和适用性，炼厂应根据原料性质、产品要求、投资成本、经济效益等因素综合考虑合理选择。

今后原油来源结构的变化、重劣质化趋势的加剧、油品质量标准的提升以及环保要求的趋严都给我国炼油企业带来巨大挑战，未来我国很大一部分新增炼油能力将主要加工劣质重油和含硫原油，对先进高效的重油加工技术需求极为迫切，要求重油加工技术更加适应资源特点并提高装置盈利能力，成为炼厂资源高价值利用的关键核心技术。

相比渣油固定床和沸腾床加氢技术，渣油悬浮床加氢裂化技术加工的原料更加劣质，转化率也更高，因而技术开发和应用难度也最大。目前悬浮床加氢裂化技术虽已实现工业应用，但运行和在建的工业化装置不多，仍存在高转化率下装置难以长周期运转的难点问题，在工业化过程中也还会出现一些新的问题。随着工艺的不断成熟与完善，悬浮床加氢裂化技术作为先进的渣油加工技术，有更广阔的应用前景。我国炼油企业应加强渣油悬浮床加氢裂化技术和催化剂的研发，尽快突破核心关键技术，实现工业应用，以提高我国炼油企业渣油深度转化能力，使原油资源得到更高效地利用。

参考文献

[1] 方向晨．国内外渣油加氢处理技术发展现状及分析[J]．化工进展，2011，30(1)：95-104.

[2] 张庆军，刘文洁，王鑫，等．国外渣油加氢技术研究进展[J]．化工进展，2015，(34)8：2988-3002.

[3] 任文坡，李振宇，李雪静，等．渣油深度加氢裂化技术应用现状及新进展[J]．化工进展，2016，35(8)：2309-2316.

[4] Sulfur plant and coking [EB/OL]. Hydrocarbon Publishing Company, 2014-03. http://hydrocarbonpublishing.com/.

[5] 瞿国华．延迟焦化工艺与工程[M]．北京：中国石化出版社，2008：1.

[6] Sebastian K S, Martin D W, Stylianos K. FLEXICOKING™ technology resid conversion solution for refinery energy optimization as demonstrated in the hellenic petroleum elefsina upgrade project[EB/OL]. Exxon Mobil, 2017. https://www.exxonmobilchemical.com/en/library/asset/3a220ccf4d924f6787b93c7a5948f054.

[7] 姚国欣．渣油深度转化技术工业应用的现状、进展和前景[J]．石化技术与应用，2012，30(1)：1-12.

[8] Hydrocracking and solvent extraction and deasphalting[EB/OL]. Hydrocarbon Publishing Company, 2014-06. http://hydrocarbonpublishing.com/.

庆阳石化 40 万 t/a 航煤液相加氢装置一次开车成功

王德会，赵秀文，相春娥，张　靖

（中石油华东设计院有限公司，山东青岛　266071）

摘　要　庆阳石化 40 万 t/a 航煤液相加氢装置采用中石油自主开发的、拥有自主知识产权的 C-NUM 液相加氢成套技术。该技术在工艺上具有重大突破，具有采用上流式反应器、配套开发成套反应器内构件、取消了循环油泵、流程简单、易于操作、装置能耗低等特点。

关键词　C-NUM 液相加氢技术　无循环泵　航煤液相加氢

1　前言

庆阳石化 40 万 t/a 航煤液相加氢装置是庆阳石化提质增效、转型升级的重点实施项目，也是集团公司重大技术现场试验项目。

新建航煤液相加氢装置采用中国石油自主开发、拥有自主知识产权的 C-NUM 液相加氢成套技术，该技术在工艺上有重大突破，具有无循环泵、流程简单、易于操作、装置能耗低等优点。

C-NUM 液相加氢成套技术是中石油华东设计院有限公司联合中国石油大学(华东)、浙江大学历时六年共同开发的成果，在庆阳石化 40 万 t/a 航煤液相加氢装置上获得工业验证。

该项目也是中石油集团公司重大技术现场试验项目，由集团公司科技管理部组织，工程建设分公司与庆阳石化公司共同负责实施。在建设阶段中石油科技管理部、炼油与化工分公司多次到现场督查指导，航鉴委航煤认证工作小组多次到现场调研。

庆阳石化航煤认证工作从 2017 年 5 月启动。装置自可研、基础设计、详细设计至装置开工各个阶段均在航鉴委专家介入和指导下进行工作。从生产工艺、航煤储运、添加剂、质量检验各个方面的生产准备工作完全按照航煤认证要求进行，相继召开 25 次之多的航煤生产和认证专题会，落实航鉴委和炼化板块的要求。

庆阳石化 2019 年 1 月 22 日生产航煤 1600t，分别送至石科院和空军油料研究所进行分析检测，检测合格后申请航煤鉴定认证。

2019 年 2 月 21 日，由中央军委后勤保障部军需能源局、中国人民解放军空军研究院航空兵研究所、中国石油质量安全环保部、中国石油炼油与化工分公司和中国石化石油化工科学研究院等单位六名专家组成的国产航空(舰艇)油料鉴定委员会联合化验专家组进行现场联合化验。专家组认为：庆阳石化航煤加氢产品的生产组织制度和现场设施措施符合国产喷气燃料鉴定程序要求，3 号喷气燃料质量符合 GB 6537—2018 规格指标要求，一致同意通过庆阳石化航煤产品认证请求，庆阳石化航煤液相加氢装置可以正式开工生产并销售航煤产品。

2 液相加氢原料及分析

2.1 原理

在传统滴流床反应器中，加氢反应仅发生在被烃类物流润湿的催化剂表面上。为了发生加氢反应，氢气必须扩散并溶解在液态烃类物流的液膜中，所以氢气向液相中扩散速率成为加氢反应过程总动力学的重要因素，是加氢反应的控制因素。

为了提高加氢反应速率和催化剂利用率，加速氢气扩散、溶解，就需要：

① 催化剂完全润湿；

② 气液两相物流均匀分布、充分混合，确保液体物流进入催化剂床层前就被氢气饱和；

③ 为了克服扩散限制，需要数倍化学氢耗的氢气循环，并使反应系统中的氢分压尽量高。

而液相加氢不受氢气传质的影响，反应器中的烃类物流呈液态。由于加氢反应所需的氢是通过溶解在液相中的氢气供给，所有的加氢反应均受本征反应速率(催化剂效率和实际反应速率)控制，也就是说受反应动力学控制，反应速度与溶解氢和原料中杂质浓度有关。

所以，氢气在油中的溶解度与化学氢耗是选择液相加氢技术的关键因素。

可供选择的供氢措施有：

① 提高反应压力，氢气在油相中的溶解度随之增高而增加。

② 提高反应温度，氢气在油相中的溶解度随之增高而增加。

③ 提高循环比，增加溶解氢气的液体量。

④ 增加反应床层数，增加补气点，增加混合器。

⑤ 其他措施。

2.2 操作条件的选择

应根据原料性质、产品质量指标要求、催化剂活性、化学氢耗和运转周期等因素确定反应条件。

如果为了“溶氢”而提高反应压力，将会增加装置投资和操作费用。

原则上应保证在末期反应温度条件下，反应压力应保证反应生成物基本为全液相或连续液相。

2.3 循环泵的设置

为了增加反应进料中的氢气溶解度，以满足反应所需化学氢耗的要求，国内外现有液相加氢技术均采用循环反应流出物的方案(热循环)，循环量与新鲜进料的比值称之为循环比。

采用此方案存在下列问题：

① 液相加氢所采用的循环泵处于高压条件下，处理气液固三相介质，多选用屏蔽泵，价格十分昂贵。

② 缩短新鲜原料在催化剂床层中停留时间。

③ 为增加溶解氢而提高循环比，增加的循环油会稀释反应器进料中的杂质浓度，从而

降低化学推动力。

④ 因循环油是反应流出物，经循环泵返回反应器入口，反应流出物未经过(降压)闪蒸和脱气，循环油中所含的硫化氢和氨很快就会达到“平衡浓度”。

针对加氢脱硫反应而言，硫化氢和氨的存在均会对脱硫反应具有抑制作用，进而影响脱硫、脱氮效果，尤其是加工高硫原料和深度脱硫时。

但多环芳烃在系统中累积有利于提高加氢脱芳烃的反应速度，有利于改善柴油十六烷值。

2.4 反应器型式的选择

与上流式反应器相比，采用下流式反应器存在下列问题：

① 床层需设置“排气”措施来维持液相稳定。因为“排气”物流组成复杂(可称之为“冷循环”)，该物流不能排放至分馏部分避免影响产品质量。需经换热冷却后经气液分离分出气体后凝液返回原料缓冲罐重新加工。该流程复杂且占用一定的装置加工能力。

② 随着反应的进行，氢气浓度沿反应器轴向逐步降低，会出现浓度梯度影响反应效果，或催化剂可能因为“贫氢”而结焦，出现热点。氢气的利用率低。

③ 控制系统复杂。

④ 反应系统容积利用率低。

3 C-NUM液相加氢技术的特点

由中石油华东设计院有限公司与中国石油大学(华东)、浙江大学联合开发的“C-NUM液相加氢”工艺具有如下特点。

3.1 上流式反应器和高效反应器内件

采用多床层、分段多点供氢的上流式反应器和高效反应器内件(包括注氢管、气泡发生器、文丘里管分配管、催化剂床层压盖等)有如下特点：

① 反应物流的气、液两相自下而上流过催化剂床层，介质流动方向与气体扩散方向一致，最大程度地减少了气体在反应器内局部积累的可能性，有利于将少量氢气分布均匀。

② 上流式反应器内构件少，尺寸小，结构简单、高效，内构件占用空间小，催化剂装填率高，反应器空间利用率高，检修工作量小，反应器压降小，简化反应器设计，降低投资。

③ 没有“冷循环”系统，简化了反应器控制方案，且不占用装置的工程设计能力。

④ 为了使催化剂得到充分利用，催化剂床层数的设置、供氢的分配和各床层的催化剂比例，是液相加氢技术需要进一步研究和优化的关键问题，通过优化各床层催化剂的比例、氢气分配等控制床层温升，使各床层催化剂的平均温升接近，处于“更稳定状态”。

3.2 不设置反应流出物循环泵，取消“热循环”系统

不设置高温、高压、价格昂贵的反应流出物循环泵，不仅可以提高化学反应推动力和提高脱硫、脱氮、脱芳烃的反应速度，还可以节省投资，简化流程和提高装置操作的安全性。

目前国内外的液相加氢技术均采用循环油循环流程，取消循环泵的工艺技术可以成为真

正有特色的、彻底解决传统液相加氢技术本身存在固有问题的、全新理念的自主技术。

3.3 工艺流程设计

C-NUM液相加氢技术的工艺流程设计非常灵活，可以根据装置的加工目的、操作条件和建设单位的依托条件进行工艺流程优化设计。

C-NUM液相加氢技术的基础流程示意图见图1。

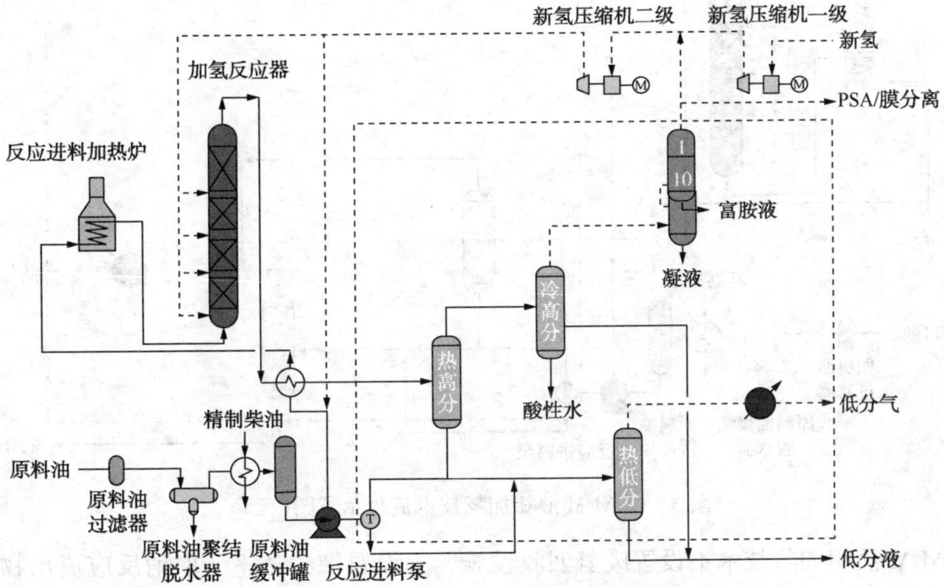

图1 C-NUM液相加氢技术流程示意图(一)

C-NUM液相加氢技术不设置液力透平流程示意图见图2。

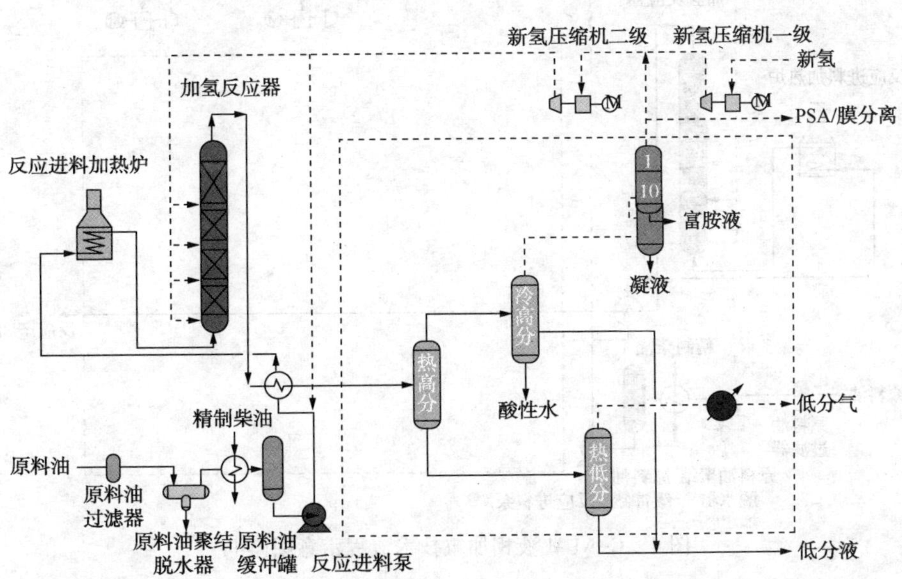

图2 C-NUM液相加氢技术流程示意图(二)

C-NUM 液相加氢技术不设置废氢回收设施的流程示意图见图3。

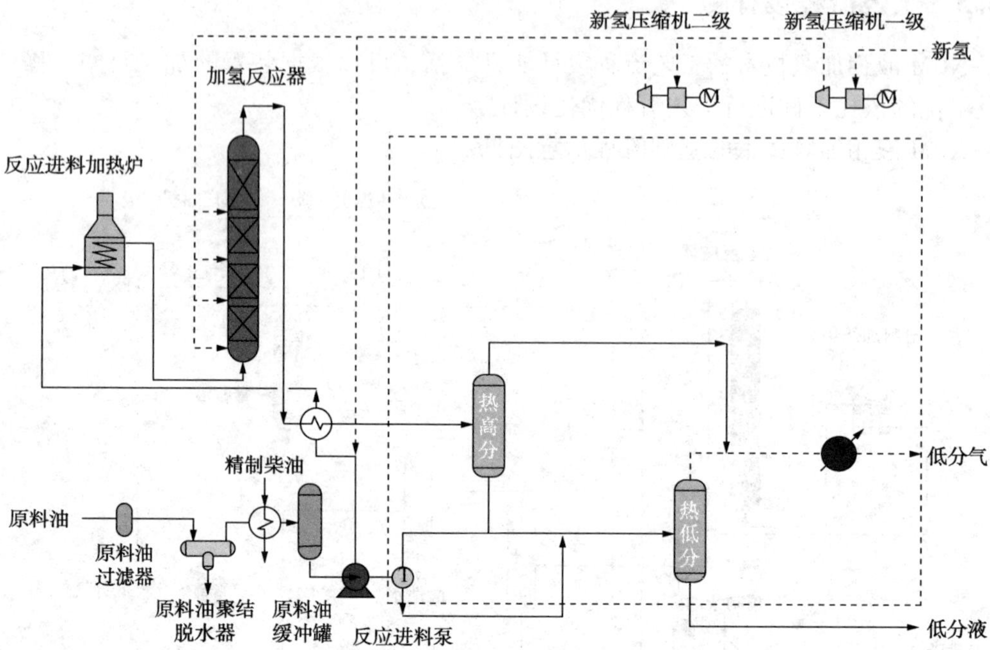

图3　C-NUM 液相加氢技术流程示意图(三)

C-NUM 液相加氢技术不设置废氢回收设施、不设置液力透平、取消反应流出物气液分离系统的流程示意图见图4。

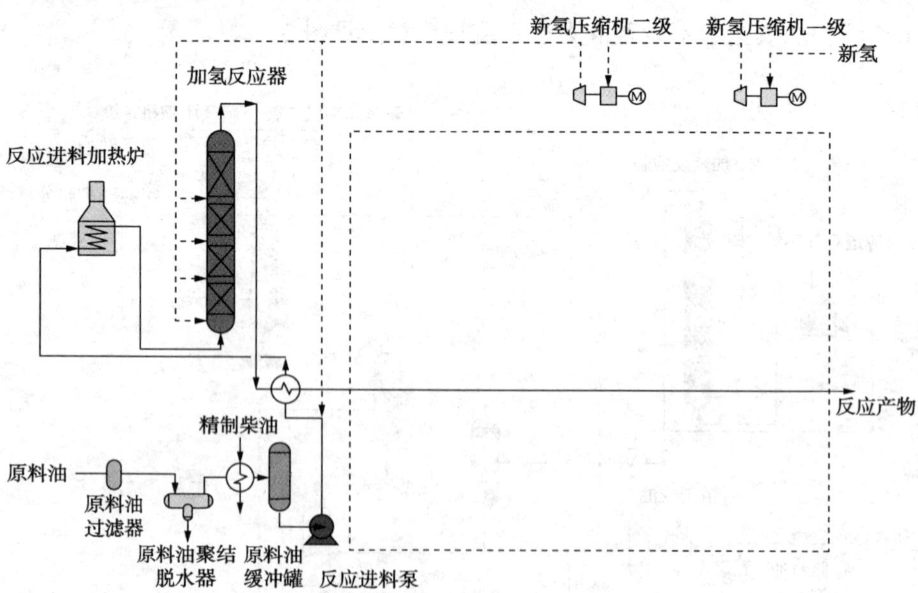

图4　C-NUM 液相加氢技术流程示意图(四)

C-NUM 液相加氢技术不设置废氢回收设施、不设置液力透平、取消反应流出物气液分离系统和新氢压缩机系统的流程示意图见图5。

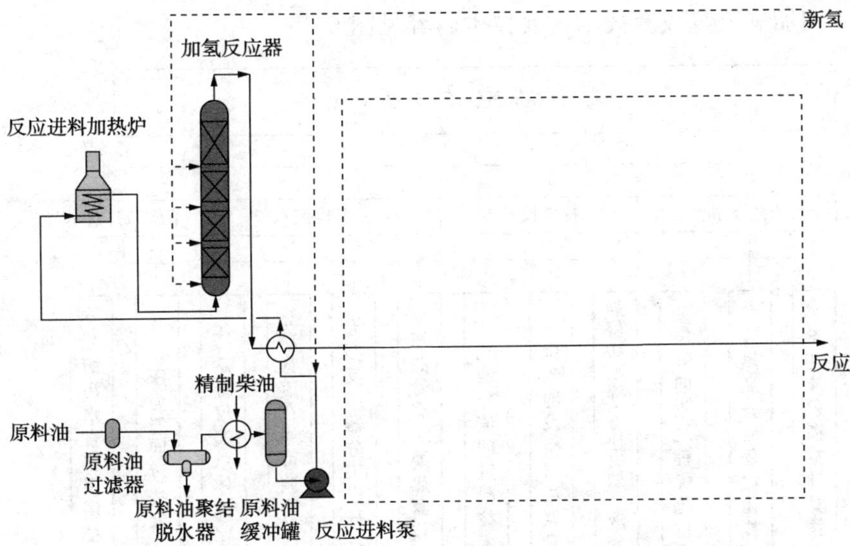

图 5 C-NUM 液相加氢技术流程示意图(五)

如根据装置规模、操作条件等因素确定设置液力透平具有经济性(见图 1 和图 3)，为避免反应流出物(含有溶解氢、过量氢和轻烃等)闪蒸汽化，影响液力透平正常运转，需设置反应流出物气-液分离系统，如不同时设置废氢回收设施，则该设施可以简化。但建议增加的分离系统计入方案评估。

如根据装置规模、氢耗、废氢排放量及氢气含量等因素确定回收废气和富氢气体则需设置反应流出物气-液分离系统，但建议增加的分离系统计入方案评估(见图 2)。

还可以根据建设单位的依托条件，如联合装置热联合，可进一步取消加热炉；有新氢来源的也可以取消新氢压缩机等系统(如图 5)。

C-NUM 液相加氢工艺与现有液相加氢工艺主要设备对比见表 1。

表 1 液相加氢技术主要设备对比表

项 目	常规工艺	液相加氢技术 A	液相加氢技术 B	液相加氢技术 C	C-NUM 液相加氢技术	备注
热高分	有	无	有	无	无/有	为设置液力透平设，可选
冷高分	有	无	无	无	无/有	为废氢回收而设
循环氢压缩机	有	无	无	无	无	
冷高分气空冷	有	无	无	无	无	
热低分空冷	有	无	有	无	无	以汽提塔代替，与塔顶回流空冷器共用，或为富氢气体回收氢气而设。
热低压分离器	有	有	有	有	无	
冷低压分离器	有	有(冷循环)	有	有(冷循环)	无	
新氢压缩机	有	有	有	有	无/有	根据供氢条件选择
循环氢脱硫塔	有	无	无	无	无	
反应器循环泵	无	有	有	有	无	
热氢汽提塔	无	无	有	无	无	
液力透平	可选择	无	有	无	可选	
反应器型式	下流式	下流式	上流式	下流式	上流式	取消“冷循环”系统。

C-NUM 液相加氢工艺成套技术主要技术内容见图6。

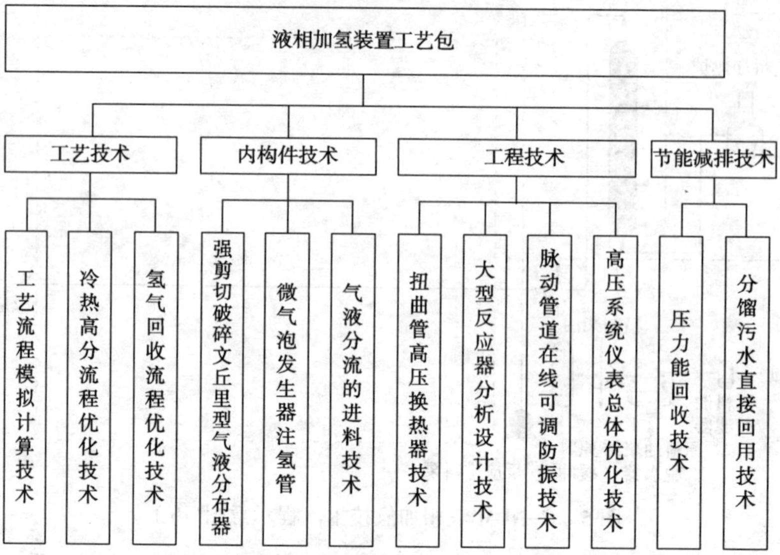

图6 C-NUM 液相加氢成套技术主要内容

4 热氧化安定性的测定方法和影响因素

4.1 热氧化安定性测定方法

(1) 动态热氧化安定性测定(GB/T 9169)

该方法采用美国 JFTOT 动态热氧化测试仪进行测定，模拟喷气涡轮发动机燃料系统实际工作环境，采用 ASTM D3241 标准，在260℃下通过稳定流速将600ml 样品一次性地连续泵送至加热器，测定生成开始生成沉淀物的初始温度，最终生成的沉淀物的颜色及过滤器上的压强变化，以此来评定燃料的热氧化安定性。

特别值得注意的一点是测定温度应经航鉴委确认，航鉴委对庆阳石化的测定温度是要求在280℃条件下满足指标要求。

(2) 静态热氧化安定性(SH/T 0241)

该方法是将一定量的油样注入悬有金属片的烧杯中，再将烧杯放入金属弹内，在80℃恒温浴中将金属弹加热至生成的沉淀物质量恒定后，称重记录，沉淀物的量越大，则表明燃料的热氧化安定性越差。

4.2 热氧化安定性的影响因素

(1) 喷气燃料中烃类受热时，产生沉淀物的倾向为：

① 烷烃、环烷烃<单环芳烃<双环芳烃<烯烃<烯基单环芳烃<烯基双环芳烃；

② 烷烃和环烷烃在高温下几乎不产生沉淀；

③ 最不稳定的为烯基芳烃。

(2) 喷气燃料中非烃化合物：

① 燃料中含有少量非烃化合物(一般不超过1%~2%)，其中包含硫化物、氮化物和氧化物，此类非烃化合物含量虽少，确是喷气燃料产生沉淀的主要因素之一；

② 硫化物中以多硫化物、高级芳香族硫醇和脂肪族硫醇最容易趋向引起氧化反应，芳香族硫醇>脂肪族硫醇>二硫化物>芳香族硫化物>脂肪族硫化物>芳香族噻吩烷>脂肪族噻吩烷>噻吩；

③ 氮化物中主要是含氮的有机碱类，它对燃料的氧化起安定作用，但如果此类化合物中有芳香族结构，则会促使燃料生成沉淀；

④ 氯化铵和硫氢化铵等铵盐的析出与分解。

5 开工小结

庆阳石化 40 万 t/a 航煤液相加氢装置工艺流程示意图见图 7。反应部分采用 C-NUM 液相加氢技术流程示意图(五)，分馏部分采用单塔-重沸炉方案。

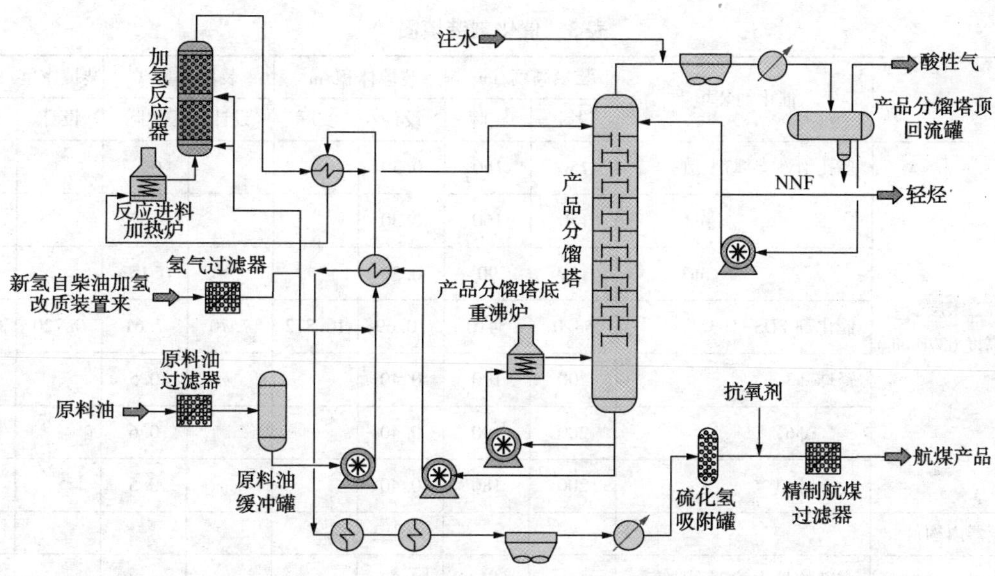

图 7 庆阳石化 40 万 t/a 航煤加氢装置流程示意图

2018 年 12 月 6 日凌晨 2 时，庆阳 40 万 t/a 航煤液相加氢装置产品硫含量小于 10μg/g，航煤产品送至低凝柴油产品罐；12 月 6 日 12 时，产品经分析化验，除静态氧化安定性以外的各项指标均达到 3 号喷气燃料要求，动态氧化安定性破点温度达到 310℃，超过航鉴委要求(280℃)；12 月 7 日，航煤产品静态氧化安定性测定为 5.8mg/L，满足航鉴委要求的≯6mg/L 的指标要求，标志着装置一次开车成功，航煤产品合格，产品改送航煤产品罐。12 月 9 日，航煤产品静态氧化安定性进一步降低至 1.2mg/L。

主要反应条件见表 2。

表 2 主要反应条件表

项 目		初期(设计值)	末期(设计值)	开工条件
反应器入口压力/MPa(g)		3.5		
体积空速(液时空速)/h^{-1}		30(保护剂) / 4(主催化剂)		-/3.0
床层入口/出口温度/℃	第一床层	245/246	280/281	244/245
	第二床层	246/247	281/282	242/243
总温升/℃		2	2	2
平均反应温度/℃		246	281	242.5
注氢量(纯氢)/(Nm^3/Nm^3 原料油)	第一床层入口	5	5.5	8
	第二床层入口	2	2.5	4

催化剂装填图见表 3。

表 3 催化剂装填图

	催化剂装填	装填高度/mm		装填体积/m^3		装填重量/t		装填密度/(t/m^3)	
		设计	实际	设计	实际	设计	实际	设计	实际
第二床层(装填高度 6370mm)	多孔惰性支撑剂 φ13	150	150	0.30			0.3		
	φ6	150	160	0.30			0.372		
	φ3	150	90	0.30			0.153		
	催化剂 FDS-103	5320	5410	10.69	10.872	7.70	7.61	0.720	0.700
	瓷球 φ3	200	190	0.40			0.5		
	φ6	200	190	0.40			0.6		
	φ13	200	180	0.40			0.5		
反应器内构件									
第一床层(装填高度 4380mm)	多孔惰性支撑剂 φ13	150	按 140	0.30			0.28		
	φ6	150	130	0.30			0.29		
	φ3	150	130	0.30			0.31		
	催化剂 FDS-103	2280	2270	4.58	4.562	3.30	3.12	0.721	0.684
	保护剂 FDS-233	650	730	1.31	1.467	0.85	0.9	0.649	0.613
	FDS-231	400	380	0.80	0.764	1.09	1.12	1.363	1.467
	瓷球 φ3	200	190	0.40			0.5		
	φ6	200	140	0.40			0.5		
	φ13	200	270	0.40			0.75		

装置物料平衡见表4。

表4 装置物料平衡表

序号	物料名称	数值					
		占比/%		kg/h		万t/a	
		标定值	设计值	标定值	设计值	标定值	设计值
一	原料						
1	直馏煤油	100.00	100.00	35417	47619	29.75	40
2	重整氢	0.28	0.16	99	75	0.08	0.06
	合计	100.28	100.16	35516	47694	29.83	40.06
二	产品						
1	航煤产品	98.82	99.88	35000	47562	29.40	39.95
2	酸性石脑油	0.98	—	346	—	0.29	—
3	酸性气	0.48	0.28	170	132	0.14	0.11
	合计	100.28	100.16	35516	47694	29.83	40.06

注：开工过程中，为兼顾生产硫含量低于10 μg/g的低凝柴油，操作温度和氢油比等操作条件均比设计工况苛刻，重整氢消耗量大；为提高塔底产品的闪点，塔顶外送部分酸性石脑油。

装置开工期间能耗见表5。

表5 装置开工期间能耗计算表

序号	项目	小时耗量		原料单耗		耗能指标		单位能耗
		单位	数量	单位	数量	单位	数量	MJ/t
1	燃料	kg/h	290	kg/t	8.188	MJ/t	32836	268.869
2	电	kWh/h	180	kWh/t	5.082	MJ/kWh	9.211	46.814
3	净化风	Nm^3/h	73.8	Nm^3/t	2.084	MJ/Nm^3	1.59	3.313
4	循环水	t/h	121.7	t/t	3.436	MJ/t	2.51	8.625
5	进料热	kWh/h	246					25.005
6	低温热	kWh/h	-1507					-153.182
	合计							199.444
						4.76	kg标准油/t原料	

注：1、总能耗低于设计值4.86kg标准油/t原料；

2、由于进料温度较低，各耗能工质中，燃料气的单位能耗超过设计值182.73MJ/t原料。

原料性质见表6。

表6 原料性质表

项目	直馏煤油	项目	直馏煤油
密度(20℃)/kg/m^3	784.3	硫醇硫含量/(μg/g)	90
馏程 ASTM D86/℃		总酸值/(mgKOH/g)	0.005
IBP/10%	151.9/162.7	氮含量/(μg/g)	1
30%/50%	169.5/177.5	烟点(ASTM)/mm	28.6
70%/90%	188.4/205.0	闭口闪点/℃	44
终馏点	216.9	冰点/℃	-59.1
硫含量/(μg/g)	186		

航煤产品性质分析见表7。

表7 航煤产品性质表

分析项目	分析数据	分析方法
黏度/(mm^2/s) 20℃	1.475	GB/T 265—1988(2004)
-20℃	3.295	
净热值/(MJ/kg)	43.24	GB/T 384—1981(2004)
烟点/mm	28.6	GB/T 382—2017
铜片腐蚀(100℃，2h)/级	1a	GB/T 5096—1985(2004)
银片腐蚀(50℃，4h)/级	0	SH/T 0023—1990(2006)
热安定性(300℃，2.5h)		GB/T 9169—2010
压力降/kPa	0	
管壁评级/级	0	
实际胶质/(mg/100mL)	<1	GB/T 8019—2008
水反应		GB/T 1793—2008
界面情况/级	1b	
分离程度/级	2	
固体颗粒污染物/(mg/L)	0.16	SH/T 0093—1991
电导率(20℃)/(pS/m)	310	GB/T 6539—1997(2004)
水分离指数	99	SH/T 0616—1995(2004)
磨痕直径/mm	0.66	SH/T 0687—2000(2007)

注：庆阳石化航煤产品油样，石油化工科学研究院分析报告单。

6 总结

(1) 通过工业试验装置验证，该技术的流程简单、灵活、能耗低，可以根据业主的要求和依托条件优化流程设计。

(2) 庆阳石化40万t/a航煤液相加氢装置通过改变操作条件可以作为低凝柴油生产装置。

(3) 采用液相加氢技术，由于硫化氢溶解于油相中，更易于与催化剂中的氧化态活性金属反应。与大量循环氢存在的固定床加氢技术相比，硫化更迅速有效。自催化剂预硫化至生产处合格产品仅用时35小时。

(4) 上流式液相加氢反应器及成套反应器内件性能优良，物流分布均匀，各床层径向温差1℃左右。

(5) 尚需进一步优化及设计注意事项：

① 液相加氢技术固有的问题和特点是系统中气体流量小，如不设置新氢压缩机则在开工阶段系统干燥时应有应对措施，需依托现场条件制订技术可行、可靠的技术方案。

② 根据液相加氢技术的特点进一步优化预硫化升温曲线，有效匹配注硫温度与注硫量的关系。

不同结构烃催化裂解过程中生成芳烃的性能比较

张金行，魏晓丽，张久顺，王　迪

（中国石化石油化工科学研究院，北京　100083）

摘　要　探究不同结构烃催化裂解生成芳烃的反应性能和反应规律，为未来增产芳烃，选择合适的催化裂解原料提供理论基础。实验结果表明，对于碳数相同、结构不同的烃类，单环环烷烃和单环芳烃催化裂解过程可以生成更多的 BTX，链烷烃不适合生产 BTX，但异构烷烃的 BTX 产率和选择性大于正构烷烃。对于不同碳数、结构相同的烃类，随着碳链长度增加，BTX 的产率与选择性均增加。环烷烃和烷基苯是多产 BTX 的优质原料，目标产物为芳烃时，原料中应有较高含量的环烷烃和烷基苯。

关键词　不同结构　催化裂解　反应性能　BTX

催化裂解工业数据表明[1]，DCC 汽油的研究法辛烷值和马达法辛烷值分别可达 97.6 和 82.3，但诱导期仅为 265min，并且具有高的芳烃含量，使其无法直接作为商品汽油[2]，因此，DCC 汽油的应用研究显得十分重要。催化裂解汽油中芳烃质量分数达到 55.55%，其中轻质芳烃质量分数为 36.63%[3]，高 BTX 浓度的催化裂解汽油可以作为 BTX 厂抽提 BTX 的优质原料[4]。目前对催化裂解反应生成低碳烯烃的研究已相对成熟，对催化裂解芳烃的生成规律不是很清楚。研究催化裂解过程不同结构烃生成芳烃的反应性能和反应规律，为未来增产芳烃，缓解芳烃供需平衡，选择合适的催化裂解原料提供理论支持。

1　实验

实验所用原料为正辛烷、正十六烷、七甲基壬烷、癸基环己烷、癸基苯等不同结构和分子量的纯烃；催化裂解催化剂由中国石化催化剂公司齐鲁分公司提供。实验在 ACE(小型催化裂化评价装置)上进行，实验条件为：反应温度 580℃，剂油比为 6，除原料不同外，其他条件完全相同。收集到的液体产物进行模拟蒸馏和 PONA 分析，气体产物通过在线气相色谱分析。

2　结果与讨论

2.1　同碳数正构烷烃和异构烷烃生成芳烃的反应规律

选用正十六烷和七甲基壬烷探究催化裂解过程中同碳数正构烷烃和异构烷烃催化裂解过程中生成芳烃的反应性能。七甲基壬烷含有大量的叔碳原子，在反应过程中较为活泼，容易发生反应，而正十六烷只有伯碳原子和仲碳原子，相较于七甲基壬烷较稳定。异构烷烃比正构烷烃更容易转化，正十六烷和七甲基壬烷催化裂解过程中的转化率分别为 56.65% 和 73.94%。

图 1 为同碳数的正十六烷和七甲基壬烷催化裂解生成芳烃和 BTX 的产率和选择性。从图中数据以看出，催化裂解汽油中，七甲基壬烷的芳烃和 BTX 的产率和选择性均高于正十六烷，七甲基壬烷的芳烃和 BTX 产率比正十六烷高 4.62 百分点和 1.59 百分点。链烷烃生成芳烃的反应与转化程度密切相关，异构烷烃较正构烷烃容易发生反应，因此，异构烷烃更容易生成芳烃和 BTX。

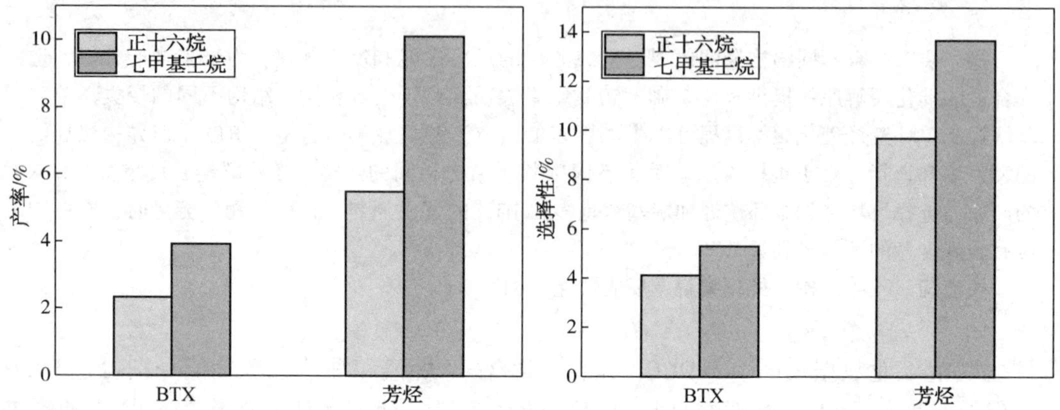

图 1　同碳数正构烷烃和异构烷烃催化裂解生成芳烃和 BTX 产率和选择性

图 2 为正十六烷和七甲基壬烷催化裂解生成 BTEX 的产率和选择性分布情况。从图中可以看出，正十六烷和七甲基壬烷的甲苯产率和选择性均最高，产率为 1.12% 和 2.38%，选择性为 1.99% 和 3.22%。正十六烷和七甲基壬烷的苯产率和选择性均最低。正十六烷的二甲苯选择性高于七甲基壬烷，达到 1.85%，相较于七甲基壬烷，正十六烷对二甲苯有更好的选择性。总体来说，带有侧链的异构烷烃相较直链烷烃有利于多产芳烃和 BTX。

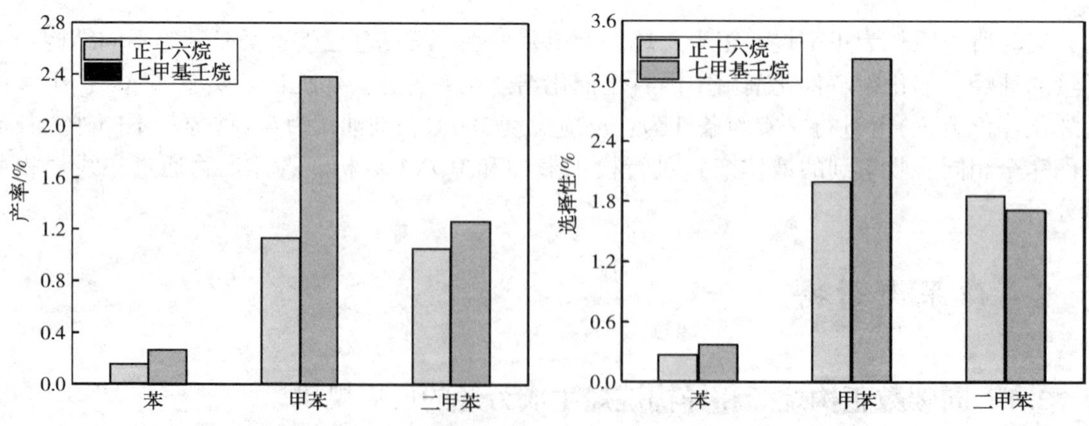

图 2　同碳数正构烷烃和异构烷烃催化裂解生成 BTXE 的产率和选择性

2.2　同碳数直链烷烃和环烷烃生成芳烃的反应规律

选用正十六烷和癸基环己烷为模型化合物探究同碳数直链烷烃和环烷烃催化裂解过程中生成芳烃的情况。其中，癸基环己烷含有一个环己烷，还存在叔碳原子，相同条件下，其转化率达到 78.19%，比正十六烷转化率高 21.54%。同碳数环烷烃比直链烷烃更容易转化。

图 3 为正十六烷和癸基环己烷催化裂解生成芳烃和 BTX 的产率和选择性。从图中可以看出，癸基环己烷的芳烃和 BTX 产率和选择性远高于正十六烷。正十六烷生成芳烃主要通过裂化、聚合、环化和芳构化的反应过程，而癸基环己烷的芳构化过程不仅可以通过裂化、聚合、环化和芳构化的反应路径，还可以通过环的直接氢转移或者脱氢反应生成芳烃。癸基环己烷芳烃和 BTX 产率分别为 27.55%和 14.79%，选择性分别为 35.23%和 18.92%。与相同碳数的正构烷烃相比，烷基环烷烃催化裂解具有相对较高的反应转化率，BTX 的产率与选择性也远高于同碳数的正构烷烃。由此看来，环烷烃对芳烃和 BTX 有较好的选择性，在以芳烃和 BTX 为目标产物时，环烷烃是良好的原料。

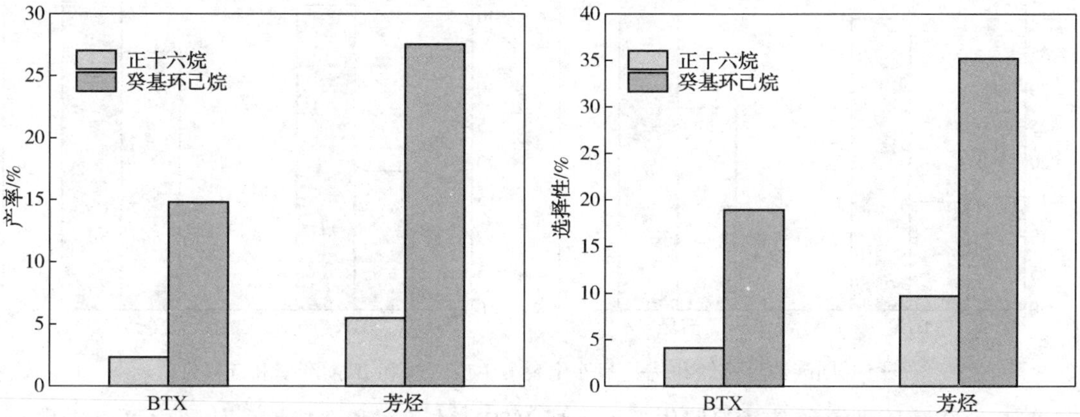

图 3　同碳数直链烷烃和环烷烃催化裂解生成芳烃和 BTX 产率和选择性

图 4 为正十六烷和癸基环己烷催化裂解生成 BTXE 产率和选择性。从图中可以看出，癸基环己烷 BTEX 产率和选择性大小顺序为：二甲苯>甲苯>乙苯>苯，其中二甲苯产率和选择性高达 8.52%和 10.90%，与癸基环己烷不同的是，正十六烷甲苯产率和选择性最高。环烷烃对芳烃有很好的选择性，比直链烷烃适于作为目标产物为芳烃的原料。

2.3　同碳数环烷烃和烷基苯生成芳烃的反应规律

以癸基环己烷和癸基苯为原料，探究同碳数环烷烃和烷基苯生成芳烃的反应性能。癸基苯的苯环的在催化裂解过程中一般不会发生反应，癸基苯含有长侧链的癸基，在催化裂解条件下极易发生断裂反应。癸基苯侧链还会环化反应，催化裂解过程中的烯烃和环烷烃主要来自侧链的反应。癸基苯转化率高达 95.47%，高出癸基环己烷 17.28 百分点。

图 5 为癸基环己烷和癸基苯催化裂解汽油芳烃和 BTX 产率和选择性。从图中可以看出，癸基苯的芳烃和 BTX 产率均高于癸基环己烷，且癸基苯芳烃产物中大部分为 BTX，癸基环己烷 BTX 产率达到 39.74%，约占芳烃产率的 88.94%。而癸基环己烷的芳烃产物中，BTX 产率占芳烃产率 53.68%。相较于环烷烃，烷基苯更有利于多产 BTX。

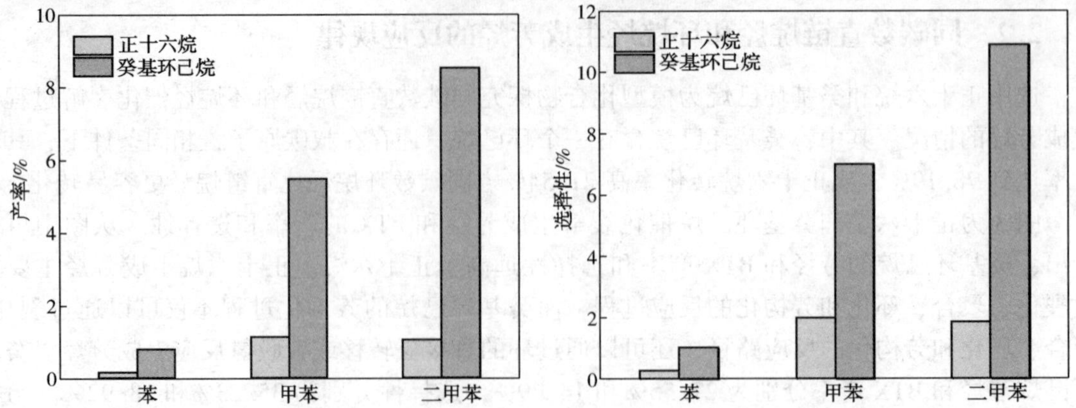

图4 同碳数直链烷烃和环烷烃催化裂解生成BTXE产率和选择性

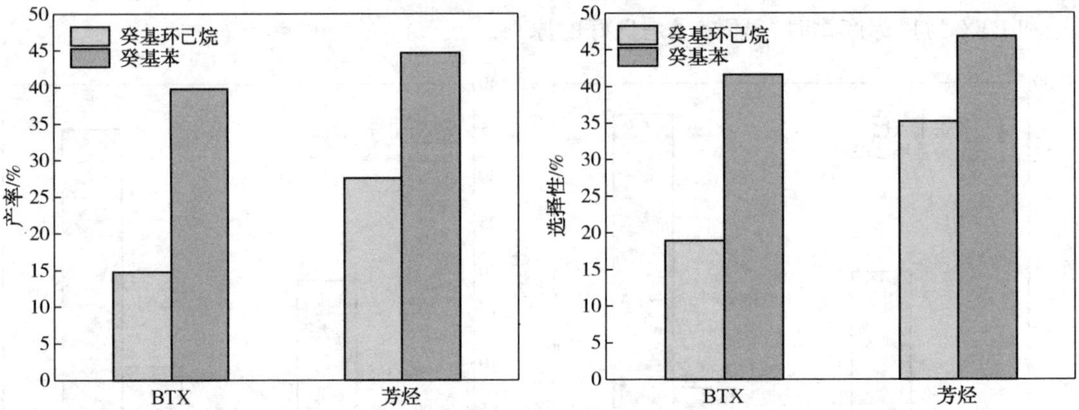

图5 同碳数环烷烃和烷基苯催化裂解生成芳烃和BTX产率和选择性

图6为癸基环己烷和癸基苯催化裂解生成BTEX的产率和选择性。从图中可以看出，癸基苯催化裂解产物中绝大部分为苯，产率达到36.24%，占总芳烃的81.11%，长侧链的烷基苯在催化裂解条件下容易从α位断裂生成苯，长侧链的烷基苯是多产苯的优质原料。癸基苯的甲苯和二甲苯产率分别为2.36%和1.39%，低于癸基环己烷3.12和7.11百分点。癸基苯也会发生部分β位断裂生成乙苯，产率和选择性分别为1.10%和1.45%。因此，长侧链烷基苯有利于多产苯，长侧链环烷烃有利于多产甲苯和二甲苯。

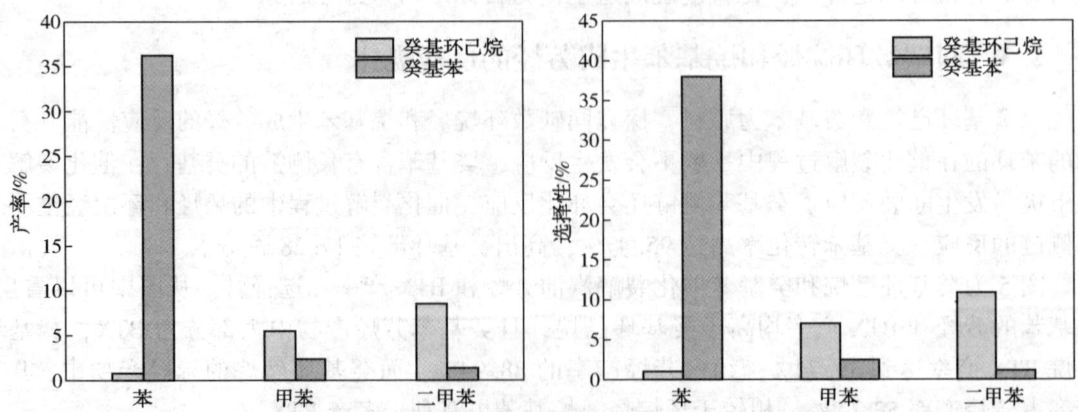

图6 同碳数烷烃和烷基苯催化裂解生成BTXE的产率和选择性

2.4 链长不同的正构烷烃生成芳烃的反应规律

分子链长短不仅对催化裂解过程中的裂化反应有影响，对催化裂解过程中生成芳烃的性能也有区别。实验用正辛烷和正十六烷探究不同链长的直链烷烃催化裂解过程中生成芳烃的反应性能。在催化裂解反应条件下，链越长越容易发生反应，正辛烷转化率为24.92%，正十六烷转化率为56.65%。

图7为正辛烷和正十六烷催化裂解的芳烃和BTX产率和选择性。从图中可以看出，正十六烷芳烃和BTX的产率远高于正辛烷，正十六烷的BTX和芳烃产率为2.33%和5.49%，正辛烷的BTX和芳烃产率仅有0.15%和0.19%。正辛烷芳烃选择性只有0.76%，而正十六烷芳烃选择性达到9.69%。直链烷烃生成芳烃主要是通过链烷烃首先发生裂化反应，生成小分子烯烃，而后小分子烯烃聚合环化为芳烃前驱体，最后通过脱氢或氢转移反应生成芳烃。对链长不同的正构烷烃来说，随着碳链长度增加，裂解反应转化率增加，BTX的产率与选择性均增加。因此，直链烷烃的碳数对芳烃和BTX的生成影响明显，碳数越多，裂解过程可以生成更多的芳烃和BTX。

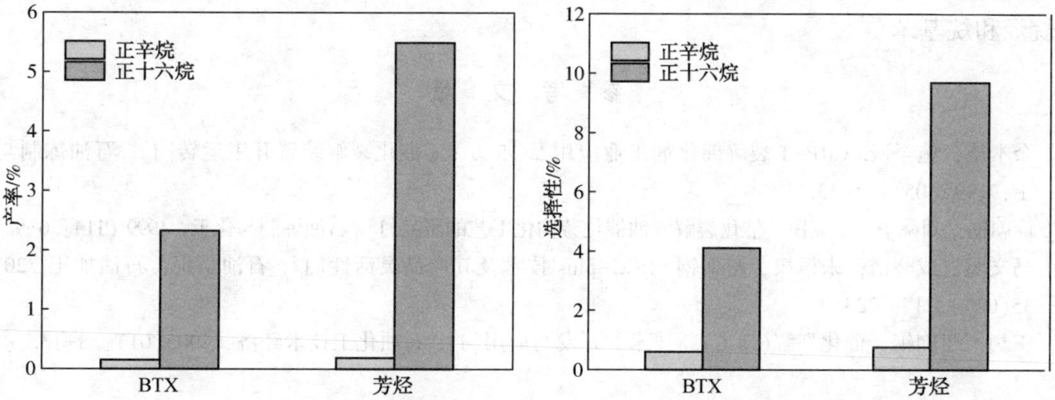

图7 链长不同的直链烷烃催化裂解生成芳烃和BTX产率和选择性

图8为正辛烷和正十六烷催化裂解过程中BTEX产率和选择性。从图中可以看出，正十六烷的BTXE产率和选择性均高于正辛烷，BTX中以甲苯和二甲苯的比例较高。正十六烷与正辛烷芳烃分布有很大差距，正辛烷的二甲苯产率和选择性为0.34%和0.88%，产率最高，而乙苯产率和选择性最低，只有0.06%和0.08%。正十六烷的甲苯产率和选择性最高，分别为1.13%和1.99%，苯产率和选择性最低，只有0.15%和0.26%。因此，链长不仅对催化裂解过程中芳烃产率和选择性有影响，对芳烃分布也有影响。直链烷烃的分子越大，生成甲苯的选择性略高。

3 结论

长直链烷烃比短直链烷烃，异构烷烃比正构烷烃、环烷烃比直链烷烃、烷基苯比环烷烃更容易生成芳烃和BTX。对于相同碳数的烃类，分子结构对芳烃的生成影响较大，大分子单环环烷烃和单环芳烃最适于生产芳烃，烷基苯最适于生产芳烃，其BTX产率可达

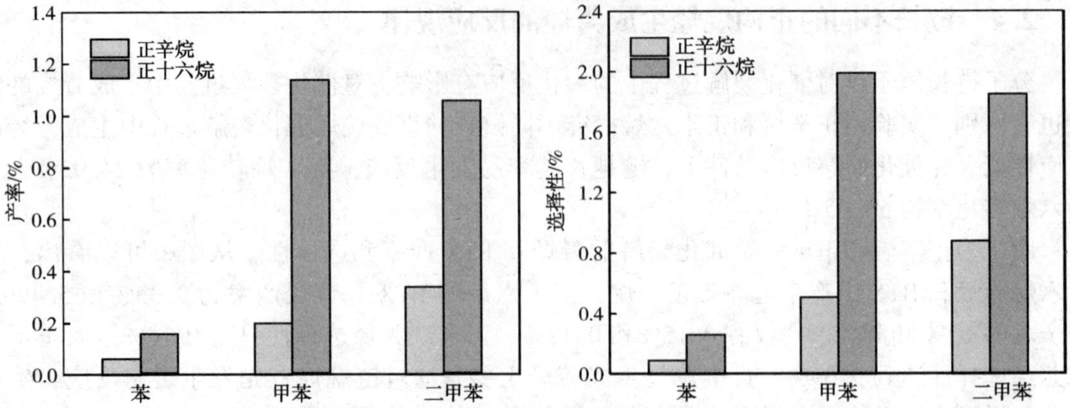

图8 链长不同的直链烷烃催化裂解生成BTXE产率和选择性

39.74%，环烷烃次之，癸基环己烷甲苯和二甲苯的产率分别为5.48%和8.50%；链烷烃不适合生产芳烃，异构烷烃的芳烃产率和选择性大于正构烷烃。对于相同分子结构的烃类，碳数越多，裂解过程可以生成更多的芳烃和BTX。目标产物为BTX时，原料中应含有较多的环烷烃和烷基苯。

参 考 文 献

[1] 余本德，施至诚. CRP-1裂解催化剂工业应用及15万t/a催化裂解装置开工运转[J]. 石油炼制与化工，1995(05)：7-13.

[2] 谢朝钢，刘舜华，王亚民. 催化裂解汽油催化芳构化工艺的研究[J]. 石油炼制与化工，1999(11)：6-9.

[3] 马文明，成晓洁，朱根权，谢朝钢. DCC-plus技术及其产品灵活性[J]. 石油学报：石油加工，2019，35(02)：217-223.

[4] 王巍，谢朝钢. 催化裂解(DCC)新技术的开发与应用[J]. 石油化工技术经济，2005(01)：8-13.

化工型炼厂关键技术分析及典型流程探索

解增忠，何　跃，吴　昊，刘必心

（中国石化石油化工科学研究院，北京　100083）

摘　要　介绍并分析了化工型炼厂的几类关键技术，包括多产化工料的加氢裂化技术和催化裂解技术以及其他转化及分离技术。在此基础上设计了两个化工型炼厂流程方案，即“浆态床渣油加氢+催化裂解（RMAC+DCC）”方案和“固定床渣油加氢+催化裂解（RHT+DCC）”方案，并与目前典型的燃料型炼厂流程方案进行了对比。初步的研究结果表明，化工型方案的吨油效益要优于传统的燃料型方案。

关键词　化工型炼厂　关键技术　燃料型炼厂　加工流程　效益对比

1　前言

在国民经济高速发展的推动下，我国炼油能力飞速发展，截至2018年底，中国炼油能力达8.31亿吨/年[1]。另一方面，在我国经济增速放缓、燃油效率技术进步以及替代能源冲击等多重因素影响下，我国成品油需求增长放缓甚至停滞，炼油能力已经出现过剩。未来几年，已经能够确定投产的炼油项目为1.1亿t/a，预计到2020年我国炼油能力将达到8.8亿t/a[2]，届时我国炼油能力将过剩1.5~2亿t/a[3]，甚至高达3亿t/a[4]。与此同时，我国芳烃和烯烃等基础有机化工原料仍有大量短缺，化工用油在2040年之前将一直保持增长态势。

国家能源局在《2016年能源工作指导意见》中提出，加快炼油产业转型升级，“鼓励多元化发展，积极开展产品深加工和柔性加工，鼓励有条件的企业从主要生产成品油调整为侧重生产化工产品”，“推进石化产业基地及重大项目建设，增强烯烃、芳烃等基础产品保障能力，提高炼化一体化水平”。可以看出，我国炼油企业从“燃料型”向“化工型”转型升级已是大势所趋。因此，如何充分利用好原油资源，实现炼油向化工方向的转变，已成为各大石油公司重点关注的问题。

本文关注的化工型炼厂是以增产化学品为主要目标，通过优化配置将原油最大限度地转化成化工原料及其衍生物，实现原油资源的高效利用，推进传统炼厂转型发展。

2　化工型炼厂关键技术

化工型炼厂需要将原本生产成品油的馏分转化为化工原料或化工产品，目前化工型炼厂主要有催化裂解驱动和加氢裂化（含加氢改质）驱动两种技术路线，如催化循环油加氢回炼生产芳烃（LTA）技术、催化柴油加氢裂化生产芳烃（RLA）技术就是将劣质催化柴油转化为BTX的重要路线。此外，利用炼厂低附加值副产品（如干气、轻烃、轻石脑油）转化为化工原料的技术，如轻烃分离、芳构化等，也有利于增产化工产品或化工原料。

2.1 催化裂解技术

为满足日益增长的丙烯需求，20世纪90年代，中国石化石油化工科学研究院(RIPP)率先开发出以重油为原料最大量生产丙烯兼产乙烯、丁烯及芳烃的深度催化裂解(DCC)技术，该技术与常规流化催化裂化(FCC)相比，丙烯产率可以提高3~4倍、丁烯产率提高1倍左右[4]。DCC技术开发成功后，ABB Lummus、UOP、Arco Chemical、KBR以及Mobil Technology等各大石油公司相继开发了多产丙烯的催化裂解技术[5]。但迄今为止，以DCC为代表的系列催化裂解技术在多产低碳烯烃领域仍然保持着世界领先的优势和良好的推广前景。RIPP在DCC技术基础上通过强化丙烯生成反应来增产丙烯并降低干气和焦炭收率，开发出了增强型催化裂解技术（DCC-PLUS)，已成功应用于海内外[6~8]。目前，DCC已成功应用于11套装置，其中国内6套，国外5套，总加工能力为1640万吨/年，其中全球最大的DCC装置隶属于沙特PetroRabigh公司，处理能力为460万吨/年。

催化裂解技术驱动路线操作成本较低，对氢气的依赖相对较弱，产品结构丰富，同时可生产乙烯、丙烯、丁二烯与BTX，还可兼顾炼油。近年来国内新建的大型炼厂中，宁波大榭石化与大庆联谊石化为DCC装置驱动。

2.2 加氢裂化技术

由于我国所加工的原油相对较重，使得国内大型石化企业长期面临生产化工品所需直馏石脑油短缺的问题。化工型加氢裂化技术通过煤、柴油循环转化、切割优化等方式可以提供大量、优质的重整料和乙烯料。

蜡油加氢裂化通过加工处理减压蜡油，可提供80%左右的化工原料，是油、化有机结合的桥梁和核心工艺[9]。化工型炼厂主要采用石脑油型和尾油型两种加氢裂化技术。石脑油型加氢裂化技术以重石脑油馏分为主要目标产品，加氢裂化重石脑油馏分产品具有硫、氮含量低，芳烃潜含量高等特点，可作为优质的重整装置原料，是炼油厂增产重整料的有效途径[10]。尾油型加氢裂化技术以尾油馏分为主要目标产品，加氢裂化尾油链烷烃含量高、氢含量高、BMCI值低，裂解产物中三烯收率较为理想，是优质蒸汽裂解原料[11]。

随着我国消费柴汽比的不断下降，炼厂柴油产率逐步压减，不仅越来越多的二次加工柴油被转化为更轻质的产品，甚至连直馏柴油也开始用于生产化工料。柴油加氢裂化技术可以用来将各种柴油馏分转化为化工原料，根据原料性质和目标产物的差异，大体上可以分为LCO加氢裂化制BTX技术和其他类型柴油加氢裂化技术两大类。

RIPP开发了利用LCO生产高辛烷值汽油的RLG技术，已进行工业应用，采用加氢裂化反应路径，将LCO中大分子芳烃转化为汽油馏分中BTX等小分子芳烃，获得高辛烷值汽油组分，在RLG基础上，开发了RLA技术，通过优化催化剂选择性，控制原料中芳烃的深度加氢饱和，尽可能将单环芳烃保留在产品中，进一步提高产物中BTX的选择性和产率。与同类技术相比，RLA技术具有BTX收率高、硫氮等杂质含量低、可直接满足抽提装置进料要求、产品选择性好、氢耗低等特点。

除了LCO加氢裂化技术以外，中国石化也开发了其他类型柴油加氢裂化技术。RIPP开发的以直馏柴油为原料的加氢转化技术，在中压条件下，采用高选择性催化剂，将原料中的环烷烃和芳烃转化富集到重石脑油馏分中，而将链烷烃富集到轻石脑油和未转化柴油中。富含链烷烃的轻石脑油和未转化柴油可作为优质的乙烯原料，高芳潜重石脑油作为优质的重整原料。该技术已经在福建联合石化50万吨/年柴油加氢装置工业应用，并即将在福建联合石化260万吨/年柴油加氢装置工业应用。RIPP开发的以直馏柴油、催化柴油、焦化柴油及轻蜡油中的一种或几种的混合油为原料的加氢转化技术，在中压条件下，采用高选择性催化剂，可最大量生产重石脑油，为连续重整装置生产杂质含量低、芳潜高的优质重整原料。中化泉州新建220万吨/年柴油加氢裂化装置采用该技术进行建设，以直馏柴油、催化裂化柴油和焦化柴油的混合油为原料，采用单段串联未转化循环的工艺流程，实现柴油馏分全转化生产重石脑油馏分。

虽然加氢裂化驱动路线投资成本与操作成本相对较高，对氢气资源要求高，但由于其具有生产方案灵活，能够同时生产乙烯料和重整料，能够兼顾生产航煤或润滑油产品的优势，近年来新建的众多大型炼厂，如恒力石化、浙江石化、盛虹石化均为加氢裂化装置驱动。

2.3 轻循环油加氢-催化裂化组合技术

随着柴油标准的日益严格，催化裂化轻循环油(LCO)作为柴油调合组分的吸引力越来越小，LCO中含有单环、双环和三环芳烃，且芳烃含量相当高，质量分数为75%~85%，可作为生产芳烃化工产品的有效补充原料。RIPP开发的LTA技术(LTAG技术的模式I)是将LCO在优化的反应条件下进行适度加氢饱和，加氢LCO再通过催化裂化生产轻质芳烃。试验结果表明，多环芳烃饱和率和单环芳烃选择性均可达到80%，C6~C10芳烃产率可达到35.55%。

UOP公司为了提供更多的二甲苯生产原料，开发了以LCO为原料生产高质量二甲苯的LCO-XTM工艺。

2.4 轻烃分离技术

催化裂化干气中富含乙烯、乙烷，可以采用预精制加深冷分离的技术路线，将催化干气先经脱硫、脱氧、脱CO_2等措施进行预处理后，再采用深冷次序分离技术，分离出富乙烯气送乙烯裂解装置进一步分离和转化。炼厂C4资源经分离后，可生产工业上用途较广的丁二烯、异丁烯、正丁烯、正丁烷和异丁烷等产品，其中正丁烷是乙烯裂解的优质原料。石脑油正异构分离技术，可将石脑油分离为富含正构烷烃的抽出液和富含非正构烷烃的抽余液，抽出液是优质的蒸汽裂解原料，而抽余液的芳烃潜含量较高，是优质的催化重整原料。该技术可同时优化催化重整和蒸汽裂解装置的原料，使石脑油的利用效率达到最优[12]。

3 典型流程的化工型炼厂加工流程评估

3.1 基础条件

(1) 原油加工总量按照1000万吨/年，加工原油为中东含硫中间基原油，测算时采用沙重、沙中1：1比例混合的原油，主要性质如表1所示。

(2) 加工路线按照化工型炼厂考虑，以生产低碳烯烃、芳烃或乙烯裂解原料为主，正常生产航煤，尽量少产汽柴油，汽柴油质量满足国VI质量标准，其中汽油质量满足国VIB乙醇汽油组分油标准。

（3）装置物料平衡数据、主要产品性质数据以及公用工程消耗数据主要依据中石化炼厂实际操作数据、石科院实验数据等为基础进行估算。其中，浆态床数据主要基于石科院开发的RMAC实验数据。

（4）为便于比较，所有方案的制氢均以天然气制氢考虑，并未考虑石油焦、沥青以及未转化油等副产品的利用。

表1 加工原油主要性质

项目	沙重	沙中	合计
加工量/(万吨/年)	500	500	1000
API	27.5	30.5	29
硫含量/%	3.1	2.48	2.79
酸值/(mgKOH/g)	0.24	0.22	0.23
残炭/%	8	5.49	6.745
总氮/(μg/g)	1900	1384	1642
镍/(μg/g)	73.16	10.5	41.83
钒/(μg/g)	90.26	27	58.63
各馏分收率/%			
轻石脑油(<70℃)	4.22	3.78	4.00
重石脑油(70~165℃)	11.21	13.7	12.46
煤油(165~240℃)	9.41	11.98	10.70
柴油(240~350℃)	16.56	18.09	17.33
轻蜡油(350~520℃)	23.16	23.69	23.43
重蜡油(520~560℃)	4.31	5.34	4.83
减渣(>560℃)	31.13	23.42	27.25

3.2 方案设计

流程中主要物料的加工路线如下：

（a）轻石脑油作为乙烯裂解原料，直馏重石脑油和加氢裂化重石脑油作为重整原料；

（b）直馏煤油经加氢精制后生产航煤产品；

（c）直馏柴油经精制后作为柴油调合组分或者经加氢裂化后生产重整料；

（d）减压轻蜡油作为加氢裂化原料或经加氢后作为催化裂化或催化裂解装置原料，减压重蜡油经加氢后作为催化裂解装置原料；

（e）减压渣油作为延迟焦化、固定床渣油加氢等装置进料；

（f）二次装置产的柴油经柴油加氢裂化后生产重整原料；

（g）二次装置产的蜡油经精制后作为催化裂化或催化裂解装置原料；

（h）催化液化气经气分装置分离出丙烯后，剩余碳四先经选择性叠合生产叠合汽油，再进烷基化装置生产烷基化油。

根据上述物料走向和化工型炼厂的测算要求，设计如下一种燃料型炼厂方案和两种化工型炼厂方案，以便于燃料型炼厂与化工型炼厂的方案比较。

（1）燃料型炼厂：延迟焦化+催化裂化方案（DC+FCC）

本方案采用延迟焦化加工减压渣油，焦化蜡油和直馏蜡油经蜡油加氢后作为催化裂化装置原料；焦化汽柴油、催化柴油等二次柴油经柴油加氢改质后生产部分重整料，直馏柴油经加氢精制后与改质柴油一起作为柴油调合组分。主要物料走向如图 1 所示。

焦化+催化裂化路线

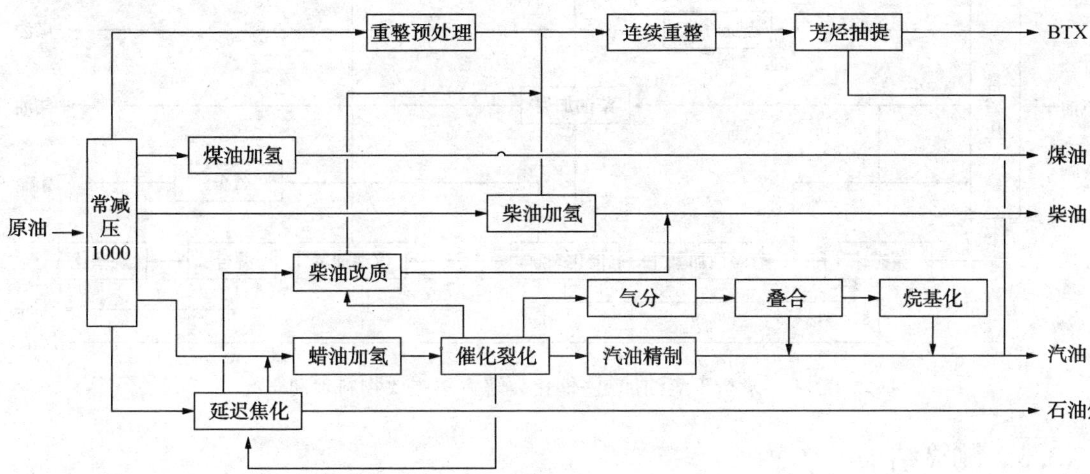

图 1　延迟焦化+催化裂化方案主要物料走向

（2）化工型炼厂：固定床渣油加氢+催化裂解方案（RHT+DCC）

本方案采用固定床渣油加氢技术（RHT）加工常压渣油，RHT 产出的石脑油和柴油经柴油加氢裂化后生产重整料，RHT 产出的加氢重油作为 DCC 原料；DCC 柴油和直馏柴油经柴油加氢裂化装置生产重整原料。主要物料走向如图 2 所示。

固定床渣油加氢+催化裂解路线

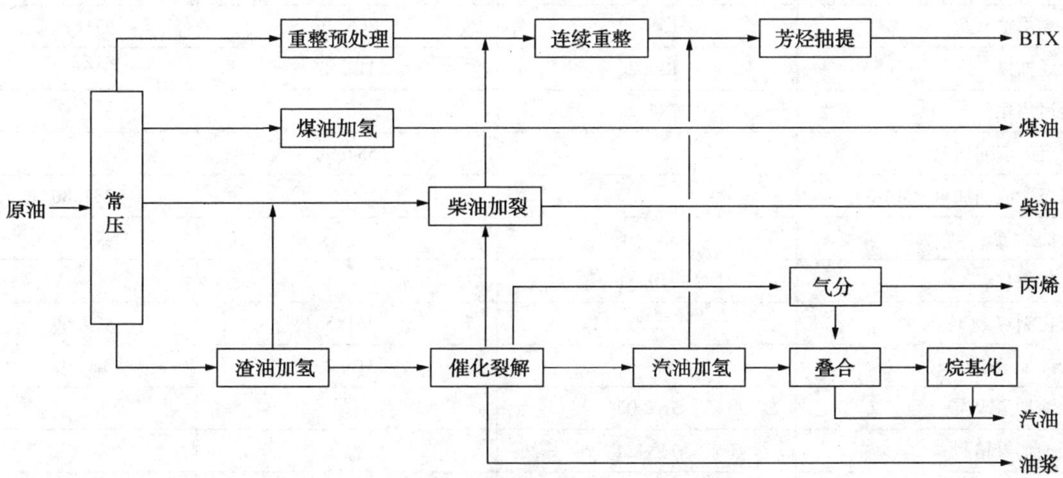

图 2　固定床渣油加氢+催化裂解方案主要物料走向

(3) 化工型炼厂：浆态床渣油加氢+催化裂解方案(RMAC+DCC)

本方案采用浆态床渣油加氢技术(RMAC)加工减压渣油，RMAC产出的石脑油和柴油经柴油加氢裂化后生产重整料，RMAC产出的改质油与直馏蜡油一起经蜡油加氢后作为DCC原料；催化柴油和直馏柴油经柴油加氢裂化装置生产重整原料。主要物料走向如图3所示。

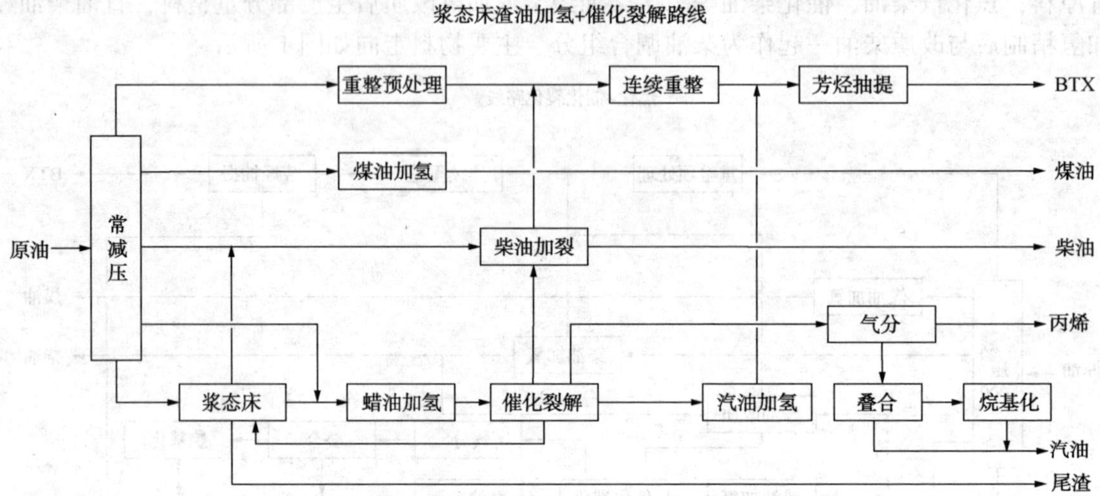

图3 浆态床渣油加氢+催化裂解方案主要物料走向

3.3 测算结果

(1) 工艺装置配置

各方案下主要装置规模如表2所示。

表2 各方案装置配置表 单位：万t/a

项目	DC+FCC	RHT+DCC	RMAC+DCC
常减压	1000.00	1000.00	1000.00
重整预处理	185.51	166.22	170.35
连续重整	161.53	366.46	371.26
芳烃抽提	139.26	312.87	316.57
延迟焦化	284.22		
固定床渣油加氢		554.98	
浆态床渣油加氢 RMAC			281.80
蜡油加氢	338.16		470.00
催化裂化	319.51		
催化裂解 DCC		461.58	407.60
柴油加氢裂化		316.29	320.92
柴油加氢改质	167.02		
柴油加氢精制	173.24		
煤油加氢	106.93	106.93	106.93

续表

项　目	DC+FCC	RHT+DCC	RMAC+DCC
汽油加氢抽提		119.73	109.81
S Zorb	159.63		
气分	69.50	153.01	170.01
选择性叠合	15.10	26.42	28.94
烷基化	25.86	44.51	49.02
PSA	8.34	17.46	17.81
制氢	0.00	2.05	4.76
硫黄回收	19.75	28.03	28.31
乙烯裂解	37.07	85.81	86.55
丁二烯抽提	5.48	12.66	12.76
裂解汽油加氢	18.52	37.01	36.82

在1000万吨/年原油加工量下，蜡油加工装置主要包括催化裂化和催化裂解装置，其中，“DC+FCC”方案下只有催化裂化装置，加工的蜡油为加氢精制后的直馏蜡油和焦化蜡油，催化裂化负荷为320万t/a左右；“RHT+DCC”方案下常渣经固定床渣油加氢处理后直接作为DCC原料，渣油加氢、DCC装置负荷分别为555万t/a和462万t/a。“RMAC+DCC”方案下蜡油加工装置为DCC，直馏蜡油、RMAC重改质油经加氢处理(因RMAC重改质油氮含量相对较高，该处理装置需要有针对性设计)后均作为DCC原料，DCC负荷为407万t/a。若所需各装置均按照新建考虑，根据工艺流程采用规模指数及相关系数估算各装置投资。柴油加工装置主要包括加氢精制、加氢改质和加氢裂化，其中“DC+FCC”方案中，直馏柴油经精制后调合柴油，二次柴油经改质后生产柴油调合组分并生产部分重整原料，“RHT+DCC”方案和“RMAC+DCC”方案下，直馏柴油和二次柴油均采用柴油加氢裂化装置加工，生产柴油和重整原料。

FCC汽油用S Zorb装置脱硫，“DC+FCC”方案中S Zorb负荷约160万t/a，“RHT+DCC”方案和“RMAC+DCC”方案中裂解汽油采用加氢抽提装置生产芳烃，加氢抽提规模分别为120万t/a和110万t/a。

(2) 氢气平衡

各方案下氢气平衡如表3所示。与传统的“DC+FCC”方案相比，其他两个方案由于采用渣油加氢以及柴油加氢裂化等工艺，氢气消耗显著增加，其中采用活动床渣油加氢路线的氢耗量高于固定床渣油加氢路线的氢耗。

表3　各方案氢气平衡表　　单位：万t/a

项　目	装置名称	DC+FCC	RHT+DCC	RMAC+DCC
供　给	合计	9.58	22.94	26.03
	制氢		2.05	4.75
	乙烯裂解	1.24	3.43	3.46
	PSA	8.34	17.46	17.81

续表

项　目	装置名称	DC+FCC	RHT+DCC	RMAC+DCC
消　耗	合计	9.58	22.94	26.03
	固定床渣油加氢		11.60	
	浆态床渣油加氢			7.02
	柴油加氢精制	1.04		
	柴油加氢改质	3.31		
	柴油加氢裂化		9.68	9.63
	煤油加氢	0.11	0.11	0.11
	选择性叠合加氢	0.24	0.41	0.45
	蜡油加氢	4.06		7.70
	重整预处理	0.11	0.10	0.10
	SZorb	0.32		
	汽油加氢抽提		0.24	0.22
	裂解汽油加氢	0.40	0.80	0.80

(3) 主要产品产出

各方案下主要产品收率如表4所示。

"DC+FCC"方案中，成品油在商品中占比为72.01%，芳烃在商品中占比分别为4.66%，烯烃产品在商品中占比分别为8.83%，烯烃、芳烃在商品中占比之和为13.49%；"RHT+DCC"方案和"RMAC+DCC"方案中成品油在商品中占比分别为40.77%和43.27%，芳烃在商品中占比分别为26.64%和25.78%，烯烃产品在商品中占比分别为25.60%和26.79%，烯烃、芳烃在商品中占比之和分别为52.24%和52.57%。

表4　各方案主要产品结构　　单位：万t/a

序　号	项　目	DC+FCC	RHT+DCC	RMAC+DCC
一	油品	659.96	334.68	352.74
	汽油	279.48	227.13	246.77
	煤油	105.97	105.97	105.97
	柴油	274.52	1.58	
	占商品百分比/%	72.94	40.77	43.27
二	芳烃	42.18	218.66	210.1
	苯	11.46	29.05	27.68
	甲苯	27.4	78.36	76.49
	混合二甲苯	0	101.11	99.33
	重芳烃	3.32	10.14	6.61
	占商品百分比/%	4.66	26.64	25.78
三	烯烃	79.86	210.12	218.33
	乙烯	37.07	86.45	86.55

续表

序　号	项　目	DC+FCC	RHT+DCC	RMAC+DCC
	丙烯	37.31	110.91	119.02
	丁二烯	5.48	12.77	12.76
	占商品百分比/%	8.83	25.60	26.79
四	低附加值产品	122.85	57.39	33.95
	RMAC 尾油	0	0	5.64
	油浆	0	29.36	0
	硫黄	19.75	28.03	28.32
	石油焦	103.1	0	0
	占商品百分比/%	13.58	6.99	4.17
五	化工产品占商品百分比/%	13.22	51.1	50.67

(4) 效益评估

根据各方案的物料平衡数据，采用中国石化集团公司经济技术研究院推荐的"效益测算价格(2017)版"40 美元/桶、50 美元/桶、60 美元/桶和 80 美元/桶价格体系进行效益评估。

各方案下吨油效益对比如表 5 所示。可以看出，不同价格体系下，与"DC+FCC"这种典型的成品油加工方案相比，化工型炼厂加工流程吨油效益均有不同程度提高，其中"RMAC+DCC"方案下由于化工产品占比高、低附加值产品占比低，效益最好；"RHT+DCC"方案虽然低附加值产品占比较高，但由于化工产品占比较高且氢气消耗增加量相对不大，效益次之。

表 5　各方案吨油效益估算

价格体系	DC+FCC	RHT+DCC	RMAC+DCC
40 美元/桶	286.66	530.13	590.40
50 美元/桶	304.38	543.41	613.16
60 美元/桶	322.60	555.85	635.24
80 美元/桶	261.08	436.89	528.14

注：投资折旧按照 10 年平均折旧。

4　小结

针对我国炼油能力过剩、成品油需求增速放缓，芳烃和烯烃等基础化工原料短缺的情况，顺应未来 10–20 年间我国和全球化学品需求增速明显高于成品油需求增速的大趋势，总体上炼厂向多产化工原料及化学品转型是重要发展方向。

向化工转型主要依靠催化裂解和加氢裂化两条路线。据此设计了两个化工型炼厂流程方案，并与目前典型的燃料型炼厂流程方案进行了对比。初步的技术经济评价研究表明，以中东原油为原料生产化工原料和国六油品，三种方案中两个典型化工型方案的吨油效益明显优于燃料型方案，且油价越低，化工型方案的优势越显著。其中，受产品结构中高、低附加值产品相对占比和氢耗等因素影响，效益最好的是"浆态床渣油加氢+催化裂解(RMAC+

DCC)"方案，其产品结构中烯烃和芳烃合计占比略低于51%；其次是"固定床渣油加氢+催化裂解(RHT+DCC)"方案，其产品结构中烯烃和芳烃合计占比略高于51%。

参 考 文 献

[1] 徐海丰. 2018年世界炼油行业发展状况与趋势[J]. 国际石油经济，2019(3)：46-53.

[2] 费华伟，陈蕊. 2017年中国炼油工业发展状况与趋势[J]. 国际石油经济，2018(5)：42-48.

[3] 杨金鑫. A公司预算管理水平提升对策研究[D]. 东北石油大学，2015.

[4] 李春莲. 超10个大型炼化项目落地加速产能扩张 2020年过剩炼油能力或达3亿吨/年[N/OL]. 证券日报，2017-11-02. http://energy.people.com.cn/n1/2017/1102/c71661-29622147.html.

[5] 张执刚，谢朝钢，朱根权. 增强型催化裂解技术(DCC-PLUS)试验研究[J]. 石油炼制与化工，2010，41(6)：39-43.

[6] 王达林，张峰，冯景民，等. DCC-plus工艺的工业应用及适应性分析[J]. 石油炼制与化工，2015，46(2)：71-75.

[7] 马文明，谢朝钢，朱根权，等. 2.2 Mt/a增强型催化裂解装置运行情况分析[J]. 石油炼制与化工，2018(1)：8-14.

[8] 高永灿. 海外首套DCC-plus装置在泰国IRPC公司成功开工运行[J]. 石油炼制与化工，2016，47(6)：9-9.

[9] 何素珍，于国良. 我国亟待发展化工型加氢裂化-催化重整组合工艺[J]. 石油化工技术与经济，2007，23(5)：48-52.

[10] 夏强斌. 石脑油型加氢裂化技术及装置设计[J]. 石油炼制与化工，2015，46(6)：17-20.

[11] 胡志海，张富平，聂红，等. 尾油型加氢裂化反应化学研究与实践[J]. 石油学报：石油加工，2010，26(s1)：8-13.

[12] 谷云磊，袁明江，徐以泉，等. 通过石脑油正异构分离装置提高炼化一体化工程经济效益的研究[J]. 中外能源，2015，20(3).

固定床和微膨胀床的传递特性实验研究

张　绅[1]，曹俊雅[1]，张　涛[2]，雍玉梅[3]，杨　超[3,4]

(1. 中国矿业大学(北京)化学与环境工程学院，北京　100083；2. 中国石油石油化工研究院，北京　102200；3. 中国科学院过程工程研究所，中国科学院绿色过程与工程重点实验室，北京　100190；4. 中国科学院大学，北京 100049)

摘　要　渣油加氢前置反应器微膨胀床(上流式反应器)有别于气液并行向上的固定床反应器，两种反应器内流动、混合和气液相间传质特性的差异性需要进一步探究。在不同气液比的操作条件下，本文实验研究了气液并行向上的固定床和微膨胀床流动、混合和相间传质特性。主要实验结果：相同工况下，微膨胀床压降小于固定床；虽然微膨胀床的返混小于固定床，也不容忽视；微膨胀床的液相体积传质系数 k_La 和气液相界比表面积 a 均大于固定床。微膨胀床的能耗低，返混小，气液相间传质强，充分说明了微膨胀床作为前置反应器，其流动、混合和传质性能都优于固定床。

关键词　微膨胀床　固定床　流动混合　相间传质　返混

1　引　言

微膨胀床和固定床渣油加氢组合处理后，加氢后油品的脱硫率、脱残碳率、脱金属率和脱沥青质率均比单一的固定床渣油加氢有所提高，并将微膨胀床技术和可切换反应器技术结合形成可切换的微膨胀床技术，充分发挥微膨胀床低压降和可切换反应器处理劣质原料的优势[1-3]。目前，我国渣油加氢领域正在运行微膨胀床技术仅有四川石化、泉州石化和齐鲁石化的三套工业装置，均是国外引进技术，迫切需要具有我国自主知识产权的微膨胀床技术。微膨胀床的研发和组合工艺的设计均需要掌握微膨胀床床层内流动、混合和气液相间传质特性，对改进加氢工艺、提高生产效率具有重要实际意义。

Murugesan[4]研究了气液并行向上的固定床在低气速和高液速的操作条件下，气速和填料粒径、填料类型(马鞍形、拉西环、球形)对气液相界比表面积的影响；同时研究了在固定床中液相和填料物性对动持液量、静持液量和气液相界比表面积的影响。Lara Marquez[5]研究了气液并行向上的固定床和气液并行向下的滴流床中液速对气液相界比表面积的影响，发现高液速下的气液相界比表面积比低液速下的大，不同气速下对应的气液相界比表面积不同。杨军[6]研究了在相同的低气液流速下，气液并行向上的固定床的 k_La 和 a 均大于气液并行向下的固定床。谢六磊[7,8]使用三种不同形状催化剂，考察了微膨胀床反应器的床层压降及液相轴向扩散特性。王仙体[9,10]在常温下，用模拟油气研究了微膨胀床渣油加氢反应器的气液流动状态，考察了催化剂粒径和堆积密度，表观气、液流速及催化剂装填高度对催化剂床层膨胀率的影响。胡长禄等[11]以中东渣油为原料，考察了温度、空速对杂质脱除率的影响。已有文献说明气液并行向上固定床和微膨胀床在流动、混合和传质特性上有差异，不能直接使用固定床的经验关联式，所以本文实验研究了气液并行向上固定床和微膨胀床的不同流动、混合和气液相间传质特性。

本文基于内径280mm、高度2000mm的填充床，采用空气、水和亚硫酸钠溶液为吸收体系，在工业用的五齿柱形催化剂和接近工业生产的操作条件下，系统地对比了气液并行向上固定床和微膨胀床在床层压降、压力波动、*Pe*数、气液相界比表面积和液相体积传质系数的不同。

2 实验部分

2.1 实验装置

微膨胀床的冷模实验的反应器采用透明的有机玻璃制造，以便于观察反应器内气液固三相的运行状况。反应器采用多节可拆装结构，可灵活调节高度，用于不同高径比的实验。反应器内径0.28 m，最高可达2.5 m，高径比范围为1.5~4倍。

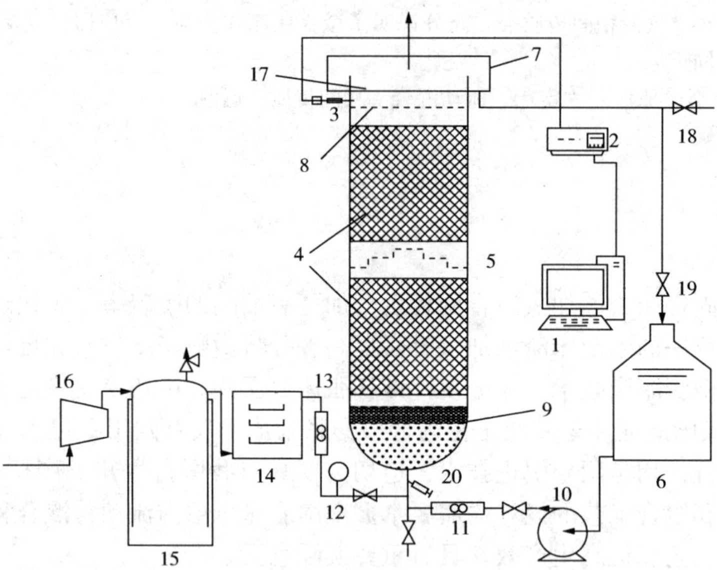

图1 实验装置流程图

1—计算机；2—溶氧仪；3—溶氧仪探针/电导率仪；4—催化剂床层；5—内构件；6—储液槽；7—溢流槽；8—挡网；9—气液分布器；10—离心泵；11—液体流量计；12—压力表；13—气体流量计；14—干燥机；15—缓冲罐；16—空气压缩机；17—取样点；18—排液阀；19—排液阀；20—注射器

2.2 操作条件和物性参数

压缩空气作为气相，水和亚硫酸钠溶液模拟液相。在保证工业渣油加氢体系的雷诺数和本文实验体系的雷诺数相等的条件下，确定了本文实验的气液速范围，表观液速范围$1.35\times10^{-3}\sim2.17\times10^{-3}$m/s，表观气速范围$0.45\times10^{-3}\sim3.38\times10^{-3}$m/s；并且通过参考工业原型确定了本文实验的高径比，装填高径比为2.7。固定床床层填料上部有金属挡网，床层无膨胀；微膨胀床填料上部预留一定空间，使得床层膨胀率$\varphi\leqslant5\%$。床层填充颗粒直径为渣油加氢工业中实际应用的五齿柱形催化剂，选取 3mm 的五齿柱形氧化铝催化剂装填反应器。

2.3 数据处理方法

2.3.1 床层压降

采用压差传感器(MPM4730 智能型)来测定不同位置处催化剂床层的压力值，然后求差即可得到床层压降。某两个高度下的压力值 P_1 与 P_2 相减可得到对应的压降 ΔP_{21}，计算公式如下：

$$\Delta P_{21}=P_2-P_1$$

压力变送器自带通讯演示软件，将数字信号输出，通过 USB 窗口输入电脑中。利用实时采集软件对压力数值进行一定频率的实时采集，采集频率根据需要自行调节。每一实验工况下的采集时间为 3~5min，每个工况采集三次，反应器某一高度下的压力值可以通过对每一组数据进行处理得到。实验开始前对压力传感器(MPM4730 智能型)进行校正，以确保其测量的精准度在误差范围内；该型号压力传感器的精度范围为 0.25%，在误差范围之内。

2.3.2 轴向返混

本文采用示踪剂—脉冲输入法测定液相在反应器床层中的停留时间分布，从而求取平均停留时间 t_m。示踪剂的浓度以电压信号的形式输出，通过中泰数据采集卡(板卡型号为 USB7660A/AD)进行实时在线采集。在每一工况下，当床层流动稳定后，在床层底部稳定后，在床层底部注入示踪剂脉冲，在床层表面测量流出床层中液相的示踪剂浓度，得到液体在床层中的停留时间分布曲线，即示踪剂的寿命分布密度曲线。通过实验测出平均停留时间分布，由停留时间分布求得平均停留时间，再由平均停留时间计算得到 Peclet 数[12]。

2.3.3 溶解氧物理吸收法测定 k_La

测量液相体积传质系数 k_La 时，先在储液槽中配好无氧水(无氧水为质量分数为5%的亚硫酸钠溶液)，溢流槽放置 JPSJ-605 型溶解氧测定仪探针，调节气液流量计至设定工况，液相不回流至储液槽，通过排液阀直接排出。待运行一段时间稳定后，计算机在线记录反应器出口处水中溶解氧浓度，记录平均值后计算 k_La[6,13]。

2.3.4 化学吸收法测定气液相界比表面积 a

根据文献中提出的方法，$CoSO_4$ 为催化剂，Na_2SO_3 溶液与 O_2 的反应为二级不可逆快速反应，当 Na_2SO_3 溶液浓度在 0.4~0.8 mol/L，$CoSO_4$ 浓度在 $3\times10^{-5}\sim3\times10^{-3}$mol/L 时，该反应对液相表现为零级，气相为二级反应，传质阻力集中在液膜侧。本文基于实验装置选择的 Na_2SO_3 溶液浓度为 0.6 mol/L，$CoSO_4$ 浓度为 3×10^{-4}mol/L。

测量气液相界比表面积 a 时，先在储液槽内配置 0.6 mol/L 的 Na_2SO_3 溶液并加入一定量的催化剂 $CoSO_4$，调节气液流量计至设定工况，液相经溢流槽和排液阀返回储液槽内，每隔一段时间在反应器出口处用胶头滴管取样，采用碘滴定法测定出口处 Na_2SO_3 溶液浓度，从此浓度随时间变化的斜率来计算平均比表面积 a[6,13,14]。

3 实验结果与讨论

在保证工业渣油加氢体系的雷诺数和本文实验体系的雷诺数相等的条件下，确定了本文实验的气液速范围，表观液速范围 $1.35\times10^{-3}\sim2.17\times10^{-3}$ m/s，表观气速范围 $0.45\times10^{-3}\sim3.38\times10^{-3}$ m/s。从压降、Peclet 数、气液相界比表面积 a 和液相体积传质系数 k_La 等方面考察了气液并行向上的固定床和微膨胀床之间的差异。

3.1　床层压降分析

固定床和微膨胀床的压降对比如图2所示，固定床的压降均大于微膨胀床，表观气速增大到一定值后，微膨胀床的床层发生膨胀，床层空隙率大于固定床；使得气液流体流经催化剂床层时的阻力有所减弱[15]，因此微膨胀床的床层总压降小于固定床总压降。图3表示在相同工况下固定床和微膨胀床的压力波动情况，微膨胀床的波动幅度大于固定床，原因是随着气速的增加，微膨胀床的床层颗粒波动，床层波动范围增大[16]。

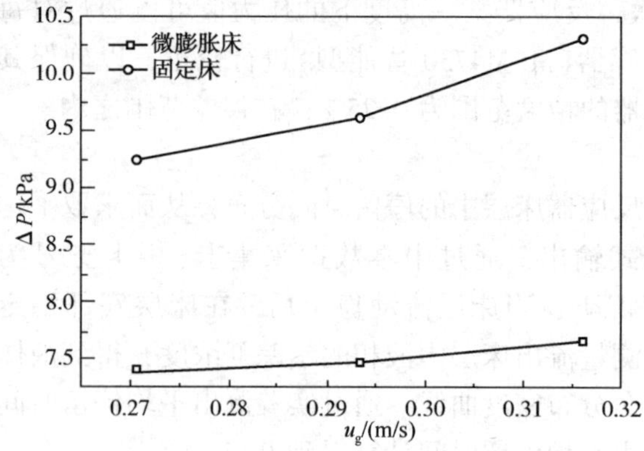

图2　固定床和微膨胀床压降对比

($u_l=1.76\times10^{-3}$ m/s，$H/D=2.7$)

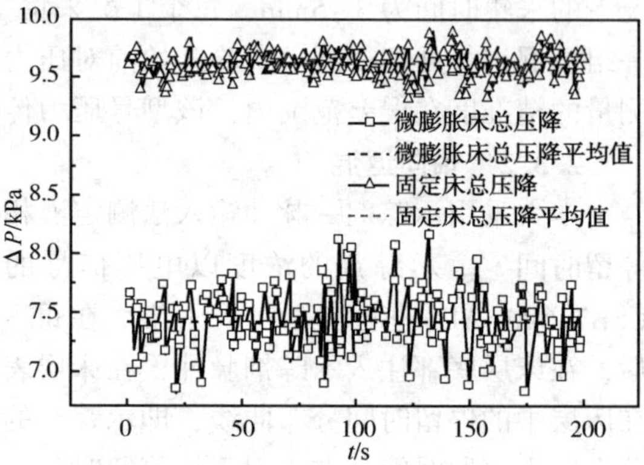

图3　固定床和微膨胀床压降波动对比

($u_l=1.76\times10^{-3}$ m/s，$u_g=0.2932$ m/s，$H/D=2.7$)

3.2　返混特性的研究

Pe 数表示轴向对流与扩散的比例，是一个用来定量描述轴向返混程度的常数，其数值越大，表明流动形态越接近平推流；即轴向返混越小，数值越小，轴向返混越严重[17]。

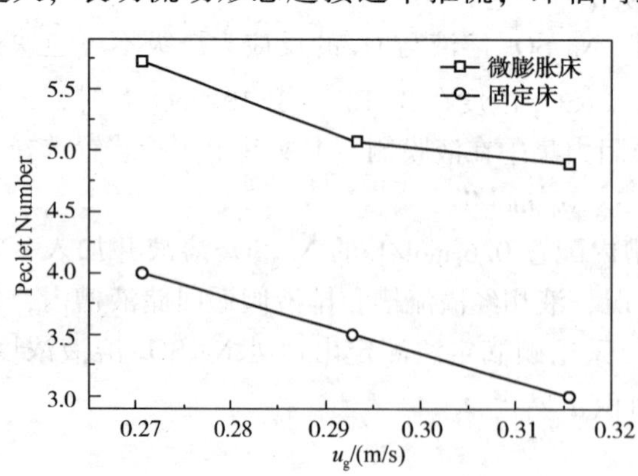

图4　固定床和微膨胀床 Pe 数的对比

($u_l=1.76\times10^{-3}$ m/s，$H/D=2.7$)

图4表示在相同工况下，固定床和微膨胀床床层返混的比较。固定床的 *Pe* 数小于微膨胀床，原因是固定床的床层空隙度小，床层颗粒间的孔道窄，当气液两相以较大速率从其中通过时，气液两相之间的作用力使得液相的湍动加大，造成固定床内液相返混严重。可见微膨胀床在减小床层轴向返混方面比固定床效果好，但 *Pe* 数小于10，其返混影响仍然需要重视。

3.3　相间传质特性的分析

图5表示不同工况下固定床和微膨胀

床气液相界比表面积的比较。图 6 表示固定床和微膨胀床气含率的对比。固定床中，床层无膨胀，并且总压降较大；气相通过床层时阻力大，在相同的输气量的工况下，更多气泡被滞留在床层中，所以固定床的气含率大于微膨胀床。a 的大小取决于气含率和气泡直径，一定气含率条件下，气泡越小，气液相界比表面积越大，气液接触更充分[14,18]。表观液速一定时，随着表观气速的增加，微膨胀床的气含率小，但是微膨胀床的 a 比固定床大，说明微膨胀床中的气泡较小，气液两相接触面积增大。

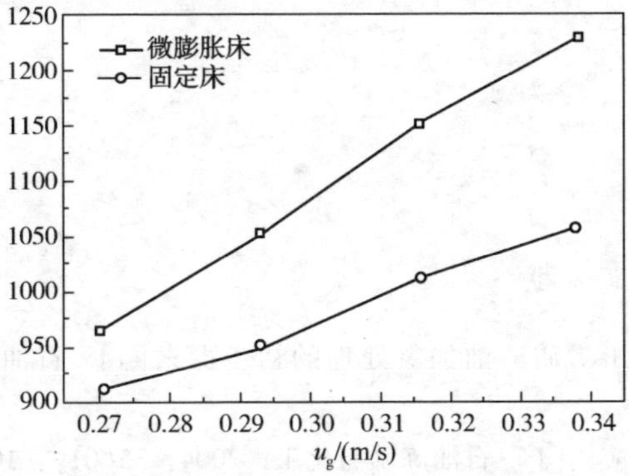

图 5　固定床和微膨胀床气液相界比表面积的对比

($u_1=1.76\times10^{-3}$m/s，$H/D=2.7$)

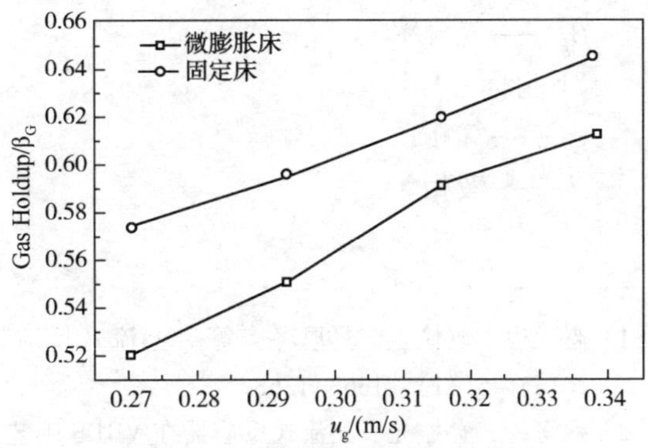

图 6　固定床和微膨胀床气含率的对比

($u_1=1.76\times10^{-3}$m/s，$H/D=2.7$)

图 7 表示相同工况下固定床和微膨胀床液相体积传质系数的比较。k_La 均随着表观气液的增大而增大。但是微膨胀床的 k_La 更大，传质效果更好。这是因为在微膨胀床中，气液相界面比表面积 a 较大，并且微膨胀床的空隙度大使得不断地有液体暴露于气相中，这种界面不断更新使得传质过程大大强化，液相体积传质系数 k_La 增大[19,20]。

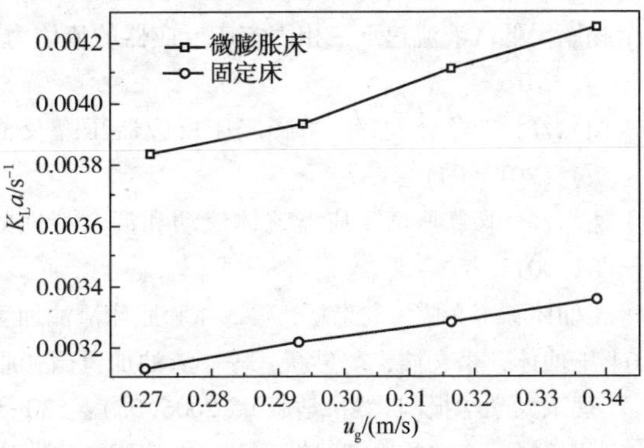

图 7　固定床和微膨胀床液相体积传质系数的对比

($u_1=1.76\times10^{-3}$m/s，$H/D=2.7$)

4　结论

本文实验研究了相同工况下气液并行向上的固定床和微膨胀床的流动混合和气液相间传质过程。从流动、返混和气液相间传质特性比较了固定床和微膨胀床的不同，主要结论如下：

(1) 微膨胀床压降小于固定床，微膨胀床在减缓床层压降方面效果较好，能节省更多能耗；

(2) 微膨胀床的 Pe 数较大，微膨胀床内的返混小，更有利于轴向扩散，但 Pe 数值仍然很小，其返混影响仍然不可忽视；

(3) 微膨胀床的 a 和 k_La 都比固定床的大，微膨胀床气液接触更充分，气液相间传质更好。

符号说明

D——反应器内径，mm；

H——催化剂填充高度，mm；

Pe——Peclet 数；

u——表观速度，m/s；

φ——床层膨胀率,%；

β_g——气含率。

下角标

g——气相；

l——液相。

参 考 文 献

[1] 赵元生，赵愉生，夏恩冬，等．上流式反应器用于劣质渣油加氢处理的初步探索[J]．石油化工，2016，45(11)：1363-1368.

[2] 穆海涛，孙振光．上流式反应器在 VRDS 工艺中的应用[J]．石油炼制与化工，2004，35(01)：10-15.

[3] 孙丽丽．应用上流式反应器技术扩能改造渣油加氢脱硫装置[J]．石油炼制与化工，2002，33(04)：5-8.

[4] Murugesan T，Sivakumar V. Liquid holdup and interfacial area in cocurrent gas-liquid upflow through packed beds[J]. Journal of Chemical Engineering of Japan，2005，4(38)：229-242.

[5] Lara Marquez A F L G. Mass transfer characteristics of fixed beds with cocurrent upflow and downflow. A special refence to the effect of pressure. [J]. Chemical Engineering Science，1992，47：3485-3492.

[6] 杨军．低气液流速下三相固定床反应器的流体力学行为与传质特性研究-杨军[D]．上海：华东理工大学，2016.

[7] 谢六磊，李争，刘辉．微膨胀床反应器压降及轴向扩散特性研究[J]．北京化工大学学报(自然科学版)，2013(04)：1-7.

[8] 谢六磊．微膨胀床反应器流体流动和混合特性的实验研究及 CFD 数值模拟[D]．北京：北京化工大学，2013.

[9] 王仙体，李文儒，翁惠新，等．微膨胀床渣油加氢处理反应器的研究[J]．化学工程，2006(09)：28-31.

[10] 王仙体，李文儒，翁惠新，等．渣油加氢微膨胀床反应器中的气液流动状态及床层膨胀率[J]．华东理工大学学报(自然科学版)，2006(05)：530-534.

[11] 胡长禄，李文儒，刘纪端，等．上流式微膨胀床渣油加氢反应器工艺研究[J]．炼油设计，2001(03)：44-45.

[12] 毛在砂，陈家镛．化学反应工程学基础[M]．北京：科学出版社，2004.

[13] 杨军，黄子宾，程振民．低气液流速下三相固定床的传质特性[J]．化学工程，2016，44(11)：13-18.

[14] Chen Z，Yang J，Ling D，et al. Packing Size Effect on the Mean Bubble Diameter in a Fixed Bed under Gas-Liquid Concurrent Upflow[J]. Industrial & Engineering Chemistry Research，2017，56(45)：13490-13496.

[15] 王威杰．上流式反应器内构件设计及流动和返混特性[D]．北京：中国科学院大学，2018.

[16] 王威杰，雍玉梅，杨超，等．三维上流式反应器床层流动和返混特性[J]．化工学报，2018，69(1)：381-388.

[17] 陈甘棠．化学反应工程[M]．3 版．北京：化学工业出版社，2007.

[18] Fukushima，Kusaka. Gas - liquid mass - transfer and hydrodynamic flow region in packed - columns with

cocurrent upward flow[J]. Journal of Chemical Engineering of Japan, 1979, 4(12): 296-301.

[19] 吴美玲. 柴油液相加氢固定床鼓泡反应器的混合传质特性及反应器模型[D]. 杭州: 浙江大学, 2017.

[20] Maldonado J G G, Bastoul D, Baig S, et al. Effect of solid characteristics on hydrodynamic and mass transfer in a fixed bed reactor operating in co-current gas - liquid up flow[J]. Chemical Engineering and Processing: Process Intensification, 2008, 47(8): 1190-1200.

致谢：感谢国家重点研发计划重点专项(2016YFB0301701)、国家自然科学基金(21776283, 21427814)和中国石油天然气股份有限公司项目 PRIKY18043 的资助。

费托蜡催化裂解生产低碳烯烃技术研究

杨　超，谢朝钢，朱根权

（中国石化石油化工科学研究院，北京　100083）

摘　要　采用小型固定流化床试验装置，研究了费托蜡催化裂解生产低碳烯烃的加工技术路线。结果表明，在常规催化裂解反应条件下，费托蜡的低碳烯烃产率高达50%以上，是生产低碳烯烃的优质原料；在费托蜡中添加一定比例的减压渣油，有利于提高低碳烯烃的选择性和改善反-再系统热平衡，确定了费托蜡与重油共炼的催化裂解生产低碳烯烃的加工技术路线。

关键词　费托蜡　催化裂解　共炼　低碳烯烃

1　前言

全球范围约有1/3以上的丙烯来自以石油重质馏分为原料的催化裂化技术。但随着石油资源储量的日益减少以及重质化、劣质化加剧，适用于催化裂化反应生产低碳烯烃的原料供应缺口日益扩大。乙烯丙烯是最重要的基本化工原料之一，国内化工市场发展迅速，乙烯和丙烯的表观消费量逐年增加，且自给率一直处于较低水平。鉴于原料供应和市场需求的双重压力，寻求优质的催化裂解原料具有现实意义。

截至2018年，我国已有7个煤制油项目投产，产能达到685万吨/年，在建及拟建项目的产能有1580万吨/年。在煤间接制油的产物中，约有40%～60%的费托蜡[1]，目前该馏分主要用于生产航煤、低凝柴油和润滑油基础油[2-3]。随着合成油规模越来越大，开发下游高价值产品，是煤间接制油技术蓬勃发展面临的一项重要课题。从烃类组成上看，费托蜡的氢含量和链烷烃含量远远高于同馏程的常规石油馏分[4]；从催化裂化反应的角度考虑，原料的氢含量和链状烃含量越高，其生成低碳烯烃的潜能就越大[5-6]。开发以费托蜡为原料，通过催化裂解反应生产低碳烯烃的技术是目前低碳烯烃生产技术的有益补充。

2　试验部分

2.1　试验装置

试验是在小型固定流化床（FFB）催化裂化装置上进行的，在FFB装置单个反应器内顺序交替进行反应、汽提和催化剂再生操作。试验时，先将一定量的催化剂装入反应器内，用空气/水蒸气保持催化剂的流化状态。当装置稳定到所需的反应条件后，原料油经柱塞泵注入反应器内，与催化剂接触并发生反应；进油终止后用水蒸气将催化剂、反应器和管路内的油分子汽提干净；汽提结束后，用O_2烧焦再生，通过CO_2在线分析仪经积分计算得出当次反应的焦炭产量。再生后的催化剂可以用于下一轮的反应。反应产物经过三段冷凝分离成气相产物和液相产物；收集裂化气和液体产品，经离线分析和计算得到产物分布。

2.2 试验原料及催化剂

试验所用原料包括费托蜡，大庆常压渣油和减压渣油三种，具体性质见表1。由表中数据可见，费托蜡，大庆常压渣油和减压渣油的密度分别为 $0.806g/cm^3$，$0.895g/cm^3$ 和 $0.928g/cm^3$，氢含量分别为14.47%，13.08%和12.55%。费托蜡主要由正构烷烃组成，其质量分数高达80.6%。

试验所用催化剂为重油催化裂解专用催化剂MMC-2，使用前在800℃下经100%水蒸气老化17h，老化后裂解活性(520℃)为65%，其性质见表2。

表1 原料基本性质

项目	密度(20℃)/(kg/m^3)	元素组成/%		正构烷烃质量分数/%	四组分/%			
		C	H		饱和分	芳香分	胶质	沥青质
费托蜡	806.0	85.18	14.47	80.6	—	—	—	—
大庆常压渣油	0.895	86.92	13.08	—	59.5	24.3	16.1	0.1
减压渣油	0.928	86.87	12.55	—	40.8	35.3	23.8	0.1

表2 老化催化剂主要物化性质

催化剂	化学质量组成/%				物理性质		裂解活性(520℃)/%
	Al_2O_3	SiO_2	RE_2O_3	P_2O_5	比表面积/(m^2/g)	总孔体积/(mL/g)	
MMC-2	53.9	41.9	0.26	2.55	142	0.240	65

3 试验结果与讨论

3.1 费托蜡催化裂解反应性能

大庆常压渣油是优质的催化裂解生产低碳烯烃的原料，以其为参照，考察费托蜡的催化裂解反应性能。

在FFB试验装置上，采用催化裂解专用催化剂MMC-2，分别考察了费托蜡和大庆常压渣油在反应温度560℃、质量空速$4h^{-1}$、剂油质量比10条件下的反应性能。表3列出了费托蜡和大庆常压渣油裂化反应的产物分布。由表中数据可知，在催化裂解反应条件下，费托蜡和大庆常压渣油的产物分布有较大的区别，其液化气产率比大庆常压渣油高出12.77百分点，三烯产率达50.02%，其中丙烯产率高达26.05%，明显高于大庆常压渣油的低碳烯烃产率。说明费托蜡这种大分子正构烷烃含量高的原料裂解性能强，丙烯选择性高，是生产低碳烯烃的优质原料。

但是费托蜡作为催化裂化原料，其焦炭产率仅为2.93%，柴油和重油产率低至3.30%。由此可见，费托蜡单独作为催化裂化原料还存在一定的问题，如反-再系统热量不足，分馏塔气液不平衡等。另外，在相同反应条件下，费托蜡和大庆常压渣油的氢转移系数(产物中异丁烷与异丁烯质量比)分别为1.05和0.94，说明对于费托蜡来说，目前所用的催化裂解催化剂反应活性略高。

表3 裂化产物分布

项　目	收率%						氢转移系数
	液化气	柴油+重油	焦炭	乙烯	丙烯	丁烯	
费托蜡	58.40	2.30	2.93	5.64	26.05	18.33	1.05
大庆常压渣油	45.63	8.11	9.54	4.45	20.36	15.25	0.94

3.2 费托蜡在不同积炭量催化剂上的裂解性能

在工业生产过程中调变催化剂活性比较缓慢，从理论上讲，焦炭沉积能够覆盖部分催化剂活性中心，降低酸中心密度[7]。

实验考察了费托蜡在积炭量分别为0、0.33%、0.67%和0.84%MMC-2催化剂上的反应性能。表4列出了费托蜡在不同积炭量MMC-2催化剂上反应生成的低碳烯烃产率。积炭量为零，即费托蜡在老化催化剂上反应。实验结果表明，与在老化剂上反应相比，费托蜡在积炭催化剂上反应生成的三烯产率更高，且随着催化剂上积炭量增加，三烯产率呈先升高后降低的趋势。在MMC-2催化剂上积炭量为0.33%~0.84%之间，三烯产率出现最高值。且费托蜡在积炭MMC-2催化剂上反应，氢转移系数明显降低。

积炭MMC-2催化剂的酸性质表征结果见表5。由表可见，在焦炭沉积过程中，较强B酸中心优先消失，焦炭优先沉积在催化剂的强B酸中心上。随着催化剂上焦炭沉积量增加，催化剂酸中心数目减少，酸强度降低，费托蜡在积炭催化剂上反应时氢转移反应得到明显削弱，从而使得低碳烯烃的选择性明显增加，有利于多产低碳烯烃。

表4 在不同积炭量MMC-2催化剂上反应的低碳烯烃产率

催化剂积炭量/%	低碳烯烃产率/%			氢转移系数
	乙烯	丙烯	丁烯	
0	base	base	base	base
0.33	+0.75	-0.44	+1.14	-0.35
0.67	+1.31	+1.58	+4.38	-0.59
0.84	+1.26	+1.25	+4.48	-0.63

表5 积炭MMC-2催化剂的酸性质

催化剂积炭量/%	总酸量/(μmol/g)	B酸(350℃)/(μmol/g)	B酸(200℃)/(μmol/g)	L酸(350℃)/(μmol/g)	L酸(200℃)/(μmol/g)
0	364.68	6.63	17.68	152.50	187.87
0.33	228.86	0	5.03	93.05	130.78
0.67	223.18	0	1.65	92.70	126.50
0.84	214.38	0	0	92.26	122.12

3.3 重油共炼

通过上述研究，对费托蜡的裂化性能有了新的认知，其在积炭催化剂上反应，低碳烯烃选择性更高。另一方面，由于单独加工费托蜡反-再系统热量严重不足，提出与DCC装置耦合，采用与重油共炼的加工方式。

3.3.1 进料方式

采用费托合成油与重油共炼的加工路线，其中进料方式会影响油剂接触的化学反应，从而影响产物分布。

试验所用费托合成油为费托蜡，重油选用减压渣油。在FFB装置上，考察分层进料和混合进料两种进料方式，其中费托蜡与减压渣油的质量比为2∶1。表6列出了不同进料方式的低碳烯烃产率。由表中数据可以看出，采用分层进料和混合进料的乙烯产率分别为5.40%和5.24%，丙烯产率分别为27.13%和26.48%，丁烯产率分别为19.85%和19.27%，液化气的烯烃度分别为83.40%和81.02%，汽油中烯烃质量分数分别为34.04%和29.84%。与混合进料相比，采用分层进料时丙烯和丁烯产率更高，裂化气烯烃度和汽油中的烯烃质量分数更高。分层进料即减压渣油首先与再生催化剂接触进行反应，待反应结束后，再注入费托蜡，即费托蜡与带炭的催化剂接触进行反应。根据原料特性可知，相比于费托蜡，减压渣油为生焦的主要贡献者，减压渣油首先与催化剂接触反应，在裂化成小分子反应的同时会发生缩合生焦反应，覆盖部分催化剂活性中心，从而减少催化剂活性中心的密度，易裂化的费托蜡与带炭的催化剂接触并发生反应，相比于混合进料方式，此种进料方式的费托合成油更多地倾向于发生裂化反应，氢转移反应得到明显削弱，故采用分层进料方式更有利于多产低碳烯烃。这也是费托蜡与减压渣油共炼比单独加工费托蜡低碳烯烃产率高的主要原因。

表6 不同进料方式的产物分布

项　目	低碳烯烃产率/%			裂化气烯烃度/%	汽油中烯烃质量分数/%
	乙烯	丙烯	丁烯		
分层进料	5.40	27.13	19.85	83.40	34.04
混合进料	5.24	26.48	19.27	81.02	29.84

3.3.2 共炼比例

在费托合成油与重油共炼加工路线中，共炼比例的选择与石油的种类有关[8-9]，在多产低碳烯烃的同时，要考虑焦炭产率，生焦量尽量满足自身的反-再系统热平衡。

在FFB装置上考察了费托蜡与减压渣油不同比例混合的反应性能，试验结果见表7。由表中数据可以看出，当费托蜡与减压渣油共炼比例分别为0、9%、23%、33%和50%时，低碳烯烃产率分别为50.02%、53.13%、52.05%、50.99%和48.99%，焦炭产率分别为2.93%、4.46%、6.34%、7.85%和9.79%，费托蜡与不同比例的减压渣油共炼后，均能够得到非常出色的低碳烯烃收率。考虑到催化裂化装置反-再自身的热平衡，共炼比例在30%~50%之间较优。

表7 费托蜡与不同量减压渣油混合原料裂化的低碳烯烃产率

共炼比例	低碳烯烃产率/%	焦炭产率/%
0	50.02	2.93
9	53.13	4.46
23	52.05	6.34
33	50.99	7.85
50	48.99	9.79

3.3.3 共炼工艺设计

通过上述试验结果与讨论，提出了费托合成油与重油共炼的加工路线，采用分区转化，设立重油转化修饰区和费托合成油高效裂化区。图1为共炼工艺流程示意图。对共炼工艺过程设计为：费托合成油与重油分别与催化剂接触进行催化裂化反应，其中重油先与再生催化剂接触反应，费托合成油在反应器适当的位置注入，经过催化裂化反应后的反应油气和积炭的催化剂共同进入沉降器进行气固分离，分离出的积炭催化剂经汽提、再生后返回催化裂化反应体系中循环使用。其中：

（1）费托合成油注入反应器位置主要由催化剂上的碳含量决定，费托合成油宜在催化剂碳含量为0.33%~0.84%之间注入。

（2）共炼比例主要由焦炭产率决定，生焦量要满足自身的反-再系统热平衡。例如，选择残炭值为8左右的减压渣油，优选共炼比为30%~50%；选择残炭值低于8的石油，共炼比可适当的提高。

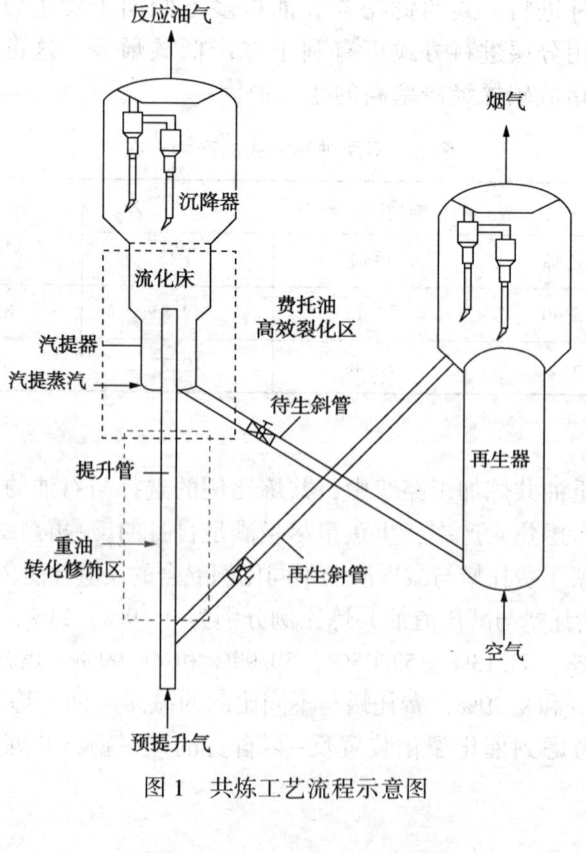

图1 共炼工艺流程示意图

4 结论

通过上述费托蜡催化裂解加工技术路线的考察，得到以下结论：

(1) 费托蜡在常规 DCC 反应条件下三烯产率达 50.02%，其中丙烯产率高达 26.05%，是生产低碳烯烃的优质原料。

(2) 费托蜡在积炭催化剂上反应，氢转移系数降低，液化气烯烃度提高，低碳烯烃的选择性明显增加，有利于多产低碳烯烃。

(3) 采用费托合成油与重油共炼加工技术路线，不仅能提高低碳烯烃产率，还能够解决自身的热量不足问题。在共炼工艺中，采用分层进料方式，费托合成油在催化剂碳含量为 0.33%~0.84%注入，更有利于生产低碳烯烃。

参考文献

[1] DRY M E, STEYNBEG A P. Fischer-Tropsch technology[J]. Stud Surf Sci Catal, 2004, 152: 406-481.
[2] 周玉鑫，邓蜀平，相宏伟，等. F-T 合成粗油品的加工[J]. 煤炭转化，2005，28(4)：8-58.
[3] 黄小珠，王泽爱，宫卫国，等. 费托合成基础油加工技术研究进展[J]. 化工进展，2016，35(1)：135-140.
[4] 王建平，翁惠新. 费-托合成油品的加工利用[J]. 炼油技术与工程，2006，36(1)：39-42.
[5] STRATIEV D S, SHISHKOVA I K, DOBREV D S. Fluid catalytic cracking feed hydrotreatment and its severity impact on product yields and quality[J]. Fuel Processing Technology, 2012, 94(1): 16-25.
[6] 谢朝钢，魏晓丽，龙军. 重油催化裂解制取丙烯的分子反应化学[J]. 石油学报：石油加工，2015，31(2)：307-314.
[7] 方明月. 焦炭修饰对催化裂解增产丙烯的影响研究[D]. 北京：石油化工科学研究院，2013.
[8] 靳广洲，唐瑞昆，高俊斌等. 提高渣油掺炼比对催化裂化行为及产品性能的影响[J]. 北京石油化工学院学报，1998，6(2)：9-16.
[9] 高金森，张红梅，张福琴，等. 反应温度及掺渣比对渣油催化裂化生焦率的影响[J]. 石油炼制与化工，1998，29(5)：12-15.

满足国Ⅵ升级的FCC汽油烯烃定向转化技术

孙海玲[1]，高　迪[1]，张彬瑞[1]，吴晓钰[1]，
赵　亮[1]，郝天臻[2]，高金森[1]，孟庆飞[2]，李德忠[2]

(1. 中国石油大学(北京)重质油国家重点实验室，北京 102249；
2. 河北精致科技有限公司，河北沧州　061000)

摘　要　国Ⅵ标准要求硫含量降低到10 μg/g以下，烯烃含量分步降低到15%～18%(v)。烯烃作为汽油辛烷值的重要支撑，深度加氢脱硫和大幅控烯都会造成汽油辛烷值降低。将烯烃定向转化为其他高辛烷值组分或者寻求高价值化的转化是烯烃转化的重要出路。依托“满足国Ⅴ/Ⅵ升级的FCC汽油关键组分定向分离技术”，针对烯烃定向转化提出了两种工艺技术，即FCC汽油轻烯烃定向裂解技术(OCP)和FCC汽油轻烯烃定向重整技术(OCA)。中试试验结果表明：采用FCC汽油轻烯烃定向裂解技术，实现FCC汽油烯烃含量降低约10个百分点，辛烷值损失小于0.5～5个单位，产物丙烯收率达16.4%。采用FCC汽油轻烯烃定向重整技术，实现FCC汽油中C_6～C_7烯烃转化8～9个百分点，芳烃含量上升4个百分点，满足国Ⅵ标准要求。FCC汽油轻烯烃定向转化技术不仅可实现国Ⅵ汽油的清洁化生产，还能生产乙烯、丙烯等化工产品，具有广阔的推广应用前景。

关键词　定向裂解　定向重整　烯烃转化　丙烯　芳烃

随着汽车保有量的增加，汽油的消费量也逐年增加，为了降低汽车尾气排放带来的环境污染，国家出台了史上最严的国Ⅵ汽油质量标准，规定硫含量持续保持10 μg/g，烯烃含量分步降低到15%～18%(v)。中国汽油池70%来自催化裂化汽油(简称FCC汽油)，FCC汽油中烯烃含量高达30%～45%(v)，硫含量为150～1000 μg/g，我国商品汽油全部的硫和烯烃均来自FCC汽油，因此FCC汽油的清洁化生产是我国清洁汽油生产的关键。

工业上FCC汽油清洁化生产的主流技术为催化加氢脱硫和反应吸附脱硫技术[1]，在汽油质量标准国Ⅳ时代(硫含量< 50mg/kg)能够很好地满足的生产需求；当升级到国Ⅴ标准(硫含量< 10 mg/kg)时，要求的脱硫苛刻度加深，导致了烯烃饱和进一步加剧，造成辛烷值损失较大。国Ⅵ标准要求烯烃含量进一步降低到15%～18%(v)，使得降烯烃与保辛烷值的矛盾更加突出。反应吸附脱硫能保证硫含量降低到10 μg/g以下，但是无法大幅降低烯烃含量。而我们知道，烯烃作为辛烷值的支撑，其含量并不是越低越好，只要达标即可。目前，FCC汽油降烯烃的主要途径是醚化技术，受汽油中氧含量及2020年我国乙醇汽油的推广使用，使得醚化技术受到极大限制。因此，针对降烯烃保辛烷值必须寻求新的思路和技术。

本课题组从“分子炼油”的理念出发，通过分析典型工业FCC汽油烃类的族组成(如表1)，发现C_5烯烃占总烯烃的比例为40%～50%，同时C_5～C_7烯烃占烯烃总量达80%以上。如果将FCC汽油中该部分烯烃组分精准分离并进行“定向转化”，可在实现降烯烃保持较高的辛烷值的同时获得高附加值的产品。依托“满足国Ⅴ/Ⅵ升级的FCC汽油关键组分定向分

离技术”[2,3]，将烯烃组分精准分离后，可将多余烯烃进行定向转化。根据需求，本课题组提出了两种烯烃定向转化的工艺技术，即：FCC汽油轻烯烃定向裂解技术OCP(An Oriented Catalytic Pyrolysis Process for FCCLN Olefins)和FCC汽油轻烯烃定向重整技术OCA(An Oriented C atalytic A romatization Process for FCCLN Olefins)。

表1 典型工业FCC汽油烃类的族组成

碳数	nP/%	iP/%	O/%	N/%	A/%	合计/%	单烯率①/%	总烯率②/%
4	0.1	—	0.6	—		0.7	87.5	1.6
5	1.2	7.8	18.0	—	—	26.9	66.8	44.2
6	1.1	5.9	11.9	2.0	0.8	21.6	55.0	29.3
7	0.9	2.2	4.3	3.2	3.7	14.3	30.3	10.7
8	0.4	2.7	3.6	1.8	6.4	14.9	24.2	8.9
9	0.3	1.6	1.4	1.3	7.8	12.3	11.2	3.4
10	0.2	0.7	0.7	0.2	4.0	5.7	11.7	1.5
11	0.3	1.5	0.1	—	1.0	3.0	5.4	0.4
合计	4.4	22.2	40.6	8.6	23.6	99.4	—	100.0

① 单烯率指同碳数烃中烯烃比率。

② 总烯率指该碳数烯烃占汽油总烯烃比率。

1 FCC汽油轻烯烃定向裂解技术

目前，FCC汽油轻烯烃定向裂解技术主要有固定床催化裂解技术和流化床催化裂解技术，其中固定床催化裂解技术包括Atofina &UOP公司的OCP技术[4]、Lurgi公司的Propylur技术[5]、日本旭化成公司的Omega Plant技术[6]和上海石化研究院的OCC技术[7]等。流化床催化裂解技术包括Arco化学公司的Superflex技术[8]等。其主流技术以固定床为主，该类技术存在单程转化乙烯和丙烯收率低，水蒸气耗量大、能耗高，催化剂易结焦，再生频繁等问题。针对以上问题，本课题组以催化剂和工艺两个方面为着力点，进行技术改进和创新。

1.1 FCC汽油轻烯烃定向裂解催化剂

基于催化裂解反应机理，主要从酸性质和孔性质两个方面进行催化剂的设计。裂解反应遵循正碳离子反应机理，包括单分子裂解和双分子裂解，反应机理如图1[9]所示；副反应包括氢转移反应、芳构化反应和结焦反应，反应机理如图2[10]所示。

由图1、图2可知，强酸有利于烯烃进行单分子裂解，弱酸有利于烯烃进行双分子裂解，而强酸时芳构化反应、氢转移反应和结焦反应加剧，不利于丙烯的生成，所以弱酸有利于提高丙烯的选择性。烯烃收率除受选择性的影响外，还受烯烃转化率的影响。很多研究表明[9,11]，活化能与酸强度呈线性关系，活化能的降低能够有效提高反应物的转化率。因此，提高烯烃的转化率需要催化剂具有强酸中心。综上所述，催化剂上的酸中心既不能太强也不能太弱，而是应有一个平衡值，所以应该选择中强酸。

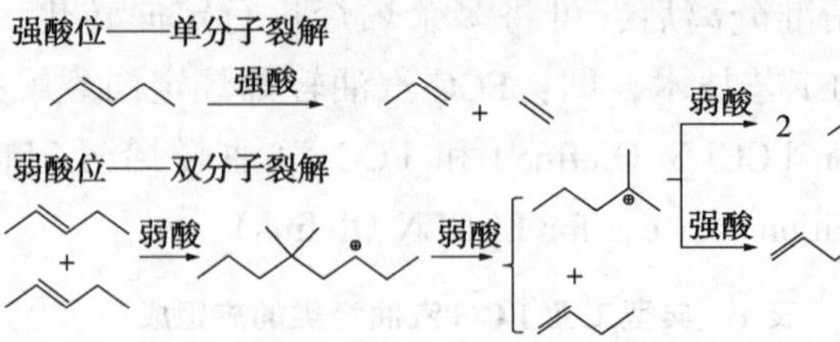

图1 裂解反应主反应的反应机理示意图[9]

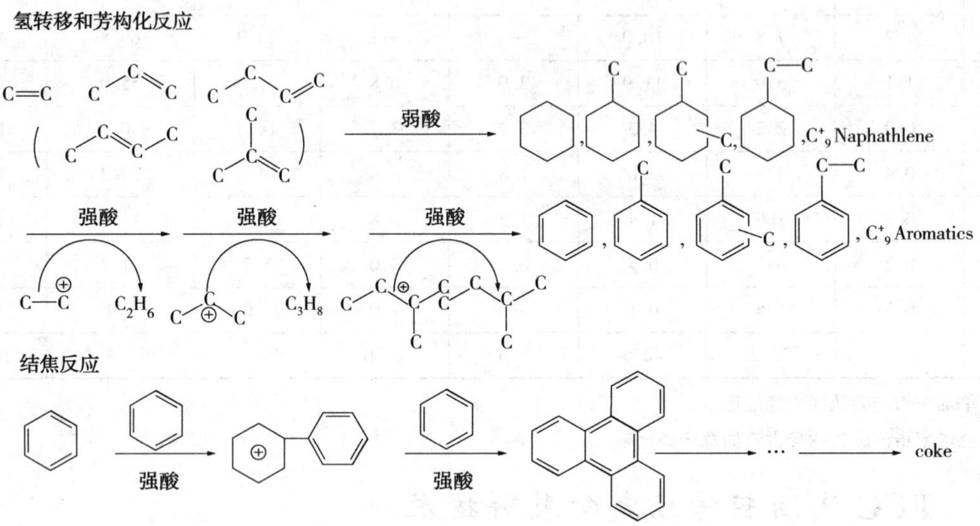

图2 裂解反应副反应的反应机理示意图[10]

催化剂的孔道大小具有空间择形性。基于烯烃分子裂解反应机理，C_4/C_5烯烃遵循双分子裂解反应机理，中间体的生成需要较大的反应空间，因此需具有中孔的孔道结构，而C_6/C_7烯烃裂解主要遵循单分子反应机理，无中间体生成，因此小孔结构利于乙丙烯的生成。综上所述，$C_5\sim C_7$烯烃裂解催化剂应该是具有多级孔道复合结构的分子筛催化剂。

物质扩散也受孔结构的影响。分子筛的孔道小于2nm，属于微孔，反应气体在分子筛孔道内的扩散属于构型扩散，内扩散阻力较大，引入一定量的介孔可有效降低内扩散的阻力，提高反应速率。所以烯烃裂解催化剂的孔道结构除具有小、中、大配比合适的复合微孔，还应具有适量的介孔。多级孔道复合结构不仅能控制单双分子裂解反应机理，抑制结焦反应，也能增强扩散作用和增加容碳量，提高催化剂的寿命。

通过碱处理和复合分子筛制备具有多级孔和嵌套孔结构的分子筛催化剂，同时通过水热处理、金属改性和非金属改性等方法进行酸调变，使得催化剂具有较高的酸量和中等酸强度，提高乙丙烯的选择性和收率。

1.2 FCC汽油轻烯烃定向裂解工艺优化

FCC汽油轻烯烃定向裂解的工艺条件主要从热力学和动力学两方面进行考虑，催化裂解反应为吸热反应，采用较高的反应温度，反应前后分子数增加，采用较低的反应压力。为了降低能耗和提高转化率，可采用低水油比和较低的反应空速。

FCC 轻汽油定向催化裂解技术工艺流程如图 3 所示，轻烯烃在微压、520~550℃、重时空速 2~3h^{-1}的条件下进行反应，催化剂再生周期为 15~20 天。

原料为预加氢 FCC 汽油的 C_5馏分油，占全馏分汽油量的 20.0%，烯烃含量占 40.9%，占全馏分烯烃总量的 8.2 个单位。实验结果表明，烯烃转化率 73.7%，可降低全馏分烯烃含量 5.0 个单位，气体产物中 C_2~C_4烯烃选择性为 86.2%。C_5馏分油单程转化收率，乙烯 4.6%，丙烯 11.9%，丁烯 9.8%。

原料为预加氢 FCC 汽油的 40~100℃馏分油，占全馏分汽油量的 32.5%，烯烃含量占 38.1%，占全馏分烯烃量的 12.4 个单位。烯烃转化率 72.0%，全馏分烯烃量减少 9.1 个单位，气体产物中 C_2~C_4烯烃选择性为 96%。C_6~C_7馏分油中单程收率，乙烯 1.8%，丙烯 16.4%，丁烯 8.7%。

FCC 汽油轻烯烃定向裂解技术使 FCC 汽油中烯烃含量降低约 10 个百分点，辛烷值损失小于 0.5~5 个单位，烯烃含量满足国Ⅵ标准升级。

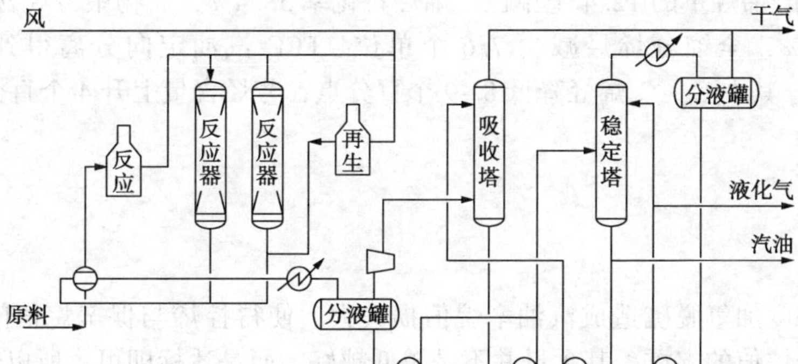

图 3　FCC 汽油轻烯烃定向裂解技术工艺流程图

2　FCC 汽油轻烯烃定向重整技术

目前，FCC 汽油轻烯烃定向重整技术可分为生产 BTX 和生产汽油两类，其中生产 BTX 的技术包括 IFP 的 Aroforming 技术、UOP/BP 公司的 Cyclar 技术和 ExxonMobil 公司的 M2-Reforming 技术[12]等。生产汽油的技术包括抚研院的 OTA 技术、洛阳院的 GAP 技术、Sany 公司的 Alpha 技术、Lurgi 公司的 ZeoReforming 技术[13]等。目前的主流技术存在烯烃转化率、芳烃选择性和液相产品收率偏低，催化剂使用周期短和汽油干点后移等问题。从催化剂和工艺条件两个方面进行改进和创新。

2.1　FCC 汽油轻烯烃定向重整催化剂

定向重整的主反应为裂解、环化反应和芳构化反应，其中脱氢反应为控速步骤主要发生在 L 酸性位，裂解与环化反应发生在强、弱酸性位；副反应为氢转移反应和结焦反应其活性位点也为弱酸和强酸。而强酸有利于提高转化率和芳构化选择性，但也促进了裂解和结焦等副反应的发生，因此适当增加中强酸和 L 酸的酸量是定向重整催化剂制备和改性的方向。

有研究表明[14]，扩散的活化能与微孔的长度成正比，引入介孔和减小分子筛的粒径，可有效缩短孔的长度，不仅能促进扩散作用，还能促进芳烃产物的脱附。结焦主要发生在分子筛外表面，介孔的存在可有效增加催化剂容碳量，提高催化剂单程寿命。综上所述，C_5～C_7烯烃定向重整催化剂需有适合比例的微孔和介孔结构。

通过碱处理等方法进行分子筛孔调变。通过水热处理、金属改性和非金属改性等方法调变酸性质，增加孔内的反应活性位点提高芳构化反应活性与选择性，同时可在外表面增加加氢活性位点以减少结焦，确保催化剂具有合适的酸强度和酸分布。

2.2 FCC汽油轻烯烃定向重整工艺优化

定向重整主反应为吸热反应，采用较高的反应温度，反应前后分子数增加，采用较低的反应压力。为了提高转化率和选择性，可采用较低的反应空速。FCC轻汽油定向催化重整技术反应条件：微压/非临氢、300～350℃、重时空速0.5～1.5 h^{-1}。烯烃转化率为35%～85%，芳烃增加率为92%～450%，液体产品收率达到95%以上，汽油辛烷值增加0.5个单位。

原料为预加氢FCC汽油的40～100℃馏分油，占全馏分汽油量的32.5%，烯烃含量为38.1%，占全馏分烯烃量的12.4个单位。烯烃转化率58.4%，产物中芳烃含量9.1个单位，C_5^+烃收率95.5%，全馏分烯烃减少7.6个单位。FCC汽油定向分离得到的中馏分约占30%～40%左右，其中C_6～C_7烯烃降低8～9个百分点，芳烃含量上升4个百分点，满足国Ⅵ标准升级。

3 结论

国Ⅵ标准深度加氢脱硫造成汽油辛烷值损失大，使得控烯与保辛烷值间的矛盾更加突出。烯烃作为辛烷值的支撑，其含量并不是越低越好，而是达标即可。所以烯烃转化为高辛烷值组分或者高附加值的产品是烯烃定向转化的重要出路。

依托“满足国Ⅴ/Ⅵ升级的FCC汽油关键组分定向分离技术”，提出了两种烯烃定向转化的工艺技术，即：FCC汽油轻烯烃定向裂解技术(OCP)和FCC汽油轻烯烃定向重整技术(OCA)。FCC汽油轻烯烃定向裂解技术，将烯烃转化为乙烯和丙烯等高附加值产品，原料C_5～C_7烯烃转化率70%以上，FCC汽油烯烃降低约10个百分点，满足国Ⅵ标准升级，同时获得较高收率的乙烯和丙烯。FCC汽油轻烯烃定向重整技术，将烯烃转化为高辛烷值的芳烃，其降低FCC汽油中烯烃含量8～9个百分点，芳烃含量上升4个百分点，满足国Ⅵ标准升级。

参考文献

[1] 王军民，袁铁．超低硫清洁汽油的生产技术进展[J]．天然气与石油，2001(04)：14-17.

[2] Zhao L，Gao J S，Hao T Z，et al. Method for deep desulfurization of gasoline：US9683183B2[P]. 2017.

[3] Hao T Z，Gao J S，Zhao L，et al. Process for deeply desulfurizing catalytic cracking gasoline：CA2888867C[P]. 2016.

[4] Vermeiren W，Daniel W，James R. From Olefins to Propylene[J]. Hydrocarbon Eng，2003，10(8)：79-81.

[5] Kane L，Romanow S. New Propylene Source Developed[J]. Hydrocarbon Process，2002(8)：5.

[6] 刘俊涛，谢在库，徐春明，等．C_4烯烃催化裂解增产丙烯技术进展[J]．化工进展，2005(12)：1347-1351.

[7] 滕加伟，赵国良，谢在库，等．ZSM-5分子筛晶粒尺寸对C_4烯烃催化裂解制丙烯的影响[J]．催化学报，2004(08)：602-606.

[8] Curtis R M, Ray O, Michael T. Producing Propylene[J]. Hydrocarbon Eng, 2004, 7(9): 69-72.

[9] Lin L F, Zhao S F, Zhang D W, et al. Acid Strength Controlled Reaction Pathways for the Catalytic Cracking of 1-Pentene to Propene over ZSM-5[J]. ACS Catalysis, 2015, 5(7): 4048-4059.

[10] 贾文浩，徐瑞芳，李福芬，等．纳米 HZSM-5 沸石酸度的调节及对液化气裂解反应的影响[J]. 分子催化，2009，23(01)：11-16.

[11] Rigby A M, Kramer G J, van Santen, et al. Mechanisms of Hydrocarbon Conversion in Zeolites: A Quantum Mechanical Study[J]. Journal of Catalysis, 1997, 170(1): 1-10.

[12] 杨在峰．镓、锌改性的 HZSM-5 分子筛芳构性能研究[D]. 大连：大连理工大学，2011.

[13] 郝代军，刘丹禾．轻烃芳构化工业技术进展[J]. 天然气与石油，2001，19(3)：17-21.

[14] Ahn J H, Kolvenbach R, Neudeck C, et al. Tailoring mesoscopically structured H-ZSM5 zeolites for toluene methylation[J]. Journal of Catalysis, 2014, 311: 271-280.

致谢：作者感谢国家自然科学基金（21822810，21838011）和国家重点研发项目（No. 2018YFC1902603）的资金支持。

水力空化对沙重原油性质的影响

韩海波，李　康，雷　杰

（中石化炼化工程（集团）股份有限公司洛阳技术研发中心，河南洛阳　471003）

摘　要　基于水力空化过程能够产生局部的高温、高压、高射流以及强大的剪切力等极端物理条件，提出利用水力空化装置改质处理沙特重质原油（沙重原油）的设想，并在常温下考察了水力空化压力和处理次数对沙重原油性质的影响。通过理化性能分析、实沸点蒸馏实验和减压渣油延迟焦化反应对水力空化处理前后的原油进行了性能考察。结果表明：当水力空化压力为4MPa，处理1次时，沙重原油改质效果最佳：其20℃时密度、40℃时黏度、残炭、相对分子质量分别由0.8967g/cm^3、13.61mm^2/s、7.16%、467降低至0.8710g/cm^3、7.22mm^2/s、6.48%、443；经过空化处理的原油中减压渣油质量分数降低约1个百分点，减压渣油延迟焦化的焦炭产率降低1.85个百分点，液体收率和气体产率分别增加1.52和0.33个百分点。

关键词　水力空化　降黏　重油改质　产品分布

空化现象是液体从空泡形成至空泡溃灭的过程，是一种十分复杂且会产生高能量的流体力学现象。空化气泡溃灭瞬间会在周围极小的空间内产生高温、高压和微射流等极端现象[1~3]。局部高温、高压热点释放的能量能够使重油中的C—C断裂，产生一部分轻油从而降低重油黏度[4~6]。水力空化作为一种独特的能量提供形式，近几年开始应用于减压渣油中沥青质研究领域中，研究发现[7~9]，水力空化的机械作用产生强大剪切力和空化作用冲击波可以有效降低油品黏度和改变沥青质结构，减小胶质沥青质聚集体体积和分子直径，减少沥青质的聚集沉淀，最主要的是降低了减压渣油（VR）中沥青质的单元薄片缔合度，减压渣油的平均相对分子质量减小，从而降低了减压渣油的结焦度。

目前，空化根据产生气泡方式的不同可以分为超声空化和水力空化。Kaushik等[3]研究了表面活性剂、处理时间、超声波发生器探针直径等因素对超声波空化改质减压渣油的影响，发现超声波空化处理减压渣油可以明显增加高附加值低沸点产物收率，沥青质含量明显降低。Price等[10]研究了20kHz超声波空化处理对原油中间馏分油（C_8～C_{26}）性质的影响，发现空化气泡绝热破裂所释放的能量使得馏分油发生了热裂解和脱氢反应。Hmood等[11]研究了脉动旋转水力空化设备对原油性质的影响，发现增加空化处理时间和旋转速率时，原油的密度、黏度和倾点降低，而原油的API度升高、轻油收率增加。水力空化研究的重点在于空化发生器，Mauro Capocelli等[12]研究了一种喉部直径为1～2mm的双锥体空化反应器，研究发现该结构反应器在处理污水时表现出较好的空化效果。Mohammad等[13]研究了切线进料的双锥体空化反应器，发现经该结构空化反应器处理，重油黏度可降低32%左右。

水力空化由于能量利用率高和易工业放大的优势具有很好的工业化应用前景[14~16]，由于水力空化反应器结构特点、运行参数和重油改质效果等基础研究的不够深入限制了该技术的进一步发展。本研究在自主研发的喉部直径0.8～1.2mm的双曲线锥体水力空化设备上考察了水力空化压力及空化处理次数对沙重原油性质的影响，并且考察了水力空化处理前后沙重减压渣油的延迟焦化性能。

1 实验部分

1.1 实验装置及方法

采用自主研发设计的水力空化装置考察水力空化处理压力和处理次数对沙重原油性质的影响，在原料罐中加入25~30kg沙重原油，通过调节原料泵P1转速控制泵头压力，增压的沙重原油进入水力空化装置入口，经过空化处理变为常压的原油进入产物罐，该过程即完成一次水力空化处理。通过产物罐与原料罐的切换实现不同次数的水力空化处理，在空化反应器出口采样，样品静置24h分析水力空化对原油性质的影响。

1.2 实验过程

实验分别考察：

(1) 当压力分别为2MPa、4MPa和8MPa时，空化处理1次对沙重原油性质的影响，试验标记为HC-1、HC-2、HC-3；沙重原油样品为对比样，标记为HC-0。

(2) 当空化压力4MPa时，空化处理2次、3次、5次对沙重原油性质的影响，试验标记为HC-4、HC-5、HC-6。

(3) 考察在495℃、180kPa、3.5h条件下，HC-0、HC-1、HC-2、HC-3馏分减压渣油的延迟焦化性能。

1.3 分析方法

采用PE公司的Clarus 500型气相色谱仪分析气体产物组成。采用GECIL公司FY-3型实沸点蒸馏仪切割空化处理前后沙重原油，将其切割成沸点低于200℃的汽油馏分、200~350℃的柴油馏分、350~515℃的蜡油馏分(VGO)及大于515℃的减压渣油馏分，并对其理化性能进行分析。

采用自主搭建500 mL釜式焦化评价装置评定空化处理前后沙重减压渣油延迟焦化反应性能。

2 结果与讨论

2.1 空化压力对沙重原油性质的影响

水力空化处理压力和次数对沙重原油性质的影响如表1所示。由表1可知，沙重原油为典型的中间基原油。随着空化压力的增加，沙重原油的密度、黏度、凝点和相对分子质量逐渐降低；而空化次数的增加，对沙重原油的性质未见明显影响。当水力空化压力为2MPa时，沙重原油密度、黏度、凝点和相对分子质量由0.8967g/cm^3、13.61mm^2/s、-18℃、467降至0.8721g/cm^3、9.28mm^2/s、-22℃、454；当水力空化压力提高至4MPa时，沙重原油密度、黏度、凝点和相对分子质量进一步降低至0.8710g/cm^3、7.22mm^2/s、-26℃、443；

而当水力空化压力提高至8MPa时，沙重原油的密度、黏度、凝点和相对分子质量并没有进一步的变化。主要原因在于：一方面水力空化产生的冲击波具有集聚作用，在低压(2～4MPa)条件下原油降黏率逐渐增加，当反应升至一定压力时，因环境温度不变，空化体系的饱和蒸气压、裂化常数、缩合常数不变，故降黏率趋于稳定；另一方面空化压力的提高主要是通过增加进料量的方式来实现，压力增加虽然可以产生更多的空化气泡，但单位原料所产生的空化气泡并没有增加。

经水力空化处理沙重原油残炭的质量分数由7.16%降至6.46%。残炭质量分数的降低能够有效降低后续加工过程的结焦度，增加高附加值产品收率。族组成分析结果表明，不同水力空化处理条件对原油油品结构的影响是不同，但空化处理原油的沥青质含量都有较明显降低。当空化压力为2MPa时，饱和烃降低，芳烃增加，胶质和沥青质略有降低；当空化压力为4MPa、8MPa时，饱和烃和芳烃同时降低，胶质和沥青质增加。从原油模拟馏程结果可知，经过空化处理的沙重原油5%、30%、50%、70%、90%馏出点温度降低，并且50%前馏出点温度降幅较大。这说明水力空化对重油轻质化作用明显。

水力空化对重油轻质化作用主要在于：第一，水力空化的机械作用产生强大剪切力对原油起到均化的作用[17-20]，空化气泡发生强烈振动并伴有辐射流和微冲流，削弱了油品表面的张力及摩擦力，使油界面层被破坏，从而降低黏度；第二，空化作用使原油中的微小气泡核发生崩溃，瞬间形成高温高压和局部冲击波，使原油中的沥青及长链石蜡烃等大分子断裂，同时破坏稠环芳烃稳定的盘状芳环结构，使沥青质和胶质分子的尺寸减小，环烷烃、芳烃的含量减少，相对分子质量明显降低，从而使原油黏度降低[21]。由于原油组分分子在水力空化作用下生成较小的自由基[22,23]，并重新结合成较轻组分分子，没有发生缩合反应，故水力空化过程中没有焦炭生成。

表1 不同空化压力和次数对沙重原油理化性能的影响

Sample	$F^{(1)}$/(kg/min)	ρ_{20}/(g/cm³)	ν_{40}/(mm²/s)	$T_F^{(2)}$/℃	CCR/%	M	S/%	N/(μg/g)
HC-0		0.8967	13.61	-18	7.16	467	2.41	1695
HC-1	3.0	0.8721	9.28	-22	6.50	454	2.39	1656
HC-2	4.5	0.8710	7.22	-26	6.48	443	2.39	1600
HC-3	6.2	0.8711	7.33	-34	6.41	425	2.39	1587
HC-4	4.5	0.8718	7.33	-28	6.46	435	2.39	1509
HC-5	4.5	0.8714	7.38	-29	6.46	457	2.39	1577
HC-6	4.5	0.8721	7.56	-26	6.47	449	2.40	1528

Sample	组成/%				T(Distilation)/℃						
	Sa(3)	Ar(4)	Re+As(5)	n-C_7As(6)	IBP	5%	30%	50%	60%	70%	90%
HC-0	22.4	34.6	43.0	3.9	57.9	107.4	237.3	320.6	364.0	410.7	508.7
HC-1	20.7	36.6	42.7	3.5	53.7	86.5	210.3	305.8	358.7	408.3	505.6
HC-2	21.1	32.5	46.4	3.4	51.6	65.4	195.5	294.8	342.5	391.0	496.8
HC-3	21.3	32.4	46.3	3.1	51.6	66.7	206.6	308.1	357.6	411.4	516.9
HC-4	20.8	32.4	46.8	3.5	51.4	65.6	200.7	301.4	349.9	401.2	507.1
HC-5	20.7	32.5	46.8	3.4	52.0	66.4	203.4	303.3	354.0	405.6	511.5
HC-6	21.3	32.5	46.2	3.3	51.9	67.5	207.0	307.6	357.1	410.2	515.3

(1)F—Flow rate；(2)T_F—Freeze point；(3)Sa—Saturates；(4)Ar—Aromatics；(5)Re+As—Resin+Asphaltenes；(6)n-C_7As—n-C_7 Asphaltenes。

2.2 空化处理对沙重原油产品分布的影响

表 2 为处理 1 次时不同空化压力对沙重原油产品分布的影响。由表 2 可知，随着空化处理压力的提高，汽油收率降低 0.2~0.4 个百分点，柴油收率增加 0.2~0.3 个百分点，蜡油收率增加 0.8~1.2 个百分点，减压渣油收率降低 0.8~1.0 个百分点。

表 2　不同空化压力对沙重原油产品分布的影响

Fraction	y_i/%			
	HC-0	HC-1	HC-2	HC-3
Gasoline	23.55	23.45	23.14	23.30
Diesel	23.38	23.57	23.61	23.60
VGO	23.83	24.59	25.02	24.74
VR	29.24	28.39	28.23	28.36
Total	100.00	100.00	100.00	100.00
Gasoline+Diesel	46.93	47.03	46.75	46.90
Gasoline+Diesel+VGO	70.76	71.61	71.77	71.64

水力空化处理原油的反应机理遵循自由基反应机理。原油中组分的大分子和小分子在空化过程中产生相应的自由基，大分子自由基与小分子自由基的重新结合是空化处理原油的本征特点。从表 2 可知，减压渣油组分的大分子自由基和汽油的小分子自由基重新结合成比减压渣油组分大分子更小的蜡油组分分子，从而降低了汽油和减压渣油的收率，提高了蜡油的收率。蜡油馏分收率的提高有助于沙重原油黏度的降低。

由 Arrhenius[23] 混合物动力学黏度方程可知，柴油和蜡油收率的增加对沙重原油降黏率的贡献仅为 1%~3%，黏度的降幅达不到水力空化 47%的降黏率。因此，沙重原油组分分子的结构变化对降黏起主要作用。

2.3 空化处理对沙重原油馏分结构、性质的影响

水力空化对汽油、柴油组分结构和性能影响较小，但对蜡油和减压渣油结构和性能变化影响较大，尤其对减压渣油的胶体体系影响较大。表 3 为处理 1 次时不同空化压力对沙重原油蜡油及减压渣油性能的影响。由表 3 可知，随着空化处理压力的提高，沙重蜡油的黏度、相对分子质量和残炭的质量分数逐渐增加，饱和烃含量略有降低，芳烃、胶质和沥青质增加。模拟蒸馏结果同样显示空化处理后沙重蜡油重组分增加。减压渣油的残炭略有增加，模拟馏程重组分增加，但减压渣油相对分子质量降低，说明空化处理过程是一个大分子自由基和小分子自由基重排的过程，并没有发生缩合反应。

表 3　不同空化压力对沙重蜡油及减压渣油性能的影响

Sample	ρ_{20}/(g/cm^3)	ν_{50}/(mm^2/s)	ν_{100}/(mm^2/s)	CCR/%	M	S/%	N/(μg/g)
HC-0-VGO	0.9165	31.08		0.17	453	2.66	909
HC-0-VR	1.0301		2615	22.58	1282	5.08	4581
HC-1-VGO	0.9171	31.15		0.20	454	2.65	910

续表

Sample	ρ_{20}/(g/cm^3)	ν_{50}/(mm^2/s)	ν_{100}/(mm^2/s)	CCR/%	M	S/%	N/(μg/g)
HC-1-VR	1.0314		2558	22.93	1271	5.08	4573
HC-2-VGO	0.9177	32.81		0.20	458	2.70	907
HC-2-VR	1.0324		2502	22.83	1256	5.07	4569
HC-3-VGO	0.9179	33.09		0.19	460	2.69	899
HC-3-VR	1.0325		2536	22.76	1242	5.05	4588

Sample	组成/%				T(Distilation)/℃							
	Sa	Ar	Re+As	n-C7 As	IBP	5%	20%	30%	50%	60%	65%	70%
HC-0-VGO	69.4	25.4	5.2	0	350.8	364.9	388.4	403.4	433.9	448.9	456.3	464.3
HC-0-VR	8.7	48.7	42.6	14.9	490.2	522.1	567.8	594.4	656.8	699.5	721.1	
HC-1-VGO	68.9	25.7	5.4	0	354.4	367.3	391.2	407.1	438.2	453.2	461.1	469.3
HC-1-VR	8.5	48.7	42.8	14.2	493.8	529.0	575.0	601.6	663.6	703.8	723.8	
HC-2-VGO	68.1	26.0	5.9	0	351.9	365.6	389.6	404.7	436.0	451.5	459.5	468.1
HC-2-VR	7.4	48.7	43.9	14.7	490.8	527.9	574.0	599.6	658.6	697.5	716.4	
HC-3-VGO	69.4	26.4	5.8	0	352.5	366.3	390.6	406.3	438.0	453.4	461.6	470.1
HC-3-VR	7.6	48.6	43.8	14.4	491.1	526.4	571.9	597.1	654.6	692.1	710.2	

表4为4MPa条件下空化处理1次前后沙重原油实沸点产品硫分布。由表4可知，空化处理过程中原油和馏分油中硫总量保持基本平衡，表明空化处理沙重原油的实沸点蒸馏产品分布和性能数据准确，约60%的硫分布于减压渣油中，符合实沸点蒸馏硫分布规律。随着空化压力的提高，减压渣油中硫含量逐渐降低，而蜡油中硫含量逐渐提高，原因在于经空化处理后，部分减压渣油转化为蜡油，减压渣油中的硫也转移到蜡油中。

表4 4MPa条件下空化处理1次前后沙重原油硫分布

Fraction	Yield/%		S/%		Sulfur yield/%		Sulfur distribution/%	
	Before	After	Before	After	Before	After	Before	After
Gasoline	23.55	23.14	0.094	0.09	2.21	2.18	0.92	0.91
Diesel	23.38	23.61	1.15	1.15	26.89	27.15	11.15	11.15
VGO	23.83	25.02	2.66	2.70	63.39	67.55	26.30	28.16
VR	29.24	28.23	5.08	5.07	148.54	143.13	61.63	59.78
Total	100.00	100.00			241.03	240.01	100.00	100.00

2.4 空化处理对沙重减压渣油焦化性能的影响

表5为处理1次时不同空化压力对沙重减压渣油焦化产品分布的影响，由表5可知，随着空化压力的提高，气体收率提高0.3个百分点，液体产品收率提高1.5个百分点，焦炭产率降低1.8个百分点。虽然空化处理后减压渣油残炭略有增加，模拟馏程中20%、50%、60%点温度升高，但是焦化结果显示空化处理沙重减压渣油焦化结焦度降低。这主要由于经过水力空化处理的沙重原油部分沥青质向胶质转化，胶体体系更加松散，促进了饱和分和芳

香分在胶质中的溶解、包溶和吸附。在延迟焦化加工过程中减压渣油胶质中的饱和分和芳香分以类似于“虹吸作用”的原理[24]从胶质中更大规模的释放并发生反应，使得液体收率增大。同时，空化处理时减压渣油相对分子质量变小，使减压渣油组分大分子变成较小分子，降低了减压渣油的结焦度，提高了高附加值液体产品收率。这一结果印证了 Yen 等[25-26]提出的空化处理对减压渣油影响的模型，该模型以沥青质“大陆型”结构为基础，大陆型沥青质单元片在分子间力作用下首先形成纳米聚集体，随着纳米聚集浓度的提高进一步形成簇状聚集体，空化处理后的减压渣油簇状聚集体更为松散。

以上试验结果进一步说明了减压渣油延迟焦化过程加工时，减压渣油中沥青质的性质、结构比沥青质的含量对加工过程的影响更为重要。因此，改变沥青质的结构是一种提高渣油转化效率的方法。

表 5　不同空化压力对沙重减压渣油延迟焦化产品分布的影响

Fraction	y_i/%			
	HC-0	HC-1	HC-2	HC-3
Gas	9.33	9.58	9.66	9.47
Liquid	58.80	59.03	60.32	59.61
Coke	31.87	31.39	30.02	30.92
Total	100.00	100.00	100.00	100.00

3 结论

（1）空化处理沙重原油时，最佳空化压力为 4MPa、处理 1 次，沙重原油黏度降低 46.98%、残炭质量分数降低 9.50%、低于 515℃馏分提高 1.01 个百分点、沙重减压渣油延迟焦化处理的焦炭产率降低 1.85 个百分点，经空化处理的原油中硫从重组分向轻馏分转移。

（2）空化处理沙重原油的降黏机理主要在于：空化处理原油蜡油馏分收率增加和油品结构的变化。其中减压渣油中胶质、沥青质体系更加松散的结构变化起主要作用。

参 考 文 献

[1] LESKO T M. Chemical effects of acoustic cavitation[D]. Pasadena：California Institute of Technology，2004.

[2] KUMAR K S，MOHOLKAR V S. Conceptual design of a novel hydrodynamic cavitation reactor[J]. Chemical Engineering Science，2007，62(10)：2698-2711.

[3] KAUSHIK P，KUMAR A，BHASKAR T，et al. Ultrasound cavitation technique for up-gradation of vacuum residue[J]. Fuel Processing Technology，2012，93：73-77.

[4] GOGATE P R，PANDIT A B. Engineering design method for cavitation reactors：Sonochemical reactors[J]. AIChE Journal，2000，46(2)：372-379.

[5] SAWARKAR A N，PANDIT A B. Petroleum residue upgrading via delayed coking：A review[J]. The Canadian Journal of Chemical Engineering，2007，85：1-24.

[6] FOMITCHEV-ZAMILOV M，GODIN S. Investigation of hydrodynamic cavitation as a means of natural crude oil and synthetic biofuel upgrading[D]. State College：Quantum Potential Corporation，2012.

[7] 张龙力，杨国华，孙在春，等．超声波对沥青质分散作用的研究进展[J]．应用声学，2002，21(2)：30-34.

[8] GOPINATH R，DALAI A K，ADJAYE J. Effects of ultrasound treatment on the upgradation of heavy gas oil [J]. Energy Fuels，2006，20(1)：271-277.

[9] 张龙力，杨朝合，山红红．超声波处理对渣油胶体稳定性的改善作用初步研究[J]．石油学报(石油加工)，2010，10(增刊)：203-207.

[10] PRICE R，BLAZINA D. Understanding the impact of cavitation on hydrocarbons in the middle distillate range [J]. 2015，156：30-39.

[11] Hmood G R. Upgrading of Basrah-Kirkuk blend crude oil using mechanical-acoustical effect[D]. Baghdad，University of Technology-Iraq，2011.

[12] Mauro C，Dino M. Hydrodynamic cavitation of p-nitrophenol：Atheoretical and experimental insight[J]. Chemical Engineering Journal，2014，254：1-8.

[13] MOHAMMAD A，VATANI A，MOHSEN E. Heavy oil upgrading in a hydrodynamic cavitation system：CFD modelling，effect of the presence of hydrogen donor and metal nanoparticles[J]. The Canadian journal of chemical engineering，2017，95：670-679.

[14] SHARMA A，GOGATE P R. Modeling of hydrodynamic cavitation reactors based on orifice plates considering hydrodynamics and chemical reactions occurring in bubble[J]. Chemical Engineering Journal，2008，143：201-209.

[15] GOLE V L，NAVEEN K，GOGATE P R. A review on intensification of synthesis of biodiesel from sustainable feed stock using sonochemical reactors[J]. Chemical Engineering and Processing，2012，53：1-9.

[16] CASTANEDA L C，MUNOZ J A，ANCHEYTA J. Current situation of emerging technologies for upgrading of heavy oils[J]. 2014，220-222：248-273.

[17] 赵德智，宋官龙，李雯祺．超声波作用对于渣油热裂化反应过程中产物性能的影响[J]．石油学报(石油加工)，2017，33(3)：456-464.

[18] SHEDID S A. An ultrasonic irradiation technique for treatment of asphaltene deposition[J]. J Pet Sci Technol，2004，42(1)：57-70.

[19] CHATAKONDU K，GREEN M L H，THOMPSON M E，et al. The enhancement of intercalation reaction by ultrasound[J]. J Chem Soc Chem Common，1987，13(12)：900-901.

[20] 石铁磐，胡云翔，许志明．减压渣油特征化参数的研究[J]．石油学报(石油加工)，1997，13(2)：1-7.

[21] 郭永刚，王景芹．超声波在石油化工中应用的研究进展[J]．当代化工，2008，37(1)：6-10.

[22] SAYYAADI H. Enhanced cavitation - oxidation process of non-VOC aqueous solution using hydrodynamic cavitation reactor [J]. Chemical Engineering Journal，2015，272：79-91.

[23] ASKARIAN M，VATANI A，EDALAT M. Heavy oil upgrading via hydrodynamic cavitation in the presence of an appropriate hydrogen donor[J]. Journal of Petroleum Science and Engineering，2017，151：55-61.

[24] 张强，王雪，杨朝合．超声波处理对渣油加氢过程的影响[J]．燃料化学学报，2013，41(10)，1199-1203.

[25] DICKIE J P，YEN T F. Macrostructure of the asphaltic fraction by various instrumental method[J]. Anal Chem，1967，39(14)：1847-1857.

[26] YEN T. The colloidal aspects of a macrostructure of petroleum asphalt[J]. Fuel Science and Technology International，1992，10(4/6)：723-733.

延迟焦化装置原料拓展与应用

王树利，李　林

（中国石油兰州石化公司炼油厂，甘肃兰州　730060）

摘　要　为实现延迟焦化装置的挖潜增效，某石化公司对延迟焦化装置加工原料进行了拓展，通过技术改造，从原来加工单一的减压渣油拓展为以加工减压渣油为主，同时掺炼催化油浆、乙烯焦油，回炼污水处理厂回收污油。结果表明：装置原料拓展后，装置能稳定运行，有效解决了催化油浆、乙烯焦油、回收污油的加工后路，同时提升了延迟焦化装置的经济效益。经测算，掺炼催化油浆能实现增效1100元/t，掺炼乙烯焦油能实现增效940元/t，回炼回收污油能实现增效342.6万元/年，有效促进了炼油效益的整体提升。

关键词　延迟焦化　催化油浆　乙烯焦油　回收污油　挖潜增效

1　前言

某石化公司延迟焦化装置设计以减压渣油、催化油浆、抽出油、乙烯焦油、脱油沥青为原料，装置自建成开工后大部分时间以减压渣油为原料，期间曾掺炼过催化油浆、乙烯焦油及脱油沥青等原料。丙烷脱沥青装置自2010年停工后延迟焦化装置再未掺炼脱油沥青；2009年延迟焦化装置掺炼催化油浆时，在原料中掺入占原料总加工量10%左右的催化油浆，催化油浆未经过脱灰处理，其中含有较多的催化剂颗粒，掺炼过程中焦炭和蜡油质量变差，分馏塔底过滤器焦粉沉积严重，且装置能耗增加[1]，三个月后停止了掺炼催化油浆。2006年延迟焦化装置掺炼乙烯焦油时，未对乙烯焦油进行预处理，直接在原料中掺入占原料总加工量4%的乙烯焦油，掺炼过程中发现，在相同加热炉进料量下，加热炉出口温度平均值、循环比、炉管压力降和炉膛温度增大，导致加热炉炉管、冷换设备、大油气线、分馏塔底结焦倾向增大，影响装置的长周期运行，半年后停止了掺炼乙烯焦油[2]。污水处理厂回收污油原加工流程为输转至污油储罐，经沉降脱水后按照一定比例掺入原油，掺调污油后的原油再输转至常减压装置加工，加工过程中导致原油泵入口过滤器频繁堵塞，且影响电脱盐系统的稳定运行，电脱盐乳化废水处理装置渣量增多。

催化油浆密度较大、相对分子质量大、氢碳原子比较低、黏度高、芳香分含量高，并含有较多的催化剂颗粒，而乙烯焦油富含双环以上的稠环芳烃，并含有硫、氮、氧等杂环化合物，具有短侧链、高碳氢比、高胶质沥青质含量、低灰分含量、低重金属含量的特点，直接在延迟焦化装置中进行掺炼带来了诸多的问题，其加工利用均受到限制，大都作为低价值的燃料油调和组分，造成经济效益的损失。污水处理厂回收污油水含量，杂质含量高，常减压装置加工带来问题较多。鉴于此，需要对催化油浆、乙烯焦油、回收污油寻求新的加工方式。延迟焦化装置对原料适应性强，可以处理包括减压渣油、脱油沥青、抽出油、催化油浆等原料，但为减小直接掺炼催化油浆、乙烯焦油，回炼回收污油给装置带来的不利影响，需要通过技术改造，以满足装置的加工要求。文章对通过技术改造后，延迟焦化装置稳定掺炼催化油浆、乙烯焦油，回炼回收污油的应用情况进行了介绍，对同类装置的技术改造提供借鉴。

2 掺炼催化油浆

2.1 掺炼催化油浆工艺流程

为解决延迟焦化装置直接掺炼催化油浆时催化油浆中催化剂颗粒在换热器、分馏塔、加热炉、泵及管道内造成磨损和沉积结焦，影响装置的长周期运行的问题，该公司于2013年进行了催化油浆捕获沉降剂的工业试验，对重油催化裂化装置生产的催化油浆通过添加油浆沉降剂将其中的催化剂颗粒脱除，经沉降后油浆灰分由1.0%左右下降至≤0.08%，满足延迟焦化装置的掺炼要求。来自重油催化裂化装置的催化油浆经加注占催化油浆0.05%油浆沉降剂后进入油浆沉降储罐，在100~110℃的温度下进行沉降48~72小时，分析合格后将中上部油浆转入沉降后油浆储罐，沉降后油浆按照一定比例掺入延迟焦化装置原料中进行加工；当沉降油浆储罐中油浆灰分大于0.08%时，通过抽渣泵将底部渣层抽出，避免底部渣层返混，保证沉降油浆质量合格，其工艺流程如图1所示。

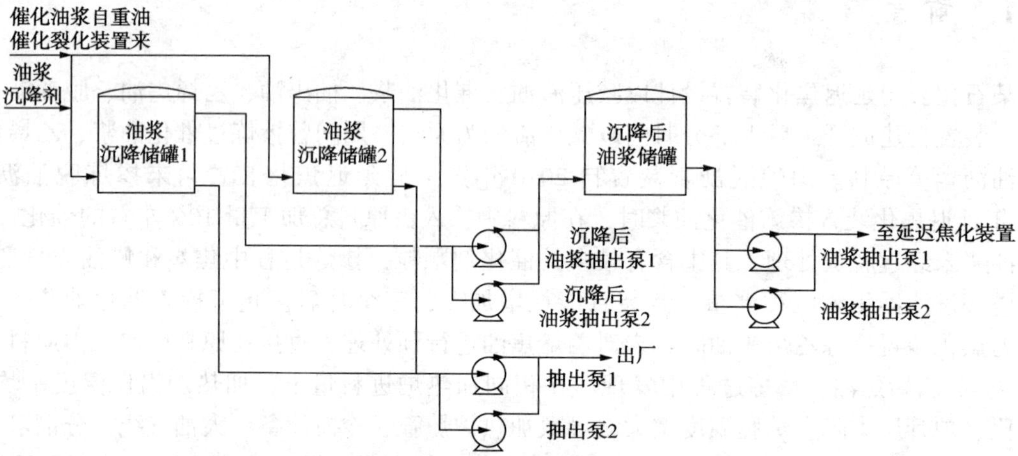

图1 油浆沉降加工工艺流程图

2.2 延迟焦化装置操作优化

与延迟焦化装置原料减压渣油相比，催化油浆中芳烃含量较高，芳烃主要为无侧链、少侧链或短侧链的稠环芳烃，氢碳比较低，难以发生裂化反应[3]。在装置掺炼催化油浆过程中，出现了焦炭塔冷焦给水、冷焦后放水不通畅等问题，影响了后续除焦的进程，打乱了焦炭塔的生焦周期，严重时装置需切断进料，进行循环。为保证例掺炼催化油浆过程中延迟焦化装置能平稳运行，经过生产实践，对操作进行了以下优化：(1)加热炉出口温度提高0.5℃，保证油浆在焦炭塔内能够充分发生裂解缩合反应；(2)系统压力提高0.01MPa，延长原料在焦炭塔内的反应时间，保证混合原料反应充分；(3)大吹汽时间延长30min，大吹汽量增大2t/h，将焦炭塔内的残余油气进行汽提；(4)冷焦给水初期以汽带水，防止焦炭塔内黏性焦回落堵塞通道造成给水、放水不通畅[4]。

2.3 实施效果

自延迟焦化装置开始掺炼沉降后催化油浆以来，经过装置操作优化，掺炼量逐步提升，实现了催化油浆的零出厂，有效提升了经济效益，掺炼量见表1。2018年掺炼量下降，主要是由于在掺炼沉降后催化油浆的同时，装置还掺炼了乙烯焦油，降低了催化油浆的掺炼量。延迟焦化装置每加工1t催化油浆可创效1100元，按此计算，2015年至2019年延迟焦化装置掺炼沉降后催化油浆新增效4.11亿元，同时也有效降低了炼厂黑色产品收率，黑色产品收率从2015年的3.62%降低至2019年的2.98%。

表1 延迟焦化装置掺炼催化油浆的情况对比

项　目	2015年	2016年	2017年	2018年	2019年
装置开工时间/(h/a)	6313	7210	7920	8304	2832
渣油加工量/(t/a)	730610	789832	925769	1034336	338303
催化油浆掺炼量/(t/a)	35389	90726	115016	96955	35631
催化油浆掺炼比例/%	4.62	10.30	11.05	8.57	9.53
平均掺炼量/(t/h)	5.61	12.58	14.52	11.68	12.58

3 掺炼乙烯焦油

3.1 掺炼乙烯焦油工艺流程

乙烯焦油与减压渣油混合时的相溶性不如其他重油与减压渣油混合时相溶性，有明显的分层现象和凝聚现象，在混合原料加热过程中，乙烯焦油中的沥青质反应活性高，在较低温度下就发生缩合反应，达到一定温度后易生成苯不溶物和喹啉不溶物，并迅速转变成焦炭[5]，导致加热炉炉管、冷换设备、大油气线、分馏塔底结焦倾向增大，影响装置的长周期运行。为解决此问题，该公司对延迟焦化装置掺炼乙烯焦油进行了进一步的研究，通过在其中加入稳定剂形成稳定乙烯焦油，以抑制次生胶质、沥青质的生成，输送至延迟焦化装置罐区后，再向其中加入胶溶剂，以增加沥青质胶团间的排斥力，防止沥青质胶团相互吸引而发生聚沉，加入胶溶剂的稳定乙烯焦油与延迟焦化装置减压渣油原料混合成为胶溶重油，形成重油胶体体系。重油胶体体系中易结焦、结垢的物质较加剂前不易聚沉，可有效抑制延迟焦化装置换热器、管线、加热炉的结焦[6]，其掺炼乙烯焦油流程如图2所示。

3.2 延迟焦化装置操作优化

在装置掺炼乙烯焦油过程中，由于乙烯焦油带水出现原料泵抽空，动态混合器机封泄漏等问题，通过制定动态混合器特护运行方案、原料泵抽空应急预案，多次有效避免了因乙烯裂解重油带水引起装置原料泵抽空导致装置切断进料的风险，且通过增加动态混合器封油线，改进动态混合器内部结构，将动态混合由双级叶轮改为单级叶轮，将原来的双端面机封改为集成式双端面机封，将机封冷却水改为封油冷却，经过改进后有效降低了动态混合器的

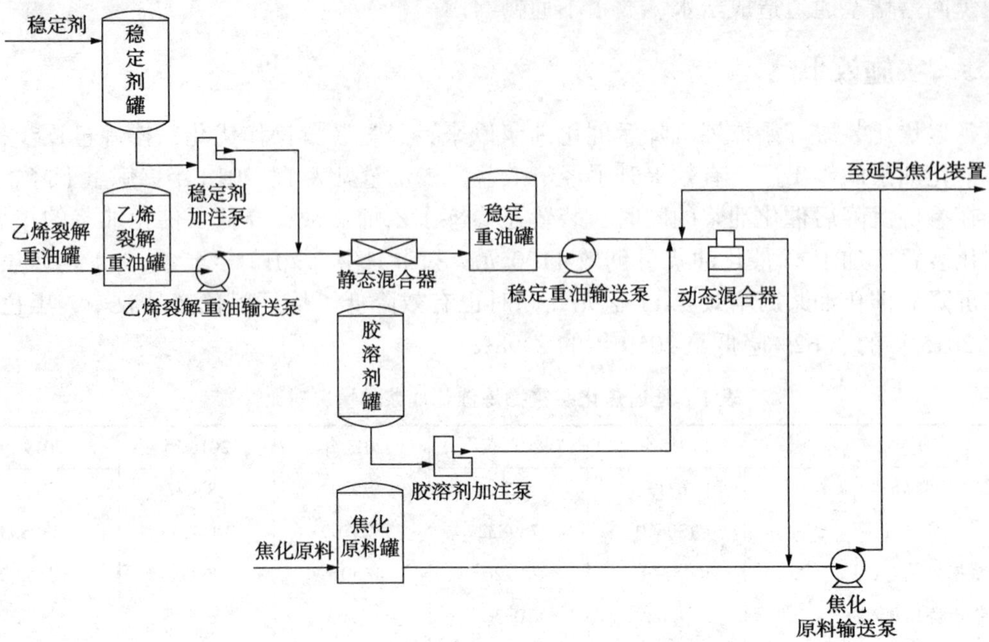

图2 延迟焦化装置掺炼乙烯焦油流程图

故障频次，解决了动态混合器运行过程中不稳定的瓶颈，有效提升了乙烯裂解重油的掺炼量，最大掺炼量达到10t/h。

3.3 实施效果

实施完成投用后，经过装置操作优化，乙烯焦油最大掺炼量达到10t/h以上，装置运行平稳，有效解决了乙烯焦油的加工后路问题，提升了经济效益，掺炼量见表2。延迟焦化装置每加工1t乙烯焦油可创效940元，按此计算，2018年至目前年延迟焦化装置掺炼乙烯焦油新增效6947.6万元。

表2 延迟焦化装置掺炼乙烯焦油情况对比

项　目	2018年	2019年
装置开工时间/(h/a)	8304	2832
渣油加工量/(t/a)	1034336	338303
乙烯焦油掺炼量/(t/a)	43934	29977
乙烯焦油掺炼比例/%	4.07	8.14
平均掺炼量/(t/h)	5.29	10.59

4 回炼回收污油

4.1 回炼回收污油工艺流程

鉴于污水处理厂回收污油在常减压装置加工影响其电脱盐系统的稳定运行，提出将回收污油改至延迟焦化装置回炼。其回炼流程为：先将回收污油送至延迟焦化装置罐区污油储罐，进行加温脱水后输送至装置放空塔，由放空塔底泵送至焦炭塔顶作为急冷油，其回炼流程见图 3。

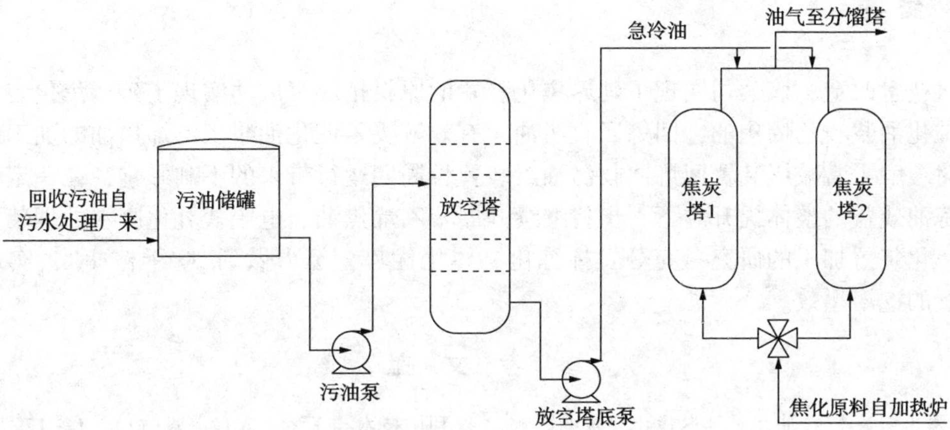

图 3　延迟焦化装置回炼回收污油流程图

4.2　回炼回收污油注意事项

在延迟焦化装置回炼回收污油过程中，需对焦炭塔顶温度、压力，分馏塔顶压力等相关操作参数，焦化产品质量，设备运行情况，装置加工能力等进行监控，以确保装置稳定回炼回收污油，按照 350t/月的量进行回炼，装置操作未发现异常，对设备运行及产品质量无不良影响。

4.3　实施效果

将回收污油改至延迟焦化装置回炼后，避免或减轻了原油储罐受污染程度，有效改善了常减压装置原油性质，原油泵半抽空次数下降，电脱盐系统运行平稳，电脱盐乳化废水处理装置负荷降低、拉渣量与清油剂用量明显下降。回收污油加工流程改变前后电脱盐乳化废水处理装置运行情况见表 3。按照清油剂 2761 元/t 计算，可节省清油剂费用 342.6 万元/年，同时可减少废渣拉运的费用。

表 3　电脱盐乳化废水处理装置运行情况表

项　目	常减压装置回炼	延迟焦化装置回炼	变化量
拉渣量/(t/月)	1335	400	-935
清油剂用量/(t/月)	291.6	188.2	-103.4

5　其他原料拓展

在延迟焦化装置成功掺炼沉降后催化油浆、乙烯焦油，回炼回收污油的同时，继续开展以下工作：(1)研究苯乙烯焦油进延迟焦化装置加工，考察苯乙烯焦油与乙烯焦油的相溶性，与乙烯焦油按照一定比例混合后输送至延迟焦化装置加工；(2)研究电脱盐乳化废水处理装置废渣进延迟焦化装置加工，进一步减少废渣出厂量。

6 结论

通过技术改造，该公司实现了延迟焦化装置的原料拓展，成功实现了延迟焦化装置掺炼沉降后催化油浆、乙烯焦油，回炼回收污油，有效解决了催化油浆、乙烯焦油的加工后路问题，同时缓解了常减压装置回炼回收污油给装置长周期运行带来的不利影响，在一定程度上促进了炼油效益的整体提升。下一步将继续开展苯乙烯焦油、电脱盐乳化废水处理装置废渣进延迟焦化装置加工的研究，充分发挥炼化一体化优势，努力做到“吃干榨净”，实现延迟焦化装置的挖潜增效。

参考文献

[1] 杨万强．掺炼FCC油浆对延迟焦化装置的影响[J]．利用技术与工程，2012，41(11)：14-17.
[2] 陈彦斌，马力飞．掺炼乙烯焦油对延迟焦化的影响[J]．石化技术与应用，2010，28(1)：44-45.
[3] 刘立新，王庆元，王庆明，等．全自动油浆过滤系统在重油催化裂化装置上的应用[J]．石油炼制与化工，2005，36(5)：27-29.
[4] 李林，刘彬，孙丽琳．延迟焦化装置提高催化油浆掺炼量的优化对策[J]．石化技术与应用，2017，35(5)：385-387.
[5] 瞿国华．延迟焦化装置工艺与工程[M]．北京：中国石化出版社，2007：61.
[6] 段华山．乙烯裂解焦油作延迟焦化原料的预处理工艺：中国专利：CN106609145A[P]．2017-05-03.

注汽量对塔河常压渣油延迟焦化性能的影响

岑友良，王宝石，王洪彬，黄新龙

（中石化炼化工程(集团)股份有限公司洛阳技术研发中心，河南洛阳 471003）

摘 要 采用自主研发的多功能中型延迟焦化装置，以塔河常压渣油为原料，考察了提高加热炉炉管注汽量对其产品分布和产品性质的影响。试验结果表明：在进料量、炉出口温度、焦炭塔顶操作压力、循环比和充焦时间等操作条件基本一致的情况下，加热炉炉管注汽量由1.83%提高到3.82%时，液体产品收率提高了1.78%，其中焦化汽柴油的收率降低，而焦化蜡油的产率提高了3.81%，气体和焦炭的产率降低；同时随着加热炉炉管注汽量的提高，产品中焦化汽油和焦化柴油馏分的性质基本一致，但焦化蜡油性质变差一些，主要表现在密度、残炭、沥青质、重金属和氮含量等均有所增加，馏程95%点高出约18℃。

关键词 延迟焦化 注汽量 液体收率 焦化蜡油 挥发分

随着延迟焦化原料的劣质化的趋势凸显，影响延迟焦化装置长周期运行的制约因素越发明显，如加热炉炉管结焦速率、焦炭塔油气管线结焦速率、分馏塔底积焦结焦程度等，都严重制约着装置长周期安全运行[1]。同时随着国家环保法规日益严格和重油加氢技术的进步，使得延迟焦化装置加工负荷呈现降低趋势。由于延迟焦化装置加工负荷的降低，一系列问题也随之出现，最为突出的是加热炉炉管线速降低，导致炉管结焦趋势加剧，使得加热炉的运行周期大大缩短，一个开工周期内炉管清焦频次增加，因此降低加热炉炉管结焦速率成了当前亟须解决的问题。

近年来"多点注汽"技术逐渐取代单点注水(注汽)技术，该技术改变了原料在加热炉炉管内流动方式，由层流变为湍流方式[2-3]。该技术的运行使得加热炉效率提升，使炉管内重油的反应深度增加，也提高了焦化装置处理能力，同时有效地解决了炉管结焦问题，改善了焦化装置产品分布，降低了焦炭产率，提高了装置液体产品收率，具有良好的经济效益。

然而随着装置加工负荷的降低，为保证炉管内介质的线速度，单炉室运行或者提高炉管注汽量成为一种必然选择[4]。提高炉管注汽量对延迟焦化工艺过程的影响还未见有公开报道。本论文以塔河常压渣油为原料，重点考察了提高加热炉炉管注汽量对延迟焦化产品分布和产品性质的影响。

1 实验

1.1 试验装置及操作条件

试验是在中石化炼化工程(集团)股份有限公司洛阳技术研发中心开发的LYDC-Ⅴ型减黏裂化-延迟焦化-连续蒸馏一体化实验装置上进行的，其模拟工艺流程见图1，装置照片见

图2。该套装置的延迟焦化进料量为3.0~6.0kg/h，焦炭塔一次可充约20kg焦炭[5,6]。本次实验操作条件：装置进料量4.3kg/h、焦炭塔顶操作压力0.17MPa、循环比0.495、加热炉出口温度495℃、焦炭塔底温度485℃、出塔油气平均温度438℃、充焦时间16h、注汽量(占新鲜原料)分别为1.83%、2.87%和3.82%。

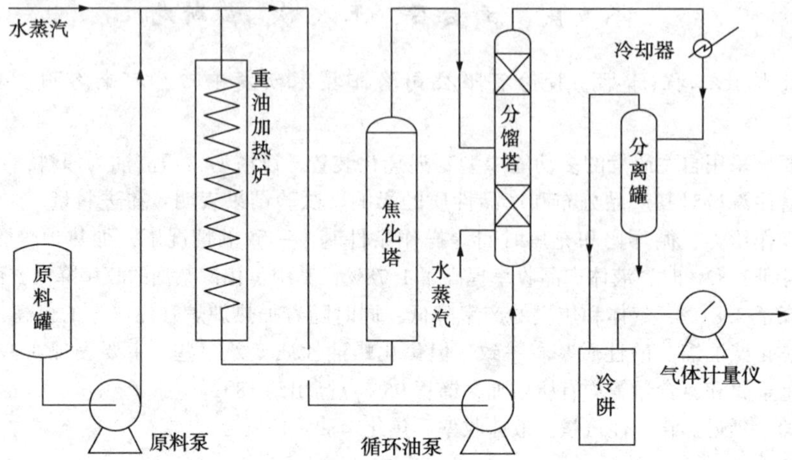

图1 延迟焦化中试装置工艺流程示意

图2 LYDC-Ⅴ型减黏裂化-延迟焦化-连续蒸馏一体化实验装置

1.2 原料性质

表1为试验所有的塔河常压渣油的性质。由表1可知，塔河常渣的性质较差，不仅密度超过了1.0g/cm^3，重金属Ni+V含量高达285.1μg/g，尽管残炭值仅为19.2%，但其沥青质含量高达17.15%。从石油胶体溶液的角度分析[7]，塔河常渣的体系稳定性较差，由于其沥青质偏高，且芳香性储备相对不足，因此在热处理过程中该石油溶液容易过早出现第二液相[8]。作为延迟焦化装置的原料，为减缓加热炉炉管结焦，一般采用较高的循环比[9]。

表 1 塔河常渣基本性质

项目	数据	项目	数据
密度(20℃)/(kg/m^3)	1004.2	族组成/%	
黏度(100℃)/(mm^2/s)	745	饱和烃	16.8
残炭/%	19.2	芳烃	47.4
倾点/℃	39	胶质+沥青质	35.8
S/%	2.54	C_7不溶物/%	17.15
N/%	0.53	Ni+V/(μg/g)	285.1

2 试验结果及讨论

2.1 提高炉管水蒸气注入量对产品分布的影响

表 2 提高注汽量对延迟焦化产品分布的影响

项 目	注汽量/%		
	1.83	2.87	3.82
物料平衡/%			
气体	7.95	7.54	7.15
汽油馏分(C_5~180℃)	13.42	12.84	12.30
柴油馏分(180~360℃)	42.82	42.35	41.91
焦化蜡油	6.81	8.80	10.62
焦炭	28.62	28.14	27.57
损失	0.38	0.33	0.45
合计	100.00	100.00	100.00
液体产品产率/%	63.05	63.99	64.83
增加值/百分点	基准	基准+0.94	基准+1.78

表 2 为提高注汽量的中型试验结果。由表 2 可知，当炉管的注汽量由 1.83%提高到 2.87%和 3.82%时，气体的产率由 7.95%分别降低到 7.54%和 7.15%，降低了 0.41 和 0.80 百分点；焦炭的产率由 28.62%分别降低到 28.14%和 27.57%，降低了 0.48 和 1.05 百分点；而液体产品的产率由 63.05%分别提高到了 63.99%和 64.83%，增加了 0.94 和 1.78 百分点。液体产品的增加主要表现在焦化蜡油产率的增加上，由 6.81%分别提高了 8.80%和 10.62%，即增加了 1.99 和 3.81 百分点。

2.2 提高炉管水蒸气注入量对产品性质的影响

表 3 提高注汽量对焦化汽油性质的影响

项 目	注汽量/%		
	1.83	2.87	3.82
密度(20℃)/(kg/m^3)	738.2	739.3	740.5
溴价/[gBr/(100g)]	47.54	48.65	49.97

续表

项　目	注汽量/%		
	1.83	2.87	3.82
S/%	0.317	0.302	0.291
N/(μg/g)	66.56	78.45	91.83
馏程/℃			
IBP	44	43.4	44.6
50%	127.7	129	130.7
90%	165.7	169.7	170.9

表4　提高注汽量对焦化柴油性质的影响

项　目	注汽量/%		
	1.83	2.87	3.82
密度(20℃)/(kg/m^3)	878.7	877.8	879.9
溴价/[gBr/(100g)]	13.66	12.53	18.48
腐蚀(Cu，50℃，3h)	1a	1a	1a
凝点/℃	-15	-13	-12
N/(μg/g)	933.2	938.1	954.65
S/%	1.20	1.21	1.26
馏程/℃			
IBP	214.4	215.2	215
50%	297.4	296.3	299.7
90%	342.5	342.8	347.1

表3和表4分别为不同注汽量条件下汽油馏分和柴油馏分的性质，由表3和表4可知，在炉管不同注汽量下产出的汽油馏分和柴油馏分的性质基本不变，说明提高炉管注汽量不会对焦化汽油和焦化柴油性质产生较大影响。

表5为不同注汽量条件下焦化蜡油馏分的主要性质。从表5可知，随着炉管注汽量的提高，所产焦化蜡油的性质逐渐变差，主要表现在密度增加、残炭、沥青质、重金属和氮含量均有所提高。当炉管的注汽量由1.83%分别提高到2.87%和3.82%时，焦化蜡油20℃的密度由0.9266g/cm^{3}增加到0.9278g/cm^{3}和0.9298g/cm^3、残炭值由0.31%提高到0.37%和0.47%、沥青质由零提高到0.015%和0.032%、馏程的95%点由408.9℃提高到415.8℃和427.1℃，高出约18℃。这些性质的变化对焦化蜡油的后续加工会产生一定影响。

表5　提高注汽量对焦化蜡油性质的影响

项　目	注汽量/%		
	1.83	2.87	3.82
密度(20℃)/(g/cm^3)	0.9266	0.9278	0.9293
黏度(80℃)/(mm^2/s)	6.099	6.116	6.238
酸值/(mgKOH/g)	0.135	0.139	0.202
残炭/%	0.31	0.37	0.47
凝点/℃	13	14	16

续表

项目	注汽量/%		
	1.83	2.87	3.82
硫含量/%	1.61	1.66	1.68
氮含量/%	0.21	0.24	0.26
族组成/%			
饱和烃	44.0	44.8	44.9
芳烃	51.3	49.8	49.5
胶质+沥青质	4.7	5.4	5.6
C_7不溶物/%	0	0.015	0.032
Ni+V+Fe/(μg/g)	0.98	1.18	1.73
馏程/℃			
IBP	345.1	349.8	353.6
50%	376.0	378.2	381.5
95%	408.9	415.8	427.1

表 6　焦炭的性质分析

项目	注汽量/%		
	1.83	2.87	3.82
硫含量/%	4.09	4.21	4.32
挥发分/%	8.45	7.81	6.15
灰分/%	0.30	0.32	0.35

焦炭的性质变化列于表 6。由表 6 可见，随着加热炉炉管注汽量的提高，所产焦炭的挥发分降低，但硫含量有所提高。当炉管的注汽量由 1.83%分别提高到 2.87%和 3.82%时，焦炭的挥发分由 8.45%降低到了 7.81%和 6.15%。焦炭的挥发分显著降低，由 8.45%降低到了 7.81%和 6.15%，这主要是因为注汽量的增加降低了焦炭塔内生成焦炭表面油气的分压。硫含量由 4.09%提高到了 4.21%和 4.32%。硫含量均超过低硫焦标准(NB/SH/T 0527—2015)，属于高硫焦，作为燃料使用时，要采用烟气脱硫等技术措施。

值得注意的是，较高的注汽量不但要增加装置的加工能耗，而且还会使含硫污水的排放量成倍增加，为了减少含硫污水的排放并降低加工能耗，中石化炼化工程(集团)股份有限公司洛阳技术研发中心与中国石油化工股份有限公司洛阳分公司联合开发了采用自产的低碳烃部分或者全部替代水蒸气，形成了延迟焦化降量加工工艺优化的新技术。采用该项技术后，加热炉管的清焦周期由 2~5 个月延长到 10~14 个月，液体产品产率提高约 4 个百分点，含硫污水的排放量降低 30%以上。在低投入的情况下，可为企业带来显著的经济效益。

3　结论

(1) 炉管注汽量对塔河常渣的延迟焦化产品分布有较大影响。当注汽量由 1.83%提高至 3.82%时，气体和焦炭的产率分别降低 0.8 和 1.05 百分点，液体产品的收率提高了 1.78 百分点，液体收率的增加主要来源于焦化蜡油，其收率增加了 3.81 百分点。

（2）加热炉炉管注汽量提高后，焦化汽油和柴油馏分的性质基本不变，而焦化蜡油的性质则变差了一些，主要表现在密度增加、残炭、沥青质、重金属和氮含量均有所提高。

（3）焦炭的挥发分显著降低，由8.45%降低到了6.15%，同时焦炭的硫含量略有提高，最高达4.32%，属于高硫焦。

参考文献

[1] 周鸿．延迟焦化装置长周期运行影响因素分析[J]．炼油与化工，2018(1)：20-23.

[2] 严明．焦化装置单面辐射炉注水改注汽的应用[J]．炼油技术与工程，2007，37(2)：28-30.

[3] 汪震．延迟焦化装置加热炉多点注汽技术的工业应用[J]．广东化工，2010，37(6)：129-130.

[4] 林肖，张万河，雷云龙，等．延迟焦化装置低负荷长周期运行的探讨[J]．炼油技术与工程．2017，47(10)：26-29.

[5] 李节，王训遒，王洪彬，等．塔河常压渣油焦化辐射段进料性质及结焦倾向的研究[J]．石化技术与应用，2016，34(6)：473-475.

[6] 黄新龙，王宝石，李晋楼，等．降低焦炭塔操作压力对焦化过程的影响[J]．石油炼制与化工．2019，50(4)：16-19.

[7] 李生华，刘晨光，梁文杰，等．从石油溶液到碳质中间相：Ⅱ．石油溶液热转化过程中的相变化[J]．石油学报(石油加工)，1995(1)：61-65.

[8] 黄新龙，王洪彬，张瑞风，等．重油浅度热裂化反应深度对延迟焦化过程的影响[J]．石油炼制与化工，2014，45(3)：25-29.

[9] 代长江．塔河重质常压渣油延迟焦化工艺的优化[J]．炼油技术与工程，2008，38(5)：18-21.

直馏柴油馏分临氢精制生产军用柴油试验

王　庆，黄　灏

（中国石化荆门分公司，湖北荆门　448002）

摘　要　以管输原油直馏柴油为原料，在小型加氢试验装置上考察了临氢精制生产-10号军用柴油的可行性。结果表明：采用RSS-2催化剂，模拟荆门石化航煤临氢脱色工业装置生产操作工艺条件进行加氢试验，可以生产出满足-10号军用柴油指标要求的油品。推荐加氢反应温度280℃-290℃、体积空速4.0h^{-1}、氢油比100：1、反应压力2.4MPa作为航煤临氢脱色工业装置生产-10号军用柴油的操作工艺条件。当工业装置反应压力低时，建议提高反应温度或降低空速来补偿调整。

关键词　军用柴油　实际胶质　硫含量　加氢

军用柴油主要用作坦克、装甲车、军用汽车、潜艇、舰艇等高速柴油发动机的燃料，牌号按其低温流动性(凝点)划分为-10号、-35号、-50号三种，产品按其质量等级分为优级品和一级品[1]。我国国家军用柴油标准规定，军用柴油是由原油经蒸馏得到的直馏馏分，或是直馏馏分经脱蜡、精制后的组分油。和民用柴油相比，军用柴油在质量要求上更加严格，它要求黏度适中、硫含量少，有很好的蒸发性、化学安定性和燃烧性能[2]。

目前，荆门石化常减压蒸馏(二)装置以南阳-江汉石蜡中间基原油为原料，生产出常二线，再通过白油预加氢装置来生产军用柴油。由于3#白油原料来源的扩宽，原主要用于生产3#白油的白油预加氢装置超负荷。而荆门石化28t/a航煤临氢脱色装置负荷有富余。现拟探索以管输原油直馏柴油馏分生产军用柴油的可行性。与目前荆门石化生产军用柴油工艺路线相比较，原料变化，加工工艺变化，需要通过加氢试验进行考察。

1　军用柴油标准

1.1　GJB 3075—1997军用柴油标准

-10号军用柴油规范(GJB 3075-1997)见表1。

表1　-10号军用柴油规范

项　　目		检验方法	质量指标
外观		目测	清澈透明
十六烷值	不小于	GB/T 386 GB/T 11139	45

续表

项　目		检验方法	质量指标
馏程		GB/T 6536	
10%馏出温度/℃	不低于		—
50%馏出温度/℃	不高于		280
90%馏出温度/℃	不高于		335
破乳化值/min	不大于	GB/T 7305	10
闪点(闭口)/℃	不低于	GB/T 261	65
凝点/℃	不高于	GB/T 510	-10
浊点/℃		SH/T 0179	报告
倾点/℃		GB/T 3535	报告
运动黏度/(mm^2/s)		GB/T 265	
20℃	不小于		3.5
40℃			报告
10%残留物残炭/%	不大于	GB/T 268	0.20
灰分/%	不大于	GB/T 508	0.005
硫含量/%	不大于	GB/T 380 或 GB/T 6324.4	0.2
铜片腐蚀(50℃，3h)/级	不大于	GB/T 5096	1
酸度/(mgKOH/100mL)	不大于	GB/T 258	5
水溶性酸或碱		GB/T 259	无
色度/号	不大于	GB/T 6540	3
固体颗粒总污染物/(mg/L)	不大于	SH/T 0093	10
加速安定性总不溶物/(mg/100mL)		SH/T 0175	报告
密度(20℃)/(kg/m^3)		GB/T 1884 或 GB/T 1885	报告
水分		目测	无
机械杂质		目测	无
实际胶质/(mg/100mL)	不大于	GB/T 509	10

1.2 荆门石化军用柴油质量控制指标

荆门石化为防止质量波动，避免质量风险，保证满足-10号军用柴油规范(GJB 3075—1997)，内控更严格，比照-10号军用柴油规范(GJB 3075—1997)，提出了自己的-10号军用柴油质量控制指标。荆门石化采用的-10号军用柴油质量控制指标见表2。

表2　荆门石化采用的-10号军用柴油质量控制指标

项　目		检验方法	质量控制指标
外观		目测	清澈透明
十六烷值	不小于	GB/T 11139	45

续表

项　　目		检 验 方 法	质量控制指标
馏程		GB/T 6536	
50%馏出温度/℃	不高于		278
90%馏出温度/℃	不高于		333
破乳化值/min	不大于	GB/T 7305	10
闪点(闭口)/℃	不低于	GB/T 261	67
凝点/℃	不高于	GB/T 510	-10
浊点/℃		SH/T 0179	报告
倾点/℃		GB/T 3535	报告
运动黏度/(mm^2/s)		GB/T 265	
20℃	不小于		3.6
40℃			报告
10%残留物残炭/%	不大于	GB/T17144	0.20
灰分/%	不大于	GB/T 508	0.005
硫含量/%	不大于	GB/T 11140	0.19
铜片腐蚀(50℃，3h)/级	不大于	GB/T 5096	1
机械杂质		目测	无

从表1和表2可见：荆门石化采用的-10号军用柴油质量控制指标相比-10号军用柴油规范(GJB 3075-1997)，主要从闪点(提高2℃)、20℃运动黏度(提高0.1mm^2/s)、硫含量(降低0.01%)、50%馏出温度(降低2℃)、90%馏出温度(降低2℃)等项目保守控制。

2 实验部分

2.1 原料

试验所用原料为2019年3月7日在荆门石化蒸馏(一)装置采常二线馏分，其性能见表3。

表3 蒸馏(一)装置常二线馏分性能①

分 析 项 目	分 析 方 法	分 析 结 果
外观	目测	清澈透明
十六烷值	GB/T 11139	53.3
馏程	GB/T 6536	
10%馏出温度/℃		242.5
50%馏出温度/℃		272.0
90%馏出温度/℃		293.0
破乳化值/min	GB/T 7305	2.0
闪点(闭口)/℃	GB/T 261	73
凝点/℃	GB/T 510	-20

续表

分析项目		分析方法	分析结果
浊点/℃		SH/T 0179	-19
倾点/℃		GB/T 3535	-17
运动黏度/(mm^2/s)	20℃	GB/T 265	4.563
	40℃	GB/T 265	2.856
10%残留物残炭/%		GB/T17144	0.01
灰分/%		GB/T 508	0.002
硫含量/%		GB/T 11140	0.3026
铜片腐蚀(50℃，3h)/级		GB/T 5096	1a(碱洗后1a)
酸度/(mgKOH/100mL)		GB/T 258	31.72(碱洗后0.59)
水溶性酸或碱		GB/T 259	无
色度/号		GB/T 6540	0.5
加速安定性总不溶物/(mg/100mL)		SH/T 0175	0.3
密度(20℃)/(kg/m^3)		GB/T 1884	836.3
水分		目测	无
机械杂质		目测	有
实际胶质		GB/T 509	6

①此原料为2019年3月14日荆门石化蒸馏(一)装置常二线馏出口样品。

2.2 催化剂

荆门石化28万t/a航煤临氢脱色装置采用RGO-1保护剂和RSS-2主催化剂。RSS-2催化剂是以Al_2O_3为载体，Ni-Mo金属体系作为其活性金属体系，具有脱硫、脱氮活性高、处理量高、稳定性好的特点[3]。以2019年3月14日荆门石化蒸馏(一)装置常二线馏出口样品(管输原油直馏柴油馏分)生产军用柴油的小型加氢试验采用RGO-1保护剂和RSS-2主催化剂，其主要性质见表4。

表4 催化剂主要理化性能

催化剂	保护剂RGO-1	主催化剂RSS-2(氧化态)
NiO/%	≥2.5	≥3.3
MoO_3/%	≥10.0	≥13.5
比表面/(m^2/g)	≥170	≥160
孔容/(mL/g)	≥0.40	≥0.30
径向压碎强度(N/mm)	≥12.0	≥20.0
外形	三叶草型	蝶型
催化剂当量直径(孔板尺寸)/mm	3.4	1.6
长度3~8mm	>85%	>85%
<3mm	<4%	<4%
硫化态硫含量/%	≥1.2	≥2.5
硫保留度/%	≥50	≥50

2.3 试验装置

试验在荆门石化 100mL 固定床加氢装置上进行，反应器规格为 $\varphi39\times7\times1200$mm，中心插有 $\varphi6$mm 的热偶导管。所有加氢试验所用氢气均为荆门石化制氢装置所提供的工业氢，氢气纯度大于 95.5%，试验时一次通过。实验室加氢试验装置示意图见图 1。

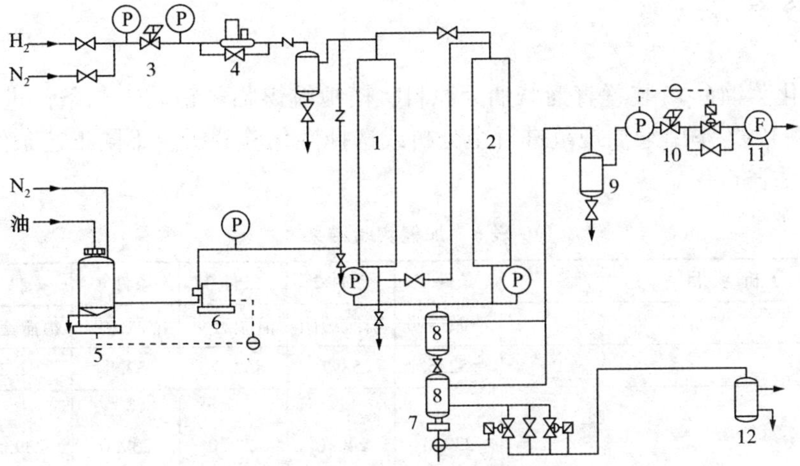

图 1　实验室加氢试验装置流程示意图

1——反；2—二反；3—质量流量计；4—过滤器；5—原料罐；6—原料泵；
7—液控阀；8—高压分离罐；9—气液分离罐；10—压控阀；11—流量计；12—产品罐

2.4 小加氢装置的开工

拟定好催化剂装填方案，按照操作规程进行 RGO-1 保护剂和 RSS-2 主催化剂的装填。接着按照操作规程进行催化剂的硫化和稳定。以直馏煤油+2%DMDS 来配制硫化油。在氢气压力 0.5MPa，新氢量 833mL/min 下，以 20℃/h 升温至 150℃，恒温 2h；升压再恒温 2h 后进硫化油，同时再以 10℃/h 升温至 230℃，恒温硫化 8h；230℃恒温硫化结束后，再以 10℃/h 升温至 290℃，恒温硫化 12h，硫化结束[4]。硫化完毕后进稳定油进行 48h 稳定。稳定原料用直馏煤油，稳定温度为 290℃，进油量为 100mL/h。

2.5 加氢实验工艺条件

以 RGO-1 保护剂和 RSS-2 主催化剂为催化剂，模拟荆门石化 28t/a 航煤临氢脱色装置工况，进行加氢实验，改变加氢工艺操作条件，见表 5。

表 5　加氢工艺操作条件

项　目	反应温度/℃	反应压力/MPa	体积空速/h^{-1}	氢油比
条件 1	290	2.4	4.0	100 : 1
条件 2	290	2.4	2.0	100 : 1
条件 3	300	2.4	2.0	100 : 1
条件 4	280	2.4	4.0	100 : 1

续表

项　目	反应温度/℃	反应压力/MPa	体积空速/h^{-1}	氢油比
条件5	280	2.0	4.0	100∶1
条件6	270	2.0	4.0	100∶1

3　试验结果

以荆门石化蒸馏(一)装置直馏柴油为原料，模拟航煤临氢精制工艺条件进行加氢实验，按照GJB 3075-1997军用柴油规范进行全分析或选择性化验分析。不同工艺条件下加氢试验产品分析数据见表6。

表6　加氢实验结果

分析项目	条件1	条件2	条件3	条件4	条件5	条件6
外观	清澈透明	清澈透明	清澈透明	清澈透明	清澈透明	清澈透明
十六烷值	52.6	53.7	52.3	52.8	52.3	52.4
馏程						
10%馏出温度/℃	239.0	240.0	237.0	239.0	239.5	240.0
50%馏出温度/℃	268.5	269.0	270.0	272.0	273.0	274.5
90%馏出温度/℃	287.5	287.0	290.0	292.0	297.5	294.5
破乳化值/min	1.0	1.0	1.0	1.0	1.0	1.0
闪点(闭口)/℃	74.5	75.0	—	—	—	—
凝点/℃	-20	—	—	—	—	—
浊点/℃	-19	—	—	—	—	—
倾点/℃	-17	—	—	—	—	—
运动黏度/(mm^2/s)　20℃	4.340	4.350	4.490	4.630	4.685	4.734
40℃	2.766	—	—	—	—	—
10%残留物残炭/%	0.01	—	—	—	—	—
灰分/%	0.002	—	—	—	—	—
硫含量/%	0.11130	0.0727	0.0533	0.1750	0.214	0.249
铜片腐蚀(50℃，3h)/级	3b①	3b①	—	—	—	—
酸度/(mgKOH/100mL)	0.58	0.47	—	—	—	—
水溶性酸或碱	无	—	—	—	—	—
色度/号	0.5	—	—	—	—	—
加速安定性总不溶物/(mg/100mL)	0.2	—	—	—	—	—
密度(20℃)/(kg/m^3)	831.6	831.3	—	—	—	—
水分	无	—	—	—	—	—
机械杂质	无	—	—	—	—	—
实际胶质	5	6	6	5	5	5

①小加氢试验装置汽提效果不好造成铜片腐蚀不合格，在工业生产装置上不存在这个问题。

从表 6 可见：

(1) 在模拟荆门石化 28t/a 航煤临氢脱色装置加氢工艺条件(即加氢工艺条件 1)下，加氢产品全分析均能满足军用柴油指标要求(小加氢试验装置汽提效果不好造成铜片腐蚀不合格，在工业生产装置上不存在这个问题。)。

(2) 加氢工艺条件 5、加氢工艺条件 6 下的加氢产品硫含量不能满足军用柴油指标要求。

(3) 加氢工艺条件 2、加氢工艺条件 3、加氢工艺条件 4 下的加氢产品分析了部分数据，已分析数据均能满足军用柴油指标要求(条件 2 的铜片腐蚀与条件 1 原因相同)。

4 讨论

(1) 通过加氢精制可解决实际胶质超标的问题，同时降低硫含量[4]。反应温度的提高有利于脱硫，但过高的反应温度因产生的部分饱和芳烃的不稳定性会导致实际胶质脱除率下降，因此要选择适宜的临氢精制加氢反应温度。

(2) 从破乳化值、硫含量、加速安定性总不溶物等数据可以看出通过临氢精制，可以明显降低原料中含硫等极性物质的含量，使产品质量得到提升，从而满足-10 号军用柴油的指标要求。

(3) 当空速进一步降低时，从 $4.0h^{-1}$降到 $2.0h^{-1}$，加氢后产品的性能指标更佳，但相应的处理量也降低，因为高空速加氢条件下产品质量已有较多富余，因而在反应压力 2.4MPa、反应温度 280℃以上时采用高空速加氢条件是较适宜的。

(4) 根据条件 1 和条件 4、条件 2 和条件 3 对比、条件 5 和条件 6 对比，在其他加氢条件不变的情况下，反应温度升高，精制效果更佳，硫含量进一步降低，在满足指标要求的前提下，从经济角度考虑，选择反应温度 280~290℃更为适宜。

(5) 从条件 4 和条件 5 对比，在其他加氢条件不变的情况下，反应压力增加，精制效果更好，硫含量更低，根据指标要求，反应压力应选择 2.4MPa 较合适。

5 结论

(1) 以蒸馏(一)管输原油常二线为原料，按照荆门石化航煤临氢脱色装置生产操作条件进行临氢加氢精制可以生产出满足-10 号军用柴油指标要求的油品，为下一步工业装置的生产提供了重要技术支撑。

(2) 生产-10 号军用柴油试验的成功，不仅拓宽了荆门石化生产军用柴油的原料来源，利用了富余产能，还相应地释放了荆门石化 3#白油预加氢装置产能而增加 3#白油产量。

(3) 综合考虑精制效果和操作成本等因素，推荐适宜的临氢精制操作条件为：反应温度 280~290℃，体积空速 $4.0h^{-1}$，氢油比 100∶1，反应压力 2.4MPa。当工业装置反应压力低时，建议提高反应温度或降低空速来补偿调整。

参 考 文 献

[1] 徐忠贤，徐慧．试制军用柴油加氢工艺条件探讨[J]．石油商技，2003，21(6)：24-27.

[2] 陈齐全，邹圣武．柴油馏分的加工路线优化及实践[J]．炼油技术与工程，2015，45(12)：15-19.

[3] 褚阳，夏国富，刘锋，等．高处理量喷气燃料加氢催化剂RSS-2的开发及其工业应用[J]．石油炼制与化工，2014，45(8)：6-10.

[4] 李林，柴可明．RSS-2催化剂在航煤加氢装置上的应用[J]．石油与天然气化工，2017，46(1)：12-16.

直馏柴油加工路线调整降低氢耗

妥小飞[1]，郭　强，曹　然，李志胜，牛　犇

（中国石油独山子石化分公司炼油厂，新疆独山子　833699）

摘　要　因钴钼催化剂与镍钼催化剂脱硫方式的不同，造成直馏柴油进 80 万 t/a 催焦柴加氢装置加工的氢耗从理论上是大于 300 万 t/a 直柴加氢装置的，通过 80 万 t/a 催焦柴加氢装置改部分循环，退出的直馏柴油进 300 万直柴加氢装置加工对于降低氢耗有利。

关键词　氢耗　钴钼　镍钼　活性

同柴油加氢精制装置由于原料不同，所选用的催化剂类型也不同，利用不同催化剂的活性及选择性，在保证加工量和产品质量合格的前提下，可以通过生产调整，达到降低氢耗的目的。

1　装置简介

中国石油独山子石化公司柴油加氢精制装置共有 2 套，分别为 300 万 t/a 直馏柴油加氢精制装置，装置采用 UOP 工艺包，由洛阳院设计，2005 年开工建设，2009 年一次试车成功。主要原料为常减压蒸馏装置生产的直馏柴油。2015 年大修更换托普索公司的钴钼型催化剂 TK-568，可满足生产硫含量≤10mg/kg、十六烷值≥55 的精制柴油。80 万 t/a 催焦化汽柴油加氢精制装置，由洛阳院设计，2005 年开工建设，2009 年一次试车成功。主要原料为催化柴油、焦化汽油、焦化柴油和常减压蒸馏装置生产的直馏柴油。2014 年装置更换雅宝公司的镍钼型催化剂 TK-860，可满足生产硫含量≤10mg/kg、十六烷值≥46 的精制柴油。

2　两套装置对氢耗影响的分析

300 万 t/a 直柴加氢装置 2015 年大修更换托普索的催化剂 TK-568 为第一代钴钼型催化剂，由于装置反应器容量大，且一代剂成本较低，催化剂活性相较 80 万 t/a 催焦柴加氢装置催化剂低，针对低硫低氮直馏柴油加氢的国五柴油生产，可发挥钴钼催化剂选择性加氢脱硫性质，利用烷基转移消除空间位阻，大大降低难脱除噻吩硫的脱除难度。而 80 万 t/a 催焦柴加氢装置反应器容量小，2014 年更换的主催化剂 TK-860 为镍钼型，主要是加氢脱氮，催化剂活性高、氢耗大，且放热多，290℃～340℃这段区间的加氢反应钴钼型与镍钼型不同。根据软硬酸碱(HSAB)理论知，氮原子属于硬碱，硫原子属于软碱，镍、钴原子分别属于交界酸碱，但是镍原子的电负性是 1.91，属于偏硬酸，钴原子的电负性是 1.88，属于偏软酸。由 HSAB 原则“硬亲硬，软亲软，交界酸碱两边管”知：镍优先与氮作用，钴优先与硫作用。所以含镍的催化剂有利于 C—N 键断裂，含钴的催化剂有利于 C—S 键断裂。

实验发现钴钼型与镍钼型催化剂脱硫反应的产品分布和反应途径有所不同。对于钴钼催

化剂，三种二苯并噻吩生成相应的环烷基苯的转化率之间没有或只有很小的差别，所以脱硫活性的差异可用三种二苯并噻吩生成相应联苯转化率的差异来说明。通过稳态条件下向反应系统加入联苯而产物中未见环烷基苯产率增加的实验证明，在钴钼催化剂上，二苯并噻吩类通过联苯类生成环烷基苯的途径几乎是不可能的，因此，脱硫产物中的环烷基苯类化合物只能是二苯并噻吩类加氢的二氢或四氢化物脱硫生成的。对于镍钼催化剂，温度低于290℃时，二苯并噻吩类的脱硫曲线形状与钴钼的情况相似；但温度继续升高，则发现生成联苯的转化率迅速下降，而生成环烷基苯的转化率很快上升，至340℃时可达60%(钴钼型催化剂只有10%)。这是由于镍钼催化剂有较高的加氢活性，不仅可以通过上述二氢、四氢二苯并噻吩类脱硫，而且可通过联苯类加氢(亦为实验所证实)的途径生成环烷基苯，尤其在较高温度下，硫化镍稳定，在氢压下会析出金属镍，从而提供芳环加氢的活性位。

因钴钼与镍钼催化剂脱硫方式的不同，造成直馏柴油进80万t/a催焦柴加氢装置加工的氢耗从理论上是大于300万t/a直柴加氢装置的，通过80万t/a催焦柴加氢装置改部分循环退出的直馏柴油进300万t/a直柴加氢装置加工对于降低氢耗有利。

3 采取的措施

80万t/a催焦柴加氢装置改部分循环之前加工量为80t/h，其中催化柴油10t/h，焦化汽油21t/h，直馏柴油26t/h，焦化柴油23t/h，装置新氢耗量为12400Nm^3/h。装置于2018年12月17日降低直馏柴油10t/h，精制柴油改循环10t/h，加工量维持80t/h。2018年12月18日降低直馏柴油5t/h，降低催化柴油5t/h，精制柴油改循环20t/h，加工量维持80t/h。

300万t/a直柴加氢装置在操作调整前加工量为230t/h，其中直馏柴油170t/h，催化柴油5t/h，精制柴油循环55t/h。装置于2018年12月18日提高直柴加工量5t/h至175t/h，精制柴油循环降至50t/h，加工量维持230t/h。

4 效果验证

4.1 对氢耗影响的效果验证

80万t/a催焦柴加氢装置操作调整前后新氢耗量变化见表1。

表1 80万t/a催焦柴加氢装置操作调整前后相关数据对比

日 期	循环量	直柴量	催柴量	焦汽量	焦柴量	加工量	新氢耗量
12月17日	0	26t/h	10t/h	21t/h	23 t/h	80t/h	12400Nm^3/h
12月18日	10t/h	16t/h	10 t/h	21t/h	23t/h	80 t/h	11800Nm^3/h
12月19日	20t/h	11t/h	5 t/h	21t/h	23t/h	80 t/h	11200Nm^3/h

由表1可以得出，80万t/a催焦柴加氢装置改10t/h循环量，新氢补入量降低600Nm^3/h，改20t/h循环的情况下，新氢补入量降低1200Nm^3/h。

300万t/a直柴加氢装置操作调整前后新氢耗量变化见表2。

表 2 300 万 t/a 直柴加氢装置操作调整前后相关数据对比

日 期	循环量	催柴量	直柴量	加工量	新氢耗量
12 月 18 日	55t/h	5t/h	170t/h	230t/h	10300Nm^3/h
12 月 19 日	50t/h	5t/h	175t/h	230t/h	10350Nm^3/h

由表 2 可以得出，300 万 t/a 直柴加氢装置提高 5t/h 直柴加工量，新氢补入量基本无变化，按照提高 20t/h 直柴加工量计算，新氢补入量增加 200 Nm^3/h。

结合表 1 和表 2 数据，通过 80 万 t/a 催焦柴加氢装置改 20t/h 循环，退出的直馏柴油进 300 万 t/a 直柴加氢装置进行加工，综合新氢耗量降低了 1000 Nm^3/h。

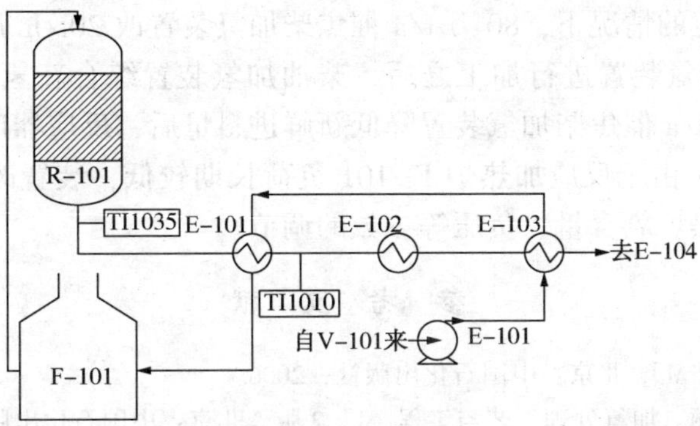

图 1 80 万 t/a 催焦柴加氢装置反应加热炉 F-101 入口换热流程

4.2 对 80 万 t/a 催焦柴加氢装置反应加热炉 F-101 负荷的影响分析

80 万 t/a 催焦柴加氢装置改完部分循环操作之后，加热炉负荷的相关数据如表 3。

表 3 80 万 t/a 催焦柴加氢装置操作调整前后加热炉负荷相关数据

日 期	TI1035	TI1010	F-101 瓦斯耗量	循环量
12 月 17 日	344.0℃	225.2℃	307Nm^3/h	0
12 月 18 日	340.5℃	220.7℃	311Nm^3/h	10t/h
12 月 19 日	337.3℃	220.5℃	355Nm^3/h	10t/h

由表 3 可以看出，80 万 t/a 催焦柴加氢装置随着新鲜进料量的降低，反应器床层温升下降，反应器出口温度 TI1035 较之前 344℃下降至 337℃，高压换热器管程的换热量减少，反应加热炉混合进料温度较之前下降，加热炉负荷上升，瓦斯耗量较之前的 307Nm^3/h 上涨至 355Nm^3/h。且由于 E-102 管程入口温度 TI1010 温度下降，脱硫化氢汽提塔 C-201 入口温度有所下降，通过关小低分油旁路调节阀和降低产品分馏塔 C-202 入口温度等措施，方可保证 C201 入口温度。由于反应加热炉 F-101 负荷长期较低，装置改部分大循环后，加热炉负荷增加，有利于加热炉氧含量、负压等参数的控制。

4.3 产品质量前后对比

在操作调整前后 80 万 t/a 催焦柴加氢装置精制柴油每个班次进行加样分析，具体分析结果如表 4。

表4 80万t/a催焦柴加氢装置操作调整前后精柴化验分析

项　目	12月17日22：00	12月18日9：00	12月18日21：00	12月19日9：00
初馏点/℃	214.6	216.4	216.8	217.5
终馏点/℃	356.1	352.7	348.1	343.7
硫含量/(mg/kg)	6.9	10.5	11.6	12.7

数据来源：独山子石化公司炼油厂化验室。

5 结语

在加工量维持一定的情况下，80万t/a催焦柴加氢装置改20t/h循环，退出的直馏柴油进入300万t/a直柴加氢装置进行加工之后，柴油加氢装置综合新氢耗量降低1000Nm^3/h，产品质量合格。80万t/a催焦柴加氢装置降低新鲜进料量后，反应器床层温升下降，反应加热炉F-101负荷上升，由于反应加热炉F-101负荷长期较低，装置改部分循环后，加热炉负荷增加，有利于加热炉氧含量、负压等参数的调节。

参考文献

[1] 方向晨等．加氢精制[M]．北京：中国石化出版社，2006.
[2]李大东，聂洪，孙丽丽．加氢处理工艺与工程[M].2版．北京：中国石化出版社，2016.

劣质柴油加氢精制-改质-降凝组合技术工艺研究探索

张铁珍[1]，孙发民[1]，王刚[1]，吴显军[1]，贾云刚[1]，赵超越[2]

（1. 中国石油大庆化工研究中心，黑龙江大庆 163714；
2. 中国石油大庆石化公司炼油厂）

摘　要　针对某石化公司柴油改制装置冬季生产-35 号低凝柴油的技术需求，并结合大庆化工研究中心多年的柴油加氢催化剂研发情况，开发了 HT-1 加氢精制催化剂、HU-2 加氢改质催化剂和 HV-6 加氢异构降凝催化剂组合技术，并开展组合工艺性能评价实验。催化柴油在氢分压 6.3MPa、氢油体积比 600：1、空速 1.6/2.3/1.9h-1、反应温度 350/362/358℃的工艺条件下，生产的-35#低凝柴油十六烷指数 38.5，硫含量 5.7μg/g，氮含量 8.2μg/g；催化柴油与直柴的混合柴油在氢分压 6.3MPa、氢油体积比 600：1、空速 1.6/2.3/1.9h-1、和反应温度 347/358/352℃的工艺条件下，生产的-35#低凝柴油十六烷指数 43.8，硫含量 4.2μg/g，氮含量 7.1μg/g。柴油产品均可作为-35#国Ⅵ车用柴油的调和组分，表明柴油加氢精制改质降凝组合技术具有较好的原料适应性。

关键词　清洁柴油　加氢精制　加氢改质　异构降凝

1　前言

随着世界范围内车辆柴油化趋势的加快，柴油的需求量增加，充分利用现有的石油资源，提高柴油产率，对劣质柴油的深度加工显得尤为重要。目前，环保法规对我国车用燃料质量提出了更加严格的要求，生产低硫、低氮和高十六烷值的清洁柴油以及减少有害物质的排放已成为炼油企业急需解决的课题[1-5]。

中国石油某石化公司 45 万吨/年柴油加氢改质装置采用炉前混氢方案，冷高分流程，分馏部分采用分馏塔和汽提塔方案。通常该装置以加工催化柴油为主，通过改质提高柴油十六烷值，满足全厂柴油产品十六烷值调合的需要。冬季，为了满足市场对-35 号低凝柴油的需求，间歇混入部分直馏柴油，通过改质、降凝反应，降低柴油凝点及冷滤点并提高十六烷值，满足全厂低凝柴油调和需要。同时，为满足 2019 年实行的国Ⅵ清洁柴油标准，拟采用新催化剂组合及工艺对现有装置进行技术改造，以满足国Ⅵ清洁低凝柴油的生产需求。针对装置原料性质、工艺条件及产品指标要求，结合大庆化工研究中心多年的柴油加氢催化剂研发情况，开发了 HT-1 加氢精制催化剂、HU-2 加氢改质催化剂和 HV-6 加氢异构降凝催化剂组合技术，并开展评价实验。

2　评价条件

2.1　评价原料

某石化公司 45 万 t/a 柴油加氢装置常年加工催化柴油，冬季间歇掺入部分直柴，通过降凝反应，降低柴油凝点，满足全厂冬季低凝柴油调合出厂的要求。根据不同季节生产原料的变化情况，本次评价采用了催化柴油及催化柴油与直馏柴油(80：20)的混合柴油两种原料。原料油性质见表1，评价用氢气性质见表2。

表1 原料油性质

项 目	某石化催柴	某石化直柴	混合柴油催柴：直柴=80：20
密度(20℃)/(g/cm³)	0.9067	0.8188	0.8876
氮含量/(μg/g)	661	32	548
硫含量/(μg/g)	2460	843	2180
凝点/℃	-27.9	2.0	-17.7
馏程/℃			
HK	125.5	227.0	145.5
5%	197.5	254.0	207.5
10%	211.0	263.0	219.5
50%	257.5	291.0	267.5
90%	334.0	325.5	331.0
95%	352.0	333.5	346.5
KK	364.5	340.5	361.0
十六烷指数	29.7	69.0	34.5
碱性氮/(μg/g)	141.6	19.6	117.6
闭口闪点/℃	57.0	102.5	57.0
冷滤点/℃	-6.0	4.0	-6.0
质谱组成/%			
链烷烃	19.1	58.2	27.8
环烷烃	7.4	28.5	11.3
单环芳烃	31.5	7.8	27.1
多环芳烃	42.0	5.5	33.8

表2 氢气组成

组 分	含量/%(v)
H_2	97.15
C/H_4	2.84
C_2H_6	0.01

2.2 评价装置

本次评价工作在大庆化工研究中心的“中国石油加氢评价中试基地”进行，采用评价装置为多反应器一段串联评价装置。见图1。

图1　200mL多反应器一段串联评价装置

3　评价结果与讨论

由于加氢改质和异构降凝催化剂均为含分子筛催化剂，均含有一定的酸性作为主要反应活性中心，酸中心极易受到油品中氮的影响而导致活性下降甚至失活。因此，通常要求改质、降凝段进料中氮含量小于20μg/g，以确保改质、降凝催化剂反应活性及活性稳定性。精制反应器的反应温度调节主要依据一反出口的氮含量。根据前期实验室及工业应用经验，氮含量将至20μg/g以下时，硫含量均能达到国Ⅵ要求。

3.1　催化柴油评价结果

表3为催化柴油的评价结果。

表3　某石化催化柴油评价结果

项　　目	原料(催化柴油)	产　　品		
工艺条件				
压力/MPa	—	6.3		
氢油比(v/v)		600：1		
温度(一反/二反/三反)/℃		350/362/358		
空速(一反/二反/三反)/h^{-1}		1.6/2.3/1.9		
液收/%	—	98.82		
馏分切割温度/℃	—	全馏分	<145	>145
不同馏分收率/%	—	-	4.74	94.68
密度(20℃)/(g/cm^3)	0.9067	0.8733	0.7091	0.8845
氮含量/(μg/g)	661	7.8	1.6	8.2
硫含量/(μg/g)	2460	5.1	1.6	5.7
凝点/℃	-27.9	<-45.0	-	<-45.0
冷滤点/℃	-6	—	—	-29
馏程/℃				
HK	125.5	61.0	28.5	181.0

续表

项　　目	原料(催化柴油)	产　　品		
5%	197.5	163.5	42.5	204.5
10%	211.0	196.0	47.0	212.0
50%	257.5	243.5	88.5	247.0
90%	334.0	313.5	138.0	312.5
95%	352.0	336.5	158.5	331.0
KK	364.5	350.0	163.5	351.5
十六烷指数	29.7	—	—	38.5
闭口闪点/℃	57.0	—	—	37.5
质谱组成/%			—	
链烷烃	19.1	—	—	30.9
环烷烃	7.4	—	—	16.1
单环芳烃	31.5	—	—	38.5
多环芳烃	42.0	—	—	14.5

注：一反氮含量为18.6μg/g。

催化柴油评价结果表明：原料中氮含量为661μg/g，精制反应后，精制油的氮含量在20μg/g以下，能够满足改质、降凝催化剂的进料要求；改质催化剂在目前的工艺条件下，十六烷指数达到38.5，提高了8.8个单位，多环芳烃降低27.5个单位；降凝催化剂具有较好的异构选择性，降凝幅度达到20℃以上，冷滤点降低至-29℃，达到-35#低凝柴油指标要求，同时柴油收率达到94.68%。

3.2　混合柴油评价结果

表4为混合柴油的评价结果。

表4　某石化混合柴油评价结果

项　目	原料(混合柴油)	产　品		
工艺条件				
压力/MPa		6.3		
氢油比(v/v)		600：1		
温度(一反/二反/三反)/℃		347/358/352		
空速(一反/二反/三反)/h^{-1}		1.6/2.3/1.9		
液收/%		98.82		
馏分切割温度/℃		全馏分	<145	>145
不同馏分收率/%	100		6.41	93.23
密度(20℃)/(g/cm^3)	0.8876	0.8571	0.7084	0.8705
总氮含量/(μg/g)	548	6.4	1.5	7.1
总硫含量/(μg/g)	2180	3.9	1.2	4.2
凝点/℃	-17.7	-42.7	—	-40.3
冷滤点/℃	-6	—	—	-29
馏程/℃				

续表

项　目	原料(混合柴油)	产　品		
HK	145.5	47.5	36.0	194.5
5%	207.5	154.5	53.0	209.5
10%	219.5	196.5	58.0	216.5
50%	267.5	251.5	90.0	255.0
90%	331.0	318.0	131.0	315.5
95%	346.5	338.5	140.0	332.5
KK	361.0	347.0	147.5	349.5
十六烷指数	34.5	—	—	43.8
闭口闪点/℃	57.0	—	—	67
质谱组成/%				
链烷烃	27.8	—	—	35.2
环烷烃	11.3	—	—	21.1
单环芳烃	27.1	—	—	34.5
多环芳烃	33.8	—	—	9.2

注：一反氮含量为17.3μg/g。

混合柴油评价结果表明：精制催化剂脱硫、脱氮性能与催化柴油评价结果一致，氮含量随着直柴的加入有所降低，精制反应温度在347℃时，精制油的氮含量在20μg/g以下，产品硫含量达到10μg/g以下，满足国Ⅵ柴油指标要求；改质催化剂在目前的工艺条件下，十六烷指数达到43.8，提高了9.3个单位，多环芳烃降低24.6个单位；降凝催化剂具有较好的异构选择性，降凝幅度达到20℃以上，冷滤点降低至-29℃，达到-35#低凝柴油指标要求，同时柴油收率达到93.23%。

4　小结

(1) HT-1加氢精制催化剂精制具有较好的脱硫脱氮性能，精制产品的氮含量小于20μg/g，能够满足加氢改质、异构降凝催化剂的进料要求。

(2) HU-201加氢改质催化剂加工催化柴油或催化剂柴油和常二线的混合油，实现了提高十六烷值、降低芳烃含量的目标。

(3) HV-601加氢异构降凝催化剂表现出了良好的异构活性及选择性，实现了柴油凝点及冷滤点的大幅降低，同时保持了很高柴油收率。

(4) 组合催化剂活性评价结果能够满足某石化生产的需求。加工催化柴油和混合柴油时，产品硫含量、氮含量、凝点、冷滤点均达到-35#国Ⅵ柴油指标要求。

参　考　文　献

[1] 刘爱华，达建文．低硫、低芳烃柴油生产技术[J]．石化技术，2000，7(1)：59-62.
[2] 李书亮．生产低硫柴油的加氢催化剂[J]．石油化工高等学校学报，2002，15(4)：44-47.
[3] 曲凯，李汶键，冯新海．柴油加氢脱硫技术研究[J]．化工管理，2015，(33)：100.
[4] 刘昶，孟祥兰，郝文月，等．FRIPP生产低凝柴油加氢技术开发与应用[J]．当代石油化工，2015，23(8)：4-8.
[5] 宋文模．柴油馏分的加氢脱硫脱芳烃[J]．炼油设计，2002，32(2)：7-12.

原料变化对汽柴油改质装置的影响及流程优化设计

王　洋，潘　超

（中国石油集团东北炼化工程有限公司沈阳分公司，辽宁沈阳　110000）

摘　要　汽柴油改质装置开工进料方案发生变化，原料中石脑油轻组分比例大幅减少，脱硫化氢汽提塔、分馏塔气相负荷过小，导致装置开工阶段无法正常操作。文章在原设计基础上，通过提高汽提蒸汽及增加分馏塔入口石脑油的量，完成流程优化设计。

关键词　原料变化　汽柴油改质　流程优化

目前全球燃料清洁化的总趋势要求汽油规格发展为低硫、低烯烃、低芳烃、低苯和低蒸汽压；柴油规格发展为低硫、低芳烃(主要是稠环芳烃)、低密度和高十六烷值。低硫和超低硫已成为今后一段时间内清洁燃料总体的发展趋势。发达国家正在面临新一轮降低汽油和柴油硫含量的世界浪潮，发展中国家的燃料规格也将趋于严格[1]。

近年来，国民经济不断高速增长，我国节能减排和环境保护要求日益严格，国家对炼油企业油品的质量要求也越来越高，国内各大炼厂生产汽柴油装置质量升级技术不断创新，汽柴油质量升级周期大约每 4 年一次，随着国家汽柴油标准的不断更新，汽柴油加氢装置在原设计基础上不但需要对原装置进行改造，还要完善相关公用工程等配套设施，从而实现清洁化生产。因此提高油品质量与国际接轨、减少汽车尾气中有害物质排放已经是大势所趋[2]。

为满足我国车用汽柴油质量升级要求，国内各大炼化企业针对自身油品性质新建了多套汽柴油加氢改质质量升级项目以生产满足新标准要求的高牌号的汽柴油，利用改质催化剂可以提高柴油产品十六烷值，得到满足各炼厂柴油池调和要求的精制柴油产品[3]。然而加氢原料多为各石油馏分的复杂混合物，开工期间原料油品性质的变化对整个装置的运行操作及产品质量都将带来较大的影响，本文针对国内某套汽柴油加氢改质装置开工期间原料变化前后如何对装置流程进行合理优化展开深入研讨。

某石化公司新建一套汽柴油加氢改质装置，为满足我国车用汽柴油质量升级要求，本项目设计目标产品为国 V 柴油。建设方依据总体开工方案将采用直馏柴油和催化柴油开工。总体开工方案与原设计方案相比，原料组成变化较大，对装置的正常开车及后续正常运行带来较大的影响。但此开工方案仅维持三个月，如何在原有设计基础上充分利用原有设备能力，尽可能节省投资的情况下完成优化设计，是一个值得探讨和研究的问题。

1　原料变化研究

1.1　原料组成变化

汽柴油改质装置原料组成开工方案变化前后对比详见表 1。由表 1 可以看出，装置进料主要发生了以下两方面的变化：

（1）进料负荷变化

原设计方案装置操作弹性为60%～110%，开工方案变更后进料负荷约为原设计方案负荷的60%左右，基本达到了原设计操作弹性的下限。

（2）进料组成变化

装置进料组成上原设计方案轻组分焦化石脑油、渣油加氢石脑油占比约为13%，焦化汽油占比约为17%，开工方案变更后装置进料已经没有石脑油及汽油轻组分，全部变更为组分较重的直馏柴油和催化柴油，石脑油和汽油轻组分占比整体约减少了30%。

表1　原料组成变化

项　　目	原设计方案		现开工方案	
	进料量/(万 t/a)	比例/%	进料量/(万 t/a)	比例/%
焦化石脑油	12.40	6.83	—	—
渣油加氢石脑油	11.98	6.60	—	—
渣油加氢柴油	61.06	33.64	—	—
焦化柴油	31.10	17.13	—	—
直馏柴油	—	—	66.7	56.77
催化柴油	64.97	35.79	50.8	43.23
混合原料	181.51	100	117.5	100

1.2　原料组成变化的影响

经过流程模拟，分馏系统脱硫化氢汽提塔及分馏塔操作负荷所受影响较大，以上两塔的塔板负荷变化详见表2及表3，可以看出约13%的焦化和渣油加氢的石脑油及17%焦化汽油组分含量的减少将导致脱硫化氢汽提塔、分馏塔气相负荷过小，开工期间无法正常操作。

表2　脱硫化氢汽提塔气液负荷对比

理论板	温度/℃	压力/MPa(g)	液相量/(kg/h)	气相量/(kg/h)	液相量和原方案百分比/%	气相量和原方案百分比/%
冷凝器	50	1050	9764	—	30.36	—
1	198	1100	148035	14593	63.79	37.93
2	198	1106	147013	11079	63.98	51.89
3	197	1111	146375	10057	64.13	52.77
4	197	1117	145947	9419	64.25	53.71
5	197	1122	145627	8991	64.37	54.70
6	197	1128	145363	8670	64.50	55.86
7	197	1133	145120	8407	64.65	57.34
8	196	1139	144860	8164	64.86	59.37
9	196	1144	144540	7904	65.20	62.56
10	198	1150	—	7584	—	6917

表3 分馏塔气液负荷对比

理论板	温度/℃	压力/MPa(g)	液相量/(kg/h)	气相量/(kg/h)	液相量和原方案百分比/%	气相量和原方案百分比/%
冷凝器	50	200	18065	—	26.53	—
1	158	250	30422	24875	27.26	22.11
2	171	254	32295	37233	27.27	23.87
3	178	258	32667	39105	27.27	24.02
4	183	262	32652	39477	27.34	24.05
5	188	265	32380	39462	27.45	24.09
6	194	269	31684	39190	27.61	24.14
7	203	273	30085	38494	27.92	24.19
8	217	277	26310	36896	28.88	24.25
9	245	281	143447	33120	72.15	24.44
10	249	285	151148	9401	72.60	32.88
11	251	288	154306	17102	72.12	45.05
12	253	292	156898	20260	71.34	46.31
13	257	296	160535	22852	70.68	45.96
14	269	300	—	26490	—	46.55

2 流程优化设计方案

汽柴油改质装置调整进料后，原料中只有柴油馏分，脱硫化氢汽提塔和分馏塔的气液相负荷发生较大变化，尤其是分馏塔大部分塔盘气相负荷不到原负荷的30%，无法正常操作。因为调整进料的工况要维持三个月左右，如果进行堵孔改造，三个月后又需要改回原设计方案，到时需要对装置进行停工检修，对塔盘进行恢复性改造，务必将带来非常大的经济损失。因此，本方案主要考虑在现有设计基础上充分利用原有设备能力，进行最小的改造，达到满足前三个月装置生产操作要求。

按照流程模拟结果经过对工艺设备的核算，原料变化后大部分设备均可满足方案变更后要求，只有脱硫化氢汽提塔和分馏塔部分流程需要进行优化，优化后的改造方案主要分为以下三个方面。

2.1 脱硫化氢汽提塔的流程优化

脱硫化氢汽提塔调整原料后气液相负荷为原来负荷的38%-63%，和最低操作弹性相差不大，因此不需要调整脱硫化氢汽提塔进料量和进料组成，可以通过适当增加汽提蒸汽量的方案来提高各塔盘气相负荷。

经模拟计算并结合原塔内件供货商水力学计算结果建议等方面的综合考虑，当汽提蒸汽从3.9t/h提高至5t/h时，气相负荷可以满足原设计塔盘操作弹性，在开工原料方案变更期间整塔能够正常操作[4]。调整后的脱硫化氢汽提塔气液负荷见表4。

表 4 优化设计后脱硫化氢汽提塔气液负荷对比

理论板	温度/℃	压力/MPa(g)	液相量/(kg/h)	气相量/(kg/h)	液相量和原方案百分比/%	气相量和原方案百分比/%
冷凝器	50	1050	13005	—	40.44	—
1	194	1100	149348	18977	64.36	49.32
2	193	1106	147836	13535	64.34	63.40
3	193	1111	147009	12023	64.41	63.08
4	192	1117	146496	11196	64.50	63.84
5	192	1122	146137	10683	64.60	65.00
6	192	1128	145854	10324	64.72	66.52
7	192	1133	145597	10041	64.87	68.48
8	191	1139	145327	9784	65.07	71.15
9	191	1144	145041	9514	65.43	75.30
10	194	1150	—	9228	—	84.16

2.2 分馏塔的流程优化

分馏塔调整原料后气液相负荷仅为原来负荷的22%~46%，变化非常大，因此只能通过增加分馏塔进料中的石脑油量保证全塔的气液相负荷。

本次改造方案从分馏塔顶回流泵出口抽出部分石脑油增补到原分馏塔进料中以提高进料气液相负荷，经过工艺核算，回流泵出口石脑油介质压力可以满足进塔压力要求，但是温度经过塔顶冷凝后为50℃，无法满足塔进料温度要求，所以经过优化抽出的石脑油通过泵送至汽提塔底减压阀后、汽提塔底油-反应产物换热器之前和分馏塔进料混合，经过汽提塔底油-反应产物换热器加热后进入分馏塔可以满足整塔的操作要求。

最终经模拟计算，从分馏塔顶回流中抽出石脑油量达到23t/h 时，气相负荷可以达到原负荷的60%，可以不用调整塔板开孔率就能满足开工期间正常操作要求[5]。调整后的分馏塔气液负荷见表5。

表 5 优化设计后分馏塔气液负荷对比

理论板	温度/℃	压力/MPa(g)	液相量/(kg/h)	气相量/(kg/h)	液相量和原方案百分比/%	气相量和原方案百分比/%
冷凝器	50	200	40234	—	59.08	—
1	164	250	71433	65755	64.00	58.46
2	174	254	74153	96954	62.60	62.15
3	179	258	74499	99674	62.20	61.21
4	183	262	74159	100019	62.10	60.93
5	187	265	73254	99680	62.11	60.85
6	192	269	71317	98774	62.16	60.85
7	199	273	67064	96838	62.24	60.86
8	211	277	56972	92585	62.53	60.86

续表

理论板	温度/℃	压力/MPa(g)	液相量/(kg/h)	气相量/(kg/h)	液相量和原方案百分比/%	气相量和原方案百分比/%
9	236	281	156225	82493	78.58	60.88
10	239	285	161245	17933	77.45	62.72
11	241	288	163656	22952	76.49	60.46
12	243	292	166268	25364	75.60	57.98
13	247	296	170091	27976	74.89	56.27
14	261	300	—	31799	—	55.89

2.3 含油污水泵型式优化设计

因汽柴油改质装置含油污水泵在原设计中只采用一台电动隔膜泵。按目前开工原料，脱硫化氢汽提塔提高了汽提蒸汽量，脱硫化氢汽提塔底物料带水增多，分馏塔塔顶含油污水量将会增加。

为了保证含油污水及时排出，本次改造方案将原含油污水泵型式由电动隔膜泵修改为两台操作性能更为稳定的离心泵，并在泵出口管道增设液位调节阀，实现了对分馏塔顶回流罐水包油水界位的自动控制[6]。

另外，为充分利用设备资源，减少浪费，原设计的含油污水泵采用电动隔膜泵的型式，根据原机泵选型工艺参数，在本次开工阶段可以将此台电动隔膜泵作为开工硫化工况低压硫化剂泵的备泵使用，恢复原设计方案生产后也可以继续作为含油污水泵的备泵使用，最大限度地利用了原设备的性能，避免了资源浪费。

2.4 优化后的总体流程

经过以上三个方面优化后的总体流程见图1。

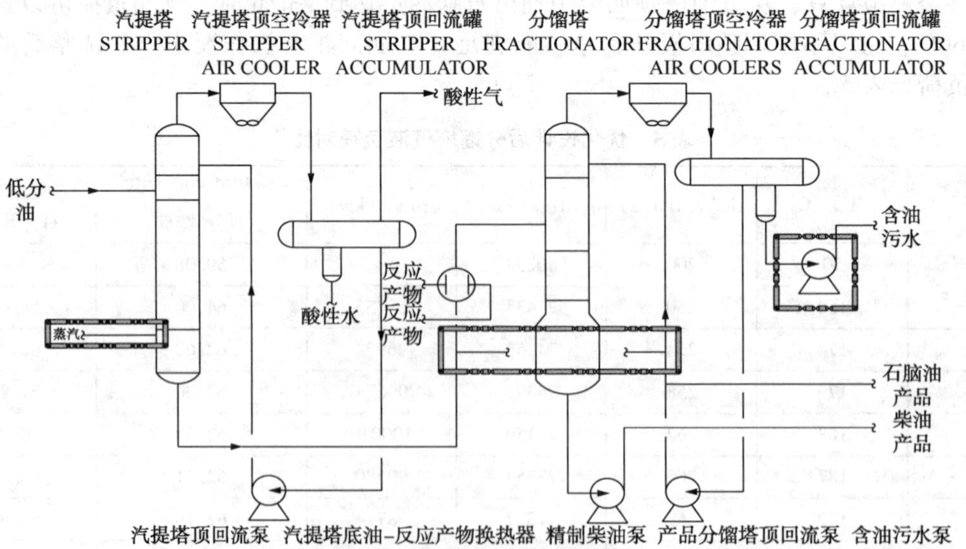

图1 优化调整后流程方案

2.5 流程优化方案的投资估算

在装置开工变更进料方案期间若按本方案优化流程调整设计，工程费用主要发生在更换的机泵设备、新增的工艺管道及相关配套的仪表、电气设施上。经过预算本方案共需新增投资约 49.97 万元。具体费用变化情况见表 6。

表 6 优化设计方案投资估算

编号	项目	投资/万元
1	工程费用	47.53
1.1	构筑物	0.51
1.2	机械设备	13.69
1.3	工艺管道	12.20
1.4	电气	7.87
1.5	自控仪表	11.62
1.6	给排水	1.18
1.7	其他工程费用	0.46
2	其他费用	2.44
	总投资	49.97

3 结论

为保证汽柴油改质装置顺利开车运行，本文对采用直馏和催化柴油开工初期汽柴油改质装置进行了流程优化设计，脱硫化氢汽提塔通过适当提高汽提蒸汽量可以满足调整原料后的操作要求，分馏塔通过增加进料中石脑油量满足调整后的操作要求，更换后的含油污水泵可以满足调整原料后的水量外送要求。此优化方案充分利用了原有设备能力，改造工程量小，可以在较短的时间内完成方案改造，保证了汽柴油改质装置按期正常开工，恢复原进料设计方案后不需要对装置进行二次改造并尽可能节省了投资。

参考文献

[1] 刘伯华. 世界清洁燃料生产的发展趋势[J]. 国际石油经济, 2004, 12(5): 19-22.
[2] 柯晓明, 王丽敏. 中国第五阶段汽柴油质量升级路线图分析[J]. 国际石油经济, 2016, 24(5).
[3] 王宏奎, 王金亮, 何观伟, 等. 柴油加氢改质技术研究进展[J]. 工业催化, 2013, 21(10).
[4] 潘超. 中国石油某公司 180 万吨/年柴油加氢改质生产国 V 柴油技术研究[D]. 2015.
[5] 闫雨. 柴油加氢装置分馏系统的 Aspen 建模与优化[J]. 广东化工, 2016(10): 189-191.
[6] 吴桂民. 水泵选型方法[J]. 煤炭技术, 2009, 28(5): 17-19.

催化柴油掺炼对加氢精制柴油质量的影响分析

温井春，于文奇，龚朝兵

（中海油惠州石化有限公司，广东惠州 516086）

摘　要　某公司一期炼油停工检修期间，催化柴油产量约95t/h。催化柴油先进渣油加氢和蜡油加氢加工，渣油加氢和蜡油加氢的柴油进柴油加氢进行处理。随着催化柴油掺炼量的增加，原料柴油密度增大、多环芳烃含量增加、十六烷值降低。在操作参数中，一反和二反加权平均温度分别上升约9.5℃和11.5℃。精制柴油十六烷值下降，色度降低，精制柴油出现“荧光绿”，需要降价销售，2个月合计损失6000万元。

关键词　催化裂化柴油　柴油加氢　精制柴油　色度　十六烷值

1　催化柴油掺炼基本情况

催化裂化柴油（简称催化柴油）性质见表1，其密度高，硫、氮含量高，芳烃含量高，十六烷值低，性质较差，是柴油质量升级的难点。催化柴油一般进4.0Mt/a蜡油加氢裂化装置、3.6Mt/a煤柴油加氢裂化装置、2.0Mt/a汽柴油加氢精制装置掺炼加工，混合柴油产品质量满足车用柴油国Ⅵ标准[1]。2019年2~4月期间，某公司一期炼油停工检修，归属一期炼油的蜡油加氢裂化装置、煤柴油加氢裂化装置、汽柴油加氢精制装置相应停工，催化柴油产量约95t/h无法平衡，改进4.0 Mt/a渣油加氢脱硫装置、2.6Mt/a蜡油加氢装置掺炼加工，渣油加氢装置和蜡油加氢装置的柴油馏分去3.4Mt/a柴油加氢装置处理，柴油加氢装置的柴油产品去柴油罐区；其中蜡油加氢装置和柴油加氢装置采用杜邦公司的液相加氢技术。

表1　催化柴油的基本性质

项　目	催化柴油分析数据
20℃密度/(kg/m^3)	958
馏程范围/℃	172.4~355.8
硫含量/%	0.35
氮含量/(mg/kg)	350
十六烷值	<30
单环芳烃/%	16.1
双环芳烃/%	60.7
多环芳烃/%	7.4

2 柴油加氢掺炼催化柴油对原料性质和操作参数的影响

2.1 柴油加氢掺炼催化柴油对原料性质的影响

随着催化柴油掺炼量的增加，柴油加氢装置柴油原料中的总芳烃含量及多环芳烃含量增加，密度增大，十六烷值下降较多。掺炼 80t/h 催化柴油时，与无催化柴油掺炼时相比，柴油原料密度从 839.3kg/m^{3}升至 857.4 kg/m^3，双环+多环芳烃含量从 9.8%升高至 11.2%，十六烷值从 54.3 降至 41.4，下降 12.9 个单位。

表 2 催化柴油掺炼前后柴油加氢滤后原料油性质对比表

项 目	无催柴掺炼	掺炼 30t/h 催柴	掺炼 60t/h 催柴	掺炼 80t/h 催柴
采样日期	1月24日	1月26日	1月28日	2月1日
密度/(kg/m^3)	839.3	846	852.3	857.4
终馏点/℃	356.8	358.1	355.7	354.5
硫含量/%	0.925	1.03	0.929	0.836
氮含量/%	55.8	60.2	57.6	56.4
碱性氮含量/%	19.6	20.2	18.4	15.3
单环芳烃/%	18.9	24.9	27.7	28
双环+多环芳烃/%	9.8	9.7	10.7	11.2
十六烷值	54.3	52.3	45.9	41.4

2.2 柴油加氢掺炼催化柴油对操作参数的影响

柴油加氢装置掺炼催化柴油时，氢气单耗为 105NM^3/t，比掺炼催化柴油前的氢气单耗 103NM^3/t 增加不多，主要原因是提高了渣油加氢和蜡油加氢装置的反应深度，尽量让芳烃饱和反应在高氢分压下进行，以降低柴油加氢装置的反应苛刻度。

当催化柴油掺炼量逐步提高至 95t/h 时，反应器入口温度较掺炼之前提高 9℃，第一反应器加权平均温度上升约 9.5℃，第二反应器加权平均温度上升约 11.5℃，参见图 1。

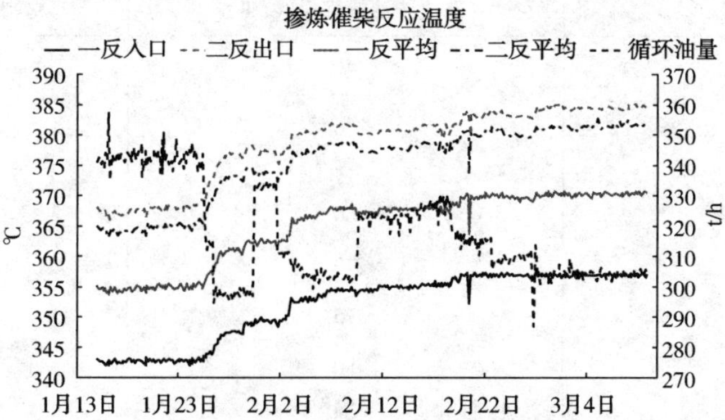

图 1 掺炼催化柴油时反应器温度变化

3 柴油加氢掺炼催化柴油对精制柴油质量的影响

柴油加氢装置掺炼催化柴油过程中，精制柴油产品硫含量、氮含量、多环芳烃含量等指标均满足产品质量要求；但随催化柴油掺炼量的增加，十六烷值逐步降低，在催化柴油掺炼60t/h时精制柴油十六烷值为52.1，掺炼80t/h时十六烷值为49，已不能满足柴油产品要求；需要添加部分十六烷值改进剂才能满足产品质量要求，具体见表3和表4。

随着催化柴油掺炼量的增加，柴油加氢精制柴油产品颜色逐渐加深，精制柴油色度由掺炼前的0.5上升至1.5(催化柴油掺炼达到95t/h时精制柴油色度达到2)。参见表3和图2。根据文献报道[2]，在催化柴油掺炼量较大时，精制柴油虽然各项指标均合格，但色度变差，精制柴油颜色易出现“荧光绿”，需要降价销售或降低催化柴油掺炼比例。由于催化柴油一定，降低其掺炼比例会影响全厂物料平衡。按照每月柴油产品产量20万吨计算，按照柴油降价150元/吨销售，2个月检修期间预计损失6000万元。

表3 催化柴油掺炼前后精制柴油产品主要性质对比表

项　目	无催柴掺炼	掺炼30t/h催柴	掺炼60t/h催柴	掺炼80t/h催柴
采样日期	1月24日	1月26日	1月28日	2月1日
密度/(kg/m^3)	821	826.5	831	836.9
终馏点/℃	353.3	355.6	354.3	355.2
硫含量/(mg/kg)	6.1	7	7.1	7.2
氮含量/(mg/kg)	0.2	0.2	0.2	0.5
单环芳烃/%	13.5	17.6	18.1	19.8
双环+多环芳烃/%	1.9	4.5	4.9	5.3
十六烷值	60.5	53.8	52.1	49
油品颜色	0.5	1	1.5	1.5

表4 掺炼催化柴油时精制柴油十六烷值对比

采样时间	催化柴油掺炼量/(t/h)	精制柴油产品十六烷值
1月24日8：00	0	60.5
1月25日8：00	5	59.6
1月26日8：00	30	53.8
1月27日8：00	60	52.3
1月30日8：00	70	50.9
1月31日8：00	75	50
2月1日8：00	80	49
3月1日8：00	95	50

(a)未掺炼催化柴油　(b)掺炼60t/h催化柴油　(c)掺炼80t/h催化柴油

图 2　精制柴油外观对比

4　结论

催化柴油性质较差，随着催化柴油掺炼量的增加，柴油原料中的总芳烃含量及多环芳烃含量增加，密度增大，十六烷值下降较多。当催化柴油掺炼量达 95t/h 时，反应器入口温度较掺炼之前提高 9℃，第一反应器加权平均温度上升约 9.5℃，第二反应器加权平均温度上升约 11.5℃。精制柴油虽然各项指标均合格，但十六烷值下降至 49，需要添加十六烷值助剂；柴油色度变差，色度在 1.5~2，柴油出现“荧光绿”，需要降价销售，2 个月合计损失 6000 万元。

参　考　文　献

[1] 赵晨曦，杨杰，李保良．煤柴油中压加氢裂化装置掺炼劣质催化裂化柴油的实践[J]．石油炼制与化工，2018，49(11)：40-44.

[2] 高娜．催化柴油对柴油质量升级的影响及相关措施建议[J]．当代石油石化，2016，24(7)：34-40.

临氢异构化装置生产国Ⅴ国Ⅵ汽油调合组分运行对比分析

文　敏

（中国石化塔河炼化有限责任公司，新疆库车　842000）

摘　要　塔河炼化公司临氢异构化装置是生产汽油调合组分的重要装置，采用美国 UOP 公司 Penex-DIH 临氢异构化技术，以 60 万 t/a 连续重整装置预加氢单元的轻石脑油为原料，主要生产高辛烷值汽油调和组分。2018 年 10 月 1 日，公司生产的成品汽油按国Ⅵ新标准执行。作业部通过内部调整来优化原料组成、调整反应温度、增强反应深度、提高稳定塔灵敏板温度、调节回流比等一系列的工艺调整，生产合格产品满足公司调和国Ⅵ汽油的需求。

关键词　国Ⅵ汽油　临氢异构化　辛烷值　长周期运行

1　前言

中国石化塔河炼化有限责任公司 30 万 t/a 临氢异构化装置于 2014 年 7 月一次开车成功，2018 年 4 月进行了首次停工大检修，该装置是中国石化集团内首次采用美国 UOP 公司 Penex-DIH 技术的临氢异构化装置。装置 60 万 t/a 连续重整装置预加氢单元的轻石脑油为原料，原料油通过电脱水、脱氮、脱硫和干燥吸附脱水预处理后，与经过脱氯、脱硫、甲烷化反应和干燥吸附脱水后的氢气混合，进行异构化反应，再经过分馏系统生产高辛烷值异构化汽油(辛烷值设计值为 85)，同时副产品有燃料气和液化气。该装置为公司生产国Ⅵ汽油调合组分的重要装置，显著提高的公司汽油的产量，对出厂汽油的调合具有重要意义[1]。本课题通过生产国Ⅴ国Ⅵ汽油调合组分的运行数据进行比较，为今后装置长周期运行提出操作建议。

2　工艺流程

来自炼油二部连续重整装置预加氢部分的轻石脑油主要由 C_5、C_6组分组成，其比重为 97%左右，其研究辛烷值为 60～68 之间。通过异构化反应可将直链烷烃转化为异构烷烃，再经过 DIH 精馏分离，辛烷值可提高 20 个单位以上，能满足全公司出厂要求。临氢异构化装置工艺流程简图见图 1。

3　装置生产满足国Ⅵ汽油背景

装置自 2014 年 7 月首次开工正常，生产合格的汽油调合组分。但随着环保形势日益严峻，国家于 2016 年发布了车用汽油 GB 17930—2016 新标准。文件指出，2019 年 1 月 1 日

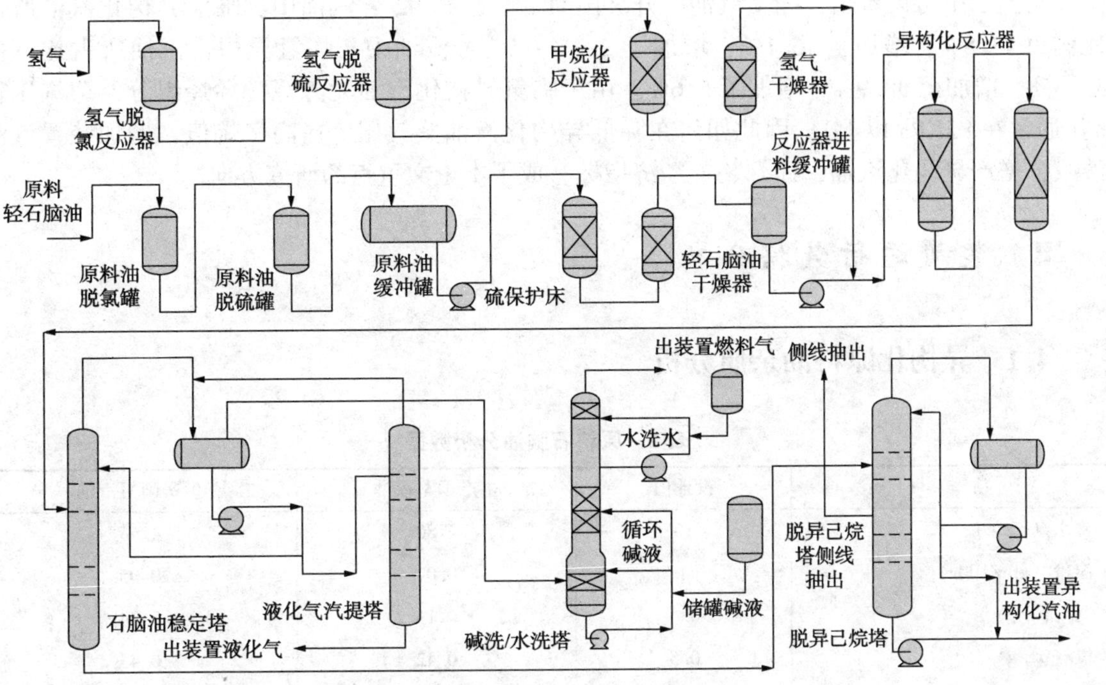

图1 临氢异构化装置工艺流程简图

起，车用汽油标准由国Ⅴ升级为国Ⅵ，关键指标如表1所示。通过表1可以看出，国Ⅴ汽油升级国Ⅵ后，对苯、芳烃、烯烃指标的控制越来越严苛。2018年中国石化响应国家要求，提前于2018年10月1日生产国Ⅵ汽油，随着塔河炼化公司国Ⅵ汽油顺利调合出厂，标志着国Ⅴ汽油升级国Ⅵ的成功，图2为塔河炼化公司国Ⅴ与国Ⅵ汽油各调和组分比例图。

表1 国Ⅴ与国Ⅵ关键指标对比表

项 目	国Ⅴ汽油	国Ⅵ汽油
蒸气压(11月1日~4月30日)	45~85kPa	45~85kPa
蒸气压(5月1日~10月31日)	40~65kPa	40~65kPa
苯含量/%	1	0.8
芳烃/%	40	35
烯烃/%	24	18

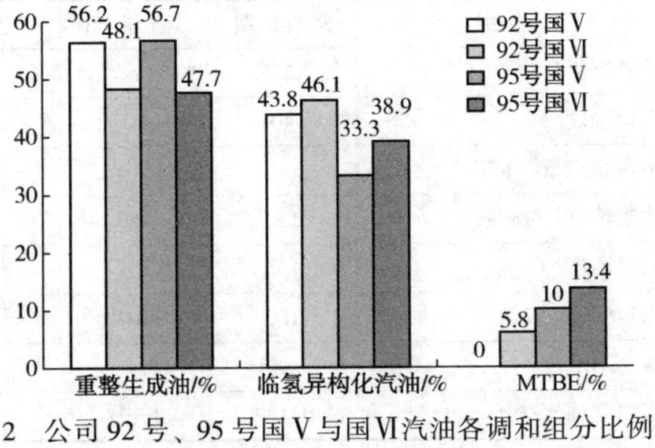

图2 公司92号、95号国Ⅴ与国Ⅵ汽油各调和组分比例图

从图2中可以看出，国Ⅴ汽油由升级国Ⅵ后，公司92号汽油中，临氢异构化汽油所占比例由43.8%，增加至46.1%，增加了2.3%；95号汽油中，临氢异构化汽油所占比例由33.3%，增加至38.9%，增加了5.6%。由于临氢异构化汽油无芳烃、烯烃组分，蒸汽压较高(通常在85KPa以上)，因此如何在降低异构化汽油蒸气压、提高辛烷值，增加装置汽油液收，增产异构化汽油，提升装置经济指标，成了本论文重点的研究方向。

4 装置运行数据分析

4.1 异构化原料油杂质分析

表2 原料石脑油分析数据

项目	设计值	生产国Ⅴ汽油	生产国Ⅵ汽油
含水/(μg/g)	10	4.80	4.65
溴价/(gBr/100g)	4	0.09	0.05
氮/(μg/g)	0.5	0.11	0.24
氯/(μg/g)	0.5	0.42	0.43
硫/(μg/g)	0.5	0.24	0.34
C_4/%	4.84	3.75	2.65
C_5/%	41.33	35.22	37.59
C_6/%	51.34	57.65	56.89
苯/%	1.05	1.75	1.77
C_7及以上组分/%	2.47	4.13	2.86

由表2可以看出，临氢异构化装置自正常生产以来，原料石脑油的杂质含量均在技术指标范围内，整体受控。通过表2可以看出，自生产国Ⅵ汽油开始，原料油中的C_4、C_7及以上组分的含量有所下降，原料油的品质相对提高，为装置平稳运行与优化提供了基础[2]。

4.2 装置主要操作参数分析

表3 装置主要操作参数

设备名称	项目	运行初期	运行后期	生产国Ⅴ汽油	生产国Ⅵ汽油
	装置进料量/(t/h)	35.7	35.7	28	29
轻石脑油干燥器	入口温度/℃	40	40	30	40
异构化进料加热器	中压蒸汽量/(t/h)			1.2	0.8
第一反应器	注氯浓度/(μg/g)	150	150	172	173
	入口温度/℃	135	201	152	155
	出口温度/℃	160	204	179	183
	压力/MPa	3.45	3.45	3.3	3.3
	入口氢油比/%(mol)	0.142	0.128	0.17	0.17

续表

设备名称	项 目	运行初期	运行后期	生产国Ⅴ汽油	生产国Ⅵ汽油
第二反应器	注氯浓度/(μg/g)	150	150	172	173
	入口温度/℃	135	167	133	135
	出口温度/℃	138	. 182	138	140
	压力/MPa	3.21	3.21	3.18	3.18
	入口氢油比/%(mol)	0.142	0.128	0.17	0.17
稳定塔	进料温度/℃	129	134	125	131
	塔顶压力/MPa	1.38	1.38	1.34	1.34
	塔顶温度/℃	79	80	76	78
	塔底温度/℃	167	169	167	167
	灵敏板温度/℃	—	—	110	105
	塔底加热蒸汽量	—	—	5.3	4.8
脱异己烷塔	塔顶压力/MPa	0.12	0.12	0.12	0.11
	塔顶温度/℃	71	70	60	70
	塔底温度/℃	117	118	116	118
	灵敏板温度/℃	—	—	79	77
	侧线抽出量/(t/h)	9.63	15.87	10.5	12
	回流量/(t/h)	43.53	72.14	29	31

从表3可以看出，自生产国Ⅵ汽油，装置重要主要操作参数除氢油比外，均在设计范围内，整体受控。由于装置负荷偏低为保证反应器内良好的气液分布，氢油比略高于设计值。为优化装置能耗，轻石脑油干燥器入口温度由30℃上调至40℃，R3302入口蒸汽消耗量由1.2t/h降低至0.8t/h；提高稳定塔进料温度，由125℃调整至131℃，其塔底蒸汽消耗量由5.3t/h降低至4.8t/h。

同时为确保异构化汽油辛烷值不低于85.0，饱和蒸气压夏季不超过88kPa，冬季不超过98kPa，装置进行了如下调整：

(1) 异构化反应器温度进行了调等，一、二反温度由152℃、133℃调整至155℃、135℃，增强了反应深度，提高了反应产物的异构比率；

(2) T3304回流量由29t/h增加至31t/h，提高分馏精度；侧线抽出量由10.5t/h上调至13t/h，增加了辛烷值低组分的抽出，整体提高了汽油的辛烷值；

(3) 稳定塔顶温由76℃提高至78℃有助于轻组分的分离，从而满足汽油饱和蒸气压的指标。

此外，作业部内60万t/a连续重整装置也进行了相应的调整，主要有：预加氢单元汽提塔(T101)塔顶温度由69℃调整至72℃，石脑油分馏塔(T102)灵敏板温度由114.5℃降至113.5℃。结合表2可以看出，这样调整后，装置原料油的品质有所提高，C_4、C_7下降较为明显。因为C_4、C_7及以上组分在异构化催化剂反应下，将发生裂解，生成大量燃料气和液化气，影响装置汽油收率和饱和蒸汽压。

4.3 装置液收与能耗分析

表4 装置汽油收率及能耗表

<table>
<tr><th>项 目</th><th>月度加工量/t</th><th>平均加工量</th><th>汽油收率/%</th><th>汽油收率/%</th><th>能耗/(kgEO/t)</th><th>能耗/(kgEO/t)</th><th>进料量/(t/h)</th><th>进料量/(t/h)</th></tr>
<tr><td>设计初期</td><td>—</td><td>—</td><td>91.34</td><td>—</td><td>58.96</td><td rowspan="2">58.96</td><td>35.71</td><td>—</td></tr>
<tr><td>设计末期</td><td>—</td><td>—</td><td>90.87</td><td>—</td><td>58.96</td><td>35.71</td><td>—</td></tr>
<tr><td>2018年6月</td><td>20608</td><td rowspan="4">20489</td><td>93.07</td><td rowspan="4">92.97</td><td>48.83</td><td rowspan="4">47.73</td><td>28.62</td><td rowspan="4">28.00</td></tr>
<tr><td>2018年7月</td><td>21015</td><td>92.85</td><td>46.01</td><td>28.25</td></tr>
<tr><td>2018年8月</td><td>20134</td><td>92.63</td><td>47.79</td><td>27.06</td></tr>
<tr><td>2018年9月</td><td>20199</td><td>93.34</td><td>48.3</td><td>28.05</td></tr>
<tr><td>2018年10月</td><td>20106</td><td rowspan="6">21192</td><td>93.36</td><td rowspan="6">93.86</td><td>47.29</td><td rowspan="6">46.52</td><td>27.02</td><td rowspan="6">29.08</td></tr>
<tr><td>2018年11月</td><td>21092</td><td>93.71</td><td>45.75</td><td>29.29</td></tr>
<tr><td>2018年12月</td><td>23707</td><td>93.93</td><td>47.06</td><td>31.86</td></tr>
<tr><td>2019年1月</td><td>21428</td><td>93.7</td><td>47.17</td><td>28.80</td></tr>
<tr><td>2019年2月</td><td>18473</td><td>94.12</td><td>48.94</td><td>27.49</td></tr>
<tr><td>2019年3月</td><td>22346</td><td>94.36</td><td>42.88</td><td>30.03</td></tr>
</table>

通过表4、表3可以看出，经过装置调整优化，自2018年10月生产国Ⅵ汽油以来，汽油收率逐渐增加，由92.97%增加至93.86%，汽油收率增加了0.89%，装置能耗由47.73kgEO/t降低至46.52kgEO/t，降低了1.21kgEO/t，经济技术指标均稳步提升。

4.4 装置产品质量

表5 液化气产品质量一览表

组成	设计/%	生产国Ⅴ汽油/%	生产国Ⅵ汽油/%
C_3	8.81	12.84	11.98
iC_4	64.9	54.72	58.61
nC_4	25.41	31.33	28.55
C_5	0.88	1.07	0.86
铜片腐蚀	1a	1a	1a

表6 异构化汽油产品质量一览表

项 目	研究法辛烷值	设计/%	生产国Ⅴ汽油/%	生产国Ⅵ汽油/%
异丁烷	100.2	0.26	0.37	0.38
正丁烷	95	0.60	1.43	0.83
异戊烷	93.5	34.39	28.16	30.25
正戊烷	61.7	11.20	9.15	9.69
环戊烷	102.3	4.08	1.90	1.75

续表

项　目	研究法辛烷值	设计/%	生产国Ⅴ汽油/%	生产国Ⅵ汽油/%
2,2 二甲基丁烷	94	17.27	20.24	20.58
2,3 二甲基丁烷	105	4.99	5.22	5.01
2 甲基戊烷	74.4	12.74	13.53	12.83
3 甲基戊烷	75.5	5.06	6.08	5.81
正己烷	31	1.75	2.59	2.59
甲基环戊烷	96	1.52	2.84	2.53
环己烷	84	3.39	4.65	4.24
苯	120	0.00	0	0
碳七及以上	82	2.75	2.05	1.47
蒸气压/kPa	—	88	92.69	88.12
铜片腐蚀	—	1a	1a	1a
辛烷值	85	85	85.03	85.20
高辛烷值单体烃比率		58.25	58.36	60.12

备注：高辛烷值单体烃比率为异戊烷、环戊烷、2,2 二甲基丁烷、2,3 二甲基丁烷、甲基环戊烷所占比重之和。

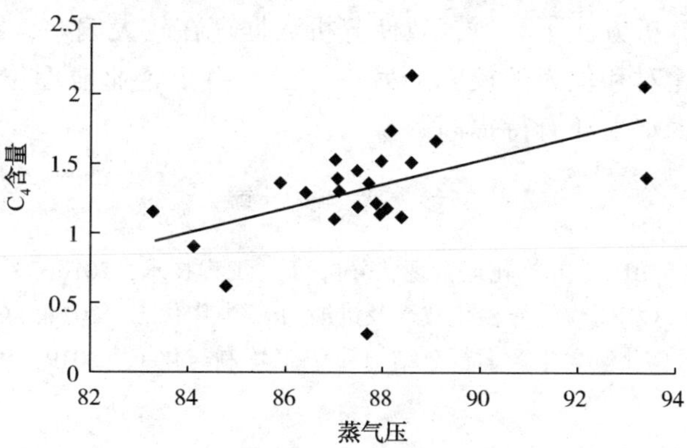

图 3　C_4含量与汽油蒸气压关联图

从表 5 和表 6 可以看出，异构化汽油和液化气产品合格，但自 2018 年 10 月生产国Ⅵ汽油以来，装置产品质量要优于前期；其中国Ⅴ汽油的高辛烷值单体烃的比率为 58.36%，比设计值 58.25%高 0.11%，辛烷值比设计高 0.03；而生产国Ⅵ汽油期间，汽油的高辛烷值单体烃的比率为 60.12%，比设计值 58.25%高 1.87%，比前期高 1.84%，因此辛烷值 85.2 比设计值高 0.2，为全厂汽油调和后的辛烷值留有更多的余地。由于异丁烷初馏点为 28℃，正丁烷为初馏点 36℃，由图 3 可以看出，在一定程度上决定了异构化汽油的饱和蒸汽压的高低；由于在生产国Ⅵ汽油时，降低了原料油中的 C_4和 C_7含量，因此在生产国Ⅵ汽油的蒸气压低于国Ⅴ水平，同时过多的 C_7及以上组分经过反应后，其辛烷值较低，严重降低了整个异构化汽油的辛烷值。

5 结论与建议

(1) 塔河炼化公司30万t/a临氢异构化装置采用的是美国UOP公司Penex-DIH技术，自开工以来装置运行平稳，表明异构化催化剂活性稳定，能够满足国Ⅵ汽油生产需求[3]。同时装置在生产国Ⅵ汽油期间，装置能耗与液收情况均优于前期水平，因此装置的操作优化方向是正确的。

(2) 目前异构化一反催化剂已运行56个月，设计寿命54个月，催化剂运行已接近末期，为继续延长催化剂的寿命可以继续维持持略高于设计的氢油比，防止催化剂的结焦。

(3) 提升装置经济技术指标建议：

能耗：适当提高一反、二反入口反应温度，以此提升异构化反应深度，增加高辛烷值单体烃的含量，从而降低脱异己烷塔的负荷，达到降低装置整个蒸汽能耗的目的；将一反、二反进行前后倒置，达到同类效果。

液收：降低原料油中的C_4和C_7含量；其次在保证产品合格的前提下，降低脱异己烷塔侧线抽出量；二者都是从降低因副反应裂解生成的液化气角度出发，从而提高装置整个液收水平。

(4) 目前装置有4台产品在线色谱分析仪，其投用效果不佳，造成脱异己烷塔“飞轮控制”无法正常正常投用，致使汽油产品质量不能实现自动调节。一方面由于在线色谱分析仪的分析方法与化验室分析方法不一致，致使分析数据存在较大偏差，因此建议可统一化验分析方法，方便数据的比对和仪表的校验。另一方面，由于企业地理位置、环境优势不明显，仪表维护人员整体技术水平还有待提高。

参考文献

[1] 李柏鑫. 塔河炼化0.3MtUOP异构化运行现状分析[J]. 工程技术，2016(33)：302-304.

[2] 李劭，王昊，王曼曼. C_5/C_6烷烃异构化技术及进展[J]. 当代化工，2014，43(5)：858-862.

[3] 吴振华. C_5/C_6低温异构化装置生产运行总结[J]. 石油炼制与化工，2019，50(1)：58-62.

FCC汽油加氢改质单元工艺过程组分变化分析

杨晓宇[1]，刘燕来[1]，李志然[1]，龙化云[2]，王祥生[3]

（1. 中国石油大连石化分公司，辽宁大连 116032；
2. 中国科学院大连化学物理研究所金催化中心，辽宁大连 116024；
3. 大连理工大学化工与环境生命学部，辽宁大连 116024）

摘　要　通过引进法国 Axens Prime G⁺选择性加氢脱硫工艺对全馏分流化床催化裂化(FCC)汽油进行加氢处理，在解决了高辛烷值(RON)、高液收、低硫含量、低烯烃含量四个目标彼此之间矛盾的前提下，实现了清洁汽油生产。通过对 FCC 原料汽油(FCC feed)、分馏塔塔顶物料(LCN)和塔底物料(HCN)、加氢脱硫二段反应器出口物料(HCN Hydrotread)、加氢后轻汽油和重汽油混合产品(mixture product)进行分析，探讨了改质过程中物料碳数、烃类型、硫含量的变化情况，该工艺过程通过预加氢、切割轻重组分、重组分加氢处理三步实现了汽油中硫含量降低至10μg/g以下，并通过烯烃的骨架异构实现了辛烷值不损失的改质目标。

关键词　全馏分催化裂化汽油　加氢改质　辛烷值 清洁汽油　硫含量

1　前言

由于我国加工的原油中重质油比重较大，80%以上的商品汽油来源于流化催化裂化(FCC)汽油，基于FCC的工艺特点，汽油产品中硫含量和烯烃含量高。商品汽油中90%以上的硫和绝大部分烯烃均来源于FCC汽油。因此降低FCC汽油的硫含量和烯烃含量，是生产清洁汽油的关键。FCC汽油在加氢改质过程中，催化剂表面会发生多种反应，尤其是烯烃和芳烃在相对苛刻的反应条件下，易于发生聚合反应产生积炭，降低催化剂活性。尤其是FCC汽油中二烯烃的存在，会使催化剂因迅速结焦而降活甚至失活。目前，解决催化剂积炭的主要手段一是通过预精制工艺，保证进料性质稳定合格，二是提高催化剂的容碳能力。以很小的辛烷值损失为代价，法国石油研究院(IFP)开发了汽油收率可达100%的用于重馏分和中间馏分的催化裂化石脑油脱硫技术 Prime-G[1,2]。该技术可处理全馏分FCC汽油，但因LCN(轻馏分)含硫低而富含烯烃，建议先从HCN(重馏分)中分离出LCN，以便在满足硫含量标准的同时尽量保持辛烷值。LCN和HCN的切割点可根据硫含量的目标值来进行调节，通常在93~149℃。Prime-G⁺技术是在Prime-G工业应用的基础上开发出来的一种具有更高脱硫选择性的工艺。Prime G⁺工艺包括三个主要的设备：选择性加氢装置(SHU)；分离器(将轻组分从中间组分和重组分中分离出来)和选择性加氢脱硫装置(HDS)。Prime-G⁺技术工艺路线见图1。

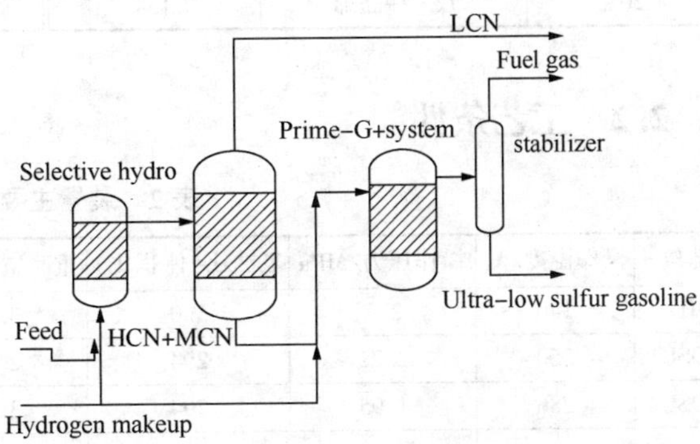

图1　Prime-G⁺技术工艺路线

2 实验

2.1 FCC汽油分析方法

硫含量采用ZWK 2001型微机硫氯分析仪进行分析。族组成：汽油族组成用美国HP 5890型气相色谱仪分析，PONA毛细管柱(50 m×0.20mm×0.50μm)，离子化氢火焰检测器(FID)。辛烷值：研究法辛烷值采用根据汽油族组成计算与按GB/T 5487方法测定相结合的方法或采用色谱法计算得到。

表1 部分FCC汽油单体烃的辛烷值[3]

序号	名称	RON	序号	名称	RON
1	2-甲基-2-丁烯	176	21	1,3,5-三甲基苯	170
2	异戊烷	100	22	1-戊烯	118
3	间二甲苯	145	23	反-2-丁烯	154
4	甲苯	124	24	正戊烷	62
5	反-2-戊烯	150	25	2,3-二甲基丁烷	96
6	2-甲基-1-丁烯	146	26	苯	98
7	1,2,4-三甲基苯	148	27	乙苯	124
8	2-甲基戊烷	82	28	碳七二烯	128
9	顺-2-戊烯	154	29	对甲乙苯	155
10	间甲乙苯	162	30	1,2-二甲基环戊烯	97
11	1-甲基环戊烯	184	31	间/对-甲基异丙基苯	150
12	2-甲基-2-戊烯	159	32	3-甲基己烷	70
13	邻二甲苯	120	33	邻甲乙苯	126
14	2-甲基-1-戊烯	159	34	反-1,2-二甲基环戊烷	90
15	3-甲基戊烷	86	35	环戊烯	171
16	3-甲基环戊烯	184	36	丁烯	158
17	甲基环戊烷	107	37	茚满	161
18	反-3-甲基-2-戊烯	130	38	反-2-庚烯	94
19	顺-2-丁烯	154	39	顺-2-己烯	128
20	反-2-己烯	134	40	反-2-甲基-3-己烯	143

2.2 工艺条件

表2 装置主要工艺条件

部位	操作温度/℃	操作压力/MPa	氢油比(体积比)	重时空速/h^{-1}	塔顶回流比(体积比)	塔顶温度/℃	塔底温度/℃
SHU	140	2.5	5.0	3.3	—	—	—
HDSU1	260	2.22	294	2.7	—	—	—
HDSU2	286	1.95	294	3.6	—	—	—
Column	—	0.84	—	—	1.32	87	227

2.3 汽油硫含量及密度分析

表 3 汽油硫含量及密度

名称	硫含量/(μg/g)	密度/(g/mL)
FCC 原料汽油	101.7	0.721
轻汽油(LCN)	16.5	0.649
重汽油(HCN)	165.3	0.783
HDS 重汽油	4.1	0.783
混合产品	6.9	0.731

3 结果与讨论

3.1 硫含量变化分析

由表 3 和图 2 原料 FCC 汽油的硫含量为 101.7μg/g 其中硫化物主要是噻吩和烷基噻吩，硫醇、硫醚和苯并噻吩含量低[4]，其中硫醇、硫醚主要存在于汽油轻组分中，而噻吩及其衍生物的硫化物主要存在于汽油重馏分中。先通过柔和的选择性加氢工艺将原料汽油中的硫醇、硫醚脱除掉，保存住高辛烷值的烯烃组分，再通过分馏的方式将硫含量低的重组分单独进行条件苛刻的加氢脱硫反应，最终重组分硫含量由 165.3μg/g 降低到 4.1μg/g 脱硫率高达 97.5%，混合产品的硫含量降低到 6.9μg/g 总的脱硫率达 93.2%，硫含量在 10μg/g 以内符合环保标准要求。

3.2 汽油全组分分析

从附表 1 至附表 10、图 3 至图 9 可以看出：

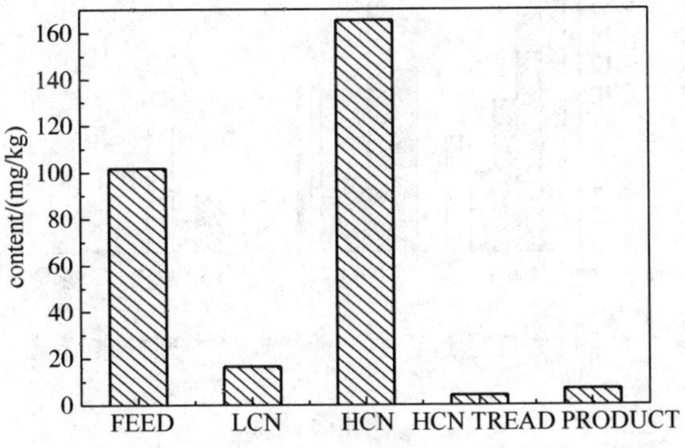

图 2 汽油硫含量

(FCC Feed：原料 FCC 汽油；LCN：分馏塔顶轻汽油；HCN：分馏塔底重汽油；HCN Hydrotread：二段加氢反应器出口重汽油；Mixture Product：混合产品汽油；以下相同)

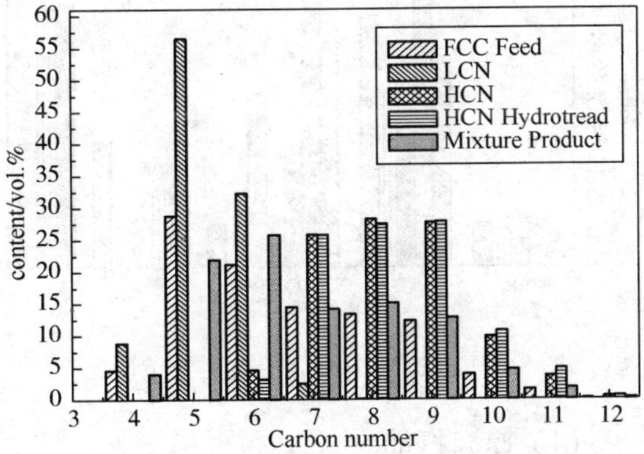

图 3 工艺过程中汽油碳数分布情况

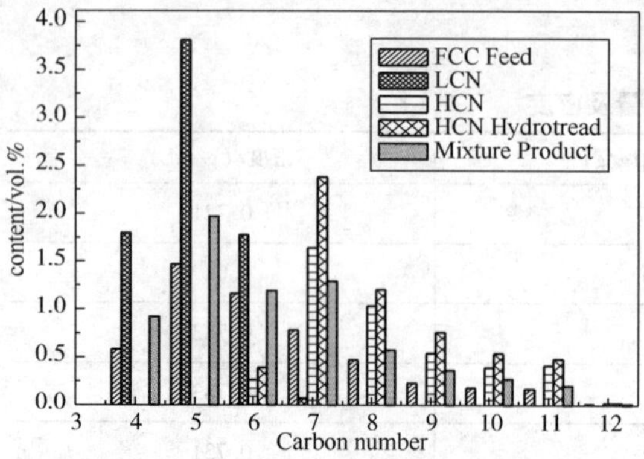

图4　工艺过程中汽油正构烷烃碳数分布情况

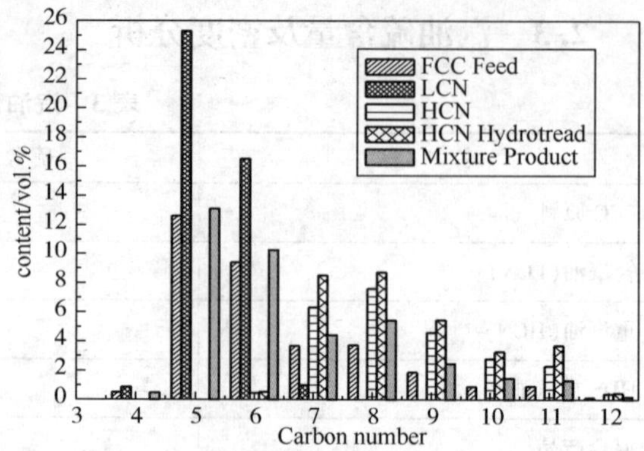

图5　工艺过程中汽油异构烷烃碳数分布情况

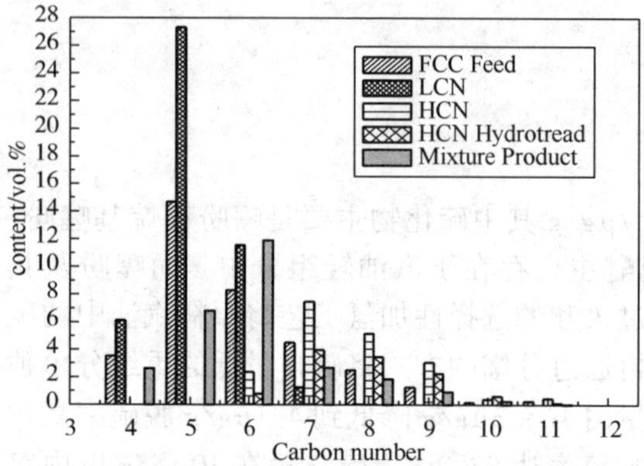

图6　工艺过程中汽油烯烃碳数分布情况

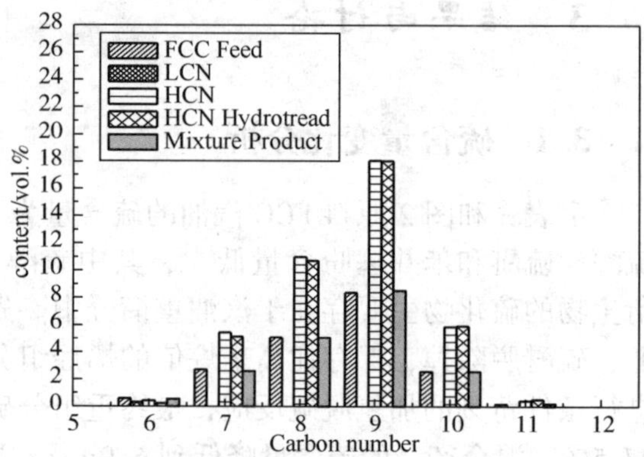

图7　工艺过程中汽油芳烃碳数分布情况

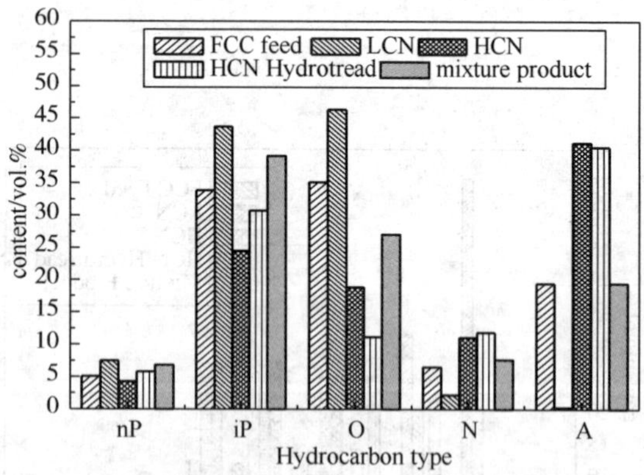

图8　工艺过程中汽油烃类型分布情况

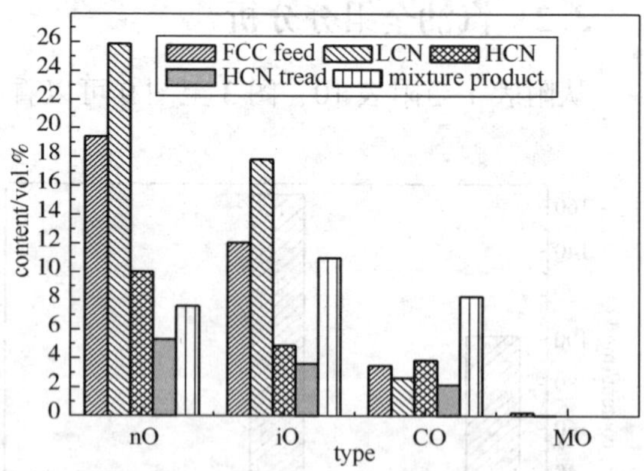

图9　工艺过程中汽油烯烃烃类型分布情况

（1）原料汽油

正构烷烃：占汽油馏分的5.05%（v），在C_5、C_6中分布最多，其辛烷值很低，对整体汽油辛烷值贡献很小，正构烷烃的辛烷值随碳数的增加而降低。

异构烷烃：占汽油馏分的33.87%（v），在C_5、C_6中分布最多，其辛烷值较高，一般都高于正构烷烃，C_5的双甲基支链烷烃比同碳数烯烃稍低些，C_6的双甲基支链烷烃还比一些同碳数烯烃的辛烷值高。随着碳数的增加，支链烷烃的辛烷值呈下降趋势。

烯烃：占汽油馏分的35.14%(v)，主要集中在C_4~C_8之间，在C_5、C_6中分布最多，其他碳数很少，单链烯烃和支链烯烃是汽油中烯烃存在的主要形式，单链烯烃在各碳数中的量较支链烯烃少一些，这两类烯烃占汽油总量的40%(v)以上。各类烯烃的辛烷值情况如下：

支链烯烃：一般来说，烯烃中支链烯烃的辛烷值最高，C_5、C_6的单链和支链烯烃的辛烷值差别虽不是很大，但大部分支链烯烃的辛烷值都高于单链烯烃，C_7、C_8支链烯烃的辛烷值大都高于单链烯烃，总体来看，支链烯烃的辛烷值高于单链烯烃。

单链烯烃：单链烯烃的辛烷值大都低于支链烯烃，与环烯烃的关系则随碳数有变化。

环烯烃：C_5、C_6环烯烃的辛烷值不如单链和支链烯烃高，从C_7环烯烃开始辛烷值则高于单链烯烃，但大部分仍低于支链烯烃，环烯烃在汽油馏分中约占5%(v)，对汽油辛烷值有一定影响。

链二烯烃：链二烯烃含量很少，只在C_5、C_6中有一些，总量很少，对辛烷值的影响非常小，可以忽略。

环烷烃：占汽油馏分的6.52%(v)，环烷烃主要集中在C_6~C_8，C_6、C_7环烷烃的辛烷值高于单甲基异构烷烃，低于双甲基异构烷烃，C_8环烷烃部分高于双甲基异构烷烃，部分低于双甲基异构烷烃，但都高于单甲基异构烷烃。

芳烃：占汽油馏分的19.46%(v)，主要分布在C_7~C_{10}之间，辛烷值都很高，对汽油辛烷值贡献最大。在同碳数的烃类中，其辛烷值最高，也高于C_5的异构烷烃。

(2) 分馏塔塔顶轻汽油

原料汽油经过选择性加氢反应器处理后进入分馏塔，在塔顶馏出的轻汽油族组成分析见附表1、附表7，从表中可以看出轻汽油主要分布在C_4~C_6之间，含量最高的为高辛烷值的烯烃和异构烷烃，异构烷烃和正构烷烃比高达5.86，烯烃分布上看易使催化剂结焦的二烯烃含量接近于零，原料汽油中的碳五二烯、1,3-环戊二烯、2-甲基-1,3-环戊二烯、1,3-环己二烯、2,3-二甲基-1,4-戊二烯(1)、2,3-二甲基-1,4-戊二烯(2)在轻汽油中均未检测到，轻汽油中环烯烃的比例有所下降说明环烯烃部分加氢饱和，轻汽油中正构烯烃的比例由原料烯烃中的55%(v)降低到53%(v)，异构烯烃比例由34%(v)上升到38%(v)，说明在选择性加氢反应器中烯烃进行了骨架异构反应正构烯烃转化为高辛烷值的异构烷烃。

(3) 分馏塔塔底重汽油和加氢处理后重汽油

分馏塔塔底重汽油族组成分析见表3至附表4、附表8至附表9，从表中可以看出重汽油主要分布在C_7~C_9之间，含量最高的为高辛烷值的芳烃、烯烃和异构烷烃，异构烷烃和正构烷烃比高达5.71重汽油经加氢脱硫后这一比例降低至5.32，重汽油经过加氢脱硫后烯烃含量降低了7%(v)，环烷烃和芳烃的含量变化较小，说明加氢脱硫反应器中烯烃主要转化成为正构烷烃和异构烷烃未进行芳构化反应，印证了在较低温度下芳构化反应难以进行的推论；从反应前后重汽油中芳烃碳数分布来看经过加氢反应后C_{10}^+芳烃含量略有上升，苯和甲苯含量有所下降说明芳烃主要进行了烷基化反应将轻芳烃转化为重芳烃。在烯烃的分布上看经过加氢处理后异构烯烃的比例明显升高由48%升高到68%，说明在加氢处理过程中部分正构烯烃向高辛烷值异构烯烃转化，以补偿因系统加氢饱和造成的辛烷值损失。

(4) 混合产品汽油

混合汽油族组成分析见附表5、附表10，从表中可以看出经过加氢改质后产品汽油的烯烃含量由35.14%(v)下降到27.03%(v)，异构烷烃含量高由33.87%(v)上升到39.14%(v)，正构烷烃和环烷烃略有上升，芳烃含量基本不变。混合产品中异构烯烃和正构烯烃的比例由0.62上升到1.44，说明在FCC汽油进行加氢脱硫过程中进行的主要的反应即为骨架异构反应，以此来弥补因烯烃饱和造成的辛烷值损失。

从以上的分析结果来看，异构烷烃和异构烯烃是汽油中辛烷值较高的两类组分，为了保证汽油加氢处理后的液体收率，必须保证各个反应器的处理温度在300℃以下，在这一温度下进行无法进行芳构化反应，但这一反应温度有利于烃类的骨架异构和烷基化反应[5,6]。异构烷烃是环境友好的汽油组分，所以在减少汽油馏分中烯烃含量的同时，避免辛烷值较低的正构烷烃生成，尽可能地增加辛烷值高的异构烷烃(尤其是C_5和C_6异构烷烃)生产，同时进行烯烃的异构化反应生产异构烯烃，是保证脱硫效果和液体收率的同时，保持汽油辛烷值不降低的反应路线。

从总体上看，整个加氢改质工艺过程实现了减少辛烷值损失的同时选择性深度脱硫，通过切割轻重组分选择性加氢并利用催化剂良好的异构化能力大量增产高辛烷值的异构烷烃，并使烯烃骨架异构提高异构烯烃比例最终达到深度脱硫、保辛烷值、保液收的改质目标。基于以上对原料和产品中部分组分辛烷值变化情况的分析，说明能否保持产品辛烷值的关键在于，如何减小因烯烃加氢饱和所造成的辛烷值损失，并尽量多的增产异构烷烃和异构烯烃。

图2至图9全面分析了工艺过程中汽油硫含量和族组成的变化情况并做了具体详尽的比较，分别从总的族组成变化情况、总的碳数分布情况、改质前后烯烃、正构烷烃、异构烷烃、芳烃随碳数分布的变化情况。

4 结论

(1)原料FCC汽油的硫含量为101.7μg/g其中硫醇、硫醚主要存在于汽油轻组分中，而噻吩及其衍生物的硫化物主要存在于汽油重馏分中。经过加氢改质后混合产品的硫含量降低到6.9μg/g总的脱硫率达93.2%，硫含量在10μg/g以内符合环保标准要求。

(2)原料汽油中正构烷烃占汽油馏分的5.05%(v)、异构烷烃占33.87%(v)、烯烃占35.14%(v)、环烷烃：占6.52%(v)、芳烃占19.46%(v)。分馏塔塔顶轻汽油主要分布在C_4~C_6之间主要为烯烃和异构烷烃，易于结焦的二烯烃被脱除，在选择性加氢反应器中烯烃进行了骨架异构反应正构烯烃转化为高辛烷值的异构烷烃。塔底馏出的重汽油主要分布在C_7~C_9之间，含量最高的为高辛烷值的芳烃、烯烃和异构烷烃，在加氢脱硫反应器中烯烃主要转化成为正构烷烃和异构烷烃。在烯烃的分布上看经过加氢处理后异构烯烃的比例明显升高由48%升高到68%，说明在加氢处理过程中部分正构烯烃向高辛烷值异构烯烃转化，以补偿因系统加氢饱和造成的辛烷值损失。混合产品中异构烯烃和正构烯烃的比例由0.62上升到1.44，说明在FCC汽油进行加氢脱硫过程中进行的主要的反应即为骨架异构和烷基化反应，以此来弥补因烯烃饱和造成的辛烷值损失。

参考文献

[1]Kasztelan S, Morel F, Le Loarer J L, et al. Improving motor fuel quality - using a new generation of hydrotreatment catalysts[C]. NPRA Annual Meeting, San Antonio, Texas, 1999: 56.

[2] Nocca J L, Cosyns J, Debuisschert Q, et al. The domino interaction of refinery processes for gasoline quality attainment[C]. NPRA Annual Meeting, Washington, 2000: 61.
[3] 汪文虎，秦延龙．烃类物理化学数据手册[M]. 北京：烃加工出版社，1988.
[4] 杨晓宇，袁景利，郭新闻，等．流化催化裂化汽油加氢改质理论研究[J]. 中外能源，2012(9)：69-75.
[5] Venuto P B, Habib E T. Fluid catalytic cracking[J]. Catal Rev-Sci Eng, 1978, 18 (1): 1.
[6] 黄国雄，李承烈，刘凡．烃类异构化[M]. 北京：中国石化出版社，1992.

附表　FCC 汽油 PONA 分析数据表

附 1　FCC 汽油全族分析数据表

(1) 原料 FCC 汽油

附表 1　全馏分 FCC 汽油原料 PONA(Volume%)表

CNum	nP	iP	O	N	A	CSum
2	0	0	0	0	0	0
3	0	0	0	0	0	0
4	0.58	0.51	3.52	0	0	4.61
5	1.47	12.63	14.66	0	0	28.76
6	1.16	9.41	8.3	1.72	0.59	21.18
7	0.78	3.69	4.51	2.72	2.7	14.4
8	0.47	3.76	2.5	1.47	5.08	13.28
9	0.23	1.88	1.25	0.5	8.36	12.22
10	0.18	0.91	0.16	0.1	2.56	3.91
11	0.17	0.94	0.24	0	0.17	1.52
12	0.01	0.14	0	0	0	0.15
Total	5.05	33.87	35.14	6.52	19.46	100.03

(2) 分馏塔塔顶轻汽油

附表 2　改质后全馏分 FCC 汽油 1 PONA(Volume%)表

CNum	nP	iP	O	N	A	CSum
2	0	0	0	0	0	0
3	0	0	0	0	0	0
4	1.8	0.88	6.13	0	0	8.81
5	3.81	25.3	27.34	0	0	56.45
6	1.78	16.54	11.56	2.03	0.3	32.21
7	0.07	0.99	1.26	0.17	0	2.49
8	0	0	0.04	0	0	0.04
9	0	0	0	0	0	0

续表

CNum	nP	iP	O	N	A	CSum
10	0	0	0	0	0	0
11	0	0	0	0	0	0
12	0	0	0	0	0	0
Total	7.46	43.71	46.33	2.2	0.3	100

（3）分馏塔塔低重汽油

附表3　改质后全馏分FCC汽油2 PONA(Volume%)表

CNum	nP	iP	O	N	A	CSum
2	0	0	0	0	0	0
3	0	0	0	0	0	0
4	0	0	0	0	0	0
5	0	0	0	0	0	0
6	0.26	0.45	2.35	1.09	0.42	4.57
7	1.64	6.32	7.47	4.9	5.44	25.77
8	1.03	7.61	5.18	3.35	11	28.17
9	0.54	4.61	3.05	1.4	18.07	27.67
10	0.39	2.81	0.39	0.29	5.88	9.76
11	0.41	2.31	0.44	0.07	0.42	3.65
12	0.02	0.41	0	0	0	0.43
Total	4.29	24.52	18.88	11.1	41.23	100.02

（4）二段加氢脱硫反应器出口物料

附表4　改质后全馏分FCC汽油2 PONA(Volume%)表

CNum	nP	iP	O	N	A	CSum
2	0	0	0	0	0	0
3	0	0	0	0	0	0
4	0	0	0	0	0	0
5	0	0	0	0	0	0
6	0.39	0.54	0.79	1.21	0.23	3.16
7	2.38	8.52	3.95	5.75	5.14	25.74
8	1.2	8.73	3.45	3.29	10.72	27.39
9	0.76	5.48	2.26	1.25	18.05	27.8
10	0.54	3.29	0.6	0.31	5.92	10.66
11	0.48	3.71	0.09	0.03	0.5	4.81
12	0.02	0.45	0	0	0	0.47
Total	5.77	30.72	11.14	11.84	40.56	100.03

(5) 混合产品

附表 5　改质后全馏分 FCC 汽油 2 PONA(Volume%)表

CNum	nP	iP	O	N	A	CSum
2	0	0	0	0	0	0
3	0	0	0	0	0	0
4	0.92	0.47	2.62	0	0	4.01
5	1.97	13.1	6.81	0	0	21.88
6	1.19	10.25	11.91	1.87	0.54	25.76
7	1.29	4.43	2.67	3.1	2.58	14.07
8	0.57	5.43	1.85	2.1	5.06	15.01
9	0.36	2.47	0.92	0.46	8.53	12.74
10	0.27	1.47	0.24	0.11	2.55	4.64
11	0.2	1.33	0.01	0.03	0.18	1.75
12	0.01	0.19	0	0	0	0.2
Total	6.78	39.14	27.03	7.67	19.44	100.06

附 2　FCC 汽油烯烃分析数据表

(1) 原料 FCC 汽油

附表 6　全馏分 FCC 烯烃(Volume%)表

CNum	nO	CO	iO	MO	CSum
2	0	0	0	0	0
3	0	0	0	0	0
4	1.02	0	2.5	0	3.52
5	8.89	0.38	5.31	0.08	14.66
6	4.31	1.84	2.09	0.06	8.3
7	2.91	0.78	0.77	0.05	4.51
8	1.09	0.49	0.92	0	2.5
9	0.82	0	0.41	0.02	1.25
10	0.1	0	0.06	0	0.16
11	0.24	0	0	0	0.24
12	0	0	0	0	0
Total	19.38	3.49	12.06	0.21	35.14

（2）分馏塔塔顶轻汽油

附表7 全馏分FCC烯烃(Volume%)表

CNum	nO	CO	iO	MO	CSum
2	0	0	0	0	0
3	0	0	0	0	0
4	1.39	0	4.74	0	6.13
5	17.21	0.52	9.61	0	27.34
6	6.09	2.09	3.37	0.01	11.56
7	1.14	0.02	0.09	0.01	1.26
8	0.04	0	0	0	0.04
9	0	0	0	0	0
10	0	0	0	0	0
11	0	0	0	0	0
12	0	0	0	0	0
Total	25.87	2.63	17.81	0.02	46.33

（3）分馏塔塔低重汽油

附表8 全馏分FCC烯烃(Volume%)表

CNum	nO	CO	iO	MO	CSum
2	0	0	0	0	0
3	0	0	0	0	0
4	0	0	0	0	0
5	0	0	0	0	0
6	0.84	1.04	0.45	0	2.35
7	4.47	1.65	1.33	0	7.47
8	2.04	1.17	1.97	0	5.18
9	1.98	0	0.98	0	3.05
10	0.24	0	0.15	0	0.39
11	0.44	0	0	0	0.44
12	0	0	0	0	0
Total	10.01	3.86	4.88	0	18.88

（4）二段加氢脱硫反应器出口物料

附表9 全馏分FCC烯烃(Volume%)表

CNum	nO	CO	iO	MO	CSum
2	0	0	0	0	0
3	0	0	0	0	0
4	0	0	0	0	0
5	0	0	0	0	0
6	0.36	0.33	0.08	0	0.79
7	1.79	1.19	0.96	0	3.95

续表

CNum	nO	CO	iO	MO	CSum
8	1.13	0.63	1.69	0	3.45
9	1.58	0	0.62	0	2.26
10	0.33	0	0.27	0	0.6
11	0.09	0	0	0	0.09
12	0	0	0	0	0
Total	5.28	2.15	3.62	0	11.14

(5) 混合产品

附表 10　全馏分 FCC 烯烃(Volume%)表

CNum	nO	CO	iO	MO	CSum
2	0	0	0	0	0
3	0	0	0	0	0
4	0.23	0	2.39	0	2.62
5	1.58	0.29	4.94	0	6.81
6	2.76	7.1	1.96	0.00	11.91
7	1.6	0.51	0.55	0.01	2.67
8	0.67	0.4	0.78	0	1.85
9	0.65	0	0.24	0	0.92
10	0.11	0	0.13	0	0.24
11	0.01	0	0	0	0.01
12	0	0	0	0	0
Total	7.61	8.3	10.99	0.01	27.03

附 3　原料及产品单组分对比分析

附表 11　原料及产品单组分含量对比分析表

序号	名称	原料	产品
		%(v)	%(v)
1	丁烯	0.847	0.189
2	反-2-丁烯	1.105	1.311
3	顺-2-丁烯	1.031	0.698
4	3-甲基-1-丁烯	0.469	0.071
5	异戊烷	10.941	11.185
6	戊烯-1	0.917	0.275
7	2-甲基-1-丁烯	2.594	0.065
8	反-2-戊烯	2.533	3.045

续表

序号	名称	原料	产品
		%(v)	%(v)
9	顺-2-戊烯	1.363	1.099
10	2-甲基-2-丁烯	5.1	1.3
11	环戊烯	0.405	0.305
12	4-甲基-1-戊烯	0.168	0.063
13	3-甲基-1-戊烯	0.247	0.065
14	2，3-二甲基丁烷	1.281	1.278
15	顺-4-甲基-2-戊烯	0.123	0.464
16	2-甲基戊烷	4.744	5.257
17	3-甲基戊烷	2.61	2.729
18	2-甲基-1-戊烯	1.116	0.219
19	反-2-己烯	0.895	0.965
20	2-甲基-2-戊烯	1.262	0.785
21	3-甲基环戊烯	1.031	0.627
22	顺-2-己烯	0.512	0.369
23	反-3-甲基-2-戊烯	1.213	1.011
24	甲基环戊烷	1.75	1.928
25	碳七烯*+2，4-二甲基戊烷	0.579	0.586
26	1-甲基环戊烯	0.946	0.673
27	苯	0.728	0.648
28	2-甲基己烷*+反-5-甲基-2-己烯	1.594	2.083
29	3-甲基己烷	1.605	1.577
30	顺-1,3-二甲基环戊烷	0.594	0.745
31	反1,3-二甲基环戊烷*+2-甲基己烯	0.775	0.782
32	正庚烷	0.745	1.22
33	反-3-甲基-3-己烯	0.72	
34	甲基环己烷	0.731	0.917
35	甲苯	3.269	3.084
36	2,3-二甲基己烷*+碳八烯	0.297	1.339
37	1,2-二甲基环戊烯	0.496	
38	1-乙基环戊烯	0.124	
39	2-甲基庚烷	1.016	1.124
40	3-甲基庚烷	1.103	1.345
41	反1，4-二甲基环己烷	0.127	0.631
42	2-甲基-1-庚烯	0.119	0.059
43	辛烯	0.262	0.308

续表

序号	名称	原料	产品
		%(v)	%(v)
44	正辛烷	0.462	0.548
45	乙苯	0.968	0.956
46	间二甲苯	3.704	3.779
47	2-甲基辛烷	0.634	1
48	3-甲基辛烷	0.513	0.663
49	邻二甲苯	1.493	1.321
50	正丙基苯	0.575	0.559
51	间甲乙苯	2.056	2.077
52	对甲乙苯	0.875	0.853
53	1,3,5-三甲基苯	0.933	0.959
54	邻甲乙苯	1.008	0.879
55	1,2,4-三甲基苯	3.21	3.312
56	1,2,3-三甲基苯	0.968	0.996
57	1-甲基 3-丙基苯	0.445	0.457
58	1-甲基-4-丙基苯	0.543	0.209
59	1-乙基-2,3-二甲基苯	0.317	0.559

塔河航煤加氢装置氢气一次通过流程可行性方案探讨

袁小彬

（中国石化塔河炼化有限责任公司，新疆库车 842000）

摘　要　本文对中国石化塔河炼化有限责任公司30万t/a航煤加氢主要工艺过程以及实际操作参数进行介绍，分析了装置的能耗构成，并对比中国石化同类装置的能耗，提出航煤加氢装置氢气一次通过运行方案的整体思路，对氢气一次通过流程前后装置能耗进行了对比，并对可能存在的问题。

关键词　航煤加氢　氢气一次通过　能耗　对比分析

1　航煤加氢装置概述

中国石化塔河炼化有限责任公司30万t/a航煤加氢装置以直馏煤油为原料，生产满足GB 6537—2018标准的3#喷气燃料，同时产品硫含量不大于50mg/kg。该单元采用中国石油化工股份有限公司石油化工科学研究院开发的航煤临氢脱硫醇RHSS专利技术，由中国石化洛阳石化工程公司完成工程设计。航煤加氢装置主要由反应（包括压缩机）和分馏部分组成，反应部分设计操作参数如图1所示。设置循环氢电动往复式压缩机两台，功率为110kW，一开一备。航煤装置主要工艺过程实际操作参数见表1，装置设计操作压力为3.5MPa，循环氢流量为4800Nm^3/h，设计能耗为9.27kgEO/t。

2　装置开工运行情况

航煤加氢装置自2014年6月一次开车成功运行至今总体平稳，第一运行周期装置连续运行1年零2个月时间。由于受市场航煤产品扩展能力影响，月生产航煤产品基本在6000t左右。为充分有效利用装置，航煤装置按照航煤方案与国Ⅳ柴油方案进行间断切换生产，由于在生产国Ⅳ柴油期间保证产品闪点及总硫指标，生产柴油时装置能耗大幅度上升，在总部的18套同类装置达标竞赛中排名第16。航煤装置主要工艺过程实际操作参数见表1。为降低装置能耗，车间提出氢气一次通过流程可行性方案研究，通过对比分析航煤装置氢气一次通过流程实施的可能性，下面就氢气一次通过流程对能耗的变化做出分析判断。

表1 航煤装置主要工艺操作参数

运转周期	生产航煤	生产国Ⅳ柴油
反应器入口压力/MPa	4	
反应器入口温度/℃	270	290
反应器出口温度/℃	272	298
反应器温升/℃	2	8
反应器入口氢油比/(Nm^3/m^3)	140~160	
化学氢耗(纯氢)/%	0.14	0.15
压缩机入口压力/MPa	3.5	
压缩机出口压力/MPa	4.1	
压缩机设计负荷/(Nm^3/h)	4800	
低压分离器压力/MPa	3.5	
产品分馏塔回流量/(t/h)	1.2~1.5	2.5~3.0
塔底温度/℃	216~218	228~232
塔顶回流罐压力/MPa	0.14	

表2 2014年中国石化航煤装置能耗表

序号	装置名称	负荷率/%	能耗/(kg标油/t)
1	燕山	115.79	3.81
2	天津	105.7	4.27
3	石炼	63.52	9.74
4	洛阳	120.1	8.17
5	九江	151.17	14.33
6	武汉	87.41	13.54
7	长岭2	117.97	9.82
8	高桥	109.16	6.92
9	上海1	102.61	7.91
10	镇海2	92.53	8.08
11	镇海1	98.62	7.06
12	广州	110.74	4.85
13	茂名	131.88	3.48
14	海南1	98.77	4.32
15	海南2	103.81	4.31
16	塔河	69.86	10.27
17	青炼	129.2	5.65

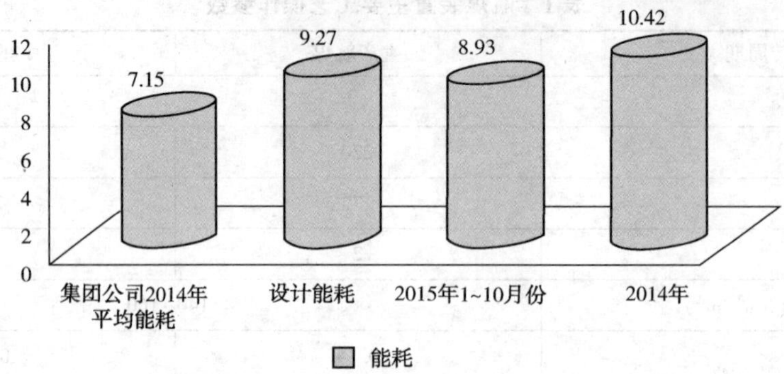

图1 塔河航煤装置原始开工能耗对比图

3 装置的能耗构成情况

装置的能耗主要由燃料气和电耗构成，其中燃料气在总能耗中占比58.04%，电耗占29.36%，其他占比19.06%，具体设计设计能耗构成见图2。

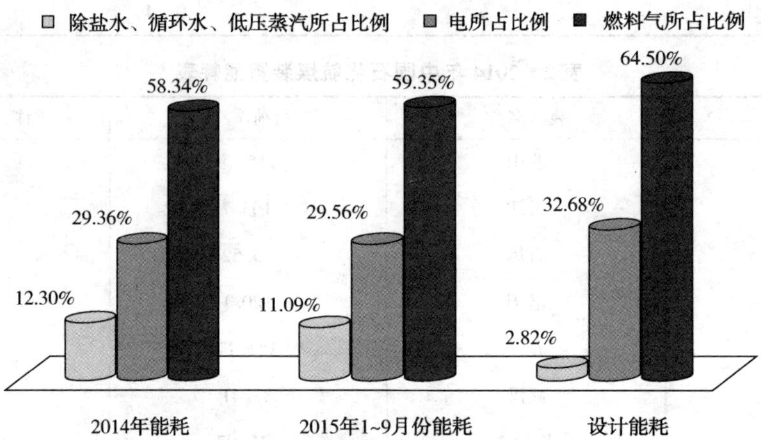

图2 航煤装置能耗占比情况

4 同类装置运行对比情况

经询问，航煤氢气一次通过设计流程有玉门炼化、青岛炼化、长岭等。青岛炼化60万t/a航煤加氢的设计操作压力为2.1MPa(分离器)，运行氢油比为70v/v左右。其设计氢气流程为：航煤加氢所需一次通过氢气由柴油加氢新氢压缩机一级出口引出(压力：4.2MPa)，经过航煤装置反应后的富氢再返回至柴油加氢新氢压缩机一级进口缓冲罐(压力为：2.0MPa)作为柴油装置的补充氢。青岛炼化为氢气一次通过流程，且分馏系统没有设重沸炉，其综合能耗为5.65kgEO/t，远低于我公司航煤装置能耗指标。

表 3　中国石化主要航煤装置运行数据(2010 年)

厂家	进料量/(t/h)	新氢/(Nm^3/h)	循环氢/(Nm^3/h)	尾氢/(Nm^3/h)	氢油比	反应器入压力/MPa	循环氢压缩机入口/出口压力/MPa	是否有重沸炉
武汉	30	280	6000	150	160	2.1	1.5/2.8	有
茂名	150	502	16704	550	94	2.35	1.45/2.78	无
镇海	120	1500	7000	400	45	1.85	1.05/2.08	有
青炼	70	5000		3600	50	2.7	氢气一次通过	无
长岭	20	428	26500	1278	85	4.3	氢气一次通过	无
塔河 2014 年	27	400	5000	0	150	3.8	3.3/4.0	有

表 4　中国石化主要航煤装置经济技术指标(2010 年)

厂家	新鲜水/(t/t)	循环水/(t/t)	电/(kWh/t)	0.3MPa 蒸汽/(t/t)	1.0MPa 蒸汽/(t/t)	燃料/(kg/t)	综合能耗/(kgEO/t)
武汉	0	9.35	0.069	21.477	0.056	7.694	18.06
茂名	0.0014	6.3429	3.93	0	0.0045	2.8	4.7
镇海	0	1.09	9.21	0	0	4.1	6.42
青炼	0	1.584	3.228	0	0.0003	4.44	6.38
长岭	0.04	13.99	37.61	0	0.02	25.02	36.12
塔河 2014 年	0	1.29	11.25	0	0.015	6.3882	10.42

对比以上数据，我们能耗偏高主要是因为电耗及燃料耗量偏大。电单耗高主要有两点：

(1) 设计指标高：航煤装置原料油氮含量高达 64mg/kg，生产合格产品所需的反应压力比一般航煤加氢高约 2.0MPa，导致反应加氢进料泵电耗偏高；

(2) 循环氢压缩机无流量调节系统，氢油比大，电耗偏高；而燃料偏大和我们的流程设计有关：原料油进装置无换热器，加之航煤装置兼顾生产国Ⅳ柴油，同时燃料气热值低这些都导致燃料耗量增加的原因。

5　氢气一次通过运行方案整体思路

航煤装置设计有循环氢压缩机系统和塔底重沸炉，虽然综合能耗已经远小于设计值，但和先进指标比还有一定差距。在没有新技改技措实施的情况下装置能耗指标几乎没有挖掘潜力。因氢气一次通过流程可以避免航煤装置开循环氢压缩机，节省部分电能，故提出如下思路：

航煤装置改为氢气一次通过流程，停开循环氢压缩机，航煤装置正常生产所需循环氢约 4000~5000Nm^3/h 由 2#加氢装置增压机一级出口(4.2MPa 左右)直接供给纯氢，氢气经过航煤反应器反应后通过高分压控排至氢气管网，具体流程见图 3。由于受制于增压机氢气上量问题和后路氢气品质问题，所以按照催化剂能够承受的最小氢油比来考虑一次通过所需的最小氢气用量，以减小供氢量压力和后续加氢装置对新氢品质要求。经咨询石科院 RSS-2 催化剂所能允许的最小氢油比不能小于 100v/v，所以在此以最小氢油比来考虑一次通过的可行性，满负荷时需要的最小氢气量为4000Nm³/h。

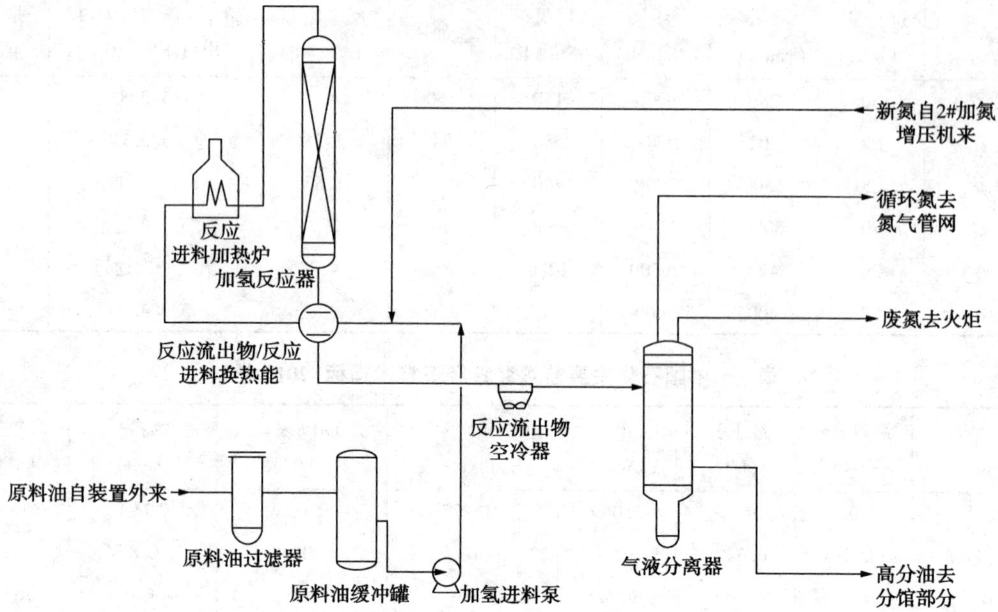

图3 航煤加氢一次通过流程

6 氢气一次通过的能耗分析

航煤加氢装置实行氢气一次通过流程，航煤加氢装置可以节省部分电耗。2#汽柴油加氢装置增压机为三台，其中一台为无级气量调节系统。2017年7月1日后装置全面升级至国Ⅴ柴油后，受柴油升级耗氢量的增加，三台增压机必为两开一备，这样会造成增压机多做功。如能充分利用2#加氢装置增压机长期两开一备的特点，从系统能耗考虑，氢气一次通过流程会把航煤加氢装置的部分电耗转移至2#汽柴油加氢装置，（增压机操作参数如表5），经推算，正常生产增压机压缩新氢量为21000Nm³/h，当增加新氢量4000~5000Nm³/h时，增压机电量增加40kW，航煤加氢循环机正常运行所需电量75kW（包括主电机、水泵电机，润滑油泵冬季防冻运行），大概对比节约电量35kW，年节约电量30万度左右，节约电费15万元左右。航煤装置总能耗会预计会下降约0.8~1.0kgEO/t。

表5 增压机操作参数

设备型号		2D45-17/23.5-87.5
结构型式		固定水冷对称平衡型，二列两级往复活塞式
操作参数	标准流量/(Nm³/h)	21000
	按吸入状态/(m³/min)	17
	进气压力/MPa	一级2.35　二级4.72
	排气压力/MPa	一级4.72　二级8.75

续表

设备型号		2D45-17/23.5-87.5
驱动机参数	型号	TAW1350-18/2150
	型式	增安型同步电动机
	额定电压/V	10000
	额定电流/A	76.4
	功率/kW	1350

7 氢气一次通过流程问题分析

7.1 航煤循环氢对后续装置产品质量影响

航煤装置高压分离器顶出来的氢气会携带部分轻烃进入到氢气管网，一方面可能会造成两套汽柴油加氢精制装置的反应器床层温升增大，另一方面氢气管网中轻烃组分的增多会使两套加氢装置新氢压缩机的级间分液罐凝液增加，增加了压缩机带液工作的危险。但考虑到航煤加氢氢气一次通过的循环量仅为 4000~5000Nm^3/h，而氢气管网中连续重整产氢 20000Nm^3/h，制氢产氢 20000Nm^3/h，航煤氢气一次通过的循环量所占比例仅为 11%左右，同时改造后流程由于航煤装置为连续性大量纯氢进装置，航煤装置循环氢分析氢气纯度更高，对后续装置柴油升级影响是有限的。

表 6 航煤加氢循环氢组成分析

组分	组成	组分	组成
甲烷/%	0.56	氮气/%	3.3
乙烷/%	0.12	硫化氢/%	0.2
丙烷/%	0.03	氢气/%	95.29
氧气/%	0.5		

7.2 航煤氢气一次通过流程带来的问题及分析

(1) 由于航煤装置氢气一次通过流程较易受 2#加氢装置影响，当 2#加氢装置异常操作时，需要启动航煤循环机维持正常生产，故应保留原有航煤装置氢气流程。

(2) 航煤装置开停工时，启动航煤循环机，待正常后切换至航煤装置氢气一次通过流程。

(3) 航煤装置氢气一次通过流程所用氢源为 2#加氢装置增压机一级出口提供，2#加氢增压机操作时怎样避免增压机一、二级做功不平衡的问题，需要后期不断摸索总结，建议用 2#加氢无级气量调节系统作为主调节手段。

8 结论

由于塔河航煤装置在生产航煤的同时还兼顾生产国Ⅳ柴油，随着柴油升级后期很有可能兼顾生产国Ⅴ柴油，能耗还会逐年增加。如何降低装置能耗实现低碳装置就摆在我们的面前。通过了解同类装置的运行情况，咨询工艺专利商相关技术参数限定值，进行了综合分析判断，本装置可以实行氢气一次流程，实施后可以降低装置的操作能耗；并针对氢气一次通过流程带来的操作可能遇到的问题和风险进行了分析，给出操作建议，为氢气一次通过流程在本装置上的实施具有指导意义。

MIP 重油+LTAG 催化裂化工艺运行状况简析

李兆贤

（中国石化济南分公司，山东济南　250101）

摘　要　济南 1#催化装置 MIP 重油反应器与 LTAG 双提升管反应器共用一个再生器，极大地节省了空间与投资，但操作相对于普通单提升管催化装置有很大不同，工作量与工作难度相对较大，油浆系统运行状况与普通单提升管催化装置也有所区别，尤其是 LTAG 催化裂化反应油浆产率低密度大，需要优化调整才能保证长周期运行。双提升管分别单独处理重油与 LTAG 原料，在处理重油原料生产清洁汽油与优化催化柴油选择性催化裂化工艺条件，实现增产高辛烷值汽油的目标，解决外甩劣质重催化柴油的用途问题，为工业生产提供基础数据，具有重要的实际意义和应用价值，文章简单分析了重油催化裂化与 LTAG 组合工艺油浆系统的运行状况尤其是 LTAG 反应器对应的分馏塔，也对产品性质、产品收率进行了简单分析，并简单分析 LTAG 加氢深度对产品分布的影响。

关键词　MIP　LTAG　运行状况　产品性质

济南炼化原 80 万 t/a 催化装置为 FDFCC 工艺，有两个反应器(主反应器+副反应器)和一个烧焦罐+二密床再生器，主反应器加工重油，副反应器进行汽油改质。2017 年进行扩能升级改造，改造根据总流程的安排，催化主反应器处理量为 120 万 t/a，副反应器加工 88 万 t/aLTAG 柴油，装置改造后于 2018 年 9 月中旬开工。现在大部分炼厂 LTAG 技术的应用都是与重油一起进一个提升管，济南 1#催化装置因独特的工艺，改造后采用双提升管分别单独处理重油与 LTAG 原料，在处理重油原料生产清洁汽油与优化催化柴油选择性催化裂化工艺条件，实现增产高辛烷值汽油的目标，解决外甩劣质重催化柴油的用途问题，为工业生产提供基础数据，具有重要的实际意义和应用价值，在此简单分析装置开工后的运行状况。

1　反再单元流程简图及装置简介

本催化裂化装置有两个反应器，一个再生器，主反应器采用 MIP 技术，MIP 工艺提出了两个反应区的概念，第一反应区，反应高温和短接触时间，第二反应区(一个扩径的提升管反应器)，在较低的温度和较长的油气停留时间下油气继续反应。第一反应区以一次裂化反应为主，采用较高的反应苛刻度，即较高的反应温度和较大的剂油比，裂解较重的原料油并生产较多的烯烃；第二反应区主要增加氢转移反应和异构化反应，采用较低的反应温度和较长的反应时间。加工由减压渣油和常减压蜡油等组成催化原料，公称加工能力 120 万 t/a；再生型式采用重叠两段贫氧再生的方案，催化剂为与 MIP 工艺配套设计的专用分子筛催化剂；副反应采用石油化工科学研究院开发的将催化裂化劣质柴油 LCO 转化为高辛烷值汽油或轻质芳烃的新技术 LTAG[1]，LTAG 主要是利用加氢单元和催化单元组合，将催化装置的 LCO 馏分先加氢后再进行催化裂化，通过优化匹配加氢和催化裂化的工艺参数等，实现最大化生产高辛烷值汽油和/或 $C_6 \sim C_8$ 芳烃；副反应器旋分器为普通快分与顶旋组合方式，原料为加氢柴油，但是为了生产的灵活性装置副反应器设计了很多的进料流程，副反应器正常为 LTAG 进料，但是还可以单独炼蜡油或者渣油、蜡油混合原料等，图 2 为副反应的进料流程示意简图。MIP 与 LTAG 双提升管组合模式灵活多效，有利于调整产品结构，增加效益。

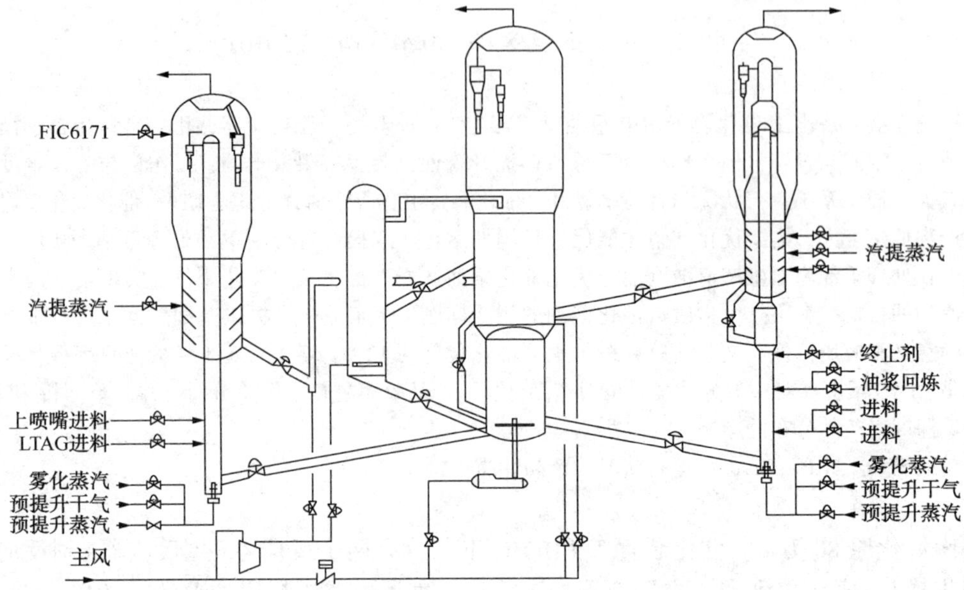

图 1　反再流程简图

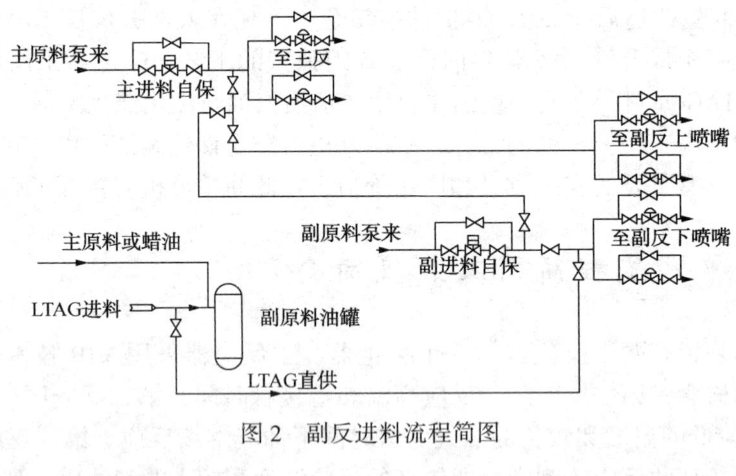

图 2　副反进料流程简图

2　装置运行现状

2.1　装置总体运行情况

装置自开工以来总体运行平稳，反再系统催化剂循环正常，反再、分馏系统压力控制稳定，热工系统、能量回收机组运行正常。主要关键参数与设计基本一致，能够满足生产运行和质量控制要求，油浆系统运行状况较改造前变化较大，主要是油浆密的上升，这与装置改造后原料性质变化较大有关，在下面会进行详细分析。

2.2 油浆系统运行状况

油浆系统的正常平稳运行时装置长周期运行的保障，油浆性质变差会使油浆中生焦倾向物和焦物团的含量增加，是油浆系统结焦的重要原因之一。例如：油浆黏度增大将影响其流动性能。固体含量增大也会使结焦性能增强。油浆中含有大量的多环芳烃和一定量高分子烯烃，在高温下极易发生缩合反应。随着催化裂化掺炼重油比例的增加，油浆中的多环芳烃含量增加，相对密度增大，油浆因缩合而生焦的能力增强[2]。

装置开工初期装置分析的油浆为主、副分馏塔的混合油浆密度(9 月 17 日~9 月 27 日)如图 3 所示。

由图 3 可以看出开工初期油浆密度总体先上升后趋于平稳，油浆密度基本稳定在 1120kg/m^3 左右，但是密度较改造前油浆密度 1050kg/m^3 有明显的升高。为了进一步分析主、副分馏塔的油浆系统运行状况，油浆分析改成分别采主、副油浆单独分析主、副分馏塔的油浆可以清晰看出具体是哪个油浆系统油浆密度升高的明显。

同时根据分析发现装置 LTAG 反应器油浆产率较低，产率在 2%以下，装置副反应器的进料相对不足在 70t/h 左右，负荷基本在 70%以下，为保证副分馏塔油浆系统固含量在控制范围内，车间及时通过现有工艺流程把主油浆通过油浆回炼倒补至副分馏塔底如图 4 流程，保证副分馏塔底油浆的外甩量，控制好合适的油浆密度与固含量。

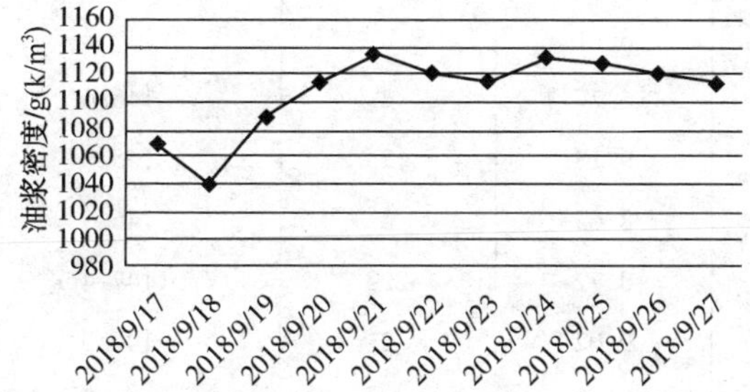

图 3 油浆密度曲线

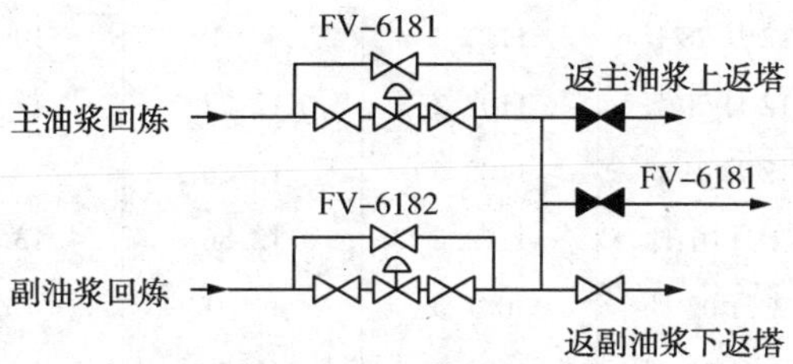

图 4 主油浆补副分馏塔底流程

表 1 副油浆运行状况分析

时间	密度/(kg/m^3)	外甩量/(t/h)	主油浆补充量/(t/h)	副油浆外甩量/(t/h)	催化剂量/(g/L)	LTAG 进料量/(t/h)
12 月 04 日	1104.4	4.47	3.52	0.95	2	74
12 月 12 日	1108.5	4.75	3.55	1.2	2.5	76.1
12 月 17 日	1111	4.94	4.28	0.66	2.5	73.6
12 月 20 日	1119.5	4.01	3.43	0.58	2.7	74.1
12 月 21 日	1106.7	4.97	4.8	0.17	2.2	73.9
12 月 28 日	1127.7	3.92	3.15	0.77	2	74.1
12 月 30 日	1127.9	3.62	3.07	0.55	2.5	73.4

续表

时间	密度/(kg/m³)	外甩量/(t/h)	主油浆补充量/(t/h)	副油浆外甩量/(t/h)	催化剂量/(g/L)	LTAG进料量/(t/h)
12月31日	1123	4.02	3.63	0.39	2.2	73.4
1月01日	1097.7	4.45	4.14	0.31	2	74
1月02日	1117.6	4.48	3.39	1.09	2	72.9
1月03日	1094.6	4.47	3.25	1.22	2	74
1月05日	1110.5	4.42	3.29	1.13	2.2	72.2
1月09日	1115.9	5.57	3.9	1.67	2.5	72.3
1月13日	1123.6	5.66	4.99	0.67	2.7	75.1
1月16日	1110.6	5.62	3.05	2.57	2.2	74.8
1月20日	1106	5.08	3.7	1.38	2.6	74.2

表2 主油浆运行状况分析

时间	密度/(kg/m³)	外甩+补副塔/(t/h)	油浆外甩总量/(t/h)	主塔底外甩量/(t/h)	催化剂含量/(g/L)	主反进料量/(t/h)
12月04日	1092.3	9.19	10.14	5.67	2	127.9
12月12日	1085.1	8.85	10.05	5.3	2.2	127.1
12月17日	1085.5	10.6	11.26	6.32	2	135.9
12月20日	1077.1	10.52	11.1	7.09	2	135.7
12月21日	1084.3	11.71	11.88	6.91	2	136.2
12月28日	1112.3	9.92	10.69	6.77	2	146.6
12月30日	1107.2	12.22	12.77	9.15	2	145.6
12月31日	1108.5	12.26	12.65	8.63	2	146.3
1月01日	1118.8	12.86	13.17	8.72	2.2	147.4
1月02日	1087.3	12.41	13.5	9.02	2	146.5
1月03日	1108.3	10.77	11.99	7.52	2	126.4
1月05日	1095	10.11	11.24	6.82	2	121.1
1月09日	1099.7	8.27	9.94	4.37	2	122.6
1月13日	1104.4	8.91	9.58	3.92	2	121
1月16日	1096.9	7.51	10.08	4.46	2	121.7
1月20日	1111.6	8.94	10.32	5.24	2.7	120.7

表1、表2是装置开工运行正常后，主副油浆系统运行的一些数据参数，装置逐步进入稳定阶段，运行中每天都会根据主、副油浆的密度、固体含量进行外甩量的调整。

(1) 通过数据分析发现LTAG反应器对应的油浆产量相对不足产率为1.3%较设计值1.5%低，LTAG进料为柴油油浆产率相对较低，副分馏塔的油浆外甩量较小，装置现在的LTAG反应器旋分为粗旋加顶旋模式，催化剂跑损较VQS多，塔底油浆系统固含量难以保证，为保持副分馏塔(LTAG反应器对应的分馏塔)油浆系统的密度及固含量，车间及时采取措施，通过补充主分馏塔底油浆进副分馏塔，以提高副塔油浆外甩，保持副塔油浆密度及固含量。

（2）通过主副油浆系统数据分析发现，主、副分馏塔底的油浆外甩量与进料量走势基本一致，同时油浆系统密度也随外甩量的增减而增减。

（3）主反为MIP工艺进料为混合原料掺渣比在40%左右，残炭在7.5%左右，主分馏塔外甩油浆率为4.98%，主塔一部分油浆补至副分馏塔塔底，主分馏塔总油浆产率为7.7%左右相对较高，装置总油浆外甩率为5.47%。

（4）主、副油浆密度都稳定在1100kg/m^{3}左右。较改造前还是稍有增加但是考虑到装置改造后主反应器原料残炭较改造前明显的升高（现在基本稳定7%左右，改造前在3.5%左右），相应的油浆密度会有所升高；副反应器回炼加氢柴油油浆密度也会较普通催化油浆密度高。《中石化催化裂化装置防结焦指导意见》中指出，为维持油浆系统稳定运行，应控制油浆密度1100kg/m^3，车间经过不断的摸索以及与同类装置交流、参考文献等[2]，大部分MIP工艺的催化装置油浆密度都集中在1100~1150kg/m^{3}左右，同时试用LTAG装置的单位都反映油浆密度重，我们初步确定主副油浆密度控制在1150kg/m^{3}以内，同时制定了一个小指标1125kg/m^3，根据主、副油浆每天的化验成绩，及时进行微调，尽量控制装置油浆密度在1125kg/m^{3}以下。但是没必要太低，在1100kg/m^{3}以上尽量控制外甩率，密度太低油浆收率高，液收不能保证[3]。

2.3 汽油辛烷值、烯烃芳烃含量、收率分析

（1）稳定汽油组分分析

图5为装置改造后稳定汽油组分与装置改造钱组分对比（2018年9月15日改造后开工）。

由图5可以清晰看出装置改造后稳定汽油芳烃较改造前有明显的提高，无论是MIP还是LTAG工艺都有利于芳烃的生成，说明MIP+LTAG的组合达到了设计的要求，较FDFCC-Ⅲ装置芳烃含量有明显的提高，但是烯烃含量没有明显的降低，但是已经符合产品质量的要求，所以现在没有进一步调整优化来降低烯烃含量（现在的操作条件说明装置现在的反应状况为氢转移程度不够，主要是主反应器一反温度控制较高氢转移反应为吸热反应，高温对氢转移反应有一定的抑制作用，并且主反的急冷油没有投用，氢转移反应也较以前有所降低，同时主反原料残碳在6.5%左右较改造前3.5%升高明显，原料性质变差对产品组分分布也有较大影响），环烷烃含量稍有增加。

（2）稳定汽油辛烷值

由图6可以清晰看出装置改造后稳定汽油辛烷值较改造前有明显的提高，说明MIP（括径的二反，在较低的反应温度和较长的反应时间条件下，主要增加氢转移和异构化反应，使汽油中的烯烃转化为异构烷烃，芳烃）+LTAG（LTAG技术在加氢处理单元通过对LCO中的芳烃进行定向加氢饱和，将LCO中双环以上芳烃选择性加氢饱和为单环芳烃，其加氢产物在催化裂化单元通过工艺参数等的优化来抑制氢转移反应的比例，而最大化开环裂化反应，最终实现LCO转化为富含芳烃的高辛烷值汽油）的组合形式按工艺设计的裂化方向选择性裂化、氢转移有利于提高汽油的辛烷值，现在汽油辛烷值基本稳定在94以上，较FDFCC-Ⅲ装置汽油辛烷值有明显的改善，效益显著；装置开工运行稳定后也一直在采取优化措施汽油收率呈现稳定增长趋势。

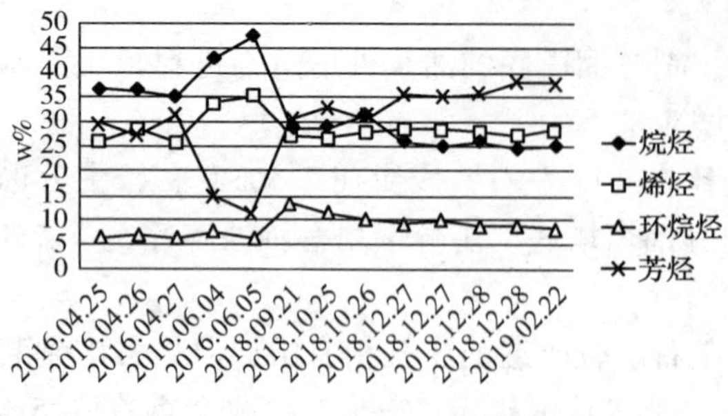

图 5　改造前后稳定汽油组分分析

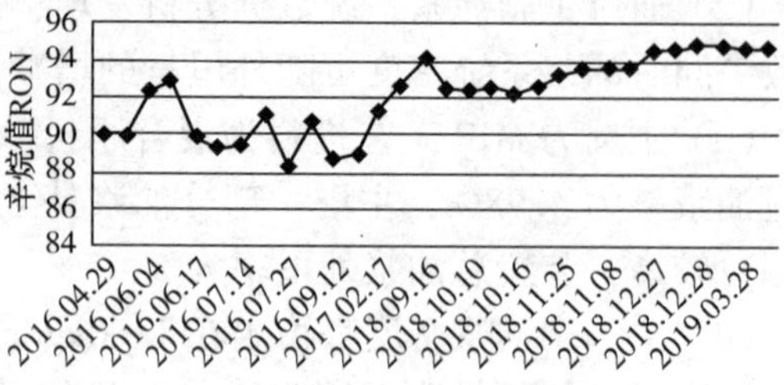

图 6　改造前后稳定汽油辛烷值对比

2.4　柴油性质变化

图 7 为改造后柴油密度与改造前柴油密度的变化情况，改造后柴油密度明显的提高，主要原因为：装置主反应器进料密度大、残炭高，导致主柴油密度较高；LTAG 反应器导致副反应器柴油性质进一步恶化，所以装置产品柴油(主分馏塔柴油与副分馏塔混合柴油)密度较改造前有明显的上升，密度基本维持在 950kg/m³。

图 8 为改造前后柴油十六烷值对比，柴油的十六烷值随着芳烃的含量上升而下降，随着 C/H 比的上升而下降，主反应器为 MIP 工艺异构化、芳构化反应较普通催化裂化程度高，有利于异构烷烃和芳烃的生成，导致 MIP 催化装置柴油较普通催化裂化装置柴油十六烷值低；LTAG 催化裂化，反应过程仍发生氢转移反应，形成芳烃，柴油的十六烷值指数进一步损失，因此 LTAG 产生的柴油辛烷值较普通催化裂化装置柴油辛烷值低。MIP 重油催化+LTAG 组合方式在多产高辛烷值汽油，进一步降低了催化柴油的辛烷值，总体来看装置改造后产品柴油性质较改造前明显的变差。

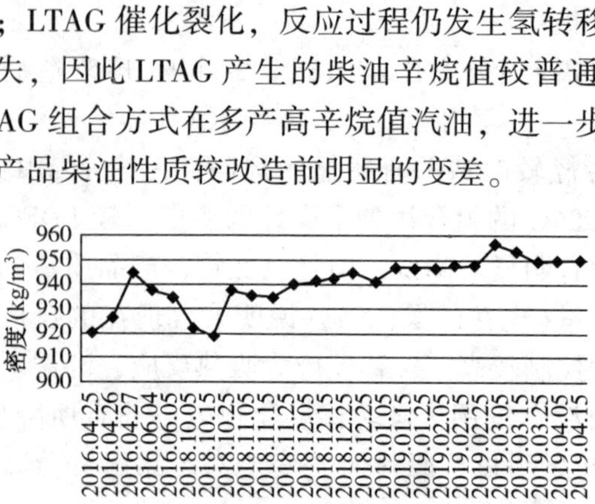

图 7　改造前后柴油密度对比

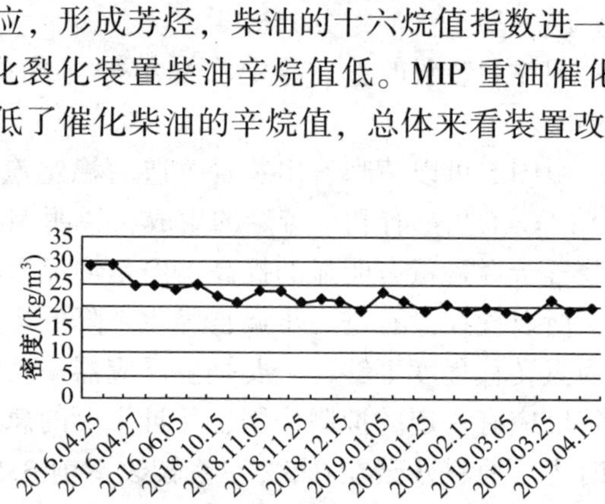

图 8　改造前后柴油密度对比

但是本装置 LTAG 提升管消化了部分的低质量催化柴油，LTAG 技术的投用大大缓解了济南分公司柴油压库和汽油产能不足的状况，为企业调整产品结构，提升产品价值提供了强有力的技术支持。同时本装置副提升管设计两套喷嘴既可以回炼加氢柴油又可以回炼蜡油或重油原料，因此随着工业的进一步发展汽柴油需求量发生变化时可以选择性的改变 LTAG 提升管的进料组成，灵活多效。

2.5　LTAG 加氢深度对产品质量影响浅析

装置开工后开始逐步缓和柴油加氢改质条件降低 LTAG 原料加氢深度，逐步提高 LTAG 进料密度至 895kg/m³，分析装置 LTAG 原料性质发生变化(主要是原料密度变重以及芳烃组成出现相应变化)时跟踪副油浆密度、副柴油质量密度及产率，要根据生产实际及时做出调整，保证装置的平稳运行。

表3为本装置标定时LTAG进料和LTAG进料加氢深度调整后的部分组分分析，可以发现：

① LTAG进料加氢深度降低后总环烷烃、总饱和烃含量有明显的降低，茚萘或四氢萘、总单环芳烃含量明显上升，从LTAG技术优势发挥方面，近期调整方向符合LTAG降低柴汽比并多产富含芳烃高辛烷值汽油的目标。

② 随着LTAG原料中单环芳烃大幅增加，副反粗汽油芳烃含量随之升高，随着LTAG原料中链烷烃以及环烷烃含量降低，副反液化气产率降低。

③ 上述调整后，催化汽油总芳烃含量升高，要密切跟踪关注产品汽油芳烃含量以及苯含量指标变化。

表3 LTAG柴油PONA分析表 %

项　目	2018-12-27		2018-12-28		2019-2-19	2019-2-20
	8：30	15：00	8：30	15：00	8：00	8：00
相对密度(20℃)	889.5	889.5	888.7	889.7	891.1	892.3
链烷烃	24.5	19.4	18.9	20.1	14.2	14.3
一环烷烃	8.1	7.1	7.7	8.6	0	4.4
二环烷烃	13.4	10.2	9.7	10.5	0.5	6.9
三环烷烃	5.7	4.4	4.4	4.5	17.1	4.5
总环烷烃	27.2	21.7	21.8	23.6	17.6	15.8
总饱和烃	51.7	41.1	40.7	43.7	31.8	30.1
烷基苯	22.5	15.9	14.4	14.2	14.3	17.3
茚萘或四氢萘	16.1	32.4	32	29.9	40.6	41.1
茚类	2.7	3.7	4.6	4.3	6.5	4.8
总单环芳烃	41.3	52	51	48.4	61.4	63.2
萘	1.1	0	2	1.9	0	0
萘类	2.7	3.4	3.1	2.9	3.1	3.4
苊类	2.4	2.5	2.3	2.2	2.7	2.5
苊烯类	0.8	0.7	0.9	0.8	0.7	0.5
总双环芳烃	7	6.6	8.3	7.8	6.5	6.4
三环芳烃	0	0.3	0	0.1	0.3	0.3
总芳烃	48.3	58.9	59.3	56.3	68.2	69.9
总重量	100	100	100	100	100	100

LTAG柴油加氢深度调整到位柴油密度稳定在895kg/m^{3}左右时主要产品性质变化：

①副柴油质量变差，密度增加，十六烷值降低。加氢深度降低前副柴油的密度稳定在946.9kg/m^3，副柴油的十六烷值均值为16.9；加氢深度降低后副柴油的密度均值为949.4kg/m^3，副柴油的十六烷值均值为16.0。

②副油浆密度增加，副油浆产率上升。LTAG进料加氢深度降低前副油浆密度均值为

1108.5kg/m^3，副油浆的外甩率为1.56%；深度降低后副油浆密度均值为1121.6kg/m^3，副油浆的外甩率为(5.34-4.19)/67.5=1.7%。

③副粗汽油产率未见明显的变化，副粗汽油烯烃降低、芳烃含量升高。调整后总体来看LTAG反应器副粗汽油产率没有降低现象(只分析副分馏塔粗汽油，气相主分馏塔富气一起进稳定塔没做分析)。

表4 副粗汽油组分变化

副粗汽油	烷烃/%	烯烃/%	环烷烃/%	芳烃/%
2018-12-25	26.67	11.21	13.96	47.83
2018-12-26	28.96	11.67	12.95	46.04
2019-02-22	22.38	7.82	10.75	58.86

表4为副粗汽油组分变化情况，2018年12月25号与26号装置进行标定期间副粗汽油烯烃含量在11%左右，芳烃含量在46%~47%左右，LTAG进料加氢深度降低后对2月22号粗汽油进行组分分析，发现烯烃含量降低、芳烃含量上升分析，发现2月19号与2月20号当时的加氢深度很符合LTAG技术的要求，能实现LCO转化为富含芳烃的高辛烷值汽油。

3 总结

改造后的MIP+LTAG双提升管贫氧再生装置，对比以前的FDFCC-Ⅲ双提升管装置，汽油辛烷值明显提高汽油中的烯烃含量稍有降低、芳烃含量明显提高；多产汽油方案时汽油收率也有明显的增加趋势；柴油的十六烷值降低明显柴油质量变差，但是现在装置内只有一套汽提塔，现在准备再上一套汽提塔分析单独甩出LTAG反应产出的柴油，减少难以加氢裂化的柴油的量，减少无效氢耗；装置总体油浆系统较改造前油浆密度增加，LTAG油浆产率低，单独的LTAG反应器对应的分馏塔需要有补充油浆才能保证系统运行保证油浆系统固含量及密度。

参考文献

[1] 马伯文主编．催化裂化装置技术问答[M].2版北京：中国石化出版社，2003.

[2] 刘英聚，张韩主编．催化裂化装置操作指南[M].2版．北京：中国石化出版社，2017.

[3] 郝永杰，程久联．催化裂化VQS系统运用与改进[J].石油化工应用，2013，32(2)：82-86.

大型炼化一体化项目化工总流程和产品方案的确定

桑　晋

（中国寰球工程有限公司北京公司，北京　100012）

摘　要　介绍了炼化一体化项目化工总流程和产品方案的确定方法—枚举和排除。分别就 C_2、C_3 和 C_4 下游化工产品，从市场分析、工艺技术、竞争力等方面逐一分析和比较，确定推荐的化工产品方案。

关键词　炼化一体化　化工总流程　化工产品方案

1　前言

炼化一体化在合理利用石油资源，提高投资效益，降低运行成本，提高核心竞争力方面具有明显优势。在炼油能力过剩的大背景下，用好原油资源和化工原料，发展特色、高附加值化工产品，实现化工原料资源有效利用和增值意义重大。投资经济分析表明，炼化一体化中化工所占比例越大，整体效益越好，其原因是化工产品的增值潜力较大，因此，化工总流程和产品方案的确定显得尤为重要。与炼油总加工流程确定的思路不同，确定化工总流程实际就是确定化工产品方案。

2　化工产品方案确定的主导思想

（1）根据产品市场分析预测、技术可得性、产品竞争力分析来确定化工产品方案。

（2）适应市场变化、尽量减少低附加值产品，增加市场需求量大、高附加值及盈利能力强的产品；

（3）工艺技术先进、成熟、可靠、尽量选择世界级规模的生产装置，实现装置单线能力最大化；尽量缩短加工流程，以降低单位规模投资；

（4）提高装置的灵活性，根据市场的变化适当调整产品结构和牌号；

（5）从技术、经济、节能、环保、安全、操作可靠性和加工灵活性等方面，全方位、多视角进行优化分析。

3　化工产品方案的确定

确定化工产品方案最全面和适宜的分析方法之—先枚举，再排除。

目前大型炼化一体化项目乙烯产量通常为100万~140万t/a、丙烯产量通常为60万~90万t/a(假设炼油提供丙烯原料约20万~30万t/a)、以及大约20万~40万t/a C_4。

表1 大型炼化一体化项目化工下游主要

乙烯	丙烯	C_4
乙二醇/环氧乙烷	聚丙烯	丁二烯
聚乙烯	丙烯腈	ABS
苯乙烯	甲基丙烯酸甲酯	丁基橡胶
乙丙橡胶	聚碳酸酯	丁腈橡胶
	环氧丙烷	丁苯橡胶
	聚醚多元醇	顺丁橡胶
	丙烯酸及酯	SBCs
	高吸水性树脂	
	丁醇/辛醇	

3.1 乙烯下游产品方案的分析比较

3.1.1 乙烯下游市场供需分析

乙烯下游可供选择的产品有乙二醇/环氧乙烷、聚乙烯、苯乙烯、乙丙橡胶等。

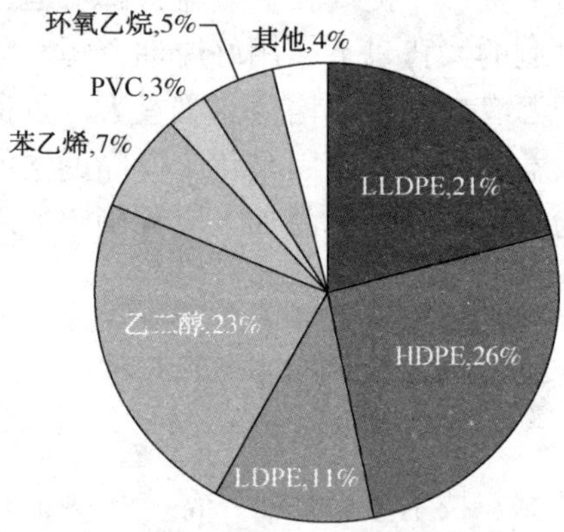

图1 近年中国乙烯当量消费结构

表2 乙烯下游产品市场供需预测 万t

产品名称	2025年预测			
	产能	产量	消费量	供需平衡
PE	3200	2790	3450	-660
EO	627	464	464	0
EG	1800	1330	1780	-450
苯乙烯	1600	1200	1300	-100
乙丙橡胶	37	30	57	-27

3.1.2 聚乙烯

聚乙烯在国内有着巨大的市场空间，且未来较长时期内将保持较大的市场缺口。为应对市场冲击，特别是来自国内煤制烯烃路线的聚乙烯和进口中东低成本聚乙烯产品的竞争，建议采取多种措施，提升聚乙烯产业竞争力。

华东地区先进制造业发达，对高端聚乙烯专用料产品需求量大，而且区域内通用料产品受中东产品冲击较为突出。聚乙烯产品方案应重点发展高端专用料牌号，侧重发展聚乙烯高档薄膜料(双峰膜料、茂金属膜料等)、聚乙烯管材专用料(供水和供气用压力管，重点发展PE80以上的高档牌号)、汽车专用料(塑料油箱，服务于不断增长的汽车行业)、大型塑料容器专用料(可替代钢质容器)等高端专用料产品。

3.1.3 环氧乙烷和乙二醇

乙二醇是聚酯产业的基础原料，EO/EG有着较好的发展空间。预计未来10年之内乙二醇在我国仍属于大量短缺产品，市场前景看好。

国内环氧乙烷和乙二醇主流消费市场主要集中在华东地区，该区域市场容量大，未来一段时间仍将呈现供不应求的状况。

截至目前，合成气制乙二醇生产工艺中，大多数装置的技术不够完全成熟，尚需要一段时间完善，其产品不能完全用于聚酯行业(多数聚酯企业采用10%~20%煤制乙二醇与石油制乙二醇混合使用)、装置负荷达不到设计能力，催化剂选择性与乙二醇收率达不到预期效果、检修、改造、能耗、物耗高、环保压力。通常，原油价格低于60美元，石油制乙二醇取得成本优势。合成气制乙二醇项目适宜建在煤炭资源较为丰富的地区，而我国煤炭资源分布地大多远离PET生产聚集的华东地区，因此，将乙二醇从煤炭资源丰富的地区运输到PET生产地区的成本也是不容忽视的一个因素。

考虑到乙二醇产业将面临中东低成本产品及国内煤制乙二醇的冲击，配套商品环氧乙烷，远期可配套发展下游精细化学品。

3.1.4 苯乙烯

预计未来华东地区的苯乙烯供应能力和需求均保持快速增长，但缺口将进一步扩大，特别是江苏和浙江的缺口巨大。中南地区未来将维持苯乙烯供应和需求同步增长，供需基本平衡。华北地区因苯乙烯供应维持不变导致从供应过剩转变为缺口增加，该地区需求主要来自天津，其缺口呈扩大趋势。东北和西北地区未来苯乙烯产能增速快于需求增速，呈现过剩日益严重的态势。

苯乙烯下游延伸产品多，市场需求依然旺盛，产业带动性强。华东市场为苯乙烯主导市场，特别是浙江和江苏两省。产品具有较好的市场前景。但是竞争对手较多，今后会存在较为激烈的竞争局面。

从产品竞争力角度考虑，推荐环氧丙烷联产工艺技术。

3.1.5 乙丙橡胶

乙丙橡胶(EPR)通常分为二元乙丙橡胶(EPM)和三元乙丙橡胶(EPDM)两大类。二元乙丙橡胶是以乙烯和丙烯为共聚单体的共聚物，三元乙丙橡胶是除乙烯和丙烯外另加入少量第三单体(非共轭二烯烃)的乙丙橡胶。

EPR工业生产方法有溶液聚合法、悬浮聚合法和气相聚合法三种。其中溶液聚合法20世纪60年代初实现工业化，该技术经过四十多年的不断完善和改进已成为成熟工艺，产品适用范围广，是 EPDM 的主导技术。悬浮聚合法目前只有 Enichem 公司和 Lanxess 公司采用，该工艺产品牌号不多，产品用途有局限性，主要用作聚烯烃改性；气相聚合法 1997 年实现工业化，只有美国 Union Carbide 采用该技术。

生产成本高是国产乙丙橡胶发展缓慢原因之一，国内生产所用的新型单体及催化剂没有实现国产，仍主要依靠进口，使生产成本较高。

进口产品凭借质量和价格优势，用户消费习惯和使用配方，对国内市场造成的冲击不容忽视。我国乙丙橡胶发展的根本问题是技术约束和瓶颈，先进技术获得难度大。

3.1.6 乙烯下游产品方案小结

表 3 乙烯下游产品分析汇总

产品方案	市场机会	技术成熟及可获得性	备注
乙二醇/环氧乙烷	√	√	
聚乙烯	√	√	
苯乙烯	√	√	
乙丙橡胶	√	√-	

注：√ 代表可行和可以接受；√- 代表不完全可行和不完全接受；×代表不可行或者不可以接受。

从表 3 看出，经过初步筛选，乙烯下游产品首选乙二醇/环氧乙烷、聚乙烯、苯乙烯。

3.2 丙烯下游方案的分析比较

3.2.1 丙烯下游市场供需分析

丙烯下游的方案可供选择的有聚丙烯、丙烯腈、MMA、苯酚/丙酮-双酚 A、聚碳酸酯、环氧丙烷、聚醚多元醇、丙烯酸及酯、丁辛醇等。

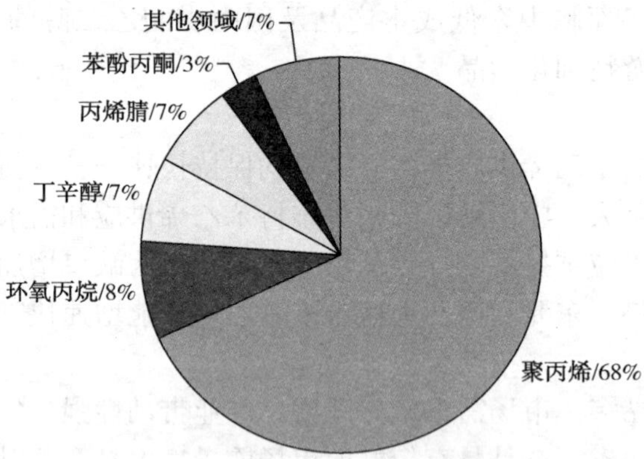

图 2 近年中国丙烯当量消费结构

表 4 丙烯下游产品市场供需预测 万 t

产品名称	2025 年预测			
	产能	产量	消费量	供需平衡
PP	3600	2995	3150	-155
PO	560	418	453	-35
丙烯腈	296	250	250	0

续表

产品名称	2025年预测			
	产能	产量	消费量	供需平衡
丁醇	285	225	225	0
辛醇	255	220	220	0
丙烯酸	400	230	220	10
丙烯酸酯	352	240	225	15
聚碳酸酯	280	200	245	-45
MMA	200	105	100	5

3.2.2 聚丙烯

聚丙烯在国内有着巨大的市场空间，且未来较长时期内将保持较大的市场缺口。

为应对市场冲击，特别是来自国内煤制烯烃路线的聚丙烯和进口中东聚丙烯产品的竞争，建议采取多种措施，提升聚丙烯产业竞争力。

加强专用料开发，提升差异化、高端化发展水平。随着国内合成树脂市场上通用料牌号竞争日益激烈，产品盈利下降，为改善经营状况、寻求新的突破，建议加大对专用料牌号的开发和生产。对于聚丙烯专用料产品，建议密切结合国内先进制造业发展和人民生活水平提高的需求趋势，重点开发高档BOPP薄膜专用料(高速/超高速拉伸BOPP膜专用料、高挺括度烟膜、电工膜、高透膜等)、管材专用料(PP-B及PP-R)、薄型无纺布专用料、高透明食品容器专用料、汽车用注塑料(保险杠、车内零件)等高端专用料。

3.2.3 环氧丙烷

随着环氧丙烷技术的进步及国家对环保的重视，国内环氧丙烷企业将重新洗牌，一些生产能力小、污染大、成本高的企业将被淘汰。

HPPO法和共氧化法环氧丙烷项目符合国家产业政策，建议新上项目采用HPPO法或共氧化法，装置规模在30万~50万t/a。

2018年中国环氧丙烷氯醇法产能约占中国总产能的65%。未来氯醇法装置将逐渐被HPPO法或共氧化法装置替代。

未来随着HPPO和PO/SM国产化技术突破以及大型环氧丙烷装置的建成投产，中国环氧丙烷供不应求的局面将缓解，缺口将逐渐减小。

3.2.4 丙烯腈

国内丙烯腈市场有一定缺口，ABS、腈纶、丁腈橡胶、丙烯酰胺和聚醚等主要下游产品市场前景良好，将拉动丙烯腈需求的快速增长。

国内丙烯腈目标市场主要集中在华东地区，该区域市场容量大。但近期，国内拟新建、扩建产能较大。产品的目标销售区域主要为华东地区，优先是给石化产业基地产业发展配套；目标销售领域为未配套丙烯腈装置的腈纶、ABS/SAN、丙烯酰胺、聚醚多元醇和丁腈橡胶等，其中软泡聚氨酯和丙烯酰胺为最有潜力市场；目标销售客户为民营企业、台资和韩资企业。

未来丙烯腈市场饱和，同时环境、生产和运输具有较大风险隐患，对生产水平要求很高。

3.2.5 1MMA

MMA的生产技术根据原料不同，主要有丙酮氰醇法(ACH法)、异丁烯法以及乙烯法。ACH法是最传统的MMA生产工艺，工业化应用最多。国内以ACH法为主，占比67.7%，C_4法占比32.3%。

国内MMA装置主要集中在华东、山东、东北和华南地区，未来山东地区产能明显增加。

预测2025年，国内产能约200万t，产量和消费量分别为145万t和142万t，供需逐渐趋于平衡。

乙烯羰基合成制甲基丙烯酸甲酯被列为《石化和化学工业发展规划(2016~2020年)》技术创新重点领域及方向。

2019年《产业结构调整指导目录(征求意见稿)》丙酮氰醇法甲基丙烯酸甲酯生产装置(利用副产氢氰酸除外)被列为限制类。

3.2.6 聚碳酸酯(PC)

聚碳酸酯工业化的生产技术有光气法和非光气法。光气法包括界面缩聚法和酯化法。目前工业上采用的主要生产方法是光气界面缩聚法和非光气法。非光气法工艺路线不使用有毒光气和二氯甲烷，比较环保，符合发展潮流。

未来几年国内PC企业将从目前的6家增至19家，产能也将增至297.5万t/a，面临产能过剩的隐忧，PC由净进口国将变为净出口国

国内PC新上装置产品还是以中低端料为主，预计低端产品将过剩、高端产品仍缺乏，市场竞争激烈。

之前非光气法聚碳酸酯一直属于鼓励类，但在《产业结构调整指导目录(2019年本，征求意见稿)》中，已从鼓励类中被删除。

PC生产企业除了降低装置消耗和生产成本，提升产品质量外，还应该重视PC改性及合金产品研发、下游新领域市场开拓，针对用户需求开发产品。

3.2.7 聚醚多元醇

通用聚醚多元醇工艺技术早已相当成熟，国内多家生产厂已通过技术引进、自主研发等方式形成了一定的规模。各生产厂对聚合设备、助滤剂、催化剂等都进行了研究，以提高效率降低成本提高产品性能，并形成了各自的专利。

未来我国聚醚多元醇新增产能多集中在华东地区，该地区市场竞争日趋激烈，市场供需将转变为供过于求的格局。

虽然国内通用聚醚产能已趋于饱和，基本可满足聚氨酯工业的需要，但特种聚醚发展不快，还依赖国外进口，主要原因是难以获得相应技术，因此国内特种聚醚还有广阔的市场。远期根据实际情况可投资小规模特种聚醚，如阻燃型聚醚、四氢呋喃型聚醚。国内聚醚生产技术比较落后，特别是生产中使用的助剂品种、质量都远远落后于国外，造成聚醚最终产品的质量不如国外产品，在国际市场竞争力不强。需要根据市场需求，加强新产品开发，提高聚醚最终产品质量，生产多牌号聚醚，以提高抗风险能力。

3.2.8 丙烯酸及酯

近年来，丙烯酸及下游产业链得到了快速发展，特别是在消费市场中心的长三角地区，已形成了上海华谊、南京扬巴、宁波台塑、盐城裕廊化工等几家具有较强规模竞争力和市场

影响力的大型丙烯酸及酯生产企业。扬巴公司和台塑(宁波)丙烯酸下游还均延伸发展了大型高吸水性树脂项目。

丙烯酸酯类主要指丙烯酸甲酯、丙烯酸乙酯、丙烯酸丁酯及丙烯酸-2-乙基己酯等，这些均属于软单体，可和各种硬单体如甲基丙烯酸甲酯、苯乙烯、丙烯腈、醋酸乙烯等及官能性单体如(甲基)丙烯酸羟乙酯(丙酯)、缩水甘油酯、(甲基)丙烯酰胺及其衍生物等进行共聚、交联、接枝等，生产约700余种丙烯酸类树脂产品。

早在2014年，国内丙烯酸及酯类均已完全实现自给，产能已略有过剩。

未来国内丙烯酸及酯需求量保持稳定增长，市场将呈现供大于求的状况。

3.2.9 高吸水性树脂(SAP)

我国SAP的主要生产商多为外资公司在华独资企业，近年有一些民营企业进入，开始逐步分割SAP市场。宜兴丹森科技有限公司是目前最大的SAP生产商，产能18万t/a，占国内总产能的27.1%。三大雅精细化学品(南通)有限公司位列第二，产能15万t/a，占国内总产能的22.6%。泉州邦丽达科技实业有限公司、山东诺尔生物科技有限公司产能均为5万t/a，并列第三位，均占国内总产能的7.5%。

我国SAP的主要供应地区是华东地区，占国内总产能的93.7%，华北和中南地区，分别占5.3%和1%，其他地区没有SAP的生产。

目前国内SAP市场呈现供大于求的状况。

3.2.10 丁辛醇

(1) 国内丁辛醇市场趋于自给自足

国外有多家成熟技术可转让，也为地方或民营企业进入该行业提供了可能性，国内丁辛醇产业迎来迅速扩张的集中发展期。同时，因下游需求增长相对缓慢，目前国内丁醇和辛醇市场缺口逐渐缩小，市场出现产能过剩，市场竞争更加激烈。

(2) 进口丁辛醇产品冲击加大

自2009年1月1日起，自东盟国家进口的丁辛醇关税自5%调整为0%。关税下调，上述地区产品竞争力提高，对国内产品带来较大的压力。

(3) 安全环保压力不断增大

由于邻苯酸类增塑剂的毒性问题，欧美等西方发达国家早已出台限制措施。2007年6月1日，REACH法规开始实施，该法规限制DOP、DBP和BBP应用在PVC材料、塑胶等领域，限制DINP、DIDP和DNOP在儿童玩具和服装及所有可能被放入口中的物品中使用，且上述6种成分的含量不得超过0.1%。REACH法规对含有DOP、DBP等增塑剂的制品拒之门外，无疑对我国传统增塑剂行业带来巨大冲击。丁辛醇将面临升级换代的迫切需求。

3.2.11 丙烯下游产品方案小结

表5 丙烯下游产品分析汇总

产品方案	市场机会	技术成熟及可获得性
聚丙烯	√	√
聚碳酸酯	×	√
丙烯腈	√-	√
MMA	√-	√

续表

产品方案	市场机会	技术成熟及可获得性
环氧丙烷	√	√
聚醚多元醇	×	√-
丙烯酸及酯	×	√
高吸水性树脂	×	√
丁醇/辛醇	×	√

注：√ 代表可行和可以接受；√- 代表不完全可行和不完全接受；×代表不可行或者不可以接受。

从上表看出，经过初步筛选，丙烯下游产品首选聚丙烯和环氧丙烷。

3.3 C_4 下游产品方案

3.3.1 丁二烯下游市场供需分析

碳四下游主要为丁二烯下游衍生物，主要包括顺丁橡胶、丁苯橡胶、丁腈橡胶、SBCs 等。

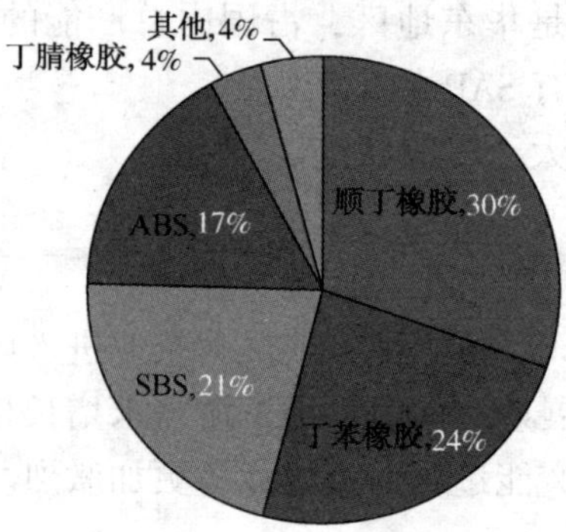

图 3 近年中国丁二烯下游消费结构

表 6 丁二烯下游产品市场供需预测 万 t

产品名称	2025 年预测			
	产能	产量	消费量	供需平衡
丁二烯	520	376	382	-6
ABS	496	400	550	-150
BR	178	123	143	-20
SBR	220	160	182	-22
SBCs	150	122	120	2
NBR	36	24	29	-5

3.3.2 丁二烯

丁二烯主要来自乙烯裂解 C_4 馏分，即以萃取精馏法为主的丁二烯抽提的工艺路线。

目前华东地区是中国丁二烯产供销龙头地区，也是最大的消费地区；中南地区是丁二烯在 SBS 弹性体领域的最大消费地区。未来华东地区丁二烯产量和消费量仍将位居国内前列，丁二烯供应缺口仍呈现供不应求状况。

目标销售领域为未配套丁二烯装置的顺丁橡胶、丁苯橡胶、ABS、丁腈橡胶等；目标销售客户为民营企业、台资和韩资企业；同时可以积极开拓海外市场。

3.3.3 ABS

国内产能最大的前5家ABS树脂生产企业中，外资企业(含合资)占三家，分别是宁波LG甬兴化工80万t/a、镇江奇美化工75万t/a、台塑(宁波)公司45万t/a，3家产能合计为200万t，占国内总产能的55.1%。

国内ABS来进料加工占比较大，60%~70%，广东、浙江和江苏为进口和消费前三位省份。受到国内市场特点的影响，国内ABS生产厂家并没有大量开发专用料牌号，阻燃、板材、耐热、透明、高光泽、高流动、电镀等牌号产品主要依靠进口。在新上ABS项目时建议考虑高光泽、高流动、高冲击、高刚性的特种ABS产品，避免产品同质化现象，实现产品高端化。开发特殊功能的ABS产品，如耐候、抗静电等，满足特定用户的需求，同时合金化也是提高ABS树脂产品档次及应用领域的重要手段。

3.3.4 丁苯橡胶

SBR按聚合方法可分为乳聚丁苯橡胶(ESBR)和溶聚丁苯橡胶(SSBR)两类。目前SBR是世界产能、产量和消费量最大的一种通用合成橡胶。华东和中南地区集中大量的轮胎制品生产企业。因此，华东和中南地区是国内SBR主要的消费地区。

鉴于国内轮胎企业大多为外资或合资企业，进口产品凭借质量和价格优势以及用户的消费习惯和使用配方，进口产品不可避免，国内SBR市场竞争非常激烈。

3.3.5 丁基橡胶

丁基橡胶(IIR)是异丁烯和异戊二烯在催化剂作用下进行阳离子聚合反应生成的合成橡胶胶种。丁基橡胶分为普通丁基橡胶和卤化丁基橡胶(HIIR)两大类，其中HIIR又可分为氯化丁基橡胶(CIIR)和溴化丁基橡胶(BIIR)两大类。

世界丁基橡胶市场过剩，跨国公司凭借其质量、技术、销售等优势将向亚洲转移，势必冲击亚洲市场，乃至中国市场。

我国丁基橡胶产品牌号较少，远远不能满足下游生产的需求。此外，国内下游企业大多为外资或合资企业，生产配方和消费习惯基本固定，进口产品具有质量优势，外商独资或合资企业大多愿从本国进口，进口产品将冲击国内市场。

丁基橡胶具有大投入、大风险的特点，先进技术的来源是制约IIR项目的瓶颈，由于国外主要专利商对我国技术封锁，国内所引进均为二流技术，难以获取国外一流技术。建议加强与ExxonMobil、Lanxess、日本丁基公司等专利商技术交流，探讨技术的可得性或合作建设的可能性。

3.3.6 丁腈橡胶

丁腈橡胶(NBR)是由丁二烯和丙烯腈单体聚合反应制得的无规共聚物。由于NBR分子结构中含有腈基，因而具有优异的耐油性(如耐矿物油、动植物油、液体燃料、溶剂等)，且耐热性能和物理机械性能优异，NBR已成为耐油橡胶制品的标准弹性体。

近年及未来，我国丁腈橡胶新建和拟建项目集中上马，市场供应量急剧增加。预计2020年之后逐渐出现产能过剩。

目前NBR生产技术处于世界先进水平的有美国GOODYEAR公司、德国Lanxess公司、日本Zeon公司和日本JSR公司等。国内零散用户多，应用行业广，牌号杂，技术指标要求高，而国内产品牌号少，产品单一。

3.3.7　顺丁橡胶

顺丁橡胶(BR)是以丁二烯为单体，采用不同催化剂和聚合方法合成的有规立构橡胶，是目前世界仅次于SBR的第二大通用合成橡胶。

前几年我国顺丁橡胶产能增加较多，而需求增速大幅减缓，近年顺丁橡胶行业开工负荷不到50%，装置停工或降负荷较为普遍，预计2020年仍无法完全消化新增产能，未来行业或进入优胜劣汰洗牌阶段。

国内以镍系顺丁橡胶为主，普通镍系胶供大于求，而用于节能轮胎的稀土胶虽已建有装置，但技术不成熟，产品无法完全满足下游要求。塑料改性用胶的某些品种需进口。

3.3.8　SBCs

中石化巴陵石化是生产水平最高、生产规模最大、产品牌号最多、技术研发水平最高的企业，在国内处于垄断地位，在国际上享有很高的声誉。国内其他主要生产企业包括中石化茂名石化、中石油独山子石化、惠州李长荣橡胶、台橡(南通)、宁波科源塑胶等。

目前国内产能已基本满足国内市场需求，未来将出现产能过剩，国内SBCs市场竞争激烈。

3.3.9　C_4下游产品方案小结

表7　C_4下游产品分析汇总

产品方案	市场机会	技术成熟及可获得性
丁二烯	√	√
ABS	√-	√
丁基橡胶	√-	×
丁腈橡胶	×	√-
顺丁橡胶	√-	√-(稀土胶未完全成熟)
丁苯橡胶	√-	√
SBCs	√-	√

注：√代表可行和可以接受；√-代表不完全可行和不完全接受；×代表不可行或者不可以接受。

从表7看出，经过初步筛选，橡胶类产品需要考虑后续产品牌号研发的投入，除非业主在橡胶类产品领域具有较强竞争力，否则建议外售丁二烯。

4　结语

大型炼化一体化项目化工总流程和产品方案适宜通过枚举—排除方法，从市场、可获得工艺技术及竞争力角度进行逐一分析和筛选。具体产品方案尚需结合业主自身特色产品链和实力综合考量确定。

参考文献

[1] 高翔．我国聚乙烯树脂的生产及市场情况分析[J]．甘肃化工，1991，000(003)：40-43.
[2] 张桂华，王继录，周占发，等．国内外聚丙烯生产及市场情况分析[J]．弹性体，2010，20(3)：77-80.
[3] 谭捷．国内外丁二烯的供需现状及发展前景分析[J]．石油化工技术与经济，2016，(5)：13-18.
[4] 于春梅，史广明．我国环氧丙烷生产及发展趋势解析[J]．石油化工技术与经济，2015，(3)：1-5.
[5] 蔡杰．甲基丙烯酸甲酯市场现状及产业发展前景[J]．化学工业，2009，27(3)：21-26

劣质渣油固定床加氢技术研究进展及展望

薛金召[1]，谢清峰[2]，赖全昌[3]，白　宏[2]，李佳田[2]

（1. 湖南石油化工职业技术学院，湖南岳阳　414012；
2. 中国石化长岭分公司，湖南岳阳　414012；
3. 中国石化海南炼油化工有限公司，海南洋浦　578101）

摘　要　重质化、劣质化是未来原油供应的主要趋势，经济环保的渣油加氢技术正逐步成为渣油加工最主要的技术手段，目前，固定床渣油加氢技术应用最为广泛。主要分析了国内外固定床渣油加氢技术现状及进展，探讨了今后的发展方向。国内固定床渣油加氢技术、催化剂研制、大型装置工程化设计及重大石化装备制造技术已十分成熟，固定床渣油加氢技术在相当长的时期内仍将是渣油加工的首选方案；新建装置应首推国产化技术；提高原料适应性，实现大规模、长周期、工艺组合最优化是未来固定床渣油加氢技术发展的重点。

关键词　渣油加氢技术　固定床工艺　技术进展　发展方向

我国原油大部分较重[1]，350℃以下的馏分占20%~30%，大于500℃的减压渣油占40%以上，进口原油中的减压渣油约占30%[2]。2018年，我国原油加工量达到6.04亿t。其中，进口原油4.62亿t，渣油产量巨大。原油供应趋于重质化、劣质化，但石油产品的需求趋于轻质化、清洁化。同时渣油与轻油的差价较大，特别在高油价时代，更加突出。对渣油进行高效转化是炼油企业提升竞争力的关键[3]，经济环保的渣油加氢技术是渣油加工的最有效途径。

渣油加氢主要有固定床、沸腾床、移动床和悬浮床4种工艺[4-5]。移动床工艺工业化应用不多，主要用作固定床工艺的预处理系统；悬浮床工艺是以临氢热裂化反应为主的过程，目前尚处于工业示范阶段；沸腾床工艺可用来加工高残碳、高金属含量的劣质渣油，转化率和精制深度高，近年来发展较为迅速；固定床工艺投资和操作费用低，运行安全，是目前工业应用最多和技术最成熟的渣油加氢技术。

本文综述了国内外固定床渣油加氢技术的现状及最新进展。从研制高性能催化剂、优化催化剂级配技术、改进工艺技术和缩短开停工换剂占用时间等方面讨论了延长装置长周期运行的技术措施。

1　固定床渣油加氢技术发展状况

国外固定床渣油加氢技术主要有美国CLG公司的RDS/VRDS技术、美国UOP公司的RCD Union技术，以及法国IFP公司的Hyval技术等。国内则以中国石化抚顺石油化工研究院(FRIPP)的SRHT技术及石油科学研究院(RIPP)的RHT技术为主。最近，中国石油也开发了具有自主知识产权的成套技术，均具有自主设计及建设大型固定床渣油加氢装置的能力与业绩。几种固定床渣油加氢技术的工艺流程、技术特点、关键参数、经济技术指标基本相同，它们的工艺技术情况见表1。

表1 典型固定床加氢工艺的操作条件及结果比较

项 目	RDS/VRDS	RCD Union	Residfining	SRHT
专利商	CLG	UOP	Exxon	Sinopec
反应温度/℃	350~430	350~450	350~420	350~427
反应压力/MPa	12~18	10~18	13~16	13~16
体积空速/h^{-1}	0.2~0.5	0.2~0.8	0.2~0.8	0.2~0.7
化学氢耗(标况下)/(m^3/m^3)	187	130	190	150~187
转化率/%	31	20~30	20~50	20~50
脱硫率/%	94.5	92.0	81.6	92.8
脱氮率/%	70	40	60~70	72.8
脱金属率/%	92.0	78.3	72.5	83.7
脱残碳率/%	50~60	59.3	56.5	67.1

我国在固定床渣油加氢技术研究和技术工程化应用方面起步较晚，但发展较快。1992年，中国石化齐鲁分公司引进CLG公司的RDS/VRDS技术建成投产了我国第一套渣油加氢装置，改扩建过程中又引进上流式反应器(UFR)专利技术，建成了世界首套采用UFR-VRDS联合技术的渣油加氢装置。1999年，我国自主开发、自主设计的首套国产SRHT装置在中国石化茂名分公司投运，2006年，首套国产RHT装置在中国石化海南炼化投入商业运行。截至2018年12月，国内(台湾除外)在产的渣油加氢装置共23套，加工规模为5590.0万t/a，占我国原油加工能力的9.3%(2018年，我国原油加工量为60357万t)，尤其是"十二五"以来，我国新投产的渣油加氢装置年处理能力就高达4430万t，占总产能的79.3%。其中，中国石化利用自有技术的优势，投产了10套装置合计产能约1850万t/a。装置产能及技术来源见表2。2020年前，中国石化镇海炼化、恒力石化、浙江石化一期、中科炼化等企业还有渣油加氢装置投产，届时我国渣油加氢生产能力将达到8000万t/a。

表2 2017年国内渣油加氢装置产能及技术来源

企业名称	规模/(万t/a)	技术来源	投产时间	反应器个数	保护反应器是否可在线切除	是否可以单开单停
中石化齐鲁石化	150	CLG：UFR/VRDS	1992	2×3	可以	可以
中石化茂名分公司	200	FRIPP：SRHT	1999	2×5	不可以	不可以
中石化海南炼化	310	FRIPP：SRHT RIPP：RHT	2006	2×2	不可以	可以
中石化长岭分公司	170	RIPP：RHT	2011	1×4	不可以	—
中石化金陵分公司1#	180	FRIPP：SRHT	2012	1×4	不可以	—
中石化上海石化	390	RIPP：RHT	2012	2×5	不可以	可以
中石化安庆分公司	200	RIPP：RHT	2013	1×5	可以	—
中石化石家庄炼化	150	FRIPP：SRHT	2014	1×5	可以	—

续表

企业名称	规模/(万 t/a)	技术来源	投产时间	反应器个数	保护反应器是否可在线切除	是否可以单开单停
中石化扬子分公司	200	FRIPP：SRHT	2014	1×4	不可以	—
中石化九江分公司	170	RIPP：RHT	2015	1×4	可以	—
中石化荆门分公司	200	RIPP：RHT	2017	1×5		—
中石化金陵分公司 2#	200	FRIPP：SRHT	2017	1×4	可以	—
中石油大连西太	200	UOP：RCD Unibon	1997	2×4	可以	可以
中石油大连石化	300	CLG：UFR/VRDS	2008	2×5	可以	可以
中石油四川石化	300	CLG：UFR/VRDS	2013	2×5	可以	可以
中石油广西石化	400	UOP：RCD Unibon	2014	2×5	可以	可以
中石油云南石化	400	CLG：UFR/VRDS	2017	2×6	可以	可以
中石油辽阳石化	240	FRIPP：SRHT	2018	2×4	可以	可以
中化泉州石化	330	CLG：UFR/VRDS	2014	2×5	可以	可以
中海油惠州炼化	400	CLG：UFR/VRDS	2017	2×5	可以	可以
中国兵器盘锦北燃	80	RIPP：RHT	2013	1×2	可以	—
山东利津石化	260	UOP：RCD Unibon	2015	2×5	可以	可以
山东炼能神驰化工	160	CLG：UFR/VRDS	2016	1×6	可以	—

从投产的装置分布及采用的技术来看，呈现出的特点为：1)国产化技术和国外技术并行发展。在产渣油加氢装置均采用固定床技术，其中，利用国产化技术的装置有13套，产能占比为48.12%。2)投资主体较为集中，但多元化趋势明显：中国石化、中国石油两家企业的渣油加氢装置产能为4290万 t/a，占全国总产能的76.7%。但近年来中海油、中化及独立炼厂也投产了多套装置，尤其是恒力石化、盛虹石化、浙江石化等大型民企的加入，多元化趋势加剧。3)单系列装置加工能力和核心设备大型化。4)操作模式灵活化。固定床渣油加氢技术均可实现单开单停、保护反应器可切除操作。

2 装置长周期运行措施

固定床工艺技术成熟，产品收率高、质量好，脱硫率可达90%以上，可以加工大多数含硫原油和高硫原油的渣油，主要对残炭和金属含量有严格的要求。一般转化率为15%~20%，主要为下游装置提供优质原料。

由于渣油较脏，颗粒物、杂质含量高且种类多，在加氢过程中，颗粒物、金属杂质(如铁与钙、镍与钒)、胶质和沥青质等很容易沉积在催化剂的颗粒之间或催化剂的外表面，一方面使反应器床层压降快速上升，另一方面堵塞催化剂的孔口，造成催化剂快速失活。这两方面都会导致工业装置频繁停工和更换催化剂，缩短装置运行周期，降低装置的经济效益，而且会增加催化剂的卸载难度，并带来安全隐患。为保证装置的运行周期，通常需要控制原料油的总金属含量小于200μg/g，残炭含量低于15%，沥青质含量低于5%[6]。

固定床工艺在相当长的一个时期内仍将是炼厂渣油加氢技术的首选。国内外技术的改进始终围绕着延长装置运行周期以及加工更加劣质的原料。

2.1 开发高活性催化剂

渣油加氢催化剂是渣油轻质化技术的关键。渣油加氢过程中存在多种类型的反应，采用固定床工艺，很难通过一种或一类催化剂来完成整个催化过程。渣油加氢技术的催化剂体系主要包括：保护剂、脱金属剂(HDM)、脱硫剂(HDS)和脱氮剂(HDN)。国外为固定床渣油加氢技术提供催化剂的专利商主要有美国ART公司的ICR系列催化剂、丹麦Topsøe公司的TK系列催化剂、法国IFP公司的HMC/HT/HF系列催化剂、美国Albemarle公司的KG/KFR系列催化剂、美国Criterion公司的RM/RN系列催化剂等。国内则以FRIPP的FZC系列催化剂及RIPP的RHT系列催化剂为主。

FRIPP于1986年开始渣油加氢技术的开发，1999年，SRHT渣油加氢催化剂及成套技术首次国产化。2014年，FRIPP又成功开发出了S-Fitrap催化剂体系，该技术形成毫米级-微米级-几百纳米级-几十纳米级孔道结构组合的高效保护剂和脱金属催化剂体系，并取得了较好的工业应用效果[7]。其中，泡沫陶瓷材料保护剂具有毫米级的内部孔道和85%(v)以上的内部孔隙率，特殊的内孔结构产生的盘旋路径，强化了它脱除FeS及拦截捕集碳粒和机械杂质等垢物的能力，提高了反应器的利用率并可有效抑制床层压降上升。微米级尺度孔道结构的保护剂以脱除适量沥青质、金属和铁等功能为主。双峰孔保护剂，形成扩散通道和反应通道，进一步脱除沥青质和金属，该保护剂具有较大的孔容、孔径，比表面积适宜，活性过渡合理。还开发了高性能的脱硫和脱残炭催化剂，实现了催化剂容金属量和脱残炭性能的平衡，有效延长的渣油加氢处理装置的运转周期。目前，FZC系列催化剂已在国内外10余套渣油加氢装置成功应用40多个周期。RIPP分别于2001，2007，2011年成功开发了第Ⅰ代、第Ⅱ代和第Ⅲ代RHT渣油加氢系列催化剂，已先后在包括台湾中油公司在内的12套工业装置上成功应用30余次，显示出优良的杂质脱除能力以及运转稳定性[8-9]。近日，RIPP从新型原材料研制、独特载体成型工艺开发及催化剂制备优化等方面入手，研制出新一代渣油加氢用RHT-200型催化剂。中试结果表明，它的活性及稳定性均有较大幅度提升，显示出良好的原料油适应性。2015年，中国石油利用载体无酸成型、“化学-物理”复合扩孔、活性金属非均匀负载技术制备了具有梯度、双峰、通畅、集中孔道集成特色的4大类12个牌号的固定床渣油加氢用PHR系列催化剂[10-11]，在大连西太平洋有限公司200万t/a渣油加氢装置Ⅰ系列首次进行工业试验，长周期运行结果表明，PHR系列催化剂性能与进口RM/RN催化剂相当。国内外渣油加氢催化剂种类及牌号见表3。

表3 渣油加氢催化剂种类及牌号

专利商	Albemarle	ART	FRIPP(Ⅱ)	RIPP(Ⅲ)	PRI(Ⅰ)	IFP(Ⅱ)	Topsøe(Ⅱ)
保护剂	KG 55 KF 542-9R KG 9-5R KG 5-3Q KG 5-2Q	ICR-122ZSF ICR-161 NAQ ICR-161 LAQ	FGF-01 FZC-100B FZC-103D FZC-103E FZC-13B	RG-20 RG-30E RG-30A RG-30A	PHR-401 PHR-402 PHR-403 PHR-404	ACT-066 ACT-070 ACT-072 ACT-077 ACT-139	

续表

专利商	Albemarle	ART	FRIPP(Ⅱ)	RIPP(Ⅲ)	PRI(Ⅰ)	IFP(Ⅱ)	Topsøe(Ⅱ)
脱金属剂	KFR15-1.5Q KFR15-1.3Q KFR22-1.3Q	ICR-161 KAQ ICR-165	FZC-28A FZC-204A	RDM-36 RDM-35 RDM-32 RDM-33B	PHR-101 PHR-102 PHR-103 PHR-104	HMC841 HMC868 HMC845 HMC945	TK-719 TK-733 TK-743
脱硫脱金属过渡剂	KFR33-1.3Q	ICR-167 KAQ	FZC-33BT				TK-753
脱硫剂	KFR53-1.3Q	ICR-186 KAQ ICR-181 KAQ	FZC-34BT	RMS-3/30	PHR-201 PHR-202 PHR-203	HF858 HF454 HM848	TK-773
脱残碳脱硫剂	KFR50-1.3Q KFR70-1.3Q	ICR-173 KAQ	FZC-41A	RMS-3B RCS-30 RCS-31 RCS-41	PHR-301	HT318 HT328 HT404	
支撑剂				RDM-32-3b RDM-32-5b			

针对上流式渣油加氢工艺的特点，RIPP 和 FRIPP 还分别开发了适用于 UFR 的专用催化剂，上流式渣油加氢催化剂种类及牌号见表 4。

表 4 上流式渣油加氢催化剂种类及牌号

	保护剂	脱金属剂	支撑剂
RIPP(Ⅲ)	RG-30E-8b/RG-20A-5b/RG-20A-3.5b	RUF-31/RUF-32/RUF-33	RUF-31-5b
FRIPP(Ⅱ)	FZC-10/FZC-102K/FZC-102N	FZC-10UH/FZC-11UHT	—

2.2 优化催化剂级配技术

催化剂级配装填是指不同功能催化剂的联合使用。沿着反应物流动的方向，催化剂的颗粒粒径、孔径、孔隙率逐渐递减，活性由弱到强。各种催化剂的装填比例根据原料性质、操作条件和产品质量要求而定。当原料中大颗粒杂质较多时，应增加大粒径保护剂的装填比例，而当原料中小颗粒杂质较多时，应增加小粒径保护剂的装填比例。另外，渣油加氢装置反应器投资较大，为充分利用反应器空间，可以考虑采用具有一定加氢活性和孔隙率较高的活性支撑剂(如 RIPP 开发的 RDM-32-3b 和 RDM-32-5b)代替反应器底部的 Φ3~4mm 的瓷球。催化剂级配装填可有效改善物流分布，有利于颗粒物的均匀沉积，提高容垢能力，是缓解床层压降快速升高、提高催化剂利用率的有效途径之一。在渣油加氢反应器中，催化剂级配装填的顺序由上向下为保护剂、HDM、HDS、HDN。。催化剂的级配原则见图 1。

反向级配。针对 UFR 反应器中催化剂活性沿反应物流动方向逐渐升高，而氢纯度逐渐降低，易导致渣油缩合生焦、产生床层热点而影响运行周期的问题，FRIPP 开发了反向催化剂级配 SHIFT-G 技术：将 UFR 反应器上部床层的原高活性催化剂适当替换成活性(主要是脱硫活性)稍低的催化剂，在这种情况下，既不损失催化剂的脱金属活性，又能有效防止床层温升过高，从而降低床层产生热点的风险。通过级配调整，实现了 UFR 和固定床整体运转1.5a同步换剂的目标。

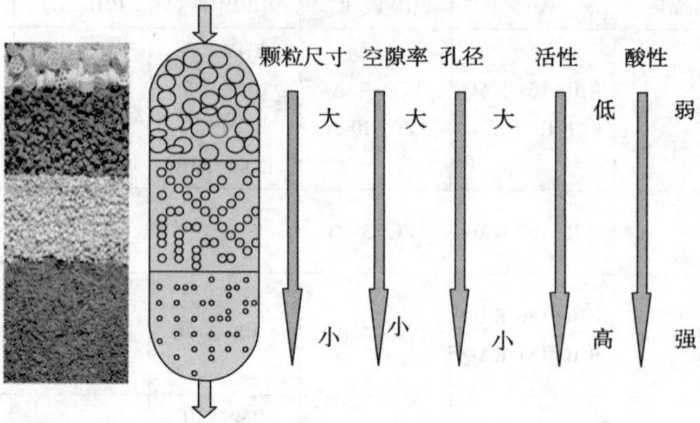

图1 催化剂的级配原则示意图

2.3 工艺技术改进

为了降低进料中的金属含量，防止催化剂过早失活，工艺上除了在原料油缓冲罐设置氮封、进料管线上设置自动反冲洗过滤器、高铁钙含量的原料油增设脱钙剂加注设施外，通常还会在主反应器前加设UFR反应器、移动床反应器及沸腾床反应器或可切除/互换式保护反应器。

2.3.1 设置UFR反应器

CLG公司VRDS技术前置的UFR反应器。其主要特征为：UFR反应器设置3个床层，床层间用急冷油代替冷氢，从而可更有效地控制床层温升；使用催化剂多层级配技术装填两种上流式专用HDM和保护剂，以有效降低金属结垢堵塞催化剂床层的可能性，第一床层催化剂活性较低，第二、第三床层催化剂活性较好；渣油和氢气自下而上低速通过UFR反应器，使催化剂床层轻微膨胀，金属和焦炭等沉积物可以均匀地沉积在整个催化剂床层。运行结果表明，增加UFR反应器，反应系统初始压降减小且上升速率缓慢，平均脱硫、脱金属和脱残碳率分别达到49%，31%，26%，其投资是(OCR工艺的50%，而且容易操作和控制。

2.3.2 设置保护反应器

UOP公司RCD Unibon技术设置的可在线切除保护反应器，预期寿命为50%的操作周期，第一主反应器上部与保护反应器装填的催化剂品种、数量相同，因而切除保护反应器后，仍可起到保护性的作用。每台反应器均采用单一床层，在反应器之间的连接管线上设有控制温升的冷氢点。IFP公司的Hyval-F技术[12]前置两台可互换式保护反应器，通过特殊的高压切换阀，可以变换其操作方式，如单独、串联(并联)。当一台保护反应器内的催化剂失活后，可在运转中切换至另一台保护反应器，而装置无须停工。保护反应器和主反应器均采用单一床层，分别装填HDM、过渡催化剂HDS/HDM和精制剂HDS。保护反应器与主反应器装填HDM，保护反应器的脱金属率可达50%，并可使沥青质分解，适用于加工金属含量不高于350μg/g的渣油，运行负荷在92%以上。设置互换式保护反应器的Hyval-F工艺流程见图2。目前，有10套采用Hyvahl-F技术的工业装置在运转。

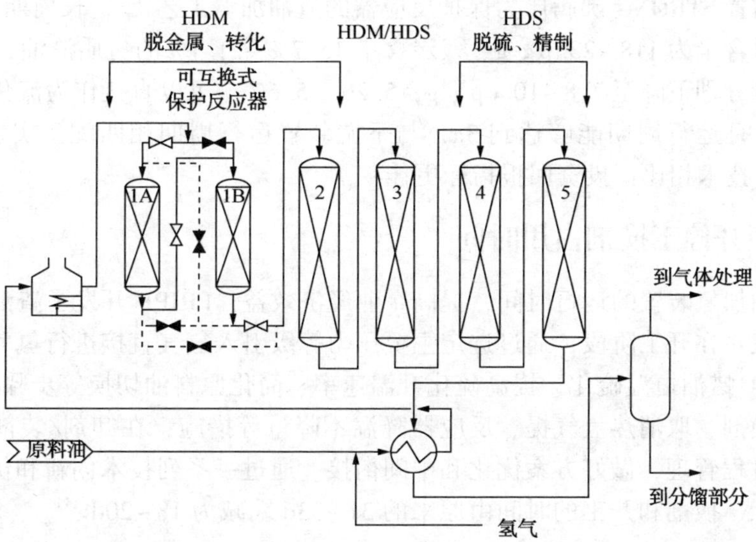

图 2　设置互换式保护反应器的 Hyval-F 工艺流程

中国石化渣油加氢保护反应器可切除工艺已经实现工业化，保护反应器可互换工艺已在中试装置进行了 10000h 以上稳定性运转试验。

2.3.3　设置移动床反应器

固定床渣油加氢技术前置移动床反应器的目的主要是脱除渣油中的大部分金属。移动床技术所用的脱金属催化剂可以进行连续/间歇置换，因而可以弥补固定床工艺不能加工劣质原料的不足，解决了反应器经常堵塞问题，减轻了后续固定床反应系统的负荷，实现了装置的长周期连续运行。虽然移动床工艺投资费用较固定床高，但总的经济效益有所提高。

移动床代表工艺有 CLG 公司的 OCR 工艺、荷兰 Shell 公司的 Hycon 工艺和 IFP 公司的 Hyvahl-M 工艺。移动床工艺按照催化剂与原料流向异同可分为逆流式和并流式。OCR 工艺和 Hyvahl-M 工艺属于逆流式操作。新鲜催化剂从反应器顶部加入，向下流动，新鲜渣油从反应器底部进入，首先与活性最低的催化剂接触。由于原料上行流速较慢，这种移动床实际上是按固定床模式操作的，只有在催化剂装填和卸载时才发生移动，对催化剂磨损可降至最小。催化剂提升介质用油浆或瓦斯油，装卸催化剂的操作是由带程序控制系统操纵。OCR 反应器的脱金属率和脱硫率分别在 65%，55% 以上。从经济角度考虑，当金属含量大于 200μg/g 时，可采用 OCR 方案代替 UFR 反应器；当金属含量大于 400μg/g 时，使用 Hyvahl-M 方案代替互换式保护反应器。Hycon 技术采用的是并流式操作，设置一个或数个料仓式移动床反应器，内部装填 HDM，反应器顶部和底部分别设有闸门系统，每天催化剂的置换量为反应器总装填量的 0.5%~2.0%，可加工金属含量大于 300μg/g 的劣质渣油。有待解决的问题是提高催化剂的机械强度，以防催化剂粉末被带到下游固定床主反应器中。

目前，OCR 工艺和 Hycon 工艺均有工业化装置在运行，Hyvahl-M 工艺尚未实现工业化。

2.3.4　设置沸腾床反应器

沸腾床反应器具有物料返混剧烈、温度分布均匀无热点、压降低且稳定、催化剂利用率高及沥青质转化能力强等优点，特别适宜处理劣质渣油。为发挥两种渣油加氢技术的优势，

FRIPP开发了前置STRONG沸腾床为保护反应器的渣油加氢工艺[13]，长周期中试结果表明，加工金属镍与钒含量为118~233μg/g、残炭含量15.7%~21.1%的劣质渣油，所得加氢渣油金属、残碳含量分别下降至7.8~10.6μg/g，5.2%~5.6%，可以直接作为流化床催化裂化装置(FCC)原料，且运行周期能够达到3a，与下游装置运行周期相匹配，实现同步开停工。与单纯的SRHT技术相比，投资回报指标更佳。

2.4 缩短开停工换剂占用时间

为提高渣油加氢装置的运行时间，提高企业经济效益，FRIPP开发了渣油加氢装置快速开停工技术方案：在开工阶段，通过选定主要压力等级引入氢气直接进行氢气气密、取消催化剂干燥、320℃蜡油恒温硫化、提高硫化升温速率、简化原料油切换等步骤；在停工阶段，采用了添加成膜剂、取消热氢气提、反应器降温不降量等措施；在卸剂/装剂阶段，强化人员配置，加强过程管理，做好方案优化和中间衔接。通过一系列技术创新和优化，最终将渣油加氢装置停工、换剂和开工的时间由原来的31~33d缩减为18~20d[14]。

3 固定床渣油加氢组合新技术开发

3.1 固定床渣油加氢-渣油催化裂化

渣油加氢-渣油催化裂化(RFCC)组合工艺具有轻油收率高、生产过程清洁的优势[15]，已在国内新建或改扩建炼油项目中广泛应用。常规的渣油加氢-RFCC组合工艺是渣油原料先在固定床加氢装置上进行加氢处理，加氢生成油通过产品分馏系统分离出液化石油气(LPG)、石脑油和柴油馏分，加氢尾油送出装置作为下游RFCC进料，RFCC产生的重循环油(HCO)直接进行自身回炼。由于HCO富含多环芳烃，在RFCC回炼时生成了大量的焦炭和气体，轻油收率及品质均有下降，增加了再生器负荷；渣油原料又富含沥青质、胶质，固定床加氢装置与RFCC运行周期匹配性较差。

3.1.1 RHT-RFCC双向组合技术

RIPP在深入研究的基础上，创新性地提出高效RHT-RFCC双向组合新技术(RICP)，即将RFCC原来自身回炼的HCO外循环到渣油加氢，与减压渣油和减压凝析油一起加氢后再返回RFCC进行转化，使HCO在渣油加氢和RFCC两套装置间循环。RICP组合工艺流程示意见图3。

2006年5月，RICP技术在中国石化齐鲁分公司工业应用，并在中国石化安庆分公司、九江分公司、海南炼化，中国石油四川石化分公司逐步推广和应用。与常规的RHT-RFCC组合工艺相比，在HCO仅占渣油加氢装置进料量6%的条件下，RICP技术可使RFCC的处理量提高3.84%，汽油和柴油收率提高1.9%，低价值产物(油浆和焦炭)收率降低1.66%，渣油加氢装置运行周

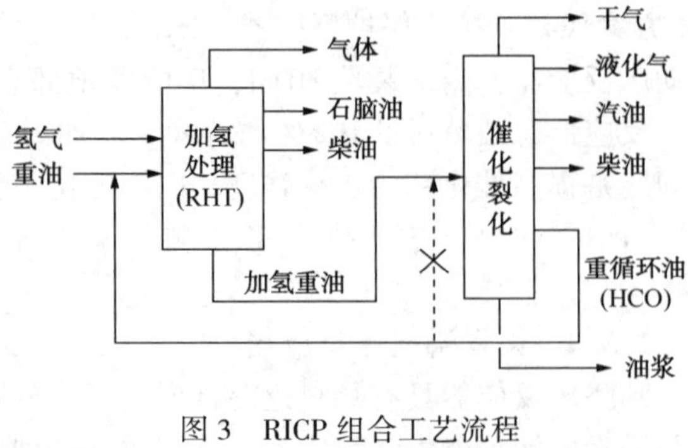

图3 RICP组合工艺流程

期延长 20%~40%，为渣油的高效转化提供了有力的技术支撑[16-17]。

3.1.2 多产轻质油的催化裂化馏分油加氢处理与选择性催化裂化集成技术

常规的 RFCC 主要追求重油的单程转化率。大量研究结果表明：重质原料油在 RFCC 转化过程中所生成的干气和焦炭随转化率增加而缓慢增加，当转化率达到一定值后，干气和焦炭产率随转化率增加而急剧增加。为实现转化率与选择性的最优化，RIPP 提出了 IHCC 工艺(IHCC 工艺：多产轻质油的催化裂化馏分油加氢处理与选择性催化裂化集成技术)[18]，即加氢渣油原料油在选择性催化裂化装置(HSCC)上进行反应，反应后的物料经分离分出催化裂化蜡油(FGO)，FGO 经选择性催化裂化蜡油加氢处理装置(HAR)选择性加氢处理，处理后的 FGO 再返回到 HSCC 装置。IHCC 组合工艺流程示意见图 4。

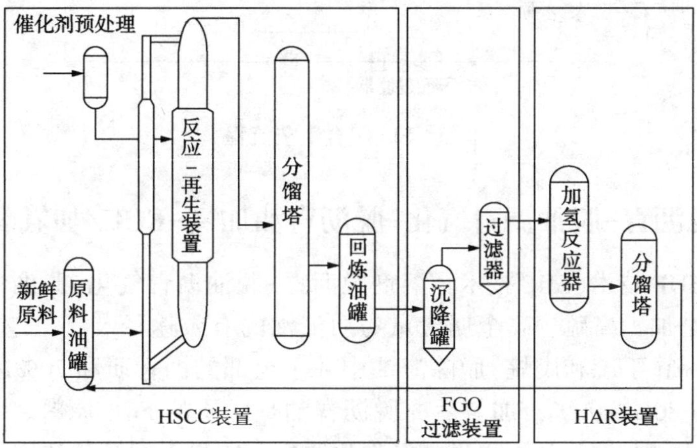

图 4 IHCC 组合工艺流程示意

工业试验结果表明：相对于常规 FCC，采用 IHCC 技术不产生油浆，加工石蜡基常压渣油时，液化气、汽油、柴油等 3 种高附加值产品的收率提高 6%；加工渣油加氢装置的加氢重油时，液化气、汽油、柴油等 3 种高附加值产品收率提高 10%，焦炭和干气产率分别降低 20%，40%。在多产汽油的方案中，汽油产率超过 50%。IHCC 工艺的成功开发标志着炼油技术从追求高转化率向追求高选择性转变，同时还部分解决了能效倍增与二氧化碳排放问题。

3.1.3 SRHT 技术与 RFCC 深度组合技术

FRIPP 开发出 SRHT 技术与 RFCC 深度组合的新工艺 SFI[19]。其工艺原则流程见图 6。该工艺特征之一是渣油加氢不设产品分馏系统，全馏分加氢生成油直接热供料进入 RFCC 装置加工，无须设进料泵，同时减少了大量换热设备；特征之二是 RFCC 装置取消 HCO 和油浆在装置内直接回炼操作，重柴油、HCO 和油浆等富含芳烃重馏分外循环到渣油加氢装置原料罐，与新鲜渣油一起进行加氢处理与 RFCC 处理。SFI 工艺流程简单，装置建设投资和操作费用较低，加氢生成油性质较好，增加了轻质油收率，可根据市场需要灵活调节柴汽比，焦炭的收率有所降低。SFI 工艺已在中国石化金陵分公司、扬子分公司、齐鲁分公司、茂名分公司及石家庄炼化等进行工业应用。

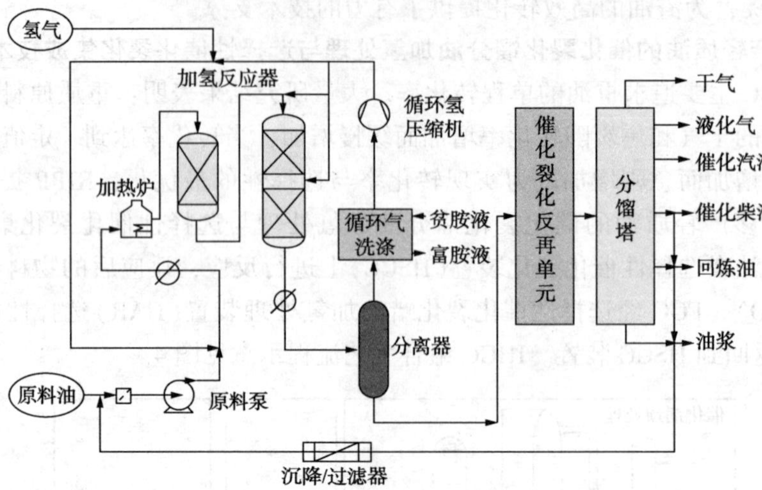

图5 SFI组合工艺流程

3.2 溶剂脱沥青-脱油沥青气化-脱沥青油加氢-FCC/加氢裂化组合技术

RIPP开发的SHF技术(SHF技术：溶剂脱沥青-脱油沥青气化-脱沥青油加氢-FCC/加氢裂化组合技术)是加工高硫、高金属含量劣质渣油的有效途径[20]，工艺流程示意见图6。SHF技术利用重溶剂(丁烷和戊烷)脱除渣油中几乎全部的沥青质和70%以上的金属，得到的脱沥青油收率为80%~90%，加氢后的脱沥青油是优质的FCC原料。除了做FCC原料，大于350℃的脱沥青油加氢后还可以做加氢裂化原料，所得中间馏分油质量好，喷气燃料的烟点和柴油的十六烷值都较好，是超低硫清洁燃料。脱油沥青气化后可提供合成气作为制氢原料，并副产蒸汽、电和合成气等，制氢成本仅高于煤制氢，加热炉的烟气也不需要脱硫处理。

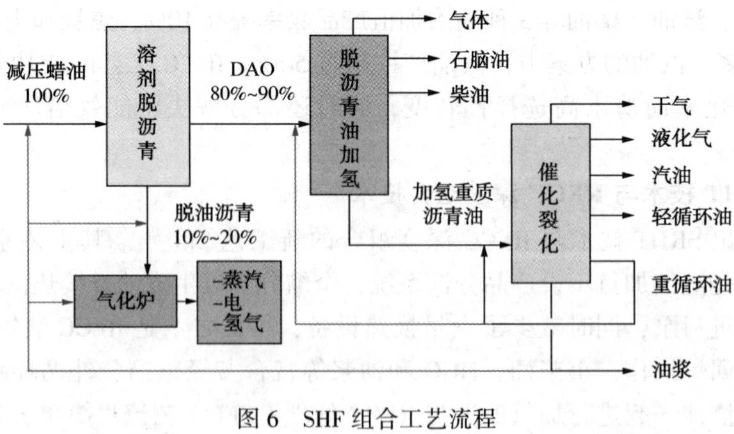

图6 SHF组合工艺流程

SHF技术的关键在于解决了脱油沥青的出路问题，因此特别适用于以天然气为燃料、采用煤制氢受限制，且建有循环流化床锅炉、汽电一体化、化肥厂、燃料发电厂等可处理硬沥青的炼油厂。中国石化镇海炼化、福建联合、九江分公司重油加工采用SHF技术。波兰Grupa Lotos公司利用该技术直接生产喷气燃料Je-1和欧V标准的柴油，循环模式下加氢裂化转化率达 80%。

3.3 固定床渣油加氢-延迟焦化组合工艺

该组合工艺充分考虑了低油价现状，使劣质渣油经过浅度加氢降低硫含量，然后进行减压蒸馏得到减压蜡油和尾油，减压尾油与催化油浆作为延迟焦化的原料，尾油和焦化装置得到的焦化蜡油作为 FCC 或加氢裂化的优质原料。

与固定床渣油加氢-RFCC 工艺相比，该工艺的一次性投资相对较高，液体产率较少，但渣油加氢进料空速可提高 40%，催化剂用量和氢耗分别可减少 30%，25%，一般以含硫、低硫劣质渣油为主，不产生低价值的燃料级焦炭，还可解决催化油浆的出路问题。此外，在渣油加氢装置定期换剂过程中，不需更换原油，全厂各工艺装置可以维持在合理负荷下运行，实现重油加工灵活性和清洁化生产[21]。中化泉州、浙江石化均采用渣油加氢-延迟焦化组合工艺。

4 工程技术状况

提升单系列加工能力可以降低项目投资，但单系列最大处理能力受工艺流程设置、重大动静设备制造水平和装置能耗指标的限制。

4.1 重大石化装备进展

4.1.1 超大直径、超大壁厚加氢反应器

双超(双超：超大直径、超大壁厚)加氢反应器的成功研制为渣油加氢装置大型化提供了保障。中国一重集团有限公司研制的千吨级双超加氢反应器有 80 多台，其中，质量最大的反应器达 2224t，最大直径达 9000mm，最大壁厚达 358mm。中国第二重型机械集团公司成功研制出内径 5400mm、壁厚 400~600mm 的双超加氢反应器，说明我国掌握了极限制造的核心技术[22]。该成果已成功应用于中国石化扬子分公司、金陵分公司，中海油惠州炼化等渣油加氢装置。另外，为保证稳定的操作周期，中国石化工程建设公司(SEI)还成功开发出 UFR 反应器技术，目前已应用在连续液相柴油加氢精制的工程实践中。

大厚度 CrMo 抗氢钢工业应用成功。河北钢铁集团舞钢公司先后开发出 137mm 厚临氢 12Cr2Mo1R(H)、150mm 厚临氢 12Cr2Mo1R(H)钢板。2009 年，采用先进的电渣重熔技术生产出单重 37t，198mm 厚临氢 12Cr2Mo1R 钢板，并应用于中国石化长岭分公司渣油加氢热高压分离器项目。

重型压力容器轻量化设计制造关键技术获得突破。2010 年，合肥通用机械研究院研制出国产首台轻量化大型加钒钢制加氢反应器，应用于中国石油广西石化 400t/a 的 RDS 装置[23]，产品的节材效果(最大直径 5100mm，厚度减薄近 20mm，节材 5%~10%)与安全性能均达到国际先进水平。

4.1.2 氢气压缩机

大型往复氢气压缩机国产化水平连获突破。沈阳鼓风机集团股份有限公司(简称沈鼓集团)先后开发出国内首台 4M80，4M125 大型往复式压缩机，分别在中国石化茂名分公司 200 万 t/a 和长岭分公司 170 万 t/a 的渣油加氢装置实现工业应用。2014 年又研发了国内首台

4M150型新氢压缩机，在中化泉州400万t/a渣油加氢装置实现长周期稳定运行。2016年，针对镇海炼化260万t/a沸腾床渣油加氢工艺特点，沈鼓集团通过技术攻关，突破了往复式压缩机应用于循环氢工艺的关键技术难题，实现了世界最大吨位系列的新氢压缩机组和循环氢压缩机组的全部国产化制造。

循环氢压缩机超高压干气密封技术实现了国产化[24]。2013年，四川日机密封件股份有限公司开发出11MPa高压干气密封。2014年，国内首套超高压干气密封完成20MPa的试验和验证，于2016年在中国石化上海石化渣油加氢装置循环氢压缩机上首次工业应用，之后在中国石化长岭分公司、扬子石化分公司得到推广。中国石化利用部分行程顶开进气阀技术研制的大型往复式压缩机流量无级调节系统也于2013年后在多套装置成功应用。

另外，渣油自动反冲洗过滤器、2500磅级CF8CDN400大口径高压临氢阀门及原料油泵液力透平技术在渣油加氢装置也成功实现了工业化应用。

4.2 工程设计方面

CLG公司采用炉前混氢、两相流换热流程，反应加热炉采用两路对称自然分配方案。由于加热炉炉管压降较大，单系列最大加工能力为2.4~2.5Mt/a；在处理量较大的装置中，UOP公司通过增加高压换热器，实现了单相换热、炉后混氢，反应加热炉管采用四路可调方案，克服了炉管压降过高的问题，将单系列加工能力提高到了2.8~3.0Mt/a。SEI公司研发了一系列渣油加氢单系列处理量最大化的技术[25]，开发了高压换热器并联设置方案，氢气及原料经调节阀分别分成两路进料，两路进料再靠对称分配进入四路炉管，反应产物对称分配成两路去换热器，避免了加热炉四路靠完全对称分配的风险，与UOP公司相比，该方案节省换热面积约30%。开发了两组空冷器串联布置再分离方案、两组空冷器之间分离方案以及上述两种方案的组合方案，减少高压空冷器4~6片，减少了INCOLOY825型抗氢钢的用量。

重大石化装备和工程设计的国产化，为渣油加氢技术大型化奠定了坚实的基础。

5 结语

炼厂走重质化、劣质化的原油加工路线势在必行。固定床工艺仍是未来渣油加氢技术的主流。固定床工艺今后的研究重点为：提高单系列加工能力，减少项目建设投资；通过改善催化剂的性能、优化催化剂级配技术、开发可互换式保护反应器或UFR反应器、选择固定床渣油加氢组合技术等措施，以进一步提高对劣质原料的适应性及装置运行时间，最大限度地提升经济效益。

现阶段，根据原料性质及炼厂类型，固定床渣油加氢技术可选择如下加工方案：1)当渣油中金属含量不大于200μg/g时，可采用设置有可切除保护反应器或UFR反应器的固定床工艺，或选择固定床-RFCC双向组合工艺；2)当渣油中金属含量大于等于200μg/g时，可采用设置有可互换式保护反应器或移动床反应器的固定床工艺；在使用天然气作燃料并采用煤制氢受限制的炼厂，高硫劣质渣油可以采用SHF组合工艺；为实现灵活性和清洁化生产，低硫劣质渣油也可以考虑采用固定床渣油加氢-延迟焦化组合工艺。

参 考 文 献

[1] 侯芙生．中国炼油技术[M].3 版．北京：中国石化出版社，2011：26-35.
[2] 黄鉴．进口原油评价数据集[M]. 北京：中国石化出版社，2001：95-98.
[3] 钟英竹，靳爱民．渣油加工技术现状及发展趋势[J]. 石油学报(石油加工)，2015，31(2)：436-443.
[4] 方向晨．国内外渣油加氢处理技术发展现状及分析[J]. 化工进展，2011，30(1)：95-104.
[5] 任文坡，李雪静．渣油加氢技术应用现状及发展前景[J]. 化工进展，2013，32(5)：1006-1144.
[6] 李大东，聂红，孙丽丽．加氢处理工艺与工程[M]. 2 版．北京：中国石化出版社，2016：10-16.
[7] 袁胜华，张成，蒋立敬，等．FRIPP 新一代固定床渣油加氢技术研究进展及工业应用[C]//炼油加氢技术交流会论文集．北京：中国石化出版社，2017：739-751.
[8] Hu Dawei, Yang Qinghe, Dai Lishun, et al. Development and commercial application of third generationresidue hydrotreating catalysts[J]. China Pet Process Pe, 2013, 15(2): 1-5.
[9] 邵志才，戴立顺，杨清河．沿江炼油厂渣油加氢装置长周期运行及优化对策[J]. 石油炼制与化工，2017，48(8)：1-5.
[10] 程涛，赵愉生，谭青峰，等．PHR 系列固定床渣油加氢脱金属催化剂的研制[J]. 化工进展，2016，35(10)：3219-3225.
[11] 宋元栋．PHR 型系列催化剂在渣油加氢装置上的应用研究[D]. 大连：大连理工大学，2016.
[12] Kressmann S, Morel F, Harlé V, et al. Recent developments in fixed-bed catalytic residue upgrading[J]. Catal Today, 1998, 43(3/4): 203-215.
[13] 杨涛，刘建锟，耿新国．沸腾床-固定床组合渣油加氢处理技术研究[J]. 炼油技术与工程，2015，45(5)：24-27.
[14] 杨刚，吴国林，张成，等．固定床渣油加氢装置开工方案优化研究[J]. 炼油技术与工程，2017，47(10)：9-12.
[15] 孙丽丽．现代化炼油厂技术集成应用的设计思路[J]. 当代石油石化，2010，18(2)：8-12.
[16] 聂红，杨清河，戴立顺，等．重油高效转化关键技术的开发及应用[J]. 石油炼制与化工，2012，43(1)：1-6.
[17] Niu Chuanfeng, Gao Yongcan, Dai Lishun, et al. Study on application of bi-directional combination technology integrating residue hydrotreating with catalytic cracking RICP[J]. China PET Process PE, 2008, 448(1): 27-33.
[18] 许友好，汪燮卿．石油重质烃高效利用的 IHCC 工艺理论基础与工业实践[J]. 石油学报(石油加工)，2017，33(3)：395-402.
[19] 刘铁斌，耿新国，吴锐，等．渣油加氢与催化裂化深度联合工艺技术研究[J]. 当代化工，2012，41(6)：582-584.
[20] Li Dadong. Crucial technologies supporting future development of petroleum refining industry[J]. Chinesse J Catal, 2013, 34(1): 48-60.
[21] 刘家明．工程设计应对全球石油供求结构变化的思考[J]. 石油炼制与化工，2012，43(7)：1-7.
[22] 蒋良雄．超大直径超大壁厚渣油加氢反应器的国产化研制[J]. 能源化工，2016，37(1)：79-87.
[23] 刘农基，聂颖新，陈崇刚，等．广西石化渣油加氢反应器轻量化设计制造[J]. 压力容器，2015(1)：25-35.
[24] 王泽平，毕晓明．氢压缩机高压干气密封“硬对硬”摩擦副国产化技术分析[J]. 化工设备与管道，2015(3)：57-61.
[25] 李浩，范传宏，刘凯祥．渣油加氢工艺及工程技术探讨[J]. 石油炼制与化工，2012，43(6)：31-39.

炼厂项目开工的技术准备及工程实践

袁明江[1]，苑世明[2]，王　禹[1]

（1. 中石油华东设计院有限公司，山东青岛　266071）

（2. 中国寰球工程公司，北京　100012）

摘　要　本文以采用EPCC“交钥匙”模式的某海外炼厂项目开工移交过程为背景，梳理了炼厂项目的开工前的技术准备及注意事项。结合IEC62337标准规范-《流程工业中电气、仪表和控制系统试车-具体阶段和里程碑》的要求，从设计院的视角对炼厂项目开工期间技术准备工作进行综合考虑。相关总结分析可以国际工程公司发展海外炼厂开工工作提供有益的指导和借鉴。

关键词　炼厂开工　技术准备　IEC62337　调试

1　概况

炼厂项目开工工作是固定资产投资项目取得经济效益和社会效益之前的最后步骤，也是验证工程设计单位工程技术水平的关键环节。炼厂开工工作往往伴随着较高的安全风险，直接关系着建设单位、总包单位和设计单位的技术声誉。化学工业建设项目试车规范（HG 20231—2014）中仅对流程工业的总体试车方案、预试车、冷试车、热试车、性能考核、验收移交等内容做了概述性的说明。到目前为止，我国炼化行业还没有一套体系文件或标准规范详细规定了炼厂项目开工技术准备工作的具体内容和注意事项。

炼厂项目开工调试涉及人员动迁、物资（材料）准备、技术准备、培训、保运、综合协调等多个方面的工作[1,2]。专业的开工队伍和工程技术人员也是炼厂项目开工过程必需的技术准备，开工人员和培训等工作不在本文讨论范围内。一般来讲，炼厂项目在开工调试期间和投产前，都需要工程设计人员参与三查四定并提供开工技术支持。特别是海外炼厂项目的开工准备阶段，充分的技术准备是项目开车成功的重要保障。技术准备作为其中的纵向纽带，与各方面的准备工作密切关联，特别是由工程公司拿总设计的全厂项目，开工前的技术准备涉及范围广，需引起特别的关注。

为进一步做好工程公司参与设计、技术支持以及总承包的炼厂项目，实现一次性安全、环保开车成功，现以海外某炼厂项目开工前的技术准备为背景，并结合对IEC62337《流程工业中电气、仪表和控制系统试车-具体阶段和里程碑》的要求，对炼厂项目的开工前的技术准备及注意事项进行总结分析。本文所述的相关技术准备是按照由承包商负责项目开工考虑，对于由建设单位负责项目开工，设计院提供技术支持的项目，相关技术准备可根据项目实际情况酌情核减。

2 技术准备

炼厂项目开工工作必须设立专门的开工指挥机构，指挥机构下各部门工作职责明确。设计院通常是在开工指挥部领导下开展技术支持工作，除了参与三查四定、问题整改、销项；根据变更修改设计方案、业主培训等工作之外，设计人员还可提供更全面的技术支持，包括催化剂、药剂采选，装置标定、性能考核等。开工过程设计相关的技术准备主要包括开工技术资料、重要技术文件、技术方案、技术规定和关键核算。

2.1 技术资料

开工技术资料主要包括专利商文件、设计文件、技术协议、厂家资料等，参与开工各方人员需尽可能熟悉这些技术资料。该项目中，根据合同承包商还需向业主提交开工技术文件，主要是各单元的操作手册、开工方案、应急预案，各主要设备(加热炉、大型机组、撬装设备)使用和维护手册、化学药剂加注规程、消防系统、火灾报警系统、安全系统使用规程等。

开工技术资料的准备重点：重要设计图纸(最终版，含设计文件清单)、三维设计模型、厂家资料(重要技术协议，特别是重要机组、撬块的资料)、工艺包文件(如适用)、设计说明书、开工指南(可由设计院或开工专家编写，含关键装置的开工要点、关键步骤，如催化反再控制，料位、藏量)。DCS/SIS组态说明(厂家提供)、三查四定意见及销项结果。参与项目开工的技术人员必须熟悉这些技术资料。开工管理机构负责协调保证技术资料齐全，且为有效的版本，杜绝过期版本的设计文件。

根据IEC62337，其中重要的设计资料的为：

(1) 管道和仪表图(P&ID)；

(2) 设备索引；

(3) 设备规格书；

(4) 设备操作手册；

(5) 功能图或逻辑图；

(6) 回路列表、回路图、回路表；

(7) 危险区域分类图，电气仪表平面图，机柜布置图。

2.2 技术文件

开工过程的重要技术文件，主要是以下几类。

(1) 工艺包偏离统计表、设计变更确认登记表。

(2) 开工总加工流程、全厂储罐配置信息表。

(3) 全厂开工统筹图及各单元开工统筹图。

(4) 催化剂、化学药剂清单，催化剂、药剂的安全规格书MSDS，催化剂装填、卸车方案。

(5) 各单元及全厂的环保控制指标(如烟气排放浓度要求)。

(6) 专用工具和设备清单。

(7) 备品、备件清单。

(8) 开工物料储备计划。

(9) 安全手册及分析化验手册。

其他开工过程的相关技术文件，还包括由总包商及其开工、设计单位编制的文件，由各单元的培训方案、工艺卡片、性能测试方案、装置标定和测试报告等。

该项目一、二期工程供新编开工技术文件410份，编制这些文件，大多基于详设文件和厂家随机资料。业主对提交的初版文件进行审查，承包商需按照业主意见进行修改完善。本项目委托当地设计院进行以上技术文件的编制，一是，该设计院参与了该项目的设计转化，熟悉项目资料，有利于加快编制进度；二是，对于当地设计院，编制语言(俄语)不是问题，而且与业主方沟通顺畅。该炼厂之前的另外一个工程，由国内单位编制的开工技术资料，再由当地翻译公司翻译后提交给业主，业主表示根本无法看懂，前前后后经过多次修改、澄清，才勉强通过审批。

2.3 技术方案

开工相关的技术方案主要是指开工总体方案、单体/单元/系统开工方案、工艺规程及应急预案、全厂及单元标定方案(或性能测试方案)、大机组试车方案等。这些技术方案必须是得到评审且获得批准后的方案。其中的性能测试方案需满足项目合同中规定技术要求和性能指标。

在总体开工方案中，需明确各单元开工原料、开工用油(如石脑油或柴油)、蒸汽、氮气、燃料等的来源、数量和品质，做好氢气、燃料、蒸汽的全厂平衡和全厂产品调和。开工各个阶段的不合格品、污油、中间物料的临时储存及去向。其中的投料试车方案中还要包含应急安全预案。对于重要的单项操作，如氢气引入，加热炉烘煮炉通常编制单项技术方案。图1是某炼厂项目开工过程，催化裂化装置相关的油品调度流程。

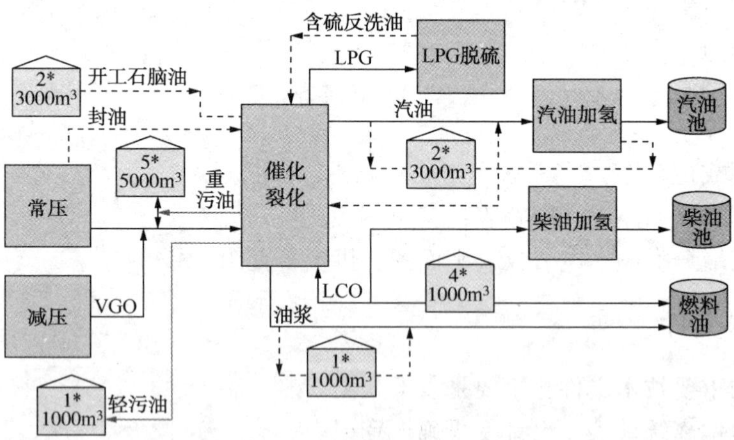

图1 催化装置开工油品调度流程

2.4 技术规定

从联动试车到投料试车阶段，甚至在此之前的三查四定、单机试运(通常定义为施工阶段)，各项操作均要依据相关的技术规定。如果涉及催化剂的无氧装填的操作必须由专业公司及人员来操作。本项目中涉及的开工调试相关技术规定如表1所示。

表 1 H 炼厂项目涉及的技术规定

序号	技术规定名称	序号	技术规定名称
1	管道清理规程	12	投电程序
2	清洁水压冲洗规程	13	盲板及隔离程序
3	清洁动力冲洗	14	化学处理程序
4	清洁空气吹扫	15	机械功能测试
5	化学清洗(脱脂)程序	16	系统强度测试程序
6	蒸汽吹扫	17	制冷干燥程序
7	电机单机试运	18	启动安全评估(PSSR)
8	汽轮机单机试运规程	19	化学清洗(锅炉)程序
9	催化剂装填	20	P&ID 的一致性程序
10	油冲洗	21	现有单元及系统甩头实施规程
11	干燥程序		

2.5 关键核算

对于老炼厂的改造项目，需注意对新老系统合并后的利旧部分进行核算，核算确认能够满足该单元的整体功能。

设计中需提前考虑好催化剂、化学药剂的装填、卸出方式，并提供必需的设计接口。酸、碱等化学品在一些国家有较为严格的安全管理规定(如安全围栏、24 小时监控等)，需考虑到卸车、储存等开工相关工作，提前策划好解决方案，以免增加后续开工工作困难[3]。催化剂及化学药剂，在供货商提供厂家数据资料之后，需要根据最新的产品消耗特性，再次核算该单元所需的催化剂及化学药剂数量能够满足要求。催化剂密度变化时，采购的质量数量也随之变化。

建议设计院对工艺包单元的复杂回路计算(如催化线速、藏量)进行必要的核算和确认。大型机组和机泵的震动核算、机组方面通常是由机组厂家完成核算。炼油装置大型化之后，容易出现高温大直径管道的热胀现象，也需提前做好核算和监测。

3 技术检查及确认

开工前的相关技术检查和确认也是重要的技术准备工作，这需要根据项目的特点提前准备技术检查和确认的工作清单，表 2 是某炼厂项目开工技术检查和确认的清单。在这方面，国际工程公司通常有较为详细的技术传承，国内工程公司需逐渐积累完善，不断提高综合技术服务的能力和水平。

表 2 炼厂项目开工前技术检查及确认

序号	检查内容	检查结果
1	已组织过开工策划会，有会议纪要	
2	涉及的各单元、各系统开工顺序已明确	

续表

序号	检查内容	检查结果
3	成品、中间产品的储存方案，存储时间已明确	
4	燃料平衡及燃料来源得到落实	
5	燃料系统有稳定措施，如设置 LPG 汽化措施	
6	开工汽油、柴油、石脑油、燃料油的数量已明确，来源有保证	
7	已完成项目开工难点分析及应对措施	
8	催化剂、化学药剂清单，已到货，检验合格	
9	润滑油、润滑脂清单，已到货，检验合格	
10	开工备品备件清单，已到货，检验合格	
11	化验分析项目、频率与方法已确定，采样点位置已明确。	
12	盲板表	
13	其他技术准备	

4 总结及建议

自2010年起，国内多套新建炼厂项目一次开车成功。通过参与这些项目的三查四定、开工筹备和投料试车，设计单位积累了宝贵的开工经验，也促进了设计水平的不断提升。随着近期几个海外炼厂项目开工工作的组织和实施，国内设计院不断总结反思，全业务链技术保障能力得到了提高[4]。通过这些项目的开工，为做好开工前技术准备，需做好以下工作。

（1）海外炼厂项目开工前，需清楚项目所在国相关政府部门的强制要求，如H炼厂项目，H国能源和矿产资源部的有关标准和要求，需由当地注册的技术公司编制工艺工程、应急预案，而开工方案不在此要求范围内，可由国内开工对自行编制。

（2）装置开工前，参加开工的相关人员，需注意了解同类装置安全事故案例，了解本装置开工的主要风险及安全注意事项。设计院可以延伸技术服务范围，提供更多的工程增值服务，可以探索包括编写开工技术文件，如性能测试方案、装置标定方案、操作手册、应急预案，梳理开工备品备件等。

（3）UOP等国际公司在执行现场检查等作业时，都会有专门的检查表，技术人员严格按照此表格检查即可。而这些检查表是各自公司的技术传承，体现了公司的知识和专业的积累。为了更好地执行炼厂项目的开工工作，国内工程公司也需要知识和经验的传承，以提高技术服务的综合保障能力。

参 考 文 献

[1] 袁明江．哈萨克斯坦炼厂项目开工总结及设计反思[J]．寰球科技，2017，35(10)：21-24.

[2] 宋跃军．大型海外炼厂项目的开工准备及工程实践[J]．国际工程与劳务，2018，4：67-69.

[3] 宋跃军，李研，袁明江．海外炼厂开工中催化剂及化学药剂问题的策略分析[J]．中外能源，2018，23(3)：55-59.

[4] 李岐东，陈保华．某大型炼油项目开工工作总结及对设计工作的几点启示[J]，化工设计，2012，22(6)：3-6.

催化裂化汽油轻重切割点的优化与选择

王　伟

（中国石化九江分公司生产经营部，江西九江　332004）

摘　要　降低催化裂化汽油在二次加工过程中的辛烷值损失，可以有利于提高炼油企业效益。某炼厂在通过对催化裂化汽油进行硫形态分析和族组成分析后，通过 RSIM 对切割塔的模拟，实现对轻重汽油的精确切割。在保证轻重汽油加工后混合总硫质量满足国Ⅴ汽油标准前提下。在催化裂化汽油进入汽油吸附脱硫装置前，将催化裂化汽油中的高烯烃馏分尽可能多的切入轻汽油中，减少催化裂化汽油在汽油吸附脱硫装置脱硫过程中由于烯烃饱和导致的辛烷值损失。结果表明，优化过后的催化裂化汽油辛烷值损失大幅降低，约有 0.8 个单位。

关键词　国Ⅴ汽油　催化裂化　优化　辛烷值损失　流程模拟

某炼厂催化裂化汽油硫质量分数在400mg/kg 左右，烯烃含量在25%~30%。该汽油由 S Zorb 装置脱硫达到国Ⅴ水平后进入汽油池。受 S Zorb 装置处理能力限制，催化汽油先经轻重汽油切割塔切割所得轻汽油前往脱硫醇进行处理，切割所得重汽油进吸附脱硫装置吸附性脱硫加工，再在罐区混合。本文结合现场分析数据和模型模拟对切割点的选择和切割塔的整体优化进行阐述。

1　优化分析

1.1　原料条件

装置原料为催化裂化汽油。原料汽油性质详见表 1。通过对原料汽油组成分析，可以观察到烯烃和芳烃的分布很不均匀，烯烃大多以小分子短碳链的形态存在，集中 C_4 至 C_8（见表 2）。FCC 汽油中的硫化物类型主要有硫醇、硫醚、二硫化物和噻吩，硫醇和硫醚主要集中在小于 100℃的馏分中，大于 100℃馏分中硫醇和硫醚含量很少；而二硫化物则主要集中在 70~100℃的馏分中；噻吩类硫化物在汽油中占总硫的 50%~60%，且主要集中在大于 100℃的馏分中（见图 1）[2,3]。

表 1　原料性质表

项　目	催化裂化汽油	项　目	催化裂化汽油
馏程/℃		族组成/%	
初馏点	30	烷烃	57
10%	48	烯烃	26.5
50%	102	芳烃	16.5
90%	177	硫含量/(mg/kg)	180
终馏点	199	硫醇硫含量/(mg/kg)	26
		密度/(kg/m³)	733.8

表2 原料的族组成 %

项目	正构烷烃	异构烷烃	烯烃	环烃	芳烃	总计
C_3	0.003					0.003
C_4	1.036	0.781	3.057			4.874
C_5	1.27	7.6	6.372	0.142		15.384
C_6	0.825	7.208	4.92	2.084	0.435	15.472
C_7	0.66	4.729	3.496	3.267	2.445	14.597
C_8	0.805	3.7	3.005	1.88	5.711	15.101
C_9	0.407	3.009	1.966	2.73	6.72	14.832
C_{10}	0.569	3.176	1.21	1.494	5.146	11.595
C_{11}	0.359	2.796		0.924	1.267	5.346
C_{12}	0.143	2.436				2.579
C_{13}	0.016	0.202				0.218

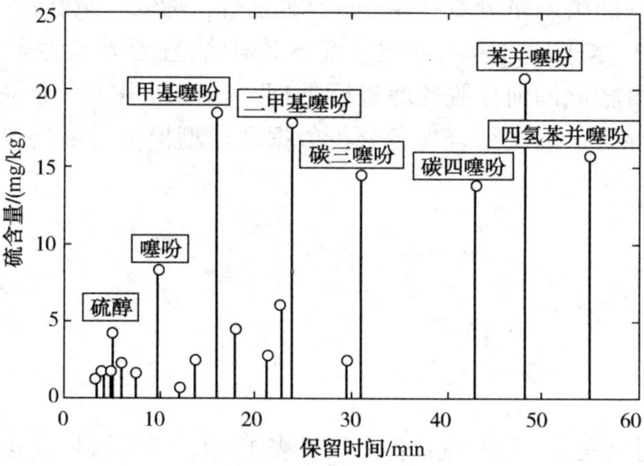

图1 硫形态分布

1.2 切割点选择分析

轻重汽油在进入切割塔切割后，分别要进行再次加工。下游装置的特性对原料的需求成为对轻重汽油切割后物性的约束。

传统的选择性加氢将低沸点的烯烃分离出来，避免加氢过程中大量烯烃饱和而降低辛烷值[4]。S Zorb装置加工催化裂化汽油的工艺过程也有一定的烯烃饱和反应，在S Zorb装置催化剂作用下会产生相同的烯烃饱和反应，造成辛烷值损失。进而因为辛烷值损失造成产品效益下降。因此减少烯烃进入S Zorb装置加工，能有效减少辛烷值损失。

切割后的重汽油进入S Zorb装置进行加工，S Zorb装置能很好脱除汽油中的硫化物。切割后的轻汽油进入脱臭装置进行加工，由于硫醇和硫醚可以通过脱臭装置脱除，因此对产品硫含量影响微弱；但是如果轻汽油干点过重，例如催化裂化汽油中噻吩含量8.3mg/kg，会造成产品质量超过内控指标，因此轻汽油夹带的噻吩类硫化物将决定最终混合后的汽油硫含量。

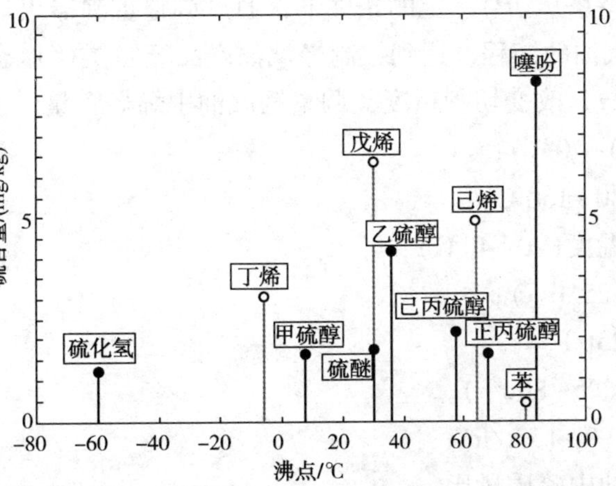

图 2 硫形态分布和烯烃质量分布叠加图

将催化裂化汽油中的噻吩及其以下硫化物的分布图与轻汽油中携带的短链烯烃质量分布图进行叠加，得到图 2。根据其沸点分布，可以观察出，如要在切割过程中实现烯烃含量最大(G_{Max})，其中沸点最高的己烯沸点中值在 64℃，因此该点位切割点最低点。将模拟数据应用至实际操作中，由于塔的切割精度造成的夹带现象，允许轻汽油干点与重汽油初馏点存在的重叠。确认理想的切割点区间，以该区间为目标，通过模型寻找针对现场工况的优化方案。

1.3 目标函数

切割塔对催化裂化汽油切割后，轻汽油和重汽油进入不同装置进行加工。为保证催化裂化汽油经过加工后既满足国 V 标准，产品性质又不过剩，混合汽油的硫含量在 6~8mg/kg 最佳。在满足产品硫含量的情况下，轻汽油中的烯烃含量最大化有利于提高装置效益。

本文以轻汽油中烯烃占总量比例最大化(G_{Max})为目标函数，将混合产品硫含量(S)作为约束条件。

设置目标函数如下：

$$G_{Max}=\frac{M_L m_{OL}}{(M_L+M_H)m_O} \tag{1}$$

约束条件如下，混合产品总硫(S)满足以下条件：

$$6<S<8$$

$$S=\frac{S_L M_L+S_H M_H}{M_L+M_H} \tag{2}$$

1.4 优化变量

运用炼油流程优化软件 RSIM 对切割塔能力进行分析和核算，选择 Peng-Robinson 状态方程(PR 状态方程)用作基础运算。

PR 状态方程形式如下[5]：

$$P=\frac{RT}{v-b}-\frac{\alpha(T)}{v(v+b)+b(v-b)} \tag{3}$$

选择在模拟中，保持塔压(P)一定的条件下，通过调整重沸器出口温度，改变塔的操作温度(T)，从而控制轻汽油的馏程，达到控制轻汽油产品噻吩类硫形态化合物含量目的。同时控制回流与进料比参数，改变切割精度，调整轻汽油中烯烃含量。优化变量及边界如下：

T_1——塔顶温度(60~70℃)；

T_2——塔底温度(130~150℃)；

T_L——轻汽油冷后温度(20~40℃)；

P——塔压(0.1~0.25MPa)；

F——回流量(10~25t/h)

M_L——轻汽油产量(25~80t/h)；

M_H——重汽油产量(0~130t/h)；

S_L——加工后轻汽油中硫质量比；

S_H——加工后重汽油中硫质量比；

m_{OL}——加工后轻汽油中烯烃质量比；

m_O——加工后混合汽油中烯烃质量比。

2　建立模型

RSIM模拟软件包含大量化工单元模型库，融合了炼油反应动力学包Profimatic以及大量的经验公式，从而实现物料和能量平衡测算物流组分性质预测传递和调合。结合软件提供的泵、换热器、精馏单元等模型模块，根据真实的物流上下游关系，代入现场设备数据和具体的操作工艺参数，完成了流程模拟[6]。在装置原料和工艺操作参数、产品质量指标的约束下，模拟计算当前操作情况。

以退役的90万t/a汽油选择性加氢装置切割塔的设备性能和工艺参数为基础建立模拟模型。切割塔的设计采用Distillation方法，根据现场在模型中设有26层塔板，建模时勾选塔顶冷凝器(Condenser)及塔底再沸器(Reboiler)，简化处理现场塔顶空冷和塔底重沸炉。全塔模拟采用Peng-Robins状态方程。轻汽油自分馏塔的上部抽出，重汽油自塔底流出。切割塔模拟模型见图3。

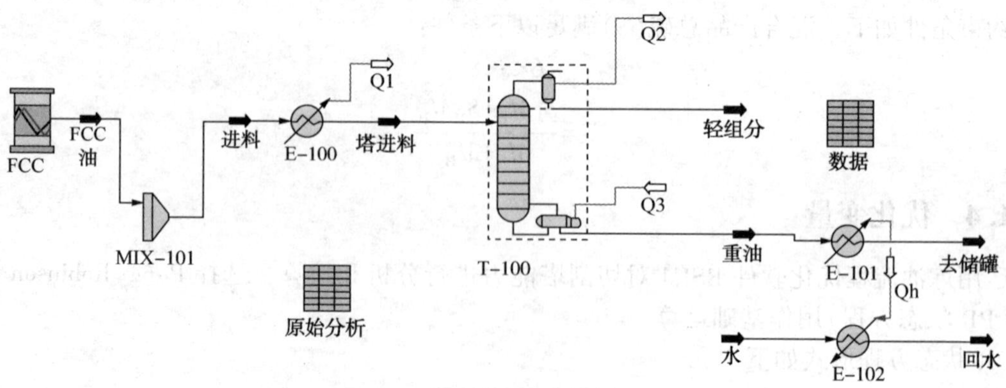

图3　切割塔模拟流程

3 优化策略

3.1 模型测算

将现场工艺参数代入模型，以最优切割点范围为收敛目标寻找最佳工况。噻吩的沸点83℃与苯沸点80℃接近(见图3)，为了方便计算，将其看成窄组分80~83℃的馏分段。在运算模型中，可以通过比较馏分段的夹带情况，比较好反映出噻吩的夹带情况。

切割塔投用后，塔的进料负荷控制为150t/h，通过固定现场重汽油产量110t/h，轻汽油产量40t/h，收集现场参数代入模型中，比较模型与现场数值存在的差异。模型经过调试计算后，干点的误差在3%，噻吩含量的误差在3.7%，与现场数据对应关系良好。

表3 模拟数据与现场数据

	现场数据	模拟数据	差值
轻汽油干点/℃	60	58	2
塔压/MPa	0.1	0.1	–
回流量/(t/h)	13	14	1
塔顶温度/℃	53	53	–
塔底温度/℃	142	138	4
苯含量/%	0.14	0.15	0.01
噻吩含量/(mg/kg)	7.5	7.78	0.28

3.2 优化计算

模型中切割塔进料负荷为实际负荷平均值155t/h。在不同轻汽油产量条件下(47t/h，52/h，55/h)，进行优化计算，得到三组典型数据(见表4)。

表4 模拟数据对比

	优化前	第一组	第二组	第三组
轻汽油干点/℃	64	72	86	90
轻汽油产量(M_L)/(t/h)	40	47	52	55
轻汽油噻吩含量(S_L)/(mg/kg)	10	14	20	23
重汽油产量(M_H)/(t/h)	115	108	103	100
混合后汽油硫含量(S)/(mg/kg)	3.3	5.3	7.7	9.3
烯烃占比(G_{Max})/%	45	53	57	59

对应相应的轻汽油产量为47t/h，噻吩含量达到15mg/kg，轻汽油干点在70℃。该股轻汽油与经过加工硫含量1mg/kg(S_H)的重汽油混合，得到硫含量为5.3mg/kg的混合汽油，

产品质量满足国Ⅴ标准。在该条件下，轻汽油中携带的烯烃质量占催化裂化汽油中烯烃总量的53%，大部分己烯自轻汽油切出，大幅度降低催化裂化汽油辛烷值损失。

对应轻汽油产量为52/h，噻吩含量达到20mg/kg，修正后轻汽油干点在88℃。与加工后重汽油混合后，得到硫含量为7.7mg/kg的混合汽油，产品质量满足国Ⅴ标准，接近内控指标。在该条件下，轻汽油中携带的烯烃质量占催化裂化汽油中烯烃总量的57%。

对应轻汽油产量为55/h，噻吩含量达到23mg/kg，修正后轻汽油干点在90℃。与重汽油混合后，得到硫含量为9.3mg/kg的混合汽油，产品质量超过内控，即存在造成混合汽油产品质量不合格的风险，不宜用作控制目标。

4 效果分析

自切割塔优化项目启用后，从物性计算中看出，优化过后轻汽油中烯烃质量分数占总量的55%~60%。通过统计S Zorb装置开工后的催化裂化汽油辛烷值损失，绘制出图4。催化裂化汽油未切割时，辛烷值损失大约在1.3~1.6之间波动；启动切割塔切割轻重汽油后，辛烷值损失下降至0.8~1.0之间波动；对切割点进行优化后，辛烷值损失下降至0.7~0.5之间波动。辛烷值损失从未切割前的中值1.4下降至优化后的中值0.6，效益上升明显。

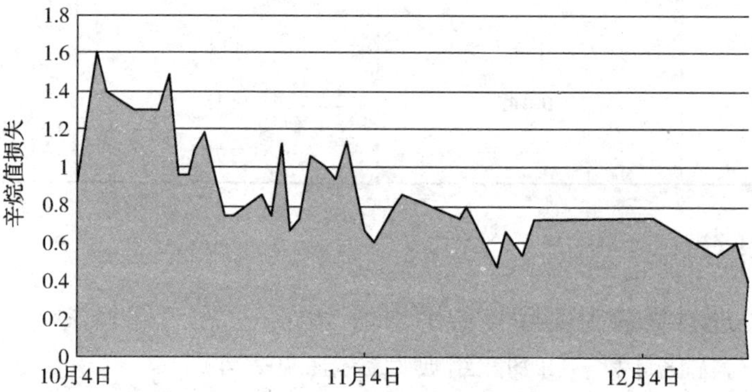

图4 辛烷值损失统计图

5 结论

通过RSIM软件计算对催化裂化汽油切割的模拟，可以很好地反应切割塔的实际运行状态。再通过对催化裂化汽油进行硫形态分析，优化轻汽油中的噻吩的夹带情况，调整轻汽油产量，减少重汽油夹带烯烃在S Zorb加工过程中的辛烷值损失，获得加工效益的最大化。

参考文献

[1] Hou F. THE SUSTAINABLE DEVELOPING STRATEGY OF CATALYTIC CRACKING FOR 21ST CENTURY IN CHINA[J]. Petroleum Processing & Petrochemicals, 2001.

[2] Woolery G L, Farnos M D, Quinones A R. Structure/activity correlations on nickel contaminated fluid cracking

catalysts[J]. Preprints-American Chemical Society. Division of Petroleum Chemistry, 1996, 41: 403-406.

[3] 邢金仙，刘晨光．催化裂化汽油中硫和族组成及硫化物类型的馏分分布[J]．炼油技术与工程，2003(6)：6-9.

[4] 梁咏梅，史权，刘旭霞，等．催化裂化汽油选择性加氢脱硫中轻重馏分切割温度的研究[J]．石油炼制与化工，2011(5)：40-43.

[5] 简建超，黄丽．RSIM 模型在炼油企业增产汽油方面的应用[J]．石油工业计算机应用，2014(1)：33-37.

[6] 郭天民，阎炜，濮芸辉，等．多元汽-液平衡和精馏[M]．化学工业出版社，2002：11.

FHDO 重整生成油液相选择性加氢脱烯烃技术

周嘉文，崔国英

（中国石化大连石油化工研究院，辽宁大连　116045）

摘　要　本文介绍了 FHDO 重整生成油液相选择性加氢技术，该技术具有工艺流程简单、操作简便、装置建设投资小、运行费用低的工艺技术特点。其工艺过程是世界首创在连续重整装置内脱戊烷塔前增设液相加氢单元，采用一种配套开发的 HDO-18 专用贵金属加氢催化剂和上流式固定床反应器，以重整生成油中的溶解氢为主要氢源，根据产品质量要求补充少量氢气，与原料充分溶解混合后，在缓和的工艺条件下，灵活、高效地对重整生成油全馏分进行液相选择性加氢脱烯烃。加氢产品溴指数显著降低，芳烃产品质量得到明显的提高，同时能够保证后续芳烃抽提/吸附分离装置对进料的质量要求。

关键词　重整生成油　液相选择性加氢　脱烯烃　溴指数

1　前言

随着新型高性能重整催化剂的开发以及工程技术的进步，重整工艺不断向超低压、高苛刻度方向发展。在增产芳烃的同时，也导致了重整生成油中的烯烃含量越来越高，烯烃尤其是二烯烃和苯乙烯不仅会在抽提溶剂中聚合而污染抽提溶剂，并造成抽提系统设备腐蚀，而且在一定的条件下还很容易形成胶质，吸附在固体催化剂表面，从而缩短催化剂的使用寿命。这些富含的烯烃影响到了 BTX 芳烃产品的正常生产，因此必须选用适宜的工艺将其脱除。

目前大多数催化重整和芳烃联合装置仍然采用白土/分子筛预处理工艺。由于白土/分子筛预处理工艺存在精制深度低、产品质量不稳定、重组分产量大、操作周期短、更换频繁等问题，尤其是废旧白土处置过程存在着严重的环境污染风险，使炼化企业面临巨大的环保压力。大连石油化工研究院根据催化重整生成油脱烯烃的市场需求，结合连续重整装置流程特点，创新开发出了一种 FHDO 催化重整生成油液相选择性加氢脱烯烃工艺技术。

2　工艺流程

FHDO 重整生成油液相加氢脱烯烃技术是世界首创在不改变主流程的前提下，将加氢脱烯烃反应单元内置于重整生成油分馏系统，以重整生成油中的溶解氢为主要氢源，再根据产品质量要求补充少量新氢，即可在脱戊烷塔进料正常操作条件下，灵活、高效地对重整生成油全馏分进行液相选择性加氢脱烯烃。该技术以重整生成油为原料，采用配套的专用高性能贵金属催化剂 HDO-18，反应器为常规固定床反应器，以下进上出进料方式进入反应器进行选择性脱烯烃反应，脱除烯烃后的重整生成油满足下游装置对烯烃含量的要求。

作为一个加氢脱烯烃反应单元，仅在连续重整装置脱戊烷塔之前内置一个加氢反应器和一个混合器，来自重整装置的生成油经换热系统换热升温后，与适量重整氢气经混合器充分混合，从底部进入装有还原态 HDO-18 催化剂的反应器，在催化剂上进行选择性加氢脱烯烃反应。加氢反应产物直接进入后续的脱戊烷塔。

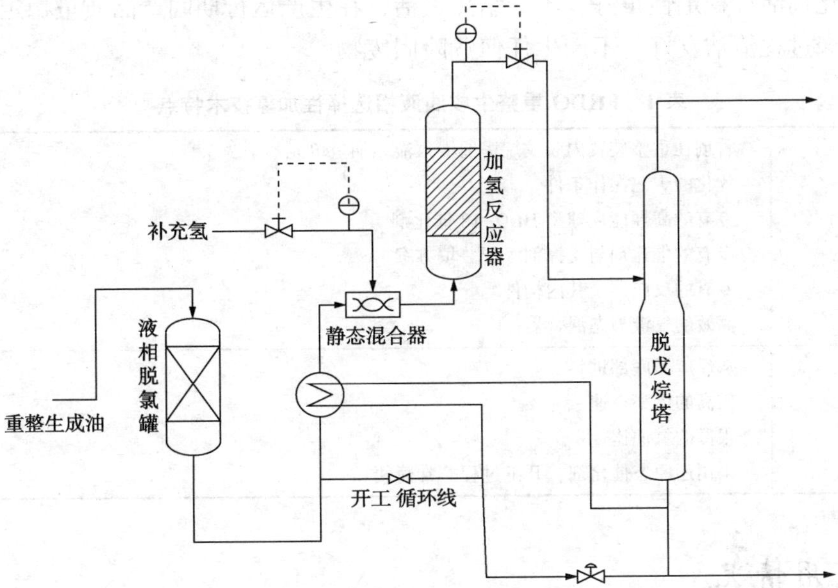

图 1　重整生成油全馏分加氢流程示意图

3　技术特点

大连石油化工研究院在广泛深入系统研究的基础上，成功开发出了以齿球型改性氧化铝为载体、Pt-Pd 贵金属为活性组分、采用特殊浸渍技术制备、活性金属在载体颗粒表面呈蛋壳型分布的 HDO-18 高性能专用催化剂。在催化重整生成油液相加氢过程中不会促进各类副反应的发生，并且在液相加氢条件下能够有效抑制烯烃缩合生焦积炭副反应发生以保持催化剂活性长期稳定。

实验室研究、性能评价、工业放大、工业生产和工业应用结果表明，该催化剂制备重复性很好，产品质量稳定，催化性能优异，能够很好满足 FHDO 重整生成油液相选择性加氢工艺技术要求。该催化剂装填简便，颗粒间空隙大小均一，能够有效避免出现沟流现象，显著提高催化剂在液相加氢环境下的有效利用率，大幅提高工业加氢装置实际生产运行效果。

与常规加氢技术、白土或分子筛预处理等技术相比，FHDO 液相选择性加氢脱烯烃技术具有以下技术特点：

(1) 形成了一种包括新型催化剂和工艺的成套技术；

(2) 工艺流程非常简单，生产操作非常简便；

(3) 设备台数很少，建设投资很低；

(4) 没有增加动设备，运行能耗很低；

(5) 在液相加氢环境下催化剂利用率显著提高，催化剂装填量少；

(6) 加氢产品溴指数显著降低，BTX芳烃产品颜色和酸洗比色等质量指标明显改善；

(7) 液相加氢过程不会生成新的重质芳烃，有利于改善芳烃产品质量和利用价值；

(8) 催化剂活性稳定性很好，不会结焦失活，在生产运行期间产品质量稳定；

(9) 生产过程清洁友好，不产生任何危险固废物。

表1 FHDO重整生成油液相选择性加氢技术特点

技术核心	首创在重整装置内脱戊烷塔前嵌入液相加氢单元 优化的工艺操作条件 专有的高性能齿球型HDO-18催化剂 专有的催化剂与支撑剂级配装填方案 专有的反应器及其内构件 高效的气液静态混合器
工艺特点	从反应器底部进料 较高的体积空速 很低的氢油比 采用还原态催化剂，开工过程非常简便

4 应用情况

FHDO重整生成油液相选择性加氢技术于2015年1月在扬子石化实现首次工业化应用，现已在国内8套装置上使用。工业应用结果表明，FHDO加氢过程“环境友好”，可完全取代常规白土或分子筛精制工艺，过程固体废弃物排放量降低95%以上，有很好的经济效益、社会效益和环境效益。该技术2016年荣获中国石化科技进步二等奖，2018年荣获大连市科技进步三等奖。

扬子石化有限公司2[#]催化重整装置设计加工能力150万t/a，于2014年3季度建成投产。为了降低该装置催化重整生成油中的烯烃含量，扬子石化有限公司在该装置建成投产时即开始启动采用FHDO技术对装置进行的改造工作，并于2015年1月中旬完成装置全部工程改造工作。改造后装置新增设的FHDO单元于2015年1月底正式投入工业生产。从2015年2月7日起，2[#]催化重整装置正式停运原配套建设的白土和分子筛吸附系统。

FHDO单元投用后，解决了扬子石化有限公司2[#]连续重整装置C8+馏分油溴指数高的难题，在停用抽提混芳白土塔的情况下，采用该技术加氢精制后的重整生成油C8+馏分溴指数为61mgBr/100g，加氢过程芳烃损失率仅为0.082%，经芳烃抽提/蒸馏得到苯和甲苯产品质量大幅改善，颜色和酸洗比色等主要质量指标均达到优质品水平。重芳烃产品干点和胶质含量显著降低，可以直接用于调和生产清洁车用汽油产品，为扬子石化有限公司创造了可观的经济效益。

表 2 FHDO 技术主要应用情况

项　　目		扬子 2#	扬子 1#	九江	石家庄
典型操作条件	进料量/(t/h)	167	131	128	80
	补氢量/(Nm^3/h)	550	150	1000	800
	反应压力/MPa	1.20	1.19	1.30	1.45
	反应器入口温度/℃	177	153	145	158
	反应器出口温度/℃	182	159	153	161
	床层温升/℃	5	6	8	3
原料/产品溴指数	反应器入口/(mgBr/100g)	3234	1696	3291	5208
	反应器出口/(mgBr/100g)			866	2048
	脱戊烷油/(mgBr/100g)	720	170		
	苯/(mgBr/100g)	1.2	1.19	1.0	1.70
	甲苯/(mgBr/100g)				
	混合二甲苯/(mgBr/100g)			1.1	3.64
	白土塔前/(mgBr/100g)	61	46.87	15.6	97.07
	白土塔后/(mgBr/100g)			5.9	11.59

表 3 FHDO 重整生成油液相选择性加氢技术工业应用情况

应用厂家	装置规模/(万 t/a)	使用时间	原料馏分
扬子石化 2#	150	2015.01	全馏分
大连石化	220	2017.04	全馏分
扬子石化 1#	139	2017.06	全馏分
九江石化	120	2017.07	全馏分
石家庄炼化	100	2017.08	全馏分
齐鲁石化	80	2017.08	全馏分
抚顺石化	60	2017.10	全馏分
燕山石化	80	2018.05	混合二甲苯

5 结论

FHDO 重整生成油液相选择性加氢脱烯烃技术属世界首创，具有工艺流程简单、运行操作简便、装置建设投资低、生产运行费用低等特点。

FHDO 重整生成油液相选择性加氢脱烯烃技术成熟、先进、可靠，操作条件非常缓和，加氢脱烯烃选择性很高，芳烃损失小于 0.1 个百分点，BTX 产品颜色和酸洗比色显著改善，可达到国标优级品质量标准，二甲苯溴指数小于 20mgBr/100g，能够很好满足 PX 吸附分离单元进料要求。

FHDO 重整生成油液相选择性加氢脱烯烃技术“环境友好”，不产生任何新的污染物，可完全取代常规白土和/或分子筛精制工艺，能够很好解决重整装置外排固体废弃物二次污染环境问题，有很好的经济效益、社会效益和环境效益，对芳烃生产技术进步有很好的推动作用，对石化行业发展有非常积极的意义。

参 考 文 献

[1] 叶小舟，顾国璋，徐柏福，等．HDO-18选择性加氢催化剂的工业应用[J]．石油炼制与化工，2004(08)：26-29.

[2] 陈玉琢，叶小舟，郭红新．HDO-18催化重整生成油选择性加氢催化剂的工业试验[J]．炼油技术与工程，2004(10)：19-21.

[3] 陈玉琢，徐远国．HDO-18选择性加氢脱烯烃催化剂的反应性能及应用[J]．炼油技术与工程，2005(11)：57-62.

[4] 陈玉琢，徐远国，杨占全．HDO-18选择性加氢催化剂的使用性能[J]．当代化工，2007(01)：44-47+52.

[5] 樊红青．HDO-18催化剂在芳烃抽提装置中的应用[J]．当代化工，2009，38(03)：233-236.

[6] 樊红青．HDO-18选择性加氢催化剂的工业应用[J]．当代化工，2010，39(01)：51-54.

[7] 王伟，杨霖，崔国英．FHDO技术在混合二甲苯脱烯烃中的工业应用[J]．中外能源，2014，19(08)：88-94.

1.0Mt/a 喷气燃料加氢装置的扩能改造及效果

于长青，翟　俊

（中国石化广州分公司，广东广州　510700）

摘　要　中国石化广州分公司 1.0Mt/a 喷气燃料加氢装置通过提高反应器空速，优化催化剂装填方案、换热流程等改造，处理量提高到 1.4Mt/a。标定结果显示，装置运行平稳，产品质量合格，达到了装置改造的目标，满足了生产平衡要求。

关键词　喷气燃料　改造　银片腐蚀

中国石化广州分公司 1.0Mt/a 喷气燃料加氢装置采用石油化工科学研究院(RIPP)的喷气燃料临氢脱硫醇 RHSS 技术[1]，为氢气循环工艺流程。由 LPEC 完成工程设计，并于 2006 年投产。随着近年来增产喷气燃料的需要，常减压装置直馏喷气燃料馏分增加到 1.4Mt/a，在生产中需要 1.0Mt/a 喷气燃料加氢装置负荷接近 110%，同时增开一套 0.3Mt/a 的小加氢装置加工喷气燃料馏分生产才能平衡；小加氢装置配套设施并不完善，加工能耗高，为了降低生产成本，需要把 1.0Mt/a 喷气燃料加氢扩能改造到 1.4Mt/a。

1　改造情况

在 2013 年对装置的进行了高负荷标定。通过标定，装置最高负荷可以达到 111.7%(133t/h)。高负荷下生产的瓶颈问题主要表现在分馏系统重沸炉超负荷运行，分馏系统部分计量仪表超量程、调节阀超出调节范围等。在高负荷下生产时，为了保证喷气燃料产品酸值、颜色安定性等指标合格，对原料部分性质也需要限制，要求原料酸值≯0.3mgKOH/g、碱性氮≯5μg/g；同时也需要原料的闪点≮40℃，初馏点≮142℃来保证分馏系统参数稳定。

由于生产的需要，装置只能利用大修时机进行扩能改造，因此改造的时间受到限制，在选择改造方案时，要求尽可能地减少改动内容。而根据生产平衡，装置负荷需要提高的比例又比较高，改造方案需要较好的解决两者之间的矛盾。

目前我国已建成或已工业示范的喷气燃料加氢技术主要有 Shell 公司的 Kerosene-HDS，UOP 公司的喷气燃料油加氢，RIPP 的直馏喷气燃料临氢脱硫醇的 RHSS 技术以及抚顺石油化工研究院(FRIPP)开发的喷气燃料加氢以及喷气燃料液相加氢等[2,3]。

根据直馏喷气燃料原料性质及产品质量的要求，决定改造仍采用 RIPP 开发 RHSS 工艺技术，对反应器壳体不做更换，通过提高反应体积空速来提高处理量。2017 年 7 月在装置停工大修期间，进行了扩能改造，改造的内容主要有：

（1）加氢反应器内件更换。反应部分流程改为热分流程，新增热低压分离器和热低分气/混合氢换热器各一台。

（2）增加原料/反应产物换热器一台，提高反应进料换热效果，降低原料加热炉负荷。

(3) 分馏塔壳体利旧，内件更换，分馏塔顶水冷器和产品水冷器进行更换。

(4) 增加分馏塔进料换热器两台，提高分馏塔进料温度，降低分馏塔底再沸加热炉负荷。增加航煤/原料换热器两台，充分回收产品航煤的热量。

(5) 增加原料油过滤器一台，由两台改为三台。

(6) 原料泵及分馏塔底循环泵进行改造；塔顶回流泵和航煤产品泵更换。

(7) 原料加热炉和分馏塔底再沸炉改为联合余热回收系统，降低排烟温度。

(8) 对分馏系统仪表、调节阀重新核算后，进行更换。

同时采用系列保护剂RG-20、RG-30A、RG-30B、RGO-1和催化剂RSS-2对催化剂装填方案优化，进行保护剂级配装填，延缓反应器压降上升(装填对比表见表1)。

表1 催化剂装填表

装填物	上周期装填情况			本周期装填量		
	高度/mm	体积/m^3	质量/t	高度/mm	体积/m^3	质量/t
RG-20				140	0.74	0.82
RG-30A				250	1.33	0.64
RG-30B				250	1.33	0.66
RGO-1	1230	6.53	4.02	250	1.33	0.86
RSS-2(再生剂)				6180	32.79	27.11
RSS-2(新鲜剂)	7180	38.1	30.24	1240	6.58	5.41

2 改造效果及分析

装置改造后2017年8月16日开工，自开工以来，生产运行平稳，产品质量满足了喷气燃料要求，在2017年11月22日~23日对装置进行了48小时标定。

2.1 标定的原料情况

标定期间原料密度为795.1~795.6kg/m^3，比设计原料密度789.5kg/m^3略高，原料硫含量、酸值以及终馏点比设计值高，但在设计限定值范围内，满足催化剂的技术指标要求，原料性质见表2。

表2 原料性质

项目	设计值	限定值	时间	
			11月22日	11月23日
密度(20℃)/(kg/m^3)	789.3	—	795.15	795.6
颜色(赛氏比色)/号	25	—		
硫/(μg/g)	1545	不大于2500	2140	2030
硫醇/(μg/g)	189	不大于300	71	72
碱性氮/(μg/g)	3	不大于7		
酸值/(mgKOH/g)	0.2	不大于0.45	0.304	0.338

续表

项目	设计值	限定值	时间	
			11 月 22 日	11 月 23 日
闪点			41.25	42
馏程/℃				
初馏点	143		147	148.5
10%			173	174.5
50%			201.25	202
90%			234.25	235.5
终馏点	250	不高于 260	252	253

2.2 操作条件

标定期间，新氢用量与设计值有一定偏差。主要原因为根据原料性质及产品质量情况降低了反应温度，反应器进出口基本没有温差，反应深度降低，新氢用量减少，但相对于改造前冷分流程，运行的氢耗增加较多。

分馏塔顶回流罐的设计压力为 0.45MPa，装置在开工以来及本次改造后都先按照设计压力进行操作调整，产品腐蚀均未能合格。根据运行的操作经验，采取了降压操作，把分馏塔顶回流罐的压力降低到 0.25MPa 以下时，能够确保产品腐蚀合格稳定。本次标定分馏塔顶回流罐的压力按 0.2MPa 进行控制，造成分馏塔相关的操作参数与设计值有偏差，其中塔顶温度与设计值偏差较大，具体操作参数见表 3，其它操作条件与设计条件基本相同。

表 3 操作参数

参数	设计值		时间	
	EOR	SOR	11 月 22 日	11 月 23 日
处理量/(t/h)	166.7	166.7	166.1	168.7
反应炉入口温度/℃	235	287	228.3	228.6
反应器入口温度/℃	255	300	244.7	245.3
反应器出口温度/℃	258	303	244.2	244.7
热高分入口温度/℃	160	160	146.5	147.1
热高分压力/MPa	1.45	1.45	1.42	1.42
低分入口温度/℃	50	50	35.5	35.9
低分压力/MPa	1.4	1.4	1.4	1.4
体积空速	5.0	5.0	5.39	5.47
循环氢流量/(Nm^3/h)	10624	10624	14133	13956
新氢流量/(Nm^3/h)	2134	2134	858.6	857.2
分馏塔进口温度/℃	255	255	236	236.6
分馏塔顶温度/℃	209	209	146	147.4
分馏塔顶压力/MPa	0.43	0.43	0.2	0.2

续表

参　数	设计值		时间	
	EOR	SOR	11月22日	11月23日
分馏塔顶干气流量/(Nm^3/h)	707.9	707.9	1390	1358
分馏塔顶回流量/(t/h)	16.38	16.38	14.2	14.4
石脑油量/(t/h)	0.452	0.452	0.63	0.66
分馏塔底温度/℃	268	268	253.1	253.6
分馏塔底返塔温度/℃	277	277	261.4	261.7

2.3 标定产品性质

装置自改造后开工以来，精脱硫后航煤产品全部稳定合格，催化剂性能能够满足生产需求。但喷气燃料产品在分馏塔馏出口的银片腐蚀基本处于2级(精脱硫后合格)。装置分馏塔操作参数多次调整，馏出口产品银片腐蚀仍然无法达到0级，结合文献调研的结果进行了分析，推断导致产品银片腐蚀不合格的原因是微量硫化氢和硫[4~6]。

表4 喷气燃料产品性质

项　目	设计	3#喷气燃料国家标准	11月22日	11月23日
密度(20℃)/(kg/m^3)	785	775-830	795.4	795.85
颜色(赛氏比色)/号	30	不小于+25	大于+30	大于+30
总硫/(μg/g)	700	不大于2000	1835	1710
硫醇硫/(μg/g)	10	不大于20	12.15	12.05
总酸值/(mgKOH/g)	0.005	不大于0.015	0.008	0.0067
烟点/mm		不小于25或烟点最小为20时，萘系烃体积分数不大于3或辉光值不小于45	22.3	22.7
冰点/℃		不高于-47	-49.45	-49.4
水分离指数(加剂)		不小于70	93	94.5
闪点(闭口)/℃		不低于38	47	49
馏程/℃				
初馏点	143		153.75	155.25
10%回收温度		不高于205	175	176.25
50%回收温度		不高于232	201.75	202.5
终馏点	250	不高于300	252.25	254.5
铜片腐蚀(100℃，2h)/级	1a	不大于1	1b	1b
精脱前银片腐蚀(50℃，4h)/级	0		2	2
精脱后银片腐蚀(50℃，4h)/级		不大于1	0	0

2.4 物料平衡及能耗

标定期间的反应深度降低，新氢用量比设计值低，受分馏系统降压操作影响，喷气燃料产品收率比设计值略低。

表5　物料平衡表

项目	设计收率/%	标定值	
		流量/(t/h)	收率/%
入方			
原料油	100	168.31	100
新氢	0.14	0.1	0.06
合计	100.14	168.41	100.06
出方			
塔顶气	0.27	1.11	0.66
石脑油	0.27	0.65	0.39
喷气燃料	99.6	166.59	98.98
损失		0.06	0.03
合计	100.14	168.41	100.06

标定期间，装置能耗比设计能耗低68.28MJ/t，分析原因如下：标定期间没有蒸汽消耗，也没有凝结水产生，能耗减少29.15MJ/t；标定期间的反应温度比设计温度低约8℃，反应加热炉的燃料气用量减少，另分馏塔按0.2MPa的压力进行降压操作，分馏塔底温度比设计值低，分馏加热炉的燃料气用量也减少，燃料气能耗共减少32.46MJ/t；标定期间电耗、循环水耗为受天气影响，电量和循环水用量有所减少，见表6。

表6　能耗表

项目	设计		标定	
	消耗量	能耗/(MJ/t)	消耗量	能耗/(MJ/t)
电/kW	1021	58.91	954.9	54.57
燃料气/(kg/h)	787	157.94	631.3	125.48
1.0MPa蒸汽/(t/h)	1.7	32.41		
循环水/(t/h)	412	4.6	205.6	2.27
凝结水/(t/h)	-1.7	-3.26		
合计		250.60		182.32

2.5　装置运行分析

自2017年8月份开工以来，装置运行平稳，产品满足喷气燃料标准要求，还存在以下问题，需要下一步解决。

(1) 分馏塔喷气燃料馏出口的银片腐蚀未能调整合格，基本为2级，需要通过精脱硫塔才能达到银片腐蚀0级的要求。准备通过增加氮气汽提和投用备用精脱硫剂罐来进行解决。

(2) 原料油过滤器的流通量能够满足设计要求，但原有过滤器滤芯过滤效果不好，反应器床层压差上升较快，需要滤芯进行更换，以确保装置的长周期运行。

3　结论

1.0Mt/a 喷气燃料加氢装置在保持反应器不变的情况下，通过优化催化剂装填方案，使处理量提高到1.4Mt/a,、通过改造换热流程、使能耗降低68.28MJ/t，满足了增产喷气燃料的生产需要。同时装置的改造的周期短，仅利用装置检修的期间进行，降低了炼厂的运行成本。

参考文献

[1] 夏国富，朱玫，聂红，等．喷气燃料临氢脱硫醇 RHSS 技术的开发[J]. 石油炼制与化工，2001，32(1)：12-15.

[2] 李立权．煤油加氢技术工程化的问题及对策[J]. 炼油技术与工程，2011，41(10)：8-13.

[3] 周礼俊，宋永一．液相加氢工艺在航空煤油生产上的工业应用[J]. 当代化工，2014，43(1)：111-113.

[4] 穆海涛．喷气燃料低压临氢脱硫醇(RHSS)技术的工业应用与运行分析[J]. 石油炼制与化工，2011，42(6)：29-33.

[5] 傅晓钦，黄婉利，王兴旺，等．喷气燃料加氢精制银片腐蚀不合格原因及对策研究[J]. 石油炼制与化工，2002，33(5)：13-16.

[6] 叶华伟．柴油加氢精制装置生产喷气燃料存在问题及解决措施[J]. 石油炼制与化工，2006，37(5)：15-18.

塔河劣质稠油掺炼顺北轻质原油生产运行总结

吴振华

（中国石化塔河炼化有限责任公司，新疆阿克苏　842000）

摘　要　塔河炼化加工原油为塔河劣质稠油，平均密度超过 950kg/m³，平均盐含量达到 400mg/L 以上，沥青质质和金属含量很高，电脱盐装置脱后含盐居高不下，给后续装置带来腐蚀泄露风险，另外塔河劣质稠油轻质油收率较低，急需优化提升。工业试生产表明，在装置不改造并确保原油相容性的基础上，在塔河劣质稠油中掺炼适当比例顺北轻质原油，混合原油密度和盐含量明显降低，电脱盐效果显著提高，轻质油收率大幅增加，在当前世界原油日益变重的大趋势下，轻重原油掺炼能减缓炼厂装置腐蚀，延长开工周期，提高轻收，增加经济效益，具有普遍的现实意义。

关键词　塔河劣质稠油　顺北轻质原油　掺炼　相容性　轻收　防腐

1　概述

塔河炼化公司 1#常压焦化联合装置设计加工塔河劣质稠油，原设计规模为 120×10^4t/a，始建成于 2004 年 10 月，于当年 12 月投产。2006 年 5 月进行 150×10^4t/a 适应性扩能改造，于当年 6 月投产。装置由电脱盐、闪蒸、常压、分馏、焦化、吸收稳定等部分组成，原油经常压蒸馏后，常底渣油进焦化装置进行加工。

随着塔河油田的减产，顺北轻质原油的开采力度不断加大，目前阶段，在装置不改造的基础上，加工塔河—顺北掺炼原油，选择合适的掺炼比，不仅可以提高拔出率，还可以减轻装置腐蚀，延长开工周期，对提高炼厂综合经济效益具有非常重要的意义。

2　装置存在问题

2.1　电脱盐效果不理想

2018 年塔河劣质稠油平均密度超过 950kg/m³，平均盐含量达到 400mg/L 左右，塔河原油性质逐步恶化对 1#电脱盐操作增加了难度，脱后含盐长期不达标，切水带油严重。如果原油密度能大幅降低，增加电脱盐油水密度差，脱盐效率将会明显提升。

2.2　常压腐蚀速度加快

原油中的无机盐及有机氯分解后随闪蒸油气进常压塔，造成塔盘结盐，由于产品质量调节需要，1#常压塔顶温度控制较低，增加了塔顶腐蚀风险。而电脱盐运行状态直接影响常压塔防腐效果。

2.3 常压轻收偏低

由于装置加工原油性质单一，轻质油收率仅为60%左右，在保证装置安稳生产的基础上，掺炼轻质原油[1,2]，增加高附加值产品，是当前较为可行的技术措施。

3 原油掺炼实验室调合分析

3.1 相容性考察

在塔河劣质稠油中掺入不同比例的顺北轻油，混合均匀后化验分析考察其性质。首先在相容性试验中顺北油掺炼超过30%出现不相容现象，见图1。因此建议采取5%~15%较为稳妥的比例做考察试验，见表1。

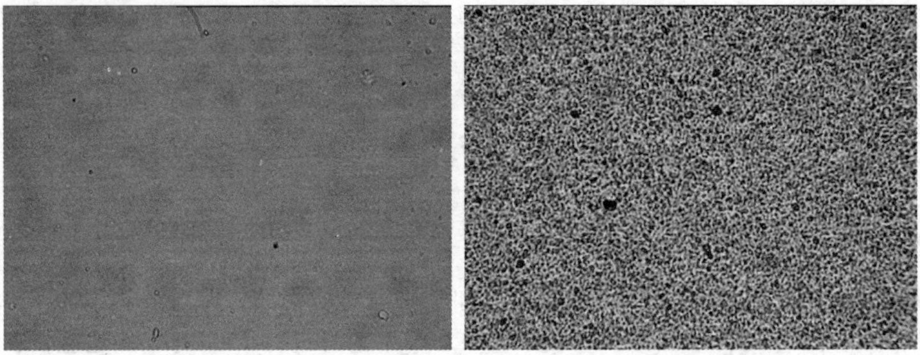

掺顺北15%　　掺顺北30%

图1 塔河劣质稠油掺顺北轻油相容性对比图

3.2 质量性质变化

表1 塔河劣质稠油掺炼顺北轻油试验结果

项　目	掺炼比例	数　值
密度(20℃)/(kg/m³)	2%顺北原油	948.9
	5%顺北原油	941.9
	8%顺北原油	936.9
	11%顺北原油	933.3
	15%顺北原油	930.4
盐含量/(mgNaCl/L)	2%顺北原油	719
	5%顺北原油	696
	8%顺北原油	679
	11%顺北原油	667
	15%顺北原油	511

从表1可知塔河劣质稠油中掺炼不同比例顺北轻油后，混合原油的密度和盐含量均有不同程度的降低。

3.3 收率数据预测

表2 不同掺比收率数据预测

组分	未掺炼		掺炼5%			掺炼10%		
	收率/%	产量/(t/d)	收率/%	产量/(t/d)	增量/(t/d)	收率/%	产量/(t/d)	增量/(t/d)
干气	0.10	4.1	0.30	12.2	8.1	0.49	20	15.9
常顶油	2.73	111.9	3.94	161.6	49.7	5.15	211.2	99.3
常一线	7.25	297.0	7.51	307.7	10.7	7.77	317.7	20.7
常二线	14.62	599.3	15.46	633.8	34.5	16.31	668.7	69.4
常渣	75.27	3086.1	72.26	2983.2	-102.9	70.25	2880.3	-205.8

4 掺炼原油进装置试生产总结

2019年4月塔河炼化1#常压—焦化装置进行掺炼原油试生产。顺北原油专罐单储，在塔河劣质稠油收油时将顺北轻质原油按照5%、8%、10%比例分阶段混入，原油罐付1#装置前要保证搅拌器正常运行，原油密度均匀，换罐前原油分析要求上、中、下采样，且分析密度偏差≯5kg/m^3。

4.1 原料分析

表3 塔河原油与顺北原油性质对比

分析项目	塔河劣质稠油	塔河顺北原油
API°	17.0	46.5
密度(20℃)/(g/cm^3)	0.9494	0.7909
运动黏度(50℃)/(mm^2/s)	1425	4.316(20℃)/(mm^2/s)
运动黏度(80℃)/(mm^2/s)	154.4	2.921(40℃)/(mm^2/s)
凝点/℃	-6	-42
倾点/℃	-3	-36
残炭值/℃	15.9	0.2
灰分含量/%	0.11	<0.002
碳含量/%	85.64	85.68
氢含量/%	11.68	14.09
硫含量/%	2.2	0.08
氮含量/%	0.41	0.02
氯含量/(μg/g)	721	2.0
闪点(闭口)/℃	44	<25
水含量(脱水前)/%	0.49	0

续表

分析项目		塔河劣质稠油	塔河顺北原油
机械杂质含量/%		0.17	/
酸值/(mgKOH/g)		0.24	0.08
盐含量/(mgNaCl/L)		831.7	<2
胶质含量/%		10.9	0.4
沥青质含量/%		14.1	<0.1
蜡含量/%		2.0	4.5
金属含量/(μg/g)	铁	39.1	<0.1
	镍	33.0	<0.1
	钒	203.0	<0.1
	钙	63.1	<0.1
	钠	300	0.3
	铜	<0.1	<0.1
	铅	0.2	<0.1
	镁	5.3	<0.1
特性因数		11.7	12.3
第一关键组分(250~275℃)API度		34.9	42.2
第一关键组分(395~425℃)API度		20.5	32.9
原油类别		高硫中间基	低硫石蜡基

表4 塔河原油与顺北原油收率对比

项　　目	塔河原油	顺北原油
常顶油(初馏点~180℃)质量收率/%	8.72	23.09
常一线(165~230℃)质量收率/%	5.18	16.5
常二线(230~350℃)质量收率/%	17.08	26.55
常压总轻收/%	30.98	66.15
常渣收率/%	69.02	33.85

表3、表4数据来源于原油评价报告，可以明显看出顺北原油性质明显优于塔河原油，主要体现在密度低、盐含量低、金属杂质少，轻质油收率高的特点。

表5 罐区不同顺北掺比混合原油主要性质对比

罐号	日期	掺比/%	密度(20℃)/(kg/m^3)	盐含量/(mgNaCl/L)	水分(混合)/%
G101	2019-3-27	0	948.5	496	0.5
	2019-4-1	5	941.7	1950	—
	2019-4-2	5	943.2	844	—
	2019-4-7	8	938.8	820	0.9
	2019-4-8	8	938.5	832	0.45
	2019-4-13	10	931.4	577	—
	2019-4-13	10	931.2	589	0.4

1#常压装置配套 G101、G102 两台原油罐，一台收油、一台付油，列举一台罐数据做分析，从表 5 可以看出 2019 年 4 月 1 日开始在 G101 原油罐中掺炼 5%顺北原油，随后是 8%和 10%的比例，混合原油密度逐渐下降，4 月 1 日盐含量比未掺炼高是塔河原油盐含量突然升高造成，随后随着顺北油掺比的提高混合原油的盐含量也是逐渐下降的。表 4 罐区调和数据与表 1 实验室数据基本吻合。

4.2 物料平衡

顺北原油掺炼共分三个阶段：

第一阶段掺炼 5%，时间 2019 年 4 月 1 日 12：00 开始至 4 月 8 日 8：00 结束。

第二阶段掺炼 8%，时间 2019 年 4 月 8 日 8：00 开始至 4 月 14 日 12：00 结束。

第三阶段掺炼 10%，时间 2019 年 4 月 14 日 12：00 开始至 4 月 16 日 22：00 结束。

表 6 顺北油掺炼常压物料平衡汇总表

时间	掺炼前		掺 5%		掺 8%		掺 10%	
	累计量/t	收率/%	累计量/t	收率/%	累计量/t	收率/%	累计量/t	收率/%
入料								
塔河原油	19997.00	—	19092.00	—	18676.00	—	7382.90	—
顺北原油	0.00	—	958.82	—	1612.00	—	801.13	—
合计	19997.00	—	20050.00	—	20288.00	—	8184.00	—
出料								
常压干气	20.00	0.10	20.27	0.10	20.69	0.10	8.35	0.10
常压石脑油	208.05	1.04	283.51	1.41	344.69	1.70	156.48	1.91
常压常一线	1359.40	6.80	1580.80	7.88	1810.10	8.92	746.71	9.12
常压常二线	3076.20	15.38	3076.40	15.34	3115.22	15.36	1267.29	15.49
常压渣油	15327.59	76.65	15083.33	75.23	14991.21	73.89	6002.96	73.35
损失	5.76	0.03	5.69	0.03	6.09	0.03	2.21	0.03
合计	19997.00	100.00	20050.00	100.00	20288.00	100.00	8184.00	100.00

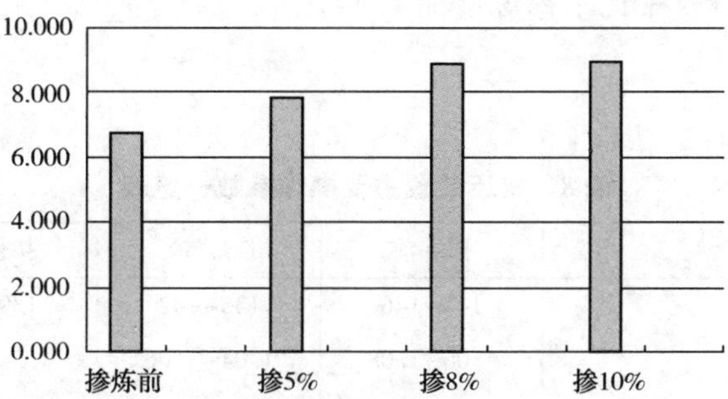

图 2 顺北油掺炼常一收率对比图

从表 6 和图 2 可知，掺炼顺北原油后，随着掺炼比例的增加，常压装置轻质油收率逐步增加[3]，常渣收率逐步降低，其中常一线收率增加最为明显，常顶其次，掺 5%时常一收率比不掺炼增加1.08%，总轻收较不掺增加1.42%；掺10%时常一收率比不掺炼增加2.32%，总轻收较不掺增加3.3%。

表7 顺北油掺炼焦化物料平衡汇总表

时间	掺炼前		掺5%		掺8%		掺10%	
	累计量/t	收率/%	累计量/t	收率/%	累计量/t	收率/%	累计量/t	收率/%
入料								
焦化进料量	15327.36	—	15083.89	—	14999.30	—	5974.16	—
出料								
焦化气体	697.26	4.55	686.92	4.55	680.35	4.54	258.72	4.33
液化气	422.47	2.76	391.28	2.59	389.75	2.60	160.89	2.69
汽油	3521.50	22.98	3556.03	23.58	3581.50	23.88	1465.10	24.52
柴油	5799.70	37.84	5903.53	39.14	5961.20	39.74	2404.60	40.25
石油焦	4881.70	31.85	4541.31	30.11	4381.80	29.21	1682.90	28.17
损失	4.73	0.03	4.83	0.03	4.70	0.03	1.95	0.03
合计	15327.36	100.00	15083.89	100.00	14999.30	100.00	5974.16	100.00

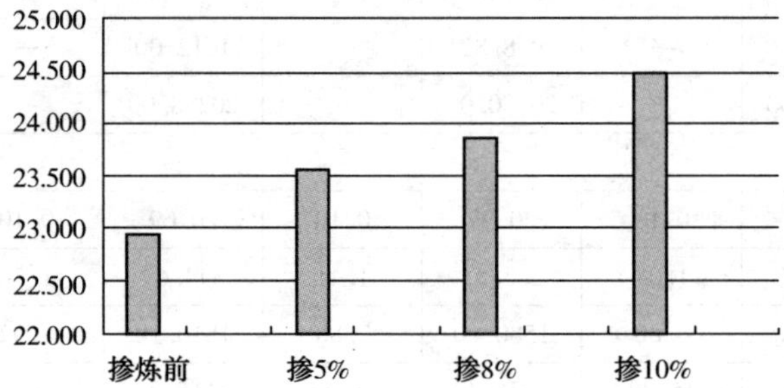

图3 顺北油掺炼焦汽收率对比图

从表7和图3可知，掺炼顺北原油后，随着掺炼比例的增加，焦化装置轻质油收率逐步增加，焦炭收率逐步降低，其中焦化汽油收率增加最为明显，掺5%时焦汽收率比不掺炼增加0.6%，掺10%时焦汽收率比不掺炼增加1.54%。

4.3 操作参数

表8 常压装置主要操作参数一览表

项目	掺炼前	掺炼5%	掺炼8%	掺炼10%
电脱盐入口温度/℃	142~146	136~142	139~142	138~141
电脱盐入口压力/MPa	1.06~1.08	1.04~1.06	1.04~1.06	1.04~1.06
电脱盐总注水量/(t/h)	17.5	15.5	15	15
闪蒸罐入口温度/℃	200~206	205~210	205~210	205~210
闪蒸罐顶压/MPa	0.15	0.15	0.15	0.15
常压炉出口温度/℃	347~349	347~349	342~346	342~345

续表

项　目	掺炼前	掺炼 5%	掺炼 8%	掺炼 10%
常压塔顶温度/℃	104	102	102	102
常压塔顶压力/MPa	0.075	0.075	0.075	0.075
常压塔顶回流量/(t/h)	16	16	16	16
常一线抽出温度/℃	175	180	180	178
常一中抽出温度/℃	180	184	183	182
常一中返塔流量/(t/h)	98	97	97	100
常二线抽出温度/℃	266	266	265	265
常压塔底温度/℃	338	337	337	334
常顶出装置量/(Nm^3/h)	2	3	4	4
常顶出装置温度/℃	37	36	35	37
常一线出装置量/(Nm^3/h)	20	24	25	26
常一线出装置温度/℃	44	48	50	52
常二线出装置量/(Nm^3/h)	13	14	13	13
常二线热供料量/(t/h)	13	14	13	14
常二线出装置温度/℃	44	46	40	40
常渣去焦化分馏塔量/(t/h)	83	80	78	78

由于塔河原油掺炼顺北油后，装置负荷变化主要反映在常压装置，因此未列焦化操作参数。从表 8 可知电脱盐和常压塔负荷变化在设计范围以内，操作数据整体正常平稳；电脱盐装置为应对原油密度降低而产生的电脱盐压力上升现象，提前适当降低原油进电脱盐温度，保证电脱盐运行平稳；常顶、常一线出装置流量略有上升，常一线油出装置温度出现超指标现象。

4.4 能耗分析

表 9　不同掺炼比例能耗数据对比表

项目	掺炼前		掺炼 5%		掺炼 8%		掺炼 10%	
	耗量	能耗	耗量	能耗	耗量	能耗	耗量	能耗
常压								
原油量	19997	—	20050	—	20288	—	8184	—
新鲜水	0	0	0	0	0	0	0	0
循环水	75000	0.38	75000	0.37	75000	0.36	30000	0.36
低压蒸汽	171.6	0.65	173.16	0.65	179.4	0.67	73.81	0.68
燃料气	118.5	5.63	121.6	5.76	122.2	5.72	48.11	5.58
电耗	157992	1.82	155212	1.78	153160	1.73	60692	1.71
常压能耗	8.48	8.57	8.5	8.34				

续表

项目	掺炼前		掺炼 5%		掺炼 8%		掺炼 10%	
	耗量	能耗	耗量	能耗	耗量	能耗	耗量	能耗
焦化								
原料量	15327	—	15084	—	15000	—	5974	—
除氧水	1326.3	0.79	1278.3	0.77	1312.56	0.81	505.3	0.77
循环水	75000	0.48	75000	0.49	75000	0.5	30000	0.5
低压蒸汽	-1887	-9.3	-1904.7	-9.6	-1965.8	-9.96	-811.9	-10.32
中压蒸汽	2390	13.72	2412.6	14.1	2369.8	13.9	988.5	14.56
燃料气	220.12	13.64	225.8	14.23	227.4	14.4	44.85	14.2
电耗	236988	3.56	232818	3.55	229134	3.51	91038	3.5
焦化能耗	22.85kgEO/t		23.53kgEO/t		23.16kgEO/t		23.22kgEO/t	

由表9可知，装置循环水、低压蒸汽、电耗总体变化不大；因焦化炉负荷下降，致使常压换热终温降低，常压炉燃料气耗量略有上升；掺炼期间焦化分馏塔顶气量增加，致使气压机负荷增加，中压蒸汽耗量略有增加。

4.5　产品质量

4.5.1　原油质量情况

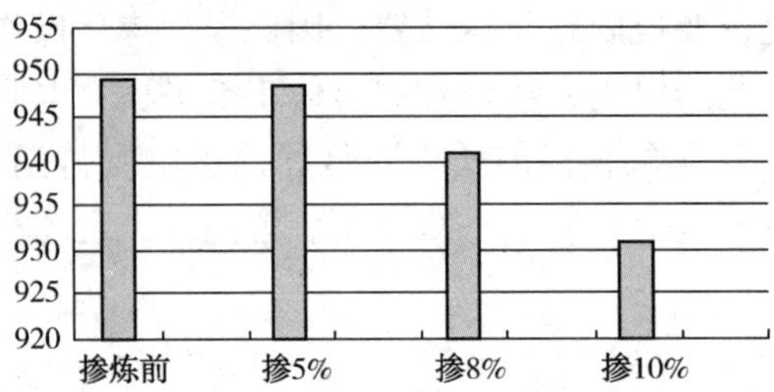

图4　顺北油掺炼原油密度变化图

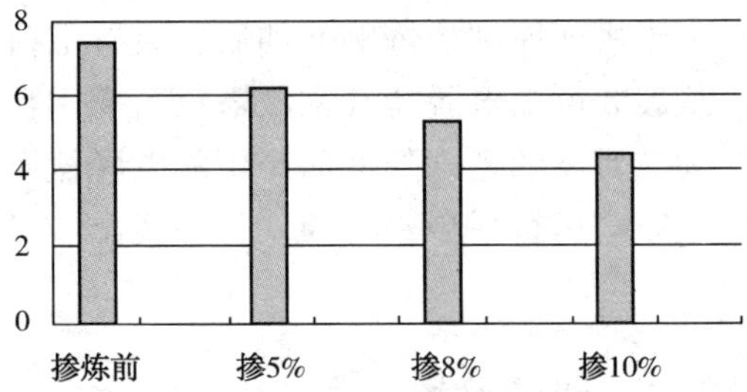

图5　顺北油掺炼脱后含盐变化图

从图4、图5可知，顺北油掺炼后原油密度大幅降低，原油密度由950kg/m^{3}左右降至930kg/m^{3}左右，油水密度差增加，有利于油水分离，提高脱盐效果；脱后含盐呈明显下降趋势，含盐量由大于7mgNaCl/L降到小于5mgNaCl/L。

4.5.2　常压质量情况

表10　不同掺炼比例常压质量数据对比表

时间	常顶油(干点)	常一线(终馏点/闪点)	常二线(95%)
掺炼前	173.1	237.1/37.4	370.9
掺炼 5%	172.6	239.2/37.4	367.4
掺炼 8%	173.9	241.6/37.2	370.3
掺炼 10%	174.9	241.1/37	370.2

从表 10 可知常压各侧线产品质量变化不大。

5 存在问题及下一步措施

（1）当塔河油中顺北油掺炼比超过 5%后，常一线油出装置温度出现超指标现象，下一步将采取常一线部分改直供料，降低冷却器负荷的措施；或采取常一线出装置前增加空冷的措施。

（2）常一线孔板流量计最大量程为 15t/h，当掺炼比达到 5%时，常一出装置流量超程，无法串级自动控制，下一步将重新核算并更换流量计。

（3）为了使掺炼原油性质更加均匀，下一步计划在油田按比例掺炼后再管输入厂。

6 总结

在塔河劣质稠油中掺炼适当比例顺北轻质原油，通过实验室相容性考察，确保工业试验时混合均匀，结果表明随着掺炼比提高，混合原油密度和盐含量明显降低，电脱盐效果显著提高，常压轻收大幅增加，与掺炼前预测对比，常一收率增加明显。在掺炼试验过程中，装置设备和操作未做大的变动，在当前原油日益变重的大趋势下，轻重原油掺炼能减缓炼厂装置腐蚀，延长开工周期，提高轻收，增加经济效益，具有普遍的现实意义。

参 考 文 献

[1] 徐培泽，徐粉年. 原油的最佳掺炼比例[J]. 金陵石油化工，1998(1)：8-11.

[2] 任瑞芳. 优化原油混炼比提高拔出率的探讨[J]. 江西石油化工，2000(2)：1-4.

[3] 董福根. 优化原油混炼比提高拔出率[J]. 石油炼制与化工，1990，22(11)：14-19.

炼油催化剂与催化材料

S Zorb 反应硫转移过程的研究

袁　蕙，徐广通，张君颖，杨行远

（中国石化石油化工科学研究院，北京　100083）

摘　要　采用 XRD、TPR-MS 等方法，自行设计反应，结合热力学数据计算，研究 S Zorb 反应的硫转移反应。结果表明硫化镍(Ni_xS_y)与氧化锌(ZnO)在氢气存在条件下的硫转移过程是气-固反应。

关键词　S Zorb 催化剂　脱硫机理　硫转移

1　前言

车用燃料清洁化的步伐日益加快，成品汽油中硫含量的控制也愈发严格。鉴于我国汽油池仍以 FCC 汽油组分为主，且 S Zorb 汽油吸附脱硫技术具有脱硫率高、氢耗低、辛烷值损失小等特点，S Zorb 技术已成为加工超低硫汽油组分的主要工艺之一。目前国内正在运行和在建的 S Zorb 装置已达 30 套以上，处理量达 4000 万吨/年以上。

中国石化买断 S Zorb 技术并已具有完全知识产权，经过多年对工业剂的跟踪研究，徐广通团队剖析了 S Zorb 催化剂的失活原因并建立失活模型[1]和 S Zorb 物相快速表征方法[2]；深入探讨了锌铝尖晶石和硅酸锌的成因[3,4]；改进了再生条件并保障工业装置长周期运转[5]。

S Zorb 脱硫加氢反应过程可表示为：$R-S+Ni+H_2 \longrightarrow R-2H+NiS$

$$ZnO+NiS+H_2 \rightleftharpoons Ni+H_2O+ZnS$$

在 S Zorb 反应化学和失活机理的研究中，笔者已经实验证实 Ni_xS_y 稳定存在[6]，得出催化剂中 Ni 和 Zn 的赋存状态和物相变化是影响 S Zorb 催化剂脱硫活性和选择性的核心[1~7]。但目前国内外研究中，对脱硫过程的硫转移反应机理仍存在诸多争议[8~11]。因此，笔者自行设计实验，采用 XRD 进行物相表征，并结合 TPR-MS 进行反应物及生成物的表征，结合热力学计算，研究硫转移过程是气-固还是固-固反应。

2　实验部分

2.1　样品

实验采用 ZnO、NiS、Ni_2S_3 为美国 Alfa Aesar 公司生产的分析纯试剂。

2.2　分析仪器和方法

2.2.1　吸附剂物相分析

采用日本理学公司的 TTR-Ⅲ型 X 射线粉末衍射仪(XRD)，射线源为 CuK_αX 射线($\lambda=$

0.15406nm)，管电压40kV，管电流250mA，2θ范围10°~80°，扫描步长0.02°/s，使用Rietveld方法[2]对XRD谱图全谱拟合，进行吸附剂主要物相的定量分析。

2.2.2 反应产物分析

采用美国麦克公司的Chemsorb化学吸附仪进行程序升温还原反应，并联用瑞士安维公司的OminiStar质谱进行反应物和产物的分析(TPR-MS)。

3 结果和讨论

目前国内外研究以NiO/ZnO模型吸附剂进行脱硫反应，提出了三个可能的硫转移反应过程：第一种认为[8~9]，汽油中的有机硫化物在催化剂表面分解并形成Ni_3S_2，然后Ni_3S_2再被氢气还原为H_2S，最后H_2S与催化剂上的ZnO发生气-固反应形成ZnS物相；第二种则认为[10]，汽油硫化物在催化剂表面分解并形成Ni_3S_2，然后Ni_3S_2与ZnO发生固-固反应形成ZnS物相；第三种认为[11]，汽油中的硫优先与ZnO物相发生快速的硫化反应，通过成核反应机理在ZnO颗粒的外表面形成ZnS壳层，然后ZnS壳层逐步向ZnO颗粒内部蔓延，形成明显的ZnS物相，这就意味这在反应过程中不会出现明显的Ni_xS_y物相。可以看到，不同条件下Ni/ZnO体系的脱硫机理存在显著差异。笔者已经实验证实待生剂表面存在稳定的Ni_xS_y物相，因此S Zorb硫转移过程不可能为第三种，但是Ni_xS_y与ZnO在氢气存在条件下是气-固还是固-固反应需要深入研究。

现将Ni_xS_y与ZnO在氢气存在条件下可能发生的反应总结于图1。前期工作发现工业再生剂中普遍存在Ni_3S_2和NiS物相。工业再生剂典型样品YA140928ZS的XRD谱图见图2，可见主峰为29.979°、3.478°、45.674°、53.228°的物相为NiS，主峰为21.756°、31.102°、37.796°、50.114°、55.157°的物相为Ni_3S_2，其质量分数分别为1.7%和5.7%。因此，选择质量分数较大的Ni_3S_2作为研究对象，设计方案来看硫转移过程气-固反应和固-固反应的可能性。

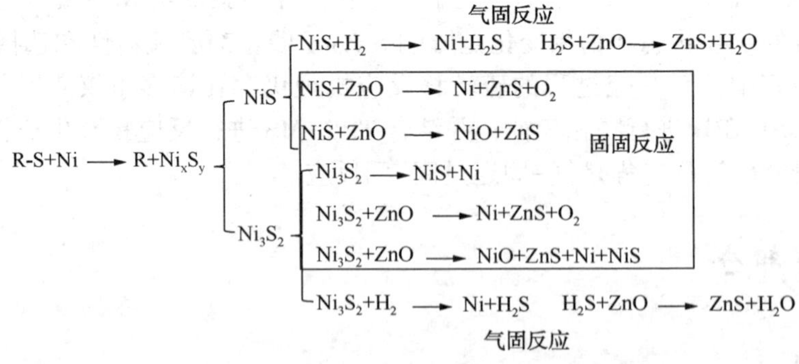

图1 Ni_xS_y与ZnO在氢气存在条件下可能发生的反应

对于可能的固-固反应$Ni_3S_2 \longrightarrow 2NiS+Ni$，由参与反应的各物质热力学数据计算，得到$\triangle G$=44.04kJ/mol(700K)。设计反应，将等量的Ni_3S_2在氩气氛中不同温度下(按照S Zorb工业条件确定几个温度点)反应6h，然后进行XRD物相表征。结果见图3，可知2θ=29.979°、45.674°处未出现NiS的特征衍射峰，说明该反应没有发生。由热力学计算固-固反应$Ni_3S_2+ZnO \longrightarrow ZnS+NiO+NiS+Ni$得到的$\triangle G$=112.89kJ/mol(700K)。再设计反应，将

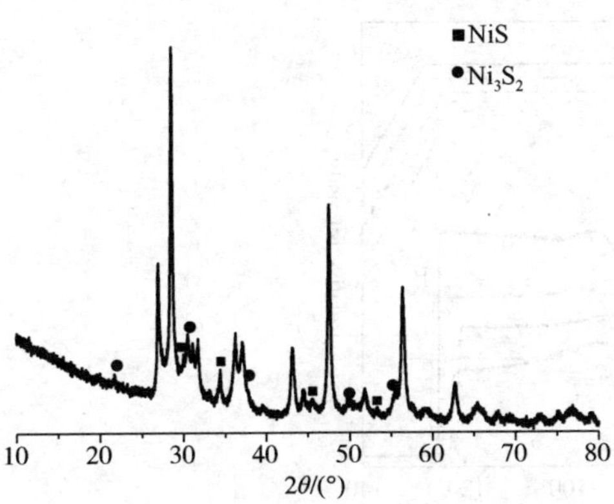

图 2　工业再生剂 YA140928ZS 的 Ni_xS_y 的 XRD 谱图

Ni_3S_2 和 ZnO 按照物质的量比 1∶2 混合，在 Ar 气氛中不同温度下反应 6h，然后进行 XRD 物相表征。其结果见图 4，可知 37.281°、43.298°处未出现 NiO 的特征衍射峰，说明该反应没有发生。而对于固-固反应 $Ni_3S_2+2ZnO \longrightarrow 3Ni+2ZnS+O_2$，由参与反应的各物质热力学数据计算，得到 $\triangle G$ = 423.96kJ/mol(700K)。数值较大，即使增大反应压力，此反应也基本不会发生。综上，硫转移过程固-固反应即便在高压条件下，发生的可能性也很小。

对于气-固反应 $Ni_3S_2+2H_2 \longrightarrow 3Ni+2H_2S$，$ZnO+H_2S \longrightarrow ZnS+H_2O$，由参与反应的各物质热

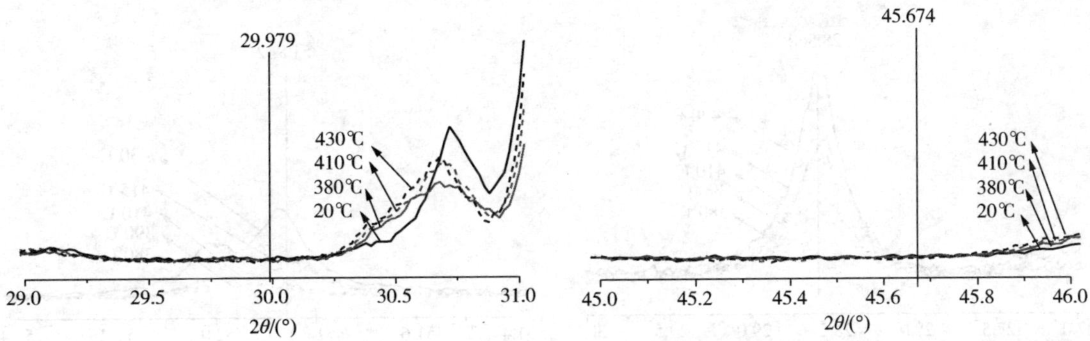

图 3　Ni_3S_2 在 Ar 气氛中不同温度下反应产物的 XRD 谱图

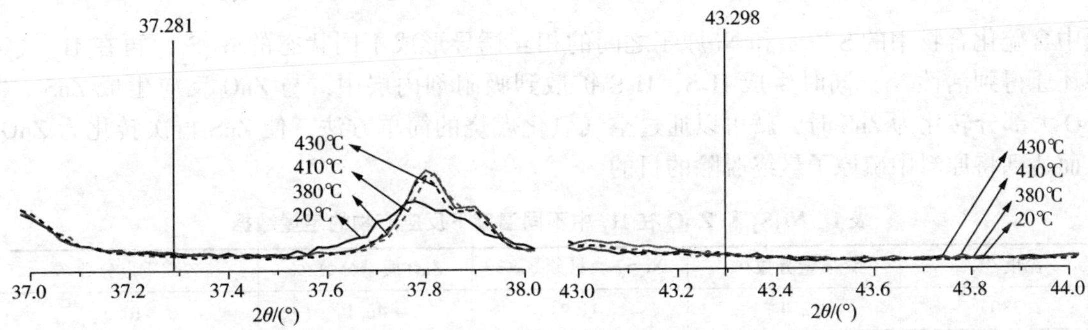

图 4　Ni_3S_2 和 ZnO 在 Ar 气氛中不同温度下反应产物的 XRD 谱图

力学数据计算，分别得到 $\triangle G$ = 106.54kJ/mol 和 68.47kJ/mol(700K)。设计反应，将 Ni_3S_2 和 ZnO 按照摩尔比 1∶2 混合，在 H_2 气氛中不同温度下反应 6h，同时进行质谱实时测定，产物进行 XRD 物相表征，结果见图 5 和图 6。由质谱图可见不同温度下均生成了 H_2S，且随反应温度升高其生成量增大。由 XRD 谱图可知 51.842°处单质 Ni 的特征衍射峰和 28.560°处 ZnS 的特征衍射峰均不断增强，而 Ni_3S_2 和 ZnO 的特征衍射峰不断减弱，百分比定量数据见表 1，证实了在 S Zorb 反应温度范围内此气-固反应确有发生。说明 S Zorb 吸附脱硫反应的硫转移过程与文献[12]推测一致。首先，吸附剂中的 NiO 在 H_2 的作用下还原成活性 Ni。汽

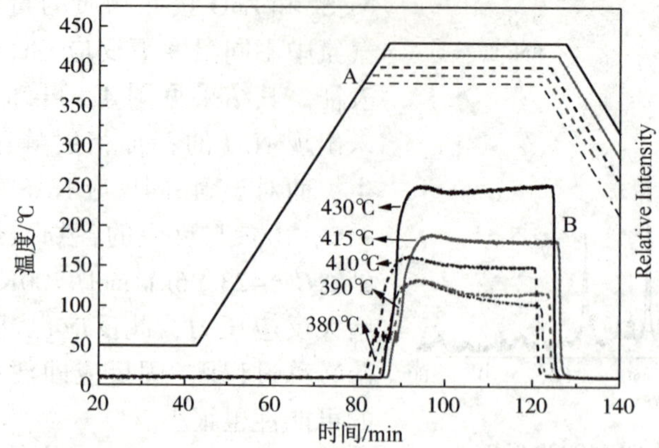

图5 Ni_3S_2 和 ZnO 在 H_2 气氛中不同温度下 H_2S 产物的 TPR-MS 谱图

（A：温度系列；B：质谱 H_2S 相对强度系列）

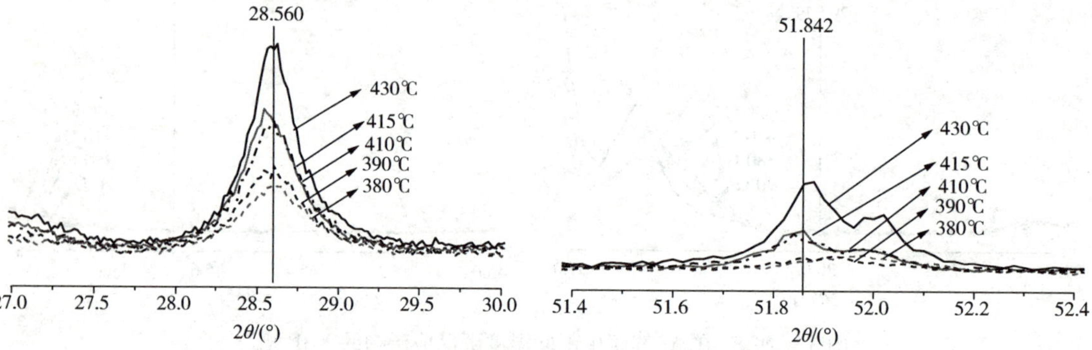

图6 Ni_3S_2 和 ZnO 在 H_2 气氛中不同温度下反应产物的 XRD 谱图

油中含硫化合物中的 S 原子和 Ni 原子之间的相互诱导形成不同状态的 Ni_xS_y，再在 H_2 气氛中还原得到活性 Ni，同时生成 H_2S，H_2S 扩散到吸附剂内层中，与 ZnO 反应生成 ZnS。当 ZnO 大部分转化为 ZnS 时，就可以通过空气氧化燃烧的简单方法，使 ZnS 再次转化为 ZnO，从而达到将原料中硫原子最终脱除的目的。

表1 Ni_3S_2 和 ZnO 在 H_2 中不同温度下反应产物的定量数据

温度/℃	Ni 质量分数/%	Ni_2S_3 质量分数/%	ZnO 质量分数/%	ZnS 质量分数/%
380	2.4	41.2	46.1	10.3
390	2.5	41.3	45.2	11.2
410	3.5	42.5	42.1	11.9
415	3.5	38.9	44.7	12.9
430	5.4	38.5	40.6	15.4

4 结论

对于 S Zorb 反应过程可能涉及的固固反应和气-固反应，进行各物质热力学数据计算，并设计反应，进行质谱实时测定，同时产物进行 XRD 物相表征。结果证实了在 S Zorb 反应温度范围内，固固反应没有发生，而 Ni_xS_y 和 ZnO 在氢气存在下确有气-固反应发生，且随反应温度升高 H_2S 生成量增大，ZnS 的特征衍射峰不断增强。

参 考 文 献

[1] 徐广通，刁玉霞，邹亢，等．S Zorb 装置汽油脱硫过程中吸附剂失活原因分析[J]. 石油炼制与化工，2011，42(12)：1-6.

[2] 邹亢，黄南贵，徐广通．S Zorb 吸附剂 Rietiveld 物相定量方法研究[J]. 石油学报：石油加工，2012，28(4)：598-604.

[3] 张欣，徐广通，邹亢等．S Zorb 吸附剂中锌铝尖晶石形成原因的研究[J]. 石油学报：石油加工，2012，28(2)：242-247.

[4] 徐华，杨行远，邹亢，等．气氛环境对 S Zorb 吸附剂中硅酸锌生成的影响[J]. 石油炼制与化工，2014，29(6)：9-14.

[5] Xu L. Influence of Carbon Content on S Zorb Sorbent Activity[J]. China Petroleum Processing & Petrochemical Technology，2013，15(2)：6-10.

[6] Yuan H，Qiu L，Xu G et al.. Identification of Ni_xS_y on Industrial Spent S Zorb Sorbents by Using XPS and TPR-MS[J]. China Petroleum Processing and Petrochemical Technology，2018，20(9)：92-97.

[7] 袁蕙，徐广通，史延强，等．利用 Operando IR-MS 研究 S Zorb 工艺中烯烃反应的影响因素[J]. 石油学报：石油加工，已接收。

[8] Bezverkhyy I，Safonova O V，Afanasiev P，et al. Reaction between thiophene and Ni nanoparticles supported on SiO_2 or ZnO：In situ synchrotron X-ray diffraction study[J]. Journal of Physical Chemistry C，2009，113(39)：17064-17069.

[9] Huang L，Wang G，Qin Z，et al. In situ XAS study on the mechanism of reactive adsorption desulfurization of oil product over Ni/ZnO[J]. Applied Catalysis B：Environmental，2011，106(1)：26-38.

[10] Zhang S，Zhang Y，Huang S，et al. Mechanistic investigations on the adsorption of thiophene over Zn_3NiO_4 bimetallic oxide cluster[J]. Applied Surface Science，2012，258：10148-10153.

[11] Burmistrov V A，Startsev A N，Yermakov Y I. ThipheneHydrogenolysis on NiS/SiO_2 Catalysts. React Kinet Catal Lett，1983，22(1-2)：107-111.

[12] Babich I V，Moulijn J A. Science and technology of novel processes for deep desulfurization of oil refinery streams：a review[J]. Fuel，2003，82(6)：607-631.

增强型 RFS 硫转移剂的开发及工业应用

曹田田[1]，温　福[2]，林春阳[3]，沙　昊[1]，朱　凯[1]，宋海涛[1]，林　伟[1]

（1. 中国石化石油化工科学研究院，北京　100083；
2. 中国石化湛江东兴石油化工有限公司，广东湛江　524012；
3. 中国石化济南分公司，山东济南　250101）

摘　要　为解决湿法脱硫塔蓝烟和烟气拖尾问题，石油化工科学研究院开发了增强型 RFS 硫转移剂，并在一系列完全再生和不完全再生催化裂化(FCC)装置上进行了工业应用。结果表明，增强型硫转移剂可大幅降低烟气中 SO_2 和 SO_3 质量浓度，降低脱硫塔操作负荷和碱液消耗量，降低外排废水盐含量与 COD 含量，改善脱硫塔蓝烟和拖尾情况。此外增强型硫转移剂的应用对裂化产物分布、产品性质和装置运行无负面影响。

关键词　催化裂化烟气　脱硫塔　蓝烟　拖尾　硫转移剂

随着国家对环保的重视和环境法规的严格，国内炼厂较多 FCC 装置安装了再生烟气湿法洗涤脱硫设施，烟气中 SO_2 和粉尘浓度得到有效控制。但同时也逐步显露出一些问题，主要包括大量水和碱液消耗、设备腐蚀、蓝烟拖尾以及高浓度含盐污水排放等。尤其是蓝烟拖尾和外排废水等二次污染问题目前受到广泛关注。

根据国内外研究报道[1]及石油化工科学研究院(RIPP)研究进展，湿法脱硫塔较难脱除的 SO_3 及循环液盐含量较高都可能造成蓝烟和烟气拖尾现象。通过加注硫转移剂，一方面可高效捕集 SO_3，避免在脱硫塔中形成 SO_3 气溶胶造成拖尾和蓝烟现象；另一方面，还可显著降低 SO_2 浓度从而降低碱液用量和脱硫塔负荷，有助于减少循环液和废水盐含量，间接上也有利于缓解烟气拖尾。本文主要介绍增强型 RFS 硫转移剂的开发情况以及在完全再生和不完全再生装置上的工业应用情况。

1　增强型 RFS 硫转移剂开发情况

硫转移剂技术较为成熟，其催化作用原理已有较多文献介绍[2-4]。初始形态的硫转移剂首先被加入催化裂化装置再生器中，在再生器中利用再生空气中的 O_2 促进烟气中 SO_2 生成 SO_3，碱性活性组分与 SO_3 结合形成高温稳定的硫酸盐，随再生催化剂循环进入提升管反应器。在提升管反应器中在 H_2 及还原性烃类存在的条件下，硫酸盐发生两类还原反应，一类被还原成硫转移剂初始形态和 H_2S，另一类还原反应生成中间硫化物，继续随主催化剂循环进入沉降器汽提段，在此过程中在高温条件下与油气中的水蒸气继续发生反应，生成硫转移剂初始形态，同时产生 H_2S。最终以硫转移剂初始形态随待生催化剂循环进入再生器，完成整个硫转移剂与 SO_x 反应-吸附-还原，脱除硫化物，最后再生恢复活性的整个过程。

为了强化对烟气 SO_x 的捕集效率，RIPP 在常规 RFS09 助剂技术基础上，开发了增强型

RFS 硫转移剂[5]，针对性地提高了其中关键活性组分 MgO 的含量；同时，对储氧组分含量进行了调整，以进一步提高助剂在过剩氧含量较低、包括贫氧条件下对 SO_x 的脱除效率。此外，对助剂的制备工艺进行了优化，以保持较好的耐磨损性能，适应催化装置对磨损指数的要求，避免助剂跑损对 SO_x 脱除效率及装置操作造成不利影响。

图 1 是增强型 RFS 硫转移剂以及对比剂的 XRD 图，可以看出增强型 RFS 硫转移中 CeO_2 和 MgO 分散度明显高于对比样品，高分散度可更有效地促进烟气中 SO_x 的氧化和捕集。图 2 是各类硫转移剂的催化性能模拟评价结果，可以看出增强型 RFS 硫转移剂与对比样品相比，对 SO_2 的捕集性能更强；经过还原再生处理后，相对对比样品的优势更为明显，表明增强型 RFS 硫转移剂较好地实现了设计目标。此外，增强型硫转移剂使用过程中对装置操作无特殊要求，不影响主催化剂的性能和裂化产物分布。

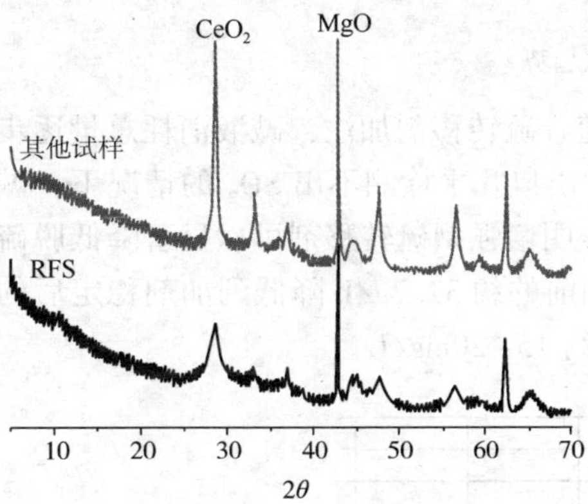

图 1 增强型 RFS 硫转移剂以及对比剂的 XRD 谱图

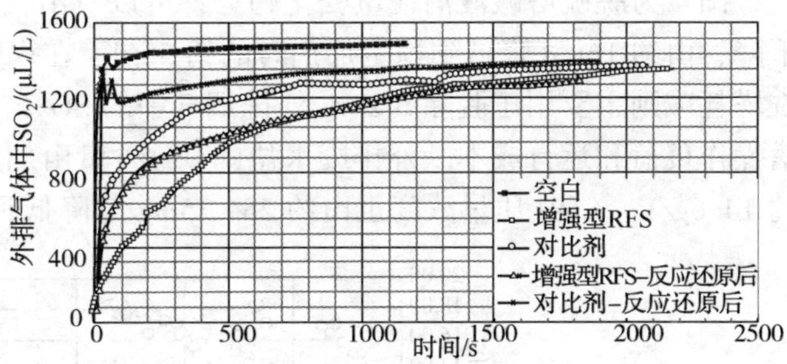

图 2 SO_2 吸附捕集性能对比评价结果

2 增强型 RFS 硫转移剂的工业应用

增强型 RFS 硫转移剂于 2015 年在中国石化催化剂有限公司完成工业试生产，近年来持续进行多次技术完善和质量升级，已在中国石化、中国石油、中海油、中国化工、台湾中油等近 30 套催化装置上成功应用，烟气 SO_x 减排效果显著，脱硫塔负荷(碱液消耗量)及外排废水盐含量均大幅降低，蓝烟拖尾现象可得到有效控制。下面分别介绍其在典型完全再生装置和不完全再生装置的工业应用情况。

2.1 用于完全再生装置

中国石化湛江东兴石化二催化装置为设计加工能力 150 万吨/年的 MIP-CGP 装置，当前加工量 185t/h，原料油以常压渣油为主，S 含量约 0.45%(有时高达 0.7%)。采用完全再生操作(烧焦管+床层)，余热锅炉出口烟气过剩氧含量约 2%，采用湿法脱硫和 LoTOx 进行烟气脱硫脱硝后处理。脱硫塔入口空白烟气 SO_2 约 681mg/m^3，采用 H_2O_2 吸收-离子色谱法实测总 SO_x 质量浓度为 1033mg/m^3，SO_3 质量浓度约 440mg/m^3(约占 SO_x 体积分数的 34%)。装置自 2019 年 1 月 3 日起加注增强型 RFS 硫转移剂，图 3 为应用硫转移剂后烟气脱硫塔前

SO_2 质量浓度变化趋势，SO_2 浓度由 681mg/m^3 快速降低至 100mg/m^3 以下，进入1月后随着硫转移剂的持续加注，SO_2 浓度随之降低并稳定维持在 15mg/m^3 以下，烟气 SO_2 脱除率达到95%以上。此外实测 SO_3 质量浓度降低至 8mg/m^3，其脱除率近98%，近乎完全脱除。

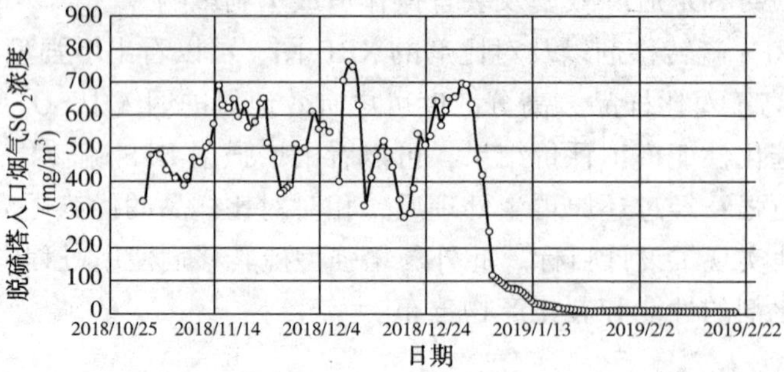

图3　烟气 SO_2 浓度变化趋势

图4为脱硫塔碱液消耗量变化趋势，可以看出，随着硫转移剂加注，碱液消耗总量逐步下降，由约16t/d降低到稳定加剂时的约5t/d。在锅炉出口几乎检测不出 SO_2 的情况下，碱洗塔耗碱则主要用于脱除S Zorb外排烟气中的 SO_2，表明增强型硫转移剂可以显著降低脱硫塔操作负荷和运行成本。外排废水盐(TDS)含量由加剂前的约32.7g/L降低到加剂稳定后的约14.6g/L，COD质量浓度也由约25~35mg/L降低到约15~20mg/L。

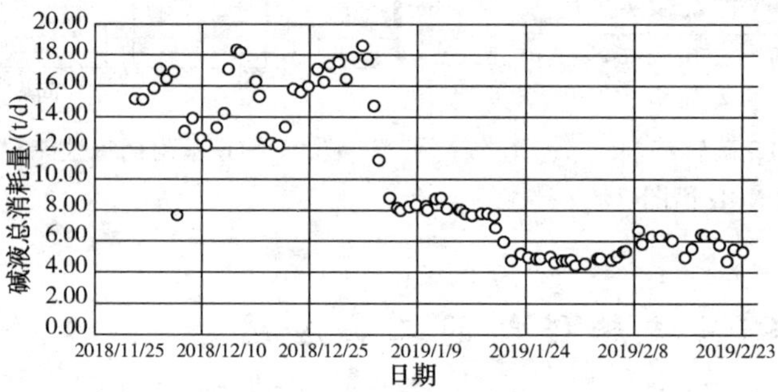

图4　脱硫塔碱液消耗量变化趋势

需要说明的是加注硫转移剂后，裂化产物分布、主要产品的组成与性质无明显变化；再生器稀密相温度、外取热产汽量基本稳定。表明硫转移剂的应用对裂化产物分布和产品性质无负面影响，装置操作、运行平稳，助剂无明显跑损问题。并且在仅考虑碱液消耗以及硫磺回收进行经济效益核算时，每年加注硫转移剂带来的经济效益约为270万元。

2.2　用于不完全再生装置

中国石化济南分公司一催化装置改造后设计加工量为120万吨/年的重油+88万吨/年LTAG。重油反应器以常压蜡油和渣油为主要原料，副反应器以LTAG为原料；装置再生系统为两段再生，一再贫氧操作，二再富氧操作。采用湿法脱硫和SCR进行烟气脱硫脱硝后处理。如表1所示，加注硫转移前脱硫塔入口烟气中 SO_2 质量浓度约 738mg/m^3，总 SO_x 质量浓度(以 SO_2 计)为 860mg/m^3，SO_3 质量浓度约 153mg/m^3(约占 SO_x 体积分数的14%)。加注硫转移剂后实测脱硫塔入口烟气中 SO_2 质量浓度约 334mg/m^3，SO_x 总质量浓度(以 SO_2

计)约 390mg/m^3，SO_3 脱除率为 54.2%，总 SO_x 脱除率为 54.7%。

表 1　硫转移剂应用前后烟气中 SO_x 质量浓度及脱除率

项目	SO_2/(mg/m^3)	总 SO_x(以 SO_2 计)	SO_3
2 月 14 日	738	860	153
3 月 14 日	334	390	70
SO_x 脱除率/%	54.7		

通过对加注硫转移剂前后注碱用量进行统计发现，硫转移剂加前烟气脱硫用碱量平均为 14.98t/d，硫转移助剂平衡加注后用碱量平均为 6.37t/d，用碱量降低约 57.48%，降幅基本与烟气中 SO_2 脱除率一致。外排 TDS 含量由加剂前的约 36.2g/L 降低到加剂后的约 14.4g/L，下降约 60.2%，主要原因是烟气中的 SO_x 经硫转移剂捕集后大幅降低，从而降低了外排水中 Na_2SO_3、Na_2SO_4等盐含量。外排含盐废水盐含量的降低不仅有利于废水处理，而且可以降低管线结垢，减缓设备腐蚀，有利于装置长周期运行。

图 5　加剂前后烟气烟羽对比图

图 5 是从加剂前后烟气外观对比图，加注硫转移剂后脱硫塔蓝烟和拖尾现象得到有效控制，烟气外观更为清净，烟羽更多情况下接近直立排放，即使在气象条件不利时拖尾长度相对以往也大幅缩短。

此外，与完全再生装置相同的是增强型硫转移剂的应用对裂化产物分布和产品性质无负面影响。经济效益核算(仅考虑碱液消耗以及硫黄回收)表明加注转移剂每年带来的经济效益约 25.3 万元。

3　结论

本文主要介绍了增强型 RFS 硫转移剂的开发情况以及在两套代表性 FCC 装置上的工业应用情况。增强型硫转移剂在完全再生装置上的总 SO_x 脱除率高达 98%，在不完全再生装

置上的总 SO_x 脱除率也可达到 54.7%。加注硫转移剂后脱硫塔注碱量减少，蓝烟拖尾得到明显改善，社会效益显著。此外，通过降低碱液消耗、回收硫黄、降低废水盐含量及其处理费用等，使用增强型硫转移剂还可产生明显的经济效益。

参 考 文 献

[1] Sexton J A. FCC Emission Reduction Technologies through Consent Decree Implementation：FCC SO_x Emissions and Controls [G]// Occelli M L. Advances in Fluid Catalytic Cracking. CRC press，Boca Raton，2010：291-314.

[2] 陈俊武，许友好. 催化裂化工艺与工程[M]. 3版. 北京：中国石化出版社，2015：481-488.

[3] 张德义. 面临新的形势，迎接新的挑战，进一步发挥催化裂化在原油加工中的作用[C]//催化裂化协作组第十一届年会报告论文选集，江西九江，2007：13.

[4] 蒋文斌，冯维成，谭映临，等. RFS-C 硫转移剂的试生产与工业应用[J]. 石油炼制与化工，2003，12：21-25.

[5] 杨磊，王寿璋，宋海涛，等. 控制蓝烟和拖尾的增强型 RFS 硫转移剂的工业应用[J]. 石油炼制与化工，2018，49：10-15.

催化裂化过程中汽油硫化物的转化研究

孙书红，郑云锋，黄校亮，谢　鑫，高雄厚

（中国石油兰州化工研究中心，甘肃兰州　730060）

摘　要　本文针对炼油业对提高汽油品质、降低汽油硫含量的要求，进行了汽油硫分布、硫化物裂化行为研究，以及原料油与操作条件对汽油品质的关联性研究。结果表明，全馏分汽油中，噻吩类化合物占汽油硫含量的89.8%，且主要分布在汽油重馏分中，低沸点馏分中的硫含量较低，烯烃含量高；切割点每降低15℃，汽油硫含量降低10%。采用低硫原料油、增加剂油比、延长反应时间以及采用适宜的反应温度，有利于降低催化裂化汽油硫含量。工业实际中可根据汽油质量要求，在保持较高的液收的情况下，在原料与催化裂化工艺方面进行全面管理，以满足低硫、低烯烃和高辛烷值汽油的生产要求。

关键词　重油　催化裂化　硫分布　汽油脱硫　降烯烃

汽车尾气排放所带来的环境污染问题日益受到人们的重视，提高成品油质量、降低环境污染迫在眉睫。目前世界主要发达国家严格限制车用汽油的硫和烯烃含量，世界燃料规范Ⅳ类车用汽油标准要求硫含量小于10μg/g，烯烃含量小于10%(体)。我国2019年1月1日开始实施车用汽油国VI标准，要求汽油硫含量小于10μg/g，汽油烯烃<15%~18%(体)，汽油向低硫化、清洁化方向发展是大势所趋。

催化裂化工艺是我国炼油企业最主要的加工重油手段，商品汽油85%~95%的硫来自催化裂化汽油。与此同时，我国加工进口原油的比例逐年增加，中东高钒、高硫原油将成为我国主要的进口原油，这使得降低催化裂化汽油硫含量的要求更加迫切。虽然目前的技术中，可以通过汽油加氢后处理的方案降低汽油的硫含量，但这个过程中由于烯烃饱和，存在辛烷值降低的问题。在催化裂化过程中，不需要增加设备和投资，依靠工艺和催化剂结合，实现汽油硫化物的原位脱除，减轻加氢后处理的负担，具有重要意义。

本文进行了催化裂化过程中汽油硫化物的转化行为研究，旨在发现脱除汽油硫化物的有效方法，研究汽油脱硫工艺与催化裂化反应产品选择性的关联性等，为生产低硫、清洁汽油提供依据。

1　实验部分

1.1　原料

(1) 呼和浩特石化催料(硫含量0.18%)：取自呼和浩特石化公司；大连石化四催原料(硫含量0.24%)：取自大连石化公司；兰州石化3.0Mt/a催化裂化装置原料：取自兰州石化公司。

(2)LBO-16催化剂、LB-2催化剂：兰州石化公司催化剂厂生产。

1.2 主要分析评价方法

（1）催化剂裂化反应性能评价：在FFB-3催化裂化固定流化床试验装置上进行，催化剂预先在800℃、100%水蒸气条件下处理10h，反应原料为70%新疆减压宽馏分油与30%新疆减压渣油的混合料，反应条件为剂油比4.0，反应温度500℃，空速15h^{-1}。或在小型提升管装置上进行，催化剂预先在800℃、100%水蒸气条件下处理10h，反应原料为70%新疆减压宽馏分油与30%新疆减压渣油的混合料。

（2）汽油组成、辛烷值：色谱法，标准号Q/SH 018·0133

（3）汽油硫含量：紫外荧光法，标准号SH/T 0689-2000

2 结果与讨论

2.1 汽油硫分布与硫化物裂化行为

以兰州石化公司3.0Mt/aFCC装置催料为原料，在提升管装置上进行裂化反应，将反应后的汽油切割成不同馏程范围的汽油馏分，性质见表1。以提升管反应得到的汽油，进一步在小型固定流化床装置上进行裂化反应评价，研究硫化物的裂化反应行为。裂化反应产生的汽油的性质见表2。

表1 提升管催化裂化不同馏程范围的汽油馏分性质

项目	<75℃	75~205℃	全馏分汽油
汽油组成/%(体)			
NP	3.93	5.37	5.07
IP	38.93	22.48	27.68
O	47.20	20.36	28.62
N	7.46	8.96	8.49
A	2.47	42.83	30.13
汽油硫含量/(μg/mL)	135	663	509
辛烷值			
RON	86.6	87.5	86.8
MON	86.4	77.3	79.3
比例(相对于全馏分汽油)/%	22.88	77.12	100

表1中的结果表明，FCC汽油中的硫主要分布在沸点高的重馏分中，虽然<75℃馏程汽油占全馏分汽油质量的22.88%，但其硫含量只占全馏分汽油总硫含量的6.1%。原料汽油中芳烃(大分子)主要存在于重馏分汽油(75~205℃)中，而烯烃(小分子)和烷烃主要存在于轻馏分汽油(<75℃)中。所以，如果将汽油中的重馏分进行切割，使含硫高的重汽油切割进入柴油，将有利于降低汽油馏分的硫含量。或者将切割出来的重馏分汽油进行加氢后处理，可使汽油硫含量进一步降低，同时避免汽油轻馏分中的烯烃饱和，减少汽油加氢过程中的辛烷值损失。

表 2 汽油[①]在小型固定流化床装置上裂化反应生成汽油的性质

项目	75~205℃汽油	全馏分汽油
汽油组成/%(体)		
NP	5.40	5.06
IP	38.90	40.54
O	7.06	5.29
N	9.32	8.82
A	39.22	40.23
汽油硫含量/(μg/mL)	347	204
硫含量降低/%	47.7	59.9
辛烷值		
RON	88.4	90.1
MON	78.9	79.5

①原料汽油：提升管裂化反应生成的汽油。

表2中的裂化汽油性质分析结果表明，与原料汽油相比(参见表1)，催化裂化汽油经过固定流化床进一步裂化反应后，所生成汽油的硫含量降低45%以上，说明与汽油中的其他成分相比，硫化物更容易吸附在催化剂的活性中心上，通过裂化反应转化为硫化氢和不含硫的烃类，或者通过吸附进入焦炭，从而使汽油硫含量进一步降低。

对上述提升管催化裂化汽油和固定流化床进一步反应(以提升管裂化生成的全馏分汽油为原料)生成的汽油，采用气相色谱法进行硫化物分布分析，结果见表3。

表 3 汽油硫分布分析结果

硫浓度/(mgS/kg)	提升管产生的全馏分汽油	提升管裂化<75℃汽油	固定床产生的全馏分汽油
2,3,4-三甲基噻吩	30.5	—	2.8
2,3,5-三甲基噻吩	35.0	—	—
2,3-二甲基噻吩	56.4	—	4.5
2,4-二甲基噻吩	45.7	—	6.6
2,4-二甲基四氢噻吩	3.8	—	—
2,5-二甲基噻吩	22.8	—	—
2或3-乙基噻吩	18.9	—	—
2-丙基噻吩	7.6	—	—
2-甲基-4-乙基噻吩	10.6	—	—
2-甲基-5-乙基噻吩	6.2	—	—
2-甲基噻吩	67.1	8.3	10.9
2-甲基四氢噻吩	7.1	—	4.8
3,3-二甲基四氢噻吩	2.5	—	—
3,4-二甲基噻吩	23.1	—	5.2
3-丙基噻吩	12.5	—	—
3-甲基-4-乙基噻吩	10.7	—	—
3-甲基噻吩	78.1	6.9	17.6

续表

硫浓度/(mgS/kg)	提升管产生的全馏分汽油	提升管裂化<75℃汽油	固定床产生的全馏分汽油
4-甲基-2-乙基噻吩	11.1	—	—
C4噻吩	45.9	—	—
C6硫醇	15.8	—	2.2
C7硫醚	21.2	—	—
苯并噻吩	84.3	—	8.7
甲基苯并噻吩	52.2	—	11.9
噻吩	42.0	88.6	14.0
四氢噻吩	20.1	—	10.0
其他硫化物	40.1	13.4	38.7
总硫	771.3	117.2	137.9

表3结果表明，在提升管催化裂化生成的全馏分汽油中，硫醇、硫醚类只占4.8%，硫化物以噻吩类化合物为主，占89.8%；在提升管催化裂化生成的<75℃轻汽油馏分中只含有少量的硫，主要是噻吩，占这个馏程范围内汽油总硫的75.6%。提升管重油裂化产生的全馏分汽油再在固定流化床装置上进行反应，所得到的全馏分汽油中，各种硫化物含量均降低，说明在固定床催化裂化反应过程中，存在噻吩类化合物的裂化开环、转化为不含硫的化合物的过程，也说明即使噻吩类的难以裂化的硫化合物也可以在催化裂化过程中分解。

表3中，与提升管反应产生的汽油相比，固定流化床反应产生的汽油中的2-甲基四氢噻吩、3-甲基噻吩、甲基苯并噻吩、噻吩和四氢噻吩降低的幅度相对少，尤其2-甲基四氢噻吩、噻吩和四氢噻吩降低的幅度最少，说明这些噻吩类化合物相对稳定。气相色谱法分析的硫含量与电量法分析的硫含量有差距，具体原因待分析。

表3的分析结果也表明，对于兰州石化公司的原料油，催化裂化汽油中的硫化物主要为噻吩类化合物，虽然文献认为噻吩类硫化物很难裂化分解，但本研究结果表明，在催化裂化过程中能够实现噻吩类硫化物从汽油馏分中的部分脱除。

2.2　原料油对催化裂化汽油硫含量的影响

原料油硫含量对催化裂化汽油硫含量影响很大，在提升管装置上对呼和浩特石化催料(硫含量0.18%)、大连石化四催原料(硫含量0.24%)和兰州石化300万t/a催化裂化装置原料(硫含量0.61%)进行了评价，相应的催化裂化汽油硫含量分析结果见图1。

图1的结果表明，随着原料油硫含量提高，催化裂化反应后得到的汽油的硫含量也提高，根据图1中的3组数据计算得到，汽油的硫含量基本上为原料油的8%~9%。因此，可以通过采用低硫原料油的途径生产低硫汽油。但是，由于原料油来源不同，或者

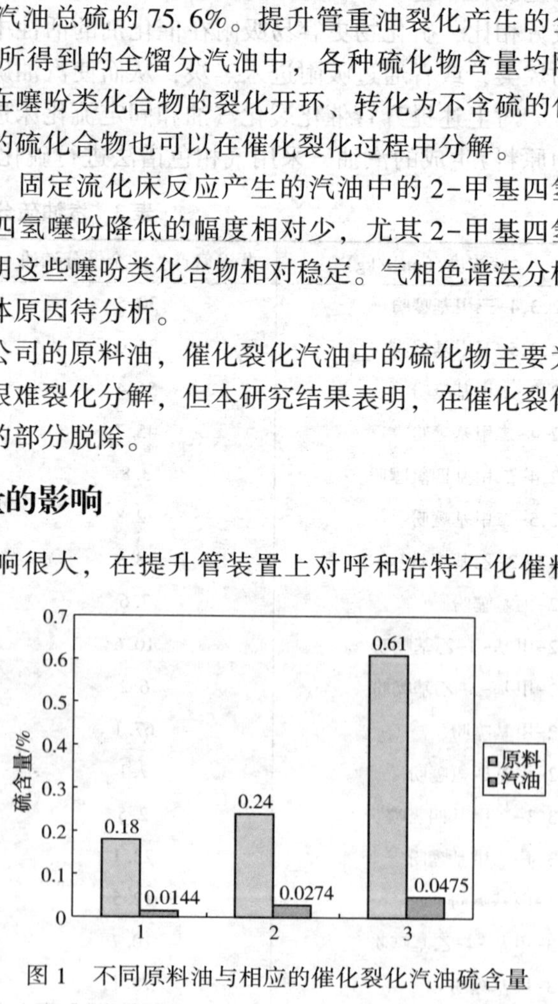

图1　不同原料油与相应的催化裂化汽油硫含量

由于经济利益的驱使需要掺炼重油，工业生产中很难保证只炼制低硫原料油，这就需要同时采用其他的方法实现低硫汽油的生产目的，例如，将高硫含量的原料油进行加氢预处理脱硫以后，再作为催化裂化原料进行加工处理，或者将催化裂化汽油进行加氢后处理等。

2.3 操作条件对汽油质量的影响

本文中，以75%LBO-16复配25%LB-2催化剂作为催化剂，以兰州石化公司3.0Mt/a FCC装置催料为原料，在提升管装置进行裂化反应评价，分别考察了不同剂油比、反应时间、反应温度等工艺条件对催化裂化反应产品分布、汽油硫含量等的影响。

2.3.1 剂油比

表4为不同剂油比(重量比)条件下提升管重油催化裂化反应结果，表5为反应生成的汽油性质分析结果。

表4、表5结果表明，剂油比由5.6提高到7.4，催化裂化转化率提高3.33个百分点，重油降低2.41个百分点，总液收和轻质油收率分别提高1.90和0.39个百分点，焦炭和干气选择性不变差，汽油硫含量降低6%。总的来看，提高剂油比有利于改善催化裂化选择性，汽油硫含量有所降低。从汽油组成的分析结果看，剂油比由5.6提高到7.4，烯烃降低2.04个百分点，异构烷烃增加2.83个百分点，汽油辛烷值有所增加。

表4 不同剂油比条件下提升管催化裂化反应结果

剂油比	5.6	7.4
反应温度/℃	500	500
反应时间/s	2.00	1.99
物料平衡/%		
干气	1.37	1.41
液化气	16.32	17.83
C_5汽油	50.52	51.82
柴油	13.47	12.55
重油	8.64	6.23
焦炭	9.38	9.88
转化率/%	77.89	81.22
总液收/%	80.31	82.21

表5 不同剂油比条件下汽油性质分析结果

剂油比	5.6	7.4
汽油组成/%(体)		
NP	4.62	4.70
IP	26.09	28.92
O	43.36	41.32
N	6.16	6.07
A	19.78	18.99
汽油硫含量/(μg/mL)	427	401
辛烷值		
RON	88.5	88.8
MON	80.2	80.7

2.3.2 反应时间

试验中，改变反应时间是通过在两套径高比不同的催化裂化提升管装置中进行反应实现的。表6为不同反应时间条件下提升管催化裂化反应结果，表7为反应生成的汽油性质分析结果。

表6 不同反应时间下提升管催化裂化反应结果

反应时间/s	2.00	3.47
反应温度/℃	500	500
剂油比	5.6	5.6
物料平衡/%		
干气	1.37	2.41
液化气	16.32	24.69
C_5汽油	50.52	46.46
柴油	13.47	9.19
重油	8.64	3.43
焦炭	9.38	13.54
转化率/%	77.89	87.39
总液收/%	80.31	80.34

表6结果表明，反应时间由2.00s延长到3.47s，催化裂化转化率提高9.5个百分点，重油收率降低5.21个百分点，轻质油收率降低8.34个百分点，总液收变化不大，但焦炭和干气选择性变差，焦炭产率提高4.16个百分点，说明反应时间3.47s下存在过裂化现象，虽然重油被裂化，但并没有使有价值的产品增加，而是主要转变成焦炭和液化气，同时柴油产率降低。

表7 不同反应时间下汽油性质分析结果

反应时间/s	2.00	3.47
汽油组成/%(体)		
NP	4.62	4.70
IP	26.09	28.92
O	43.36	41.32
N	6.16	6.07
A	19.78	18.99
汽油硫含量/(μg/mL)	427	401
辛烷值		
RON	88.5	88.8
MON	80.2	80.7

从表7汽油组成看，反应时间由2.00s延长到3.47s，汽油异构烃有所增加，环烷烃和芳烃有所减少，辛烷值有所增加。当反应时间由2.00s延长到3.47s，汽油硫含量降低了

22.5%，推测认为，反应时间延长，油品二次裂化和氢转移反应加强，与其他成分相比，硫化物能够选择性地吸附在催化剂上，在裂化和氢转移的共同作用下进一步裂化分解，从而使汽油硫含量得到进一步降低，这与硫化物裂化分解机理也是一致的。

2.3.3 反应温度

表8、表9分别为不同温度下催化裂化产品分布和汽油性质分析结果。

表8 不同反应温度下提升管催化裂化反应结果

反应温度/℃	470	500
反应时间/s	3.47	3.47
剂油比	5.6	5.6
物料平衡/%		
干气	1.56	2.41
液化气	18.40	24.69
C_5汽油	53.51	46.46
柴油	10.74	9.19
重油	3.43	3.43
焦炭	12.09	13.54
转化率/%	85.84	87.39
总液收/%	82.65	80.34

表9 不同反应温度下汽油性质分析结果

反应温度/℃	470	500
汽油组成/%(体)		
NP	4.58	4.47
IP	41.90	27.79
O	20.35	44.15
N	6.84	5.23
A	26.33	18.36
汽油硫含量/(μg/mL)	377	331
辛烷值		
RON	89.7	88.8
MON	81.5	81.1

表8结果表明，在反应时间3.47s、剂油比5.6的条件下，反应温度由500℃降低到470℃，转化率降低1.55个百分点，重油相当，总液收和轻质油收率分别提高2.31和8.6个百分点，焦炭降低1.46个百分点，焦炭和干气选择性改善。

从表9汽油组成的分析结果看，反应温度由470℃提高到500℃，汽油辛烷值有所降低，RON降低1个单位左右，汽油硫含量降低12.2%。虽然低温有利于氢转移，但硫化物裂化分解、释放硫化氢的过程同时受到催化裂化反应的控制，是裂化与氢转移反应共同作用的结果，如何控制这两种反应的深度，对降低汽油硫含量非常关键。

根据催化裂化原料油、工艺操作条件以及汽油切割点等对催化裂化汽油硫含量的影响，本文作者认为，除了开发适宜硫化物吸附、裂化分解的专用催化剂之外，采用低硫原料油、优化操作条件、适当降低汽油的切割点，实现硫化物的全面管理，有望达到在催化裂化过程中最大限度降低汽油硫含量的目的。

3 结论

3.1 采用低硫原料油、增加剂油比、延长反应时间以及采用适宜的反应温度，有利于降低催化裂化汽油硫含量。

3.2 在汽油馏程范围内，低沸点馏分中的硫含量较低，烯烃含量高；切割点每降低15℃，汽油硫含量降低10%。工业实际中可根据汽油质量要求，在保持较高的液收的情况下，在原料与催化裂化工艺方面进行全面管理，以满足低硫、低烯烃和高辛烷值汽油的生产要求。

硫转移剂 RFS09 在催化裂化装置再生烟气蓝烟消除中的应用

侯利国，龚朝兵，夏树海，花　飞

（中海油惠州石化有限公司，广东惠州　516086）

摘　要　针对惠州石化催化裂化装置投用烟气净化系统后出现的蓝色烟羽与拖尾现象，选用 RFS09 硫转移剂进行治理。标定结果显示：在再生烟气过剩氧含量在 4.2%～5.5%（体），硫转移剂加注量占系统总藏量 2.56%时，洗涤塔入口烟气中 SO_3 浓度由 527.5mg/Nm^3 下降至 16.0mg/Nm^3，脱除率可达 97.52%，有效地控制了再生烟气“蓝烟”、拖尾等问题。洗涤塔的碱耗降低约 90%。试用 RFS09 期间，存在再生器尾燃及粉尘含量略有增大的问题，可通过采取加入 CO 助燃剂和降低硫转移剂磨损指数等措施进行优化。

关键词　催化裂化　蓝色烟羽　SO_3　硫转移剂　脱硫效果

催化裂化装置是炼油厂生产汽油和柴油的重要的重油轻质化装置。随着环保法规对催化裂化装置再生烟气 SO_x 的排放限制愈趋严格，烟气后处理技术得到广泛应用，湿法洗涤脱硫技术在国内炼油厂应用最普遍。与此同时，湿法洗涤脱硫后的净化烟气的黄色/蓝色烟羽问题也逐渐突出，成为公众关注的一个热点问题[1～3]。加硫转移剂无须设备投资、操作简单且不产生二次污染，还可降低再生烟气酸露点，减缓再生器及下游设备腐蚀以及潜在的硫铵结盐问题对装置长周期运行的影响。针对惠州石化催化裂化装置投用烟气净化系统后出现的蓝烟现象，选择试用硫转移剂 RFS09 进行治理，对治理的效果和存在的问题进行评估讨论。

1　硫转移剂性质及试用条件

惠州石化 1.2Mt/a 催化裂化装置（以下简称催化（Ⅰ）装置）以常减压装置的直馏重蜡油及部分加氢尾油为原料，采用烧焦罐+再生器完全再生技术，其烟气通过烟机及余热锅炉换热进行能量回收，烟气净化系统采用 BELCO 的湿法脱硫专利技术 EDV-5000。催化（Ⅰ）净化系统于 2017 年 6 月 30 日投用，该系统投用后烟气中的二氧化硫含量≤5mg/Nm^3，满足 GB 31570—2015 控制要求，但是运行过程中发现净化烟气排放有时呈现蓝色或黄色烟羽，并出现拖尾以及下坠现象，污染周边环境。催化（Ⅰ）装置于 2018 年 2 月开始试用由中国石化石油化工科学研究院开发、中国石化催化剂齐鲁分公司生产的 RFS09 催化再生烟气硫转移助剂，对试用效果进行了评价。催化（Ⅰ）主催化剂为中国石化催化剂齐鲁分公司生产的 CGP-1HZ 配套 MIP 的催化剂。两者物化性质对比见表 1。从表 1 可知，RFS09 的孔体积、比表面积和灼烧减量较低，但堆密度、磨损指数和 0～40μm 颗粒较高。

表1 硫转移剂与主催化剂的物化性质对比

项目	硫转移剂 RFS09		主催化剂 CGP-1HZ	
	指标	实际	指标	实际
灼烧减量/%	≤12	6.6	≤13	12.2
磨损指数/%	≤3.5	2.8	≤2.0	0.7
堆密度/(g/mL)	0.90~1.20	1.07	0.65~0.8	0.74
孔体积/(mL/g)	≥0.18	0.31	≥0.31	0.37
比表面积/(m^2/g)	≥70	114	≥230	298
筛分组成/%				
0~40μm	≤22.0	19.9	≤18.0	14.6
0~149μm	≥89.0	93.4	≥89.0	90.9

为了客观评价 RFS09 的试用效果，催化(Ⅰ)尽可能确保试用期间原料油性质及操作条件的稳定。RFS09 硫转移剂试用前后催化(Ⅰ)主要工艺操作条件见表2。

表2 硫转移剂试用前后催化(Ⅰ)装置主要操作条件

项　目	空白标定期	效果标定期
进料量/(t/h)	140	125
烟气流量/(m^3/h)	143746.7	142416
提升管一反温度/℃	508.2	508.0
提升管二反温度/℃	509.6	510.2
再生器烧焦罐温度/℃	675.6	674.0
再生器二密相床温/℃	705	700
再生器压力/kPa	257.8	259.5
再生器藏量/t	244	247
再生器氧浓度/%	5.1	5.5
再生器二氧化碳浓度/%	15.2	14.5

2 试用情况

硫转移剂 RFS09 是通过催化(Ⅰ)装置的 CO 助燃剂加料线进入再生器的。试用过程分为三个阶段：空白实验阶段、快速加入阶段、稳定加入阶段。空白试验阶段为不加剂阶段，对装置相关数据进行采集。2018 年 1 月 23 日至 1 月 25 日为空白标定期，1 月 29 日至 2 月 18 日为 RFS09 烟气硫转移剂快速加剂阶段，其中第一周加注量为 300kg/d，后两周加注量为 180kg/d；2 月 19 日进入 RFS09 烟气硫转移剂稳定加注期，加注量为 90kg/d，3 月 6 日至 3 月 8 日为效果标定期。加剂方式采用催化(Ⅰ)装置现有的 CO 助燃剂加入流程。累计加注硫转移剂 6.36t，占系统藏量 2.56%(加注 6.36t，总藏量 249t)。

加注硫转移剂 RFS09 的效果见表3(系石科院检测数据)。从表3可知，洗涤塔入口烟气 SO_2浓度从 263.0mg/Nm^3降至 14.0mg/Nm^3，SO_2脱除率为 94.68%；洗涤塔入口烟气 SO_3浓度从 527.5mg/Nm^3 降至 16.0mg/Nm^3，SO_3脱除率为 96.97%。加剂后三氧化硫浓度 16mg/Nm^{3}低于《大气污染物综合排放标准》(GB 16297—1996)硫酸雾排放限值 45mg/Nm^{3}要求，也低于出现蓝烟的三氧化硫浓度限值 10ppm(35.7mg/m^3)。脱硫塔烟气蓝烟和拖尾现象表观上基本消除或得到显著缓解。效果对比图片见图 1。

表 3　洗涤塔入口烟气 SO_x 分析结果

项　目	空白标定期	效果标定期
SO_2/(mg/Nm^3)	263.0	14.0
SO_3/(mg/Nm^3)	527.5	16.0

图 1　硫转移剂加注前后烟气外观对比图

3　试用结果讨论

RFS09 硫转移剂在 2.56%藏量占比的前提下，保持较高脱硫率，同时不影响催化剂流化、产品分布和产品质量。

3.1　物料硫分布

硫转移剂加注前后物料的硫平衡分布见表 4。从表 4 可以看出硫转移剂使用后，主要产品中的硫分布变化不大，但是干气中硫含量显著增加，主要体现在硫化氢浓度的升高，从空白期的 2.33%(体)增长至标定期的 3.27%(体)；烟气和含硫污水中的硫含量显著降低。说明烟气和污水中的硫通过硫转移剂大量进入了干气中，硫转移剂的效果非常明显。

表 4　硫转移剂加注前后物料硫平衡分布　%

项　目	空白标定	效果标定	差值
干气(含非烃)	37.57	54.53	16.96
液化气	1.23	1.42	0.19
汽油	4.00	3.93	-0.07
柴油	23.13	22.15	-0.98

续表

项 目	空白标定	效果标定	差值
油浆	11.97	11.06	-0.91
损失	0.40	0.40	0
烟气 SO_2	3.74	0.22	-3.52
烟气 SO_3	5.72	0.25	-5.47
含硫污水	12.22	6.05	-6.17

3.2 外排含盐污水固含量和液碱消耗

加注硫转移剂后，由于烟气中硫化物大量降低，外排含盐污水的固含量和液碱消耗大幅度下降，见表5。

表5 硫转移加注前后外排含盐污水固含量和液碱消耗对比

项 目	空白标定期	效果标定期
外排水固含量/(mg/kg)	9948.3	1369.3
液碱消耗/(月/t)	140	15

经核算，加注硫转移剂后，液碱每年减少消耗约126.7万元/年，减少新鲜水消耗7.67万元/年；不考虑一次性投资，硫转移剂使用后催化减少费用134.37万元，与硫转移剂每年投资费用相当。同时烟气中的污染物降低，有利于余热锅炉和催化烟气脱硝除尘脱硫项目设备的长周期，并且减少含盐污水处理场的加工负荷。

4 存在问题

4.1 再生器尾燃

硫转移剂RFS09一次性大量加入过程中，催化(I)再生器会发生CO二次燃烧现象，但在同时加入CO助燃剂后可抑制。出现高温尾燃现象(上升约38℃)，其原因为一次性加注时该助剂吸收大量的氧气所致。

4.2 粉尘含量变化

硫转移剂加注前后，催化油浆固含量基本不变，均为2.5g/L左右。在试用期间两器流化未发生异常波动。催化(Ⅰ)三旋烟气出入口粉尘浓度稍有上升，入口由451.7mg/m^{3}上升到497.8mg/m^3，出口由140.4mg/m^{3}上升到150.0mg/m^3，三旋差压由10.84kPa上升到11.22kPa，说明再生系统催化剂跑损略有增大，说明硫转移剂跑损量略高于催化剂跑损量。另一方面，三旋出口粉尘浓度并无明显上升，说明略增的跑损量未导致三旋分离效率降低。

硫转移剂加注期和标定期间，平衡剂粒度分布组成没有大的变化，但20~40μm的细粉含量有较大增加(见表6)，与硫转移剂的磨损指数较高有关(见表1)。平衡剂金属分析中Mg含量显著增加(见表7)，这与硫转移剂主要成分中包含镁有关(关键活性组分为MgO)。

表 6　平衡剂分析　%(体)

项目	0~20μm		20~40μm	
	均值	范围	均值	范围
2017.12~2018.01	0.41	0.14~0.81	9.85	7.86~12.46
2018.04~2018.05	2.16	0.91~4.73	17.27	13.24~20.4

表 7　硫转移剂加注前后平衡剂金属含量变化　mg/kg

采样时间	铁含量	镍含量	钒含量	钠含量	钙含量	镁含量	铜含量
2018 年 1 月	1963.54	108.60	64.70	972.54	335.46	241.08	9.14
2018 年 4 月	1565.5	82	358.6	762.88	289.75	4523.75	8.6

5　结论

针对惠州石化催化裂化装置投用烟气净化系统后出现的蓝烟形象，试用硫转移剂 RFS09 进行治理。硫转移剂试用期间，烟气和污水中的硫转移至干气中，烟气降硫(SO_2和 SO_3)效果良好。在催化进料硫含量控制稳定的前提下，通过加注 RFS09 能够保证催化装置的净化烟气的SO_2和SO_3浓度稳定达标，对装置流化、热平衡、相关产品品质未造成任何不良影响；烟气蓝烟和拖尾现象得到根本抑制，且液碱消耗大幅降低。试用 RFS09 期间，存在再生器尾燃及粉尘含量略有增大的问题，可通过采取加入 CO 助燃剂和降低硫转移剂磨损指数等措施进行优化。

参 考 文 献

[1] 胡敏．催化裂化烟气钠法脱硫技术问题分析与对策[J]．炼油技术与工程，2014，44(8)：6-12.

[2] 胡敏．催化裂化烟气三氧化硫排放问题分析与对策[J]．炼油技术与工程，2016，46(9)：1-7.

[3] 王明东，刘静翔，马占伟，等．RFS09 硫转移助剂在蜡油催化裂化装置的试用[J]．炼油技术与工程，2017，44(2)：41-43，47.

加氢催化剂钝化后再开工存在的问题及对策

应汶静，赵旺华，王延君，张　鹏，崔海军

（中化泉州石化有限公司，福建泉州　362103）

摘　要　渣油加氢装置Ⅱ系列第四周期在催化剂运转中期遇全厂大检修，结合催化剂使用性能和经济性等综合考虑，未更换该系列催化剂。大检修期间为保护催化剂，采用成膜+氮气保护的措施。开工时，为了缩短开工时间，省去了柴油和蜡油的切换，采用直接引入蜡油高温分解成膜剂。本文介绍了直接引入蜡油开工时遇到的问题和应对方法。

关键词　渣油加氢　蜡油　分解　成膜剂

渣油加氢处理是提高石油利用率的有效手段，随着石油劣质化趋势逐渐加剧，渣油加氢在现代化炼油中越来越重要。本文介绍的渣油加氢装置采用的是CLG公司的固定床渣油加氢脱硫工艺技术，优点是技术成熟、投资小、操作简单，是目前工业应用最多的渣油加氢技术[1]。但由于渣油原料的复杂性、反应的多样性及催化剂的不可再生决定了固定床渣油加氢装置运转周期短，按设计需要每年更换一次催化剂。按照“停七开八”即停工七天，开工八天，再加上系统隔离、更换催化剂，一般时间在25～30天。渣油装置停工换剂的时间长短将直接影响全厂的经济效益，期间不仅需要采购高价的低硫原油，对全厂流程优化和能耗上也提出了不小的挑战。因此，能够有效地缩短渣油加氢装置停工检修时间具有重大的经济意义。以下介绍了渣油加氢装置在第一次全厂大检修时，在Ⅱ系列催化剂未更换的条件下，为了缩短开工时间尝试直接引入开工蜡油，并成功解决了反应器床层无温升的问题。

1　装置工艺路线简介

某渣油加氢装置设计规模为3.3Mt/a，两系列可单开单停(见图1)。设计进料为常压渣油、减压渣油、减压重蜡油、焦化轻蜡油、焦化重蜡油的混合料，与氢气混合后，在催化剂的作用下，经过催化加氢反应，脱除硫、氮、金属等杂质，降低残炭含量，为催化裂化装置提供原料。同时副产酸性气、粗石脑油、石脑油、柴油、以及经膜分离后的富氢气体。

2　催化剂开工前的状态

Ⅱ系列第四周期运转中期遇全厂大检修，结合催化剂设计使用周期和经济性等综合考虑，检修过程中该系列催化剂未更换。加氢催化剂使用后，表面会附着一定量的硫化亚铁，与空气中的氧气接触发生氧化反应，释放出大量的热，易发生硫化亚铁自燃[2~3]，所以停工过程中要向反应系统中注入一定量的成膜剂(KS-767)，能在催化剂的表面形成一层特殊的保护膜，这层膜能阻断催化剂上的硫化亚铁与空气的接触。完全停工后通入微正压氮气来保护催化剂。

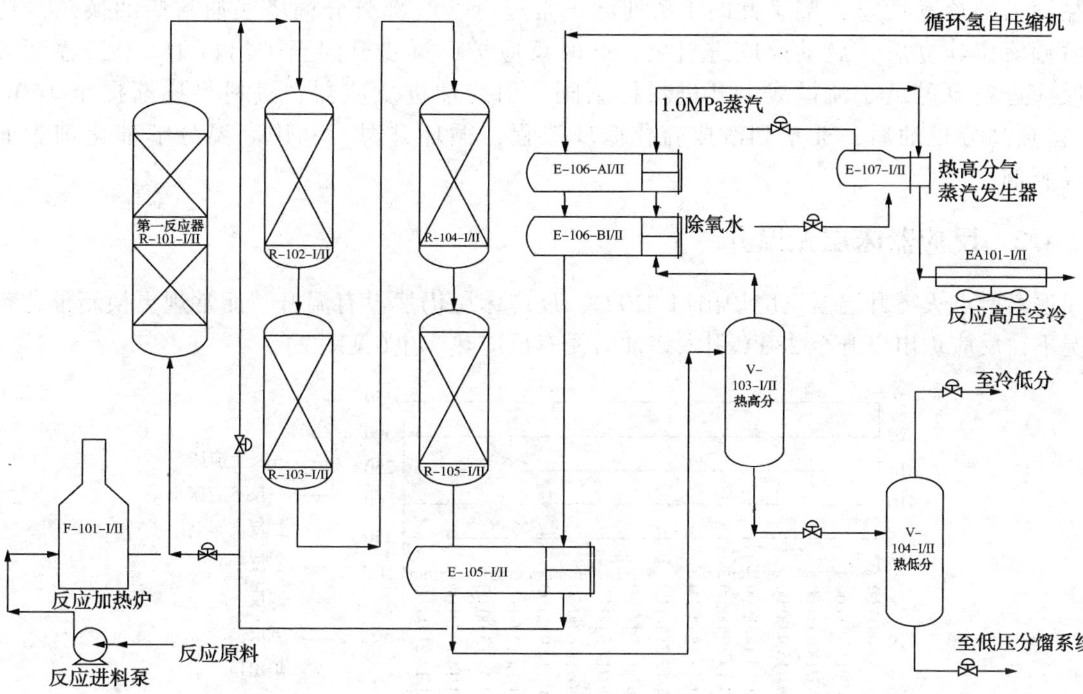

图1　渣油加氢装置反应分离部分流程示意图

3　直接引蜡油开工方案的提出

固定床渣油加氢装置正常的开工过程可分为反应系统气密、催化剂干燥、柴油冲洗润湿催化剂、催化剂低温硫化、高温硫化和原料切换等步骤，而此次催化剂已经为硫化状态，只需溶解或分解掉催化剂表面的成膜剂即可进入原料切换步骤。开工前成膜剂厂家建议使用柴油冲洗催化剂表面的成膜剂。由于成膜剂是油溶性的，柴油可以溶解催化剂表面的成膜剂，使催化剂表面的膜变薄，之后再引入开工蜡油升温至300℃，即可完全分解掉催化剂表面的成膜剂。

但溶解了成膜剂的柴油含有硫化氢，不能直接排至罐区，需要经过分馏系统的汽提塔将硫化氢脱除，而当时另一系列已经正常运行，大量的柴油进入到分馏塔会导致塔底泵抽空，根据以往经验并入分馏系统的柴油量需控制在30t/h内，柴油和蜡油的切换时间大概需要15h，再加上引柴油冲洗需5h，约延长开工时间20h。为了节省时间，本次尝试直接引入蜡油高温分解成膜剂。

4　使用蜡油开工过程中遇到的问题及应对方法

4.1　直接引入蜡油的开工过程

Ⅱ系列反应系统高压气密结束后，直接引80℃开工蜡油进装置，因为蜡油在低温下黏度大，流动性差，鉴于此时Ⅰ系列已正常运行，改部分分馏塔底油与蜡油换热，待滤后罐液位建立后，启动反应进料泵，此时反应炉已逐步升温至炉出口180℃，逐渐关小反应进料泵的最小流量线，开进料控制阀，引蜡油进反应器，进料量逐渐提至160t/h，待热高分见油后，Ⅱ系列改成硫化循环流程，循环升温，利用高温分解催化剂表面的成膜剂。

4.2 反应器床层无温升

逐渐增点火嘴升温至反应炉出口320℃，反应床层仍然没有温升，而常规更换新催化剂情况下，反应炉出口升至280℃引入蜡油后便有反应热产生(见图2)。

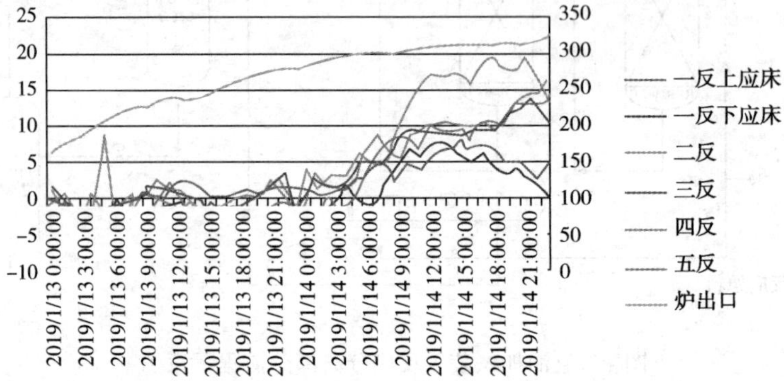

图2 新催化剂炉出口与反应器温升曲线

4.3 可能导致反应床层无温升的原因分析

(1) 成膜剂已完全分解，运转中期的催化剂活性降低，需要更高的温度来促进化学反应的发生。由于该成膜催化剂已处于运行中期，前期反应生成的金属硫化物和焦炭沉积在催化剂上，降低了催化剂的活性，因此需要比新催化剂更高的反应温度。

(2) 直接引入蜡油开工对成膜剂的分解温度造成了影响。装置停工过程对成膜剂的运载油黏度有严格要求，通常是在蜡油中混入部分柴油来调整需要的油黏度，且对最终的循环油黏度也有要求。本次直接引入蜡油开工，其黏度高于成膜时循环油的黏度，导致成膜剂分解的初始条件被改变，完全分解温度可能高于理论分解温度。

4.4 反应床层无温升应对措施

此时炉子已满负荷运行，无法再提温，综合考虑反应床层无温升的原因，决定引入焦化蜡油，因为在焦化蜡油中含有一定量的不饱和烃，其饱和反应速度快且放热量大[见式(1)]，能够提高床层温度，既能促进蜡油加氢反应的发生，又能分解掉催化剂表面的成膜剂。在焦化蜡油进入反应器后，床层逐渐开始出现温升(见图3)。

装置转入正常开工阶段，接下来按正常开工步骤，逐渐将蜡油并入分馏系统，逐渐切入渣油。

$$C_nH_{2n}+nH_2 \xlongequal{催化剂} C_nH_{2n+2}+大量放热 \tag{1}$$

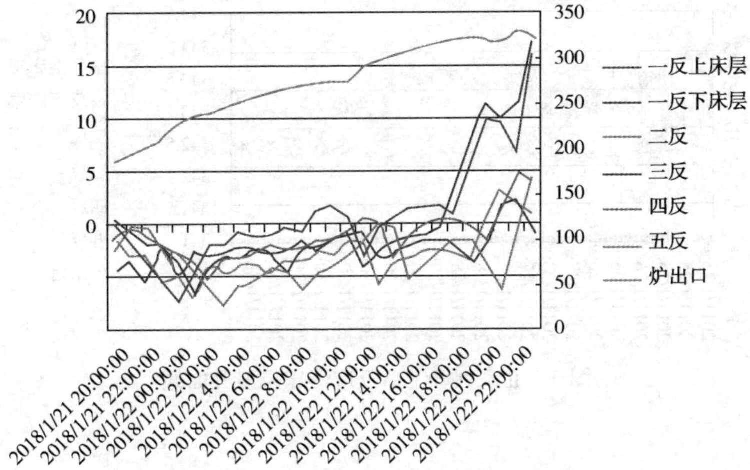

图 3　钝化后的催化剂炉出口与反应器温升曲线

5　催化剂性能评价

切入渣油正常投产后，产品硫、金属和残炭含量均能满足催化裂化装置对原料的要求(见表 1)。通过对Ⅱ系列停工前后反应器床层温升的对比(见图 4 和图 5)，可以看出停工前后催化剂的活性没有受到影响。

表 1　Ⅱ列热低分化验分析数据

项　目	2018-1-25	2018-1-30	2018-2-1	2018-2-6	2018-2-8
脱含量/%	0.547	0.541	0.491	0.492	0.456
镍+钒/(mg/kg)	12.4	7.6	15.5	12.6	15.9
残炭/%	3.49	4.06	3.48	3.88	3.64

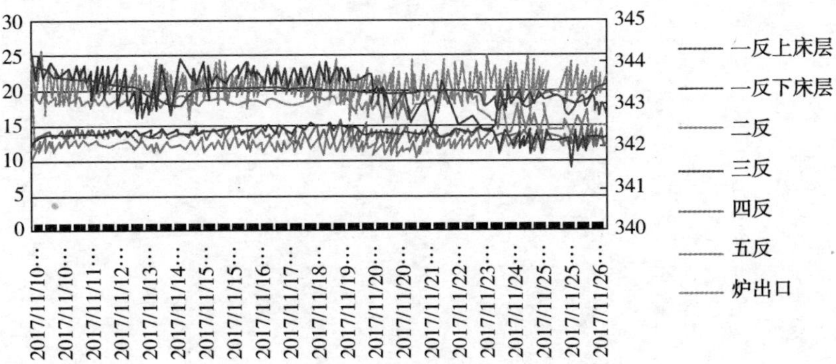

图 4　Ⅱ系列停工前反应器床层温升曲线

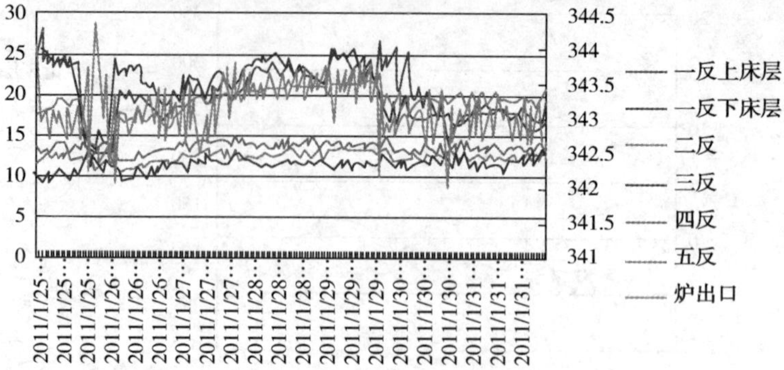

图5 Ⅱ系列开工后反应器床层温升曲线

6 结论

加氢催化剂钝化成膜后再开工直接引入蜡油，利用烯烃饱和反应促进蜡油加氢反应的发生和成膜剂的分解，通过此方法可以有效缩短开工时间，此次大胆的尝试对同类装置具有一定的参考价值。

参考文献

[1] 严吉国，邓强．渣油加氢技术应用现状及发展前景[J]．化工设计通讯，2018，44(12)：81.

[2] 裴建军，孙淑玲，李镇．加氢催化剂阻燃剂的研究与工业试验[J]．石油炼制与化工，2005(06)：21-25.

[3] 谷丽丽，杨扬．硫化亚铁阻燃剂的研究[J]．安徽农业科学，2009，37(17)：7852-7853.

碱处理制备 Silicalite-1/CuY_{OH}核壳分子筛并应用于择形吸附脱除甲基叔丁基醚中二甲基二硫醚

杨　超，孟　璇，王　昕，刘乃旺，施　力

（华东理工大学化工学院石油加工研究所，上海　200237）

摘　要　按质量比正硅酸乙酯(TEOS)/四丙基氢氧化铵(TPAOH)/乙醇(EtOH)/H_2O/CuY_{OH} = 20g：19g：17g：87g：5g合成了氢氧化钠处理后的silicalite-1/CuY_{OH}核壳复合分子筛，以实现择形吸附脱除甲基叔丁基醚(MTBE)中的二甲基二硫醚(DMDS)。其中CuY_{OH}为核分子筛，通过NaOH脱硅之后的NaY_{OH}与Cu^{2+}离子交换得到。结果表明，碱处理可使NaY分子筛具有更多对silicalite-1晶体的负载位且经$CuCl_2$交换后制备的核壳分子筛在MTBE脱除DMDS中表现出最佳脱硫性能，吸附硫容可达37.073mg硫/g吸附剂。

关键词　silicalite-1/CuY_{OH}核壳分子筛　择形吸附脱硫　甲基叔丁基醚　二甲基二硫醚

由于硫氧化物的排放会对环境造成不利影响，其中SO_2被认为是导致酸雨和臭氧消耗的主要因素并诱发一些严重的疾病，如眼睛、喉咙发炎，心脏病等。越来越多的国家及地区已经采取多种严格措施将汽油和柴油中的硫含量控制在较低水平(<10ppm)[1-4]。

甲基叔丁基醚(MTBE)作为一种汽油辛烷值添加剂得到广泛应用，但由甲醇和异丁烯反应生成MTBE的过程中，由于异丁烯中含有多种硫化合物，尤其是二甲基二硫醚(DMDS)，产品MTBE中DMDS含量会达到45ppm以上[5,6]。其结构如图1所示。

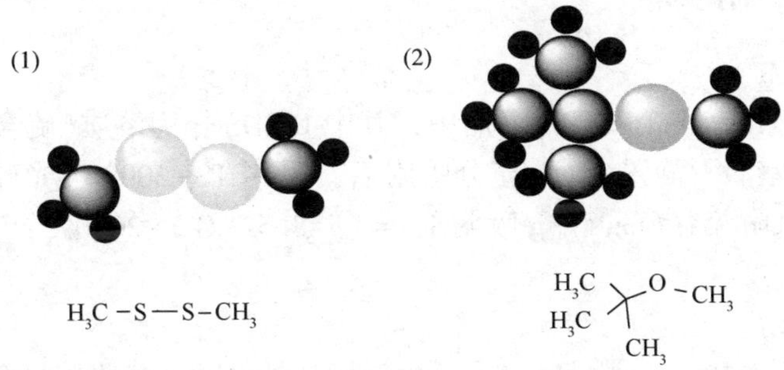

图1　(1)DMDS和(2)MTBE的结构示意图

而采用吸附脱硫来脱除MTBE中的DMDS时，MTBE和DMDS存在强烈竞争吸附[7]。杨等也证实了在MTBE存在时，π络合吸附剂的硫吸附能力将急剧下降甚至完全丧失[8]。在本研究中，考虑到NaY分子筛的高吸附储硫能力以及silicalite-1的高形状选择性，我们用过将silicalite-1包覆在与Cu^{2+}交换后的NaY表面制备silicalite-1/CuY_{OH}核壳分子筛来实现择形吸附脱硫。(其中NaY分子筛的十二元环主通道直径为0.8-0.9nm，孔体积约0.85nm；silicalite-1由8个5元环组成，最大孔径小于0.6nm。)

1 实验

1.1 吸附剂制备

1.1.1 碱处理

将 NaY(Si/Al=2.4，温州催化剂厂)加入 0.5mol/L NaOH 水溶液(1g NaY：30mL NaOH 溶液)中，然后将该固液体系在25℃下持续搅拌1h确保完全混合。通过两种不同的分离方法收集碱处理后的 NaY 分子筛：过滤(滤纸最大孔径为15-20μm)和离心(6000r/min，30min)，用充分洗涤并在120℃下干燥。(碱处理的 NaY 表示为 NaY_{OH})

1.1.2 CuY_{OH}，silicalite-1 和 CuY_{OH} 核壳复合分子筛的制备

CuY_{OH}是将 NaY_{OH}与不同来源的 Cu^{2+}(氯化铜，硝酸铜，硫酸铜)通过离子交换得到：适量的 NaY_{OH}加到0.5mol/L Cu^{2+}溶液中(1g：20ml)；90℃水浴搅拌24h，过滤分离，充分水洗后120℃干燥，最终450℃煅烧6h。分别记为 $Y_{OH}-CuCl_2$，$Y_{OH}-Cu(NO_3)_2$和 $Y_{OH}-CuSO_4$。

采用以 TPAOH 为模板剂的溶胶凝胶工艺合成 silicalite-1/CuY_{OH}核壳分子筛：silicalite-1 壳层来源于成壳母液，包括正硅酸乙酯(TEOS，硅源)，TPAOH(四丙基氢氧化铵，模板剂)，乙醇(EtOH)以及去离子水，质量比为 TEOS/TPAOH/EtOH/H_2O=20g：19g：17g：87g。为使 TEOS 充分水解，采取 TEOS 逐滴滴加的方式并在室温下搅拌2h，然后加入5g CuY_{OH}持续搅拌形成均匀悬浮液；将该悬浮液转移到水热釜中，180℃水热24h，过滤收集 silicalite-1/CuY_{OH}核壳材料，充分洗涤后120℃干燥，最后550℃煅烧6h。核壳分子筛分别表示为 $CSY_{OH}-CuCl_2$，$CSY_{OH}-Cu(NO_3)_2$和 $CSY_{OH}-CuSO_4$。

Silicalite-1 以相同核壳母液来制备(不添加 CuY_{OH})。NaY_{OH}核壳材料以相同的操作过程制备只是将 CuY_{OH}替换成 NaY_{OH}，表示为 $CSNaY_{OH}$。

1.2 DMDS 吸附实验

1.2.1 静态吸附

将0.2g 吸附剂加入20mL MTBE 溶剂中，其中 DMDS 作为溶质(硫含量：748.52mg/L)，在30ml 密闭容器中室温下静置24h。充分吸附后，采用 TS-3000 荧光硫测试仪分析静态吸附前后的硫浓度。吸附硫容(mg 硫/g 吸附剂)=$(748.52-C_t)\times20/0.2$；其中 C_t(mg/L)是静态试验后 MTBE 硫浓度。

1.2.2 动态吸附

在石英柱(长度：250mm；内径：6mm)中间固定约0.89g 吸附剂样品(20-40目)；操作条件为0.1MPa 和25℃，空速 $5h^{-1}$；MTBE 溶液以6mL/h 的流速泵入固定床流动反应器(石英柱)，初始硫含量286.13mg/L，每30min 分析一次出口硫浓度。

1.3 吸附剂表征

采用 X 射线衍射仪(XRD)分析各吸附剂的相结构，扫描范围10°-75°，步长0.02°；比表面性质检测在物理吸附仪(BET)上进行，并采用微介孔计算方法获得比表面积、孔体积和孔径；通过扫描电子显微镜(SEM)和透射电子显微镜(TEM)获取表面形貌特征；以傅里叶

变换红外光谱(FT-IR)检测吸附物种类；为验证不同吸附剂的元素分布及含量(碱处理和核壳实验后硅与铝的变化)以及实际 Cu^{2+} 负载量进行了 EDS 和 ICP-OES 测试。

2 结果与讨论

2.1 碱处理后 NaY 及水热后 NaY_{OH}和 CuY_{OH}的质量增量分析

本研究采取两种不同的方法来收集 NaY_{OH} 以及核壳材料：过滤法和离心法。如图 2 所示。由于 NaOH(aq) 对 Y 分子筛的脱硅作用[9]，过滤法收集的 NaY_{OH} 分子筛由 5g 减少至 4.653g；同时，NaOH(aq) 可将 NaY 破碎成较小的颗粒，很容易通过滤纸并过滤掉，使得离心法收集的质量略高于过滤法。当 NaY_{OH} 和 CuY_{OH} 通过水热合成核壳材料后，根据质量比 (TEOS/TPAOH/EtOH/H_2O/NaY_{OH}(或 CuY_{OH})= 20g : 19g : 17g : 87g : 5g)，NaY_{OH} 与 CuY_{OH} 的质量增量在理论上应是定值，如图蓝色区域或线显示。图中离心后，NaY_{OH} 和 CuY_{OH} 的质量增量几乎接近理论值，而过滤后，质量增量却减少很多(红色区域或线)。基于这种现象，我们判断一定数量的 silicalite-1 晶体并没有在 NaY_{OH} 或 CuY_{OH} 的外表面上生长，而是在溶液中匀相成核并独立生长成 silicalite-1 晶粒，这些晶粒对 NaY_{OH} 或 CuY_{OH} 的外表面改性没有任何作用。通常，这些通过均相成核产生的 silicalite-1 晶粒尺寸非常小，可以更容易通过滤纸，导致离心和过滤法之间存在质量增量差异。此外，随着 Cu^{2+} 源的变化，按 $CuCl_2$，$Cu(NO_3)_2$ 与 $CuSO_4$ 的顺序，CuY_{OH} 的质量增量逐渐降低。但过滤法显示的质量增量也同样表明更多的 silicalite-1 晶体已经成功地生长在 NaY_{OH} 和 CuY_{OH} 表面并形成了 silicalite-1 壳层。本研究采取过滤法收集的分子筛进行表征及活性评价。

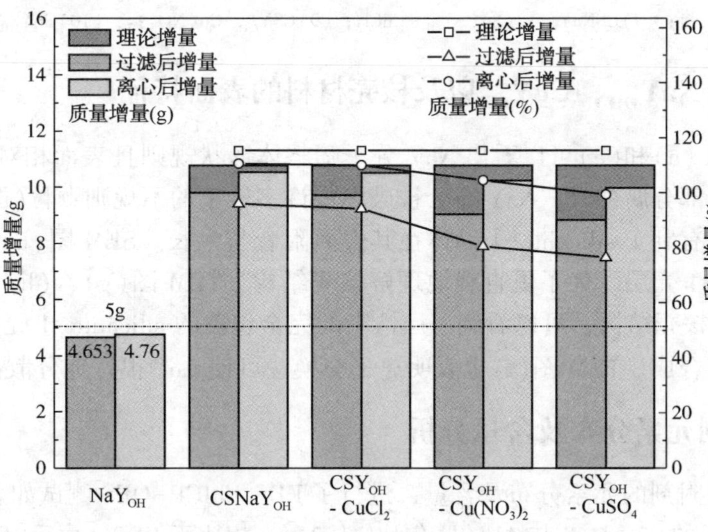

图 2 碱处理后 NaY 及水热后 NaY_{OH} 和 CuY_{OH} 的质量增量。

2.2 催化剂晶型分析

为进一步证实核壳结构，采用 X 射线衍射来鉴定分子筛的晶型结构。如图 3 所示，2θ° =

15.64°和23.64°处的特征峰为NaY分子筛的特征峰。图2(2)清楚地表明NaOH处理保留了Y分子筛的所有特征峰[10]。图3(3)~图3(5)表明，经Cu^{2+}改性后CuY_{OH}保持了与Y相同的特征峰，由于脱硅效应和Cu^{2+}改性过程引起的骨架缺陷，NaOH处理和Cu^{2+}改性都会降低NaY的结晶度。水热长壳后，NaY_{OH}与CuY_{OH}的XRD图谱显示出与Y相同的衍射峰只是强度进一步降低，这主要归因于成壳过程X射线的弱屏蔽作用[11]。与NaY和silicalite-1晶体相比，除了相同特征峰被保留外，核壳结构的X射线衍射图已有很大的区别，特别是在2θ°=22-25°处，表明silicalite-1成功地生长在了NaY_{OH}和CuY_{OH}表面。

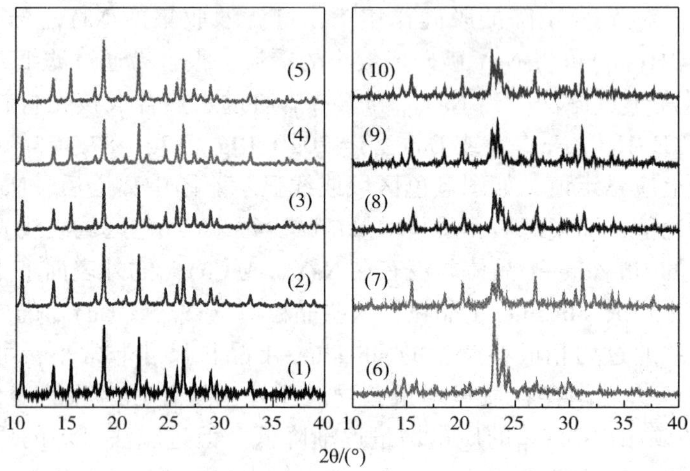

图3 不同吸附剂的X射线衍射图

(1) NaY；(2) NaY_{OH}；(3) Y_{OH}-$CuCl_2$；(4) Y_{OH}-Cu(NO3)$_2$；(5) Y_{OH}-$CuSO_4$；
(6) silicalite-1；(7) $CSNaY_{OH}$；(8) CSY_{OH}-$CuCl_2$；(9) CSY_{OH}-$Cu(NO_3)_2$；(10) CSY_{OH}-$CuSO_4$

2.3 NaY，NaY_{OH}，CuY_{OH}以及核壳材料的表面特征

在图4中，从(a)和(e)可以看出NaY分子筛整体形状规则且表面相对光滑，NaOH处理后，除了表面被部分腐蚀外，NaY还会被破坏成许多较小的不规则颗粒(图(b))，使得其外表面更加粗糙，有利于silicalite-1晶体在其表面附着与生长。SEM图(c)和(d)可以观察到显著的silicalite-1壳层。为了更直观地理解核壳结构，TEM图(g)，(h)展示了$CSNaY_{OH}$和CSY_{OH}-$CuCl_2$的核壳结构，可以看到一层清晰的完全包覆的silicalite-1壳层，至此可以确定核壳结构被成功合成。TEM图(f)也表明离子交换法可使Cu^{2+}很好地分散在Y分子筛中。

2.4 吸附剂元素分布及含量分析

为探究不同吸附剂的元素分布及含量，进行了EDS和ICP-OES测试如表1和图5所示。本研究所采用NaY的Si/Al(Si与Al的摩尔比)为2.4。相比于EDS，由于ICP检测的是整个样品中的Si/Al，其检测值非常接近2.4为2.41，而EDS仅检测样品表面(2.52)。碱处理后Si/Al(2.04)明显下降而铝含量基本不变，表明NaY中部分Si元素在碱处理后被除去[12]；结合EDS检测值2.04可知这些损失的Si绝大部分来自NaY表面；并且脱硅还将留下许多空位使得NaY分子筛外表面积增加。

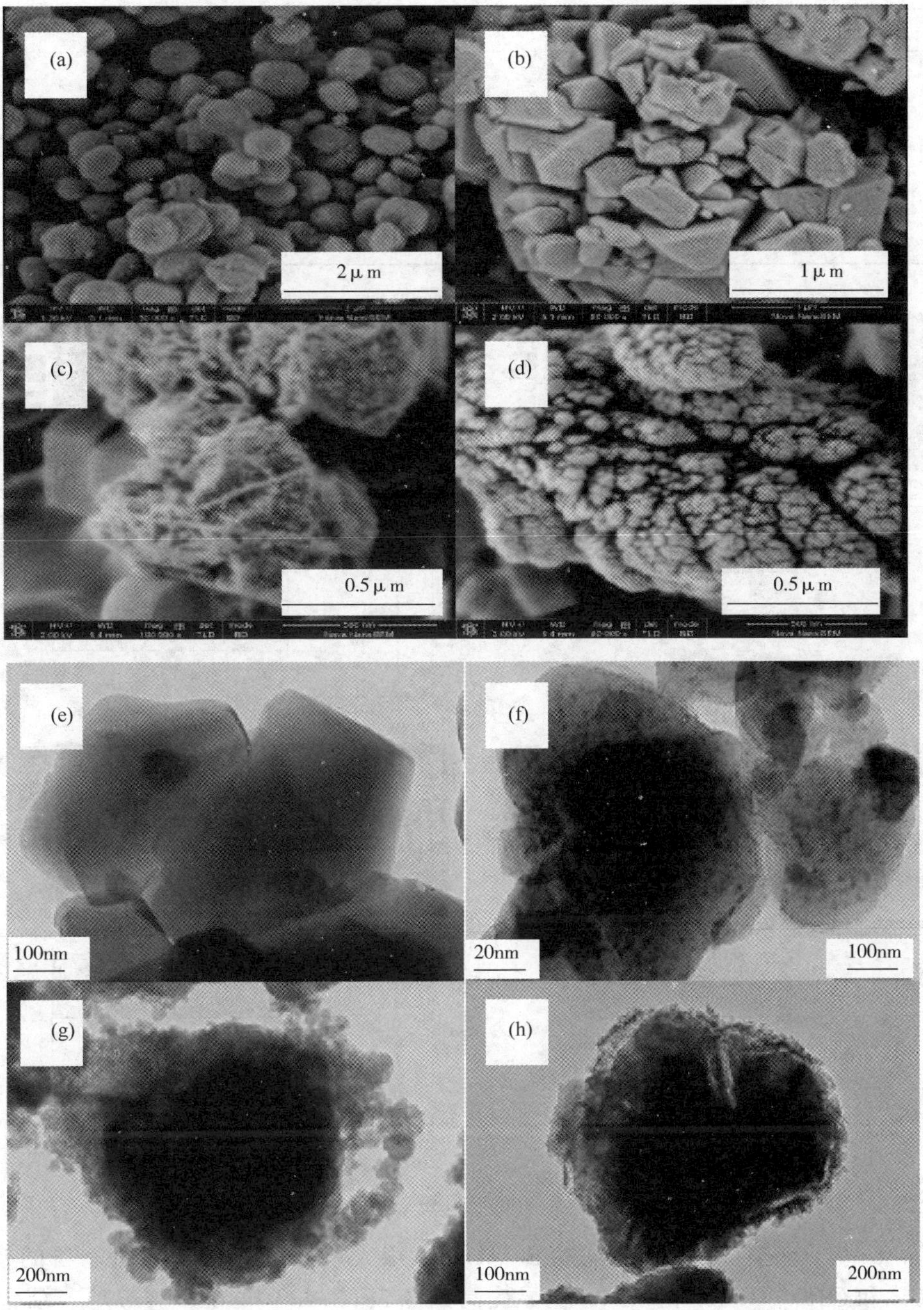

图4　SEM 图：(a)NaY；(b)NaY_{OH}；(c)$CSNaY_{OH}$；(d)$CSY_{OH}-CuCl_2$；
TEM 图：(e)NaY；(f)$Y_{OH}-CuCl_2$；(g)$CSNaY_{OH}$；(h)$CSY_{OH}-CuCl_2$

表1 碱处理及核壳实验前后的硅铝含量(ICP)。

试 样	Si/(mg/g)	Al/(mg/g)	Si/Al
NaY	28.3	11.3	2.41
NaY_{OH}	25.2	11.9	2.04
$Y_{OH}-CuCl_2$	24.4	11.5	2.05
$CSY-CuCl_2$	28.4	8.1	3.38
$CSY_{OH}-CuCl_2$	35	6.8	4.96

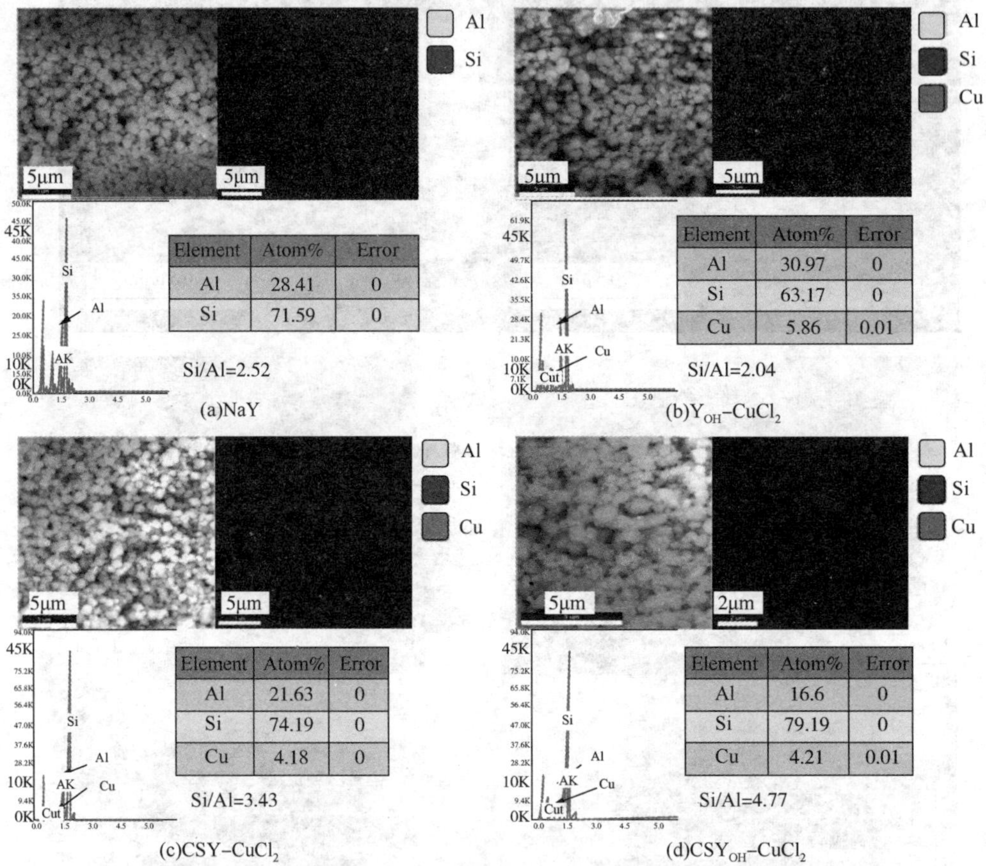

图5 不同吸附剂EDS分析

与$CuCl_2$离子交换前后，NaY_{OH}的Si/Al并无很大差异(2.05)，但所制备的核壳材料$CSY-CuCl_2$和$CSY_{OH}-CuCl_2$的Si/Al明显提高到3.38(3.43)和4.96(4.77)。结合SEM和TEM，进一步证实了silicalite-1成功地生长在NaY分子筛上；另外，比较$CSY-CuCl_2$和$CSY_{OH}-CuCl_2$的Si/Al可知碱处理对silicalite-1晶体在NaY表面的附着与生长起到了重要的积极作用。

2.5 吸附剂比表面分析

图6中N_2吸脱附等温线NaY在相对压力大于0.4时没有明显的回滞环，表明NaY主要

表现出微孔性能[13]，而 NaY$_{OH}$和 CuY$_{OH}$则兼具微孔和介孔性质(微孔为主)。

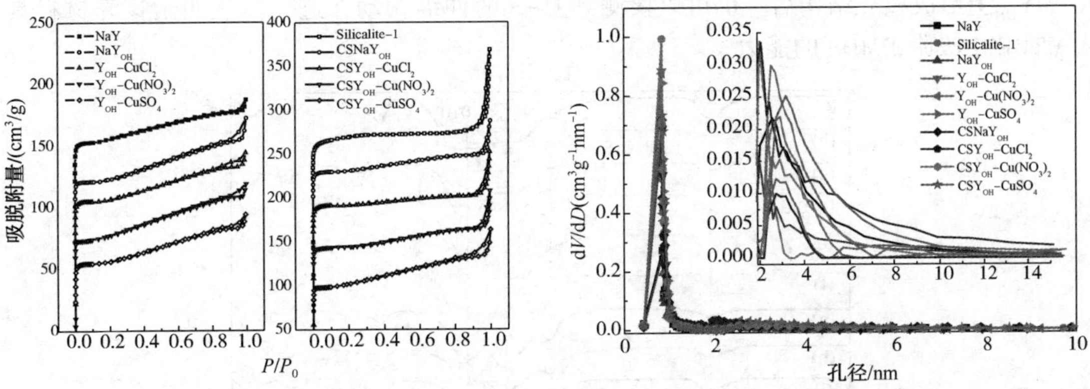

图 6 不同吸附剂 N_2 吸-脱附等温线(沿 y 轴位移)及 BJH 孔径分布

表 2 显示 NaY 的总比表面积为 786.27m^2/g，其中微孔表面积占 95.93%与图 6 中所示的 BJH 孔径分布一致。而经 NaOH 处理后，NaY$_{OH}$的总表面积下降至 704.32m^2/g，介孔表面积增加至 75.27m^2/g。Cu^{2+}交换后，CuY$_{OH}$的表面积同步降低但仍以微孔为主。

表 2 NaY，silicalite-1，NaY$_{OH}$，CuY$_{OH}$及核壳分子筛的结构性质(BET)。

Adsorbents	S_t/(m^2/g)	S_{micro}/(m^2/g)	S_{meso}/(m^2/g)	V_t/(cm^3/g)	V_{mic}/(cm^3/g)	D_a/nm	D_{mic}/nm
NaY	786.27	754.24	32.02	0.38	0.29	1.81	0.84
Silicalite-1	489.21	471.68	17.54	0.35	0.20	2.06	0.65
NaY$_{OH}$	704.32	629.05	75.27	0.42	0.26	2.20	0.86
Y$_{OH}$-CuCl$_2$	572.56	493.30	79.27	0.37	0.24	2.10	0.84
Y$_{OH}$-Cu(NO$_3$)$_2$	525.11	458.25	66.86	0.31	0.23	2.21	0.83
Y$_{OH}$-CuSO$_4$	401.32	337.87	63.45	0.27	0.19	2.42	0.85
CSNaY$_{OH}$	624.51	544.29	80.23	0.39	0.26	2.19	0.85
CSY$_{OH}$-CuCl$_2$	546.23	507.22	39.01	0.36	0.24	2.21	0.85
CSY$_{OH}$-Cu(NO$_3$)$_2$	445.68	385.62	60.06	0.32	0.21	2.40	0.85
CSY$_{OH}$-CuSO$_4$	411.47	335.35	76.12	0.28	0.17	2.49	0.85

S_t：总比表面积；S_{micro}：微孔比表面积；S_{meso}：介孔比表面积；V_t：总孔容；V_{mic}：微孔孔容；D_a：平均孔径；D_{mic}：微孔孔径。

silicalite-1 晶体同样表现出微孔和介孔两种性质(其中微孔占 96%)。其微孔孔径为 0.65nm，比 NaY(0.84nm)，NaY$_{OH}$(0.85nm)和 CuY$_{OH}$(0.84，0.83 和 0.85nm)低得多，因此为 silicalite-1 壳层提供了择形吸附的可能性。此外，由于 NaOH 的脱硅效应，NaY$_{OH}$的总孔体积从 0.383 增加到 0.423cm^3/g，即使在长壳之后总孔体积仍较大，确保了其吸附储硫能力。

2.6 FT-IR 光谱分析

图 7 展示了吸附 DMDS 后各吸附剂的 FT-IR 光谱，由于 MTBE 和 DMDS 之间的强烈竞争吸附，在 NaY，NaY$_{OH}$及 CuY$_{OH}$上几乎没有检测到 DMDS(1228cm^{-1}处被认定为 C-S 的伸缩

振动峰)，而在 silicalite-1 晶体上 DMDS 和 MTBE 均被检测到。将 silicalite-1 包覆在 NaY_{OH} 或 CuY_{OH} 上形成核壳结构后，仍可以检测到 C-S 的伸缩振动，进一步表明了核壳材料具有从 MTBE 中吸附 DMDS 的能力。

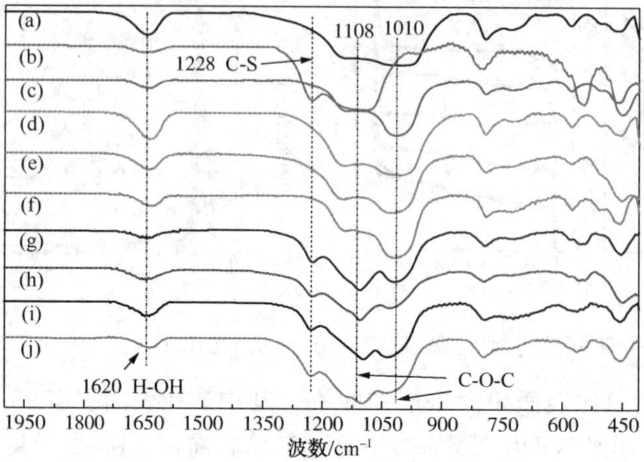

图 7 在 MTBE 中吸附 DMDS 后不同吸附剂的 FT-IR 光谱

(a) NaY；(b) silicalite-1crystal；(c) NaY_{OH}；(d) Y_{OH}-$CuCl_2$；(e) Y_{OH}-$Cu(NO_3)_2$；(f) Y_{OH}-$CuSO_4$；(g) $CSNaY_{OH}$；(h) CSY_{OH}-$CuCl_2$；(i) CSY_{OH}-$Cu(NO_3)_2$；(j) CSY_{OH}-$CuSO_4$

2.7 不同吸附剂中 Cu^{2+}的负载量分析

如图 8 所示，经 Cu^{2+}交换后，含 Cu 核壳材料可在吸附过程中通过 π-络合形成 Cu-S 键吸附 DMDS[14]。而理论上 Cu^{2+}的负载量越大 DMDS 的吸附量就越大；表 3 给出了不同吸附剂中 Cu^{2+}负载量，数据显示，以 $CuCl_2$为 Cu^{2+}来源 Cu^{2+}的负载量在 CuY_{OH}及核壳材料中均达到最大值可为吸附 DMDS 提供最多的活性中心。但是 Cu-O 键在 MTBE 存在时也会形成且比形成 Cu-S 键更容易；这也是 DMDS 和 MTBE 之间存在激烈竞争吸附的原因。

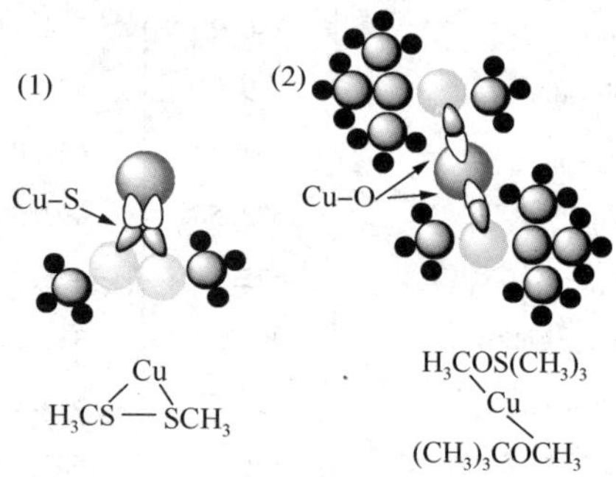

图 8 (1) Cu-S 和(2) Cu-O 的结构示意图

表 3 Cu^{2+}源及其在 NaY_{OH}沸石和核壳复合材料中的负载量。

不同 Cu^{2+}源	交换浓度/(mol/L)	CuY_{OH}负载量/(mg/g)	核壳负载量/(mg/g)
$CuCl_2$	0.5	4.6	4.3
$Cu(NO_3)_2$	0.5	3.4	2.9
$CuSO_4$	0.5	1.7	1.5

2.8 核壳材料吸附剂脱硫性能分析

为验证 silicalite-1 作为壳层可以选择性地从 MTBE 中吸附 DMDS，通过静态吸附活性试验获得了不同吸附剂在 MTBE 溶液中对 DMDS 的吸附脱硫能力(MTBE 和 DMDS 的分子尺寸分别为 0.74nm 和 0.37nm)[15,16]。如图 9 所示，silicalite-1 壳层(微孔孔径 0.65nm)对 DMDS

的吸附起着至关重要的作用。原料(硫浓度为 748.52mg/L)经静态吸附后，一方面，由于 DMDS 和 MTBE 之间的激烈竞争吸附效应，NaY，NaY$_{OH}$及 CuY$_{OH}$脱硫性能极差，甚至出现了吸附后硫浓度升高的现象，且吸附能力顺序为 CuY$_{OH}$>NaY$_{OH}$>NaY(绝对值)。另一方面，具有 silicalite-1 壳层的吸附剂，如 CSNaY$_{OH}$，CSY$_{OH}$-CuCl$_2$，CSY$_{OH}$-Cu(NO$_3$)$_2$ 以及 CSY$_{OH}$-CuSO$_4$ 在 MTBE 脱除 DMDS 中表现出显著的脱硫性能；其中 Y$_{OH}$-CuCl$_2$ 的吸附硫容从-9.78 升至 37.073mg 硫/g 吸附剂；而 silicalite-1 单独作为吸附剂的吸附硫容仅为 0.618mg 硫/g 吸附剂，证明 silicalite-1 壳层在 MTBE 中具有对 DMDS 的择形吸附功能。当 silicalite-1 作为壳层包覆在核心分子筛(NaY，NaY$_{OH}$和 CuY$_{OH}$)表面上时，能有效提高相应的核壳材料对 DMDS 的吸附硫容；因为 silicalite-1 包覆在 CuY$_{OH}$时，silicalite-1 壳层可有效阻止分子尺度大的 MTBE 迁移到核分子筛，只允许分子尺度小的 DMDS 通过并由核分子筛吸附储存。

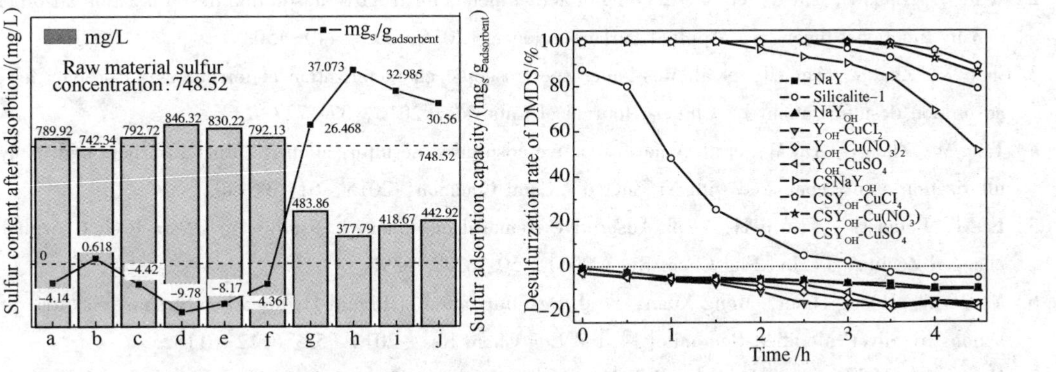

图 9 (左，静态)不同吸附剂吸附后的硫含量及在 MTBE 中 DMDS 的吸附硫容，(右，动态)吸附穿透曲线：
(a)NaY；(b)silicalite-1crystal；(c)NaY$_{OH}$；(d)Y$_{OH}$-CuCl$_2$；(e)Y$_{OH}$-Cu(NO$_3$)$_2$；(f)Y$_{OH}$-CuSO$_4$；
(g)CSNaY$_{OH}$；(h)CSY$_{OH}$-CuCl$_2$；(i)CSY$_{OH}$-Cu(NO$_3$)$_2$；(j). CSY$_{OH}$-CuSO$_4$

另外，通过动态测试进一步评估了核壳材料脱硫性能及应用潜力；吸附穿透曲线如图 9(右)所示。数据表明，有和没有 silicalite-1 壳层对吸附剂在脱硫性能上有着显著差异。整体上吸附剂的脱硫性能呈下降趋势，对于 NaY，NaY$_{OH}$和 CuY$_{OH}$由于竞争性吸附的存在，其脱硫率均为负值表明在 MTBE 中毫无脱硫能力。包覆 silicalite-1 壳层后，2.5h 内所有核壳结构的 CuY$_{OH}$分子筛均可从 MTBE 中 100%脱除 DMDS，即便是 CSNaY$_{OH}$也能保持 1.5h100%脱除率。总之，CSY$_{OH}$-CuCl$_2$脱硫性能最佳，可保持约 4.5h80%以上的脱硫率。然而，超过 3.5h 后，核壳分子脱硫率急剧下降，表明其活性寿命很快就会达到终点。

3 结论

在该研究中，提出了一种有效的在 NaY 分子筛表面上生长一层清晰完整的 silicalite-1 壳层的方法。结果表明：

(1) 经 NaOH 处理后，NaY 的 Si/Al 从 2.4 降至 2.04；被溶解的硅将留下许多空位从而扩大 NaY 分子筛的外表面积。包覆 silicalite-1 壳层后，CSY-CuCl$_2$和 CSY$_{OH}$-CuCl$_2$的 Si/Al 分别提高到 3.38 和 4.96，表明碱处理后多出的负载位置确实在长壳过程中起到了积极作用。

（2）作为核分子筛，经 Cu^{2+} 离子交换后，CuY_{OH} 比 NaY 和 NaY_{OH} 具有更好的吸附储硫能力，通过活性吸附中心（Cu^{2+}），Cu^{2+} 与 DMDS 之间形成 Cu-S 键能更好更多的存储 DMDS。

（3）经 silicalite-1 壳层包覆后，通过 silicalite-1 壳层的择形选择性和 CuY_{OH} 核分子筛的吸附存储能力，silicalite-1/CuY_{OH} 核壳复合分子筛在 MTBE 脱除 DMDS 中表现除良好的脱硫性能，其中 CSY_{OH}-$CuCl_2$ 吸附脱硫效果最好，吸附硫量可达 37.073mg 硫/g 吸附剂；原料硫含量为 286.13mg/L 时，可保持 4.3h 左右 90%以上的脱硫率。

参 考 文 献

[1] Li D. Crucial Technologies Supporting Future Development of Petroleum Refining Industry[J]. Chin J Catal, 2013, 34: 48-60.

[2] Wang L, Zhao L, Xu C, et al. Screening of active metals for reactive adsorption desulfurization adsorbent using density functional theory[J]. Applied Surface Science, 2016, 399: 440-450.

[3] Chen X, Zhu K, Ahmed, et al. Mössbauer spectroscopic characterization of ferrites as adsorbents for reactive adsorption desulfurization[J]. Chinese Journal of Catalysis, 2016, 37: 727-734.

[4] Tang M, Zhou L, Du M, et al. A novel reactive adsorption desulfurization Ni/MnO adsorbent and its hydrodesulfurization ability compared with Ni/ZnO[J]. Catal Common, 2015, 61: 37-40.

[5] Lee J, Beum H T, Ko C H, et al. Adsorptive Removal of Dimethyl Disulfide in Olefin Rich C_4 with Ion-Exchanged Zeolites[J]. Ind Eng Chem Res, 2011, 50: 6382-6390.

[6] Yi Dezhi, Huang Huan, Meng Xuan, et al. Desulfurization of Liquid Hydrocarbon Streams via Adsorption Reactions by Silver-Modified Bentonite[J]. Ind Eng Chem Res, 2013, 52: 6112-6118.

[7] Hernandez-Maldonado A J, Yang R T. New sorbents for desulfurization of diesel fuels via π-complexation[J]. AIChE Journal, 2004, 50: 791-801.

[8] Verboekend D, Pérez-Ramírez J. Desilication mechanism revisited: highly mesoporous all-silica zeolites enabled through pore-directing agents[J]. Chemistry, 2011, 17: 1137-1147.

[9] Yi Dezhi, Huang Huan, Meng Xuan, et al. Adsorption-desorption behavior and mechanism of dimethyl disulfide in liquid hydrocarbon streams on modified Y zeolites[J]. Applied Catalysis B: Environmental, 2014, 148: 377-386.

[10] Lv Y, Qian X, Tu B, et al. Generalized synthesis of core-shell structured nano-zeolite@ ordered mesoporous silica composites[J]. Catalysis Today, 2013, 204: 2-7.

[11] Groen J C, Peffer L A, Moulijn, et al. Mechanism of hierarchical porosity development in MFI zeolites by desilication: the role of aluminium as a pore-directing agent[J]. Chemistry - A European Journal, 2005, 11: 4983-4994.

[12] Groen J C, Peffer LAA, Moulijn J A, et al. On the introduction of intracrystalline mesoporosity in zeolites upon desilication in alkaline medium[J]. Microporous & Mesoporous Materials, 2004, 69: 29-34.

[13] Hernández-Maldonado A J, Yang F H, Qi G S, et al. Sulfur and nitrogen removal from transportation fuels by π-complexation[J]. Journal of China Industrial Chemical Engineerings, 2006, 37: 9-16.

[14] LI L P, QU L, KNAPPE D. Effects of activated carbon surface chemistry and pore structure on the adsorption of organic contaminants from aqueous solution[J]. Carbon, 2002, 40: 2085-2100.

[15] Bondi A. van der Waals volumes and radii[J]. The Journal of physical chemistry, 1964, 68: 441-451.

[16] Chen H, Wang Y, Yang F H, et al. Desulfurization of high-sulfur jet fuel by mesoporous π-complexation adsorbents[J]. Chemical Engineering Science, 2009, 64: 5240-5246.

高碳四烯烃选择性催化裂化催化剂的研发

于善青，严加松，田辉平，张杰潇，林　伟

（中国石化石油化工科学研究院，北京　100083）

摘　要　基于基元反应化学探讨了催化裂化过程碳四烯烃的生成和转化途径，认为优化异构化反应和裂化反应的选择性，是提高碳四烯烃选择性和产率的重要途径。根据对催化材料和烃催化转化化学的科学认识，开发了催化材料分级定向转化技术。在此基础上开发的增产碳四烯烃催化剂具有优异的碳四烯烃选择性，工业应用结果表明，在液化气产率不增加的情况下，碳四烯烃产率增加 0.63 个百分点，液化气中碳四烯烃质量分数增加 3.08 个百分点，增幅 15.70%。

关键词　催化裂化　碳四烯烃　选择性　分子筛

随着国六汽油标准的出台，要求汽油硫含量不大于 10μg/g，汽油烯烃体积分数要求不大于 15%，芳烃体积分数不大于 35%。要满足国六汽油标准，增加汽油池中低硫、低芳烃和高辛烷值的烷基化汽油比例是最有效的途径。截至 2017 年 7 月我国目前已经投产的烷基化生产装置约有 74 套，产能合计 1626 万吨。目前在建的烷基化装置约 21 套，建成后将新增产能 569 万 t。然而，不少烷基化装置开工率不足，主要原因之一是受原料供应的影响。烷基化装置的原料是异丁烷和碳四烯烃(碳四烯烃包括丁烯-1、异丁烯、反丁烯和顺丁烯，以下简称丁烯或碳四烯烃)，近 70%碳四烯烃来自催化裂化装置。因此，从催化裂化过程获取更大量的碳四烯烃产率是缓解烷基化装置原料短缺的重要途径[1~3]。

目前我国催化裂化装置约 190 套，其中 MIP 或 MIP-CGP 装置约 56 套。由于 MIP 系列技术的第二反应区强化氢转移反应，使得液化气中异丁烷的含量大幅提高，碳四烯烃产率相对异丁烷产率存在不足；另一方面，催化裂化装置处理加氢原料油的比例日益增加，使得环烷烃和环烷基芳烃占催化原料的比例增多，也加剧了催化裂化过程的氢转移反应，导致液化气烯烃含量偏低。

因此许多炼厂特别是采用 MIP 系列技术的炼厂提出增加碳四烯烃产率以生产更多的烷基化汽油。石油化工科学研究院(以下简称石科院)开发了增产碳四烯烃催化剂 HBC(High Butylene Selectivity Catalyst)，其具有优异的碳四烯烃选择性，能显著提高液化气中碳四烯烃产率，并在石家庄炼化分公司 220 万 t/aMIP-CGP 装置上进行了工业应用。

1　实验

1.1　原材料

所用 Y 型分子筛和 β 分子筛均为中国石化催化剂有限公司齐鲁分公司生产。

1.2 催化剂样品的制备

将高岭土浆液、铝溶胶和酸化拟薄水铝石混合，均匀分散10min~30min，然后向上述浆液中分别加入分子筛浆液，充分搅拌30min，得到催化剂浆液，将得到的浆液喷雾干燥成型，并于500℃焙烧1h，最后将催化剂洗涤至Na_2O质量分数<0.2%，得到催化剂样品。

1.3 样品的表征

采用PHILIPS公司的X′Pert型X射线粉末衍射仪表征样品的晶体结构；采用Nicolet6700型红外光谱仪测定样品的骨架结构；采用美国Micromeritics公司ASAP2405N V1.01自动吸附仪测定样品的吸附-脱附等温线，并计算样品的比表面积和孔体积。

1.4 催化剂的评价

催化剂轻油微反活性评价所用原料为大港轻柴油，235~337℃馏分，20℃的密度为841.9kg/m^3，测定条件为：反应温度510℃，空速16h^{-1}，催化剂装量5g，剂油质量比3.2。催化剂样品的裂化反应性能评价在美国ACE-Model R$^+$型固定流化床微反装置上进行，评价原料油为石家庄炼化分公司III催化装置原料油，20℃密度921.1kg/m^3，残炭含量为2.5%，硫含量为0.36%，Ni含量为3.9μg/g，V含量为3.5μg/g。催化剂评价前先在800℃、100%水蒸气条件下老化。

2 结果与讨论

2.1 碳四烯烃的生成和转化化学

催化原料油主要是由烷烃、环烷烃、芳烃组成，其在固体催化剂上经过裂化反应生成烯烃，烯烃可进行一系列的裂化、氢转移、异构化等反应。图1为催化裂化过程碳四烯烃的生成反应路径。由图1可见，在催化裂化反应初始阶段，原料油中的烷烃分子在催化剂B酸中心上质子化生成非经典的正碳离子，非经典的正碳离子按照Haag-Dessau单分子裂化机理进行裂化反应[4,5]。随着反应的进行，催化反应主要以经典正碳离子为主，可发生β位断裂、异构化、与大分子烷烃发生负氢离子转移生成新正碳离子，与烯烃进行叠合反应生成更大的正碳离子。其中β位断裂反应主要生成丙烯；异构化反应主要有三种：负氢离子的迁移，涉及一个中间过渡状态的形成，负氢离子在两个相邻碳之间形成桥键，形成质子环丙烷结构，具有较低的能量，通常1，2迁移反应是最主要的转移反应，负氢离子的转移速度要比烷基快；烷基的迁移，甲基的迁移比较容易，烷基迁移后更趋于生成稳定性更高的叔正碳离子；主链上正碳离子的骨架重排，涉及一个环状的非经典正碳离子中间体，也称为质子化环丙烷正碳离子，生成支链度高的异构烷烃和烯烃；与大分子烷烃发生负氢离子转移生成新正碳离子。

由图1可知，催化裂化过程中碳四烯烃的生成主要来自两个方面：原料中烃类大分子经单分子裂化反应或双分子裂化反应生成的活性中间体进行裂化生成碳四烯烃；裂化产物中的小分子烯烃(C5⁼~C12⁼)，可进行二次裂化反应生成丁烯。经典正碳离子进行异构化反应，然后再进行β位断裂，将有利于多产碳四烯烃，提高催化裂化产物中碳四烯烃的选择性。

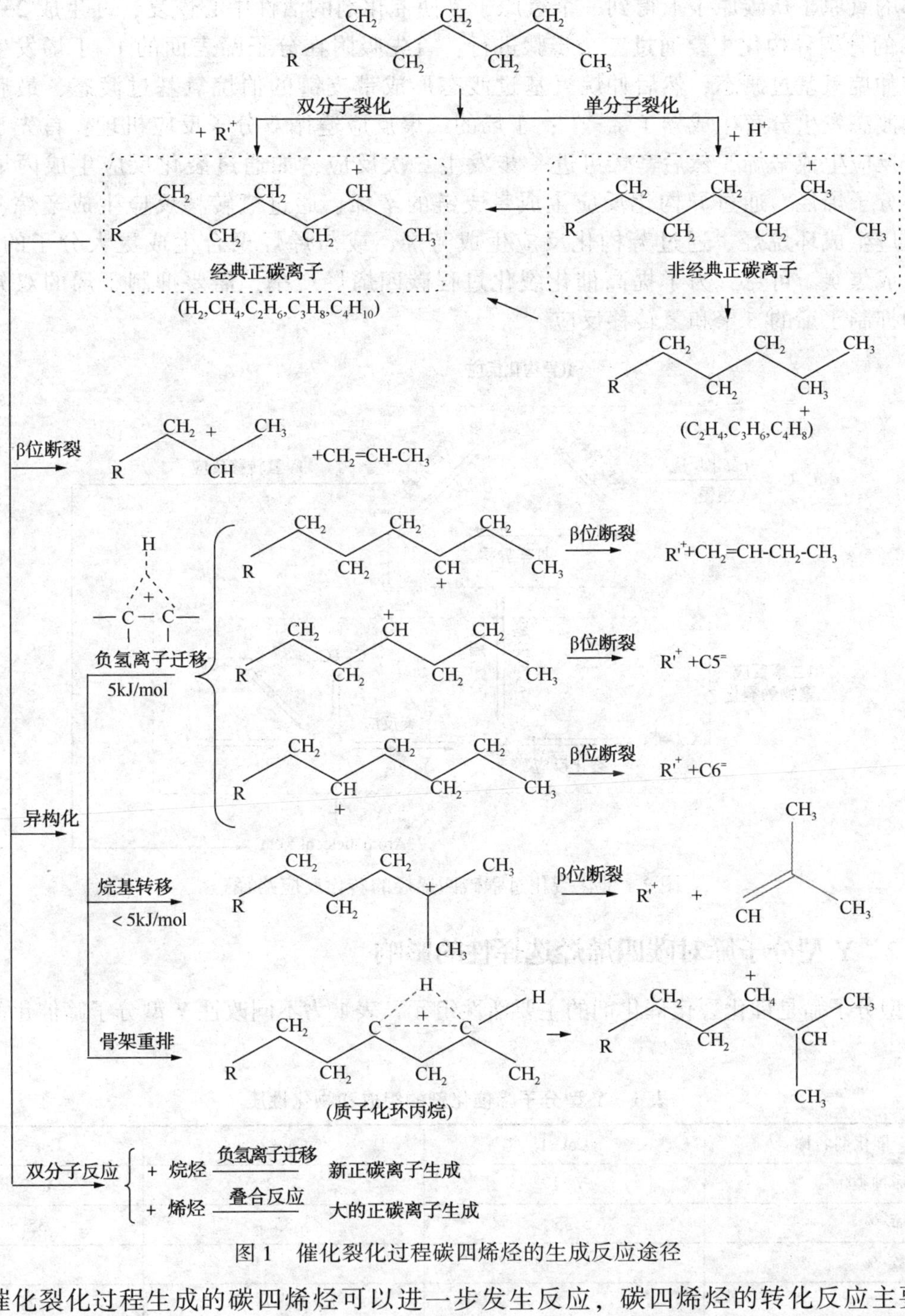

图1 催化裂化过程碳四烯烃的生成反应途径

催化裂化过程生成的碳四烯烃可以进一步发生反应，碳四烯烃的转化反应主要有四类：裂化反应、异构反应、二聚反应和二聚物的裂化反应和氢转移反应，见图2。丁烯在催化剂表面质子化生成仲碳离子，仲碳离子本身发生β位断裂生成甲烷的速度以及质子转移生成伯碳离子的过程都很慢，所以丁烯很难通过单分子裂化反应生成诸如乙烯和丙烯的小分子烯烃[6,7]；1-丁烯的双键异构反应主要通过吸附在分子筛表面的丁烯的C=C双键与分子筛表面OH基发生质子化，生成具有π型结构的过渡态，同时分子筛上与过渡态相邻的氧原子从碳原子上得到一个氢原子，使催化剂的活性中心恢复，并生成2-丁烯；1-丁烯的骨架异构化主要通过三个步骤进行：首先吸附在分子筛表面的1-丁烯发生质子化形成仲烷氧基过渡态，然后仲烷氧基过渡态形成带支链的伯烷氧基过渡态，最后伯烷氧基过渡态发生分解生成异丁烯[8,9]；丁烯的二聚反应遵循双分子反应机理：首先丁烯发生二聚反应生成辛烯，然后辛烯可进一步发生二次反应，如通过裂化反应生成丙烯和丁烯等小分子烯烃、通过异构化反应生成带支链的辛烯、通过氢转移反应生成辛烷、通过环化反应生成环烷烃、通过芳构化反应生成芳烃，或与烯烃聚合生成更大分子的烯烃，甚至生成焦炭。可见，为了提高催化裂化过程碳四烯烃产率，需要抑制丁烯的双分子反应，即抑制丁烯的二聚和氢转移反应。

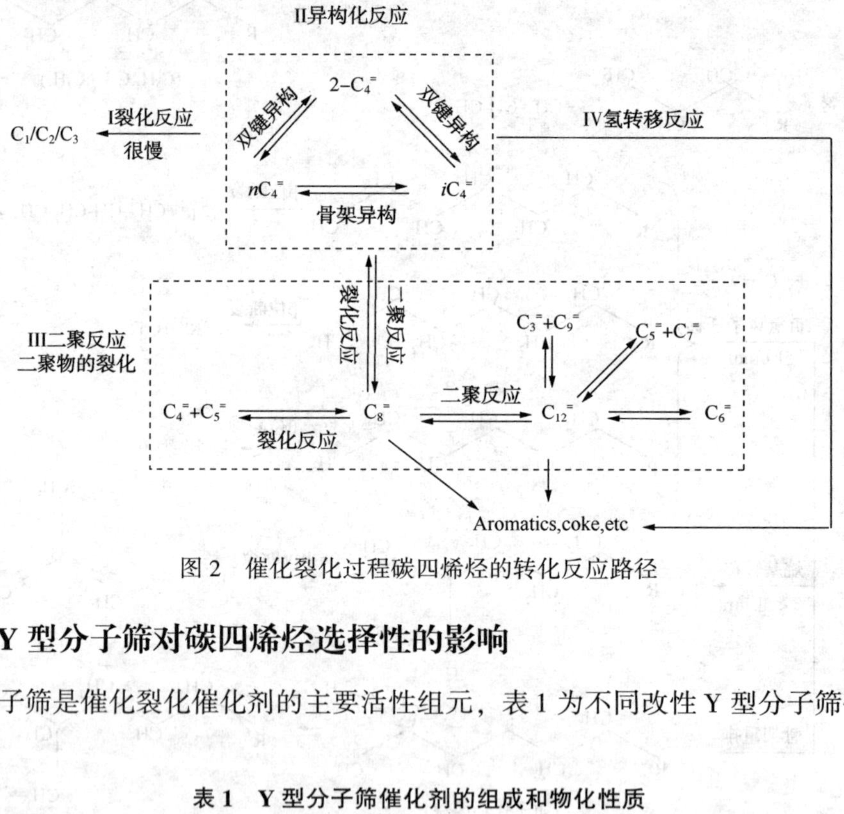

图2 催化裂化过程碳四烯烃的转化反应路径

2.2 Y型分子筛对碳四烯烃选择性的影响

Y型分子筛是催化裂化催化剂的主要活性组元，表1为不同改性Y型分子筛催化剂的物化性能。

表1 Y型分子筛催化剂的组成和物化性质

催化剂名称	Cat-1	Cat-2	Cat-3
Y分子筛种类	Y-17	Y-8	Y-2
Y分子筛/%	35	35	35
质量分数/%			
Na_2O	0.25	0.17	0.21
Al_2O_3	51.6	52.0	52.0

续表

催化剂名称	Cat-1	Cat-2	Cat-3
RE_2O_3	5.3	2.5	0.67
物理性质			
BET 比表面/(m^2/g)	298	308	309
微孔面积/(m^2/g)	223	232	238
总孔体积/(mL/g)	0.171	0.174	0.177
微孔体积/(mL/g)	0.089	0.093	0.095
晶胞常数/nm	2.472	2.456	2.452
MA(800℃、12h)/%	76	62	55

将新鲜催化剂分别经过800℃、100%水蒸气老化12h，然后进行ACE评价，评价条件：反应温度520℃，质量空速$16h^{-1}$，剂油质量比分别为4、6和8，评价结果见图3和图4。由图3可以看出，Cat-1催化剂的转化率最高，其次为Cat-2、Cat-3，这与催化剂的活性密切相关。在相同转化率下，不同Y型分子筛催化剂的重油产率和油浆产率相差不大，但高活性催化剂(Cat-1)的汽油产率最高、液化气产率最低，表明高活性催化剂具有较高的汽油选择性。由图4可以看出，低活性催化剂(Cat-3)的丁烯产率、液化气中丁烯质量分数及丁烯与丙烯的比值均高于其它两个催化剂，表明低活性催化剂具有较高的丁烯选择性。以上分析可知，Y型分子筛的活性对催化裂化产物分布起着重要作用，高活性Y型分子筛具有较高的重油转化率，汽油选择性较高；低活性Y型分子筛具有优异的丁烯选择性。

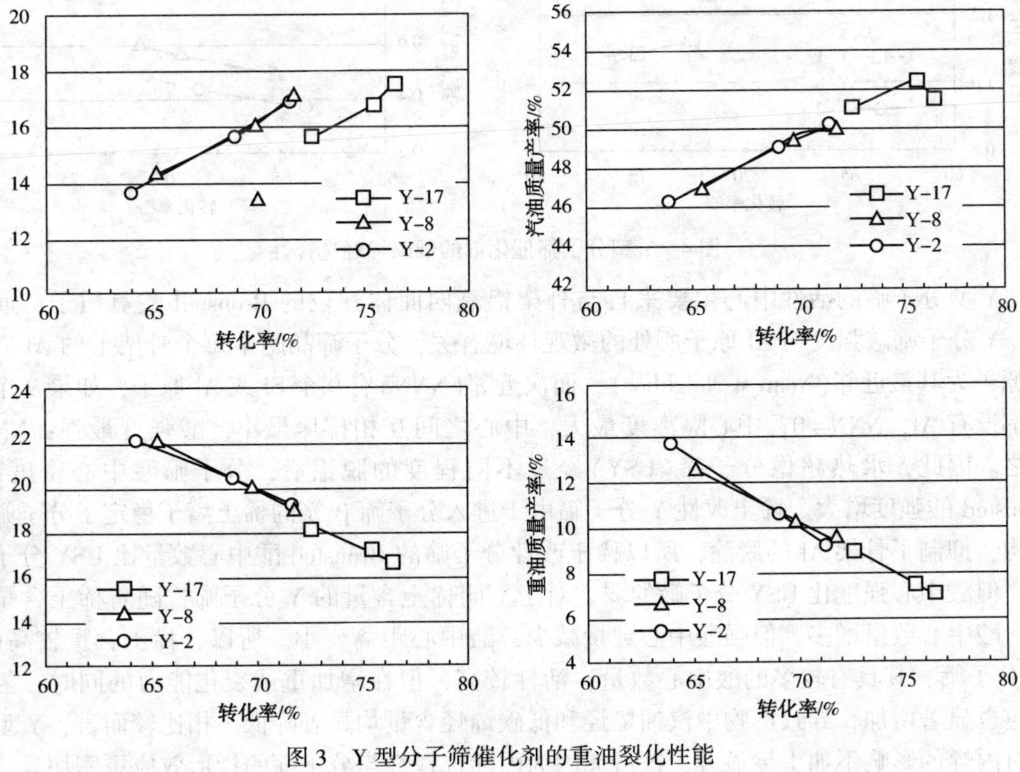

图3 Y型分子筛催化剂的重油裂化性能

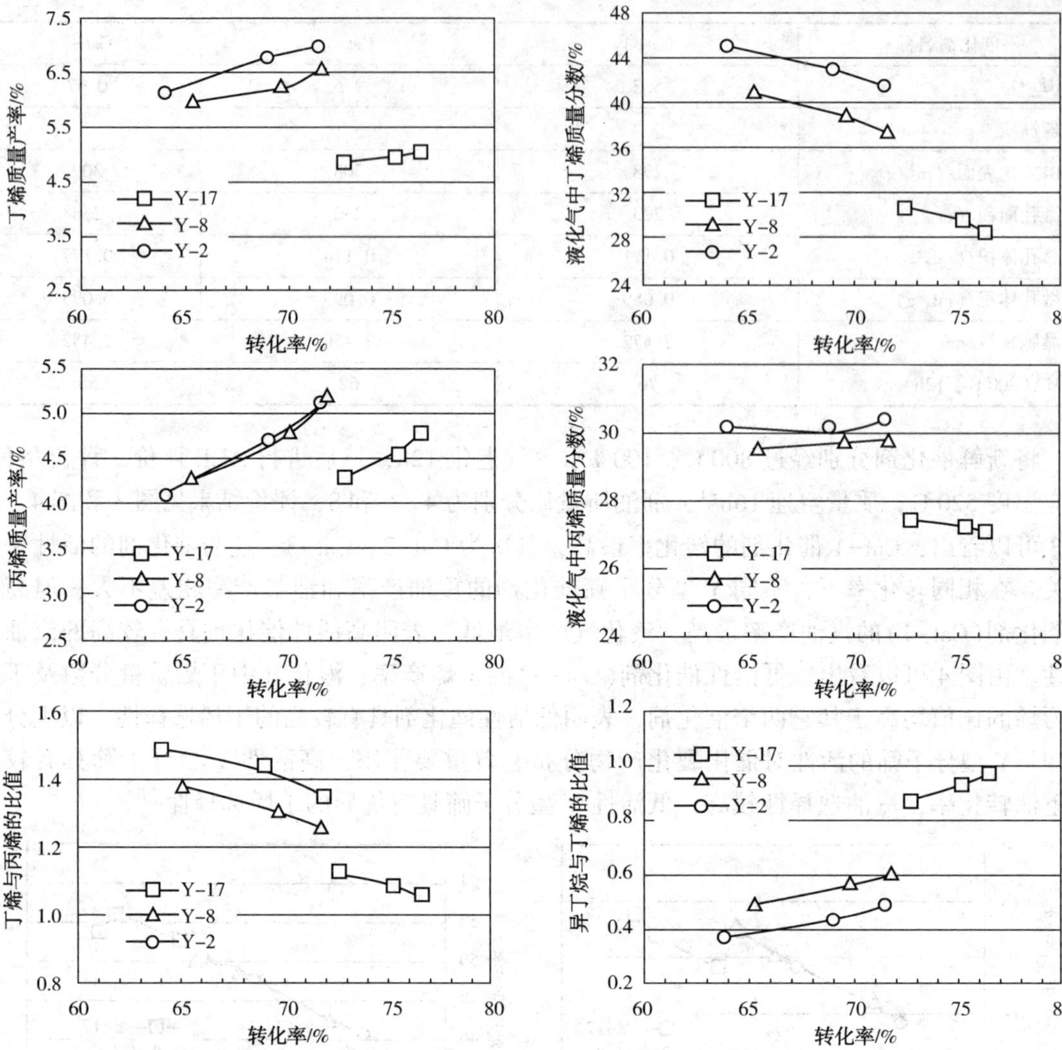

图4 Y型分子筛催化剂的低碳烯烃选择性

Y型分子筛的活性中心主要来自与骨架铝氧四面体配位的Brønsted酸氢质子，通常认为，Y分子筛酸强度与Al原子所处的微观环境有关，分子筛晶胞中每个骨架上的Al有4个Si原子为其最近邻(Nearest Neighbor)，而次近邻(NNN)有9个Si或Al原子，如果9个次近邻都没有Al，NNN=0，中心隔离度最大，中心之间互相排斥最小，酸强度最强；NNN=1次之。因此，水热超稳分子筛(USY)经过不同程度的脱铝后，分子筛酸中心密度减少，Brønsted酸强度增大。稀土改性Y分子筛由于进入分子筛β笼的稀土离子稳定了分子筛骨架结构，抑制了骨架Al的脱除，所以稀土改性分子筛的Brønsted酸中心数量比USY分子筛的多，但酸中心强度比USY分子筛的弱。对于不同稀土含量的Y分子筛，随着稀土含量的增加，酸中心数量增多，但强酸中心数量减少，酸中心距离变小。所以，稀土含量较高的Y-17分子筛，其具有较多的酸中心数量，活性较高，但在增加重油裂化能力的同时，氢转移反应也显著增加，导致产物中汽油烯烃和低碳烯烃含量均显著降低。相比较而言，Y型分子筛对丙烯的影响不如丁烯显著，这可能因为丙烯选择性与分子筛的择形效应更密切。

2.3 β 分子筛对碳四烯烃选择性的影响

β 分子筛是一种具有三维十二元环孔结构的高硅分子筛[10~13]，其孔道体系由两个相互垂直的直通孔道和一个曲折孔道组成，平均孔径 0.65nm，相对 Y 型分子筛的孔径略小。表 2 为不同改性 β 分子筛催化剂的物化性能。将新鲜催化剂分别经过 800℃、100%水蒸气老化 8h 后，进行 ACE 评价，评价条件：反应温度 500℃，剂油质量比分别为 3、4 和 6，评价结果见图 5 和图 6。由图 5 可以看出，与 Cat-4 催化剂相比，含 β 分子筛催化剂的转化率有不同程度的降低，这主要因为 β 分子筛的活性比 Y 型分子筛偏低的缘故；在相同转化率下，含 β 分子筛催化剂的重油裂化能力与 Cat-4 催化剂的相当。由图 6 可以看出，含 β 分子筛催化剂的丁烯和丙烯产率、液化气中丁烯和丙烯质量分数均显著提高，相比之下，含 β 分子筛催化剂具有更高的丁烯与丙烯比值，表明对丁烯的选择性更高。并且随着催化剂中 β 分子筛含量增加，液化气中低碳烯烃的产率和选择性增加，但是过高的 β 分子筛含量，会影响催化剂的重油转化能力。

表 2 β 分子筛催化剂的组成和物化性质

	Cat-4	Cat-5	Cat-6
Y 分子筛/ %	基准	基准-6	基准-12
β 分子筛/%	0	6	12
质量分数/%			
Na_2O	0.21	0.24	0.11
Al_2O_3	44.14	45.37	44.29
物理性质			
BET 比表面/(m^2/g)			
基质面积/(m^2/g)			
微孔面积/(m^2/g)			
总孔体积/(mL/g)			
微孔体积/(mL/g)			
微反活性(800℃, 12h)/%	80	79	75

2.4 增产碳四烯烃催化剂的工业生产与应用

基于对催化材料和烃催化转化化学的科学认识，开发了催化材料分级定向转化技术，即采用高活性大孔基质技术强化渣油大分子的可接近性和预裂化能力；采用高硅铝比高稳定性 Y 分子筛技术优化裂化活性与氢转移活性的比值，提高汽油选择性；开发的高活性 β 分子筛技术可以显著提高碳四烯烃选择性；匹配适宜的择形分子筛，进一步优化液化气和碳四烯烃产率。在此基础上，开发了增产碳四烯烃催化剂 HBC(High Butylene Selectivity Catalyst)，其工业生产在中国石化催化剂齐鲁分公司进行，工业生产顺利，产品质量稳定，生产和应用过程中无三废污染。

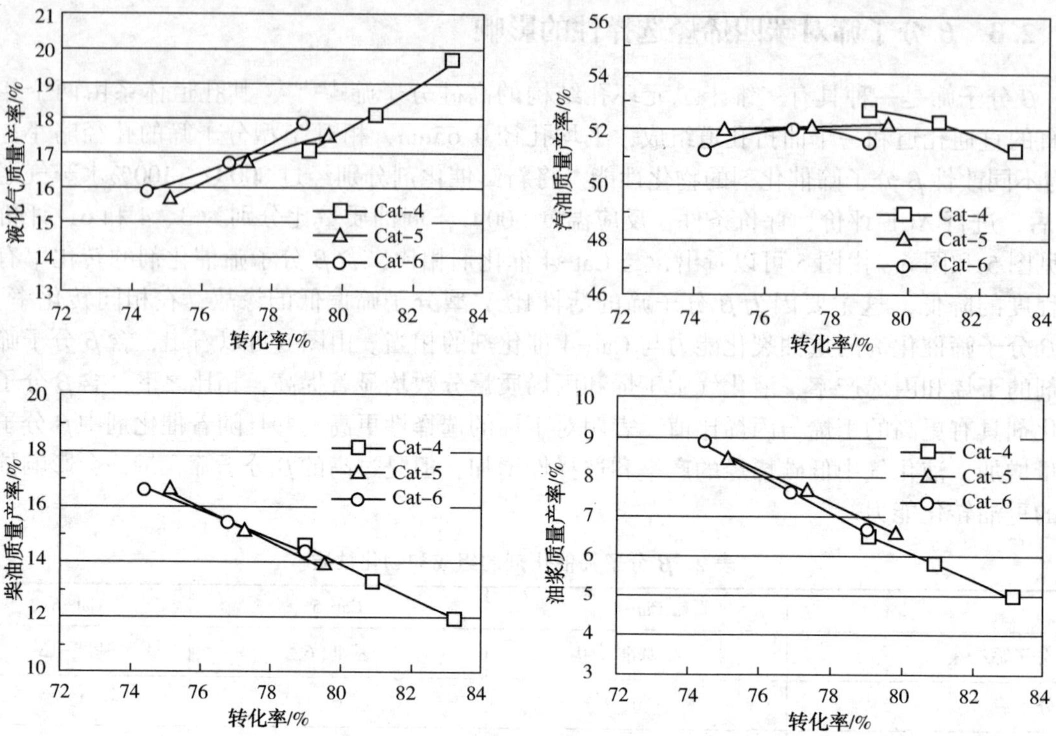

图5 β分子筛催化剂的重油裂化性能

HBC催化剂的工业应用试验在石家庄炼化Ⅲ套催化裂化装置上进行，该装置由中国石化洛阳石化工程建设公司设计，设计加工量为220万吨/年，装置反应-再生系统高低并列布置，再生器为单段逆流再生型式。为了准确考察HBC催化剂的使用效果，2017年5月7日—8日进行了空白标定，空白标定期间使用SLG-1催化剂。2019年4月9日—10日进行了总结标定。HBC催化剂按照装置正常消耗进行置换，催化剂补充量约6t/d，对新鲜原料的催化剂单耗为1.0~1.2kg/t。HBC催化剂使用后装置运行平稳，说明物理性能符合装置的使用要求。

总结标定期间由于掺渣比较高，原料油密度较空白标定的偏高，其它性质基本相当。空白标定和总结标定期间的主要操作条件见表3，表3数据表明空白标定和总结标定期间主要操作条件基本一致。空白标定和总结标定期间产品分布见表4。由表4数据可以看出，和空白标定相比，在液化气产率基本相当的情况下，碳四烯烃产率增加0.63个百分点，增幅14.76%，液化气中碳四烯烃质量分数增加3.08个百分点，增幅15.70%。

表4 主要操作条件

标定编号	空白标定	总结标定
新鲜原料量/(t/h)	246.3	242.0
加氢渣油进料量/(t/h)	125.1	152.7
加氢蜡油进料量/(t/h)	121.2	89.3
反应沉降器压力/MPa	0.324	0.327
一反出口温度/℃	521	530

续表

标定编号	空白标定	总结标定
二反温度/℃	512	519
原料预热温度/℃	208	195
雾化蒸汽量/(t/h)	13.0	11.9
预提升蒸汽流量/(t/h)	4.5	2.5
预提升干气流量/(Nm^3/h)	1098	2300
汽提蒸汽流量/(t/h)	7.6	6.5
再生器压力/MPa	0.364	0.348
再生器密相温度/℃	693	683
再生器稀相温度/℃	679	684
主风流量/(Nm^3/h)	4400	4429
外取热蒸汽流量/(t/h)	139	135

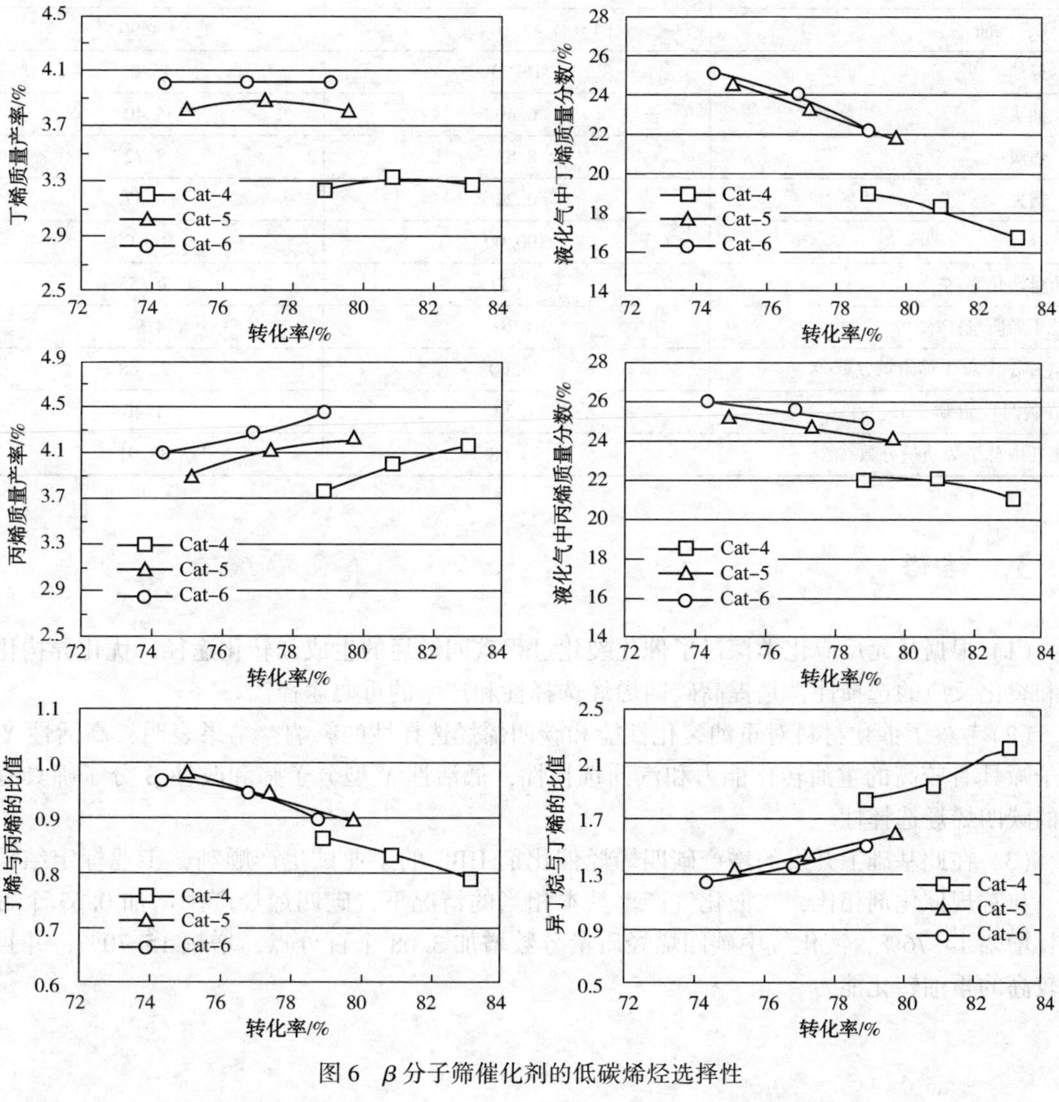

图6 β分子筛催化剂的低碳烯烃选择性

表7 物料平衡

标定编号	空白标定	总结标定
产品质量收率/%		
H_2～C_2	3.20	3.58
C_3～C_4	21.96	21.78
丙烷	2.93	2.75
丙烯	6.97	6.34
异丁烷	6.32	6.25
正丁烷	1.44	1.51
1-丁烯	1.08	1.19
异丁烯	1.21	1.44
反丁烯	1.20	1.36
顺丁烯	0.82	0.95
C_5^+汽油	43.16	44.90
柴油	16.23	15.05
油浆	6.40	5.40
焦炭	8.83	8.72
损失	0.22	0.57
合计	100.00	100.00
质量转化率/%	77.37	79.55
总丁烯质量产率/%	4.30	4.94
C_3～C_4 中总丁烯质量分数/%	19.60	22.68
w(碳四)/w(碳三)	1.22	1.40
碳四中总丁烯质量分数/%	35.68	38.91

3 结语

(1) 根据基元反应化学探讨了催化裂化过程碳四烯烃的生成和转化途径，优化异构化反应和裂化反应的选择性，是提高碳四烯烃选择性和产率的重要途径。

(2)考察了催化材料对重油裂化性能和碳四烯烃选择性的影响，结果表明，高活性Y型分子筛具有较高的重油转化能力和汽油选择性，低活性Y型分子筛和改性β分子筛具有优异的碳四烯烃选择性。

(3) 在此基础上开发的增产碳四烯烃催化剂HBC的工业试生产顺利，工业标定结果表明，与常规催化剂相比，在液化气产率基本相当的情况下，碳四烯烃产率增加0.63个百分点，增幅14.76%，液化气中碳四烯烃质量分数增加3.08个百分点，增幅15.70%，并且具有较高的重油转化能力。

参 考 文 献

[1] 李桂晓，于凤丽，刘仕伟，等．催化制备烷基化汽油的研究进展[J]．石油化工，2016，45(11)：1293-1299.

[2] 李涛，柏基业，姚小利．碳四烃的综合利用研究[J]．石油化工，2009，38(11)：1245-1252.

[3] 李明辉．碳四烃的综合利用[J]．石油化工，2003，32(9)：808-813.

[4] CORMA A，ORCHILLES A V. Current Views on the Mechanism of Catalytic Cracking[J]. Microporous Mesoporous Mater，2000，35(36)：21-30.

[5] VINCENT B，BENOIT L，RUBEN M，et al. Engineering Zeolites for Catalytic Cracking to Light Olefins[J]. ACS Catal. 2017，7，6542-6566.

[6] 马文明，朱根权，谢朝钢．催化裂化反应中丁烯的生成与转化规律[J]．石油化工，2015，44(6)：762-769.

[7] LI Li，GAO Jin-sen，XU Chun-ming，et al. Reaction Behaviors and Mechanisms of Catalytic Pyrolysis of C4 Hydrocarbons[J]. Chem Eng J，2006，116(3)：155-161.

[8] BORONAT M，VIRUELA P，CORMA A. Theoretical Study of the Mechanism of Zeolite - Catalyzed Isomerization Reactions of Linear Butenes [J]. J Phys Chem A，1998，102(6)：982 -989.

[9] ABBOT J，WOJEIEEHOWSKI B W. The effect of temperature on the product distribution and kinetics of reactions of n-hexadecane on HY zeolite[J]. Journal of catalysis，1988，109(2)：274-283.

[10] Wadlinger R L，Kerr G T，Rosinski E J. US Patent 3，308，069. 1967.

[11] Higgins J B，Lapierre R B，Schlenker J L. The framework topology of zeolite beta[J]. Zeolites，1988，8(6)：446-452.

[12] Newsam J M，Treacy M M J，Koetsier W T，et al. Structural characterization of zeolite beta[J]. Proc R Soc Lond A，1988，420(1859)：375-405.

[13] 孟宪平，王颖霞，韦承谦．β沸石堆垛层错结构的研究[J]．物理化学学报，1996，8：727-734.

高抗钒污染催化裂化催化剂 LMC-500 的工业应用

杜晓辉[1]，刘璞生[1]，齐恒山[2]，樊继磊[2]，杨 旭[3]，薛亚刚[3]

（1. 中国石油石油化工研究院兰州化工研究中心，甘肃兰州 730060；
2. 大连西太平洋石油化工有限公司运行二部，辽宁大连 116610；
3. 中国石油兰州石化分公司催化剂厂，甘肃兰州 730060）

摘　要　高抗钒污染催化裂化催化剂 LMC-500 采用了一种预设高效钒阱的抗钒污染新技术，通过削弱钒捕集组分与催化剂活性位点之间的强相互作用，在提高催化剂钒捕集性能的同时，最大限度地保留了其反应选择性。实验室研究结果表明：随着抗钒组分添加量的增加，在相同钒污染条件下，转化率由 58.55% 大幅提高至 80.84%，焦炭产率则由 9.53% 增加至 10.24%，焦炭选择性由 0.163 下降至 0.127。开发的 LMC-500 催化剂在大连西太 2.8Mt/a 重油催化裂化装置进行了工业应用，应用结果表明，当平衡剂钒含量达到 7000μg/g 时，催化剂依然保持着优异的转化率和良好的产品选择性。

关键词　催化裂化　催化剂　重油　钒　焦炭　选择性

流化催化裂化是重油轻质化最主要的深加工操作过程，通过催化裂化过程可以得到液化石油气、裂化石脑油、汽柴油等许多高价值的产品。催化裂化催化剂是一种多孔微球，由 Y 型分子筛、活性基质、硅铝黏合剂组成，其中 Y 型分子筛是催化裂化的活性中心和速率控制组分。一方面，FCC 过程中，催化剂在反应器和再生器中往往面临高温和水蒸气存在的苛刻环境，因而分子筛的热和水热稳定性是催化剂生产商最关注的性能之一；另一方面，FCC 原料中通常含有钒、镍、钠、铁等不同数量的金属元素，会造成催化剂的污染及钝化，各种有害金属有机化合物，特别是钒在催化裂化过程中以非化学计量的方式使分子筛的骨架严重脱铝，破坏分子筛的骨架结构，造成催化剂严重失活。

原料油中的钒在催化裂化过程中逐渐沉积在催化剂上，影响催化剂的选择性和反应活性，导致轻油收率下降，干气、焦炭产率上升，从而直接影响催化裂化装置平稳运行和炼厂经济效益[1~3]。根据钒对 Y 型分子筛破坏的机理研究，抗钒的关键在于如何抑制在 FCC 条件下 V_2O_5 引起的分子筛骨架脱铝[4~7]。因此，催化裂化抗钒污染技术的开发始终是研究人员关注的热点。

大连西太平洋石化有限公司（以下简称大连西太）原设计 2.0Mt/a 重油催化裂化装置，由洛阳设计院设计。反-再系统采用一再与沉降器同轴，一、二再并列的两段再生工艺。2001 年装置扩能改造为 2.8Mt/a，装置长期使用 Grace Davison 公司的催化剂，2018 年初，开始试用试用中国石油石油化工研究院研发、兰州石化催化剂厂生产的高加工负荷催化裂化催化剂 LMC-500。

1 催化剂 LMC-500 的特点

催化裂化工艺面临的新形势不断推进 FCC 催化剂新产品的开发，同时新产品的开发研究又促进了炼油工艺技术的发展。根据油品重质化的现状和市场、环境保护的现实要求，重油催化裂化催化剂应当具备良好的液收、优异的焦炭选择性、抗重金属性能、抗碱氮、孔结构合理，同时具有良好的汽提性能以及稳定性。

对于重油原料，其分子尺寸一般在 3~10nm 左右，因而难以进入分子筛孔道(1.2nm 左右)进行反应，而且分子筛的二次孔又不多，因此这就需要基质组分提供足够的中孔来预先裂化重油大分子。催化剂的平均孔径和孔体积对重油大分子的裂化所起的作用非常明显，催化剂的最佳孔径应是反应物分子的 2~6 倍时，这样反应时基本不受分子扩散限制。因此，开发具有开放式孔道结构同时具有良好孔分布和酸性等级分布的大孔载体材料也是重油催化裂化催化剂研发的重要趋势与目标。

由于各国炼油企业在 FCC 原料中掺入重质油和渣油的比例逐渐增加，或者直接以重质油为原料。重油的残炭值高，在裂化过程中直接产生焦炭；同时重质油中的沥青质及胶质中多环芳烃含量较高，在催化裂化过程中，多环芳烃吸附于催化剂表面，最终形成焦炭堵塞孔道导致酸中心失活。此外，由于原油重质化和劣质化趋势的加剧，原料油中金属钒含量显著增高，在催化裂化过程中钒会导致催化剂永久性失活从而降低目标产品的选择性，因此对金属钒的高效捕集，是实现重油高效转化的关键。

LMC-500 催化剂具有抗重金属性能优越，重油转化性能强、汽油收率高等特点，适用于加工高钒或超高钒含量的重油原料。

2 高效的抗钒污染技术

催化剂中毒失活的程度随金属种类而有所差异，显然也随金属沉积的数量而增大，通常金属中毒属于永久性和不可逆性，但是可以采用重金属钝化剂，如锡、锑等化合物对原料进行预处理，使重金属结合生成无毒性的合金，以达到减轻催化剂中毒的目的。然而锡锑由于其毒性目前已经减少或者避免使用。另一方面可以通过特殊的化学方法使沉积在催化剂上的重金属与催化剂分离，使催化剂活性恢复到较高的水平。还可以设计具备抗重金属能力的催化剂，减轻重金属对催化剂活性和选择性的影响。

在催化裂化过程中，以卟啉大分子形式存在的钒不断沉积在催化剂表面，在再生器中高温氧化分解生成 V_2O_5，在水蒸气参与下形成具有中强酸性的 H_3VO_4，从而破坏分子筛的骨架结构，导致催化剂活性的快速下降[8]。针对钒对催化剂活性中心的破坏作用，采用多种方法研究了钒对分子筛的破坏机理[7,9]，提出了一种预设高效钒阱的抗钒污染新技术，通过削弱钒捕集组分与催化剂活性位点之间的强相互作用，在提高催化剂钒捕集性能的同时，最大程度地保留了其反应选择性。与传统技术相比，采用新型抗 V 污染技术制备的催化剂，评价结果表明(如图 1 所示)：在相同钒污染条件下，转化率由 58.55%大幅提高至 80.84%，焦炭产率由 9.53%增加至 10.24%，而焦炭选择性则由 0.163 下降至 0.127。也就是说在催化剂转化率大幅增加的同时，焦炭产率基本维持不变。

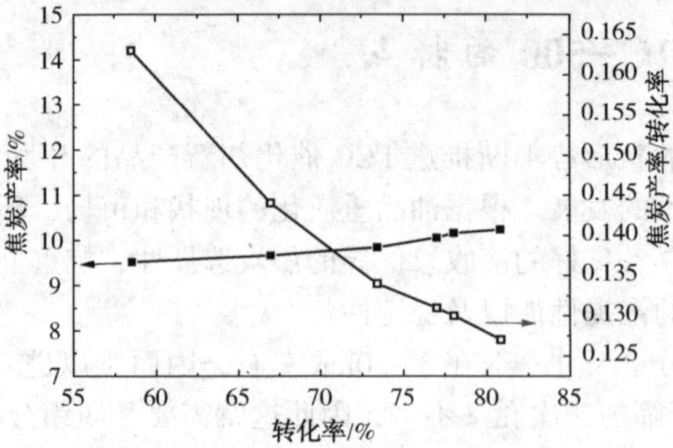

图1　转化率与焦炭产率、焦炭选择性的变化(6000μg/gV)

3　工业试验过程

大连西太催化装置2018年1月5日开始使用中石油LMC-500催化剂，到4月底时LMC-500占达到系统藏量的90%，5月20日开始试用GRACE公司WP3催化剂，8月底重新使用LMC-500催化剂。在装置运行过程中，主要操作参数如加工量、反应温度、再生温度、剂油比等没有发生较大变化。催化剂应用期间单耗为1.45kg/t左右，日平均加剂量为11.0t。

4　结果与讨论

4.1　原料油性质

大连西太催化装置加工原料为常压渣油和减压渣油的混合原料，80%加氢处理。原料油性质见表1，可以看出，原料油残炭、芳烃含量高，重金属特别是钒含量较高。

表1　催化原料油性质

项目		数值
摩尔质量/(g/mol)		499
残炭(微量法)/%		5.67
等离子测重金属含量/(μg/g)	Ca	1.14
	Cu	<0.01
	Pb	<0.01
	Ni	7.75
	V	9.44
	Fe	2.77
烃族组成/%	饱和烃	37.7
	芳烃	55.4
	胶质	6.9

对渣油催化来说，催化装置的焦炭37%来自原料焦、33%来自催化焦、20%来自污染焦、10%来自汽提焦，原料残炭的增加势必使得生焦趋势升高。而为了保证装置效益最大化，这就要求催化剂具有较强的重油转化性能和良好的抗重金属，特别是抗钒污染性能，以确保催化剂具有优异的焦炭选择性。

4.2 装置主要操作参数

装置主要操作参数见表2，可以看出，再生器温度较高，特别是二再温度达到740℃，这就要求催化剂具有较好的水热稳定性，同时反应性能方面要求催化剂具有优异的焦炭选择性，以防止装置在大负荷运行时再生器超温。

表2 主要操作参数

项目	数值	项目	数值
反应温度/℃	520~525	1#/2#再生器压力/MPa	0.2/0.18
混合进料温度/℃	210	反应器压力/MPa	0.17
1#再生器密相温度/℃	695	提升管蒸汽量/(t/h)	28
1#再生器稀相温度/℃	695	汽提用蒸汽量/(t/h)	12.0
2#再生器密相温度/℃	735	催化剂循环量/(t/h)	2050
2#再生器稀相温度/℃	740	剂油比(质量比)	6

4.3 催化剂与平衡剂性质

表3为新鲜催化剂LMC-500的典型理化性质，LMC-500的磨损指数减小，磨损指数的减小有利于减缓由于催化剂在装置中不断地反应循环、相互碰撞过程中造成催化剂的破碎，从而导致细粉量的增加。而细粉量的增加会导致系统跑剂，也可能成为影响烟机稳定运行的潜在因素。催化剂的钠含量维持较低水平，钠的存在一方面会中和催化剂的酸性中心，另一方面在高温水蒸气条件下会破坏催化剂的活性中心，同时会加剧钒对分子筛的破坏作用。催化剂的孔体积为0.41mL/g，在保证适宜强度的条件下较大的孔体使油气分子的扩散阻力降低，有利于催化裂化反应的顺利进行。

表3 LMC-500催化剂典型理化性质

项目	数值	项目	数值
Na_2O/%	0.11	0~40μm/%(体)	12.2
Al_2O_3/%	49.8	0~149μm/%(体)	85.5
孔体积/(mL/g)	0.41	APS/μm	75.4
比表面/(m^2/g)	269	磨损指数/%	1.2
0~20μm/%(体)	1.2	表观密度/(g/mL)	0.68

表4为大连西太催化装置2018年1月至2019年2月平衡催化剂理化性质的平均数值，可以看出，催化剂平均粒径为76.3μm，粒度分布中大粒径和小粒径明显降低。催化剂受金属污染严重，特别是Fe、Ni、V含量之和接近15000μg/g。在催化裂化装置运转过程中，催化剂连续在反应器和再生器之间不断循环，在再生器中受较高温度、水蒸气以及相互摩擦、

高速碰撞等影响导致催化剂颗粒的磨损和破碎。基于这些因素，平衡剂中大小 150μm 的大粒径颗粒会显著减少。由于旋风分离器的回收，小于 40μm 的小粒径颗粒会明显减少，而平衡剂平均粒径 APS 与新鲜剂相差不大。

表4 平衡剂理化性质

项 目	数值	项 目	数值
0~20μm/%(体)	0	APS/μm	74.4
20~40μm/%(体)	5.1	Ca/(μg/g)	862
40~60μm/%(体)	23.3	Fe/(μg/g)	4356
60~80μm/%(体)	26.1	Na/(μg/g)	2075
80~110μm/%(体)	26.9	Ni/(μg/g)	4118
>111μm/%(体)	18.6	V/(μg/g)	6388

4.4 产品分布

图 2 是大连西太催化装置 2018 年 1 月至 2019 年 2 月干气、汽油、柴油和焦炭产率的变化趋势图，可以看出，在使用 LMC-500 催化剂期间，汽油收率具有升高趋势，而柴油收率呈现下降趋势，表现出良好的重油转化性能。副产物干气质量产率维持在 3.3%-3.4%，且呈现下降趋势，LMC-500 催化剂表现出了低的干气选择性。在保证装置大负荷运行的情况下，焦炭收率略有增加，但是变化不明显。

4.5 产品性质

催化裂化增产低碳烯烃是催化裂化技术发展的趋势，丙烯作为重要的化工原料，催化裂化增产丙烯始终是炼厂追求的目标。同时，由于汽油质量升级，高辛烷值汽油需求依然强劲。图 2 和图 3 是大连西太催化装置液化气中丙烯含量和汽油辛烷值的趋势图，可以看出，在使用 LMC-500 催化剂期间，液化气中丙烯含量始终维持在 40%左右，催化剂表现了较高的丙烯选择性。汽油辛烷值始终大于 92.5，维持在较高的水平，最高达到 94.8。如此高的汽油辛烷值主要有三个原因，一是大连西太催化原料油芳烃含量较高，达到了 55%，芳香烃作为高辛烷值组分提高了汽油的辛烷值；二是大连西太催化汽油烯烃控制在 38%左右，而烯烃也是提高汽油辛烷值的组分；三是催化反应温度较高，提高反应温度，有利于原料中的稠环芳烃裂解成小分子烯烃，对于带有长侧链或多侧链的重芳烃，高温下侧链易断裂，以低沸点的芳烃形式进入汽油馏分，使汽油中芳烃和烯烃含量增加，从而提高汽油的辛烷值[10]。但反应温度升高到一定程度，汽油裂化程度加快，其中烯烃裂解生成气体，导致汽油中的烯烃含量降低，辛烷值降低。

5 结论

针对炼厂催化装置特点、工艺参数以及原料油性质，为了提高催化剂的抗钒污染性能，开发了催化裂化高抗钒污染新技术，与传统技术相比，在相同钒污染条件下，转化率由

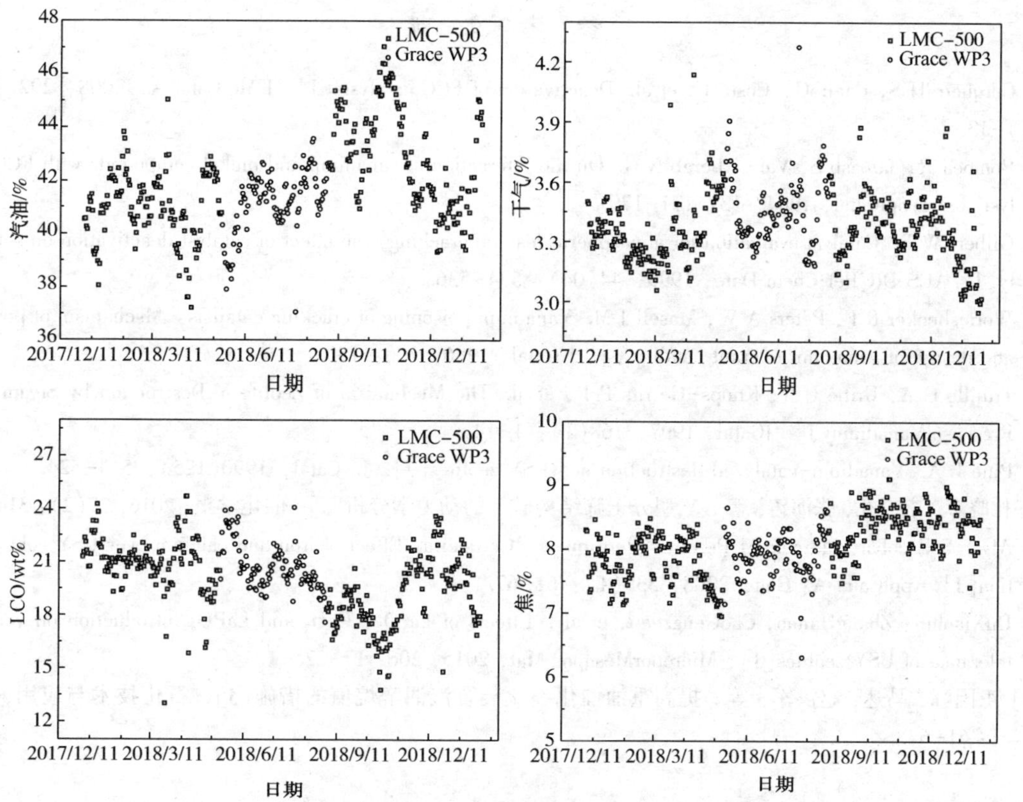

图 2　产品收率分布趋势

58.55%大幅提高至 80.84%，焦炭产率由 9.53%增加至 10.24%，而焦炭选择性则由 0.163 下降至 0.127。2018 年初，高加工负荷催化剂 LMC-500 在大连西太 2.8Mt/a 重油催化装置进行了工业试用，工业应用结果表明，当平衡剂钒含量最高达到 7000μg/g 左右时，催化剂依然保持着优异的转化率和良好的产品选择性。催化剂满足了装置大负荷加工需求，表现出了优异的重油转化性能。与对比剂相比，LMC-500 在维持现在产品收率的同时，提高了装置效益，目标产物汽油、丙烯潜含量，汽油辛烷值均达到了指标要求，满足了炼厂生产需求。

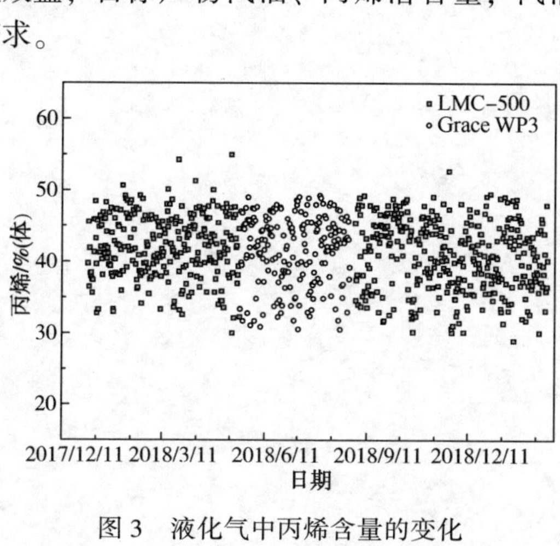

图 3　液化气中丙烯含量的变化

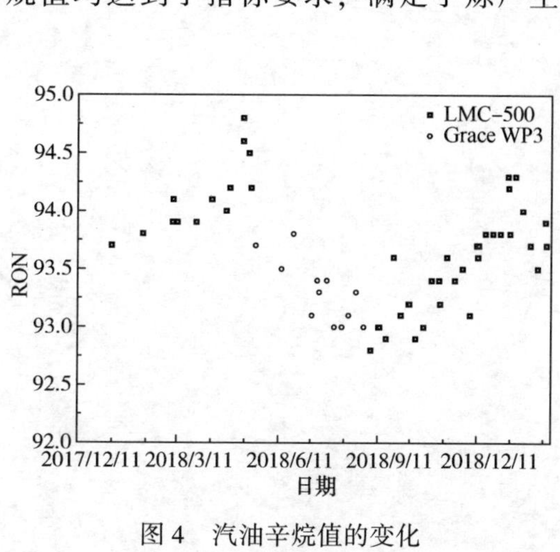

图 4　汽油辛烷值的变化

参 考 文 献

[1] CerqueiraH S, CaeiroG, Costa L, et al. Deactivation of FCC catalysts[J], J MolCatal A, 2008, 292(1-1): 1-13.

[2] Pompea R, Järóasb S, Vannerbergb N G. On the interaction of vanadium and nickel compounds with FCC catalyst[J]. ApplCatal, 1984, 13: 171-179.

[3] Gilbert W R. Catalyst evaluation for atmospheric residue cracking, the effect of catalyst deactivation on selectivity[J]. ACS Div Pet Chem Date, 1999, 44(04): 534-536.

[4] Wormsbecker R F, Peters A W, Masell J M. Vanadium poisoning of cracking catailsis: Mschanism of poisoning and design of vanadium tolerant catalist[J]. J Catal, 1986, 100: 130.

[5] Trujillo C A, Uribe U N, Knops-Gerrits P P, et al. The Mechanism of Zeolite Y Destruction by Steam in the PresensofVanadium[J]. JCatal, 1997, 168(1): 1-14.

[6] Pine L A. Vanadium-catalyzed destruction of RESY zeolites[J]. J. Catal, 1990(125): 514-524.

[7] 杜晓辉, 李雪礼, 张海涛, 等. Y型分子筛结构破坏的动力学分析[J]. 催化学报, 2016, 37(2): 316-323.

[8] Alyne S Escobar, Marcelo M Pereira, Henrique S. Cerqueira. Effect of iron and calcium over USY coke formation[J]. ApplCatal A: Gen, 2008, 339(1): 61-67.

[9] DuXiaohui, ZhangHaitao, CaoGengzhen, et al. Effects of La_2O_3, CeO_2 and $LaPO_4$ introduction on vanadium tolerance of USY zeolites[J], MicroporMesopor Mat, 2015, 206: 17-22.

[10] 王国峰, 马达, 赵洪军, 等. 提高重油催化裂化装置汽油辛烷值的措施[J]. 石化技术与应用, 2016, 1: 61-64.

中孔氧化铝的合成及其在 FCC 催化剂中的应用

胡　贝[1,2]，袁程远[1]，高雄厚[1]

（1. 中国石油兰州化工研究中心，甘肃兰州　730060；
2. 西北师范大学化学化工学院，甘肃兰州　730070）

摘　要　以纤维素为模板剂、拟薄水铝石为铝源，采用溶胶-凝胶法制备了中孔氧化铝材料，并将其作为基质组分制备抗铁污染 FCC 催化剂。表征结果表明：与常规拟薄水铝石相比，所制备中孔氧化铝材料具有更大的比表面积、孔体积和孔径分别达到 $343m^2/g$、$0.46cm^3/g$ 和 6.6nm。评价结果表明：在相同铁污染时，常规 FCC 催化剂的油浆和焦炭产率分别上升了 1.77 个百分点和 1.61 个百分点，其汽油、总液体收率和转化率分别下降了 2.60，3.53，1.89 个百分点；而含有所制备中孔氧化铝的新型 FCC 催化剂的油浆和焦炭产率则分别上升了 1.06 个百分点和 0.85 个百分点，汽油、总液体收率和转化率则分别下降了 1.55，1.95，1.39 个百分点。

关键词　中孔　氧化铝　FCC 催化剂　抗铁污染

1 实　验

1.1　原料与试剂

REUSY 分子筛、铝溶胶、高岭土、拟薄水铝石，均由中国石油兰州石化公司催化剂厂提供，工业品；甲基纤维素、浓盐酸，购自国药集团化学试剂有限公司，分析纯。

1.2　中孔氧化铝材料的制备

采用溶胶-凝胶法制备中孔氧化铝材料：室温下，将甲基纤维素与适量去离子水混合，持续搅拌直至甲基纤维素充分溶解，加入拟薄水铝石，混合、均质后向所得浆液缓慢加入浓盐酸进行酸化胶溶，然后经老化、烘干和焙烧后即可得到中孔氧化铝材料。

1.3　FCC 催化剂的制备

常规 FCC 催化剂的制备：将计量好的 REUSY 分子筛、铝溶胶、拟薄水铝石、高岭土和去离子水混合、均质，然后经喷雾成型、焙烧固化、洗涤及干燥后即得常规 FCC 催化剂。

新型 FCC 催化剂的制备：将计量好的 REUSY 分子筛、铝溶胶、中孔氧化铝、高岭土和去离子水混合混合、均质，然后经喷雾成型、焙烧固化、洗涤及干燥后即得新型 FCC 催化剂。

2　结果与讨论

2.1　表征结果

图1为不同氧化铝材料的XRD图谱。由图1可以看出：常规拟薄水铝石氧化铝材料分别在2θ为14°，28°，38°，49°，65°附近出现拟薄水铝石材料晶相结构的特征衍射峰；相比之下，以拟薄水铝石为铝源制备的中孔氧化铝材料并未出现拟薄水铝石的特征衍射峰，而是分别在2θ为19°，33°，37°，45°，61°，67°附近出现了$\gamma-Al_2O_3$的特征衍射峰，这是由于中孔氧化铝制备过程中高温焙烧导致了拟薄水铝石发生了晶相转变[1]。

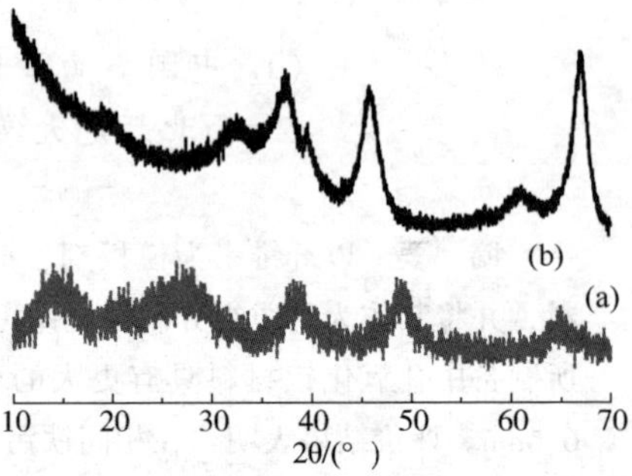

图1　不同氧化铝材料的XRD图谱

(a)—拟薄水铝石；(b)—中孔氧化铝

图2为不同氧化铝材料的N_2吸附-脱附等温线和孔径分布。由图2可以看出，常规拟薄水铝石氧化铝和中孔氧化铝材料的N_2吸附-脱附等温线均为典型的Ⅳ型吸附-脱附曲线，并均在相对压力为0.5~0.8范围内出现了一个滞后环，这些都是典型的中孔材料吸附-脱附曲线特征，表明二者均具有中孔孔道结构[2]；与拟薄水铝石相比，所制备的中孔氧化铝的滞后环明显更为陡峭，表明所制备的中孔氧化铝具有孔径尺寸更为均一的中孔孔道结构。由孔径分布图可以看出，与拟薄水铝石相比，所制备的中孔氧化铝具有更大尺寸的中孔孔道，其孔径分布峰明显向大孔径方向偏移，二者的最可几孔径分别为4.6nm和6.6nm。

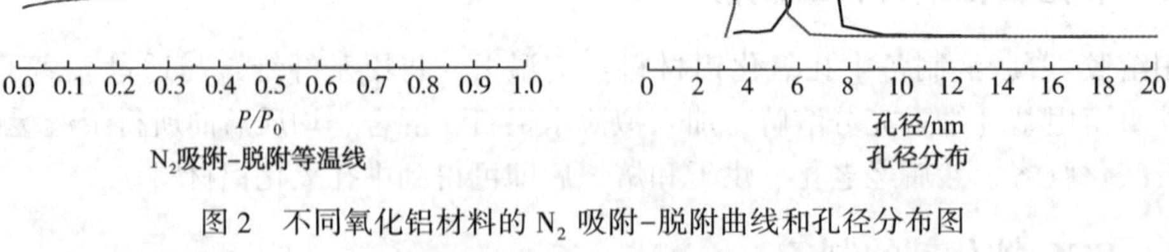

图2　不同氧化铝材料的N_2吸附-脱附曲线和孔径分布图

(a)—拟薄水铝石；(b)—中孔氧化铝

表1为不同氧化铝材料和FCC催化剂的孔结构参数。由表1可以看出，所制备的中孔氧化铝材料的比表面和孔体积均明显高于常规拟薄水铝石氧化铝材料，作为基质材料可以增加FCC催化剂的比表面积和孔体积；与常规FCC催化剂相比，无论是新鲜剂还是污染剂，新型FCC催化剂的比表面积和孔体积均更高，这有助于提高FCC催化剂的抗铁污染性能。

表1 不同氧化铝材料和FCC催化剂的孔结构参数

项　目	比表面积/(m^2/g)	孔体积/(cm^3/g)
拟薄水铝石	237	0.34
中孔氧化铝	343	0.46
常规 FCC 催化剂(新鲜剂)	223	0.33
新型 FCC 催化剂(新鲜剂)	256	0.42
常规 FCC 催化剂(污染剂)	139	0.18
新型 FCC 催化剂(污染剂)	193	0.29

采用吡啶吸附红外光谱对不同氧化铝材料表面酸性进行表征，结果见图3。由图3可以看出：拟薄水铝石和所制备中孔氧化铝材料均只在波数1450cm^{-1}处出现了归属于L酸中心的吡啶吸附特征红外峰，而在波数1540cm^{-1}处并未出现归属于B酸中心的吡啶吸附红外特征峰，表明二者表面酸中心主要为L酸中心[3]；此外，所制备的中孔氧化铝的吡啶吸附红外特征峰面积明显高于拟薄水铝石，说明前者具有更高的表面酸密度。

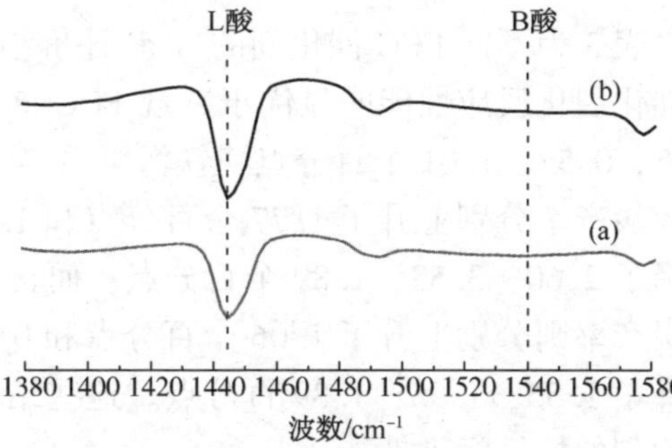

图3 不同氧化铝材料的吡啶吸附红外光谱

(a)—拟薄水铝石；(b)—中孔氧化铝

图4为所制备中孔氧化铝材料的SEM照片。由图4可以看出，所制备的中孔氧化铝材料的微观粒子是由长约5μm的棒状颗粒聚集而成，整体上呈现长约80μm的“麦穗”状颗粒形貌。上述颗粒形貌容易产生颗粒间堆积孔道结构，将有利于提高催化剂的比表面积和孔体积。

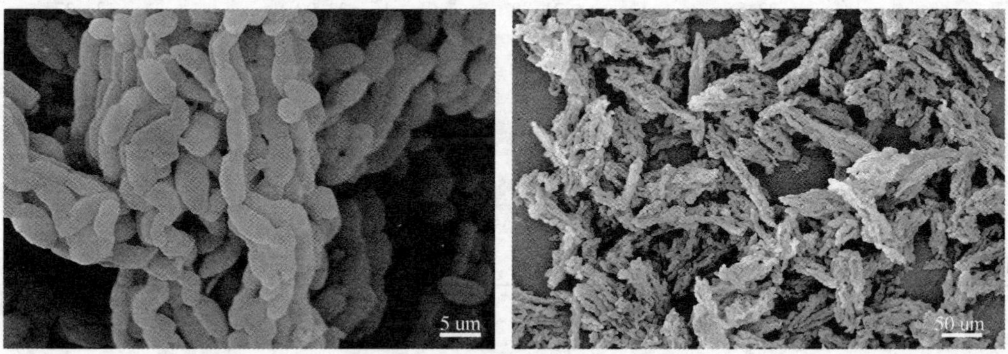

图4 中孔氧化铝材料的SEM照片

所制备中孔氧化铝材料的形成机制如图5所示。作为模板剂的纤维素分子为两亲性有机分子，在水中溶解后可以形成胶束。拟薄水铝石经酸化胶溶后解离为表面带正电的微小胶体粒子，胶体粒子通过电荷作用与上述纤维素胶束结合，经老化、烘干后包覆在纤维素胶束外层，进一步通过焙烧除去纤维素后即可得到具有中孔孔道结构的中孔氧化铝材料。

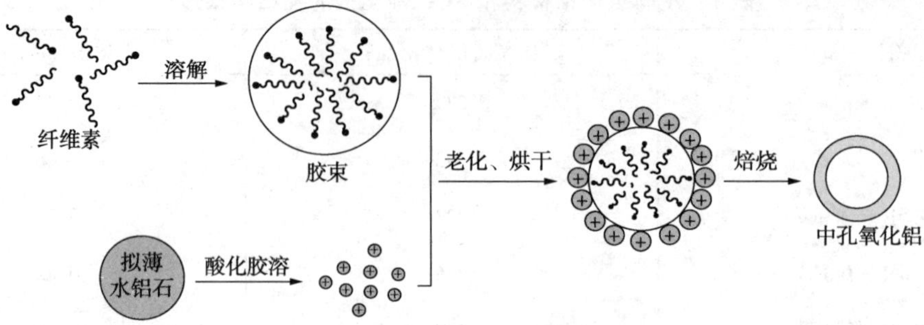

图5 中孔氧化铝形成机制

2.2 评价结果

表3为不同FCC催化剂的ACE评价结果。由表2可以看出：铁污染前，新型FCC催化剂催化裂化反应性能明显优于常规FCC催化剂，转化率、总液体收率和汽油收率分别高了1.57，0.52，1.01个百分点；铁污染后，与各自新鲜剂样品相比，常规FCC催化剂的油浆和焦炭产率分别上升了1.77个百分点和1.61个百分点，其汽油、总液体收率和转化率分别下降了2.60，3.53，1.89个百分点；而含有所制备中孔氧化铝的新型FCC催化剂的油浆和焦炭产率则分别上升了1.06个百分点和0.85个百分点，汽油、总液体收率和转化率则分别下降了1.55，1.95，1.39百分点。这些结果表明所制备中孔氧化铝材料可以显著提高FCC催化剂的抗铁污染性能。

表2 不同FCC催化剂的ACE评价结果

项目	常规FCC催化剂		新型FCC催化剂	
	新鲜剂	污染剂	新鲜剂	污染剂
产物分布/%				
干气	2.58	2.73	2.77	2.81
液化气	22.85	21.80	23.00	22.27
汽油	49.87	47.27	50.88	49.33
柴油	12.25	12.37	11.61	11.94
油浆	6.48	8.25	5.55	6.61
焦炭	5.97	7.58	6.19	7.04
转化率/%	81.27	79.38	82.84	81.45
总液体收率/%	84.97	81.44	85.49	83.54

3 结论

以廉价易得的纤维素为模板剂、拟薄水铝石为铝源，采用溶胶-凝胶法制备了孔道尺寸均一的中孔氧化铝材料。与常规拟薄水铝石氧化铝材料相比，所制备的中孔氧化铝材料具有更大的比表面积、孔体积和孔径以及更高的表面酸密度，作为基质材料可以显著提高FCC催化剂的比表面积、孔体积和抗铁污染性能。与新鲜剂相比，在相同铁污染条件下，含有所制备中孔氧化铝材料的新型 FCC 催化剂的油浆、焦炭、汽油、总液体收率、转化率的变化幅度均明显低于常规 FCC 催化剂，表现出了良好的抗铁污染性能。

参 考 文 献

[1] 张明海，李国英．SB 拟薄水铝石焙烧产物的晶体结构特性及相转变[J]. 石油学报(石油加工)，1991，7(2)：90-94.

[2] Sing K S W, Everett D H, Haul R A W. Reportingphysisorption data for gas/solid systems with special reference to the determination of surface area and porosity[J]. Pure Appl Chem, 1985, 57(4)：603-620.

[3] Xue Zhaoteng, Zhang Tuo, Ma Jinghong, et al. Accessibility and catalysis of acidic sites in hierarchical ZSM-5 prepared by silanization[J]. Microporous and Mesoporous Materials, 2012, 151：271-276.

氧化锆表面水吸附行为研究

王思潭，刘乃旺，孟　璇，王　昕，施　力

（华东理工大学化工学院化学工程国家重点实验室，上海　200237）

摘　要　SO_4^{2-}/ZrO_2 氧化锆是最有工业应用前景的固体超强酸之一，但是工况下水分子的存在却是导致其失活的一大问题，氧化锆作为其载体，研究水分子在氧化锆表面的吸附行为，为后续开发抗水/疏水性硫酸化氧化锆具有十分重要的理论指导意义。本文以沉淀法和水解法分别制得四方和单斜晶型氧化锆，通过 BET 表征发现四方晶型氧化锆具体更大的比表面积和孔容，并且其孔径大于水分子动力学直径。红外结果表明四方氧化锆表面水分子吸附量较大，并且具有相对复杂的水吸附相关官能团。在分子动力学模拟中，将不同晶型水吸附模型进行对比，并单独研究四方氧化锆表面缺陷位影响，发现四方晶型氧化锆表现出更好的水吸附性，且主要是其表面暴露出的 Zr-O-Zr 结构起主要作用。

关键词　硫酸化氧化锆　水吸附　分子动力学模拟　傅里叶红外

近年来，随着绿色环保等要求日益提高，以 ZrO_2 为载体的硫酸化氧化锆（SO_4^{2-}/ZrO_2），固体超强酸的研究越来越广泛，已经在诸如烷烃异构化[1]、烷基化[2]、甘油脱水[3]、乙酰化[4]和丙烯酸酯化[5]领域表现出很好的反应活性，另外在生物柴油制备、废弃餐饮余油再利用、木质素制备糠醛等领域也表现出了较好的活性。但是，硫酸化氧化锆自问世四十余年来却罕有工业应用报道，这主要是因为硫酸化氧化锆在工况下失活速率较快，无法达到预期使用寿命。导致硫酸化氧化锆的失活主要有三个原因：积碳[6]、活性组分流失[3,7]和氧化锆晶变[8]。实验发现，水分子会直接导致含硫活性中心水解流失，并且加速四方晶型氧化锆向单斜晶型转变，而硫酸化氧化锆应用领域尤其是能源炼制与加工领域，工业原料中难以避免会含有微量水分子。为了应对水分子导致的失活问题，研究者多是采用传统的改性手段。单纯的研究水分子在硫酸化氧化锆表面的吸附行为会因为 SO_4^{2-} 等基团的存在而造成影响，同时氧化锆作为硫酸化氧化锆固体酸催化剂的载体，研究水分子在氧化锆表面上的吸附行为，明确水分子作用机理，而为后续研究水分子和硫酸根在氧化锆表面的竞争吸附，开发抗水/疏水型固体酸催化剂提供理论基础，具有十分重要的意义。

同时，在科技高速发展的当今，逐步兴起的计算机模拟方法，不仅可以有效弥补实验研究的不足，还能更好地解释实验现象。分子模拟技术是一种可以分析物质微观性质的有力工具，已经得到了多数人的认可并有着广泛地使用。Sato R[9]等利用从头算法研究了立方晶型氧化锆表面的水吸附，发现水分子首先在氧化锆表面吸附形成 Zr-OH_2 结构，之后再与游离的水分子相互作用解离形成 H_3O^+，同时发生相邻锆原子之间的质子传递，从而逐渐完成水分子在氧化锆表面的吸附。Dominic T[10]等研究了水在氧化钇稳定的氧化锆（111）表面上的吸附，并使用密度泛函理论计算。发现水的解离吸附以填充表面空位，并伴随着板坯的空位簇区域中的协同氧运动。典型的过程可以概括为，由一个水 O-H 键的轻微伸长，发生水分子中的氧与表面阳离子配位，而水分子中的氢键合到表面氧离子，这种吸附模式与纯 ZrO_2 上的分子水吸附相同。

本文从研究手段上创新，采用实验与模拟相结合的研究方法，利用不同方法制得不同晶型的氧化锆，并通过 XRD 表征技术分析所得样品的晶型结构及比例，利用原位红外技术分析氧化锆表面水分子的官能团类型，结合 BET 表征技术揭示相关实验现象。以实验为基础，利用计算机模拟技术，采用 Materials studio 软件，建立氧化锆不同晶型、不同表面和不同水分子量条件下的水吸附模型。通过分子动力学算法，从浓度分布，径向分布函数等角度分析比较各种模型及不同参数下的模拟结果，研究氧化锆表面水分子吸附行为。

1 实验部分

1.1 原料和试剂

八水合氧氯化锆（$ZrOCl_2 \cdot 8H_2O$，AR）、硝酸（HNO_3，AR，65%），均为国药集团化学试剂有限公司产品；氨水（NH_3，AR，25%）为上海凌峰化学试剂有限公司产品；硝酸氧锆（$ZrO(NO_3)_2$，AR），为上海润捷化学试剂有限公司产品。

1.2 氧化锆的制备

1.2.1 沉淀法

称取一定量的八水合氧氯化锆固体并溶于去离子水中，得到 0.4mol/L 的氧氯化锆水溶液；向溶液中逐滴滴加浓氨水，直至测试溶液 pH 值 9~10，此时溶液呈浓稠的悬浊液状态，停止搅拌，将氢氧化锆悬浊液置于室温下（25℃）静置老化 24h；抽滤直至滤出液中检不出 Cl^- 离子；之后将氢氧化锆胶体置于 120℃烘箱中放置 12h，最后将固体氢氧化锆粉末在马弗炉中焙烧 2h。标记样品编号为 MZ。

1.2.2 水解法

将硝酸氧锆溶解在稀硝酸溶液中，逐滴加入硝酸溶液，使溶液最终的 pH 值为 0.7，搅拌半小时后，将装有溶液的烧杯放在加热盘上，蒸干溶液后取剩余固体研碎后在马弗炉中焙烧 2h。标记样品为 TZ。

1.3 催化剂表征

采用德国布鲁克公司生产的 D8Advance 型 X 射线衍射仪对制备的催化剂进行晶体结构分析，扫描速率 1°/min，步长 0.02°。采用精维高博 BK112 型氮气吸附脱附仪检测样品的比表面性质，对于氧化锆采用介孔计算法求得催化剂的比表面、孔体积和孔径等。采用 Thermo Fisher Scientific 公司生产的 IS-10 型傅里叶变换红外光谱仪对氧化锆升温脱附过程进行研究，表征样品利用玛瑙磨成粉末，取 15mg 样品在定制磨具中压成直径 13mm 的圆片，最后将其放于红外光谱仪中进行扫描。扫描条件为：范围 4000~400cm^{-1}，谱图分辨率 4cm^{-1}，扫描次数 32 次。

2 结果与讨论

2.1 氧化锆晶型分析

为了探究氧化锆的制备条件对氧化锆本身晶体结构的影响，将制得的几个氧化锆样品进行XRD表征，结果如图1所示。根据相关文献[11~13]，不同晶型氧化锆的XRD谱图归属位置如下：$2\theta=29.8°$，$34.1°$，$50°$和$59.4°$处的氧化锆衍射峰归属于四方晶型氧化锆(tetragonal phase)；$2\theta=28.2°$和$31.4°$处的衍射峰则归属于单斜晶型氧化锆(monoclinic phase)。可以看到，以中和沉淀法制备的氧化锆，其单斜晶相占主要比例。同时，为了考察中和沉淀法制备过程中老化时间对氧化锆晶型的影响，我们将三组不同老化时间得到的二氧化锆的XRD图进行比较。而利用水解法制备得到的氧化锆四方晶相占主要比例。

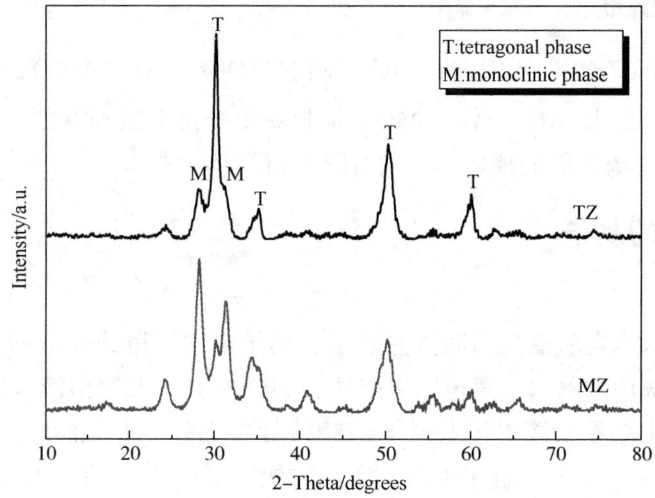

图1 不同制备方法氧化锆的XRD图

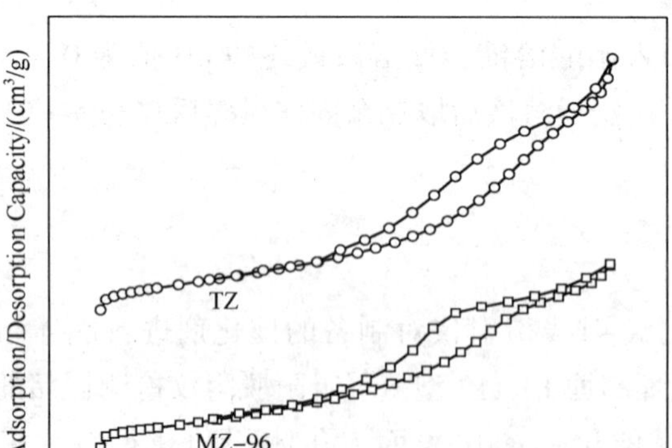

图2 单斜晶型氧化锆与四方晶型氧化锆的吸附—脱附曲线

2.2 氧化锆比表面性质分析

为了探究不同晶型氧化锆比表面性质对水吸附性能的影响，利用静态N_2吸附脱附仪对氧化锆进行表征，得到其比表面积、孔容和孔径信息，并将两种不同晶型氧化锆进行对比，结果如图2和表1所示。根据IUPAC的分类规则，两组样品的等温吸附线均呈现IV型，意味着具有介孔材料的典型结构特征。结合表1中数据，我们不难发现四方晶型氧化锆具有相对较大的比表面积和孔容，根据文献H_2O动力学直径为0.27nm，这远小于两种晶型氧化锆的孔径，说明水分子能够在这些孔道中自由运动。

表1 单斜晶型氧化锆与四方晶型氧化锆的比表面性质

Catalyst	S_{BET}/(m^2/g)	V_p/(cm^3/g)	DD/nm
MZ-96	65.108	0.192	6.291
TZ	71.415	0.254	7.765

2.3 不同晶型氧化锆水吸附研究

通过傅里叶变换—原位红外表征手段考察不同晶型氧化锆对水分子吸附性的差异，图3为四方晶型氧化锆升温脱附过程红外谱图。可以看出，在3404、1445、3750cm^{-1}等几个峰位置附近随着温度的升高峰强度明显变化。本文红外表征采用差谱作图法，图中呈现出来的谱线是物质实际的红外吸收峰减掉测试时所扫描的背景谱线，这就导致在红外谱图上相应峰强度表现为负数；随着温度的升高氧化锆表面的水分子逐渐脱除，从而导致水分子羟基振动减弱，并且由于差谱作图的缘故，结果表现为此峰位置附近吸光度绝对值逐渐增强。值得注意的是在3404.37~3750.06cm^{-1}之间有两个向上的峰出现，其中3749cm^{-1}附近的峰归属于水羟基不对称伸缩振动，而3670cm^{-1}附近的峰归属于水羟基对称伸缩振动。这部分的详细谱图如图4所示，可以看到在一开始的升温过程中两处峰强明显变化，随着温度的继续增加，峰强度变化不再明显，说明物理吸附的解吸已经完成。

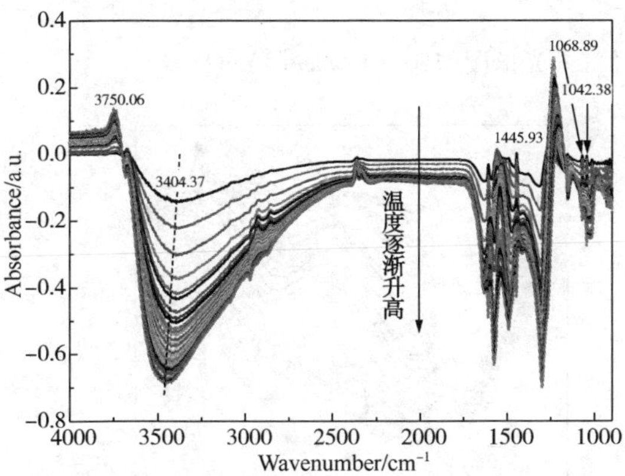

图3 四方晶型氧化锆升温脱附的傅里叶红外光谱图

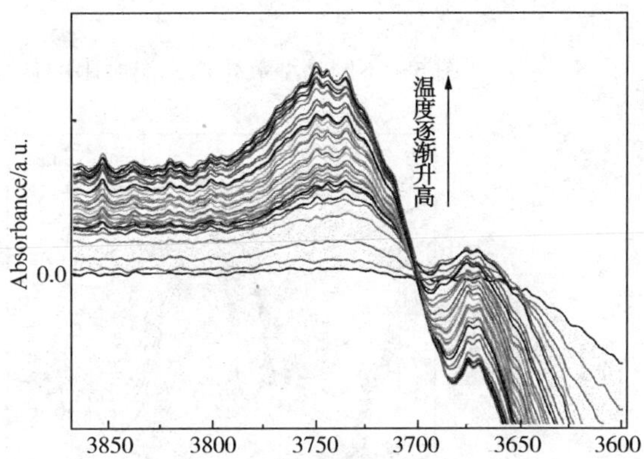

图4 四方晶型氧化锆升温脱附的傅里叶红外光谱图(3900-3600cm^{-1})

在图5中我们可以看到在四方晶型氧化锆与单斜晶型锆分别在1309.97cm^{-1}和1312.86cm^{-1}附近存在一个羟基的振动峰，根据文献[14]可知此峰位置所对应的为水分子中羟基的面内弯曲振动，同时这一峰位置也是测定样品中水含量的特征吸收峰。不难发现随着温度的逐渐升高，这一峰的强度(绝对值)逐渐增强，这是因为在升温过程中吸附在氧化锆表面的水分子逐渐脱除掉。比对两种晶型氧化锆在此峰位置的谱图可以发现，四方晶型氧化锆升温过程中脱附量更大。

1500~1650cm^{-1}附近峰位置对应于金属氢化物和金属氧化物伸缩振动频率区域，记录的光谱如图6所示。可以发现在1539cm^{-1}附近四方氧化锆的峰面积变化更加明显，这对应于

Zr-O-H_2的不对称伸缩振动。比较四方晶型和单斜晶型在这一波数范围内变化，发现四方氧化锆表面存在更加复杂的结构。

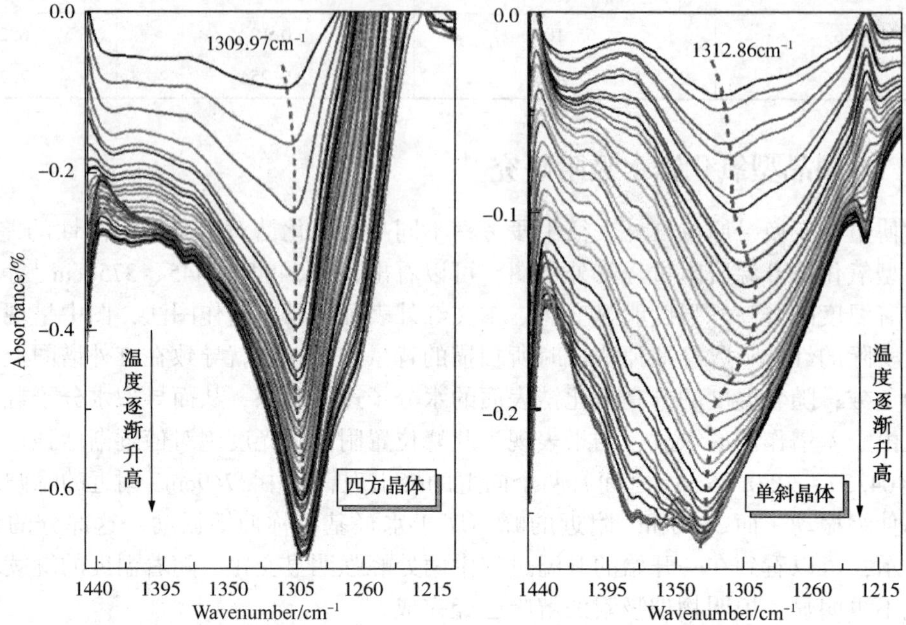

图5　不同晶型氧化锆升温脱附的傅里叶红外光谱图(1500-1200cm^{-1})对比

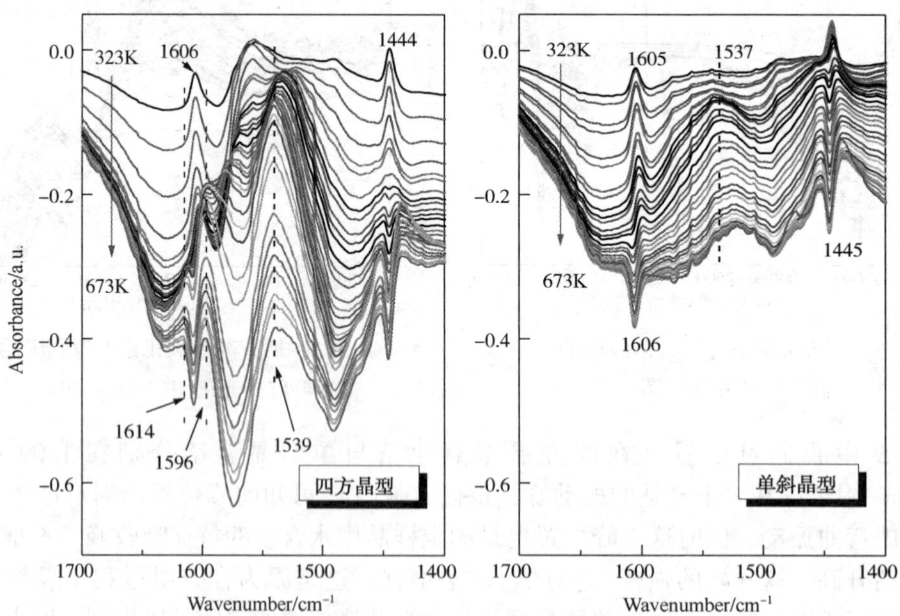

图6　不同晶型氧化锆升温脱附的傅里叶红外光谱图(1700~1400cm^{-1})对比

3 分子模拟水吸附的研究

通过对 XRD 图谱数据的分析，我们得出 MZ-96 样品对应的空间群为 P21/a(14)，而 TZ 样品对应的空间群为 P42/nmc(137)。根据此数据我们通过数据库分别选取了与实验制备出的氧化锆相接近的晶型结构，两种不同晶型氧化锆的结构如图 7 所示，其中红色小球为 O 原子，绿色小球为 Zr 原子。

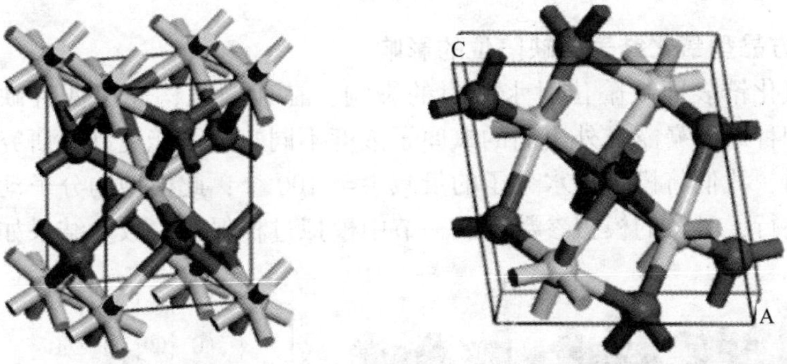

(a)四方晶型氧化锆 (b)单斜晶型氧化锆

图 7 两种不同晶型氧化锆单胞

3.1 不同晶型氧化锆水吸附模拟

为了比较两种晶型氧化锆的水吸附性，我们首先在相同的条件下建立水吸附模型。具体的建模参数如下：两种不同晶型氧化锆的单胞均利用 supercell 功能获得 12×12×2 的晶体结构，然后分别与用 200 个水分子建成的层构建模型。氧化锆对 H_2O 吸附的分子动力学模拟在 Forcite 模块下进行，模拟采用正则系统(NVT)，温度的设置为 298K，采用 Nose 控温方法，时间步长为 1fs，总模拟时间为 1000ps，力场采用分子动力学模拟应用较为广泛的 COMPASS Ⅱ 力场。模拟结果如图 8(a. b)所示。可以看到随着时间的进行，水分子逐渐向下吸附在氧化锆表面，并且在四方氧化锆表面逐步形成规则的多层水分子覆盖。

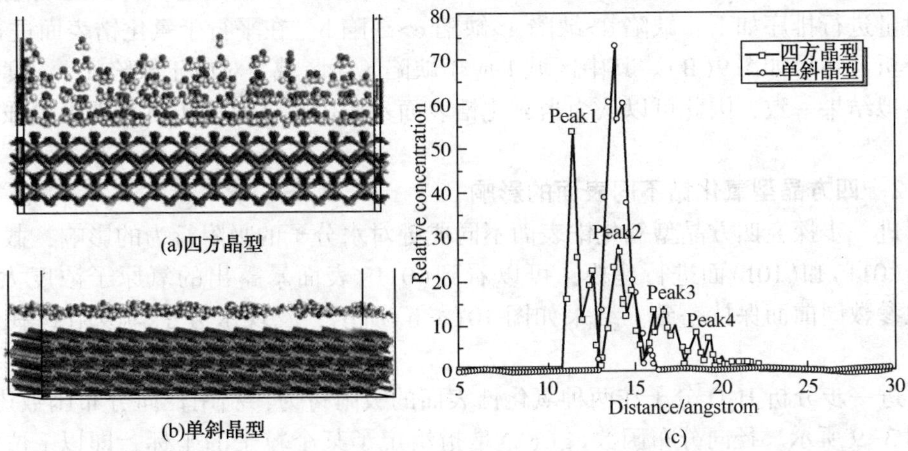

(a)四方晶型 (b)单斜晶型 (c)

图 8 两种不同晶型氧化锆水吸附的分子动力学模拟：a 四方晶型；b 单斜晶型

为了进一步分析 H_2O 的分布情况，在垂直于氧化锆表面的方向(即C轴方向)分析 H_2O 的浓度，结果如图8(c)所示。可以看到四方晶型氧化锆表面上 H_2O 分子浓度分布曲线主要有四个峰。我们不难发现峰1~峰4峰高呈逐渐降低的趋势，表明 H_2O 分子的浓度随着距离氧化锆表面位置的增大而降低，其变化规律同上述吸附构型图呈现的趋势一致。此外，值得注意的是，在四方晶型氧化锆表面11Å处出现第一层水分子排布，而在单斜晶型氧化锆表面15Å处才出现水分子，说明四方氧化锆表面表现出更强的水吸附性。

3.2 四方晶型氧化锆水吸附性影响因素探究

3.2.1 四方晶型氧化锆表面缺陷位的影响

为了探究氧化锆表面缺陷位对水吸附的影响，在建模时构建了四种缺陷如图9(A)所示，可以看到四种缺陷暴露在外表面的氧原子浓度不同。为了能更好地研究不同缺陷位对水分子的竞争吸附，我们将模型中水分子的量减少至100个；此模型的分子动力学模拟同样在Forcite模块下进行，具体的模拟参数同上一节中模拟过程保持一致。结果如图9(A)所示。

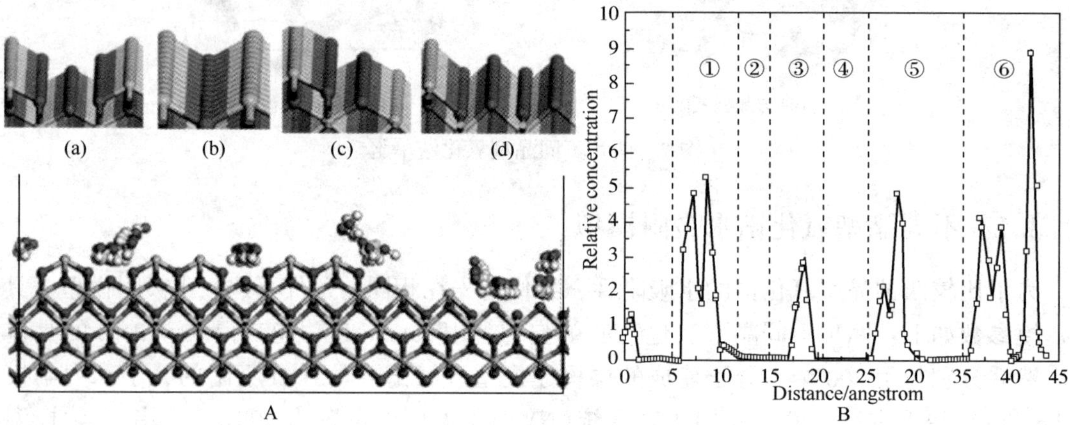

图9 四方晶型氧化锆缺陷表面

从图9(A)中我们可以看到 H_2O 分子主要吸附在缺陷a和d附近。将四处缺陷位置 H_2O 分子吸附量进行排序如下：缺陷d>缺陷a>缺陷c>缺陷b。在平行于氧化锆表面进行 H_2O 浓度分布分析，结果如图9(B)。其中区域1应于缺陷a而区域2对应于缺陷d，浓度分析结果与前面模拟结果一致，因此可以认为当氧化锆表面暴露出更多氧原子时表现出更强的水分子吸附性。

3.2.2 四方晶型氧化锆不同表面的影响

为了进一步探究四方晶型氧化锆表面不同成键对水分子的吸附行为的影响，截取四方晶型氧化锆(011)和(101)面进行建模，可以看到(011)表面暴露出的氧原子浓度大于(101)面，模拟参数同前面保持一致。结果如图10(a.b)所示，发现水分子均吸附到氧化锆表面附近。

为了进一步分析 H_2O 分子在两种氧化锆表面的吸附行为，利用径向分布函数进行分析，结果如图3-9所示。径向分布函数(g(r))是指给定了某个粒子的坐标，即以r位置处的α粒子为圆心，然后求出r到r+dr的球壳内β粒子存在的几率，也就是以一个分子为中心，

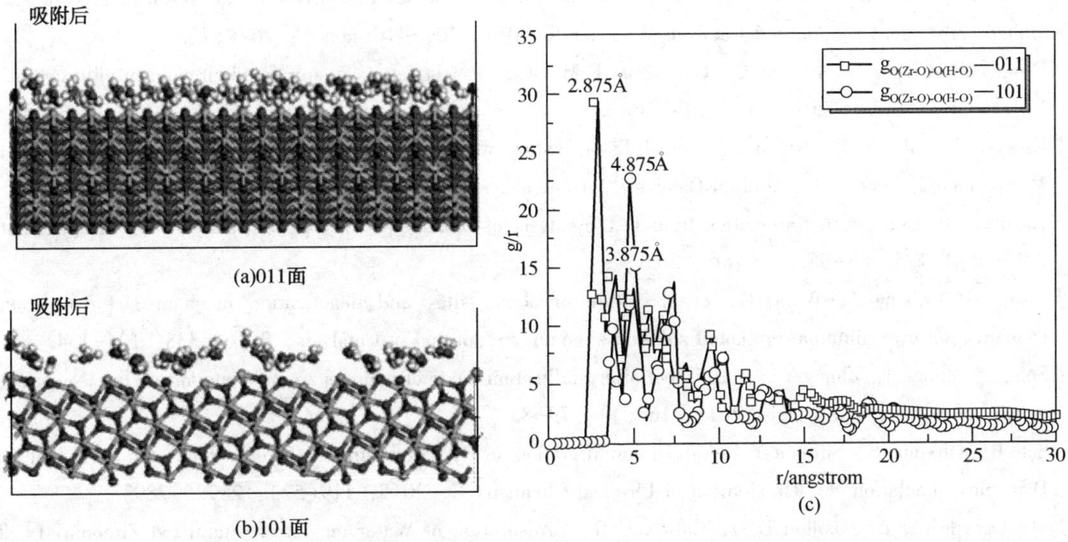

图 10　四方晶型氧化锆 011 面与 101 面水吸附动力学模拟

在它的周围距离为 r 的范围内出现另一个分子的分布几率相对于随机分布的比值[15]。在径向分布函数图像中，通常化学键和氢键产生的峰所对应的位置小于或等于 3. 5Å，而范德华力和库伦力对应于 3. 5Å 以外的峰。从图 3-9 中可以看到，二者的曲线大致相式，均存在一个非常尖锐的峰，其中 $g_{o(Zr-O)-O(H-O)}$—011 的峰位于 2. 875Å 处，而 $g_{o(Zr-O)-O(H-O)}$—101 的峰位于 3. 875Å，可以认为 011 表面是以化学键或者相对更强的氢键作用力与水分子作用，表现出更好的吸附性。

4　结论

（1）ZrO_2的制备工艺对氧化锆的晶型影响很大，传统的中和沉淀法所得氧化锆中单斜晶相占主要比例，而水解法所制得的氧化锆中四方晶相占主要比例。

（2）结合原位红外数据，四方晶型的氧化锆表现出更好的水吸附性。从 BET 数据中也得到了四方晶型氧化锆比单斜晶型氧化锆拥有相对较大的比表面积和孔容，这也表明四方晶型氧化锆有更好的吸附性。

（3）分子模拟水吸附模型探究中，四方氧化锆表面对水分子的作用力要大于单斜氧化锆。并且表面存在缺陷位时暴露出更多的 Zr-O-Zr 结构时更有利于水分子的吸附。

（4）氧化锆的(011)表面与(101)表面相比，(011)表面对水分子的吸附更加明显。

参 考 文 献

[1] Yu G X，Zhou X L，Tang C，et al. A comparative study of the synthesis approaches and catalytic behaviors of $Pt/SO_4^{2-}/ZrO_2-Al_2O_3$ catalysts for n-hexane hydroisomerization[J]. Catalysis Communications，2008，9(8)：1770-1774.

[2] Modrogan E, Valkenberg M H, Hoelderich W F. Phenol alkylation with isobutene - influence of heterogeneous Lewis and/or Bronsted acid sites[J]. J Catal. 2009, 261, 177-187.

[3] Cavani F, Guidetti S, Trevisanut C, et al. Unexpected events in sulfated zirconia catalyst during glycerol-to-acrolein conversion[J]. Applied Catalysis A General, 2011, 409-410(none): 267-278.

[4] Dosuna-Rodríguez I, Adriany C, Gaigneaux E M. Glycerol acetylation on sulphated zirconia in mild conditions [J]. Catalysis Today, 2011, 167(1): 56-63.

[5] Essayem N, Martin V, Riondel A, et al. Esterification of acrylic acid with but-1-ene over sulfated Fe- and Mn-promoted zirconia[J]. Applied Catalysis A General, 2007, 326(1): 74-81.

[6] A survey of catalysts for aromatics from fast pyrolysis of biomass[J]. Applied Catalysis B: Environmental, 2015, 174-175: 85-95.

[7] Wang P, Zhang J, Wang G, et al. Nature of active sites and deactivation mechanism for n - butane isomerization over alumina-promoted sulfated zirconia[J]. Journal of Catalysis, 2016, 338: 124-134.

[8] Song Y, Zhang J, Zhang Y, et al. Effect of crystallization mode of hydrous zirconia support on the isomerization activity of Pt/WO_3 - ZrO_2[J]. 2011, 166(1): 79-83.

[9] Sato R, Ohkuma S, Shibuta Y, et al. Proton Migration on Hydrated Surface of Cubic ZrO_2: Ab initio Molecular Dynamics Simulation[J]. The Journal of Physical Chemistry C, 2015, 119(52): 28925-28933.

[10] Chaopradith D T, Scanlon D O, Catlow C R A. Adsorption of Water on Yttria-Stabilized Zirconia[J]. The Journal of Physical Chemistry C, 2015, 119(39): 22526-22533.

[11] KIM S Y, LOHITHARN N, JR J G G, et al. The effect of AlO-promotion of sulfated zirconia on -butane isomerization: An isotopic transient kinetic analysis [J]. Catalysis Communications, 2006.

[12] HUA S, NA W, SONG H, et al. Effect of Pd content on the isomerization performance over $Pd-S_2O_8^{2-}/ZrO_2-Al_2O_3$ catalyst[J]. Research on Chemical Intermediates, 2015, 249(3): 1-12.

[13] LI X, NAGAOKA K, LERCHER J A. Labile sulfates as key components in active sulfated zirconia for n-butane isomerization at low temperatures[J]. Journal of Catalysis, 2004, 227(1): 130-7.

[14] 吴谨光. 近代傅里叶变换红外光谱技术及应用[M]. 北京：科学技术文献出版社，1994：12.

[15] 张继. P型分子筛酸性及吸附性能的理论计算研究[D]. 2018.

硅酸锌对脱硫吸附剂热解行为影响及非等温动力学研究

邹　亢，徐广通，徐　莉，黄南贵，忻睦迪，曹晓娜，张君颖

（中国石化石油化工科学研究院，北京　100083）

摘　要　从脱硫装置中采集了不同硅酸锌含量的工业脱硫吸附剂，利用 XRD、碳硫分析、低温氮气吸脱附法和压汞法表征吸附剂结构、组成和表面性质；TG-MS 和 in situ HT-XRD 表征吸附剂热解行为；TG 结合 KAS 和 FWO 法确定吸附剂的热解活化能。随着硅酸锌含量增加，吸附剂载硫量降低、孔体积增加。吸附剂热解过程包括吸附水挥发、积炭和 ZnS 燃烧、$Zn_3O(SO_4)_2$ 的形成及分解。非等温动力学结果表明，当硅酸锌含量较高时，吸附剂的孔体积较大，内部扩散阻力较小，活化能随着转化率的增加从 160kJ/mol 逐渐降低到 140kJ/mol；当硅酸锌含量较低时，吸附剂孔体积较小，内部扩散阻力较大，活化能随着转化率的提高增加从 160kJ/mol 逐渐升高到 170kJ/mol，当转化率超过 65%时，$Zn_3O(SO_4)_2$ 大量形成导致活化能迅速增加到约 240kJ/mol。

1　前言

汽车尾气中的 SO_x 是大气的主要污染源之一，所以多个国家和地区以法律的形式规定了汽油中硫含量不得高于 10μg/g[1~4]。FCC 汽油是汽油池中硫含量最高的组分，所以有效脱除 FCC 汽油中的硫是降低汽油中硫含量的关键[1~3]。为此，科研人员开发出许多非加氢脱硫工艺，S Zorb 吸附脱硫技术就是其中之一[1,2]。S Zorb 吸附脱硫技术由美国康菲石油公司开发，并于 2007 年转让给中国石化，目前在中国已建成了三十余套工业装置，是中国清洁汽油生产的重要技术之一[7-11]。S Zorb 技术主要的脱硫和再生反应如下[1,2,12,13]：

$$ZnO+R-S+H_2 \xrightarrow{Ni,\ \Delta} ZnS+R-2H \tag{1}$$

$$2ZnS+3O_2 \xrightarrow{\Delta} 2ZnO+2SO_2\uparrow \tag{2}$$

其中，ZnO 物相是具有载硫能力的活性物相，其含量是影响吸附剂活性的重要因素之一。对多套装置长期运行过程监控发现，吸附剂在使用过程中会生成大量的 Zn_2SiO_4 物相（反应式(3)）[7~9]，Zn_2SiO_4 物相的形成消耗了 ZnO，导致吸附剂活性降低，此时往往需要进一步深度再生才能确保产品汽油硫含量达到指标的要求，并且对于不同的装置，其在不同时期的吸附剂 Zn_2SiO_4 含量差异较大，所以吸附剂中 Zn_2SiO_4的形成及其含量对再生行为的影响是我们需要关注的问题之一[7~9]。

目前对 S Zorb 工业吸附剂再生过程的研究报道较少，徐莉等人[11]报道了 S Zorb 工业吸附剂再生前后的结构和组成，作者发现吸附剂的脱硫活性受 Zn_2SiO_4 含量和硫化锌再生

率的协同影响，通过提高再生过程中氧气的相对含量可以显著提高硫化锌的再生率，但是会增加副产物硫酸锌的含量。该研究主要是对吸附剂再生前后组成、结构和活性进行初步的表征，没有涉及对再生过程的描述。X. Meng 等人[14]报道了与 S Zorb 吸附剂组成类似的 $NiZnO/Al_2O_3$-Diatomite Adsorbent 的再生过程和机理，作者认为样品中首先出现了 Ni_3S_2 物相，然后在再生过程中产生了 $NiSO_4$，导致再生后的样品中 Lewis 酸的数量和强度显著增加，从而提高了样品对噻吩硫的脱除能力。该研究具有较高的参考价值，但是其研究的样品与工业吸附剂的结构和组成差异较大，导致二者在反应和再生过程中的物理和化学变化大相径庭。

$$2ZnO+SiO_2 \xrightarrow{\Delta} Zn_2SiO_4 \tag{3}$$

热解动力学是研究物质热解过程的重要手段之一。Lin 等人[15]利用 TGA 表征了 FCC 待生剂和系列商业催化剂降解聚丙烯的活性、再生和失活行为，并进行了动力学研究。Saha 等人[16]利用 TGA 研究了 Al-MCM-41 上聚丙烯的热解行为，并利用非线性 Vyazovkin model-free 技术定量地表征了在催化和非催化作用下 PP 的热解表观活化能随分解率的变化规律，他[17]还用类似的方法研究了 ZSM-5 催化降解 LDPE 的热解行为。目前，尚无 S Zorb 工业吸附剂热解行为的系统研究报道，也没有非等温动力学研究报道。

本文利用高温原位 XRD、SEM、元素分析、DTA 和 TG-MS 表征了系列具有不同脱硫活性 S Zorb 再生剂的结构、组成、形貌和热解行为，并对其进行了非等温动力学研究，以期为工艺条件的优化提供信息。

2　实验部分

2.1　样品来源

吸附剂均取自国内 S Zorb 工业装置，分别命名为 ZS-1、ZS-2 和 ZS-3。

2.2　表征方法

晶体结构分析：采用日本理学 TTR-III 型衍射仪：Cu$K\alpha$辐射，闪烁计数器，步进扫描，管电压 40kV，管电流 250mA，扫描范围 2θ 角 10°~80°，步宽 0.02°，扫描速度 0.4°/min，功率 10kW。

吸附剂 Zn_2SiO_4 含量分析[17]：中国石化石油化工科学研究院开发的“脱硫吸附剂物相现场快速分析成套技术”表征吸附剂中 Zn_2SiO_4 物相含量。

比表面分析和孔体积分析：低温 N_2 吸附表征吸附剂的比表面积和孔体积，采用美国 Quantachrome 公司生产的 Autosorb-6B 物理吸附仪；压汞法测量吸附剂孔体积，采用美国麦克公司生产的 AutoPore IV 9500 型高性能全自动压汞仪。

高温原位 XRD：德国布鲁克 D8 型衍射仪，管电压 40kV，管电流 40mA，万特探测器，扫描范围 10°~80°，步长 0.016°，CuK α辐射，扫描速率 3(°)/min；高温附件为奥地利 Anton Paar，升温速率 6K/min，空气气氛，气体流速 50mL/min，ϕ14mm 带孔陶瓷样品架。

TG-MS：德国耐驰公司 STA409PC-QMS403 型热重-质谱联用仪表征催化剂热解过程中

质量变化和热解逸出气体，升温速率10K/min，终值温度1073K，保护气N_2与反应气Air的体积比为2∶3，气体总流量为50mL/min；直径75μm、长1m的石英毛细管连接热重和质谱，毛细管和连接口的温度分别为534K和544K℃，样品量20.8~21.6mg。

热分解动力学分析：TA公司Q5000IR热重分析仪，以5K/min、10K/min、15K/min、20K/min、25K/min的升温速率升温到1073K，保护气N_2与反应气Air的体积比为2/3，气体总流量为50mL/min。

吸附剂碳硫元素分析(CS)：美国LECO公司LECO600碳硫分析仪，高温燃烧-红外检测法。

3 结果与讨论

3.1 吸附剂的结构、组成和形貌

图1是ZS-1~3的XRD谱图。可以看到，ZS-1在2θ角26.8°、47.4°、56.5°等处出现了ZnS物相的系列特征衍射峰，峰型尖锐且强度高。此外，在2θ角31.5°、34.4°、36.2°等处出现了ZnO物相的系列特征衍射峰，在2θ角37.0°、43.1°、36.2°等处出现了NiO物相的系列特征衍射峰。ZS-2和ZS-3中不仅出现了与ZS-1中相同的ZnS、ZnO和NiO物相的系列特征衍射峰，还在2θ角12.7°、22.1°、25.5°等处出现了Zn_2SiO_4物相的系列特征衍射峰。

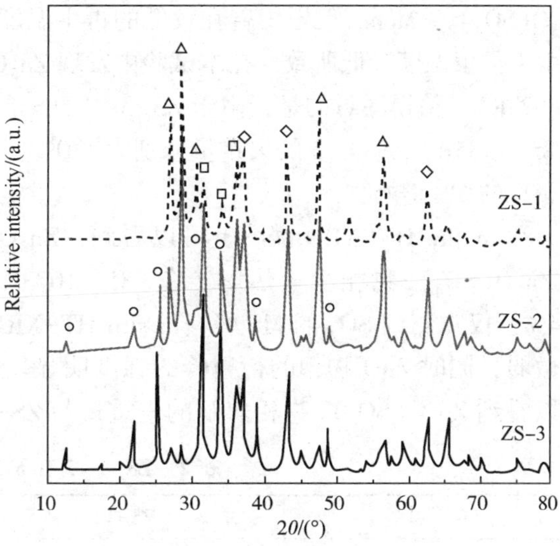

图1 ZS-1~3的XRD谱图

◇—NiO □—ZnO ○—Zn_2SiO △—ZnS

表1是ZS-1~3的组成、比表面积和孔体积。可以看到，ZS-1、ZS-2和ZS-3中Zn_2SiO_4物相含量的质量分数分别为0、7%和25%，随着Zn_2SiO_4物相含量的增加，低温氮气吸脱附法测得的比表面积和孔体积无明显变化，但是压汞法测得的孔体积则随之增加。这说明Zn_2SiO_4形成之后，吸附剂介孔无明显变化，但是大孔明显增加了，与我们前期的研究结果一致[21]。此外，随着Zn_2SiO_4物相含量的增加，吸附剂硫元素含量逐渐降低，归结为Zn_2SiO_4的形成消耗了ZnO物相所致(公式2)。值得注意的是，ZS-2的硫含量(7.5%)明显低于ZS-1(9.5%)，但是其脱硫率、比表面积和孔体积等仅出现微弱变化，说明当Zn_2SiO_4含量较低时，其对吸附剂物化性质的影响较小，如果吸附剂不继续失活且工艺条件合适时，可以维持装置的稳定运行。但是，当Zn_2SiO_4质量分数进一步增加到25%时(ZS-3)，吸附剂上载硫能力大幅度降低，同时压汞法测得的孔体积明显增加，脱硫率也显著降低。

表1 ZS-1~3的组成、比表面积和孔体积

试样	Zn_2SiO_4/%[1]	S/%[2]	C/%[2]	比表面积[3]/(m^2/g)	孔体积1[3]/(mL/g)	孔体积2[4]/(mL/g)
ZS-1	0	9.5	3.2	22	0.12	0.52
ZS-2	7	7.5	3.2	24	0.11	0.53
ZS-3	25	4.6	3.1	23	0.12	0.59

注:[1]XRD物相定量;[2]碳硫分析;[3]低温氮气吸脱附;[4]压汞法分析。

3.2 热解行为研究

图2是ZS-1~3的TG-MS谱图，热解过程可以分为4个阶段，各阶段的失重量见表2。在323~673K，ZS-1~3均出现了明显的失重，质谱图上只能观测到明显的H_2O谱峰，归结为物理吸附水和结构水的脱除，对比高温原位XRD谱图(in situ HT-XRD，图3)可知，ZS-1和ZS-3中主要物相的特征衍射峰在673K之前均未发生明显变化。在673~853K，ZS-1~3的失重量为3.7%~3.9%，可以同时观测到H_2O、CO_2和SO_2的MS谱峰，H_2O和CO_2的同时出现归结为积炭的燃烧；在in situ HT-XRD谱图上可以看到，ZS-1和ZS-3中ZnS物相的特征衍射峰的强度在673K逐渐变弱并在873K消失，同时ZnO物相衍射峰的强度增加，在2θ角22.70°、27.56°和29.74°等处出现了明显的$Zn_3O(SO_4)_2$物相衍射峰，说明部分ZnS转变为$Zn_3O(SO_4)_2$。Meng等人[14]曾在较低的再生温度下(523~723K)观测到类似的现象，作者认为是由于再生温度较低所致，在本试验中发现$Zn_3O(SO_4)_2$也可以在较高的温度下形成并稳定存在(923K)。值得注意的是，由于ZS-3中ZnS含量较低，其形成的$Zn_3O(SO_4)_2$明显也较少。在853~935K，ZS-1~3的失重量分别为1.0%、1.3%和0.2%，对比质谱信号可以看到仅出现了SO_2的MS谱峰，

在in situ HT-XRD谱图上可以看到，$Zn_3O(SO_4)_2$物相的特征衍射峰的强度略微变弱，为$Zn_3O(SO_4)_2$物相少量热解。在935~1073K，ZS-1~3的失重量分别为3.8%、2.0%和1.4%，仅观测到SO_2的MS峰，in situ HT-XRD谱图显示$Zn_3O(SO_4)_2$物相衍射峰已变得非常微弱，同时ZnO物相的衍射峰的强度明显增加，归结为$Zn_3O(SO_4)_2$的大量热解。此外，可以看到$Zn_3O(SO_4)_2$物相热解的失重量与ZS-1~3中Zn_2SiO_4含量呈反比。

表2 ZS-1~3在673-1073K的失重量 %

试　样	ZS-1	ZS-2	ZS-3
673~853K	3.9	3.7	3.8
853~935K	·1.0	1.3	0.2
935~1073K	3.8	2.0	1.4
合计①	8.7	7.0	5.4

① 不包括673K之前物理吸附水和结构水脱除所导致的失重。

3.3 非等温动力学研究

吸附剂硫和碳元素的热解温度范围均为673~873K，且不同Zn_2SiO_4含量的ZS-1~3的失重量相似，本节利用TG结合非等温动力学法研究673~873K下系列吸附剂的热解行为。S Zorb吸附剂的热解动力学方程可表示为:

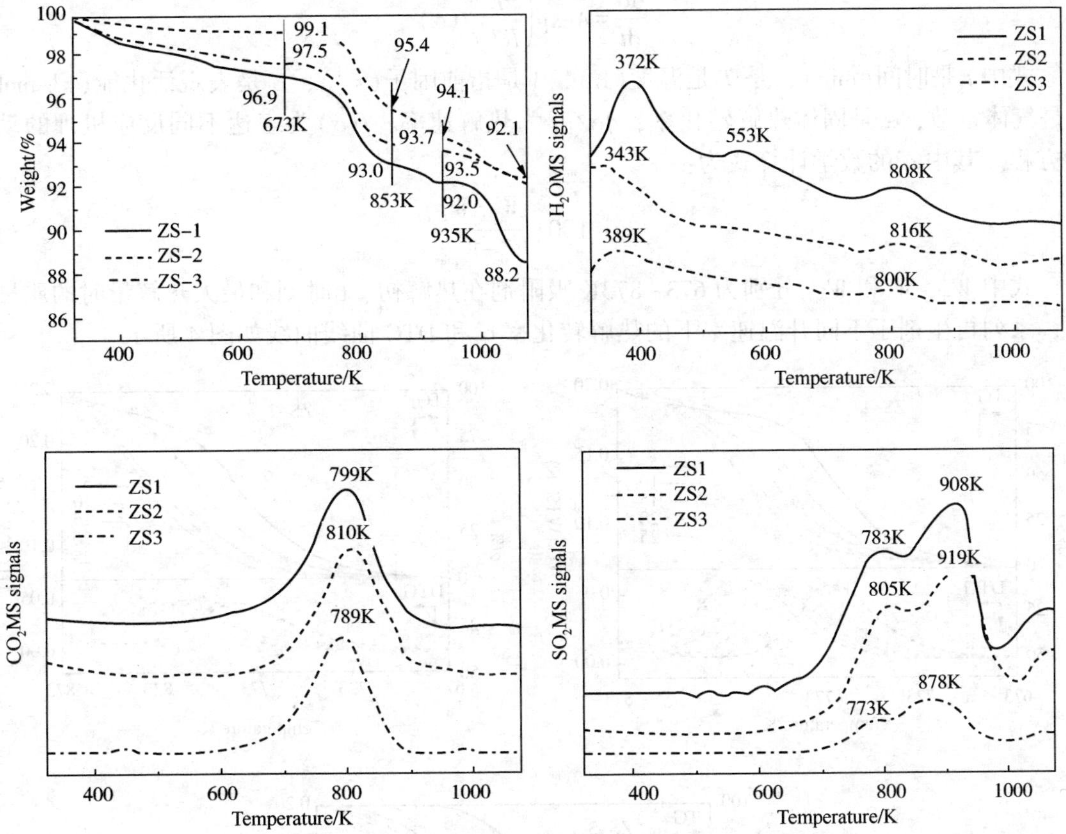

图 2　系列吸附剂的 TG-MS 谱图

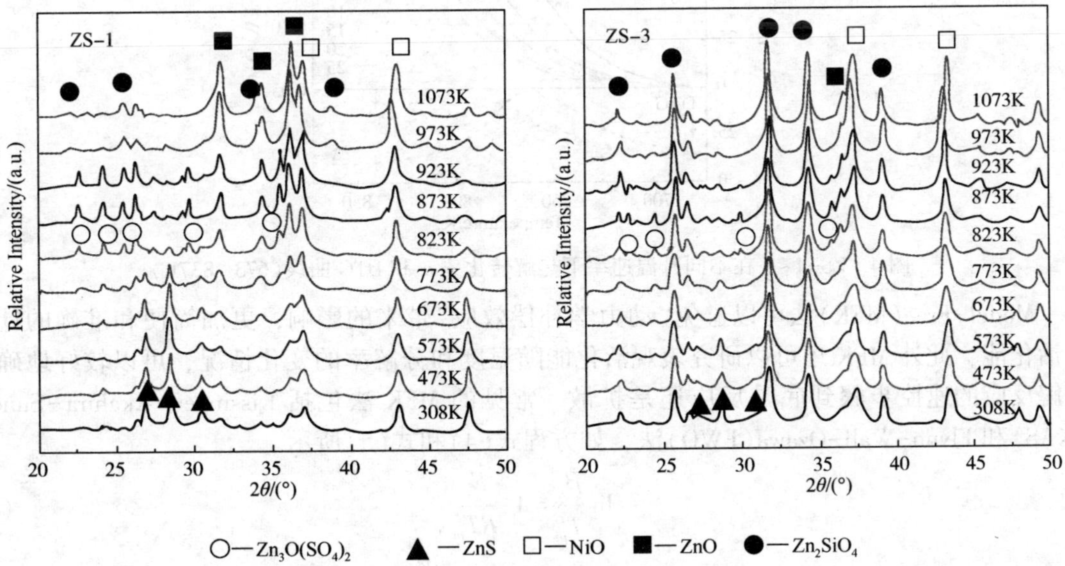

图 3　ZS-1 和 3 的 in sith HT-XRD 谱图

$$\frac{d\alpha}{dt}=A\exp\left(\frac{-E}{RT}\right)f(\alpha)$$

式中 t 是时间(min)，是 T 是温度(K)，A 是指前因子(s^{-1})，E 是表观活化能(kJ/mol)，R 是气体常数，α 是固体热解转化率，$d\alpha/dt$ 为热解速率，$f(\alpha)$ 为表达不同反应机理的动力学方程。其中 α 的数学计算式为：

$$\alpha=100\times\frac{W_0-W_t}{W_0-W_{max}}$$

式中 W_0、W_t 和 W_{max} 分别为673~873K吸附剂在热解初、t时刻和最大热解量时的质量分数，系列再生剂于不同升温速率下的热解转化率 α 和DTG曲线曲线如图4所示。

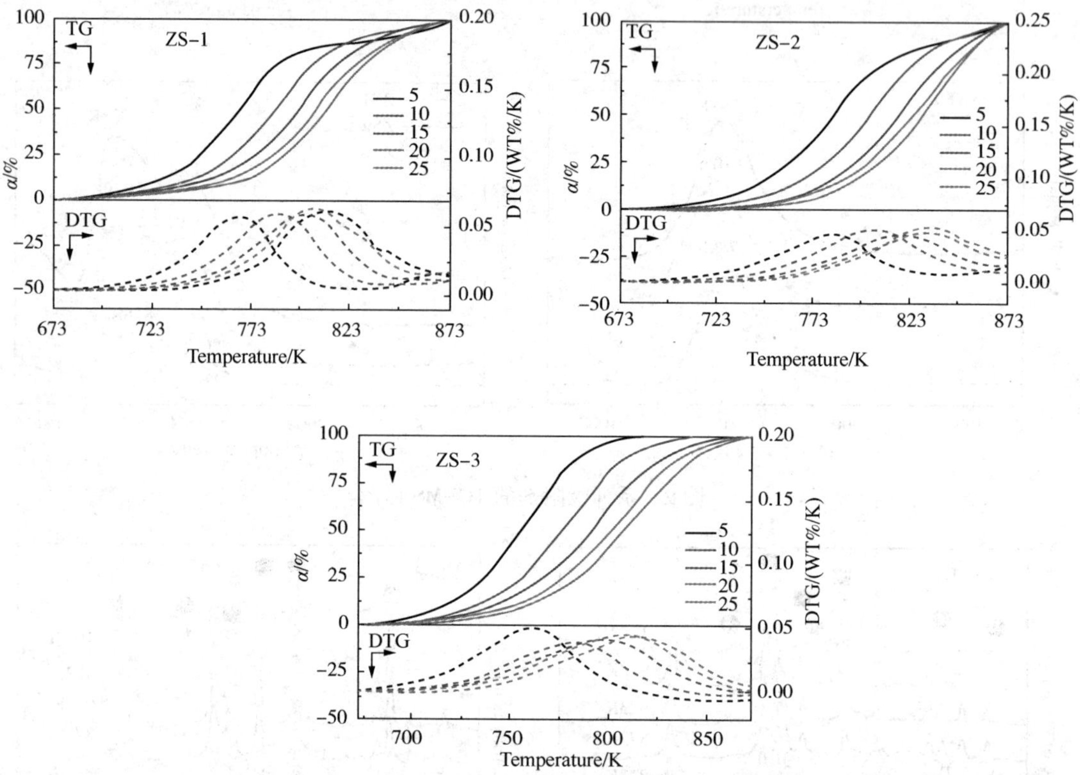

图4 ZS-1~3在不同升温速率下热解转化率 α 和DTG曲线(673~837K)

Model-Free(MFK)法可以避免“动力学补偿效应”带来的影响，更加简便和准确的计算出活化能，此外MFK还可以研究表观活化能随温度和分解率的变化情况，可以较好地确定热解反应的速控步骤到底是反应还是扩散。常见的MFK法包括Kissinger-Akahira-Sunose(KAS)和Flynn-Wall-Ozawa(FWO)法，如方程式(4)和式(5)所示。

$$\ln\frac{\beta_i}{T_{pi}^2}=A-\frac{E_a}{RT_{pi}} \tag{4}$$

$$\lg(\beta)=A^1-0.4567\frac{E_a}{RT_\alpha} \tag{5}$$

式中：β_i 为升温速率，K/min；T_{pi} 为热解速率最大时的温度，K；T_α 为热解转化率为 α 时的温度，K；A 和 A^1 均为常数；R 为气体常数；E 为活化能，kJ/mol。拟合结果如图5，拟合相关系数 R 均大于 0.99。

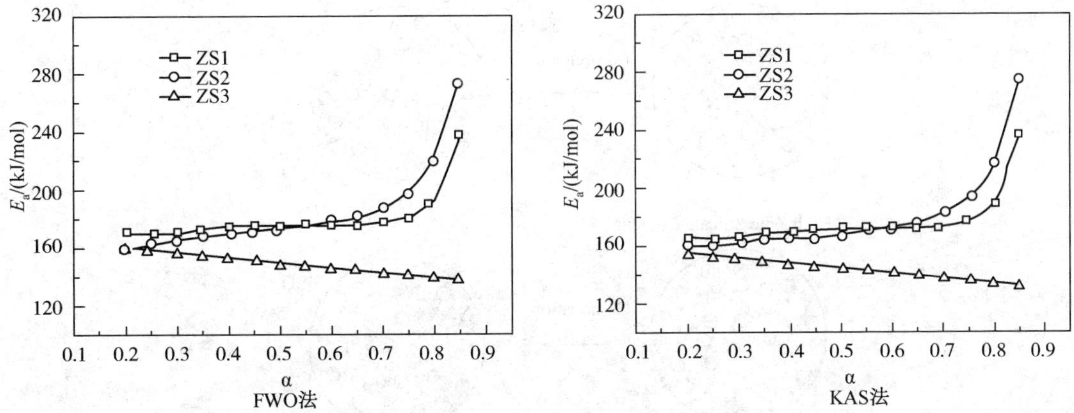

图 5 ZS-1~3 的活化能 E_α 随转化率 α 的变化规律(673~837K)

两个方法计算所获得的活化能 E 及活化能 E 随转化率 α 的变化规律均相似:(1)不含 Zn_2SiO_4 的 ZS-1 和 Zn_2SiO_4 含量较少(7%)的 ZS-2,E 随 α 的变化可分为两个阶段,第一个阶段在 $0.20<\alpha<0.65$ 之间,ZS-1 和 ZS-2 的 E 保持在 160~170kJ/mol 几乎保持恒定,第二个阶段在 $0.65<\alpha<0.85$,ZS-1 和 ZS-2 的 E 迅速升高到 240kJ/mol 附近;(2)Zn_2SiO_4 含量较高(25%)的 ZS-3,其 E 随着 α 的增加,从 160kJ/mol 缓慢而平缓的降低到 140kJ/mol,具有典型的扩散控制机理的特征。前期工作[20,21]表明 S Zorb 吸附剂的热解过程符合 Zhuralev-Lesokin-Tempelmen 方程所描述的三维扩散机理,所以可以发现很多扩散控制机理下的独特现象,如:粒径小的吸附剂因扩散半径短导致再生后颗粒横截面上硫含量分布相对比较均匀;硅酸锌含量低的吸附剂内部孔隙少,再生后颗粒横截面上硫含量径向分布呈现边缘低中间高的趋势;硅酸锌含量高的吸附剂内部孔隙大,再生后颗粒横截面上硫含量比较均匀。我们可以确信的是,吸附剂热解过程中是由外向内扩散进行的,而 Zn_2SiO_4 含量的增加会导致吸附剂颗粒横截面的孔隙量增加,从表 1 也可以看到这一现象,ZS-3 的孔体积明显高于 ZS-1 和 ZS-2。

3.4 热解机理的初探

可以推测 ZS-1~3 的热解过程如图 6 所示,Zn_2SiO_4 的形成一方面降低了吸附剂的载硫量,另一方面导致吸附剂孔体积增加,颗粒内部出现了明显的孔隙。所以对于没有 Zn_2SiO_4(ZS-1)和 Zn_2SiO_4 含量较低(ZS-2)而言,其热解过程为:吸附剂颗粒外表面的硫元素先热解,然后吸附剂颗粒内部的硫元素再逐渐热解。随着反应的进行硫元素的转化率逐渐升高,此时热解的硫元素位于颗粒内部,而吸附剂颗粒内部较密实,所以受扩散阻力的影响其活化能缓慢升高,即 $0.20<\alpha<0.65$ 的阶段;而当硫元素的转化率达到 $0.65<\alpha<0.85$ 时,扩散阻力显著增加,导致 SO_2 难以顺利离开吸附剂颗粒内部,小范围内过高的 SO_2 浓度导致大量 $Zn_3O(SO_4)_2$ 形成,$Zn_3O(SO_4)_2$ 是一种具有黏性的物质,导致内部孔隙更少,扩散活化能随之快速上升。对于 Zn_2SiO_4 含量较高(25%)的 ZS-3,孔体积明显大于 ZS-1 和 ZS-2,扩散阻力较小,所以随着反应的进行其活化能逐渐降低,生成的 $Zn_3O(SO_4)_2$ 也明显较少。

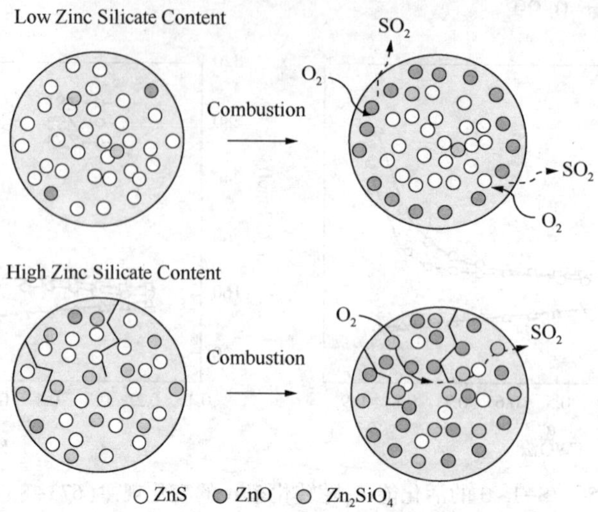

图6　Zn_2SiO_4对ZS-1~3热解过程中扩散行为的影响

4 结论

从国内脱硫装置中采集了不同Zn_2SiO_4含量的工业吸附剂ZS-1~3，Zn_2SiO_4的形成显著降低了载硫能力。当Zn_2SiO_4质量分数不超过7%时，吸附剂比表面积、孔体积、脱硫能力均未出现明显变化。当Zn_2SiO_4质量分数增加到25%时，孔体积显著增加，脱硫能力也显著降低了。

TG-MS和in situ HT-XRD分析表明ZS-1~3的热解可以分为4个阶段：323~673K为吸附水的挥发；673~853K为积炭和ZnS部分燃烧，同时部分ZnS转变为$Zn_3O(SO_4)_2$；853~935K为剩余ZnS完全热解；935~1073K为$Zn_3O(SO_4)_2$分解。

TG结合KAS和FWO法研究ZS-1~3热解动力学。结果表明，ZS-1~3热解行为均为扩散控制机理。随着热解反应的进行，受扩散作用的影响，Zn_2SiO_4含量较低的ZS-1和ZS-2的热解活化能从160kJ/mol逐渐升高到170kJ/mol，当转化率超过0.65时，热解活化能迅速增加到约240kJ/mol，这可能是由于一方面吸附剂颗粒内部密实，导致扩散阻力显著增加所致；另一方面扩散阻力导致热解形成的SO_2无法顺利逸出，$Zn_3O(SO_4)_2$大量形成所致。对于Zn_2SiO_4含量较高的ZS-3，由于其颗粒内部较大的孔隙和较高的孔体积，导致其扩散阻力较小，所以随着热解反应的进行活化能从160kJ/mol逐渐降低到140kJ/mol，同时$Zn_3O(SO_4)_2$的生成量也较少。

Zn_2SiO_4的形成不仅会导致吸附剂失活和破碎，还会影响吸附剂的热解过程，而这些影响将显著增加一线操作人员选择和优化工艺参数的难度，从而给装置运行稳定性、脱硫活性、辛烷值损失等关键经济效益指标带来负面影响。所以，S Zorb工业装置应严格控制吸附剂中Zn_2SiO_4含量。

参 考 文 献

[1] Mathieu Y, Yzanis L, Soulard M, et al. Moliere, Adsorption of SO_x by oxide materials: A review[J]. Fuel Processing Technology, 2013, 114: 81-100.

[2] Song C. An overview of new approaches to deep desulfurization for ultra-clean gasoline, diesel fuel and jet fuel [J]. Catalysis Today, 2003, 86: 211-263.

[3] Babich I V, Moulijn J A. Science and technology of novel processes for deep desulfurization of oil refinery streams: a review[J]. Fuel, 2003, 82: 607-631.

[4] Brunet S, Mey D, Perot G, et al. On the hydrodesulfurization of FCC gasoline: a review[J]. Applied Catalysis A: General, 2005, 278: 143-172.

[5] Eri Ito, J A Rob van Veen. On novel process for removing sulphur from refinery streams[J]. Catalysis Today, 2006, 116: 446-460.

[6] Zhang S, Zhang Y, Huang S, et al. Mechanistic investigations on the adsorption of thiophene over Zn_3NiO_4 bimetallic oxide cluster[J]. Applied Surface Science, 2012, 258: 10148-10153.

[7] Qiu L, Zou K, Xu G. Investigation on the sulfur state and phase transformation of spent and regenerated S zorb sorbents using XPS and XRD[J]. Applied Surface, 2013, 266: 230-234.

[8] XuG T, Diao Y X, Zou K, et al. Cause analysis of sorbent deactivation in S zorb unit for gasoline desulfurization[J]. Petroleum Processing and Petrochemicals, 2011, 42: 1-6.

[9] Zou K, Huang N G, Xu G T. The study of Rietveld quantitative phase analysis of S zorb sorbents[J]. Acta Petrolei Sinica (Petroleum Processing Section), 2012, 28: 598-604.

[10] 王明哲，阮宇军．催化裂化汽油吸附脱硫反应工艺条件的探讨[J]．炼油技术与工程，2010，40(9)：5-10.

[11] 徐莉，邹亢，徐广通，等．S Zorb 工业吸附剂结构、组成及再生行为研究[J]．石油炼制与化工，2013，44(6)：44-48.

[12] AndreyRyzhikov, et al. Reactive adsorption of thiophene on Ni/ZnO: Role of hydrogen pretreatment and nature of the rate determining step[J]. Applied Catalysis B: Environmental, 2008, 84: 766-772.

[13] IgorBezverkhyy, Andrey Ryzhikov, Geoffroy Gadacz, et al. Kinetics of thipphene reactive adsorption on Ni/SiO_2 and Ni/ZnO[J]. Catalysis Today, 2008, 130: 199-205.

[14] Meng X, Huang H, Shi L. Reactive Mechanism and Regeneration Performance of NiZnO/Al_2O_3-Diatomite Adsorbent by Reactive Adsorption Desulfurization[J]. Industrial and Engineering Chemistry Research, 2013, 52: 6092-6100.

[15] Lin Y H, Yang M H. Chemical catalyzed recycling of polypropylene over a spent FCC catalyst and various commercial cracking catalysts using TGA[J]. Thermochimica Acta, 2008, 470: 52-59.

[16] Saha B, Ghoshal A K. Model-free kinetics analysis of decomposition of polypropylene over Al-MCM-41 [J]. Thermochimica Acta, 2007, 460: 77-84.

[17] Saha B, Ghoshal A K. Model-free kinetics analysis of ZSM-5 catalyzed pyrolysis of waste LDPE[J]. Thermochimica Acta, 2007, 453: 120-127.

[18] 邹亢，黄南贵，徐广通．S Zorb 吸附剂物相定量方法研究[J]．石油学报：石油加工，2012，28：598-604.

[19] 徐广通，刁玉霞，邹亢，等．S Zorb 装置汽油脱硫过程中吸附剂失活原因分析[J]．石油炼制与化工，2011，42(12)：1-6.

[20] 张君颖．S Zorb 吸附剂再生过程硫转移及水热环境对 Zn_2SiO_4 生成的影响[D]．北京：石油化工科学研究院，2014：29-66.

[21] 张君颖，徐广通，邹亢，等．S Zorb 吸附剂再生前后硫分布规律的变化[J]．石油学报：石油加工，2015，31(6)：1418-1424.

GARDES-Ⅱ系列催化剂在汽油加氢脱硫装置中的应用

徐仁飞

（中国石油大庆石化公司炼油厂，黑龙江大庆　163711）

摘　要　本文介绍了GARDES-Ⅱ系列催化剂在中国石油大庆石化公司炼油厂（大庆石化）130万t/a汽油加氢脱硫装置中的应用。通过操作优化，可以在将原料的硫含量从约90mg/kg降至10mg/kg以下，烯烃含量从约31%（体）降低至24%（体）以下时，混合汽油产品的辛烷值损失约为1.8个单位，氢耗约为2.21kg/t（原料），装置能耗约为16.5kgoil/t。为长期稳定生产国Ⅵ排放标准汽油积累了经验。

关键词　加氢脱硫　GARDES技术　国Ⅵ排放标准汽油　优化　烯烃含量

1　装置概况

2013年，大庆石化公司采用中石油自主开发的GARDES技术[1~6]建设了汽油加氢脱硫装置，该装置主要按照生产国Ⅳ清洁汽油工况设计，同时兼顾生产国Ⅴ清洁汽油工况。在2015~2018年期间，该装置根据要求通过优化操作，调整关键工艺参数生产出了合格的国Ⅴ汽油调和组分[7]。为了应对2019年即将在全国范围内实施的国VI（A）汽油质量标准，在2018年检修期间对催化剂进行了更新换代，采用由石油化工研究院与福州大学共同升级开发的GARDES-Ⅱ系列催化剂来完成国Ⅵ汽油质量升级任务。

2　初期运行

目前，大庆石化炼油厂汽油池中的催化汽油约占72%。其硫含量约为90mg/kg，烯烃含量约为31%（体）。为达到国Ⅵ清洁汽油的调合要求，需将混合汽油产品的硫含量降低至12mg/kg以下、烯烃含量降低至24%（体）以下，这样经过汽油池调合后的成品汽油就能满足硫含量≤10mg/kg、烯烃含量≤18%（体）的国Ⅵ清洁汽油标准。

在2018年开工后期，完成催化剂钝化工作后，进行了操作调整，以混合汽油产品的硫含量满足≯10mg/kg的要求，回调了加氢脱硫系统的两台反应器床层温度。

表1　加氢脱硫单元相关操作参数调整

项　目	分馏后重汽油比例/%	加氢脱硫反应器		辛烷值恢复反应器	
		入口温/℃	床层温升/℃	入口温度/℃	床层温升/℃
催化剂钝化（末期）	72	219	16	340	14
开工正常后	72	220	14	322	10

表 2 相关化验数据分析

项 目	催化汽油			混合汽油产品			烯烃降幅/%(体)	研究法辛烷值损失
	烯烃含量/%(体)	研究法辛烷值	硫含量/(mg/kg)	烯烃含量/%(体)	研究法辛烷值	硫含量/(mg/kg)		
催化剂钝化(末期)	29.5	89.6	89	21.9	88.2	5.1	7.6	1.4
开工正常后	32.2	90	88	26.9	88.7	6.6	5.3	1.3

表 3 装置经济效益变化

项 目	氢 耗/(kg/t 原料)	装置能耗/(kgoil/t)	混合汽油产品液体收率/%
催化剂钝化(末期)	2.16	16.8	97.90
开工正常后	2.22	16.1	99.69

由表 1~表 3 可以看出，在催化剂钝化末期，氢耗约为 2.16kg/t 原料，装置能耗约为 16.8kgoil/t，混合汽油产品的液体收率约为 97.9%。在催化剂钝化结束后，在维持加氢脱硫反应器 R-201 的床层温度基本不变，以混合汽油产品的硫含量满足≯10mg/kg 的要求，逐步将辛烷值恢复反应器 R-202 的入口温度由 340℃降低至 322℃，氢耗约为 2.22kg/t 原料，装置能耗约为 16.1kgoil/t，混合汽油产品的液体收率为 99.69%。

对比催化剂钝化(末期)与开工正常后的相关数据可以看出，氢耗基本没有变化，装置能耗下降了 0.7kgoil/t，混合汽油产品的液体收率上升了 1.79%，烯烃降幅由 7.6%(体)下降至 5.3%(体)，研究法辛烷值损失基本没有变化。

但由于加氢脱硫反应器的选择性上升，在满足脱硫效果的前提下，烯烃降幅只有 5%(体)左右。根据炼油厂汽油的烯烃平衡数据，需要求混合汽油产品的烯烃含量降低至 24%(体)以下，而催化汽油的烯烃含量只能降低至 31%(体)左右，烯烃降幅需控制在 7%~8%(体)。才能国Ⅵ汽油调和组分的生产。

3 操作调整

根据 GARDES 工艺技术原理，提高烯烃降幅有两个途径，方案一是稳定辛烷值恢复反应器床层温度，逐步提高加氢脱硫反应器床层温度，提高其床层温升，提高烯烃在该反应器中的饱和能力。方案二是稳定加氢脱硫反应器床层温度，满足重汽油的脱硫效果即可，避免烯烃在该反应器中过度饱和，将该部分烯烃后移至辛烷值恢复反应器 R-202 中发生相应反应，逐步提高辛烷值恢复反应器床层温度，体现 GDS-40 催化剂的异构化/芳构化性能，使得烯烃在其中主要发生异构化/芳构化反应。

表 4 加氢脱硫单元相关操作参数调整

项 目	分馏后重汽油比例/%	加氢脱硫反应器		辛烷值恢复反应器	
		入口温度/℃	床层温升/℃	入口温度/℃	床层温升/℃
方案一	72	231	30.7	330	9.5
方案二	72	226	21	336	12.5

表 5 相关化验数据分析

项目	催化汽油			混合汽油产品			烯烃降幅/%(体)	研究法辛烷值损失
	烯烃含量/%(体)	研究法辛烷值	硫含量/(mg/kg)	烯烃含量/%(体)	研究法辛烷值	硫含量/(mg/kg)		
方案一	31.3	89.6	91.5	23.1	87.4	4.6	8.2	2.2
方案二	30	89.5	89	22.7	87.8	4.9	7.3	1.8

表 6 装置经济效益变化

项目	氢耗/(kg/t 原料)	装置能耗/(kgoil/t)	混合汽油产品液体收率/%
方案一	2.47	15.87	99.73
方案二	2.21	16.33	99.08

由表1~表6可以看出，在要求烯烃降幅控制在7%~8%(体)时，通过操作调整进行了两个方案对比分析。其中，方案一存在着研究法辛烷值损失明显上升、氢耗上升等不利因素，也有装置能耗下降，混合汽油产品收率基本不变等有利因素；方案二存在着混合汽油产品的液体收率下降，装置能耗上升等不利因素，但也有装置氢耗基本不变，研究法辛烷值损失轻微上升等有利因素。

与开工正常后的数据对比，方案一中的加氢脱硫反应器入口温度由220℃提高至231℃，床层温升由14℃上升至30.7℃；烯烃降幅由5.3%上升至8.2%(体)，研究法辛烷值损失由1.3个单位上升至2.2个单位；氢耗由2.22kg/t原料上升至2.47kg/t原料，装置能耗由16.1kgoil/t下降为15.87kgoil/t，混合汽油产品的液体收率基本没有变化，约为99.73%。方案二中的研究法辛烷值入口温度由322℃提高至336℃，床层温升变化不大；烯烃降幅由5.3%上升至7.3%(体)，研究法辛烷值损失由1.3个单位上升至1.8个单位；氢耗基本没有变化，约为2.21kg/t原料，装置能耗由16.1kgoil/t上升至16.33kgoil/t，混合汽油产品的液体收率由99.69%下降至99.08%。

4 结论

通过优化加氢脱硫单元各参数的控制调整，使得混合汽油产品的硫含量控制在10mg/kg以下，烯烃含量控制在23%(体)左右，在这二者均能满足汽油池的国Ⅵ汽油调和要求的前提下，达到了低研究法辛烷值损失、低能耗和低氢耗运行的目的，为长期稳定生产国Ⅵ排放标准汽油积累了经验。

参考文献

[1] 石冈，范煜，鲍晓军，等．催化裂化汽油加氢改质GARDES技术的开发及工业试验[J]．石油炼制与化工，2013，44(9)：66-72.

[2] 鲍晓军，范煜，林秀英，等．综合改性HZSM-5沸石催化剂及其制备方法和用途：中国，200610083283.6[P]．2007-12-05.

[3] 吕龙刚，康宏敏，林秀英，等．一种用于催化裂化汽油加氢改质的催化剂及其制备方法：中国，200910080324.X[P]．2010-09-22.

[4] 范煜，祝伟，薛倩倩，等．一种新型 FCC 汽油低温硫转移催化剂的制备方法：中国，201110321788.2[P]. 2012-04-25.

[5] 许长辉．GARDES 技术在汽油加氢脱硫装置的工业应用[J]. 石油炼制与化工，2015，46(1)：62-67.

[6] Fan Yu，Lei Duo，Shi Gang，et al. Synthesis of ZSM-5/SAPO-11 composite and its application in FCC gasoline hydro-up-grading catalyst[J]. Catalysis Today，2006，114(4)：388-396.

[7] 徐仁飞．优化 GARDES 工艺技术生产国Ⅴ汽油[J]. 炼油技术与工程，2016，46(11)：32-35.

高活性催化裂化脱硝助剂性能研究

刘明霞，柳召永，刘　涛，翟佳宁，石晓庆，樊红超，王辰晨

（中国石油兰州化工研究中心，甘肃兰州　730060）

摘　要　分析了催化裂化（FCC）烟气脱硝助剂 PRLN-60 的理化性质，采用固定床和提升管对其脱硝性能进行了评价，并考察了影响 PRLN-60 脱硝性能的因素。结果表明：PRLN-60 的 Na_2O 含量、表观松密度、磨损指数等性质与 FCC 主催化剂（LDO-70）相当。在固定床评价中，当反应温度为 500~700℃时，PRLN-60 的 NO_x 脱除率高达 100%，与参比剂相当。在提升管评价中，添加 PRLN-60（质量分数为 1.5%）后，NO_x 脱除率达到 97%，且对产品分布影响较小。较低空速和较低氧含量均有利于 NO_x 的脱除。

关键词　催化裂化　脱硝　NO_x　助剂　PRLN-60

催化裂化（FCC）装置反应过程中产生的 NO_x 会对环境造成严重的污染，对人类身体健康造成严重的危害[1,2]，还会使再生器等设备发生硝脆现象，造成再生系统设备开裂等事故，严重威胁到装置的安全、稳定、长周期的运转[3]。根据 GB31571—2015 规定，2017 年 7 月 1 日后，石化行业烟气中 NO_x 排放量应低于 150mg/m^3，敏感地区低于 100mg/m^3[4]。而我国的 FCC 装置大多按照氮氧化物排放量不高于 300mg/m^{3}设计，是国家标准的 2~3 倍。

为满足排放要求，各炼厂均采取相应的措施来降低烟气 NO_x 的排放[5~8]。为了适应满足炼厂需求，中国石油兰州化工研究中心研究开发了催化裂化烟气脱硝助剂 PRLN-60，该助剂在降低再生烟气中 NO_x 的同时，不影响装置产物分布，本工作对 PRLN-60 的理化性质和脱硝性能进行了评价，并考察了影响 PRLN-60 脱硝性能的因素。

1　实验部分

1.1　原材料

原料油，中国石油兰州石化公司 3Mt/a 催化裂化装置用渣油，密度（70℃）为 871.8kg/m^3，残炭质量分数为 4.3%，氮质量分数为 0.5%。PRLN-60 助剂，中国石油兰州化工研究中心研发。参比剂，某炼厂在用催化裂化脱硝助剂。FCC 主催化剂，LDO-70，中国石油兰州石化公司催化剂厂生产。NO 气体，含 NO 量为 10^{-3}mL/L，平衡气体为 N_2，大连大特气体有限公司生产。CO 气体，CO 体积分数为 4%，平衡气体为 N_2，大连大特气体有限公司生产。CO，O_2 混合气：CO 体积分数为 4%，O_2 体积分数为 0.5%或 1%，平衡气体为 N_2，大连大特气体有限公司生产。

1.2 评价方法

1.2.1 固定床评价

采用自建的小型脱硝评价装置评价 PRLN-60 的脱硝性能，以催化氧化 NO 的转化率代表 NO_x 的转化率，装置流程如图 1 所示。

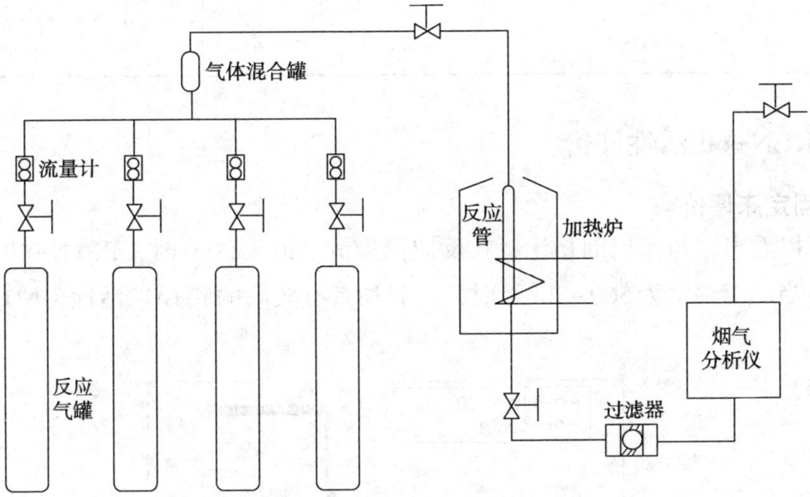

图 1 脱硝评价装置

石英管外径为 8mm，催化剂装填量为 1 g，气体流量均为 110mL/min，并以 10 ℃/min 的速率升温至 350，700℃时分别保持 30min，采用武汉四方光电子科技有限公司生产的 Gasboard -3000 型烟气分析仪测定出口烟气中 NO_x 含量，并根据式(1)进行 NO_x 转化率(x)的计算。

$$x=\frac{c-c_0}{c_0}\times 100\% \tag{1}$$

其中，c 为未加脱硝剂时烟气中 NO_x 含量，mg/kg；c_0 为加入脱硝剂后升温过程中 NO_x 含量，mg/kg。

1.2.2 提升管评价

将 PRLN-60(质量分数为 0~5%)与 LDO-70 催化剂混合均匀，在装有烟气分析仪的中型提升管中进行脱硝评价试验。提升管的评价条件为：反应温度 500℃，反应时间 2s，剂油体积比 6。

2 结果与讨论

2.1 PRLN-60 的理化性质

为确保 FCC 装置的正常流化并减少对系统产生负面影响，PRLN-60 应与 LDO-70 催化剂理化性质相当。表 1 列出了 PRLN-60 与 LDO-70 催化剂的理化性质，可以看出，PRLN-60 的钠含量与 LDO-70 催化剂相当，具有较适宜的表观松密度、筛分组成和磨损指数，不会影响装置主催化剂的流化性能。

表1　PRLN-60与LDO-70催化剂的理化性质

性　质	PRLN-60	LDO-70
Na_2O 质量分数/%	0.15	0.18
表观松密度/(g/mL)	0.91	0.69
筛分组成/%		
0~150μm	90.0	89.7
磨损指数/%	3.6	2.2

2.2　PRLN-60活性评价

2.2.1　固定床评价

由图2可以看出，与参比剂相比，在反应温度为300~500℃时，PRLN-60的 NO_x 转化率相对较高，当反应温度为500~700℃时，二者均具有较高的脱 NO_x 活性，NO_x 转化率均达到100%。

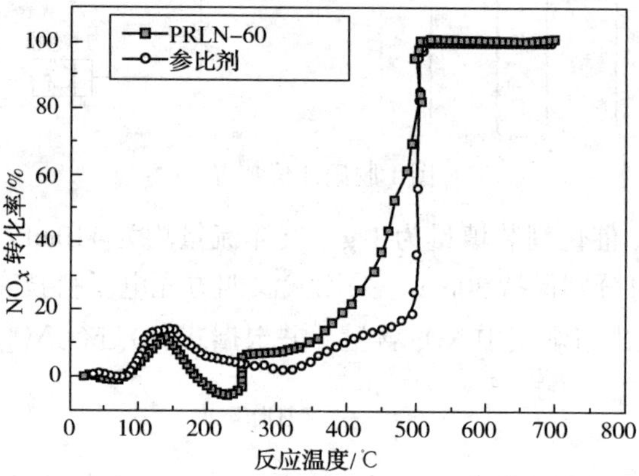

图2　PRLN-60助剂与参比剂脱硝效果对比

2.2.2　提升管评价

表2　PRLN-60的中试提升管评价结果　%

项　目	未添加PRLN-60	添加PRLN-60
干气收率	1.56	1.86
液化气收率	20.54	21.23
汽油收率	44.42	43.58
柴油收率	15.27	15.47
重油收率	9.32	10.18
焦炭收率	8.89	7.69
NO_x 收率	0.0436	0.0013
NO_x 脱除率		97.0

以LDO-70催化剂为空白样，进行了添加PRLN-60(质量分数为1.5%)前后的提升管评价，结果如表2所列。可以看出，与未添加PRLN-60相比，添加质量分数为1.5%的PRLN-

60 后，产品中焦炭、干气和汽油产率无明显变化，NO_x 产率明显降低，脱除率达到 97%。

2.3 PRLN-60 脱硝性能的影响因素

2.3.1 空速

在反应温度为 350，700℃时，考察了体积空速对 PRLN-60 脱硝性能的影响(见表 3)。可以看出，随着空速由 26400h^{-1} 降至 6600h^{-1}，350℃，700℃时，NO_x 转化率分别提高了 42.02 个百分点，88.98 个百分点。空速较低时，NO_x 转化率相对较高，当达到一定空速后，NO_x 的转化率受空速的影响较小，较低空速有利于反应的进行。反应温度升高后，反应受空速的影响也相对减小。

表 3 空速对 PRLN-60 脱硝性能的影响

空速/h^{-1}	NO_x 转化率/%	
	350℃	700℃
26400	0	10.02
17600	0.05	92.80
13200	0.30	92.81
8800	36.20	90.12
6600	42.02	99.00

2.3.2 氧质量分数

考察了氧质量分数对不同反应温度下 NO_x 转化率的影响，结果见表 4。可以看出，在反应温度为 350，700℃时，随着氧质量分数的增加，NO_x 转化率呈现下降的趋势。随着反应温度升高，NO_x 转化率随氧质量分数的影响减小，但当氧质量分数为 1%时，NO_x 转化率接近零，基本不再进行。

表 4 氧质量分数对 PRLN-60 脱硝性能的影响

氧质量分数/%	NO_x 转化率/%	
	350℃	700℃
0	12.65	100.00
0.5	6.04	84.39
1.0	0.02	1.00

3 结论

(1) PRLN-60 的 Na_2O 含量、表观松密度、磨损指数等性质与 LDO-70 催化剂相当，不会影响主催化剂的流化。

(2) 在固定床评价中，当反应温度为 500～700℃时，PRLN-60 的 NO_x 脱除率高达 100%，与参比剂相当。在提升管评价中，添加 PRLN-60(质量分数为 1.5%)后，NO_x 脱除率达到 97%，且对产品分布影响较小。

(3) 较低的空速和较低氧含量均有利于 NO_x 的脱除。

参 考 文 献

[1] ZengXiang, TengJie, GangYuJin, et al. ThecorrelationbetweennitrogenspeciesincokeandNO$_x$formationduringregeneration[J]. Chin J Chem Eng, 2016(5): 606-611.

[2] 杨斌, 吴章柱. 催化裂化装置烟气中 NO_x 生成机理分析及控制方法[J]. 化工技术与开发, 2017, 46(9): 51-53.

[3] 刘有成, 陈华, 柳云骐. 催化裂化再生设备应力腐蚀开裂规律的研究[J]. 石油化工腐蚀与防, 2004, 21(1): 12-16.

[4] 田爱珍, 张艳惠, 张忠东. 降低催化裂化装置再生烟气 NO_x 排放技术研究进展[J]. 应用化工, 2013, 42(9): 1699-1702.

[5] 程文红, 田凤杰, 袁晓华. FCC 烟气 NO_x 排放影响因素及控制措施分析[J]. 石油化工安全环保技术, 2011, 27(6): 52-56.

[6] 邹长华. 降低催化裂化烟气中 NO_x 含量的工艺优化及效果[J]. 石油石化绿色低碳, 2016, 1(2): 39-43.

[7] 胡敏. 催化烟气氮氧化物排放控制技术分析[J]. 炼油技术与化工, 2014, 44(6): 1-7.

[8] 李海. 控制催化裂化再生烟气中 NO_x 排放的技术[J]. 上海节能, 2015(11): 619-623.

铜改性白土对轻质油品中丙硫醇的脱除研究

廖莹灵，萨帕德，孟　璇，施　力

（华东理工大学化工学院绿色能源化工国际联合研究中心，上海　200237）

摘　要　本文以活性白土为载体，采用混捏法制备了Cu(II)改性白土吸附剂，并结合静态间歇吸附和动态连续吸附实验对其在模拟原料油中的脱丙硫醇性能进行了评价，研究表明Cu(II)改性可显著改善其脱丙硫醇性能，进一步发现提高Cu(II)负载量有助于其对丙硫醇的脱除。结合GC-MS分析得出Cu(II)改性白土吸附剂对硫醇的脱除实质上是将硫醇转化为高沸点的二硫化物，该二硫化物可以伴随后续油品加工环节通过蒸馏等手段进一步脱除，从而实现深度脱硫的目的。

关键词　活性白土　Cu(Ⅱ)　模拟原料油　丙硫醇　二硫化物

各类原油均含有不同程度的硫化合物，预计到2020年，全球原油平均品质API度将由目前的32.2降低到31.7，同时硫含量将由1.2%上升至1.25%。未来新增的原油资源以高硫重质原油为主，我国进口原油中高硫原油比例持续增长，因此高硫原油的加工已成为我国原油炼制的必然趋势。原油中的硫化物会对石油加工过程产生极大影响，并使其产品质量下降。加工原油过程中，大部分硫化物残留在重油和渣油中，少量进入轻质油品如汽油和柴油中。轻质油品中硫化物含有诸多危害，比如腐蚀设备管线；降低油品质量，影响使用性能；使催化剂中毒，失活[1]；污染环境，危害健康等。随着人类环保意识的不断提高，硫的脱除成为炼油行业的一项重要技术。为了控制汽车尾气排放造成的严重环境污染，国家逐步加快了油品质量的监测控制，国家能源局、发改委、生态环境部等七部委联合公告，自2019年1月1日起，符合国VIA标准的车用汽油(含E10乙醇汽油)、国VI车用柴油(含B5生物柴油)将在全国范围内全面供应，同时低于国VIA标准的车用汽油及低于国VI标准的车用柴油将停止销售[2]。其中，硫含量的限制由国IV的50μg/g降至国V/VI标准中的10μg/g，达到了国际标准。由此看来，为满足“世界最严”汽油标准，发展轻质油品脱硫技术成为当前研究热点。

轻质油品中主要含有硫醇、硫醚、噻吩等有机硫化物[3]，其中LPG含有多种硫化物如硫化氢、硫醇、羰基硫、硫醚及二硫化物等。其中硫化氢含量最高，硫醇含量次之，羰基硫及硫醚等含量较少[4]。LPG所含硫醇为酸性物质，光照条件下分解产生二硫化物，且使LPG产生恶臭；另外，含硫LPG作燃料燃烧将造成严重的环境污染；作为原料进行后续加工时易造成催化剂中毒、失活[5]。因此，在LPG直接利用或深加工之前，为降低硫化物的危害，LPG脱硫的相关研究十分必要。LPG脱硫工艺中，首先是脱除H_2S等无机硫，然后再进一步脱除硫醇等有机硫。LPG中硫醇的脱除方法有：无碱氧化脱臭技术、硫醇无碱转化组合技术、催化氧化——吸附技术、纤维膜分离技术、Merox抽提—氧化脱臭技术等[6]。近年来，国内外油品脱硫技术不断完善，日益灵活高效，工业上根据油品硫含量及产品净化要求合理选择脱硫工艺和方法。根据脱硫过程中是否加入氢气，可将脱硫技术分为加氢脱硫和非加氢脱硫。其中非加氢脱硫又包含：氧化脱硫，如：PetroStar公司的转化/萃取脱硫(CED)工艺、日本石油能源中心(PEC)的氧化脱硫技术和UniPure公司的ASR-2工艺等[7-11]、萃取脱硫、烷基化脱硫、催化裂化脱硫、生物脱硫、吸附脱硫等。由于吸附脱硫具有氢耗低，烯烃饱和程度小使烃组成几乎不改变，辛烷值损失小，投资成本、操作费用低，能完成精脱硫目的等优势，已成为近年来蓬勃发展的绿色脱硫技术之一[12-16]。

近年来，许多学者进行了白土吸附脱硫的研究，张迁等[17]使用混捏法制备了含铜化合物改性的活性白土，发现Cu(I)改性活性白土吸附脱硫效果优于比Cu(II)改性活性白土，铜负载量为15%，焙烧温度为150℃时，脱硫性能达最佳。仪得志等[18]研究发现Cu(Ⅱ)负载量为15%的活性白土，经过150℃活化后，对模拟油中的丙硫醇和二甲基硫醚表现出了优异的吸附性能，同时发现金属离子改性的白土吸附剂对二甲基硫醚和二甲基二硫醚的吸附机理属于络合吸附。但是这些研究者针对白土脱硫醇机理的研究尚且不足，有待进一步研究，故笔者以活性白土为载体，Cu(Ⅱ)为活性组分，采用混捏法制备了一系列Cu(Ⅱ)改性白土吸附剂。通过静态间歇吸附实验和固定床动态吸附实验进行了所制备吸附剂对模拟原料油中丙硫醇的脱除性能评价。采用两种不同方法，即气相色谱法和紫外荧光法对硫含量进行测定，考察不同Cu(Ⅱ)负载量改性白土吸附剂对丙硫醇脱除性能的影响，并进一步探究了Cu(Ⅱ)改性白土对丙硫醇的脱除机理。

1 实验部分

1.1 实验试剂

氯化铜(分析纯，国药集团化学试剂有限公司)，硝酸铜(分析纯，国药集团化学试剂有限公司)，石英砂(分析纯，上海凌峰化学试剂有限公司)，活性白土(工业级，临安白土厂)，正己烷(化学纯，上海凌峰化学试剂有限公司)，丙硫醇(分析纯，阿拉丁试剂(上海)有限公司)

1.2 脱硫醇模拟原料油的配制

实验配制了硫含量为4000μg/g的丙硫醇模拟原料油。模拟原料具体配制过程如下：用吸量管量取一定量的丙硫醇于1000mL容量瓶中，用正己烷定容至1000mL，摇匀，密封储存待用。

1.3 吸附剂制备

实验利用混捏法制备了一系列不同Cu(Ⅱ)负载量的改性白土吸附剂。制备方法如下：首先，称取一定量活性白土样品与一定量氯化铜固体于研钵中充分研磨15min，逐渐滴加去离子水并持续研磨，至粉末样品呈黏稠膏状。使用螺杆挤条器挤条成型，得到外径约1mm的圆柱形样品，将该样品置于150℃马弗炉中焙烧2h，冷却后研磨筛分至20-40目待用。

1.4 吸附剂的评价

模拟原料油脱丙硫醇实验分别使用固定床动态吸附法和静态间歇吸附法对吸附剂性能进

行评价。

1.4.1 固定床动态吸附实验

固定床动态吸附反应在实验室自制微型固定床反应器上进行，反应管上下端装填适量20-40目石英砂，中部装填0.8g吸附剂，实验在30℃、常压下进行。设定原料流率为6mL/h，质量空速为$5h^{-1}$。系统稳定后开始计时并接取原料进行硫醇含量分析，随后每间隔1h进行取样分析，由此绘制吸附穿透曲线。实验中吸附剂脱硫率计算公式如式(1)：

$$\alpha=\frac{C_0-C_t}{C_0}\times 100\% \tag{1}$$

式中 α——吸附剂脱硫率,%；

C_0——反应前模拟原料油中硫化物质量浓度，g/mL;

C_t——反应后模拟原料油中硫化物质量浓度，g/mL。

1.4.2 静态间歇吸附实验

静态间歇吸附实验称取0.1g吸附剂于置有10mL模拟原料的玻璃瓶中，密封储存24h后静置，取上层清液进行气相色谱分析其丙硫醇含量。

吸附剂饱和硫容计算公式如式(2)：

$$Q=\frac{C_0-C_t}{m}V \tag{2}$$

式中 Q——饱和硫容，mg-S/g吸附剂；

C_0——反应前模拟原料油中硫化物质量浓度，g/mL;

C_t——反应后模拟原料油中硫化物质量浓度，g/mL;

V——模拟油的用量，mL;

m——吸附剂的质量，g。

1.5 模拟原料油中硫含量分析

实验采用紫外荧光法和气相色谱法对模拟原料油中硫含量进行了分析。

1.5.1 紫外荧光法

实验使用江苏江分电分析仪器公司生产的TS-3000型荧光硫分析仪，仪器主要组成部分为：高温裂解炉、紫外灯、干燥器、石英裂解管、反应室、显示器、自动进样器、光电倍增管、放大器等。仪器分析原理为：样品被载气氮气吹入1000℃高温裂解炉中，发生氧化裂解反应，见式(3)，样品中所含硫被定量转化为SO_2，并同时生成CO_2及H_2O，反应气经膜式干燥器脱水后进入荧光室，部分SO_2经过紫外光照射后转化为激发态SO_2^*，如式(4)，激发态SO_2^*跃迁到基态时会发射光子，光信号由光电倍增管接受并放大，转化为电信号。最后经放大器放大，计算机处理后转化为与荧光强度成正比的电信号。在分析条件下，荧光强度SO_2^*与SO_2量成正比，而SO_2量又与样品中总硫含量成正比，从而可由此方法测定样品总硫含量

$$R\text{-}S+O_2\longrightarrow CO_2+H_2O+SO_2 \tag{3}$$

$$SO_2+h\gamma'\longrightarrow SO_2^*\longrightarrow SO_2+h\gamma'' \tag{4}$$

样品分析前，需要使用已知浓度的标准硫样品绘制标样校正曲线，然后在相同条件下分析待测样品，系统会根据标样校正曲线自己积分计算样品硫含量。

1.5.2 气相色谱法

模拟原料油中硫含量通过GC9800型气相色谱仪进行分析。所用气相色谱分析条件为：色谱柱：FFAP；载气：高纯N_2；毛细管色谱柱长：50m；检测器：FID；柱箱温度：40℃；检测器温度：270℃；汽化室温度：270℃；进样量：0.2μL。

2 结果与讨论

2.1 不同Cu(Ⅱ)负载量改性白土吸附剂对丙硫醇脱除性能的研究

为考察不同Cu(Ⅱ)负载量对改性白土吸附剂在模拟原料中脱丙硫醇性能的影响，实验以活性白土为载体，氯化铜为活性组分，采用混捏法制备了Cu(Ⅱ)负载量分别为0%、5%、10%、15%、20%的改性白土吸附剂，并通过静态间歇吸附实验与固定床动态吸附实验对其吸附脱硫性能进行了评价，静态实验首先将上述两种吸附剂于150℃下焙烧4h，冷却后研磨为粉末。并称取0.1g粉末于装有10mL模拟原料油的玻璃瓶中，静置24h后使用GC7900型气相色谱仪进行丙硫醇含量分析，所得饱和硫容如图1所示，动态实验硫含量同样由气相色谱法进行分析，所得穿透曲线见图2所示。

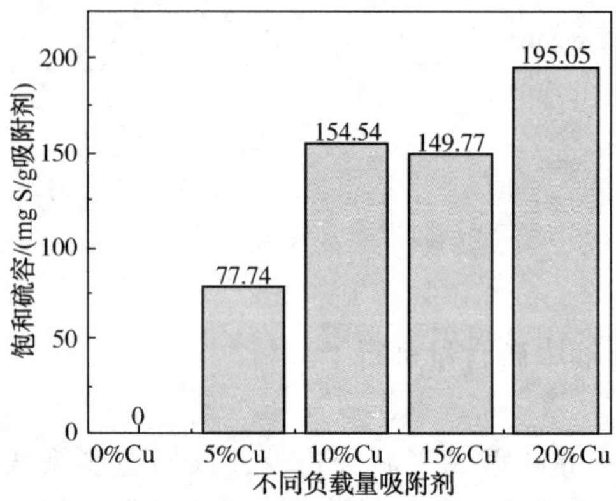

图1 不同Cu(Ⅱ)负载量改性白土吸附剂饱和硫容(气相色谱法)

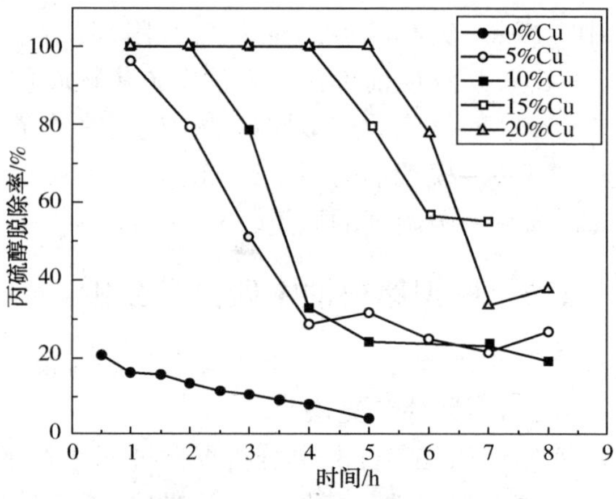

图2 不同Cu(Ⅱ)负载量改性白土吸附剂吸附穿透曲线(气相色谱法)

由图1可以看出，未经Cu(Ⅱ)改性的活性白土吸附剂饱和硫容几乎为0mg S/g吸附剂，Cu(Ⅱ)改性后的白土吸附剂对丙硫醇的吸附脱除性能显著提高，这说明Cu(Ⅱ)作为一种有效的活性组分，能提供有效的活性中心，有助于吸附剂对硫化合物的吸附脱除。且随着Cu(Ⅱ)负载量增加，其吸附脱硫性能总体呈上升趋势，当Cu(Ⅱ)负载量为20%时，吸附剂饱和硫容已经可以达到195.05mg S/g吸附剂。进一步分析动态吸附穿透曲线图2可知，未改性活性白土在吸附半小时后对丙硫醇的脱除率就低至20%，随着Cu(Ⅱ)负载量增加，其脱硫活性逐渐改善，负载量增加到10%时，前2h对丙硫醇的脱除率达到100%，且随着负载量逐渐增加，吸附剂穿透时间不断延长，当负载量为20%时，穿透时间延长至5h。由此可见，增加Cu(Ⅱ)负载量有利于提高白土吸附剂对丙硫醇的脱除活性，实验所得活性白土最佳 Cu(Ⅱ)负载量为 20%。

2.2 Cu(Ⅱ)改性白土吸附剂脱丙硫醇机理研究

实验采用活性白土及 15%Cu(Ⅱ)改性白土吸附剂进行了静态吸附实验，并使用 TS-3000 型荧光硫分析仪对总硫含量进行分析，所得脱硫率结果如图 3 所示。

从图 3 中可以看出，活性白土及 Cu(Ⅱ)负载量为 15%的改性白土吸附剂脱硫率几乎为 0，即由紫外荧光法测得其对模拟原料油中的硫化合物基本没有吸附效应，而使用气相色谱对丙硫醇含量进行分析，结果如图 1 所示，计算可得 15%Cu(Ⅱ)改性白土吸附剂硫醇脱除率达到 56.78%，两种不同方法测得的硫含量相悖。

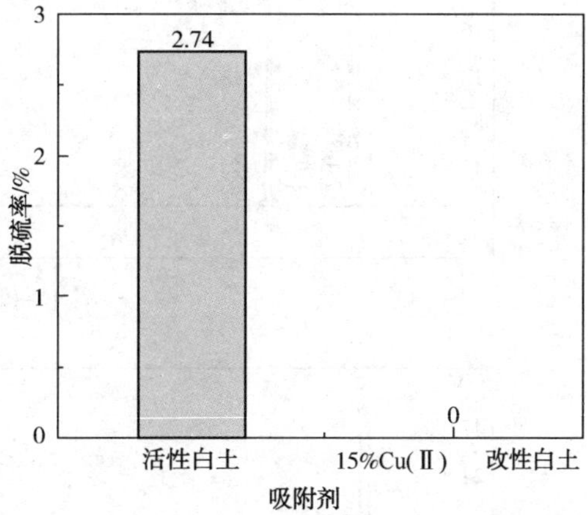

图 3 不同吸附剂脱硫率(紫外荧光法)

从而推测反应过程中，Cu(Ⅱ)改性白土对丙硫醇的脱除，实质上是将丙硫醇转化为其他含硫化合物，而 Cu(Ⅱ)改性白土对该含硫化合物吸附脱除性能不佳。Doyle 等[19]研究报道称，Cu(Ⅱ)与硫醇反应会生成$(Cu^{Ⅱ}SR)_2$类的硫醇盐，当系统中存在过量的硫醇时，$(Cu^{Ⅱ}SR)_2$类硫醇盐中的 Cu(Ⅱ)被还原为 Cu(Ⅰ)形成$(Cu^{Ⅰ}SR)_2$类盐，并同时生成二硫化物，反应过程如式(5)所示。

$$2RSH+2Cu(Ⅱ)\longrightarrow(Cu^{Ⅱ}SR)_2+RSH\longrightarrow(Cu^{Ⅰ}SR)_2+RSSR \tag{5}$$

为验证该推测，实验针对负载了 20%Cu(Ⅱ)的改性白土对模拟原料油静态吸附饱和后的溶液进行程序升温色谱分析，并增大丙硫醇浓度以便于溶液成分分析。色谱分析设置：进样器温度为 270℃、柱炉温度为 40℃、检测器温度为 250℃，程序升温初始时间 5min、进样器温度以 10℃/min 上升至 240℃，并保留 10min，30min 后结束检测，模拟原料油色谱分析结果如图 4 所示。结合吸附后溶液色谱分析结果图 5 可得，丙硫醇对应出峰时间为 3.5min 左右，吸附后溶液中丙硫醇对应色谱峰消失，溶液中几乎无丙硫醇存在。而在 15min 附近出现了明显的色谱峰，为探究该色谱峰对应物质，实验中将一定量改性白土置于含有较高浓度丙硫醇的模拟原料油中，静置一定时间后，对其进行了质谱分析，质谱分析见图 6。结果表明该物质确为二丙基二硫醚，这证实了上述推论，即 Cu(Ⅱ)改性白土对模拟原料油中丙硫醇的吸附机理实质上是与之发生化学反应，并将其转化为二丙基二硫醚，而 Cu(Ⅱ)改性白土对二丙基二硫醚吸附性能较差，只存在微量吸附。由此，可得出结论，Cu(Ⅱ)改性白土吸附剂可以将丙硫醇转化为高沸点的二硫化物，该二硫化物可以伴随后续油品加工环节通过蒸馏等手段进一步脱除，从而实现深度脱硫的目的。

3 结论

实验采用混捏法制备的 Cu(Ⅱ)改性白土吸附剂进行了丙硫醇静态吸附实验，对比评价了其吸附脱硫性能，同时考察了不同 Cu(Ⅱ)负载量对改性白土吸附剂脱硫醇性能的影响，

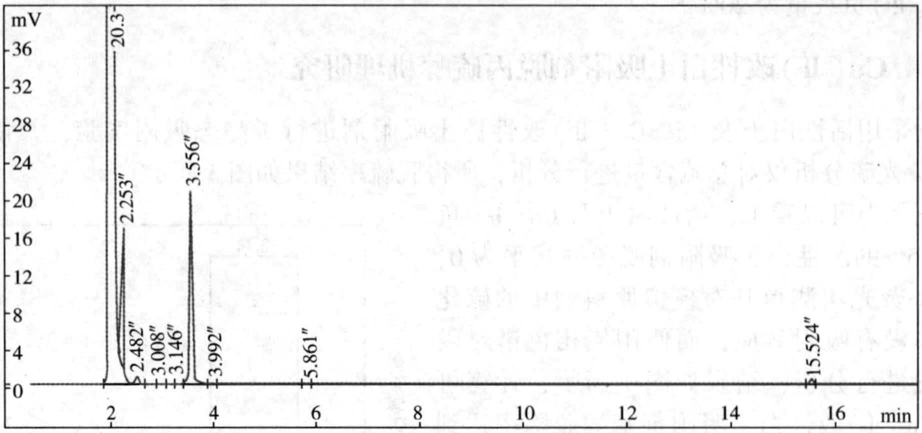

图4 模拟原料油色谱图

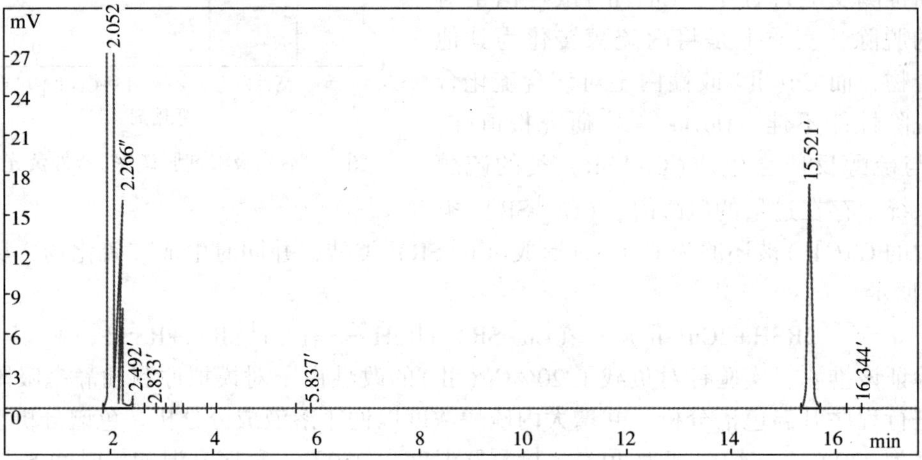

图5 吸附后溶液色谱图

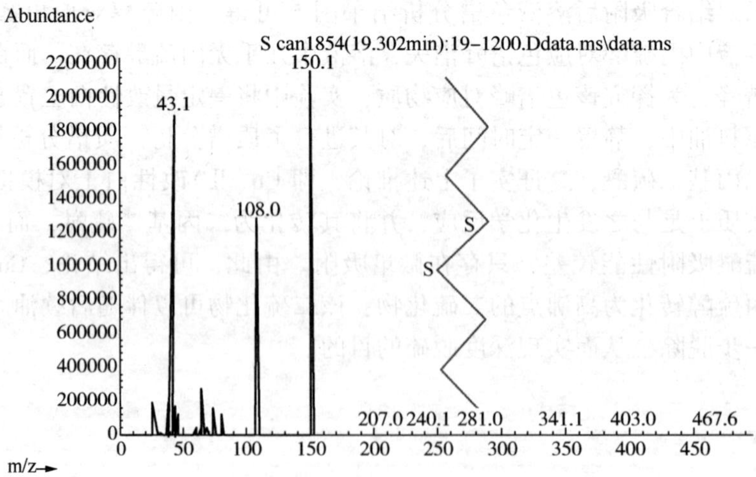

图6 吸附后溶液质谱图

分析静态吸附和动态吸附结果，筛选出Cu(Ⅱ)的最佳负载量。并由不同硫含量分析方法结合色谱及质谱分析，探究了Cu(Ⅱ)改性白土吸附剂对丙硫醇的脱除机理，主要结论如下：

(1) 对比Cu(Ⅱ)改性白土吸附剂与活性白土吸附剂脱丙硫醇实验可知，Cu(Ⅱ)改性白土吸附剂饱和硫容显著上升，证明Cu(Ⅱ)作为有效的活性组分可提供有效的活性中心，从而有效改善其脱除丙硫醇的性能。

(2) Cu(Ⅱ)负载量对改性白土吸附剂脱丙硫醇性能有显著影响，随着Cu(Ⅱ)负载量增大，吸附剂饱和硫容呈上升趋势且穿透时间明显延长，吸附剂脱除丙硫醇性能逐渐提高，实验范围内所得最佳Cu(Ⅱ)负载量为20%。

(3) 由紫外荧光法和气相色谱法对硫含量进行分析，并结合程序升温色谱分析及质谱分析，发现了Cu(Ⅱ)改性白土对硫醇的脱除机理为：Cu(Ⅱ)与硫醇反应，生成$(Cu^{II}SR)_2$类的硫醇盐，$(Cu^{II}SR)_2$类硫醇盐与过量硫醇继续反应形成$(Cu^{I}SR)_2$类盐，并同时生成二硫化物。该吸附脱硫过程实质上是将硫醇转化为二硫化物。该二硫化物可伴随后续油品加工环节通过蒸馏等手段进一步脱除，从而实现深度脱硫的目的。

参 考 文 献

[1] 赵秀丽. 利用离子液体脱除轻质油品中的硫化物[D]. 大庆石油学院，2007.

[2] GB 18352.6-2016 轻型汽车污染物排放限值及测量方法(中国第六阶段)[s].

[3] 韩文英，王玉洁，陈金射，等. 轻质油品中二硫化物脱除研究进展[J]. 现代化工，2013，319(33)：27-31.

[4] 王寒非，吴明清. 液化气脱硫工艺现状探讨[J]. 科技创新与应用，2013(16)：66.

[5] 王荷芳. 液化石油气脱硫剂性能研究[D]. 河北工业大学，2004.

[6] 王莲静. 催化裂化液化气脱硫工艺对比分析[J]. 炼油与化工，2017，28(06)：19-21.

[7] 李海燕，宋华，李锋，等. 燃料油氧化脱硫的研究进展[J]. 石油化工，2006，97- 101.

[8] 陈焕章，李永丹，赵地顺，王春芳. 汽油和柴油氧化脱硫技术进展[J]. 化工进展，2004，3-6.

[9] 赵玉军. 汽油氧化脱硫技术的研究进展及应用[J]. 山东化工，2010，197(39)：39-44.

[10] 芮雪莹，刘庆，散灵丹. 汽油氧化脱硫研究进展[J]. 广东化工，2010，209(37)：123-128.

[11] 李林，唐晓东，王余平，等. 汽油氧化脱硫技术的研究进展[J]. 天然气与石油，2008，5(4)：35-48.

[12] 范景新，于海斌，臧甲忠，等. 汽油吸附脱硫研究进展[J]. 工业催化，2011，156(19)：51-56.

[13] Salem A B SH. Naphtha Desulfurization by Adsorption. Ind Eng Chem Res，1994，33(2)：336-340.

[14] Salem A B SH，Hamid H S. Removel of Sulfur Compounds from Naphtha solutions Using Solid Adsorbents. Chen Eng Technol，1997，20(5)：342-347.

[15] 冯钰，高金森，徐春明. 清洁汽油生产技术现状及发展趋势[J]. 石化技术，2002，49- 53.

[16] 王云芳，尹风利，史德清，等. 车用燃料油吸附法深度脱硫技术进展[J]. 石油化工，2006(01)：94-99.

[17] 张迁. 吸附法深度脱除液化石油气中硫化物的研究[D]. 上海：华东理工大学，2017.

[18] 仪得志. 吸附法脱除油品中有机硫的研究[D]. 上海：华东理工大学，2014.

[19] Doyle A，Tristao M L B，Felcman J. Study of fuel insolubles：Formation conditions and characterization of copper compounds[J]. Fuel，2006，85(14)：2195-2201.

完全甲烷化催化剂制备及优化

展江宏

（中国石油乌鲁木齐石化公司研究院，新疆乌鲁木齐　830019）

摘　要　针对镍基甲烷化催化剂的制备进行优化，考察了助剂 Mg、Ce、载体硅含量等对催化剂活性的影响；对催化剂组成进行表征分析，并对甲烷化反应的温度和压力等条件进行了考察。MgO 有利于提高催化剂的高温稳定性，同时有利于高温甲烷化反应；载体中 Si 物种的存在不利于甲烷化反应。甲烷化入口起活温度低于 300℃，反应受动力学影响，催化剂活性会迅速降低；温度高于 600℃，甲烷化反应性能下降则主要是热力学影响。适宜的反应温度 300~500℃，反应压力为 3MPa。

关键词　完全甲烷化　催化剂　载体　助剂　工艺条件

完全甲烷化技术是煤炭制取合成天然气的关键技术，到目前为止，国内的完全甲烷化技术均处于研发阶段[1]，相比国外发展起步较晚，目前还没有一家工业化装置稳定运行。我国早期有关甲烷化催化剂的研究主要集中在部分甲烷化制取城市煤气方面；国内合成氨部分甲烷化催化剂有商业化催化剂，已经达到国外先进水平[2]，但只能用于低浓度的 CO 脱除净化工艺过程。开发高温高压完全甲烷化催化剂，适应苛刻条件下得到高选择性甲烷，并对催化剂组成进行表征分析和优化研究，可以为煤制天然气完全甲烷化技术的国产化提供技术支持。

1　试验方法

1.1　Ni 基甲烷化催化剂制备

选用 γ-Al_2O_3微球或 γ-Al_2O_3微球和 SiO_2复合物为载体，浸渍硝酸镍、硝酸镁或硝酸铈，经过 120℃烘干和 650℃高温焙烧，得到催化剂。其中 NiO 为活性组分、MgO 和 CeO_2为助剂，合成了一系列 Ni 基催化剂，现将几种代表性实例组成例举见表 1。

表 1　几种代表型 Ni 基催化剂组成

No.	载体	活性组分/%	助剂组分/%	
		NiO	MgO	CeO_2
1	γ-$Al_2O_3$145 μm	18	5	2
2	γ-Al_2O_3 145 μm	18	-	-
3	γ-Al_2O_3 145 μm	18	5	-
4	γ-Al_2O_3 145 μm	18	10	-

续表

No.	载体	活性组分/%	助剂组分/%	
		NiO	MgO	CeO_2
5	γ-Al_2O_3 145 μm	18	20	–
6	γ-Al_2O_3 145 μm	18	–	2
7	γ-Al_2O_3 145 μm	18	–	10
8	γ-Al_2O_3/SiO_2 80 μm	18	5	2
9	γ-Al_2O_3/SiO_2 50 μm	18	5	2
10	γ-Al_2O_3/SiO_2 50 μm *	18	5	2
11	γ-Al_2O_3/SiO_2 50μm * *	18	5	2

* 载体经 0.5 mol/L $NH_3 \bullet H_2O$ 处理； * * 载体经 1.0 mol/L $NH_3 \bullet H_2O$ 处理。

1.2 催化剂主要表征测试手段

比表面积测定：比表面积的测定采用氮气吸附/脱附法在液氮温度(77 K)下进行，样品在 Quantacerome AUTOSORB-1C 分析仪自动完成。实验前，样品在适宜温度和真空条件下进行预处理。比表面积采用 BET 比表面积，介孔孔分布利用 BJH 方法计算；

催化剂表面元素分布采用 EDAX 公司的 X 射线能谱仪(EDS)分析；

催化剂粒度分析：Malvern 激光粒度分析仪。

1.3 合成气甲烷化催化剂微反评价装置与产物分析

加压甲烷化实验室微反评价装置如图 1 所示。甲烷化固定床反应器为内衬石英玻璃的不锈钢套管反应器，反应器规格为内径 6mm、高 600mm，在反应器中部有一石英多孔烧结板作为催化剂的支撑。

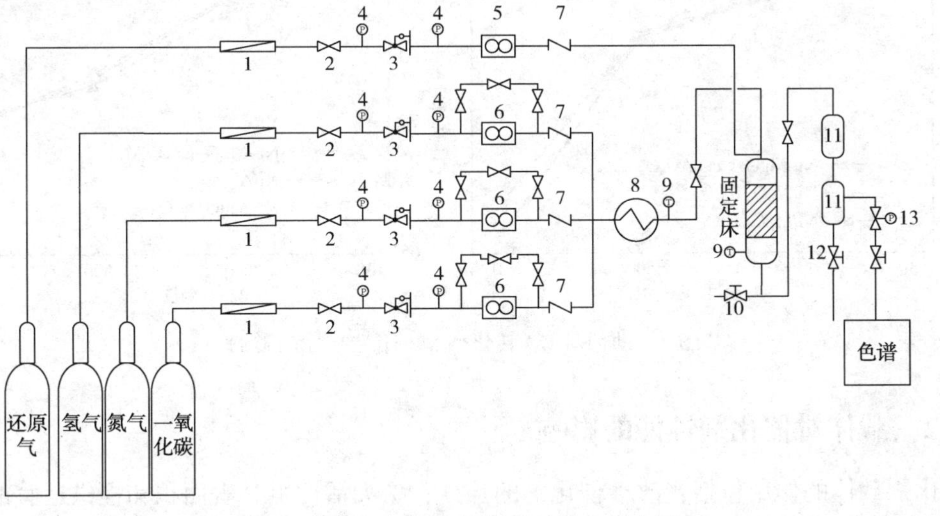

图 1 合成气甲烷化微反评价装置示意图

1—过滤器；2—截止阀；3—减压阀；4—压力表；5—转子流量计；6—质量流量计；7—单向阀；8—预热器；9—热电偶；10—还原气出口截止阀；11—冷凝气；12—冷凝液出口截止阀；13—背压阀

将0.5 g催化剂装入固定床微反评价装置，实验前用还原气($H_2/N_2=20\%/80\%$)90 min程序升温至700℃，还原60min。将H_2和CO通入反应器，在300~600℃温度范围，0.1~3.0 MPa压力范围内评价。实验中产生的H_2O在进入色谱前经冷凝除去。

产物气体组分分析采用岛津2014气相色谱仪。首先，使用CO，CO_2，CH_4等标准气体测定各物质间的相对校正因子，然后采用校正归一化法，对样品中碳物种进行定性定量分析。热导检测器(TCD)可以对气相中的CO、CO_2、CH_4等定量分析。

2　结果与讨论

2.1　助剂对催化剂性能的影响

镍催化剂选用的助剂为MgO和CeO_2。采用粒径145 μm的γ-Al_2O_3为载体，用催化剂1、2、3进行评价，通过对有MgO和CeO_2两种助剂、不含助剂、只含MgO助剂等三种催化剂的评价来考察两种助剂的作用。评价条件设定为空速18000 h^{-1}，体系压力1 atm，$H_2/CO=3.0$，主要比较300~600℃温度范围内完全甲烷化反应活性，实验结果如图2所示。从评价结果可以看出，不含助剂的催化剂在高温段，即反应温度在500℃以上，CO转化率低于含助剂的催化剂，而CeO_2助剂对催化剂的活性影响不大。CH_4选择性三种催化剂相差不大，只是在低温段(300℃)不含助剂的催化剂略高，含两种助剂的催化剂略低些。MgO的加入有助于提高催化剂中Ni的稳定性，从而提高高温段催化剂活性。因此在催化剂中引入MgO助剂是必要的，尤其是在高温甲烷化催化剂的制备过程中。CeO_2在催化剂活性方面作用不大，但一般认为CeO_2在CO加氢反应中起抑制积碳的作用[4,5]。

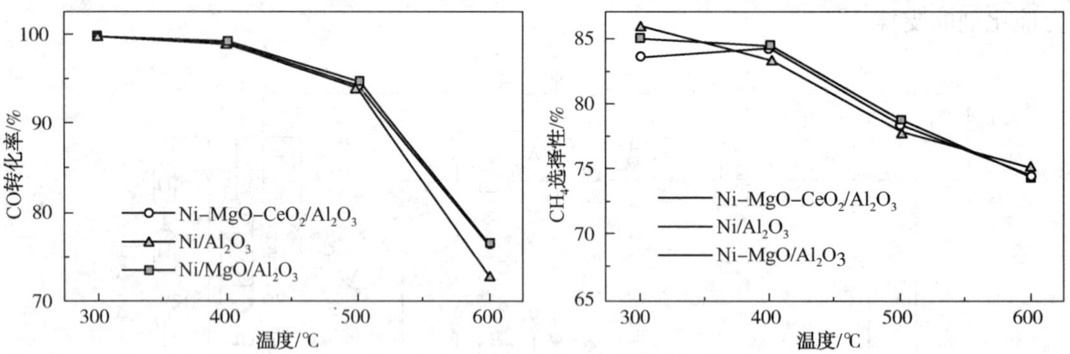

图2　助剂对CO转化率和CH_4选择性的影响

2.2　载体对催化剂性能的影响

催化剂载体的作用包括：改善催化剂的强度；增大活性组分表面积和提供适宜的孔道结构；提供活性中心；与活性组分发生强相互作用，直接影响催化剂的性能。对于负载型催化剂，催化剂载体的选择除需满足工艺要求，本身也会对催化剂的活性产生影响。本工作主要考察了三种载体的性质对甲烷化催化剂的影响(催化剂1、催化剂8、催化剂9)。

表 2 不同载体 Ni 催化剂的活性

Catalyst	GHSV/h^{-1}	Conversion/%	Selectivity/%
催化剂 1	15000	~100	97.85
	18000	~100	98.40
	19400	~100	98.61
催化剂 8	12000	99.80	95.20
	18000	99.92	96.34
催化剂 9	15000	99.87	95.78
	18000	99.79	94.98
	19400	99.82	94.92

甲烷化反应评价条件为温度 425℃，体系压力 3.0 MPa，H_2/CO = 3.1，结果如表 2 所示。催化剂 1 的活性明显好于催化剂 8 和催化剂 9。采用 γ-Al_2O_3为载体，NiO 为活性组分，浸渍 Mg 和 Ce 两种助剂的催化剂，有较高的甲烷化催化活性。

通过 EDS 元素分析，如表 3 所示，催化剂 8 和 9 载体中含有 SiO_2，催化剂 1 为纯 Al_2O_3。载体中有 Si 元素存在会产生酸性，因此推测载体的酸性对催化剂的甲烷化活性有不利影响。

表 3 催化剂载体中元素组成

元素	催化剂 1	催化剂 8	催化剂 9
Al	49.73	53.24	51.93
O	50.27	22.89	38.52
Si	0	23.87	9.55

为进一步证明这一假设，将含 SiO_2的催化剂 9 载体用不同浓度 $NH_3.H_2O$ 处理以溶解载体中的 Si 物种，制备了催化剂 10 和 11。分别标记为 Ni/Al_2O_3-SiO_2(催化剂 9)、Ni/Al_2O_3-SiO_2-0.5(催化剂 10，0.5 mol/L $NH_3.H_2O$ 处理)、Ni/Al_2O_3-SiO_2-1.0(催化剂 11，1.0 mol/L $NH_3.H_2O$ 处理)。甲烷化反应评价条件为空速 18000 h^{-1}，体系压力 1 atm，H_2/CO = 3，温度范围为 300~600℃，实验结果如图 3 所示。Ni/Al_2O_3-SiO_2在整个温度评价范围内 CO 转化率和 CH_4选择性均低于 Ni/Al_2O_3-SiO_2-0.5 和 Ni/Al_2O_3-SiO_2-1.0，尤其是低温段的活性更低。经 EDS 分析，Ni/Al_2O_3-SiO_2、Ni/Al_2O_3-SiO_2-0.5 和 Ni/Al_2O_3-SiO_2-1.0 中的 Si/Al 比分别为 0.1、0.047 和 0.032。而经 $NH_3.H_2O$ 处理后催化剂的比表面积并没有发生明显变化，分别为 158 m^2/g, 156 m^2/g, and 147 m^2/g，由此可以证明催化剂甲烷化活性的提高并不是由于比表面变化引起的。以上结果进一步证实 SiO_2在甲烷化催化剂中不利于甲烷化反应，在催化剂载体的制备和选择时应该避免引入。

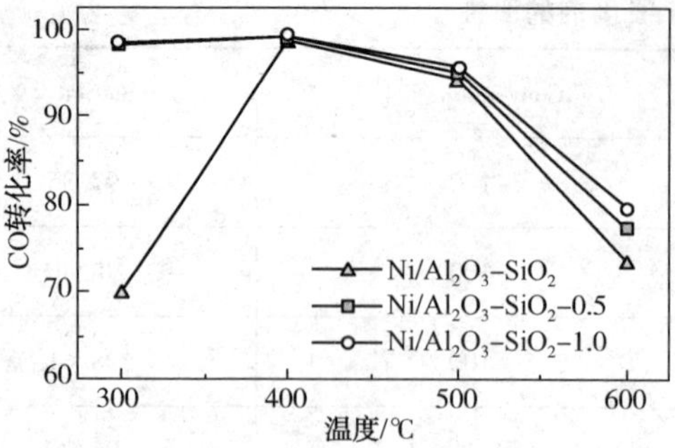

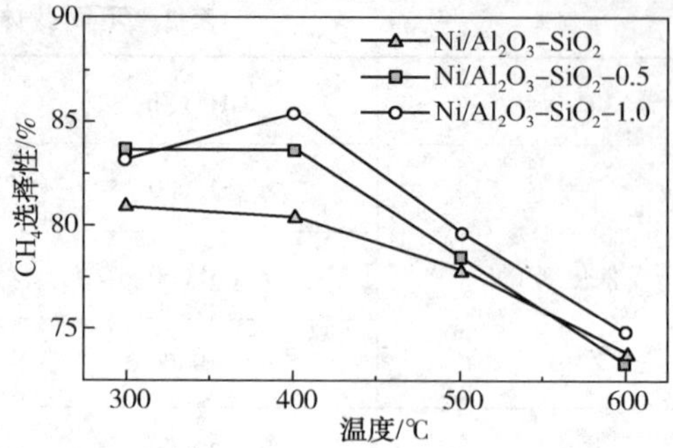

图3 不同 Al_2O_3-SiO_2载体 Ni 催化剂甲烷化活性比较（GHSV = 18000 h^{-1}；H_2/CO = 3.0；0.1 MPa）

2.3 甲烷化条件优化实验

采用粒径 145 μm 的 γ-Al_2O_3为载体，NiO 为活性组分，浸渍 Mg 和 Ce 两种助剂的催化剂 1，利用评价装置对甲烷化入口起活温度进行了研究。结果表明，还原态的催化剂在 150℃与合成气接触，由于低温生成羰基镍而造成镍的流失，在 50h 后催化剂上的镍含量由最初的 18%下降至 9%，如表 4 所示，反应后的催化剂基本没有活性[6]。甲烷化反应温度高于 300℃，不会发生羰基化反应。

表 4 反应前后催化剂物化性能比较

催化剂	BET surface area /(m^2/g)	MicroprosVolume /(m^3/g)	Averge pore Diameter /nm	NiO 含量/%
新鲜催化剂	178	0.54	7.6	18
150℃反应后	161	0.45	8.4	9
280℃反应后	175	0.52	7.4	17
300℃反应后	177	0.53	7.5	18

在 H_2/CO = 3.1，空速为 18000 h^{-1}，甲烷化温度 250～700℃、压力 3.0 MPa 条件下，反应温度 300-500℃时，CH_4选择性较高，最高达到 99%。甲烷化入口起活温度低于 300℃，催化剂活性会迅速降低，需要提高温度到 300℃，激发催化活性，因此反应受动力学影响；温度高于 500℃，由于甲烷化反应是强放热反应，需要及时将反应热量取出。热量无法及时取出导致甲烷化反应活性下降则主要是热力学影响。温度过高，会加快催化剂表面积碳等副反应，并且长时间高温反应造成催化剂烧结，如图 4 所示。适宜的反应温度 300～500℃。

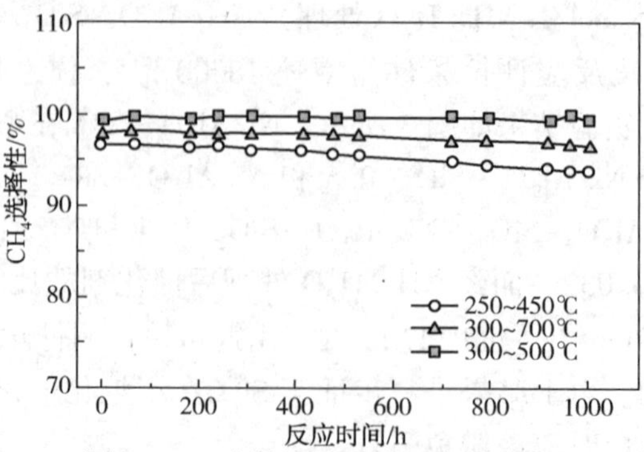

图 4 CH_4选择性随反应温度的变化

反应压力对 CH_4选择性影响很大，由于减分子反应的因素，压力越高越有利于 CH_4的生成，实验结果如图 5 所示。综合考虑设备制造成本和操作安全性，适宜的反应压力为 3MPa。

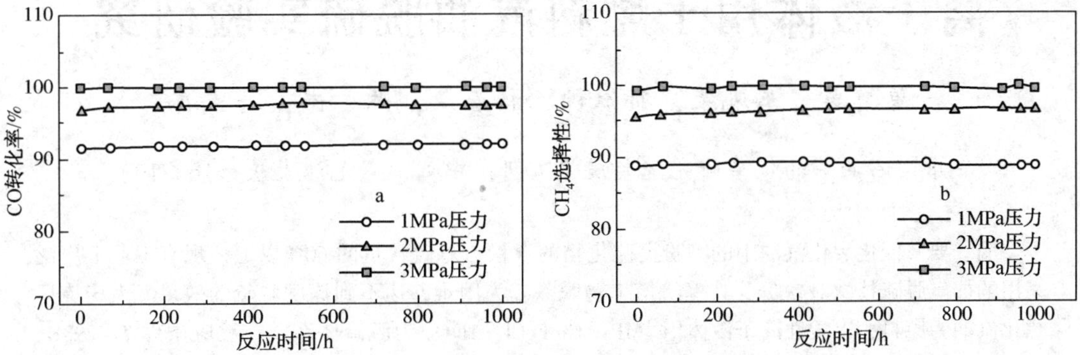

图 5　CO 转化率和 CH_4选择性随反应压力的变化

3　结论

(1) 采用 $\gamma-Al_2O_3$为载体，NiO 为活性组分，浸渍 Mg 和 Ce 两种助剂的催化剂，有较高的甲烷化催化活性。

(2) 甲烷化评价实验研究表明，催化剂中 MgO 和 CeO_2是不可或缺的助剂。MgO 有利于提高催化剂的高温稳定性，同时有利于高温甲烷化反应。

(3) 考察了催化剂载体中 Si 物种对甲烷化活性的影响，SiO_2的酸性降低了甲烷化反应活性，Si 物种的存在不利于甲烷化反应。

(4) 甲烷化入口温度高于 300℃，避免羰基化反应发生，适宜的反应温度 300~500℃，适宜的反应压力为 3MPa。

参考文献

[1] 袁财盛．合成天然气 Ni 基甲烷化催化剂的研究进展[J]．化工管理，2019(02)：116-117.

[2] 尹俊杰．合成氨原料气中 CO 脱除工艺的比较[J]．化肥工业，2018(05)：37-39.

[3] 赵安民，周菊发，蔡洪城，等，MgO 含量对高温甲烷化催化剂性能的影响[J]．工业催化，2018(03)：45-49.

[4] 杨咏来，李文钊，徐恒泳．CeO_2和 Co_3O_4助剂对镍基催化剂上 CH_4积碳和 CO_2消碳性能的影响[J]．催化学报，2002(06)：517-520.

[5] 杨霞，田大勇，孙守理，等．CeO_2助剂对 Ni 基催化剂甲烷化性能的影响[J]．工业催化，2014(02)：137-143.

[6] 展江宏．完全甲烷化催化剂失活原因分析[J]．石化技术与应用，2018(06)：360-364.

离子液体用于燃料汽油脱硫实验研究

曾群英，王凤荣，孙淑坤，杨春基，陈 谦，马克存

（中国石油石油化工研究院大庆化工研究中心，黑龙江大庆 163714）

摘 要 催化裂化汽油中的噻吩类硫化物的含量占总硫含量的60%以上，现有工业上广泛采用的加氢脱硫技术对噻吩及其噻吩衍生物脱除较为困难，达不到深度脱硫的效果。大庆炼厂焦化汽油为原料，以酸性离子液体[C_6^3MPy]Cl/$FeCl_3$-H_2O_2 为脱硫体系，在反应条件 T=298K，O/S(摩尔比)=4，t=25min，IL/oil=1/3 的条件下经过3次多级脱硫后脱硫率可以达到99.7%。

关键词 焦化汽油 噻吩 离子液体 脱硫率 硫含量

我国车用汽油中90%的硫来自催化裂化(FCC)，FCC汽油中噻吩类含量占总硫含量的60%以上。加氢脱硫技术对噻吩及其噻吩衍生物脱除较为困难，达不到深度脱硫的效果。离子液体容易脱除传统的HDS难以脱除的二苯并噻吩以及多取代的二苯并噻吩[1]。本文选用特定功能化离子液体在常温、常压下实现油品的氧化-萃取深度脱硫。离子液体作为环保绿色溶剂，具有极性强、溶解性好、对油品的适应性极广等特性，在萃取分离、催化反应等领域具有广范的应用前景[2~4]。采用离子液体氧化-萃取脱硫新技术，是以绿色溶剂-离子液体作为反应介质、催化剂、萃取剂，在氧化剂存在的条件下对油品进行脱硫，达到深度脱硫的目的。

1 实验部分

1.1 实验原料

表1 实验原料

试剂	纯度	厂家
3-甲基吡啶	分析纯，大于99%	上海泰诺化工有限公司
氯代正已烷	分析纯，大于99%	湖北省福德生物技术有限公司
水合三氯化铁	分析纯，大于99%	君泽化工有限公司
乙酸乙酯	分析纯，大于99%	北京金辉同业化工公司
过氧化氢(30%)	分析纯，大于99%	湖北众诚实业有限公司
大庆炼厂焦化汽油	工业级	大庆炼厂焦化车间
二苯并噻吩	分析纯，大于99%	Acros Organics
正辛烷	化学纯	国药集团化学试剂有限公司

1.2 实验方法

1.2.1 离子液体制备

采用两步法设计合成目标离子液体。

步骤一：合成1-己基-3-甲基吡啶氯([C_6^3MPy]Cl)

在烧瓶中加入摩尔比为1：1的3-甲基吡啶和氯代正己烷，在140℃条件下进行加热搅拌、回流，反应120h。先将反应产物用洗剂(乙酸乙酯)进行冲洗后进行抽滤，将滤渣进行干燥。得到前驱体[C_6^3MPy]Cl。

步骤二：合成离子液体1-己基-3-甲基吡啶某氯化铁([C_6^3MPy]Cl/n$FeCl_3$)

将[C_6^3MPy]Cl与$FeCl_3 \cdot 6H_2O$按摩尔比1：n(n=3，2，1，0.5)加入圆底烧瓶中，在常温下搅拌。将静置后的分相产物中上层的水倒出，下层产物用水洗涤数次，除去产物中剩余水，干燥得到脱硫剂[C_6^3MPy]Cl/n$FeCl_3$。

1.2.2 氧化萃取脱硫

采用氧化萃取的脱硫实验方法，以离子液体作为萃取剂和催化剂，过氧化氢水溶液(30%)为氧化剂，将一定量[C_6^3MPy]Cl/n$FeCl_3$、含有二苯并噻吩(DBT)的正辛烷模拟汽油、或大庆炼厂焦化汽油、H_2O_2水溶液装入有回流的装烧瓶中，搅拌、回流一段时间后静置数分钟，取反应后的油样进行硫含量分析。

2 实验结果与讨论

由于实际焦化汽油成分复杂，在条件优化的过程中，采用一定含量的含有二苯并噻吩(DBT)的正辛烷模拟油相作为实验原料，得到优化的工艺条件后，将离子液体与大庆焦化汽油反应，考察脱硫效果。

2.1 不同[C_6^3MPy]Cl/$FeCl_3$比对油品脱硫率的影响

以12g模拟汽油(硫含量为950mg/kg)为原料，4g离子液体([C_6^3MPy]Cl)/$n$$FeCl_3$为脱硫剂，$H_2O_2$为氧化剂，在O/S=4，反应温度298K，酸性条件下反应25min。考察酸性条件的对油品脱硫效果的影响。酸性条件通过调变[C_6^3MPy]Cl与$FeCl_3$的含量比进行控制。反应结果如表2。

表2 不同[C_6^3MPy]Cl/n$FeCl_3$比对油品脱硫率的影响

[C_6^3MPy]ClnFeCl$_3$	萃取脱硫率/%	氧化/萃取脱硫率/%
n=0.5	54.3	80.3
n=1	74.7	99.9
n=2	34.1	58.4
n=3	16.7	48.9

从表2可得出，随着[C_6^3MPy]Cl/$n$$FeCl_3$的中n的增大，油品的脱硫率先增加后逐渐降低。$n$=1时脱硫率达到99.9%。当n逐渐增大时，酸性的增强使氧化剂H_2O_2分解起不到氧化作用，使离子液体脱硫率降低。

2.2 氧/硫摩尔比对脱硫率的影响

以模拟汽油(硫含量为950mg/kg)为原料，离子液体([C_6^3MPy]Cl)/$FeCl_3$ 为脱硫剂，H_2O_2 为氧化剂，反应温度298K，反应时间25min。通过调变反应体系中O/S比，考察不同氧硫比条件下，脱硫剂对油品脱硫效率的影响，反应结果见图1。

从图1可以得出，当O/S=4时，脱硫率最高可以达到99.9%。随着O/S比逐渐升高，反应需要的氧和分解释放的量达到一定的平衡，但当超过该平衡后，过量的 H_2O_2 溶液稀释了IL，从而影响了协同脱硫的效率。因此O/S=4为最佳的O/S比。

2.3 温度对脱硫率的影响

以12g模拟汽油(硫含量为950mg/kg)为原料，4g离子液体([C_6^3MPy]Cl)/$FeCl_3$ 为脱硫剂，H_2O_2 为氧化剂，O/S=4，考察不同反应温度对油品脱硫效果的影响。反应结果见图2。

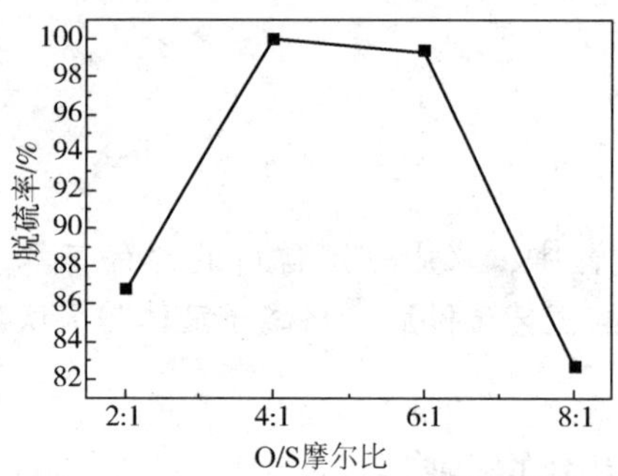

图1 O/S摩尔比对[C_6^3MPy]Cl/$FeCl_3$ 脱硫效果的影响

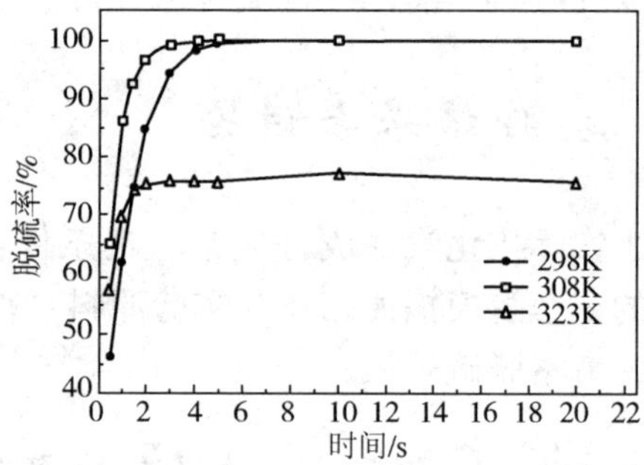

图2 温度对[C_6^3MPy]Cl/$FeCl_3$ 脱硫效果的影响

从图2可以看出在反应温度从298K和308K的条件下，脱硫率均可在5分钟左右都能达到将近99.9%。在刚开始反应期间，308K反应条件下脱硫率更快。从308K升高到323K，脱硫率反而明显降低。由于从298K到308K，5min后脱硫率基本一致，从节能的角度考虑，以反应温度为298K为最佳。

2.4 焦化汽油的氧化-萃取脱硫

采用酸性离子液体[C_6^3MPy]Cl/$FeCl_3$-H_2O_2 体系脱硫时，单次脱硫率只能达到71.8%，且经过3次连续脱硫后脱硫率可以达到99.7%。故稳定性运转试验采用三级串联的方式。在离子液体脱硫处理工程中，每过10h补加一次离子液体，补加量为初加量的10%。流程示意图如图3所示。

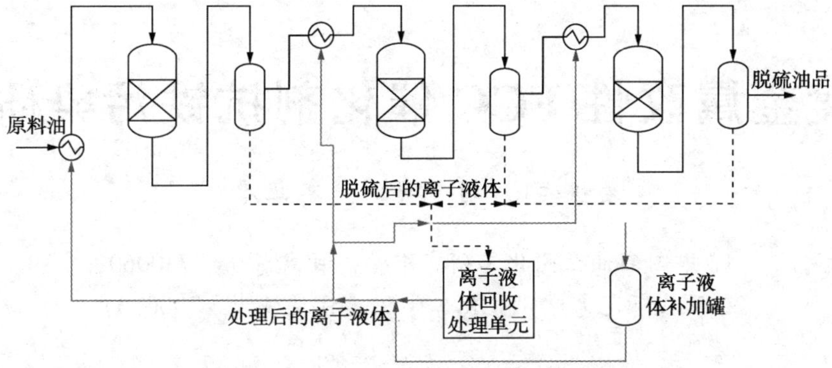

图 3　焦化汽油的氧化-萃取脱硫流程示意

反应条：T=298K，O/S(摩尔比)=4，t=30min，IL/oil=1/3

3　结论

(1) 将铁基酸性离子液体[C_6^3MPy]Cl/nFeCl$_3$(n=0.5，1，2，3)用于模拟油的氧化萃取脱硫过程。考察了温度、O/S 对模拟油脱硫率的影响，在 T=298K，O/S(摩尔比)=4，t=25min，IL/oil=1/3 条件下，[C_6^3MPy]Cl/FeCl$_3$-H_2O_2 体系对二苯并噻吩(DBT)的脱硫率达到了 99.9%。

(2) 以[C_6^3MPy]Cl/FeCl$_3$-H_2O_2 为脱硫体系。在 T=25°C，O/S(摩尔比)=4，t=25min，IL/oil=1/3 条件下，[C_6^3MPy]Cl/FeCl$_3$-H_2O_2 体系对实际汽油的单次一级脱硫率为 71.8%，需经过 3 次连续串联脱硫后脱硫率才能达到 99.7%。

参　考　文　献

[1] Bösmann A，Datsevich L，Jess A，et al. Wasserscheid. Deep desulfurization of diesel fuel by extraction with ionic liquids [J]. Chemical Communications，2001，1(23)：2494-2495.

[2] SHELDON R. Catalytic reactions in ionic liquids[J]. Chemical Communications，2001，23：2399-2407.

[3] GORDON C M. New developments in catalysis using ionic liquids[J]. Applied Catalysis A；General，2001，222(1/2)：101-117.

[4] 李汝雄，王建基. 绿色溶剂-离子液体的制备与应用[J]. 化工进展，2002，21(1)：43-48.

过渡金属改性 FCC 催化剂抗铁污染研究

袁程远[1]，胡　贝[1,2]，高雄厚[1]

（1. 中国石油兰州化工研究中心，甘肃兰州　730060；
2. 西北师范大学化学化工学院，甘肃兰州　730070）

摘　要　采用半合成工艺制备了过渡金属 M 改性抗铁污染 FCC 催化剂。表征结果表明，高温焙烧条件下，过渡金属元素 M 与铁元素能够形成高熔点含铁尖晶石物种（MFe_2O_4），从而能够提高 FCC 催化剂的抗铁污染性能；ACE 评价结果表明，相同铁污染条件下，与常规 FCC 催化剂相比，过渡金属 M 改性 FCC 催化剂的重油收率低了 0.89 个百分点，汽油和总液收分别高了 0.61 和 0.75 个百分点，显示了良好的抗铁污染性能。

关键词　改性　抗铁污染　FCC 催化剂　尖晶石

作为原油二次加工的主要手段，催化裂化（FCC）在炼油领域占有极其重要的地位，而这其中催化裂化催化剂的性能至关重要[1]。近年来，世界原油重质化和劣质化日益加剧，原油中的重金属含量不断增加，从而对 FCC 催化剂抗重金属污染性能要求越来越高[2]。对于催化裂化催化剂，原油中的钒、镍和铁是主要的重金属污染物。当前对于抗钒、镍污染的相关研究很多，而对抗铁污染的研究相对较少。然而，近年来一些炼厂已经开始出现比较严重的催化剂铁污染问题，这使得 FCC 催化剂抗铁污染逐渐成为人们关注的问题[3]。

与钒、镍对 FCC 催化剂的污染破坏机理不同，一般认为，催化裂化反应过程中，原料油中的铁元素（主要为环烷酸铁和卟啉铁）会以氧化物的形式不断沉积在催化裂化催化剂的表面，这些沉积的铁氧化物会与催化剂中的钠、氧化硅形成低熔点硅/铁共熔物（熔点<500℃），而由于所形成的共熔物具有较强的流动性，很容易造成催化剂的孔道堵塞，从而严重影响油气分子在催化剂孔道内的扩散传质，降低催化剂酸性中心的可接近性，使得催化剂的重油转化能力大幅下降，轻质油产品收率减少，干气、焦炭产率显著增加[4]。基于上述铁污染机理，可向催化剂中添加具有钝铁性能的改性元素，添加的改性元素与铁元素能够形成高熔点的稳定化合物，进而能够减少上述低熔点硅/铁共熔物的形成，提高催化剂的抗铁污染性能。

因此，本研究工作制备了过渡金属 M 改性抗铁污染 FCC 催化剂，考察了 FCC 催化剂过渡金属 M 改性抗铁污染机理和性能，为新型抗铁污染 FCC 催化剂的开发提供了理论基础。

1　实验

1.1　原料与试剂

REUSY 分子筛、铝溶胶、高岭土、拟薄水铝石均由兰州石化公司催化剂厂提供，工业品；过渡金属 M 无机盐，柠檬酸铁($FeC_6H_5O_7$)购自国药集团化学试剂有限公司，分析纯。

1.2 FCC 催化剂制备

常规 FCC 催化剂制备：将计量好的 REUSY 分子筛、铝溶胶、拟薄水铝石、高岭土、和去离子水混合、均质，然后经喷雾成型、焙烧固化、洗涤及干燥后即得常规 FCC 催化剂。

改性 FCC 催化剂制备：将计量好的 REUSY 分子筛、铝溶胶、拟薄水铝石、高岭土、过渡金属 M 无机盐和去离子水混合、均质，然后经喷雾成型、焙烧固化、洗涤及干燥后即得 M 改性 FCC 催化剂。

1.3 样品表征与评价方法

1.3.1 样品表征

采用日本 Rigaku 公司生产的 D/max-2200PC 型 X 射线衍射(XRD)仪分析试样的物相。N_2吸附-脱附表征在 Micromeritics 公司的 ASAP3000 型自动物理吸附仪上进行。

1.3.2 样品评价

催化剂铁污染方法：采用杜泉盛等[3]报道的 FCC 催化剂铁污染方法，以环烷酸铁为铁源对所制备的 FCC 催化剂进行铁污染(Fe：8000ppm)。

在 ACE(R+MultiMode 型)装置上评价催化剂的重油催化裂化反应性能，催化剂预先经 800℃、100%水蒸气老化处理 17h，反应温度 530℃，剂油质量比 5。

2 结果与讨论

为了验证所用改性金属元素 M 的抗铁污染机理，我们将分别将 M 无机盐、柠檬酸铁、M 无机盐-柠檬酸铁机械混合样品置于 FCC 催化剂再生温度(700℃)下焙烧处理 2h，焙烧后样品的 XRD 图谱如图 1 所示。可以看出，M 无机盐焙烧后样品显示了金属 M 氧化物的特征物相，柠檬酸铁焙烧后样品显示了 Fe_2O_3 的特征物相。与上述二者不同，M 无机盐-柠檬酸铁机械混合样品焙烧后生成了全新的物相，该物相为含铁尖晶石(MFe_2O_4)特征物相[5]。上述结果表明，如式(1)所示，M 元素与铁元素在高温焙烧条件下能够发生反应生成含铁尖晶石(MFe_2O_4)，而尖晶石通常具有很高的熔点[6]，因而 M 改性将能够提高 FCC 催化剂的抗铁污染性能。

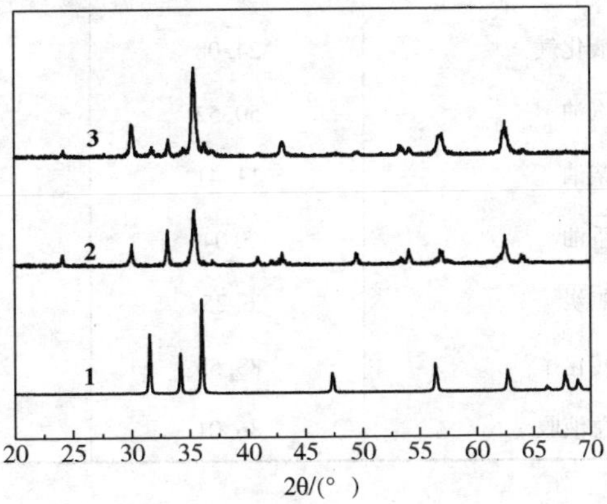

图 1 不同样品 XRD 图

1—M_xO_y；2—Fe_2O_3；3—MFe_2O_4

$$M+FeC_6H_5O_7 \xrightarrow{700°C,\ 2h} MFe_2O_4(\text{尖晶石}) \quad (1)$$

表 1 列出了不同 FCC 催化剂样品的孔结构参数。可以看出，铁污染前，常规 FCC 催化剂和 M 改性 FCC 催化剂的比表面和孔体积没有显著差别；铁污染后，M 改性 FCC 催化剂的比表面和孔体积要明显高于常规 FCC 催化剂，这表明：M 改性能够抑制硅/铁低熔点共熔物

的形成，减少其对催化剂孔道的堵塞，提高污染后催化剂的比表面和孔体积，这将有助于提高铁污染后FCC催化剂催化裂化反应性能。

表1 不同FCC催化剂的孔结构参数

催化剂	比表面/(m^2/g)	孔体积/(cm^3/g)
常规FCC催化剂(新鲜剂)	235	0.38
M改性FCC催化剂(新鲜剂)	230	0.37
常规FCC催化剂(污染剂)	178	0.24
M改性FCC催化剂(污染剂)	191	0.30

表2列出了铁污染前后不同FCC催化剂的ACE评价结果。可以看出，铁污染前，常规FCC催化剂和M改性FCC催化剂的催化裂化反应性能整体相当，没有显著差异；铁污染后，与常规FCC催化剂相比，M改性FCC催化剂的重油收率低了0.89个百分点，汽油和总液收分别高了0.61和0.75个百分点，显现了更强的重油转化能力和更高的轻质油品收率，充分说明了M改性FCC催化剂良好的抗铁污染性能。

表2 不同FCC催化剂的ACE评价结果 %

项目	常规FCC催化剂		M改性FCC催化剂	
	新鲜剂	污染剂	新鲜剂	污染剂
干气	2.70	2.77	2.75	2.83
液化气	24.08	24.21	24.00	24.14
汽油	50.52	49.19	50.46	49.80
柴油	11.41	10.30	11.49	10.51
重油	5.04	6.62	5.08	5.73
焦炭	6.25	6.91	6.22	6.99
转化率	83.55	83.08	83.43	83.76
总液收	86.01	83.70	85.95	84.45

3 结论

(1) 以过渡金属M无机盐为改性剂，制备了M改性抗铁污染FCC催化剂。

(2) 表征结果表明：改性元素M与铁元素高温焙烧条件下能够形成高熔点的含铁尖晶石物质，从而能够提高FCC催化剂的抗铁污染性能。

(3) ACE评价结果表明：铁污染后，与常规FCC催化剂相比，M改性FCC催化剂的重油收率低了0.89个百分点，汽油和总液收分别高了0.61和0.75个百分点，显示了良好的抗铁污染性能。

参 考 文 献

[1] Chen Y M. Recent Advances in FCC Technology[J]. Powder Technology, 2006, 163(1-2): 2-8.

[2] Altomare C A, Koermer G S, Martins E, et al. Vanadium Interactions with Treated Silica Aluminas[J]. Applied Catalysis, 1988, 45(2): 291-306.

[3] 杜泉盛, 朱玉霞, 唐立文. 铁污染催化裂化催化剂的实验室评价[J]. 石油化工, 2005, 34: 482-484.

[4] 石磊, 毕林田, 姚远. 铁对催化裂化催化剂的影响[J]. 齐鲁石油化工, 2012, 40(1): 50-53.

[5] Balderas A, Navarro H, Flores-Velez L M, et al. Properties of Portland Cement Pastes Incorporating Nanometer-Sized Franklinite Particles Obtained from Electric - Arc - Furnace Dust [J]. Journal of the American Ceramic Society, 2001, 84(12): 2909-2913.

[6] 黎晏彰, 李艳, 丁聪, 等. 高温改性锌铁尖晶石的晶体化学与磁性研究[J]. 岩石矿物学杂志, 2017, 36(1): 80-88.

固体抗重金属助剂的研制

张　莉，胡清勋，刘宏海，赵晓争，赵红娟，熊晓云，王久江

（中国石油石化工研究院兰州化工研究中心，甘肃兰州　730060）

摘　要　研究开发了一种固体抗重金属助剂，考察了活性氧化铝材料不同温度焙烧的相变规律，对开发的抗重金属助剂在固定流化床进行了污染剂的评价，评价结果表明：抗重金属助剂复配15%后与基础剂相比，显示了优异的抗重金属能力。

关键词　抗重金属助剂　氧化铝　重油转化

1　前言

近年来，随着原料油重质化、劣质化程度不断严重，加剧了原料性质恶劣与汽油质量升级之间的矛盾。原料油中 Ni、V、Fe、Ca 等重金属含量明显偏高，在催化裂化(FCC)过程中，这些重金属沉积在催化剂上，导致催化剂活性下降，汽油收率降低，产品分布变差，焦炭量增加，严重污染了 FCC 催化剂，成为炼厂亟须解决的问题[1-2]。针对重金属污染，除了工艺操作调变外，开发相应的助剂是灵活高效解决重金属污染的重要手段。本文研究开发了一种固体抗重金属助剂，并评价了该助剂的性能。

2　实验

2.1　原料

高岭土：工业品，采自兰州石化公司催化剂厂；
盐酸：化学纯试剂；
硫酸：化学纯试剂；
拟薄水铝石：工业品，采自兰州石化公司催化剂厂；
铝溶胶：工业品，采自兰州石化公司催化剂厂；
稀土溶液：工业品，采自兰州石化公司催化剂厂；
氯化铵：化学纯试剂。

2.2　样品的制备

2.2.1　助剂的制备

将基质材料、高岭土、黏结剂、分子筛等组分按照一定比例制备浆液，然后喷雾成型，固化、洗涤、降钠后得到成品。

2.2.2 污染剂的制备

按一定比例将偏钒酸铵和硝酸镍分别配置成一定浓度的溶液，按照所需污染量，将镍、钒定量浸渍到复配好的催化剂上，将样品在120℃下烘干，然后在540℃下焙烧2h即得污染样品。

2.3 样品的表征

比表面：在美国康塔公司全自动氮气物理吸附仪 Autosorb-6B 上，采用0.05~0.3GB/T19587-2004-气体吸附 BET 法测定催化剂的比表面积；采用氮气物理吸附法测定催化剂的孔体积，液氮温度为77K。实验前，试样在300℃真空下预处理10h。

元素含量：Na_2O 等化合物含量用 X 射线荧光法测定（参见《石油化工分析方法（RIPP 实验方法）》，杨翠定等编，科学出版社，1990年出版）。物相采用 X 射线衍射法测定。

催化剂耐磨损性能测定：将一定量的催化剂放入固定装置中，在恒定气流下吹磨5h，除第一小时外，后四小时的平均磨损百分数称为催化剂的磨损指数，单位为%每小时。方法及标准为：气升法 Q/SYLS0518-2002；

微反活性（MA）评价：采用 ASTM-D3907 方法。催化剂预先在800℃、100%水蒸气条件下处理17h，以大港轻柴油作为反应原料油。反应温度460℃，进油时间70s，催化剂装量2.5~5g，反应后汽油的产率采用 GC7890 分析。

催化裂化反应选择性评价：在固定流化床催化裂化评价装置进行催化剂裂化反应选择性评价。催化剂预先经过800℃、100%水蒸气条件下处理6h。反应原料油性质如表1，反应温度510~540℃，剂油比为4~10。

表1 原料油性质分析结果

项　目		国内某炼厂催料	分析标准
摩尔质量/(g/mol)		434	SH/T 0583—1994
密度(70℃)/(kg/m^3)		871.8	SH/T 0604—2000
残炭/%		4.30	GB/T 17144—1997
开口闪点/℃		195	GB/T 3536—1983
凝点/℃			GB/T 510—83
黏度(100℃)/(mm^2/s)		14.41	GB/T 265—1988
元素分析/%	N		GB/T 17674—1999
	S		SH/T 0303—92
重金属/(μg/g)	Fe	4.62	Q/811018.0161—92
	Ni	7.46	
	Ca	9.16	
	Cu	0.66	
	V	4.40	
	Pb	0.07	
	Na	5	SH/T 0582—94

续表

项　　目		国内某炼厂催料	分析标准
烃族组成/%	饱和烃	63.5	
	芳　烃	25.8	
	胶　质	10.7	
	沥青质		

3　实验结果与讨论

3.1　活性氧化铝材料的引入

活性大孔氧化铝材料是催化裂化催化剂中重要的载体材料，应用研究结果很多[3-5]。本研究在制备抗重金属助剂的过程中应用了一种活性氧化铝材料，该材料不同温度下的相变情况如图1所示。

不同温度焙烧后的物相图可以看出：a谱图展示了原粉的衍射峰，杂质含量很少，经温度1焙烧后，原粉衍射峰几乎消失，温度2焙烧后，原粉衍射峰几乎看不到，与此同时出现γ相Al_2O_3的衍射峰，温度点3焙烧后，γ相Al_2O_3的衍射峰强度进一步增强，还有少许δ相衍射峰出现，至温度点4焙烧后，依然是γ相和δ相Al_2O_3混合的衍射峰，并有进一步向δ相Al_2O_3的衍射峰过渡的趋势。比表面、孔体积变化情况如表2所示。

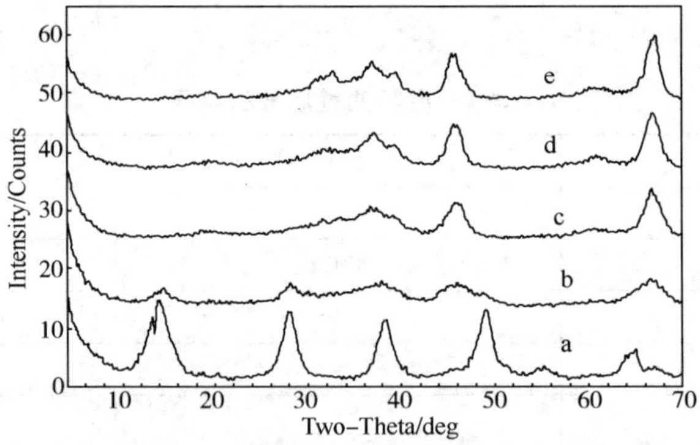

图1　活性氧化铝不同焙烧温度下的XRD谱图

A—原粉；b—温度1焙烧；c—温度点2焙烧；d—温度点3焙烧；e—温度点4焙烧

表2　活性氧化铝材料不同温度焙烧后比表面、孔体积变化情况

项　　目	比表面/(m^2/g)	孔体积/(mL/g)	项　　目	比表面/(m^2/g)	孔体积/(mL/g)
原　粉	371	0.85	温度3焙烧	164.8	0.50
温度1焙烧	310.9	0.53	温度4焙烧	133.1	0.50
温度2焙烧	233.6	0.50			

由表2可见，该种活性氧化铝材料经不同温度点焙烧，比表面和孔体积发生规律性变化，选取合适温度点，有利于改善最终助剂的比表面和孔结构。

3.2 助剂的抗重金属性能

将制备好的助剂按照15%比例复配后，在一定含量的钒、镍重金属含量下污染，经800℃、100%水蒸气老化6h，再进行反应性能评价，评价结果见表3：

表3 抗重金属助剂的污染评价结果 %

	基础剂	基础剂+15%抗重金属助剂	Δ值
干气	2.17	2.44	0.27
液化气	16.07	16.48	0.41
C_5汽油	39.99	40.95	0.96
柴油	19.06	19.66	0.60
重油	13.48	10.84	-2.64
焦炭	8.43	8.90	0.47
转化率	66.67	68.76	2.09
总液收	75.12	77.08	1.96
轻收	59.05	60.60	1.55

表3的评价结果显示：在重金属污染条件下，与基础剂相比，本文开发的抗重金属助剂转化率增加2.09个百分点，油浆产率降低2.64个百分点，总液收增加1.96个百分点，汽油收率增长0.96个百分点，显示了良好的抗重金属能力和重油转化能力。

3.3 结论

（1）考察了活性氧化铝材料不同温度焙烧的相变规律，并将其引入到助剂制备过程，开发了固体抗重金属助剂。

（2）对开发的抗重金属助剂在固定流化床进行了污染剂的评价，评价结果表明：抗重金属助剂复配15%后与基础剂相比，转化率增加2.09个百分点，油浆产率降低2.64个百分点，总液收增加1.96个百分点，汽油收率增长0.96个百分点，显示了良好的抗重金属能力和重油转化能力。

参考文献

[1] 杜文婷，王鹏，齐萧．钒中毒及捕钒剂对催化裂化催化剂性能的影响[J]. 2017，35(1)：14-18.

[2] 高雄厚，孙书红，黄校亮．一种抗重金属的重油催化裂化催化剂及其制备方法：中国，106925334A[P]，2017-07-07.

[3] 袁程远，潘志爽，谭争国．有序介孔氧化铝的合成及其在抗重金属污染FCC催化剂制备中的应用[J]. 石油炼制与化工，2017，48(5)：52-55.

[4] 袁程远，潘志爽，谭争国．抗铁污染催化裂化催化剂[J]. 石油化工，2017，46(7)：869-873.

[5] 张锋，苏文学，何立柱．浸渍催化剂稀土酸性及其抗重金属能力[J]. 石化技术与应用，2017，35(3)：202-205.

润滑油加氢装置换剂后运行状况分析

谷云格

（中国石化上海高桥石油化工有限公司，上海　200129）

摘　要　润滑油加氢装置运行至换剂周期，在停工检修期间更换为 Chevron 公司第五代异构脱蜡催化剂。主要介绍了催化剂装填情况、催化剂活化过程以及开工后催化剂运行状况。相比上周催化剂，本周期催化剂选择性更高：润滑油基础油收率高达 78.32%，较上周的 70.71% 大幅上升，异构干气收率大幅度下降；考察了催化剂活性，通过线性回归，基础油倾点对异构脱蜡反应温度直线斜率为-1.8583℃/℃，上周期的直线斜率为-1.088℃/℃，表明第五代异构脱蜡催化剂具有更高的活性。同时，也考察了原料掺炼燃料型加氢裂化尾油后对装置生产的影响。结果表明：掺炼加氢裂化尾油后，加氢裂化反应温度降低，而异构脱蜡反应温度升高；装置氢耗从 1.03% 降至 0.69%；能耗由 59.65kg 标油/t 降至 54.64kg 标油/t；基础油收率提高至 88.37%。

关键词　润滑油加氢　异构脱蜡　线性回归　加氢裂化尾油

中国石化上海高桥石油化工有限公司润滑油加氢装置，旨在是生产高质量、低倾点润滑油基础油和副产品，如干气、石脑油、煤油和高十六烷值柴油。它由三个系统组成：加氢裂化系统、异构脱蜡和加氢后精制系统。加氢裂化工艺提高原料的黏度指数和脱除氮、硫和其他杂质，向异构脱蜡系统提供理想原料。该装置设计能力是 30 万 t/a，设计原料是大庆或卡宾达直馏减压蜡油和脱沥青油。自 2004 年 11 月开始运行，装置已经处理加工超过几十种不同的原油，已显示对加工不同原料性质的较大灵活性，装置工艺流程见图 1。

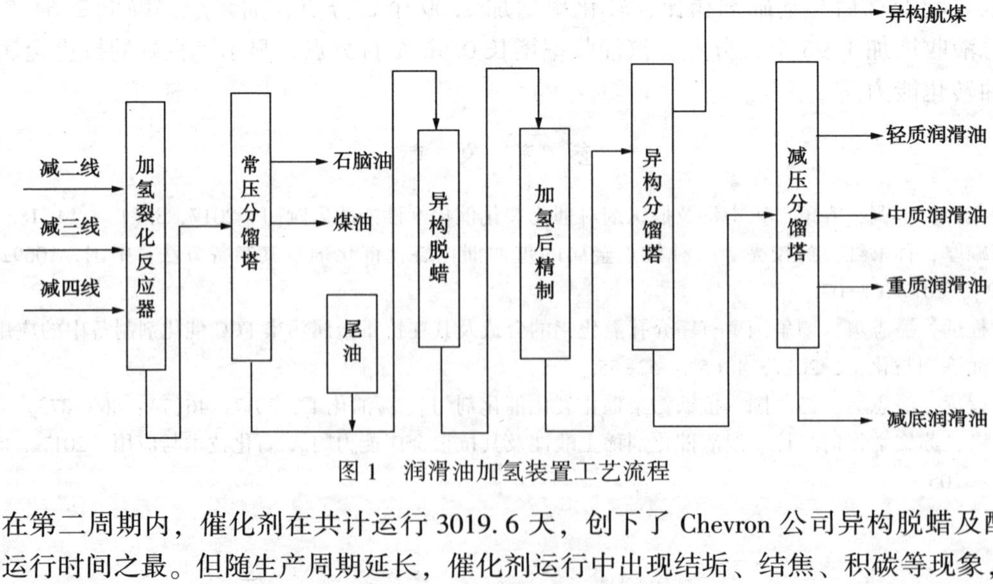

图 1　润滑油加氢装置工艺流程

在第二周期内，催化剂在共计运行 3019.6 天，创下了 Chevron 公司异构脱蜡及配套催化剂运行时间之最。但随生产周期延长，催化剂运行中出现结垢、结焦、积碳等现象，导致其活性降低和反应系统回路压降增大，难以满足生产要求，需停工更换催化剂。根据技术协议，本周期催化剂更换为第五代异构脱蜡催化剂及相配的加氢裂化催化剂。

1 新催化剂装填、活化及开工过程

1.1 新催化剂的装填

为保证及时开工和运行稳定，Chevron 公司建议将三个反应器(加氢裂化、异构脱蜡 & 加氢后精制)更换一组新的第五代异构脱蜡催化剂，不采用催化剂再生的方法，该组催化剂的主要性质及装填密度见表 1。

表 1 本周期催化剂性质

催化剂类型	催化剂粒度/mm	催化剂形状	设计装填密度/(kg/m^3)	实际填装密度/(kg/m^3)
ICR161	2.1	四叶草型	515	575
ICR186	2.1	四叶草型	575	655
ICR513	2.1	四叶草型	835	835
ICR142v2	1.6	四叶草型	835	816
ICR425	1.6	四叶草型	560	545
ICR432v5	1.8	四叶草型	720	675
ICR419	1.6	四叶草型	530	540

1.2 催化剂的活化

三个反应器床层干燥完成后，引低氮柴油，开始冲洗装填过程中产生的催化剂粉末，采样目视无悬浮物，循环至进料泵前作为催化剂硫化油。待吸附热波穿透整个催化剂床层后，将反应器加氢裂化入口温度升至低温硫化温度。开启注硫泵，向反应器注入硫化剂二甲基二硫醚，以一定的速率注入，开始低温硫化。硫化时，确保循环氢中硫化氢的浓度不低于 15000mg/m^3，低于该浓度时，及时调整硫化剂注入量。

当硫化剂注入量达到 50% 左右时，且循环氢中硫化氢浓度在上升，表明催化剂低温硫化结束。准备进入高温硫化阶段，以一定的速率将加氢裂化入口温度升至硫化温度，保持一定的注硫速率，待催化剂床层无温升和高分罐内没有水产生，且反应器出口温度无明显变化，标志加氢裂化催化剂高温硫化结束，将反应器温度降至允许进料温度，为装置引原料油做准备，具体硫化情况见图 2。

由图 2 可知，加氢裂化催化剂硫化工作共计用时 47h，硫化剂二甲基二硫醚的注入量累计 12.26t，达到理论注入量。

随着加氢裂化催化剂硫化，异构系统开始以一定的升温速率将异构脱蜡入口温度升至低温还原温度，开始异构脱蜡、加氢后精制催化剂的低温还原。在此过程中，注意在高分罐放空处切水、称重。当反应器没有温升和不产生水时，以一定的速率将异构脱蜡的入口温度升至高温还原温度，开始异构脱蜡催化剂的高温还原，直至水产生速率低于 15kg/h，且加氢后精制出口温度达到一定值后(加氢后精制温度达不到时可提高系统压力，可提高循环氢量以辅助升温)，表明异构脱蜡和加氢后精制催化剂的还原结束。

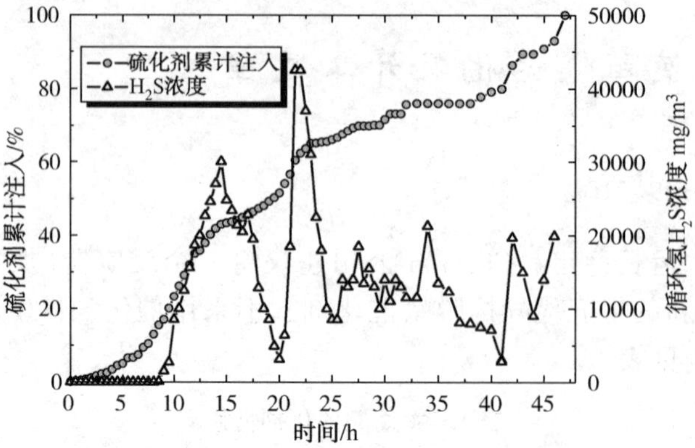

图2 加氢裂化催化剂硫化情况

1.3 装置开工

本周期催化剂与上周期催化剂相比，活化后，不需要对催化剂再钝化处理，可直接引原料油进装置，缩短开工时间。催化剂活化结束后，加氢裂化反应器以一定的速率开始升温至低于反应温度20℃，系统压力升至反应压力。同时，升压过程中反应系统要进行气密，及时消除漏点。联系生产调度和原料油罐区，引1#蒸馏减三线蜡油进加氢裂化系统。以25%比例置换系统内低氮柴油，3h后蜡油掺入量提至50%，逐渐将蜡油进料量提至32t/h。调整精馏塔C101操作条件，采样分析C101底油的氮含量。当氮含量连续两次分析低于2mg/kg后，向异构脱蜡系统引C101底油，将两个系统串起来。待异构脱蜡反应温度升至正常操作条件后，调节减压塔塔顶和塔底产品质量，减压塔底产品质量合格，标志着装置开工完成。

2 新催化剂运行状况

2.1 原料油性质

装置开工初期，宜加工原料油为运动黏度较小的减二线蜡油。但正值全厂炼油装置大检修，常减压蒸馏装置还在开工中，罐区仅有减三线蜡油，故将减三线油作为装置开工原料，其基本性质见表2。

表2 减三线蜡油原料基本性质

罐 号		363	362
油种		1#蒸馏减三线	1#蒸馏减三线
黏度(100℃)/(mm^2/s)		5.181	6.194
黏度指数		118	107
倾点/℃		42	48
水分/%	≯0.03	0.03	0.03

续表

罐　　号	363	362
含蜡量/%	33.31	30.28
密度/(g/cm^3)	867.7	888.9
2%/℃	368	378
10%/℃	399	401
50%/℃	439	433
90%/℃	465	452
97%/℃	478	463
2~97%/℃	110	85
硫含量/%	0.139	0.194
氮含量/(mg/kg)　≤1100		804.3

2.2 新催化剂选择性的考察

为考察新催化剂的选择性，对比上周期催化剂运行初期运行数据，选取在生产 HVIⅡ+(6)基础油产品时，装置的操作条件、产品分布和收率数据见表 3。

表 3　两周期催化剂运行数据

项　　目	上周期初期		本周期初期	
	加氢裂化	异构脱蜡/加氢后精制	加氢裂化	异构脱蜡/加氢后精制
操作条件				
系统压力/MPa	14.0	14.0	14.0	14.0
反应温度/℃	365	333/232	366	330/231
氢油比	1120	890	1027	889
氢耗/%	1.03		1.36	
产品收率/%				
加裂干气	2.01		0.14	
低分气	0.43		0.61	
异构干气	1.54		1.36	
石脑油	8.32		5.9	
煤油	4.74		7.91	
柴油	10.43		4.1	
轻润	23.54		26.47	
减底	47.08		51.85	
损失	1.91		1.66	
合计	100		100	

注：氢耗=氢气量/装置处理量×100%。

由表3可知，本周期催化剂运行初期选择性较高，尽管加氢裂化反应温度与上周期相差1℃，但加氢裂化干气收率由2.01%下降至0.14%，下降幅度较为明显，表明催化反应的副反应减少；同时，在生产同种牌号基础油时，异构脱蜡反应温度较上周期下降3℃，润滑油基础油总收率由70.62%升至78.32%，增加约8%，干气的收率由8.67%降至1.1%，尤其是异构干气收率大幅降低。本周期催化剂运行中，氢耗为1.36%，较上周期的1.03%高，主要原因是：本周期原料中尚未掺炼加氢裂化尾油，上周期加工时原料掺炼加氢裂化尾油。1.4Mt/a加氢裂化装置转化率为70%，其中饱和烃含量都超过95%，BMCI值较低，而润滑油加氢装置加氢裂化反应段转化率仅为10%左右，加氢裂化尾油掺炼后，原料油的饱和烃含量相应增加，故氢耗有所降低，氢耗降低幅度与加氢裂化尾油掺炼量有关。

为进一步表明新催化剂的选择性优于上周期催化剂选择性，分别列出两个周期异构干气的组分，见表4。

表4　换剂前后异构干气组分对比

干　气	上　周　期	本　周　期
硫化氢/(mg/m^3)	10	0
组成/%(v)		
甲烷	4.23	3.29
乙烷	7.63	3.35
乙烯	0.00	0.00
丙烷	17.47	9.87
丙烯	0.00	0.00
异丁烷	9.31	8.51
正丁烷	7.17	5.12
反丁烯	0.00	0.00
正丁烯	0.00	0.00
异丁烯	0.00	0.00
顺丁烯	0.00	0.00
C_5及以上	2.76	5.68
氢气	44.92	60.57
氧气	0.77	0.68
一氧化碳	0.00	0.00
二氧化碳	0.00	0.01
氮气	5.73	2.89

由表4可知，异构干气的$C_1 \sim C_3$含量由29.33%降至16.51%，尤其是干气中丙烷的含量降幅最大。表明第五代异构脱蜡催化剂的选择性明显提高，副反应减少，有利于基础油收率的提高。

综上，通过对比基础油收率和异构干气组分构成，可知第五代异构脱蜡催化剂在运行中呈现出优异的选择性。

2.3 新催化剂活性的考察

为对比本周期和上周期催化剂的活性，考察了相同基础油黏度，不同反应温度下的倾点变化，并对其进行线性回归，图 3 为本周期催化剂活性情况，图 4 为上周期催化剂活性情况。

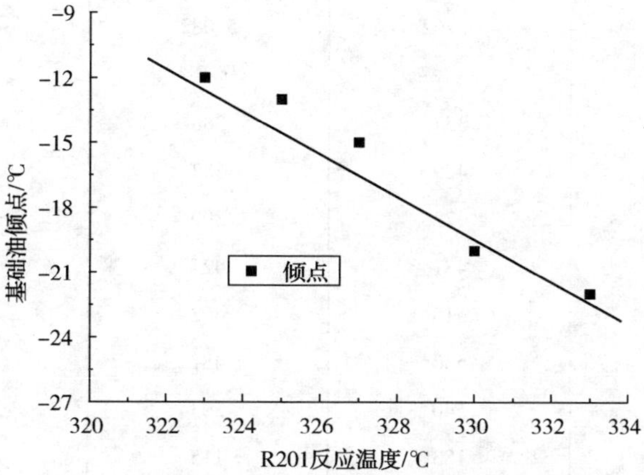

图 3 新催化剂反应温度与倾点的关系

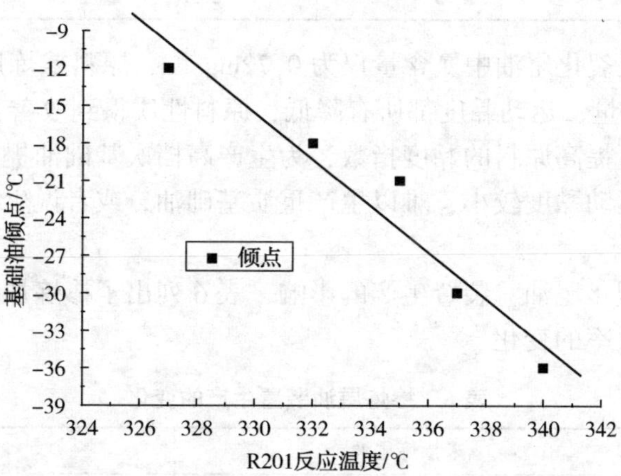

图 4 上周期催化剂反应温度与倾点关系

通过对图 3、4 中异构脱蜡反应温度和基础油倾点的数据进行线性回归，得到本周期新催化剂运行中，基础油倾点对异构脱蜡反应温度线性回归方程为：$Y=-1.8583X+597.6437$；上周期催化剂运行中，基础油倾点对反应温度线性回归方程为：$Y=-1.088X+340.2278$。由这两方程斜率可知，异构脱蜡反应温度每提高 1℃，基础油倾点分别降低 1.8583℃ 和 1.088℃，表明本周期催化剂在运行初期对反应温度更加灵敏，具有更高的活性。

2.4 掺炼燃料型加氢裂化尾油对装置生产的影响

掺炼燃料型加氢裂化尾油可以生产多种高档润滑油基础油[1]，随 1.4Mt/年加氢裂化装置开工完成。为改善原料油性质和提高基础油黏度指数，6 月 15 日润滑油加氢装置开始掺炼加氢裂化尾油，掺炼方式是在原料油罐出口掺炼和直接在异构脱蜡系统进料罐前掺炼。加氢裂化尾油的性质见表5。

表5 加氢裂化尾油、原料掺炼尾油后性质变化

项　　目	加氢裂化尾油	卡宾达+维提亚姿	卡宾达+维提亚姿+加氢裂化尾油
氮含量/(mg/kg)	0.72	787.31	340.56
硫含量/(mg/kg)	8.8	2887	732
运动黏度(100℃)/(mm^2/s)	3.762	5.082	4.862
蒸馏数据/℃			
2%	357	388	380
10%	429	383	392
30%	472	399	419
50%	481	427	435
70%	513	452	472
90%	530	487	499
97%	540	503	533
2%~97%	183	115	153
黏度指数	127	104	119
蜡含量/%	33.4	29.6	30.2

由表5可知，加氢裂化尾油中氮含量仅为0.72mg/kg，原料掺炼尾油后，其氮含量可降至340.56mg/kg，硫含量、运动黏度都所有降低，原料性质得到改善；加氢裂化尾油具有较高黏度指数，掺炼后可提高原料的黏度指数，为生产高档次基础油提供了可能。但由于加氢裂化尾油馏分较宽且运动黏度较小，难以生产重质基础油，或者说生产重质基础油时，目标产品的收率降低。

为表明掺炼加氢裂化尾油对装置生产的影响，表6列出了掺炼加氢裂化尾油后，装置操作条件、氢耗及产品收率的变化。

表6 掺炼尾油装置生产的变化

项　　目	未掺炼尾油		掺炼尾油	
	加氢裂化	异构脱蜡/加氢后精制	加氢裂化	异构脱蜡/加氢后精制
进料量及操作条件				
进料量/(t/h)	35	34	38	50
系统压力/MPa	14.0	14.0	14.0	14.0
反应温度/℃	366	330/231	361	335/231
氢油比	1027	889	912	653
氢耗/%	1.36		0.69	
产出方收率/%				
加裂干气	0.14	0.22		
低分气	0.6	0.32		

续表

项目	未掺炼尾油		掺炼尾油	
	加氢裂化	异构脱蜡/加氢后精制	加氢裂化	异构脱蜡/加氢后精制
异构干气	0.36	0.02		
石脑油	5.9	2.11		
煤油	8.91	5.35		
柴油	5.62	3.52		
轻质润滑油	26.47	30.83		
减底基础油	51.85	57.54		
损失	0.14	0.1		
合计	100	100		

由表6可知，装置掺炼尾油后，加氢裂化反应温度由366℃降至361℃，异构脱蜡反应温度由330℃升至335℃。主要原因是掺炼尾油后，加氢裂化进料的质量得到改善。由于加氢裂化尾油中氮含量较低，掺炼后可以降低进料的氮含量，且提高原料的黏度指数，故加氢裂化反应温度可降低。掺炼尾油后，异构脱蜡反应温度升高有两个原因：(1)由于装置处理量由34 t/h提高至50 t/h，提高了装置的空速，为保证基础油倾点合格，需提高反应温度，空速与反应温度在一定范围内是互补的[2]；(2)从原料组成结构上看，加氢裂化尾油含有大量饱和烃，异构脱蜡难度增加，为保证基础油倾点合格，需提高反应温度。

从表6还可看出，掺炼尾油后，装置基础油的收率由78.32%进一步提高至88.37%，且装置氢耗从1.03%降至0.69%，主要原因是加氢裂化反应器耗氢量降低。同时，由于掺炼尾油后原料中硫含量较低，导致反应器加氢裂化床层温升较小，反应炉的负荷较大。

另外，润滑油加氢装置换剂后，装置总能耗由去年的累积能耗59.65kg标油/t降至目前的54.64kg标油/t(掺炼加氢裂化尾油后)。一方面因为催化剂处于运行初期活性较高，生产方案相同时，所需反应温度较上周期反应温度低，可降低燃料气消耗量；另一方面是由新催化剂选择性较高，异构干气收率较低，螺杆式压缩机未开启，从而降低了装置电耗。

3 结论

(1) 第五代异构脱蜡催化剂的装填密度均满足装置密度要求，加氢裂化催化剂的硫化工作硫化剂注入量达到理论值，硫化剂注入量共计12.26t，异构脱蜡催化剂的还原也达到理论还原时间47h。

(2) 通过与上周期催化剂运行数据对比，本周期催化剂具有优异的选择性和较高的活性。换剂后，基础油收率由换剂前的70.71%提高至88.37%，异构干气收率大幅度下降；同时，基础油倾点对异构脱蜡反应温度更加敏感，通过线性回归，直线斜率由-1.088℃/℃变为-1.8583℃/℃。

(3) 本周期催化剂运行时，掺炼加氢裂化尾油后，加氢裂化反应所需温度降低，异构脱蜡反应所需温度升高，装置氢耗1.03%降至0.69%，能耗由59.65kg标油/t降至54.64kg标油/t，基础油收率提高至88.37%。同时，也指出了掺炼加氢裂化尾油量较大时，存在的弊端，难以生产较大重质基础油，加氢裂化反应器催化剂床层温升较小，导致反应炉负荷较高。

参考文献

[1] 林荣兴，刘英．加氢裂化尾油作润滑油加氢原料的工业应用．石油炼制与化工[J]，2012，43(3)：6-10.

[2] 张继昌，刘黎明，王军霞，等．加氢裂化装置长周期运行的影响因素分析．中外能源[J]，2010，15(11)：79-83.

安全、环保与节能

基于RBF神经网络的含油污水处理过程溶解氧控制

卢　薇，郭亚逢，隋立华，唐晓丽

（中国石化青岛安全工程研究院，山东青岛　266000）

摘　要　为了解决含油污水处理过程中溶解氧难以控制的问题，提出了一种基于径向基(RBF)神经网络的含油污水处理过程溶解氧控制方法。首先，通过处理过程数据，建立基于RBF神经网络的曝气能耗模型；其次，利用PSO算法求解曝气能耗模型；最后，利用PID控制器对溶解氧的优化设定值进行跟踪控制。基于基准仿真模型(BSM1)的实验结果表明：所提出的控制方法能够实现污水处理过程的溶解氧控制，在保证出水水质的前提下，同时降低了能耗。

关键词　径向基神经网络　溶解氧控制　含油污水处理过程

我国石油化工行业迅猛发展，然而，炼油加工过程产生的含油污水的排放问题越来越受到关注。含油污水具有组分复杂、高生物毒性、难生物降解等特点，直接排放会对生态环境造成破坏作用[1-2]。近年来，随着含油污水排放量的增加和政府对水质日益严格的要求，含油污水的处理成本也在不断攀升，因此，如何实现有效地处理含油污水，既能保证出水水质，同时降低污水处理过程的能耗，已经成为学者们的一个研究热点[3]。

在含油污水处理过程中，活性污泥法作为一种最常用的污水处理方法，广泛应用于污水处理厂。溶解氧浓度作为一个关键的水质参数，其浓度的变化能够对微生物的生存环境产生严重的影响。溶解氧浓度过高会破坏微生物的絮凝效果，使得悬浮物的沉降性能变差，增加了曝气能耗；溶解氧浓度过低时容易导致丝状菌的大量繁殖，易引起污泥膨胀的发生。因此，为了有效地控制溶解氧的浓度，许多学者进行了大量的研究。针对溶解氧的跟踪控制，Guerrero等提出了一种基于模型设定值的优化控制方法，该实验评估了固定设定值和动态设定值的优化性能，同时结果表明提高了控制系统的性能，保证了出水水质，降低了运行能耗[4]。Duzinkiewicz等提出了一种分层优化控制策略，通过遗传算法优化能耗模型，采用非线性预测控制方法追踪控制溶解氧的优化设定值，仿真实验表明该方法可以降低污水处理过程的能耗[5]。

为了实现污水处理过程多变量优化控制，Qiao等提出一种基于自组织模糊神经网络的溶解氧控制方法，通过数据驱动方法建立模型，实现溶解氧的跟踪控制，实验结果表明该方法能够保证污水处理过程的水质达标，降低了运行能耗[6]。上述研究中的控制方法虽然能够实现出水水质的提高，但是以上的控制方法中溶解氧的浓度设定为阶跃变化，设定值无法随着工况实时变化，因此无法达到精确控制效果[7-8]。

近年来，智能优化算法由于其具有良好的全局探索能力和基于种群的寻优方式，已经被用于解决污水处理过程的优化问题[9-10]。同时，含油污水处理过程是一个复杂的动态系统，该系统中的目标函数是时变的，且含有的污染物种类较多，这进一步也增大了污水处理过程控制的难度[11]。为了更好地解决含油污水处理过程的溶解氧控制问题，文中设计了一种基于径向基(RBF)神经网络的含油污水处理过程溶解氧控制方法。首先，通过RBF神经网络建立污水处理过程的曝气能耗模型；其次，利用PSO算法求解能耗模型，获得溶解氧的优化设定值；最后，利用PID控制器实现溶解氧的追踪控制。实验结果表明所提出的溶解氧控制方法能够实现含油污水处理过程的动态控制，在保证出水水质的前提下，降低了污水处理过程的能耗。

1 问题描述

1.1 含油污水处理过程特性

在含油污水处理过程中，活性污泥法的处理原理是通过生物化学反应对污水中的污染物进行吸附、分解、氧化等，从而降解污水中的污染物并分离出来，实现污水的净化。因此，含油污水处理过程是一个复杂的动态过程，它主要包含以下几个特点：

(1) 含油污水中的油类物质会阻止空气中的氧溶解于水中，减少水中的溶解氧，对污水处理过程中生化反应的进行产生干扰；

(2) 含油污水的状态是动态时变的，生化反应周期长，微生物种群的生存条件和反应规律难以把控，污染物的数量和含量难以完全获得，其入水流量和入水成分也是存在波动的。

近年来，随着国家对环保要求的不断加强，对于企业排放污水处理的出水水质要求更加严格。因此，研究含油污水处理过程的优化控制方法，保证出水水质的同时降低运行能耗迫在眉睫。

1.2 径向基神经网络

径向基(RBF)神经网络具有简单的拓扑结构和全局逼近能力。RBF神经网络分为三层：输入层、隐含层和输出层。RBF神经网络的表达式为：

$$y(t)=\sum_{j=1}^{P} w_j(t)\varphi_j(\boldsymbol{u}(t)) \tag{1}$$

$$\boldsymbol{u}(t)=[u_1(t),\ \cdots u_i(t)] \tag{2}$$

$$\varphi_j(\boldsymbol{u}(t))=e^{-\|u(t)-\mu_j(t)\|/\sigma_j^2(t)} \tag{3}$$

其中，$y(t)$为t时刻预测模型RBF神经网络的输出，$w_j(t)$为隐含层第j个神经元和输出层的连接权值，j=1，2，…，P，P为隐含层的神经元数目，$\mu_j(t)$表示t时刻隐含层第j个神经元中心值，$\sigma_j(t)$表示t时刻隐含层第j个神经元的中心宽度。

2 含油污水处理过程溶解氧控制

为了解决含油污水处理过程中溶解氧难以控制的问题，提出了一种基于径向基(RBF)神经网络的含油污水处理过程溶解氧控制方法。该控制方法主要包含了三部分：基于RBF神经网络的曝气能耗模型部分，PSO算法优化求解部分，PID控制器追踪控制部分。

2.1 基于径向基神经网络的曝气能耗模型

本文以含油污水处理过程的曝气能耗模型为目标函数，将含油污水处理优化问题转化为优化问题。

由于污水处理过程中的复杂时变特性，传统的曝气能耗模型不能实时的反映污水处理过程中的动态信息。因此，文中通过分析含油污水处理过程的动态特性和相关变量的过程数据，基于径向基神经网络建立了能耗和水质模型，其表达式为：

$$\min y(t)=\sum_{j=1}^{P} w_{1j}(t)\varphi_{1j}(\boldsymbol{u}(t)) \tag{4}$$

其中，$u(t)=[u_1(t)]^{\mathrm{T}}$为 t 时刻的优化变量，$u_1(t)$为溶解氧 $S_0(t)$浓度设定值，$y(t)$为 t 时刻曝气能耗值。

基于 RBF 神经网络的含油污水处理过程曝气能耗模型，不仅可以根据实际值与期望值的误差自适应调整参数，而且与控制变量 S_0 建立了直接关系，实现了控制量的变化直接调节曝气能耗。同时，由于曝气能耗模型是基于数据驱动的方法建立的，因此，该模型能够准确反映污水处理过程的时变特性。

2.2 PSO 算法和 PID 追踪控制

在 PSO 算法中，粒子间通过相互学习寻找最优解，并且粒子群的全局最优解对整个种群具有引导作用，这也就使得 PSO 算法求解过程中容易陷入局部最优。PSO 算法是一种基于种群的优化算法，其中整个种群被称为一个粒子群。在每一次的迭代过程中，粒子的速度和位置更新公式如下所示：

$$x_i(k+1)=x_i(k)+v_i(k+1) \tag{5}$$

$$v_i(k+1)=\omega_i(k)v_i(k)+c_1R_1(p_i(k)-x_i(k))+c_2R_2(g_d(k)-x_i(k)) \tag{6}$$

式中，ω 是惯性权重，c_1和 c_2是学习因子，R_1和 R_2是[0，1]之间的随机值，$p_i(k)$是第 i 个粒子在第 k 次迭代的历史最优位置，$g_d(k)$是第 k 次迭代整个种群找到的全局最优位置，$x_i(k)$是第 i 个粒子在第 k 次迭代的位置，$v_i(k)$是第 i 个粒子在第 k 次迭代的速度。

为了追踪 S_0的优化设定值，利用 PID 控制器来追踪 S_0的优化设定值。PID 控制器的输出是第五分区氧传递系数的误差，输入是 S_0实际值和优化设定值的误差、误差的一阶和二阶导数。

3 实验研究

为了验证所提出的基于 RBF 神经网络的含油污水处理过程溶解氧控制方法的有效性，将所提出的控制方法应用于 BSM1 的仿真实验中，实现 S_0浓度的优化控制，进而检验在晴天天气下该方法的控制效果。

3.1 实验设计

将所提出的控制方法与传统闭环控制策略在 14 天内的控制结果进行比较。其中，PSO 算法的种群大小为 20，迭代次数为 300。此外，绝对误差积分(IAE)用于评估控制性能：

$$IAE(t)=\frac{1}{2T}\sum_{t=1}^{T}|\hat{e}_i(t)| \tag{7}$$

T 是样本总数，$\hat{e}(t)$ 是实际产出和期望产出的误差。操作变量是第五分区氧传递系数（K_La_5）。

3.2 实验结果

图 1 和图 2 分别描述了所提出的优化控制方法在干燥天气下 S_0 的跟踪控制曲线和误差曲线。从图中可以看出，所提出的优化控制方法在干燥天气下具有良好的跟踪控制性能。图中的误差曲线表明，在干燥天气下，S_0 的实际输出值与设定值之间的差异可分别保持在 ±0.48mg/L之间。

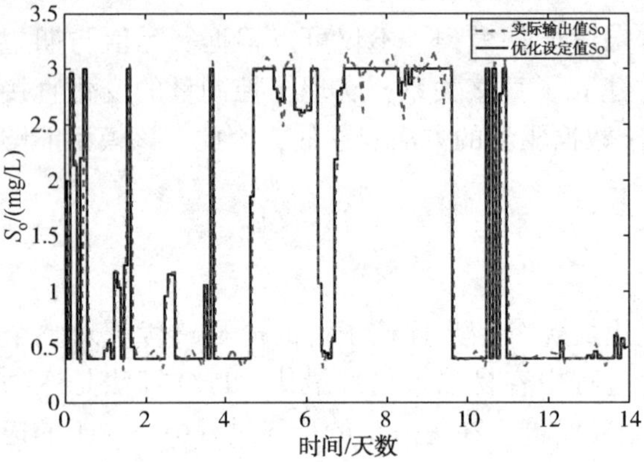

图 1 干燥天气 S_0 的控制效果

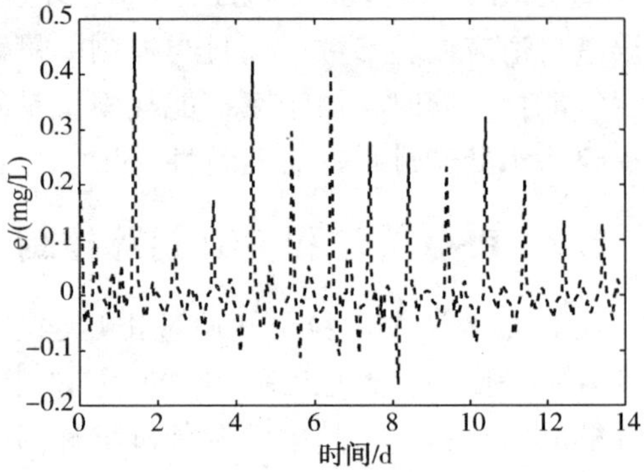

图 2 干燥天气 S_0 的控制误差

为了比较所提出的优化控制方法和闭环控制策略的控制效果，两种控制策略在晴天天气条件下的能耗和出水水质如表 1 所示。从表 1 的实验结果可以看出，通过所提出的优化控制方法实现准确的追踪控制，既能确保出水水质，又能够降低能耗。

表 1 不同控制方法比较测试结果

天气	方法	COD/(g/m^3)	SS/(mg/L)	AE/(kW·h)	IAE/(mg/L)
干燥天气	优化控制	51	16.3	2180	0.221
	闭环控制	62	19.6	2455	0.247

在干燥天气下，与闭环控制策略相比，提出的优化控制方法可以获得最小的平均曝气能耗(AE：2180)，获得较好的平均 IAE(IAE：0.221)。因此，所提出的优化控制方法能够在晴天天气下能够获得满意的控制效果。

4 结论

为了解决含油污水处理过程中的优化控制问题，文中提出了一种基于 RBF 神经网络的含油污水处理过程溶解氧控制方法。根据理论分析及仿真结果得到以下结论：

(1) 通过分析含油污水处理过程的动态特性和相关变量的过程数据，建立了基于 RBF

神经网络的曝气能耗模型。

(2) 利用PSO算法求解曝气能耗模型，获得准确的优化设定值；利用多变量控制方法实现溶解氧的追踪控制。

(3) 所提出的优化控制方法能够实现干燥天气下实现含油污水处理过程的优化控制，在保证出水水质的前提下，降低了运行能耗。

文中提出的基于 RBF 神经网络的含油污水处理过程溶解氧控制方法，在 BSM1 仿真实验中具有良好的优化控制性能，能够实现在保证出水水质的前提下，降低了运行能耗。

参 考 文 献

[1] Vega P, Revollar S, Francisco M, et al. Integration of Set Point Optimization Techniques Into Nonlinear MPC for Improving the Operation of WWTPs[J]. Computers & Chemical Engineering, 2014, 68(9): 78-95.

[2] 卓小慧. 三次采油污水存在问题原因及处理方法浅析[J]. 安全、健康和环境, 2013, 13(6): 35-38.

[3] 陈文武, 韩磊, 黄贤滨, 等. 炼油厂自流含油污水系统的安全风险及预防[J]. 安全、健康和环境, 2018, 18(3): 10-13.

[4] Guerrero J, Guisasola A, Comas J, et al. Multi-criteria Selection of Optimum WWTP Control Setpoints based on Microbiology-related Failures, Effluent Quality and Operating Costs[J]. Chemical Engineering Journal, 2012, 188(8): 23-29.

[5] Duzinkiewicz K, Brdys M A, Kurek W, et al. Genetic Hybrid Predictive Controller for Optimized Dissolved-Oxygen Tracking at Lower Control Level[J]. IEEE Transactions on Control Systems Technology, 2009, 17(5): 1183-1192.

[6] 许进超, 杨翠丽, 乔俊飞, 等. 基于自组织模糊神经网络溶解氧控制方法研究[J]. 智能系统学报, 2018, 13(06): 45-52.

[7] 韩广, 乔俊飞, 韩红桂, 等. 基于 Hopfield 神经网络的污水处理过程优化控制[J]. 控制与决策, 2014, 29(11): 2085-2088.

[8] Schlüter M, Egea J A, Antelo L T, et al. An Extended Ant Colony Optimization Algorithm for Integrated Process and Control System Design[J]. Industrial & Engineering Chemistry Research, 2009, 48(14): 6723-6738.

[9] 姜学艳, 李焕, 丁禄彬, 等. 延迟焦化装置含硫污水排放现状及减量化措施[J]. 安全、健康和环境, 2016, 16(12): 28-31.

[10] 张伟, 乔俊飞. 神经网络的污水处理过程多目标优化控制方法[J]. 智能系统学报, 2016, 11(5): 594-599.

炼化一体化项目废气污染物治理措施及经济分析

裴　斐　刘旭明　娜日思　白悦函

（中国寰球工程公司北京分公司，北京　100012）

摘　要　通过总结汇总炼化一体化工厂中典型装置的废气排污数据，并将其应用于实际炼化厂案例中，计算该厂年排放总量等数据。从源头控制、末端治理等技术角度提出污染治理措施，并对相关措施进行技术经济分析。汇总技术及经济结论，为类似工程项目提供参考依据。

关键词　炼化一体化　废气排污　经济分析

目前，国内炼油行业面临两大困境：一是国内成品油产量过剩，市场需求放缓；二是环保法规日趋严格，传统粗放式生产方式亟待调整。面临上述问题，很多炼油企业都在积极规划炼化一体化工厂，在提高化工品产量同时使用清洁生产手段，节能减排，进而提高企业的总体经济效益。

本文将结合具体案例，通过统计炼化一体化常见装置运行时的废气排污量，计算全厂运行时总排污量。依据统计所得排污总量，参考以往工程经验，做出适当的环保措施方案，并验证其经济合理性。

1　炼化一体化主要工艺装置排污统计

1.1　统计对象及单位说明

本段将分别列举各个生产装置排污量表，表内仅考虑装置在正常工况下的有组织排放废气，如运营生产中的燃烧废气、烧焦气、驰放气等工艺废气。由于无组织排放废气主要来自管线、阀门和设备密封的泄露，难以准确统计，而事故或开停工条件下的异常排放状况也具有偶然性和不确定性，故不列入考虑范围。

根据工程习惯，炼油装置排污量选取的单位为 kg 污染物/万 t 原料加工量，即该装置在每加工万吨原料时所释放的各主要污染物的总质量。具体详见表 1。

化工装置排污量选取的单位为 kg 污染物/万 t 产品产量，具体详见表 2。

1.2　炼油装置单位排污量统计

石油中含有一定量的有机硫及氮，在加工过程中，有机硫加氢转化为 H_2S，大部分进入硫黄回收装置生产硫黄，同时少量进入炼厂干气燃烧后生成 SO_2，有机氮转化生成液氨，同时部分进入产品中。另外，炼厂的主要污染物还包括烟气中 NO_x，及燃料不完全燃烧所产生的颗粒物及烃类。

目前我国原油对外依存度较高，中东沙特原油在进口原油中占显著比重。本文以沙特原油为主要对象，基于大量工厂数据，对以中东轻油及中油为原料的炼厂分装置进行排污统计，得到表1中数据。

表1 炼厂装置单位污染物统计表

装置名称	污染来源	主要污染物	单位排污量/(kg/万t加工量)	备注
常减压装置	加热炉烟气	SO_2	4.8	
		NO_x	138.8	
		颗粒物	0	
轻烃回收	尾气			
渣油加氢脱硫	加热炉烟气	SO_2	45.7	
		NO_x	145.6	
		颗粒物		
催化裂解	催化再生烟气	SO_2	1209.8	
		氨	41.9	
		NO_x	1924.7	
		颗粒物	1058.6	
蜡油加氢裂化	加热炉烟气，放空气	SO_2	9.5	
		NO_x	363.1	
		颗粒物	0	
		NMHC	0	
柴油加氢裂化	加热炉烟气	SO_2	26.3	
		NO_x	175.1	
		颗粒物	21.9	
石脑油加氢装置	加热炉烟气	SO_2	4.3	
		NO_x	190.9	
		颗粒物	21.7	
连续重整	加热炉烟气，再生尾气	SO_2	2	
		NO_x	89.1	
		颗粒物	10.1	
		HCl	0.7	
芳烃联合	加热炉烟气	SO_2	334.8	
		NO_x	837.1	
		颗粒物	334.8	
裂解石脑油加氢	加热炉烟气	SO_2	31.6	
		NO_x	1578.4	
		颗粒物	31.6	
产品精制	尾气			

续表

装置名称	污染来源	主要污染物	单位排污量/(kg/万 t 加工量)	备注
硫黄回收	焚烧炉烟气	SO_2	3286.5	
		NO_x	3286.5	
		颗粒物	657.3	

1.3 乙烯裂解及下游装置单位排污量统计

乙烯裂解及下游装置从上游炼厂接收的原料大多经过加氢与预脱硫处理，硫含量较炼厂更低，但仍有少量残余通过烟气等形式排放。另外还有烟尘、NO_x 及 VOC 等存在于烟气及工艺气中。另外，乙烯下游的部分装置，如 PVC，丙烯腈等，由于采用氯、氨等有毒物质作为原料，其生产过程中将产生不同种类的污染物，废气组分较常规废气更为复杂，对其特征污染物亦作出重点统计。

基于大量工厂数据及设计资料，分别对乙烯下游各装置进行排污统计，得到表 2 中数据。

表 2 乙烯及下游装置排污统计表

装置名称	污染来源	主要污染物	单位排污/(kg/万 t 产量量)	备注
乙烯裂解	裂解炉烟气，清焦废气，废碱氧化废气，反应器再生排放气			
		NO_x	8203	
		颗粒物	12	
		SO_2	5.1	
		NMHC	1524.4	
环氧乙烷/乙二醇	锅炉烟气	NO_x	147	以 EOE 产量计
		颗粒物	16.34	
全密度聚乙烯	含尘废气	颗粒物	320	
苯乙烯(含乙苯)	过热炉烟气，洗涤塔废气，油气回收废气			
		NO_x	726	
		颗粒物	272	
		NMHC	1188	
		苯乙烯	1.04	
		苯	0.02875	
		VOC	0.135	
聚丙烯	过滤器，粒料漏斗，旋风分离器，料仓过滤器	VOC	27.6	
		颗粒物	38.93	
环氧丙烷(直接氧化)	工业废气，活性炭吸附器，密封罐，焚烧炉烟气	VOC	2400	
		SO_2	14	

续表

装置名称	污染来源	主要污染物	单位排污/(kg/万 t 产量量)	备注
环氧丙烷(直接氧化)	工业废气，活性炭吸附器，密封罐，焚烧炉烟气			
		NO_x	380	
		颗粒物	20	
		NMHC	20	
丙烯腈(含 SAR 及 MMA)	工艺尾气，真空泵	SO_2	14619	
		NO_x	15366	
		NMHC	5554	
		HCN	218	
		VOC	7146	
		二噁英	6	
		颗粒物	3767	
MTBE/1-丁烯	甲醇回收塔排放废气	甲醇	3.263	
		NMHC	10.576	
裂解汽油加氢	加热炉烟气，真空泵尾气	NO_x	335.5	(以进料量计)
		颗粒物	18.64	

2 典型案例

2.1 炼化一体化项目流程设计

某加工能力 1000 万 t/a 某炼厂，计划转型升级，由燃料型炼厂转型为炼化一体化工厂，改造后的全厂流程图如图 1 所示。

原有炼油装置经升级改造并增设部分装置后，可年产 300 万 t/a 乙烯原料及 69 万 t 丙烯供下游化工装置。各装置规模及总加工量详见表 3。

表 3 炼油厂各装置规模及加工量一览表

序号	装置名称	装置设计能力/(万 t/a)	实际加工量/(万 t/a)	备注
1	常减压	1000	1000	
2	轻烃回收	200	197.41	
3	渣油加氢脱硫	450	450.68	
4	催化裂解	400	366.6	
5	蜡油加氢裂化	220	255.47	
6	柴油加氢裂化	250	255.2	
7	石脑油加氢	180	178.12	
8	连续重整	350	348.46	
9	芳烃联合	200	356.22	

续表

序号	装置名称	装置设计能力/(万 t/a)	实际加工量/(万 t/a)	备注
10	裂解石脑油加氢	80	78.23	
11	芳烃抽提	80	74.18	
12	产品精制	200	193.01	
13	C_1/C_2分离	60	60.77	
14	气分	160	157.47	
15	C_3/C_4分离	60	56.95	
16	烷基化	100	99.37	
17	硫黄回收	12+12	23.77	
18	PSA	280000	40.8	装置能力/(Nm^3/h)
19	制氢	30000	4.83	装置能力/(Nm^3/h)

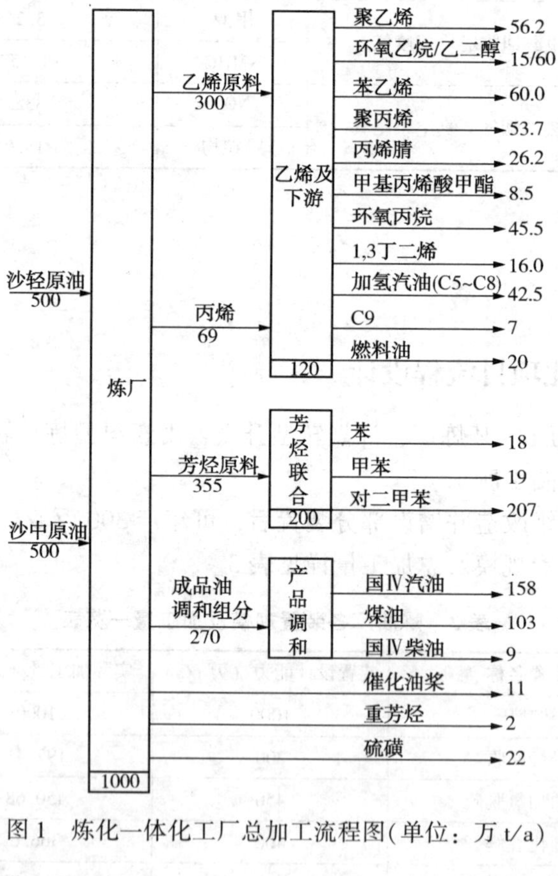

图1 炼化一体化工厂总加工流程图(单位：万 t/a)

炼厂下游配套乙烯裂解装置可生产120万 t/a 乙烯，副产44万 t/a 丙烯。化工厂乙烯下游配套包括：全密度聚乙烯装置，苯乙烯装置，及环氧乙烷/乙二醇装置。丙烯下游配套丙烯腈，环氧丙烷及聚丙烯装置。C_4下游配套丁二烯抽提，MTBE/丁烯-1装置。C_5^+下游配套汽油加氢装置。化工厂各装置规模及各产品产量，详见表4。

表 4　化工厂各装置规模及产品产量

序号	装置名称	装置设计能力/(万 t/a)	实际产量/(万 t/a)	备注
1	乙烯裂解	120	119.8	
2	全密度聚乙烯	60	56.23	
3	苯乙烯	60	60	
4	环氧乙烷/乙二醇	15/60	15/60	62 万 tEOE
5	聚丙烯	55	53.72	
6	环氧丙烷	45	45.5	
7	丙烯腈	26	26	
8	MMA	9	8.5	合并至丙烯腈
9	丁二烯抽提	16	16	
10	MTBE/1-丁烯	6/2	5.6/1.8	
11	裂解汽油加氢	43	42.5	以加工量计

2.2　计算说明

结合上文炼油厂各装置规模及加工量一览表(表 3)和炼厂常见装置单位污染物统计表(表 1)数据，应用下列公式，计算炼油厂的总排污量。

$$T_{\mathrm{Rr}} = \sum C \times U_{\mathrm{R}} \tag{1}$$

式中　T_{Rr}——炼厂污染物总排放量，kg/a；

C——原料加工量，万 t/a；

U_{R}——单位加工量排放值，kg 污染物排放量/万 t 加工量。

结合上文化工厂各装置规模及加工量一览表(表 4)和乙烯厂及下游装置排污统计表(表 2)数据，应用下列公式，计算化工厂的总排污量：

$$T_{\mathrm{Rc}} = \sum P \times U_{\mathrm{R}} \tag{2}$$

式中　T_{Rc}——化工厂污染物总排放量，kg/a；

P——产品产量，万 t/a；

U_{R}——单位产品量排放值，kg 污染物排放量/万 t 产品产量。

2.3　废气总排污量统计

经计算，对于本炼化一体化项目的炼厂装置及化工装置分别归纳统计，根据式(1)及式(2) 得出以下统计表 5 中数据。

表 5　炼厂排污总量及分布情况表

序号	装　置	SO_2 占比/%	NO_x 占比/%	颗粒物占比/%	HCl 占比/%	氨占比/%
1	常减压装置	0.70	8.61	0.00		
2	轻烃回收	0.00	0.00	0.00		
3	渣油加氢脱硫	3.02	4.07	0.00		

续表

序号	装　置	SO_2占比/%	NO_x占比/%	颗粒物占比/%	HCl占比/%	氨占比/%
4	催化裂解	65.12	43.76	72.08		100.00
5	蜡油加氢裂化	0.36	5.75	0.00		
6	柴油加氢裂化	0.98	2.77	1.04		
7	石脑油加氢装置	0.11	2.11	0.72		
8	连续重整	0.10	1.93	0.66	100.00	
9	芳烃联合	17.51	18.49	22.15		
10	裂解石脑油加氢	0.36	7.66	0.46		
11	产品精制	0.25	0.00	0.00		
12	硫黄回收	11.47	4.85	2.90		
总量/(kg/年)		681056	1612340	538432	235	14910

从表5可见，改造后炼厂最大的污染物是NO_x，其次为SO_2，排在第三位为颗粒物。该炼厂的主要污染物主要来自催化裂解装置，其次是芳烃联合和硫黄回收装置。

表6　化工厂排污总量及分布情况表

序号	装　置	SO_2占比/%	NO_x占比/%	颗粒物占比/%	NMHC占比/%	VOC占比/%	HCN占比/%
1	乙烯裂解	0.16	67.01	1.04	45.72	0.00	0.00
2	环氧乙烷/乙二醇	0.00	0.62	0.73	0.00	0.00	0.00
3	全密度聚乙烯	0.00	0.00	12.99	0.00	0.00	0.00
4	苯乙烯(含乙苯)	0.00	2.97	11.78	17.84	0.02	0.00
5	聚丙烯	0.00	0.00	1.51	0.00	0.50	0.00
6	环氧丙烷	0.17	1.18	0.66	0.27	36.82	0.00
7	丙烯腈	99.67	27.24	70.72	36.15	62.65	100.00
8	MTBE/1-丁烯	0.00	0.00	0.00	0.02	0.01	0.00
9	裂解汽油加氢	0.00	0.97	0.57	0.00	0.00	0.00
总量/(kg/年)		381342	1466458	138500	399460	296575	5668

从表6可见，化工厂最大的污染物是NO_x，其次为HCN(污染当量占比)，第三位是SO_2。丙烯腈装置(包括配套的SAR及MMA装置)是该工厂主要污染物来源，应予以重点关注。乙烯裂解、苯乙烯等装置也是减排重要的针对对象。

另外，部分公用工程装置，如蒸汽锅炉，火炬等，在生产过程中也有废气排放，其主要污染物为汞、NO_x和SO_2。本炼化一体化工厂配套公用工程装置污染排放量见表7。

表7　全厂公用工程排污总量

序号	装　置	汞占比	SO_2占比	NO_x占比
1	公用工程	100.00	100.00	100.00
总量/(kg/a)		58.39	162500	331500

3 废气治理措施

3.1 废气回收及综合利用

3.1.1 硫黄回收

炼化一体化项目一般设置硫黄回收装置用于回收炼油各装置富胺液、酸性水中的 H_2S，生产固体硫黄产品。一般采用“Claus+尾气处理”工艺流程提高总硫回收率，执行特别排放限值的区域增设尾气脱硫段进一步降低 SO_2 排放量。

3.1.2 废酸回收

设废酸回收装置回收烷基化、丙烯腈等装置产生的废硫酸，回收制成产品硫酸返回原装置，从源头上减少了 SO_2 排放。

3.1.3 可燃气体回收

干气分离装置、芳烃联合装置、乙烯装置富产的可燃气可回收至项目燃料气系统作为燃料使用。

3.2 SO_2、NO_x、颗粒物的治理措施

3.2.1 加热炉、裂解炉、锅炉烟气

炼化一体化项目各加热炉、裂解炉、锅炉等一般以炼油部分自产脱硫燃料气、化工部分自产不含硫燃料气及外购低硫天然气为燃料，从根本上减少二氧化硫的排放；各装置工艺加热炉可采用低氮或超低氮燃烧器降低氮氧化物排放量，乙烯裂解炉、锅炉设置 SCR 脱硝设施。

3.2.2 催化裂化装置再生烟气脱硫脱硝除尘

催化裂化装置设烟气脱硫脱销除尘设施，去除烟气中含的 SO_2、NO_x 和催化剂粉尘。脱硝部分采用 SCR 设施，脱硝效率可达 80%以上；脱硫及除尘主要采用湿式洗涤，对 SO_2 和颗粒物的去除率分别可达到 90%和 80%以上。

3.2.3 合成树脂装置含尘废气

合成树脂装置添加剂倒袋站、挤出造粒过滤器、粒料干燥机等排放气，主要污染物为颗粒物，一般采用袋式除尘或旋风分离器，除尘效率不小于 99%。

3.3 含 VOCs 废气的治理措施

原油罐一般采用外浮顶罐油气空间、设置刮蜡设施，采用一二次密封以及氮气密封保护系统或采取一二次密封填料等措施，从源头上控制油气外排；汽油、煤油、柴油储罐及甲醇、丙酮等一般采用内浮顶罐及高效密封；液化气、轻烃、丙烯、丙烷、轻石脑油等轻质物料，均采用压力球罐。同时为加强毒性液体的泄漏和逸散控制，可采用全接液高效密封钢制或一体式复合材料浮盘，设置氮封系统、密闭收集与排放，并对三苯、苯乙烯等储罐设置油气回装置等措施，优选密封材料，做到源头治理。

汽油、航煤、三苯、化工中间物料、苯乙烯等物料均采用全密闭装卸，并设置油气回收设施。

3.4 综合回收效果分析

结合实际工程数据，重点污染物，如NO_x、SO_2、颗粒物等，在经处理后，总排放量能降低至90%以下，文中按减排90%计算；其余污染物，如非甲烷总烃及VOCs等，经处理后，同比降低率也可达到70%以上。文中按减排70%计算。

4 减排措施的经济分析

4.1 环保设施投资估算

根据工程经验估算项目工艺装置投资，本项目所用炼油+化工全部工艺装置投资约为295亿元人民币，工艺装置配置环保设施取值按总投资1.5%进行计算，约为4.425亿元。

估算本项目供热工程及火炬罐区总投资约为47亿元人民币，公用工程配套环保设施按总投资2%进行计算，约为0.94亿元。

本项目环保设施，总投资按5.37亿元进行计算。

4.2 运营期成本费用估算

环保设施主要消耗物为公用工程及化学品消耗。综合以往工程经验，本炼化一体化工厂，环保设施的可变成本按1050万元/年进行估算。

环保设施运营期完全成本如表8所示。

表8 环保设施运营期成本表

序　　号	项目	年均总成本/(万元/年)
1	可变成本	1050
2	制造费用	4733
3	管理费用	105
4	财务费用	622
5	完全成本	6510

4.3 成本比较

工艺装置生产总污染物排放当量见表9。

表9 工厂污染物排放当量表

区　　块	污染物	当量值
炼油厂	NO_x	1697200
	SO_2	716901
	颗粒物	246987
	总计	2661088

续表

<table>
<tr><th>区 块</th><th>污染物</th><th>当量值</th></tr>
<tr><td rowspan="4">化工厂</td><td>NO_x</td><td>1543640</td></tr>
<tr><td>HCN</td><td>1133600</td></tr>
<tr><td>SO_2</td><td>401413</td></tr>
<tr><td>总计</td><td>3078653</td></tr>
<tr><td rowspan="4">公用工程</td><td>汞</td><td>583900</td></tr>
<tr><td>NO_x</td><td>348947</td></tr>
<tr><td>SO_2</td><td>171053</td></tr>
<tr><td>总计</td><td>1103900</td></tr>
<tr><td colspan="2">全厂当量值</td><td>6843641</td></tr>
</table>

按1.4元/当量计算当前环保税，应纳税958万元/年。结合3.4中结论，处理前总排放当量50142768单位/年，排污费用7020万元/年，每年费用合计7978万元。经计算，增加环保设施后，年均完全成本为6510万元，能够节约成本1468万元，资金利用效率明显提升，项目的整体经济效益得到优化。

5 总结

本文以典型炼化一体化工程为例，结合工程数据，统计各装置废气源，主要污染物进行了归纳与分析。并根据装置的实际生产负荷，对主要污染物运行周年内的总排放量进行了统计计算。对重点排污单元进行了分类比较，针对性的写出减排措施，并进行经济合理性论证。

对炼化一体化项目进行废气治理措施的方案规划时，除了需要考虑技术可靠性及经济合理性外，也要综合考虑地方经济情况、政策导向等诸多因素，多次比选，方可制定出用于项目前期及工程设计的最佳方案，提高项目的综合效益。

参 考 文 献

[1] 谷丰．乙烯工程废气排污的调查分析与防控对策[J]．石油化工安全环保技术，2018(01).

[2] 李国清，候凯峰，王玉翠．炼油厂总工艺流程设计[M]．北京中国石化出版社，2017：287-394.

[3] 刘昭．炼化企业挥发性有机物(VOCs)排放量核算研究[D]，青岛：中国石油大学(华东)，2007.

蓬莱老化原油高频电场脱水技术研究

董　健，马方义，耿付海，郭　凯，潘　岩，李　昊

（中海油炼油化工科学研究院，山东青岛　266500）

摘　要　在渤海蓬莱老化原油油品性质分析的基础上，针对破乳脱水困难的老化油，考察了在矩形波高频交流电场作用下，温度、电场频率、电场强度参数对老化油乳化液脱水效果的影响。实验结果表明：采用矩形波高频电场，在一定范围内，随着温度、电场频率以及电场强度的增加，老化油的脱水效果变好。但在油水界面会形成黑色絮状物，絮状物中硫、氮以及金属元素含量较高，需要采用其他方式进行处理。

关键词　蓬莱老化原油　高频电场　矩形波　絮状物

1　概述

近年来，随着渤海蓬莱油田进一步开发，为保证原油产量的稳定，油田现场采取了一系列增产措施，各类助剂用量随之增加，采出的原油乳化严重并逐渐稳定，致使原油系统中乳化层增厚，未分离的乳化层及污水系统的回收油进入了FPSO原油舱内堆积，形成老化油。老化油中的化学药剂主要有修井液、钻井泥浆及采油过程中加入的杀菌剂、阻垢剂和缓蚀剂，采出液分离时加入的破乳剂，污水处理中加入的絮凝剂(如大分子有机絮凝剂)，以及一定量的聚合物[1-2]。老化油在蓬莱FPSO号上占据了大量宝贵舱容[3]，制约油田的增产，一旦大量掺炼到外输原油中，会严重影响下游炼厂中电脱盐操作，造成电脱盐罐乳化严重，电流电压波动大，排水发黑等一系列生产问题。

目前关于老化原油处理方法主要有以下几种[4]：混掺及回掺处理技术；热化学处理技术；电场处理技术；离心处理技术；超声波处理技术；微波处理技术；生物处理技术等。但不同的处理技术都有其优缺点，本文主要采用高频电场对蓬莱老化原油进行脱水处理，探索蓬莱老化原油在矩形波高频电场作用下，温度、电场频率以及电场强度对老化油破乳脱水的影响。

2　实验材料及方法

2.1　老化油性质

实验用原油为渤海蓬莱油田的老化原油，具体原油性质如表1所示。由表1可以看出，老化原油含水为47.5%，含水较高，而外输原油要求含水指标为5%以下。老化原油不仅密度大、黏度大、酸值高，还含有较高的Fe、Ca、Na、Mg等金属元素，胶质、沥青质含量也

较高。这些因素造成老化油破乳脱水难，不能单纯靠重力自然沉降而分离。

表1 蓬莱老化原油性质

分析项目	分析数据	分析项目		分析数据
密度(20℃)/(g/cm³)	0.9575	金属元素分析/(μg/g)	Fe	2660
运动黏度(40℃)/(mm²/s)	483.6		Ca	719
水　分/%	47.5		Na	4929
盐含量/(mgNaCl/L)	1013.7		Mg	448
酸值/(mgKOH/g)	4.6		Si	960
沥青质/%	1.54		Al	537
胶　质/%	35.08		P	80.2
残　炭/%	7.68		Ba	268
			K	218
			Ni	34.6

老化油含水、含盐高，导电性强，在常规工频电脱水设备处理，经常会出现电流过大，脱水电场无法建立等情况，利用高频/高压脉冲交流电场进行老化油破乳脱水处理，在破乳效率、能耗和电场稳定性方面有更大优势[5~6]。

2.2 实验仪器

实验所用仪器主要为DTS-4C高频电场石油密闭脱水仪。DTS-4C高频电场石油密闭脱水仪采用矩形波交流脉冲电源。相对于正弦波、三角波和脉冲直流，矩形波电压波形对老化油乳化液脱水率最高[7]。

矩形波交流脉冲电源基本原理是首先把交流220V的电网电压经全桥整流后变成直流，再把连续可调的直流经转换成交流矩形波电压输出，且电压的幅值、频率、脉宽连续可调。通过变频智能相应电源，实现对DTS-4C高频电场石油密闭脱水仪工艺参数的调节。变频智能相应电源控制柜，如图1所示。石油密闭脱水仪中釜体最大容积为1000mL，每次实验装油样体积范围在300~800mL，如图2所示。

图1 变频智能相应电源控制柜

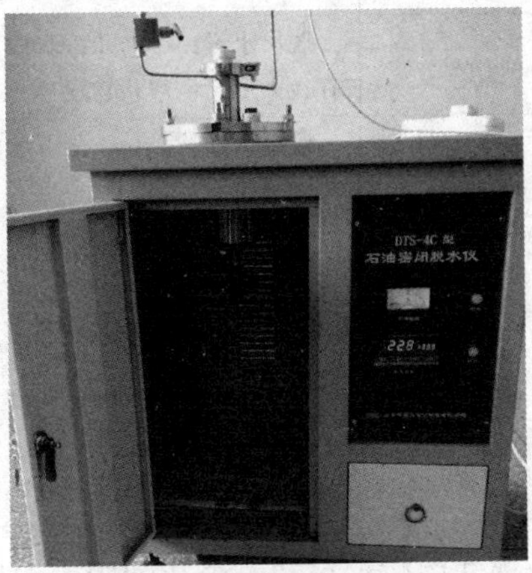

图2 石油密闭脱水仪

2.3 实验方法

老化原油高频电场法脱水具体流程如下：

（1）将原油倒入釜体内，以装满釜体的三分之二为宜。盖好倒油口盖，装上卡箍并拧紧。氮气置换，打开放空阀，并通入氮气进行置换3次。

（2）加热样品，将温度控制器上的温度设定在60~130℃左右，设定的最高温度不得超过150℃，设定完成后开启加热开关。

（3）设定脱水工艺参数，根据样品性质设置合适的脱水电压、脱水频率以及脱水电流。当样品温度达到设定温度后，开启高压电送电开关，并观察脱水电压、频率是否稳定。

（4）按照脱水时间进行高压电脱水试验，完成加热脱水实验后，关闭高压电送电开关，并将釜体温度控制器上的温度给定值设定至室温，进行降温。

（5）排空。慢慢拧动排空阀使釜体内的压力缓慢排出，当釜体内的压力完全排出后，打开釜盖，将试验分离出的水放出。

（6）取样分析时，请放出部分油水过渡层，然后取所需的油样进行水含量测定。

3 高频电场处理老化油脱水效果

3.1 不同温度对老化油脱水影响

实验过程：

（1）取700mL含水率40%左右的蓬莱老化原油置于DTS-4C高频电场石油密闭脱水仪中进行实验；

（2）设定电脱水工艺条件为：电场频率3000Hz，电场强度1000V/cm，电场停留时间为120min，压力0.45MPa。进行5组实验，分别查看脱水温度为90℃、130℃、120℃、110℃、100℃条件下的脱水效果。实验结果见表2。

表2 不同温度老化油高频电场脱水效果

序号	脱水温度/℃	效果描述	处理后老化油含水率/%
1	90	脱出水量约140mL，水质发黄，存在挂壁现象，油水界面位置存在大量黑色絮状物	11.2
2	100	脱出水量约210mL，水质发黄，存在挂壁现象，油水界面存在较多黑色絮状物	4.65
3	110	脱出水量约240mL，水质发黄，存在挂壁现象，油水界面位置存在较多黑色絮状物	3.32
4	120	脱出水量约260mL，水质发黄，底部存在挂壁现象，油水界面位置存在少量的黑色絮状物	0.91
5	130	脱出水量约260mL，水质发黄，存在挂壁现象，油水界面位置存在少量黑色絮状物	0.55

分析表2中数据可知，老化油脱水温度越低，处理难度变大，脱水越困难。当脱水温度在120℃以上时，脱水量逐渐平缓。在脱水温度130℃时，脱水后老化油含水量为0.55%。

温度越高，分子运动越剧烈，被电场极化的小水珠更容易形成大水珠，使油水分离。

3.2 不同电场频率对老化油脱水影响

实验过程：

（1）取700mL含水率40%左右的蓬莱老化原油置于DTS-4C高频电场石油密闭脱水仪中进行实验；

（2）设定电脱水工艺条件为：温度控制在120℃，电场强度1000V/cm，电场停留时间为120min，压力0.45MPa。进行6组实验，分别查看电场频率为1000Hz、1500Hz、2000Hz、2500Hz、3000Hz、3500Hz条件下的脱水效果。实验结果见表3。

表3 不同电场频率老化油电脱水效果

序号	电场频率/Hz	效果描述	处理后老化油含水率/%
1	1000	脱出水量约150mL，水质发黄，存在挂壁现象，油水界面位置存在较多黑色絮状物	8.15
2	1500	脱出水量约210mL，水质发黄，底部存在挂壁现象，油水界面位置存在较多黑色絮状物	5.03
3	2000	脱出水量约240mL，水质发黄，存在挂壁现象，油水界面位置存在少量的黑色絮状物	3.64
4	2500	脱出水量约250mL，水质发黄，存在挂壁现象，油水界面存在少量的黑色絮状物	1.81
5	3000	脱出水量约260mL，水质发黄，存在挂壁现象，油水界面位置存在少量的黑色絮状物	0.71
6	3500	脱出水量约260mL，水质发黄，存在挂壁现象，油水界面位置存在少量的黑色絮状物	0.65

分析表3中数据可知，随着电场频率的增大，老化油脱水量增加，处理后老化油的含水率减少。在2000~3500Hz范围内，满足外输原油含水(<5%)要求。

在其他参数不变的情况下，随着电场频率的升高，水滴的振动增加，加快了水滴的聚结速度，油水界面膜容易破裂，脱水效率最高。在一定范围内，随着外施电场频率的升高，脱水率有所升高。

3.3 不同电场强度对老化油脱水影响

实验过程：

（1）取700mL含水率40%左右的蓬莱老化原油置于DTS-4C高频电场石油密闭脱水仪中进行实验；

（2）设定电脱水工艺条件为：温度控制在120℃，电场频率3000Hz，电场停留时间为120min，压力0.45MPa。进行5组实验，分别查看电场强度分别为500V/cm、750V/cm、1000V/cm、1250V/cm、1500V/cm条件下的脱水效果。实验结果见表4。

表4 不同温度老化油高频电场脱水实验

序号	电场强度/(V/cm)	效果描述	处理后老化油含水率/%
1	500	脱出水量约210mL，水质发黄，存在挂壁现象，油水界面位置存在较多的黑色絮状物	4.86
2	750	脱出水量约240mL，水质发灰，底部存在挂壁现象，油水界面位置存在较多的黑色絮状物	3.42
3	1000	脱出水量约260mL，水质发黄，存在挂壁现象，油水界面位置存在少量黑色絮状物	0.66
4	1250	脱出水量约260mL，水质发黄，存在挂壁现象，油水界面存在少量的黑色絮状物	0.64
5	1500	脱出水量约260mL，水质发黄，存在挂壁现象，油水界面位置存在少量的黑色絮状物	0.59

分析表4中数据可知，在一定范围内，随着电场强度的增大，老化油脱水量增加，处理后老化油的含水率减少。电场强度在1000~1500V/cm范围内，老化油脱水量变化不大。

3.4 油水界面絮状物性质分析

在高频电场处理蓬莱老化油实验中，在油水界面均存在不等量的黑色絮状物，对絮状物性质分析，具体数据见表5。

表5 老化油油水界面絮状物分析结果

分析项目 / 样品名称	老化油油水界面絮状物
碳含量/%	64.03
氢含量/%	11.49
硫含量/(μg/g)	6589.5
氮含量/(μg/g)	2353.2
残炭/%	8.58

分析项目 / 样品名称		老化油油水界面絮状物
金属元素分析/(μg/g)	Fe	6592
	Si	1690
	Al	1136
	Ba	976.0
	Ca	1454
	Na	3081
	Mg	581

由表5老化油的油水界面处絮状物分析结果可知，絮状物中硫含量高达6589.5μg/g；金属元素分析显示Fe元素含量高达6592μg/g，Ca元素含量为1454μg/g，Na元素含量为3081μg/g。絮状物集中在油水界面处，不仅含有大量的金属元素，而且含有较多的水分。需要对油水界面处的絮状物单独抽出进行处理，以免对下游炼厂加工带来影响。

4 结论

(1) 蓬莱老化油密度大、黏度大、酸值高、含水高，采用矩形波高频电场，能够建立稳定的电场，实现老化油的破乳脱水。

（2）在一定范围内，随着温度、电场频率以及电场强度的增加，蓬莱老化油的脱水效果变好。

（3）采用高频电场处理蓬莱老化油，油水界面会形成一层黑色的絮状物，絮状物中硫、氮以及金属元素含量较高，需要采用其他方式进行处理。

参考文献

[1] 包秀萍，郭丽梅．老化油形成机理及处理方法探讨[J]．杭州化工，2008，38(4)：7-9，16.

[2] 仝坤，宋启辉，刘光全。老化油处理技术研究进展[J]．化工环保，2018，38(6)：1-6.

[3] 杨秘，马兆峰，王聚锋，等．渤海油田老化油处理工艺研究[J]．工业水处理，2018，38(07)：87-90.

[4] 王兆坤．油田老化油电脱水新工艺及设备的研究[D]．中国石油大学，2012.

[5] 肖蕴，赵军凯，许涛，等．原油电脱水器技术进展[J]．石油化工设备，2009，38(6)：49-53.

[6] Friedemann J D，Nilsen P J，Piasecki W. Electrostatic attraction of particles：The implications of field theory on coalesce design[J]. Petroleum Science & Technology，2004，22(7-8)：1087-1096.

[7] 陈家庆，黄松涛，沈玮玮，等．W/O 型原油乳化液高频电场破乳特性实验[J]．油气储运，2017，36(06)：694-701.

MBR 膜处理技术在低盐含油污水回用的长周期应用实践

梁嘉杰，赵海云，王 辉

（中国石化上海石油化工股份有限公司，上海 200540）

摘 要 本文主要阐述 MBR 装置在日常运行中的控制重点与膜清洗方式，以保证 MBR 装置在长周期运行中，在出水稳定达到循环冷却水补充水水质标准的前提下，始终维持较高的膜产水量并在膜组件受到严重污染后能够较快恢复产水量。

关键词 低盐含油污水 膜生物反应器 中空纤维膜 膜污染 膜清洗

1 背景

石油炼化企业在生产过程中需要耗用大量的工业水，同时也伴随着较大的排污量，根据国家节能减排、可持续发展的总体战略规划与对石油炼化行业节水减排的要求，石油炼化企业需不断提高水的循环使用量，在节约新鲜水使用量的同时，持续减少污染物排放量[1]。为此，上海石化于 2014 年底，建成投运 MBR（膜生物反应器）回用处理装置，用于处理低含盐含油污水，出水作为前方生产装置的循环冷却水补水使用。在四年多的运行时间里，通过合理有效的工艺控制与膜清洗方式，出水水质能够稳定保持 COD≤35mg/L、氨氮≤0. 5mg/L、电导率≤1200μS、浊度≤1 NTU，同时膜产水量基本维持在设计最大膜产水量（1200t/h）的 90%以上，在大幅提高上海石化污水回用量的同时，有效削减了外排污水污染物总量。

2 废水水质与污水处理工艺流程

2.1 废水水质特征

表 1 MBR（膜生物反应器）回用处理装置设计进出水水质表

项 目	设计进水水质	设计出水指标	实际出水指标
pH	6~9	6~9	6~9
总进水 COD_{Cr}/（mg/L）	≤700		
总进水氨氮/（mg/L）	≤30		
总进水石油类/（mg/L）	≤20		
总进水电导率/μS	≤1200		

续表

项　　目	设计进水水质	设计出水指标	实际出水指标
MBR 工艺段 COD_{Cr}/(mg/L)	≤180	≤50	≤35
MBR 工艺段氨氮/(mg/L)	≤15	≤5	≤1
MBR 工艺段石油类/(mg/L)	≤5~10	≤1	≤1
MBR 工艺段电导率/μS	800~1200	≤1200	≤1200
浊度(NTU)	—	≤1	≤1

2.2 工艺处理流程(图1)

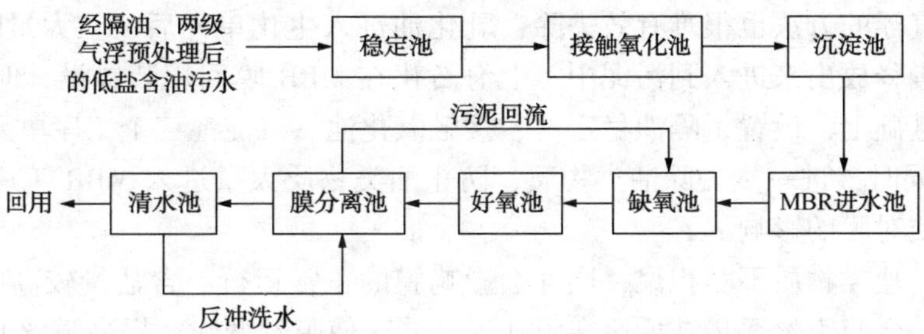

图1　MBR(膜生物反应器)回用处理装置工艺流程示意图

2.3 膜组件参数

MBR 膜组件采用 GE 公司 ZW-500 型，共 8 组膜产水池，每组产水池共 4 组膜组件，并联运行，设计最大产水量为 1200t/h。主要产水见表 2。

表2　膜组件主要参数表

主要技术参数	数　量	品　牌
2.11m(长)×1.75m(宽)×2.59m(高) 单片膜片面积：34.4 m^2 单组膜面积：1650m^2(单组为 48 片膜片) 膜通量：18.9L/(m^2·h) 膜反洗强度 34L/(m^2·h) 单组曝气冲刷强度 560m^3/h 材质 PVDF：年断丝率：小于 0.5‰	32 组	GE

3 工艺运行控制

MBR 膜长周期运行是否稳定良好，不仅取决于膜组件本身的质量，更重要的是整个处理系统在日常运行过程的生产工艺控制。总体来说，生产工艺控制主要在于进水预处理、膜污染控制、膜清洗三个方面，三个方面的运行控制将直接影响膜的使用周期与膜产水量[2]。

3.1 进水预处理

油类物质、颗粒或丝状悬浮物、含盐量对于膜组件都会产生不同程度的影响。其中油类物质对膜的总体影响较大。在运行过程中，油类物质的积累会使油类物质不断积聚并包裹在膜丝表面，堵塞膜表面的孔道。同时污泥在油类物质的作用，会黏附在膜丝表面，进一步使膜表面受到污染，堵塞膜孔道。大量含油的污泥由于黏度较大，气洗与反冲洗均很难将其去除，长期黏附于膜丝表面的污泥在曝气的作用下，会慢慢硬化并牢牢附着在膜表面，使膜面积大幅降低，严重影响产水量，因此MBR膜回用装置进水的油类控制十分重要。在炼化行业，含油污水通常采用二级气浮进行预处理，通过气浮将大部分油类物质去除，但在实际运行过程中，在受到油类物质冲击时，二级气浮不足以保证出水油类物质达标，同时含油污水中的乳化油用气浮的方法也很难有效去除，乳化油进入生化单元后，在大量曝气的作用下，油类物质会慢慢释放出来进入到污泥中。上海石化在MBR膜回用装置设计时，在进行二级气浮预处理的基础上，设置了隔油稳定池、接触氧化池、沉淀池三个工序单元，在去除部分COD与氨氮的同时，进一步去除油类物质，防止油类物质大量进入MBR工序单元，尽可能地降低油类物质对膜的影响。

盐类物质。盐类物质不断积聚，同样会影响膜的正常运行。含盐量较高的污水(电导率大于3000μS)，会使膜丝逐步结垢堵塞膜孔道，同时使膜丝变脆，提高膜丝的断丝率，使产水量受到影响。上海石化在设计之初，将低盐含油污水(电导率低于1000μS)进行单独收集，严格控制进水的含盐量，减低含盐量对膜丝的影响。

硬颗粒或丝状悬浮物。硬度较大的颗粒物会损坏膜表，导致膜孔道受损，严重会导致膜丝断裂。丝状悬浮物进入膜生物反应后，会使膜丝缠绕在一起，影响膜产水能力，因此在膜生物反应器前段应设置进水池并配有膜格栅等过滤装置，防止硬颗粒物质与丝状悬浮物进入MBR反应器。

3.2 膜污染控制

污泥浓度。MBR膜反应器强大的截留能力，可以使泥水完全分离，大幅提高系统内的污泥浓度，一般可以维持在8g/L以上，有文献记载甚至可以达到25g/L以上。较高的污泥浓度可以有效提高污泥负荷与系统容积负荷，大幅提高抗冲击能力，因此在运行中，一般都会按较高污泥浓度控制。但在长周期运行中，过高的污泥浓度并不利于MBR膜的正常运行，污泥浓度过高，会导致气洗效果变差，无法有效冲洗膜表面污泥。中空纤维膜结构，通常采用框式结构将膜丝进行固定，污泥浓度过高，会使膜框内部不断积聚污泥，导致膜丝表面覆盖大量污泥，同时使膜框膜丝不断膨胀并挤压，严重时会使膜框零件损坏，膜组件无法正常运行。在运行期间，在保持正常出水水质要求的前提下，将污泥浓度尽可能维持在较低的范围，一般可以控制在6g/L左右。

膜运行参数。MBR膜单元在运行过程中，主要控制参数为产水时间、停止产水时间、反冲洗周期、维护型次氯酸钠清洗周期、维护型柠檬酸清洗周期、曝气强度。上述控制参数，将影响膜产水能力与膜污染程度。目前上海石化MBR膜回用处理装置上述参数的设置分别为：

产水时间720s、停止产水时间40s、反冲洗周期18min、维护型次氯酸钠清洗周期为

48h、维护型柠檬酸清洗周期 168h、曝气冲刷强度 650m³/h。此工艺参数运行条件下，单组膜产水池(4 个膜组件)产量水可维持在 130t/h(最大产水量为 150t/h)，跨膜压差在 20~25kPa。通过长周期运行情况看，膜产水量衰减时间约为 3~4 个月，产水量衰减至约 80t/h，跨膜压差上升至 35 左右，膜反洗压力达到约 65kPa。当跨膜压差达到 35kPa 以上或产水量衰减至 80t/h，对膜组件进行恢复性清洗以恢复膜通量。上述控制参数根据不同运行方式与膜组件情况都会不同，但在运行过程中，上述参数需要根据膜组件的实际运行状态进行不断调整与优化。当膜运行周期已较长，可以适当将反冲洗周期、维护型清洗的周期与加药量进行提高，增加频率会延长时间，以提高效果。

在 MBR 膜运行过程中，膜污染无可避免，在保持较好的生产运行控制延长膜污染周期的同时，膜清洗变得尤其重要，合理有效的膜清洗将很大程度上恢复的受污染膜的通量，使膜能够正常使用。

膜的清洗主要分为两类，化学药剂清洗与机械清洗。化学药剂清洗分维护型清洗与恢复性清洗。上海石化 MBR 膜回用处理装置长周期运行过程中，采用机械清洗与化学药剂清洗组合的方式。其中化学药剂维护型清洗采用次氯酸钠与柠檬酸的组合清洗方式。次氯酸钠清洗周期为 2 天/次、清洗时间为 60min、药剂投加量为 120L(按次氯酸钠浓度 10%计)；柠檬酸清洗周期为 7 天/次、清洗时间 60min、药剂投加量为 250L(按柠檬酸浓度 40%计)，通过以上方式的药剂清洗可以有效延缓膜的污染周期，在 3~4 个月的时间内维持膜的正常产水量。

尽管在日常运行中，维护型清洗持续进行，但仍无法避免膜受到污染并最终导致膜产水量大幅下降。当此情况发生时，就需要进行恢复型的化学药剂清洗，彻底清除膜污染，恢复膜产水量。跨膜压差高于 35kPa 或膜产水量下降至正常产水量的 60%左右时就需要进行一次恢复型清洗。在 MBR 膜运行过程中，排除进水异常情况(如大量油类物质、高含盐污水、检修废水)外，膜的主要污染为微生物污染，在正常情况下，恢复型清洗主要应采用次氯酸钠药剂清洗。目前上海石化 MBR 膜回用处理装置的膜恢复型清洗采用大剂量次氯酸钠长时间浸泡方式。膜池用反冲洗水注满后，一次性投加次氯酸钠浓度为 2000~3000ppm，一般浸泡时间为 2~3 天。药剂浸泡一天后，利用产水系统进行产水约 30min 左右，使次氯酸钠药剂进入膜丝孔道，然后在浸泡 1 至 2 天时间，随后进行试产水。在试产水过程中，不直接进污水，通过采取不断抽水与补水的方式，以观察跨膜压差与膜产水量情况，判断膜的清洗效果。通过以上方式的清洗，跨膜压差可下降至 15kPa 以下、单组膜池膜产水量恢复至 130t/h 甚至更高(最大设计膜产水量至 150t/h)。MBR 膜使用大剂量次氯酸钠清洗时，需特别注意膜对氧化剂与氯离子的耐受程度，药剂投加量不可高于耐受上限，以免损坏膜丝。

在 MBR 膜运行过程中，应定期将膜组件吊出进行检查，发现膜丝膨胀情况严重或膜框内部出现大量积泥情况，此时需对膜组件进行机械清洗，将膜片拆卸后用清水清洗干净后，再采用大剂量次氯酸钠进行浸泡。

4 结论

(1) MBR 膜处理含油污水时，需严格控制进水石油类≤20mg/L、电导率≤1200mg/L；

(2) 在 MBR 膜运行中，污泥浓度不应保持过高，在保证出水水质的前提下，尽量保持污泥浓度在较低水平，一般可按6g/L进行控制；

（3）膜组件运行参数（反洗周期、反洗水量、曝气量、维护型药剂清洗周期等）需根据膜实际运行状态进行调整，以延长膜使用周期；

（4）恢复型清洗应采用化学清洗与机械清洗相结合的方式。化学清洗在不超过膜对药剂耐受上限的情况下，投加药剂可采用大剂量，同时延长浸泡时间，一般可浸泡2~3天时间；定期需对膜的积泥情况进行检查，通过机械清洗的方式，将膜片上的积泥进行清洗。

参 考 文 献

[1] 胡保安，连立国，陈卓，等．MBR和UF深度处理石化废水的比较研究[J]．中国给水排水，2006，22(15)：80-82.

[2] 李勇，钟捷．石化废水处理中MBR工艺的运行管理[J]．工业水处理，2011，31(12)：81-84.

无磷缓蚀阻垢剂在高浓缩倍数化工循环水系统中的应用

吴志文，杨维嵘，刘　超，陆杰军

（中国石化广州分公司，广东广州　510700）

摘　要　本文主要介绍ZH381GHP/ZH161GHP无磷缓蚀阻垢剂在中国石化广州分公司化工循环冷却水系统的工业应用情况。该药剂在循环水浓缩倍数高达6~10时腐蚀黏附控制均可达到中国石化相关标准要求，综合处理成本与原使用的含磷药剂情况相当，试验后期循环水的排放可达到GB 8978—1996《污水综合排放标准》一级标准磷小于0.5mg/L的指标，具有较好的社会及环保效益。

关键词　无磷缓蚀阻垢剂　高浓缩倍数　冷却水处理　缓蚀　阻垢

1　前言

工业循环冷却水在运行过程中，系统的管道和换热设备容易产生水垢和腐蚀，因此需要在冷却水中连续投加缓蚀阻垢剂，以保证换热设备的正常运行。目前，国内外循环冷却水使用的缓蚀阻垢剂仍以磷系配方为主，配方中一般含有无机磷或有机磷，磷含量一般在2~3mg/L(以P计)左右。磷是一种生物营养物质，磷的过度排放会对环境造成污染，破坏生态平衡。国家对污水排放标准的要求越来越严格，我国最新颁布的《石油炼制工业污染物排放标准》规定特别保护地区磷的直接排放标准限值为小于0.5mg/L(以P计)[1]，因此，使用传统磷系配方的循环水若直接排放，一般都会存在磷超标的问题，这种情况势必会制约磷系配方在循环水处理中的使用。

由于上述原因，近年来循环水无磷缓蚀阻垢剂的开发应用已然成为水处理行业的一个新的热点。迫于环保方面的压力，目前国内电力行业、中国石油、中国石化越来越多工业循环水系统开始应用无磷配方缓蚀阻垢药剂[2,3]。

目前，研究比较多的无磷无机缓蚀剂主要有钼酸盐、钨酸盐、硅酸盐、硝酸盐、硼酸盐和稀土化合物，其中硅酸盐、硝酸盐、硼酸盐的缓蚀性能较差，而钼酸盐、钨酸盐和稀土化合物的价格偏高；无磷有机缓蚀剂主要包括有机胺类、咪唑啉类、氨基羧酸类和硫代羧酸类。环境友好型无磷有机缓蚀剂是未来缓蚀剂的发展方向。

20世纪90年代，美国、德国等知名水处理企业相继开发成功了PESA和PASP无磷可生物降解的绿色水处理药剂及以此为主要成分的复合无磷药剂配方。国内也在2003年后相继实现了聚环氧琥珀酸(PESA)和聚天冬氨酸(PASP)的工业化生产[4]。

ZH381GHP无磷水处理缓蚀阻垢剂是赫尔普公司最新研制的新一代绿色环保水处理药剂，主要由聚环氧琥珀酸、聚马来酸、磺酸盐共聚物、唑类等组成，对碳酸钙、硫酸钙具有良好的阻垢分散能力，对锌、铁、锰、铜离子有较好的稳定作用，可促进水中锌离子在金属表面形成保护膜，对黑色金属和有色金属均具有良好的缓蚀作用，ZH381GHP 阻垢缓蚀剂剂对悬浮物也有良好的分散作用，其抑制水中离子成垢的边界条件可高达 1200mg/L(Ca^{2+}+$M_{碱}$ 以 $CaCO_3$计)，适于补充水成垢离子浓度较高及浓缩倍数较高的循环冷却水系统。实验室评价试验表明，该产品符合中国石油化工企业 Q/SH 0374—2010 水处理剂复合阻垢缓蚀剂技术标准Ⅰ类药剂(即无磷药剂)指标要求，经项目组讨论，决定在广州分公司公用工程部五循进行工业应用试验，以考察该产品的实际应用效果。

2 实验室评价试验

2.1 旋转挂片腐蚀试验

2.1.1 试验仪器

二十联旋转挂片腐蚀测试仪。

2.1.2 试验物料

(1) ZH381GHP：赫尔普公司提供。

(2) ZH161GHP：赫尔普公司提供。

(3) 试片：20#碳钢Ⅰ型标准试片(江苏)，面积为 28cm^2，24 片。

2.1.3 试验方法

参考 GB/T 18175—2000《水处理剂缓蚀性能的测定 旋转挂片法》。试验温度为50±1℃。

2.1.4 试验用水

各取 20L 东江补充水，根据四循、五循 2015 年现场水质分别配制浓缩倍数约为 1.5 和 8.8 的试验水质，见表 1 和表 2。

表 1 低浓缩倍数旋转挂片试验用水水质

项 目	pH	电导率/(μS/cm)	HCO_3^-/(mg/L)	Ca^{2+}/(mg/L)	Mg^{2+}/(mg/L)	Cl^-/(mg/L)	SO_4^{2-}/(mg/L)	NO_3^-/(mg/L)
配制水 1.5	8.02	458	100	37	5.3	82	53	33

注：表 1 中碱度 HCO_3^-为根据配方要求的调节值，以碳酸钙计。

表 2 高浓缩倍数旋转挂片试验用水水质

项 目	pH	电导率/(μS/cm)	HCO_3^-/(mg/L)	Ca^{2+}/(mg/L)	Mg^{2+}/(mg/L)	Cl^-/(mg/L)	SO_4^{2-}/(mg/L)	NO_3^-/(mg/L)
配制水 8.8	8.17	2690	192	220	31	482	312	193

注：表 2 中碱度 HCO_3^-以碳酸钙计。

2.1.5 试验结果与讨论

表 3、表 4 分别为赫尔普无磷配方药剂在浓缩倍数为 1.5 和 8.8 的化工模拟水质条件下的实验室评价结果。

表 3　无磷药剂在浓缩倍数为 1.5 腐蚀试验结果

药剂提供单位	投加浓度/(mg/L)	碳钢试片平均腐蚀率/(mm/a)	缓蚀率/%
赫尔普	ZH381GHP：75 ZH161GHP：30	0.0157	99.23
赫尔普	ZH381GHP：100 ZH161GHP：30	0.0289	98.58
空　白		2.0301	—

表 4　无磷药剂在浓缩倍数为 8.8 腐蚀试验结果

药剂提供单位	投加浓度/(mg/L)	碳钢试片平均腐蚀率/(mm/a)	缓蚀率/%
赫尔普	ZH381GHP：75 ZH161GHP：30	0.0112	96.80
赫尔普	ZH381GHP：100 ZH161GHP：30	0.0092	97.39
空　白		0.3511	—

表 3 和表 4 分别为低浓缩倍数和高浓缩倍数水质条件下配方的旋转挂片试验结果。可以看出，当 ZH381GHP 投加浓度为 75mg/L 时，在低浓缩倍数和高浓缩倍数条件下腐蚀速率分别达到 0.0157mm/a 和 0.0112mm/a，小于中国石油化工集团企业标准 Q/SH 0374—2010 腐蚀率 0.040mm/a 标准要求，缓蚀率均达到 96%以上。当 ZH381GHP 投加浓度为 100mg/L 时，在低浓缩倍数和高浓缩倍数条件下腐蚀速率分别达到 0.0289mm/a 和 0.0092mm/a，腐蚀率也可以达到小于中国石油化工集团企业标准 Q/SH 0374—2010 腐蚀率 0.040mm/a 标准要求，缓蚀率均达到 97%以上。

以上试验结果表明，赫尔普提供的无磷配方药剂在低浓缩倍数和高浓缩倍数化工模拟水质条件下均具有较好的缓蚀性能。

2.2　静态阻垢试验

2.2.1　实验仪器

(1) 恒温水浴锅(8 孔)，可恒温控制 80±1℃　1 台；

(2) 容量瓶　500mL　8 个。

2.2.2　试验方法

参照 GB/T 16632—1996《水处理剂阻垢性能的测定　碳酸钙沉积试验法》。

2.2.3　试验物料

(1) 钙盐贮备液

用试剂级无水 $CaCl_2$ 配制成含 $CaCl_2$ 22.16g/L 水溶液 1000mL，相当于含 Ca^{2+} 8.0mg/mL。标定采样为 1mL，加水 80mL，5mL200g/L KOH，用 0.01mol/L 的 EDTA 标准液和钙指示剂滴定。

(2) 碳酸盐贮备液

用试剂级 $NaHCO_3$ 配制成含 $NaHCO_3$ 25.20g/L 的贮备液 1000mL，相当于含 HCO_3^- 18.30mg/mL。标定采样为 5mL，加水 50mL，用 0.1mol/L 的 HCl 标准液和甲基橙指示剂

滴定。

（3）水处理剂预备液

ZH381GHP：25mg/mL，称2.50g，稀释至100mL。

Zn^{2+}：1.0mg/mL。

（4）硼砂缓冲液 pH=9

称取3.80g十水四硼酸钠（$Na_2B_4O_7 \cdot 10H_2O$）溶于水中并稀释至1L。

2.2.4 静态阻垢试验结果与讨论

表5为配方的阻垢沉积试验结果。可以看出，当ZH381GHP投加浓度为75mg/L时，碳酸盐阻垢率为86.69%，锌盐阻垢率为48.20%，当ZH381GHP投加浓度为100mg/L时，碳酸盐阻垢率为86.69%，锌盐阻垢率为48.05%，说明ZH381GHP投加浓度为75mg/L时和100mg/L的阻垢效果相当。

表5 阻垢沉积试验结果

药剂提供单位	投加浓度/（mg/L）	碳酸盐阻垢率/%	锌盐阻垢率/%
赫尔普	ZH381GHP：75 ZH161GHP：30	86.69	48.20
赫尔普	ZH381GHP：100 ZH161GHP：30	88.93	48.05

以上试验结果表明，赫尔普无磷药剂在总硬+总碱为1200mg/L时仍具有较好的碳酸盐阻垢性能和稳锌性能。

2.3 药剂的质量指标实测值

表6为赫尔普无磷药剂质量指标实测数据。ZH381GHP药剂呈碱性，总磷含量为0.12%，ZH161GHP呈酸性，锌盐含量为11.13%；可以看出，相关指标均符合中国石油化工集团企业标准Q/SH 0374—2010水处理剂复合阻垢缓蚀剂技术标准Ⅰ类药剂（即无磷药剂）指标要求。

表6 药剂质量指标实测值

药剂名称	pH（1%）	密度/（g/cm^3）	固含量/%	总磷（PO_4^{3-}计）/%	Zn^{2+}/%	（唑类）/%
ZH381GHP	9.14	1.2561	42.07	0.12	—	2.78
ZH161GHP	2.57	1.2653	30.32	—	11.13	—

2.4 实验室评价试验结论

（1）从药剂质量指标实测值来看，赫尔普无磷药剂符合中国石油化工集团企业标准Q/SH 0374—2010水处理剂复合阻垢缓蚀剂技术标准Ⅰ类药剂指标（即无磷配方药剂指标）要求。

（2）从药剂的实验室缓蚀性能评价结果来看，赫尔普无磷配方药剂具有良好缓蚀性能，无论是在低浓缩倍数还是在高浓缩倍数的条件下缓蚀率均达到96%以上。

（3）从药剂的实验室静态阻垢性能评价结果来看，赫尔普无磷药剂具有较好的阻垢性能，在总硬+总碱为1200mg/L的条件下，在使用浓度为75mg/L时，碳酸盐阻垢率可达到86%以上，稳锌率也可达到48%。

3 工业应用试验实施情况

3.1 循环水系统工艺参数

广州分公司公用工程部五循为化工循环水系统，主要为其年产22万吨乙烯厂的聚乙烯、聚丙烯一、聚丙烯三、聚苯乙烯、干气制乙苯等装置提供冷却用水。表7为循环水系统工艺参数。

表7 循环水系统工艺参数

项目	五循	项目	五循
系统保有水量/m^3	6000	实际补充水量/(m^3/h)	117(新鲜水)
实际循环水量/(m^3/h)	10260	浓缩倍数	4
实际进出水温差ΔT/℃	7.85	系统材质	碳钢、铜、不锈钢

3.2 循环水系统的化学清洗和基础处理

鉴于节约试验成本以及五循在PP3装置投用循环水后已安排补膜，在试验转换配方前，五循不另行进行剥离清洗及预膜，总磷浓度降低至3mg/L以下，总锌(以Zn^{2+}计)浓度降至3mg/L以下，即转入无磷配方的投药运行。

日常运行药剂及使用浓度见表8。

表8 日常运行药剂使用浓度

水处理药剂名称	使用浓度/(mg/L)	水处理药剂名称	使用浓度/(mg/L)
ZH381GHP	75~100	ZH161GHP	10~30

3.3 无磷药剂的日常运行试验

系统于2016年12月21日转入正常运行控制，逐步提高浓缩倍数运行，调整自动加药系统，对无磷阻垢分散剂ZH381GHP实现自动控制投加，对无磷缓蚀剂ZH161GHP实现手动控制投加。表9为日常水处理药剂的投加浓度及控制方式，表10为水质管理目标值及分析频率。

表9 水处理药剂的投加及控制方式

药剂名称		投加量/(mg/L)	投加方式	控制方式
阻垢分散剂	ZH381GHP	75~100	连续投加	根据药剂浓度分析结果调整投加量
缓蚀剂	ZH161GHP	10~30	连续投加	根据锌离子分析结果调整投加量
氧化杀菌剂	TCCA		连续投加	根据游离氯分析结果调整投加量

表 10　水质管理目标值及分析频率

项　目	指　标	分析频率		分析方法
		循环水	补充水	
pH	7.0~8.5	一次/班	二次/周	按中国石化公司“冷却水分析和试验方法”分析
电导率/(μS/cm)	≤5000	一次/天	二次/周	
浊度 NTU	≤20	一次/班	二次/周	
总碱度(以 $CaCO_3$ 计)/(mg/L)	60~350	二次/周	二次/周	
总硬度(以 $CaCO_3$ 计)/(mg/L)	≤800	二次/周	二次/周	
Cl^-/(mg/L)	≤700	二次/周	二次/周	
总铁/(mg/L)	≤1.0	二次/周		
游离氯/(mg/L)	0.2~1.0	一次/天		
COD_{Cr}/(mg/L)	≤180	二次/周		
总磷(以 PO_4^{3-} 计)/(mg/L)		一次/班		
锌浓度(Zn^{2+}计)/(mg/L)	1.0~4.0	一次/班		
药剂浓度/(mg/L)	60~80	在线		
异养菌/(个/mL)	≤1.0×10^5	二次/周		
生物黏泥/(mL/m^3)	≤2.0	二次/周		
碳钢腐蚀速率/(mm/a)	≤0.075	一次/月	—	
铜腐蚀速率/(mm/a)	≤0.005	一次/月		
黏附速率/mcm	≤15	一次/月		
浓缩倍数(以 K^+计)N	≥4.0	二次/周	—	

考虑到循环水中总磷影响因素较多，因此试验阶段未规定循环水总磷控制指标值。

药剂浓度由自动加药设施配置的在线检测仪器实时采样分析。

3.4　工业应用试验结果与讨论

通过各方的努力，对五循的水质日常管理、水处理加药设施和水处理系统等进行了改进、优化和调整，无磷配方工业应用试验进展顺利。

表 11、表 12 分别为 2016 年 12 月 21 至 2017 年 6 月 30 日期间水质控制指标及水处理效果达标率表。监测结果表明，循环水水质控制合格率总体良好。循环水总磷平均值仅为 0.54mg/L，达到了我国目前的国家标准废水排放二级标准磷小于 1mg/L 的要求；锌离子平均值为 1.26mg/L，达到小于 2mg/L 的直接排放标准要求；生物黏泥、腐蚀率、黏附速率等水处理效果指标均达到中国石化有关标准要求，与上年度情况相当。

表 11　五循水质控制指标达标率表

循环水项目	协议指标	2016 年 12 月 21 日 ~2017 年 6 月 30 日水质分析数据统计				
		平均值	最大值	最小值	合格率%	备　注
pH	7.0~8.5	7.9	8.3	7.1	100	异养菌根据技开部分析数据统计，其他根据检验中心分析数据统计。
电导率/(μS/cm)	≤5000	1660	2450	900	100	
浊度/NTU	≤20	7.93	16.7	1.9	100	
总碱度($CaCO_3$计)/(mg/L)	60~350	142.74	203.40	100.38	100	
总硬度($CaCO_3$计)/(mg/L)	≤800	448.95	636.50	254.60	100	
Cl^-/(mg/L)	≤700	281	465	170	100	
总铁/(mg/L)	≤1.0	0.43	1.02	0.09	100	
游离氯/(mg/L)	0.2~1.0	0.62	1.0	0.50	100	
COD_{Cr}/(mg/L)	≤180	71.64	110.00	40.00	100	
总磷(以 P 计)/(mg/L)		0.54	1.33	0.14	—	
锌(Zn^{2+}计)/(mg/L)	1.0~4.0	1.26	1.86	1.00	100	
药剂浓度/(mg/L)	60~80	72.3	95	60	100	
异养菌/(10^5个/mL)	≤10^5	0.42	7.4	0.0001	90	
浓缩倍数(以 K^+计)N	≥4.0	8.34	10.90	4.70	100	
水质指标综合合格率	≥90%				99	

表 12　水处理效果达标率表①

试管及循环水数据	生物黏泥/(mL/m^3)	碳钢腐蚀速率/(mm/a)	铜腐蚀速率/(mm/a)	碳钢黏附速率/mcm	铜黏附速率/mcm
协议指标	≤2.0	≤0.075	≤0.005	≤15	≤15
2017.01	≤1.0	0.022	0.0012	7.36	3.25
2017.02	≤1.0	0.021	0.0010	7.28	3.15
2017.03	≤1.0	0.020	0.0011	7.41	3.36
2017.04	≤1.0	0.019	0.0010	7.55	3.27
2017.05	≤1.0	0.020	0.0009	7.63	3.14
2017.06	≤1.0	0.019	0.0008	7.55	3.24
2017.01—2017.06 平均值	≤1.0	0.020	0.0010	7.46	3.24
2016.01—2016.12 平均值	≤1.0	0.023	0.0019	7.33	3.50

①表 12 中生物黏泥量根据检验中心数据统计，其他数据根据技开部分析数据统计。

图 1~图 5 为系统应用无磷配方后总磷等部分水质指标变化曲线。

从图 1 曲线可以看出，使用无磷配方后，总磷逐步下降，试验后期达到小于 0.5mg/L

的直接排放标准。

从图2可以看出，2016年12月22日至2017年6月30日期间浓缩倍数逐渐上升，2017年4月中下旬达到10倍左右。

从图3可以看出，试验期间锌离子浓度控制在小于2mg/L的水平，达到直接排放标准要求。

从图4可以看出，无磷药剂浓度控制初期因设备故障显示不正常，控制偏低，2017年2月开始总体控制平稳，一般为70~80mg/L。

从图5可以看出，总铁控制良好，呈逐步下降的趋势，平均值低于1.0mg/L的控制标准。

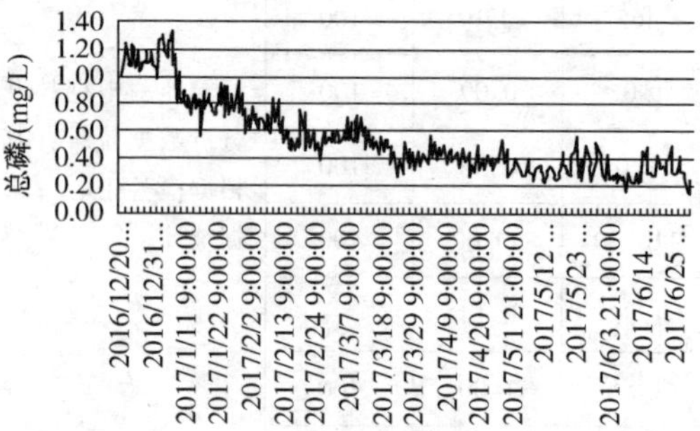

图1　总磷变化曲线

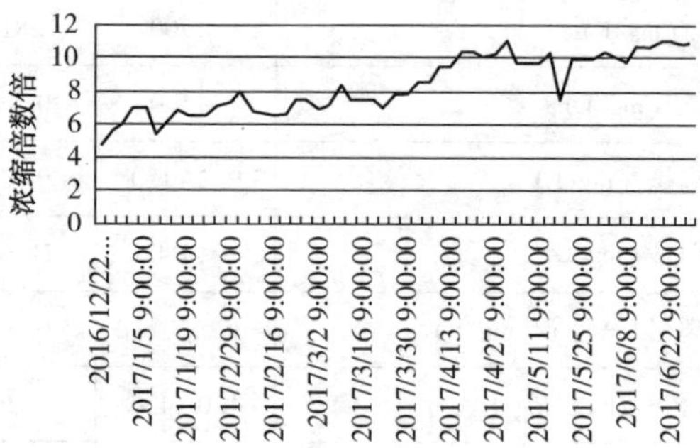

图2　浓缩倍数变化曲线

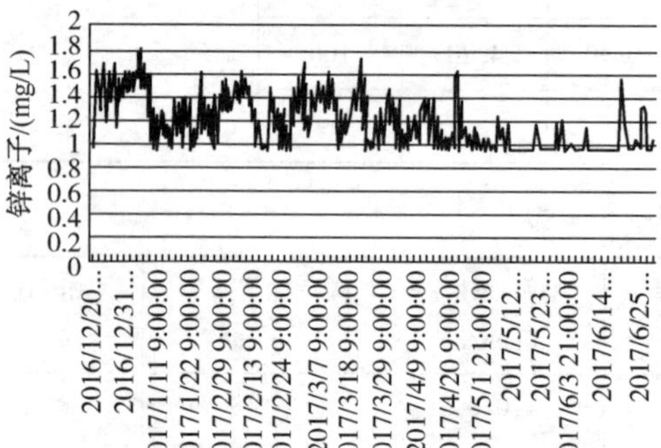

图3　锌离子变化曲线

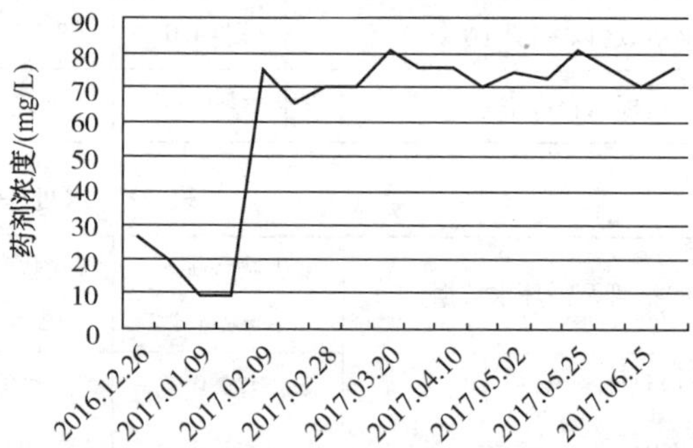

图4　药剂浓度变化曲线

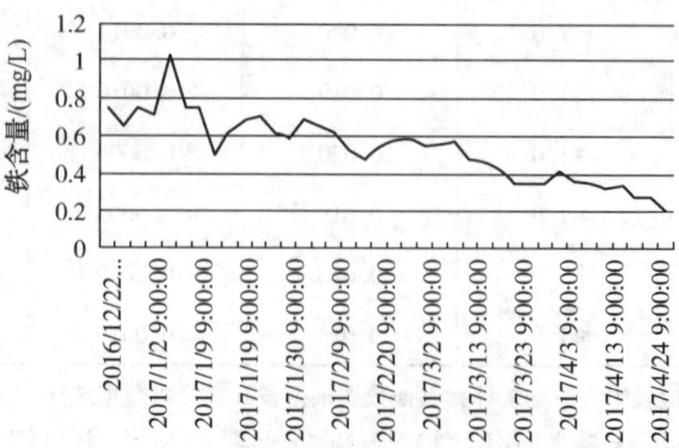

图5　总铁变化曲线

3.5 工业应用试验水质及水处理效果评价

由以上数据分析，赫尔普无磷配方经6个多月的工业应用试验，水质分析监控、加药控制、效果检测等总体协调控制良好，生产装置运行稳定。总体循环水总磷逐步下降、浓缩倍数逐步上升，总铁逐步下降，生物黏泥、腐蚀率、黏附速率等水处理效果指标均达到控制指标要求，与2016年度情况相当；试验期间循环水总磷平均值仅为0.54mg/L，后期达到小于0.5mg/L的直接排放标准要求；锌离子平均值仅为1.26mg/L，也达到了直接排放标准要求，此外根据车间的初步测算，无磷药剂的综合处理成本与原使用的含磷药剂情况相当，试验总体达到了预期的目标。

4 结论

（1）实验室旋转挂片腐蚀试验、静态阻垢试验表明，无磷缓蚀剂在ZH381GHP投加量为75~100mg/L，ZH161GHP投加量为30mg/L时，对碳钢的腐蚀率均大大低于中国石油化工集团企业标准Q/SH 0374—2010腐蚀率0.040mm/a的标准要求，且在总硬+总碱为1200mg/L时仍具有较好的碳酸盐阻垢性能和稳锌性能。

（2）经过半年多的现场应用试验，无磷缓蚀剂在ZH381GHP投加量为70~80mg/L，锌离子控制在1.0~1.8mg/L，系统浓缩倍数高达6.0~10.0，各项水质监测数据良好，均达到中国石化有关控制指标要求，试验后期循环水的磷和锌离子浓度均达到国家污水排放标准的直接排放标准要求。

参 考 文 献

[1] 环境保护部，国家质量监督检验检疫总局．GB 31570—2015石油炼制工业污染物排放标准[S]．北京：中国环境出版社，2015.

[2] 刘伟，高勇．高浓缩倍数无磷方案在乙烯循环水系统中的应用[J]．当代化工，2014，43(6)：1026-1029.

[3] 杨继，周兆年，马研．无磷缓蚀阻垢剂在大型石化循环冷却水系统中的应用[J]．工业用水与废水，2016，47(2)：55-57.

[4] 李建生，刘炳光，姜雪喆．工业水处理无磷有机缓蚀剂专利技术进展[J]．工业水处理，2013，33(4)：11-14.

含硫污水加压汽提装置模拟分析与用能改进

游　敏

（中国石化荆门分公司，湖北荆门　448200）

摘　要　本文利用工艺流程模拟软件 Aspen Plus 对含硫污水加压汽提装置建立稳态模型，通过模拟工艺过程，量化装置蒸汽消耗和塔底净化水质量的关系，进而指导装置操作和用能改进。模拟计算结果表明，在满足塔底净化水质量控制指标的情况下，通过调节入塔冷热进料比、侧线抽出量以及塔顶压力等操作条件降低蒸汽消耗，为优化装置运行提供依据。将研究成果应用于某企业含硫污水加压汽提装置，结果表明通过调整操作参数，有利于降低装置蒸汽消耗，减少污染物排放，节约装置运行成本。

关键词　污水汽提　流程模拟　节能　保质降耗

在炼油化工生产中，含硫污水加压汽提装置是极其重要的环保装置，是全厂加工流程链中重要的一环，如出现异常会导致上游装置减产降量，对企业的经济效益和安全环保影响较大。含硫污水汽提塔是本装置主要的耗能设备，其塔底重沸器热源能耗占装置总能耗的90%左右。因此提高污水汽提塔的效率，以降低能耗，提高企业经济效益具有举足轻重的节能意义。

本文结合流程模拟软件，以某企业 140t/h 含硫污水加压汽提装置为研究对象，通过对汽提塔运行工况进行模拟，分析和诊断生产装置的操作方案、工艺技术参数、装置潜力和瓶颈，在塔底净化水质量满足控制标准的情况下，量化装置操作条件与蒸汽消耗，进而指导装置操作和用能改进，可在装置节能降耗、挖潜增效、技术改造等方面提供参考，为下一步降低装置能耗，增加装置效益提供依据。

1　装置及流程简述

1.1　装置简介

某企业 140t/h 含硫污水加压汽提装置于 2012 年 8 月竣工投产，设计处理能力为 140t/h，采用单塔加压汽提侧线抽氨工艺，主要产品为塔底净化水、侧线粗氨气、塔顶酸性气。装置设计操作弹性为 60%~110%，年生产时数 8400h。

140t/h 含硫污水加压汽提装置主要包括原料水预处理、酸性水汽提和氨精制三个部分，负责处理上游催化、蒸馏、加氢和硫黄回收等装置产生的含硫含氨污水，设计处理的酸性水含氨量为 0.35%，含硫化氢量为 1.0%，经 1.0MPa 蒸汽间接提供热源汽提处理后的净化水设计质量指标为氨氮含量≤80mg/L、硫化物含量≤10 mg/L，合格后经净化水回用泵输送至上游装置回用或至污水处理场深度处理。汽提塔侧线抽出的粗氨气经精制后由氨压机压缩储存出厂，液氨设计质量指标为液氨≥98%，汽提塔顶酸性气经脱液后输送至硫黄回收装置。

1.2 流程简述

上游装置来的含硫污水经污水罐区沉降、脱油等预处理后分为两股输出送至汽提塔：一股经冷进料冷却器冷却后进入汽提塔顶作吸收水，称为冷进料，用以调节塔顶温度；另一股与塔底抽出的净化水经换热到 150 ℃左右，进入污水汽提塔第一层塔盘作为热进料。汽提塔底用0.8~1.0MPa 蒸汽或导热油作为热源并产生汽提作用。汽提塔顶酸性气经酸性气分液罐气液分离后直接送至硫黄回收装置或硫酸装置进行硫回收。

30%NaOH 溶液自汽提塔中部注入，促进含硫污水中固定铵盐分解，侧线抽出的粗氨气经过三级冷却脱水后送入氨精制系统。

汽提塔底部抽出的净化水利用塔内压力(0.53 MPa)压出，经冷却后回用至上游装置，剩余部分进入污水处理场进行深度处理。

2 模型建立

2.1 模型与物性确定

应用 Aspen Plus 工艺流程模拟软件，建立模拟流程如图 1 所示。含硫污水加压汽提装置的模拟选用专用于电解质系统的 ELECNRTL 物性方法，应用电解质向导自动生成电解质组分，选取数据库中的亨利常数表征 H_2S、NH_3在水中的溶解度，数据库中自带有 H_2S 和 NH_3 在水中的电离平衡常数，结合输入的实际数据，可对含硫污水加压装置进行严格模拟计算。

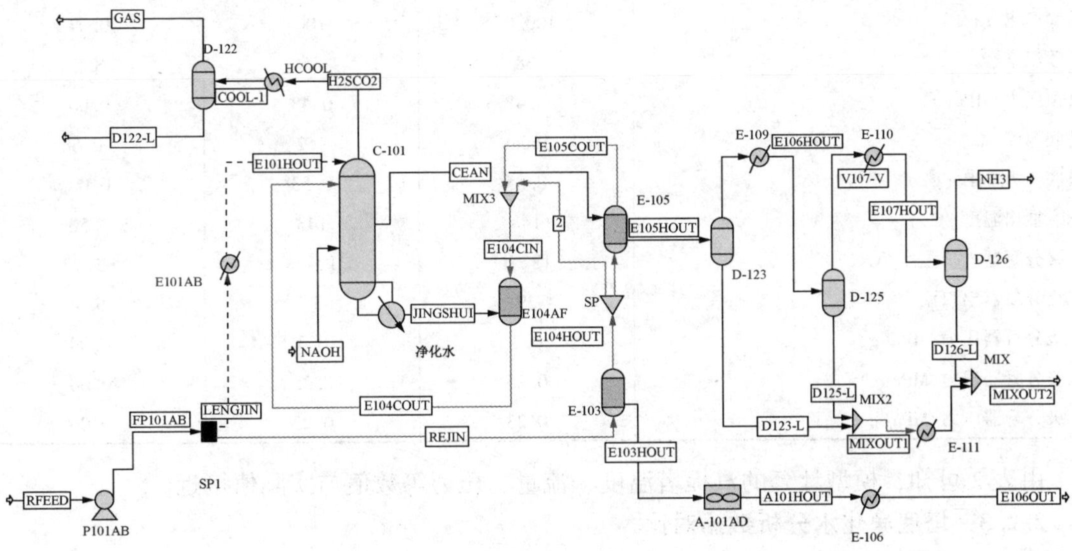

图 1　污水汽提装置模拟流程图

2.2 模型验证

2.2.1 物料平衡

将模型计算的入塔原料、净化水、酸性气、气氨流量与实际值对比，考察装置的物料平衡情况，如表1所示。

表1 装置物料平衡情况

项　目	实际值	模拟值
输入		
原料水/(t/h)	115.05	115.05
合计/(t/h)	115.05	115.05
输出		
净化水/(t/h)	100.05	101.07
气氨/(t/h)	0.41	0.3
酸性气/(t/h)	0.45	0.45
分凝液/(t/h)	14.14	13.23
合计/(t/h)	115.05	115.05

2.2.2 汽提塔操作参数对比

将模型计算的汽提塔操作数据与实际值进行对比，考察模型与实际工况的符合程度，结果如表2所示。

表2 汽提塔数据对比

项　目	模型值	实际值	误差/%
侧线抽出流量/(t/h)	14	15	-6.67
塔顶产出/(Nm^3/h)	0.45	0.43	4.65
塔底产出/(t/h)	100.07	100	0.07
塔顶温度/℃	38	35	8.5
塔顶压力/MPa(g)	0.48	0.48	0.00
塔底温度/℃	160.9	162	-0.68
塔底压力/MPa(g)	0.53	0.53	0.00
侧线抽出温度/℃	148	143	3.50
一级分凝器入口温度/℃	122.1	124.3	-1.77
三级分凝器出口温度/℃	39	37	5.4
一级分凝器压力/MPa(g)	0.3	0.3	0.00
二级分凝器压力/MPa(g)	0.25	0.25	0.00
二级分凝器压力/MPa(g)	0.23	0.23	0.00

由表2可知，模型计算的汽提塔温度、流量、压力等数值与实际值接近。

2.2.3 塔底净化水分析数据对比

将模型计算的塔底净化水硫含量、氨含量与实际分析值进行对比，结果如表3所示。

表3 净化水分析值对比

净 化 水	工 艺 指 标	模 型 值	实 际 值
氨氮/(mg/L)	≯30	21	10~30
硫化物/(mg/L)	≯10	10	<10

由表 3 可知，模型计算的净化水氨含量与实际接近，硫含量高于实际值，说明实际装置净化水中的硫并不是以 H_2S 的形式存在，通过汽提作用无法除去。

2.2.4 模型验证结论

通过考察模型计算的物料平衡、操作参数及塔底净化水分析数据与设计工况的差异，当前建立的含硫污水汽提装置模型，模拟计算结果与实际操作数据吻合较好，能够满足设计指标，且模拟计算过程易于收敛，能够反应装置的实际运行情况，可以用来进行生产运行模拟，开展下一步的优化分析，指导生产。

3 分析与讨论

3.1 塔顶压力的影响

给定塔底净化水氨氮含量，通过冷热进料比控制酸性气 H_2S 含量不变(防止酸性气带水)，考察塔顶压力对汽提蒸汽量、汽提塔底温的影响。如图 2 所示，随着汽提塔压力升高，塔底的温度升高，净化水硫含量降低，但净化水温度与蒸汽换热温差减小，不利于再沸器的热传递，汽提蒸汽量就会增加。因此当前工况下，可降低塔顶压力，约可节省蒸汽。

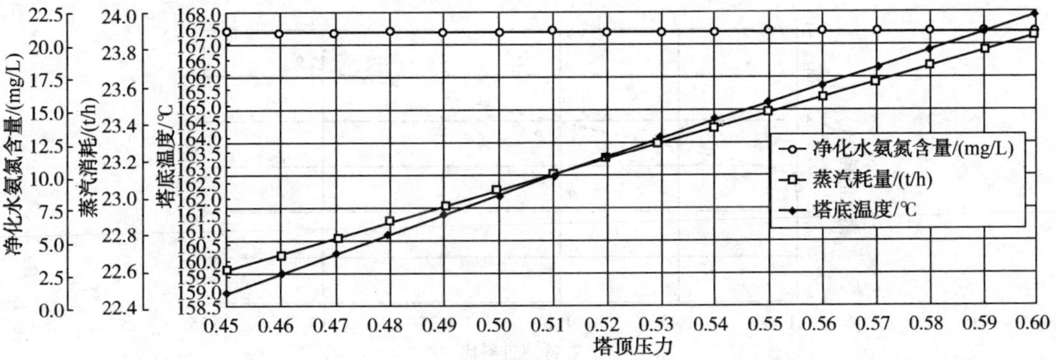

图 2 顶压的影响分析

由图 2 可知，汽提塔塔顶压力过低时，为降低塔顶酸性气含水量，需加大冷进料比例，则汽提塔蒸汽消耗量上升，净化水硫含量也会有所增加；而汽提塔塔顶压力过高时，塔的温度升高，蒸汽消耗量增加，同时塔底温度升高，净化水与蒸汽换热温差减小，不利于再沸器的换热效率。模拟计算数据表明：①汽提塔塔顶压力每降低 0.01MPa，将减少塔底蒸汽消耗 0.01t/h；②塔顶压力过低会导致塔底温度过低，不利于汽提塔底部净化水质量；③根据模拟计算，污水汽提塔塔顶压力最佳控制范围为 0.47~0.50MPa。

3.2 冷、热进料比的影响

模拟计算中控制汽提塔塔顶酸性气流量、侧线采出量不变，保持进料量、塔底净化水氨氮含量不变，分析冷、热进料比的变化对净化水氨氮、硫含量及汽提塔塔底重沸器蒸汽耗量的影响，结果如图 3、图 4 所示。

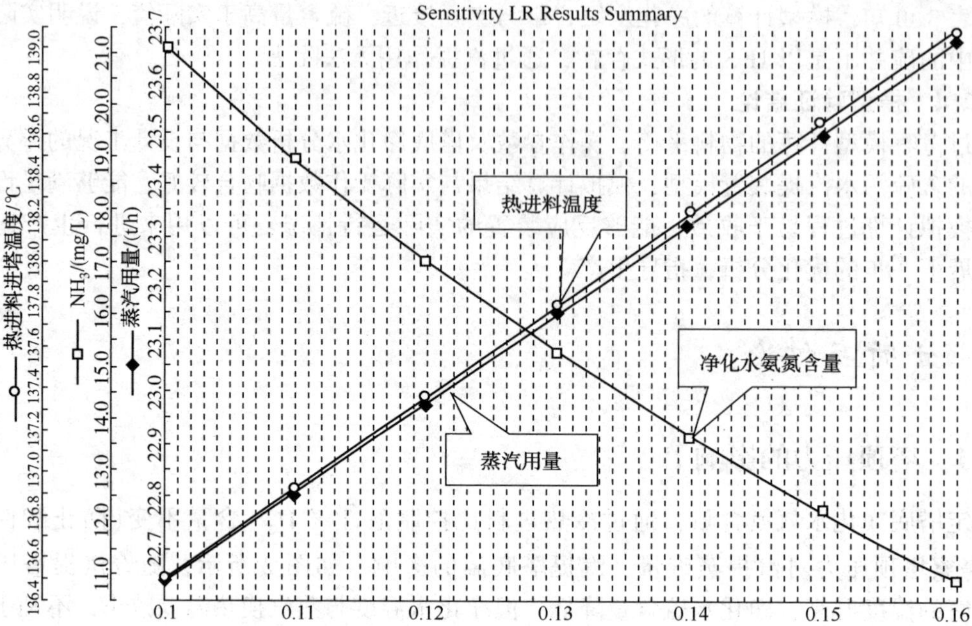

图 3　冷热进料比的影响分析

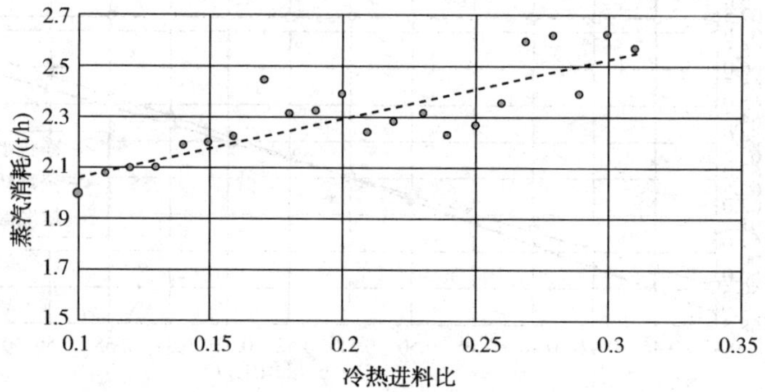

图 4　冷热进料比与蒸汽消耗对照曲线

如图 3、图 4 所示，将汽提塔冷/热进料比从 0. 31 逐渐降低至 0. 10，再根据汽提塔塔底温度变化情况调整蒸汽供给量，蒸汽用量从 2. 57t/h 降低至 1. 99t/h 左右，可节约 1. 0MPa 蒸汽用量 0. 58t/h。

如图 5 所示，冷、热进料比由 0. 31 下降至 0. 07，氨富集区由第 10 层塔盘下降至第 23 层，有利于提高侧线抽出口处氨浓度。

计算结果表明：①调整冷热进料比可以降低蒸汽用量；②如果控制过低将会导致塔顶温度过高，塔顶酸性气含水量大幅上升；③如果控制过高，为保证塔底温度及塔底净化水质量，将增加蒸汽消耗。

3. 3　热进料温度的影响

控制其他操作参数不变，固定塔底温度及净化水氨氮含量，考察热进料温度对再沸器蒸汽消耗的影响，如表 4 所示。

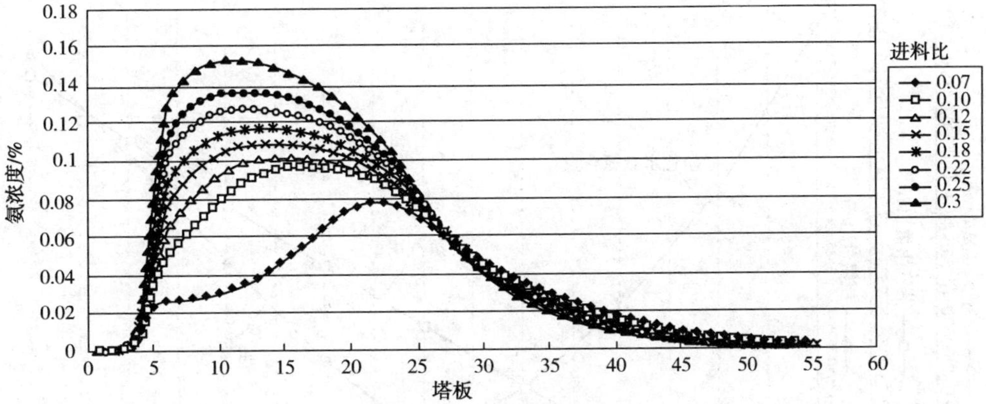

图 5　冷热进料比对氨浓度的影响

表 4　热进料温度的影响

进料温度/℃	净化水氨/(mg/L)	净化水硫/(mg/L)	侧采量/(t/h)	蒸汽量/(t/h)	底温/℃
120.0	41.22	0.29	13.55	8.72	163.93
122.5	41.22	0.27	13.65	8.65	163.93
125.0	41.22	0.25	13.75	8.59	163.93
127.5	41.22	0.22	13.86	8.53	163.93
130.0	41.22	0.21	13.96	8.47	163.93
131.0	41.22	0.20	14.01	8.44	163.93
132.5	41.22	0.19	14.07	8.41	163.93
135.0	41.22	0.18	14.18	8.35	163.93
137.5	41.22	0.16	14.29	8.29	163.93
140.0	41.22	0.15	14.40	8.23	163.93
142.5	41.21	0.14	14.51	8.18	163.93
145.0	41.21	0.14	14.63	8.12	163.93
147.5	41.21	0.13	14.75	8.07	163.93
150.0	41.21	0.12	14.86	8.02	163.93

从表 4 可以看出，随着热进料温度提高，塔底再沸器蒸汽消耗逐渐减少，且需增加侧线抽出量，才能保证净化水质量。热进料温度由 120℃提高至 150℃时，塔底蒸汽消耗量由 8.72t/h 下降至 8.02t/h，侧线采出量由 13.55t/h 增加至 14.86t/h。

目前热进料温度为 131℃左右，设计值为 150℃，故可考虑通过清洗换热器，将热进料温度提高到 150℃左右，可节约蒸汽 0.45t/h，且由于换热器换热效率的提高，合格净化水进入后续换热的冷负荷也相应降低，可以降低循环水量。

3.4　侧线采出量的影响

模型中通过控制进汽提塔的冷、热进料比不变，塔顶气相温度控制不大于 50℃，模拟侧线采出量变化对蒸汽耗量和净化水氨氮含量以及侧线采出温度的影响，结果见图 6。

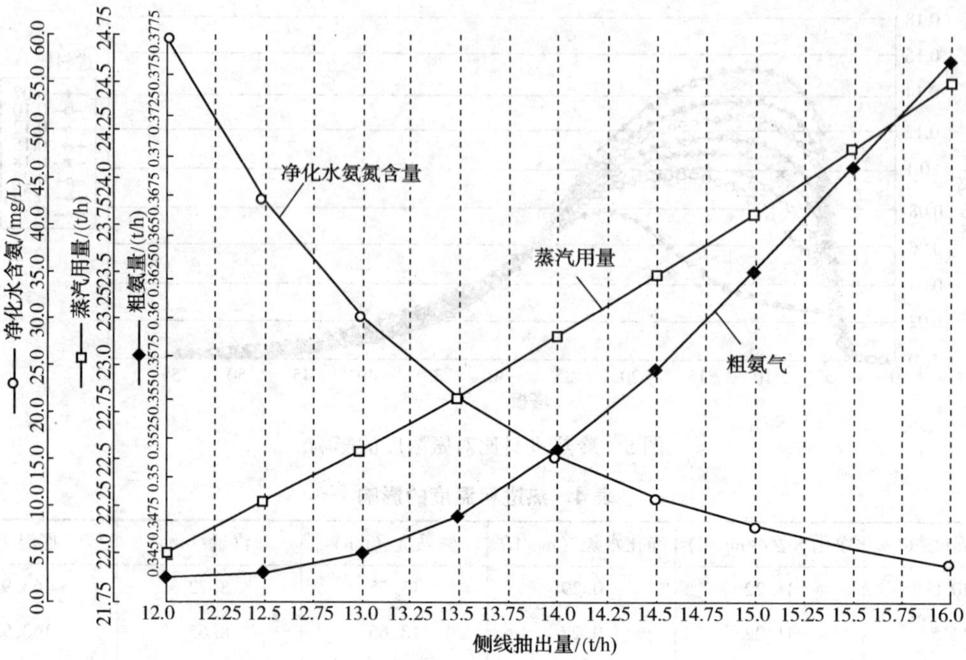

图 6 侧线采出量的影响分析

由图 6 可知，给定进料量不变，在保证净化水和酸性气质量的情况下，侧线采出量由 12t/h 提升至 16t/h，净化水氨氮含量由 60mg/L 下降至 5mg/L，三级分凝器出口流量、蒸汽用量分别由 0. 3t/h，22t/h 上升至 0. 37t/h，24. 25t/h。

对净化水氨氮含量进行卡边控制，适当降低侧线抽出量，可降低再沸器蒸汽流量，可达到降低蒸汽消耗目的。

3.5 侧线采出口的影响

汽提塔设计有 3 个侧线采出位置，分别位于第 17，19，21 层塔盘，模型中对应第 23、25、27 层塔盘。通过给定汽提塔塔顶酸性气量控制塔底净化水质量不变，通过给定冷、热进料比控制塔顶酸性气 H_2S 含量不变，防止酸性气带水，分析侧线采出位置对汽提蒸汽消耗量的影响，结果如表 5 所示。

表 5 侧采位置的影响分析

模型侧采位置	实际侧采位置	净化水氨含量/(mg/L)	侧线含水/%	汽提蒸汽量/(t/h)
23	17(上)	21	78.0	22.71
25	19(中)	21	80.1	22.85
27	21(下)	21	79.2	23.14

由表 5 可知，调整侧线采出口位置，对蒸汽消耗有影响。根据计算，将侧线采出口调整由下调整至上部，可以降低蒸汽耗量 0. 43t/h，且减少侧线带液现象。

侧线抽出口由上部向下移动，蒸汽消耗量由 22. 71t/h 上升至 23. 14t/h。当原料氨氮含量高时可考虑从上部采出口抽出，保证塔底净化水的质量；当原料氨氮含量较低时可以考虑从下部采出口抽出。

3.6 注碱量的影响

侧采量不变，给定汽提塔塔底温度，改变汽提塔注碱量，分析不同注碱量对汽提塔塔底净化水质量及蒸汽消耗的影响。

表6 注碱量对蒸汽消耗的影响

注碱量/(kg/h)	净化水氨氮/(mg/L)	净化水硫含量/(mg/L)	汽提蒸汽量/(t/h)	底温/℃
0	139.24	0	8.41	163.92
0.01	126.87	0	8.42	163.92
0.02	114.6	0	8.42	163.92
0.03	102.44	0	8.42	163.92
0.04	90.4	0	8.42	163.92
0.05	78.53	0	8.43	163.92
0.06	66.99	0	8.43	163.92
0.07	56.78	0.02	8.43	163.92
0.08	49.73	0.13	8.43	163.92
0.09	48.88	0.19	8.44	163.93
0.10	47.53	0.21	8.44	163.93
0.11	46.33	0.22	8.44	163.93
0.12	45.2	0.23	8.44	163.93
0.13	45.09	0.23	8.44	163.93
0.14	45.00	0.24	8.45	163.93
0.15	44.92	0.24	8.45	163.93

如表6所示，随着注碱量的增加，塔底净化水的氨氮含量逐渐减少，硫化物含量逐渐增加，蒸汽消耗增加。但当注碱量达到0.07t/h时，随着注碱量的增加，净化水中氨氮含量变化趋缓，原因是碱液与污水中的固定铵盐发生反应，降低了净化水中氨氮含量，但对净化水中的游离氨作用不大。注碱量过大对塔底净化水氨氮含量无明显影响，同时将更多的硫化物带到净化水中。

4 用能改进与经济效益

4.1 模拟计算成果应用

通过流程模拟计算，把模拟计算成果应用到某企业140t/h含硫污水加压汽提装置生产实践。①控制汽提塔顶压力为0.48～0.50MPa；②优化汽提塔注碱量控制0.07～0.10kg/h；③汽提塔进料温度控制147～150℃；④优化汽提塔冷热进料配比为0.10～0.12；⑤侧采量控制在12~14t/h；⑥侧采位置由下部采出口调整至中部抽出口。调整前后蒸汽消耗如表7所示。

表7　改进前后污水汽提能耗变化情况

项　　目	改　进　前	改　进　后
蒸汽消耗/t	2103	1683
蒸汽单耗/(t标油/t污水)	0.029	0.023

如表7所示，经过对140t/h含硫污水加压汽提装置现场调整及操作优化，该月蒸汽消耗与上年同期相比降低420t，下降24.96%，含硫污水蒸气量单耗下降5.8kg/t污水，蒸汽单耗下降了20%。

4.2　经济效益

4.2.1　环保经济效益

入塔处理量为100t/h，塔底净化水由60mg/L下降至40mg/L，减少氨氮排放20mg/L。即每小时减少氨氮排放量为：

$$Q_1 = 100\times10^3\times20\times10^{-6}\times7200 = 1.44\text{t}$$

节省环保排污税：$W_1 = 2.8$ 元$\times1440\text{kg}/0.8\text{kg} = 5040$ 元

4.2.2　能源经济效益

入塔处理量为100t/h，10月1日至31日期间共节省蒸汽420t，蒸汽单价按162元/t计算，共节约费用。

$$W_2 = 420\text{t}\times162\text{元/t} = 68040\text{元}$$

综上所述，在10月1日至31日期间实施用能改进后，节省环保税费5040元，降低蒸汽消耗费用68040元，共计节省费用73080元。利用该成果进行操作条件优化，在试验工况下，减少了蒸汽消耗，同时降低了净化水氨氮排放，有利于环境保护。

5　结论

(1) 运用ASPEN PLUS软件建立了某污水汽提装置流程数学模型，模拟结果与实际工况相比较，各项技术指标与实际相符，该模型可以用来指导生产，并以基准模型为基础，对该装置数学模型进行了优化分析。考察分析了各工艺条件对系统的影响，为装置优化生产操作条件、节能降耗、环保排放提供了依据。

(2) 在保证净化水质量和塔顶温度合适的情况下，适当降低冷热进料比，汽提塔塔顶压力、侧线抽出量，提高热进料入塔温度等措施均有利于改进塔底蒸汽消耗量。

(3) 侧线采出位置为中部，在满足净化水质量的情况下可考虑调节至上部以降低蒸汽耗量，且减少侧线带液现象。

(4) 通过模拟计算并结合现场操作条件进行优化，与上年同期相比，蒸汽消耗量降低了24.96%，装置运行单耗下降20%，净化水质量得到改善，有效降低了装置运行成本。

参 考 文 献

[1] 魏志强，吴升元．污水汽提双塔工艺流程模拟分析与用能改进[J]．石油炼制与化工，2012(4)：80-86.

[2] 王良均，吴孟周．石油化工废水处理设计手册[M]．北京：中国石化出版社，1996：183-194.

[3] 张太龙，游敏．优化汽提工艺对外排污水氨氮减排的研究[C]//第二届中国石油石化健康、安全与环保(HSE)技术交流大会论文集．中国石油化工股份有限公司，2015：27-33.

[4] 游敏．浅析含硫污水汽提技术对氨氮的减排作用[C]//第二届中国石油石化节能减排技术交流大会论文集．中国石油化工股份有限公司，2015：779-782.

高级氧化+BAF技术在含油污水和RO浓水装置升级改造中的成功应用

米治宇，赫明成，丁激文，张丛海

（中国石油大庆石化公司炼油厂，黑龙江大庆　163711）

摘　要　大庆石化炼油厂含油污水经隔油、气浮、AO生化处理后，可生化性差，COD_{Cr}中多为难降解有机物。反渗透浓水B/C低，且盐含量高。采用高级氧化+BAF工艺处理上述污水，装置出水COD_{Cr}低于45mg/L，优于《石油炼制工业污染物排放标准》(GB31570-2015)特别排放限值的要求。

关键词　含油污水　反渗透浓水　高级氧化　BAF　提标改造

1　概述

大庆石化公司炼油污水处理场始建于1990年3月，2007年5月改扩建后，设计处理量为$800m^3/h$，污水处理场出水COD_{Cr}小于100mg/L，能够满足GB 8978—1996)《污水综合排放标准》二级排放标准。

2015年7月1日，GB 31570—2015《石油炼制工业污染物排放标准》正式实施，规定现有和新建企业直接排放的污水化学需氧量(COD_{Cr})特别排放限值为50mg/L。大庆石化炼油污水处理场外排水(含油污水、反渗透浓水)不能满足要求。

为了解决外排超标的问题，大庆石化公司于2016年8月对炼油污水处理场进行提标改造，采用高级氧化+BAF工艺对含油污水二级生化出水、反渗透浓水进行深度处理，处理达标后污水通过管网排入氧化塘。

含油污水经二级生化出水B/C比低于0.2mg/L，反渗透浓水B/C低于0.1mg/L，可生化性差。污水的可生化性是本次提标改造建设工艺比选时考虑的重点。

表1　含油污水设计进、出水水质指标

指　标	pH	BOD_5/(mg/L)	COD_{Cr}/(mg/L)	SS/(mg/L)	石油类/(mg/L)	氨氮/(mg/L)
装置进水	6~9	≤10	≤75	≤10	≤5	≤5
装置出水	6~9	≤10	≤45	≤8	≤3	≤5

表2　反渗透浓水设计进、出水水质指标

指　标	pH	COD_{Cr}/(mg/L)	SS/(mg/L)	含盐量/(mg/L)
装置进水	6~9	≤120	≤10	≤5000
装置出水	6~9	≤45	≤10	≤5000

2 提标工艺流程说明

2.1 含油污水提标工艺流程

含油污水采用微絮凝砂滤器、高级氧化工艺进行处理，设计处理规模为300m³/h。

含油污水经原有提升泵房提升后，首先进入调节除油罐，调节水量、均衡水质，同时去除石油类物质。调节除油罐出水进入隔油池及气浮装置进一步去除石油类物质及悬浮物，气浮装置出水进入A/O生化池进行生化处理后，排入二沉池进行泥水分离。二沉池出水经泵提升至纤维束过滤器，进一步去除污水中悬浮物。纤维束过滤器部分出水(500m³/h)经原深度处理装置处理后回用；另一部分出水(300m³/h)进入含油污水提标装置。

进入含油污水提标装置的污水首先经微絮凝砂滤器去除污水中的SS，再进入高级氧化池，臭氧在催化剂作用下产生羟基自由基与污水中有机物反应，对有机物进行氧化或部分氧化，出水进入排放水池，合格后外排。

2.2 反渗透浓水提标工艺流程

反渗透浓水采用高级氧化+BAF工艺进行处理，设计处理规模为100m³/h。

原深度处理装置反渗透单元产生反渗透(RO)浓水首先进入高级氧化池，臭氧在催化剂作用下产生羟基自由基与污水中有机物反应，对有机物进行氧化或部分氧化，出水自流进入氧化稳定池，待污水中的氧化剂自行衰减后进入BAF池，通过级配填料床内工程菌的分解、代谢进一步去除污水中的有机物。BAF池出水合格后同含油污水深度处理装置排水一起进入排放水池，监测合格后外排。

3 技术原理

3.1 高级氧化技术原理

高级氧化技术，是一种利用催化剂使O_3在反应过程中产生大量高氧化性自由基(如羟基自由基·OH)氧化分解水中的有机物，从而使水质净化的化高级氧化化技术。

臭氧直接氧化有机物是一种选择性的、低反应速率的氧化反应。臭氧直接氧化有机物的氧化反应速率从低到高依次为链烷基<醛<醇<多环芳香烃<酚<胺<链烯烃。

在催化剂存在的条件下，臭氧与有机物分子的氧化反应机理发生变化。催化剂对臭氧分子、有机物分子具有吸附作用。臭氧分子吸附在催化剂的活性位上，产生一个活性中间体O·。在高湿度条件下，催化剂表面出现一层很薄的液膜，活性中间体O·与这层液膜生成活性羟基自由·OH基推动反应的进行。臭氧在水中的分解机理如式(1)~式(7)所示。

$$O_3 + * \xrightarrow{k_1} O^* + O_2 \tag{1}$$

$$O_3 + * \xrightarrow{k_2} 2O_2 \tag{2}$$

$$H_2O + * \xrightarrow{k_3} 2OH^* \tag{3}$$

$$OH^* + O_3 \xrightarrow{k_4} HO_2^* + O_2 \tag{4}$$

$$O_3 + HO_2^* \xrightarrow{k_5} HO^* + 2O_2 \tag{5}$$

$$HO^* + HO_2^* \xrightarrow{k_6} H_2O + O_2 + ^* \tag{6}$$

$$O_3 + HO_2^* \xrightarrow{k_7} HO^* + 2O_2 \tag{7}$$

OH的氧化还原电位为2.80V，远高于臭氧的2.07V，其氧化性强于臭氧。与臭氧直接氧化相比，高级氧化对有机物的氧化基本无选择性，能够使污水中的芳烃类、杂环类污染物开环、断链，有效提高污水的B/C。高级氧化的反应速率常数达10^8 $M^{-1}S^{-1}$以上，氧化速率快、反应彻底，臭氧利用率提高2~3倍，减少了臭氧发生系统的设备投资及运行费用。

3.2 BAF技术原理

曝气生物滤池(BAF)，是通过应用级配填料等新技术，并采用化学或物理手段将专性菌的活动限定于一定的空间区域，提高生化装置内的有效菌浓度，从而提高对难降解污染物的去除效率。

BAF工艺具有处理效率高、抗冲击性能强、流程简单、运行管理方便等特点，对可生化性差的污水具有优异的去除效果，BAF技术的核心有两点：

①工程菌。工程菌是针对不同水质特点以及污染物特点经过筛选、驯化、诱变、基因重组和培养繁殖等强化手段而得的生物聚合制剂，对污水水质具有极强的针对性。生化系统接种工程菌后，专性菌表现出较强的适应能力和降解能力，通过直接生物降解和共同代谢作用完成对难降解污染物的去除。

② 级配填料。级配填料为亲水性高分子材料加工而成，空间结构呈网状，比表面积大于10^5 m^2/m^3，孔隙率大于85%。通过表面活性基团(如$-OH$、$-NH_2$、$-COOH$和$-CH_2-CH-OCH_2$等)与微生物之间形成的离子键、共价键和范德华力，使大量微生物在填料表面不可逆附着，快速形成高活性生物膜。微生物不易流失，生化装置内始终保持较高的有效菌浓度。

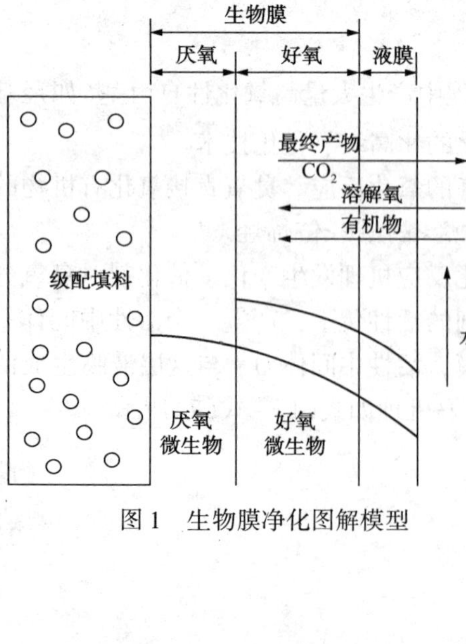

图1 生物膜净化图解模型

BAF技术针对反渗透浓水的水质特点选用耐盐工程菌产品，并结合级配填料的固定作用，生化池内形成了以耐盐细菌为优势菌种的微生物群体，生物膜净化污水的基本过程如图1所示。污水中的有机物、溶解氧以及代谢过程必须的微量元素经过液相扩散，到达生物膜的表面，污染物被微生物分解和转化，形成CO_2和H_2O等无机物。随着微生物大量繁殖，生物膜逐渐增厚。溶解氧和有机物向生物膜内部纵深的扩散、渗透所受到的阻力增加，位于深部的生物膜得不到充足的氧和有机营养物，生物膜呈现出分层状态，在靠近填料的内层出现厌氧区。有机污染物的降解主要在好氧层内进行。

4 运行结果分析

4.1 含油污水提标处理效果

含油污水提标处理装置采用高级氧化工艺，系统主要运行参数如下：pH 6~9，水温 15~35℃，臭氧投加量 30mg/L，有效反应时间 1h。

高级氧化工艺对含油污水 COD_{Cr} 提标处理效果见图 2。含油污水二级生化出水 COD_{Cr} 为 47~98mg/L，均值为 59.9mg/L，经处理后出水 COD_{Cr} 为 27.4~42.6mg/L，均值为 35.6mg/L。含油污水出水水质稳定达到设计出水指标。

4.2 反渗透浓水提标处理效果

反渗透浓水含有难生化降解物质、少量阻垢剂和杀菌剂等，具有以下特点：①可生化性差，COD_{Cr} 中多为高级脂肪烃、多环芳烃、多环芳香化合物等难降解有机污染物；②色度高，污染物分子中含有偶氮基、硝基、硫化羟基等双键发色团；③含盐量较高，TDS 一般为 2000~5000mg/L。

大庆石化反渗透浓水采用高级氧化工艺+BAF 组合工艺进行处理，主要运行参数如下：pH 6~9，水温 15~35℃，臭氧投加量 100mg/L，有效反应时间 1h。EM-BAF 有效停留时间 4h，DO 2~4mg/L。

高级氧化化+BAF 组工艺对反渗透浓水 COD_{Cr} 提标处理效果见图 3。反渗透浓水 COD_{Cr} 为 55.1~105mg/L，均值为 74.6mg/L；经高级氧化处理后，COD_{Cr} 为 34.8~57.4mg/L，均值为 43.4mg/L；再经 BAF 进一步分解有机物，出水 COD_{Cr} 为 16.9~43.1mg/L，均值为 33.1mg/L。反渗透浓水出水水质稳定达到设计出水指标。图 4 可以看出，反渗透浓水经处理后色度明显降低。

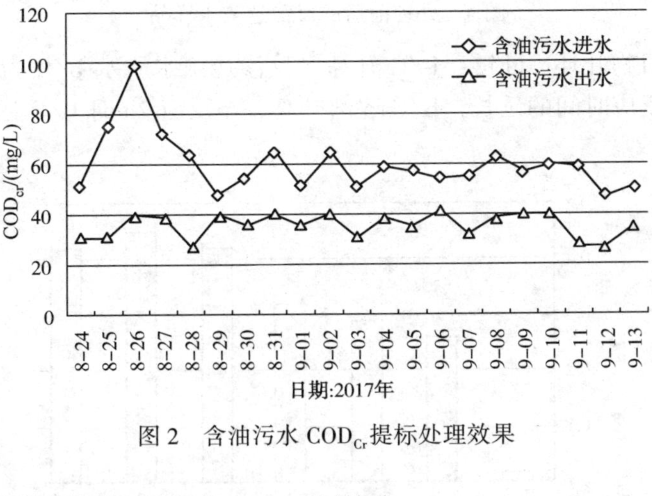

图 2　含油污水 COD_{Cr} 提标处理效果

4.3 高级氧化对反渗透浓水 B/C 的影响

在催化剂存在条件下，臭氧分解产生的羟基自由基对有机物的无选择性氧化，使反渗透

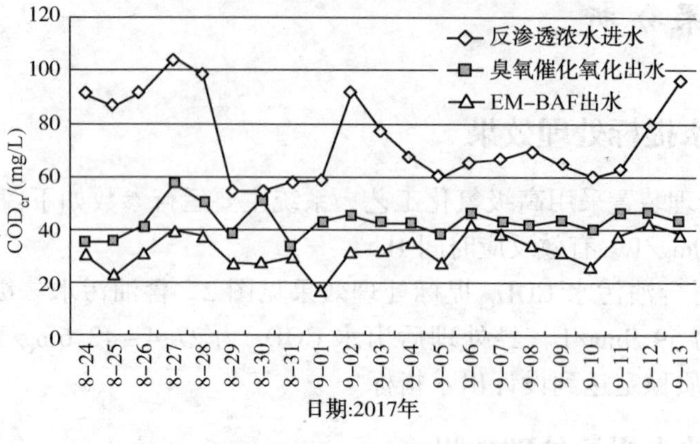

图3 反渗透浓水 COD_{Cr}提标处理效果

图4 处理前后的反渗透浓水样品

浓水中的大分子有机物开环、断链，B/C 升高。反渗透浓水原水 B/C 为 0.01，经化高级氧化化处理后，随着反应时间的延长，B/C 逐渐升高，至反应 2h 时 B/C 达 0.45，后逐渐下降(图5)。

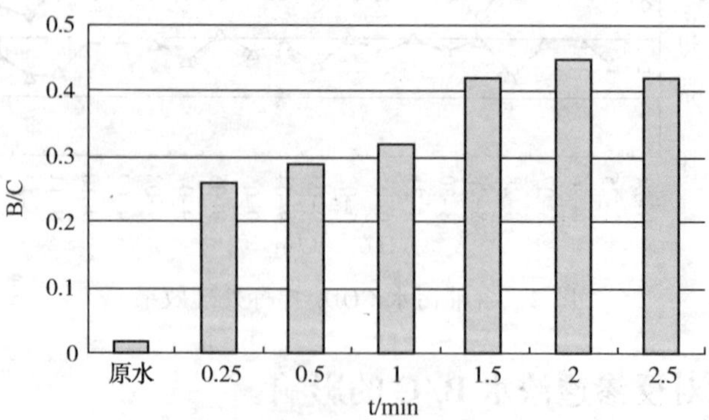

图5 化高级氧化化对反渗透浓水 B/C 的影响

图6可以看出，反渗透浓水的特征吸收峰主要表现为1450~1650cm^{-1}(芳烃骨架振动，C=C伸缩振动)，表明反渗透浓水中含有较多的C=C双键不饱和结构；650~900 cm^{-1}(不饱和碳-氢面外弯曲振动)，不饱和=CH和C=C说明浓水中含有大量芳香族化合物；处理后反渗透浓水的各特征吸收峰透过率明显增大，芳环类和不饱和类物质含量减少，出水的可生化性显著提高。

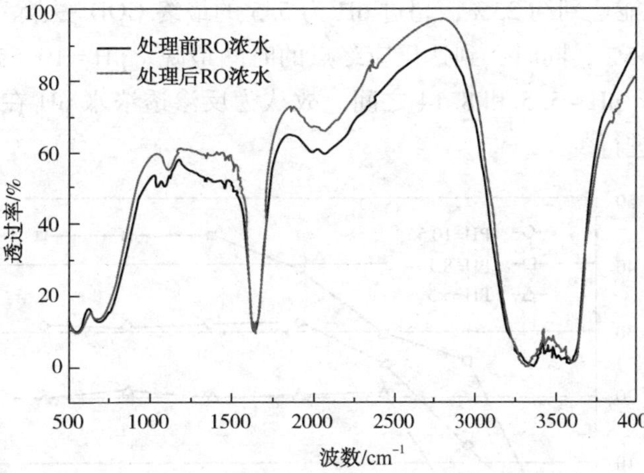

图6 反渗透浓水处理前后FT-IR图

4.4 臭氧投加量对反渗透浓水处理效果的影响

采用高级氧化工艺处理反渗透浓水，随着臭氧投加量的升高，出水COD_{Cr}逐渐降低(图7)。反渗透浓水进水COD_{Cr}在95mg/L左右，有效反应时间为2h。臭氧投加量从25mg/L逐渐升高至150mg/L，出水COD_{Cr}从79.6mg/L逐渐降低至26.8mg/L。COD_{Cr}去除量与臭氧投加量成正比。

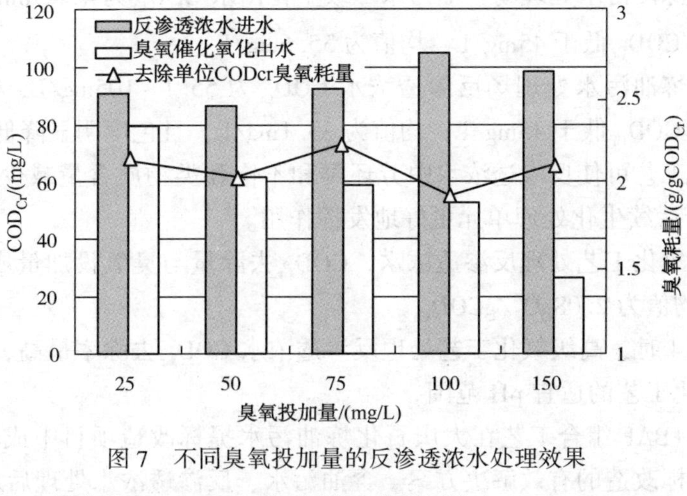

图7 不同臭氧投加量的反渗透浓水处理效果

使用催化剂后，每氧化1gCOD_{Cr}所消耗臭氧的量在1.92~2.21g，臭氧耗量均值为2.08gO_3/gCOD_{Cr}，而一般臭氧直接氧化时臭氧耗量为4gO_3/gCOD_{Cr}。催化剂存在条件下，臭氧分解产生的羟基自由基对有机物氧化速率快，反应彻底。臭氧耗量较臭氧直接氧化降低了

50%，臭氧发生系统设备投资、运行费用大幅度降低。

4.5 pH对反渗透浓水高级氧化效果的影响

不同pH条件下，采用高级氧化工艺处理反渗透浓水，COD_{Cr}均随着反应过程呈下降趋势，但存在快慢差异。图8可以看出，在pH=8.14时，反应初期COD_{Cr}去除上升较快，前10min COD_{Cr}去除率就能达到约25%，超过pH为5.5的最终COD_{Cr}去除率20%，反应40min后COD_{Cr}去除率达到45%，同时，到达反应终点的时间最晚。pH=10.55的浓水，高级氧化对COD_{Cr}的去除率介于pH=5.5和8.14之间。故认为反渗透浓水pH在7~9之间时，最有利于高级氧化反应的进行。

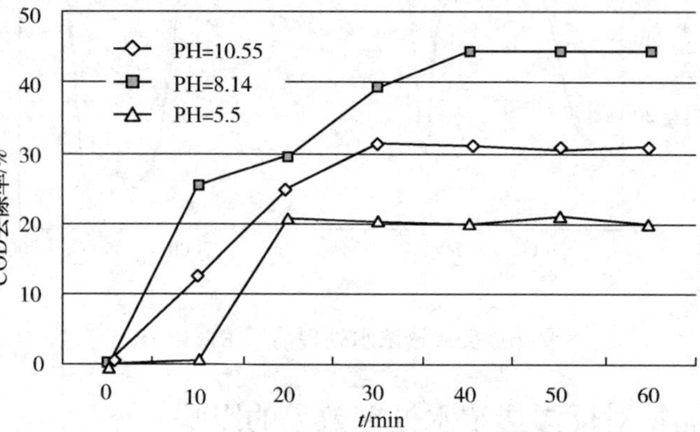

图8 同pH条件下的COD_{Cr}去除率

5 结论

(1) 大庆石化炼油污水处理场含油污水二级生化出水COD_{Cr}为47~98mg/L，经高级氧化工艺处理后，出水COD_{Cr}低于45mg/L，均值为35.6mg/L。

(2) 大庆石化炼油污水处理场反渗透浓水COD_{Cr}为55.1~105mg/L，经高级氧化+BAF工艺处理后，出水COD_{Cr}低于45mg/L，均值为33.1mg/L，且色度明显降低。

(3) 高级氧化工艺可使反渗透浓水中芳环类和不饱和类物质含量减少，B/C由0.01提高至0.45，有利于后续生化处理单元更好地发挥作用。

(4) 采用高级氧化工艺处理反渗透浓水，COD_{Cr}去除量与臭氧投加量成正比。去除单位COD_{Cr}的臭氧耗量均值为2.08$gO_3/gCOD_{Cr}$。

(5) pH为8.14时，高级氧化工艺处理反渗透浓水COD_{Cr}去除率最高，达到45%。认为pH 7~9为高级氧化工艺的适宜pH范围。

(6) 高级氧化+BAF组合工艺在大庆石化炼油污水提标改造项目中成功应用，是石油、化工污水处理场提标改造的有效解决方案。含油污水、反渗透浓水处理后水质优于《石油炼制工业污染物排放标准》(GB31570-2015)特别排放限值的要求。

参 考 文 献

[1] 崔福义，张兵，唐力．曝气生物滤池技术研究与应用进展[J]．环境污染治理技术与设备.2005.

[2] 凌珠钦，汪晓军．臭氧—曝气生物滤池工艺深度处理石化废水[J]．应用化学，2008，37(8)．

[3] 刘宇斌．一体化臭氧-曝气生物滤池处理污染物的特性及其优化试验研究[D]．广东：华南理工大学，2013.

[4] 刘明国．臭氧-曝气生物滤池组合工艺处理石化二级出水的研究[D]．北京：中国地质大学(北京)，2015.

[5] 康金山．化高级氧化化-生物法联合处理高盐度有机废水[D]．吉林：吉林大学，2011.

[6] 王俊艳．炼油污水处理方法的论述[J]．化工科技市场，2009，32(11)：39-42.

用压差法测试稠油加工废水的BOD的研究

于　娟　吕秀荣

(中石油克拉玛依石化有限责任公司，新疆克拉玛依　834000)

摘　要　用WTW OxiTop BOD分析仪测试稠油加工废水BOD，该仪器测试原理为电子压力传感法，将废水中的有机物被生物降解过程中耗氧量的变化转变为压力变化，再换算为相应的数据输出。用该仪器测定标准样品的BOD，结果准确；测定稠油加工废水的BOD，测定结果平行，重复性好；分析并确定了样品测试过程中的关键因素，为稠油加工废水的BOD测定提供了一种新方法。

关键词　稠油加工废水　BOD测定　WTW OxiTop BOD分析仪　方法

1　前言

生化需氧量是指在规定条件下，微生物分解废水中的有机物所进行的生物化学过程中消耗溶解氧的量，用BOD表示，数值大小代表废水中有机物可被生物降解的难易程度，是废水处理工艺、现场重要的检测指标之一。

炼油废水的组成成分复杂，有机物种类、含量随加工原油的种类、加工工艺的变化而产生较大变化。相应的废水处理的工艺也比较复杂且灵活多变。要正确反映炼油废水及其处理过程中废水的生物可降解性，微生物的选择是关键因素，因为不同的微生物对样品中的有机物的降解能力不同，所以BOD实验是严格的条件性实验。实验证明，压差法用于测定稠油加工废水BOD直观简便、重复性好。弥补了传统方法中使用滴定操作，步骤较繁琐的不足。

2　实验

2.1　仪器和试剂

2.1.1　仪器

WTW OxiTop BOD分析仪、生化培养箱、万分之一分析天平、空气压缩机。

2.1.2　试剂

葡萄糖(分析纯)、L-谷氨酸(生化试剂)、NaOH药丸、磷酸二氢钾、磷酸氢二钾、七水合磷酸氢二纳、氯化铵、硫酸镁、氯化钙、六水合三氯化铁。

2.2　所需配制的溶液

2.2.1　BOD标准溶液

称取经110℃干燥箱干燥2小时并在干燥器中冷却至室温的葡萄糖和L-谷氨酸各

0.1500±0.001g，溶于蒸馏水中并定容到1000mL。此为BOD值为180~230mg/L的标准溶液，该溶液临用前配制。

2.2.2 盐溶液

（1）磷酸盐缓冲溶液：将8.5gKH_2PO_4、21.75gK_2HPO_4、33.4g$Na_2HPO\cdot 7H_2O$、1.7gNH_4Cl溶于500mL水中，稀释至1000mL并混合均匀，此溶液的pH应为7.2。

（2）硫酸镁溶液、氯化钙溶液、氯化铁溶液：分别将22.5g$MgSO_4\cdot 7H_2O$、27.5g无水$CaCl_2$、0.25g $FeCl_3\cdot 6H_2O$溶于水中，稀释至1000mL。

2.3 实验步骤

2.3.1 配制稀释水

在5L玻璃瓶内装入一定量的纯净水或自来水，瓶口盖以两层经洗涤晾干的纱布，水温保持在20±5℃左右。用空气压缩机将空气导入稀释水中曝气2~8h，使稀释水中的溶解氧接近饱和，水中溶解氧含量达8mg/L左右。临用前每升水中加入2.2.2所述盐溶液各1mL，并混合均匀。稀释水的pH值应为7.2。

2.3.2 配制接种液

选择合适的接种液是正确测试样品BOD值的关键因素之一，接种液的选择根据测试任务的需求来确定，本文主要研究现场条件下的好氧微生物对炼厂废水的降解情况及与花园土浸出液的对比结果。

（1）以花园土浸出液作为接种液。取10g花园或植物生长土壤，加入100mL水，用搅拌棒充分混合并静置10min，过滤后取清液备用，通常用于测定标准样品的BOD。

（2）以炼厂废水处理系统的活性污泥作为接种液。炼厂废水成分复杂，含有难降解有机物质，需要将微生物（活性污泥）接入其中进行驯化，等待样品COD发生突降的时候，说明微生物对该废水的降解作用已经发生，将该样品作为接种液，通常用于测定炼厂废水的BOD。为了方便使用，也可直接选用废水处理厂的活性污泥的上清液作为接种液。

2.3.3 配制接种稀释水

每升稀释水中加入20~30mL接种液，混匀。接种稀释水pH值应为7.2，接种稀释水配制后应立即使用。

2.3.4 空白试验

将2.3.3的接种稀释水432mL装入测试瓶中，再进行仪器操作步骤。

2.3.5 制备样品

先测定废水样品的COD值，对于难降解废水，按照BOD值约为COD值的10%~30%，估计的样品的BOD值，按照表1选择样品的稀释倍数，使样品的测量值在测量量程范围内，再按照表1中仪器的测量量程对应稀释后样品的装入量，用量筒计量装入测试瓶中，装入过程尽量避免产生气泡。

表1 样品体积与测量量程对应关系表

样品体积/mL	测量量程/(mg/L)	系数
432	0~40	1
365	0~80	2

续表

样品体积/mL	测量量程/(mg/L)	系数
250	0~200	5
164	0~400	10
97	0~800	20
43.5	0~2000	50
22.7	0~4000	100

2.3.6　仪器的操作步骤

(1) 把样品和搅拌子放入测试瓶中。

(2) 套入橡胶套，用镊子往套子中加入2粒NaOH药丸。

(3) 旋紧电子传感测试头。

(4) 把测试瓶放到搅拌底座上。接上电源，同时按S和M键清零，启动测试。

(5) 在培养箱恒温20±1℃培养5天。

(6) 从仪器传感测试头显示屏上读取1至5日的数据。

3　数据处理

$$BOD_{样品}=(仪器读数\times系数\times稀释倍数)-BOD_{空白}$$

4　结果与讨论

4.1　空白样的BOD测定

空白样的BOD测定结果见图1。

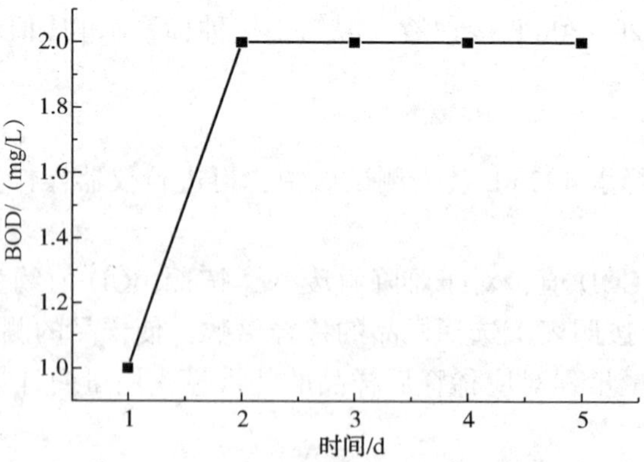

图1　空白样BOD测定

BOD空白=2mg/L，空白样的BOD值随着接种水的水质和接种液性质的变化可能有变化，但通常情况下，数值在5mg/L范围内。

4.2 标准溶液的BOD测定

标准溶液的BOD测定结果见图2。将2.2.1的标准溶液50mL用2.3.3的接种稀释水定容至500mL，相当于稀释倍数为10倍，选择样品装入量为432mL，执行2.3.6的操作步骤。

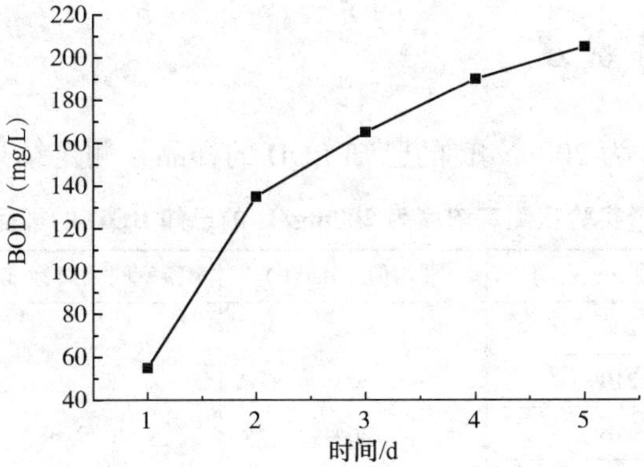

图2 标准溶液BOD测定

5组数据BOD的平均值为204mg/L，符合国家环保总局出版的《水和废水监测分析方法》(第四版)的要求：标样的测定值在180~230mg/L范围内，说明该仪器分析准确度达到测试要求。

4.3 炼厂稠油废水的BOD测定

炼厂稠油废水BOD的测定结果(见图3、图4)。样品为炼厂工业水车间总进废水，COD值为1825 mg/L。

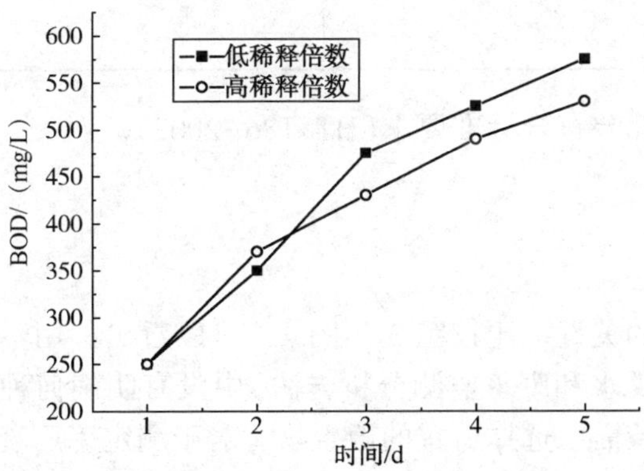

图3 炼厂废水BOD测定(活性污泥法)

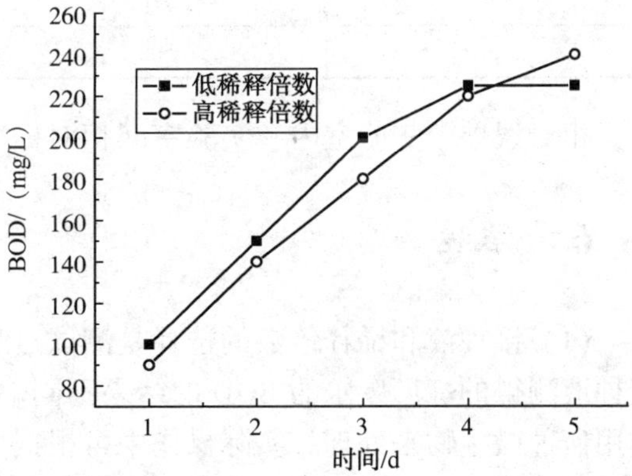

图4 炼厂废水BOD测定(花园土法)

4.3.1 以新鲜活性污泥的上清液作为接种液

以新鲜活性污泥的上清液25mL加入稀释水中定容至1000mL，作为接种稀释水。

4.3.2 以花园土浸出液作为接种液

以花园土浸出液25mL加入稀释水中定容至1000mL，作为接种稀释水。

从图3和图4可以看出1~5天之内微生物因降解有机物消耗氧而发生的渐变规律，从此规律性可以判断微生物的活性以及在降解过程中所起的作用；选择的微生物不同、稀释倍数不同、结果有差异，标准方法中未限定这两项参数的来源和取值，更多的确定因素来源于测定目的；为了提高工作效率，实验室通常选择两个稀释倍数同时测定，上述炼厂废水的测定结果为530mg/L。

5 准确度与精密度

五个实验室测定浓度为200mg/L的已知BOD的样品，测定结果如下：

表2 五个实验室测定浓度为200mg/L的已知BOD的样品测定结果

实验室编号	测量值/(mg/L)	平均值/(mg/L)	实验室间相对标准偏差/%	相对误差/%
1	200	204	2.68	2
2	210			
3	210			
4	200			
5	200			

同一实验室测定浓度为500mg/L的已知BOD的样品，测定结果如表3。

表3 同一实验室测定浓度为500mg/L的已知BOD的样品测定结果

样品编号	测量值/(mg/L)	平均值/(mg/L)	实验室相对标准偏差/%
1	520	508	2.16
2	500		
3	500		
4	520		
5	500		

相对误差、实验室内、实验室间相对标准偏差符合标准要求(HT/T86-2002)。

6 结论

(1) 接种液和稀释倍数的选择是测试过程的关键。比较图3与图4，可以看出，用不同接种液测得的炼厂废水的BOD的结果不同。在《水和废水监测分析方法》中没有明确何种水质用何种微生物来处理。实际操作中可根据实验需求选择适宜的微生物。对于测定炼厂废水的BOD，我们选择用活性污泥作为接种液，目的是要了解在现有的现场情况下，废水的生物可降解性。

(2) 该仪器的测定过程连续，并且自动记录、保存5日中每天的测定数据，相对于传统的稀释接种法，使用更加方便。而且可以观察到五日当中样品耗氧量的变化趋势，对于测定过程中出现微生物死亡、充氧不足、样品稀释倍数不够或者稀释倍数过大的情况都可以得到及时、有效的判断，因此更具有实用性。稀释倍数的选择一般以5日培养后消耗的溶解氧占原有溶解氧的40%~70%为宜。

参 考 文 献

[1] 张建丰，活性污泥法工艺控制[M]. 北京：中国电力出版社，2007：51-52.

[2] 国家环境保护总局，水和废水监测分析方法[M]. 4版. 北京：中国环境科学出版社，2002：232-234.

[3] [德]W. Fresenius等编著. 水质分析[M]. 张曼平等译. 北京：北京大学出版社，1991.

[4] 李国刚，王德龙. 生化需氧量(BOD)测定方法综述[J]. 中国环境监测，2004(2)：54-57.

[5] 李国刚，沈庆生. BOD_5测定中的两个概念[J]. 环境监测管理与技术，1989(4)：13-19.

PAC对PACT-WAR工艺处理电脱盐污水的影响研究

江　岩，王树勖，马健维，赵雪芹

（中国石油兰州化工研究中心，甘肃兰州 730060）

摘　要　采用PACT-WAR工艺处理电脱盐污水，考察了PAC种类再生前后对COD处理效果的影响，结果表明：在PACT-WAR处理电脱盐废水的工艺中，选择200目900碘值的PAC为佳，其中PAC的孔容与比表面积是影响PACT工艺处理效果的重要因素，同时在选购应用于PACT-WAR中的PAC时，不应以碘值作为主要指标。

关键词　粉末活性炭(PAC)　PACT　WAR

PACT-WAR工艺是由PACT(Powdered Activated Carbon Treatment)和WAR(Wet Air Regeneration)组合而来的。PACT工艺是向曝气池中投加一定浓度的粉状活性炭[1]，主要针对生物难以降解的有毒有害有机污染物的处理。粉末活性炭投加曝气池后能强化活性污泥的净化功能，更有助于去除有机物，保证出水水质[2]。当粉末活性炭吸附代谢产物和其他不能解吸或不能被生物降解的物质达到饱和时，粉末活性炭被排放，进入WAR再生。WAR具有在高温高压的条件下，再生吸附质为难降解有机物的粉末活性炭的特点，同时可使废水或污泥中的高浓度有机物质和毒性物质得到氧化分解。

PACT-WAR技术具有抗冲击能力强、有效削减污泥量、灵活调控出水水质、提标改造费用较低等优点，是一种能够全面替代污水深度处理系统、污泥脱水系统、污泥干化系统或污泥焚烧系统、臭气控制系统的组合工艺，可以广泛应用于印染、化工、炼油、市政污水及工业园区污水混合、制药、造纸、垃圾渗滤液、煤化工等领域产生的高难降解废水的处理方面。

本实验采用PACT-WAR工艺处理某石化公司炼油厂的电脱盐污水，选取6种粉末活性炭(PAC)进行研究，考察并优选了PAC对该工艺处理效果的影响，旨在为PACT-WAR工艺的工业应用提供技术支持。

1　实验

1.1　试剂

电脱盐污水水质参数列于表1。

实验所用1#~6#PAC依次为：200目，碘值分别为500，600，700，800，900，1000mg/g的煤质活性炭，均由山西新华活性炭有限公司生产，其孔结构参数列于表2。

表 1 电脱盐污水水质参数

项 目	数 值	项 目	数 值
pH 值	9.3	BOD/(mg/L)	71.0
电导率/(μS/cm)	2600	B/C①	0.12
COD/(mg/L)	592	油/(mg/L)	27.36

①污水生化需氧量(BOD_5)与化学需氧量(COD)之比。

表 2 PAC 的孔结构参数

项 目	PAC 编号					
	1#	2#	3#	4#	5#	6#
比表面积/(m^2/g)	329.50	370.68	751.14	719.17	879.70	953.75
孔容/(cm^3/g)	0.29	0.27	0.39	0.37	0.51	0.51
孔径/(nm)	3.56	2.89	2.07	2.07	2.33	2.16

实验所用活性污泥取自某石化公司污水处理厂。先空曝 4h 后静置 12h，然后排出上清液，再加入污水进行培养和驯化，方法参照文献[3]，驯化成熟后，即投加适量 PAC 以形成 PACT 工艺。

1.2 实验装置及流程

装置工艺流程框图见图 1 所示，处理量为 25L/h。

污水经过调节池，在 PACT 中通过活性污泥与粉末活性炭的共同作用实现降解，待沉淀池沉淀后，上清液达标排放；底部污泥部分回流入 PACT 中，其余的排入污泥浓缩池，进一步脱水后进行 WAR 再生，再生后的 PAC 重新返回 PACT 中实现工艺的循环操作。

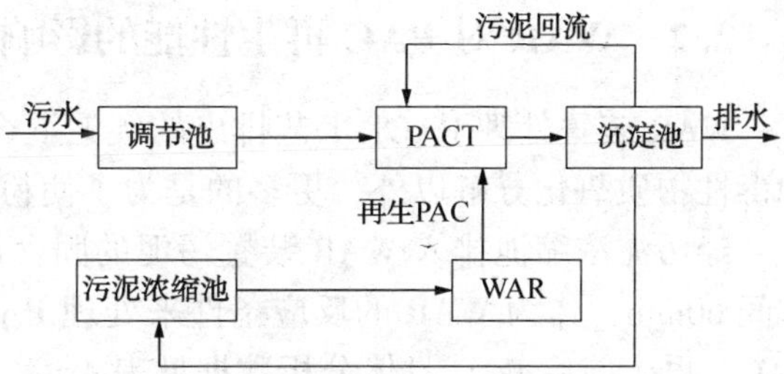

图 1 PACT-WAR 装置流程图

实验采用威海化工机械有限公司制造的 1L 高压反应釜装置，该装置配置锚式搅拌设备和温控系统，反应釜技术规格见表 3 所示。

表 3 高压反应釜技术规格

容积	工作压力	工作温度	搅拌转速	加热功率	材质
1L	≤10.0MPa	≤300℃	20~750r/min	2.0kW	哈氏合金 C-276

1.3 分析检测

按照重铬酸钾法(GB 11914—89)，采用美国哈希公司制造的 DR2800 型 COD 分析仪测定出水的 COD。按照纳氏试剂比色法(GB 7479—87)测定出水的氨氮。按照重量法测定混合液中悬浮固体(MLSS)的质量浓度。按照焦糖脱色率(GB/T 12496.9—2015)测定 PAC 的糖蜜值。采用美国麦克仪器公司制造的 ASAP2020 型物理吸附仪测定 PAC 的比表面积、孔容与孔径。

2 结果与讨论

2.1 PAC种类对PACT工艺的影响

在MLSS质量浓度为2.0g/L，PAC投加量为4.0g/L的条件下，即混合液中m(PAC)：m(MLSS)为2：1时，分别考察1#~6#PAC对COD的去除效果，结果见图2。

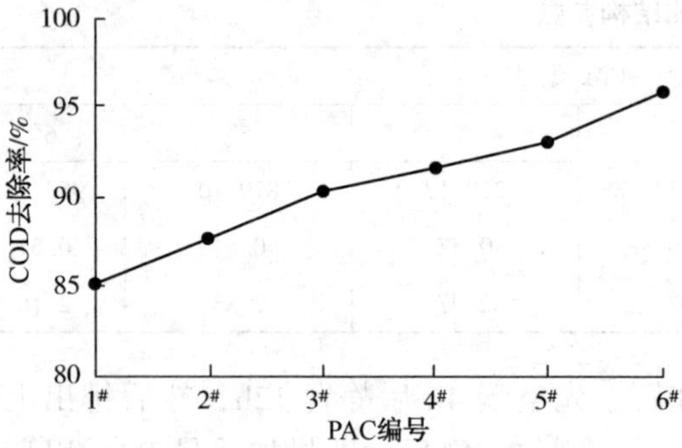

图2 PAC种类对COD去除率的影响

由图2可见，在相同曝气时间里，COD去除率随着粉末活性炭碘值的增加而增大。其中以6#PAC(200目，碘值为1000mg/g)对提高混合液COD去除率的效果最显著，达95.8%。

PACT工艺对有机污染物的去除是由活性炭吸附和生物降解协同完成的。在PACT处理工艺中，难降解有机物首先被吸附在粉末活性炭上，直接造成了污水中难降解物质的减少，间接减少了微生物的处理负荷，延长了微生物与污染物的接触时间，从而提高了微生物对污染物的处理能力。综合对比表2数据，发现PAC的孔容与比表面积是影响PACT工艺处理效果的重要因素[4]。

2.2 WAR对PAC再生性能的影响

WAR装置处理PACT工艺排出的碳泥混合物，除了使废水或污泥中的高浓度有机物质和毒性物质氧化分解以外，更多的是为了使粉末活性炭获得较高的再生率和较小的损失率。

经污泥浓缩池排入WAR装置污泥的固含量约为6.7%，选择温度240℃，压力6.5MPa，时间60min，作为WAR的反应条件来处理PACT工艺所排的碳泥混合物，以获得再生后的PAC。再生前后PAC具体分析数据见表4。

表4 再生前后PAC物性分析数据

编号	再生前				再生后			
	比表面积/(m^2/g)	孔容/(cm^3/g)	孔径/nm	糖蜜值/%	比表面积/(m^2/g)	孔容/(cm^3/g)	孔径/nm	糖蜜值/%
1#	329.50	0.29	3.56	62.9	67	0.14	8.68	70.2
2#	370.68	0.27	2.89	60.8	91	0.11	4.81	70.0
3#	751.14	0.39	2.07	61.1	410	0.23	2.26	68.4
4#	719.17	0.37	2.07	63.2	143	0.097	2.72	68.8
5#	879.70	0.51	2.33	61.6	427	0.30	2.79	65.9
6#	953.75	0.51	2.16	61.2	419	0.27	2.54	65.4

由表4可以看出，PAC再生后，比表面积、孔容与孔径数据变化较大，其中比表面积与孔容均大幅下降，孔径却有所上升，糖蜜值略有升高。糖蜜值通常指孔径大于28Å的比

表面积，糖蜜值越大表示活性炭对焦糖等大分子结构有机物的吸附能力越大。由此可以判断经过 WAR 的氧化再生，PAC 内部的微孔减少，中孔与大孔有所增加。

2.3 再生 PAC 回用于 PACT 工艺的影响

经 WAR 再生后的 PAC 回用于 PACT 工艺，是实现 PACT-WAR 工艺循环的关键，其中的重点在于再生后 PAC 性能的变化，这关系到 PACT-WAR 工艺稳定运行的 PAC 补充量，将直接影响到 PACT-WAR 工艺的运行成本，是整个工艺正常稳定运行的重中之重。

在 MLSS 质量浓度为 2.0g/L，PAC 投加量为 4.0g/L 的条件下，即混合液中 m(PAC)：m(MLSS)为 2：1 时，分别考察 1#~6#PAC 再生后对 COD 的去除效果，结果见图 3。

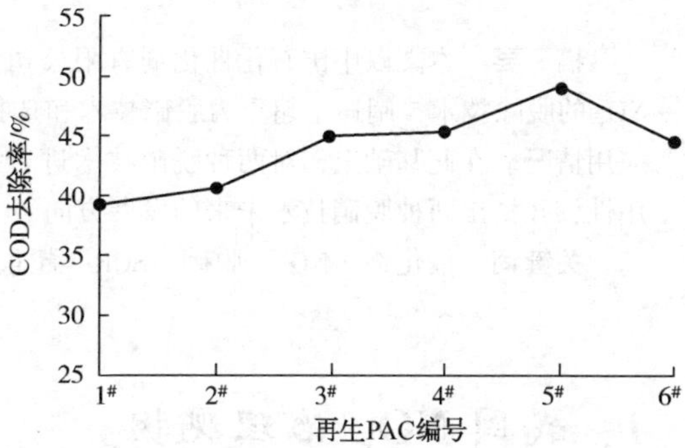

图 3　再生 PAC 种类对 COD 去除率的影响

由图 3 可见，在相同曝气时间里，再生后 PAC 对 COD 的去除率与图 2 相比有较大的差别，这是由于 PAC 比表面积的下降，致使其吸附能力明显下降，其中 5#PAC(200 目，碘值为 900mg/g)再生后对 COD 的去除率最高，达 49.1%。

综合对比表 4 与图 3 的数据，发现 5#PAC(200 目，碘值为 500mg/g)经 WAR 再生后的比表面积下降幅度较小，糖蜜值变化不大，证明其吸附能力变化较小，因此回用于 PACT 工艺后，为了维持 PACT-WAR 工艺的稳定运行，所需补充的 PAC 量将会最少，所需花费的经济成本将会最少。

而目前在选择 PAC 时常以碘值作为选购参数，但碘值越高，PAC 价格越高。碘值是活性炭生产厂家控制活性炭质量的指标之一，与孔径大于 10Å 的比表面积相关联，在一定程度上反映的是对小分子有机物的吸附能力，与对应的糖蜜值数据相差较大。综合比较分析数据，选择 5#PAC(200 目 900 碘值)为佳。

3 结论

(1) PAC 的孔容与比表面积是影响 PACT 工艺处理效果的重要因素。

(2) 选购应用于 PACT-WAR 中的 PAC 时，不应以碘值作为主要指标。

(3) 在 PACT-WAR 处理电脱盐废水的工艺中，选择 200 目 900 碘值的 PAC 为佳。

参 考 文 献

[1] Kim J S, Leech. Comparison of ultrafiltration characteristics between activated sludge and sludge[J]. Water Res, 1998, 32(11): 3443-3451.

[2] 胡邦，吴浩汀，周照生，等．兼氧-PACT 工艺处理化纤废水尾水[J]．水处理技术，2007，33(4)：86-88.

[3] 李署，孙亚兵，冯景伟，等．驯化活性污泥对丙烯酰胺的降解动力学[J]．环境科学学报，2008，28(6)：1074-1078.

[4] Ozgur A, Ferhan C. Bioregeneration of activated carbon: A review[J]. International Biodeterioration & Biodegradation, 2007, 59(4): 257-272.

催化剂生产尾气中 NO_x 的脱除技术

刘思嘉，孔童童，邢瑞思，张少钢

（中国石化催化剂有限公司上海分公司，上海 201507）

摘 要 本文以中国石化催化剂有限公司为研究对象，介绍了石油化工催化剂生产尾气中 NO_x 的脱除技术，阐述了超重力脱硝技术和选择性催化还原脱硝技术两种路线在 NO_x 脱除中的应用情况。在此基础上，对两种脱硝技术进行了经济指标分析，比较了两种技术的差异性和适用性，并指出两种脱硝技术未来的发展方向。

关键词 催化剂 NO_x 脱硝 SCR 超重力技术

1 我国 NO_x 治理现状

NO_x 既是硝酸型酸雨的基础，又是形成光化学烟雾、破坏臭氧层的主要物质之一，还具有很强的毒性，对人体、环境和生态都有很大危害，近年来受到社会的广泛关注[1]。根据国家统计局公布的近十年数据统计(图 1)，2011 年是我国 NO_x 排放量的顶点，从 2012 年开始，我国的 NO_x 排放总量呈逐年下降趋势。我国 NO_x 废气有 3 大主要来源，分别是：工业废气、机动车尾气和城镇生活排放。根据生态环境部公布的 2011~2015 年《全国环境统计年报》来看(图 2)，得益于国家环境保护政策的日益严格和环保监察力度的不断加大，近几年我国工业废气 NO_x 排放量有了的明显下降，但工业废气仍然是我国 NO_x 排放总量的最大贡献者且排放量依旧巨大。由此可见，工业废气中 NO_x 的脱除工作仍然任重而道远。

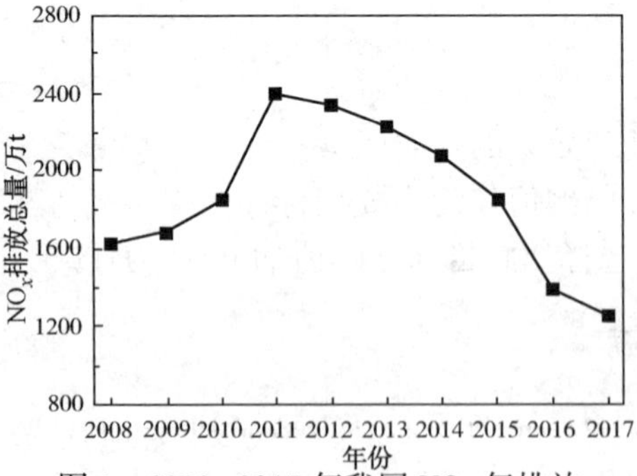

图 1 2008~2017 年我国 NO_x 年排放总量变化趋势

一般认为，煤和化石燃料的燃烧是 NO_x 的主要成因，主要包含燃料中含氮物质的热分解氧化以及高温下（>1300℃）N_2 与 O_2 反应两个过程[2,3]。就我国来说，火力发电行业是 NO_x 的重要来源，因其排放量巨大且相对集中，火电行业成了我国研究 NO_x 脱除技术的先行者。经过多年的发展，火电行业已经形成选择性催化还原(SCR)脱硝技术为主(占比超过 90%)，选择性非催化还原(SNCR)脱硝技术为辅的产业格局，我国火电脱硝装机容量比例已达到总装机容量的 92% 以上。可以说，火电行业的脱硝技术工艺较为成熟，已经成为大气污染防治的典范行业[4]。相比于火电行业，其他行业由于 NO_x 排放体量不大、排放源分散、含 NO_x 废气组成复杂多变等因素，导致这些行业专门的 NO_x 脱除技术研究不够充分。随着我国经济的发展，非电行业的 NO_x 污染排放越来越大，已经成为下一步大气污染防治工作的重点所在。

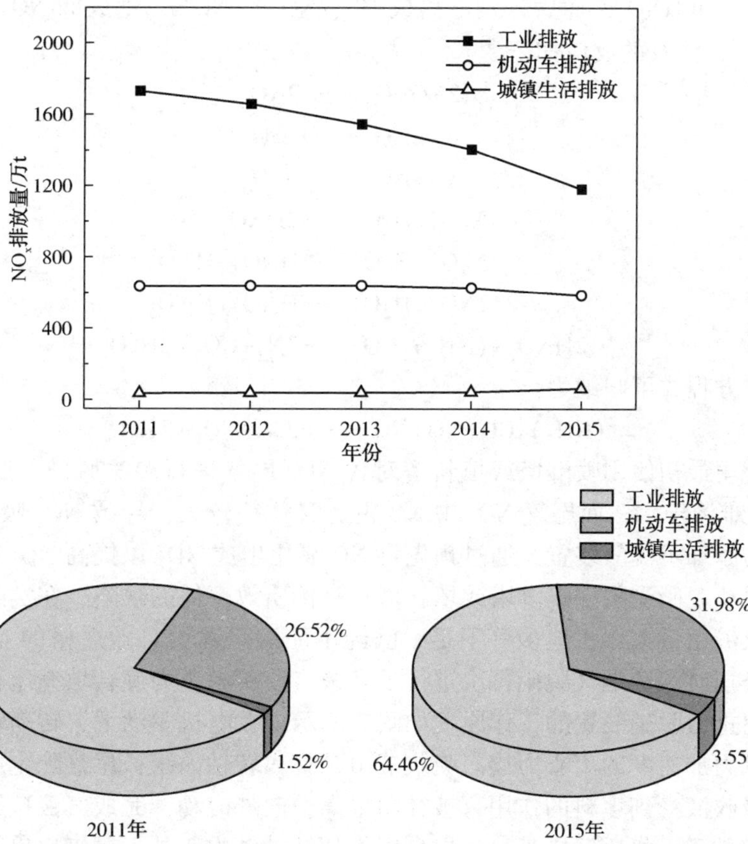

图2 2011～2015年我国主要NO_x排放源年排放量变化趋势

催化剂是化学工业的基石和关键核心技术，推动着整个化学工业的发展。随着石油化学工业的快速发展，社会对于催化剂的需求也越来越大[5]。石油化工催化剂的制备原料中大多含有硝酸盐类物质，催化剂成型过程也往往需要硝酸的参与，因此在催化剂生产焙烧环节不可避免的会产生含NO_x尾气。中国石化催化剂有限公司是全球知名的炼油化工催化剂生产商、供应商、服务商，产品涵盖炼油催化剂、基本有机原料催化剂、煤化工催化剂、环保催化剂、聚烯烃催化剂等多系列催化剂。作为国内催化剂行业的领导者，中石化催化剂公司对于催化剂生产过程中的NO_x减排技术做了诸多研究和尝试，取得了较为理想的效果。工业废气脱硝大致可以分为湿法烟气脱硝和干法烟气脱硝两大类[6]。经过多年的摸索实践，针对不同处理需要，目前两种烟气脱硝方法在催化剂公司都得到了成功的应用。

2 催化剂生产尾气脱硝技术

2.1 湿法烟气脱硝

湿法烟气脱硝是利用液体吸收剂将尾气中NO_x选择性溶解的原理来净化含NO_x尾气[7]。目前催化剂公司使用的湿法烟气脱硝技术主要选择尿素溶液作为吸收剂对NO_x进行化学吸收，具体原理是NO_x通过分子扩散和湍流扩散作用从气液两相界面扩散到液相主体，在液

相中形成 HNO_2 和 HNO_3，而后分别电离成 H^+、NO^{2-}、NO^{3-}，生成的 NO^{2-} 可以与尿素反应生成 N_2 和 CO_2，涉及的反应如下[8]：

$$2NO+O_2 \longrightarrow 2NO_2$$

$$2NO_2 \longrightarrow N_2O_4$$

$$NO+NO_2 \longrightarrow N_2O_3$$

$$N_2O_3+H_2O \longrightarrow 2HNO_2$$

$$N_2O_4+H_2O \longrightarrow HNO_2+HNO_3$$

$$2NO_2+H_2O \longrightarrow HNO_2+HNO_3$$

$$2HNO_2+(NH_2)_2CO \longrightarrow 2N_2+CO_2+3H_2O$$

总的反应方程式可归纳为：

$$(NH_2)_2CO+NO+NO_2 \longrightarrow 2N_2+CO_2+2H_2O$$

催化剂公司最初使用喷淋塔或填料塔对含 NO_x 尾气进行湿法脱硝。湿法烟气脱硝的最大障碍是 NO 难溶于水，而尾气 NO_x 中 NO 占比又往往较大，导致 NO_x 吸收率不高。为此，在尾气吸收前添加了臭氧装置，通过预先将 NO 氧化生成 NO_2 以提高 NO_x 吸收效率。

传统的湿法脱硝受限于喷淋塔或填料塔本身传质效率低的缺陷，在实际使用中往往具有能耗高、吸收液用量大、占地多等不足，已经不能满足我国日益严格的 NO_x 排放要求。为此，催化剂公司对湿法烟气脱硝再次进行了升级，使用超重力旋转填充床替代传统的喷淋塔或填料塔。超重力脱硝装置的工作原理如图 3 所示，在电机驱动下，转动轴高速旋转，形成一个远大于重力加速度的离心力场。吸收液由泵打入转轴内缘，尾气除尘后由进气口引入填料层外缘。吸收液受到填料的作用，被径向甩离，向外流动，完成气液接触的液体最后被甩离填料层，在外壳汇集后经排液口排出，尾气从转动轴中心处经尾气出口管引出，由此完成传质和反应过程。在此过程中，填料层由于高速旋转，不断剪切破碎进入其内部的液体，导致吸收液被分割撕裂成微米至纳米级的液膜、液丝和液滴，产生巨大的相界面积，实现良好的气液接触和微观混合；同时，由于吸收液与填料的不断撞击，相界面上的物料更新速度加快，也形成了很好的反应与传质条件[9]。

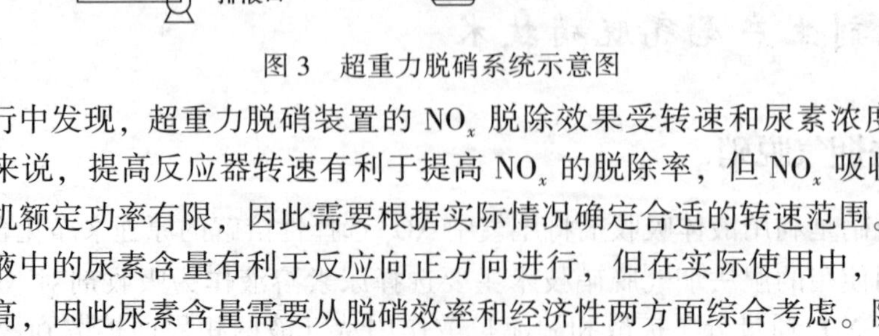

图 3 超重力脱硝系统示意图

在设备运行中发现，超重力脱硝装置的 NO_x 脱除效果受转速和尿素浓度影响较大。从强化传质效果来说，提高反应器转速有利于提高 NO_x 的脱除率，但 NO_x 吸收过程为反应控制过程，且电机额定功率有限，因此需要根据实际情况确定合适的转速范围。从反应机理来看，增加吸收液中的尿素含量有利于反应向正方向进行，但在实际使用中，尿素含量越高，运行成本也越高，因此尿素含量需要从脱硝效率和经济性两方面综合考虑。除此之外，吸收液 pH 值也对超重力脱硝装置的 NO_x 脱除率有较大影响。NO_2 易与碱性溶液反应，因此增大 pH 值有助去除 NO_2，另一方面，在酸性条件下，尿素的水解速度会加快，导致脱硝效率下降，因此需要在合理的前提下应尽量提高吸收液的 pH 值。

在实际使用中，由于不同催化剂生产线的产品配方和产量有所区别，导致生产尾气的流量和尾气中的 NO_x 浓度各不相同，因此往往将多台超重力脱硝装置进行并联或串联使用，以满足脱硝效果。目前，催化剂公司使用超重力脱硝技术的生产线中，尾气流量最大值为 45000Nm³/h（该生产线尾气 NO_x 浓度为 650mg/Nm³），尾气中 NO_x 浓度最大值为 95000mg/Nm³（该生产线尾气流量为 1100Nm³/h）。这两条生产线的尾气经超重力脱硝装置处理后，尾气中的 NO_x 浓度均低于 200mg/Nm³，符合国家排放标准（表 1）。使用结果证明，催化剂公司开发的超重力脱硝技术可以充分满足催化剂生产尾气的脱硝需要。

表 1　超重力脱硝技术极端工况处理能力

极端工况	尾气流量/(Nm³/h)	NO_x 浓度/(mg/Nm³)	处理后 NO_x 浓度/(mg/Nm³)	脱硝率/%
最大尾气流量	45000	650	30	95.4
最大 NO_x 浓度	1100	95000	190	99.8

2.2　干法烟气脱硝

干法烟气脱硝技术种类较多，原理各不相同，大体上可分为 SCR 法、SNCR 法、吸附法、电子束法等。其中，SCR 法以其反应温度低、净化率高、工艺紧凑、无二次污染等优点，成为世界上应用最广、技术最成熟的干法烟气脱硝技术，SCR 脱硝反应主要包括以下反应[10,11]：

$$4\ NH_3+4NO+O_2 \longrightarrow 6H_2O+4N_2$$
$$4\ NH_3+2\ NO_2+O_2 \longrightarrow 6H_2O+3N_2$$
$$4\ NH_3+6NO \longrightarrow 6H_2O+5N_2$$
$$8\ NH_3+6\ NO_2 \longrightarrow 12H_2O+7N_2$$

近几年，催化剂公司对 SCR 脱硝技术进行了较多研究，并将 SCR 脱硝技术广泛应用于公司内部，图 4 是一套典型的催化剂公司 SCR 脱硝系统。由于尾气中往往含有大量粉尘，焙烧尾气首先经过除尘装置（主要是旋风分离器或布袋除尘器）除去粉尘，而后经过加热器进行加热，被加热的尾气与氨气按比例混合，最后混合气进入装填有 SCR 脱硝催化剂的反应器进行 SCR 反应除去 NO_x 气体。

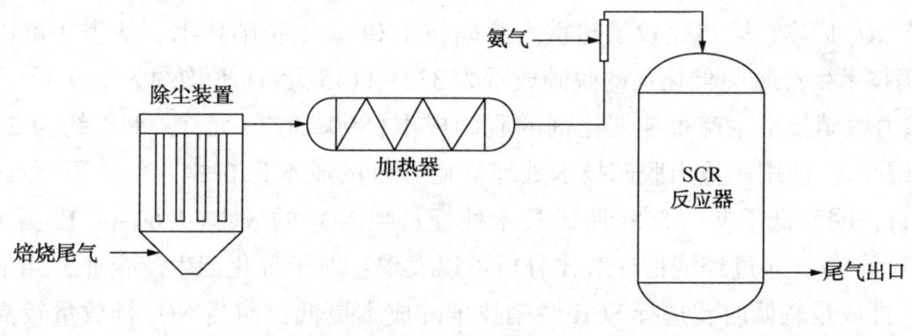

图 4　SCR 脱硝反应系统示意图

在设备运行时，尾气温度对SCR脱硝系统的NO_x脱除效果影响较大。催化剂生产过程中的尾气温度一般低于200℃，而SCR脱硝催化剂的活性温度窗口一般在300℃左右，因此催化剂生产尾气进入SCR反应器前都需要经过加热器加热到300℃，方可保证SCR脱硝反应的正常进行。除此以外，氨气浓度对于SCR脱硝反应也很重要。氨气浓度过低，无法确保SCR脱硝反应进行完全，而氨气浓度过高，又会氨气过量造成氨气逃逸，形成二次污染，因此需要根据催化剂生产尾气中的NO_x浓度及时调整氨气供应量。

在实际使用中，由于不同催化剂生产线的产品配方和产量有所区别，导致生产尾气的流量和尾气中NO_x浓度各不相同，因此需要根据需要调整SCR反应器的尺寸和催化剂用量，以满足脱硝效果。目前，催化剂公司使用SCR脱硝技术的生产线中，尾气流量最大值为4000Nm^3/h(该生产线尾气中NO_x浓度为400mg/Nm^3)，尾气中NO_x浓度最大值为7000mg/Nm^3(该生产线尾气流量为2000Nm^3/h)。这两条生产线的尾气经SCR脱硝装置处理后，尾气中的NO_x浓度均低于200mg/Nm^3，符合国家排放标准(表2)。使用结果证明，SCR脱硝技术可以充分满足催化剂生产尾气的脱硝需要。

表2 SCR脱硝技术极端工况处理能力

极端工况	尾气流量/(Nm^3/h)	NO_x浓度/(mg/Nm^3)	处理后NO_x浓度/(mg/Nm^3)	脱硝率/%
最大尾气流量	4000	400	30	92.5
最大NO_x浓度	2000	7000	150	97.9

3 催化剂生产尾气脱硝技术对比

从实际应用结果可以看出，无论是超重力脱硝技术还是SCR脱硝技术，目前都已经可以满足催化剂生产尾气中NO_x的脱除，并且可以通过增加超重力脱硝装置的数量或SCR催化剂装填量来分别提高现有超重力脱硝系统和SCR脱硝系统的NO_x处理能力和处理效果，以应对未来可能更加严格的NO_x排放标准，因此从技术指标来说，两种脱硝技术都可以满足催化剂生产的需要。

不同技术进行比较时，除技术指标外，经济指标也尤为重要。经济指标直接反映了技术运行的成本，是选择合理技术路线的重要依据。本文分别以生产每吨催化剂脱硝成本(表3)和处理每吨NO_x成本(表4)比较了超重力脱硝技术和SCR脱硝技术。从表3可以看出，使用SCR脱硝技术生产每吨催化剂的脱硝成本为332~1145元/t(平均约为739元/t)，明显低于使用超重力脱硝技术生产每吨催化剂的脱硝成本(890~3770元/t，平均约为2330元/t)。从表4可以看出，使用超重力脱硝技术处理每吨NO_x的成本为0.64~3.32万元/t(平均约为1.98万元/t)，明显低于使用SCR脱硝技术处理每吨NO_x的成本(2.60~4.13万元/t，平均约为3.37万元/t)。通过经济指标对比分析可以发现：对于催化剂生产企业，当催化剂产量较大或NO_x排放量较低时，选择SCR脱硝技术的成本更低；而当NO_x排放量较高或催化剂产量不太大时，选择超重力脱硝技术更为合理。

表 3 不同脱硝技术运行成本对比(以生产每吨催化剂进行核算)

	设备投资①/(元/t)	水、电、气消耗①/(元/t)	试剂消耗①/(元/t)	废液处理费用①/(元/t)	废催化剂处理费用①/(元/t)	其他成本②/(元/t)	总运行成本/(元/t)
超重力脱硝技术	60~200	500~2000	70~800	230~700	—	30~70	890~3770
SCR 脱硝技术	70~200	200~500	10~330	—	2~5	50~110	332~1145

①因年代、处理能力、运行状态、地域物价差等因素不同，会有较大区别；

②包含设备维修保养、人力成本、管理费用等。

表 4 不同脱硝技术运行成本对比(以处理每吨 NO_x 进行核算)

	设备投资①/(元/t)	水、电、气消耗①/(元/t)	试剂消耗①/(元/t)	废液处理费用①/(元/t)	废催化剂处理费用①/(元/t)	其他成本②/(元/t)	总运行成本/(万元/t)
超重力脱硝技术	600~5500	2300~150000	1600~3000	1700~9000	—	160~740	0. 64~3. 32
SCR 脱硝技术	4900~8200	14000~20000	2200~4500	—	300~3700	4600~4900	2. 60~4. 13

①因年代、处理能力、运行状态、地域物价差等因素不同，会有较大区别；

②包含设备维修保养、人力成本、管理费用等。

4 问题与展望

催化剂行业脱硝技术起步较晚，但发展很快，从早期的喷淋塔/填料塔液体吸收法脱硝，到如今的超重力脱硝技术和 SCR 脱硝技术，只用了很短的时间。回首这段时间，我们遇到了很多问题，也解决了很多问题，成熟的脱硝技术已经可以保证催化剂公司 NO_x 的达标排放。但技术创新工作只有进行时，没有完成时，目前催化剂公司使用的两大脱硝技术仍有难题等待着我们去克服，主要是：

(1) 超重力脱硝装置中的金属离子溶解问题，易产生大量污水，造成二次污染；

(2) SCR 脱硝系统的尾气预加热问题，极大地增加 SCR 脱硝系统的运行成本。

对于第一个问题的解决办法是开发效果更好的除尘技术，以减少催化剂粉尘进入吸收液，从来源上减少金属离子。对于第二个问题的处理思路是，开发活性窗口在 200℃左右的低温 SCR 脱硝催化剂，从根源上避免尾气加热的必要性。

眼下正值我国坚决打好污染防治攻坚战的关键时节，第十三届全国人民代表大会第一次会议上，国务院总理李克强作的政府工作报告中，更是将实现 NO_x 排放量下降 3%作为三大攻坚战之一。严格的排放规定既是对 NO_x 排放企业的重要考验，也是我国脱硝技术发展的重要机遇。中国石化催化剂有限公司以成为“科技型、生产服务型和先进绿色制造”的世界一流催化剂公司为奋斗目标，正不断研发新型、高效的烟气脱硝技术，力争为我国催化剂行业 NO_x 脱除技术的发展指引方向。

参 考 文 献

[1] 夏怀祥. 选择性催化还原法(SCR)烟气脱硝[M]. 北京：中国电力出版社，2012.

[2] Garin F. Mechanism of NO_x decomposition[J]. Applied Catalysis A General，2001，222：183-219.

[3] 甘丽娜. 低温 $V_2O_5-WO_3/TiO_2$ 脱硝催化剂开发与应用研究[D]. 中国科学院研究生院(过程工程研究所)，2016.

[4] 尚光旭，司传海，刘媛．“十三五”除尘脱硫脱硝行业政策导向及发展趋势[J]．中国环保产业，2016，10：21-23.

[5] 储伟．催化剂工程[M]．成都：四川大学出版社，2006.

[6] 杨加强，梅毅，王驰，等．湿法烟气脱硝技术现状及发展[J]．化工进展，2017，36：695-704.

[7] 王莉，吴忠标．湿法脱硝技术在燃煤烟气净化中的应用及研究进展[J]．安全与环境学报，2010，10：73-77.

[8] 杨晖，陈建铭，宋云华．超重力尿素湿法烟气脱硝技术的研究[J]．北京化工大学学报(自然科学版)，2012，39：12-16.

[9] 张亮亮．超重力旋转填充床强化湿法脱碳和脱硝过程研究[D]．北京化工大学，2012.

[10] Fu M，Li C，Lu P，et al. A review on selective catalytic reduction of NO_x by supported catalysts at 100—300℃-catalysts，mechanism，kinetics[J]. Catalysis Science & Technology，2014，4：14-25.

[11] Busca G，Lietti L，Ramis G，et al. Chemical and mechanistic aspects of the selective catalytic reduction of NO_x by ammonia over oxide catalysts：A review[J]. Applied Catalysis B：Environmental，1998，18：1-36.

催化裂化液化气脱硫醇系统节能减排工艺改造及效果分析

倪前银

（中国石化北京燕山分公司炼油部，北京 102500）

摘 要 液化石油气(LPG)脱硫醇系统采用 Merox 碱洗抽提和碱液空气氧化再生循环工艺，不适应现在燕山石化三催化的原料要求，存在排放不达标问题。通过分析生产过程中的废渣、废水、废气排放及节能减排等要素，采取系列技术措施及生产优化。从催化裂化装置源头控制碱渣排放量，同时实现碱渣厂内处理，液化气水洗水减量使用，脱硫醇尾气进再生器处理。通过以上措施，有效降低了装置的碱渣、废水、VOC 排放。

关键词 催化裂化液化气 碱渣 尾气 节能减排

随着进口高硫原油加工量的增加和渣油掺炼比的增大，炼油厂催化裂化装置生产的液化气(LPG)中总硫含量也随之升高。催化裂化液化气通过脱硫和气体分馏可生产富含丙烯和异丁烯的 MTBE 原料，也可进入民用液化气系统[1]。液化石油气中通常含油 H_2S、COS、CS_2、硫醇、硫醚和二硫化物等有毒有害成分，对后续工业加工和民用燃料等造成较大影响。液化石油气中的硫化氢多采用可再生的醇胺溶液脱除其中的硫化氢，脱硫醇系统多采用美 Merox 抽提-氧化脱臭技术脱硫醇，或采用纤维膜工艺，固定床无碱脱硫醇工艺或吸附法脱硫醇等[2]。

中国石化北京燕山分公司第三套催化裂化装置(以下简称三催化)是 2.0Mt/a 重油催化裂化装置，液化气脱硫醇采用 Merox 抽提-氧化脱臭技术，设计液态气产率为 1%，2005 年、2007 年两次 MIP-CGP 技术改造后，液化气收率达到 18%~20%，但液态烃脱硫及脱硫醇系统一直未做改动。随着炼油系统进口含硫原油加工种类和数量的增多，催化裂化装置原料硫含量由 0.35%提高到 0.6%左右，造成液化气总硫经常超过 $20mg/m^3$ 的指标，最高为 $80mg/m^3$。为保证产品质量，液态烃脱硫醇系统需频繁换碱，增大了碱渣处理排放的难度。此外，该系统循环碱液再生加热消耗 0.35MPa 低压蒸汽约 1t/h，还发生过蒸汽加热器内漏导致碱液串入凝结水线，碱水进入除氧器，造成主风机和气压机的汽轮机蒸汽带碱的事故。碱液再生单元尾气直排入周边环境，存在 VOC 超标和现场异味等问题，在日益苛刻的环保形势下，不满足达标排放的要求。为此，进行了技术改造，满足达标排放要求。

1 技术现状

催化裂化装置液化气经稳定塔顶抽出后，与乙醇胺接触脱除硫化氢，而后进入液化气脱硫醇系统，经预碱洗、抽提脱硫醇、氧化再生等工艺过程，达到总硫质量要求。

Merox 脱硫醇技术的工艺原理[3]是：在磺化钛菁钴或聚酞菁钴催化剂的作用下，液化气中的硫醇与 NaOH 反应生成硫醇钠；然后用空气氧化硫醇钠，使之转化成二硫化物和氢氧化钠。二硫化物不溶于碱，经三相分离罐分离外送。氧化反应后的催化剂、碱液循环使用再生。

抽提部分：RSH(油相)+NaOH(碱相)⟶NaSR(碱相)+H_2O

氧化部分：4NaSR(碱相)+O_2+2 H_2O ⟶NaOH(碱相)+RSSR(油相)

实际生产中发现，抽提碱液氧化过程中，硫化物无法从碱液中析出，在三相分离罐隔板的油侧无二硫化物生成。导致三催化只能频繁地换碱来保证硫化物随碱液排除，碱耗较大。进一步分析，三催化液化气脱硫的问题存在于脱硫醇系统中二硫化物和碱液的密度相近，无法脱除二硫化物。

2 节能减排要素分析

2.1 废渣

液化气脱硫醇系统产生碱渣的主要部位有预碱洗单元和抽提氧化单元。产生碱渣的主要原因是，液化气脱硫塔采用 MDEA 作为吸收剂，胺洗后液化气中夹带的溶剂、未脱除硫化氢及部分携带的二氧化碳等，与 NaOH 反应，造成碱液消耗。碱液中富集有害物(包括有机物和无机盐)的浓度达到一定值后，导致碱液脱硫醇效果下降失效。有机物的累积会导致溶剂脱硫醇活性下降、发泡及催化剂中毒，脱硫醇溶剂累积的有机物主要包括：RSNa、有机胺、乳化油以及助剂和催化剂的降解物。

碱浓度损失和盐析效应也将导致脱硫醇效果下降。导致碱浓度损失和盐析效应的无机盐主要包括：Na_2CO_3、Na_2S、Na_2SO_3、$Na_2S_2O_3$；其中 Na_2CO_3来源于碱液夹带和氧化空气中的 CO_2；Na_2S、Na2SO_3、$Na_2S_2O_3$来源于 H_2S。分析预碱洗碱渣主要成分：RSNa 含量 2%~4%；Na_2S 含量 1%~3%；有机胺含量 0.5%~3%；NaOH 含量 10%~15%。

详细的三催化碱渣进行分析，数据见表 1。为维持脱硫醇效果，定期向系统内加注一定量的新鲜氢氧化钠溶液，置换排放出一定的碱渣。碱渣高 COD、高碱度，处理难度大，企业一般委托专业环保公司处理，费用较高。三催化碱渣组成分析如表 1 所示。

表 1 三催化碱渣分析

项目	样品 1	样品 2
化学需氧量/(mg/L)	12700	5630
电导率/(mS/cm)	93	59
碱度/(mg/L)	61600	32700
悬浮物/(mg/L)	594	1.10
全盐量/(mg/L)	85900	59600
二氧化硅/(mg/L)	2.02	1.35
氨氮/(mg/L)	54.6	24.2
浊度	>100	10

2.2 废水

液化气脱硫醇系统产生废水的主要单元为液化气水洗罐。为控制液化气出装置质量，降低夹带碱液对罐区及后续装置的影响，现有工艺多采用除盐水对液化气中的碱液进行水洗，水洗后含碱污水排放进公司污水处理系统。该部分废水 pH 值约 9~11，夹带一部分轻烃，排放如污水处理系统后易导致整个地下井可燃气超标，存在较大的安全环保隐患。同时，水量一般在 4t/h 以上，加工费用高，也增加了污水处理成本。

2.3 废气

脱硫醇尾气中因含有过剩氧气、烃蒸汽、硫化物及残余碱等组分，现场直排异味较大。最近几年，随着纤维膜脱硫技术的引进，按比例注入瓦斯、然后将尾气引入加热炉燃烧的方法得到应用，如某延迟焦化装置即采用此技术，补入天然气后就近引入装置加热炉，从一定程度上缓解了尾气后处理问题。但是运行一段时间后，发现引入尾气的加热炉，其炉管、炉壁、烟道挡板等部位有腐蚀加重现象；烟气中 SO_2浓度也有升高。另外，因为混入瓦斯的尾气组成和压力与燃料气系统差别较大，一般只能在某一个火嘴集中燃烧，带来加热炉偏烧及温度调节困难。另一种尾气处理技术，采用尾气升压、冷冻机组、冷柴油吸收及膜分离等手段的组合技术，其投资高、操作费用大，但是，即使采用如此复杂的处理措施后，尾气烃含量还是达不到直排的指标，仍然需要再焚烧处理。

3 技术改造及效果分析

3.1 技术改造情况

分析以上存在问题的原因和情况，我们进行了二次改造。

2011 年 6 月检修期间，三催化对液化气脱硫醇系统进行了第一次改造，主要是采用脱硫助剂代替磺化酞菁钴配置到抽提碱液中，并采用低硫反抽提油脱出碱液再生生成的二硫化物，以改善液化气脱硫醇效果，具体见图 1。

（1）采用静态混合器强化氢氧化钠和液态烃混合效果，在液化气抽提塔之前增加了碱液和液化气的静态混合器。

（2）使用不含硫的反抽提油，将碱液中的二硫化物抽提至反抽提油中，通过反抽提油将硫化物携带至分馏塔顶油气分离罐，实现了二硫化物和 NaOH 碱液高效分离，循环使用。

（3）使用脱硫助剂替代再生催化剂磺化酞菁钴。脱硫助剂为黑褐色液体，与水互溶，一般占抽提碱液的 15%~20%，与碱液混合均匀后向系统加注。

改造后，脱后液化气总硫含量小于 10mg/m^3，显著降低。换碱频次由 1 次/7 天延长至 1 次/50 天，每月可节约用新碱量（20%氢氧化钠溶液）70t。反抽提油为高压加氢重石脑油，硫含量<10mg/kg，流量为 2t/h，占循环碱液比例的 10%，抽提出二硫化物后，反抽提油硫含量升高到约 3000mg/kg，送入分馏塔顶回流罐。反抽提油硫含量的大幅度提高说明改造后的液化气脱硫醇系统大大提高了抽提能力，同时增强循环剂活性和再生能力，延长循环剂的运行周期，减少废碱渣产生。碱液再生能力提高，实现了常温下的碱液强化再生，碱液再生

温度从60℃降低至40℃，停用了系统使用的1t/h的0.35MPa低压蒸汽。

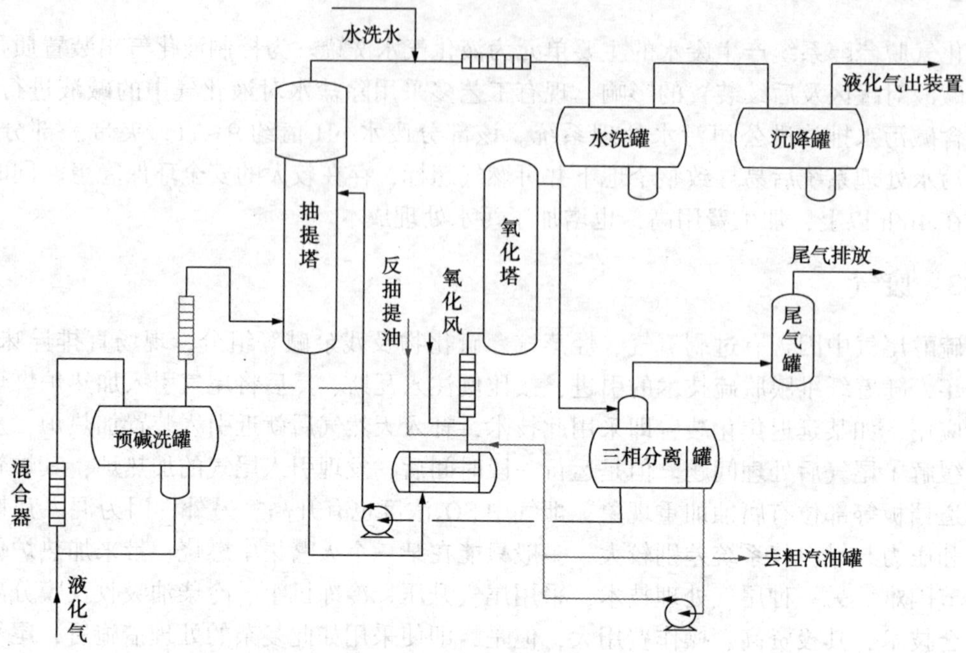

图1　改造后的液化气脱硫醇工艺流程图(粗线为新增流程)

2016年6月检修期间，三催化对液化气脱硫醇系统进行了第二次改造，主要改造内容为氧化塔采用固定床催化氧化剂，同时对工艺流程进行了优化，进一步提高脱硫醇效率，减少污染物排放。改造后流程图如图2所示。

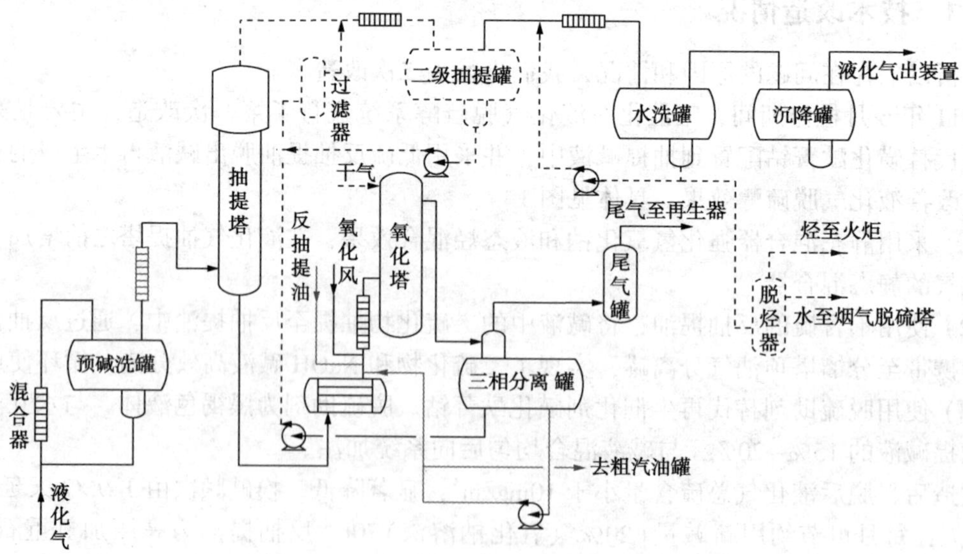

图2　改造后的液化气脱硫醇工艺流程图(粗线为新增流程)

主要改造内容为：

(1) 新增二级抽提罐：在抽提塔后增加第二级抽提脱硫醇设施，采用一组静态混合器加沉降罐的方式。

(2) 新增固定床再生塔：进一步强化剂/碱再生，新增固定床氧化再生塔一座。

(3) 新增碱液过滤器：贫剂/碱在返回抽提段前设稳压全自动反冲洗过滤器组(带稳压罐及辅助过滤器等)，以达到净化溶剂和脱除催化氧化活性的作用。

(4) 新增尾气处理设施：原设计再生尾气经干气稀释后，送至催化裂化再生单元，增加瓦斯流量控制和低流量自保。实际改造过程中，为减少干气消耗，直接尾气升压后送催化裂化再生单元。

(5) 液化气水洗水改循环利用：液化气水洗水由直排该为循环水洗。定期检测水洗水pH 值，外排部分经旋流脱烃后，送至烟气脱硫塔循环利用。

在进行改造同时，装置持续进行操作优化，废渣、废气、废水排放大幅度下降。

3.2 节能减排效果

3.2.1 废渣减排

增上二级抽提罐及采用固定床氧化技术后，液化气进一步提高液化气脱硫醇脱硫效率，脱后液化气总硫达到 $10mg/m^3$以下。降低了对碱液浓度的依赖，在抽提单元碱液浓度 5%的情况下，仍然可以稳定控制脱后液化气质量。当系统碱液浓度低于 5%时，对系统碱液进行置换。置换采用的新鲜碱液，原采用 20%的氢氧化钠溶液，优化后将氢氧化钠浓度提高至 32%，碱液浓度提高后，单次置换用量降低，降低了碱渣排放量。

液化气脱硫醇单元换碱频率由 1 次/50 天达到 1 次/150 天，降低碱渣排放量 7.5t/月。200 万 t/a 催化裂化装置全年碱渣排放量可降低至 200t 以下。改造前后参数如表 2 所示。

表 2 两次改造前后参数对比

项目	改造前	第一次改造后	第二次改造后
原料油硫含量/%	0.5	0.5	0.55
液化气产量/(t/h)	45	50	50
液化气组成/%(v)			
C_2	0.03	0.02	0.07
丙烷	13.6	12.8	15.3
丙烯	42.9	44.5	40.5
正丁烷	4.9	4.7	5.1
异丁烷	20.8	19.6	21.1
正丁烯	4.2	4.7	4.3
异丁烯	6.2	5.6	6
丁烯-2	7.3	8	7.6
丁二烯	0.05	0.07	0.02
C_5	0.02	0.01	0.01
脱硫醇前总硫/(mg/m^3)	125	134.5	145
脱硫醇后总硫/(mg/m^3)	24	10	7
新鲜碱液耗量/(t/月)	85(20%NaOH)	15(20%NaOH)	7.5(32%NaOH)
碱渣排放量/(t/月)	85(12%NaOH)	15(11%NaOH)	7.5(5%NaOH)

脱硫醇碱渣原由专业环保公司拉走处理，经优化，将碱渣送入硫黄回收装置污水汽提单元消化处理，按1~3t/d速度注入汽提塔，汽提后净化水氨氮不大于20mg/L，pH略有上涨。碱渣后路打通后，不再安排出厂，大幅度降低了碱渣处理的费用及环保风险。

3.2.2 废水减排

液化气脱硫醇水洗水循环利用的前提是，将其中溶解夹带的轻烃进行脱除。三催化采用旋流脱烃技术处理后，水洗水中VOC浓度降低至5mg/kg以下，回收的轻烃排放至火炬瓦斯回收系统，进行轻烃回收。

液化气水洗水pH值控制在9~11之间，该部分含碱污水经脱烃后，直接作为催化裂化装置烟气湿法脱硫塔的吸收剂，废水不再排入地下污水系统。

同时，通过液化气水洗水循环利用，提高水洗水利用效率，将除盐水消耗量由4t/h降低至1t/h以下，除盐水消耗量降低75%，液化气出装置质量未受影响。

3.2.3 废气减排

液化气脱硫醇再生氧化单元工业风氧化硫醇钠后，进入尾气罐静置脱液后排放。经检测，脱硫醇氧化尾气中可燃气组分约3.5v%左右，这部分尾气直接排放大气，属于VOCs无组织排放源，是装置周边的异味源之一。脱硫醇再生尾气组成如表3所示。

表3 脱硫醇再生尾气组成

组分	含量/%(v)	爆炸下限/%(v)	爆炸上限/%(v)
O_2	13.48		
N_2	82.98		
H_2	0.32	4	75
甲烷	1.92	5	15
乙烷	0.13	3	15.5
乙烯	0.11	2.7	36
丙烷	0.08	2.1	9.5
丙烯	0.56	2	11.1
异丁烷	0.03	1.8	8.4
正丁烷	0.01	1.9	8.5
正丁烯	0.01	1.6	10
异丁烯	0.01	1.8	9.6
反丁烯	0.01	1.8	9.7
顺丁烯	0	1.7	9
C_5	0.35	1.4	7.6

经技术论证，装置将脱硫醇尾气送至再生器进行氧化处理。该流程有如下特点：一是提高碱液再生单元操作压力，新增氧化风机两台，将氧化风压由0.4MPa提高至0.8MPa，确保压头够用。二是为避开爆炸极限，在进入再生器之前，采用非净化风进行稀释。三是在该流程采用低压力联锁，当脱硫醇尾气前压力低于再生器压力后，联锁动作改放空。四是在流程上设置快速切断阀、阻火器、单向阀等物理防护措施。

采取以上工艺改造后，脱硫醇尾气中的VOC组分燃烧处理，脱硫醇现场异味大幅度降低。再生系统操作及烟气脱硫塔排放数据未受影响。

4 结论

燕山三催化装置通过分析催化液化气脱硫醇生产过程中的废渣、废水、废气排放及节能减排等要素，采取系列技术创新及生产优化，有效降低了装置的碱渣、废水、VOC排放。

(1) 改造后脱后液化气总硫由20mg/m^{3}以上降低至10mg/m^{3}以下。

(2) 水洗水循环回用后，节约除盐水3t/h。

(3) 水洗水经旋流脱烃后，进入催化裂化装置烟气脱硫塔，实现回收利用。

(4) 通过脱硫醇系统改造及操作优化，碱渣排放量由85t/月降低至7.5t/月。

(5) 将脱硫醇再生尾气由就地排放改进再生器氧化，大幅度降低现场异味。

参考文献

[1] 周建华，王新军．液化气脱硫醇工艺完善及节能减排要素分析[J]．石油炼制与化工，2008，39(3)：51-56.

[2] 王莲静．催化裂化液化气脱硫工艺对比分析[J]．炼油与化工，2017(6)：19-21.

[3] 许学旺．液化气脱硫醇装置的技术改造[J]．石油炼制与化工，2001，32(8)：25-27.

康索夫尾气处理工艺在硫黄回收装置的首次应用

葛晓强，李　荣，张　勇

（中石油克拉玛依石化有限责任公司，新疆克拉玛依　834003）

摘　要　本文通过中石油克拉玛依石化有限责任公司 10000t/a 硫黄回收装置采用康索夫(CANSOLV)工艺的工业运用过程发现的问题，对比传统的 SCOT 工艺，评价了该工艺的使用过程中的优缺点。

关键词　康索夫　尾气处理　运用

1　前言

2014 年 6 月新疆克拉玛依地区成为特别排放地区，要求硫黄加收装置尾气处理后的 SO_2 含量不高于 $100mg/m^3$。硫黄回收装置传统的 CLAUS+SCOTT 工艺无法满足新规范要求。克拉玛依石化公司从 2015 年开始建设 1 万吨/年硫黄回收装置，该装置制硫部分工艺采用常规克劳斯工艺，尾气吸收部分采用康索夫(CANSOLV)工艺，是国内首家采用此工艺的硫黄回收装置。该项目建成投产减低了尾气 SO_2 排放保护了环境，取得很好社会效益。

2　装置概况

装置设计能力年回收硫黄 10000 吨。制硫部分工艺采用常规克劳斯工艺，尾气吸收部分采用康索夫(CANSOLV)工艺，为国内首次运用，各部分的主要工艺技术如下[1]：

(1) 制硫部分采用常规 Claus 反应。

(2) 二级反应器入口过程气采用掺和阀再热，充分利用自身热源。

(3) 制硫蒸汽发生器、焚烧炉蒸汽发生器产生 1.0MPa 低压饱和蒸汽。

(4) 一、二、三级冷凝冷却器发生 0.4MPa 低低压饱和蒸汽。

(5) 为保证焚烧后硫化氢浓度小于 5μL/L，尾气焚烧炉焚烧温度按 800℃ 考虑。

(6) 烟气脱硫部分采用康索夫的溶剂脱硫工艺，制硫尾气、液硫脱气废气焚烧后的烟气经溶剂吸收 SO_2 后达标排放，避免废气对大气的影响。

3　常用尾气处理技术工业运用工艺对比

3.1　传统的尾气处理 SCOT 工艺——溶剂脱硫化氢工艺

自硫黄回收部分来的过程气(CLAUS 尾气)至尾气加热器升温，再与氢气混合，进入加氢反应器，在催化剂作用下，过程气中的各种硫化物被加氢还原或水解为 H_2S，加氢后过程气进入急冷塔冷却降温，为了防止酸性水对设备的腐蚀，在急冷水管线设置 pH 值在线分析仪，操作中根据 pH 值大小，确定注入的氨量。急冷后的尾气进入尾气吸收塔，与 MDEA 溶剂逆流接触，其中的 H_2S 和少部分 CO_2 被溶剂吸收，吸收塔顶出来的净化尾气进入尾气焚烧炉进行焚烧，使尾气中残留的硫化氢及其他硫化物焚烧转化为 SO_2，焚烧后的烟气经 70 米烟囱排空。吸收了 H_2S 和少部分 CO_2 的富溶剂用泵送至溶剂再生部分进行再生处理，再生后的贫液返回尾气吸收塔循环使用。流程如图 1 所示：

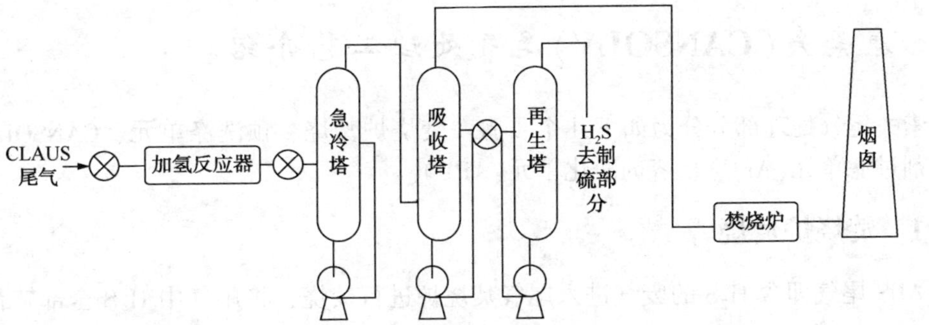

图 1　SCOT 尾气处理工艺

3.2　康索夫的尾气处理工艺——溶剂(此溶剂为康索夫公司专用溶剂，型号 DS)脱二氧化硫工艺

CLAUS 尾气直接进焚烧炉，尾气焚烧炉设置温度 800℃，保证进入吸收单元尾气中 H_2S 含量小于 5ppm。高温尾气经过蒸汽发生器冷却进预洗涤单元。预洗涤单元采用“急冷塔稀酸洗涤—过冷塔间接冷却—电除雾器除酸雾”的工艺技术，对硫黄回收装置含 SO_2、SO_3 尾气进行预洗涤，预洗涤后的尾气送 CANSOLV 脱硫单元，尾气进入 SO_2 吸收塔与贫溶剂逆向接触，脱除其中的 SO_2，净化尾气达标排至尾气加热器升温至 160℃后排烟囱。吸收 SO_2 后的富溶剂经富溶剂泵升压，经换热器换热至 95℃后送至 SO_2 再生塔。在 SO_2 再生塔中富溶剂经汽提，SO_2 从塔顶部出来送至制硫部分。贫液自塔底至贫溶剂储罐，贫溶剂经泵升压后至 SO_2 吸收塔循环使用。流程如图 2 所示：

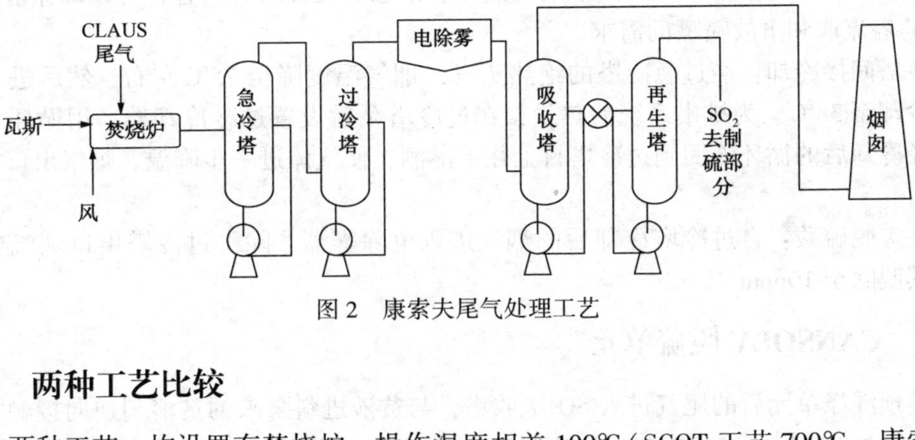

图 2　康索夫尾气处理工艺

3.3　两种工艺比较

对比两种工艺，均设置有焚烧炉，操作温度相差 100℃（SCOT 工艺 700℃，康索夫工艺

800℃），均有急冷、吸收、溶剂再生过程，但二者处理尾气目标不同，传统SCOT工艺是以吸收解吸H_2S为目标，康索夫工艺是以吸收解吸SO_2为目标。传统SCOT工艺需改进后才能达到过焚烧炉后尾气SO_2含量100mg/m^{3}以下。无法从流程上评估二者投资差异。但从SO_2及SO_3腐蚀性强于H_2S来看，康索夫工艺的设备材质升级会造成投资成本上升，SCOT工艺的加氢反应器及装填的加氢反应催化剂成本高于康索夫工艺。综合评价康索夫工艺的投资与传统SCOT工艺相当。从H_2S和SO_2毒性说来，H_2S的毒性远远大于SO_2，装置风险因素传统工艺远大于康索夫工艺。

4 康索夫(CANSOLV)尾气处理工艺介绍

康索夫尾气处理部分分为如下几个步骤：焚烧炉焚烧、预洗涤单元、CANSOLV脱硫单元、溶剂过滤单元(AFU)、溶剂净化单元(APU)。

4.1 焚烧炉焚烧

CLAUS尾气即含H_2S的废气进入尾气焚烧炉进行焚烧，将尾气中H_2S全部转化为SO_2，焚烧炉设置温度800℃，保证进入吸收单元尾气中含量小于5ppm。高温尾气经过蒸汽发生器发生1.0MPa(g)饱和蒸汽，并使得尾气温度降至240℃以下。

4.2 预洗涤单元

预洗涤单元采用“急冷塔稀酸洗涤—过冷塔间接冷却—电除雾器除酸雾”的工艺技术，对硫黄回收装置含SO_2、SO_3尾气进行预洗涤，预洗涤后的尾气送CANSOLV脱硫单元，预洗涤单元产生的酸性废水经碱液中和后通过废水泵送至厂区废水管网。

急冷塔稀酸洗涤：来自焚烧炉余热锅炉的温度为240℃的烟气送入预洗涤单元。烟气自下而上进入急冷塔，与自上而下的循环冷却水逆向接触，通过急冷将烟气温度降至饱和温度75℃左右。急冷塔泵出口的洗涤水去向分为三部分，大部分进入急冷塔顶部的喷嘴，对烟气进行洗涤；一部分通过紧急水储罐自流至溢流堰，用于保护急冷塔内壁不被热烟气损坏；还有小部分根据急冷塔的液位外排至中和罐。紧急水储罐用于确保在断电或急冷塔循环泵故障时保护急冷塔和后续设备不被高温烟气所损坏。紧急水储罐的有效容积可以确保事故状态下15分钟的溢流堰和事故喷嘴的需求。

过冷塔间接冷却：经过急冷塔的绝热蒸发，烟气温度降至75℃左右，然后进入过冷塔进一步冷却至38℃。为排出系统的热量，在过冷塔泵后设置过冷冷却器，用循环水冷却循环液。经冷却后的循环液回到过冷塔自上往下淋洒，使气体进一步降温，烟气出口温度降至38℃左右。

电除雾脱硫酸：自过冷塔冷却后的烟气进入电除雾器，除去过冷塔出口烟气中的硫酸雾，将其脱除至10ppm以下。

4.3 CANSOLV脱硫单元

经过预洗涤单元后的尾气进入SO_2吸收塔，与贫液进料泵来的贫溶剂逆向接触，脱除其中的SO_2，净化尾气达标排至尾气加热器升温至160℃后排烟囱。吸收SO2后的富溶剂经富溶剂泵升压，经换热器换热至95℃后至SO_2再生塔。在SO_2再生塔中富溶剂经汽提，SO_2从塔顶部经换热器、分液罐后，气相至制硫部分，液相回流。贫液自塔底经贫液泵后经贫/富液换热器、贫溶剂冷却器后至贫溶剂储罐。贫溶剂经泵升压后至SO_2吸收塔循环使用。

贫溶剂通过贫溶剂泵从贫溶剂储罐泵送至SO_2吸收塔。溶剂过滤器进料泵将溶剂泵送至溶剂过滤单元，以去除积累的固体。

4.4 溶剂过滤单元(AFU)

来自SRU焚烧炉的烟气中夹杂的一些悬浮固体通过SO_2吸收塔前面的预洗涤单元予以去除。尽管有这些措施，但有些悬浮固体还是会到达吸收塔，被吸收剂捕获。

溶剂过滤单元可除去贫溶剂中的悬浮固体，防止它们在系统中累积，从而为APU提供不含固体的溶剂。溶剂过滤单元由溶剂前过滤器、溶剂活性炭过滤器以及溶剂后过滤器组成。

贫溶剂可以去除直径大于1微米的悬浮固体。过滤器以与APU运行的瞬时流量相同的恒定流量运行。通过设置AFU，循环溶剂中的悬浮固体浓度预计可以维持在200 ppm(w)以下。

过滤器中累积的固体必须清洗之后才能进行处置，以最大限度降低吸收剂损失。含有回收吸收剂的洗涤水将被送至吸收剂排污罐或贫溶剂储罐。

4.5 溶剂净化单元(APU)

阴离子交换过程包含四个主要步骤：盐吸附、吸收剂回收冲洗、树脂再生(用4%碱液)、树脂中过量碱液冲洗置换。这四个步骤一起构成一个离子交换周期。CANSOLV吸收剂DS具有高选择性，对二氧化硫的选择性是对二氧化碳的50000倍。比SO_2酸性强的其他酸，例如硫酸及盐酸，也会有效吸附，然而由于它们不能热再生，将通过胺液净化装置(APU)被去除。

5 初次工业运用出现的问题处理及最终运用结果

初次试车时出现的问题较多，问题汇总如下：

5.1 急冷塔腐蚀泄漏

康索夫尾气处理预洗涤部分涉及稀酸介质，考虑到稀酸的腐蚀性，设计设备管线采用钢衬PU材料。但装置引酸性气运行3天后，操作人员发现急冷塔南侧中下部有5mm的漏点，装置紧急停工，酸性气改至II硫黄回收装置。在后期开人孔检查后发现尾气入口挡板脱落，塔壁和人孔盖衬塑出现大面积脱落，导致稀酸与金属塔接触产生腐蚀漏点。该问题的处理措施为更换设备材质，升级为254SMo，不再内衬塑料。

5.2 中和水外送pH无法控制

尾气处理部分产生的酸性水经酸碱中和，pH控制7~8时外送至污水系统。但实际外送水pH无法有效控制，如此长期运行可能造成污水外送管线腐蚀和对污水系统产生冲击。处理措施为放宽 pH 值控制范围到 7~10。

5.3 换热器负荷不足

在开工试车阶段发现再生塔顶冷却器效果差，设计冷后温度小于 50℃，但实际冷却温度在 70℃左右。胺液冷却器设计冷后温度小于 40℃，但实际运行温度为 45℃未达到设计要求，解决措施为重新设计。

5.4 仪表问题

(1) 在线仪表不准

制硫炉主风量设计与酸性气中 H_2S 比例控制，副风由 H_2S/SO_2 比值分析仪控制，但实际在开工阶段 H_2S 分析仪、H_2S/SO_2 比值分析仪分析不准，无法起到指导操作的作用。解决途径为联系供应商与仪表专业工程反复校表，直至校准。

(2) 仪表质量差

在开工过程发现制硫炉、尾气炉、一、二、三级冷凝冷却器汽包双室平衡容器液位计内部结构制造失误、本体沙眼，制硫炉、尾气炉火焰检测器失真等问题。处理措施为更换不合适仪表。

5.5 改进后的最终工业运用结果

对上述的问题进行了整改后装置重新开始试车，从酸性气进入，比值控制好，进吸收塔的 SO_2 为 30000ppm 左右，吸收塔出口的尾气仪表检测值硫化物含量 38mg/m^3 低于目标值(100mg/m^3)，达到了设计目标。试车期间 6 月 12 日至 18 日的装置原料气 H_2S 及尾气 SO_2 测量值见表 1，试车结束后装置转入正常生产 SO_2 含量稳定在 30mg/m^3(以尾气所含氧含量折算后计)。做到了硫黄回收装置开工即达标，开创了硫黄装置开工的达标先河。

表 1 康索夫工艺原料气 H_2S 与尾气 SO_2 含量表

2017 年 6 月	原料气 H_2S/%(体)	吸收塔进口 SO_2/(μL/L)	吸收塔出口 SO_2/(μL/L)	烟囱处 SO_2 含量(折算值)/(mg/m^3)
13 日	45.5	16378	24.2	38.3
		14653	29.6	46.8
14 日	42.3	24650	46.0	68.7
		23652	52.1	76.3
15 日	41.6	26035	45.3	64.5
		25032	46.0	68.3
16 日	44.2	14365	32.3	50.1
		10382	28.5	44.8
17 日	38.6	11320	22.1	32.8
		11560	25.3	40.6
18 日	42.3	9638	23.7	36.5
		10350	18.6	27.3

6 总结（康索夫工艺优缺点）

（1）采用康索夫尾气处理工艺能够顺利达到 GB 31570—2015 规定中特别排放限值中-酸性气处理装置尾气排放 SO_2 不高于 $100mg/m^3$ 的要求。硫黄回收系统的改扩建设计中，可以选用该技术。

（2）康索夫工艺过程中，从硫黄装置进酸性气到尾气达标可以快速实现，传统的 SCOT 工艺无法实现开停工期间的尾气达标，追求绿色开停工的今天应当作为首选工艺保证开停工期间的达标排放。

（3）虽然 GB 31570—2015 中对酸性气处理装置尾气中 NO_x 未做限定，但目前实测值均超过 $240mg/m^3$（二类地区），采用康索夫工艺在设计中需完善焚烧炉出口的气体检测及评价电除雾器对尾气中 NO_x 的影响。

（4）康索夫工艺要求焚烧温度在 800℃，目的是尽可能将尾气中的 H_2S 控制在 5ppm 以下，如果温度达不到，大量 H_2S 及 SO_2 在后续的急冷水系统中生成硫黄，从而堵塞机泵及设备，从而影响装置正常运行，这是关键控制点之一。

（5）康索夫工艺对当前我国炼厂，硫黄回收尾气处理系统的环保达标改造，落实炼厂减排目标有较大的参考价值。

（6）康索夫工艺过程中对设备材质要求较高，部分材料需国外进口，采购周期较长。

参 考 文 献

[1] 罗强等. 中石油克拉玛依石化公司 10000 吨/年硫黄回收装置操作规程，2016.

催化装置余热锅炉氨逃逸问题分析和控制措施

周玉杰，刘　彬，刘辉章

（中国石油兰州石化公司炼油厂，甘肃兰州　730060）

摘　要　某石化公司300万t/a重油催化裂化装置烟气脱硝装置自2016年10月投产以来，已连续运行2.5年。在运行后期出现氨逃逸升高、导致烟气脱硫系统外排水氨氮含量偏高的现象。本文阐述了烟气脱硝装置的运行情况，通过分析氨逃逸产生的原因，提出了控制氨逃逸的具体措施，并在实际操作中得以应用，烟气脱硝装置氨逃逸得以控制。

关键词　烟气脱硝　氨逃逸　措施　控制

1　概述

2016年，为使300万t/a重催装置外排烟气中NO_x浓度满足《石油炼制工业污染物排放标准》(GB 31570—2015)NO_x浓度≤100mg/Nm^3(干基)的要求(2017年7月1日起施行)，某石化公司组织实施300万t/a重催装置烟气脱硝项目，该项目采用SCR脱硝技术，同时对两台余热锅炉进行配套改造。项目建成后，可减少NO_x排放841.2t/a。截至目前，该余热锅炉已连续运行2.5年，在运行后期，烟气脱硫外排水氨氮含量升高，直接原因就是余热锅炉脱硝模块的氨逃逸较高导致。

2　烟气脱硝原理及特点

经余热锅炉燃烧后的烟气中含有大量氮氧化物，是造成大气污染的重要前体物，也是环保重点控制项目。选择性催化还原(SCR)技术是目前烟气脱硝的主流技术。该技术通过在烟气中注入还原剂氨，氨挥发后和空气混合喷入反应模块，在催化剂的作用下选择性的与烟气中的NO_x发生化学反应，生成对环境无害的N_2和H_2O，脱硝效率可达80%以上，不会形成二次污染。主要化学反应式为：

$$4NH_3+4NO+O_2 \rightarrow 4N_2+6H_2O$$

$$2NH_3+NO+NO_2 \rightarrow 2N_2+3H_2O$$

NO_x去除率取决于加入氨的量(表示为氨氮摩尔比)，在高的氨氮摩尔比下，可以达到较高的NO_x去除效率，但同时会增大氨逃逸。脱硝催化剂的主要成分为：V_2O_5/TiO_2，最佳催化反应温度区间为300℃至420℃之间。在运行过程中，由于氨氮不完全反应或者催化剂模块安装不够密封，剩余的NH_3逃逸出催化剂床层，这些催化反应完成后烟气中剩余的NH_3体积浓度，就被称为氨逃逸。氨逃逸量是衡量SCR运行健康状况最重要指标之一。

3　问题分析

3.1　催化剂再生过程产生氨

原料中的含氮类物质经提升管反应器后，一部分随油气进入分馏系统，另一部分随待生催化剂进入再生器。催化剂再生时，分为贫氧再生和富氧再生。贫氧再生时，催化剂上的焦炭不完全燃烧生成大量还原性的 CO，此时含氮类物质生成还原态的 HCN，HCN 高温水解后生成氨气；催化剂富氧燃烧时，通过鼓入过量空气，催化剂上的焦炭充分燃烧生成 CO_2，含氮类物质充分燃烧生成 NO_x，反应机理如下：

$$C+1/2O_2 \longrightarrow CO$$

$$C+O_2 \longrightarrow CO_2$$

$$2N+O_2 \longrightarrow 2NO$$

$$N+O_2 \longrightarrow NO_2$$

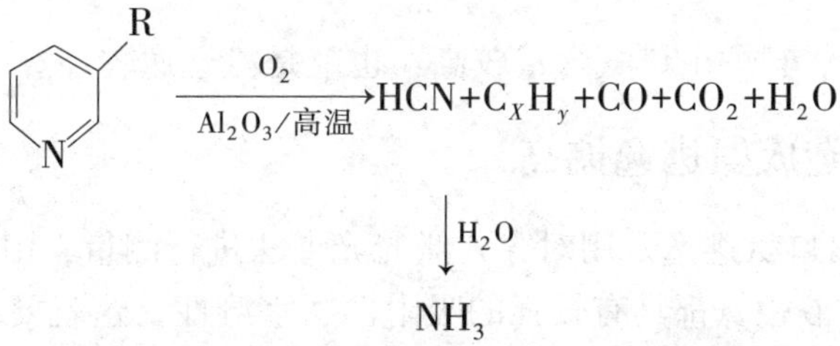

由上可见，从反应系统出来的烟气在进入余热锅炉前，烟气中就可能携带氨气，由于烟气量较大，氨气携带浓度占比较小，且脱硝反应器入口 CEMS 并未设有氨气检测功能，所以，若烟气中携带的氨气大于脱硝反应所需要的氨气量，就会直接导致氨逃逸升高。

3.2　余热锅炉出口未独立设置 NO_x 分析系统，两炉喷氨无法准确控制

由于设计原因，催化装置两台余热锅炉只在烟气总出口线上设置了 NO_x 分析系统，未在两台锅炉烟气出口单独设置 NO_x 分析系统。在操作中，首先要确保外排烟气 $NO_x \ngtr 100mg/m^3$的指标要求。若 DCS 显示外排烟气 NO_x 升高，由于无法确定是那一台锅炉造成的 NO_x 升高，内操不得不对两台锅炉都进行喷氨，只是对喷氨量大小进行控制，此时外排烟气 NO_x 含量随之下降，由于两台锅炉燃烧工况并不完全相同，某台锅炉多余的氨随烟气进入烟气脱硫装置，造成氨逃逸。表 1、表 2 为对两台余热锅炉不同操作条件进行的喷氨试验。

表 1　1#炉工况运行表

检测点 1#炉		1#不喷，2#喷	1#、2#不喷	1#喷，2#不喷
入口	NO_x/(mg/m³)	15~24	9~10.2	6.6~9.0
	NH_3/(μL/L)	281.2	284.4	358.1
	CO/(mg/m³)	27130	28290	35870

续表

检测点1#炉		1#不喷，2#喷	1#、2#不喷	1#喷，2#不喷
出口	NO_x/(mg/m³)	0~0.2	0~1.1	0
	NH_3/(μL/L)	278.9	312.7	368.2
	CO/(mg/m³)	23595	28610	31540

表2 2#炉工况运行表

检测点2#炉		1#不喷，2#喷	1#、2#不喷	1#喷，2#不喷
入口	NO_x/(mg/m³)	187~230	50.3~92.8	177.6~225.6
	NH_3/(μL/L)	10.3	47.6	0.09
	CO/(mg/m³)	3340	9500	4750
出口	NO_x/(mg/m³)	387~396	166.8~196.2	152.4~185.4
	NH_3/(μL/L)	0.12	6.88	0.14
	CO/(mg/m³)	1293	6510	6100

从表1、表2可见，1#炉出口氨含量较高，也就是氨逃逸较高。

3.3 测量失准造成氨逃逸偏高

该催化脱硝装置出口氨逃逸采用对穿式激光光谱法进行测量，由于脱硝出口氨逃逸设计值≯3ppm，并且气相/液相氨都具有较强的吸附性和水溶性，这就要求仪表安装要接近脱硝反应器出口，才能更精确地检测出氨逃逸数值。激光光谱法测量时，由于仪表是在炉体两侧对称安装，检测时仅检测的该对称截面的氨逃逸，无法获取整个截面上平均的氨逃逸数据，测量结果不具代表性，若检测点上方流场分布不均匀，该截面氨逃逸检测准确性将会更差。另外，受烟气中携带SO_2、颗粒物(烟尘)、水分等其他物质影响，检测孔经常形成结盐(ABS)或者积灰，干扰检测数据的准确性。

3.4 氨流量计计量不准确

脱硝装置喷氨流量计选用的浮子流量计精度较高，但装置使用的液氨杂质较多，浮子流量计频繁卡涩以致损坏，且无备件更换，装置运行后期只能凭经验调节喷氨量，计量不准加剧了喷氨过量，导致氨逃逸上升。

4 控制措施

4.1 调整操作，提高脱硝入口NO_x含量

从前期操作中看，采取过度贫氧再生操作，表面上看，脱硝入口CEMS检测的NO_x含量很低，这有利于控制外排烟气NO_x含量，但贫氧过程中生成氨。实际上，烟气中携带的NH_3虽然含量低，但烟气量很大，若外排烟气NO_x含量过低，烟气携带的NH_3未反应完，直接造成氨逃逸超标，这就是为什么操作中脱硝系统不注氨，氨逃逸仍然较高的根本原因。

这也合理解释了工艺操作上越降低入口烟气中的 NO_x，脱硝出口氨逃逸反而越高的现象。针对此问题，技术人员调整操作，反应再生系统逐渐改为富氧操作，烟气中 CO 含量保持在 6.0%左右，脱硝床层入口 NO_x 由 200mg/m^{3}逐渐提高至 430mg/m^{3}左右，余热锅炉炉温保持在 840~860℃之间，喷氨量约为 15kg/h，氨逃逸由 60μL/L 降至 20μL/L 左右，最低降至 10μL/L 以下。此时虽然脱硝反应器入口烟气中 NO_x 含量上升，并且系统内还进行了注氨，但氨逃逸显著下降，这在操作中已得到实际验证。并且在后期操作中形成了具体的操作方法。

4.2 两炉分别增设烟气出口分析系统

目前两炉烟气出口总烟道上共用一个 NO_x 分析系统，该检测值是两炉烟气混合后的 NO_x 综合平均值，这就导致两炉出口 NO_x 分析数值无法分别检测，自动喷氨控制也无法实现。经过 2019 年装置检修后，两炉分别增上出口烟气分析系统，两炉出口 NO_x 实现分别监测，可以根据每台锅炉出口 NO_x 浓度，实现分别控制，自动喷氨系统可一起投用，实现自动控制，这就大大提高了测量和控制的准确性，避免了喷氨过量造成的氨逃逸。

4.3 脱硝床层增设采样点

在余热锅炉高温省煤段下方新增采样口，可直接检测脱硝反应器入口烟气中的氨气浓度，从而为上游反再系统操作调整提供更为精确的依据。在脱销床层入口上方，增设对称的四个采样点，可不定期检测脱销床层入口烟气流场分布情况，同时可一并检测氨气和氮氧化物浓度分布情况，更好的控制氨氮摩尔比，也就是对反应物浓度进行检测，监测数据可指导操作进行喷氨调整，使操作更为细化，进一步减少了喷氨过量的情况，从而降低了氨逃逸。

4.4 更换喷氨流量计

对两台喷氨浮子流量计进行更新。两台余热锅炉实现外排烟气 NO_x 分别检测后，喷氨自动控制回路投用，两炉根据外排烟气 NO_x 含量变化，自动控制喷氨量，实现了喷氨精确控制，降低了人为操作产生的操作滞后、喷氨量大起大落的现象，进而降低了喷氨过量，减少了氨逃逸。同时，酸性水汽提装置检修后，氨精制效果得到提高，液氨纯度提高，减少了杂质携带，降低同样浓度的 NO_x，喷氨量相应下降，氨逃逸随之下降。

5 结论与建议

通过采取以上措施，该催化余热锅炉脱硝装置氨逃逸值从 60μL/L 降至 20μL/L 左右，液氨使用量下降了近 2/3，下游烟气脱硫装置外排水氨氮含量由 280mg/L 降至 120mg/L 左右，满足了外排水氨氮<200mg/L 的新指标要求。

建议：一是要转变脱销反应器入口 NO_x 偏低控制的操作观念，从催化剂烧焦再生机理上分析产生 NO_x 和 NH_3 的原因，从而改变操作条件，减少再生烟气中 NH_3 生成；二是控制好喷氨量，对锅炉内部烟气流场分布情况进行监测，避免过量喷氨，从而减少氨逃逸。

SWSR-2碱液吸收深度脱硫技术在硫黄回收装置的应用

苗永展，付心一

（中化泉州石化有限公司，福建泉州 362103）

摘　要　由于国家新的烟气排放标准在2017年7月1日起实施，要求硫黄装置的特别排放限值为小于100mg/m^3。硫黄回收装置在正常生产期间装置生产负荷波动区间为50%~95%左右，烟气SO_2排放浓度为200~800mg/m^3，同时在装置开停工期间或装置异常情况下，制硫过程气只能经旁路直接进尾炉焚烧处理，硫黄烟气SO_2浓度排放浓度短时间容易出现大幅超标。因此必须对现有装置进行改造，采用新的脱硫工艺之后正常生产期间装置生产负荷波动区间为50%~95%左右，烟气SO_2排放浓度为20~50mg/m^3，在装置开停工期间或装置异常情况下，制硫过程气经旁路直接进尾炉焚烧处理后经烟气脱硫装置，硫黄烟气SO_2浓度排放浓度为100~400mg/m^3。

关键词　烟气脱硫　烟气排放　碱液吸收深度脱硫

中化泉州石化配套建设38万t/a硫黄回收装置。装置共分三大部分：制硫部分、尾气处理部分、液硫成型及存储部分。其中制硫部分分成四个系列：制硫部分I系列10万t/a硫黄回收部分；制硫部分II系列10万t/a硫黄回收部分；制硫部分III系列10万t/a硫黄回收部分；制硫部分IV系列8万t/a硫黄回收部分。尾气处理部分分为两个系列。装置设计年操作时数8400h，操作弹性30%~100%，经处理后烟囱排放烟气中总硫小于100mg/m^3，现实际排放烟气中二氧化硫浓度为200~400mg/m^3，满足《大气污染物综合排放标准》(GB 16297—1996)的要求，此标准要求二氧化硫排放浓度小于960mg/m^3。由于新标准《石油炼制工业污染物排放标准》(GB 31570—2015)已正式发布，在2015年7月1日开始实施，新标准要求现有企业于2017年7月1日起执行新标准的要求，新标准要求硫黄装置的特别排放限值为小于100mg/m^3。因此中化泉州石化于2017年对硫黄回收装置进行了改造，增加了两套烟气脱硫装置，对接两套尾气处理装置，以满足烟气排放SO_2含量不大于100mg/m^{3}的新标准。烟气脱硫项目于2018年初大检修开工时同步投用，首次开工期间烟气排放SO_2浓度50~400mg/m^3，符合新标准《石油炼制工业污染物排放标准》(GB 31570—2015)的要求。正常生产期间烟气中SO_2排放浓度为20~50mg/m^{3}满足新标准《石油炼制工业污染物排放标准》(GB 31570—2015)的最高要求。

1　改造方案

1.1　改造内容

中化泉州石化硫黄回收装置采用山东三维石化工程股份有限公司自主研发的SWSR-2

碱液吸收深度脱硫技术，配套增加净化塔、循环泵等，达到解决装置开停工、酸性气大幅度波动等异常情况下的排放超标问题。山东三维石化工程股份有限公司自主研发的 SWSR-2 碱液吸收深度脱硫技术是克劳斯工艺与钠湿法硫黄烟气脱硫技术优化组合形成的硫黄回收及尾气处理新工艺，使处理后烟气中的二氧化硫含量降低到 $50mg/m^3$ 以下。

1.2 脱硫机理

本工艺的脱硫机理是碱性物质与二氧化硫溶于水生成的亚硫酸溶液进行酸碱中和反应，并通过调节氢氧化钠的加入量来调节溶液 pH 值。反应化学方程式如下：

脱硫反应：

$$SO_2+H_2O \longrightarrow H_2SO_3$$
$$SO_3+H_2O \longrightarrow H_2SO_4$$
$$H_2SO_4+Na_2SO_3 \longrightarrow Na_2SO_4+H_2SO_3$$
$$H_2SO_3+Na_2SO_3 \longrightarrow 2NaHSO_3$$
$$NaOH+NaHSO_3 \longrightarrow Na_2SO_3+H_2O$$

氧化反应：

$$Na_2SO_3+O_2 \longrightarrow Na_2SO_4$$

1.3 工艺方案

在烟气管线后部增加一台烟气换热器，烟气与碱洗塔后的烟气换热，降温后的烟气送到脱硫吸收塔的烟气入口设水喷淋，将烟气温度降至 55℃左右，脱硫吸收塔内吸收剂为 30% NaOH，与烟气逆流接触，吸收二氧化硫的过程是一个简单的中和反应，为保持脱硫塔中吸收液的 pH 值满足吸收二氧化硫的要求，需要连续不断地将氢氧化钠补充到脱硫塔底的吸收液中。塔底吸收循环泵管路上装有 pH 计，通过碱液管道上的调节阀调节进入脱硫塔的碱液量，使 pH 值控制在 7 左右。处理后烟气中的二氧化硫含量降低到 $50mg/m^3$ 以下。经碱液吸收后的烟气送到烟气换热器，温度升高后送到烟囱排放。酸碱中和后含盐 10% 的含盐废水排至污水处理厂。

1.4 工艺流程

烟气脱硫 I 系列：自尾气加热器 E501 出来的约 290℃烟气，进入烟气换热器 E505，与尾气脱硫塔 C503 顶出来的净化烟气换热，温度降至 125~155℃左右，送至尾气脱硫塔 C503。尾气脱硫塔入口处有一段较长的烟道，新鲜水通过喷嘴雾化后，与进口的烟气接触，使烟气中的水分达到饱和，同时温度冷至约 54℃(饱和温度)。在塔内烟气与脱硫循环溶液逆向接触，烟气中的 SO_2 与碱液发生反应，烟气经碱液吸收后，二氧化硫含量降低到 $50mg/m^3$ 以下。塔顶出来的烟气温度约为 54℃，送至烟气换热器 E505 换热至 180~210℃，送至烟囱排放。

浓度为 30% 的氢氧化钠溶液自管网进入碱液缓冲罐 D502，碱液经碱液泵 P504A/B 加压后，作为吸收剂进入尾气脱硫塔吸收 SO_2，为保持尾气脱硫塔找那个吸收液的 pH 值，满足吸收二氧化硫的要求需要连续不断地将氢氧化钠补充到脱硫塔中，塔底循环泵管路上有 pH 计，通过调节进入脱硫塔的碱液量，使 pH 控制在 7 左右。酸碱中和后含盐 10% 的含盐溶液，自尾气脱硫塔底部经脱硫循环泵 P503A/B 升压后送至尾气脱硫塔上部循环使用。不平衡部分含盐溶液进氧化罐 D503，罐底部通入非净化风，用非净化风中的氧气将亚硫酸钠氧化成硫酸钠，氧化后的含盐污水用脱硫废液输送泵 P505A/B 外送到废水处理系统统一处理。

烟气脱硫Ⅱ系列流程与Ⅰ系列相同，见图 1。

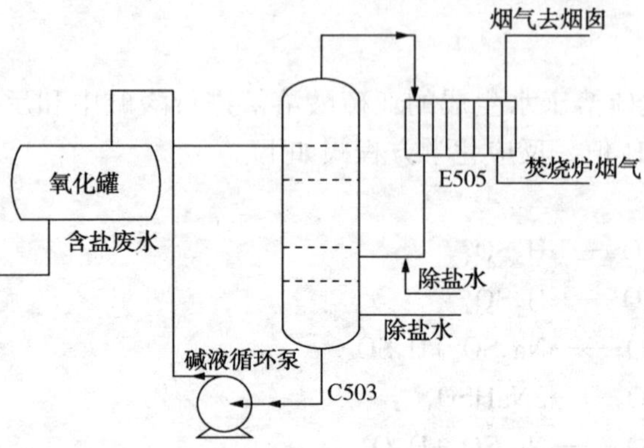

图 1　烟气脱硫流程

事故工况和开停工期间，制硫部分其中一个系列的尾气自尾气分液罐顶经旁路至尾气焚烧炉焚烧后进尾气脱硫塔，由于 SO_2 含量增加，需要补充的氢氧化钠和排出的含盐污水量都会增加为了精确控制碱液补充，含盐废水排放均设有两套控制系统，正常使用流量小的一套，事故工况和开停工工况使用流量大的一套。事故工况和开停工工况，氧化所需要的空气量非常大，设计采用制硫鼓风机出口空气进行氧化，通过开工脱硫废水输送泵送至污水处理厂。

2　原料和产品技术规格

2.1　原料

表 1　原料技术规格

烟　气	设计负荷	最大负荷	备注
操作温度/℃	260~320	260~320	290℃为设计点温度
压力/MPa	0.002	0.002	0.001~0.004
相对分子质量	27.78	27.78	
流量/(Nm^3/h)	49392	78478	
流量(kmol/h)	2205	3503.5	
组成/%(体)			
Ar	0.984	0.984	
O_2	2.984	2.984	
N_2	83.675	83.675	
CO	0.002	0.002	
CO_2	2.909	2.909	
SO_2	0.021	0.021	
H_2O	9.425	9.425	
合计	100	100	

异常工况指装置开停工期间，按照制硫单元一系列改旁路，即制硫尾气直接自尾气分液罐引至尾气焚烧炉燃烧，另一个系列正常工况操作，此工况下尾气焚烧炉产生的烟气作为烟气脱硫系统的原料。此工况下异常系列的烟气中SO_2浓度按照20000mg/m^{3}设计。

2.2 产品

表2 产品技术规格

烟　气	设计负荷	最大负荷	备注
操作温度/℃	198	190	
压力/MPa	0.0005	0.0005	
分子量	27.23	27.23	
流量/(Nm^3/h)	52618	83604	
流量(kmol/h)	2349.016	3732.325	
组成/%(体)			
Ar	0.923	0.923	
O_2	2.890	2.890	
N_2	78.915	78.915	
CO	0.002	0.002	
CO_2	2.731	2.731	
SO_2	0.001	0.001	
H_2O	14.538	14.538	
合计	100	100	

2.3 含盐污水参数

表3 含盐污水参数

项　目	排出量/(kg/h)	SS悬浮物/(mg/L)	COD/(mg/L)	pH
正常工况	1340	<20	<500	7~8
最大工况	2129	<20	<500	7~8

2.4 三废排放

(1) 废气

改造后排放烟气量为2335.32kmol/h其中SO_2含量50mg/m^{3}以下。

(2) 废水

改造后需要排放10%Na_2SO_4脱硫废水，排放量879kg/h(操作负荷)。该废水用泵送至污水处理厂处理，废水中只含10%Na_2SO_4，因此不会增加污水的COD量，另外废水量很少，不会对污水处理厂的处理负荷造成大的影响。

3 烟气脱硫系统投用后二氧化硫排放量前后对比

3.1 正常生产期间

正常生产时二氧化硫排放比较(mg/m^3)，选取2017年11月25日(后碱洗投用前)与2018年4月30日(后碱洗投用后)的数据作为对比。

表4 正常生产时二氧化硫排放比较

时间	1：00	3：00	5：00	7：00	9：00	11：00	13：00	15：00	17：00	19：00
投用前	200	191	193	185	199	201	202	192	190	196
投用后	21	23	22	24	38	32	30	25	23	18

通过表格中的数据对比，烟气脱硫系统投用后烟气中二氧化硫含量明显减少，全天二氧化硫排放量最高值低于40mg/m^3，远低于国家新的烟气排放标准要求的不大于100mg/m^3，完全满足日常生产的需要。

3.2 停工期间

停工生产时二氧化硫排放比较(mg/m^3)，选取2017年11月27日(投用前)与2018年3月27日(投用后)停工数据作对比。

表5 停工生产时二氧化硫排放比较

时间	1：00	3：00	5：00	7：00	9：00	11：00	13：00	15：00	17：00	19：00
投用前	606	647	651	836	1282	1311	1295	1252	1142	563
投用后	215	205	195	215	233	247	295	317	285	285

通过表格中的数据对比，烟气脱硫系统投用后停工过程中烟气中二氧化硫排放量明显减少，全天二氧化硫排放量最高值为344mg/m^3，低于400mg/m^3，满足在装置开停工期间或装置异常情况下，制硫过程气经旁路直接进尾炉焚烧处理后经烟气脱硫装置，硫黄烟气SO_2浓度排放浓度为100~400mg/m^3。

3.3 开工期间

开工时二氧化硫排放比较(mg/m^3)，选取2018年4月6日开工数据参考。

表6 开工时二氧化硫排放比较

时间	1：00	3：00	5：00	7：00	9：00	11：00	13：00	15：00	17：00	19：00
投用后	35	29	26	39	41	299	18	21	27	28

通过表格中的数据可以看出，烟气脱硫系统投用后制硫系统开工时烟气排放中的二氧化硫含量只有短暂的达到299mg/m^{3}很快就回到正常生产时的不大于50mg/m^3。满足在装置开停工期间或装置异常情况下，制硫过程气经旁路直接进尾炉焚烧处理后经烟气脱硫装置，硫黄烟气SO_2浓度排放浓度为100~400mg/m^3。

4 总结

两套烟气脱硫装置投用后，硫黄回收装置烟气排放满足烟气排放 SO_2 含量不大于100mg/m^{3}的新标准。开工期间烟气排放 SO_2 浓度 50~400mg/m^3，符合新标准《石油炼制工业污染物排放标准》(GB 31570—2015)的要求。正常生产期间烟气中 SO_2 排放浓度为 20~50mg/m^{3}满足新标准《石油炼制工业污染物排放标准》(GB 31570—2015)的最高要求，并且没有额外产生新的污染。

参考文献

[1] 中化泉州硫黄回收装置碱洗部分操作手册．山东淄博：山东三维石化工程股份有限公司，2017.
[2] 丁延彬．硫黄回收装置二氧化硫减排路线的选择[J]．大庆：炼油与化工，2017(1).

ZIF-8改性聚氨酯膜渗透汽化法石脑油脱硫性能的研究

王目敏，陈聪聪，冷晓燕，侯影飞

（中国石油大学重质油国家重点实验室，山东青岛　266580）

摘　要　本文通过杂化改性来提高渗透汽化膜的分离通过性能，从底膜的选用、添加剂的制备、制膜和改性工艺的优化等方面开展实验研究。选用聚氨酯(PU)为膜材料，ZIF-8为添加剂，用渗透汽化膜性能评价装置对杂化膜的脱硫性能进行测试。结果表明：采用ZIF-8杂化改性最佳工艺条件为：ZIF-8的粒径为60nm，ZIF-8含量为2%，操作温度为85℃，此时硫富集因子可达11.44，相对于纯的PU提高了61%，膜渗透通量是0.60kg/(m^2·h)。

关键词　渗透汽化　石脑油脱硫　混合基质膜　溶解扩散

石脑油作为主要运输燃料，需求量逐年增长，但石脑油中的含硫和含氮化合物燃烧后，排放出SO_x和NO_x对大气造成严重污染。我国石脑油质量在未来要满足国V标准，主要向超低硫、低芳烃的方向发展[1]。但是，我国的脱硫技术与国外先进的标准相比还是有一定的差距。传统的加氢脱硫、催化脱硫虽然能有效脱除噻吩等硫化物，但能耗高、损失辛烷值、操作费用高等缺点。研究开发其他的低成本汽油深度脱硫技术是我国炼油行业着重要解决的问题。

近年来，随着膜技术的应用与发展,，尤其在高分子聚合物膜的发展，使得膜技术在化工操作中的应用越来越广泛。渗透汽化作为一种工业应用前景广阔的分离技术，因为其耗能少、经济、易放大、可深度脱硫、清洁高效[2,3]。对于原料具有高度的灵活性、操作简单(无洗脱、吸附剂以及催化剂)、原料不需预处理、不发生化学反应，成为炼厂将渗透汽化作为石脑油脱硫工艺潜在替选工艺的原因[4]。

本文以聚氨酯(PU)为高分子膜材料，加入金属有机框架——ZIF-8，制得混合基质膜。沸石咪唑酯骨架(ZIF)代表一类MOF，其中金属中心如Zn或Co与金属-配体-金属阵列中的咪唑配体的氮配位，配位间角为145°。在ZIF系列中，ZIF-8具有方钠石(SOD)拓扑结构，由2-甲基咪唑盐(2MI)包围的锌离子组成，具有卓越的化学性能[5]。利用FI-IR，SEM等对复合物结构的结构、微观形貌等进行表征。ZIF-8的加入，使石脑油脱硫的富集因子(α)大幅度增加，由7.96增加至11.44，渗透通量(J)略微减小，由0.81kg·m^{-2}·h^{-1}降至0.60kg·m^{-2}·h^{-1}。

1　实验部分

1.1　实验材料

聚氨酯：化学纯，巴斯夫；六水合硝酸锌：500g，国药集团化学试剂有限公司；2-甲基咪唑：100g，macklin；四氢呋喃：AR；甲醇：AR。

1.2 制备过程

1.2.1 ZIF-8的制备

将 $Zn(NO_3)_2 \cdot 6H_2O$(0.258g)和2-甲基咪唑(0.658g)分别溶解在甲醇(20mL)中，待溶解完全后，将二者混合，高速搅拌24h，制得ZIF-8悬浮液。将制备好的ZIF-8/甲醇悬浮液离心并用新鲜甲醇洗涤三次以除去未反应的试剂和副产物残余物[6]。

1.2.2 PU膜的制备

首先称取一定质量的THF，随后加入不同比例的ZIF-8进行超声分散，然后称取一定比例的PU加入混合溶液中，在室温下配制成一定固含量的均相铸膜液。用300目的铜丝网将铸膜液过滤，过滤后的铸膜液真空脱气，静置备用。调整刮膜机刮刀的厚度，将铸膜液倒在PAN底膜上进行刮膜；将刮好的膜放入一定温度的烘箱中进行溶剂挥发，制得厚度为5~15um的薄膜。

1.3 测试与表征

1.3.1 膜的性能测试

透汽化装置基本组成部分包括有温度控制的渗透汽化膜组件、真空系统、冷凝系统和渗透物回收系统。进料泵可以调节流量，并维持料液在装置中的循环流动。预热罐和恒温罐给料液进行加热恒温。低压下汽化的渗透相通过装有液氮的冷肼冷凝移出，渗余相循环回流入料液罐。

1.3.2 膜渗透性能评价

评价渗透汽化膜的性能有多个指标，本论文采用渗透通量(J)和硫富集因子(α)来表征膜的渗透汽化性能[6]。

(1) 渗透通量

渗透通量是单位时间透过单位膜面积的料液的质量，其定义如式(1)：

$$J=\frac{M}{At} \tag{1}$$

式中，M代表透过膜组分的渗透液质量，kg；A为膜面积，m^2；t为操作时间，h；J为渗透通量 $kg/(m^2h)$。渗透通量用来表征料液渗透通过分离膜的速率，其大小取决于操作体系的温度，决定了完成一定分离任务所需分离膜面积的大小。

(2) 硫富集因子

膜的选择性可以用两种方式来表示，分离因子和硫富集因子。前者适用于二元体系，后者适用于从多元体系中去除或者回收目标化合物。

本文所用分离料液为四组分模拟石脑油，因此采用硫富集因子(α)来评价膜的脱硫性能，定义如式(2)：

$$\alpha=\frac{C_P}{C_F} \tag{2}$$

式中，C_P表示渗透液的硫含量，μg/g。C_F表示料液的硫含量，μg/g。

1.3.3 膜的结构测试

（1）傅里叶变换红外光谱：采用美国尼高力(Thermo Nicolet)公司生产的型号为Nicolet Avatar 370RCT basic光谱仪进行测定。

（2）扫描电子显微镜：用JEOL JSM-6300F扫描电子显微镜对PU及PU/ZIF8混合基质膜的表面结构进行表征对比。

（3）X射线衍射仪：采用荷兰帕纳科公司，型号：X'Pert-Pro MPD。

2 结果与讨论

2.1 噻吩与ZIF-8的分子模型

如图2所示，ZIF由锌金属簇和苯并咪唑连接基团组成，其分子结构由8个6元环单元组成，在ZIF获得的最终多孔结构中，其孔径大小为3.4Å[7]。图1为噻吩的分子模型，其分子动力学直径为5.3Å[8]，比ZIF-8的孔径要大，将ZIF-8加入铸膜液中，由于孔径限制，噻吩难以通过，会吸附在膜上。

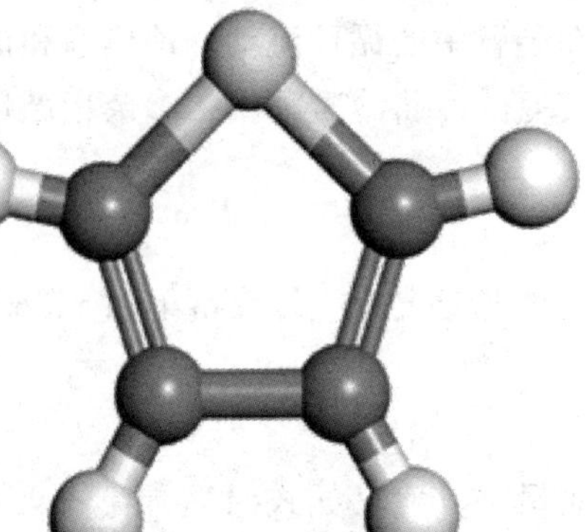

图1 噻吩的分子模型

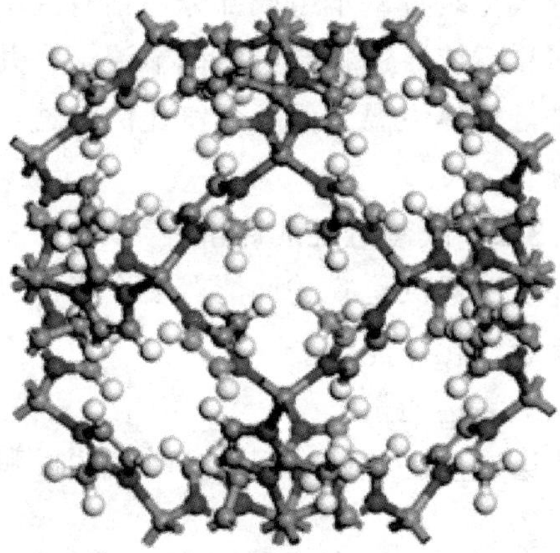

图2 ZIF-8的分子模型

2.2 ZIF-8颗粒的表征

图3为显示在3138cm^{-1}和2933cm^{-1}处的峰是甲基和咪唑环的C—H键的伸缩振动。1585cm^{-1}处的带是C=N的轴向变形。1309cm^{-1}，1424cm^{-1}和1459cm^{-1}是咪唑特征伸缩振动[9]。图4显示了与文献中报道一致的对应ZIF-8的特征衍射峰[10]，这一现象表明成功合成出具有高结晶度的纯相ZIF-8样品。

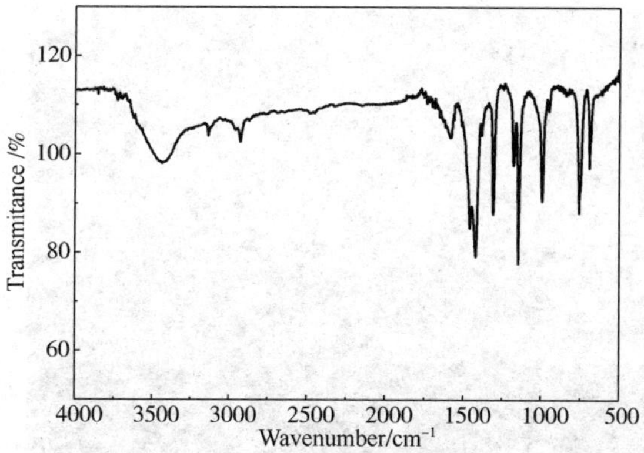

图3 ZIF-8的红外光谱图

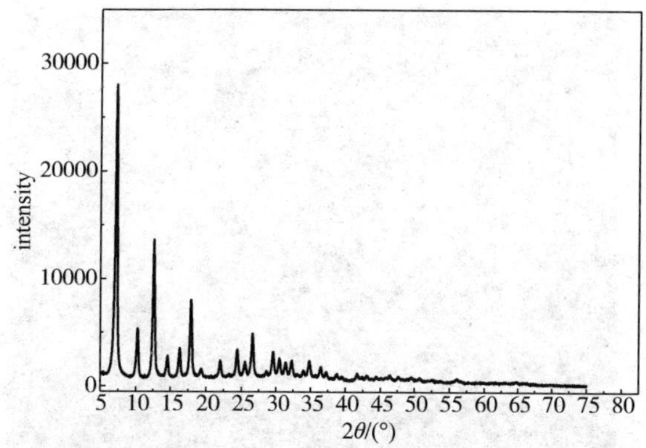

图4 ZIF-8的X射线衍射图

2.3 PU/ZIF-8膜的FI-IR

由于ZIF-8中的C-N的振动，使1585cm^{-1}和1459cm^{-1}处的峰强度增大。峰1309cm处是由于咪唑的振动，使得峰强度增加。FT-IR结果表明ZIF-8颗粒成功的填充在PU膜中。

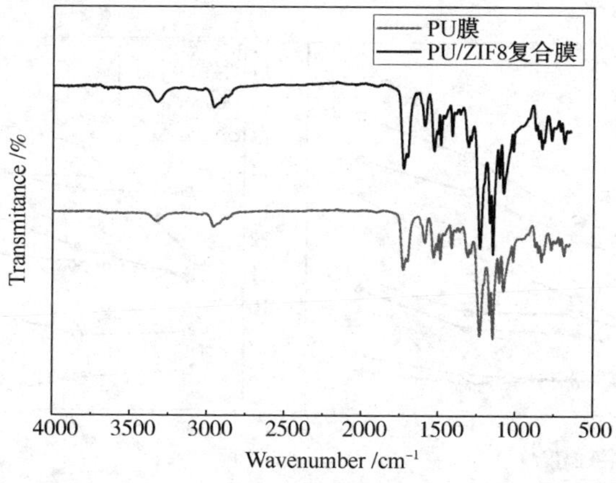

图5 PU膜和PU/ZIF-8复合膜的红外光谱图

2.3 SEM

PU/ZIF-8的表面形态如图6所示，纯PU膜断面非常平整，无明显缺陷和杂质，加入ZIF-8进行改性后，断面粗糙度增加，出现缺陷。这证明ZIF-8对聚合物造成了些许缺陷，有利于渗透通量的提高，但由于ZIF-8对噻吩的限制作用较强，通量未得到明显提高。

2.4 膜性能的测试

2.4.1 ZIF-8含量对脱硫性能的影响

图7显示，随着ZIF-8含量的增加，膜通量逐步降低。这种现象是由于ZIF-8对噻吩的孔径限制作用导致的。噻吩无法通过ZIF-8的孔道结构，加入ZIF-8的含量越多，噻吩通过膜的阻力越大，通量越低。随着ZIF-8含量的增加，硫富集因子逐步增加，加入的ZIF-8

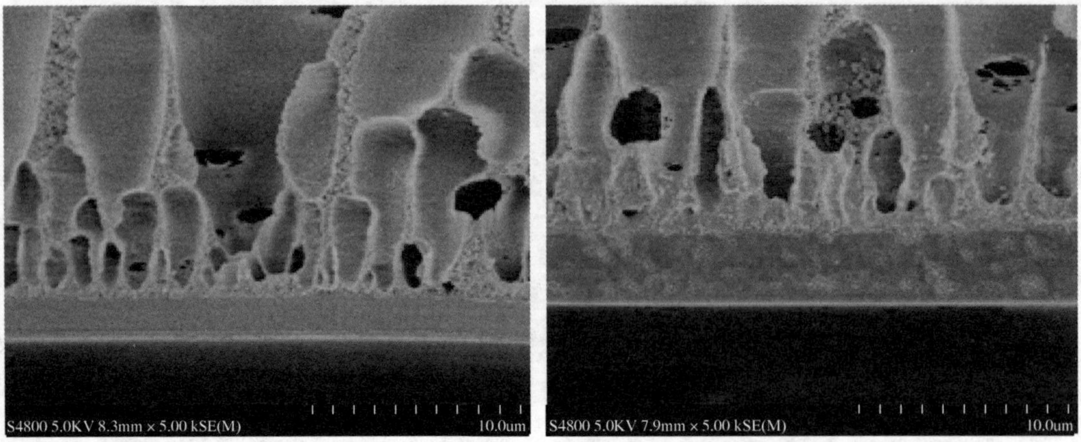

(a) (b)

图 6 PU 膜表面形态的 SEM 图像(a)与 PU/ZIF-8 膜表面形态的 SEM 图像(b)

越多，噻吩被吸附在膜一侧的含量越多，使得硫富集因子增高，这一现象，也符合“trade-off”效应。

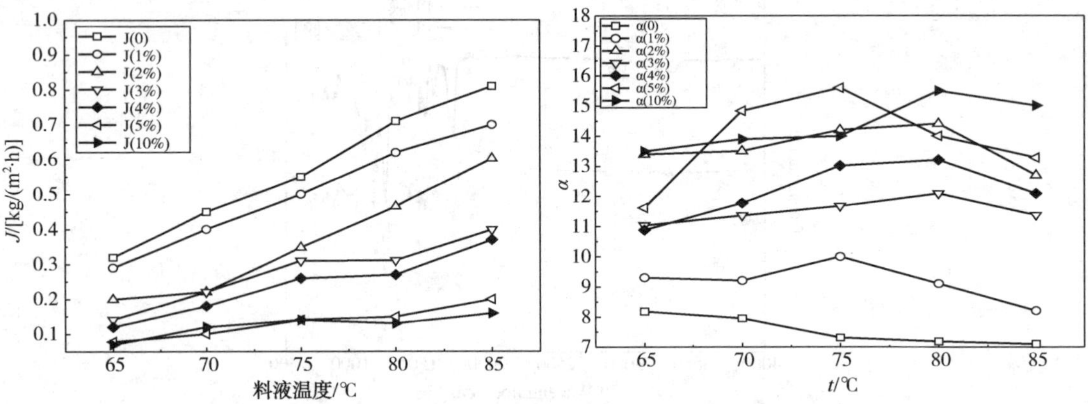

图 7 不同 ZIF-8 含量对渗透汽化脱硫性能的影响

2.4.2 操作温度对脱硫性能的影

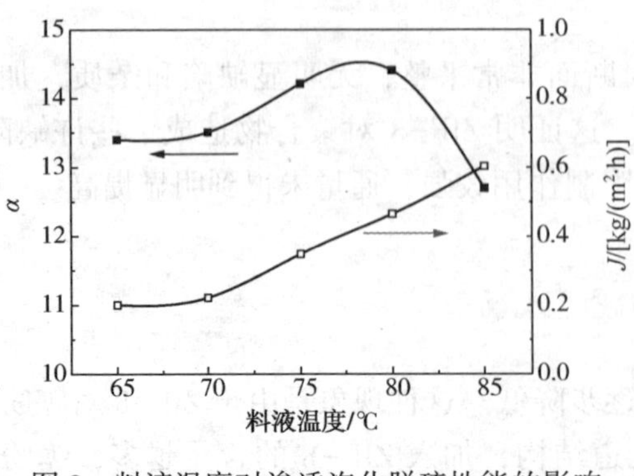

图 8 料液温度对渗透汽化脱硫性能的影响

图 8 显示，随着温度的升高，硫富集因子首先增加，在 75℃ 或 80℃ 时达到峰值，然后下降。在前一段的升温过程中，温度升高会造成膜的膨胀，更多的噻吩等物质可以进入膜内，使得硫富集因子增加。达到峰值后，扩散作用占主导地位，其他物质扩散速率大于噻吩，导致硫富集因子降低。渗透通量升高，这是由于温度升高，噻吩等物质的气相分压增加，传质驱动力增加，使得分子的扩散速度增加。

3 结论

ZIF-8 的加入增加了 PU 高分子膜的脱硫性能，特别是 α 得到了大幅度的提高。在 75℃ 下在 PU/ZIF-8 混合基质膜上获得最高的渗透蒸发分离指数(PSI)，对于分离石脑油中的硫化物有非常重要意义。

参考文献

[1] 潘超. 中国石油某公司 180 万 t/a 柴油加氢改质生产国 V 柴油技术研究[D]. 北京：北京化工大学，2015.

[2] Semenova S I Semenova, S. Polymer membranes for hydrocarbon separation and removal[J]. Journal of Membrane Science, 2004, 231(1): 189-207.

[3] Smitha B, Suhanya D. Separation of organic-organic mixtures by pervaporation - A review[J]. Journal of Membrane Science, 2004, 241(1): 1-21.

[4] 刘晴，张旭东，居沈贵. 改性 ZSM-5 膜脱除汽油中多组分硫化物的研究[J]. 污染防治技术，2014(3): 23-27.

[5] Samuel E. Zeolitic imidazolate framework-8 derived zinc oxide/ carbon nanofiber as freestanding electrodes for lithium storage in lithium-ion batteries[J]. Journal of Power Sources, 2018, 395: 349-357.

[6] Lin L, Kong Y, Wang G, et al. Selection and crosslinking modification of membrane material for FCC gasoline desulfurization[J]. Journal of Membrane Science, 2006, 285(1 - 2): 144-151.

[7] Chen C. Gas permeation through single-crystal ZIF-8 membranes. Journal of Membrane Science[J]. 2019, 575: 209-216.

[8] Xue L. Adsorption of thiophene compounds on MoO_3/γ-Al_2O_3 catalysts with different mesopore sizes[J]. Microporous and Mesoporous Materials, 2017, 238: 46-55.

[9] Han X. A water-based mixing process for fabricating ZIF-8/PEG mixed matrix membranes with efficient desulfurization performance[J]. Separation and Purification Technology, 2019, 214: 61-66.

[10] Samuel E. Zeolitic imidazolate framework-8 derived zinc oxide/ carbon nanofiber as freestanding electrodes for lithium storage in lithium-ion batteries[J]. Journal of Power Sources, 2018, 395: 349-357.

油泥浮渣资源化与无害化处理技术探讨

蒋晓峰

（中国石化巴陵石化公司水务部，湖南岳阳 414014）

摘 要 介绍油泥浮渣的来源、性质与危害及处理现状，阐述国内外油泥浮渣处理技术的应用情况，提出应针对油泥浮渣的特点，实施组合处理工艺。油泥浮渣采用调质-机械分离技术与焚烧处理组合技术处理，挖潜增效效益显著；将油泥浮渣由减量化向资源化、无害化转变，解决污水预处理系统长周期运行的一大瓶颈。

关键词 油泥浮渣 调质-机械分离技术 焚烧处理 组合技术 资源化 无害化

1 引言

油泥浮渣是在石油炼制及含油污水处理过程中产生的含油固体废弃物，污泥中一般含油率在5%~10%（质量分数），含水率在70%~90%（质量分数），同时伴有一定量固体。油泥浮渣已被列入《国家危险废物目录》含油废物类，《国家清洁生产促进法》和《固体废物环境污染防治法》也要求必须对油泥浮渣进行无害化处理[1]。因此，无论是从环境保护、维护正常生产，还是从回收资源角度出发，必须对油泥浮渣进行无害化、资源化处理。

某炼油部平均每年产生2~3kt浮渣，每年清罐产生含油污泥约1kt。一方面油泥浮渣中含有大量苯系物、酚类、蒽、芘等有恶臭有毒物质[2]，若不处理，不仅污染环境，而且造成资源浪费；另一方面，油泥浮渣处理难度大、成本高，它的处理一直是困扰该炼油部污水预处理系统运行的一大难题。本文着重介绍油泥浮渣现状及国内外油泥浮渣处理技术，针对其特性，所采取具体措施。

2 油泥浮渣现状

2.1 来源

该炼油部污水主要来自各装置油罐切水，电脱盐排水，机泵冷却水，地面冲洗水和初期含油雨水，循环水排污水等。污水预处理采用传统“老三套”处理工艺。浮渣池内浮渣主要来源于隔油池底泥、一、二级气浮池浮渣、原油罐脱水底泥等。

2.2 性质与危害

油泥浮渣成分较复杂，主要由乳化油、水、固体悬浮物等混合组成，其成分与生产技术、污水处理工艺、污水水质、加药种类、排污方式及操作水平有关。其属难过滤性物质，因其颗粒细小、含水量高、稳定性好、黏度大，不易实现油-水-泥三相分离。

油泥浮渣直接外排会占用大量土地，因其含大量有毒、有害物质，污染水、土壤和空气，恶化生态环境[3]。直接回原油罐掺炼，会造成催化裂化装置催化剂活性下降以及原油电脱盐系统运行条件恶化，给生产造成不可预计损失，同时也会造成大量石油资源浪费。

2.3 处理现状

炼油厂三泥包括：隔油池底泥、浮选浮渣和剩余活性污泥等，其中以浮选浮渣量为最大，占三泥总量的80%[4]。

该炼油部原油加工能力200Mt/a，配套污水处理系统正常处理污水量150m^3/h，污水系统产生的油泥浮渣在浮渣池内沉降脱水，经脱水后外委处理。针对外委处理费用高、油泥浮渣脱水难度大、处理后污水含油存在超标现状。2016年10月对絮凝剂进行改进，使用型号ZBH-203絮凝剂，替代原来HPAAS絮凝剂，处理后污水含油从原来20mg/L下降至10mg/L以下。但由于形成的浮渣易结块，黏度大，通常收集浮渣时，伴随大量污水进入浮渣池，又因其在浮渣池内沉降时间短、乳化程度高，脱水效果不理想，造成油泥浮渣在污水处理系统恶性循环，预处理“罐中罐”中大量油泥浮渣积聚，严重影响污水处理装置安稳运行。

3 油泥浮渣处理技术

为实现油泥浮渣资源化利用，国内外进行大量研究并取得一定进展。因其成分复杂，性质各不相同，处理技术很多，大致分为预处理、关键处理技术、终极处置三大类。

3.1 预处理

（1）调质

针对其黏度大、乳化严重、固-液粒子间黏附力强和密度差小等特点，通过投加调质剂，促使油、水与颗粒进行分离，以实现油-水-固三相分离[1]。

（2）脱水

调质后含油污泥经沉降脱水后，通常为黏稠状液体，再进行机械脱水减量。目前国内炼厂污泥预处理普遍采用机械脱水工艺，以带式压滤机、离心机为主[5]。

3.2 关键处理技术

3.2.1 热处理工艺

（1）化学热洗。化学热洗法是美国环保局处理含油污泥优先采用的方法。利用热水清洗、蒸汽的挥发功能，实现除油目的。该法是目前应用最多、处理能力最大的含油污泥处理技术[6]，但其除油不彻底，仍有部分油残存于污泥中。

（2）焚烧。含油污泥焚烧前一般必须经过污泥调质和脱水预处理，然后将污泥压成泥饼，送至焚烧炉进行焚烧，焚烧过程中产生SO_2、CO、粉尘等二次污染。

（3）热解吸。热解吸是近年来国外含油污泥无害化处理的另一个手段。将污泥和含磷酸助剂一起放进一个密闭反应器中，进行无氧加热分解，中间产品可加工成吸附剂、炭黑[7]。热解吸技术是一种新的含油污泥无害化处理技术，具有较高技术含量，虽其反应条件苛刻，操作复杂，但其潜力巨大。

3.2.2　溶剂萃取

有机溶剂萃取技术是利用物质“相似相溶”原理。利用有机溶剂作萃取剂，将油类从污泥中萃取出来，再通过蒸馏法将萃取剂从混合物中分离出来循环使用[8]。因其处理成本高，目前该法还没有实际应用于含油污泥处理。

3.2.3　生物处理

生物处理工艺目前有地耕法、堆肥法、生物反应器法等。

(1) 地耕法。通过自然过程将石油转化为无害的土壤成分。该法净化过程缓慢，且有可能在农田中形成诸如高分子蜡等难降解物质积累[9]，对土地和地下水产生一定污染，一些发达国家已经停止使用。

(2) 堆肥法。堆肥法是将含油废弃物与适当材料相混合，成堆放置，用人工强化生物降解[10]。

(3) 污泥生物反应器法。通过人为地控制充氧量、温度等操作条件，烃类物质在生物反应器内降解[11]。

目前生物处理技术存在选菌种困难、处理周期长、芳烃、杂环类处理效果差、高含油污泥难适应、资源不能回收等问题。

3.2.4　油泥浮渣综合利用

(1)作催化裂化装置的原料。把高含水污泥进行机械脱水，将脱水后油泥加热，投加乳化剂，将其与原料油充分混合，进入流化催化裂化装置提升管反应器，经催化裂化反应产生汽油、柴油等[12]。因其掺混比例很低，对催化裂化过程无影响。

(2) 作焦化装置原料。焦化处理技术是利用高温条件下烃类热裂解和热缩合反应产生液相油品、不凝气和焦炭产品[13]，是目前处理较彻底的含油污泥处理技术。

(3) 回收轻油、沥青。将含油污泥在催化剂三氯化铝作用下加热处理，生产出各种等级沥青[14]。

3.3　终极处置

含油污泥残渣终极处置方法有固化、填埋和烧砖等，以达到残渣无害化目的。

(1) 固化技术。固体处理是通过物理化学方法将含油污泥固化或包容在惰性固化基材中，是一种无害化处理过程。该技术较大程度减少含油污泥中有害离子和有机物对土壤的腐蚀和沥滤，从而减轻对环境影响与危害[10]。

(2) 填埋。填埋是目前我国处理废渣最主要的终极处置方法之一，随着含油污泥处理技术发展，污泥减量化将极大减轻填埋场压力[13]。

(3) 制砖或用作烧砖燃料。掺进煤粉可作烧砖的燃料，或者掺进适当的助燃物质如煤、锯末、油等生产型煤。罐底泥、浮渣热值很高，按不同比例掺入黏土中进行焙烧[9]。

固化或填埋的方法虽可降低环境危害，但因占有大面积土地，因加入有机固化剂可能会带来二次污染，该法多数不能满足现行的环保要求。

4　实施措施

污泥调质-机械脱水处理工艺发展比较成熟，但是对于不同的炼厂产生的含油污泥，需要确定最优的混凝剂、破乳剂类型与用量、脱水机械的型号和运行参数。经调研，目前缺少广普药剂和脱水机械设备的组合，需对浮油泥浮渣进行定性分析与使用药剂进行筛选。

4.1 油泥浮渣定性分析

为了筛选出一种理想油泥调质改性剂，实现油泥浮渣破乳，摸索出调质改性剂使用参数，为油泥中固-液分离创造出条件，为后期油泥脱水、干化提供工业应用参数，2018 年 2 月 27 日至 28 日从浮渣池采取两批样并进行分析。试样分析结果如表 1 所示。

表 1 油泥浮渣分析结果

采样日期	采样点	含水率/%	灰分质量分数/%	备注
2 月 27 日	浮渣池	83.3	0.7	剩余为有机物，大部分为油分
2 月 28 日	浮渣池	85.1	0.4	

注：①含油浮渣含水率按 GB 1989—2006《原油含水测量法(蒸馏法)》分析；

②灰分检测方法试样在 105℃脱除水分后，在马弗炉中程序升温 550℃，至恒重。

从表 1 分析结果可以看出，该部油泥浮渣含水率约 85%左右，灰分质量分数 0.4%～0.7%，剩余质量分数 15%左右为有机物，且有机物大部分为油分。

4.2 调质改性剂筛选

根据油泥的特点，在多种调质改性剂中进行筛选，筛选出较优的调质改性剂后，进行正交试验，试验效果如图 1～图 2 所示。

(a) (b) (a) (b)

图 1 2 月 27 日浮渣池试样调质改性试验效果对比

(a)改质前泥浮渣；(b)改质后泥浮渣

(a) (b) (a) (b)

图 2 2 月 28 日浮渣油试样调质改性试验效果对比

(a)改质前泥浮渣；(b)改质后泥浮渣

通过图1、图2可以看出，油泥在改性前，为黑色“塘泥”状，滤液呈黑色，并有少量黑油；油泥改质后，分为底部水层，上层浮渣层，其中上层油泥为絮状，颗粒直径在3mm以上；底部水层透明、清晰，约占整个油泥试样体积分数50%左右。

对改性后油泥试样底部水层中的油含量进行分析检测，2018年2月27日试样分析结果为：油含量为50.63mg/L；28日试样分析结果为油含量为45.50mg/L，因此进一步验证了滤液水质较好。

根据此次油泥试样情况估算，通过调质、机械脱水、干化技术处理后，油泥减量率可以达到85%以上。

4.3 具体措施

含油污泥处理工艺多样，各有所长，仅靠单一的处理工艺很难达到环保要求。针对该部油泥浮渣特性及相关生产设施情况，拟选用调质-机械分离技术与焚烧处理技术相结合方案，具体工艺流程见图3。

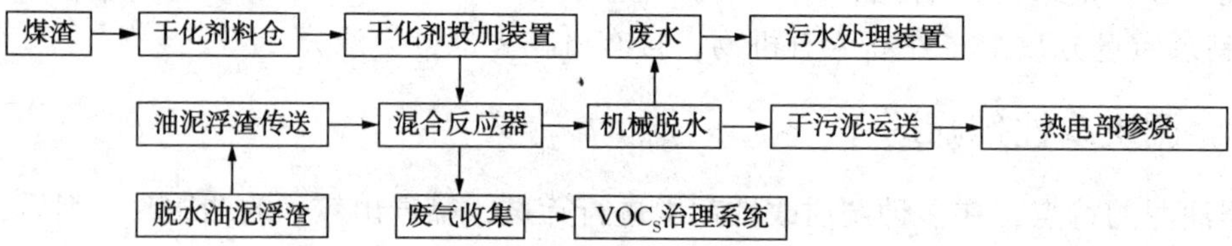

图3 油泥浮渣处理工艺流程

(1) 用热电部煤渣或煤矸石粉料作为干化剂，先将浮渣进行脱水，用管式传送器将浮渣送至混合反应器，在混合反应器中与干化剂充分混合反应。

(2) 与干化剂混合反应后的浮渣再用管式传送器送至机械脱水装置，脱水后污泥含水率可降至24%左右，呈颗粒状或粉末状，基本无黏性，满足与煤粉一起掺烧要求，最终随燃烧后煤渣送至砖厂制砖，焚烧产生的废气通过烟气脱硫后达标排放；脱出的废水返回至原来污水处理系统，通过传统“老三套”，实现达标排放。

(3) 混合反应器出来的恶臭废气通收集装置，送至现有VOCs治理系统，进行燃烧处理，最后高空达标排放。

该油泥浮渣处置流程无论对废气、废水还是废渣都有相应处理方案，方案合理，流程简单，依托现有生产设施，满足环保要求，并实现资源效益最大化。

4.4 效益估算

(1) 节约油泥浮渣外委处理费用

以年产油泥浮渣(包括清罐产生的油泥)3500t、油泥浮渣外委处理以660元/t进行核算，节约外委费用=3500×660÷10000=231万元。

(2) 年回收原油节约费用

从表1可看出，油泥浮渣含油至在15%左右，清罐产生的油泥含油会更高，按15%含油量进行核算，年节省原油=3500×15%=525t。原油价格按3000元/t计算，节约费用=525×3000÷10000=157.5万元

(3) 操作及人工费用

以干化焚烧为例，根据调研，目前国内几个公开的干化焚烧项目，其成本运行费用为200~300元/t，以250元/t处理费用进行核算，干化焚烧处理费用=3500×250÷10000=87.5万元。

综合以上各项费用，每年预计增收节支费用：231+157.5-87.5=301万元，挖潜增效效益显著。

5 结论

油泥浮渣处理一直是困扰炼厂发展的难题，因其成分复杂，处理难度大，处理技术、设备要求高，导致处理成本高。采用调质-机械分离技术与焚烧处理技术相结合技术，充分利用现有资源条件，将处理后干泥作为燃料再利用，实现油泥浮渣资源化、无害化处理。

参考文献

[1] 刘惠卿，盘英，李玉嫦．“三泥”处理现状[J]．石油化工环境保护，2001，(1)：33-36.

[2] 王嘉麟，吴芳云，吕荣湖．从含油污泥中回收油的技术研究[J]．油气田环境保护，1996，6(3)：22-26.

[3] 匡少平，宋峰．含油污泥处理技术及资源化利用途径[J]．环境污染与治，2006(9).

[4] 刘天齐．石油化工环境保护手册[M]．北京：中国石化出版社，1990.

[5] 董进．螺旋沉降离心机在污泥脱水装置上的应用[J]．石油化工环境保护，1996，(4)：35-39.

[6] 谢宏明．从废弃油泥中提取原油的工艺方法：中国，CN 1195017A[P]．1998-10-07.

[7] 尤俊洪．一种处理污泥的方法：中国，CN 816001176[P]．1987-01-24.

[8] 张秀霞，耿春香，冯成武．溶剂萃取-蒸汽蒸馏法处理含油污泥[J]．上海环境科学，2000，19(5)：228-229.

[9] 李新盛．油泥分离与处理的研究[D]．沈阳：东北大学，2004.

[10] 李凡修．含油污泥无害化处理及综合利用的途径[J]．油气田环境保护，1998，8(3)：42-44.

[11] 宫健，周振文，路建安，等．生物降解含油污泥技术[J]．山东环境，2000，增刊：120.

[12] Solomon M J, Cherry H. Liquid Sludge Disposal Process：USA，US4786401[P]．1988-11-22.

[13] 国家环境保护总局科技标准司编著．危险废物污染与防治技术指南[M]．北京：中国环境科学出版社，2004.

[14] 陈家伟，孙晓兰，王毓仁．国外炼厂污泥无害化处理实践和发展方向[J]．石油化工环境保护，1997(1)：33-37.

超声波防止电脱盐罐油泥淤积的研究与应用

苟社全[1]，季德伟[2]，陶　雪[2]，贾中辉[2]，张达峰[3]

（1. 中国石化齐鲁分公司研究院，山东淄博　255400；
2. 中国石油大港石化公司，天津　300280；
3. 无锡市锡山德嘉电子有限公司，江苏无锡　214194）

摘　要　研究分析了电脱盐罐油泥的成分与金属含量，探讨了超声波防止电脱盐罐油泥淤积的机理，设计了一种顺逆流联合作用的超声波装置，在电脱盐工业应用，能够满足电脱盐安稳长满优的生产运行。

关键词　超声波　电脱盐　油泥

1　前言

电脱盐是原油自油田进入炼油厂的第一道预处理工序，电脱盐过程需要注水脱出原油中所含的水溶性无机盐，主要是脱除 NaCl 盐。在电脱盐罐中，注水混合后的原油在高压电场的作用下，电脱盐罐底易于沉积大量的非水溶性的半固态油泥，电脱盐罐底油泥的清理需要进行水替退油—蒸汽蒸罐—空气置换—人工清理—油泥外委等复杂的处理过程。

在现今，炼油厂的原油加工主要是精细型的 3~4 年 1 大修的长周期的生产模式，连续生产过程中间需要进行电脱盐罐清除油泥的非正常停工作业，直接威胁到炼油厂的安稳长满优的生产，不仅清除油泥的作业产生较多的作业费用，而且清理出的油泥的处理也是一大环保难题；油泥淤积在电脱盐罐底部水层的下部，越积越多，非水溶性的油泥沉积在电脱盐罐底部，逐渐缩小了电脱盐罐的有效容积，有效容积可下降 30%~50%，影响电脱盐罐的正常操作，也影响脱盐效果，另外，不断地进行的反冲洗操作对消除油泥淤积收效甚微，还导致电脱盐过程中的电脱盐排水带油而增大了污水处理的负荷、产生大量的污油无法处理回炼。

增大电脱盐罐容积、增加反冲洗频次、强化反冲洗喷嘴、提高电脱盐底的光滑度等传统的解决电脱盐罐油泥淤积问题的措施，均不能有效解决电脱盐油泥淤积的生产难题。

一种顺逆流联合作用的超声波作用方式，在 1000~1300 万 t/a 原油加工能力的中国石油广西石化的一个生产周期应用 3 年，电脱盐罐全时段始终处于接近 100%的有效容积工作状态，大检修时查看电脱盐罐油泥淤积轻微，电脱盐效果理想，排水水质良好。在中国石油大港石化解决电脱盐罐底油泥淤积生产难题中进行工业应用，取得理想的应用效果[1,6]。

2 电脱盐罐底油泥淤积原因分析

2.1 油泥的成分

2015 年 4 月 1 日对胜利炼油厂四常电脱盐罐底清淤清出的油泥进行热值和成分分析，结果如表 1 所示。

表 1 油泥热值与成分分析

油泥分析	分析结果	备注
热值/(J/g)	29346.87	表明含有 50%以上的可燃物
残炭/%	27.00	550℃吹脱
灰分/%	18.00	800℃吹脱
含水率/%	7.7	加汽油的蒸馏法

一般燃料油的热值为 45000J · g^{-1}左右，油泥的热值为 29346.87J · g^{-1}；由热值测算，可以反映出含有超过 50%的油分和残炭；除了泥沙、金属盐等无机杂质外，油泥中含有大量有机物和焦炭颗粒；550℃吹脱残炭含量 27%，800℃吹脱灰分为 18%，水分 7.7%，水分和灰分约为 35.7%，可以粗略估算可燃烧部分约为(100−35.7)%=64.3%。

2.2 油泥的金属含量

胜利炼油厂四常 2015 年 4 月 1 日采取的油泥样品，采用等离子体原子发射光谱法分析样品，分析结果如表 2 所示。

表 2 油泥的金属含量

金属含量	分析结果/(μg/g)	占比/%
Fe	754.17	35.84
Ca	448.84	21.33
V	272.30	12.94
Mg	268.17	12.74
Na	265.95	12.64
Ni	89.46	4.25
Cu	5.46	0.26

由表 2 可见，油泥主要可以归纳为四部分：第一部分，Fe，Fe 的含量在分析的金属元素中占比最大，占比 35.84%，解决了 Fe 的问题，就能解决油泥中金属的三分之一以上的问题，由此可见，铁的化合物、铁盐是形成油泥的主要成分；第二部分，Ca 和 Mg，以 Ca^{2+}、Mg^{2+}的盐的形式存在，Ca+Mg 占比 34.07%，再解决了 Ca 和 Mg 的问题，就能再解决三分之一以上的问题；第三部分，V 的占比 12.94%，V 对油泥的形成也具有一定的作用；第四部分，Na 的占比 12.64%，Na 主要形成可溶性无机盐，可以通过电脱盐反冲洗脱除，电脱盐反冲洗只对 12.64%左右的油泥有效。

2.3 原油的金属含量

2011年胜利炼油厂四常进行工业脱钙试验，工业脱钙试验用原油为胜利高硫高酸+扎库姆拔头后混合原油，混合比例大约为7∶3，采用等离子体原子发射光谱法分析样品原油金属含量分析如表3所示。

表3 胜利炼油厂四常加工原油金属含量分析

项　目	胜利高硫高酸原油	扎库姆原油
微量金属/(μg/g)		
Fe	14.07	4.44
Ca	40.54	0.75
V	2.51	9.09
Mg	2.39	0.12
Na	67.81	2.51
Ni	20.32	8.79
Cu	0.74	<0.20

表3可见，电脱盐罐底油泥的金属元素主要来源于原油中。

2.4 电脱盐注水排水的pH值与水质

2011年胜利炼油厂四常进行工业脱钙试验期间，测定了电脱盐注水与排水的pH值，结果如表4所示。

表4 脱钙试验期间电脱盐注水与排水的pH值与水质

时　间	项目	pH	COD/(mg/L)	BOD/(mg/L)	B/C
10月10日9：00	注水	8.73	2562.1	1430.7	0.56
	排水	8.18	1588.3	991.8	0.62
10月13日15：00	注水	8.8	2614.1	2024.5	0.77
	排水	8.07	1941.5	1335.8	0.69
10月14日9：00	注水	8.67	2717	1587.5	0.58
	排水	7.73	1906.3	1288.3	0.67

由表4可见，电脱盐注水与排水均为碱性。

碱性的电脱盐注水与排水，易于使Fe与硫化物生成Fe_2S_3难溶的固体。

2.5 油泥的溶解性试验

对干化的油泥进行溶解性试验如下：

(1) 水溶性。取30克样品放入500mL矿泉水瓶中，加入77℃的纯净水450mL，密封后反复用力摇晃、震荡，油泥不溶于77℃的热水中。

(2) 极性有机溶剂的溶解性。在温度65℃情况下，再加入20mL无水乙醇，密封后反复用力震荡、摇晃，加入乙醇的水相只是多了一些气泡，油泥也不溶于乙醇的水溶液中。

(3) 非极性有机溶剂溶解性——油溶性。在温度50℃情况下，再加入90~120℃的石油醚(C_8~C_9烷烃)20mL，石油醚层立即出现颜色变黄现象，轻轻摇晃，颜色变深，密封后继续反复用力震荡，油泥的一部分溶于石油醚中。

2.6 油泥淤积的原因分析

电脱盐注水是含硫污水汽提后的净化水，水中含有大约50mg/L(内控指标≤50mg/L)的溶解硫化氢或大约50mg/L硫化物(S^{2-})，在碱性条件下，铁的化合物、铁盐转化为沉淀或固体颗粒的主要原因如下：

(1) 电脱盐注水呈弱碱性。一般情况下，炼油厂在电脱盐过程中注入原油中的水洗水呈碱性。

(2) 电脱盐注水中含溶解硫化氢——硫化物S^{2-}。通常情况，自然界中存在大多是硫化亚铁，硫化铁自然界中很难存在，硫化铁很容易发生自身氧化还原反应：$2Fe^{3+}+S^{2-}=2Fe^{2+}+S\downarrow$。

但是，在碱性条件下Fe^{3+}/Fe^{2+}的电极电势降低，不会生成Fe^{2+}和S单质。

(3) 不生成$Fe(OH)_3$而生成Fe_2S_3沉淀。

$Fe(OH)_3 \rightleftharpoons Fe^{3+}+3OH^-$电离平衡常数是$10^{-38}$数量级。

$2Fe^{3+}+3S^{2-} \rightleftharpoons Fe_2S_3$电离平衡常数是$10^{-88}$数量级。

在碱性条件下，Fe^{3+}与S^{2-}向着生成更难电离的Fe_2S_3的方向进行，形成颗粒物、沉淀析出。

电脱盐罐油泥形成的主要原因是：原油中的Fe生成难溶解的Fe_2S_3颗粒或沉淀，Fe_2S_3颗粒或沉淀与大量黏性的高分子胶质、沥青质、石油酸颗粒吸附形成聚集态团聚物。

3 超声波防止油泥淤积的机理

3.1 超声波的特性

超声波具有“无坚不摧”的特性，超声波可以破碎韧性低的坚硬的非金属材料。

3.2 电脱盐罐底油泥特性

电脱盐罐底油泥含水分较少，一般以聚集态团聚成大块状沉积在电脱盐罐水层底部，水和乙醇类有机溶剂对电脱盐罐底油泥不发生溶解作用，沉积在电脱盐罐底部，与可溶解油泥的油层完全隔离，就不容易利用高压水流通过反冲洗方式冲刷而随水排出，随着生产时间的延长，越积越多。

3.3 超声波破碎油泥后颗粒物随水排出

在电脱盐过程中逐渐形成的Fe_2S_3与V、Ca、Mg等无机盐沉积物的力学性能坚硬，可以通过超声波的作用破碎为更细微的固体颗粒，破碎后的细微的固体颗粒可以悬浮在电脱盐水层中，或者转化为水溶性的离解态的金属离子溶解于电脱盐排水中，易于随电脱盐排水排出，防止沉积，电脱盐罐油泥淤积的问题由此可以得到有效解决。

在电脱盐罐底部的水层中传播的超声波具有无孔不入的特性，能够有效地萃取出多孔性固体颗粒吸附的大分子胶质、沥青质、石油酸类，被超声波萃取出的细小的油分颗粒，逐渐回到电脱盐罐的上层的油相中。

超声波防止电脱盐罐油泥淤积的技术应用，可以达到三个期望的有效作用：第一，有效地防止电脱盐罐油泥的淤积；第二，降低电脱盐排水的 COD 值 50%以上；第三，降低电脱盐排水的含油值 30%以上[3~7]。

3.4 一种超声波的作用方式

设计一种管道式超声波作用区，安装在电脱盐罐前的混合器与混合阀之后的管路上，实现一种超声波无死角传播的作用方式，达到超声波沿管路无限延伸的传播效果，产生超声波驻波场的理想声效。一种顺逆流联合作用的超声波作用方式如图 1 所示[1]。

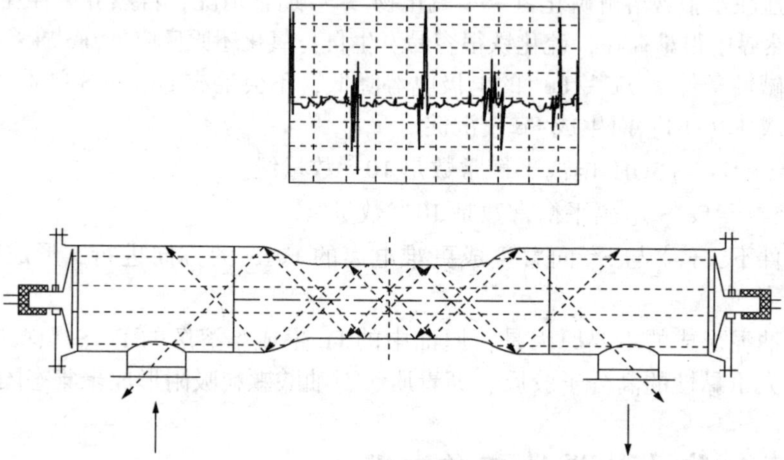

图 1 一种顺逆流联合作用的超声波作用区

超声波可以传播到固体颗粒微孔内部，超声波的存在不仅能把固体颗粒或沉积物击打成为细碎的悬浮物颗粒，而且能够降低电脱盐排水中固体颗粒或沉积物吸附的油分。

3.5 一种超声波作用区的作用效果

中国石油华北石化原油加工能力 500 万 t/a 电脱盐装置，2017 年应用超声波的标定结果表明：超声波降低电脱盐排水 COD 值 64.9%，降低电脱盐排水含油值 93.8%[7]。

中国石油长庆石化原油加工能力 500 万 t/a，2009 年为解决电脱盐影响污水处理的曝气的生产问题，进行过超声波电脱盐工业试验，结果表明：超声波降低了电脱盐总排水 COD 值 54.5%，降低了电脱盐总排水含油值 57.1%，解决了曝气池泡沫影响曝气生化问题，应用超声波后可生化性能提高，出水 COD 值达标排放[5]。

一种顺逆流联合作用的超声波在电脱盐中的应用，不仅可以防止电脱盐罐油泥淤积，而且可以改善电脱盐排水水质。

4 超声波防止电脱盐罐油泥淤积的工业应用

中国石油大港石化原油加工能力 500 万 t/a，原设计电脱盐罐停留时间 45min，为改善电脱盐运行效果，二次改造电脱盐罐容积达到 785m^{3}使得停留时间增大到 85min，比原来增大近 1 倍，装置进行超声波技术改造前一个生产周期，电脱盐罐底油泥淤积严重。应用本发明的超声波防止电脱盐罐油泥淤积的方法及装置解决了电脱盐罐油泥淤积的生产问题。

4.1 应用方案

中国石油大港石化超声波防止电脱盐罐油泥淤积的实施方案如图 2 所示。

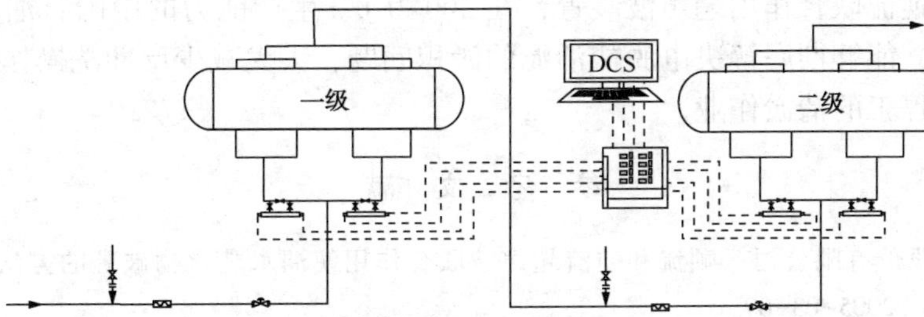

图 2 中国石油大港石化超声波防止电脱盐油泥淤积实施方案

电脱盐罐为两级串联，脱前原油注入电脱盐注水后，经静态混合器—混合阀充分混合，分别在一、二级电脱盐的一分二的支管上并联 2 套顺逆流联合作用的超声波专有设备，防爆柜中的超声波发生器控制超声波专有设备的超声波换能器，超声波发生器与 DCS 集中控制室通讯，通过 DCS 进行人工智能控制。

4.2 应用前电脱盐罐油泥淤积情况

电脱盐罐越大线速度越小，原油中含有的泥、沙、土、油溶性盐类等机械杂质易于沉积在电脱盐罐底部，每次清除油泥的处理与固废转移是当前环保工作的一大难题。

(1) 反冲洗情况。装置改造前，原油中固体杂质易于沉积电脱盐罐底，鉴于每次反冲洗冲会冲出较多的油泥的情况，生产不得不安排每 1 周平均反冲洗 1 次，70t/h 左右反冲洗水量，每个罐各反冲洗 30min，增加了生产人员的工作量和操作成本。

(2) 油泥淤积情况。装置改造前一个生产周期，2015 年 7 月离线清一级罐，即开工 14 个月后清出油泥 154. 2t，2016 年 2 月、6 月两次在线清一级罐，清出油泥分别是 63. 14t、103. 9t，2016 年 9 月再次离线清一级罐，清出油泥 164. 94t，2017 年停工阶段两级共清理油泥 269. 02t，一个运行周期累计 755. 2t 油泥，按固废转移处理费用 3000 元/t 计，仅此一项可产生费用 755. 2×3000＝226. 6(万元)。

4.3 工业应用后取得的效果

(1) 反冲洗情况。2017 年 7 月 21 日工业应用，超声波防止电脱盐罐油泥淤积工业应用之后，2018 年 3 月标定，8 个月的标定时间内，电脱盐运行过程中只进行过一次反冲洗操作，从观察导淋排放效果判断罐底基本没有油泥沉积。

(2) 油泥淤积情况。超声波防止电脱盐罐油泥淤积工业应用之后，不仅能够保证脱后原油中油泥和机械性杂质的充分净化与除去，而且能够萃取电脱盐排水中固体杂质吸附的油分到达油相从而改善电脱盐排水水质，可以解决电脱盐罐油泥淤积的生产问题。运行 15 个月后，临时停工检查电脱盐罐内部，电脱盐罐淤泥淤积轻微，不需要清淤作业。

5 结论

（1）原油中含有Fe、Ca、Mg、V等金属元素在电脱盐过程中形成的沉淀物吸附大分子油分，形成非水溶性的电脱盐罐底油泥，油泥的淤积逐渐缩小电脱盐罐的有效容积，影响电脱盐的正常生产。

（2）一种顺逆流联合作用超声波装置，在500万t/a生产能力的中国石油大港石化的电脱盐的工业应用，能够彻底解决电脱盐油泥的淤积问题，大大减少反冲洗操作的频次，避免了频繁的非正常停工的清淤作业。

参 考 文 献

[1] 中国石油化工股份有限公司．顺流和逆流超声波联合作用使油水乳化物破乳的方法及装置：中国，CN03139172[P]. 2005-03-09.

[2] 苟社全，李侠，张红宇．超声波-电脱盐组合工艺技术在胜利石化总厂的应用[C]//中国石油化工信息学会石油炼制分会．2007年中国石油炼制技术大会论文集．北京：中国石化出版社，2007：147-151.

[3] 白帆．超声波-电脱盐组合技术的应用[J]. 炼油技术与工程，2009，32(12)：12-14.

[4] 苟社全，达建文，梁益才，等．二级超声波-电脱盐技术的应用[J]. 石油炼制与化工，2010，41(3)：19-22.

[5] 魏慧，裴心平，戴毓硕，等．超声波电脱盐破乳技术的应用研究[J]. 中外能源，2013，18(4)：73-77.

[6] 任甲子，牛有睿，张双月．超声波在电脱盐系统中的应用[J]. 化工技术与开发，2017，46(1)：53-55.

[7] 戴蔚，孙伯义，林海庆．常减压装置超声波—电脱盐破乳技术应用．石化技术[J]. 2018，(7)313.

[8] 冯若，李化茂．声化学及其应用[M]. 合肥：安徽科学技术出版社，1992.

[9] 袁易全主编，近代超声波原理与应用[M]. 南京：南京大学出版社，1996.

炼化“三泥”减量化处理技术研究

李鸿莉

（中国石油兰州石化公司环境监测与管理部，甘肃兰州　730060）

摘　要　通过对国内外炼化“三泥”减量化处理技术对比性研究及石化公司炼化“三泥”理化性质分析测试，提出采用桨叶式干化用于石化公司炼化“三泥”干化处理工艺建议，完成了该公司“三泥”干化工业试验，对干化机干化效果及能耗检测分析，对桨叶式干化用于炼化三泥减量化处理的可行性进行了验证。

关键词　炼化“三泥”　减量化　污泥干化

石油炼制、石油化工工业污水处理中产出的“三泥”，主要是由隔油池底泥、浮选池浮渣和生化系统剩余活性污泥三部分组成，受石化生产各环节排污组成影响，其有机物种类复杂，通常含有蒽、芘、酚类、苯系物等，同时还含有一些容易产生腐臭气味的有机物，在处置过程会导致恶臭气体的产生。据统计，我国部分千万吨级炼厂配套污水处理场每年产生三泥量可达一万吨甚至几万吨以上，部分企业脱水三泥仍采用脱水后直接填埋法进行处置，造成土地资源的极大浪费，同时其含有的有毒成分和有害物质如不经处理直接填埋，会产生二次污染。因此，加快污泥减量化、无害化、资源化处置是摆在石油化工企业面前的重要环保课题。

1　国内外炼化“三泥”减量化处理技术对比分析

目前用于污泥减量化的方法主要有焚烧法、热解法、生物处理法、溶剂萃取法、热水洗涤法、微波处理法、超热蒸汽处理法以及电化学处理法等。

1.1　焚烧技术

污泥焚烧技术具有处理速度快、减量化程度高、能源可再利用等优点，在国内外被广泛应用。国内一些炼化企业如中国石油独山子石化、四川石化、云南石化等均建设有污泥焚烧装置。污泥焚烧一般控制焚烧时的炉温为800~1100℃，焚烧时间0.5~2h，可以根据污泥的组成和性质不同调整焚烧时间和焚烧温度。焚烧过程中释放大量的热能，可以将这部分能量回收利用，如供热和发电等。在国外焚烧产生的灰渣可以用于铺路或者检测达标后直接填埋。焚烧处理能够将污泥中的有毒有害物质最大限度地去除，减量化效果较好。但存在污油资源浪费，同时焚烧尾气中NO_x、SO_2、二噁英、重金属需针对性采取处理措施，尾气处理系统较为复杂，投资较高。

目前炼化“三泥”焚烧工艺应用中，有单独焚烧和污泥脱水干化预处理+焚烧处理组合工艺两种方式，其中脱水后的泥饼再进行焚烧能耗相对较低。焚烧炉目前主要由流化床、回转窑两种主要形式。

1.1.1 流化床

流化床焚烧炉的燃烧室可分为下部的密相区和上部的稀相区两部分。固态或半固态废物中的大部分有机物一般在密相区中完成分解，空气从炉底吹入并通过床料的空洞进入炉膛，物料在炉膛内翻腾燃烧。

1.1.2 回转窑

回转窑主要由筒体、转动装置、支撑装置、挡轮装置、窑头密封装置组成。流程见图1，筒体在转动装置的带动下转动，物料从进料口进入筒体，在回转窑筒体的转动和倾斜装置作用下，物料做圆周运动与由高到低的复合运动。按照窑内烟气与物料流动的相对方向，回转窑可以分为顺流回转窑和逆流回转窑。顺流回转窑外形结构上呈现“长细”特点，逆流回转窑呈现“短粗”特点。顺流回转窑窑内工作温度约为1000℃，逆流回转窑工作温度约为850℃。两种窑型在使用时各有优劣。

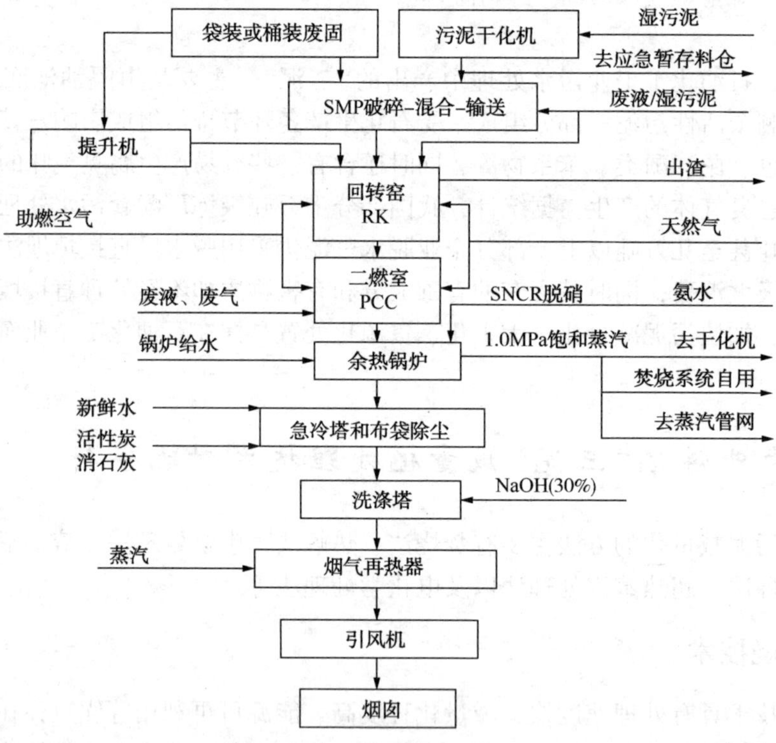

图1 污泥焚烧流程示意图

1.2 干化技术

污泥干化可去除污泥中的间隙水、毛细水以及绝大部分的内部附着水。根据污泥与热介质的接触方式，污泥干化可以分为间接干化和直接干化。间接干化因具有安全性高、粉尘产生量少、热介质无污染等优点得到广泛应用。目前，炼化“三泥“应用最多的间接干燥设备主要有薄层干化、桨叶式干化机及旋转圆盘干燥机等。目前国外主要的干化工艺设备意大利Vomm的涡轮薄层工艺、比利时Keppel Seghers的圆盘工艺、德国BUSS的卧式薄层干化工艺等。近年来国产干化工艺技术飞速发展，开发出很多适用技术和产品，包括桨叶式干化、薄层干化、热风干燥等闪蒸式、转筒/转鼓/回转式干燥等。目前在中石化燕山石化、齐鲁石化及中石油抚顺石化、云南石化等已得到应用。

1.2.1 薄层干化

涡轮薄层干化技术(高速涡流薄层干化工艺)的原理是：污泥进入干化机腔体，在高速涡轮的推动和工艺热气流的裹携下，呈涡流形态紧贴处理器金属内壁形成一层气固混合流体薄层，污泥颗粒在薄层内不断与热壁接触从而传导热量，同时经过预热的工艺气体通过与污泥一致的同向运动实现热对流换热。干化过程产生高温废气经水洗后进入干化机前端用作污泥预热工艺气体(含氧量<4%)，重复输送到干化单元内，使得涡轮干燥技术整个过程在封闭循环单元中进行。

干化机出口污泥经旋风分离实现气固分离，其中污泥进入冷却螺旋输送机(设冷却水)冷却到常温厚进入污泥料仓外运，废气经水洗后回到干化机入口经板式换热器取热后外排处理。

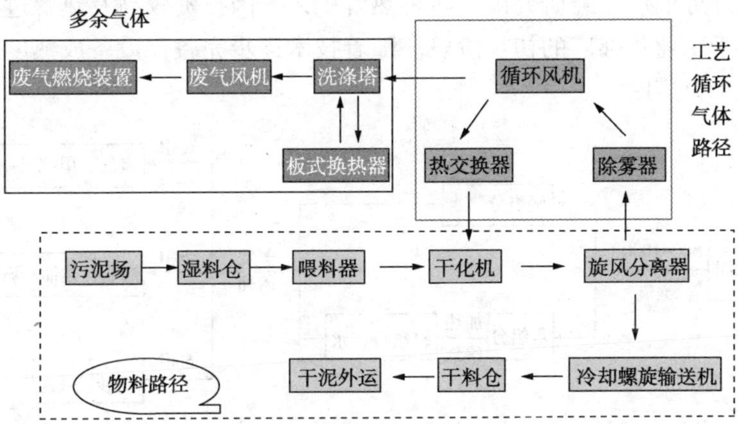

图2 涡轮薄层干化工艺流程示意图

1.2.2 桨叶式干化

干化机由互相啮合的二到四根伞叶轴、带有夹套的W形壳体机座以及传动部分组成，以0.5MPa蒸汽作为加热介质，轴端装有热介质导入导出的旋转接头。加热介质分为两路，分别进入伞式干化机壳体夹套和伞叶轴内腔，将器身和伞叶轴同时加热，以传导加热的方式对物料进行加热干化。被干化的物料由螺旋送料机定量地连续送入伞式干化机的加料口，物料进入器身后，通过伞叶的转动使物料翻转、搅拌，不断更新加热介面，与器身和伞叶接触，实现充分加热，使物料所含的表面水分蒸发。同时，物料随伞叶轴的旋转成螺旋轨迹向出料口方向输送，在输送中继续搅拌，使污泥中渗出的水分继续蒸发。最后，干化均匀的合格产品由出料口排出。

被蒸发的水蒸气连同废气一起进入冷却降温系统进行处理，水蒸气冷凝后形成的废水送至污水处理系统处理，尾气进入催化燃烧装置处理并达标排放。干化后污泥的固体颗粒经螺旋输送器送至装袋机，装袋后外运。

1.2.3 旋转圆盘干燥机

旋转圆盘干燥机主要由转子系统、传动系统、热介质、管路及排风除尘系统组成。蒸汽或导热油作为介质从转子空心轴的一端进入，通过旋转金属圆盘将热量传递给污泥，污泥在金属圆盘外吸热增焓不断蒸发湿分，凝结的冷凝水从转子的另一端排出。转子周边通过固定角钢架装有带一定倾角的刮板，随着旋转不断将被干燥的物料刮起和搅拌，同时将物料从入口一侧推向出口一侧。

1.3 热解技术

热解处理是指在没有氧气或者缺少氧气的情况下，将含油污泥加热到较高的温度，通常在450~650℃，污泥中的长链烃类发生断链，转化为轻组分，通过冷凝的方式回收油气。热解后的残渣可用于铺路、制备吸附材料或直接填埋。

热解法可以很好地将含油污泥中的油气资源进行回收利用，实现了资源和能量的再循环，不容易生成二噁英等有害物质，避免了二次污染。利用热解法来处置含油污泥在国外已经比较普遍，国外炼油厂已经研究出了多种热解工艺。因投资较高及热解过程存在污泥结焦现象，在国内处于工业化推广的初步阶段。随着技术逐步完备、设备成熟度度的提升，热解技术的应用前景十分广阔。

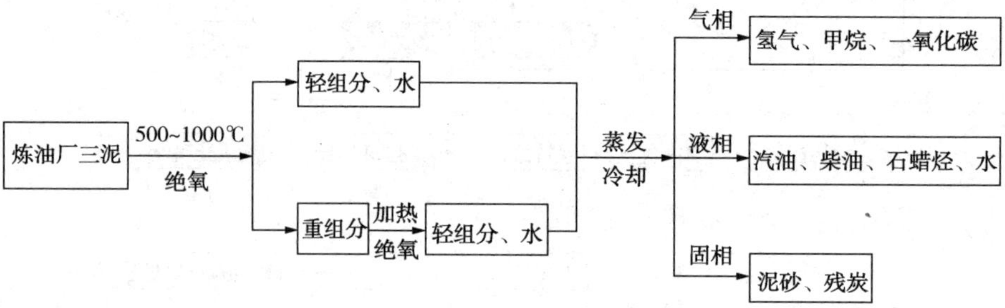

图3 污泥热解工艺流程示意图

1.4 过热蒸汽喷射技术

过热蒸汽喷射处理技术主要工作原理是采用高温蒸汽(可达600℃)经拉法尔喷嘴以超音速喷出，与污泥颗粒正面碰撞，在高速流体所产生的能量作用下，将污泥破碎为细小颗粒。当流体速度超过音速时，会形成音障效应，可以很高效地将污泥彻底破碎。破碎后的污泥颗粒热交换面积大幅提高，从而提高污泥和低温热源间的传热效率，使污泥中所吸附或包含的水分在瞬间汽化，固液分离，实现污泥裂解干化目的。将油泥中所吸附或包含的油分(可汽化有机物)汽化裂解，水分蒸发，蒸汽冷却后实现固液分离和油水分离。

1.5 生物处理技术

生物处理法是利能够降解石油的微生物，将含油污泥中的石油类物质作为它们的碳源，将其分解掉。当微生物生长繁殖时，会消耗污泥中的含油类物质，产生水和无机盐等无毒无害的产物。美国Patina石油公司研发了一套处理含油污泥的设施，水分先在专用蒸发池内被

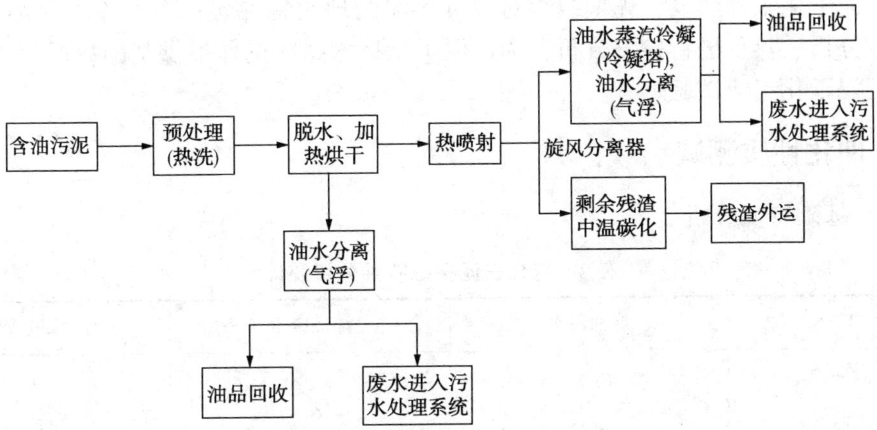

图4 超音速过热蒸汽喷射裂解工艺流程示意图

蒸发掉，得到的固体物质则被送到专门的地耕场地进行处理，含油污泥以十厘米左右的厚度放置在地耕场地的摊放池里。在两周一次的耕作频率下，全部处理完成大概需要 3 个月左右。

地耕法的降解过程慢，且易受气候的影响，占地面积大，受土壤性质影响大，如有机物含量、氧含量、pH、N 和 P 元素含量等。国外研究表明，如果含油污泥的初始含油量小 30%，能够在较低的经济投入下维持地耕法运行。由于地耕法会导致油污下渗，污染地下水和土壤，所以一些发达国家和地区已经禁止使用了。

表1 常用的污泥处理方法的优缺点

处理方法	优点	缺点
焚烧法	处理彻底	投资高，油资源没有得到回收、易产生二次污染
干化	能耗相对较低，减量化效果显著	未彻底无害化
热解法	有效回收油气资源、残渣可再利用	对技术和设备要求高、成本高、能耗较高
过热蒸汽处理法	洁净环保、能实现油气资源回收	对设备和技术要求高，能耗较高
生物处理法	成本低、能耗低、处理效果彻底	周期长、占地面积大、菌株选择困难

综上所述，污泥减量化技术各有特色，其中焚烧法、干化法已在国内炼化企业得到普遍工业化应用，热解法尚在工业化推广阶段，过热蒸汽喷射法因对设备材质等级、加工精度要求高等问题在国内炼化企业应用业绩较少。如何选择石化公司炼化"三泥"适宜的干化焚烧减量化工艺，还需开展污泥特定测试分析，组织工业化试验予以确定。

2 石化公司"三泥"减量化试验研究

某石化公司污水处理"三泥"主要来源于三部分，分别为化工污泥包括橡胶污水处理装置滤机脱水污泥和烯烃废水处理装置滤机脱水污泥及炼油污水处理装置离心脱水污泥，目前年产生量达 205 万吨，填埋处置量大，处置费用高，不符合企业绿色发展要求。为此，公司计划开展污泥干化工程建设，先期组织对三种污泥的理化特性包括含水率、含油率、灰分、热值、元素分析、热重进行检测分析，为污泥干化技术路线选择提供基础数据，并在此基础上进行了污泥干化工业试验。

2.1 理化性质测试

2.1.1 基础特性分析

表2 炼化三泥基础特性分析统计

项目	炼油污水	烯烃废水	橡胶废水
含水/%	76.94	75.56	64
含油/%	9.42	8.41	6.78

其中因炼油污水三泥在三种污泥中占比达90%以上，其含油率是影响混合污泥的主要因素，经检测分析，含油率最大值为10.13%，最小值为8.83%，平均值为9.42%，含油率较高。

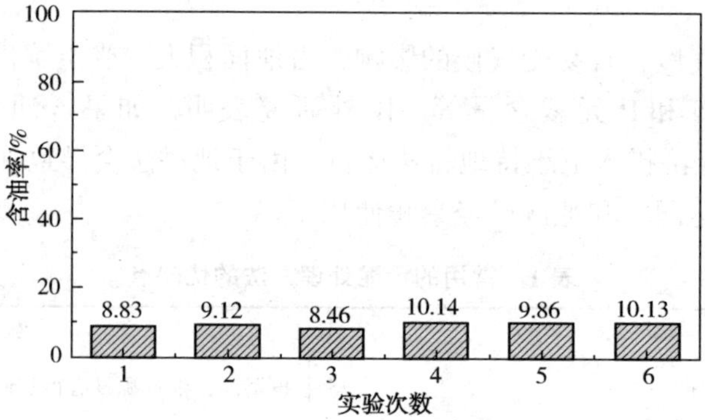

图5 炼油污水污泥含油率测定值

2.1.2 元素分析与金属组分分析

对不同样品的C、H、O、N、S等元素以及固含量中的元素组成分析结果如表3所示。

表3 炼化三泥组分分析统计

项目	N/%	C/%	H/%	S/%	O/%
炼油污水	0.26	9.89	9.219	1.041	81.59
烯烃废水	0.73	7.17	8.724	0.934	80.442
橡胶污水	0	1.46	7.426	0.605	90.509

2.1.3 热重分析

针对固体样品，通过热重分析，可以得到在不同温度下的焚烧残渣，也可以间接得到样品的热量。

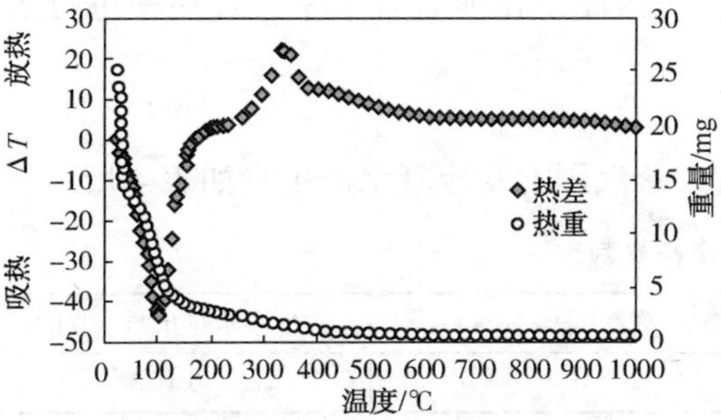

图 6　炼油污水污泥的热重分析结果

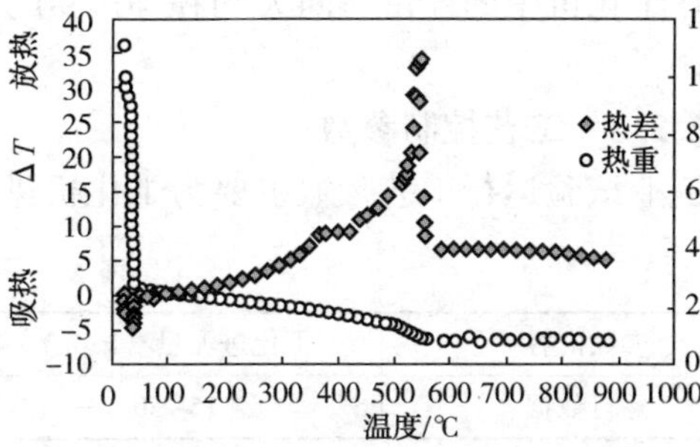

图 7　烯烃废水污泥热重分析

由图 6、图 7 和图 8 可知，不同污水处理形成的污泥组分不同，具有不同的性质。炼油污水污泥挥发性组分较少，含水率较高，可在 100℃去除，含油组分在 250～400℃之间燃烧放热，其峰值在 350℃左右；烯烃污泥中挥发分占主要成分，水含量较少，可燃组分的燃烧温度在 550℃左右，在 550℃燃烧放热；橡胶污泥中也以挥发分为主，含水率较低，在分析过程，随着温度升高，不断放热，其含油组分的放热温度范围较广，峰值温度分别为 300℃和 450℃左右。根据污泥的热重实验数据可知，不同污泥组分存在显著差异，适用的干化和焚烧温度也不同。因此，在污泥干化设备选型过程中，需根据待处理污泥性质合理选择干化的工艺参数以满足不同污泥的需要。

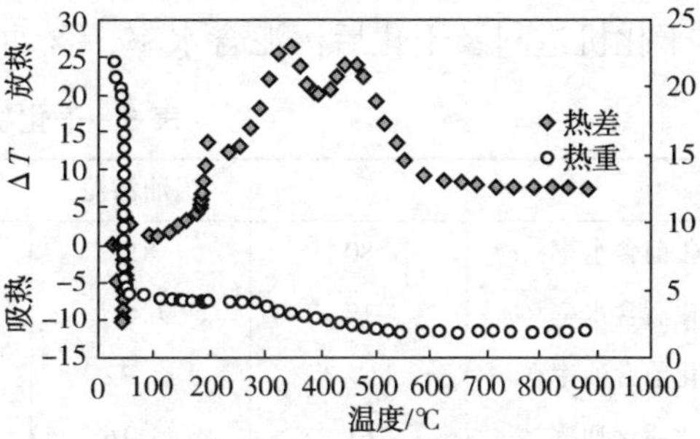

图 8　橡胶废水污泥热重分析

2.1.4　热值分析

热值是单位质量的固体燃料或单位体积的气体燃料充分燃烧所释放出的热量，是物质的特有属性之一。测试采用氧弹热量计进行热值测定，根据 GB 384—81《石油产品热值测定法》这一标准对以上三泥样品按实际产生量比例混合进行热值测定，得到测定结果是混合“三泥”热值为 2680kcal/kg，有较好的燃料价值。

根据以上样品分析，因混合污泥热值较高，推荐石化公司污泥减量化技术优先选用焚烧技术。考虑焚烧技术投资及废气处理成本较高，鉴于混合污泥含油量较高，建议选用桨叶式(伞式)干化技术进行进一步工业试验研究。

2.2　石化公司“三泥”干化试验研究

2.2.1　试验原料

根据石化公司炼化“三泥”构成，对炼油污水处理装置及化工污水处理装置污泥分别进行五天和两天的干化试验，然后根据 3：1 的掺混比例，对混合污泥进行两天干化试验。两种污泥均进行人工采样，采样点为离心脱水机污泥端出口。

2.2.2　试验方法

选用某设备公司桨叶式干化试验设备，根据现场调节螺旋输送器频率及污泥泥性，调整污泥在干化机中的停留时间大约在40~90分钟，对污泥干化前后含水率、含油率进行人工分析。

2.2.3 工艺控制参数

工业试验运行工艺参数主要为干化机进料量、蒸汽压力及冷凝水产生量如表4所示。

表4 干化机运行参数

参数内容	干化进泥量/(kg/h)	蒸汽压力/MPa	冷凝水排出量/(t/h)
运行数据	15~50	0.4	0.038

2.2.4 试验结果及讨论

(1) 运行数据分析

干化机进料及干化后污泥含水率、含油率分析数据统计如表5所示。

表5 干化机进出口污泥分析

项 目	炼油污泥			化工污泥		混合
干化前含水率/%	80	81	77.23	78.85	77	77.78
干化后含水率/%	12	9.47	7.81	16.84	8.42	14.43
干化前含油率/%	11.43	11.32	12.87	4.8	7	10.1
干化后含油率/%	61	43.16	49	21.05	13.69	11.34

污泥干化后含水率较低，均能满足≤30%的试验目标。

(2) 能耗分析

污泥干化试验期间，污泥干化试验装置电机额定功率2.2kW，运行功率约为0.8~1.5kW。干化装置蒸汽压力为0.4MPa，蒸汽耗量约为处理1kg湿污泥消耗0.8~1.2kg蒸汽。

(3) 试验结果分析及建议

桨叶式干化机设备构造简单，污泥减量化效果显著，能耗及运行成本较低，但存在物料进料及卸料过程系统密封性差造成的异味显著的问题，需要在今后的工业化装置建设中加以改进和完善。

3 结论

污泥干化焚烧技术的发展为炼化“三泥”减量化处理提供了有效手段，其中污泥焚烧处理更为彻底，可以满足更为严格的《危险废物填埋污染控制标准》(征求意见稿)的要求。但投资及运行成本高昂，装置运行废气产生量大。因部分空气质量不达标城市因环境容量不足政府部门对主城区设置危废焚烧装置限制条件极为严苛，污泥干化将成为部分炼化企业实现污泥减量化的优先选择。

污泥干化技术选择中，一是必须考虑因炼化三泥普遍存在石油类含量较高导致污泥干化过程中高浓度高温挥发性有机气体进入空气存在的燃爆风险，考虑干化机卸料口粉尘颗粒集聚导致的爆炸风险，建议在工艺设计及设备选择前根据污泥理化性质分析提前开展工艺安全评估，摸清燃爆危险发生的边界条件，提出安全控制指标，在装置建设中增设必要的氧含量分析仪、可燃气体分析仪、温度连锁及氮气密封措施等，为项目建成后的安全运行提供保障。二是干化过程要考虑干化机废气逸散收集治理，建议含油污泥干化废气设置焚烧类处理设施，确保处理后非甲烷总烃满足石油炼制或石油化学工业污染物排放标准。

参 考 文 献

[1] Paola Foladori. 污水处理厂污泥减量化技术[M]. 北京：中国建筑工业出版社.

[2] 金喆，石油石化行业含油污泥无害化处理技术综述[J]. 石化技术，2015(12)：129.

[3] 潘萌，刘国荣，伯士成，等. 含油污泥处理技术研究进展[J]. 过滤与分离，2017，27(2).

[4] 商雪娇，李思，张金辉. 生物法处理含油污泥的研究进展[J]. 当代化工，2014(4).

[5] 刘宪斌，刘青. 生物法修复废弃钻井泥浆和含油污泥的研究进展[J]. 环境污染与防治，2015，37(6).

多梯度耦合技术处理常减压废渣试验研究

吴云鹏，曾　俊

（中国石油兰州石化公司炼油厂，甘肃兰州　730060）

摘　要　某石化公司炼油厂加工原油性质变化，造成电脱盐污水质量变差，处理电脱盐污水后产生的废渣逐年增加。由于环保要求日益严格，为了减少废渣量，公司利用多梯度耦合炼化油泥减量化处理技术在装置进行了废渣减量化的试验研究。最终，废渣减量达到95.26%，效果明显。

关键词　多梯度耦合　常减压　废渣

0　引言

某石化公司炼油厂加工原油主要以长庆、青海、南疆、北疆、吐哈、哈萨克等原油为主。原油经常减压装置电脱盐系统处理后，产生的污水送至电脱盐乳化废水装置进行处理。分离后的污油送至延迟焦化装置进行回炼加工，合格污水送至工业污水处理厂处理，废渣少部分进催化装置加工，大部分作为“三废”拉运出厂填埋。近年来，随着原油的深度开采，原油含水含盐高，泥沙量大，伴有大量的乳化剂、高分子聚合物等，使得废渣逐年增多，造成“三废”出厂费用逐年增加。考虑到环保要求日趋严格，同时减少废渣的处理费用，特在该石化公司炼油厂进行了多梯度耦合炼化油泥减量化处理技术的应用试验，通过试验常减压废渣量大幅降低，取得了显著的效果。

1　常减压废渣处理流程

1.1　工艺流程

常减压装置产生的电脱盐污水自压至电脱盐乳化废水装置，首先为了解决污水的乳化问题，在污水中加入适量的清油剂，进入沉降罐，然后根据油、渣、水的密度不同而进行分离。分离出的合格污水排放至污水处理厂，油渣送至油渣分离罐进一步分离。

在油渣分离罐中加入清油剂F，进行第二次分离。合格污水由油渣分离罐底部排放至污水处理厂，污油由转油泵送入污油储罐，废渣由转渣泵送入废渣储罐。最终污油送至延迟焦化装置作为焦炭塔顶急冷油进行回炼加工，废渣部分进催化装置处理，部分作为“三废”出厂。

1.2 废渣产量

表1 废渣产量

日 期	产量/t	处置费/(元/t)	成本/万元
2017	8896.62	185.9	165.39
2019(1~3月)	5644.76	185.9	104.94

从表1可以看出，废渣的产量逐年在增加，2019年一季度废渣量就达到了5644.76t。由于环保要求日益严格，降低废渣的产量，减少废渣填埋量成为当务之急。

1.3 废渣性质

表2 废渣分析数据[1]

项 目	样品1	样品2	样品3
油质量/%	47.6	46.8	45.8
水质量/%	36	38	37.5
残渣/%	16.4	15.2	16.7
灰分/%	4.9	4.5	4.4

注：废渣升温至80℃时，油品仍为均相，经溶剂萃取后，残渣为黏稠状液体，有机物质量分数约为60%。

经过对废渣的分析，可以看出，废渣中的残渣大部分属于有机物，含量在20%以下，可作为重油加工装置的原料进行掺炼加工。

2 油泥减量化处理技术路线选择

2.1 加剂沉降技术

在废渣中加入药剂和水后混合均匀，打破废渣中的油、水和渣的乳化状态，使微小颗粒产生絮凝，增大至肉眼可见状态；然后在沉降罐中根据油、渣、水的密度不同而进行分离。

由于废渣的性质变化，药剂的选择较困难；同时由于沉降时间越长，达到的分离效果越好，要求沉降罐体积较大；整个处理费用会很高。

2.2 多梯度耦合炼化油泥减量化处理技术

多梯度耦合炼化油泥减量化处理技术是物理法技术。超声波的机械作用可加速颗粒运动，使物质的物性发生变化，促成液体的乳化、胶体的液化和固体的均匀分散。流体与固体的分界面处，由于粒子振动速度的巨大差异，导致边界摩擦，产生热量造成局部加热，甚至局部高温，降低原油黏度，提高渗流速度；同时超声波对污泥能够产生一种海绵效应，是水分更易从波面传播产生的通道通过，从而使污泥颗粒团聚，粒径增大，当颗粒粒径达到一定程度，就会做热运动相互碰撞、黏结、最终沉淀。使用该技术废渣可减量80%以上，而且该技术为撬装设备，占地小，操作方便，处理费用较低。

2.3 技术选择

公司经过前期的技术交流及考察，认为多梯度耦合炼化油泥减量化处理技术占地少，操作简单，减量效果明显，认为可以在电脱盐乳化废水装置进行试验研究。

3 试验过程

3.1 工艺简介

多梯度耦合炼化油泥减量化处理技术为整体撬装设备，常减压废渣首先进入设备的浆化系统，同时加入一定量的水进行搅拌，将废渣和水搅拌均匀；搅拌均匀后的废渣进入多梯度耦合系统。在系统内进行超声波破乳，使废渣中的油、水、渣分离。处理后的废渣进入固液分离系统，利用离心分离技术，进行油、水、渣的分离。污油回收至装置污油罐、污水排放至工业污水系统，处理后的残渣拉运出厂填埋。

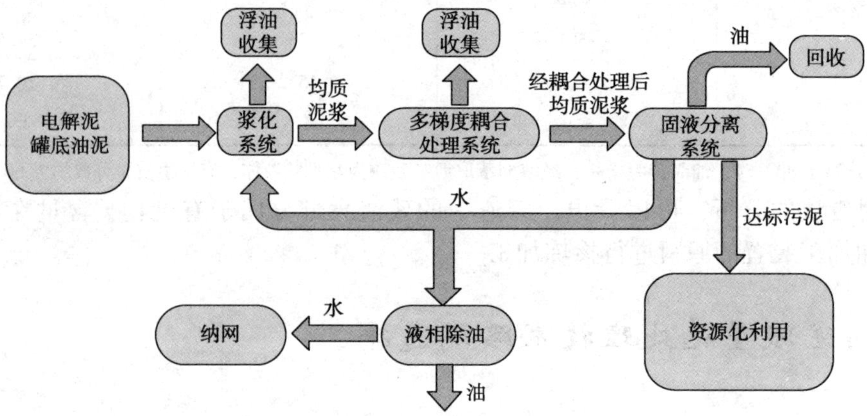

图1 工艺流程图

3.2 试验研究数据

本次试验研究分为两个阶段，第一阶段为试验调试阶段，对撬装设备进行试验调试；第二阶段为试验标定阶段，对设备处理能力及效果进行标定。

3.2.1 第一阶段

本阶段试验期间，撬装设备分离出的污水石油类含量和COD数据一直未达到排放指标。分析数据见表3。

表3 污水分析数据

项 目	石油类/(mg/L)	pH	COD/(mg/L)
	指标≤500	指标6~9	指标≤1500
1	878	10.61	2690
2	887	8.66	2330
3	887	8.71	2190

针对污水不达标的情况，通过对撬装设备处理量和操作参数反复调节，最终发现是由分离设备叠螺机处理空间较小(只有 5m^3)，造成油水分离效果不佳，使得分离出的污水不达标。针对这个问题，对撬装设备叠螺机进行了更换。更换后的叠螺机处理空间为 10m^3，增强了其离心分离效果。

3.2.2 第二阶段

本阶段，更换撬装设备叠螺机后，经过调试，进行了三次标定试验，验证多梯度耦合炼化油泥减量化处理技术的可靠性。

表 4 污水分析数据

项 目	指标	1	2	3
石油类/(mg/L)	≤500	46.8	21.3	16.1
COD/(mg/L)	≤1500	752	231	183
硫化物/(mg/L)	≤10	0.188	0.099	0.117

通过表 4 可以看出，三次标定撬装设备分离出的污水分析数据全部达到外排指标，说明油水分离效果达到要求。

表 5 废油分析数据

馏 程	数 据	馏 程	数 据
初馏点/℃	210.1	70%℃	381.2
5%/℃	231.3	90%℃	482.9
10%/℃	242.8	95%℃	无
30%/℃	293	终馏点℃	无
50%/℃	361.2	含水率%	12

从表 5 分析数据可以看出污油为原油组分，可以送至常减压装置进行加工，提高经济效益。

表 6 物料平衡数据

项 目	质量/t	比例/%
废渣	7.947	
残渣	0.377	4.74
废油	4.8	60.4
污水	2.77	34.86

从表 6 可看出，废渣经过多梯度耦合炼化油泥减量化处理技术处理以后，残渣只剩 4.74%，废渣减量可以达到 95.26%，达到了预期目标。

3.3 经济效益计算

废渣利用多梯度耦合炼化油泥减量化处理技术处理后，分离出的残渣拉运出厂填埋，废油可进入常减压装置进行加工，污水排入污水厂进行处理。由上表可以看出，利用多梯度耦合炼化油泥减量化处理技术处理废渣，每吨可产生效益 761.3 元，见表 7。

表7 效益测算表

项目	名称	数量/t	单价/(元/t)	小计/元
原料	废渣	1	-185	-185
产品	残渣	0.0474	-185.9	-8.8
	废油	0.604	3409	2059.0
	污水	0.3486	-8.11	-2.8
消耗	水/(t/t)	1.64	-1.89	-3.1
	电/(kWh/t)	90.6	-0.545	-49.4
	蒸汽(t/t)	0.4027	-120.69	-48.6
	服务费(元/t)	1	-1000	-1000.0
合计				761.3

4 结论

(1) 通过多梯度耦合技术试验研究，常减压废渣减量可以达到95.26%，减量效果明显。

(2) 用多梯度耦合炼化油泥减量化处理技术处理废渣，还可以产生一定的经济效益，达到了变废为宝的效果。

(3) 原油加工过程中会产生大量废渣，利用多梯度耦合炼化油泥减量化处理技术可以达到无害化处理废渣，降低废渣对自然环境的破坏，并可实现资源的回收利用，实现社会效益、经济效益和环保效益的有机统一。

参 考 文 献

[1] 刘彬，李林，张涛涛．电脱盐乳化废水处理装置废渣在催化裂化装置上的应用[J]石化技术与应用，2019，37(1)：62-64.

减压塔塔顶抽真空方案运行分析

李　强

（中国石化九江分公司炼油运行五部，江西九江　332004）

摘　要　减压塔塔顶抽真空系统的运行的好坏是保证减压拔出率、实现深拔的重要因素，本文通过对比某炼厂常减压蒸馏装置两种抽真空运行方案（蒸汽抽真空、组合式抽真空），对装置操作原理及工作量、减压拔出效果、能耗情况等各方面进行了对比分析。

关键词　减压塔　抽真空　方案　运行分析

常减压蒸馏装置减压塔在负压的操作条件下，大幅降低了进塔油料各馏分的沸点，因此，可以在避免重油在高温下发生分解反应的同时，提高减压馏分油的拔出率。而同减压渣油相比，减压馏分油残炭值低、重金属含量少，更有利于下游装置的进一步加工。

减压塔负压的形成是通过减顶抽真空系统来实现。本案例所描述的500万t/a常减压蒸馏装置减顶抽真空系统采用三级蒸汽抽真空+机械抽空组合工艺，其中二级蒸汽抽空器与液环真空泵互为备用，正常操作时，启动液环真空泵。

1　减顶抽真空方案介绍

1.1　蒸汽抽真空方案

在蒸汽喷射器中，1.0MPa蒸汽通过喷嘴后形成高速流体，其蒸汽压力能转变为速度能，将减压塔塔顶气体或经塔顶冷凝器的未凝气体抽至混合室，蒸汽和抽入的气体经混合后进入到扩散室，速度逐步降低，速度能转化为压力能，从而排出。整个过程可以用能力和质量守恒定理及动量定理进行描述[1]。

蒸汽抽真空方案采样三级蒸汽喷射器串联的方式，分别经增压器、增压冷凝器、一级抽空器、一级抽空冷凝器、二级抽空器、二级抽空冷凝器后进压缩机升压，见流程图1。

1.2　组合式抽真空方案

组合式抽真空方案即前采用两级蒸汽喷射，末级使用液环真空泵，见流程图2。液环真空泵的叶轮在泵体内偏心安装，旋转时在泵体内部形成旋形水环，水环与叶轮叶片间形成真空，吸入气体后旋转至另一侧排出泵体，随着叶轮的不断旋转而持续抽气，达到抽真空的目的。

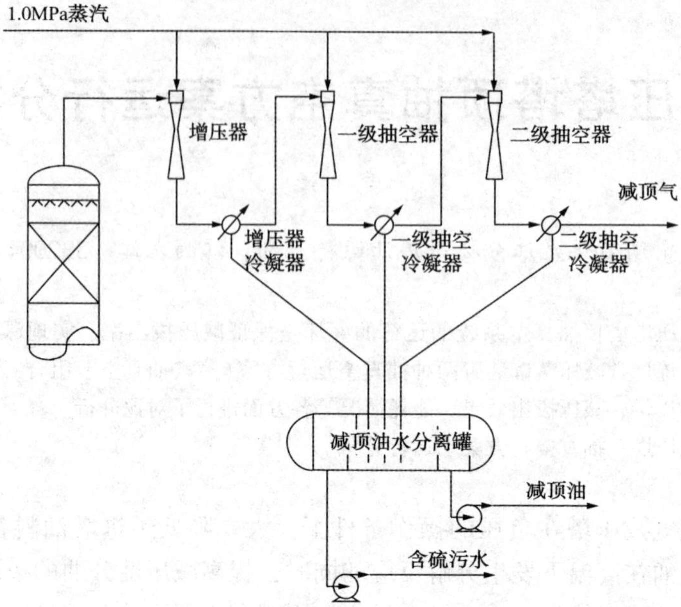

图1 蒸汽抽真空方案流程图

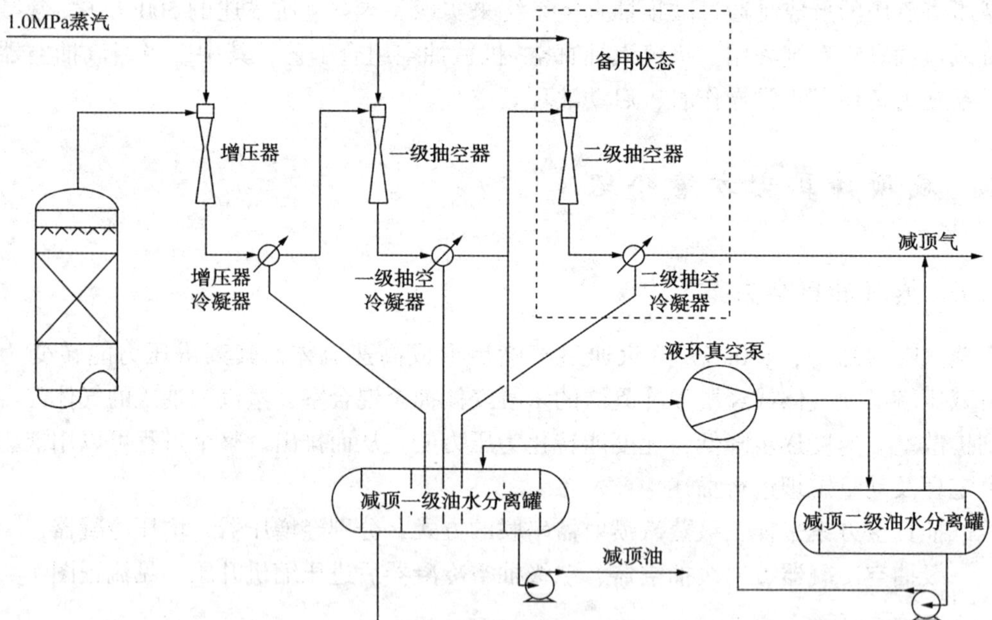

图2 组合式抽真空方案流程图

2 抽真空方案运行分析

2.1 操作运维分析

液环真空泵作为转动设备，在投入运行后需定期进行机泵和电机振动、温度以及机封冲洗介质压力等参数的监测，在装置负荷变化尤其是减顶不凝气量发生较大变化后，需及时进行相应调整，确保机泵在最佳工作区间运行，内、外操作人员在运维过程中均存在一定的工作量。

蒸汽抽空器相比而言，日常操作调整工作量大幅度下降，但冷凝器、抽空器未投用时在涉硫化氢介质下的防腐保护是个难题，本案例中的常减压蒸馏装置在首次开工后两年不到的时间，即出现了二级抽空冷凝器内漏情况。

2.2 能耗分析

以该炼厂500万t/a常减压蒸馏装置为例，减顶采用蒸汽抽真空方案和组合式抽真空方案能源消耗数据见表1。

两套方案中前两级均为蒸汽抽真空，消耗相同。从表2可知，投用液环真空泵可大大降低装置能耗指标，降幅达0.882 kgEO/t。

表1 蒸汽抽真空和组合式抽真空能源消耗数据对比

项目		换算系数/(kgEO/t)	消耗/(t/h)	原料消耗/(t/t)	能耗/(kgEO/t)
蒸汽抽真空	二级抽真空器蒸汽	76.00	4.6	0.0131	0.999
	二级抽空冷凝器循环水	0.10	350	1.0000	0.100
	小计				1.009
组合抽真空	液环真空泵用电	0.23③	187①	0.5343②	0.123
	循环水	0.10	15	0.0428	0.004
	小计				0.127

注：① 单位为kW·h/h；②单位为kW·h/t；③单位为kgEO/(kW·h)。

2.3 真空度对比分析

为对比两种抽真空方案下抽真空实际效果，在不同的增压器出口油气冷后温度下，采集减压塔顶真空度、增压器出口油气冷后压力、一级抽空器出口油气冷后压力数据(组合式抽真空方案数据较多时，均采集10组以上；蒸汽抽空器方案因装置实际运行时数较少，仅1~3组数据，部分增压器出口油气冷后温度下无实际操作数据)，整理求平均值后如表2。

表2 蒸汽抽真空和组合式抽真空方案下减压塔和抽真空系统压力表变化

	T①/℃	$P_1$②/kPa	$P_2$③/kPa	$P_3$④/kPa
组合抽真空	28	-100.426	-90.581	-82.121
	29	-100.176	-90.078	-81.758
	30	-99.733	-90.188	-82.150
	31	-99.229	-90.839	-81.626
	32	-98.364	-89.467	-80.806
	33	-99.229	-89.427	-80.924
	34	-98.361	-89.007	-79.718
	35	-97.349	-88.311	-78.365

续表

	T[①]/℃	P_1[②]/kPa	P_2[③]/kPa	P_3[④]/kPa
组合抽真空	36	-97.000	-87.915	-78.023
	37	-95.913	-87.295	-77.163
	38	-95.536	-87.063	-77.533
	39	-94.253	-86.607	-76.754
	40	-93.063	-86.000	-77.484
蒸汽抽真空	30	-99.943	-90.065	-88.612
	31	-99.395	-89.725	-88.786
	32	-99.510	-89.718	-88.568
	33	-99.555	-89.715	-88.680
	34	-99.125	-89.503	-88.978
	40	-94.428	-86.197	-82.287

注：①T为减顶增压器出口油气冷后温度；②P_1为减顶压力；③P_2为减顶增压器出口油气冷后压力；④P_3为减顶一级抽空器出口油气冷后压力。

根据表2作组合抽真空方案下T-P图，如图3；作蒸汽抽真空方案下T-P图，如图4；作两种方案下，T-P_1对比图如图5，T-P_2对比图图6，T-P_3对比图如图7。

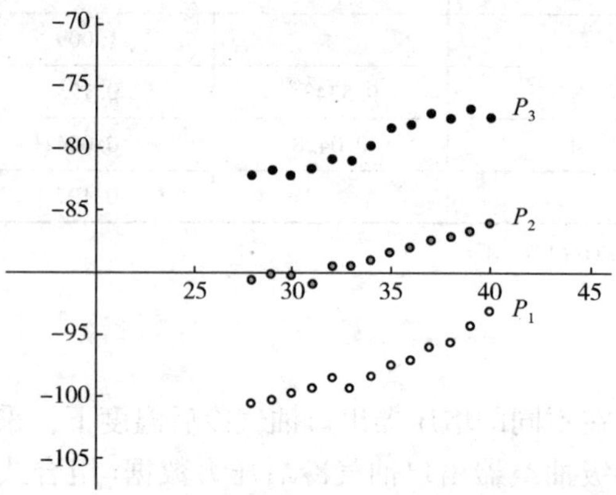

图3 组合抽真空方案下T-P关系图

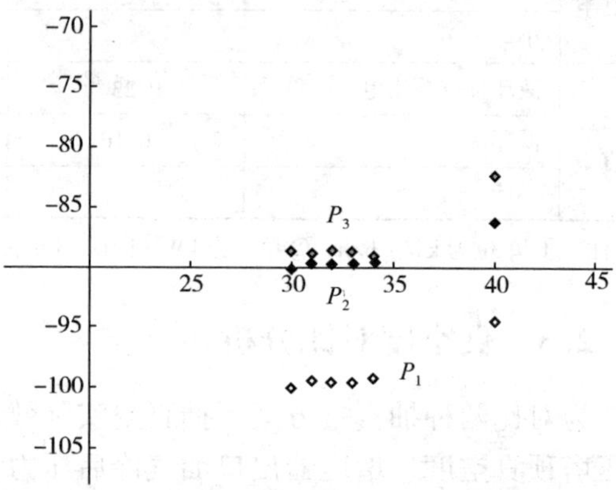

图4 蒸汽抽真空方案下T-P关系图

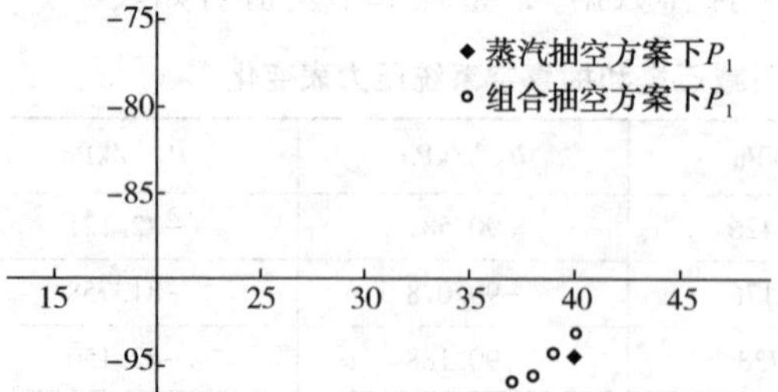

图5 两种方案下T-P_1关系图

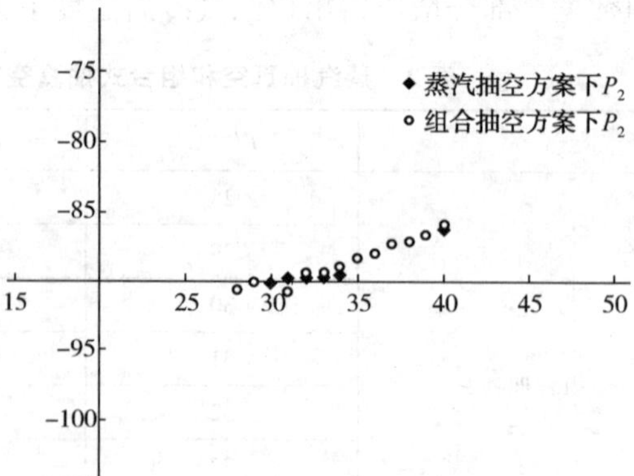

图6 两种方案下T-P_2关系图

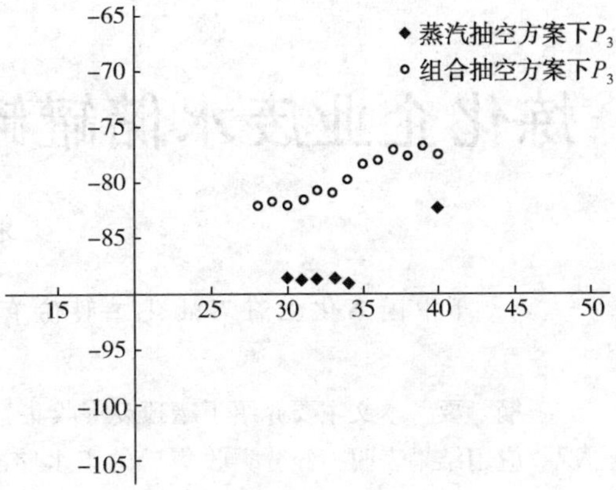

图 7　两种方案下 T–P_3关系图

由图 3、图 4 可知随减顶增压器出口油气冷后温度的上升，减压塔顶压力和减顶增压器出口油气冷后压力均上升，即抽真空系统真空度下降，因此，减顶增压器出口油气冷后温度与减压系统真空度相关性很大。

由图 5、图 6、图 7 可知两种抽真空方案下，减压塔顶压力和减顶增压器出口油气冷后压力基本相同，而减顶一级抽空器出口油气冷后压力存在较差别，蒸汽抽真空方案下该点真空度更高。

由上述两点内容可知，减顶增压器出口油气冷后温度是抽真空系统操作的一个关键点，降低该点油气冷后温度，提高冷凝器效果，能有效提升减压真空度。

3　结论

（1）采用组合式抽真空方案节能效果显著，装置能耗可大幅下降。

（2）相比于蒸汽抽真空方案，组合式抽真空方案日常操作运维工作量较大，同时还要做好未投用的蒸汽抽空器和冷凝器的防腐保护，以免出现换热内漏现象。

（3）减顶增压器出口油气冷后压力与减压塔顶真空度关联性较高，是辅助监控减顶真空度的第一参数。

（4）减顶增压器出口油气冷后温度是抽真空系统操作的关键点之一，降低该点油气冷后温度，提高冷凝器效果，能有效提升减压真空度，可考虑降低循环水温度、提高循环水流量来实现。

参考文献

[1] 石油工业部北京石油设计院．常减压蒸馏工艺设计[M]．北京：烃加工出版社，1982：163.

炼化企业废水储罐罐顶废气治理技术探讨

梁　坡

（中国石化上海石油化工股份有限公司环保水务部，上海　200540）

摘　要　本文主要介绍了罐顶废气收集治理技术在上海石化废水罐区废气治理中的应用情况。应用结果表明，经分类收集后的废水储罐罐顶废气送往直燃式焚烧炉进行高温焚烧处理，可以长周期地确保罐顶废气得到妥善治理。该废气治理工艺技术流程在上海石化的成功应用，对因日益严格的环保要求而对废气储罐罐顶废气进行治理后达标排放有迫切需求的同类型炼化企业起到借鉴作用。

关键词　污水储罐　罐顶废气　集中收集焚烧

1　罐顶废气治理背景与现状分析

环境保护是我国的基本国策，随着经济的高速发展以及人们生活水平的提高，让人们的环保意识不断增强，环境保护已从基本国策发展为国家发展战略。上海石化湿式氧化车间含油污水处理装置与废碱液处理装置由于位于上海与浙江的交界地带，地理位置较为敏感。这些污水处理装置共有 10 个废水和污油储罐。

表 1　上海石化湿式氧化区域污水储罐

储罐位号	储罐名称	储存物料	类型	储罐操作温度/℃	容积/m^3
D811	含油污水调节隔油罐	含油污水/污油	拱顶	80(max)	10000
D812	含油污水调节罐	含油污水	拱顶	80(max)	10000
D813	含油污水调节隔油罐	含油污水/污油	拱顶	80(max)	20000
D901/902	碱渣废水调节罐	碱渣废水	拱顶	20~55	791
D911	碱渣废水罐	碱渣废水	拱顶	20~55	60
V801/802/803/804	污油脱水罐	污油	拱顶	80(max)	137

表 1 中这些废水储罐(碱渣罐、含油污水罐)和废油储罐(污油罐、含油污水罐中罐等)均为拱顶罐。拱顶罐的罐顶废气排放主要源于呼吸损失和工作损失。呼吸损失源于环境温度和气压变化，工作损失来自储罐进出物料的液位变化。炼化企业拱顶罐不仅排放烃类和苯系物，通常也排放硫化氢和有机硫化物等异味污染物，一般炼油厂冷焦水罐、污油罐、碱渣罐等拱顶罐约占其臭味排放量的 80%[1]。在同等储存条件下，拱顶罐废气排放量大大高于浮顶罐。这些废水储罐、污油储罐等设施排放的废气恶臭组分复杂，间歇排放，主要恶臭污染物组分中包含硫化氢、有机硫化物、苯系物及其他 VOCs(挥发性有机物)等组分。人员长期

活动在被这些物质污染的环境中，可能引发呼吸系统、消化系统、生殖系统等疾病，也可能引发机体病变甚至致癌；对这些储罐的罐顶废气一旦治理不当，所产生的大气污染较易受到职工、居民、行人的环保投诉。在现行的环保压力下，未对废气进行有效治理的企业，有时甚至会因此而受到政府环保部门的督查甚至行政处罚，严重损害了企业形象甚至威胁到整个企业的持续发展。因此，对废水罐顶废气进行废气治理，实现废气的达标排放及污水罐区罐顶气的 VOCs 治理对于石油炼化企业来说十分必要。

2 现有废气 VOCs 减排治理原则

对于含高浓度 VOCs 的废气，采用冷凝回收、吸附回收技术进行回收利用，并辅助以其他治理技术实现达标排放。对于含中等浓度 VOCs 的废气，可采用吸附回收技术，或采用催化燃烧和热力焚烧技术净化后达标排放。当采用催化燃烧和热力焚烧技术进行净化时，应进行余热回收利用。对于含低浓度 VOCs 的废气，有回收价值时可采用吸附技术、吸收技术对有机溶剂回收后达标排放；不宜回收时，采用吸附浓缩燃烧技术、生物技术、吸收技术、等离子体技术或紫外光高级氧化技术等净化后达标排放。含有有机卤素成分 VOCs 的废气，宜采用非焚烧技术处理恶臭气体污染源可采用生物技术、等离子体技术、吸附技术、吸收技术、紫外光高级氧化技术或组合技术等进行净化[2]。

3 罐顶废气治理技术在上海石化的应用

3.1 废气处理系统工艺流程

由于废水储罐罐顶废气的成分复杂，不利于回收。同时罐顶废气中还含有一定浓度的 VOCs，并且选用催化焚烧技术较易出现处理效果不够稳定的情况。因此上海石化针对各废气治理技术的应用情况及上海石化污水罐区的实际情况，选择在将各储罐罐顶废气进行有效的收集后，送往直燃式焚烧炉进行集中焚烧处理的技术路线。

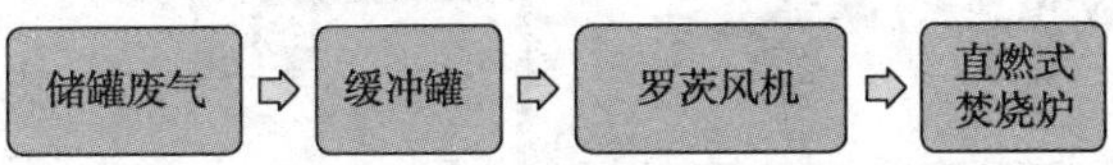

图 1 废气处理工艺流程

根据图 1 的废气处理工艺流程，由储罐罐顶产生的废气经集中收集进入焚烧炉进行焚烧。由于废气成分较为复杂多变，且大多数时候热值较低，不能自身维持稳定燃烧，因此需要使用燃料气作为补充热源。燃料气为甲烷氢。甲烷氢管路分为主燃料管路和点火管路。通过甲烷氢对焚烧介质进行伴烧，使炉膛温度达到 900℃，确保所有废气完全焚烧。点火方式为电点火，高能点火器先发火，点燃燃料气，由燃料气点燃主燃料气，通过燃烧燃料气使焚烧炉逐渐升温，当焚烧炉温度达到 900℃之后投入废气。两股废气经阻火器后进入焚烧炉内与过量的空气混合后在伴燃烧嘴火焰下完成氧化焚烧过程。燃烧产生的高温烟气与冷却风混兑后达到 600℃，经烟囱排向大气。当焚烧炉短时间检修时，废气可暂时切换至活性炭罐进行处理。

3.2　储罐罐顶气收集系统工艺介绍

3.2.1　储罐设置氮封

在罐顶气治理中，为了整体系统的运行安全及后续废气收集的需要，上海石化各污水储罐设置了氮封。污水储罐氮封在每个罐设置了自力式调节阀进行补氮控制，压力设定低于储罐呼吸阀排出压力值(1750Pa)。当罐内压力低于自力式调节阀设定压力时，氮气阀门将自动开启；储罐罐压达到设定压力时将自动停止补氮。这样，在利用氮封将罐顶废气氧含量保持在安全范围的同时，也将各污水储罐始终保持在微正压状态。此种氮封控制方式，一方面减少了储罐内氮气的补给量，另一方面也将污水储罐罐压、罐顶废气氧含量均保持在较为平稳的范围内，为罐顶废气的收集和后续的环保治理提供了必要的安全保证。

3.2.2　分污水类型将储罐罐顶废气进行联通和收集

图2中黑色粗管线为废气管线，红色细管线为氮气管线。10台储罐罐顶气收集分为三路主管汇入缓冲罐，由上至下分别为三个碱渣废水储罐为一路，三个含油污水处理罐为一路，四个污油脱水罐为一路。每座储罐的罐顶气相线上设置了手动切断阀。同类储罐的废气汇合至一根主管，每个储罐废气排出点设阻火器和切断阀。各路主管设置一压力气动阀，开关动作由废气收集范围内的每个储罐罐顶压力变送器进行联锁控制，一般当同一系统内储罐有两个高于开阀设定压力(高于补氮阀控制压力，低于呼吸阀正压排放压力)时，气动阀将开启，储罐废气将送往缓冲罐。当同一系统内的所有储罐罐压同时低于关阀设定压力时，气动阀将联锁关闭。

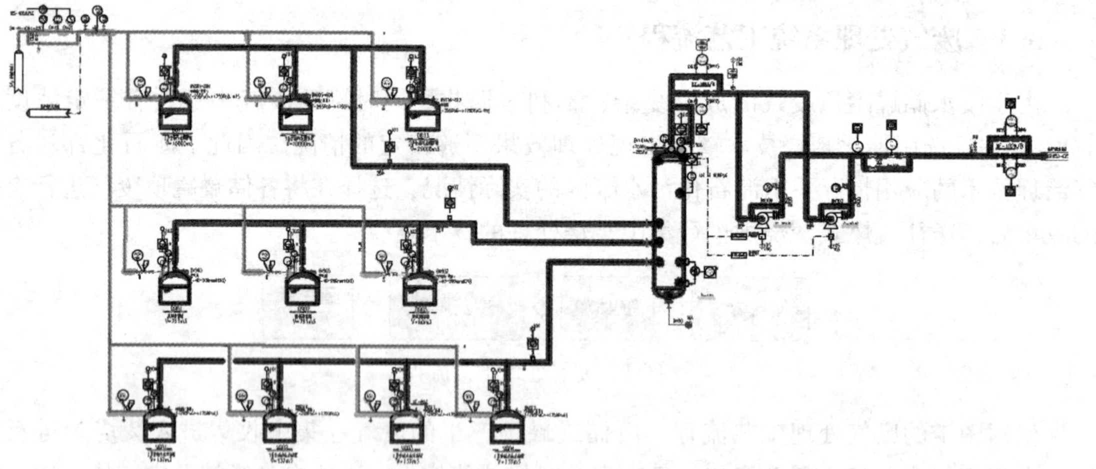

图2　罐顶气收集系统简图

每个储罐设压力变送器，各储罐补氮压力开关值设置在1250 Pa(g)，主路气动阀的开启值设定在1500Pa(g)，关闭值设定于1270Pa(g)。呼吸阀负压启动压力最低为-295 Pa(g)，正压排放压力最高为1750 Pa(g)，每个储罐罐顶设紧急泄压人孔，泄压压力为1960 Pa(g)。通过压力的层层设置，确保储罐的安全，避免发生胀罐憋罐现象。

3.2.3 罐顶废气外送根据缓冲罐罐压联锁控制

由图2可以看出，当含油污水罐顶气、碱渣废水罐顶气、污油储罐罐顶气三路废气达到压力开启值后将送至缓冲罐。缓冲罐出口设置了气动阀及罗茨风机将根据缓冲罐的压力进行联锁控制，当缓冲罐压力大于1300Pa(g)时，气动阀及风机自动开启，并根据缓冲罐内罐压情况进行联锁变频调节，将废气输送至焚烧炉，当缓冲罐压力小于700Pa(g)时，气动阀及风机将联锁自动关闭停止废气输送。为了确保输送废气管线的安全性，缓冲罐设置在线氧分析仪、氮气补给阀等安全附件，用于确保缓冲罐氧含量及罐压均处于安全范围，当氧分析仪在线检测的废气中的氧含量大于1%时，罐顶废气将停止输送，需要对氮封管线等进行检查。当缓冲罐的罐压小于100Pa(g)时，氮气补给阀将自动开启，向缓冲罐内充入氮气，保护缓冲罐始终处于正压状态，确保缓冲罐不会出现负压憋罐的情况。

3.3 罐顶气送直燃式焚烧炉工艺介绍

上海石化污水罐顶废气治理所使用的焚烧炉为负压焚烧炉，烟囱上设置压力挡板确保炉内为负压，温度设计为900℃，废气系统设助燃风机，为反应提供氧气，废气停留时间为1.5s，废气在高温下与氧气反应生成CO_2、NO、和NO_2等，设置混兑风机，降低排气温度至600℃左右。

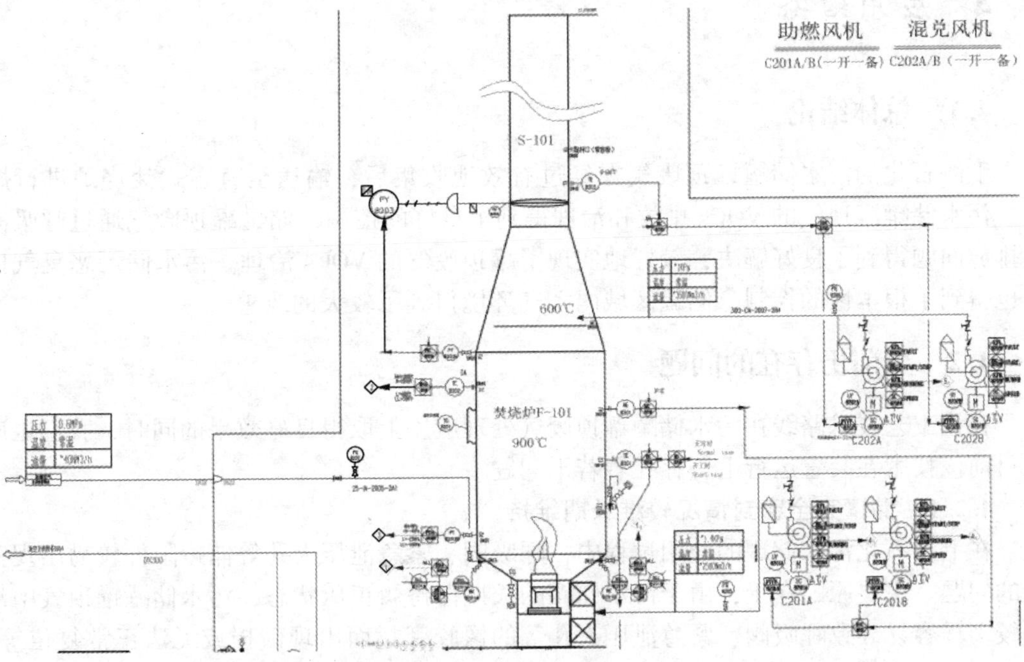

图3　焚烧炉流程示意图

此焚烧炉为立式圆筒形，燃烧室和烟囱为一体式。强制通风的燃烧器安装在焚烧炉底部，火焰竖直向上燃烧。燃烧室提供废气氧化充足的停留时间，燃烧后的高温烟气直接进入烟囱部分。采用废气从焚烧炉底部进入，通过保证焚烧炉合适的长径比、烟气高温区合适停留时间，使得反应更充分，满足环保要求。焚烧炉炉体衬里采用一层耐火衬里+隔热衬里+隔热衬里构成，衬里总厚200mm，外壁温度85~100℃左右，保证较低的散热量。

直燃式焚烧炉膛通过燃烧器维持900度的高温，当废气通过燃烧器进入焚烧炉膛后将直接被高温氧化焚尽，然后通过烟囱排出，由于废气不和空气中的氧气预混，不存在爆炸极限的顾虑，该形式的焚烧系统适用于极大范围的废气浓度变化。因此该种处理方式较为适合用于处理废气浓度变化较大的污水储罐罐顶废气。

上海石化罐顶废气处理系统所使用的废气焚烧炉是按照3T原则(Temperature-热分解温度；Time-停留时间；Turbulence-气体在炉内的湍流)进行设计和制造的。在运行温度900℃，停留时间1.5s，良好的烟气湍流设计的条件下，烟气中CO的浓度低于80mg/Nm^3，非甲烷总烃的浓度低于120mg/Nm^3。

对于因处理废气中氮气含量较高，而可能产生的排气中NO_x超标的情况，上海石化在应用中主要通过妥善选择燃料气并控制焚烧炉的操作温度加以解决。燃烧过程中形成的NO_x分为三类：燃料型NO_x、热力型NO_x和瞬时NO_x。在本罐顶废气VOCs处理系统中，燃料气为甲烷氢，其中中含N很少，燃料型NO_x会很少。焚烧炉的操作温度为900度，在1000度以上时，热力型NO_x才会显著生成。瞬时NO_x是在低温火焰中生成，其生成量远小于燃料型和热力型NO_x的值。此焚烧炉排放的NO_x低于180 mg/Nm^3，以确保罐顶废气的排放完全满足各项环保要求。

4 应用结论

4.1 总体结论

上海石化的污水储罐罐顶废气在经过有效地收集后，输送至直燃式焚烧炉进行燃烧处理。污水储罐罐顶气的VOCs排放和治理得到了良好的控制，储罐罐顶废气通过呼吸阀无组织排放问题得到了良好解决，较好地实现了罐顶废气的VOCs治理。污水储罐恶臭气体的排放也得到了根本性的控制，储罐区域内大气环境得到了较大的改善。

4.2 当前仍存在的问题

在该工艺技术路线在污水储罐罐顶废气处理应用上取得良好效果的同时，我们也应该看到目前该技术在装置运行上仍存在着若干问题。

4.2.1 储罐完全密封情况较难长期维持

在上海石化污水储罐的应用过程中，呼吸阀、紧急泄压人孔等储罐附件较易出现密封不严的问题。主要原因在于，由于污水储罐的长期保持微正压状态，污水储罐罐顶气中油气成分较多，容易导致呼吸阀、紧急泄压人孔等的橡胶密封面出现破损或无法正常复位等情况，从而出现罐顶废气泄漏的情况。上海石化目前提高了呼吸阀的检定频率，在每次检定中基本上都会有相当数量的呼吸阀因达不到压力要求需进行密封面的修复，呼吸阀检修的工作量有较大幅度的增加。

4.2.2 收集管线末端储罐罐顶废气短时会存在无组织排放

由于储罐设置较为分散，在单路管线末梢距离废气缓冲罐较远的储罐在储罐液位迅速上涨或者罐内气温上升较快时，根据现行废气输送主要通过缓冲罐压力进行联锁控制的控制方式，有时会出现罐顶废气无法及时输送而短时间内通过呼吸阀甚至紧急泄压人孔排放废气的情况。

参 考 文 献

[1] 李凌波，郭兵兵，刘忠生．炼油厂恶臭污染源综合监测与评价：Ⅱ．污染源分级与排放评估[J]．石油炼制与化工，2013，44(2)：77-83.

[2] 苑宏英，郭静．VOCS恶臭污染物质的污染状况和一般处理方法[J]．四川环境，2004，23(6)：45-49.

[3] 郝吉明，马广大．大气污染控制工程[M]．北京：高等教育出版社，1996：417-418.

合理优化全厂干气、燃料气系统

黄雪林，郭　辉

（中国石化塔河炼化生产管理部生产技术处，新疆库车　842000）

摘　要　中国石化塔河炼化是以加工塔河重质稠油为主的炼油企业。全厂燃料气用量和干气产量不平衡，干气产量大于燃料气消耗量。经过气柜回收，减少干气排放，降低干气产量，减少低压瓦斯气体中氮气、氢气等组分的优化；燃料气系统经过压力平衡，生产过程的操作、末端充分利用等优化步骤，使燃料气、干气管网趋于平衡，实现了火炬完全熄灭的目标。

关键词　低瓦气　气柜　回收　优化　利用

1　前言

中石化塔河炼化公司炼油装置由洛阳石化工程公司设计，分2004年、2010年两期建成500万t/a原油加工能力的系列炼油装置。该公司现有17套炼油装置和相关储运、公用工程的配套设施。常减压、延迟焦化、加氢精制、连续重整等主要炼油装置所产干气经焦化气压机升压、吸收稳定处理后进入干气脱硫装置脱硫后进入燃料气管网。富余的干气进系统管网进行储存，择机进行处理。燃料气除全厂加热炉燃烧外，富余部分可作为制氢原料进入两套制氢装置。然而，在实际生产过程中全厂一直存在干气、燃料气过剩问题。干气、燃料气无法回收，火炬长时间燃烧，不仅造成能源浪费，而且增加全厂加工损失，这种现象每年夏季尤为突出。理清干气产量、燃料气用量之间的关系，并对干气、燃料气系统合理优化利用，使全厂能耗和加工损失降至最低是非常有必要的。

2　全厂干气、燃料气情况

全厂干气加低瓦的总产量为34050Nm³/h，全厂燃料的需求量为26350Nm³/h，全厂产量比耗量多7700Nm³/h，干气产量和燃气消耗不平衡，有时存在火炬燃烧的情况，具体数据见表1。解决干气燃料气不平衡问题，必须从源头消减、过程优化控制、末端充分利用的方法，从而达到全厂干气的回收和燃料气的优化利，熄灭火炬、降低全厂能耗和加工损失、提高经济效益的目的。

表1　全厂干气产量、燃料气耗量表

序	装置名称	气体量/(Nm^3/h)
产出干气		
1	1#常压焦化	8000

续表

序	装置名称	气体量/(Nm^3/h)
2	1#加制氢	1400
3	2#常压焦化	20500
4	2#加制氢	2550
5	2#连续重整	1300
6	航煤加氢	300
共计		34050
燃料气消耗		
1	1#常压焦化	4500
2	1#硫黄回收	60
3	1#加制氢	900
4	A级沥青	570
5	动力1#、2#小锅炉	2100
6	动力3#、4#大锅炉	5550
7	1#火炬长明灯	220
8	2#常压焦化	6500
9	2#3#硫黄回收	150
10	2#加制氢	2150
11	2#连续重整	2900
12	航煤加氢	300
13	2#火炬长明灯	450
共计		26350
产出干气-燃料气消耗		7700

3 干气合理优化

3.1 建气柜回收低瓦

为了将全厂排放的干气回收得到优化利用，塔河炼化相继在2007，2009年在瓦斯管网末端建立了2台20000Nm^3卷帘型干式气柜和4台压缩机，将所有装置排放或泄漏进低压瓦斯管网的气体全回收进气柜，择机将气柜回收的干气送至焦化气压机进行净化处理。

3.2 减少低压瓦斯气的排放

根据装置自身特点和排放低压瓦斯气的分析，将符合燃料气性质的气体经技改技措或流程改动将排放至低瓦系统的干气从源头回收至装置内燃料气管线自用，减少排放1460Nm^3/h，见表2。

表2 减少瓦斯排放量/(Nm^3/h)

装置排放点	1#焦化	2#重整	航煤加氢	合计
设备位号	V1004	V206	V201	
减少低瓦排放量	$300Nm^3/h$	$840Nm^3/h$	$320Nm^3/h$	$1460Nm^3/h$

另外，操作上加强各装置操作和设备管理，定期检查并更换临氢系统泄漏的阀门；减少压缩机检修频次达到减少置换次数的目的；定期调校、检修制氢 PSA 程控阀，确保不泄露；控制解吸气不外排，全改入转化炉改作燃料。

1#加氢装置 V2108、V2109 含硫气去 1#焦化 C1101 入口，但在大处理量或汽油比例高时，分液罐会出现压力超标、含硫气体有排低瓦的情况。通过技改增加一条 DN150 的流程去 2#焦化气压机 C701 入口的流程，解决了含硫气体排低瓦的问题。

3.3 降低干气产量

当 3#重油滞销、沥青憋库或不合格时采取去 1#焦化分馏塔进行回炼。重油和沥青裂解干气的转化率较高，每掺炼 1t/h 产生至少 300~500kg/h 干气，干气产量会大幅度增加。根据月加工计划安排，回炼应选择加工量低的月份进行。白天气温高、干气产量大时控制在 1.5t/h，夜班气温相对低可将回炼量提至 5t/h。根据气柜液位高低可随时降提回炼量，将对系统干气的影响降到最低。

在 1#焦化吸收稳定单元上溴化锂，通过增加冷却效果、降低吸收剂的温度、控制干气中的≥C3 组分，由原来的 3%~5%降至 2%~3.5%之间，防止“干气不干”效果明显。

3.4 减少氮气、氢气、液化气等气体进入低压瓦斯管网

2008 年 1#加氢建循环氢脱硫设施，减少因循环氢中硫化氢含量高而排低瓦的现象；2016 年 1#加氢建 $2400Nm^3/h$ 的氢膜回收装置，对 2 套加氢的低分气进行氢气提纯回收，至少减少 $800Nm^3/h$ 的氢气进入燃料气管网。

东区储运火炬分液罐用氮气压送凝缩油改造用 1#硫黄边界脱硫干气压送，节约 $80Nm^3/h$ 的氮气、减少了低压氮气排低压量，也提高了燃料气的热值。

将加氢、重整压缩机前端氮封压力从 0.30MPa 下调至 0.22MPa，重整氮气用量由 $105Nm^3/h$ 降至 $85Nm^3/h$；加氢由 $170Nm^3/h$ 降至 $150Nm^3/h$，气柜气分析中氮气含量从 26% 下降至 23%，减少了氮气排入低压瓦斯管网量。

4 燃料气的合理优化

4.1 燃料气压力平衡

2012 年在动力燃料气缓冲罐 V6102 上增加泄压控制阀 PIC6150，燃料气管网压力>0.52MPa 就泄压进气柜，防止安全阀起跳；燃料气管网压力<0.52MPa 时关闭，减少燃料气管网的波动。同时生产调度可以根据燃料气管网压力来调整制氢装置掺炼干气量和气柜压缩机的付出量。另外，连同 2 套硫黄装置的干气出装置线，将全厂燃料气线合并成一个大系

统，更具有抗波动性。

4.2 优化装置操作

加强对 2 套制氢天然气补燃料气控制阀 PIC7930、PIC1003 和掺炼干气量的调节；燃料气管网压力<0.5MPa 时打开 PIC7930、PIC1003 补天然气，燃料气管网压力>0.5MPa 时关闭补天然气阀；燃料气管网压力>0.52MPa 就要提高制氢装置的干气掺炼量，做好系统的平衡和优化。根据焦化装置生焦特点，优化焦炭塔换塔、放空时间，减少低瓦气产量；2 套装置焦炭塔的换塔和放空错峰，使气柜有调整、缓冲的空间和时间。

两套焦化 10 个焦炭塔，每天换塔 5 频次，调整气柜压缩机付量去填补 2 套因预热、换塔、放空过程中形成的燃料气管网缺口。换塔前、预热时、夜班气温低时加大气柜压缩机付量、拉低气柜液位，为白天气温高时赢得操作空间；燃料气压力低时少用天然气，加大气柜压缩机付焦化气压机出量。

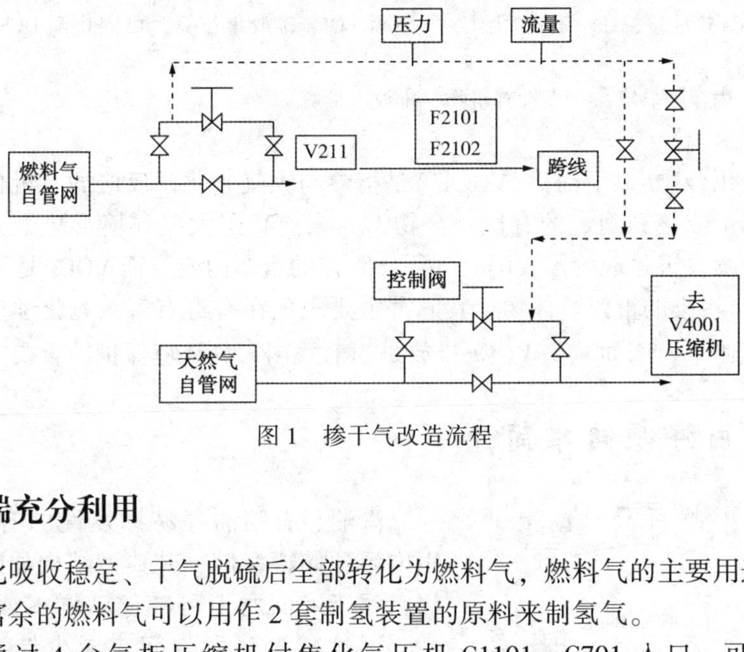

图 1　掺干气改造流程

4.3 末端充分利用

干气经焦化吸收稳定、干气脱硫后全部转化为燃料气，燃料气的主要用途是全厂加热炉作燃料。部分富余的燃料气可以用作 2 套制氢装置的原料来制氢气。

气柜干气通过 4 台气柜压缩机付焦化气压机 C1101、C701 入口，可以回收 1500~4000Nm^3/h 干气体进入燃料气管网。由于燃料气过剩，新增 1# 硫黄干气去 1# 制氢掺炼干气流程，实现部分干气制氢，2016 年大检修将 1# 制氢催化剂进行了更换，实现了可以全干气制氢，流程如图 1。2017 年增建将气柜干气通过气柜压缩机直接付硫黄 T701，降低了焦化气压机、吸收稳定的负荷。

5 结论

通过干气和燃料气的优化，减少了干气产量，减少了低压瓦斯排放、增加了两套制氢装置掺炼干气制氢气措施，通过操作调整，降低了干气中氮气、氢气含量，解决了燃料气、干气不平衡的难题，彻底熄灭了火炬。

典型内浮顶储罐 VOCs 排放量核算构想

李　军，米是博

(中国石化沧州分公司，河北沧州　061000)

摘　要　内浮顶储罐 VOCs 排放量核算工作依据《石化行业 VOCs 污染源排查指南》开展。核算方法有实测法和公式法两种，其中公式法应用最为广泛。然而公式法不适用于内浮顶储罐浮盘或边缘密封不完好的情况。同时还存在着部分参数难获得，储罐罐壁油垢因子设置不妥当和不能体现部分技术的减排效果等问题。为了解决上述问题，提出了罐顶加装采样口、氮封补氮气线增设在线流量计的建议，以及新的内浮顶储罐 VOCs 排放量核算模型。不仅可以准确核算内浮顶储罐 VOCs 排放量，还具有适用固定顶储罐 VOCs 排放量核算、可固化至 DCS 自动计算等优势。

关键词　内浮顶储罐　挥发性有机物　排放　核算

挥发性有机化合物(以下简称“VOCs”)是指参与大气光化学反应的有机化合物，或者根据规定的方法测量或核算确定的有机化合物[1]。当前我国大气环境形势十分严峻，如何实现环境质量的持续改善是现阶段我国大气污染防控的重要内容。而 VOCs 是形成臭氧(O_3)和细颗粒物($PM_{2.5}$)污染的重要前体物，其危害主要表现在有毒有害、光化学反应、破坏平流层臭氧和温室气体[2]。因而减少 VOCs 排放是当前我国大气环境保护的重要方面。

1　典型内浮顶储罐简介

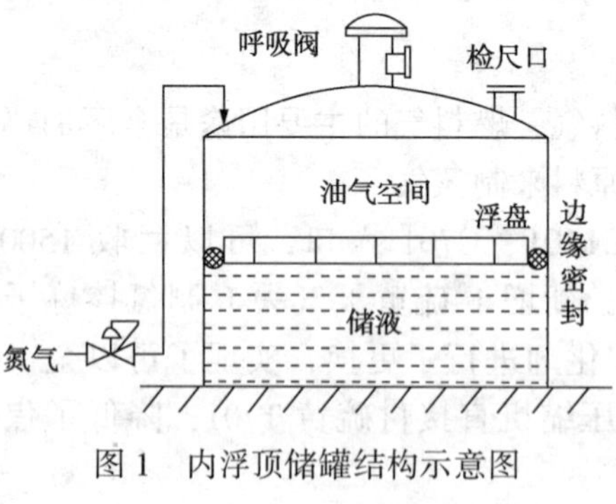

图 1　内浮顶储罐结构示意图

汽油、石脑油等易挥发性的有机液体通常使用内浮顶储罐存储，其典型结构如图 1 所示：(1)浮盘浮于液面之上可随储液增多或减少而上下移动，通过减少蒸发空间来减少储液的挥发损失；(2)罐顶设置氮封和呼吸阀用以安全保护，当液位下降时氮气补入罐顶油气空间，当液位上升，罐顶油气由呼吸阀排出；(3)使用钢带液位计或雷达液位计用以计量，也可以由罐顶检尺口进行手工计量。

2　VOCs 排放量核算现状

目前，内浮顶储罐 VOCs 排放量核算工作遵照《石化行业 VOCs 污染源排查指南》(以下简称《指南》)进行，核算方法有实测法和公式法两种。实测法只适用于设有 VOCs 末端治理设施的储罐(区)的排放量核算。而企业实际生产过程中存储汽油、石脑油等易挥发性有机液体的内浮顶储罐通常没有 VOCs 末端治理设施。故内浮顶储罐 VOCs 排放量核算过程通常使用公式法。

《指南》公式法的核算模型将内浮顶储罐视为零风速下的外浮顶储罐，VOCs 排放量包含边缘密封损失、工作损失、浮盘附件损失和浮盘缝隙损失四个部分。

3 问题

3.1 应用范围局限性

《指南》公式法不适用于边缘密封或浮盘设施不完好的情况。而实际生产中由于罐体变形、密封老化和储液腐蚀等原因，储罐边缘密封和浮盘很可能不完好。因而严格意义上讲，《指南》公式法同样不适用于内浮顶储罐 VOCs 排放量核算过程。

3.2 部分参数难获得

《指南》公式法核算内浮顶储罐 VOCs 排放量所需部分核算参数难以获得，例如：《指南》公式法统一要求油品蒸气压测定采用雷德法，而柴油、蜡油、渣油和重污油等重质油品其雷德蒸汽压不能测定。

3.3 罐壁油垢因子 C_S 设置不妥当

储罐罐壁油垢因子 C_S 的选取依据，如表 1 所示。轻锈与重锈状况下，罐壁油垢因子 C_S 相差 100 倍，进而会引起挂壁损失 L_{WD} 相差 100 倍。储罐内壁锈蚀程度，也与油品理化性质、罐壁材质等因素有关。单纯依据除锈时间判定罐壁状况，是不妥当的。

表 1 储罐罐壁油垢因子 C_S 选取表

介质	罐壁状况/(bbl/1000f²)		
	轻锈	中锈	重锈
汽油	0.0015	0.0075	0.15
原油	0.006	0.03	0.6
其他油品	0.0015	0.0075	0.15

注：储罐内壁平均 3 年以上(包括 3 年)除锈一次，为重锈；平均两年除锈一次，为中锈；平均每年除锈一次，为轻锈。

《指南》公式法来源于美国《AP-42 排放因子手册》(以下简称“AP-42”)。AP-42 中储罐罐壁油垢因子 C_S 并没有依据除锈时间判定罐壁状况，且重锈的罐壁油垢因子 C_S 仅相当于《指南》中的中锈，如表 2 所示。

表 2 储罐罐壁油垢因子 CS 选取表(AP-42)[7]

介质	罐壁状况/(bbl/1000f²)		
	轻锈	重锈	水泥砂浆衬里
汽油	0.0015	0.0075	0.15
原油	0.006	0.03	0.6
其他油品	0.0015	0.0075	0.15

目前对于石脑油等有腐蚀性的储液，内浮顶储罐内壁普遍采用有机衬里等新型工艺。而《指南》和 AP-42 没有与之对应的储罐罐壁油垢因子 C_S。

3.4 不能体现部分技术的减排效果

《指南》公式法核算内浮顶储罐 VOCs 排放量不能体现部分技术的减排效果，例如罐体保温、罐顶保温涂层和罐顶呼吸阀的设置有利于减少内浮顶储罐小呼吸损失，而《指南》公式法不能体现其减排量。

4 分析

《指南》公式法存在上述问题的根本原因在于：

(1) 使用气象参数、油品理化性质、储罐设备参数和运行参数推导内浮顶储罐 VOCs 排放量，推导链过长且存在过多估算。

(2) 实际生产中缺少针对内浮顶储罐 VOCs 排放量核算的必要计量手段。依据企业现有的数据难以进行准确的 VOCs 排放量核算工作。

5 构想

5.1 设置必要监测手段

建议针对内浮顶储罐 VOCs 排放量核算采取必要的计算手段：

(1) 内浮顶储罐顶部加装采样口，可以设置在罐顶检尺口上，简单方便。

(2) 罐顶补氮气线设置在线流量计。

5.2 提出新的核算模型

5.2.1 VOCs 排放量核算公式

将内浮顶储罐 VOCs 排放量核算分为静置状态、付油状态和收油状态分别进行核算，核算公式如下：

$$L_{总}=L_{静置}+L_{付油}+L_{收油} \tag{1}$$

式中 $L_{总}$——内浮顶储罐总 VOCs 排放量，kg；

$L_{静置}$——静置状态 VOCs 排放量，kg；

$L_{付油}$——付油状态 VOCs 排放量，kg；

$L_{收油}$——收油状态 VOCs 排放量，kg。

5.2.2 静置状态 VOCs 排放量

当内浮顶储罐处于静置状态时，产生 VOCs 排放的原因有：(1)环境温度、日照等因素引起的小呼吸排放；(2)罐顶检尺口、钢带液位计等设备密封不良引起的密封不良排放；(3)氮封压力过高或呼吸阀内漏产生的故障排放。静置装置 VOCs 排放量核算公式如下：

$$L_{静置}=10^{-6}F_{氮气}(t_{静置结束}-t_{静置开始})C_{罐顶} \tag{2}$$

式中 $L_{静置}$——静置状态VOCs排放量，kg；

$F_{氮气}$——补氮气线氮气流速，m^3/h；

$t_{静置结束}$——静置状态结束时间；

$t_{静置开始}$——静置状态开始时间。

$C_{罐顶}$——罐顶油气浓度，mg/m^3。

5.2.3 付油状态VOCs排放量

内浮顶储罐付油状态液位降低，可能的状态有：①补氮气线向罐顶气相空间补充氮气，呼吸阀不动作，罐顶无密封不良的开口，无VOCs排放；②罐顶补氮气线向罐顶气相空间补充氮气，呼吸阀及罐顶密封不良开口向罐顶气相空间补充环境空气，无VOCs排放；③罐顶补氮气线向罐顶气相空间补充氮气，呼吸阀及罐顶密封不良开口向环境排放罐顶油气，有VOCs排放。

在第三种有VOCs排放的付油状态下，罐顶补氮气线氮气补充体积大于付油体积。此种情况VOCs排放量核算公式如下：

$$L_{付油}=10^{-6}(F_{氮气}-F_{付油})(t_{付油结束}-t_{付油开始})C_{罐顶}(当\ F_{氮气}\geqslant F_{付油}) \tag{3}$$

$$L_{付油}=0(当\ F_{氮气}<F_{付油}) \tag{4}$$

式中 $L_{付油}$——付油状态VOCs排放量，kg；

$F_{氮气}$——补氮气线氮气流速，m^3/h；

$F_{付油}$——储罐付油速度，m^3/h；

$t_{付油结束}$——静置状态结束时间；

$t_{付油开始}$——静置状态开始时间；

$C_{罐顶}$——罐顶油气浓度，mg/m^3。

5.2.4 收油状态VOCs排放量

内浮顶储罐收油状态下液位上升，罐顶油气通过呼吸阀和罐顶密封不良开口排入环境，VOCs排放量核算公式如下：

$$L_{收油}=10^{-6}(F_{氮气}+F_{收油})(t_{收油结束}-t_{收油开始})C_{罐顶} \tag{5}$$

式中 $L_{收油}$——收油状态VOCs排放量，kg；

$F_{氮气}$——补氮气线氮气流速，m^3/h；

$F_{收油}$——储罐收油速度，m^3/h；

$t_{收油结束}$——收油状态结束时间；

$t_{收油开始}$——收油状态开始时间；

$C_{罐顶}$——罐顶油气浓度，mg/m^3。

5.2.5 采样分析罐顶油气浓度

针对典型收油、付油和静置过程，由罐顶检尺口测定罐顶油气浓度。在此需要特别指出的是：

（1）内浮顶储罐罐顶油气存在分层现象，应根据液位变化进行多次采样分析。

（2）内浮顶储罐罐顶油气浓度高，甚至可达数百万毫克每立方米，远超过实验室非甲烷总烃测定仪标定范围。故应对罐顶油气样品稀释到标定范围内，再进行分析测定。罐顶油气浓度计算公式如下：

$$C_{罐顶}=nC_{检测} \tag{6}$$

式中 $C_{罐顶}$——罐顶油气浓度，mg/m³；

n——稀释倍数，无量纲；

$C_{检测}$——稀释后样品测定浓度，mg/m³。

(3) 将各次采样分析浓度和液位高度相关联，可以得到收油过程和付油过程罐顶浓度和液位高度函数如下：

$$C_{收油}=f(h) \tag{7}$$

$$C_{付油}=f(h) \tag{8}$$

式中 $C_{收油}$——收油过程罐顶油气计算浓度，mg/m³；

h——储罐液位高度，m；

$C_{付油}$——付油过程罐顶油气计算浓度，mg/m³。

6 结语

新的VOCs核算模型简单直接，可以解决《指南》公式法存在的各项问题，准确核算内浮顶储罐VOCs排放量。同时还具有如下优势：

(1) 固定顶罐可以视为简化的内浮顶储罐，其VOCs排放量核算同样可采用上述公式；

(2) 上述公式可以固化在DCS系统中，由计算机自动完成内浮顶储罐VOCs排放量核算工作；

(3) 通过分析罐顶补氮气流量变化，可以判定氮封阀和呼吸阀工作状态是否正常；

(4) 通过实测罐顶油气浓度，结合储罐介质温度、馏程等参数可以间接判定储罐浮盘密封好坏；

(5) 通过罐顶采样口测定罐顶气相空间氧含量，可以判定氮封对储罐安全保护程度的好坏。

膜分离与变压吸附回收炼厂氢气技术应用

白尚奎，方新刚，王　强

（中国石油大连石化分公司，辽宁大连　116032）

摘　要　总结回收炼厂氢气的主要技术，分析大连石化公司利用膜分离与变压吸附技术回收炼厂氢气的优势。对膜分离技术实际运行效果进行技术、经济指标评价。针对当前运行实际问题，提出改进建议。

关键词　膜分离　变压吸附　评价

1　前言

随着炼油工艺深度的增加，氢气已经成为炼厂的重要资源之一。大连石化炼厂氢气的主要来源为连续重整装置的副产氢气和制氢装置的产品氢气。

2008 年，大连石化 1000 万 t/a 含硫油技术改造项目启动运行，6 套包括加氢裂化、渣油加氢、连续重整、煤柴油加氢、硫黄回收和制氢等大型联合装置开工，这些装置在当时国内都是规模最大的，而且全部采用世界先进的专利技术进行工艺整合，形成了工艺上全加氢、装置之间热联合的特点。

生产新区开工后，组成以重整 PSA、制氢Ⅰ/Ⅱ系列供氢装置、加裂等装置组成的氢网系统。如图 1 所示。每年需消耗氢气约 23 万 t，氢气需求量大。

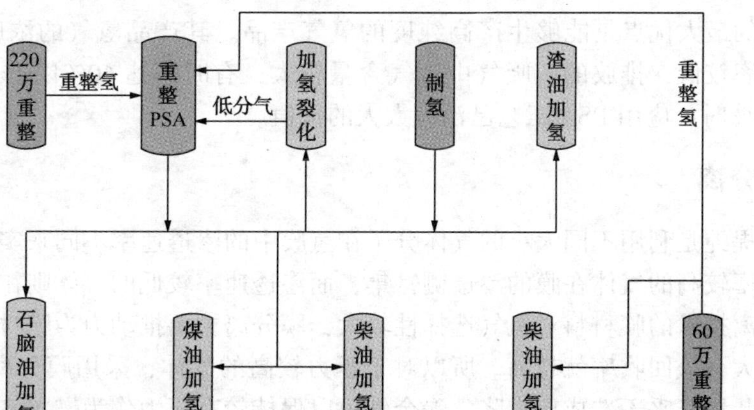

图 1　大连石化氢网流程

220 万重整 PSA 设计原料量为 160000Nm^3/h，主要包括 220 万重整富氢气、加氢裂化/渣油加氢低分气、煤柴油低分气、轻烃回收脱硫后干气和 60 万重整富氢气等。由于 PSA 的操作特点是所有的吸附塔通过固定的程序切换操作，吸附剂频繁地进行吸附和解析的切换，因此总有部分氢气未能回收而进入尾气系统，使重整PSA尾气氢含量过高(50%以上)，这部分PSA尾气作为炼厂气原料排入公司瓦斯管网，造成瓦斯管网氢含量高。一方面造成氢气资源的严重浪费，另一方面降低了瓦斯热值，造成瓦斯管网压力不稳定，对各装置加热炉运行影响较大。

如何有效回收这些富氢气体中的氢气作为炼厂氢网的补充氢源，降低制氢装置负荷，最大化综合利用好氢气资源是提高我公司效益重要手段之一。

2 氢气回收技术

常规的氢气工业提纯方法有深冷分离、变压吸附(PSA)和膜分离技术。这些工艺技术基于不同的分离原理，工艺技术的特性各不相同。

2.1 深冷分离

深冷分离是利用原料中各组分相对挥发度的差异分离氢气和其他组分的。深冷分离氢回收收率可达90%以上，但回收纯度一般不超过96%。同时，深冷分离由于冷凝温度极低，因此投资和运行费用较高。

2.2 变压吸附

变压吸附工艺的基本原理是利用固态吸附剂对介质在不同分压下有不同的吸附容量，并且在一定的吸附压力下，对被分离的气体混合物各组分有选择吸附的特性来提纯氢气的。介质在高压下通过吸附剂时，杂质被吸附剂吸附，使得吸附容量极小的氢得以通过，因而得到提纯；然后杂质在低压下脱附，使吸附剂获得再生。变压吸附工艺为循环操作，用多个吸附器来达到原料、产品和尾气流量的恒定。每个吸附器都要经过吸附、降压、脱附、升压、再吸附的工艺过程。

变压吸附的最大优点是能够生产高纯度的氢气产品。其产品氢气的浓度可以达到99%以上，但其收率较低，排放的解吸气中氢气含量较大，有时高达60%以上，因此当其进料氢纯度低于70%时，应用PSA工艺已没有太大的价值。

2.3 膜分离

膜分离法提纯是利用不同大小的气体分子在氢膜中的渗透速率不同来实现氢气的分离与回收。渗透速率较高的气体在膜的渗透侧富集，而渗透速率较低的气体则在渗余侧富集。

氢气膜分离技术的膜材料对氢气选择性较大，膜分离主要推动力为膜材料两侧组分的分压差，压差越大，氢回收率就越高。所以对于压力较高的气体，采用膜分离技术比较经济，且由于膜分离装置几乎不造成压力降，渗余气可以保持较高压力作为燃料气或进一步回收。

膜分离装置都按模块包装，以使设备标准化，具有安装简易的特点；另外膜分离方法的控制部件少，无运动部件，操作可靠，维修简单。膜分离方法操作灵活，弹性大，可以处理20%~90%的氢气，产品浓度最高可达99%；但当氢气原料纯度不高时，膜分离方法难以高回收率回收98%以上浓度的氢气，故膜分离方法适合氢气纯度要求不苛刻、回收率大的应用场合。

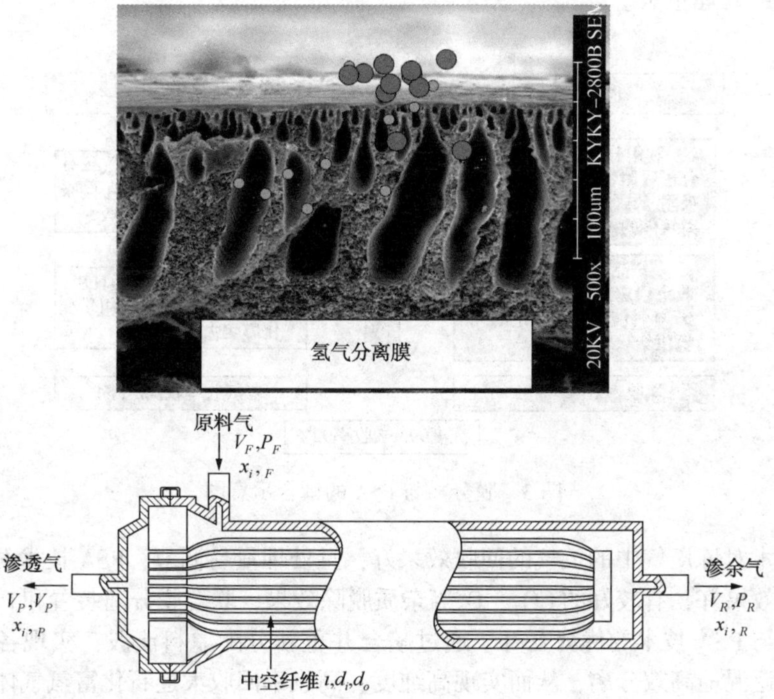

图 2 膜结构示意图

2.4 氢气提纯工艺对比分析

在实际设计工作中，选择合适的氢提纯法，不仅要考虑装置的经济性，同时也要考虑工艺的灵活性、可靠性、扩大装置能力的难易程度、尾气回收价值等。

表 1 氢气提纯的主要工艺对比

提纯工艺	膜分离	变压吸附	深冷分离
产品纯度/%	<95	99	95~99
产品回收率/%	86~91	70~90	90~97
投资	低	中	高
能耗	低	中	高
操作难度	易	中	难
操作弹性	高	低	中
耦合性	高	中	中
尾气回收价值	高	低	高

由表 1 可知，三种氢气提纯工艺中，膜分离在产品纯度上与变压吸附和深冷工艺几乎相当，但在投资、收率、能耗和易操作方面优于二者。

PSA 工艺虽然能得到很高纯度的氢气(99.9mol%)，但是尾气中的氢气含量依然很高，约为 60%。该浓度 PSA 尾气依然属于富氢尾气，但是不符合 PSA 进料要求，所以无法循环回收。但膜分离装置而言，该进料浓度十分利于回收。虽然氢气分离膜无法如 PSA 装置一样得到 99.9mol%的高纯度氢，但是利用其选择透过性可以得到浓度 98%以上的氢气产品，并且操作简单、处理量大。

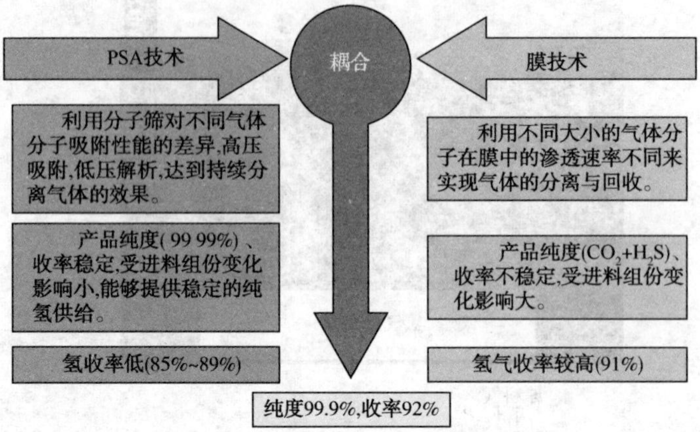

图3 膜分离与PSA的耦合示意图

膜分离技术对炼厂气中的氢气的回收效果好，且处理量易调节；PSA技术对氢纯度较高的炼厂气的回收效果好，有较好的CO_2、O_2等杂质脱除效果，联合膜分离装置和PSA装置，可实现膜分离技术与PSA技术的优势互补。通过整合并重新分配原料流股，实现各流股梯级进入回收装置，无返混地高效分离，从而实现高纯度、高收率回收大连石化富氢气体中的氢气。

3 设计思路

针对炼厂尾气排放情况和氢气回收现状，公司采用新建膜分离富氢气体回收装置，且与现有220万t/a重整装置PSA单元进行耦合，对上述几类尾气进行综合回收利用。设计流程简图如图4所示。

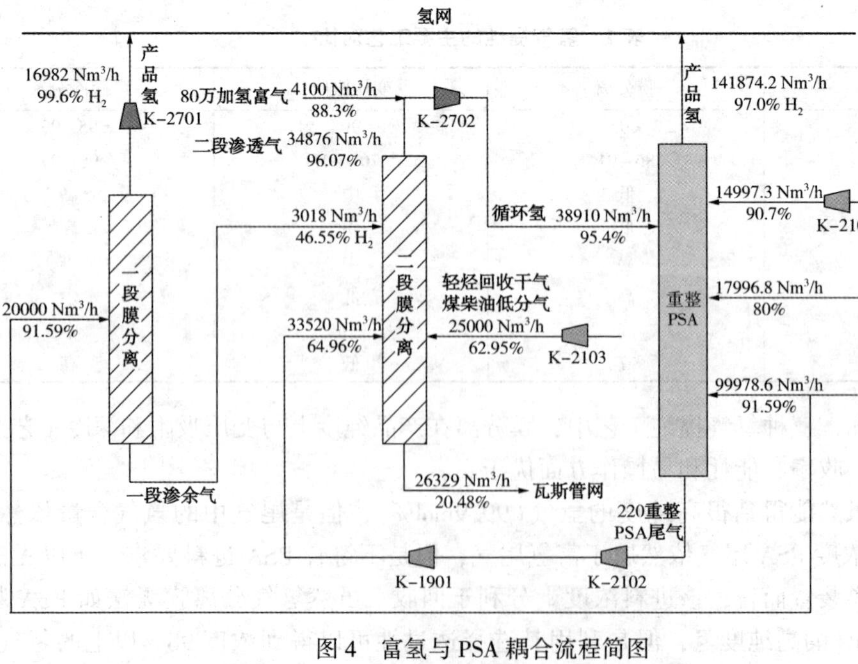

图4 富氢与PSA耦合流程简图

4 工艺流程

富氢回收单元于2014年6月建成投产。重整氢膜分离装置主要包括：重整氢缓冲罐V-2701、重整氢膜前除雾器DFi-2701，重整氢膜前预热器E-2701，重整氢膜HM-2701/A-H，重整氢膜后水冷器E-2702。富氢膜及预处理装置主要包括：富氢膜前除雾器DFi-2702，富氢膜前过滤器BFi-2701/A-B，富氢膜前预热器E-2704，富氢膜分离器HM-2702/A-X，富氢膜后水冷器E-2705。工艺流程图如图5所示。

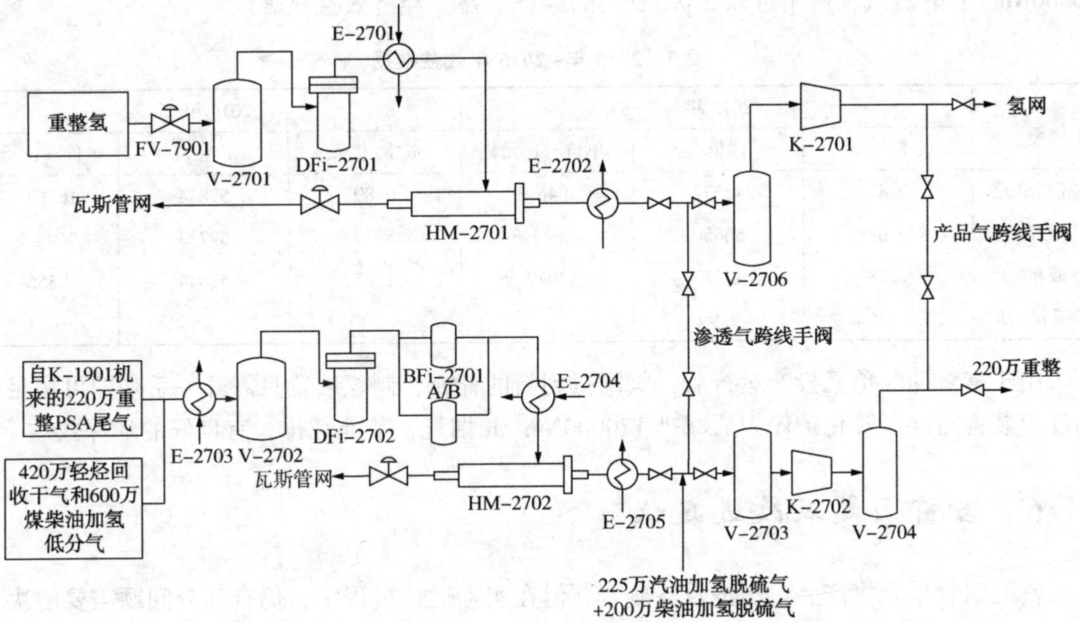

图5 富氢工艺流程图

5 运行评价

5.1 技术指标

(1) 温度控制

进入膜原料气需控制在(73~93℃)温度范围内。进料温度高于73℃，可使原料气远离露点，避免因氢气渗透后渗余气中烃类含量升高冷凝而损坏膜，保证膜分离性能。进料温度低于93℃，则可避免膜材料发生蠕变而影响分离性能。

(2) 压力指标

在开工引料过程中，要保证升压速度控制≯0.3MPa/min。升压速度过快，易引起膜内纤维束产生振动位移，导致纤维断裂或渗透侧密封圈失效。另外，停工保压期间，要保证膜渗余气侧压力高于渗透气侧压力。若渗余气侧压力高于渗透侧压力，会造成膜逆向充压，使密封圈移位失效，从而影响膜分离效果。

5.2 运行效果

(1) 稳定瓦斯系统

富氢膜投产后，回收富氢气中的氢气，降低进入燃料气管网炼厂气氢含量，经膜分离后排向瓦斯管网渗余气氢含量降至约30%。瓦斯管网氢含量由65%降低至38%左右。瓦斯管网中氢含量降低后，燃气加热炉运行更加平稳。

(2) 经济效益

大连石化公司自2014年富氢回收单元建成投产后，以3000元/t的能耗成本回收近60000Nm^3/h的富氢，产出近以2亿元/年的经济效益，经济效益显著。

表2 2015年~2016年效益数据

装置	2015年			2016年		
	成本/亿元	产量/t	单价/(t/元)	成本/亿元	产量/t	单价/(t/元)
富氢单元	0.87	42272	2046.3	0.89	52844	1686.1
轻烃制氢	6.03	56650	10644.3	5.79	59733	9693.1
液化气	1.28	42272	3029	1.25	52844	2356
盈利/亿元	2.35	2.99				

由于富氢回收单元投产运行后，氢网得到新的补充，制氢装置只需开一系列即可满足公司耗氢装置需要。转化炉停炉后减排170000Nm^3/h烟气，节能减排，有良好的环保效益。

6 当前问题及改进建议

富氢回收单元投产后，经济效益显著。但在实际运行过程中，仍有部分问题需要解决：

(1) 富氢单元关联装置较多，投产后成为公司氢网、燃料气管网的枢纽。富氢单元波动或生产方案变动时，对公司生产波及面较大。由于投资原因，循环氢压缩机K-2702无备机，后经流程改造，将重整氢压缩机K-2701作K-2702备机。由于K-2701处理能力低于K-2702，切机后会对公司氢网、瓦斯管网造成较大影响；

(2) 当前膜后渗余气氢含量约30%左右，高于设计渗余气氢含量21%。膜后渗余气氢含量较高，影响膜单元氢气回收率。氢气回收率有待进一步提高。

针对当前实际问题，提出建议措施如下：

(1) 为避免K-2702切机过程造成公司氢网大幅波动，根据以往切机方案，总结切机前调整方案如下：①富氢一段膜停工，二段膜渗余气转至重整氢K-2701入口；②200万柴油加氢干气(约2000Nm^3/h)、400万柴油加氢干气(约6000Nm^3/h)及部分轻烃回收干气由提前由本装置转入瓦斯管网；③部分220万重整PSA解析气及225万汽油加氢干气(约20000Nm^3/h)通过制氢界区PV-9117转至瓦斯管网；④富氢干气排放瓦斯管网后，瓦斯组分变轻，相关装置注意加热炉操作。

(2) 如前文所述，增加膜面积，可提高膜氢气回收率。当前富氢膜(24根)已全部投用，可通过增加膜数量(增加膜分离面积)的方法降低渗余气氢含量，从而提高膜氢气回收率。但投用新增富氢膜后，渗透气量也随之增加。循环氢压缩机K-2702的设计最大处理能力为

40000Nm³/h，目前 K-2702 机已接近满负荷运行，新增气量是否会造成 K-2702 机超负荷运行，尚需进行论证。

7 结论

(1) 膜分离技术与 PSA 耦合回收氢气，实现较高氢回收率、较好 CO_2、O_2 等杂质脱除效果，达到膜分离技术与 PSA 技术的优势互补；

(2) 温度、升压速率膜分离系统重要的工艺指标，要严控膜入口温度 73~93℃，开工引料时，控制膜系统升压速度≯0.3MPa/min；

(3) 富氢单元投产，回收经济效益显著，并有效降低燃料气管网氢含量，提高瓦斯管网运行平稳性。

参考文献

[1] 王湛，周翀．膜分离技术应用[M]．北京：化学工业出版社，2010.

[2] 李耀，张卫．变压吸附制氧技术[M]．北京：机械业出版社，2011.

储罐油气回收技术的创新及工业化应用

牛继光[1]，高秀宝[2]，刘荣博[1]

（1. 中海石油宁波大榭石化有限公司，浙江宁波　315812；
2. 中海油石化工程有限公司，山东青岛　266000）

摘　要　为解决储运罐区和污水处理厂污水污油罐等储罐油气排放污染环境现状，采用热力燃烧工艺治理储罐呼吸气；研创了储罐紧急切断和系统安全联锁控制的技术，解决了油气收集压力控制和安全控制的难题，提高了系统稳定性和安全型；实现了各储罐油气支管收集进入油气管网总线，再送至常减压装置加热炉中燃烧；首次实现国内工业化应用，并节约油气回收设施的直接投资2000多万元。

关键词　储罐油气回收　安全联锁控制　热力燃烧　工业化应用

1　背景

为贯彻落实《大气污染防治行动计划》，大力推进石化行业挥发性有机物(VOCs)污染治理[1]，国家环保部门特制定《石化行业挥发性有机物综合整治方案》。该方案指出全面开展石化行业VOCs综合整治，大幅减少石化行业VOCs排放，促进环境空气质量改善[2]。严格控制工艺废气排放、生产设备密封点泄漏、储罐和装卸过程挥发损失等环节及非正常工况排污。通过实施工艺改进、生产环节密闭性改造、设备泄漏检测与修复(LDAR)、罐型和装卸方式改进等措施，从源头减少VOCs的泄漏排放；对具有回收价值的工艺废气、储罐呼吸气和装卸废气进行回收利用；对难以回收利用的废气按照相关要求处理。到2017年全国石化行业需基本完成VOCs综合整治工作，建成VOCs监测监控体系，满足国家及地方的达标排放和环境质量要求。

某石化企业为全面开展VOCs综合整治，解决石化企业新建罐区常压储罐呼吸气的无组织排放，大幅减少VOCs排放，促进环境空气质量改善，满足国家及地方的达标排放和环境质量要求。决议对罐区实施了油气回收设施项目改造，在储罐上新增了油气回收管线，增建了油气收集及处理设施，储罐罐顶尾气经油气回收管统一收集后由罐区引风机输送到指定区域进行处理。

其油气回收设施项目分为老厂罐区和太平村罐区两个部分。老厂罐区涉及原料及成品、航煤罐区、中间原料及化工轻油罐区和芳烃罐区，太平村罐区涉及中间石脑油罐区和中间尾油罐区共2个罐区。老厂区罐区罐顶尾气集中回收到常减压装置加热炉燃烧后排放，太平村罐区罐顶尾气集中回收到相邻的生产装置进加热炉燃烧后排放。

2　技术路线

油气回收设施项目选用焚烧工艺治理绝大部分储罐呼吸气，并同中海油相关设计单位联合，研创了储罐紧急切断和系统安全联锁控制的方案。这样不仅提高系统安全性和压力控制稳定性，还针对性地提高了废气治理效率，进一步降低 VOC 排放量，对石油化工储罐区 VOCs 治理的实施具有重要的参考价值。

根据实测，该项目储罐罐顶 VOCs 浓度为 1%~8%，大多数储罐 VOCs 浓度低于 5%，鉴于储罐 VOCs 浓度较低，各罐区油气按相同或相似性质采用同一个油气管道收集，收集后的油气通过风机增压后输送至装置鼓风机入口，由鼓风机将罐顶油气作为配风输送至加热炉内燃烧处理。

3 设计思路

每座储罐油气回收支管靠近储罐根部设置截断阀、阻爆轰型阻火器、气动切断阀、截断阀，罐区油气汇管设置气动切断阀组，其气动切断阀根据罐顶油气压力进行打开与关闭，还具有紧急关断功能。

各罐区按照油气性质相同或相近采用同一根管道分组收集后进入油气分液罐，再通过风机加压后送至生产装置鼓风机入口送入加热炉内燃烧。

各罐区边界设置变频罗茨风机机组用于油气增压，入口设置分液缓冲罐，出口设置气动开关阀组，分液缓冲罐设置氧含量分析仪，当氧含量超标时联锁关闭各储罐油气管线气动切断阀，保证各储罐不连通，并关闭风机及出口气动阀。

在油气回收管网总汇管上设置总烃及氧含量分析仪、气动切断阀组、高点放空阀组及氮气吹扫阀组等设施。当管网总汇管上总烃或氧含量超标时，联锁切断去往装置的气动阀并打开高点放空阀门，同时氮气吹风阀组打开用于吹扫置换保证管网安全。

4 工业应用

油气回收设施项目利用原有加热炉、污水处理装置及管廊，在储罐上新增油气回收管线，增设油气分液罐、活性炭吸附罐、鼓风机等，油气处理依托原有设备设施。储罐油气呼出量参考《石油化工储运系统罐区设计规范》(SH/T 3007—2014)规定的通气管或呼吸阀的通气量计算[3]。

当液体闪点(闭口)高于 45℃时，应按最大进液量的 1.07 倍考虑；

当液体闪点(闭口)低于 45℃时，应按最大进液量的 2.14 倍考虑；

当液体进入采用氮气或其他惰性气体密封保护的内浮顶储罐时所造成的罐内气体呼出量，应按最大进液量考虑；

因大气最大温升导致罐内气体膨胀而呼出的气体，按推荐值采用。

表 1 储油罐区储存现状统计表

储罐编号	介质名称	罐型	单罐/m^3	最大产量/(t/h)	最大存量/(万 t/a)	油气正常呼出量/(m^3/h)
G2103~2104	航煤	内浮顶+氮封	5000	23	20.14	40
G2105~2106	航煤	内浮顶+氮封	5000	30	26.28	40

续表

储罐编号	介质名称	罐型	单罐/m^3	最大产量/(t/h)	最大存量/(万 t/a)	油气正常呼出量/(m^3/h)
G2107~2109	甲苯	内浮顶+氮封	5000	36	31.54	45
G2113~2114						45
G2110	不合格苯	内浮顶+氮封	5000	—	0.1	—
G2111~2112	苯	内浮顶+氮封	5000	300	14	350
G2115~2116	工业己烷	内浮顶+氮封	5000	10	7.89	23
G2201~2202	重石脑油	内浮顶+氮封	20000	26	10	40
G2203~2204	直馏柴油	内浮顶+氮封	10000	183	72.4	230
G2205~2206	化工轻油	内浮顶+氮封	10000	44	29.83	60
G2207~2209	C_9重芳烃	内浮顶+氮封	10000	60	70.08	70
G2210~2212	C_8芳烃	内浮顶+氮封	10000	49	42.49	55
G2301~2304	MTBE	内浮顶+氮封	5000	16	14.08	25
G2601~2602	C_6~C_8	内浮顶+氮封	5000	40	5	50
G2603~2604	重整汽油	内浮顶+氮封	5000	102	10	150
G2605~2607	直馏石脑油	内浮顶+氮封	5000	175	58.9	250
G2608	精制石脑油	内浮顶+氮封	5000	—	0.36	—
G2609~2610	HC 重石脑油	内浮顶+氮封	5000	24	5	30
G2611~2612	乙苯	内浮顶+氮封	5000	300	5	350
G3102	不合格苯乙烯	拱顶+氮封	3000	25	0.2	
G3103~3104	裂解石脑油	内浮顶+氮封	3000	65	24	
G3105	烃化液	内浮顶+氮封	5000	20	2	
G3106	脱氢液	内浮顶+氮封	5000	20	10	
G3201	重污油	常压拱顶	3000	—	—	
G3202	苯乙烯焦油	常压拱顶	3000	11	0.4	15
G3203~3204	加氢尾油	常压拱顶	5000	115	22	

表 2 污水调节罐尾气治理统计表

储罐编号	介质名称	罐型	单罐/m^3	油气运行最大呼出量/(m^3/h)	储罐热呼吸呼出量/(m^3/h)
0501-TK-01	含油污水	内浮顶+氮封	5000	350	550
0501-TK-02	含油污水	内浮顶+氮封	3000	350	350
0501-TK-21	含油污水	内浮顶+氮封	5000	550	550
0501-TK-22	含油污水	内浮顶+氮封	3000	550	350
0501-TK-31	含盐污水	内浮顶+氮封	5000	275	550
0501-TK-41	含油污水	内浮顶+氮封	5000	730	550
0501-TK-03AB	污油	内浮顶+氮封	200	20	30

各储罐油气正常呼出量叠加原则，参考《石油化工可燃性气体排放系统设计规范》

(SH3009-2013)，罐区最大油气呼出量按最大呼出量介质储罐与其余介质储罐油气呼出量30%之和计算，且不小于两种介质储罐油气呼出量之和。

4.1 工艺改造

太平村厂区，中间石脑油罐区每座储罐顶设置油气回收支管，各支管靠近储罐根部设置截断阀、阻爆轰型阻火器、切断阀组等，各储罐油气支管收集后进油气分液罐再经风机加压后进入油气管网总线，由油气管网总线通往生产装置燃烧炉燃烧。

中间尾油罐区每座储罐顶设置油气回收支管各支管，支管及储罐顶设置呼吸阀，储罐顶利用原透光孔改造紧急泄压人孔，靠近储罐根部设置截断阀、储罐氮封支管管线，然后设置阻爆轰型阻火器、金属软管、切断阀等，各储罐油气支管收集后进油气分液罐，通过鼓风机通往生产装置燃烧炉燃烧。活性炭吸附罐作为临时处理设施，处理后的油气直接放空或者由油气管网总线通往生产装置燃烧炉燃烧。

老厂区三期罐区，每座储罐顶设置油气回收支管，各支管靠近储罐根部设置截断阀、阻爆轰型阻火器、金属软管、切断阀组。各储罐油气支管收集后进油气缓冲罐再进入油气管网总线，油气管网总线输送至常减压装置加热炉中燃烧。

4.2 联锁控制

(1) 氧含量联锁控制。根据文献[1]记录，部分可燃性气体(甲烷、乙烷、丙烷、丁烷、汽油、苯)经过氮气稀释后不发生爆炸时氧含量安全限制9%~9.5%。根据《码头油气回收设施建设技术规范》(JTS 196-12—2017)[4]，管道内油气含氧量体积比高于6%时报警，并同时开启阀门补入惰性气体。因此氧含量联锁值设定为6%，当氧含量超标时联锁关闭罐区内各储罐油气管线切断阀，保证各储罐不能连通，并关闭风机及出口气动阀。当系统管网上氧含量分析检测氧含量超过6%时，联锁切断装置鼓风机入口油气管线气动阀，并打开氮气反吹置换阀组及管网高空紧急放空阀组。工艺原则流程如图1所示。

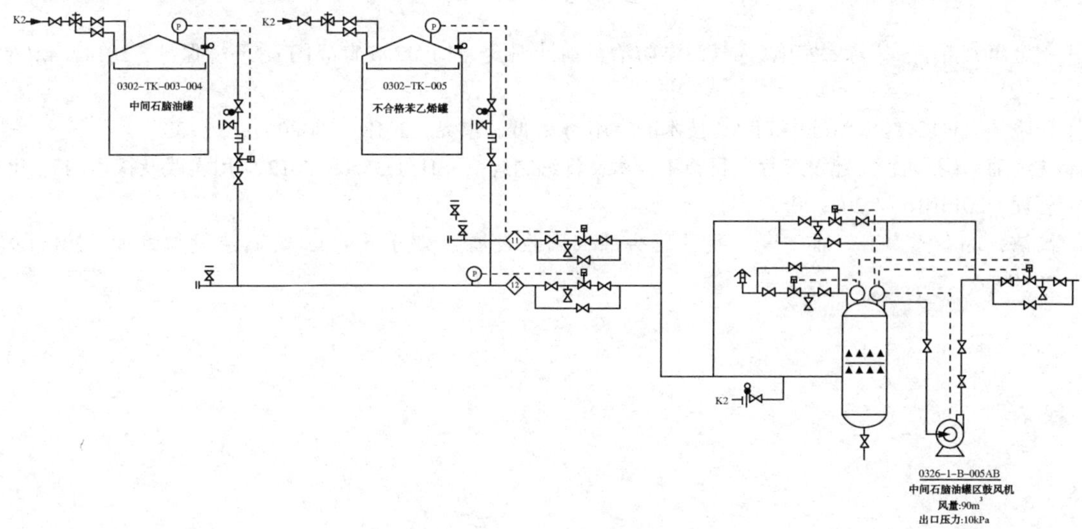

图1 工艺原则流程

(2) 烃含量联锁控制。罐区收集的油气做为配风输送至加热炉进行焚烧处理，总烃含量的控制是为了保证配风中油气处于爆炸下限以下。经计算，当管网上总烃含量分析检测油气总烃含量不超过15%时，加热炉配风中油气浓度为爆炸下限的25%。因此总烃联锁值设定为15%，当超过联锁值时联锁切断装置鼓风机入口油气管线气动阀，并打开氮气反吹置换阀组以及管网高空紧急放空阀。

(3) 装置加热炉或鼓风机故障联锁控制。当常减压装置加热炉或鼓风机故障时，联锁关闭装置鼓风机入口控制阀，打开管网紧急放空线控制阀，并打开氮气反吹阀。

(4) 一键紧急切断控制。罐区现场及控制室设有一键紧急关段按钮，在紧急情况下可以一键关断罐区储罐油气管线的气动切断阀，关闭风机机组。

5 结论

该油气回收设施技术改造项目自投用以来，运行安全平稳。特别是在倒罐、装船、收油等日常操作过程当中未出现储罐超压或通过罐顶呼吸阀和紧急泄压阀排出大量油气等现象。解决了油气收集压力控制和安全控制的难题，实现国内首次工业化应用。

(1) 保证了多个储罐尾气联通系统的安全。该项目虽然多个储罐尾气联通，但是每个储罐通过设置单独的压力联锁控制的尾气切断阀以及防爆轰型阻火器而相对独立，每个尾气切断阀都具有一键紧急切断功能，保证单个储罐发生问题不会影响系统中的其他储罐。

(2) 确保了集中处理系统的本质安全。对于整个联锁系统，在罐区边界均设置氧含量分析仪，对于氧含量超标的罐区尾气不允许进入此油气系统，从而保证了管网系统中输送的油气介质本质上是安全的，而且该罐区中的储罐也相应关闭尾气切断阀以相对独立。另外，在该系统上设置总烃含量分析仪，对于总烃含量超标的罐区尾气不允许进入鼓风机入口，用于保证输送至鼓风机入口时整个系统是本质安全的。

参考文献

[1] 王金南，雷宇，宁淼．实施《大气污染防治行动计划》：向PM2.5宣战[J]．环境保护，2014，42(6)：28-31.

[2] 谢晓林，VOCs综合治理中LDAR技术的应用[J]．低碳世界，2018，180(06)：37-38.

[3] 沈美菊，《石油化工建设工程项目施工技术文件编制规范》SH/T 3550—2012应用实践及探索[J]．化工管理，2015(16)：204-205.

[4] 高洁，邱春霞，王轩雅，等．我国码头油气回收发展趋势分析[J]．交通建设与管理，2013(9)：96-99.

催化有色烟羽治理技术的应用与探讨

龚朝兵，花　飞，夏树海，曹孙辉

（中海油惠州石化有限公司，广东惠州　516086）

摘　要　催化烟气湿法脱硫技术的应用，取得了很好的烟气净化效果，但催化烟气出现了蓝色烟羽现象。通过加注硫转移剂可有效削减催化烟气中的三氧化硫。硫转移剂 RFS09 加注试验显示：对于完全再生方式的再生器，SO_3脱除效率达 90%以上，碱液消耗可降低 90%，蓝烟基本消除；对于不完全再生的再生器，SO_3脱除效率达 75%，碱液消耗可降低约 50%，蓝烟得到基本遏制。对于催化烟气白色烟羽的治理，建议选择“冷凝再热技术”进行治理，既可有效削减污染物，又具有节能的效果。

关键词　催化裂化　有色烟羽　硫转移剂　冷凝再热法

烟气湿法洗涤脱硫技术已经在国内电厂燃煤机组、炼厂催化裂化装置等进行了广泛的应用，对于烟气脱硫除尘取得了很好的效果。其排放烟温一般在 50℃左右，含湿量处于近饱和状态；排放烟气被水饱和后，烟囱顶部可能会出现有色烟羽或白烟，不仅视觉效果差，而且排放烟气中的污染物如硫化物、烟尘颗粒物、气溶胶等物质并未真正消除，存在较大的环境污染。有学者认为，湿法脱硫烟气中的大量溶解性颗粒物是雾霾暴发的元凶[1,2]。

近年来不少地区出台了燃煤电厂烟气消白要求，要求对白色烟羽进行治理。随着烟气烟羽治理的进一步推进，催化裂化装置的湿烟羽治理也将提上议事日程。本文对催化裂化装置的湿烟羽治理技术进行探讨。

1　蓝烟消除技术

根据相关文献研究[3~5]，催化裂化装置烟气呈蓝色烟羽的主要影响因素是净化烟气中SO_3浓度；当三氧化硫浓度在 10~30μg/g 湿基状态下就会显示蓝色，随着浓度的增加，颜色相应加深。使用硫转移助剂是降低再生烟气SO_x排放的有效措施之一，能大幅减少再生烟气SO_2和SO_3排放，同时可以回收H_2S和减少烟气脱硫含盐污水排放。

硫转移剂能将再生烟气中的二氧化硫固定在硫转移剂上，并在提升管中以硫化氢的形式释放进入干气中，干气脱硫产生的硫化氢进入硫黄回收系统，可增产部分硫黄。硫转移剂脱硫效果与使用环境有一定的关系，在富氧的条件下，其具有较好的脱硫活性，SO_3脱除效率可以达到 90%以上[5]；在贫氧条件下，脱硫活性会有一定程度的降低，SO_2脱除率一般在 50%左右[6,7]。

为了控制催化裂化装置蓝色烟羽问题，惠州石化两套催化裂化装置先后进行了 RFS-09 硫转移剂加注试验，其中催化裂化(Ⅰ)规模为 1.2Mt/a，采用富氧再生方式，未设脱硝系统；催化裂化(Ⅱ)规模为 4.8Mt/a，采用贫氧再生方式，设置脱硝系统。试用过程分为三个阶段：空白实验阶段、快速加入阶段、稳定加入阶段。RFS-09硫转移剂设计时关注吸附与脱附的平衡和氧化与还原的平衡[8]，以改性镁铝尖晶石作为载体，同时引入了具有催化还原反应的金属活性组元以及具有储氧功能的活性组元。对于贫氧再生的催化裂化装置，考虑到烟气过剩氧含量低、低价态硫化物含量高等特点，RFS-09的制备进行了优化[7]：(1)增加了关键活性组分MgO的含量以强化助剂对SO_x的捕集能力；(2)对储氧组分和还原添加剂组分的含量进行了适应性调整以进一步提高助剂在贫氧条件下对SO_x的脱除效率；(3)改进助剂的制备工艺，以在高MgO含量的情况下保持较好的耐磨损性能，减少助剂跑损。

催化裂化(Ⅰ)烟气净化系统采用美国DuPont BELCO公司的EDV5000湿法脱硫工艺技术。硫转移剂RFS09通过催化(Ⅰ)装置现有的CO助燃剂加料线进入再生器。加硫转移剂后洗涤塔入口三氧化硫浓度从527.5mg/Nm^3降至16mg/Nm^3，低于出现蓝烟的三氧化硫浓度限值10ppm(35.7mg/m^3)。脱硫塔出口烟气蓝烟和拖尾现象表观上基本消除或得到显著缓解[9]，洗涤塔碱液消耗量降低90%。效果对比图片见图1。

催化裂化(Ⅱ)烟气净化工艺采用TOPSOE中温SCR脱硝技术和BELCO的EDV6000湿法脱硫工艺技术。硫转移剂RFS09通过催化裂化(Ⅱ)装置新设的硫转移剂加注系统注入。加注硫转移剂后催化(Ⅱ)烟气拖尾、下坠情况得到明显缓解，目前下坠已基本消失；晴天时，外排烟气仍偶有蓝烟，但比加注前有明显好转。SO_2脱除率在53.45%，SO_3脱除率在76.75%，总硫脱除率在61%，洗涤塔碱液消耗量降低约50%，见表1。效果对比图片见图2。

表1 硫转移剂RFS09对催化烟气蓝色烟羽的治理效果对比

项目	催化裂化(Ⅰ)	催化裂化(Ⅱ)
加工规模/(Mt/a)	1.2	4.8
再生方式	完全再生	逆流两段不完全再生
烟气脱硫技术	EDV5000	EDV6000+SCR
硫转移剂占总藏量比例/%	2.56	3.91
SO_2脱除率/%	94.68	53.45
SO_3脱除率/%	96.97	76.75
三氧化硫浓度/(mg/Nm^3)	16	115
洗涤塔液碱消耗降低率/%	90	49

图1 硫转移剂加注前后催化(Ⅰ)烟气外观对比图

图 2　硫转移剂加注前后催化(Ⅱ)烟气外观对比图

2　烟气消白技术

目前，上海、天津、浙江、唐山等地区先后出台了烟气消白要求，要求对白色烟羽进行治理。上海市于 2016 年 1 月 29 日发布了地方标准《燃煤电厂大气污染物排放标准》(DB31/963-2016)，明确要求“燃煤发电锅炉应采取烟温控制及其他有效措施消除石膏雨、有色烟羽等现象”，将“有色烟羽”的消除纳入与粉尘、硫氧化物、氮氧化物超低排放同等地位的考核标准。2017 年 6 月 6 日，上海市出台了《上海市燃煤电厂石膏雨和有色烟羽测试技术要求(试行)》。天津市 2018 年 6 月 13 日发布了地方标准《火电厂大气污染物排放标准》(DB12/810—2018)。广东省组织开展高架源烟囱(烟囱高度 45m 以上)消除白烟治理行动。部分地区燃煤电厂排放烟温控制要求见表 2。

表 2　部分地区燃煤电厂排放烟温控制要求

烟气处理技术	上海市		天津市	
	夏天(3 月—10 月)	冬天(11 月—2 月)	夏天(4 月—10 月)	冬天(11 月—3 月)
烟气加热技术①	≥75	≥78	—	—
烟气冷凝再热技术①	≥54	≥56	—	—
烟气冷凝技术②	—	—	≤48	≤45

①《上海市燃煤电厂石膏雨和有色烟羽测试技术要求(试行)》;
② 天津市地标《火电厂大气污染物排放标准》(DB12/810—2018)。

消除催化烟气的白烟问题将是燃煤机组烟气消白治理之后的重大治理问题。要消除催化烟气湿法脱硫的“白烟”问题，其可控因素是排放烟气中绝对水含量和烟气的排放温度。湿烟气采用升温排放在一些发达国家是排放硬性标准，比如英国规定排烟温度不得低于 80℃，日本规定排烟温度在 90~100℃[10]。降低排放烟气中的水含量，一是提高排放烟气中水蒸气的不饱和度；二是深度除雾，脱除烟气中的过饱和水。现有的对湿烟羽治理有效果的技术[10,11]可分为烟气加热技术、烟气冷凝技术、烟气冷凝再热技术。湿式电除尘器、除雾器、声波除雾、烟囱收水环等技术虽然可以有效去除烟气的凝结水，但由于烟气凝结水在烟气中水汽的占比十分有限，因此类似技术难以作为治理湿烟羽的主流技术，不能有效消除湿烟羽。

脱硫后的烟气直接升温加热，可消除视觉白烟；但增加了能耗，且对于烟气消白真正需要消除的污染物如硫化物、气溶胶、各种烟尘颗粒物等没有根本改变。烟气加热技术中，热媒循环烟气再热器(Media Gas-Gas Heater，MGGH)技术无二次污染，在燃煤机组湿烟羽治理中有大量工业应用。另外，在环境温度低于10℃、环境相对湿度大于40%时，加热后的烟气温度高于100℃，难以通过烟气直接加热进行“消白”。

烟气冷凝技术[11]对净化湿烟气进行冷却，使烟气中大量的气态水冷凝为液滴，在此过程中能捕捉微细颗粒物、SO_3等多种污染物。烟气冷凝技术对白烟的消除有明显的效果，且能实现多污染物联合脱除，冷凝水可作为脱硫系统补充水。

采用冷凝再热技术，将冷凝和加热结合起来使用，则可扩大系统湿烟羽消除对环境温湿度的适应范围，而且有节能的效果。一般来说，通过冷凝法可降低烟气温度5℃，再通过再热法将排放烟温升高到80℃以上。烟气再热器一般分为光管或鳍片管，材质由氟塑料、玻璃材质以及2205钢、316L或ND钢等组成。

受制于行业特点，石化行业的脱硫塔、烟囱等布置方式与电厂不一致，多为烟塔合一方式。烟气冷却器布置在脱硫塔入口，采用玻璃材质或2205材质，设置蒸汽或热水冲洗防止积灰积垢。浆液换热器布置在脱硫塔中部，采用宽通道结构、2205材质，防止堵塞和腐蚀。常见的“烟气冷却+浆液冷却+热空气消烟”工艺，流程示意图见图3。

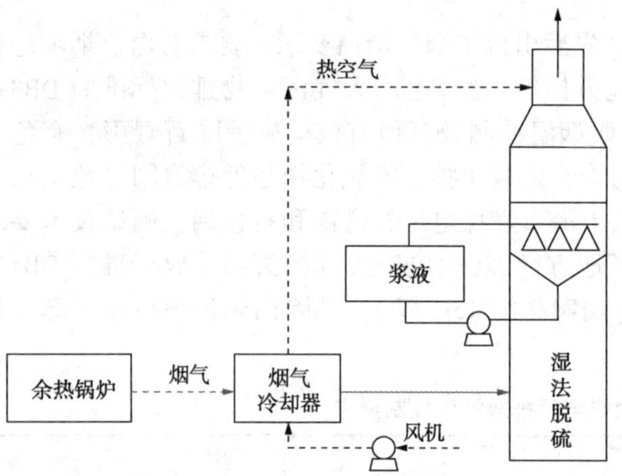

图3　冷凝再热工艺流程示意图

对于一个具体的工程项目来说，脱白技术路线的选择(如深度冷却再加热、先冷凝再加热或只冷凝)、冷凝和再热温度的不同组合，应根据项目湿烟羽具体治理要求以及项目本身的烟气条件、环境气象、场地空间、冷热源等条件进行综合分析，以确定经济可行的技术方案。

3　结论

(1) 加注硫转移剂是治理催化烟气蓝色烟羽的有效措施。对于富氧再生的再生器来说，加注硫转移剂可达到90%以上的转化率。对于贫氧再生的再生器来说，单独的硫转移剂的加注可达50%以上的转化率，通过硫转移剂加注以及湿式电除尘器的组合方式，可有效治理蓝色烟羽。

(2) 冷凝再热法或深度冷凝法可有效去除催化烟气中的污染物，是治理白色烟羽的有效手段。

参 考 文 献

[1] 周勇．雾霾暴发主因：湿法脱硫——基于大数据、气象数据和实验数据的确认[J]．科学与管理，2017，37(4)：15-21.

[2] 刘晨．我国大气雾霾的元凶及对策与机遇探讨[J]．冶金动力，2017(4)：1-4.

[3] 胡敏，郭宏昶，李宗余．催化裂化烟气蓝色烟羽形成原因分析与对策[J]．炼油技术与工程，2015，45(11)：7-12.

[4] 齐文义，郝代军．FCC 烟气湿法洗涤脱硫过程中烟羽生成及应对措施[J]．炼油技术与工程，2014，44(10)：20-23.

[5] 胡敏．催化裂化烟气三氧化硫排放问题分析与对策[J]．炼油技术与工程，2016，46(9)：1-7.

[6] 张书凯．RFS09 硫转移剂茂名分公司 3#催化裂化装置应用[J]．山东化工，2016，45(13)：126-131.

[7] 田文君，张磊，宋海涛，等．新型硫转移剂在不完全再生催化裂化装置上的工业应用[J]．石油炼制与化工，2017，48(4)：65-68.

[8] 田辉平．FCC 过程的硫管理——催化剂技术的新应用[J]．石油学报(石油加工)，2010，增刊，82-87.

[9] 夏树海，花飞，胡博，等．硫转移剂在催化裂化装置的应用分析[J]．石油炼制与化工，2018，49(12)：22-26.

[10] 胡鑫，潘响明，李啸，等．湿法脱硫烟气“消白”工艺探索[J]．2018，化肥设计，56(2)：28-31，37.

[11] 叶毅科，惠润堂，杨爱勇，等．燃煤电厂湿烟羽治理技术研究[J]．电力科技与环保，2017，33(4)：32-35.

浅析码头油气回收运行中存在的问题及应对措施

邵光茉，张武强

（中化泉州石化有限公司，福建泉州　362103）

摘　要　随着国家对环境保护和节能减排工作的日益重视，石化码头装船作业过程中油气挥发造成的大气污染问题更加突出。为保护环境，提高码头作业安全系数，增加企业经济效益，越来越多的化工码头设置了油气回收装置。本文以中化泉州石化青兰山码头油气回收装置为例，介绍了“活性炭吸附+贫油吸收”工艺系统在实际运行中出现和存在的问题，并针对这些问题进行了探讨和提出了相应的解决措施，同时还分析了现今我国码头油气回收装置普遍面临的问题。

关键词　码头油气回收　接口　活性炭　吸收剂　石脑油　改造

青兰山码头油气回收装置采用“活性炭吸附+贫油吸收”的回收工艺，回收介质为汽油油气，共5个船岸对接安全界面模块和1套油气回收主装置。主要工艺流程为装船时产生的油气通过岸船界面安全装置后，经过管道被输送至油气回收系统的气液分离罐，经引风机抽吸后油气被直接送入活性炭吸附塔进行吸附，油气吸附在活性炭的表面，再通过抽真空的方式将油气从活性炭中解吸出来，解吸出来的油气被送入吸收塔，被塔内喷淋而下的油品吸收后向下流入吸收塔底部，最终由泵输送到汽油储罐回收。

1　实际运行中存在的问题及其应对措施

1.1　内贸船舶油气回收接口缺失的现状

码头油气回收系统回收油气的首要前提条件是靠泊码头的油轮必须有配套的油气回收设施，即集气设施和接口。但现状却并不理想，除了20000t及以上吨级的船设有油气回收系统及接口外，绝大多数20000t及以下的内贸油船并未安装集气设施、管道、接头和惰性气体系统，因此并不具备油气回收的条件。针对接口缺失的现状，我们通过借助第三方船舶上线考评的管理对靠泊码头的船舶提出了整改意见，要求所有靠泊青兰山码头的油船必须配备符合标准的油气接口及其配套的船舶集气系统，否则将不予上线，即不予靠泊码头作业。经过近半年的整理整顿，实现了靠泊青兰山码头油轮100%配备油气回收接口的条件，为顺利实现码头油气回收创造了良好的条件。

1.2　码头油气回收气相回收臂的使用问题

为减轻操作人员的劳动强度，原设计时，青兰山码头油气回收与船舶对接使用的输气设施全部采用输气臂。但不同的船型其油气接口的位置各不相同，即便同一船型的油轮，其接口的位置布置也存在着较大的差异，而内贸船舶因其大部分为后期改造，其接口与货油口的距离更是千差万别。另外，青兰山码头设计成品油年吞吐量为 797 万 t，靠泊船型上至 100000t 下至 1000t 不等，每个泊位可装卸的产品也相对丰富，而码头油气回收装置在码头投入试运行后方才投入建设，受码头前期已建成输油臂的位置影响，直接造成用于回收油气的气相臂的布局受到了限制，同时码头所在海域每天至少有着高达近 6 米的潮差，气相回收臂的包络范围无法有效覆盖，这些都导致了输气臂无法有效与船方油气口对接。(见图 1)

图 1　装船油品输油臂与气相回收臂相邻，但即便如此，气相回收臂仍无法有效对接

针对输气臂包络范围不足的现状，我们对码头输气臂下方管道实施了改造，即在输气臂下方至紧急切断阀间的管道上增加一处三通甩头，甩头的另一端采取连接软管的方式与船方接口进行有效连接(见图 2)。这样我们可以根据油轮的实际情况，通过阀门对流程进行切换，灵活选择使用输气臂或是软管连接。在软管的选择上，经过考察和对比，综合考虑码头人员的配备和人力操作的可能性，选择了采购新型轻质复合软管，便于人员的操作，同时也更加安全可靠。

图 2　在气相回收臂前的连接短管处加设三通和阀门，用软管连接

另外，在大型外贸油轮上，其油气回收接口相对规范，在接口 12 点位置有按规范要求的定位销，为了能有效匹配，我们在码头预制了大量的变径头，并在相应的位置开孔，为船岸的顺利对接创造了有利条件。(图 3、图 4)

图3 油气收集管端部的色标(美国标准)

图4 油气回收接口法兰上的防错装定位销

1.3 提高活性炭吸附能力和更彻底的解吸附

油气回收系统投用过程中，油气经过引风输送后进入填充有专用活性炭的吸附塔内，油气中的碳氢化合物被吸附在碳床内的活性炭上，处理后的气体排放到大气中。用于吸附油气的活性炭，对于碳氢化学物质具有很强的亲和力和吸附性能，每颗活性炭的比表面积均非常大，脱附性能良好。理论上，温度越高，活性炭的吸附效果越差，温度越低，活性炭的吸附效果越好，但与此同时活性炭吸附油气的过程也是一个热量释放的过程，因此，控制吸附罐碳床的温度将是提高活性炭吸附能力一个有效手段。在油气回收装置运行时，必须实时监控吸附罐碳床上、中、下部的温度，并采取一定的措施进行降温处理。

码头油气经活性炭吸附后还需要进一步的回收，该装置在一个活性炭吸附塔吸附的同时，用真空泵对另一个吸附塔进行解吸附，即利用干式螺杆泵产生的高真空将油气从活性炭表面释放出来。正常情况下，真空度越高，其解吸附效果越好。因此运行过程中，我们通过控制真空泵的转速，逐步提高真空泵运行效率，实现活性炭罐更高的真空度，将对解吸附有着直接的积极作用。但是，当活性炭失效时，真空度往往很快就达到很高，这是因为活性炭吸附的油气量少，很容易被抽真空。因此，也不能一味追求高的真空度而忽略活性炭本身的问题。

1.4 吸收剂的选型及其用量

油气回收装置从活性炭解吸附出来的高浓度油气被送入采用不锈钢材质的填料吸收塔内进行吸收，油气从吸收塔中段进入向上运动，与此同时来自罐区的汽油自吸收塔顶往下喷淋，经油气与贫油的充分接触与吸收后，饱含油气的富油被送回罐区。

据《油品装载系统油气回收设施设计规范》要求，回收汽油、石脑油、芳烃、航空煤油、溶剂油油气时，吸收液宜为低标号成品汽油、石脑油、溶剂油、柴油或专用吸收剂。针对本套油气回收系统设计仅回收汽油油气的单一特性，为更好地实现油气的回收，本套装置直接采用成品汽油作为吸收剂来吸收回收的油气。为避免吸收用贫油经反复吸收出现过饱和而无法有效回收油气的情况，经过多罐的反复试验和分析后，确认储罐内的油品经过吸收后其品质完全满足油品出厂要求，因此，在实际运行中均采取装船用油和吸收用油均来自同一台储油罐的方式。

一般情况下，吸收剂用量越大，吸收剂对油气的吸收效果越好，但在回收油气量一定的情况下，吸收剂也存在一个临界值，即达到该值后，吸收效率将很难再增加。为了达到更佳的回收效果，我们针对系统实际运行情况及回收气量进行了核算，并于2016年5月更换了回油泵，将原来的回油量从140m^3/h左右提高到了180m^3/h左右，回油量的提升，实际也就意味着吸收用油量的提高，从后期的运行效果看，起到明显的积极作用。

另外，吸收剂的温度对吸收效果也有较大的影响，随着吸收剂温度的升高，不同类型的汽油对油气的吸收率都会有所下降。因此，为了更好吸收回收的油气，还需要控制吸收用油的油温。

1.5 系统进气量不稳定

在实际运行中，还存系统进气量不稳导致系统运行不稳定的情况，进而影响装置处理后的尾气排放。针对这种情况主要是通过加强船岸间的沟通，一是保证稳定的装船流量，二是要求船方保证船舶集气系统上的呼吸阀正常工作，三是要求船方不得随意打开舱盖或是关闭油气回收系统。

另外油气中水汽含量过高也往往会导致系统进气量不稳定。青兰山码头为沿海码头，常年空气湿度大，尤其在每年春季，受海洋暖湿气流的影响，空气湿度几近饱和，因此，无惰气系统保护船舶的船舱以及油气集气管道系统内不可避免地存在着较高浓度的水汽，而船岸安全界面也往往受天气影响存在受潮的影响，尤其是过滤器及阻爆轰器的特殊结构更易导致水汽的聚结而积水，因此加强对过滤器、阻爆轰器、积液包和管道低点的检查，将其内部积水排除，一方面可以减少管道运行阻力，另一方面也可减小因此而带来的系统进气量不稳定的情况。

2 扩展适用性，用于石脑油的油气回收

青兰山码头出厂油品除了大宗的汽油、柴油和航空煤油外，每年还出厂不少的石脑油（裂解原料），其组分轻，装船过程中产生的油气相较汽油而言更大，因此，对其装船过程中产生的油气进行回收更显必要，为此，我们开展了大量的调研，对可能存在的问题进行了

剖析：

（1）回收介质的影响：油气回收装置原设计回收介质为汽油油气，最初设计未考虑回收石脑油油气。但我们石脑油为供特定厂家的裂解原料，主要由柴油装置石脑油、抽余油和拔头油调合而成，与传统意义上的石脑油存在一定的差异，其组分与汽油接近，且硫含量较低（<10mg/kg），从回收介质看，具有一定的可行性。

（2）对油气回收系统活性炭的影响：油气回收装置选用的是专用活性炭，设计初期并未考虑石脑油等其他油气，若油气含有硫化物、酮类及醚类等组分将对此活性炭造成无法逆转的污染及损害，影响活性炭使用寿命及其处理效率，严重者会使活性炭中毒甚至有焖燃的风险。因此，我们对石脑油组分进行了分析，重点关注硫及其组分的存在，分析结果显示并不存在影响活性炭运行的组分。

（3）对吸收剂的影响：因油气回收吸收采用的吸收剂为汽油，因此可能对出厂汽油的品质造成一定的影响。经过分析认为：目前油路循环用油量约为180m^3/h，石脑油装船流量约合300~400t/h，对于万吨级的内贸船而言，总装船时间不超过25h，用油量不超过4500m^3，考虑一定的富余量，一台20000m^{3}罐内的存油完全可以满足一条油轮装船期间的用油量，因此采用专罐吸收且每船回收后进行分析，若分析合格则直接装船出厂，下批次采用另外一台罐进行吸收，避免吸收贫油过饱和以及油品重度污染后无法处理的情况。

在经过反复分析和与原设计公司的多重确认后，最终我们在2019年3月成功利用现有装置对石脑油装船油气进行了回收，经过实际测试效果分析，该装置的回收率达到99%以上，取得了较好的成效。

3 针对后期出现活性炭失活和更高排放指标的技术改造方案

常用的油气回收工艺有冷凝、吸收、吸附、膜分离及其组合回收工艺。不同的回收工艺有着其特有的优势，也同样有着其与生俱来的不足。吸附法工艺成熟，在国内广泛应用，理论上可以达到较高的处理效率，排放浓度也可以达到很低的值，但其工艺相对复杂，且需要二次处理，尤其高度依赖于高效的活性炭，对油气组分也有着一定的要求，否则将会导致活性炭的失活，对解析的要求也较高，长周期运行时，往往会导致吸附效果下降，而最终排放不达标。目前，青兰山码头油气回收装置即面临大流量装船时排放去除率有时不合格的情况。随着环保要求的提高，新的排放指标也节节攀高，如：新的《石油炼制工业污染物排放标准》和《石油化学工业污染物排放标准》等多部污染物排放标准，对石油和化学工业油气的排放提出了更高的要求。其中，要求非甲烷总烃≯120mg/m^3；苯≯4mg/m^3；甲苯≯15mg/m^3；二甲苯≯20mg/m^3；有机废气排放口去除效率≥95%。

为达到毫克级更苛刻的排放标准和实现95%以上的去除率，在充分利用现有油气回收装置的前提下，经咨询相关油气回收专家，针对码头现场公用工程条件没有燃料气，综合考虑装置运行时间、装船流量及尾气组分的工况下，拟采取在现有装置末端增设催化氧化技术的处理工艺，以实现接近于零污染的尾气排放。即经过现有油气回收装置处理后的尾气在风机作用下，进入管式换热器和经催化氧化反应器处理后的高温尾气发生热交换，预热后的尾气直接进入催化氧化器，尾气在催化剂的作用下，发生完全热分解，生成无害的气体CO_2和H_2O，同时释放出反应热。反应后的净化气经管式换热器换热降温后，流经排气管道，通过烟囱达标排放到大气中。

4 人为干预及管理，尽可能减少油气的排放

油气回收只是被动的回收，而从源头上减少油气的产生才是治理的根本所在。

众所周知，饱和蒸汽压力和温度是成对应关系的，饱和蒸汽压随温度变化而变化，温度越高，蒸汽压越大。这也意味着当温度升高时，油品的挥发性加强。据有关测定，汽油在20℃时的饱和蒸汽压力为37.1kPa，而当温度达到25℃和30℃时，其饱和蒸汽压力分别达到42.7kPa和48.4kPa，这意味着将有更多的轻汽油组分挥发到船舱和管道系统内。对此，可以在储罐区域对油品储罐进行喷淋降温，另一方面开启船舶的喷淋降温，实现装船全过程的油品温度控制，将有利于控制油气的挥发量，减少油气的产生。

除此之外，装船流速对汽油油气的产生也有不可忽视的影响。油品的饱和蒸汽压除了与其组分、温度有关外，还与其是否处于稳定状态有着密不可分的联系，同样的管道及船舱，大的装船流量即意味着高的装船流速，也就意味着在对相对密闭的船舱内产生更剧烈地搅拌，这必然导致更高的挥发量。因此，为减少油气的产生，还需根据实际情况，适当控制装船流速，实现既经济又环保。

5 目前的困扰

和船舶油气回收系统同样的现状，绝大多数小型内贸油船也并未安装惰性气体系统，采取的装船方式均为传统粗放的装船方式，即油品直接装船，装船过程中产生的油气通过船舱的PV阀排放，甚至更多的老旧船舶直接通过船舱盖等密封口排放。而《码头油气回收设施建设技术规范(试行)》要求，管道内油气含氧量体积比高于6%时报警，并同时开启阀门补入惰性气体；含氧量体积比高于8%时，系统自动关闭紧急切断阀，同时开启电磁阀实施紧急排放。这是因为氧含量超过8%的油气混合物，一旦遇到高温热源，如静电放电等，往往会发生爆炸等严重影响安全的情况。因此对无惰性气体系统的船舶进行油气回收时，往往面临着较大的安全风险。

《码头油气回收船岸界面安全装置》要求，接收液货船货舱油气的码头应设置惰化系统，相应配置氮气供应系统。配置简单的惰化系统并不困难，但码头因其特殊的地理位置，其后方配套的公用工程设施往往并不完备。而且如果需要岸方提供足够的氮气以便满足油气回收氧含量低于6%的要求时，其投资成本将会巨增，尤其当码头装船量较大时，其氮气的消耗量将是极其巨大的。

6 结语

虽然现有的油气回收技术已日趋成熟，但码头油气回收却有着其固有的独特性，目前成功运行并取得良好收益的码头油气回收装置并不多，相对而言码头油气回收仍然还处于起步阶段。随着近年来相关技术规范的推出，码头油气回收装置的设计、建设及运行将变得更加规范，回收效率也将大幅提升。同时码头油气回收装置也在朝着模块化发展，各个单元模块

做得更加集成，系统的控制也更加智能化，一键式的"傻瓜"操作正成为趋势，运行中较少需要人为干预，但正因为如此，在实际运行中更容易出现问题，这些问题仍然需要我们不断地探索和解决。

参考文献

[1] 尹树孟．用于VOCs治理末端的低温催化氧化工艺[J]．安全、健康和环境，2016，16(12)：32-35.
[2] 郭飞鸿．吸附法油气回收装置吸收单元工艺核算与优化[J]．安全、健康和环境，2012，12(12)：38-41.

HAZOP在航煤加氢装置上的应用

郭诗锋

(中国石化上海高桥石油化工有限公司，上海　200129)

摘　要　介绍了危险与可操作性分析(HAZOP)技术。对航煤加氢装置进行风险评估，从本质安全的角度，有效地识别工艺生产中的风险隐患和潜在危险，对较高风险提出了安全保护措施和改进建议，为消除装置安全隐患和加强安全管理提供了可靠的依据。

关键词　危险与可操作性分析(HAZOP)　航煤加氢　偏差　节点　安全评价

危险与可操作性分析(Hazard and Operability Analysis，简称HAZOP)是安全评价方法之一，是一种用于辨识设计缺陷、工艺过程危害及操作性问题的结构化分析方法。被公认是有效的风险评估技术，现已广泛应用于各类工艺过程和项目的风险评估工作中，显示了很强的影响力和生命力。

国家安全监管总局要求大力推广HAZOP技术应用。许多国有大型石油化工企业在役装置或生产单元都完成了初步评估工作和评估结果报告。集团公司计划用3年(2016年~2018年)时间完成所有在役炼化装置第一轮的HAZOP分析。

1　HAZOP分析方法简介

HAZOP分析方法的本质是分析偏离设计工艺条件的偏差所导致的危险和可操作性问题，通过一系列的会议对工艺图纸和操作规程进行偏差分析，研究的侧重点是工艺部分或操作步骤的各种具体值，分析它们的可能原因、后果和已有安全保护措施等，同时基于风险大小、标准规范及最佳实践提出应该采取的安全保护措施[1,2]。

目前，HAZOP分析以其分析全面、系统、细致等突出特点已经被广泛应用于石油、石化等过程的工艺危险性分析。其针对复杂工艺危害分析是最有效方法之一，特别适用于炼化装置的风险分析。

2　HAZOP分析程序

HAZOP分析实施程序包括分析准备、会议分析、编制分析报告、建议措施落实等步骤。

2.1　HAZOP分析准备工作

2.1.1　了解HAZOP分析的需求

进行HAZOP分析前，应了解分析的目的和需要，对于已建项目的HAZOP分析，应提出相应防范措施，达到事故风险降低的目的。

2.1.2　收集HAZOP分析所需资料

熟悉分析的工艺对象和意图，并搜集资料，包括：工艺流程图、工艺管道和仪表流程图、装置布置平面图、工艺说明、设计文件、岗位操作规程、物料平衡图、设备与管线规格和标准、运行记录、检测报告和事故案例等。

2.1.3　组建分析小组

委任HAZOP组长及秘书，分析组长及秘书确立后将完成HAZOP分析会议策划、HAZOP小组成员筛选、HAZOP分析前期准备等工作。

组建分析小组。HAZOP分析是一组具有不同专业背景的人员，以会议的形式，研究分析工艺过程的危险和可操作性的问题。小组成员至少应包括安全、工艺、设备、仪表、设计、操作岗位的技术人员或专家。

2.2　HAZOP分析会议流程

2.2.1　节点的划分

按照设计意图、装置复杂程度、连续操作或间歇操作将工艺流程划分为多个单元，便于下一步分析。HAZOP分析将根据供审查的PID图纸进行。

2.2.2　确定偏差

分析每个节点时，都应将引导词与适当的工艺参数组合，以生成偏离了设计目的的偏差。HAZOP分析有七大原始引导词，分别是无、过多、过少、以及/伴随、部分、相逆、异常。工艺参数包括具体参数和概念性参数。具体参数是指能够用具体数值来表达的参数，是能用仪器(仪表)测量的参数，主要有：流量、温度、压力、液位、组分等。概念性参数用于表达可能在装置出现的各种危险事件或活动(如泄漏、维护、启动停止等)。其组合为：引导词+工艺参数=偏差，对没有实际意义的偏差要舍弃。例如“无”这个引导词通常和“流量”组合在一起，表示“无流量”这个偏离。基本引导词及其含义和说明[3,4]见表1，常用的HAZOP分析偏差[4]见表2。

表1　基本引导词及其含义和说明

引导词	含义	说明
无，空白(NO或NOT)	设计与操作所要求的事件完全没有发生	未发生设计与操作所要求的事件，例如没有物流输入，流量为零
多，过量(MORE)	与设计标准值比较，数量增加	在量的方面有所增加，例如比设计规定过高的温度、压力、流量等
少，减量(LESS)	与设计标准值比较，数量减少	在量的方面有所减少，例如比设计规定过低的温度、压力、流量等
伴随(AS WELL AS)	相关参数的定性增加。在完成预定功能的同时，伴随多余事件发生/增加	虽然可达到设计和操作的要求，但在质的方面有所变化，例如物料输送过程中发生组分和相的变化，产生杂质
部分(PART OF)	相关性能的定性减少。数量和质量均有下降的变化/减少	仅能达到设计和操作的部分要求，例如物料输送过程中某种组分消失或输送其一部分
相逆(REVERSE)	出现与设计和操作要求相逆的事件	发生逆流、逆反应，加热而不是冷却等
异常(OTHER THAN)	出现与设计和操作要求不相干的事件	发生了异常事件或状态，完全不能达到设计和操作标准的要求，例如开停车、维修、改变操作模式

表 2 常用的 HAZOP 分析偏差

引导词	工艺参数			
	流量	温度	压力	液位
无	无流量	—	无压力	无液位
过多	流量大	温度高	压力高	液位高
过少	流量少	温度低	压力低	液位低
伴随	流体数量和质量增大	—	水击作用	—
部分	流体数量和质量减少	—	—	—
相逆	逆流	—	真空	—
异常	等级规格或状态错误			

2.2.3 分析偏差产生的可能原因

从节点所涉及的外部事件、设备故障和人员操作失误等方面进行分析，查找因故障或误操作引起偏差的原因。关注并记录那些有意义的偏差。所谓有意义的偏差是指偏差产生的原因是可能实际发生的，其可能造成的后果会产生危险或带来操作问题。

2.2.4 分析偏差导致的可能后果

对每个有意义的偏差，应从直接和间接两个方面，对存在的可能会导致伤害或事故的设计缺陷，以及与设计操作意图相背离可能会导致的各种后果进行分析，考虑人身伤害、财产损失、环境污染和设备损坏等多方面。分析后果时要考虑所导致的最严重可能后果，而不是已采取保护措施和管理措施后的后果。

2.2.5 分析现有的保护措施

分析后果后，要同时分析那些在设计中已有的、可以防止危险发生或减轻其后果的安全措施和管理措施。主要有仪表指示、控制、报警、冗余系统、安全联锁系统、紧急泄压系统、紧急停车系统、安全预案以及演练等。保护措施要从偏差原因的预防(安全设施、设备仪表维护)与检测(如 DCS 控制系统、报警、化验分析等)和后果的控制和减轻(如安全联锁、安全阀、消防设施等)两个方面进行辨识。

2.2.6 后果风险评估

评估风险等级是 HAZOP 审查分析的重要环节。分析小组要判断现有安全措施是否充分，是否将风险降低到可接受水平，就需要对后果(包括人员伤害、财产损失、环境污染及声誉影响)进行风险评估并划分风险等级。HAZOP 分析最常用的工具是风险矩阵，采用中国石化《HSE 风险矩阵标准》(Q/SH 560—2013)，评估出后果的严重性、发生的可能性和风险类型以及风险等级，确定高、中、低风险分布。后果按照其严重性从低到高依次分为 A、B、C、D 和 E 共 5 个等级。后果发生的可能性采用定性和半定量 2 种分级形式，按照事故发生频率从低到高依次分为 1、2、3、4、5 和 6 共 6 个等级。风险等级分为严重高风险、高风险、中等风险和一般风险 4 个等级，分别用红色、橙色、黄色和蓝色标示。

2.2.7 提出建议措施

根据风险评估和现有的保护措施，判断风险的可接受程度。如果认为现有安全措施已经把风险降低到可接受水平，后果分析到此结束；如果认为现有安全措施不能把风险降低到可接受水平，那么要提出一系列新的保护或安全建议措施，以降低装置风险并增强其可操作性。

2.2.8 编制 HAZOP 分析报告

HAZOP 分析会议记录结果进行整理、汇总、讨论并经过修正，形成 HAZOP 分析报告。

3 航煤加氢装置 HAZOP 分析

3.1 装置概括

航煤加氢装置设计规模为600kt/a 航煤，采用高压航煤加氢工艺，主要生产对色度变化指标要求较高的军用及出口航煤产品，增产航煤提高效益。年开工时数为8400h。

3.2 装置原则流程

蒸馏常一线原料油进入原料油缓冲罐，升压后与混氢混合为混氢油。混氢油进入加热炉加热至反应温度后进入反应器，在反应温度 200℃~320℃，系统压力 3.5~7.0MPa 条件下，在反应器中在催化剂的作用下进行一系列的加氢脱硫、脱氮等加氢精制反应。

反应产物先后进入各级热(冷)高(低)压分离器进行气液分离，部分气相作为循环氢由循环氢压缩机升压，返回至反应系统。液相油进入分馏部分。分馏塔底航煤经精脱硫罐和产品过滤器除去微量硫化氢、游离水后作为航煤产品送出装置。

3.3 分析结论

航煤加氢装置 HAZOP 分析评价，考虑了人员安全、财产损失、环境污染及声誉影响四方面的风险。本次共划分 17 个节点，本文选取了反应器进口流量过低或无、出口温度过高、压差过高、循环氢流量低/无等4 个偏差。该偏差 HAZOP 分析如表3 所示。为了更好的针对建议的实施顺序进行了解，对建议进行了风险排序，在考虑了已有保护措施情况下，后果严重程度与发生此种后果的可能性的组合中，通过小组讨论，针对中风险提出建议措施 1 条，没有发现高风险和严重高风险的问题。

表3 反应器 HAZOP 分析记录

序号	偏差	可能原因	可能后果/危害	现有安全措施	严重性	可能性	风险等级
1	进口流量低/无	1. 原料泵 P7001 故障或停	1. 催化剂结焦，缩短催化剂寿命； 2. 反应器“飞温”，严重时设备损坏	1. R7001 出口温度显示及高报； 2. F7001 联锁； 3. 急冷氢控温； 4. P7001 备用泵； 5. 远程紧急停泵	2	5	B5
		2. 加热炉 F7001 炉管结焦或破裂	炉管结焦、烧穿，油气泄漏燃烧，炉子损坏，严重时引起火灾爆炸，人员中毒伤亡	1. F7001 炉膛温度显示及高报； 2. R7001 出口温度显示及高报； 3. 急冷氢控温； 4. 瓦斯联锁切断，紧急停工； 5. P7001 停泵联锁	3	3	C3

续表

序号	偏差	可 能 原 因	可能后果/危害	现有安全措施	严重性	可能性	风险等级
1	进口流量低/无	3. 流量仪表FT7002故障，流量控制阀FC7002故障	1. 催化剂结焦，缩短催化剂寿命； 2. 反应器“飞温”，严重时设备损坏	1. 控制阀副线控制； 2. 急冷氢控温； 3. 炉膛温度显示，高报警； 4. 反应器床层温度高报警	2	3	B3
2	出口温度过高	1. 反应器入口温度过高	1. 反应器超温，催化剂结焦，严重时可能引起飞温，催化剂失活、损毁，设备损坏； 2. 热高分D7002入口温度偏高，可能造成设备损坏	1. 开大E1102副线； 2. F7001联锁停瓦斯； 3. 紧急泄压阀开启； 4. D7002温度显示	2	3	B3
		2. 急冷氢量过小/无	反应器超温，催化剂结焦，部分失活，导致催化剂损耗	1. F7001出口温度显示； 2. 急冷氢控温	2	3	B3
		3. 原料组分中硫氮含量过高	反应器超温，催化剂结焦，部分失活，导致催化剂损耗	急冷氢控温	2	3	B3
3	循环氢流量低/无	1. 循环氢压缩机防喘振阀误开	氢油比过低，反应器床层温度波动，催化剂结焦，产品质量不合格；严重时循环机停机，装置停工	1. 反应器床层多点温度显示； 2. 防喘振阀开度显示，报警； 3. 循环氢流量显示； 4. K7002停机联锁	2	3	B3
		2. 循环氢压缩机故障/停机	反应器床层温度波动，催化剂结焦，产品质量不合格；严重时循环机停机，装置停工	1. 反应器床层多点温度显示； 2. 循环氢压缩机转速显示； 3. 循环氢流量显示； 4. 远程紧急停循环机①	2	5	B5
		3. 循环氢带液	循环氢压缩机入口循环氢带液，设备损坏，密封点泄漏，严重时引起火灾爆炸，硫化氢中毒人员伤亡	1. 循环氢流量显示； 2. 现场硫化氢报警仪报警； 3. 入口D7010液位高高联锁； 4. 远程紧急停循环机	3	3	C3
4	床层压差过高	1. 原料大颗粒杂质和金属化合物含量高	催化剂活性逐渐下降，反应苛刻度逐渐增加，反应器床层压降逐渐升高，严重时无法维持正常生产，需停工换剂	1. 原料过滤器FL7001，过滤器压差报警； 2. 床层压差显示及高报警； 3. 原料的分析及控制	2	3	B3
		2. 原料带水和紧急泄压导致催化剂粉碎	催化剂活性中心减少，反应苛刻度逐渐增加，反应器床层压降逐渐升高，严重时无法维持正常生产，需停工换剂	1. 床层压差显示及高报警； 2. 原料的分析及控制； 3. 原料罐水油界面显示，液面、界面液位报警	2	3	B3

①建议措施：增设循环机的汽轮机排气压力联锁由单压力开关改为“三取二”系统；循环氢流量低低联锁。

4 结束语

航煤加氢装置 HAZOP 分析表明，HAZOP 分析技术对于保障在役装置的安全、平稳运行具有重要意义。

(1) 通过分析全面细致地排查了装置安全隐患，识别了装置重大风险。

(2) 提高了本质安全水平，有利于减少非计划停车次数，提高生产效率和产品质量。

(3) 确定关键设备(包括电气、仪表)。根据风险等级对设备进行分级管理，防止因关键设备问题导致重大人员伤亡或财产损失。

(4) 完善操作规程。针对识别出的风险较大的设备和操作，应进一步完善操作规程，通过安全管理来降低风险和防范事故。

(5) HAZOP 分析的最终报告可作为员工的技能培训资料，增强应对突发事件的反应和处理能力。

总之，通过 HAZOP 分析，能够使设计和操作人员全面系统地辨识出工艺设备、工艺流程和生产过程中存在的安全风险，明确了风险管理的重点，可采取有效的控制措施，将风险降低到可以接受的水平，预防和减少事故。

参 考 文 献

[1] 中国石油化工股份有限公司青岛安全工程研究院 HAZOP 分析指南[M]. 北京：中国石化出版社，2008.

[2] 吕爽. HAZOP 分析在分子筛合成装置中的应用[J]. 安全、环保和健康，2016，16(12)：44.

[3] 罗云等. 注册安全工程师手册[M]. 2 版. 北京：化学工业出版社，2013：115.

[4] 张英太，杨剑锋，余涛. HAZOP 在柴油加氢精制装置风险评估中的应用研究[J]. 石油化工安全环保技术，2011，27(2)：17.

干气制乙苯装置流程优化与节能改造

魏林海，葛　新

（中海油东方石化有限责任公司运行三部，海南东方　572600）

摘　要　文章以东方石化干气制乙苯装置为分析载体，对干气制乙苯装置运行与能耗状况进行介绍分析。对装置存在的问题进行逐项分析，制定装置流程优化措施，并予以验证实施。节能改造上针对燃料气优化、浮压法操作、节电改造等进行逐一论证实施。最后对装置现状和下一步优化方向进行总结归纳，对同行业内优化改造具有一定借鉴意义。

关键词　干气制乙苯　流程优化　节能改造　浮压法操作

乙苯(EB)是重要的化工原料，99%作为中间产物用于生产苯乙烯(SM)，进而生产 ABS 树脂、PS、SAN 树脂等诸多下游产物。广泛应用于家电、包装、汽车等国民经济的诸多行业。工业生产中 85%的乙苯由乙烯和苯烷基化生成，少部分由 C^8芳烃分离法、苯/乙醇法等生成。目前国内烷基化反应主要有纯乙烯制乙苯和稀乙烯制乙苯两个分支[1-2]。

烷基化反应包括气相法和液相法制乙苯，其中分子筛气相法具有无污染、无腐蚀、乙烯空速大、乙苯收率高等优点，获得广泛应用。为充分利用干气中稀乙烯资源，美国 Mobil/Badger 公司首先开发了干气制乙苯技术，2009 年中石化研究院开发了先进的气相烷基化和液相烷基转移制乙苯工艺，中海油东方石化干气制乙苯装置使用的即为此工艺包技术。

1　装置简介

催化装置生产的干气中含有约 10%~25%(体积)的乙烯，该部分干气通常作为燃料使用，造成乙烯资源的严重浪费，利用催化干气制乙苯就是一个合理利用干气中乙烯的有效途径。干气制乙苯装置设气相烷基化反应和液相烷基转移反应，生成中间产物乙苯和副产物丙苯、烷基化尾气、高沸物等。其中干气制乙苯装置包括催化干气脱丙烯、反应及产物换热、反应产物分离、热水及冷冻水、热载体和公用工程部分。

干气制乙苯装置相比纯乙烯制乙苯具有较大的生产经营优势，主要在于原料干气相比原料乙烯有较大的价格优势。相比纯乙烯制乙苯，干气制乙苯装置受上游装置影响较大，进料量及组分变化频繁，且大部分与原始设计存在较大的偏差，对装置抗波动能力和精细调整能力提出了更高的要求，但与此同时也给装置的多元化优化操作提供了可能性。生产技术人员可以依据运行工况进行流程优化与节能改造，进一步发挥干气制乙苯的价格和灵活性优势。

2 装置流程优化

2.1 烷基化尾气中氢气回收

原料干气进入乙苯装置后，首先进行水洗、排液、脱丙烯等原料预处理之后进入烷基化反应器。液相产物进入后端精馏塔进行进一步分离，从而得到所需要的产品乙苯及一系列副产物；气相产物称为烷基化尾气，并入到公司燃料气管网作为燃料燃烧。

图1显示了装置烷基化尾气的主要构成，烷基化尾气中氢气体积分数占比最大，且副产价值最高，存在可回收利用的空间。通过增加烷基化尾气回收流程，将里面的氢气直接提纯使用，从而实现干气中有效组分的充分利用，进一步提升装置的经济效益。

通过核算烷基化尾气中氢气含量，结合全厂氢气需求，东方石化改造增加了一套VPSA氢气吸附回收装置。利用烷基化尾气中各组分的吸附性差异分离得出纯度≥99.9%的氢气，并入公司氢气管网使用。经过VPSA吸附后的解析气并入燃料气管网，因此造成的少量燃料气缺口由外购天然气进行补充。由图2可以明显看出氢气回收利用拥有较好的经济效益。

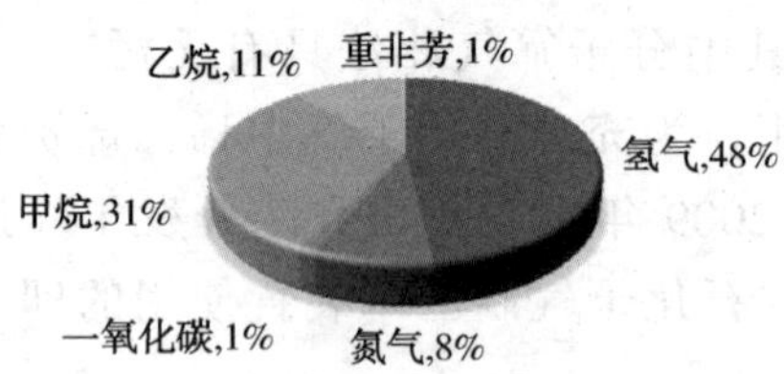

图1 烷基化尾气组成(体积分数)

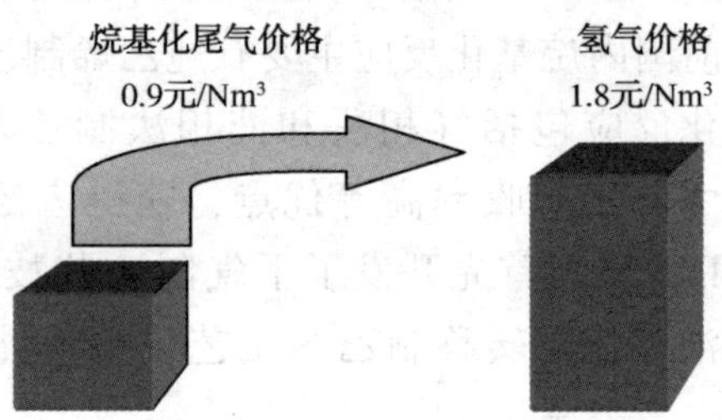

图2 天然气与氢气价格对比

VPSA吸附装置建设投资共1900万元。装置烷基化尾气总进料量为9250Nm^3/h，氢气产量为3931Nm^3/h，烷基化尾气价格为0.9元/Nm^3，氢气价格为1.8元/Nm^3，氢气提纯的加工费用为0.04元/Nm^3，按年运行8000h进行计算，综合得出年效益为$=3931\times(1.8-0.9-0.04)\times8000\approx2704$万元。

2.2 增加二乙苯外卖流程

原料干气中乙烯和苯反应生成乙苯是装置的主反应，副产二乙苯和三乙苯。为了提高乙苯收率，干气制乙苯装置设置烷基转移反应器，将二乙苯、三乙苯进行回收提纯后与苯烷基转移反应生成乙苯，从而进一步提高乙苯收率。流程简图见图3。

化工市场行情持续变化，在一定区间内二乙苯行情较乙苯更好，此时装置改变生产路线，直接外卖二乙苯、三乙苯也能为装置创造额外的经济效益增益。苯、乙苯、二乙苯单价分别为6200元/吨、7500元/吨、8600元/吨，年运行8000小时，二乙苯产量2.1t/h，催化剂年化成本127万元，二乙苯转化为乙苯年加工分为180万元，改造固定成本取40万元。

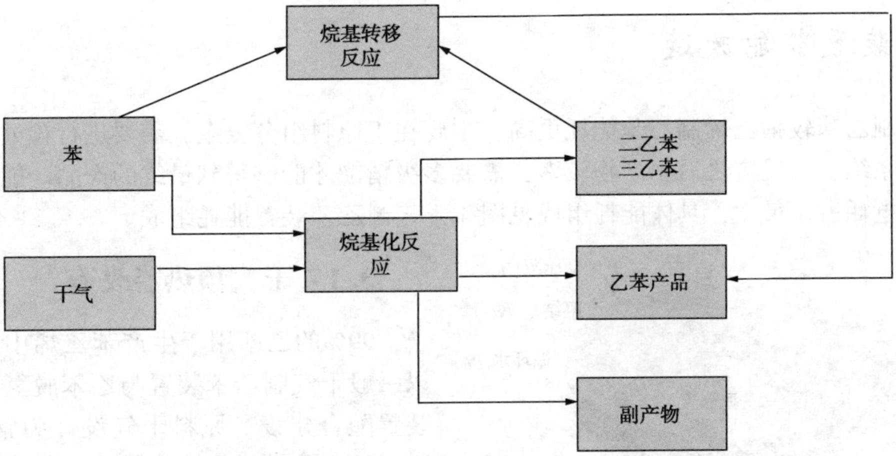

图 3 干气制乙苯装置流程简图

表 1 二乙苯外卖与转化为乙苯后外卖对比

外卖形式	收入增加	成本增加
二乙苯直接外卖	二乙苯量×单价 (2.1t×8000×8600 元/t=1.4448 亿元)	改造成本(固定成本) 40 万元
二乙苯转化为乙苯后外卖	乙苯量×单价 (2.1×1.582×7500×8000= 1.993 亿元)	反应所需苯＊单价+催化剂均摊成本+加工成本 (2.1×6200×0.582×8000+1270000+ 1800000=6369 万元)

按照以上价差不变，假如全年生产二乙苯均直接外卖，理论收益增加=1.4448-0.0004-(1.993-0.6369)=883 万元/年。根据以上核算，在苯、乙苯价格不变前提下，二乙苯价格在高于 8096 元/t 时，二乙苯外卖流程具有更加良好的经济效益。苯、乙苯、二乙苯价差随供需变化较快，无法维持稳定价差，但是在大多数工况条件下，二乙苯流程改造存在一定利润空间，可以作为干气制乙苯装置的一个副产品工艺选择。

2.3 增加蒸汽预热器

干气制乙苯装置为气相反应，需提前将液相苯加热为气相之后才能够投入反应器运行，故装置开停工过程中存在苯的汽化和液化两个相变过程。由于流程使用需要，循环回路设置多级换热器进行换热，但是苯的汽化和液化过程需要快速完成，因此导致行业内大部分企业开停工温度升降过程中存在剧烈的震荡，甚至换热器泄露等威胁装置正常运行的现象发生。

为优化开停工操作，可以在进入循环苯进入加热炉之前增加一个蒸汽加热器，利用 3.5MPa(g)蒸汽对循环苯进行加热，使得苯在循环过程中快速通过汽化期。可以保证装置平稳度过开停工阶段，从本质上减少了汽化或者液化过程中可能存在的风险。并且装置可以根据全厂蒸汽平衡和燃料气平衡选择是否在装置正常运行时投用蒸汽预热器，避免全厂的蒸汽或者燃料气过剩，为装置节能优化提供多一级选择。

3 装置节能改造

干气制乙苯较稀乙烯制乙苯能耗更高，主要在于原料组分复杂，需要进行预处理才能够进入反应系统，且反应之后副产物较多，需要多级精馏才能够得到最终的产品。能耗组成中燃料气和电耗占比最大，具体能耗组成见图4干气制乙苯装置能耗组成。

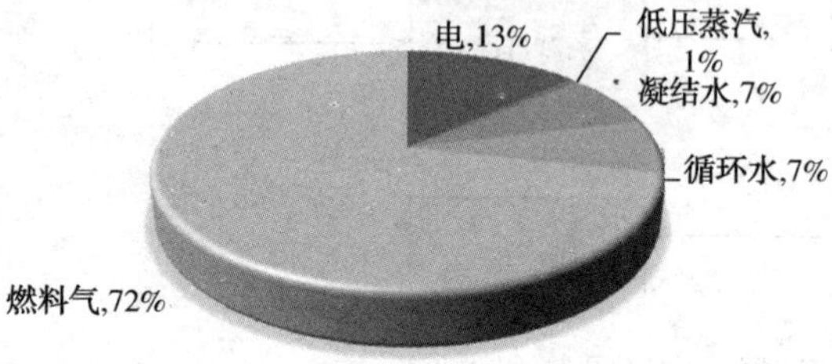

图4 干气制乙苯装置能耗组成

3.1 干气预热器改造

99%的乙苯用于生产苯乙烯中间体，所以一般干气制乙苯装置与乙苯脱氢制苯乙烯装置配合建设。原料干气设计为常温进料，需要较多的燃料气才能够将原料加热到所需要的反应温度，与此同时苯乙烯装置高温热水直接外送至凝结水回收系统，存在热量的浪费。装置通过设计改造，增加一个干气-热水换热器，回收热水的热量对干气进行预热处理。

苯乙烯装置的工艺凝液温度在85℃左右，使干气进料温度从30℃提升到65℃，充分回收多余的热量，降低了循环苯加热炉的负荷。加热炉的燃料气用量预计会减少200Nm^3/h，单位能耗预期会降低21kgEO/tSM。预计创造年效益=200×0.00081×8000×1000=129万元。

3.2 浮压法操作

所谓的浮压操作[3]是指在精馏塔操作控制过程中不人为刻意的改变塔顶的操作压力，从而使塔顶压力随着塔顶冷量、进料量、进料组成等外界干扰因素的变化而随之改变的一种操作模式。装置首先选取循环苯塔进行浮压法操作降温降压。通过逐段降低塔顶压力后，分别采集不同压力下塔釜加热量、塔顶回流量、塔顶/侧线含量等进行拟合分析，最终确定最优的操作参数。

通过优化循环苯塔操作，使得加热炉(F-103)燃料气消耗量从约1521.2Nm^3/h降到1243.7Nm^3/h。年节约燃料气1332t，年效益113.22万元；F-103综合能耗由最初的99.39kg标油/t乙苯降到目前的58.26kg标油/t乙苯。另外我们还在解析塔上同样的进行试点，取得了很好的节能降耗效果。

3.3 电耗节省

电耗在乙苯装置能耗中占比13%左右，在装置总能耗中占比较大。因为原料组分随上游装置影响变化较大，所以很多工艺操作参数与设计工况相差较大。这也为优化操作，节约装置电耗提供了一个理论基础。经过对装置电耗用户进行筛查和系统分析，确定以下几个方向存在优化可能，制定措施逐一论证落实。

3.3.1 真空系统优化调整

乙苯装置分离末端设置多乙苯塔，塔顶分离出二乙苯、三乙苯，塔底产出重组分高沸物作为苯乙烯装置的吸收剂。该塔要求在负压25~40kPa(a)条件下操作，由真空泵提供负压。分析负压影响因素分别为前端非芳、开工气密效果、塔顶冷凝器冷量调节三方面影响。首先从前段脱丙烯、脱非芳塔严格控制非芳含量，减少非芳带入到最末端的多乙苯塔；其次提高开工期间气密标准，保证正压气密和负压气密效果；第三是优化塔的回流和冷凝操作，利用塔顶产量冷量的变化提高塔顶压降；最后是开工期间暂时启动真空泵，将开工期间的非芳含量降到最低，然后缓慢打开真空泵返回阀，降低真空泵做功能力。

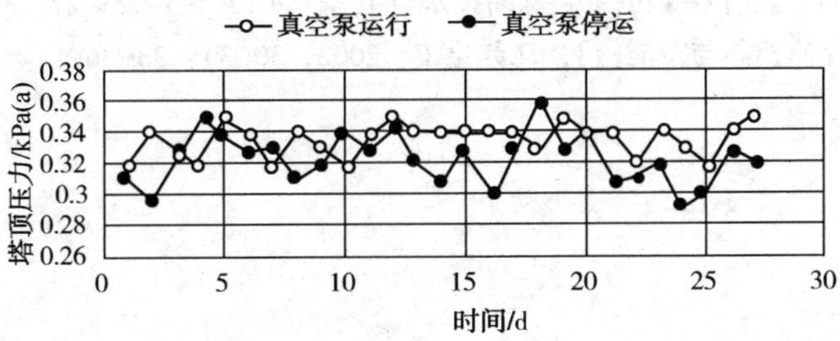

图5 真空泵停运前后压力对比

经过验证停运真空泵之后塔操作压力稳定，停运前后压力对比见图5。后期制定多乙苯塔专项的停工方案和调整策略。真空泵PA102A/B电机功率为11kW/H，一年按照8000h计算，停运后创造经济效益为11kW×8000h×0.7元/kWh=6.16万元

3.3.2 循环苯塔侧抽泵调整

循环苯塔T104中断设抽出泵P111将中段物料抽出至D105罐。T104塔物料抽出点11层塔盘与D105罐现场高度差核查为22.4m，对应理论压降为0.24MPa(g)；实际操作压力差为0.01MPa(g)，核算理论压差为0.23MPa(g)，具备自压条件。编写现场停运方案，通过改造机泵增加跨线，实现物料自压，经测试流量稳定，机泵自身充氮保护。实现了机泵的稳定停运。循环苯塔侧抽泵P111电机功率为15kW，一年按照8000h计算，停运后创造经济效益为15kW×8000h×0.7元/kWh=8.4万元/年。

3.3.3 鼓引风机变频改造

循环苯加热炉F102和循环苯塔重沸炉F103共用鼓引风机系统，原设计鼓引风机为工频状态。为了应对多种组分进料和开停工状态，鼓引风机功率设置较大，正常运行时为了控制风量，引风机开度在50%左右，鼓风机入口开度在25%左右，所以鼓引风机存在较大的点耗损失。

经过设计论证之后对鼓引风机增加变频器改造，不仅大幅度节约了电耗，还可以更加精准的控制炉膛的压力和风量。C-101鼓风机电机工频功率为37KW/H，C-102引风机工频功率为45kW，改造为变频后C-101电机功率为22kW，C-102引风机电机功率为10kW。鼓引风机变频改造创造经济效益=(37-22+45-10)kW×8000h×0.7元/kWh=28万元/年。

4 小结

截至目前东方石化干气制乙苯装置运行良好，通过一系列的流程优化与节能改造，使得装置能耗降低到85kgEO/tEB，较设计值109kgEO/tEB有了很大幅度的降低，在同行业中也

处于较低水准。与此同时装置的操作稳定性和平稳率也得到了大幅度的提升。但是流程改造与节能优化依然任重道远，需要不断进行优化调整。要想取得进一步的提升，必须依靠新工艺、新技术和新设备，要从设计环节做起，从工艺路线的选择上做起。

参考文献

[1] 候至杨．我国苯乙烯产业分析[J]．化学工业，2010，28(7)：26-29.

[2] 张欣，苯乙烯装置的节能前景探讨[J]．炼油技术与工程，2012，23：25-27.

[3] 张大年．精馏塔的浮压控制与节能[J]，江苏化工，2002，30(3)：33-36.

分析、设备与智能化

含硫化合物分子表征在原油评价过程中的应用

史得军，王春燕，刘坤红，陈　菲

（中国石油石油化工研究院，北京　100195）

摘　要　本文采用实沸点蒸馏仪将原油切割为汽油、柴油、常压渣油三部分，分析了原油不同馏分的硫含量，借助气相色谱、高分辨质谱得到了原油含硫化合物的分子组成信息，对比了基于硫含量、馏分分布信息提出的原油馏分加氢脱硫方案与基于含硫化合物分子组成提出的原油馏分加氢脱硫方案，指出了详细的原油分子组成信息对于合理加工方案设计的必要性。

关键词　分子表征　质谱　原油评价　含硫化合物

随着石油产品质量标准的不断升级，对石油产品的清洁化的要求越来越严格，特别是对某些特定分子的含量做出更加严苛的规定[1]。传统的仅靠控制石油产品整体平均理化性质就能保障石油产品使用性能的油品生产、调合模式已经不能满足现今炼厂生产的实际需求。炼油产品质量控制的着眼点已经由馏分级细化到分子级，因此基于宏观物性、族组成等概念的传统原油评价手段[2]已经不能满足现代炼化生产、设计、优化对油品组成信息的需求。开发基于分子水平的原油评价新手段，从分子水平上认识石油加工过程，准确预测产品性质，优化工艺加工流程已经成为炼化工作者的共识[3]。随着分析表征技术以及计算机技术的进步，分子炼油技术成为可能，并且已经在国内外公司中实现了工业化应用[4]。含硫化合物的危害已经对生态环境安全造成了极大伤害，降低石油产品中硫含量也成为炼油工艺设计的重中之重。本文以4种来源于同一油田、相近区块的不同原油为研究对象，比较了基于馏分分布、硫含量的传统原油评价方法与基于含硫化合物分子组成的原油评价新方法对脱硫工艺设计的不同指导作用，初步研究了分子表征在原油评价、工艺生产中的实际应用。

1　实验

1.1　试剂

甲苯（色谱纯），Sigma-Aldrich 公司。二氯甲烷（分析纯），石油醚（90-120℃）（分析纯），国药集团化学试剂有限公司。

1.2　仪器与设备

北京奥普伟业科技有限公司 SDM-02L-04A 自动快速蒸馏仪。安捷伦科技有限公司的气相色谱-硫化学发光检测器 GC 7890A-355SCD。美国 Bruker Daltonics 公司 15T SolariX XR 型傅里叶变换离子回旋共振质谱仪（FT ICR MS）。

1.3 原油实沸点蒸馏

采用SDM-02L-04A自动快速蒸馏仪，根据GB/T 18611-2015将原油分割为汽油馏分(初馏点~180℃)、柴油馏分(180~350℃)、常压渣油馏分(>350℃)等三部分。

1.4 GC-SCD分析条件

汽油含硫化合物GC分析条件：色谱柱为HP-PONA(50m×200μm×0.5μm)；进样口温度250℃，分流比100：1，进样量1μL；载气为高纯氦，恒流操作，流量0.8mL/min；色谱柱程序升温的初温为35℃，保持5min后以2℃/min升温到200℃，保持10min。

柴油含硫化合物GC分析条件：色谱柱为HP-PONA(50m×200μm×0.5μm)；进样口温度320℃，分流比100：1，进样量0.2μL；载气为高纯氦，恒流操作，流量1.0mL/min；色谱柱程序升温的初温为120℃，以2℃/min升温到310℃，保持5min。

SCD条件：空气流量为63mL/min，氢气流量为45mL/min，温度为800℃。

1.5 FT ICR MS分析条件

大气压光致电离源(APPI)正离子模式，样品溶解在甲苯中，质量浓度为0.5mg/mL。雾化气和干燥气均为高纯氮气(99.999%)，雾化气流速为1.0L/min，干燥气流速为2.0L/min，干燥气温度为200℃，APPI源温度为400℃。飞行时间(TOF)为0.9ms。样品的质荷比(m/z)检测范围为150~1200，采样内存为8Mb，扫描128次。

2 结果与讨论

2.1 实沸点蒸馏结果

依据实沸点蒸馏将四种原油切割为三部分，各馏分收率见表1。由表1可见，原油蒸馏实验过程中，四种原油的物料收率均在98%以上，损失率均低于2%，说明原油蒸馏方案设计合理、操作准确，蒸馏前后物料基本平衡；四种原油中1#与2#、3#与4#原油馏分分布较为一致。

表1 四种原油各馏分收率

	汽油/%	柴油/%	常压渣油/%	收率/%	损失率/%
1#	13.5	27.2	58.0	98.7	1.3
2#	13.5	27.1	58.2	98.8	1.2
3#	12.5	25.6	61.0	99.1	0.9
4#	11.9	25.4	61.3	98.6	1.4

2.2 原油硫含量分析

按照GB/T 17040-2008分别测定原油、汽油、柴油、常压渣油硫含量，结果见表2。由表2可见，4种原油的硫含量均在2%以上，表明4种原油均属于高硫原油；1#与2#、3#与4#原油各馏分相应的硫含量相差不大、分布相似。

表 2 原油及各馏分硫含量

	汽油/%	柴油/%	常压渣油/%	原油/%
1#	0.019	0.578	3.007	1.990
2#	0.016	0.570	3.137	2.052
3#	0.049	0.883	4.376	2.974
4#	0.089	1.107	4.263	2.950

基于馏分分布、硫含量分析结果，初步判断1#与2#、3#与4#等两组原油加工性能相似，各馏分加氢脱硫反应难度相当，因此两组原油馏分油加氢脱硫方案较为一致。

2.3 含硫化合物形态分析

2.3.1 汽油馏分段含硫化合物形态分析

依据标准 SH/T 0827-2010、采用 GC-SCD 分析汽油馏分中含硫化合物分子组成，结果见表3。由表3可见，汽油中含硫化合物主要是羰基硫、硫醇类、噻吩类、苯并噻吩类化合物，其中噻吩类化合物含量最高(77*m*%-93*m*%)；在低沸程部分，1#汽油的羰基硫含量明显高于其他三种汽油；在高沸程部分，4#汽油苯并噻吩类化合物含量明显高于其他三种汽油，说明其加氢脱硫难度较大，因此传统的基于噻吩类含硫化合物的加氢脱硫工艺可能不太适用于4#汽油的脱硫方案制定；1#与2#、3#与4#汽油馏分含硫化合物分布相差较大，因此两组汽油加氢脱硫方案差别较大。

表 3 汽油含硫化合物百分含量

	1#/%	2#/%	3#/%	4#/%
H_2S	0.16	0.18	0.17	0.00
COS	5.01	1.08	0.08	0.99
戊硫醇	0.00	0.00	0.06	0.33
己硫醇	0.00	0.00	1.28	0.00
庚硫醇	1.72	2.52	2.14	1.82
己硫醚	0.00	0.00	1.28	0.00
噻吩	0.00	0.00	0.08	0.21
C_1-噻吩	1.50	1.68	0.41	0.59
C_2-噻吩	6.29	7.24	2.09	2.66
C_3-噻吩	24.82	22.59	20.34	13.48
C_4-噻吩	53.36	59.01	55.98	60.51
C_5-噻吩	3.50	2.89	10.30	0.00
BT	1.89	2.81	1.33	1.74
C_1-BT	0.00	0.00	2.57	4.53
C_2-BT	1.75	0.00	1.89	13.14
总计	100	100	100	100

注：COS为羰基硫，C_1-、C_2-、C_3-、C_4-、C_5-等表明化合物支链碳数为1、2、3、4、5；BT-苯并噻吩。

2.3.2 柴油馏分段含硫化合物形态分析

依据自建分析方法，采用GC-SCD分析柴油馏分段含硫化合物分子组成，结果见表4。由表4可见，柴油含硫化合物主要是C_4~C_6噻吩、C_0~C_4苯并噻吩、C_0~C_4二苯并噻吩，并且以苯并噻吩类、二苯并噻吩类含硫化合物为主；不同柴油的含硫化合物分布不同，1#、4#柴油馏分段中C_2-及以上取代的二苯并噻吩含量明显高于其他两种柴油。烷基取代二苯并噻吩类化合物在加氢脱硫过程中较难脱除[5]，可以推测1#、4#柴油馏分中的含硫化合物相比较其他柴油馏分段难脱除。1#与2#、3#与4#柴油馏分含硫化合物分布相差较大，因此两组柴油加氢脱硫方案差别较大。

表4 柴油含硫化合物百分含量

	1#/%	2#/%	3#/%	4#/%
C_4-噻吩	1.68	3.06	4.51	2.71
C_5-噻吩	1.03	1.46	1.96	1.46
C_6-噻吩	11.15	16.13	16.34	11.77
BT	0.25	0.28	0.16	0.10
C_1-BT	1.12	1.06	1.79	1.20
C_2-BT	4.70	4.68	5.60	4.16
C_3-BT	10.78	11.76	15.40	11.30
C_4-BT	21.05	21.15	21.93	18.65
DBT	4.88	4.76	3.60	2.80
C_1-DBT	11.36	9.70	6.64	6.01
C_2-DBT	20.93	17.31	16.07	15.34
C_3-DBT	11.07	8.65	6.00	16.68
C_4-DBT	0.00	0.00	0.00	7.82
总计	100	100	100	100

注：C_1-、C_2-、C_3-、C_4-、C_5-、C_6-等表明化合物支链碳数为1、2、3、4、5、6；BT-苯并噻吩；DBT-二苯并噻吩。

2.3.3 常压渣油馏分段含硫化合物形态分析

采用高分辨质谱分析常压渣油馏分段含硫化合物的分子形态，其主要含硫化合物含量结果见表5。由表5可见，常压渣油馏分段主要是含1个硫原子的噻吩类化合物(S_1类含硫化合物)与含2个硫原子的噻吩类化合物(S_2类含硫化合物)，其中S_1类含硫化合物含量最高，占常压渣油含硫化合物的70*m*%以上。

表5 常压渣油含硫化合物分布

	1#/%	2#/%	3#/%	4#/%
S_1类	76.66	73.80	76.31	74.05
S_2类	23.34	26.20	23.69	25.95
总计	100	100	100	100

4 种常压渣油样品 S_1 类含硫化合物分布见图 1。由图 1(a)可见，4 种常压渣油 S_1 类含硫化合物 DBE 分布范围在 1-27，并主要集中在 3-15 之间；S_1 类含硫化合物以苯并噻吩类化合物(DBE=6)含量最高，占常压渣油总硫含量的 20m%以上；在低 DBE 部分，1#常压渣油含硫化合物含量要高于同 DBE 的 2#常压渣油样品，但是在高 DBE 部分(DBE≥9)，1#常压渣油含硫化合物含量却低于同 DBE 的 2#常压渣油样品。3#与 4#常压渣油内 S_1 类含硫化合物含量随 DBE 变化也呈现类似分布规律。2#常压渣油馏分段硫含量在 4 种常压渣油馏分段较低，但是其高缩合度(DBE≥9)的含硫化合物含量明显高于其他四种常压渣油。由图 1(b)可见，4 种常压渣油碳数分布范围在 C_{22}～C_{57}之间，主要集中在 C_{26}～C_{48}之间；4 种常压渣油含硫化合物的碳数分布呈现正态分布趋势，并且在碳数 C_{34}处含量最高；在 C_{30}之前，1#常压渣油同一碳数的 S_1 类含硫化合物含量高于 2#常压渣油；在 C39 之后，1#常压渣油同一碳数的 S_1 类含硫化合物含量却低于 2#常压渣油。类似地，3#与 4#常压渣油内 S_1 类含硫化合物含量随碳数变化也呈现类似分布规律。由 S_1 类含硫化合物分布可见，相较于 1#、4#常压渣油，2#、3#常压渣油其 S_1 类含硫化合物缩合度高、平均分子大，尤以 2#常压渣油高缩合度的大分子的 S_1 类含硫化合物含量高，因此其加氢脱硫难度高[6]。

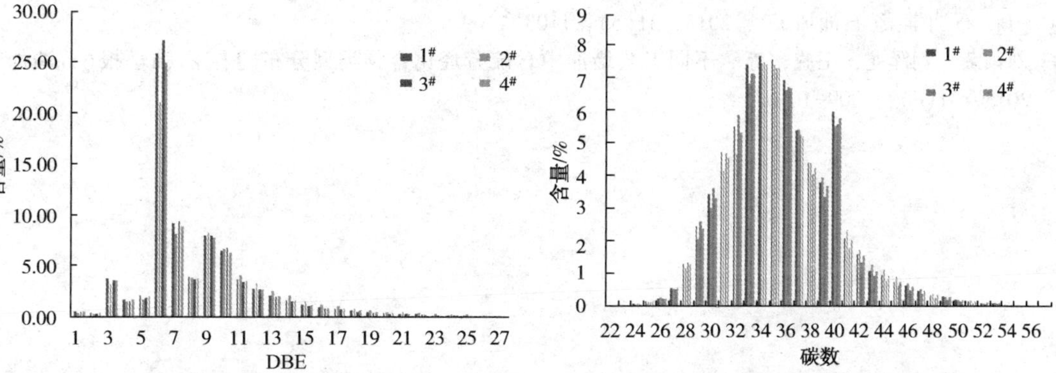

(a)S_1类含硫化合物DBE分布图　(b)S_1类含硫化合物的碳数分布图

图 1　常压渣油 S_1 类含硫化合物分布

4 种常压渣油样品 S_2 类含硫化合物也有类似分布。

从含硫化合物分子分布角度来看，原油不同馏分加氢脱硫难度不同：相较于 2#、3#柴油，1#、4#柴油二苯并噻吩类含硫化合物含量高、加氢脱硫难度大，相反地，1#、4#常压渣油其 S_1 类含硫化合物缩合度低、平均分子小，加氢脱硫难度低。这与基于馏分分布、硫含量而制定的加氢脱硫方案相差加大，也更为合理。因此，在原油加工方案设定过程中，了解原油的分子组成十分必要且能够提供关键信息。

3　结论

(1) 原油蒸馏实验收率在 98m%以上，表明原油蒸馏方案合理、操作准确，蒸馏前后物料基本平衡。

(2) 两组原油馏分分布相似，相同馏分的硫含量接近，但是其不同馏分的含硫化合物组成差异极大，相较于2#、3#柴油，1#、4#柴油二苯并噻吩类含硫化合物含量高、加氢脱硫难度大，相反地，1#、4#常压渣油其 S_1 类含硫化合物缩合度低、平均分子小，加氢脱硫难度低。

（3）基于原油馏分分布、元素含量等传统原油评价手段得到的宏观物化性质制定原油加工方案可能会不太合理。在原油加工方案制定过程中，准确详尽的分子组成信息对于原油加工方案的设计、优化十分必要，因此开发基于分子水平的原油评价新方法将会是原油评价的重点研究方向。

参 考 文 献

[1] 郑丽君，朱庆云，李雪静．我国汽柴油质量升级步伐加快[J]．中国石化，2017(3)：39-42.

[2] 田松柏．原油评价标准试验方法[M]．北京：中国石化出版社，2010.

[3] 田松柏，龙军，刘泽龙．分子水平重油表征技术开发及应用[J]．石油学报(石油加工)，2015，31(2)：282-292.

[4] 史权，张霖宙，赵锁奇，等．炼化分子管理技术：概念与理论基础[J]．石油科学通报，2016，1(2)：270-278.

[5] 刘明星，李颖，刘泽龙．色谱-三重四级杆质谱定量分析深度加氢脱硫柴油中的二苯并噻吩类化合物[J]．石油学报(石油加工)，2015，31(5)：1103-1109.

[6] 刘颖荣，刘泽龙，王威，等．不同工艺蜡油中含硫芳烃化合物类型分布[J]．石油学报(石油加工)，2015，31(4)：1009-1016.

电感耦合等离子体发射光谱法测定小桐子毛油中的磷含量

赫丽娜，杨晓彦，陈　菲，史得军，安　谧

（中国石油石油化工研究院，北京　102206）

摘　要　采用电感耦合等离子体发射光谱法(ICP-OES)测定小桐子毛油中的磷含量，采用直接有机进样的方法，不需要样品前处理，简化了实验操作，优化了实验条件。对直接有机进样 ICP-OES 法与传统微波消解前处理法进行对比，实验结果不存在显著差异。通过加标回收实验考察了方法的准确性。实验结果表明，该方法操作简单，重现性好，加标回收率在 90%～100%之间，为小桐子毛油中磷元素的检测提供了一种快速、准确、可靠的方法。

关键词　小桐子毛油　磷　电感耦合等离子体发射光谱　有机进样

小桐子为大戟科的一种落叶灌木或小乔木，在我国分布面积广，资源丰富。其种子和种仁含油率很高，脱皮后的种仁含油率最高可达 50%～60%。小桐子油含有毒素，不能食用，可用作合成生物柴油、生物燃料及其他化工产品[1~5]。

小桐子毛油是一种标准的甘油三酸酯，其中存在的磷、不皂化物、金属离子等杂质，对燃料制备、催化剂设计和选择以及产品质量控制有较大影响。尤其是其中磷元素的含量是精炼油质量标准中最为关键的检测指标，磷含量过高会使催化剂在高温高压状态下结焦，导致催化剂失活，严重影响反应过程[6~12]。因此，准确、简洁、高效地测定小桐子毛油中的磷含量对生产工艺指导、催化剂选择、产品质量控制等具有重要意义，也是实现油品高质化应用的关键。

目前，植物油脂中磷含量的测定方法主要有重量法、比色法、等离子体发射光谱法(ICP)等[13~15]。重量法操作简单，但误差很大，无法满足分析要求。比色法检测限值低，分析数据准确可靠，缺点是

分析步骤繁多，耗时较长。电感耦合等离子体发射光谱法(ICP-OES)检出限低，操作简便、快速、准确，测定结果重复性好，被广泛应用于各种油品中金属含量的测定。但传统等离子体发射光谱法测试前需要对样品进行消解处理，耗时很长，且对 ICP 的分辨率有较高要求。本文采用直接有机进样的方法，不经过样品前处理，直接利用电感耦合等离子体发射光谱法测定小桐子毛油中的磷含量，优化了实验条件，测定结果准确可靠。

1　实验部分

1.1　仪器

Optima 8300 型电感耦合等离子体发射光谱仪：PerkinElmer 公司；UNE500 型烘箱：德国 Memmert 公司；电子天平。

1.2 试剂与标准溶液

煤油、二甲苯、异辛烷：国药集团化学试剂有限公司；去离子水。

磷标准溶液：磷浓度100mg/kg，constant公司；磷浓度500mg/kg，PerkinElmer公司。

小桐子毛油：由中石油石油化工研究院提供

1.3 实验方法

取100mg/kg的标准溶液配制0mg/kg，0.1mg/kg，0.5mg/kg和1.0mg/kg的磷标准溶液，取500mg/kg的标准溶液配置10.0mg/kg，20.0mg/kg的磷标准溶液，绘制标准工作曲线。采用合适的稀释剂对试样进行稀释，降低试样黏度，用电感耦合等离子体发射光谱法进行测定。通过比较试样和标准溶液中磷元素发射强度，经内标校正后计算得到试样中的磷含量。

2 结果与讨论

2.1 仪器参数优化

为了使磷元素发射强度处于最大位置，分别对ICP-OES仪器射频功率、冷却气流量、辅助气流量、雾化器流量、泵速等仪器参数进行优化，确定了最佳工作条件。优化后仪器工作参数见表1。

表1　仪器工作参数

仪器参数	推荐值	仪器参数	推荐值
射频功率/kW	1.5	雾化器流量/(L/min)	0.8
冷却器流量/(L/min)	15	泵速/(mL/min)	0.8
辅助气流量/(L/min)	1.2		

2.2 分析谱线的选择

经过实验，根据谱线强度大小、背景干扰等情况，确定磷的最佳分析谱线为：214.914nm。此时，磷元素发射强度信号较强，干扰相对较小，满足分析测试要求。

2.3 稀释剂的选择

选择合适的稀释剂，降低小桐子毛油黏度，不仅有利于增大试样流动性，同时可以更准确地测定磷元素含量。分别选用常用的煤油、异辛烷、二甲苯为稀释剂进行试验，称取1g样品，用不同稀释剂分别稀释到10g，按操作条件进行测试。测试发现，选用异辛烷做稀释剂时，测试过程熄火，故异辛烷不是合适的稀释剂。选用煤油和二甲苯做稀释剂均可以得到较好的稀释效果。将测试结果与微波消解-ICP法对比，结果见表2。从表2可以看出，经过煤油和二甲苯稀释后，直接采用ICP-OES进行测试得到的结果与微波消解-ICP法测试结果没有明显差别。

表 2　不同稀释剂测定结果对比

样品名称	P 含量/(mg/kg)		
	稀释剂		微波消解-ICP 法
	煤油	二甲苯	
小桐子毛油样品 A	111.00	114.40	124.50
小桐子毛油样品 B	139.40	141.50	140.70
小桐子毛油样品 C	122.50	123.90	120.10
小桐子毛油样品 D	0.67	1.73	0.60
小桐子毛油样品 E	0.83	1.04	0.44

2.4　稀释倍数

采用电感耦合等离子体发射光谱法测定样品磷含量时，如果稀释倍数过小，磷含量过高，无法测出全部磷，同时还可能导致进样系统被堵塞；如果稀释倍数过大，一方面消耗大量稀释剂，另一方面，低浓度磷的测定结果准确度不能满足要求。

以煤油为稀释剂，磷浓度较高的小桐子毛油样品 A 与煤油按照质量比，分别配置稀释倍数 1~15 的试样，并测定磷含量。结果显示当稀释倍数小于 8 时，随着稀释剂的增加，磷含量测定结果增加；当稀释倍数大于 8 时，随着稀释倍数增加，磷含量测定结果基本不变。

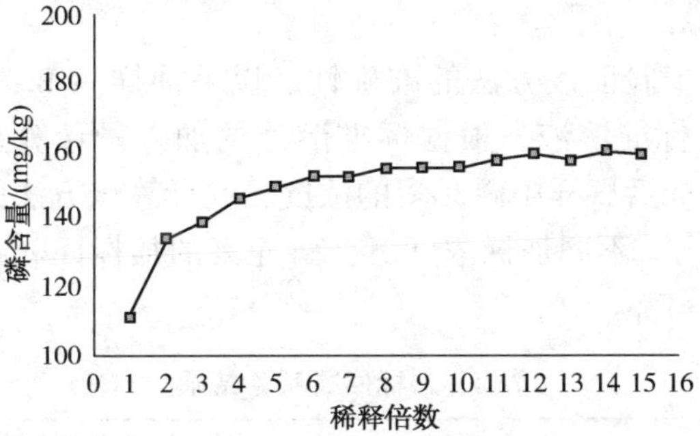

图 1　磷含量随稀释倍数的变化

2.5　方法准确度

2.5.1　方法准确性

按照上述试验条件，选定三个小桐子毛油样品，采用直接有机进样-ICP 法进行测定，每个样品重复测定 3 次，并对磷含量测定结果进行分析，计算相对标准偏差，结果见表 3。从表中数据可以看出，样品磷含量测定结果的相对标准偏差为 0.01~0.05，证明该方法准确性很好。

2.5.2　方法比对实验

为评估测定方法的准确性，将该方法测定结果与微波消解-电感耦合等离子体发射光谱法测定结果进行对比。选择毛油 A、毛油 B 和毛油 C 为样品，分别测定样品中的磷含量，并对结果进行评估，详细结果见表 3。

从表中可以看出，与微波消解-电感耦合等离子体发射光谱法相比，直接进样 ICP

法的测定结果不存在显著差异，证明该方法可以用于测定小桐子毛油中的磷含量。与前者相比，直接进样法不需要对样品进行前处理，显著缩短了样品测试时间，操作更为简便；测定过程中不涉及强酸等试剂，减少了环境污染，更好地保证了测试人员的人身安全。

表3 直接进样法与微波消解-电感耦合等离子体发射光谱法实验结果对比

样品名称	P					
	ICP-OES			微波消解-ICP		
	P含量/(mg/kg)	平均值/(mg/kg)	RSD/%	P含量/(mg/kg)	平均值/(mg/kg)	RSD/%
样品A	111.0 109.5 118.8	113.1	4.41	125.8 132.8 124.5	127.7	3.50
样品B	139.4 139.5 145.2	141.4	2.35	140.7 137.1 144.2	142.2	2.52
样品C	122.5 123.9 120.1	122.2	1.57	124.5 120.2 119.5	121.4	2.23

2.5.3 加标回收实验

采用加标回收法进一步验证该方法的准确性。以毛油样品B为试样，分别向试样中加入100mg/kg和500mg/kg标准溶液，根据标准溶液的加入量计算加到试样中的理论浓度。按照上述实验方法测定加标后试样中磷元素的浓度，并计算该方法的加标回收率，实验结果见表4。从表4中可以看出，不同加标浓度下，磷元素的加标回收率均在90%~100%之间，表明该方法测定结果准确可靠。

表4 加标回收实验结果

元素	加标前浓度/(mg/kg)	加标量/(mg/kg)	加标后浓度/(mg/kg)	加标回收率/%
P	13.80	9.954	23.21	94.5
	13.48	12.02	24.52	91.8
	13.83	48.94	57.95	90.2
	13.80	49.76	59.32	91.5

3 结论

采用电感耦合等离子体发射光谱法测定了小桐子毛油中磷元素含量，不需要样品前处理，直接有机进样，简化了实验操作，减少了环境污染，更有利于操作者人身安全。通过优化仪器参数，选择合适的稀释剂和稀释倍数，保证了实验结果的准确性。与微波消解-ICP法对比，实验结果不存在显著差异，通过加标回收实验得出，磷元素的加标回收率在90%~100%之间，证明该方法所测结果准确可靠。

参 考 文 献

[1] 施宗明，李云，罗玉兴，等．能源植物小桐子的开发利用和栽培研究．云南师范大学学报：自然科学版，1992，12(2)：31-38.

[2] 欧文军，王文泉，李开绵．能源植物小桐子及其发展战略探讨[J]. 中国农学通报，2008，24(9)：496-499.

[3] 李俊奎，王芳，谭天伟，等．固定化脂肪酶催化小桐子毛油合成生物柴油[J]. 北京化工大学学报：自然科学版，2010，37(2)：100-103.

[4] Oliveira D J S. Characteristics and composition of Jatropha gossypiifolia and Jatropha curcas L. oils and application for biodiesel production[J]. Biomass & Bioenergy，2009，33(3)：449-453.

[5] 崔锡红，姜伟，赵光辉．小桐子毛油制备及理化性质研究[J]. 炼油与化工，2013(6)：22-23.

[6] 马传国．油脂脱胶的理论与实践[J]. 中国油脂，2002，27(1)：24-26.

[7] 于殿宇．毛油连续限制性酶解脱胶技术研究[D]. 黑龙江：东北农业大学食品学院，2014.

[8] Keith Openshaw. A review of Jatropha curcas：an oil plant of unfulfilled promise☆[J]. Biomass and Bioenergy，2000，19(1)：1-15.

[9] Augustus G D P S，Jayabalan M，Seiler G J. Evaluation and bioinduction of energy components of Jatropha curcas[J]. Biomass & Bioenergy，2002，23(3)：161-164.

[10] 张无敌，尹芳，刘士清，等．生物柴油产业化发展分析[R]，2007 中国生物质能科学技术论坛，2007.

[11] 赵光辉．小桐子毛油制备及理化性质研究[J]. 炼油与化工，2013(6)：22-23.

[12] 赵光辉，牛欣宇，姜伟．小桐子毛油精炼及脱胶机理分析[J]. 粮油加工(电子版)，2014(2)：47-49.

[13] 崔锡红．微波消解-分光光度法测定小桐子毛油中的磷含量[J]. 粮油加工(电子版)，2014(7)：47-49.

[14] 孔维恒，严华，徐姗，等．微波消解-电感耦合等离子体质谱法同时测定橄榄油中的 18 种金属元素[J]. 食品安全质量检测学报，2015(11)：4330-4335.

[15] 俞晔，孙建刚，刘一军．微波消化——ICP 法测定植物油中的磷[J]. 中国油脂，2002，27(1)：63-64.

ICP-OES 法测定工业硫酸中砷含量分析方法建立

于会杰，胡利香

（中国石化荆门分公司检验计量中心，湖北荆门　448039）

摘　要　本文结合实验室仪器配置情况，利用已有的电感耦合等离子体发射光谱法（ICP-OES）替代 GB/T 543—2014《工业硫酸》规定的工业硫酸砷含量测定-原子荧光法。直接用水稀释定容工业硫酸样品后用 ICP-OES 测定，替代用水稀释、硫脲-抗坏血酸-硼氢化钾还原为砷化氢的前处理方法。具有样品用量少、试剂少、环境污染小、操作简单、快速准确等优点，可用于硫酸中砷含量的质控。

关键词　工业硫酸　ICP-OES　砷

1　前言

工业硫酸产品质量标准 GB/T 543—2014《工业硫酸》规定工业硫酸的砷含量测定使用原子荧光法（仲裁法），该方法使用试剂较多、操作繁琐且产生砷化氢气体。本文结合实验室仪器配置实际情况，用电感耦合等离子发射光谱仪（简称 ICP-OES）测量工业硫酸中砷含量。ICP-OES 检测分析速度快、精度高、稳定性好、操作简便、样品用量少。该方法具有快速便捷，省时省力，灵敏度高，准确性好，大大提高了工作效率。

在方法开发过程中，根据 GB/T 543-2014 质量指标的要求以及荆门分公司工业硫酸产品中砷含量范围，确定了工作曲线标准样品点的浓度，对 ICP-OES 工作条件进行了优化，通过有证标准样品和不同砷含量样品考察了方法的各项指标，证实达到预期的用途。方法可以满足工业硫酸产品生产质控的需要。

2　实验过程

2.1　设备材料及仪器条件

实验所用仪器及工作条件、主要材料列于表 1。

表 1　仪器设备及工作条件

设备及材料	厂家及型号	工作条件、要求
电感耦合等离子体发射光谱仪	美国赛默飞世尔公司，ICAP7400	高频发生器 40.68MHz，中心通道 2mm 的石英矩管，高频功率 1150W，雾化器气体流量 0.5L/min，辅助气流量 0.5L/min，蠕动泵转速 50mL/min，砷元素 189.042nm

续表

设备及材料	厂家及型号	工作条件、要求
吸量管、容量瓶	—	用10%硝酸浸泡24h以上，使用前用去水洗净
氩气	高纯	纯度99.999%(体)
砷单元素标准溶液	中国计量科学研究院，100μg/mL	有证标准物质
硝酸	优级纯	—
水	二级水	符合GB/T 6682—2008《分析实验室用水规格和实验方法》

2.2 标准溶液的配制

工作曲线标准溶液配置：移取1mL浓度为100μg/mL的砷单元素标准溶液置于100mL容量瓶中，用水稀释至刻度，摇匀得到1μg/mL的砷元素标准溶液A。再分别取A标准溶液0.0 mL、0.3 mL、0.7 mL、1.6 mL、3.0 mL、5.0 mL于25mL容量瓶中，各加入2.1中的硝酸1mL，用水稀释至刻度，得到0μg/L、12μg/L、28μg/L、64μg/L、120μg/L、200μg/L的砷系列标准溶液。

2.3 样品处理

准确称取(2.0±0.01)g(精确至0.1mg)硫酸样品，加入盛有约10mL二级水的50mL石英烧杯中，搅拌、冷却。待冷却后，转移到25mL容量瓶中，用水稀释至刻度待测。

2.4 样品测试

打开仪器，按表1条件设置ICP-OES工作条件，待仪器稳定、氩气吹扫系统达到测试要求。测试标准溶液绘制工作曲线；测试待测样品溶液得到样品溶液砷含量y(μg/L)，采用公式(1)计算硫酸中砷含量c(μg/g)。

$$c=\frac{y}{v\times m\times 1000} \tag{1}$$

式中 c——定结果，μg/g；

y——测试液中砷含量，μg/L；

v——样品定容体积，mL；

m——样品质量，g。

3 方法确认

3.1 工作曲线范围

将工作曲线标准溶液按表1给出的ICP-OES工作条件测试，结果如表2所示。回归得曲线方程：$C=1.492I-0.829$，相关系数：0.9998。

表 2 工作曲线标准溶液数据

标样名称	标样浓度 $C/(\mu g/L)$	信号值 $I/(Cts/s)$
试剂空白	0	1.011
校准标准 1	12	9.334
校准标准 2	28	19.21
校准标准 3	64	42.46
校准标准 4	120	80.11
校准标准 5	200	135.4

使用ICP-OES测定硫酸中砷含量的线性范围0~200μg/L时，相关系数达0.9998，曲线拟合度较好，满足分析需要。荆门石化生产的工业硫酸产品数次委托有检测资质的单位进行砷含量检测，结果均小于1μg/g。按照2.3.1样品处理方法，将含有1μg/g砷的硫酸样品转化为消解液中的砷的浓度为16μg/L。根据硫酸样品中砷含量大小可知工作曲线范围0~200μg/L已经满足需求，故将该方法检测工业硫酸中砷含量的工作范围确定为0~200μg/L。

3.2 性能指标的测定

方法性能的指标有多种，根据现有条件及需要，选择检出限(LOD)、定量限(LOD)、回收率、重复性、仪器的稳定性、标准储备液的稳定性等进行了测定。结果见表3。回收率、检测限、定量限满足分析需要，仪器的稳定性及标准储备液的稳定性均较好。到达了预期的目的。

表 3 方法性能指标

	测定方法	结果
检测限(LOD)	空白样品连续20次测量； 样品空白平均值+3s	0.04μg/g
定量限(LOD)	空白样品连续20次测量； 样品空白值平均值+10s	0.13μg/g
回收率	在硫酸样品中添加标准溶液，浓度分别为(10、30、50、100)μg/L。重复测定4次	96%~112%
重复性	连续10次测量已知砷含量样品溶液，计算测量值的重复性	标准偏差为0.9，相对标准偏差为5.5%
标准储备液稳定性	改变环境条件(温度、避光、光照等)，测定保存一定时间的标液，检测条件与首次检测相同。记录并计算检验结果、平均数、偏差	标液在4℃避光条件下至少六个月之内稳定
仪器的稳定性	2h内重复检测20μg/L、100 μg/L砷标准溶液	其平均值与参考值的偏差<±10%满足要求

3.3 测量不确定度

按砷浓度与输入量的函数关系式，砷含量的不确定度来源于测量重复性，试样溶液浓度、体积及称量的不确定度，其中试样溶液浓度的不确定度包括工作曲线的变动性、标准溶液及分取的不确定度等，各不确定度结果如表4所示。

表4 不确定度评定表

项 目		值
工作曲线	工作曲线方程	$y=Kx+B$
	斜率A	1.492
	截距B	-0.829
	相关系数 r	0.9998
	被测样品的测量次数 P	10
	工作曲线测量点的测量次数 n	18
	样品中砷含量/(μg/kg)	16.4
	工作曲线各标准点浓度的平均值/(μg/kg)	70.7
	工作曲线引入的不确定度/%	0.512
重复性	重复测得不确定度/%	1.81
标准溶液	配制标准溶液的不确定度分量	0.548
	分取标准溶液体积不确定度分量	0.565
	试液体积的不确定度分量	忽略
	标准溶液浓度的不确定的分量/%	0.787
合成	合成/%	2.0
扩展	取置信概率 $P=95\%$，包含因子为2，则扩展不确定度/%	4.0%

4 方法应用

方法建立完成后，用于我厂工业硫酸的质量控制，结果见表5。

表5 工业硫酸产品质控数据

样 品 编 号	样品量/g	读数/(μg/L)	砷含量/(μg/g)	结 果 报 出
1	2.001	0.85	0.01	未检出(检出限0.04μg/g)
2	1.9963	0.61	0.01	未检出(检出限0.04μg/g)
3	1.9954	1.21	0.02	未检出(检出限0.04μg/g)
4	1.9897	1.36	0.02	未检出(检出限0.04μg/g)
5	1.9943	0.94	0.01	未检出(检出限0.04μg/g)
6	1.9926	0.97	0.01	未检出(检出限0.04μg/g)

5　与原子荧光法比较

表6　两种分析方法的比较

	原子荧光法(GB/T 534—2014 工业硫酸)	ICP-OES 法
测量原理	在硫脲-抗坏血酸存在下，试液中的五价砷预还原为三价砷。在酸性介质中，硼氢化钾将砷还原生产砷化氢，由氩气作载气将其导入原子化器中分解为原子态砷。以空心阴极灯作激发电源，基态砷原子被激发至高能态，在去活化回到基态时，发射出特征波长的荧光，其荧光强度在一定范围内与被测溶液中的砷浓度成正比，与标准系列比较可测出样品中含砷量	工业硫酸经稀释后，经蠕动泵进样用氩气为载气，以气溶胶形式进入等离子体的高温和惰性气氛后，气溶胶微粒被充分蒸发、原子化、激发和电离。被激发的砷原子和离子很不稳定，从高能态返回到稳定的基态时，就会发射出谱线。将样品中砷元素的特征谱线和强度与标准溶液进行比较，就得到待测样品中元素的含量
使用试剂	盐酸、硼氢化钾、硫脲-抗坏血酸、砷标准溶液、水	砷标准溶液、水
定量方式	工作曲线法	工作曲线法
精密度	砷含量大于0.00005%时，平行测定结果的相对偏差不大于20%	10次测量值的重复性，标准偏差为0.9，相对标准偏差为5.5%

6　结论

本文直接用水稀释工业硫酸样品，ICP-OES法测定工业硫酸样品中的砷含量，并对该方法的工作范围、检出限、定量限、重复性、正确度等参数进行了确认，同时对测定结果的不确定度做了评定。从样品实际情况出发，确认其最佳工作范围(0~200)μg/L，超过此范围的样品可适当减小称样量或增大稀释倍数；根据样品处理情况，当称取2.0g样品，定容至25mL时，方法的检出限为0.04μg/g，定量下限为0.13μg/g；方法的相对标准偏差、正确度，均满足GB/T 534—2014中对砷质量分数测定的要求。

参　考　文　献

[1] 李大东主编. 加氢处理工艺与工程[M]. 北京：中国石化出版社，2004.
[2] 李远. 浅谈工业硫黄中砷含量的测定[J]. 商品与质量：学术观察，2014(11).
[3] GB/T 534—2014 工业硫酸.
[4] 邱德任. 原子光谱分析[M]. 上海：复旦大学出版社，2002.
[5] GB/T 32467—2015 化学分析方法验证确认和内部质量控制　术语及定义[S].
[6] GB/T 27417—2017 合格评定　化学分析方法确认和验证指南[S].
[7] GB/T 27404—2008 实验室质量控制规范　食品理化检测[S]. 附录F.1　回收率.
[8] GB/T 6379.6—2009 测量方法与结果的准确度(正确度与精密度)[S].
[9] JJG 196—2006 常用玻璃量器[S].

液化气烷基化合成油离子液体活性检测技术开发

王海青

（中国石化九江分公司质管中心，江西九江　332004）

摘　要　采用硝基苯试剂作为滴定剂，二氯甲烷为滴定溶剂，分析液化石油气合成烷基化油之催化剂——离子液体活性指数。创新检测装置设备，开发应用“自动滴定单元-自动控制单元组合体和原位红外分析联用仪”检测技术。通过研究各类方法和不同参数对分析结果的影响，以及其检测追踪硝基苯、生成物特征峰的变化作为活性指数滴定依据的特殊检测过程，确定使用间隔台阶滴定法技术，参数程序选择固化“原位红外扫描间隔15s，滴定1次加入量0.1mL，时间间隔60s，滴定2次加入量0.1mL，时间间隔60s，……，滴定18次加入量0.1mL，时间间隔60s，结束”，活性指数计算采用滴定体积计算法。

关键词　离子液体　活性　硝基苯　特征峰　原位红外分析仪

0　前言

为满足国内汽油质量升级的要求，中国石化九江分公司（以下简称九江石化）拟建设一套烷基化装置，其原料为MTBE装置的醚后碳四馏分（包括外购醚后碳四馏分）及气分碳四馏分。混合碳四原料在离子液催化剂的作用下，异丁烷与烯烃反应，生成不含烯烃、不含芳烃、辛烷值高的异辛烷油，作为全厂汽油调合组分。

目前为止，以炼厂液化气为原料生产烷基化油的烷基化工艺技术有多种选择，根据所使用的催化剂不同，有硫酸烷基化、氢氟酸烷基化、离子液体烷基化和固体酸烷基化。氢氟酸和硫酸烷基化是非常成熟的技术且建有多套装置，近年由于安全、环保的要求越来越严格，两种技术的应用受到限制，而趋于安全环保的固体酸及离子液体烷基化得到了发展。

九江石化采用装置工艺路线—“离子液体烷基化”技术，该技术是近年发展起来的烷基化技术，目前国内只有1套工业装置运行，采用的是中国石油大学（北京）开发的离子液体烷基化技术及复合离子液体催化剂，该催化剂主要特点：在室温或接近室温下呈液态，完全由阴、阳离子所组成的盐，室温下没有明显的蒸汽压即无气化现象；液态存在范围宽（-96~200℃），有良好的热稳定性；呈强酸性并且酸性可调；腐蚀性低，可完全使用碳钢材质的设备。离子液体烷基化所生产的烷基化油质量与硫酸法和氢氟酸法烷基化所得烷基化油的质量相当，且离子液体对生产设备腐蚀很小，解决了硫酸法和氢氟酸法烷基化对环境及人体危害严重的弊端，是一种工艺和产品双绿色化的新型烷基化工艺。

国内外分析烷基化离子液体作为催化剂活性的文献，只见到中国石油大学的“Q J/HSH

07 56—2018 离子液体活性分析方法[1]”文献。本文针对烷基化离子液体催化剂活性的方法展开讨论。

1 实验部分

1.1 仪器

梅特勒原位红外分析仪 React IR 15，液接材质为哈氏合金 C-22 和金刚石(pH 1~14)，光谱范围：光纤探头 $2500cm^{-1}$~$650cm^{-1}$；

梅特勒 RX-10 和 SP-50 组合滴定单元；

天平：精度 0.01g；

三口烧瓶规格：100mL；

2mL 微量滴定管；

200μL 微量注射器；

铁架台。

1.2 试剂

二氯甲烷(DCM)：纯度大于 99.9%，使用前用分子筛脱水；

硝基苯：纯度大于 99.9%，使用前用分子筛脱水；

乙醇纯度大于 99%；

丙酮纯度大于 99%；

液氮；

分子筛；

擦镜纸。

1.3 方法原理

离子液体(CIL)作为烷基化催化剂有效活性的检测方法，采用离子液体(Et_3NHCl)与硝基苯反应生成乙基苯胺盐和硝酸，硝基苯与乙基苯胺盐在红外谱图上不同的波段有各自的特征吸收峰。

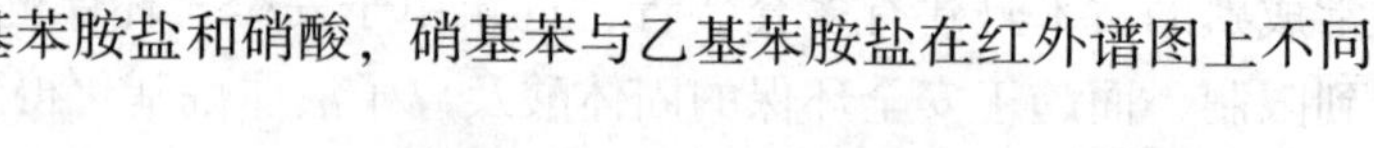

用原位红外探头插入复合离子液体待测样品，监控硝基苯与复合离子液体的化学反应，追踪特征峰随硝基苯加入量的变化；将反应生成物特征峰(图 1，波数 $1263cm^{-1}$ 和 $1535cm^{-1}$)强度达到最大值或不再随硝基苯加入而变化，同时在波数 $1350cm^{-1}$ 左右出现硝基苯特征峰，作为滴定终点，记录滴定终点时硝基苯的加入量，通过滴定终点硝基苯的加入量与已知复合离子液体中量的关系，计算复合离子液体活性指数。

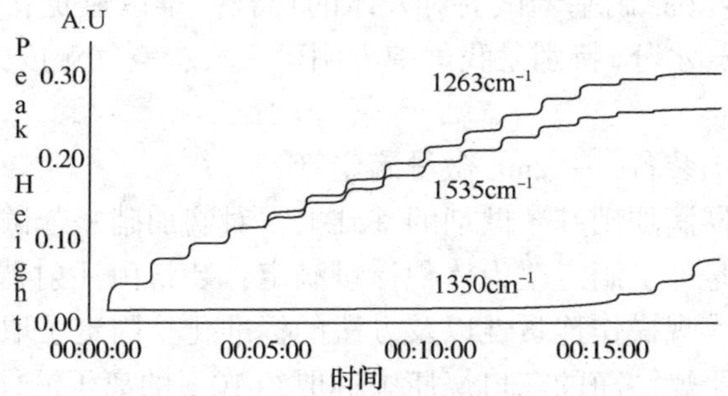

图 1　离子液体活性检测原位红外图谱

2　结果和讨论

2.1　干扰因素的影响及滴定溶剂的选择

（1）离子液体($Et_3NHCl+AlCl_3$)与水和/或碱反应

$$(Et_3N:HCl+AlCl_3)+H_2O \longrightarrow Al(OH)_3+HCl\cdot H_2O+Et_3N$$

$$(Et_3N:HCl+AlCl_3)+OH^- \longrightarrow Al(OH)_3+Cl^-+H_2O+Et_3N$$

离子液体($Et_3N:HCl+AlCl_3$)与水反应生成 $Al(OH)_3$ 和 Al_2O_3，游离的 HCl 生成 $HCl\cdot H_2O$(盐酸)离子液体 Et_3N 生成水相无机铵盐，离子液体失去作为催化剂的介子活性。但当 $AlCl_3$ 量足够大时，原料中的微量水和碱则被 $AlCl_3$ 快速化解，避免 $HCl\cdot H_2O$(盐酸)的生成。

$$AlCl_3+3H_2O \longrightarrow Al(OH)_3+3HCl$$

$$AlCl_3+OH^- \longrightarrow Al(OH)_3+Cl^-$$

（2）滴定溶剂的选择及干扰因素的排出

离子液体黏度 87.14 mPa·s(20℃)，流动性差不适宜于直接滴定，须采用合适试剂对离子液体溶解降低其黏度改善其流动性，此试剂即滴定溶剂。

滴定溶剂的选择：(a)在测试过程中因碱的影响，不能够使用含碱性物质的试剂；(b)不能够选择与硝基苯和/或离子液体起反应的试剂；(c)选择的滴定溶剂对离子液体有好的溶解性。本文选择二氯甲烷作滴定溶剂。

前述水与离子液体起反应，影响离子液体活性指数的检测，因此在选择硝基苯作为滴定剂、二氯甲烷作为滴定溶剂时，须对滴定剂硝基苯和滴定溶剂二氯甲烷作除水处理，本文选择使用分子筛作除水剂。

2.2　试验装备的影响

（1）添加硝基苯试剂装备——200μL 微量注射器

采用 200μL 微量注射器，移取约 0.1~0.2g 硝基苯试剂注入盛有离子液体和二氯甲烷的三口反应瓶中。具体方法：用注射器抽取硝基苯试剂，在天平上称取注射器和硝基苯的总重量，下一步将注射器内的硝基苯注入三口反应瓶中，再次称取注射器重量，前后两次注射器重量差，即为注入三口反应瓶中的硝基苯试剂量。

称重注入法的弊端：(a)硝基苯试剂对人体的伤害，难以避免；(b)硝基苯试剂与空气的隔绝差，难以避免空气水分(特别是我国南方阴雨天气，空气湿度大)的影响；(c)难以做到次次加入量的一致。

(2) 添加硝基苯试剂装备——2mL微量滴定管

九江石化在用注射器滴加硝基苯试剂的基础上，对滴加硝基苯试剂的装备方法理论进行了革新。滴定方式由重量计量滴定改为体积计量滴定；装备由注射器改为2mL微量滴定管，实现次次定量滴定。为实现操作连贯性以及方法的标准化，固定了取样量和量化滴定溶剂二氯甲烷用量。方式：在干燥洁净的三口烧瓶中称取约10 g的离子液体(IL)，量取20mL二氯甲烷(DCM)加入盛有离子液体的三口反应瓶中；下一步，用2mL微量滴定管向三口反应瓶中逐次滴加硝基苯试剂，每次加入量0.1mL、逐次间隔1min，直至抵达滴定终点。

微量滴定管逐次滴加法优势：(a)减少了人与硝基苯试剂的接触时间，降低了硝基苯试剂对人体的伤害；(b)硝基苯与空气有效隔绝，避免了空气水分对检测结果的影响；(c)做到次次加入量的一致。

(3) 添加硝基苯试剂装备——与红外仪同步自动电位滴定仪。

九江石化在改进使用微量滴定管滴定分析离子液体活性的基础上，再次开发了利用自动滴定单元-自动控制单元组合体和原位红外分析仪联用检测技术。方式：取样和滴定溶剂量同步骤(2)，滴定硝基苯试剂剂改用自动滴定单元-自动控制单元组合体(以下简称组合体)，设置好组合体滴定方法参数，启动滴定程序，仪器按照预先设定程序启动组合体和原位红外分析仪，试验结束后，寻找滴定终点，与此同时显示硝基苯试剂加入量。

组合体滴定检测法优势：(a)人和硝基苯有效隔离；b)硝基苯与空气有效隔绝；(c)滴定方式选择更加灵活；(e)滴定过程自动化，解放了人力资源。

2.3 试验方法的选择

(1) 纯原位红外扫描法

配套应用微量注射器和/或微量滴定管添加硝基苯试剂，通过观察生成物峰、硝基苯峰值变化判断滴定终点(见图1)。

纯原位红外扫描法弊端：(a)肉眼观察判断滴定终点困难、带有人自身的主观性；(b)分析过程离不开人的及时信息记录。

(2) 连续滴定曲线法

配套九江石化开发的自动滴定单元—自动控制单元组合体和原位红外分析仪联用检测技术。方式：在联用检测技术完成自动检测后，再在滴定谱图上寻找滴定终点。

联用检测技术优势：(a)实现了自动添加硝基苯试剂，硝基苯试剂添加量和生成物特征峰、硝基苯特征峰值联动变化；(b)脱离了人的时时掌控。

选择化学滴定法的通用方法—连续滴定曲线法：通过连续添加硝基苯试剂和峰值信息的相应变化，查找滴定终点(见图2)。

本文在选用此方法时发现图谱曲线判断与实际不符。原因分析：硝基苯试剂添加量与反应速度不能够同步，也就是相应特征峰(硝基苯峰和生成物峰)的信息出来之时，硝基苯与离子液的反应仍在进行。

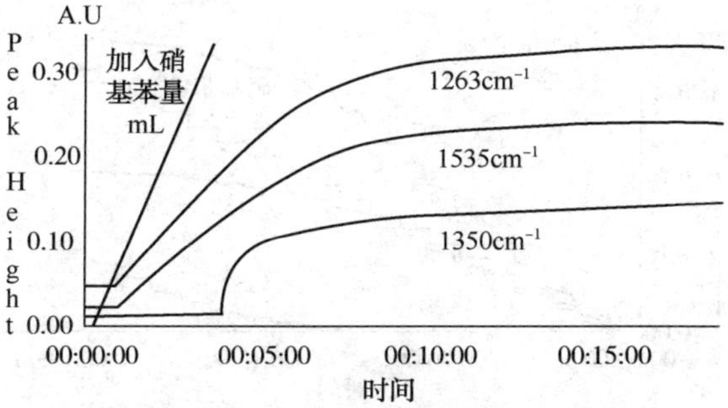

图2　连续滴定曲线图

（3）间隔台阶滴定法

同连续滴定曲线法，配套九江石化开发的自动滴定单元-自动控制单元组合体和原位红外分析仪联用检测技术。方式：设置一程序，模仿用滴定管逐次添加硝基苯试剂，再在滴定谱图上寻找滴定终点。

参数程序1：原位红外扫描间隔15s，滴定1次加入量0.1mL，时间间隔30s，滴定2次加入量0.1mL，时间间隔30s，……，滴定18次加入量0.1mL，时间间隔30s，结束。滴定过程及反应生成物特征峰和硝基苯特征峰形变化见图3。

参数程序2：原位红外扫描间隔15s，滴定1次加入量0.1mL，时间间隔60s，滴定2次加入量0.1mL，时间间隔60s，……，滴定18次加入量0.1mL，时间间隔60s，结束。滴定过程及反应生成物特征峰和硝基苯特征峰形变化见图4。

参数程序1，由图3观察，因间隔时间短，前次反应尚未结束，而再次加入硝基苯试剂，生成物峰（1263cm^{-1}峰和1535cm^{-1}峰）不间断地随着滴定硝基苯试剂的加入持续增长，同时硝基苯特征峰（1350cm^{-1}峰）也在伴随着硝基苯试剂的加入加速增长。

参数程序2，由图4观察，滴定指示剂硝基苯与离子液体的反应在1min的时间内基本反应完毕，硝基苯试剂的再次加入，促成新反应的开始，进而形成反应的台阶状。随着硝基苯试剂的滴加，生成物特征峰（1263cm^{-1}峰和1535cm^{-1}峰）的变化逐渐变缓直至不再随着硝基苯试剂的加入而增长；此时硝基苯特征峰（1350cm^{-1}峰）开始增长。

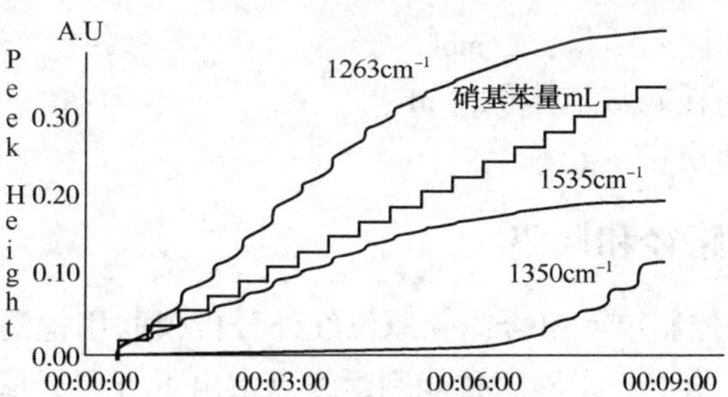

图3　参数程序1扫描图

（4）参数选择

上述（1）技术相对落后，滴定与记录同时进行；（2）常规成熟技术，但反应与滴定不能够同步，也就是相应特征峰（硝基苯特征峰和生成物特征峰）的信息出来之时，硝基苯与离

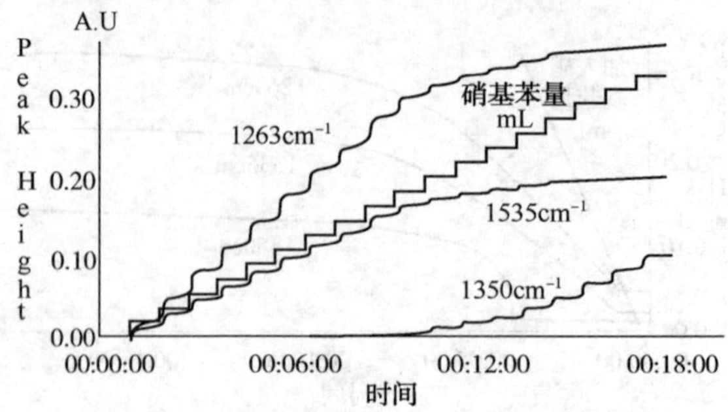

图4 参数程序2扫描图

子液的反应仍在进行；(3)反应与滴定可以同步，能够真实反映生成物情况，同时省去了随时记录工作。

综合各方实际情况，采用(3)间隔台阶滴定法。参数程序选择：参数程序1，滴定间隔时间短，硝基苯与离子液不能够及时反应完全，影响测定结果判断；参数程序2，滴定间隔时间为60s，此时硝基苯与离子液能够及时反应完全。

本方法推荐选用，(3)间隔台阶滴定法—参数程序2。

2.4 结果的计算

(1) 原离子液体活性指数计算法，见式(1)。[1]

$$活性指数=1000\times m_1/(m_0\times M_1) \tag{1}$$

式中 m_0——离子液体质量；

M_1——指示剂硝基苯相对分子质量；

m_1——总计加入指示剂硝基苯的质量。

(2) 改进后离子液体活性按式(2)计算，单位为mmol/g。

$$活性指数=\frac{1.2037\times V}{123.11\times m}\times 1000=9.777\times\frac{V}{m} \tag{2}$$

式中 1.2037——硝基苯密度(20℃)，g/mL；

123.11——硝基苯摩尔质量，g/mol；

V——滴定消耗硝基苯体积，mL；

m——离子液质量，g。

2.5 智能判断的路径和期望

自动滴定单元-自动控制单元组合体和原位红外分析仪联用检测技术，配合间隔台阶滴定法，选择参数程序2，为下一步滴定智能判断终点指出了方向，依据生成物特征峰的信号缓慢变化和硝基苯特征峰信号的快速增长来设计智能判断。

3 结论

(1) 装备创新使用“自动滴定单元—自动控制单元组合体和原位红外分析联用仪”检测

技术。有效的隔离了人和硝基苯的接触，阻止了试剂毒性对人体的伤害；隔断了硝基苯与空气的接触，排出了潮湿空气对测定的影响；检测方式选择多样化；滴定过程实现了自动化操作，解放了人力资源。

（2）试验方法选择，间隔台阶滴定法—参数程序 2(原位红外扫描间隔 15s，滴定 1 次加入量 0. 1mL，时间间隔 60s，滴定 2 次加入量 0. 1mL，时间间隔 60s ……，滴定 18 次加入量 0. 1mL，时间间隔 60s，结束)。滴定过程真实展现了硝基苯与烷基化离子液体反应的化学变化过程，反应生成物特征峰和硝基苯特征峰形变化符合化学反应过程，滴定终点观测明显、易于判断。

（3）结果计算由粗犷矿称重型转化为绿色精密滴定型匹配计算公式，为智能全自动检测夯实了基础。

参 考 文 献

[1] Q J/HSH 07 56——2018 离子液体活性分析方法[S].

基于核磁技术的原料油快评系统研究与实践

王　珓

（中国石化九江分公司质量管理中心，江西九江　332004）

摘　要　通过对核磁技术两年多的理论研究与应用实践，建立了包括原油、汽油、柴油、蜡油等多股物料快评分析模型，建成了原料油快评系统，系统通过中央数据库与LIMS、MES等系统共享数据，实现全流程优化无缝衔接和闭环管理，为炼油装置全流程优化、RTO提供实时、快速、准确的物料物性数据，提升了企业生产优化的准确性和敏捷性，为企业带来经济效益和社会效益。

关键词　核磁共振技术　原料油快评系统　模型　应用

前言

为提升炼油全流程优化的准确性和敏捷性，针对当前及未来加工流程，需要快速了解原料油及各类馏分油性质，及时为生产运行管理提供基础数据支撑，最大限度产出所加工原油每个馏分的价值，研究原料油物性快速评价系统，实时、准确、快速提供原料油物性成为发挥全流程优化作用的重要基础。

近年来，随着计算机技术和现代分析检验技术的飞速发展，在原(料)油分析领域，涌现的近红外光谱(NIR)和核磁共振波谱(NMR)等快速分析技术，可在短时间内得到原油及各种油品的大量物性数据，为指导和优化企业的生产提供准确、快速的质量参考数据。某企业选择了基于核磁共振技术的原料油快评之路，积极进行探索和研究，建立了原料油快评系统，经过两年多的应用实践，已在企业的全流程优化中发挥着不可或缺的作用，取得了较好的经济效益。

1　原料油快评系统

原料油快评系统组成，按实验室离线和装置现场在线分类：

实验室离线原料油物性快速评价系统主要由离线NMR分析仪、物性模型和管理系统三部分组成。

装置现场在线原料油物性快速评价系统主要由原料预处理系统、在线NMR分析仪、物性模型和管理系统四部分组成。

1.1　NMR分析仪

NMR技术即核磁共振谱技术[1,2]，是一种非接触式、分子结构测量技术，可以分析重质、黏稠、不透光的样品。在石油化工领域的应用，主要是集中在原油及汽柴油在线调和、在线分析、中间产品和装置进料的监测和产品物性测量等[3]。原理是通过检测样品分子中不同位置氢核在磁场中的能级变化，处理并转换为频域图谱。在NMR谱图中，分子结构唯一决定了各组分的谱峰将在谱图中确定的位置产生，并且峰强度直接反映了各组分的含量。其特点是测量数据准确、丰富、范围广、样品适应宽。

离线核磁仪用于实验室对于多个装置物料的快速分析，在线核磁仪用于装置的多股物料的快速实时分析，为RTO、装置机理模型提供支撑。

1.2 物性模型

涵盖了原油、汽油、煤油、柴油和蜡油等油品的碳、氢、硫、氮、密度、馏程等多种物性，创造性地开发了原油金属镍和钒、柴油十六烷值、汽油辛烷值和重油四组分的模型。

1.3 管理应用平台

以应用需求为导向，开发的基于原油快评的智能全流程优化深度应用的平台，管理核磁分析仪图谱与物性模型并进行综合应用，如图1所示。其功能包括核磁分析、数据管理、图表管理、通讯管理、优化应用等六大模块，自动生成相应报表(简评报告、全评报告、物性跟踪、快评日报等)，实现快评系统数据在全流程优化中的快速应用。

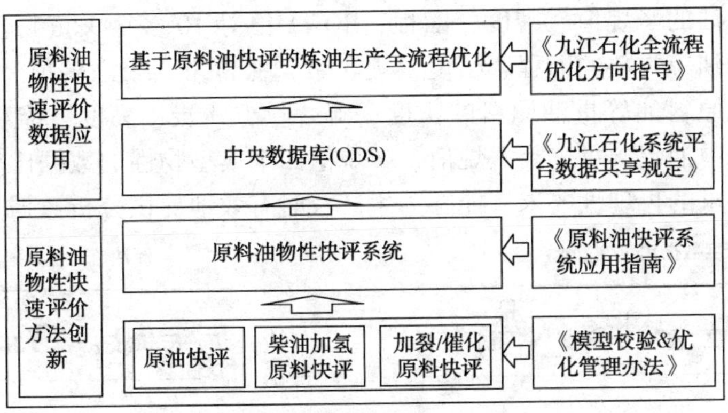

图1 原料油快评管理应用平台

2 原料油快评系统模型建立

2.1 建模步骤

利用NMR技术对原料油物性进行分析，首先要对相应物性建立分析模型。模型的建立包括以下几个步骤：

(1) 选择有代表性的样品进行NMR扫描，得到NMR谱图。

(2) 采用常规方法对相应样品的物性进行测定，得到准确的物性数据。

(3) 通过软件将谱图和物性数据进行关联，找出二者之间的对应关系，得到相应的物性模型。

2.2　建模原理

谱图和物性数据关联的方法，主要以偏最小二乘法为主。偏最小二乘法[4,5]是一种数学优化技术，它通过最小化误差的平方和最小化，从而找到最佳的一组数据和函数进行匹配。它是一种多因变量对多自变量的回归建模方法。采用对变量 X 和 Y 都进行分解，从变量 X 和 Y 中同时提取成分(通常称为因子)，再将因子按照它们之间的相关性从大到小排列。而后，建立一个模型，选择几个因子参与建模即可。偏最小二乘回归是多元线性回归模型的一种扩展，在其最简单的形式中，只用一个线性模型来描述独立变量 Y 与预测变量组 X 之间的关系式：

$$Y=b_0+b_1X_1+b_2X_2+\cdots+b_pX_p$$

其中，b_0 是截距，b_i 的值是数据点 1 到 p 的回归系数。

根据此方法，选取图谱中与物性关联度较大信号区段，将这些点与物性数据进行关联，求出相应的系数，得到宏观物性与微观样品结构有直接对应关系的数据模型。基于 NMR 技术的物性模型校准后可长期使用，在建模围度内无须再频繁校正。

2.3　模型效果

运用建立的原料油快评系统，开展了对多个装置几十股物料的数百种物性的建模工作，主要包括原油的密度、酸值、硫含量、水含量、馏程等 24 个关键物性，催化、重整等汽油装置原料油、产品油的辛烷值、密度、馏程、PONA 值等 10 多个关键物性，各柴油加氢装置原料油、精制柴油等物料的馏程、密度、硫含量、氮含量、十六烷值、闪点等 20 多个关键物性，加氢裂化原料油等重油原料的密度、硫含量、残炭、黏度、馏程等 10 多个物性。图 2 是原油密度、原油硫含量、十六烷值、辛烷值四个典型物性的数据比对，误差完全满足标准分析方法所要求的再现性要求，能够为生产及时有效地提供分析数据。

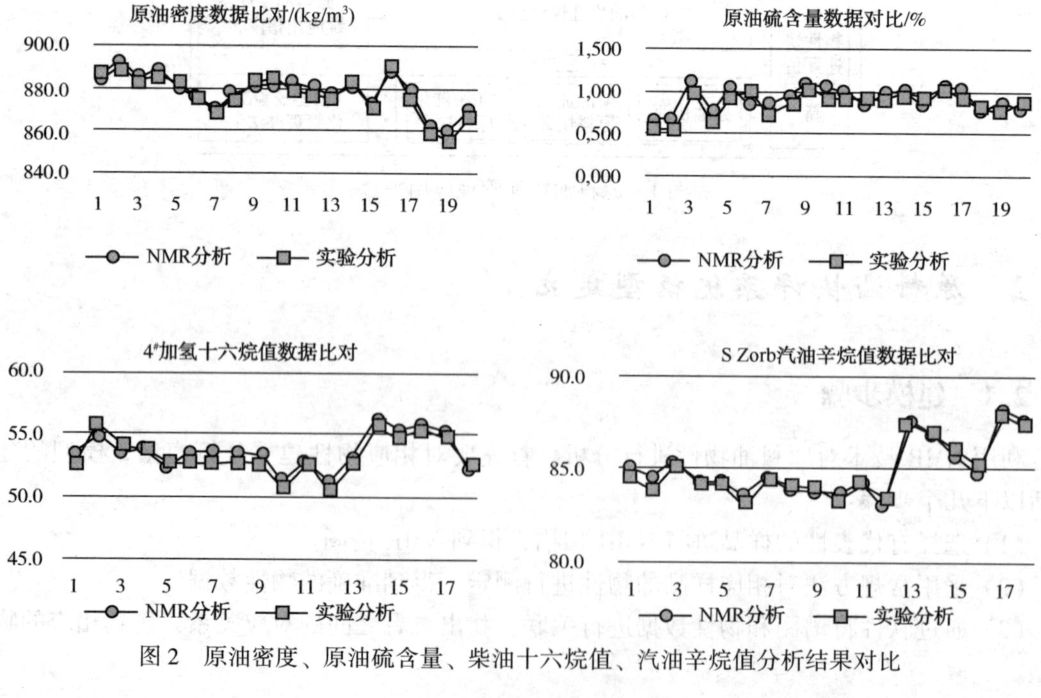

图 2　原油密度、原油硫含量、柴油十六烷值、汽油辛烷值分析结果对比

3 原料油快评系统应用实践

3.1 核磁分析

3.1.1 离线分析

核磁共振离线分析系统主要应用于各装置关键物料(常减压脱前原油、加氢装置原料油、加氢裂化原料油等)物性的日常分析、核磁技术应用研究、核磁技术基础理论研究、新物料物性拓展建模等，一种物料的分析仅需 5~8 分钟，即可得到全部所需物性数据。分析应用见表 1。

表 1 离线 NMR 分析物料性质汇总

物料	物性	数量
原油	API、酸值、总碳、总氢、总硫、总氮、水分、凝固点、残炭、胶质、沥青质、各段馏程收率、镍含量、钒含量	24
柴油	C、H、S、N、20℃密度、50℃黏度、80℃黏度、十六烷值、初馏点、10%馏程、50%馏程、90%馏程、95%馏程、99%馏程、闪点、凝点、芳烃含量	17
蜡油	C、H、S、N、20℃密度、残炭、碱性氮、50℃黏度、80℃黏度、10%馏程、30%馏程、50%馏程、70%馏程、90%馏程、饱和烃、芳烃、胶质、沥青质	18
汽油	C、H、S、N、烷烃、烯烃、环烷烃、芳烃、密度、初馏点、10%馏程、50%馏程、90%馏程、终馏点、辛烷值、芳烃潜含量(计算所得)	15
煤油	C、H、S、N、烷烃、烯烃、环烷烃、芳烃、密度、20℃黏度、-20℃黏度、初馏点、10%馏程、50%馏程、90%馏程、终馏点、闪点	17
总计		91

3.1.2 在线核磁分析

在线核磁快评分析[6]是贯通 RTO-APC-DCS-生产装置-下游生产装置-全厂优化，实现全厂一体化优化核心组成部分。可以实时检测装置物料的物性，确保安全平稳生产，降低生产成本，减少化验分析劳动负荷，实现常减压装置“卡边”操作，提高装置经济效益。

在线核磁快评分析系统应用于核心装置-常减压装置，对常减压的原料油(脱后原油)及侧线馏分油(初顶、常顶、常一线、常三线和减三线)进行实时分析，如图 3 所示。数据实时上传至 DCS，供 RTO/APC 使用。六股物料 74 个物性每一小时更新一次(每股物料分析包括管线冲洗仅需 8 分钟)，其中原油的 22 个物性数据每 30 分钟更新一次，及时反馈物性变化及产品质量情况，如图 4 所示。

3.2 数据准确性比对

原料油快评项目上线运行后，必须不定期对核磁共振分析数据与实验分析进行比对，以验证分析数据的准确性。以原油比对数据为例：

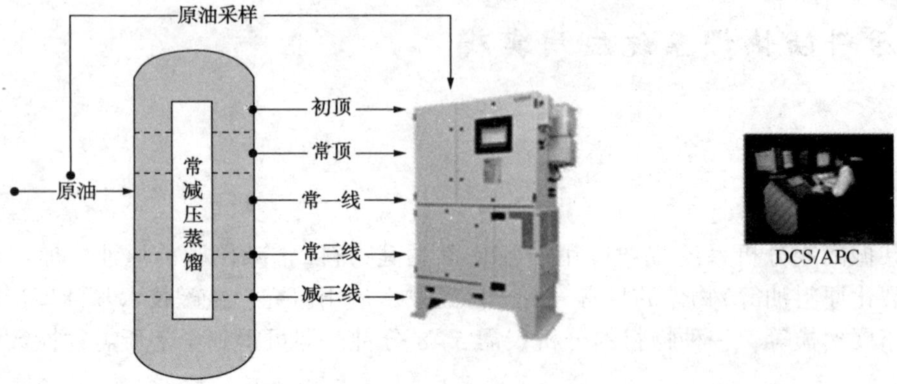

图3 常减压装置NMR在线分析示意图

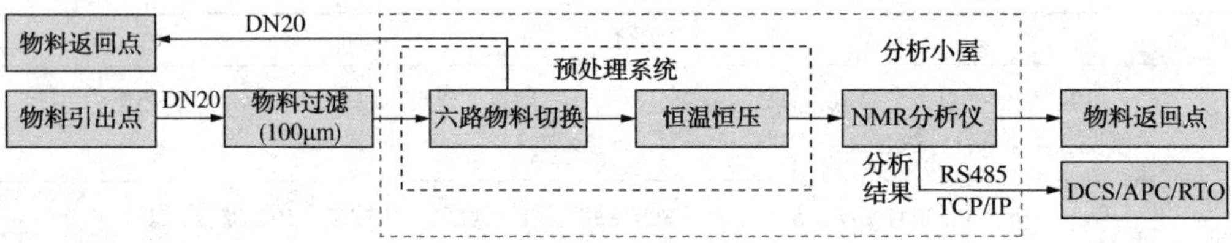

图4 物料分析流程示意图

3.2.1 离线数据比对

(1)密度

时间	2017年8月16日	8月31日	9月15日	9月22日	10月13日	10月27日	11月10日	11月16日	12月1日	12月15日	12月21日	2018年1月2日	1月19日	1月26日
NMR分析	885.5	884.6	880.5	875.7	876.9	881.4	882.2	879.8	876.7	872.5	888.5	878.6	859.2	869.1
实验分析	886.7	883.0	882.6	875.7	875.5	882.5	878.4	877.4	875.1	871.4	891.6	876.2	856.5	867.1
实际误差	1.2	1.6	2.1	0.0	1.4	1.1	3.8	2.4	1.6	1.1	3.1	2.4	2.7	2.0
允许误差	3.0	3.0	3.0	3.0	3.0	3.0	3.0	3.0	3.0	3.0	3.0	3.0	3.0	3.0

(2)酸值

时间	2017年8月16日	8月31日	9月15日	9月22日	10月13日	10月27日	11月10日	11月16日	12月1日	12月15日	12月21日	2018年1月2日	1月19日	1月26日
NMR分析	1.10	0.95	1.01	0.97	1.13	1.05	0.96	1.09	1.14	1.07	0.97	0.82	1.05	1.02
实验分析	1.41	0.82	0.74	1.04	1.22	0.82	0.87	1.19	1.11	1.13	0.73	0.73	0.87	0.70
实际误差	0.31	0.13	0.27	0.07	0.09	0.23	0.09	0.10	0.03	0.06	0.24	0.09	0.18	0.32
允许误差	0.32	0.27	0.27	0.28	0.33	0.27	0.27	0.30	0.30	0.30	0.26	0.25	0.28	0.27

(3)硫含量

时间	2017年8月16日	8月31日	9月15日	9月22日	10月13日	10月27日	11月10日	11月16日	12月1日	12月15日	12月21日	2018年1月2日	1月19日	1月26日
NMR分析	0.660	1.123	1.040	0.882	0.927	1.069	0.979	0.863	0.986	0.865	1.059	1.013	0.851	0.810

续表

时间	2017年8月16日	8月31日	9月15日	9月22日	10月13日	10月27日	11月10日	11月16日	12月1日	12月15日	12月21日	2018年1月2日	1月19日	1月26日
实验分析	0.572	0.989	0.955	0.998	0.839	1.028	0.928	0.912	0.924	0.929	1.032	0.932	0.773	0.869
实际误差	0.088	0.134	0.085	0.116	0.088	0.041	0.051	0.049	0.062	0.064	0.027	0.081	0.078	0.059
允许误差	0.082	0.135	0.128	0.121	0.114	0.134	0.123	0.115	0.123	0.116	0.134	0.127	0.105	0.109

（4）残炭

时间	2017年8月16日	8月31日	9月15日	9月22日	10月13日	10月27日	11月10日	11月16日	12月1日	12月15日	12月21日	2018年1月2日	1月10日
NMR分析	4.95	5.41	5.29	5.05	5.48	5.09	5.22	4.85	5.37	4.72	5.24	5.28	4.34
实验分析	5.05	5.13	5.24	5.51	4.86	5.01	4.93	4.96	4.72	4.64	5.98	4.78	4.38
实际误差	0.10	0.28	0.05	0.46	0.62	0.08	0.29	0.11	0.65	0.08	0.74	0.50	0.04
允许误差	0.72	0.74	0.74	0.74	0.73	0.72	0.72	0.71	0.72	0.69	0.77	0.72	0.65

上表中，实际误差是NMR数据与实验室数据的绝对差值，允许误差为国标分析再现性误差标准。从以上比对数据随机抽取，整体结果数据准确性在92%以上。

3.2.2 在线数据比对

（1）密度

时间	2017年10月16日	10月17日	10月30日	11月6日	11月13日	11月27日	12月4日	11月11日	12月18日	12月25日	2018年1月2日	1月9日	1月15日
NMR分析	877.8	877.9	883.2	875.4	877.6	873.1	880.9	869.7	890.3	886.5	873.6	859.8	853.9
实验分析	878.9	876.5	885.0	878.4	877.4	875.1	883.0	871.4	891.6	888.6	875.2	859.7	856.5
实际误差	1.1	1.4	1.8	3.0	0.2	2.0	2.1	1.7	1.3	2.1	1.6	0.1	2.6
允许误差	3.0	3.0	3.0	3.0	3.0	3.0	3.0	3.0	3.0	3.0	3.0	3.0	3.0

（2）酸值

时间	2017年10月16日	10月17日	10月30日	11月6日	11月13日	11月27日	12月4日	11月11日	12月18日	12月25日	2018年1月2日	1月9日	1月15日
NMR分析	1.32	1.13	1.02	1.04	1.11	1.06	1.06	1.06	0.93	0.99	1.01	0.96	1.07
实验分析	1.05	1.11	0.95	0.87	1.19	1.11	1.12	1.13	0.73	0.90	0.73	0.88	0.87
实际误差	0.27	0.02	0.07	0.17	0.08	0.05	0.06	0.07	0.20	0.09	0.28	0.08	0.20
允许误差	0.31	0.30	0.28	0.28	0.30	0.29	0.29	0.30	0.26	0.27	0.26	0.27	0.28

（3）硫含量

时间	2017年10月16日	10月17日	10月30日	11月6日	11月13日	11月27日	12月4日	11月11日	12月18日	12月25日	2018年1月2日	1月9日	1月15日
NMR分析	0.834	0.997	0.877	0.929	0.915	1.010	0.997	0.858	0.96	0.90	0.85	0.865	0.861
实验分析	0.914	1.069	0.934	0.928	0.912	0.924	0.971	0.929	1.032	0.954	0.932	0.793	0.773

续表

时间	2017年10月16日	10月17日	10月30日	11月6日	11月13日	11月27日	12月4日	11月11日	12月18日	12月25日	2018年1月2日	1月9日	1月15日
实际误差	0.080	0.072	0.057	0.001	0.003	0.086	0.026	0.071	0.069	0.057	0.082	0.072	0.088
允许误差	0.113	0.132	0.117	0.120	0.118	0.124	0.126	0.115	0.128	0.119	0.115	0.107	0.106

（4）残炭

时间	2017年10月16日	10月17日	10月30日	11月6日	11月13日	11月27日	12月4日	11月11日	12月18日	12月25日	2018年1月2日	1月9日
NMR分析	4.89	4.93	4.88	5.14	4.99	4.77	5.38	5.08	5.42	5.66	4.55	4.42
实验分析	5.38	5.59	5.22	4.93	4.96	4.72	5.88	4.64	5.98	5.90	4.78	4.38
实际误差	0.49	0.66	0.34	0.21	0.03	0.05	0.50	0.44	0.56	0.24	0.23	0.04
允许误差	0.73	0.74	0.72	0.72	0.71	0.69	0.78	0.70	0.78	0.79	0.68	0.66

（5）水含量

时间	2017年10月24日	10月30日	11月6日	11月13日	11月27日	12月4日	11月11日	12月25日	2018年1月2日	1月9日
NMR分析	0.07	0.05	0.08	0.06	0.06	0.08	0.05	0.06	0.06	0.05
实验分析	0.07	0.09	0.09	0.05	0.09	0.09	0.03	0.09	0.09	0.05
实际误差	0	0.04	0.0124	0.01	0.03	0.0074	0.02	0.03	0.03	0
允许误差	0.11	0.11	0.11	0.11	0.11	0.11	0.11	0.11	0.11	0.11

（6）凝点

时间	2017年10月16日	10月17日	10月30日	11月6日	11月13日	11月27日	12月4日	11月11日	12月18日	12月25日	2018年1月2日	1月9日	1月15日
NMR分析	-21	-22	-23	-21	-21	-24	-20	-22	-16	-24	-20	-23	-19
实验分析	-22	-20	-20	-18	-20	-20	-20	-20	-15	-20	-20	-20	-15
实际误差	1	2	3	3	1	4	0	2	1	4	0	3	4
允许误差	4	4	4	4	4	4	4	4	4	4	4	4	4

上表中，实际误差是NMR数据与实验室数据的绝对差值，允许误差为国标分析再现性误差标准。从以上比对数据随机抽取，整体结果数据准确性在95%以上。

3.3 快评系统的应用

3.3.1 快速分析

通过原料油快评系统可以一键选择分析多种物料，每种物料仅需5~8分钟，即可得到多个物性数据。

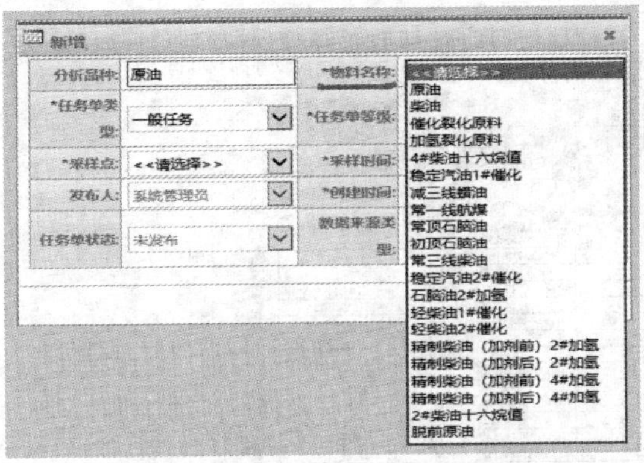

图 5　原料油快评系统分析的物料

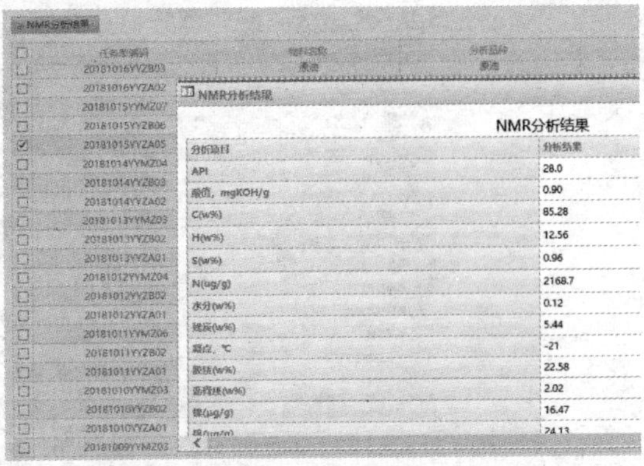

图 6　原油快评数据

3.3.2　原油全评数据的自动拟合

根据原油核磁快评数据可以直接得到拟合原油全评报告。

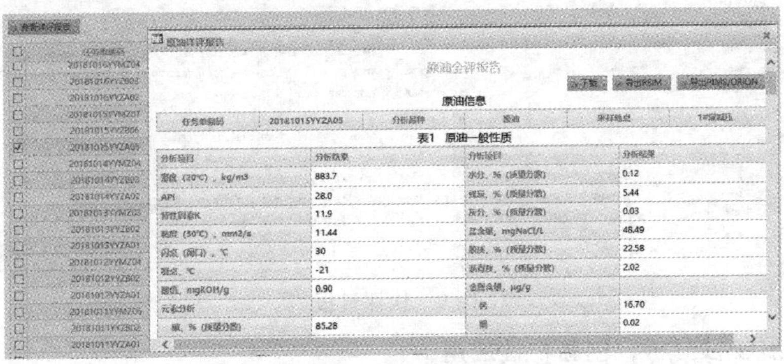

图 7　拟合原油全评报告

3.3.3　为优化应用提供基础数据，实现快速应用

在快评系统内嵌入优化应用栏，包括原油分组管理、切割方案管理、原油切割、PIMS 切割、RSIM 切割、PIMS/ORION 切割等功能。以原油快评 24 个物性数据为基础，自动拟合生成 160 余个数据的原油详评报告，实现与 PIMS、RSIM、ORION 一键导出，这意味着快评分析完成后即可进行优化操作，大大提高了全流程优化应用的方便和快捷。

3.3.4　生成快评晨报，为生产服务

原料油快评系统可自动生成当日快评日报，并具有预测第二天进装置原油性质功能，为当日生产提供数据参考。

3.4　应用效果

3.4.1　利用快评数据，实现原油分储分炼

原料油快评系统每日快评分析进厂原油 24 个物性，根据原油数据进行分储分炼，API 高、金属含量低的原油进 2#常减压，否则进 1#常。1#常减压深拔，控制渣油残炭至 18.5%以上，实现渣油收率<25.5%；2#常减压以渣油产量配套渣油加氢掺渣量为原则控制装置负荷，提升装置经济效益。

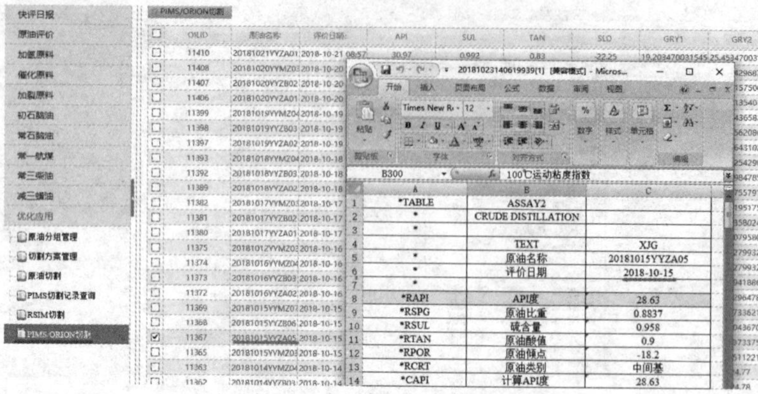

图 8　原油全评报告与 PIMS、RSIM、ORION 一键导出

图 9　快评日报

3.4.2　拓展物性分析，创新物性应用

利用原料油快评系统拓展物性快评分析功能，完成了包括原油中金属镍钒含量、柴油十六烷值、汽油辛烷值、重油四组分等重要项目在内的 90 余个新物性建模，部分模型已投入使用，替代传统分析，提高了分析效率。例如：柴油十六烷值传统分析需大型仪器(十六烷值机)2~3 小时才得到数据，而快评系统 8 分钟即可完成；原油中金属镍钒含量的分析，传统方法需 2 天时间，而快评系统 8 分钟完成。

3.4.3　满足生产所需，在线快评应用

在线快评 74 个物性分析数据进入 DCS，供操作人员实时监控装置生产。同时数据通过数采集成快评系统、ODS，实现共享，为 RTO、装置机理模型、全流程优化提供实时分析数据，及时优化操作。

在线实时得到石脑油的组成数据，计算出其芳烃潜含量，为后续重整优化原料加工方案和装置平稳操作提供基础数据支持。

4　结论

（1）以原料油快评系统为中心的快评数据，极大便利了装置的实时监控及调整，对装置的安稳常满优生产起到积极作用。

（2）快速评价原料油性质，是实现全流程优化生产、装置机理模型、RTO 项目的重要

基础，及时为生产运行管理提供基础数据支撑，原油实现分储分炼，最大限度产出所加工原油每个馏分的价值。

(3) 原料油物性分析检测技术过去一直以传统方法(也称为实验室常规分析法)为主，每一个物性都有相应的仪器进行分析，如密度仪、黏度仪、馏程仪等，费时费力。基于核磁共振技术的原料油快评系统将其提升为 8 分钟即可得到多个物性数据，不仅快速、减少工作量、样品和耗材少，而且属无损检测。

参 考 文 献

[1] 高明珠．核磁共振技术及其应用进展[J]．信息记录材料，2011，12(03)：48-51.

[2] 张云．核磁共振技术的历史及应用[J]．科技信息，2010(15)：116-118.

[3] 赵常俊，吴乐乐．核磁共振技术在石油行业中的应用[J]．山东化工，2016，45(03)：86-89.

[4] 杨春华，杨玲．偏最小二乘建模及其多重共线抑制能力分析[J]．华侨大学学报：自然科学版，2016，37(04)：523-526.

[5] 张泽宇．基于主元分析与偏最小二乘的故障诊断方法研究[D]．石家庄：河北师范大学，2017.

[6] 王琤，唐全红，李舜，等．新一代在线核磁共振分析仪在原料油物性快速评价中的应用[J]．石油炼制与化工，2017，48(10)：101-106.

气相色谱法测定工业用碳九芳烃组成

孙 琪

（中国石油大连石化分公司，辽宁大连 116000）

摘 要 随着我国石油化工的发展，其中来自炼厂重整装置的二甲苯塔底油（重整 C_9），即工业用碳九芳烃的利用逐渐引起人们的关注，但对于工业用碳九芳烃的组成分析目前无现行的国家、行业标准和国外先进标准。本文采用气相色谱法，使用聚乙二醇（键合交联）毛细管柱对样品中的各个组分进行分离，最后通过有效碳数校正面积归一化法进行定量，为工业用碳九芳烃组成的测定提供了一个有效的分析方法。

关键词 工业用碳九芳烃 重整 C_9 气相色谱

1 实验部分

1.1 试剂与材料

（1）氮气、氢气，纯度不低于99.999%。

（2）正庚烷、苯、十氢萘、甲苯、乙苯、对二甲苯、间二甲苯、异丙苯、邻二甲苯、四氢双环戊二烯（挂式）、正丙苯、1-甲基-4-乙基苯、1-甲基-3-乙基苯、叔丁苯、异丁苯、1,3,5-三甲苯、仲丁苯、四氢双环戊二烯（桥式）、1-甲基-2-乙基苯、1-甲基-3-异丙苯、1-甲基-4-异丙苯、1,2,4-三甲苯、1,3-二乙基苯、1-甲基-2-异丙苯、1-甲基-3-正丙苯、1-甲基-4-正丙苯、1,4-二乙基苯、正丁苯、1,3-二甲基-5-乙基苯、1,2-二乙基苯、1-甲基-2-正丙苯、1,2,3-三甲苯、1,4-二甲基-2-乙基苯、1,3-二甲基-4-乙基苯、1,2-二甲基-4-乙基苯、茚满、2-甲基茚满、1-甲基茚满、1,2-二甲基-3-乙基苯、1,2,4,5-四甲苯、1,2,3,5-四甲苯、1,2,3,4-四甲苯、1,2,3,4-四氢萘、萘、2-甲基萘、1-甲基萘，纯度不低于95%。

1.2 试验步骤

在规定的试验条件下，将适量试样注入配置氢火焰离子化检测器（FID）的气相色谱仪，各组分在色谱柱上被有效分离，测量其峰面积，以有效碳数校正面积归一化法计算各组分的含量[1]。参照表1的操作条件设定仪器参数。

表1 推荐的典型操作条件

色谱柱	毛细管柱
柱管材质	熔融石英

续表

色 谱 柱		毛细管柱
固定相		聚乙二醇(键合交联)
柱长/m		60
柱内径/mm		0.32
液膜厚度/μm		0.5
载气		N_2
载气流量/(mL/min)		1.0
柱温①	初始温度/℃	60
	初始时间/min	15
	一阶升温速率/(℃/min)	8
	一阶终温/℃	100
	保持时间/min	0
	二阶升温速率/(℃/min)	2
	二阶终温/℃	120
	保持时间/min	0
	三阶升温速率/(℃/min)	20
	三阶终温/℃	210
	终温保持时间/min	15
汽化室温度/℃		230
检测器温度/℃		240
进样量/μL		0.4
分流比		100：1

①若样品中含有重组分，应确保所采用色谱条件能够使重组分全部流出。

2 结果讨论

2.1 定性和定量

充分混合样品，向气相色谱仪注入0.4微升样品，并记录色谱图。工业用碳九芳烃中各组分含量 W_i，以%(质量分数)计，按式(1)计算，报告结果精确至0.01 %(质量分数)。各个组分的相对质量校正因子见表2，正庚烷的相对质量校正因子代表所有非芳烃的相对质量校正因子，对二甲苯代表所有碳八芳烃的相对质量校正因子，1,2,4-三甲苯代表除茚满以外所有碳九芳烃的相对质量校正因子，1,2,3,4-四甲苯代表除萘以外所有碳十芳烃的相对质量校正因子，萘代表所有萘及以上的相对质量校正因子。未知组分采用邻近组分的相对质量校正因子。典型物质的保留时间见表3，组分谱图见图1。

$$W_i = \frac{A_i f_i}{\sum A_i f_i} \times 100 \tag{1}$$

式中 A_i——工业用碳九芳烃中组分 i 的峰面积；

f_i——工业用碳九芳烃中组分 i 的相对质量校正因子。

表2 各组分的相对质量校正因子

组分名称	相对质量校正因子①	组分名称	相对质量校正因子①
正庚烷	1.000	1,2,4-三甲苯	0.933
苯	0.909	1,2,3,4-四甲苯	0.938
甲苯	0.919	茚满	0.917
对二甲苯	0.927	萘	0.895

① 表中相对质量校正因子均为各组分相对于正庚烷的有效碳数校正因子。

表3 典型物质的保留时间

序号	组分	保留时间/min	序号	组分	保留时间/min
1	非芳烃	—	25	1-甲基-4-正丙苯	31.26
2	苯	13.35	26	1,4-二乙基苯	31.40
3	甲苯	18.67	27	正丁苯	31.49
4	乙苯	22.73	28	1,3-二甲基-5-乙基苯	31.84
5	对二甲苯	23.10	29	1,2-二乙基苯	32.07
6	间二甲苯	23.41	30	1-甲基-2-正丙苯	32.23
7	十氢萘	24.42	31	1,2,3-三甲苯	32.33
8	异丙苯	24.95	32	1,4-二甲基-2-乙基苯	32.66
9	邻二甲苯	25.56	33	1,3-二甲基-4-乙基苯	32.85
10	四氢双环戊二烯(挂式)	26.55	34	1,2-二甲基-4-乙基苯	33.05
11	正丙苯	26.75	35	茚满	33.31
12	1-甲基-4-乙基苯	27.47	36	1,3-二甲基-2-乙基苯&2-甲基茚满	33.51
13	1-甲基-3-乙基苯	27.61	37	1-甲基茚满	33.85
14	叔丁苯	28.11	38	1,2-二甲基-3-乙基苯	34.05
15	异丁苯	28.29	39	1,2,4,5-四甲苯	34.33
16	1,3,5-三甲苯	28.51	40	1,2,3,5-四甲苯	34.55
17	仲丁苯	28.72	41	5-甲基茚满	35.42
18	四氢双环戊二烯(桥式)	29.16	42	1,2,3,4-四甲苯	35.60
19	1-甲基-2-乙基苯	29.43	43	4-甲基茚满	35.91
20	1-甲基-3-异丙苯	29.56	44	四氢萘	36.16
21	1-甲基-4-异丙苯	27.74	45	萘	40.23
22	1,2,4-三甲苯	30.49	46	2-甲基萘	42.36
23	1,3-二乙基苯&1-甲基-2-异丙苯	31.07	47	1-甲基萘	43.19
24	1-甲基-3-正丙苯	31.16			

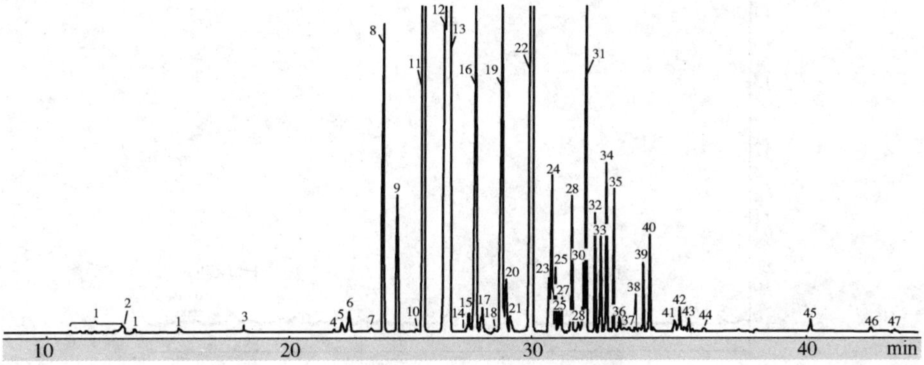

图 1　工业用碳九芳烃典型色谱图

2.2　检出限的考察

选取标准物质苯(99.99%)、甲苯(99.95%)、十氢萘1(60.26%)、十氢萘2(39.45%)。为了避免可能会影响苯、甲苯、十氢萘组分的出峰，溶剂选用的是正十二烷。

按照高浓度到低浓度逐级稀释的方法分别配制苯、甲苯浓度为0.0005%、0.001%、0.002%的正十二烷标准溶液。十氢萘标准样品浓度为0.0005%、0.001%。依据1.2中所述条件进行分析，用有效碳数进行校正，选取苯与甲苯之间一段平滑基线做噪声，测得结果与信噪比见表4。谱图见图2、图3。

表 4　测得浓度含量与信噪比

组分/%	苯 (0.0005)	苯 (0.001)	苯 (0.002)	甲苯 (0.0005)	甲苯 (0.001)	甲苯 (0.002)	十氢萘1 (0.0005)	十氢萘1 (0.001)	十氢萘2 (0.0005)	十氢萘2 (0.001)
检测浓度/%	0.0007	0.0013	0.0024	0.0007	0.0013	0.0022	0.0007	0.0011	0.0005	0.0098
信噪比	3.1	6.5	13.1	3.0	5.7	10.8	2.3	3.4	1.9	2.9

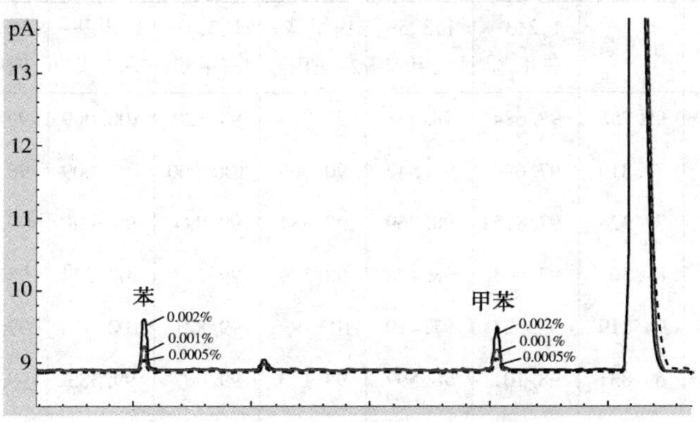

图 2　不同浓度的苯、甲苯谱图

在FID上由于信号的高度稳定重复，采用信噪比(S/N)为3∶1是可以定量且能得到重复的结果，从图2、图3给出的谱图看，0.0005%的芳烃是可以检出并定量的。对于十氢萘类非芳，在0.001%级别的水平上也是可以测得的。

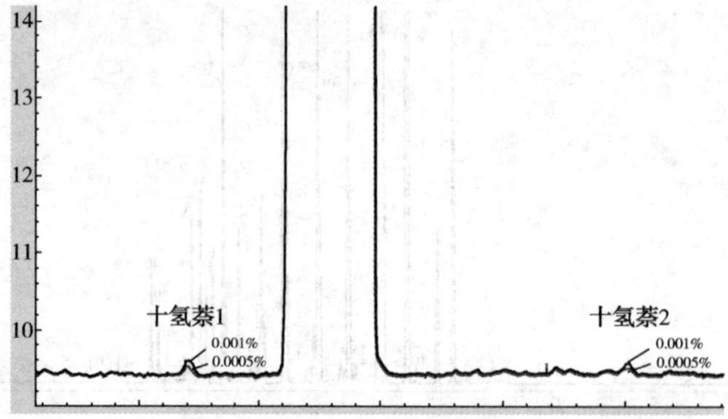

图3 不同浓度的十氢萘谱图

2.3 测定的回收率考察

依据工业用碳九芳烃样品的典型含量值，配制3组试验样品分发给7个试验的实验室，用6台不同类型的色谱仪进行分析。列举样品中典型组分加入量见表5，对得到的数据进行统计学计算，结果见表6。通过对数据结果的统计确定了十氢萘的回收率应在70%~130%之间，其他组分的回收率在95%~105%之间。

表5 样品中典型组分加入量 g

序号	非芳	对二甲苯	十氢萘	1,2,3-三甲苯	1,3,5-三甲苯	1-甲基-2-正丙苯	1,2,4-三甲苯	1-甲基-2-乙基苯	1,2,3,4-四甲苯	茚满	萘	其他组分
1	0.0578	0.0200	0.0025	1.6115	1.5212	0.2148	11.0297	1.8973	0.0755	0.3440	0.0373	12.2794
2	0.1275	0.0095	0.0023	3.6946	6.8197	0.1480	20.2681	1.7876	0.2145	0.3635	0.2071	17.0626
3	0.0577	0.0200	0.0009	1.6108	1.5205	0.2147	7.0036	1.8964	0.0755	0.3439	2.4681	25.1059

表6 各实验室典型组分回收率 %

序号	非芳	对二甲苯	十氢萘	1,2,3-三甲苯	1,3,5-三甲苯	1-甲基-2-正丙苯	1,2,4-三甲苯	1-甲基-2-乙基苯	1,2,3,4-四甲苯	茚满	萘
A	100.834	97.710	99.758	97.684	98.458	97.935	99.120	100.069	99.445	98.542	97.897
B	97.998	97.072	74.819	97.648	97.542	90.005	100.000	101.009	98.976	95.966	93.517
C	98.878	98.229	72.325	97.815	98.269	98.331	99.094	99.998	99.242	99.257	99.291
D	100.247	98.609	81.303	97.803	98.478	98.529	99.217	100.274	98.948	99.186	98.444
E	102.604	107.996	74.819	99.924	97.419	103.466	99.821	100.310	97.595	94.227	99.067
F	86.946	96.972	69.831	98.101	98.597	98.133	99.007	99.383	99.609	101.333	104.616
G	98.585	98.389	69.831	98.685	99.205	98.931	100.054	101.013	100.322	98.866	99.689

2.4 不同实验室间分析结果对比

选取一组样品数据，列举样品中典型组分含量的测定结果，计算出再现性标准偏差，见表7。可以看出大部分组分的标准偏差均在0.1水平及以下。

表 7　样品中典型物质测定含量

序号	非芳	对二甲苯	十氢萘	1,2,3-三甲苯	1,3,5-三甲苯	1-甲基-2-正丙苯	1,2,4-三甲苯	1-甲基-2-乙基苯	1,2,3,4-四甲苯	茚满	萘
A/%	0.2589	0.0188	0.0049	7.2828	13.4404	0.2932	39.9497	3.5239	0.4247	0.7155	0.4025
B/%	0.2607	0.0188	0.0046	7.3027	13.4423	0.2915	40.0065	3.5338	0.4221	0.7228	0.4006
C/%	0.2516	0.0192	0.0049	7.3382	13.6640	0.2778	40.2301	3.2665	0.4244	0.7194	0.4164
D/%	0.2608	0.0187	0.0046	7.3081	13.4364	0.2998	40.0073	3.5266	0.4257	0.7219	0.4140
E/%	0.2646	0.0185	0.0048	7.2914	13.4599	0.2961	40.0353	3.5460	0.4220	0.7190	0.3950
F/%	0.2630	0.0178	0.0047	7.2860	13.4268	0.2977	39.9640	3.5255	0.3970	0.7149	0.4123
G/%	0.2603	0.0176	0.0044	7.2489	13.3313	0.2689	40.8483	3.4326	0.3855	0.6705	0.3903
平均值/%	0.2560	0.0185	0.0047	7.2940	13.4573	0.2893	40.1487	3.4793	0.4145	0.7120	0.4044
再现性标准偏差	0.0600	0.0006	0.0002	0.0273	0.1004	0.0115	0.3222	0.1010	0.0163	0.0185	0.0100

3　结论

本文提供了一个工业用碳九芳烃组成的分析试验方法，并通过试验以及比对分析验证了其可行性与有效性，弥补了工业用碳九芳烃组成分析上的一个空缺，为连续重整 C9 芳烃的利用，发挥其最大的经济效益提供了一个行之有效的分析检测方法。

参 考 文 献

[1] 范晨亮，彭振磊．有效碳数在对二甲苯气相色谱定量分析中的应用[J]．石油化工，2017，46(10)：1325-1331.

胜利原油加工中氯化物组分的研究

徐铮铭

（中海石油舟山石化有限公司化验室，浙江舟山　316015）

摘　要　介绍了加工胜利高硫高酸原油过程中由于氯化物超标对设备造成危害，化验室对原油及中间产品中无机氯化物、有机氯化物、总氯化物进行分析，通过水洗碱洗将有机氯和无机氯有效分离，有机氯采用馏分切割之后分段定量，结合色谱的定性，最终找出氯化物中最主要的危害成分，并实现了对这些氯化物有效监控。

关键词　胜利高硫高酸原油　水洗碱洗　馏分切割　色谱

1　前言

一般原油中的氯化物可分为无机和有机氯化物两类[1]。而原始的原油中存在的氯化物一般以无机氯为主，有机氯的含量较少或微量存在。一般情况下，通过破乳和电脱盐之后，都能脱除总共氯化物的90%以上，最终在裂解石脑油、粗工业燃料油、重馏分油和蜡油中会有一小部分的残留，根据炼油厂多年的实际生产经验表明，脱后原油盐(分析标准 SYT 0536—2008[2]、ZB E 21001-87[3])浓度控制在3mg/L以下，精制原料总氯(分析标准 ASTM D4929[4]、ASTM D5808[5]、GB/T 18612—2001[6]、SH/T 1757—2006[7])控制在10mg/Kg以下的氯含量不会对重整加氢、催化裂化、石脑油加氢精制装置产生较大的影响，只是常规的设备慢性腐蚀为主，因此不太关注。

但是当以有机和无机两种形式存在的氯化物在原油和中间产品中含量过高的状态下，特别是通过高效加氢脱离形成氯离子浓度过高时，就会在高温下和脱除的氮形成氯化铵结晶，堵塞设备，也会造成催化剂中毒。这就是化工行业内存在的氯离子腐蚀和氯盐堵塞现象，即使在300度的高温下，氯化氨依然能顽强结晶。其中的无机氯化物可在原油脱盐脱水过程中随水的脱除而基本脱除，即使脱不干净也可以通过水洗的方式除去，但是有机氯化物结构稳定，采用常规方法不易脱除，对于舟山石化加工胜利高硫高酸原油带来了很大的困扰，蒸馏装置的塔顶、冷却器、回流罐的氯化物腐蚀、裂解炉管腐蚀甚至结晶堵塞，为了解决这一问题，锁定其中核心组分，成为重中之重，为最终解决这一困扰提供方向。

2　实验部分

2.1　基本原理

结合装置的实际情况，先采用水洗碱洗的方式，将待测样品中的有机氯和无机氯分离，再采用馏分切割的方式，将主要的氯化物集中在较窄的馏分内，最后采用色谱的方式定性，结合总氯的分析方法定量。

2.2 适用范围

适用于原油、石脑油、粗工、重馏分油、蜡油等各类样品中氯化物的排查。

2.3 试剂和材料

氯标样：0.5mg/L；1mg/L；2mg/L；3mg/L；5mg/L；10mg/L；
氢氧化钠(AR)；甲苯(99.99%)；
高纯水；高纯氢；高纯氩；高纯氧。

2.4 仪器

7890B 色谱仪；JF-WK-2000 总氯分析仪；DSY-003D 手动馏程仪；
电子分析天平：感量 0.1mg；
离心管：5mL；
一次性滴管：2mL；
棉签：若干。

2.5 参数条件

根据舟山石化中氯化物含量的分布情况，制定比较合理的步骤，最终实现氯化物的目标锁定，详见表 1、表 2。

表 1　总氯分析仪参数

序号	所属部位	参　数	优化后	备注
1	燃烧炉控制参数	进口氧流量/(mL/min)	50	
2		裂解氧流量/(mL/min)	350	
3		氩气流量/(mL/min)	150	
4		汽化段温度/℃	1000	
5		燃烧段温度/℃	800	
6	电解池控制参数（处理器实现）	偏压/mV	128	
7		积分电阻/kΩ	6.4	
8		增益	4	
9		转化率/%	80~120	
10		搅拌速度	有旋涡无气泡	

表2 色谱仪分析参数

项　目	分析操作条件	项　目	分析操作条件
填充色谱柱	50m×0.2mm×0.5um PONA 柱	气体流量	载气流量(高纯氮气)：30mL/min； 燃气(高纯氢气)：30ml/min； 助燃气(净化空气)：400ml/min
进样方式	毛细管自动进样		
汽化温度 检测器温度 色谱柱温度	250℃ 300℃ 初温：35℃；保持10min； 以每分钟0.5℃，升温至60℃，保持0min； 以每分钟2℃，升温至180℃，保持10min	恒定压力 进样量	107.1kPa 0.2μL

2.6 操作步骤

碱洗水洗：配置1%的NaOH溶液清洗待测样品，再用高纯水清洗待测样品，等待分层30min，取上部油样分析总氯含量，用结果定性样品中主要氯化物为有机氯还是无机氯。

馏分切割：准确量取100mL样品，采用手动馏程的方式将待测样品按照50℃为馏分宽度切割成组分轻重不同的若干馏分，以待逐一进行总氯含量分析，切割过程中，确保馏出速度控制在4mL/min，初馏时间控制在10~15min。

总氯分析：根据表1的参数，选取和样品接近的标样，如果表样浓度不够高的前提下，可以适当调整进样比例，最终使得样品和标样峰面积接近，以便准确定量，对于原油和渣油等黑油，黏度又大，可以适当采用不含氯的甲苯稀释后再进样或者采用固体进样器直接进样，防止裂解管积炭，对测量数据产生误差。

有机氯分析：原理和总氯分析相同，不同之处在于分析的是水洗前后样品的差异，原因是无机氯可以通过水洗除去。

色谱定性：根据表2的参数，对于200℃以上的有机氯化物都有效，根据对应的保留时间可以确定该氯化物的沸点，精确到10度以内。关键在于找到和待测组分相同的不含有机氯或者含微量有机氯的样品，进项差减法，找出有机氯的准确保留时间。

3 结果和讨论

根据分析的整体过程，可以从下面几个方面展现各项结果，现实进行了碱洗水洗后分析的数据可见表3。

表3 原样水洗结果

水洗名称	洗前			洗后	
	进样结果/(mg/L)	相对密度	质量分数/(mg/kg)	进样结果/(mg/L)	量分数/(mg/kg)
粗　工	3.8	0.8337	4.6	3.3	3.96
	3.2		3.8	2.7	3.24
裂解石脑油	149	0.7309	203.8	146	199.8
	153		209.6	147	201.3

续表

水洗名称	洗前			洗后	
	进样结果/(mg/L)	相对密度	质量分数/(mg/kg)	进样结果/(mg/L)	量分数/(mg/kg)
胜利原油	257.8	0.865	298		
	242		279.8	(10：1甲苯稀释)	
锦州原油	6.22	0.862	7.2		
	6.6		7.7		

根据表1可以明显看出，在常规油品中，无机氯的含量可以忽略不计，主要原因是原油在破乳电脱盐环节，无机盐的除去率可以基本达到90%以上，加上无机盐由于自身沸点的原因，基本存在于重馏分油、蜡油等重质油品馏分段较多较集中，而有机氯则相反，在裂解石脑油这一较轻的馏分段内相对比较集中。由此可以初步推断，有机氯的主要组分在200℃以内。此样品放置一天以后再次分析，数据重现性良好。

既然问题锁定在裂解石脑油后，就可以进行下一步馏分切割了，将裂解石脑油切割成三段，100℃以前，100~150℃之间和150℃以上三段馏分。然后再分批进行氯含量分析。此时不需要进行水洗，因为已经确定氯化物基本以有机氯存在。最终结果显示，100℃以前在1208mg/kg，而100~150℃之间的136mg/kg，150℃以上的4mg/kg。如此可见，90%以上的组分集中在100℃以前。

考虑到手动馏程自身的分离度受样品蒸汽对流的影响，100~150℃之间存在的136mg/kg氯含量中有一部分是100℃以前组分对流过去的。加上裂解石脑油中100℃以前的馏出体积只占全馏分的30%以内，而实际上胜利原油得到裂解石脑油的整体收率也不到10%。由此可见，绝大部分的有机氯都集中在100℃以前。

从胜利原油的实际情况分析，可能造成10倍以上的有机氯含量的原因，原油自身的可能性很小，查阅相关文献资料显示，胜利原油在开采过程中可能携带的有机氯可能性很大，特别是油基类助剂的添加和清洗类助剂的渗入。详见表4。

表4　2005年胜利油田主要采油助剂(数据收集于胜利油田)

采油助剂名称	助剂中氯含量/(μg/g)	助剂类型
GD-1前置液	540400	油基
SJN-1降黏剂	494	油基
JN-510降黏剂	200	油基
169破乳剂	20	水基
SAE破乳剂	500	水基
SP1Cfl2破乳剂	2700	水基
D80破乳剂	250	水基
聚季胺黏土稳定剂	20400	水基
NW-1黏土稳定剂	355000	水基
FSH-9101固沙剂	14000	水基
FS-1防沙剂	12400	水基

续表

采油助剂名称	助剂中氯含量/(μg/g)	助剂类型
ZQ-S 洗井液	24	水基
HJ-1 地层清洗剂	41	油基
QKJ-1 地层清洗剂	6	油基
1'F-9101 解堵剂	14000	水基
AR8801 解堵剂	2700	水基
AR8802 解堵剂	29575	水基
JS-2 解堵剂	95	油基
JS-7-2 解堵剂	25	乳液
SY-1 油剂	26	油基
GS-1 清蜡剂	44160	油基
ME-10 清防蜡剂	32	油基
LHQ 清蜡剂	140	油基

(数据由胜利油田勘探设计院提供)

由表4可看出，胜利油田所用的采油助剂均不同程度地含有氯。各助剂按溶解特性可分为水基(能溶于水)、油基(溶于油)、乳液(既溶于水又溶于油)三大类。可见，油田使用的各类含氯化学助剂，均可在开采过程中混入原油中，但混入原油中的水基类含氯化学助剂，通过原油的脱盐脱水可以脱除，而油基和乳液类的含氯化学助剂则是原油有机氯的主要来源。特别是较大含量的GS-1清蜡剂中，主要成分包括四氯化碳和三氯甲烷等有机氯。

由于有机氯中都带碳元素，因此可以采用FID的色谱法检测，通过对切割的100℃以前组分采用色谱的分析方法分析后的图谱和石脑油的详细图谱对比后，可以找出问题的端倪，见图1。

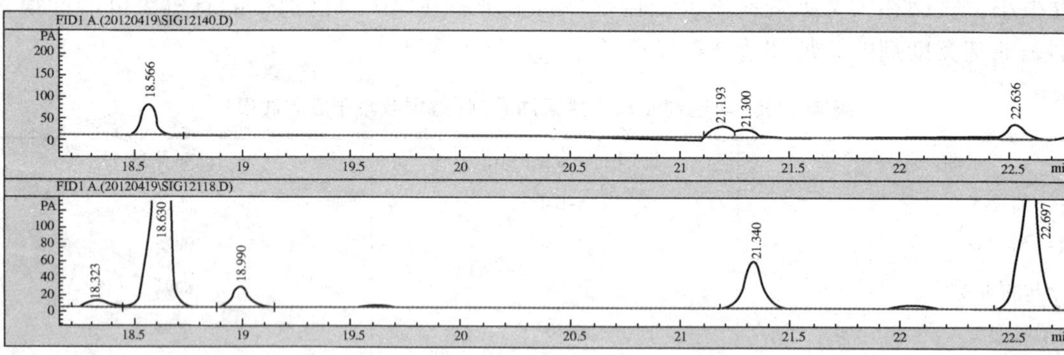

图1 色谱分析石脑油和裂解石脑油切割对比

采用色谱法分析后，由于选用的毛细管柱为甲基硅氧烷为固定相的非极性柱，最大的特点是馏程的烃类物质会根据沸点呈现正态分布，而从裂解石脑油100℃以前的组分的检出率达到99%以上来看，分离的效果还是想对比较满意的，而最突出的部分就是图1所示的保留时间在21min的部分，上为裂解石脑油100℃以前组分，下为石脑油组分，原本在保留时间为21min的部分两边无干扰，只有苯(沸点80℃)，而在切割组分中明显可以看出前面还有较高的很接近组分的重叠，由此可推断，该组分很有可能是沸点接近 80℃的氯代烃，也是所谓的有机氯，如四氯甲烷(沸点 76℃)之类，含量也比较接近，在 0.1%左右。

4 结论

(1) 胜利原油中的氯电脱盐之后，主要以有机氯为主，无机氯含量极少，有机氯主要集中在裂解石脑油组分中，占比 90%以上，无机氯主要集中在馏分油和蜡油中，含量在 2mg/kg 左右。

(2) 裂解石脑油中 90%以上有机氯属于沸点范围在 80℃±10℃之间的氯代烃类物质，有可能是四氯甲烷(沸点 76℃)、三氯乙烯(沸点 87℃)之类的物质，具体有待进一步确认和定性。

参考文献

[1] 芦清新，崔世伟. 胜利高硫高酸原油有机氯含量分析结果探讨[J]. 齐鲁石油化工，2018(3)：233-236.

[2] SYT 0536—2008 原油盐含量的测定电量法[S].

[3] ZBE 21001—87 原油盐含量测定法(电量法)[S].

[4] ASTM D4929 Test Method for Determination of the Oxidation of Used Lubricants by FT-IR Using Peak Area Increase Calculatio[S].

[5] ASTM D5808 Standard Test Method for Determining Chloride in Aromatic Hydrocarbons and Related Chemicals by Microcoulometry[S].

[6] GB /T 18612—2001 原油中有机氯含量的测定微库仑计法[S].

[7] SH/T 1757—2006 工业芳烃中有机氯的测定微库仑法 [S].

近红外光谱分析技术快速测定东区原油密度性质的研究

刘 珂，孙 甲

（中国石油乌鲁木齐石化分公司研究院，乌鲁木齐 830019）

摘 要 摘要东区原油是某石化企业加工原油其中之一，通过对其性质监测数据，可及时发现、分析和判断可能影响装置正常生产、产品质量、或造成隐患的原油油种、配比及来源变化的异常数据。东区原油周监测主要性质有：密度(20℃)、凝点、酸值、硫含量、氯盐、金属铁、镍、钒、钙、钠、馏程、水分、氮含量。本研究旨在建立近红外光谱分析法快速测定东区原油密度的方法，为炼厂生产提供技术支持。以2019年1月至4月进厂东区原油样品52个批次为实验材料，采集样品近红外透反射型光谱，结合化学计量学软件建立并优化预测模型。结果表明，模型通过验证，预测精度较高，符合密度检测相关标准的要求。

关键词 近红外 东区原油 密度

近红外光谱是一种电磁波，是倍频或组合频产生的吸收光谱，位于可见光和中红外光区之间，美国材料与实验协会(ASTM)定义近红外波长范围：780~2500nm(12821~4000cm^{-1})。近红外光谱属于分子振动光谱，产生于共价化学键非谐能级振动。是非谐振动的倍频和组合频，对于含氢基团，如含 C-H、O-H、N-H、S-H、As-H……的物质都会产生近红外光谱[1]。

现代近红外光谱分析是光谱测量技术、计算机技术、化学计量学技术与基础测试技术的有机结合，是在近红外光谱所反映的样品物质组成、属性或物态信息，与用标准的或认可的分析方法测得的组成或性质数据之间建立校正模型，进而通过对未知样品光谱的测定和建立的校正模型来快速预测其组成或性质的一种分析方法[2]。

近红外光谱分析技术的优势在于：快速、准确、高效；降本，增效；绿色，环保。无须样品制备可直接在复杂背景下，进行无破坏性，快速，同时测定多个样品。分析成本低，不需要试剂、不污染环境。减少人为误差，测试重现性好。近红外光谱技术也成为衡量现代炼油企业技术水平的一个重要标志。

1 实验部分

1.1 材料

东区原油，样品采样点：炼油厂原料罐对比流量计；采集时间：2019年1~4月，样品未做任何处理。

1.2 仪器

PerkinElmer Spectrum100N FT-NIR Spectrometer 傅立叶变换干涉分光仪，光谱范围：14000~1200cm^{-1}个波数，分辨率：0.5cm^{-1}，噪声：<10μA RMS，恒温透反射测量附件。化学计量学波谱分析软件(版本 1.0)：北京化工大学开发的光谱分析软件。

1.3 实验方法

1.3.1 建模样品的收集

收集具有代表性的东区原油 2019 年 1~4 月间样品共计 52 个批次，随机选择 40 个批次作为校正集，12 个批次作为验证集。

1.3.2 建模样品被测组分化学分析值的测定

东区原油密度采用国家标准 GB/T 1884—2000 原油和液体石油产品密度测定法(密度计法)测定，取得化学值数据 52 组。具体数据见表 1 及表 2。

表 1 校正集东区原油密度

编号	密度/(kg/m^3)	编号	密度/(kg/m^3)	编号	密度/(kg/m^3)	编号	密度/(kg/m^3)
1	881.4	11	878.5	21	878.7	31	866.5
2	879.6	12	859.9	22	864.8	32	865.4
3	881.1	13	861.0	23	869.6	33	868.3
4	879.5	14	862.0	24	865.1	34	865.3
5	886.5	15	861.1	25	869.2	35	884.6
6	859.8	16	875.5	26	865.1	36	861.8
7	867.0	17	861.4	27	864.6	37	862.0
8	865.9	18	862.8	28	865.6	38	863.9
9	861.7	19	862.9	29	864.8	39	865.4
10	867.7	20	879.4	30	867.8	40	865.4

表 2 验证集东区原油密度

编号	密度/(kg/m^3)	编号	密度/(kg/m^3)
1	861.1	7	881.4
2	862.8	8	879.6
3	861.4	9	881.1
4	862.0	10	879.5
5	862.9	11	886.5
6	875.7	12	859.8

1.3.3 样品光谱的采集

采用 PerkinElmer Spectrum100N FT-NIR Spectrometer 傅立叶变换干涉分光仪，测定东区原油近红外光谱，光谱范围为 2100~10000cm^{-1}，分辨率 0.4cm^{-1}，步进精度 4cm^{-1}，累计扫描次数 16 次，用透反射测量方式。东区原油近红外光谱见图 1。

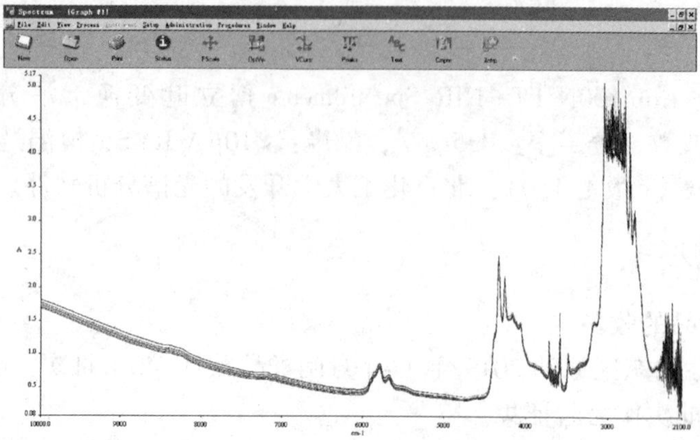

图1 东区原油近红外光谱

1.3.4 光谱的预处理

近红外光谱仪采集得到的光谱图除了自身的信息外，还携带了其他无关信息。为了得到准确可靠的分析结果，对光谱数据进行预处理十分必要。光谱预处理的方法主要有：均值中心化、标准化、归一化、平滑、一阶导数、二阶导数、多元散射校正、正交信号校正等。本次研究中光谱预处理方法主要有：一阶导数、二阶导数、多元散射校正、均值化、标准化及平滑。

1.3.5 校正模型的建立

第一步，将采集40个样本集的光谱图与其对应的基础数据录入光谱分析软件中，进行关联组成校正数据阵；第二步，对光谱进行数学变换(也称光谱预处理)；第三步，光谱区间(范围)的选择，选择的标准为相关系数越大越好；第四步，将处理后的光谱数据和性质数据通过主成分回归和偏最小二乘法进行回归运算，得到定量校正模型。在定量校正过程中，通过确定多种参数如微分点数和最佳主因子数以及剔除异常数据，反复筛选最终得到最佳定量模型。

1.3.6 校正模型的校验

用已知样本(验证集样本)使用建好的定量模型，进行分析预测得到预测值，对模型的准确性进行验证。模型的准确性主要通过预测标准偏差(SEP)及相关系数来评价，预测标准偏差SEP越小，相关系数越大，准确性越高[3]。

2 结果与分析

2.1 光谱数据预处理

通过微分、多元散射校正、标准化、均值化、平滑四种预处理方法结合使用处理光谱后，建立的定量校正模型的校正相关系数(R^2)及预测标准误差(SEP)结果见表3。

表3 不同预处理方式密度定量模型的参数

序号	预处理方法	R^2	SEP
1	多元散射校正+二阶微分+均值化	0.9988	0.38
2	多元散射校正+一阶微分+均值化	0.9621	1.75

续表

序号	预处理方法	R^2	SEP
3	无散射校正+二阶微分+标准化	1.0000	0.01
4	多元散射校正+二阶微分+标准化	0.9981	0.06
5	无散射校正+二阶微分+标准化+平滑(5)	1.0000	0

一个好的光谱数学模型有三个基本标志，即模型的稳定性、可靠性及动态适应性。评价模型的测定精度，一般利用近红外法的预测值与传统方法的分析值两者之间的相关系数和残差标准差指标[3]。当相关系数(R^2)越大，预测标准误差(SEP)越小，说明模型的测定精度越好。通过对以上4种预处理方法的组合预处理效果进行比较分析得出：东区密度模型采用无散射校正、二阶微分、标准化及平滑(5)预处理后建立的模型相关系数为1.0000预测标准误差为0，模型效果最佳。

2.2 光谱区间的选择

在实际工作中，存在部分光谱区域样品光谱信号弱，与样品的组成或性质相关性较差。为了得到有效光谱区间，将测定的性质数据与样品的光谱数据关联，得到相关系数。相关系数与波数对应图见图2。

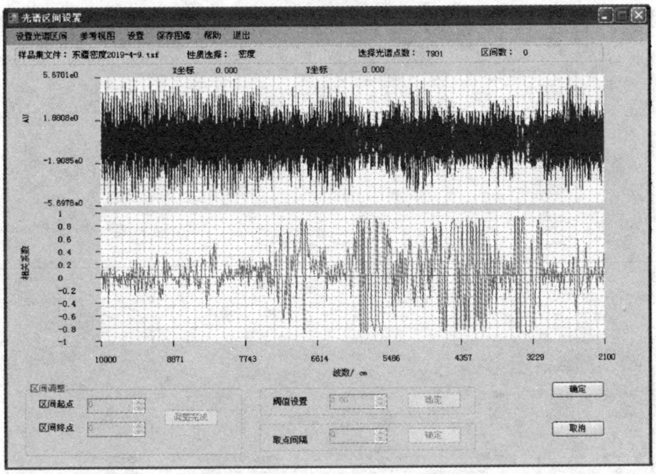

图2 东区原油密度性质波数-相关系数图

通过选取相关系数较大的光谱区间，结合已知的化学知识给定一个阈值，选取相关系数大于该阈值的波长参与模型建立。不同光谱区间的选取，所建模型参数见表4。依据选取相关系数大的标准，经过比较选取一个光谱区间及同时选取多个光谱区间的尝试，并反复剔除离群值建立模型，最终确定光谱区间在2822~6913cm^{-1}、最佳主因子为10建立的模型为最佳模型。

表4 不同光谱区间密度模型的参数

序号	光谱区间/cm^{-1}	R^2	SEP
1	5886~6233，4419~5546，60~1927	0.9988	0.38
2	970~6666	0.9621	1.75

续表

序号	光谱区间/cm^{-1}	R^2	SEP
3	4042~6928	1.0000	0.01
4	4149~6233，60~2050	0.9981	0.06
5	2822~6913	1.0000	0

2.3 校正模型的校验

经过光谱预处理方法的筛选及光谱区间的选定，东区原油密度性质定量模型建模参数报告如下：

谱图预处理方法	校正方法	光谱区间	样本数	最佳主因子	RC	SEC	预测范围
无散射校正	PLS	2822~6913	40	10	1.0000	0	860.3~885.8
二阶微分							
平滑(5)							
未进行标度化							
标准化							

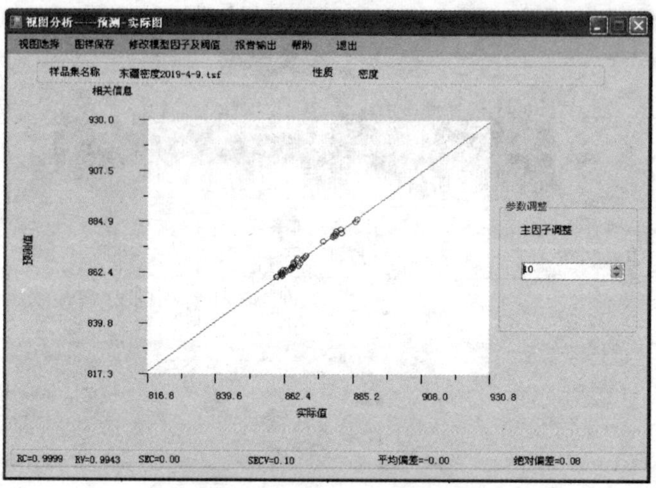

图3 模型预测-实际图

表4 定量模型预测验证集样品的结果

编号	实测值/(kg/m^3)	预测值/(kg/m^3)	偏差
1	886.5	886.4	0.1
2	859.8	859.8	0
3	862.9	862.9	0
4	862.8	862.7	0.1
5	861.4	861.3	0.1
6	861.1	861.2	-0.1
7	862.0	861.9	0.1

续表

编号	实测值/(kg/m^3)	预测值/(kg/m^3)	偏差
8	875.7	875.6	0.1
9	881.4	881.4	0
10	879.6	879.5	0.1
11	881.1	881.1	0
12	879.5	879.4	0.1

从表4数据可以看出，该模型对东区密度性质预测值与实测值之间偏差均小于1.5kg/m^3，分析结果精准程度符合《石油产品试验方法标准汇编》及其所引用的《ASTM标准》的再现性误差要求，95%的置信水平。预测结果准确可靠，可以满足东区原油密度性质分析检测要求。

3 总结

本文旨在优化建模参数，使近红外方法适应东区原油密度性质的快速、准确监测。通过对东区原油密度性质定量模型的建立，实验证明：近红外光谱分析方法魅力无限。快速、准确、高效；降本，增效；绿色，环保，为企业节约了大量的人力、物力、财力。这是企业发展的最终目标，也是社会赋予企业的责任。近红外模型的建立参数不拘于固定格式，不是唯一性，而是多样性。评价一个模型的好坏，没有最好只有更好。经过实际工作中应用反复验证，才是检验模型精度的唯一标准。近红外分析方法是一个渐进过程，随着模型使用时间的增加，建模样品数的增加，对模型的不断修正，模型的可靠性和适用性将不断增加，最终有可能作为一种试行标准方法。

参考文献

[1] 陆婉珍．近红外光谱仪器[M]．北京：化学工业出版社，2010.

[2] 李民赞．光谱分析技术及其应用[M]．北京：科学出版社，2007.

[3] 褚小立，王艳斌，陆婉珍．近红外光谱定量校正模型的建立及应用[J]．理化检验：化学分册，2008，44(8).

快速原油模拟蒸馏准确性考察

徐铮铭

（中海石油舟山石化有限公司化验室，浙江舟山　316015）

摘　要　利用安捷伦 7890B 气相色谱，利用非极性填充色谱柱进行分离，采用填充柱进样模式，用安捷伦 7683A 自动进样器进样，氢火焰离子化检测器检测，面积归一化法定量，对原油的馏程进行快速的、准确的测定，计算各温度点的对应的相关收率，形成完善的数据库，通过不同温度段的收率研究形成模块，并对影响原油快速模拟蒸馏分析的各个因素进行了考察和研究，建立成熟的分析方法，从而达到将快速模拟蒸馏应用到重质油(以原油为例)分析的目的。

关键词　气相色谱　原油　快速模拟蒸馏　正构烷烃

引言

原油作为炼油龙头装置的常规原料，装置要求化验室能够快速、准确的分析，及时给装置提供分析数据，以便能指导装置进行快速、及时调整操作参数，保证各中间产品如重馏分油、粗石脑油、粗柴油等的质量。用常规的减压蒸馏(ASTM D1160—95，GB/T 9168—1997)法分析原油的全馏程，先使用常温常压蒸馏至 350℃左右，再冷却后抽真空分析 350℃至 500℃之间的馏出体积，并根据接收的馏出体积计算对应组分温度从而得到各温度段的收率，每个样品分析至少需要 1h，而用快速模拟蒸馏(色谱法)来分析原油馏程大约只需约 20 分钟，大大缩短了分析时间，给装置的操作调整提供了充足的时间，比较适合生产过程的控制分析，同时也给分析人员减轻了劳动强度，提高劳动生产率；进口的减压馏程仪价格很高，而且分析时间较长，如采用快速模拟蒸馏法(色谱法)来分析原油馏程计算其收率，一台色谱仪器可以与 3 台减压馏程仪的分析速度相当，而且分析的准确度和精密度均较高，大大减少易耗品的消耗，节约分析成本，为公司节省了大量的资金。由于部分原油，如老化流花原油的腐蚀性和毒性较大，挥发性较强，如用常规的减压蒸馏(ASTM D1160—95，GB/T 9168—1997)法来分析此种样品的馏程时，不仅会对仪器、设备造成严重的腐蚀，同时也会直接影响分析人员的身体健康；与减压蒸馏(ASTM D1160—95，GB/T 9168—1997)法相比，用快速模拟蒸馏法(色谱法)来分析原油的馏程时，用量较少，只有 0.15 克，在分析时采用专用的、密闭的安捷伦自动进样小瓶，直接用自动进样器进样，样品挥发量相对较少，对环境的污染相对减小，为分析人员的健康提供了有力保障。快速模拟蒸馏法(色谱法)分析常规原油的馏程是一种新颖的、快速的、健康的、更为先进的分析方法。因此，采用气相色谱法来分析原油的馏程已成为一种分析馏程的快速方法和新技术，也是目前原油收率分析发展的新趋向。

1 实验部分

1.1 基本原理

用具有一定分离度的非极性色谱柱，在程序升温条件下测定已知正构烷烃混合物组分的保留时间，得到保留时间和正构烷烃沸点的对应关系。然后在相同的色谱条件下对样品进行进样，通过色谱柱将试样按沸点高低进行分离，同时进行切片积分，获得对应的累加面积，以及相应的保留时间，经过保留时间-沸点的内插校正，得到对应于百分收率的温度，即馏程。其中，累加面积百分数即收率，因为烃类的相对重量校正因子都比较接近，故可认为即是试样的质量分数含量，采用归一化法定量。通过相应的关联计算或软件计算可获得与减压蒸馏(ASTM D1160—95，GB/T 9168—1997)法具有可比性的馏程测定结果。

1.2 适用范围

适用于 $nC_5 \sim nC_{44}$(初馏~500℃)原油馏分的沸程分布，从而得到各个点的收率。

1.3 仪器配置和标样

Aglient6890N 色谱主机(能进行快速升温，升温速率能达到 120℃)；

氢火焰离子化检测器：最高温度达 450℃；

分流/不分流进样口：进样口最高温度达 450℃；

色谱柱箱：具有可编程的温度程序器，最高升温能到 450℃，最快的升温速率能到 120℃/min；最好具有专用的快速升温的柱箱；

自动进样器：具有 8 个或 8 个以上的样品位；

色谱柱：原油分析填充色谱柱的规格为 0.7m×1/8，非极性固定相 D300；

色谱工作站：具有控制色谱条件、自动进样器与外部事件的能力，峰面积与切片两种积分的能力，以及基本色谱方法校正计算和处理的能力；

色谱模拟蒸馏软件：兰州科海模拟蒸馏软件利用测定得到的各正构烷烃组分的保留时间与沸点的线性关系，计算并建立校正表，然后通过对实际样品测定后获得的面积切片积分数据进行处理，根据校正表计算出其沸程的分布数据，并形成相关计算参数来计算各温度段收率。

标样：原油校正标样是 $nC_5 \sim nC_{44}$ 的正构烷烃，内标样为相当于样品量 10% 的 nC_{14}、nC_{15}、nC_{16}、nC_{17}。

1.4 软件运行环境

硬件环境：CPU PENTIUM 300MHz 以上或相应实标主频的 AMD 和 Cyrix CPU 内存 64M 以上；

操作平台：中、英文 Microsoft WINDOWS NT 4.0 WorkStation，中、英文 Microsoft WINDOWS 2000，所有操作平台必须安装有 Microsoft Internet Explorer 4.0 以上版本的浏览器。

1.5 典型操作条件

原油快速模拟蒸馏的典型色谱条件可见表 1：

表1 原油快速模拟蒸馏分析的典型色谱条件

项　目	原油分析操作条件	项　目	原油分析操作条件
填充色谱柱	0.7m×1/8 非极性固定相 D300	气体流量	气流量(高纯氮气)：25mL/min； 辅助气(高纯氮气)：15mL/min； 燃气(高纯氢气)：40mL/min； 助燃气(净化空气)：400mL/min
载气	高纯氮气		
进样方式	填充柱自动进样		
汽化温度 检测器温度 色谱柱温度	370℃ 370℃ 初温：35℃同，保持0.5min； 以每分钟20℃，升温至370℃，保持6min	恒定流量	30mL/min
		进样量	0.1μL

1.6 实验步骤

基线补偿测定：在正式进样之前，在与运行油样相同的操作条件下进行空白操作，以便对基线漂移、噪声、残存物的影响进行适当的扣除，减小分析误差，保证分析结果准确。

校正标样测定：在第一次分析样品之前，必须分析标样，以便得到各正构烷烃组分的保留时间与沸点的线性关系，计算得到并建立校正表。在样品分析后，利用校正表对样品峰面积的切片进行计算，然后用专门的色谱处理软件进行处理，得到样品的沸程分布数据。标样品分析：在与测定标样相同的色谱条件下分析加入相当于样品量10%的nC_{14}、nC_{15}、nC_{16}、nC_{17}的样品，将试样按沸点次序分离，得到样品的分析谱图，同时对其进行切片积分，获得油样色谱图上对应于百分收率的累加面积，通过校正运行所得的正构烷烃混合物保留时间-温度数据的校正表，经过线性内插，计算对应于各个百分收率的沸点。得到对应于减压蒸馏(ASTM D1160—95，GB/T 9168—1997)的馏程分布的分析数据。

仪器待机：样品分析完毕后，仪器要处于待机的状态，这样既可节约气体用量、同时也延长色谱柱和色谱仪器的使用寿命。

1.7 标样与原油样品的谱图

原油校正标样典型谱图见图1。

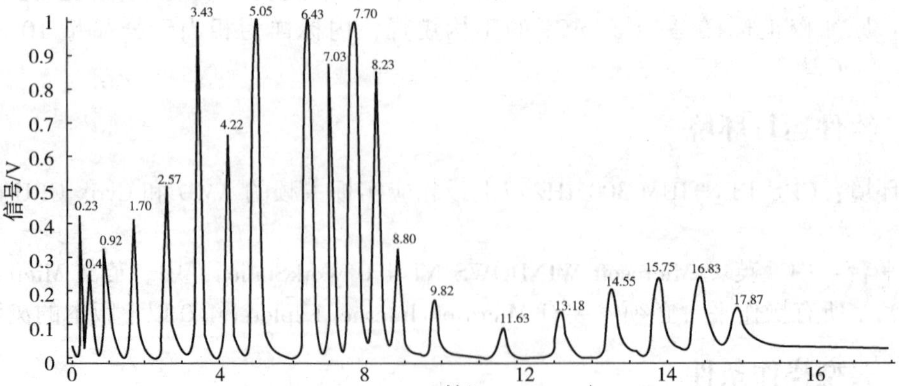

图1 原油校正标样典型谱图

从图 1 中可以清楚地看出，每一个标准峰都代表一个切片的起始点，标准峰的形状和保留时间稳定，就能保证理论总面积的稳定性，这些取决于流速等各硬件的稳定性。

表 2 中的数据是在仪器稳定，色谱操作参数一致，采用原油模拟蒸馏标样的分析方法，二次进样，分析原油标样所得的各正构烷烃和保留时间的对应关系(具体见表 2)。

表 2　原油校正标样各正构烷烃和保留时间的对应关系

序　号	1	2	3	4	5	6	7
正构烷烃	nC_5	nC_6	nC_7	nC_8	nC_9	nC_{10}	nC_{11}
第一次进样得到标样保留时间	0. 23	0. 43	0. 92	1. 70	2. 57	3. 43	4. 22
第二次进样得到标样保留时间	0. 23	0. 43	0. 92	1. 70	2. 57	3. 42	4. 22
序　号	8	9	10	11	12	13	14
正构烷烃	nC_{12}	nC_{14}	nC_{15}	nC_{16}	nC_{17}	nC_{18}	nC_{20}
第一次进样得到标样保留时间	5. 05	6. 43	7. 03	7. 70	8. 23	8. 80	9. 82
第二次进样得到标样保留时间	5. 05	6. 43	7. 03	7. 71	8. 23	8. 80	9. 82
序　号	15	16	17	18	19	20	
正构烷烃	nC_{24}	nC_{28}	nC_{32}	nC_{36}	nC_{40}	nC_{44}	
第一次进样得到标样保留时间	11. 63	13. 18	14. 55	15. 75	16. 83	17. 87	
第二次进样得到标样保留时间	11. 63	13. 18	14. 55	15. 75	16. 84	17. 87	

从表二中可以看出，进二次标样，得到的各正构烷烃保留时间基本一致，保留时间的重复性较好，说明仪器十分稳定。

1.8　原油样品典型谱图

原油样品典型谱图见图 2。

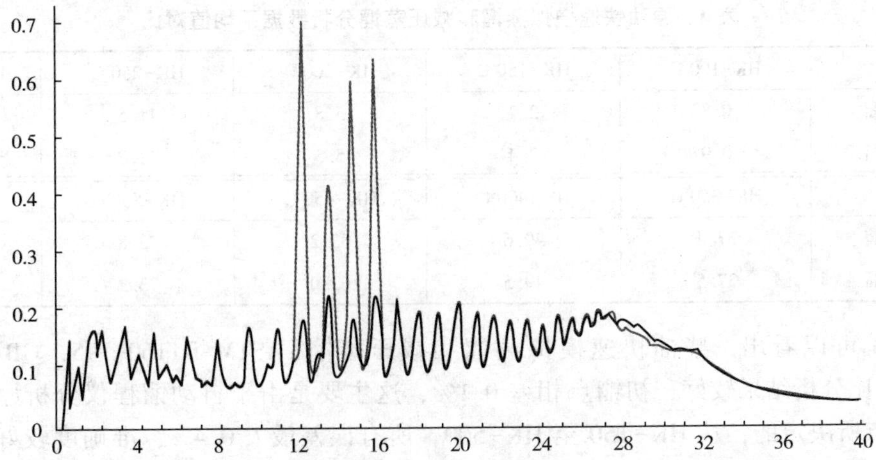

图 2　原油样品典型谱图

2 方法的重复性和准确性

2.1 原油样品的重复性

用原油模拟蒸馏的分析方法对原油进行十次分析，得到其馏程的分析结果，表3列出了用该方法测定原油样品馏程的重复性结果。

表3 原油快速模拟蒸馏分析数据的重复性

收率/%(体)	1	2	3	4	5	6	7	8	9	10	平均	标准偏差	RSD/%
HK-100℃	0.8	0.8	0.8	0.8	0.8	0.8	0.8	0.8	0.8	0.8	0.8	0	0
HK-150℃	2.2	2.2	2.3	2.2	2.2	2.3	2.2	2.2	2.3	2.1	2.2	0.3	0.1
HK-200℃	5.8	5.7	5.7	5.8	5.7	5.6	5.8	5.7	5.8	5.7	5.7	0.3	0.1
HK-250℃	11.5	11.6	11.3	11.5	11.3	11.4	11.6	11.6	11.5	11.3	11.5	0.4	0.2
HK-300℃	20.1	20.2	20.4	20.1	20.2	20.1	20.0	20.1	20.2	20.1	20.3	0.4	0.2
HK-350℃	37.4	37.5	37.2	37.5	37.1	37.1	37.4	37.4	37.4	37.1	37.5	0.4	0.2
HK-400℃	49.6	49.8	49.6	49.6	49.8	49.5	49.7	49.8	49.4	49.6	49.7	0.5	0.2
HK-450℃	63.2	63.6	63.2	63.3	63.6	63.5	63.5	63.6	63.3	63.2	63.5	0.5	0.2
HK-500℃	72.8	73.3	72.9	73.0	72.9	72.8	73.0	73.0	72.9	73.3	73.2	0.6	0.2

从表3中可以看出，用色谱法分析原油的收率的重复性较好，标准偏差和RSD都较小。使色谱模拟蒸馏替代原油减压蒸馏有了可能。

2.2 原油样品分析的准确性

表4为原油快速模拟蒸馏和减压蒸馏(ASTM D1160—95，GB/T 9168—1997)分析数据的对比。

表4 原油快速模拟蒸馏和减压蒸馏分析数据平均值对比

	HK-100℃	HK-150℃	HK-200℃	HK-250℃	HK-300℃
模拟蒸馏	0.8	2.2	5.8	11.5	20.1
减压蒸馏	0.9	2.4	5.5	11.7	19.8

	HK-350℃	HK-400℃	HK-450℃	HK-500℃	
模拟蒸馏	37.4	49.6	63.2	72.8	
减压蒸馏	37.5	49.5	63.0	73.2	

从表4可以看出，柴油快速模拟蒸馏和减压蒸馏(ASTM D1160—95，GB/T 9168—1997)的对比分析结果较好，初馏点相差0.1%，这主要是由于自动馏程仪分析原油馏程的出馏点特点所决定的，从HK-150至HK-500，所有误差最大0.4%，准确度较好，这使原油快速模拟蒸馏的分析方法替代减压蒸馏(ASTM D1160—95，GB/T 9168—1997)的分析方法有了可能性和可行性。

3 方法应用及讨论

3.1 基线的影响

由于该方法采用的是快速程序升温法，升温速率达到 20℃/min，基线随着温度的快速升高而变化较大，因此在使用该方法时采用了基线补偿，以消除在快速程序升温的过程中基线的变化而造成对分析结果的影响。

3.2 色谱柱残留

由于该方法所使用的填充柱较短，而且分析的原油样品 500℃之后的组分无法从色谱柱中释放，长而久之，柱容量变小，分析效果变差，容易造成分离度不够的现象，影响分析结果的准确性，因此，一般一根成品的色谱柱分析寿命为 100 次，到期更换，以确保分析准确。

3.3 氮、硫、氧等杂质的影响

快速模拟蒸馏的标样是由正构烷烃组成的，检测器对烷烃的响应基本一致，但当样品中含有氮、硫、氧等组成的化合物时，保留时间和检测器对氮、氧、硫的响应都会产生影响，造成组分保留时间的偏移和检测器对组分的响应产生偏差，从而造成对分析结果的影响。因此，在分析此种样品时，首先要进行校正，以保证分析结果的准确。

3.4 仪器升温速度的影响

快速模拟蒸馏的程序升温的速率较快，控制在 20℃/min，如果仪器不配置专用的设备，仪器的实际升温速率和设定的达不到一致，会对组分的保留时间产生影响，为此，我们用不同的升温速率对原油标样和样品进行了分析，经过大量的试验，证明升温速率控制在 20℃/min 较为合适，这样既可以使设定温度和实际温度基本达到一致，又可以使分析时间不至于过长。

3.5 不同油性、样品的影响

从理论上讲，对于烃类样品，检测器对其响应都是一致的，但在实际应用的过程中，往往会发生偏差。若两种原油组分基本相似，但实际分析得到的结果却可能不同，这主要是由于模拟蒸馏的计算软件局限性所致，模拟蒸馏的计算软件可能适用于某一油性的样品，但对于所有的柴油样品，有可能会不适合，从而造成分析的偏差，为此，我们对不同的样品进行模拟蒸馏和减压蒸馏（ASTM D1160—95，GB/T 9168—1997）分析数据的比对，并进行数据回归，求得不同样品的各个系数，再在计算软件中对不同的样品进行不同系数的设定，从而计算出不同油性、样品的结果，使之符合减压蒸馏（ASTM D1160—95，GB/T 9168—1997）。因此，一般一种油品一个方法。

4 结论

通过详细的研究和分析后得出以下结论：

（1）快速模拟蒸馏的方法只适用于原油的馏程分析。

（2）快速模拟蒸馏分析原油的准确性和重复性都较好。

（3）用快速模拟蒸馏来分析某一样品时，需要有与之对应的校正系数来计算其与减压蒸馏（ASTM D1160—95，GB/T 9168—1997）对应的馏程数据。

参考文献

[1] 金珂，沈彤．色谱快速模拟蒸馏基本知识及化学工作站操作[M]．北京：石油化工科学研究院，2004.8(13)：90-93.

[2] 杨海鹰．气相色谱技术在石油和石化分析中的应用进展[J]．北京：石油化工，2005.34(12)：1123-1128.

基于分子同系物矩阵表征柴油馏分的分子组成

孔维治，李　军

（中国石油大学（华东）化学工程学院，山东青岛　266580）

摘　要　本文基于分子同系物方法计算了柴油馏分的分子组成，使用虚拟组分代替碳数描述同系物组成的分布，提出了估算含氮杂原子化合物沸点和密度的方法，计算了柴油馏分中含硫、氮的杂原子化合物的性质，并通过一个实例计算表明，分子同系物矩阵方法对于柴油馏分分子组成的表征有较好的准确性。

关键词　分子管理　分子同系物矩阵　柴油　虚拟组分　杂原子化合物

1　前言

分子炼油技术指在分子尺度上分析石油组分的化学组成，对石油加工过程进行模拟和调控，实现炼油过程的分子管理，其目标是为炼厂全过程优化提供系统的指导方案，是炼厂一体化、智能化发展的必然途径。分子同系物矩阵（Molecular Type Homologous Series Matrix）方法是由 Peng[1] 提出的，用一系列分子类型和碳数分布组合的矩阵来表示石油组分的化学组成，并应用于炼厂单元过程的模拟，是一种直观高效的分子管理方法。

近年来，原油重质化、劣质化的趋势加重，同时，新出台的环保法规和产品规格对炼厂产品的要求也日趋严格。为了应对这些挑战，炼厂需要进行全过程、深层次的优化，炼厂的单元过程在其形式上主要分为反应和分离两种，碳数分布的 MTHS 方法在炼厂的反应过程有较好的应用[2]，而炼厂各组分的分离是通过沸点划分而得到的，因此，为了更好整合炼厂反应和分离过程，需要改变矩阵的形式，用沸点分布代替碳数分布[3]；为了提高产品质量以满足环保法规和产品规格要求，MTHS 方法需要包含硫、氮等杂原子化合物。本文用沸点分布的分子同系物矩阵计算了柴油组分的化学组成，包含硫、氮杂原子化合物的组成分布。

2　基于虚拟组分的分子同系物矩阵

本文采用沸点分布的分子同系物矩阵（图 1）分为两个部分：纯碳氢化合物和杂原子碳氢化合物。其中，纯碳氢化合物分为：P 烷烃，O 烯烃，N、2N、3N 分别含有单环、双环、三环的烃，A、2A、3A 分别含有单苯环、双苯环、三苯环的芳烃，1A1N、1A2N、2A1N 为同时含有芳烃和环烷烃的化合物；考虑到矩阵的规格和优化计算的困难程度，杂原子碳氢化合物的表征考虑了不同组分处理的难易程度以及柴油组分中含量的高低，含硫化合物分为：噻吩（SⅠ），苯并噻吩（SⅡ），二苯并噻吩（SⅢ），4-甲基二苯并噻吩（SⅣ）和 4,6-二甲基二苯并噻吩(SⅤ)五个类别，对于硫醇、硫醚等易加氢除去的化合物不予考虑，Frédérick[4] 对柴油组分中的含氮化合物的种类及分布进行了研究，其研究结果表明柴油中含氮化合物的种类主要分为：喹啉(NI)、吲哚(NII)、吖啶(NIII)、咔唑(NIV)四个类别。

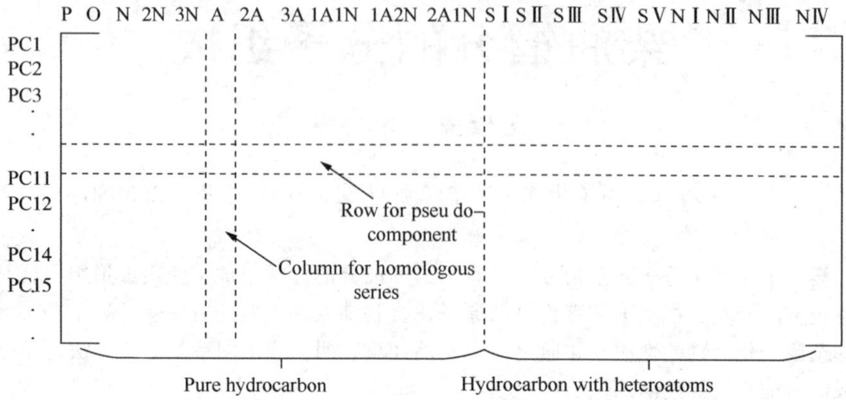

图 1　分子同系物矩阵

沸点分布是通过生成虚拟组分实现的，通常将柴油馏分的蒸馏曲线按 10-20℃ 划分虚拟组分，虚拟组分视为纯物质，沸点为其平均温度。图 1 中 PC1、PC2、PC3 等为柴油馏分中相应的虚拟组分表示形式。

3　矩阵单元物性估算

分子同系物矩阵方法准确性的基础在于矩阵单元的物性数据是否准确。沸点分布的分子同系物矩阵单元物性是通过碳数分布矩阵单元物性经多项式拟合转化得到。Smittenberg 和 Mulder[5] 及 zhang[6] 提出的分子结构-性质关联式可以应用于计算碳数分布矩阵单元的沸点和密度，其他物性参数如黏度、临界性质等可以通过 Wu[7] 描述的关联式估算。

3.1　纯碳氢化合物和含硫化合物

对于纯碳氢化合物和含硫杂原子化合物，文中采用已知的分子结构-性质关联式[6] 计算矩阵各单元的沸点 T 和密度 d。

$$\frac{C}{T}=a_1+b_1\times C$$

$$d-d_0=\frac{a_2}{b_2+C}$$

式中，C 为碳原子数，a_1、b_1、a_2、b_2、d_0 为关联系数。

3.2　含氮化合物

已发表的文献和有关物性数据库只能查到一部分含氮化合物沸点和密度，上面关联式也缺乏含氮化合物相应的关联系数。本文对于含氮化合物沸点和密度的估算方法如下：采用 C-G法[8] 估算不同碳数下含氮化合物的沸点数据，用得到的沸点数据回归沸点关联式中的关联系数(表 1)；用相关文献和物性数据库获得的含氮化合物的密度数据回归密度关联式中的关联系数(表 2)。

表 1　含氮化合物沸点与碳数关联系数

参数	a_1	b_1	R^2
喹啉	0.006684985	0.001231768	0.9921
吲哚	0.005265315	0.001289864	0.9848
吖啶	0.005207009	0.001211632	0.9986
咔唑	0.005743043	0.001114325	0.9739

表 2　含氮化合物密度与碳数关联系数

参数	a_2	b_2	d_0	R^2
喹啉	2.07173187	0	0.86328186	0.9934
吲哚	1.62134663	0	0.90999306	0.9968
吖啶	5.95825991	0	0.73095500	0.9981
咔唑	6.47139839	0	0.68171543	0.9022

4　分子同系物矩阵的生成

以分子同系物矩阵物性数据与待表征柴油的测量性质为基础，由混合规则计算的参数量确定目标函数的形式，采用优化算法对目标函数进行优化，目标函数最小时的分子同系物矩阵即为柴油的分子组成，计算流程见图 2。

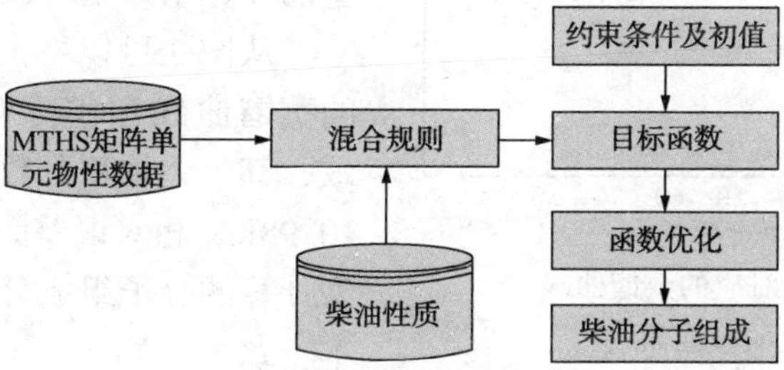

图 2　柴油化学组成的计算流程

目标函数是测量值和预测值的差异，本文中目标函数的形式如下：

$$OBJ = \sum_{V}\left(\frac{T_V^{\text{pred}} - T_V^{\text{cal}}}{T_V^{\text{pred}}}\right)^2 + \sum_{P}\left(\frac{P_P^{\text{pred}} - P_P^{\text{cal}}}{P_P^{\text{pred}}}\right)^2 + \sum^{f\epsilon PIONA}\left(\frac{C_f^{\text{pred}} - C_f^{\text{cal}}}{P_f^{\text{pred}}}\right)^2 + \sum^{e\epsilon(S,\ N)}\left(\frac{X_e^{\text{pred}} - X_e^{\text{cal}}}{X_e^{\text{pred}}}\right)^2$$

其中，T 为蒸馏曲线的沸点；P 表示柴油的密度和分子量；C 表示 PIONA 组合；X 表示硫和氮的含量；cal 为实验测量值；pred 为通过初值计算的预测值。

为了降低优化对象的个数，节省求解时间，使用三参数 gamma 分布[7]代替同系物沸点的统计分布。同时，对三参数进行了如下约束，使 gamma 分布的结果符合实际的分布情况。

$$T_{1j} \leqslant (\alpha_j - 1)\beta_j + \eta_j \leqslant T_{2j}$$

其中，α、β 和 η 分别是 gamma 分布的形状，尺度和位置三个参数；T_{1j} 和 T_{2j} 表示同系

列j中化合物含量最高部分温度的下限和上限。

5 柴油分子组成计算

通过以上模型可以求解柴油的化学组成。本文使用该模型计算了直馏柴油[9]的分子组成，其性质的测量值和基于分子组成计算值的对比如表3所示。

表3 柴油性质的测量值和计算值对比

性 质	测量值	计算值	相对误差/%
密度/(g/com^3)	0.8962	0.8822	1.562151
硫含量/%	3.22	3.2194	0.018634
氮含量/(mg/kg)	187	187	0
总芳烃量/%	45.68	45.6431	0.080779
单环芳烃量/%	19.47	19.4633	0.034412
多环芳烃量/%	26.21	26.1798	0.115223
摩尔质量/(g/mol)	245.722	235.1321	4.309708

对比发现，除了分子量有较大的偏差外，其余性质的计算结果皆是可以接受的。对于柴油馏分，分子同系物矩阵单元的物性是通过相应的关联式估算得出，不是直接测量的结果，存在一定的偏差，但所有性质测量值和计算值的相对误差均小于5%，因此，此模型的计算结果是可以接受的。

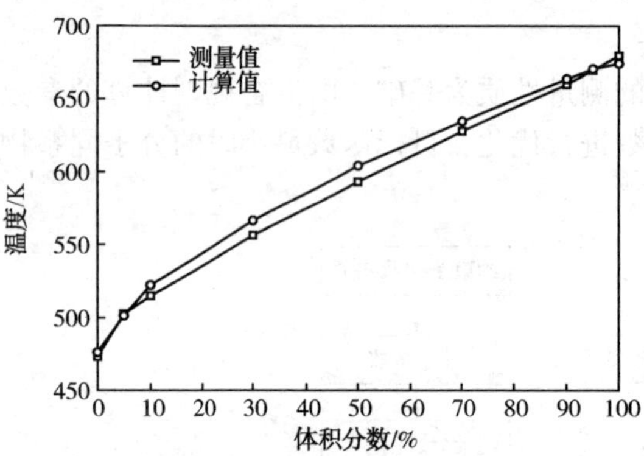

图3 分子组成对应的蒸馏曲线和实际测量的蒸馏曲线

从图3可以看出，由柴油分子组成计算的蒸馏曲线和实际测量的蒸馏曲线基本一致，其中，体积分数为50%时的差值最大为10.98K，相对误差为1.85%，这说明了此模型计算的分子组成分布和实际的组成分布基本一致。

6 结论

分子同系物矩阵方法是一种高效的分子管理方法，得出的分子组成矩阵能够提供充足的化学组成信息。本文通过该方法计算了基于沸点分布的柴油分子组成，包括硫、氮杂原子碳氢化合物的组成，结果证明了该方法是可靠的。文中提出的计算方法可以扩展到中间馏分油分子组成的计算，计算结果可以应用于炼厂各单元过程的分子模拟，为炼厂反应和分离过程的整合和基于分子同系物矩阵模型的炼厂整体优化奠定了基础。

参 考 文 献

[1] Peng B. Molecular modelling of petroleum processes[D]. University of Manchester, 1999.

[2] Hu Shanying, Towler G, Zhu X X. Combine Molecular Modeling with Optimization to Stretch Refinery Operation[J]. Industrial & Engineering Chemistry Research, 2002, 41(4): 825-841.

[3] Gong L. MolecularCharacterisation and Modelling of Hydroprocesses[D]. The University of Manchester(United Kingdom), 2017.

[4] Frédérick Adam, Bertoncini F, Dartiguelongue C, et al. Comprehensive two-dimensional gas chromatography for basic and neutral nitrogen speciation in middle distillates[J]. Fuel, 2009, 88(5): 938-946.

[5] Smittenberg J, Mulder D. Relations between refraction, density and structure of series of homologous hydrocarbons. I. Empirical formulae for refraction and density at 20°C of n. alkanes and n. alpha-alkenes[J]. Recueil des Travaux Chimiques des Pays-Bas, 1948, 67(10): 813-825.

[6] Zhang Y. Molecular modelling of petroleum processes[D]. The University of Manchester, 1999.

[7] Wu Y, Zhang N. Molecular Characterization of Gasoline and Diesel Streams[J]. Industrial & Engineering Chemistry Research, 2010, 49(24): 12773-12782.

[8] Marrero J, Gani R. Group-contribution based estimation of pure component properties[J]. Fluid Phase Equilibria, 2001, 183(01): 183-208.

[9] Marafi A, Al-Hendi A, Al-Mutawa A, et al. Studies on Hydrotreating of Diesel Streams from Different Kuwait Crudes for Ultralow Sulfur Diesel Production[J]. Energy & Fuels, 2007, 21(6): 3401-3405.

高效、高压比丙烯气回收单螺杆压缩机的应用

蔡培源，郑京禾，王举贤

（中国石化九江分公司，江西九江　332004）

摘　要　本文主要介绍由中国石化九江石化公司和好米动力设备有限公司联合开发的新型石化用水润滑丙烯气回收单螺杆压缩机机组。单螺杆压缩机由于其结构原理的优越性，单级压比高，动力平衡性极好，无泄漏三角形，具有高效、高压、高经济性，符合炼化行业大规模化对压缩机组长周期、大流量、高压比、高能效和环保的要求。

关键词　单螺杆压缩机；水润滑；高效；高压比；

在聚丙烯生产过程中，丙烯单耗损失是影响聚丙烯生产成本的决定因素，一些气体放空点排放的丙烯气体没有有效回收是丙烯消耗高的主要原因，因此对闪蒸尾气进行回收再利用是降低丙烯消耗、节约成本的有效途径。

九江石化聚丙烯装置排放尾气的回收处理工艺主要是采用压缩冷凝法，低压瓦斯回收系统气柜接收聚丙烯装置的尾气，通过压缩机将气相丙烯增压后冷凝变为液相丙烯回收再利用。由于气柜收集的尾气为常压，需要将其增压至1.8MPa，对丙烯气回收压缩机的排气压力要求较高，通常采用的是两级活塞式压缩机和两级双螺杆压缩机。活塞式压缩机气体处理量小，效率低，故障率高；双螺杆压缩机单级压比低，效率比活塞式压缩机稍高，但进排气压差大会增加转子受力，轴承负载变大，压缩机故障率升高，增加了使用维护成本。

单螺杆压缩机由于其结构原理的优越性，转子受力平衡，无往复脉动，机组运行稳定可靠；容积效率超过85%，单级压比高达30，可采用喷水润滑，排气温度低，无须润滑油系统，具有很好的经济性且节能环保，很适合在单级高压比工况下应用。

1　聚丙烯装置尾气处理工艺

九江石化聚丙烯装置原设计能力为70kt/a，后扩能至100kt/a，每年排放尾气约2800t左右，其中丙烯气含量约为85%，其余为不凝气。尾气回收系统设有一座10000m^3 的湿式气柜(柜2)，原配备两套流量在600~900m^3/h 的双螺杆压缩机组(机-3、4)，专用于丙烯回收，工艺流程如图1所示。

丙烯气压缩机旧机-3(图2)机组排气量为800m^3/h，进气压力4kPa，排气压力1.8MPa，一级排气压力0.4MPa，功率110kW；二级排气压力1.8MPa，功率75kW，转速2960rpm。机组滚动轴承、机械密封和螺杆均用石脑油润滑和冷却，由于丙烯尾气中含固体杂质(碳粉、铁锈、催化剂等)和饱和水蒸气，压缩后析出的水使石脑油乳化变质，导致了一、二级压缩机的轴承和机械密封经常损坏。后改造压缩机将滚动轴承外置，采用油浴润滑，轴承故障率降低，但机械密封仍然会失效。

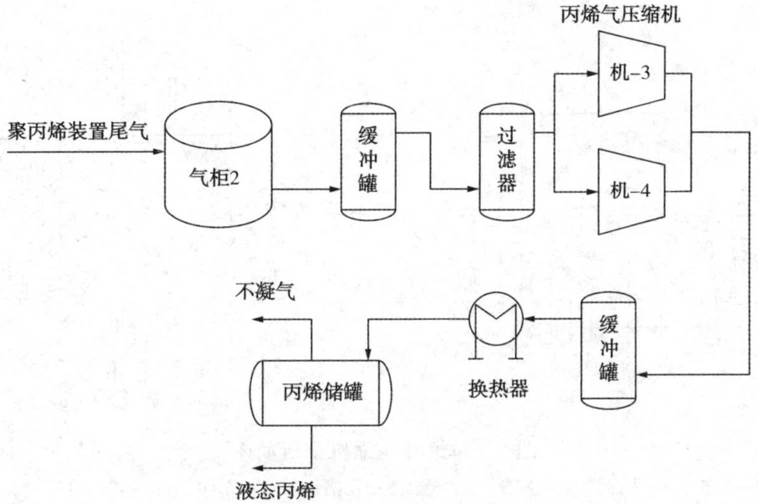

图 1　聚丙烯尾气回收工艺流程

图 2　旧机-3 丙烯气压缩机组

2　单螺杆压缩机介绍

1955 年英国人古德伊尔(J. W. Goodyear)申请的一种“压能变换装置”的专利获得批准，该装置可用作泵、压缩机、风机、转子发动机和液压马达等。1960 年法国人辛麦恩(B. Zimmern)在此基础上提出了单螺杆压缩机的结构，约于 20 世纪 70 年代开始正式投产。这种压缩机仅有一根螺杆，因此通常被称作单螺杆压缩机，其主机的典型结构如图 3 所示。

单螺杆压缩机工作原理如图 3，在螺杆 1 两侧的同一水平面内对称地配置两个与螺杆齿槽啮合的星轮 2，螺杆 1、星轮 2 分别在气缸 5、机壳 3 内做旋转运动。类似于涡轮蜗杆之间的啮合关系，螺杆周与星轮轴在空间相互垂直。气体由吸气腔 9 进入螺杆齿槽空间，经过压缩后，从开设在气缸上的排气孔口 7 流出。

单螺杆压缩机的主要特点：

(1) 单级压比高，结合了往复压缩机和螺杆压缩机及中小型压缩机的优势，单级压比最高可达 30。

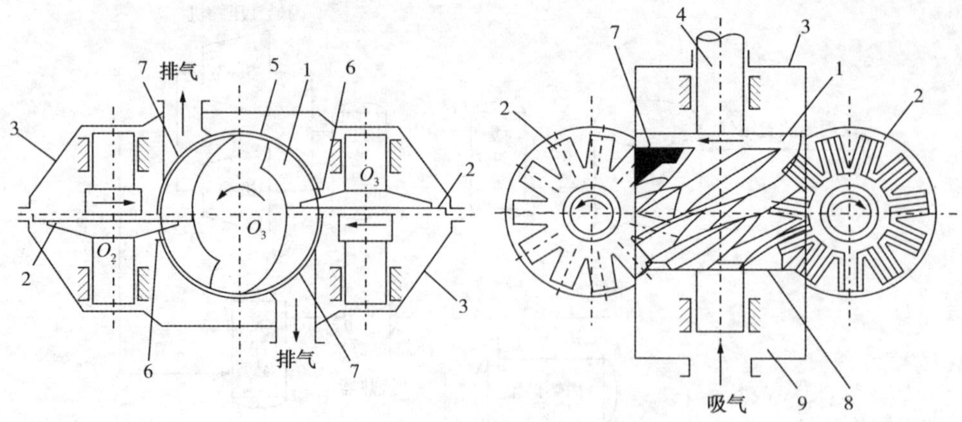

图3 单螺杆压缩机主机简图

1—螺杆；2—星轮；3—机壳；4—主轴；5—气缸 6—孔槽；7—排气孔口；8—转子吸气端；9—吸气腔

(2) 受力平衡性好，两个压缩腔对称布置在螺杆圆周上的两侧，径向力完全平衡；压缩后的气体从气缸圆周方向排出，螺杆排气端面不与压缩腔连通，进、排气侧端面作用的都是进气压力，故螺杆轴向力平衡。

(3) 单机容量大，结构紧凑，单螺杆压缩机螺杆上布置有6个齿槽，螺杆每转动一周，每个齿槽基元容积均排气两次，基元容积的利用频率很高，相对于其他种类的压缩机，可以明显地减小压缩机的尺寸。

(4) 无余隙容积，容积效率超过85%，在排气过程中，只有星轮齿与齿槽之间的间隙内的气体未被排出，此间隙的容积相对于排气量可以忽略，所以单螺杆压缩机几乎没有余隙容积。

(5) 噪声低，振动小，单螺杆压缩机螺杆有6个齿槽，且每个螺杆与两个星轮配置，这样螺杆转子每转一转，基元容积完成12次吸、排气。当电机转速相同时，单螺杆压缩机每分钟的排气次数为双螺杆式的两倍多，这使单螺杆压缩机的排气脉动小，噪声低。

3 丙烯气回收单螺杆压缩机方案

九江石化和好米动力设备有限公司联合开发的高压比单螺杆工艺气压缩机组应用于八罐区机-3丙烯气回收。

图4 丙烯气回收单螺杆压缩机主机

3.1 丙烯气回收单螺杆压缩机主机方案

丙烯气回收压缩机(以下简称新机-3)采用单级单螺杆压缩机，如图4所示。

压缩机参照API619设计，由于聚丙烯装置工艺调整时，气柜2的回收气量达到900~1200m³/h，因此将新机-3排气量增至1200m³/h，排气压力1.8MPa，单级压比19，转速3000r/min，轴功率220kW；压缩机内部采用喷除盐水润滑冷却，排气温度≤70℃。

主轴轴承采用滚动轴承油浴润滑，星轮轴承采用脂润滑滚动轴承和喷水静压滑动轴承；滚动轴承采用外置结构，用集成式双端面机械密封隔离丙烯气和空气，冲洗方案为 PLAN54 系统；壳体采用整体铸钢设计，最大承压可到 5MPa。

3.2 新机-3 机组方案

新机-3 采用整体撬装设计，系统流程简图如图 5 所示，除盐水靠排气压力在系统内循环冷却和过滤；由于采用喷水润滑，且无同步齿轮传动，因此节省了一套润滑油系统。

压缩机主机、防爆电动机、气液分离器、换热器、过滤器、仪表盘及就地 PLC 控制柜等元件集中布置于共用底盘，节省了设备对于安装空间的要求，撬装系统布置合理紧凑，如图 6 所示，设备的安装和检维修极为方便。压缩机入口配置反冲洗过滤器，过滤精度为 50um，过滤丙烯气中碳粉、催化剂等大颗粒杂质，确保压缩机稳定运行，同时考虑到杂质较多，过滤器滤芯清洗频率高，因此采用自动反冲洗控制，节省人力。

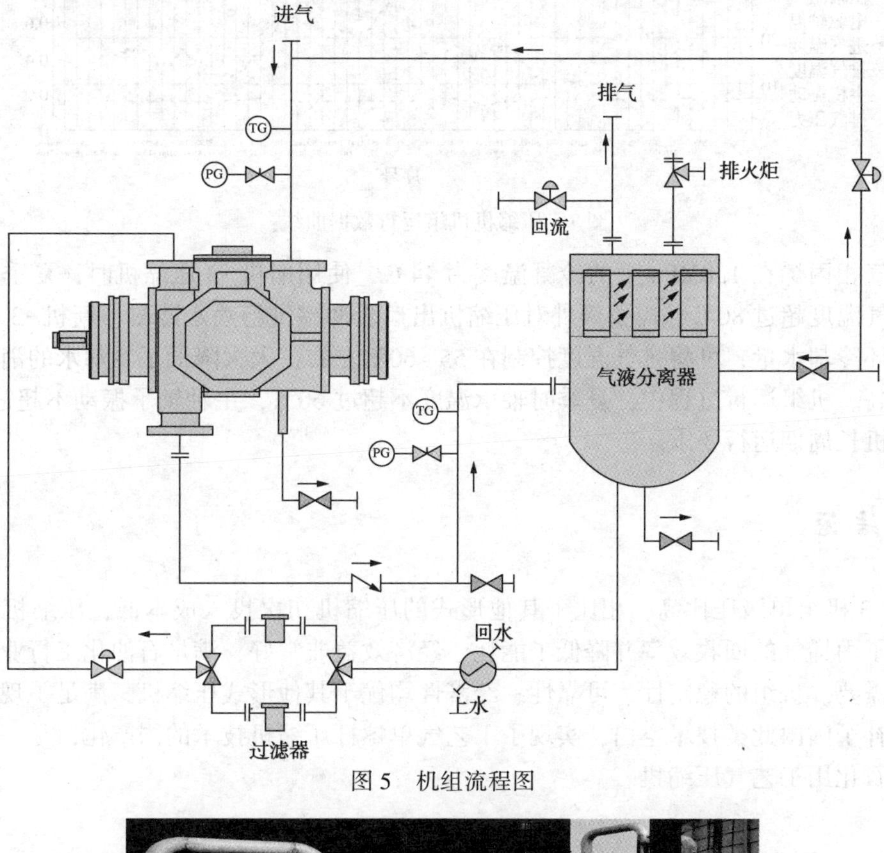

图 5　机组流程图

图 6　机组撬装图

4 压缩机机组应用情况

新机-3空气试车一次起动成功，排气压力升至1.8MPa后，机组运行稳定良好，运行参数均达到设计要求。

在机组投入丙烯气压缩运行后，实际运行情况受环境温度、丙烯气及工艺情况变化等影响，部分参数有一定波动，但整体趋于稳定状态，如图7所示。

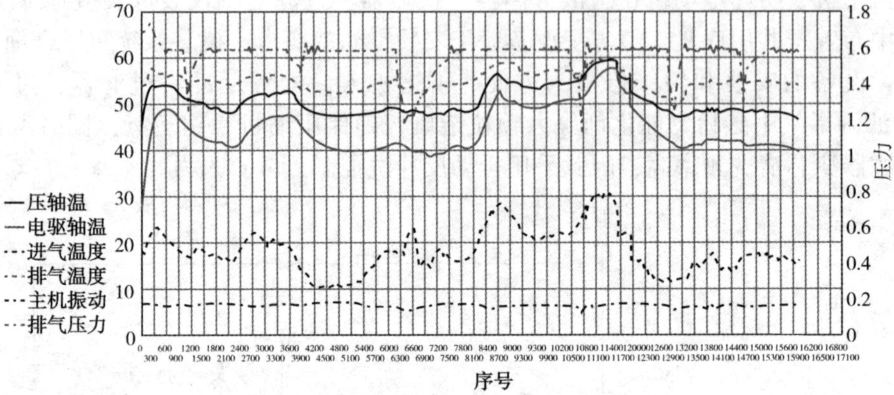

图7 压缩机机组运行数据曲线

由于气相丙烯在1.8MPa下的冷凝温度为44℃，使用旧机-3压缩机时，夏季高温天气压缩机排气温度超过80℃，需要额外对压缩机出口缓冲罐进行喷水冷凝；新机-3通过调整换热器循环冷却水量，可将排气温度控制在55~60℃左右，大大降低了冷却水的消耗，丙烯回收效率高。机组运行过程中，夏季时轴承温度不超过60℃，主轴轴承振动不超过5mm/s，满足压缩机长周期运行要求。

5 结语

新机-3机组单级压比高，相比于其他形式的压缩机初次投入成本低，压缩机容积效率高，提高了丙烯气的回收效率并降低了能耗，经济效益非常好，满足石油化工行业装置高压比工况的需要。机组的稳定性、可靠性、经济性均优于其他形式压缩机，满足了现场的工艺需求，填补了国内此类技术空白，实现了工艺气单螺杆压缩机技术的国产化，是一种较为理想的新型石化用工艺气压缩机。

参考文献

[1] 郁永章，姜培正，孙嗣莹. 压缩机工程手册[M]. 北京：中国石化出版社，2012.

[2] 袁祎. 九江石化加工损失现状及分析[J]. 中外能源，2010，15(7)：80-86.

[3] 岳平. 聚丙烯生产过程中尾气回收系统的应用比较[J]. 化工设备与管道，2011，48(3)：1009-3281.

低分气氢膜回收装置运行问题分析及应对措施

毛炎云，陈军先

(中国石化塔河炼化有限责任公司，新疆库车　842000)

摘　要　中国石化塔河炼化炼油二部110万t/a汽柴油加氢装置低分气氢膜回收装置运行过程中由于原料气中携带饱和水造成压缩机润滑油系统污染、压缩机损坏。通过带水原因分析发现，低分气在水洗后，经膜分离降压后无液态水存在，但在提纯气升压过程中，逐步有液态水生成，对压缩机长周期运行造成严重影响，通过停用膜分离注水，减少液态水生成，为压缩机提供良好的运行环境，解决了压缩机带水问题。

关键词　膜分离　低分气

本文重点介绍中国石化塔河炼化炼油二部110万t/a汽柴油加氢装置低分气氢膜回收装置运行过程中由于原料气中携带饱和水造成压缩机润滑油系统污染、压缩机损坏。通过分析带水原因解决了压缩机带水问题，延长压缩机运行周期。

1　低分气氢膜回收装置概况

中国石化塔河炼化炼油二部1#加制氢装置2500Nm^3/h低分气氢膜回收装置以两套加氢装置低分气为原料进行气体提浓，主要产品为氢气。低分气氢膜回收装置由原料预处理、膜分离、提纯气增压三部分组成。膜分离采用气体在通过膜时由于在一定时间内渗透速率不一样而达到混合气体分离的目的。

2　膜分离技术原理

膜分离技术时一种使用膜材料实现不同介质分离的技术。分离的过程由压力、浓度、电视差异等因素驱动，用以实现溶质和溶剂的分离、浓缩、纯化和精制的目的[1]。

膜分离是在20世纪初出现，20世纪60年代后迅速崛起的一门分离新技术。膜分离技术由于兼有分离、浓缩、纯化和精制的功能，又有高效、节能、环保、分子级过滤及过滤过程简单、易于控制等特征，因此，已广泛应用于食品、医药、生物、环保、化工、冶金、能源、石油、水处理、电子、仿生等领域，产生了巨大的经济效益和社会效益，已成为当今分离科学中最重要的手段之一。

3　低分气氢膜回收装置流程

低分气氢膜回收装置流程见图1。两套加氢装置低分气(温度40℃，压力1.0MPa)进入膜分离装置界区，经上游稳流后的流量为2500Nm^3/h。原料气首先进入水洗塔T101，洗去气体中的氨，水洗后原料气中氨含量小于10μg/g，以防止氨进入膜系统，造成膜系统损坏。原料气经水洗氨后进入气液分离器V101(装有高效除雾元件)除去小于1μm的雾状液态粒子，冷凝的液沫雾滴被捕集形成液体后，通过气液分离器底部排至硫黄装置。

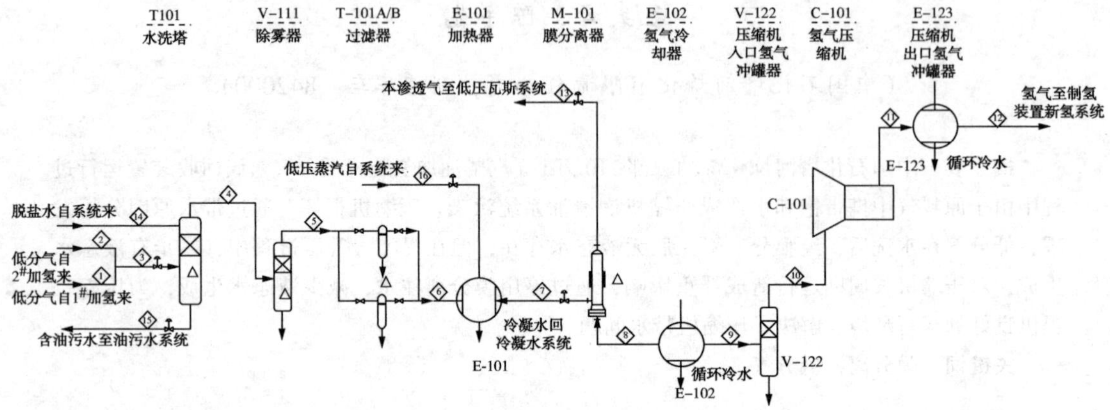

图1 低分气氢膜回收装置流程

经过气液分离的气体，再经过两台串联的高精度过滤器，进一步去除液态粒子。原料气经过套管式加热器(E101)加热至78~85℃，使原料气远离露点，并恒定膜分离系统的操作温度。通过蒸汽流量调节阀TV-101和温度变送器TI-101、TI-102，实现原料气温度控制、指示、报警和联锁。原料气加热至78~85℃后，进入PRISM膜分离器组(M101A/B)进行分离。PRISM膜分离器外形类似一管壳式热交换器，膜分离器壳内由中空纤维束填充，类似于管束。原料气从下端侧面进入PRISM膜分离器。由于各种气体组分在透过中空纤维膜时的溶解度和扩散系数不同，不同气体在膜中的相对渗透速率不同，其中氢气的相对渗透速率最快，从而可将氢气分离。

在原料气沿PRISM离器长度方向流动时，更多的氢气扩散进入中空纤维，在中空纤维芯侧得到一富氢产品渗透气(压力为0.2MPa)。渗透气经冷却器E102冷却后，进入压缩机压缩，升压至2.1MPa进入氢气管网。在PRISM膜分离器壳程得到尾气非渗透气(压力1.1MPa)，尾气送至硫黄装置。进入和离开膜分离系统的气体流量，分别由原料气流量计FI101，及氢气流量计FI102显示。每个PRISM®膜分离器可根据气体处理量，通过渗透气侧的阀门将其隔离或投入运行。

4 低分气氢膜回收装置运行现状及问题

低分气氢膜回收装置目前原料2450Nm^3/h，经膜分离提纯后渗透气流量1450Nm^3/h进入氢气官网供110万t/a加氢装置使用。2019年1月15日，该压缩机因异响紧急停机。经检修发现，压缩机润滑油带水，导致压缩机损坏。

表 1　氢膜回收装置设计参数

	原料气	渗透气	非渗透气
流量/(Nm^3/h)	2500	1814.27	685.73
压力/MPa	1.0	0.2	0.95
温度/℃	40	83	83

按饱和水与饱和水蒸气热力性质计算，原料气实际压力 0.9MPa、温度 40℃工艺条件下携带 16kg 饱和水蒸气进入压缩机系统。经过 C2103 增压后，由于水在气相中分压增压，部分水成液态进入级间分液罐。

通过查图得知温度 41℃条件下水的饱和蒸汽压为 0.008MPa。

根据：$$水蒸气饱和分压=\frac{水摩尔流量}{原料气摩尔流量+水摩尔流量}\times 原料气压力$$

有：$$气相水流量=\frac{水蒸气饱和分压\times 原料气摩尔流量}{原料气压力-水蒸气饱和分压}=\frac{0.008\times(2450\div 22.4)}{0.9-0.008}\times 18=17.6\text{kg}$$

通过上述计算原料气中含水 17.6kg，该部分水全部进入压缩机内随气体一起被压缩。

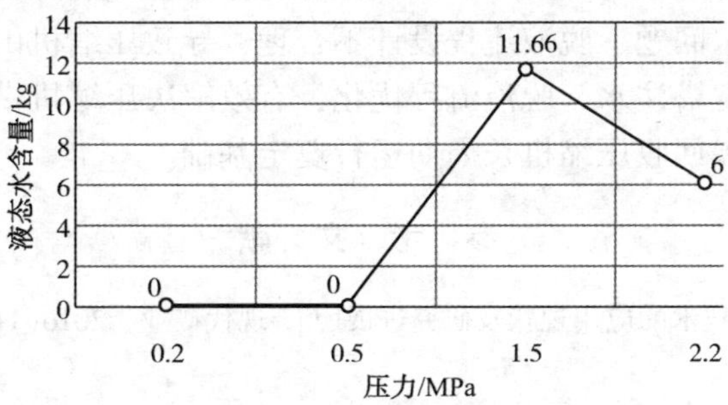

图 2　原料气 41℃在不同压力下液态水含量

原料气在压力 0.9MPa、温度 40℃条件下饱和水蒸气含量 17.6kg，该部分水全部进入压缩机内随气体一起被压缩。

渗透气进入压缩机入口压力为 0.2MPa、温度 41℃，在该压力温度下实际水蒸气压力为 0.00177MPa，小于水饱和蒸气压，无液相水存在。压缩机一级入口不存在液态水。

当渗透气经一级压缩至 0.5MPa 后，经换热器降温至 41℃后，实际水蒸气分压为 0.0044MPa，小于水饱和蒸汽压 0.008MPa，一级出口冷却后无液态水存在。

当渗透气经二级压缩至 1.5MPa 后，经换热器降温至 41℃后，实际水蒸气分压为 0.0133MPa，大于水饱和蒸汽压 0.008MPa，约 11.66kg 水蒸气变成液相水进入二级级间分液罐。实际运行过程二级出口缓冲罐脱液次数较一级频繁。

当渗透气经三级压缩至 2.2MPa 后，经换热器降温至 41℃后，实际水蒸气分压为 0.0195MPa，大于水饱和蒸汽压 0.008MPa，压力上升后约 6kg 气相水变成液相水进入三级分液罐。实际运行过程三级出口缓冲罐脱液次数较一级频繁。

原料气中饱和水蒸气经压缩机压缩冷却后在二级、三级分液罐中形成液相水，经分液罐脱液线排出。

5 问题解决

(1) 停用膜分离注水：压缩机内水为原料气中不凝水蒸气，为减少原料气水携带量，停用膜分离注水。

(2) 压缩机入口增设分液罐：此次检修在压缩机一级入口过滤器处存在少量水，压缩机一级入口(三返一后)增加分液罐，在膜分离装置换热器E101、E102发生内漏时能及时脱出液体，避免液体进入压缩机。

6 改造后效果分析

停用注水前压缩机一级出口脱液4h/次，二级脱液8h/次、三级脱液8h/次，通过停用膜分离注水，压缩机一级出口脱液10h/次、二级/三级脱液10天/次，压缩机带液情况好转，有效防止压缩机带液。

中国石化塔河炼化炼油二部110万t/a汽柴油加氢装置低分气氢膜回收装置运行过程中由于原料气中携带饱和水问题、脱液流程设计不合理，导致压缩机由于润滑油系统污染、压缩机损坏。通过停用水洗塔注水、脱液流程优化，有效解决压缩机带液及压缩机润滑油系统污染问题，为低分气氢膜回收压缩机长周期运行奠定基础。

参考文献

[1] 王楯，蒙义舒．膜分离技术的应用现状及研究进展[J]．现代矿业，2016(11)：239-240.

$2^{\#}$催化装置烟机结垢原因分析及应对措施

李　孟

（中国石化武汉分公司，湖北武汉　430082）

摘　要　2010年5月起，中国石化武汉分公司$2^{\#}$催化装置出现了烟机结垢问题，因结垢导致烟机停机21次之多，为满足长周期运行的要求，装置做出多项调整和改造。本文总结了自2010年至2016年针对烟机结垢问题采取的一系列措施和改造：降低烟机入口烟气中细粉浓度、减少催化剂的粘连性、改善烟机内的环境。发现烟机结垢的关键原因是原三旋与现工况不匹配，烟机入口催化剂细粉浓度高、颗粒大；通过对三旋进行改造，可控制烟机入口催化剂细粉粒度小于10μm，有效解决了烟机结垢问题。

关键词　催化裂化　烟机结垢　细粉粒度　三旋改造

1　前言

中国石化股份有限公司武汉分公司$2^{\#}$催化裂化装置于1995年8月28日建成投产，处理量0.6Mt/a，2005年4月份改造后装置处理量达1.0 Mt/a。2005年离心式主风机更换为轴流式主风机，烟机选用SEI设计，兰炼机械厂生产的YLII-10000L型烟机。投入运行后，烟机运行情况良好，最长连续运行时间为389天。自2010年5月开始出现因叶片结垢导致烟机振动上升，损坏叶轮，必须停机清垢的情况。烟机是催化裂化装置节能的重要设备，烟气轮机的运行状况直接影响装置的能耗和长周期运行，据估算，$2^{\#}$催化装置每年因烟机停机造成的直接、间接损失达2000万元以上。本文分析烟机结垢的原因，找到影响烟机结垢的关键因素，并总结了为应对烟机结垢问题所采取的措施和效果，以期为同类装置提供参考。

2　烟机运行情况及结垢现象

2.1　烟机运行情况

烟机运行情况如表1所示，2010年5月催化装置完成升级改造，开工4个月后因烟机振动高停机，解体后发现一级动叶片断裂一根。自2010年9月至2016年4月，烟机持续出现结垢现象，每年需停机检修三至四次。烟机平均运行周期83天，最严重时仅运行5天。

表1　武汉石化$2^{\#}$催化装置部分周期烟机运行情况

停机时间	平均周期/天	因结垢停机次数	备注
2010年4月2日	389	0	使用Comet-40催化剂，无结垢，装置升级改造
2010年9月12日	148	1	开始用COKC-1催化剂，出现结垢现象

续表

停机时间	平均周期/天	因结垢停机次数	备注
2011年11月10日	24	4	停用COKC-1，开始用Comet-400和C-DOS国产催化剂
2012年3月19日	62	1	开始用进口DACS催化剂
2012年7月24日	73	0	停机大检修，检修三旋
2013年9月4日	92	4	蜡油加氢装置开工
2015年2月10日	88	6	开始用COKC-1催化剂
2016年4月5日		5	检修，更换三旋，增设四旋
2017年11月9日	222	0	催化剂跑损，催化剂金属中毒2次
2018年12月2日	384	0	振动平稳

2.2 烟机结垢的现象

烟机解体后，内有块状褐色硬垢，主要分布在一级动叶根部、一级动叶围带、二级静叶。经化验分析，垢样主要是由催化剂堆积烧结而成的致密、坚硬、分层的褐色块状物(图1)，也有部分质地松软的软垢。硬垢由5μm左右的细粉黏合而成，并且是逐层加厚的，内部十分坚硬[1]。一级动叶有少量催化剂垢体，分布于叶根，一级动叶围带有大量硬垢，二级静叶入口顶部有大量硬垢，如图2所示。

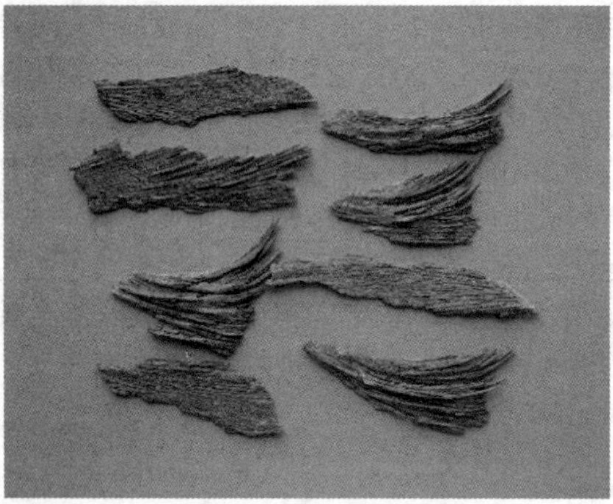

图1 烟机垢样

图2 二级静叶片根部块状结垢

3 烟机结垢的危害及原因分析

3.1 烟机结垢的危害

（1）烟机结垢会打破动平衡，引起烟机振动的变化，损坏轴瓦[2]。当烟机振动升高一定程度后必须停机检修，使装置能耗增加，甚至导致装置非计划停工。

（2）烟机结垢后，垢层使叶片格栅间的流道变窄，叶片表面粗糙度增大，做功能力降低，工作效率下降[3]。

(3) 烟机结垢会损坏叶片。围带结垢后会造成叶片顶端磨损，而当结垢尺寸较大时，可能损坏叶片，出现不可修复的情况。

3.2 烟机结垢的机理和原因

结垢的主要过程：催化剂细粉在离心力、分子间的作用力下，粘连并附着在烟机叶片或围带金属粗糙的表面上，形成初始结垢物。垢物在高温及水蒸气条件下烧结，发生二次结晶，产生坚硬而密实的晶状物质，硬度和密度进一步增大[4]。普遍认为造成烟机结构的三要素是催化剂细粉浓度、催化剂细粉粘连性和烟机内高温高速环境。

烟气中催化剂细粉是造成烟机结垢的根源。烟气中催化剂细粉在烟机中的沉积、粘连为结垢创造了条件，而颗粒大的催化剂所受离心力更大，更容易粘连和堆积。催化剂细粉的粘连性是造成结垢的必要条件。在较大作用力下，催化剂中的铝溶胶粘连并沉积在烟机内，而催化剂细粉中的 Ca、Fe 等金属元素和 La、Ce 等稀土元素在 SO_x 的氛围下形成硫酸盐，在高温下容易形成低温共溶晶体，从而促进细粉的粘连[5]。烟机中烟气流速快、温度高，是造成烟机结垢的必要因素。当颗粒面碰撞的速度大于临界速度时，与壁面碰撞后颗粒可获得新的速度；当颗粒与壁面碰撞的速度小于临界速度时，颗粒会沉积在壁面上[6]。

4 解决烟机结垢采取的措施及效果

4.1 减少烟气中催化剂细粉含量

(1) 置换催化剂。2010 年 5 月前使用的是 Comet-400 催化剂，烟机运行状况良好，自 2010 年改造后使用 COKC-1 催化剂，烟机出现结垢情况，初步猜测烟机结垢与催化剂有关。于 2011 年 3 月停止使用 COKC-1 催化剂，开始用 Comet-400 和 C-DOS 两种催化剂，2012 年换成进口 DACS 剂，该催化剂细粉含量低，球形度改善。自 2015 年 2#催化开始继续用耐磨指数和经济性较好的 COKC-1 催化剂至今。

(2) 降低原料掺渣比。高含量的稠环芳烃和重金属会加快催化剂的破碎，不利于催化剂再生，还会促进催化剂细粉的粘连烧结。2#催化掺渣比由 2014 年的 24%逐年下降至 2017 年的 10%。

(3) 稳定操作，减少生产波动。保持操作平稳，控制一再稀相温度，减少催化剂热崩产生细粉；控制稳再生压力，保证旋分器的分离效果。

(4) 控制蒸汽品质，减少催化剂热崩。加强入提升管各蒸汽脱水，监控蒸汽品质；经常检查再生器的烟道降温水、外取热器盘管等，及时发现处理内漏现象。

(5) 检查再生器旋分器，确认旋分器运行良好。通过对比待生催化剂、半再催化剂的粒度，发现旋分器分离效果一直良好。2012 年、2016 年大检修对旋分器进行了检修，确保旋分器运行正常。

通过以上措施，2012~2016 年烟机运行周期有 60 天增加到 120 天，结垢情况有所改善，但没有根本解决。

4.2 降低催化剂粘连性

2012年至2018年用过不同的催化剂、改善了原料品质、催化剂出现过金属中毒，2015年和2017年催化剂金属含量如表2所示。

(1) 原料通过加氢处理，降低原料中硫、氮及金属含量。自2013年9月蜡油加氢开工后，原料油含硫量由0.8%下降至0.3%，氮含量由0.3%下降至0.15%；原料中Ni+V含量由20μg/g大幅下降至10.6μg/g，Fe、Ca、Na变化不明显。

(2) 保持钝化剂合理、有效注入。2#催化注入钝化剂是江苏创新JCM-92C2型，其性能良好；根据干气中H_2/CH_4比值适当调节注入量，注入情况保持较好。

(3) 严格控制添加剂和助剂的使用。包括多产丙烯助剂、防垢剂、活化剂，避免加入更多的低熔点元素，成为促进催化剂细粉粘连的黏结剂。

这些措施难以从根本上解决催化剂的粘连性，但我们可以通过原料加氢、原油电脱盐、脱钙等措施降低烟气中的SO_x含量和催化剂中的重金属含量，减弱催化剂的粘连。

表2 2015年和2017年催化剂金属含量 μg/g

金属	钠	镍	铁	钒	钙
2015年	1900	5200	4900	1400	3900
2017年	3225	4809	4846	3816	3198

4.3 改善烟机结垢环境

(1) 根据机组设计参数，提高烟机入口烟气温度，将入口温度控制在675℃以上，避开利于烟机结垢的温度敏感区；

(2) 控制烟机轮盘蒸汽的品质和注入量，烟机轮盘温度控制在设计值320~350℃，将操作参数尽量控制在设计范围内。

(3) 关小烟机入口蝶阀，减小烟气流速。但关小烟机蝶阀，风机的电耗上升。而在烟机结垢后，烟机振动上升时可关小烟机入口蝶阀，减弱烟机结垢，待烟机叶轮达到动平衡后再开大烟机蝶阀，这样可以延长烟机的运行周期。

因烟机结构形式的限制，这些措施仅能达到减弱结垢的趋势，不能达到完全根治的效果。

4.4 检查改造三旋

(1) 原三级旋风器为立管式多管旋风分离器，旋分单管型号为VAS-250型，单管数量54根，其结构如图3所示。2011年、2014年测定三旋出口粉尘粒径分布及浓度如表3所示，可见2011年、2014年三旋出口粉尘质量浓度均满足控制要求，但粒径小于10μm细分的含量均未达到控制指标。可能原因有：① 操作波动，烟气中催化剂细粉多，三旋负荷增加。② 单管排尘口结垢、堵塞、失效。③ 单管盖板脱焊，烟气存在短路现象[7]。④ 三旋设计工况与实际烟气量不匹配。2012年6月对三旋进行检查，发现三旋单管及下料口干净无结垢、堵塞，盖板、管体无脱焊及裂纹，导向叶片正常，与筒体间隙正常，无变形，三旋设备正常。

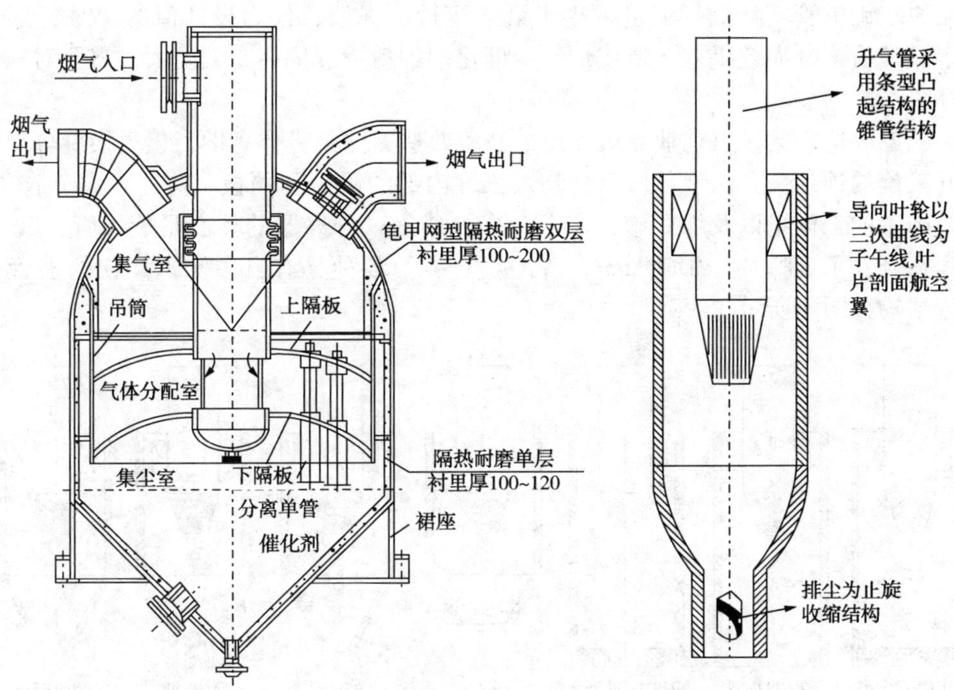

图 3　原 VAS 立管式多管三级旋风器结构及单管示意图

表 3　三旋出口粉尘粒径分布及浓度

2011-11-22 三旋出口		2014-10-06 三旋出口		控制指标/%
粒径分布/μm	体积分数/%	粒径分布/μm	体积分数/%	
<0.23	2.93			
<2.65	68.26			
<10	84.55	<10	86.55	≥90
<18.58	90	<18.58	100	
<351.46	100			
粉尘浓度/(mg/m³)	176.6	粉尘浓度/(mg/m³)	156	≤200

排除了操作和三旋设备问题后，分析发现：① 自 2010 年改造以来原料油变轻，主风量维持在 105000Nm³/h，远小于改造前。② 多次出现三旋底细粉罐空放的现象(每周一次放空)。③ 在三旋进出口增设差压显示，进出口差压在 5~6kPa，三旋内烟气线速低，压力损失低。

重新核算三级旋分器的处理能力，VAS-250 单管的设计处理量是 2700Nm³/h，共有 54 根单管，主风量为 105000Nm³/h，计算得原三旋每根单管的实际烟气量为：

$$V_{单}=\frac{V_{烟}}{n}=\frac{V_{风}*\varepsilon}{n}=2100\text{N m}^3/\text{h}$$

式中　$V_{单}$——单管烟气流量，Nm³/h；

$V_{烟}$——三旋入口烟气流量，Nm³/h；

$V_{风}$——主风流量，Nm³/h；

ε——烟风比，取 1.08。

可见原三旋单管实际烟气流量远小于最佳运行工况值，仅为设计值的77%，烟气实际线速低于设计值，分离效果差，造成烟气中催化剂细粉浓度偏高、粒度大，需要对三旋进行重新设计改造。

（2）三旋改造方案。目前业界最常用的三旋改造方法是壳体利旧，仅更换旋分单管等内件。打开三旋的顶封头，从上部取出和装入三旋内部的吊筒和隔板。这样大大节省了投资、减少制造施工的工作量以及缩短施工周期。多管式旋风分离器的核心是旋风管，我国从80年代到现在开发了EPVC、PDC、PSC、VAS、PST等各种具有自主知识产权的多管三旋技术，单管结构如图4所示。

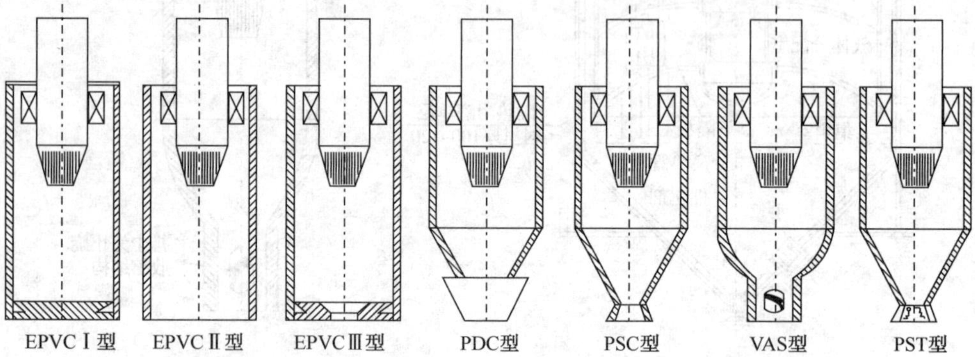

图4　几种型式单管结构示意图

对比几种主流单管的优缺点[8]，PSC型多管三旋技术是中国石油大学在PDC型(90年代)的基础上开发的，结构更为简单的专利产品，采用导叶式旋风分离技术，其核心部件PSC-300型旋风管如图5所示，其突出的优点是对10μm以下的细颗粒分离能力强，效率高、压降小、处理量大、性能稳定、操作弹性宽，可保证长周期运转，已成熟用于多套催化裂化装置，而且该技术可直接应用于现有立管三旋的改造，仅需更换单管即可。

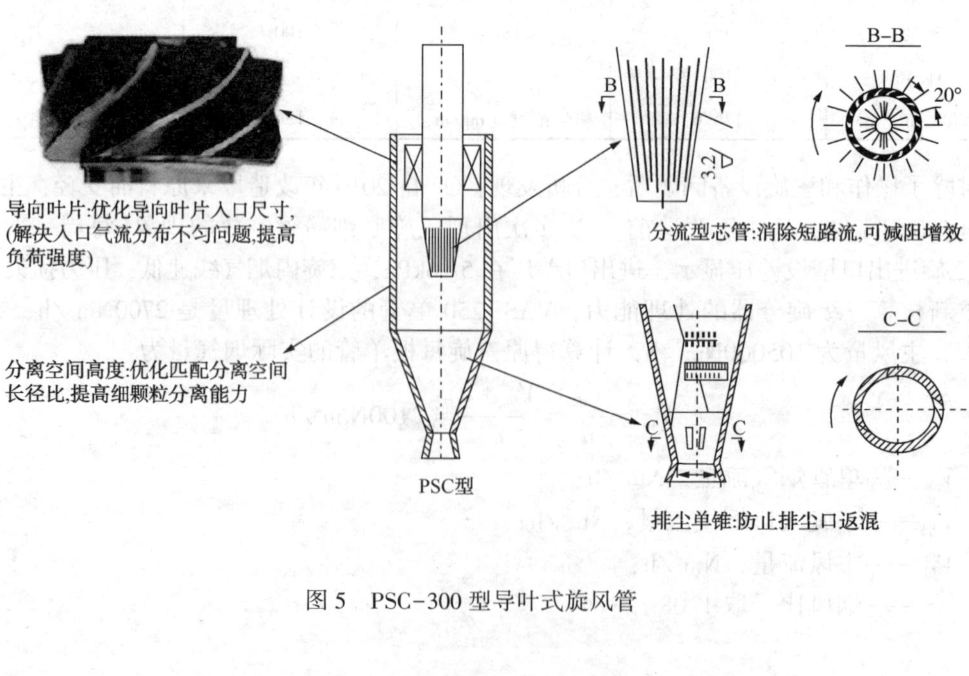

图5　PSC-300型导叶式旋风管

经设计计算后，选用35根PSC-300型旋风管，处理量为105000 Nm^3/h，与现有烟气量高度匹配。另外增设四旋，将三旋烟气中携带的粉尘催化剂再旋分，降低三旋压降，提高三旋效率，进一步降低烟气中催化剂粉尘携带量。

（3）改造的效果。2016年5月份大检修时，对三旋进行改造，在装置开工运行平稳后，三旋进出口压降上升至15kPa；对烟机入口烟气进行经采样标定检测，在标准工况下三旋出口烟气中催化剂干基浓度为99.6mg/Nm^3，湿基浓度为92.5mg/Nm^3。采样颗粒的粒度分布曲线如图6所示，可见，三旋出口烟气中细颗粒中≤10μm，完全达到烟机的入口条件要求。

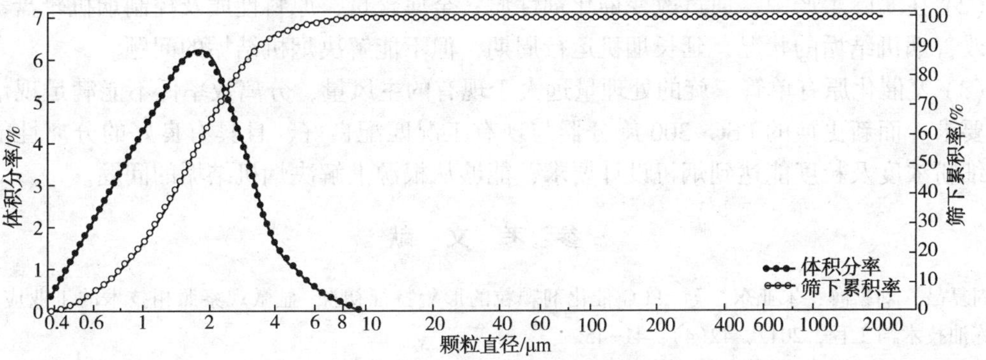

图6 烟气入口粉尘颗粒的粒度分布曲线

更换三旋后，烟机运行周期增加至222天且未见硬垢，烟机解体情况如图7所示，基本解决了烟机结垢的问题。2016年6月至7月因蒸汽品质及外取热器盘管泄漏出现了催化剂跑损现象，虽未检测三旋出口催化剂细粉浓度，但通过锅炉除尘单元收集泥浆由正常的2包/天增加到6包/天，可推测烟机入口粉尘浓度应约为标定值的三倍，大于300mg/Nm^3。但2016年9月份烟机检修未发现硬垢，可推断，烟机入口催化剂细粉浓度大不一定会造成烟机结硬垢，进而可推测烟气中大颗粒催化剂是造成烟机结垢的关键因素。大颗粒催化剂在烟机内所受离心力更大，更容易粘连烧结，出现结垢。

图7 2017年11月烟机解体烟机无结垢

烟机因结垢而检修的年平均次数为3.5次/年，据估算，每次停机检修的直接经济损失达200万元/次，间接经济损失500万元/次。烟机蝶阀平均开度30%，改造后烟机蝶阀开度

55%，每年节约电耗3306600千瓦时/年，节约电耗成本220万元/年，每年带来的直接经济效益达920万元/年。

5 结论

（1）烟机入口烟气中的大颗粒(大于10μm)催化剂在烟机中所受离心力更大，更容易粘连结垢，是造成烟机结垢的关键因素。

（2）在实际生产中，通过改变催化剂性质、金属含量、原料性质及控制烟机轮盘蒸汽等措施改善烟机结垢的状况，延长烟机运行周期，但不能解决烟机结垢的问题。

（3）2#催化原有单管三旋的处理量远大于现有的主风量，分离效率低不能满足现烟机入口的要求。而新更换的PSC-300旋分器与现有工况匹配良好，且具有良好的分离性能，催化剂细粉浓度及粒度能达到烟机设计要求，能够从根源上解决烟机结垢的问题。

参考文献

[1] 周复昌，刘家海，朱亚东，等. FCC催化剂颗粒的形貌特征初探-显微观察照相技术的工业应用[J]. 炼油技术与工程，2012，42(4)：41-45.

[2] 岑奇顺. 催化裂化装置烟气轮机频繁结垢振动故障研究与对策[J]. 炼油技术与工程，2017，47(1)：29-34.

[3] 郝东，隋国忠，等. 烟气轮机结垢原因分析及预防措施[J]. 化工科技，2014，22(6)：54-58.

[4] 申健，周复昌，等. FCC装置烟机结垢的影响因素研究[J]. 石油炼制与化工，201445(6)：26-31.

[5] 许昀，朱玉霞，田辉平，等. 催化裂化装置烟机结垢原因的探索[J]. 工业催化，2010，18(3)：56-60.

[6] 陈文武，常培廷，等. 催化裂化装置烟气轮机结垢及对策[J]. 石油化工设备技术，2017，38(5)：44-47.

[7] 李双平. 催化裂化烟机结垢原因分析及对策[J]. 炼油技术与工程，2012，42(10)：41-44.

[8] 王景彬. 三级旋风分离器的研究[J]. 化工管理，2014，(8)：113-115.

乙烯机组润滑油漆膜分析及运行维护

张　辉

（中国石化广州分公司机动部，广东广州　510700）

摘　要　本文针对乙烯机组在长周期运行中在用汽轮机油产生漆膜的机理进行分析、判断，同时对油品混加进行实验及应用，提出在用油品劣化程度的监测和维护，通过对油系统的改进及在线过滤等手段，来确保机组的长周期运行。

关键词　漆膜倾向指数　混加实验　监测

0　引言

乙烯裂解的三大机组(裂解气压缩机组、丙烯制冷压缩机组和乙烯制冷压缩机组)是化工区裂解装置的关键核心设备，其运行好坏直接关系到公司的生产负荷及经济效益。机组油品的好坏是关系机组设备运行的关键，在用汽轮机油为设备运行提供“血液”，通过专用油站的油箱、主副油泵、油冷却器、过滤器及调节阀门等设施管线与机组本体建立循环管路，按其不同的作用分为控制油、密封油和润滑油，控制油为汽轮机的进汽紧急切断阀、抽汽切断阀及进汽调速阀提供油压动力，润滑油为机组各轴承提供油膜支撑、润滑及冷却等作用，密封油为压缩机轴端的浮环提供油膜密封及冷却等作用。

在三大机组长周期运行中，曾出现过丙烯机压缩机组转速较大波动的情况，通过工艺参数调整、仪表控制修订 PID 比值及外围反馈系统维护都不能消除，给生产运行带来很大的难度和不确定安全隐患。在装置大修时，机组检修中发现调速系统错油门的阀芯表面存在油碳化的棕褐色物，该物质使调速错油门的间隙变小，阀芯运行卡涩而滞后，造成调速阀门反复调整，是起丙烯压缩机组转速出现较大的波动主要原因。

在机组日常特护润滑油油检测中，油品的黏度、水分、酸值、机械杂质及抗乳化时间均在正常的范围，但在机组长周期运行中，传统的化验的手段是无法检测到棕褐色碳化物，在润滑油的油品检测上，这种油品的碳化程度是用漆膜倾向指数(MPC)值来表示，该碳化物能减少间隙影响润滑效果，增加摩擦，导致散热不良，导致阀门以及设备磨损等[1]，因此我们通过润滑油的漆膜倾向指数的变化来监测油品的劣化程度。

1　润滑油中漆膜的分析

在润滑油检测中，机组油品中出现的碳化物是润滑油漆膜的表现形式，因此机组在长周期运行中油品的劣化程度，需通过润滑油漆膜变化趋势来监控。

1.1 润滑油中漆膜的检测

漆膜倾向指数是评价油品生成漆膜的趋势，检测设备为MPC测定仪，通过ASTM D7843实验方法，就是用膜片比色法测量使用中透平油里润滑油生成的不溶性彩色物体。利用抽真空过滤系统将油品中的油泥胶质物分离出来，沉积在干净的滤膜片上(滤膜孔径0.45微米)，待滤膜片干燥后利用滤膜色度测试仪来测试其MPC(ΔE)值。该方法测试的油品类型主要针对在用汽轮机油。

1.2 润滑油中漆膜的生成原因

润滑油漆膜是一种高分子烃类聚合物，是油品的氧化产物[2]，元素分析为C81%~85%、H7%~9%、O7%~9%、N2%~3%，颜色从浅棕色、棕色至棕褐色，其主要表现在：

(1) 油品的配方：润滑中的各种添加剂在长周期运行中流失，其中酚类抗氧剂不易生成漆膜，而胺类抗氧剂较易生成漆膜。可通过单类抗氧剂的剩余含量RULER值和漆膜倾向指数MPC值监测油品的健康指数。

(2) 氧化降解：烃类油品氧化遵循自由基链反应机制，氧化后生成羧酸、酯、醇等过氧化物。这些过氧化物进一步缩聚反应生成高分子量的聚合物，如漆膜和油泥。漆膜与油泥的区别如下：相比较而言，漆膜生成温度高一些，而低温更有利于油泥的生成；油泥中含有一定量的水分。

油液在使用过程中总要与空气和金属材料接触并处于一定的温度条件，遇到高温、水分、金属(铜和铁)和空气都会加速氧化，生成羧酸、酯、醇等氧化产物，并进一步缩聚形成高分子聚合物，如漆膜；研究表明[3]，温度、水、空气和金属催化剂是加速润滑油氧化变质的根本原因，影响规律如下：

① 油液温度每提高10℃，氧化速率增加1倍；

② 超过一定量的水分可使油品氧化速度增加10倍以上；

③ 随着油液中空气含量的增加，氧化生成的漆膜也线性增加，见图1；

④ 油液中的金属颗粒作为催化剂会加速油品氧化。

以上讨论的是基础油的氧化，当然润滑油中某些添加剂在一定条件下也会降解，生成油泥类物质，如液压油中的ZDDP在80℃、35MPa下生成含锌的油泥见图2。

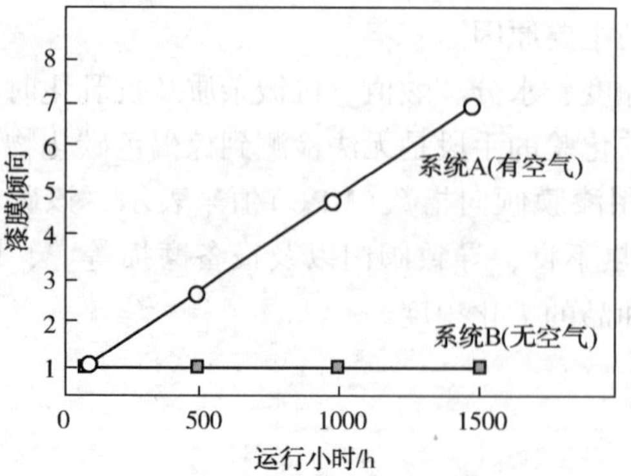

图1 漆膜形成与空气含量的关系

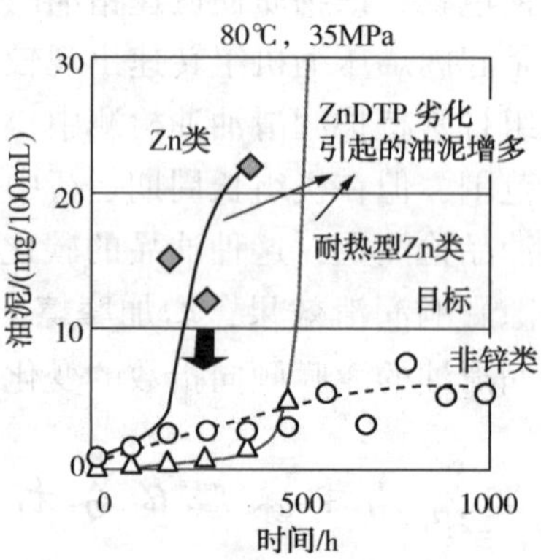

图2 含锌液压油与无灰液压油高温高压试验后油泥倾向比较

（3）热降解：高温燃气、蒸汽或高强度摩擦会使金属表面温度升高，引发基础油和添加剂的热降解，生成漆膜。一般情况下，液压油会溶解一定量的空气(<8%)，当超过溶解极限后，进入油液的空气以悬浮形式存在油液中。一旦液压油从低压区被泵入高压区，这些悬浮在油中的小气泡被急剧压缩，导致油液微区温度迅速升高，有时甚至高达1100℃，造成油液微区绝热“微燃烧”，生成极小尺寸的不溶物(见图3、图4)。这些不溶物有极性、极不稳定，易黏附到温度低的金属表面从而形成漆膜。相对而言，油品氧化是一个缓慢的过程，而油品绝热“微燃烧”生成漆膜的速度要快得多。

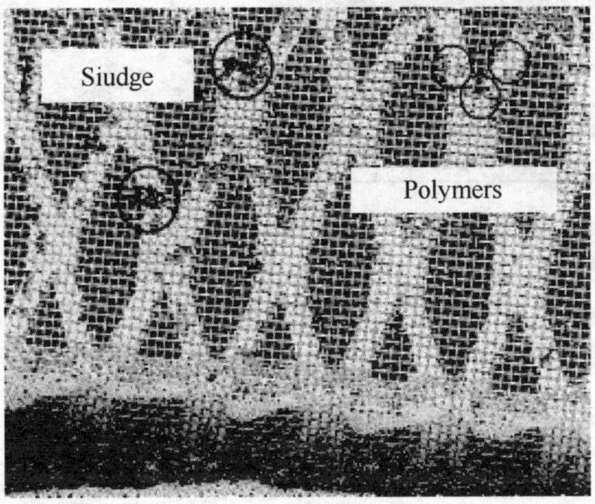

图3　滤网上的漆膜

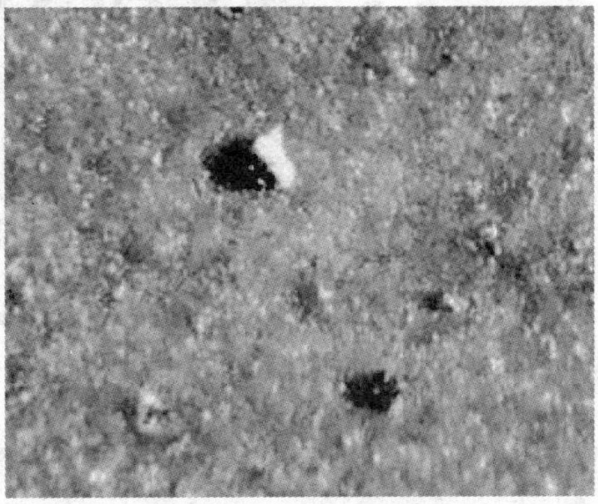

图4　滤膜上的漆膜

（4）静电流降解：分子的内摩擦及流体与机械表面的电势差会产生静电流。当电势累积到适当的程度时，油液经过很小间隙如阀芯、精密滤芯时，分子间内摩擦产生静电，累积后突然放电，产生微区高温，导致油液氧化，生成极小尺寸的不溶物，附着在金属表面形成漆膜，因此高温是造成漆膜形成的主要原因。

1.3　润滑油漆膜的危害

机组在长周期运行中，油系统的油泥和漆膜逐渐增加，形态各异的油泥和漆膜沉积在系统的多个部位，如一些黑色的硬膜沉积在机械轴封处，金色的黏膜沉积在阀上，炭状物沉积在巴氏合金的轴承上，褐色胶状物沉积在过滤器上等等。油泥和漆膜会导致过滤器堵塞、供油不足、轴承磨损、阀黏结、调速失灵等后果，最终造成非正常停机的损失。漆膜一旦形成，很难被刮掉或者用有机溶剂洗掉，但却极大地影响设备的可靠性，影响生产。

如在2014年8月15日某厂烯烃部2#烯烃装置E-GB201压缩机联锁不停机重大事故，造成机组推力盘报废，检查发现润滑油油箱脱气槽及油气分离器内大量黑色聚合物，静止后容器底部有少量水，总之本次机组事故主要是润滑油品变差，机组跳闸系统紧急切断阀的活塞表面漆膜严重，阀杆卡涩，出现联锁而不停机的重大事故。

1.4　润滑油漆膜的判断

在油品检测分析中，油品中漆膜的生成及判定对汽轮机油油液的漆膜具有实际意义，比如钟龙风、李秋秋等将漆膜倾向指数列为压缩机在用油检测和评定的主要项目之一，将漆膜倾向指数用于设备故障的诊断[4]，因此润滑油的健康状况监测(单类抗氧剂的剩余含量RULER，漆膜倾向指数MPC)非常重要，并给出经验借鉴值，见图5。

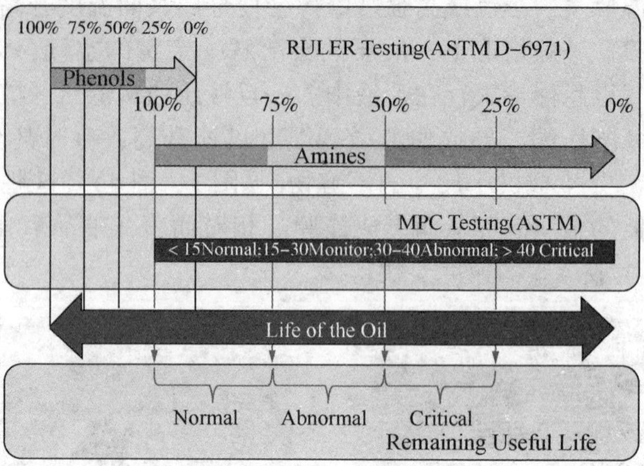

图5 润滑油的健康状况监测

如图5所示，MPC<15，为正常状态，15≤MPC<30，为监测状态，30≤MPC≤40，为不正常状态，需要将油液监测分析频率加倍了，并且应当采取相应的措施，MPC>40为严重状态，那么需要对润滑油进行相应的维护。

如果汽轮机是处于高负荷运行中，油的温度变化较大，那么MPC值大于15，就已经可以肯定系统中已经有些漆膜存在，而MPC=50，可以非常确定地判断油系统中肯定有漆膜，因此在机组的运行特护中，润滑油的劣化程度就可以得到检测，可依据漆膜倾向指数MPC值对润滑油进行维护。

2 机组运行维护

在日常的机组运行中，我们对润滑油漆膜倾向指数MPC值进行监测，监测润滑油的实时状况可以反映机械设备各重要部件的最新信息，可以评估润滑油的剩余使用寿命，从而可以进行设备的主动维护，也称之为精确润滑。下图是我们对润滑油进行了化验分析解读，对润滑油的劣化程度进行监护，同样油品，同样设备的采样点，只是运行的时间不同，2012年9月与2013年5月油品分析报告见对比图。

图6是裂解气压缩机DY1301油箱的油(酸性油箱之后的油箱)2012年9月检测报告，从测试曲线可看出酚类抗氧化剂已经消耗尽了，胺类抗氧剂也开始低于75%的临界点了，抗氧剂的含量较低，油液会加速老化；MPC(漆膜倾向)指数为介于15和30之间的警戒监测状态，表明润滑油中已经有一定量的软污染物(抗氧剂的降解物是可溶的、有极性的、有机的)，有可能形成漆膜，影响设备的可靠性(如报告中所说可能导致摩擦副温度升高、润滑系统内壁漆膜沉积，严重者可能会导致轴承、阀芯等运动部件卡涩或动作不良)；图7是裂解气压缩机DY1301油箱的油2013年5月份检测报告，从测试曲线可看出Peak #1胺类抗氧化剂还剩新油的63.2%，Peak #2酚类抗氧化剂已经消耗没了，漆膜倾向指数MPC 48，已经是严重的监测状态。经过半年的设备运行，油品的劣化程度严重，漆膜倾向指数MPC值从22.7上升到48。依据油品化验分析结果，对机组的润滑油增加油箱外置的油净化器进行过滤，并对油箱底部的油进行部分置换。

检 测 报 告

TEST REPORT

送检单位:	广石化		
油品牌号:	Shell Turbo T32	报告编号:	201 2020418-0001
设备编号:		报告页码:	第1页,共1页
设备名称:	化一裂解P1300裂解气压缩机组离心机	取样日期:	2012.09.13
设备型号:		收样日期:	2012.09.24
取样位置:	DY 1301油箱	报告日期:	2012.09.28
自 名 称:		设备时间:	
样品包装:	250mL,塑料瓶,包装完好	油品时间:	
备　注:			

结 论

1.钙油不含有或者仅含有少量的酚类抗氧剂,胺类抗氧剂含量较低,MPC指数偏高,表明油中已经形成了一定数量的漆膜,可能导致摩擦副温度升高、润滑系统内壁漆膜沉积等问题,严重者可能会导致轴承、阀芯等运动部件卡涩或动作不良;

2.建议加强对该机组的检测,将检测周期缩短一半;可以根据现场的运行温度、设备型号与机组参数启用去除漆膜的设备,具体可咨询广研检测技术工程师。

注意 CAUTION

理化指标		测试结果	参考值	检测方法
抗氧化剂含量,胺类	%	74.0	≥75	ASTM D6971-2009
酚炭	%	0	≥25	
漆膜倾向指数	…	22.7	≤15	MPD+

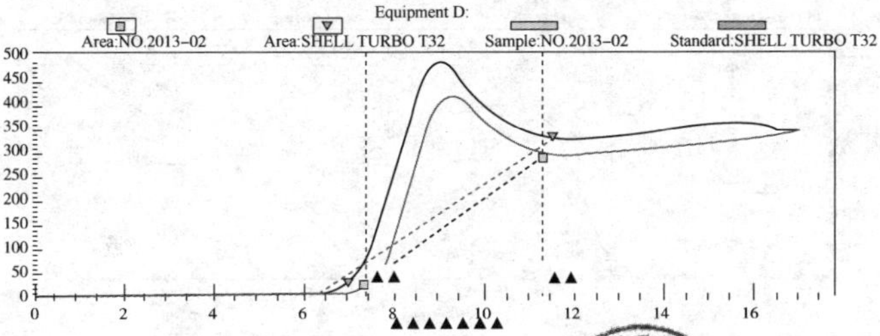

抗氧化剂含量图谱

图6　2012年9月检测报告

TEST INFORMATION

Customer	广石化	Sample ID	NO. 2013-02
Equipment Type	裂解气压缩机组Y1300	Sample Date	2013.5.27
Equipment ID	DY1301	Standard	SHELL TURBO T 32
		Usage	0 Mi.
Solvent Type	Green		
Sample Amount	400		

Antioxidant Health

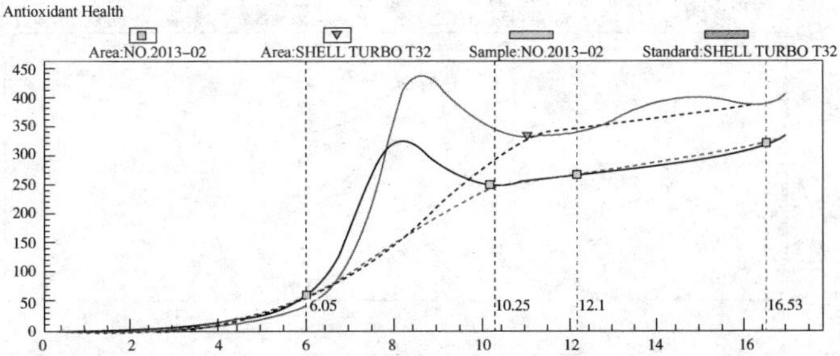

ADDITIVES

	RUL%	AREA VOLUME Standard	Sample
(RUL1) Peak #1	63.2	11,255	7,118
(RUL2) Peak #2	0	1,181	-347

Comments

Peak #1胺类抗氧化剂还剩新油的63.2%,Peak #2酚类抗氧化剂已经消耗没了,漆膜倾向指数MPC48

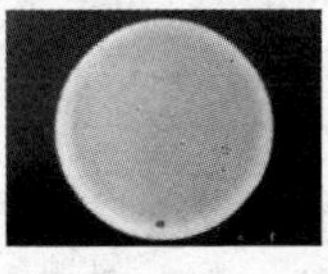

图7　2013年5月检测报告

检 测 报 告

TEST REPORT

送检单位: 广石化
油品牌号: Shell Turbo T32
设备编号:
设备名称: P1600乙烯/P1650丙烯冷剂压缩机 离心机
设备型号:
抽样位置: DY1651油箱
自 编 号:
样品包装: 250mL,塑料瓶,包装完好
备 注:

报告编号: 2012090418-0003
报告页码: 第1页,共1页
取样日期: 2012.09.18
收样日期: 2012.09.24
报告日期: 2012.09.28
设备日期:
油品日期:

结 论

注意 CAUTION

1.该油不含有或者仅含有少量的酚类抗氧剂,胺类抗氧剂含量较低,MPC指数偏高,表明油中已经形成了一定数量的漆膜,可能导致摩擦副温度升高、润滑系统内壁漆膜沉积等问题,严重者可能会导致轴承、阀芯等运动部件卡涩或动作不良;

2.建议加强对该机组的监测,将监控周期缩短一半;可以根据现场的运行温度、设备型号与机组参数启用去除漆膜的设备,具体可咨询广研检测技术工程师。

理化指标		测试结果	参考值	检测方法
抗氧化剂含量,胺类	%	68.3	≥75	ASTM D6971-2009
酚类	%	0	≥25	
漆膜倾向指数	—	30.6	≤15	MPC⁺

Equipment ID:

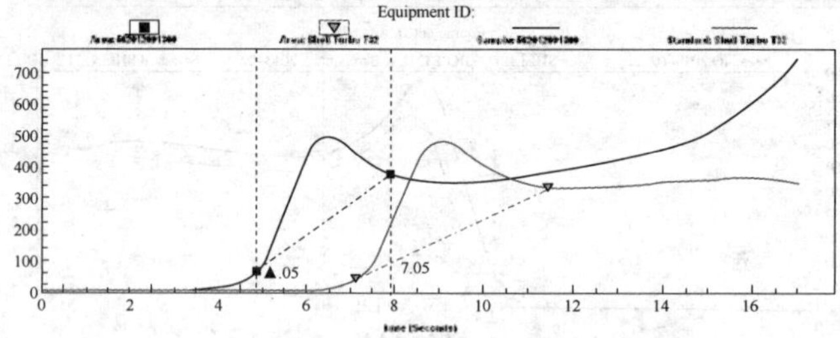

抗氧化剂含量图谱

图 8 2012 年 9 月检测报告

TEST INFORMATION

Customer	广石化	Sample ID	NO.2013-03
Equipment Type	丙烯/乙烯制冷机组Y1600	Sample Date	5/27/2013 12:00:00AM
Equipment ID	DY1651	Standard	SHELL TURBO T32
		Usage	0Mi.
Solvent Type	Green		
Sample Amount	400		

Antioxidant Health

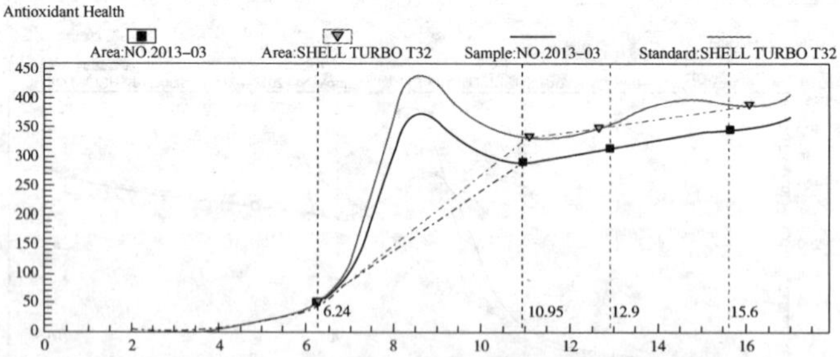

ADDITIVES

	RUL%	AREA VOLUME Standard	Sample
(RUL1)Peak#1	77.3	11,255	8,704
(RUL2)Peak#2	17.8	1,181	211

Comments

Peak#1 胺类抗氧化剂还剩新油的77%,Peak#2酚类抗氧化剂还剩新油的18%,漆膜倾向指数MPC44

图 9 2013 年 5 月检测报告

图8是丙烯制冷压缩机DY1651油箱的油2012年9月检测报告，同样从抗氧化剂曲线可看出酚类抗氧化剂已经消耗尽了，胺类抗氧剂也开始低于75%的临界点了，抗氧剂的含量较低，油液会加速老化，并且很明显一点是红色曲线的右边有一个向上翘的尾巴，这是由于该油箱中含有较多的软污染物(抗氧剂的降解物是可溶的、有极性的、有机的)，极性的软污染物导电性更强，因此会形成上翘的巴，同时将整条红色曲线向左推移(相比较绿色的曲线而言)；MPC指数为30同样也印证了RULER曲线的结果，MPC指数处于非正常状态的临界点；图9是丙烯制冷压缩机DY1651油箱的油2013年5月检测报告，Peak #1胺类抗氧化剂还剩新油的77%，Peak #2酚类抗氧化剂还剩新油的18%，漆膜倾向指数MPC 44，已经是严重的监测状态，经过半年的设备运行，油品的劣化程度严重，漆膜倾向指数MPC值从30.6上升到44。依据油品化验分析结果，对机组的润滑油增加油箱外置的油净化器进行过滤，并对油箱底部的油进行部分置换。

3 机组油品混加实验及应用

我们厂的乙烯裂解装置的三大机组设备设计采用壳牌T32汽轮机油，在润滑油国产化替代工作中，我们与长城润滑油公司进行合作，对机组的油箱在用壳牌T32汽轮机油油样进行取样与长城SH32合成型长寿命极压汽轮机油进行对比分析，结果见表1。

表1 汽轮机油性能对比分析

项　　目	壳牌T32		长城SH32典型值	试验方法
	PT1600	PT1300		
外观	黄色透明	黄色透明	透明	目测
40℃运动黏度/(mm²/s)	31.81	31.77	31.61	GB/T 265
100℃运动黏度/(mm²/s)	5.543	5.528	5.795	GB/T 265
黏度指数	112	111	127	GB/T 1995
酸值/(mgKOH/g)	0.05	0.12	0.14	GB/T 7304
水分/%	痕迹	痕迹	痕迹	GB/T 260
抗乳化(54℃，40-37-3)/min	6	8	5	GB/T 7305
磨斑直径/mm	0.72	0.72	0.46	SH/T 0189

从分析结果来看：

(1) 在用油的运动黏度、酸值指标无异常；

(2) 在用油的水分指标正常，不存在明显进水现象；

(3) 在用油的抗乳化指标正常，具有较好的分水性能。

从长城SH32汽轮机油与在用壳牌T32汽轮机油对比数据可知，长城SH32汽轮机油黏温性能优于后者(黏度指数较高)，对汽轮机组运行的稳定性和油膜形成有利，长城SH32汽轮机油具有更优的抗磨性能，可为设备提供良好的润滑保护，两者的其他性能相当。

3.1 在用壳牌T32与长城SH32长寿命汽轮机油混加相容性对比

在实际运行中，将在用壳牌T32汽轮机油与长城SH32汽轮机油按照不同比例进行混兑，调制成混1、混2、混3三种比例的油品，考察其相容性和其他理化性能，实验分析数据见表2。

表2　两种汽轮机油混兑使用性能分析

项　目	混1	混2	混3	试验方法
在用壳牌T32：长城SH32	9：1	5：5	1：9	
外观	透明	透明	透明	目测
40℃运动黏度/(mm^2/s)	31.78	31.68	31.61	GB/T 265
酸值/(mgKOH/g)	0.05	0.09	0.13	GB/T 7304

从混兑试验的关键指标来看，长城sH32和在用壳牌T32相容性较好。

结论及建议：

(1) 在用壳牌T32汽轮机油样各理化性能正常。

(2) 从对比结果可知，长城32号SH合成型长寿命极压汽轮机油具有更优异，其黏温性能及极压抗磨性能满足设备的运行要求，可替代壳牌T32汽轮机油使用。

(3) 长城SH32和在用壳牌T32相容性较好，可以混合使用。

3.2　机组油品混加后漆膜倾向指数MPC跟踪

在机组实际运行中，我们于2016年4月因裂解气汽轮机抽汽阀漏油的缘故，在进口壳牌多宝T32的基础上混加了长城32号SH合成型汽轮机油，通过化验混加实验分析是可行的，同时对丙烯乙烯制冷压缩机组的油也进行了国产化替代，目前各项指标运行正常，润滑油漆膜倾向指数MPC分析见图10。下面的分析报告分别是2016年5月、2017年2月和2017年11月份的化验分析数据，可以看出裂解气压缩机组(Y1300)润滑油漆膜倾向指数MPC跟踪从最初的9.1上升到21.1，出现了警示状态，我们提高外置油净化器的运行及油箱底部油的置换力度，在2017年11月份监测漆膜倾向指数MPC是10，得到了有效得控制。乙烯丙烯压缩机组(Y1600/Y1650)润滑油漆膜倾向指数MPC跟踪从最初的20.6上升到27.2，出现了警示状态，同样提高外置油净化器的运行及油箱底部油的置换力度，在2017年11月份监测漆膜倾向指数MPC是17.3，得到了控制。

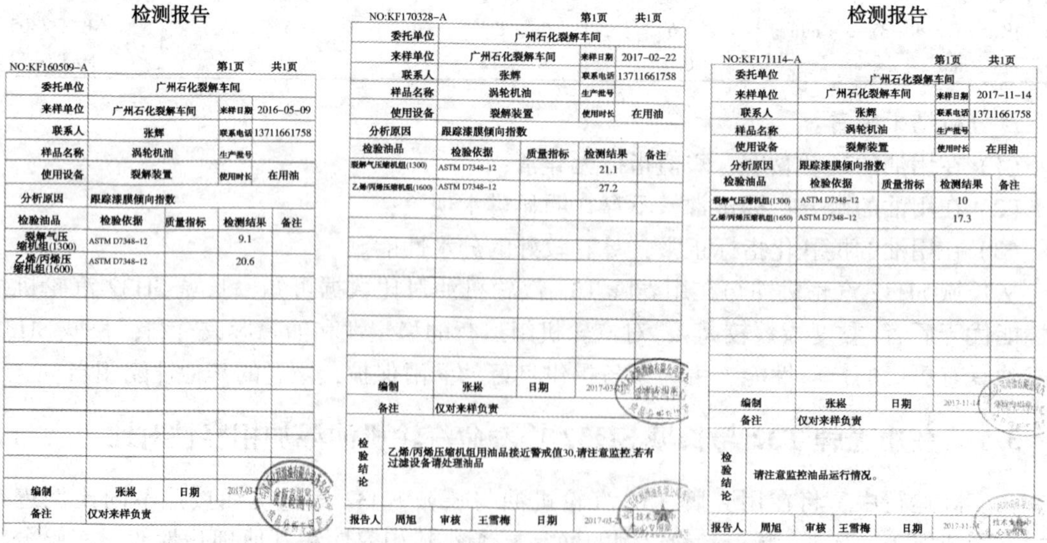

检测报告

NO:KF160509-A　第1页　共1页

委托单位	广州石化裂解车间		
来样单位	广州石化裂解车间	来样日期	2016-05-09
联系人	张辉	联系电话	13711661758
样品名称	涡轮机油	生产批号	
使用设备	裂解装置	使用时长	在用油
分析原因	跟踪漆膜倾向指数		

检验油品	检验依据	质量指标	检测结果	备注
裂解气压缩机组(1300)	ASTM D7348-12		9.1	
乙烯/丙烯压缩机组(1600)	ASTM D7348-12		20.6	

编制　张崧　日期　2017-03-…

备注　仅对来样负责

NO:KF170328-A　第1页　共1页

委托单位	广州石化裂解车间		
来样单位	广州石化裂解车间	来样日期	2017-02-22
联系人	张辉	联系电话	13711661758
样品名称	涡轮机油	生产批号	
使用设备	裂解装置	使用时长	在用油
分析原因	跟踪漆膜倾向指数		

检验油品	检验依据	质量指标	检测结果	备注
裂解气压缩机组(1300)	ASTM D7348-12		21.1	
乙烯/丙烯压缩机组(1600)	ASTM D7348-12		27.2	

编制　张崧　日期　2017-03-…

备注　仅对来样负责

检验结论：乙烯/丙烯压缩机组用油品接近警戒值30,请注意监控,若有过滤设备请处理油品

报告人　周旭　审核　王雪梅　日期　2017-03-…

检测报告

NO:KF171114-A　第1页　共1页

委托单位	广州石化裂解车间		
来样单位	广州石化裂解车间	来样日期	2017-11-14
联系人	张辉	联系电话	13711661758
样品名称	涡轮机油	生产批号	
使用设备	裂解装置	使用时长	在用油
分析原因	跟踪漆膜倾向指数		

检验油品	检验依据	质量指标	检测结果	备注
裂解气压缩机组(1300)	ASTM D7348-12		10	
乙烯/丙烯压缩机组(1650)	ASTM D7348-12		17.3	

编制　张崧　日期　2017-11-…

备注　仅对来样负责

检验结论：请注意监控油品运行情况。

报告人　周旭　审核　王雪梅　日期　2017-11-…

图10　在机组不同时期漆膜倾向指数MPC跟踪检测报告

3.3 轴承温度的监测

在机组的日常维护中，对轴承温度进行监测，其变化趋势进行监护，机组用油混加后从两年来的运行来看，润滑油中的漆膜倾向指数会有波动，说明漆膜会在轴承轴瓦等部件表面不同程度的生成，但是其速率缓慢，但是可控的，从机组最高齿轮箱轴瓦温度上涨的趋势上可以得到验证，详见图 11、图 12 裂解气压缩机齿轮箱轴瓦一年的变化趋势。

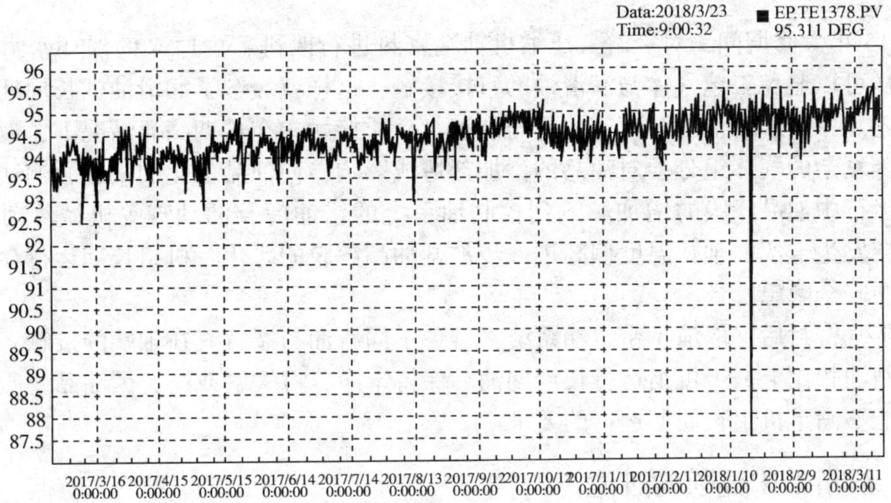

图 11 TE1378 轴瓦一年的变化趋势

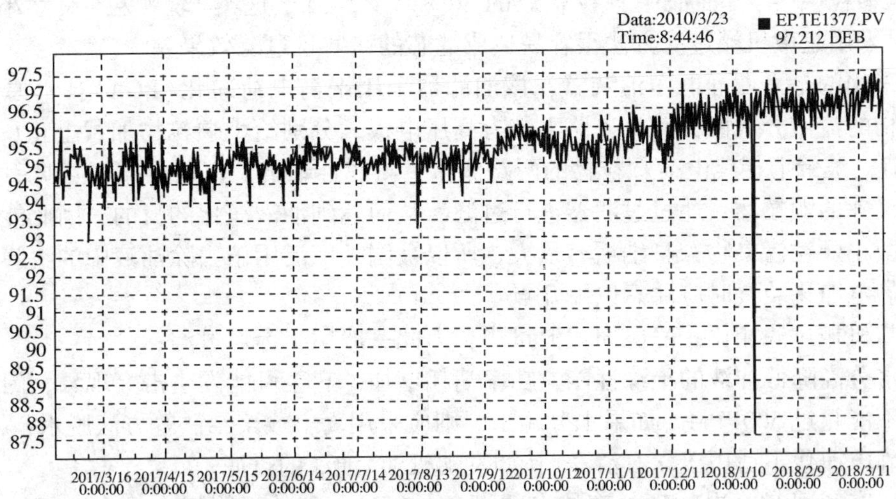

图 12 TE1377 轴瓦一年的变化趋势

从裂解压缩机齿轮箱低速轴瓦 TE1378 温度从 93.5℃上升到 95℃，一年内温度上涨了 1.5℃；裂解压缩机齿轮箱高速轴瓦 TE1377 温度从 95℃上升到 97℃，一年内温度上涨了 2℃，上涨速率缓慢，相对上一个机组运行周期齿轮箱轴瓦温度在 103℃左右运行已经很好了，说明机组润滑油维护相对较好。

4 机组的改进及过滤

为了改善裂解气压缩机组润滑油的品质，就要减少或避免润滑油与外界和其他介质的接触，加剧润滑油的劣化，从设备结构上进行升级改造。

4.1 浮环密封改为干气密封

在2015年大修期间，对裂解气压缩机轴端密封进行改进，由原来的浮环密封改为干气密封，这样可以避免工艺气体与润滑油的直接接触，这样就缓解了润滑油在长周期运行下油品品质变差。原来润滑油在浮环密封处与裂解气介质接触，在长期高温情况下，裂解气含有的硫水分等复杂的气体组分会对油品的添加剂造成影响，使油品劣化加剧，影响油品的使用寿命，在运行中油品漆膜的增加影响到控制油系统的错油门及油动缸等机械传动部件的运行，严重会发生卡涩；轴瓦温度偏高进一步加剧油品漆膜的恶化，机组长期运行存在润滑油变差的潜在安全隐患。

采用干气密封后，取消了密封油系统，避免了润滑油与裂解气在轴端的接触，进而对润滑油、控制油相比上一个机组运行长周期油品保持干净，可缓解或避免因油品变质出现的重大事故，能够满足机组长周期运行的要求。

4.2 润滑油中漆膜的过滤

在机组润滑油系统的油净化器中，传统的油滤器已不能清理润滑油油液中易生成漆膜和油泥的“软颗粒”，约占油液中颗粒总数的80%以上，由于这类“软颗粒”尺寸小(1μm左右)，如果采用超微机械过滤方法很容易造成滤芯的堵塞且过滤效果差[5]。

我们采用的是平衡静电净油装置，该油滤器采用平衡电荷净化(BCA)技术原理是让携带小颗粒物的流体分成两支路，支路上装有高压电极，分别给小颗粒物加载上正(+)电荷和负(-)电荷，被带上相反电荷颗粒物的两路流体重新混合聚集，正负电荷相互吸引集聚在一起形成大尺寸的颗粒物，通过过滤器进行过滤，从而达到油液净化的目的，因此能有效去除油液中的微小颗粒污染物，且纳垢容量大，所以被国外广泛用于去除油液中的漆膜和油泥。

使用静电净化装置时应注意以下几点：

(1) 与机械过滤相比，静电净化流量小，因此一般用于旁通过滤；

(2) 水分高降低油液的绝缘性能，功率消耗增加，甚至可能发生击穿现象，因此静电净化前水分不能超过500PPM。如果水分超出，则应采用真空或聚结法等方法脱水；

(3) 静电净化不适用于含有清净剂(如发动机油)油液的过滤。

目前还有利用ESP电物理分离技术的设备，ESP专利的吸附媒介是有选择性的，因为形成漆膜的降解物无论是悬浮或是溶解状态，它们都是有极性的。漆膜是由软的、可溶的、有极性的降解物沉积形成的，当温度降低或者压力增大时，降解物的溶解度会降低，所以常在系统管路或者轴承轴瓦等温度低的地方沉积形成漆膜，它的原理是溶解与沉淀的动态平衡。

对比衡电荷净化的技术设计主要针对处于悬浮状态的降解物，要有小颗粒物(悬浮态降解物)这个载体，才能分别给其加上正负电荷从而集聚成更大颗粒物而被机械过滤，这种设计对于在线工作或者温度较高的润滑油液作用相当有限，温度高于40℃时，大部分降解物是处于溶解状态的难于过滤，因此我们给油箱增加外置油冷却器，来降低油箱润滑油的温度。而电物理分离技术的吸附媒介可以持续、选择性地将处于悬浮状态和溶解状态的降解物去除，而不去除油液中的任何有效添加剂，相对比电物理分离的过滤芯价格较贵。

5 结论

通过对机组润滑油的定期检测，用漆膜倾向指数(MPC)来监测油品中添加剂的流失及劣化程度，对润滑油进行维护，确保机组长周期运行。

(1) 机组润滑油的漆膜危害极大，已引起工业界高度关注；

(2) 油品漆膜倾向指数(MPC)进行监测跟踪，不仅可以反映油液的性能更能反映设备的运行状况，了解和监控油品的劣化程度，可以做到心中有数，确保机组长周期正常运行；

(3) 润滑油的漆膜可以通过外置的油净化器进行过滤，来延长油品的使用寿命。

(4)油品的混加在实验分析的基础上可以监护使用。

参考文献

[1] 黄素华，荆迪．燃气轮机润滑油系统的漆膜问题[J]．电力与能源，2016，37(5)：628-631.

[2] 林瑞玲，庞晋山．润滑油漆膜倾向指数测试及应用研究[J]．润滑油，2017，4：32.

[3] 周文新．工业润滑油应用中的漆膜问题[J]．设备管理与维修，2007(8)：30-32.

[4] 钟龙风，康克家．合成气压缩机视情诊断[J]．润滑与密封，2013，38(1)：104-10.

[5] 李秋秋，冯伟．油液分析在螺杆式空压机润滑故障诊断的应用[J]．润滑与密封，2016，41(4)：137-140.

石油化工装置仪表本安回路系统设计探讨

仇广全

（中石油华东设计院有限公司，山东青岛　266071）

摘　要　本质安全防爆法是石油化工装置中最广泛应用的防爆方法。本文介绍了本质安全回路系统的构成以及本质安全认证的方法，结合工程实际，给出了工程设计中常用的参量认证方法的计算过程，并通过应用实例介绍了参量认证方法的应用；推导出本质安全回路中电缆的允许最大长度计算公式，并给出了不能满足本质安全要求系统的改进措施。在工程设计中具有一定的参考价值。

关键词　本质安全回路　参量认证　本安计算　安全参数　关联设备

1　引言

在石油化工装置中，可能出现潜在的可燃有毒气体，存在爆炸危险环境，在工程项目中的现场仪表设备必须具有相应的防爆措施。现场仪表设备采用的防爆技术主要有：本安型“ia”、隔爆型“d”、增安型“e”、正压通风型“p”等类型。近年来，随着工业现场自动化程度的不断提高，石化行业爆炸危险区域内本安型仪表被广泛应用[1]。本安防爆技术主要用于限制现场仪表的能量，在仪表回路正常或故障情况下，本安回路能可靠地将回路中的能量限制在一个允许的范围内，以保证电气设备在发生短路、故障等情况下，不会引起周围爆炸危险形体气体发生爆炸爆炸[2]。

在国内很多石油化工设计院在选用本安防爆方案时，大多仅仅是选用了本安型的仪表，未对本安电缆和安全栅进行计算验证，然而由于电缆分布电感与分布电容的存在，可能会产生能引起火花的能量，如果没有经过严格的本安回路认证的计算，将有回路存在安全隐患，为了保证本安系统在爆炸危险环境中可靠的应用，本文介绍主要介绍本安系统的组成、本安回路的计算方法及电缆允许最大长度的计算公式，以及在系统不能满足本质安全要求情况下可以采取的措施。

2　本质安全回路系统的组成

本质安全回路系统由现场本安设备（如现场变送器）、本安电缆和关联设备（如安全栅）三部分组成，本安回路的组成如图 1 所示。

2.1　现场本安设备

现场本安设备主要分为简单设备和本质安全型设备。

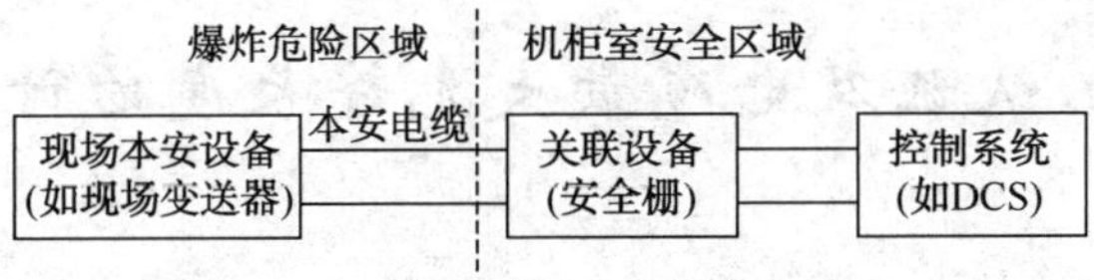

图1 本质安全回路系统组成

2.1.1 简单设备

按照规范 GB/T-3836.4-2010[3]规定，简单设备是指电气参数符合电路本质安全性能要求的元件或结构简单元件的组合。例如开关器件、接线箱等，都是简单设备；对于热电偶、热电阻等能产生能量的有源器件，也可视为简单设备。简单设备无须防爆认证，可以自由地配置在本安回路中。

2.1.2 本质安全型设备

本质安全型设备具有储能元件，是经过权威的防爆认证，内部所有电路都是本质安全电路的设备，例如阀门定位器、现场变送器等。

2.2 本安电缆

本安电缆为现场本安仪表设备和机柜室安全栅之间的连接电缆。本安电缆存在一定数量的分布电容和分布电感，其参数超过最大允许值时，回路会储存过多的能量，从而产生安全隐患，需要综合考虑电缆的分布参数和限制电缆的长度[4]。

2.3 关联设备

安全栅是本质安全回路中最广泛应用的关联设备，其作用是限制输出至现场仪表的电流和电压，以确保本质安全电路的安全性能[5]。隔离式安全栅无需系统接地回路，且能接受热电偶、热电阻及频率等信号，因此在工程中得到广泛应用。

3 本质安全仪表回路的认证方法

目前，对本质安全仪表回路的认证方法主要有参量认可和系统认可2种。

3.1 参量认可[6]

参量认可是根据相关标准对单台本安设备进行检验认可的方法。通过查找本安仪表、本安电缆和关联设备的安全参数，并分别进行比较，即可检验此回路是否为本安回路。采用参量认可方法进行本安仪表系统设计时，只需要计算本安设备和关联设备的整体参数，具有方法简单、易操作的优点，在国内外的项目中得到了广泛应用。

3.2 系统认可

系统认可也称“联合取证”，是指对本安仪表和相应的关联设备组合构成的系统进行认证的方式。系统一经认证，系统中任一设备不能用未经按同种组合方式认证的任何其他型号、规格的设备代替。

4 本安回路的认证及电缆最大允许长度的计算

4.1 本安回路的认证

为降低爆炸风险，工程设计中，均需对本安回路中的相关仪表和安全栅进行本安认证，选择安全参数相匹配的仪表设备。本文以工程中常用的参量认可方法为例介绍本安回路的认证方法。

用参量认可方法计算本安回路时，回路中本安仪表、本安电缆和关联设备的安全参数需要匹配，其安全参数要满足以下五个不等式：

$$Uo \leqslant Ui \tag{1}$$

$$Io \leqslant Ii \tag{2}$$

$$Po \leqslant Pi \tag{3}$$

$$Co \geqslant Ci + Cc \tag{4}$$

$$Lo \geqslant Li + Lc \tag{5}$$

式中 Uo——关联设备的开路电压，即在故障状态下，其传输至爆炸危险区域的最大电压；

Io——关联设备的短路电流，即在故障状态下，其传输至爆炸危险区域的最大电流；

Co——关联设备允许外接的最大电容；

Lo——关联设备允许外接的最大电感；

Ui——在故障条件下，本安设备最大可接受的电压[4]；

Ii——在故障条件下，本安设备最大可接受的电流[4]；

Ci——本安设备的内部电容；

Li——本安设备的内部电感；

Lc——本安电缆的分布电感；

Cc——本安电缆的分布电容。

本安设备、安全栅以及本安电缆单位长度的安全参数通常可从相关产品手册中获取，下面以普通压力检测单回路为例说明本安回路的认证方法，本安设备(变送器)选用罗斯蒙特3051系列产品，关联设备(安全栅)选用P+F产品，本安电缆选用安徽新亚特电缆，其回路图及安全参数示意图如图2所示。

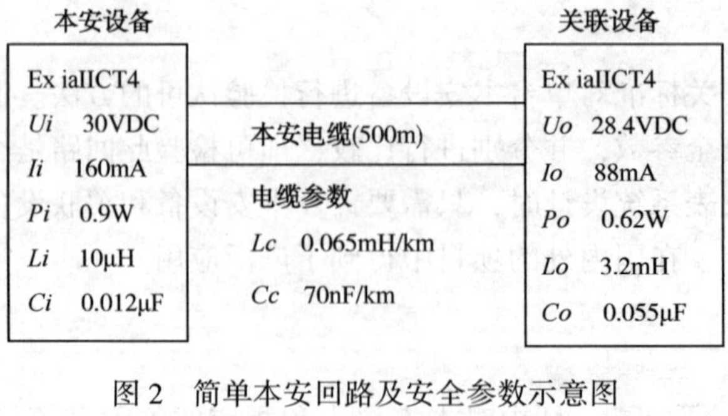

图2 简单本安回路及安全参数示意图

由图2可知：

$$Lc = 0.065 \times 0.5\text{mH} = 0.0325\text{mH}$$

$$Cc=70\times0.5\text{nF}=35\text{nF}$$

$$Uo<Ui;\ Io<Ii;\ Po<Pi;\ Lo>Li+Lc;\ Co>Ci+Cc$$

通过计算可知，本回路的安全参数均满足不等式(1)～式(5)，因此本回路能通过本安回路计算，可以直接用于相应的防爆区。

4.2 本安回路电缆最大允许长度的计算

在工程设计过程中，本安设备的安全参数和仪表的安全防爆等级有关，一般情况下仪表防爆等级是根据电气专业爆炸危险区域划分图确定，因此，本安设备的安全参数是确定的。关联设备的安全参数是通过产品测试出来的，型号确定后其安全参数也是确定的。因此本安回路的计算主要取决于电缆的参数，即电缆的长度，其计算公式如下：

$$L_1 \leqslant \frac{Lo-Li}{\beta_1} \tag{6}$$

$$L_2 \leqslant \frac{Co-Ci}{\beta_2} \tag{7}$$

$$L_{max}=\min(L_1,\ L_2) \tag{8}$$

式中 L_1——按允许电感计算的电缆最大允许长度，km；

L_2——按允许电容计算的电缆最大允许长度，km；

β_1——单位长度电缆的电感，mH/km；

β_2——单位长度电缆的电容，μF/km；

L_{max}——回路电缆最大允许长度。

以4.1节普通单回路为例，其电缆最大允许长度计算如下：

$$L_1 \leqslant \frac{3.2-0.01}{0.065}=49\text{km}$$

$$L_2 \leqslant \frac{0.055-0.012}{0.07}=0.61\text{km}$$

$$L_{max}=0.61\text{km}$$

因此回路电缆必须小于0.61km，才能满足本质安全要求，否则回路有安全隐患。

5 不能满足本质安全认证回路的改进措施

当回路安全参数不满足式(1)～式(5)任一公式时，回路不能通过本质安全认证，不能直接在爆炸危险区域使用，需要采取一定的措施，使回路满足本质安全认证。由式(1)～式(5)可知，可以从以下三方面进行改进：

(1) 现场本质安全设备按电气专业爆炸危险环境划分图准确的确定仪表设备的防爆等级，尽量不要提高防爆等级，例如ExiaIIBT4安全删的允许回路电容是Ex iaIICT4的8倍，允许回路电感是Ex iaIICT4的4倍。

(2) 本安电缆，首先要考虑尽量缩短电缆的长度，由于仪表位置是管道设计专业确定的，仪表专业要和管道设计专业充分沟通，协商能否将仪表布置在距离机柜室近的位置，同时在施工过程中遵循电缆路径最短原则，最大程度减少电缆长度。其次可以从电缆本身入手，选用介电常数低的绝缘材料，增大电缆导体直径，都可以降低电缆的分布电容和分布电感，本安电缆应选用铜芯绞线，其最小截面积不得小于 0.5mm^2。

(3) 选择允许外接最大电容和最大电感较大的关联设备。

6 结束语

随着石油化工自动化、智能化的发展以及人们对安全生产工作的重视，本安防爆系统的设计以及本安计算将成为工程设计中不可缺少的工作。在石油、化工工程设计过程中，在本安防爆系统设计时，首先要确定设计的装置处于哪类防爆场所，有哪些危险气体，要全面考虑整个回路中的本安参数，从变送器、本安电缆到安全栅，均要核实计算其是否满足本安回路要求。本文介绍了仪表回路安全认证的方法，及回路不能通过本质安全认证时的解决措施，在工程设计过程中具有较高的参考价值。

参 考 文 献

[1] 赵宏. 本安型防爆仪表热点然评价方法研究[J]. 化工自动化及仪表，2013，40(8)：955-958.

[2] 李达，范新缓. 本安防爆系统综述[J]. 石油化工自动化，2000(6)：8-10.

[3] GB/T 3836.4-2010，爆炸性环境第4部分：由本质安全型“i”保护的设备[S]. 北京：中国标准出版社，2010.

[4] 王珍. 本质安全仪表回路设计方法探讨[J]. 石油化工自动化，2009(4)：65-70.

[5] 陆德民，张振基，黄步余. 石油化工自动设计手册[M]. 3版. 北京：化学工业出版社，2000：434.

[6] 崔艳. 本质安全电路校核方法[J]. 电气与自动化，2016(4)：33-36.

新型 AF 格栅填料式汽提器在催化装置中的应用

韩胜显，张玉勤，古扎丽阿依·买买提肉孜

（中石油克拉玛依石化有限责任公司，新疆克拉玛依 834003）

摘　要　中石油克拉玛依石化有限责任公司催化裂化装置优化改造采用了 UOP 公司开发的新型 AF 格栅填料式汽提器，通过标定，反应沉降器汽提段的汽提效率得到大幅度提高，氢碳比（质量比）H/C 由 0.152 下降到 0.069；焦炭中的氢含量由原来的 10%左右下降到 6.5%，汽提蒸汽比率由原来的 2.5kg/t 催化剂降到 1.9kg/t 催化剂，运行平稳，具有很好的可推广性。

关键词　催化裂化　AF 格栅填料　汽提效率　氢碳比　氢含量

汽提器是催化裂化反应沉降器中关键的内构件，主要有两种结构形式：一为人字形挡板；二为盘环形挡板。由于盘环形挡板内件，在挡板布置形式及其裙体结构上做了许多变化，气固接触得到大幅度提高，因此改进的盘环形挡板汽提器被广泛应用于重油催化裂化（RFCC）和 FCC 装置。国外 UOP 和 Exxon Mobil 公司对汽提器技术研究较多[1~4]。其中 UOP 公司开发的新型 AF 格栅填料式专利汽提器，在中石油克拉玛依石化有限责任公司（以下简称克石化）催化裂化装置应用后，再生器氢碳比（质量比）为 0.069，焦炭中的氢含量为 6.5%，汽提蒸汽比率为 1.9kg/t 催化剂，较改造前下降较多，降低了装置能耗，经济效益显著。本文就新型 AF 格栅填料式汽提器的工业应用情况进行了总结。

1　新型 AF 格栅填料式汽提器技术简介

新型 AF 格栅填料技术是将模块形式的规整填料安装在汽提段内。通过标准尺寸模块，附加定制形状的模块，足够满足每层汽提段面积；然后层层堆叠在一起，每层旋转一定的角度；设计时考虑填料与汽提段器壁及内提升管外壁之间有足够空隙，满足操作时产生的热膨胀。与典型的锥形填料[5]相比，焊接与热处理更少、维修更简单。在沉降器钟罩内底部和中部分两路通入过热 1.0MPa 汽提蒸汽，通过格栅填料分布均匀后，从下向上流动。反应油气与催化剂由提升管出口快分和旋风分离器分离后，催化剂落到汽提段，汽提段内装有多层 AF 填料将催化剂均匀分布后，与底部通入的过热水蒸气逆流接触，将待生催化剂上吸附的油气和颗粒间的油气带出返回沉降器上部，油气去分馏塔。待生催化剂经汽提段进入待生斜管，靠重力流入再生器，催化剂与来自主风机的空气混合烧焦。

AF 格栅填料技术特点：

① 由规整填料组成，以模块的形式安装在汽提段内。

② 与典型的锥形填料相比，焊接与热处理更少、维修更简单。

③ AF 填料上部设有导流格栅起导流作用。

④ 为了施工，汽提段封闭一处人孔，开人孔两处(EL30975，EL26000)。

⑤ 汽提蒸汽环更换改造：钟罩内、钟罩外蒸汽；汽提蒸汽、锥体松动蒸汽。

⑥ 与填料配套工艺，VSS快分出口油气集合管内增加八组扰流片，用来减少VSS出口升气管内的涡流效应，对旋风入口流体进行整流，从而减少旋风入口管道磨损。扰流片采用形式为龟甲网AA级双层隔热高耐磨衬里(隔热耐磨衬里技术规范GB 50474—2008标准推荐衬里方式)，隔热层采用支模捣振的施工方式，扰流片周边异型部位采取预制镶套，锚固钉为侧拉环结构，侧拉环为支模型结构。见图1。

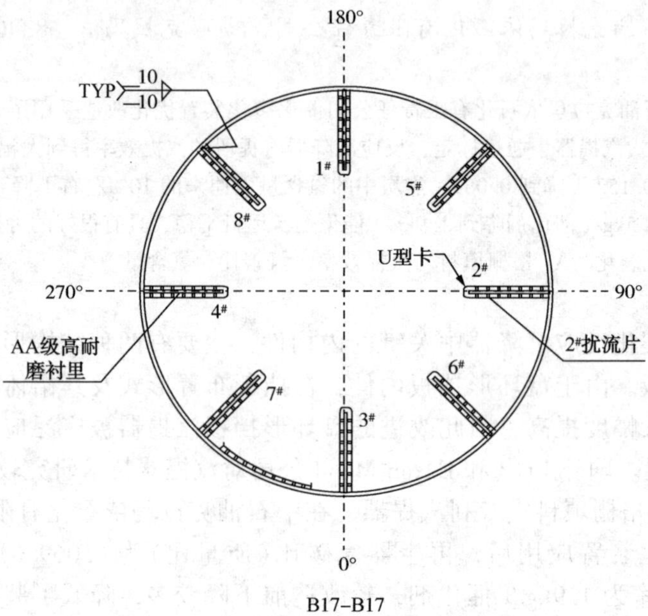

图1 VSS快分出口油气集合管内增加扰流片

通过氢气示踪技术，对人字形挡板形式和新型AF格栅填料形式汽提器的汽提效果进行冷态对比试验，试验针对这两种不同内构件结构形式的汽提器，参考了汽提线速 U_g 和催化剂循环量 G_s 这两项主要影响因素对汽提效果的影响，在不同试验条件下，两种汽提器的试验结果表明：相同的汽提线速 U_g，人字形挡板形式汽提器的汽提效率85%，新型AF格栅填料形式汽提器汽提效率93%~98%[6]。

2 工业应用

2.1 装置概况

克石化Ⅱ套催化裂化装置是由中国石化总公司北京设计院设计，1993年破土动工，1994年9月建成投产，加工能力为500kt/a前置烧焦罐同高并列式催化裂化装置，占地面积17835m²。1998年9月增加外取热器，掺渣比提高至20%。2001年6月采用UOP技术对装置进行扩量改造，使加工能力达到800kt/a，掺渣达到38.5%。2017年6月增加烟气脱硝脱硫除尘设施，采用选择性催化还原技术和湿法文丘里洗涤技术(SCR+WGS)，实现烟气新标准达标排放。反应沉降器汽提段采用的是人字形挡板结构形式，待生催化剂中的氢含量10%左右，而新鲜原料中的氢含量11%左右，说明现有汽提器的汽提效果不理想。

为了企业发展和适应产品质量升级的需要，2018年9月该催化装置进行了技术改造，通过提压操作、退渣增加蜡油裂解等手段。改造后装置按最大弹性120%进行操作运行，即加工量为120t/h，年加工8400小时，产品方案为多产汽油。

2.2 汽提器改造简介

原汽提段设计有7层人字形挡板，在汽提挡板上方有一块预汽提挡板，底部通入预汽提蒸汽，流量360kg/h，汽提段下部通入汽提蒸汽，流量1200kg/h。结构改造和工艺条件调整内容如下：

(1) 装置利旧汽提段壳体，汽提段采用UOP-AF填料汽提段技术，设置一定数量的填料层，汽提蒸汽从分布器注入床层，在填料层设置了格栅，以保证催化剂良好的通过汽提段。汽提蒸汽逆流注入，与催化剂接触除去催化剂上的吸附炭和油气。

(2) 更换汽提蒸汽分布管，汽提蒸汽分两路进入汽提段，一路在填料层上部通入预汽提蒸汽，设计流量为582kg/h，以降低油气进入沉降器空间，另外一路从填料层下部通入汽提蒸汽，设计流量为1782kg/h。这一改进的结果，一是可以减少重油进入再生器，经过计算可以降低再生剂0.06~0.09百分点的炭差。二是改善催化剂的停留时间分布，减少催化剂的死区和高滑动区，可使待生催化剂通过每层填料不过快也不过慢，既保证待生催化剂上的较大烃类分子停留时间短，没有足够的时间聚合形成"硬"焦，又可避免时间过短降低汽提效率。通过改善汽提段的流动及平均停留时间，可以使汽提段达到最佳汽提效果，氢在焦炭中的含量有明显的降低。

(3) 在工艺操作上，采取再生器操作压力不变，反应沉降器提压操作，由130kPa提高到171.7kPa，反应温度由494℃提高到521℃，催化剂循环量提高，待生剂在汽提段停留时间仅为31.5s。

2.3 改造后应用效果对比

2.3.1 装置标定情况

2018年10月该装置优化改造后，一次试车投产成功，截至目前已运行8个月，流化正常，操作平稳，产品合格。为了客观评价改造效果，考察装置改造后满负荷条件下设备运行工况(风机、烟机、压缩机组的运行情况和效率，分馏塔、吸收塔和稳定塔的分离效率)；考察装置运行是否达到设计标准，存在的薄弱环节及解决方案；考察装置产品质量、收率、能耗、化工原材料消耗及各项技术经济指标完成情况。于2018年11月底，在UOP公司配合下，克石化提高该装置加工负荷，按照设计范围调整操作，对装置进行了标定。

技术标定范围：(1)反再系统的热量、压力、物料平衡以及两器有关的工艺指标数据；(2)管路压降的核算，记录机泵变频器的开度、调节阀的开度；(塔顶油气线到油气分离器、主风机出口到烟囱、原料、油浆、35公斤蒸汽外送)；(3)全装置能耗核算，记录装置的能源消耗；(4)装置的物料平衡，汽柴油单独进罐，热联合期间蒸馏、焦化加工量与操作保持稳定(包括装置的氢平衡、重金属平衡)(5)设备负荷率以及效率计算；(6)装置经济效益核算。

2.3.2 操作情况

2018年10月该装置扩量优化改造，汽提段采用新型UOP-AF格栅填料技术，采取提压操作、退渣增加蜡油裂解手段，改造后主要操作条件如表1、表2、表3所示。

表1 反应-再生系统主要操作条件

项 目	改造前	改造后
反应沉降器顶压(表)/MPa	0.135	0.1702
再生器顶压(表)/MPa	0.160	0.1676
提升管出口温度/℃	495.5	518.6
再生器密相温度/℃	706.6	687.1
主风进再生器温度/℃	177.7	190.4
再生器一级旋分入口温度/℃	711.3	693.4
再生器二级旋分入口温度/℃	705.8	691.3
原料预热温度/℃	269.7	251.2
沉降器一级旋分入口温度/℃	487.5	517.9
汽提段温度/℃	486.9	518.2
主风流量/(Nm^3/h)	90788	79081
新鲜原料流量/(kg/h)	102900	120300
回炼油流量/(kg/h)	28100	4290
回炼油浆流量/(kg/h)	16500	9500
汽提蒸汽量/(kg/h)	1152.5	1448.8
预汽提蒸汽量/(kg/h)	362.9	366.8
汽提蒸汽比率/(kg/t催化剂)	2.5	1.9
预提升蒸汽量/(kg/h)	3129	3085
原料和回炼油雾化蒸汽量/(kg/h)	2711.3	3122.4
烧焦罐藏量/t	25.7	39.2
再生器二密藏量/t	53.6	48.0
外取热器藏量/%	87.6	102.9

表2 再生器计算结果汇总

项 目	改造后	UOP设计值
主风流量/(Nm^3/h)	77341(wet)	—
烧炭量/(kg/h)	5475.67	—
烧氢量/(kg/h)	823.31	—
烧焦量/(kg/h)	6308	—
湿烟气流量/(Nm^3/h)	82133	—
烧氢生成水量/(kg/h)	7409.79	—
耗风指标/(Nm^3空气/kg焦炭)	12.23	—
烟风比	1.06	—
氢碳比(质量比)H/C	0.069	—
烧焦罐烧焦强度/[kg/(t·h)]	160.9	—
二密烧焦强度/[kg/(t·h)]	131.4	—
再生器总烧焦强度/[kg/(t·h)]	52.0	—

续表

项　　目	改造后	UOP 设计值
烧焦罐烧焦时间/min	14	—
二密烧焦时间/min	21	—
一级旋风分离器入口线速/(m/s)	19.03	19.8~22.9
二级旋风分离器入口线速/(m/s)	22.16	22.9~25.9
烧焦罐线速/(m/s)	0.91	0.82~1.07
再生器稀相管线速/(m/s)	11.72	—
再生器密相线速/(m/s)	1.61	—
主风分布管压降/kPa	25.56	—
主风进再生器温度/℃	190.4	—
催化剂循环量/(t/h)	953.24	—
剂油比	7.924	—

表3　提升管反应器计算结果汇总

项　　目	数　值	UOP 设计值
提升管油剂混合温度/℃	570.0	—
提升管出口温度/℃	499	—
原料油混合温度(预热温度)/℃	251.2	—
提升管油气入口线速/(m/s)	8.86	—
提升管油气出口线速/(m/s)	39.13	—
油气平均线速/(m/s)	20.38	—
油气停留时间/s	1.56	—
提升管平均密度/(kg/m^3)	60.5	—
催化剂藏量/t	685.2	—
体积处理能力/[$t/(m^3\cdot h)$]	5.59	—
提升管总压降/kPa	39.8	—
剂油比	7.924	—
回炼比(体积比)	0.12	—
待生剂停留时间/s	31.5	—
催化剂流通强度/($h\cdot m^2$)	236.016	
VSS 出口线速/(m/s)	19.39	13.7~19.8
反应沉降器旋风入口线速/(m/s)	24.11	19.8~22.9

2.3.3　焦炭中氢含量下降

由装置标定期间的再生器计算结果汇总表2，可见，本次优化改造后，氢碳比(质量比)H/C由0.152下降到0.069，下降了55%；通过计算氢在焦炭中的含量有明显的降低，由原来的10%左右下降到6.5%，下降了3.5个百分点，汽提效果明显。

2.3.4　汽提蒸汽量下降，节能降耗

由装置标定期间的反应-再生系统主要操作条件表1，可见：沉降器预汽提蒸汽，改造前流量为362.9kg/h，与设计值582kg/h相比有所降低，与改造后蒸汽流量366.8kg/h相当；汽提蒸汽，改造前流量为1152.5kg/h，与设计值1782kg/h相比有大幅度降低，比改造后蒸汽流量1448.8kg/h略低，汽提蒸汽比率由原来的2.5kg/t催化剂降至1.9kg/t催化剂，平均

节省13.7t/d蒸汽，按照克石化1.0MPa蒸汽的价格76元/t计，每年可节省5001t的1.0MPa蒸汽量，创造经济效益38万元/年。

2.3.5 有效汽提烃类

采用新型UOP-AF格栅填料技术后，汽提效果大幅度提高。改造后，再生器稀相和密相温度整体比改造前下降了15~25℃，主风用量下降了10000Nm^3/h，说明原来的汽提器汽提效率低，部分烃类吸附在待生催化剂上，没有完全汽提干净，被携带到再生器中，造成床温高，主风消耗量大，优化改造后，这一现象得到明显改善。

2.3.6 收率提高

本次标定时原料由减压蜡油、稠油减四、焦化蜡油、减压渣油组成，其中焦化蜡油占15.4%，其密度为906.8kg/m^3，特性因数K为11.89。混合原料终馏点和芳烃含量均不高，分别为490℃和17.65%，总氮含量为0.216%，残炭值为0.543%，硫含量0.074%，是比较理想的催化裂化原料油。操作条件为反应温度518.6℃，反应压力170.2kPa，加工量120.3t/h，回炼比0.12，外甩油浆5.8t/h。标定结果显示：装置改造后，催化汽油收率51.38%、提高了8.2%，液化气收率15.67%、提高了2.3%，增产高附加值丙烯约1.75万t/a；焦炭收率降到5.10%、降低了0.4%。

3 结论

（1）新型UOP-AF格栅填料汽提器能够有效提高催化装置反应沉降器汽提段汽提效果，大幅度降低焦炭中的氢含量和汽提蒸汽用量，使再生器稀、密相整体温度下降，主风用量下降，达到了节能降耗的目的。

（2）改造后装置一次开车成功，已平稳运行8个月，各项操作指标达到设计要求，汽油收率大幅度提高，增产高附加值丙烯，焦炭收率降低，完全符合目前市场增产汽油的需求。

参考文献

[1] 张振千，赵民刚，田耕．催化裂化新型汽提器汽提蒸汽有效利用率的研究[J]．炼油设计，2001，1(1)：29-31.

[2] 张振千．催化裂化新型汽提器的开发与应用[J]．炼油设计，2001，31(31)：30-33.

[3] 张振千．催化裂化新型汽提技术的发展[J]．石油学报，2003，19(1)：62-66.

[4] 刘铮．FCC填料式汽提技术在我厂的应用[J]．炼油设计，2009，39(5)：30-33.

[5] 计海涛，朱丙田，龙军，等．新型填料汽提器的开发及实验研究[J]．石油炼制与化工，2007，38(6)：62-65.

[6] 中国石油化工信息学会石油炼制分会．新型FCC高效汽提技术工业应用总结[C]//2009年中国石油炼制技术大会论文集．北京：中国石化出版社，2009：248-256.

金属管道保温层下腐蚀与防护

潘从锦，刘振中

（中石油克拉玛依石化有限责任公司，新疆克拉玛依 834003）

摘　要　通过具体剖析金属管道保温层下的腐蚀行为及机理，分析主要腐蚀影响因素为管道温度、环境、保温材料、管道表面防腐涂层，从而提出了解决金属管道保温层下腐蚀措施，针对保温层下腐蚀特性，采用具有高性能涂层匹配体系非常重要，同时要注重选用密封性良好的保温层结构和耐腐蚀保温材料，正确施工，才能保证整个体系长效防腐。另外，建立全面检验和年度检查相结合的管理要求，及时发现腐蚀缺陷，就能降低因保温层下腐蚀引发物料泄漏的风险。

关键词　保温层　金属管道　腐蚀　防护

石油石化行业绝大部分金属管道因隔热、防冻凝或工艺存在需求设置了保温层，起到节能降耗的作用。由于保温层下腐蚀具备隐蔽性，往往发现保温层下腐蚀时已经太迟，一般不容易被及时发现，因此，经常导致各种失效事故发生，即保温层下腐蚀的严重性在于无法及时发现。诸如设备和管道发生的跑、冒、滴、漏故障以及非正常停车等，超过60%的管道故障由保温层下腐蚀引发，如图1所示。据统计，维护费用超过总维护费用的10%。保温层下腐蚀不仅造成设备故障与停工、产品泄漏、维修成本大量增加，严重的甚至可能造成伤亡事故。现场运行情况说明，几乎每个运营15年以上的装置(设施)中的保温部分下的钢表面都没有受到应有的保温层下腐蚀防护，所以保温层下腐蚀是因我们无知而产生的现象。

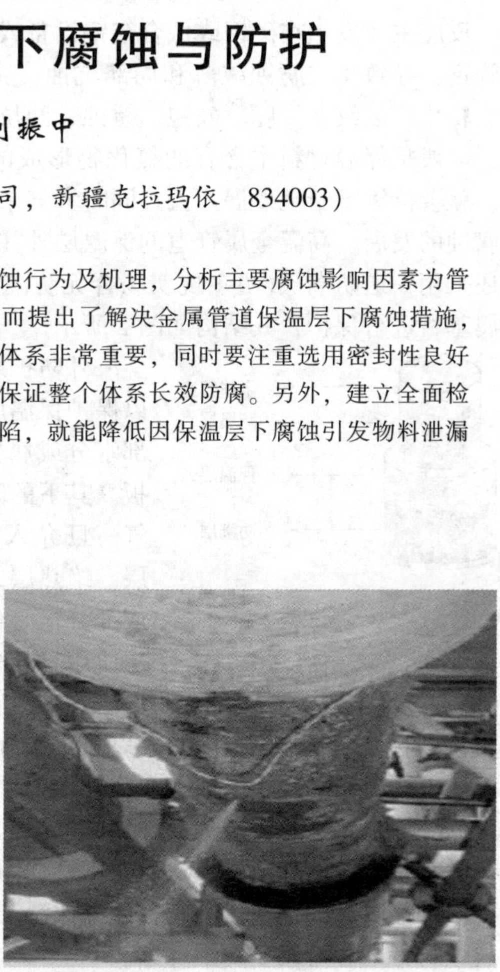

图1　保温层下腐蚀泄漏

1　金属管道保温层下腐蚀机理及行为

保温层下腐蚀(Corrosion Under Insulation，简称CUI)是指发生在包裹保温材料的管道或设备外表面上，由于水分和侵蚀性物质进入导致的一种腐蚀现象。腐蚀速率与氧气浓度、电解质溶液、环境温度等有关。

现场运行情况说明，装置运行10年后，60%的保温层含有腐蚀性冷凝水，很大程度上增加了CUI发生的可能性。同时，水的存在导致了保温层与金属表面间形成电解池，为电化学腐蚀创造条件，金属表面形成腐蚀产物$Fe(OH)_3$和Fe_3O_4，主要反应式如下：

$$2Fe+O_2+2H_2O \longrightarrow 2Fe(OH)_2$$

$$4Fe(OH)_2+O_2+2H_2O \longrightarrow 4Fe(OH)_3$$

$$Fe(OH)_2+2Fe(OH)_3 \longrightarrow Fe_3O_4+4H_2O$$

反应主要发生在碳钢或低合金钢设备或管道表面，形成疏松的腐蚀产物，无法保护设备或管道，导致均匀腐蚀减薄和局部坑蚀，腐蚀形态表现为：金属表面防腐油漆层变色、失光、粉化、裂纹、发脆、鼓泡、锈蚀、凹坑，严重时造成设备穿孔。对于奥氏体不锈钢管道，一般是保温材料中含有的氯化物形成的应力腐蚀开裂和点蚀。金属本体一旦发生了腐蚀，就会持续不断地发展下去。同时大气中和保温材料的腐蚀介质溶解到薄层水膜中也促进了腐蚀的发展。高温金属管道的保温层外往往采用外防护层包裹，有时在保温层与外防护层间还采用一道防潮层(更多现实场合无防潮层)，在保温层下则涂覆一定厚度的涂层体系对金属基材进行保护，其结构如图2所示。

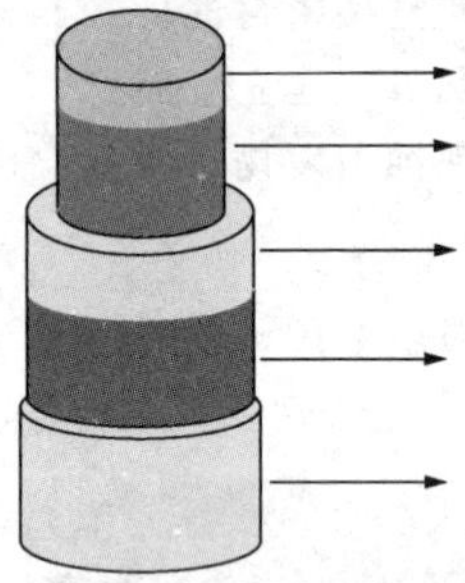

图2 金属管道防腐保温结构

外防护层是防止金属发生保温层下腐蚀的第一道屏障，以保护保温层系统免于受到机械或气候伤害，阻止或减少外部水分或腐蚀介质的进入和驻留，材料多为镀锌薄板或铝板。其下的防潮层虽在一定程度上可以延缓潮气侵入，但潮气一旦介入，便难以挥发出去，更多场合下根本没有防潮层。绝热层或保温层是对管道或设备进行隔热保温的重要组成部分，是包裹在管道或设备外面的第二道主要屏障。保温层所用材料多为岩棉及矿渣棉制品、玻璃棉、硅酸盐棉、珍珠岩等，尽管对热量隔绝效果很好，但由于它们属于毛细结构，特别容易吸附水分，因此难以阻止水汽的入侵。实践表明，几乎没有保温材料可以避免保温层下金属结构发生腐蚀。在冷热循环作用下，渗透过程更加迅速。CUI的“隔湿”保温层下微环境主要来源于冷热循环造成水汽的凝结，同时保温层的毛细结构和其本身吸湿性材料会阻止水汽的向外散发，从而在钢管表面形成封闭的微循环环境，这种含有水汽的封闭微环境会加速腐蚀的形成。因此，如果保温层下的防腐层没有有效地对整个体系进行防护，则金属基材特别容易发生腐蚀现象。

2 CUI影响因素

2.1 温度影响腐蚀反应的速率

设备的运行温度同样也会很大程度影响到保温层下金属腐蚀的发生：以碳钢为例，温度越高，水汽停留在碳钢表面的时间就越短；但是温度越高，腐蚀速度加快，从而降低防护涂料的使用寿命。在冷热循环冲击(热振)下，保温层下碳钢的腐蚀行为有很大的差异。当温度在-4~175℃时，由于处于相对冷、潮湿的环境，碳钢在保温层下最容易发生腐蚀。当设备温度低于-4℃时，由于温度很低，水凝固成冰，一般没有腐蚀，但由于水凝固造成膨胀，可能产生较高的应力；当温度高于175℃时，由于碳钢表面热得足以保持干燥，因而设备也很少发生腐蚀。但是一旦当设备因停机检修或闲置时，温度将低于175℃，水汽迅速进入保温层，并且水汽长时间滞留在保温层内，因此腐蚀会很快发生。在达到水的沸点之前，温度上升15~20℃，腐蚀速率则会加倍。此外，高温还会引起材料其他性能的变化，比如降低致密性等。实验研究表明，腐蚀发生的速率还与系统的封闭性有关：如果在开放的水系统环境中，升温会降低金属腐蚀速率；而在密闭系统中，情况则相反。

2.2 外部环境的影响。

外部环境对 CUI 的影响较大。CUI 易于发生的地方为容易被水和腐蚀性介质侵蚀的部位。实践证明，以下部位容易发生 CUI 现象：暴露在冷却水塔周边的区域；蒸汽排放装置周边区域；暴露在冲水系统的区域；暴露于液体溢溅、工艺凝液、潮湿气体、酸性气体入口的区域或者空气中的水分频繁或持续冷凝和再次蒸发的场合；在≤150℃的操作温度范围内的碳钢、低合金钢及不锈钢设备和管道；正常操作温度在 120℃以上但只进行间歇操作的设备和管道(冬季使用、夏季停用)；保温外防护层脱落或损坏部位以及直立管线保温的终端(低处)；结构不连续处(如法兰、阀门、小接管等朝上易进水的地方)；法兰阀门等管件异形保温结构部位：①管道上所有支管和容器上小接管；②保温金属保护层遇障碍物开口且容易进水部位；③保温层下阀门、法兰、螺栓等附件。

2.3 保温材料的影响

保温层本身含有的腐蚀性介质(如氯化物、氟化物和硅酸盐等)溶于水形成酸性环境，加剧 CUI 进程，并容易引起奥氏体不锈钢的开裂。这种腐蚀的发生是由于保温层材料由矿物经煅烧、粘接加工而成。一方面由于矿物中含有大量的无机盐，制成保温材料后仍含有氯化物、氟化物、硫化物等有害成分；另一方面，保温材料为多孔结构，有较大的表面积和丰富的毛细管，具有较强的吸附能力和吸水能力，加之厂区工业大气的存在，腐蚀杂质和保温材料吸收水分形成电解质溶液，为金属的电化学腐蚀创造了必要条件。

2.4 金属表面防腐涂层的影响

研究表明，传统的高温涂料在保温层下的防腐效果往往并不理想。这是因为，当置于保温层下高温高湿的严酷腐蚀环境，传统的高温涂料耐蚀性和耐高温性往往难以兼顾，因此不太适合于防腐年限较长的保温层下防腐。当然，在一定温度范围内，部分涂层体系的防腐性和耐温性可以得到兼顾，如普通的酚醛环氧耐高温涂料，可以厚膜施工，并具有优异的耐蚀性，最高耐温通常为 200℃左右，但对涂层厚度控制和喷涂工艺要求较为严格，在热循环和热冲击下抵抗能力差，从而限制其在更高温度下的应用。

3 CUI 防护

3.1 选择合适的防腐涂料

碳钢材料的外防腐涂层，能够有效隔离腐蚀介质与金属表面的接触，阻止保温层下腐蚀的发生。因此防腐涂层的使用寿命直接影响着碳钢材料的使用寿命，有效延长防腐涂层的使用寿命，要从以下两点出发：

3.1.1 金属材料表面处理

金属表面处理是防腐涂层施工的关键，通过喷砂或电动等处理手段，使金属材料表面粗糙度达到一定的等级，良好的表面基层能够增加防腐涂层与金属表面的黏合力，延长防腐涂层的使用寿命。

3.1.2 防腐涂层方案的选择

防腐涂装方案应根据介质的操作温度及环境因素，按照最苛刻的条件选用涂料的种类及涂层的厚度，以保证防腐的效果。对于炼油化工行业而言，保温层下的腐蚀除了具有共性之外，还有其特殊性，这主要是因为石化行业涉及的工艺和流程非常多，一旦遇到故障就会停工维修，因而导致保温层下的钢结构要经历多次往返预热的过程，而热循环会降低高温涂料的寿命，尤其是传统的材料。这是因为各种材料的膨胀系数不同，因而遇热膨胀的程度也不同，因而会增加涂层的内应力，增大材料的腐蚀程度，从而使设备失去第一道也是最重要的一道防护措施。

3.2 正确选用保温材料

对于保温材料的选择，也分疏水性和亲水性两种。优质的保温材料应该是只含少量的水分，并且易于挥发干燥的材料。保温材料由于具有保温性能，因此其导热系数大，在吸水后材料会膨胀，因而接触到设备，从而引起腐蚀。

3.3 保温层工程正确施工

首先，金属管道保温设计时应综合分析其所处的运行环境，以及容易进入水分的附件，做好支吊架、附件、突出部分的防水设计。例如，在保温材料上设置 PVC 防水卷材，隔绝外界水分。其次，金属管道保温施工中，合理布置保温层结构，防止水分进入保温层。对于易进水部位进行密封处理，减少水分进入保温层的数量，从根源上降低保温层下腐蚀发生的几率。

认真考虑施工细节，严格按照规范及设计要求施工可有效避免保温层下腐蚀，要求施工单位加强施工过程监督，要求保温层做好防水工作，加强处理水平、竖直构件以及连接位置。另外，保护层搭接、保温层接缝施工应有专业技术人员在现场做指导，确保各施工细节落实到位，施工参数规范、合理。特殊部位保温施工样板见图 3。

3.4 日常管理和检验检测

首先，制定合理检测计划。根据金属管道输送介质及投入运行时间，制定合理的保温层下腐蚀检测计划，根据检测内容合理安排检测人员，做好管道保温月检测、季检测、年检测等。其次，明确检测技术手段。采用合理的检测手段，可提高检测效率，保证检测工作质量。结合以往经验，检测人员可采用宏观检查与 X 射线、强度校核、蚀坑测量、光谱分析等技术配合，对金属管道保温层下腐蚀程度进行准确检测与评估，以采取针对性措施加以修复。最后，把握检测工作重点。检测工作中应把握检测工作重点，认真分析检测流程、给金属管道正常运行造成的影响，以及腐蚀修复成本等，保证检测、修复工作正常进行的同时，避免给金属管道正常运行造成影响。

(a) (b) (c) (d)

图 3　特殊部位保温施工样板

4　结束语

目前国内相关保温层结构设计标准中，更多关注保温层结构设计来进行能量控制，对 CUI 认识较低，在实际工程建设中往往忽视保温层下防腐施工。必须针对保温层下腐蚀特性，采用具有高性能涂层匹配体系非常重要，同时要注重选用密封性良好保温层结构和耐腐蚀保温材料，才能保证整个体系长效防腐。另外，建立全面检验和年度检查相结合的管理要求，及时发现腐蚀缺陷，就能降低因保温层下腐蚀引发物料泄漏的风险。

炼厂埋地钢制管道腐蚀原因分析及防腐对策

潘从锦，刘振中

（中石油克拉玛依石化有限责任公司，新疆克拉玛依　834003）

摘　要　某石化公司近些年来炼厂埋地钢制油品管道发生的泄漏事故越来越多，对环境和人身安全的威胁越来越大并呈现出逐年上涨的趋势；内部输送的腐蚀性介质和外部腐蚀环境以及不规范的施工过程和不匹配的选材是造成埋地钢制管道腐蚀的主要原因。因此从设计、施工、管理三方面采取相应的防腐对策，进而保证炼厂埋地钢制管道的安全运行，防止泄漏保证事故的发生。

关键词　埋地管道　腐蚀　分析　对策

炼厂埋地钢制管道通常输送易燃易爆、各种水质、甚至有毒的介质，穿越区域环境复杂，土壤中环境中各种电缆线、接地线、仪表控制回路、通讯光缆、废旧管道、泥石瓦块等，地面上均有炼油生产装置、操作人员、通行车辆等。若管道损坏介质泄漏，不能及时发现，得不到有效控制，极易引发火灾爆炸事故，造成人员伤亡、经济损失、环境污染等后果，并导致企业社会形象降低。影响埋地管道安全运行因素主要有认为破坏，自然灾害损坏、腐蚀损坏，而腐蚀损坏是管道安全运行的主要影响因素，因此，分析炼厂埋地管道腐蚀原因提出防腐对策对管道的安全运行、防止泄漏爆炸事故至关重要。

1　腐蚀基本原理

1.1　化学腐蚀

化学腐蚀是在一定条件下，非电解质汇总的氧化剂直接与金属管道表面的原子相互作用，即氧化还原凡是在反应粒子相互作用的瞬间碰撞的那一个反应点上完成的。在化学腐蚀过程中，电子的传递是在金属与氧化剂之间直接进行，因而没有电流发生，管道表面的腐蚀流失不叫均匀，该类腐蚀较轻。

1.2　电化学腐蚀

电化学腐蚀是指金属管道表面与电解质因发生电化学反应而产生的破坏，在腐蚀过程中有电流产生，电化学腐蚀是埋地管道腐蚀的主要类型。电化学腐蚀是通过原电池腐蚀和电解腐蚀进行的：①原电池腐蚀。金属管道在电解质溶液中形成一个短路的原电池电极反应结果而形成的腐蚀，这种腐蚀称为原电池腐蚀。这种原电池腐蚀将导致金属管道材料的破坏，不对外界做有用功。对于埋地管道而言，其周边的含水土壤、湿度较大的空气均含有电解质溶液。②电解腐蚀。地层中存在杂散电流使金属管道在电解质溶液中发生电解而形成的腐蚀，这种腐蚀称为电解腐蚀。该类腐蚀将大地作为电流的回路，电阻相对较小的埋地金属管道作为电流的旁路，其影响因素多、腐蚀速度快。③细菌腐蚀。最主要的直接参与自然界S、Fe循环的细菌-硫氧化细菌、硫酸盐还原菌、铁细菌等。腐蚀往往是多种微生物共生、交互作用的结果。

2 埋地管道腐蚀原因分析

2.1 腐蚀环境

2.1.1 管道外部腐蚀

埋地管道穿越区域复杂，地上炼油生产装置林立，车辆人员来来往往；地下区域存在各种钢制管道管网、电缆网、通讯网、不同的土壤、含水率、地下水位、温度，且大地和水中含有杂散电流、盐、细菌，这些因素均会造成管道外部腐蚀损害。

2.1.2 管道内部腐蚀

埋地管道输送含有S和H_2O的原油、含硫污水、O_2和H_2O的成品油或中间油品、组分复杂的各种工业水质等，形成管道内部腐蚀的环境。

2.2 防腐施工影响因素

2.2.1 外防腐层防护

再是容易造成埋地管道防腐层破损二露出管道金属表面，裸露的金属表面与管道周边的水、土壤环境等形成众多阴极和阳极从而腐蚀管道。随着腐蚀产物集聚，腐蚀不断加深和扩大，致使防腐层逐渐成片脱落，进而造成严重的管道底部腐蚀形成穿孔，发生泄漏事故。在施工过程中，管道外防腐层保护不到位，完整性被破坏：防腐管道运顺、堆放时，与管材接触面没有铺垫软垫层(如沙袋、草袋、毛毡等)；埋地管道周边土壤中含有岩石、卵石、混凝土块、废旧金属段、尖锐硬质杂等时，未在防腐管道管径范围内铺设细土，或者细土回填厚度达不到规范要求的管道顶部0.3m；外防腐管道直接使用钢丝绳等硬质吊带吊装，未严格按照规范要求采用柔性吊带(如尼龙、编制吊带)吊装；埋地前未检查防腐层是否完好；在埋地管道安装时，存在碰撞、拖曳、剐蹭现象；焊接口未预留合适的位置，焊接过程造成防腐层过热影响防腐性能；接口焊接完成后未检查焊接的外观质量，未进行无损探伤，或检查不合格就进行回填，未经过防腐处理。

2.2.2 管材保护

①在钢管机械加工和施工过程中金属存在部分的变形、内应力不均、刮痕，这时因为钢管变形、应力大、刮痕部分的负电性增强，常称为腐蚀电池的阳极，造成管道腐蚀。②施工中最常见也是最容易被忽视的问题是将旧管道焊接在新管道上，此时新管道为阳极，从而形成原电池腐蚀，造成管道腐蚀。

2.2.3 管道的防腐层补口、补伤

管道防腐层补口、补伤是保证管道防腐完整性的重要工艺，也是整条管道防腐层质量中最薄弱的环境。防腐层端部有翘边、开裂等缺陷，应及时清锈修口处理，一直切除到防腐层与钢管完全贴敷处为止。补口处必须除锈清理表面，管口表面处理与补口间隔不宜超过2h。

贴布和涂层不得一次性完成，更比允许偷工减料，一次性多层贴布，最后一遍防腐漆后直接交工。

3 腐蚀现状及防腐措施

3.1 腐蚀现状

某公司埋地管道错综复杂，且建成时间较为久远。很多管道为二十世纪九十年代所建，大部分服役时间在20年以上。这些年来，陆续出现腐蚀泄漏现象，如催化裂化装置、工业水装置、轻质油装置、丙烷脱沥青装置、延迟焦化装置、轻质油品装置、催化重整装置等，腐蚀速率明显加快，泄漏发生较为集中和频繁。由于管道埋地，导致查找漏点、处理漏点、维修维护工作量大，尤其在西北地区冬季极寒天气状态下，地面以下处于冻土环境，埋地管道漏点的处理是极为艰难的工作，而且质量难以保证。漏点通常发生在管道变径、弯头、三通、分支等部位；金属管道制造中的缺陷如管道最薄处；安装过程中的焊接缺陷如焊缝热影响区、焊疤、错边、咬边等。在流程无法封闭切除的情况下，即使采取带压堵漏作业，也存在非常大的困难。

3.2 常用防腐措施

防腐层使发生电化学反应的活性材料相互隔离，达到防止金属管道腐蚀的作用，但是防腐层在施工过程中总是有缺陷的，如防腐层上存在的微型小孔、针孔等，这些孔的存在会加速金属管道的腐蚀速率。因此，埋地钢制管道采取防腐层及阴极保护联合防腐的控制措施，并执行国家现行标准SY/T 0061《埋地钢制管道外壁有机防腐层技术规范》、GB/T 21448《埋地钢制管道阴极保护技术规范》，采取防腐措施。

3.2.1 外防腐层

管道钢材表面腐蚀等级和除锈等级按GB/T8923执行，管道的外防腐层可选用石油沥青、环氧煤沥青、煤焦油磁漆、聚乙烯、聚乙烯胶带、熔结环氧粉末等。其中石油沥青等容易被植物根穿透和不耐用细菌腐蚀等材料在细菌腐蚀较强的地区禁用。

3.2.2 内防腐

管道内壁防腐可分为两种类型：界面防护，暴恐防腐涂层和电化学保护，被认为是最为经济有效的防护措施；化学药剂防护，如添加缓蚀剂、阻垢剂、除氧剂和杀菌剂。

3.2.3 阴极保护

在腐蚀电池中，阳极腐蚀，阴极不腐蚀，阴极保护利用这一原理，是金属管道称为阴极便不发生腐蚀，达到防止管道腐蚀的目的。埋地管道阴极保护可分为牺牲阳极法和强制电流法，或者两种方法结合使用。该公司选用的是牺牲阳极法阴极保护。

3.2.4 管道材料防腐

根据埋地管道内介质的类型合理选用经济有效不锈钢材质，达到管道自身不受腐蚀侵害或腐蚀危害减缓，满足设计使用寿命。常用的不锈钢如300系列不锈钢，双相沉淀型不锈钢、超级不锈钢、钛钢等。升级的材质随着科学研究不断发展，可以适应各种腐蚀类型的工况，同时价格往往高昂，使得防腐成本提高很多。

4 埋地管道防腐管理及建议

4.1 埋地管道防腐管理

GB/T 21448《埋地制管道阴极保护技术规范》规定了阴极保护允许前、运行调试、投产后、检测周期、系统维护等方面的技术要求。

GB/T 21447《钢制管道外腐蚀控制规范》规定二类防腐层级及阴极保护管理：在管道运行过程中，防腐层应按 SY/T 0087《钢制管道及储罐腐蚀评价标准》的有关规定对防腐层进行检查，可作为防腐层维护的依据；已建管道工程防腐层进行检测和修复可按 GB/T 5918《埋地钢制管道外防腐修复技术规范》的有关规定进行；阴极保护参数应每年至少测试一次，根据保护系统变化情况、安全考虑和检测的经济性，适当选择间隔时间长短，但因不超过 15 个月；阴极保护管理应执行 SY/T 5919《罐底钢制管道阴极保护技术管理规定》的有关规定，阴极保护参数测试应符合 GB/T 21246《埋地钢制管道阴极保护参数测量防腐》有关固定。

4.2 管道铺设设计建议

鉴于炼厂钢制油品管道复杂的地上地下环境，以及泄漏后造成严重危害，以及环境友好型建设的发展需求。埋地钢制管道应该逐步退出历史舞台，炼厂设计时尽量避免钢制油品管道埋地铺设。

（1）通过技术改造措施或设计变更程序，对原埋地管道更换为架空管道，尤其是服役年限在 15 年以上的埋地管道。

（2）通过科学技术研究，开发可靠有效地对埋地管道检验检测的设备，建立埋地管道腐蚀台账及腐蚀网络回路控制图，及时准确掌握埋地管道的腐蚀状态。

（3）开展埋地管道的腐蚀在线监测系统，利用在线腐蚀探针，远程定点测厚等对腐蚀进行实时监控，并定期进行分析评估，风险预警。

5 结束语

腐蚀是炼厂埋地钢制油品管道安全运行的重要影响因素，管道外部腐蚀和内部腐蚀按其作用原理可分为化学腐蚀、电化学腐蚀、细菌腐蚀；内部输送的腐蚀性介质和外部腐蚀环境以及不规范的施工过程和不匹配的选材是造成埋地钢制管道腐蚀的主要原因。因此从设计、施工、管理三方面采取相应的防腐对策，进而保证炼厂埋地钢制管道的安全运行，防止泄漏保证事故的发生。

往复式压缩机活塞杆拉伤机理研究分析与改进

潘　强，马晓伟，杜红梅，胡建忠

（中石油克拉玛依石化有限责任公司，新疆克拉玛依　834000）

摘　要　本文针对某石化公司150万t/a柴油加氢改质装置大型往复式压缩机运行过程中发生的多起活塞杆表面拉伤烧毁事故开展研究分析，综合对现场拉伤的活塞杆拆检情况和拉伤前的故障表征现象分析认为由于中体隔板填料设计、制造不良、弹簧预紧力过大，机组运行中中间填料与活塞杆表面摩擦产生高温导致中间填料变形、翻边、脱落、变硬后的物质堆积在中间填料盒内将运行中的活塞杆顶起，跳动的活塞杆与中体隔板和填料组件中的金属部分碰摩，造成活塞杆表面拉伤损坏。在此基础上，对此种结构型式的中间填料进行了设计改进，使得问题圆满解决。

关键词　往复式压缩机　活塞杆拉伤　中间填料　研究改进

某石化公司150万t/a柴油加氢改质装置（以下简称该装置）由中国石化工程建设公司北京设计院设计，中油第七建设公司承建，于2011年4月开始建设，2011年11月交付使用。150万t/a柴油加氢改质装置是以公司焦化装置柴油、催化柴油、I套蒸馏柴油和部分抽出油为原料，生产优质的低硫、高十六烷值柴油、航空煤油、重石脑油、轻石脑油，从而使全厂调和柴油达到欧Ⅲ标准，同时副产液化气及燃料气等。本装置设置2台往复式循环氢压缩机组K-3102/AB，是公司特护设备和装置生产运行的核心设备，运行条件一开一备，主要为加氢反应提供反应氢气和带走反应热。

本装置循环氢压缩机K-3102/AB自2012年开工运行至今6年时间里先后发生过4起活塞杆表面拉伤损坏事故，严重影响了装置的平稳运行，本文对此问题开展相关的研究分析，并进行了相应的技术改进，有效地解决了活塞杆拉伤问题，由于这4起活塞杆表面拉伤损坏事故损坏机理基本一致，本文仅选取最近一次拉伤问题作为研究分析。

1　两台往复式循环氢压缩机简介

K-3102/AB机组，共设2台，一开一备，机组设计参数见表1。

表1　机组基本参数

机组型号	MW-34.2/(110-130)-20/(13-22)-X型	机组型号	MW-34.2/(110-130)-20/(13-22)-X型
结构形式	固定水冷对置式四列一级少油润滑往复式活塞压缩机	机组排量	270000Nm^3/H
工作介质	循环氢（含硫化氢）	电机型号	TAW2700-20/2600W
进气压力	11.0MPa	电机功率	2700kW
排气压力	13.0MPa		

2 故障概况及分析

2.1 故障概况

2018 年 7 月 1 日 20：20 分本装置循环氢压缩机 K-3102/A 运行中右一活塞杆下沉 201-ZT3402A 探头低报(≤1.25mm)，现场检查发现循环机右一缸高位放空管温度 37℃，无异常声音，填料温度 37℃正常，仪表专业现场检查，将活塞杆下沉探头 201-ZT3402A 和 201-ZT3403A 对调显示，初步判定为探头故障问题，需停机后更换探头，可监控运行。7 月 2 日早上 8：39 分循环氢机 K-3102/A 右一缸活塞杆下沉 201-ZT3402A 由正常值 2.122mm 突然降至 0.243mm，之后趋势走直线，如图 1 所示。现场检查发现右一缸填料泄漏较大，高位放空管温度上升至 60℃，填料泄漏介质穿透压缩机中体进入曲轴箱，曲轴箱呼吸阀处检测有可燃气和硫化氢，紧急切换机组至备用机。

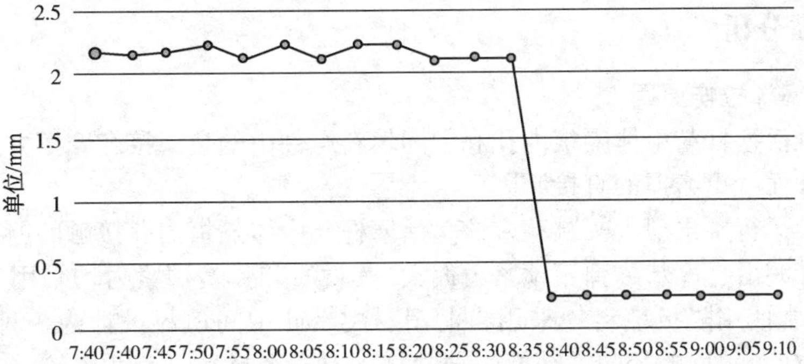

图 1　K-3102/A 右一缸活塞杆下沉值趋势

2018 年 7 月 2 日至 4 日，K-3102/A 停机后检查发现右一缸活塞杆穿过中体隔板部位严重磨损(活塞杆上、下表面磨损严重)，中体隔板填料磨损严重，中体隔板孔与活塞杆接触部位磨损翻边现象，见图 2；右一缸活塞杆下沉探头端部碰磨局部缺损，见图 3；右一缸主填料和中间填料严重失效，见图 4、图 5。

图 2　中体隔板与活塞杆接触部位磨损情况

图 3　活塞杆下沉探头端部磨损情况

查询压缩机检维修记录，此压缩机在2017年12月进行了中修，此列缸主填料和中间填料仅运行至3000h，远未达到机组填料失效时间，需要进一步查找和分析填料失效的原因。

图4　主填料泄漏失效情况

图5　中间填料磨损失效情况

2.2　原因分析

2.2.1　活塞杆拉伤原因

（1）右一缸活塞杆与中体隔板内孔和中间填料组件中的金属接触摩擦并产生高温，是造成活塞杆上下表面严重磨损的直接原因。

（2）活塞杆运行中出现大幅跳动应该是活塞杆与中体隔板内孔接触的原因。由于中体隔板填料没有设计润滑、冷却、弹簧预紧力偏大(其材质和弹簧预紧力均采用主填料的设计参数)，为确保正常使用隔板填料均采用自润滑材料。此中间填料设计为一种楔形结构(图8所示)，是通过凸台斜面的径向滑动产生轴向挤压形成密封，浮动性比较差，对活塞杆的抱合力较大，使中体隔板填料运行中与活塞杆表面摩擦热过大，且热量无法带走，现场红外线点温仪检测活塞杆与中间隔板填料表面的温度在110℃左右，超出了压缩机运行中该位置点的正常温度70~80℃的范围。中体隔板填料与活塞杆表面摩擦产生的高温使中间填料运行过程中变形、熔化脱落、翻边形成磨料，经过多次开、停机后中间填料盒内的温度骤变使该磨料物质变硬，随着运行时间的积累，高温使中间填料被磨下来的物质越来越多，这些磨下来的物质逐渐在中间填料盒内聚集将运行中的活塞杆顶起，造成与之接触的活塞杆跳动增大，跳动的活塞杆运行中与中体隔板或填料组件中金属部分碰磨，最终造成活塞杆表面拉伤损坏，活塞杆探头显示值由正常值2.122mm突降至0.243mm，活塞杆碰上其探头，使其探头损坏。活塞杆与中体隔板内孔间隙平均在3mm以上，活塞杆与中体隔板接触说明活塞杆跳动较大，而在活塞死点间隙均控制正常的情况下，唯一能使活塞杆跳动大的原因只能是活塞杆被异物顶起；

（3）活塞杆下沉探头测量数据不稳定，数值变化大并造成误报警较多，造成操作人员无法准确判断活塞杆跳动情况，也是活塞杆磨损的间接原因之一；

（4）主填料采用贺尔碧格公司产品，中间隔板填料采用无锡压缩机厂产品，厂家不统一，产品设计理念不一致，也是隔板填料损坏并造成活塞杆磨损的间接原因；

2.2.2　主填料失效原因

主填料接触部位的活塞杆表面完好，因此主填料大量泄漏是由于活塞杆运行中跳动大引起的。通过 DCS 趋势画面分析，右一缸活塞杆下沉探头 8∶38 分后数值突然减小并走直线，同时右一缸填料温度也出现了上升趋势，见图 6，说明此时活塞杆出现了大幅度跳动后引起主填料大量泄漏，填料温度上升。活塞杆跳动大导致主填料大量泄漏，漏气回收和高位放空均排放不及，加之中间填料磨损失效，介质气体随之穿透失效的中间填料和刮油环密封进入曲轴箱内，导致曲轴箱呼吸阀处冒气，可检测到硫化氢和可燃气。

图 6　K-3102/A 右一活塞杆下沉与填料温度趋势图

3　技术改进方案

（1）对中间隔板填料进行重新设计改进，重点考虑以下两点：选择好的自润滑材料、减小中间填料弹簧预紧力，减少磨损产生的焦粉磨料以及活塞杆结焦情况发生；重新设计后的中间填料结构如图 7 所示，采用两组对置+弹簧对弹簧+两侧推力环（弹簧）对着中间隔板的设计结构，相比原设计浮动性更好，可以减少中间填料组件与活塞杆间的抱合力，降低运行时活塞杆表面温度。

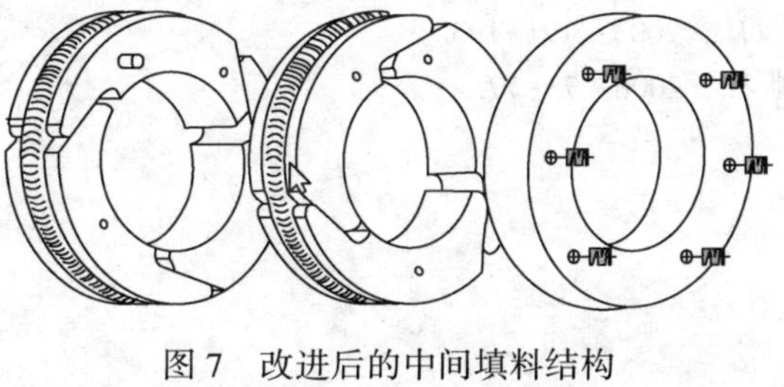

图 7　改进后的中间填料结构

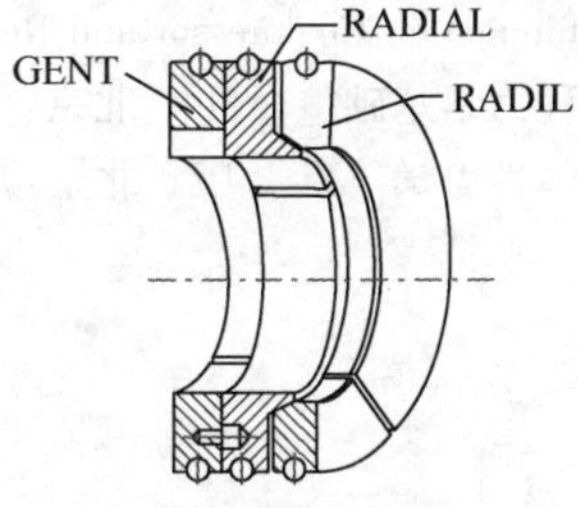

图 8　改进前的中间填料结构（楔形结构）

（2）为避免压缩机长期停用期间活塞杆表面非摩擦段结焦硬化，可能对探头及隔板填料磨损有影响，对停机时间超过 1 个月的循环氢压缩机组有计划地安排活塞杆表面油污及结焦情况清理，为下次机组启用做好准备工作。

（3）调整降低中体隔板填料氮封压力，由目前 0.15MPa 降低至 0.05MPa，避免氮封压力高造成填料对活塞杆表面自压紧作用产生的高比压摩擦，降低填料磨损。

（4）监督仪表维修人员安装活塞杆下沉探头时严格控制仪表探头与活塞杆间距≮2.5mm 的要求。避免运行中探头与活塞杆可能的碰磨。

4 实施效果评价

2018年9月，对循环氢K-3102/B大修改造后试运时发现的左一和右二中间填料隔板处的活塞杆表面温度较高的两列缸中间填料进行了更换，更换为文中所述的改进型中间填料后，再次试运检测左一和右二中间填料隔板处的活塞杆表面温度由改造前的110℃降至改造后的60℃，满足该点温度不高于80℃的正常范围，目前该机组运行正常尚未出现类似故障，改造效果较好。

5 结论

通过对本装置循环氢压缩机K-3102/AB发生的活塞杆表面拉伤损坏事故开展研究分析，认为原有中间填料采用楔形结构通过凸台斜面的径向滑动产生轴向挤压形成密封，浮动性比较差，对活塞杆的抱合力较大，通过采用两组对置+弹簧对弹簧+两侧推力环(弹簧)对着中间隔板的设计结构，浮动性好，减少了中间填料组件与活塞杆间的抱合力，降低了机组运行时活塞杆表面的温度，有效地解决了活塞杆表面拉伤问题。

参 考 文 献

[1] 潘强．新氢压缩机轴瓦烧损的原因分析及对策[J]．压缩机技术，2015，254(06)：62-64.

[2] 崔天生．压缩机的安装维护与故障分析[M]．西安：西安交通大学出版社，1993：98-99.

[3] 黄成．大型空压机驱动电机轴瓦磨损分析与处理[J]．压缩机技术，2013，(3)：26-28.

[4] DaiYande. Energy Efficiency and Market Potential of Electric Motor System in China [M]. Beijing：China Machine Pressure，2001：30-32.

[5] QinHongbo. Compressed Air System Performance Measurement and Analysis Method Study[A]. The 5th International Conference on Compressor and Refrigeration. Xi An：Xi'an Jiaotong University，2005：10-15.

[6] 蒋平．工程力学基础(I)[M]．北京：高等教育出版社，2003：191-193.

[7] 徐芝纶．弹性力学[M].4版．北京：高等教育出版社，2006：73-77.

油溶性缓蚀剂在催化汽油加氢脱硫装置上的应用

赵德强

（中国石油兰州石化公司炼油厂，甘肃兰州　730060）

摘　要　水溶性缓蚀剂在催化汽油加氢脱硫装置使用后出现了稳定塔上部塔盘堵塞、稳定塔塔顶空冷堵塞和稳定塔操作紊乱导致重汽油腐蚀不合格的问题，影响装置的质量合格率和负荷率，通过使用油溶性缓蚀剂，避免了上述问题的出现，缓蚀剂单耗从 0.1t/d 降低到 0.05t/d，装置的产品质量合格率提高到 100%，负荷率从 85%提高到 100%。年增效显著。

关键词　油溶性缓蚀剂　催化汽油加氢脱硫装置

某石化公司 1.8Mt/a 催化汽油加氢脱硫装置，采用法国 Axens 公司 Prime-G+工艺，装置由选择性加氢系统（SHU）、加氢脱硫系统（HDS）和公用工程组成。使用固定床双催化加氢脱硫技术，以催化汽油为原料，使用选择性加氢催化剂（HR-845S）、加氢脱硫催化剂（HR-806S 和 HR-841S）在适当的反应条件下可以生产出满足国Ⅳ标准（硫含量不大于 0.005%）的加氢精制汽油。装置由中国石油华东设计院完成工程设计，2010 年 3 月 10 日破土动工，12 月 30 日生产出合格汽油产品[1]。装置建成后，一直使用水溶性缓蚀剂，出现了稳定塔上部塔盘堵塞、稳定塔塔顶空冷堵塞和稳定塔操作紊乱导致重汽油腐蚀不合格的问题，影响装置的质量合格率和负荷率，2016 年 9 月装置国Ⅴ升级改造，增加二段加氢脱硫单元，将水溶性缓蚀剂改为油溶性缓蚀剂，到目前为止，稳定塔再未出现上述问题，现将油溶性缓蚀剂与水溶性缓蚀剂使用前后的情况进行对比分析说明，供国内外同类型装置参考。

1　水溶性缓蚀剂的使用情况

1.1　加注流程

将水溶性缓蚀剂加入配剂罐中，用除盐水配制成一定浓度的溶液，再用计量泵加注到稳定塔 C-202 塔顶出口、空冷 A202 前，采样点为稳定塔顶回流罐 D206 含硫污水出口，图 1 为水溶性缓蚀剂加注流程。

1.2　水溶性缓蚀剂性质

水溶性缓蚀剂性质见表 1。

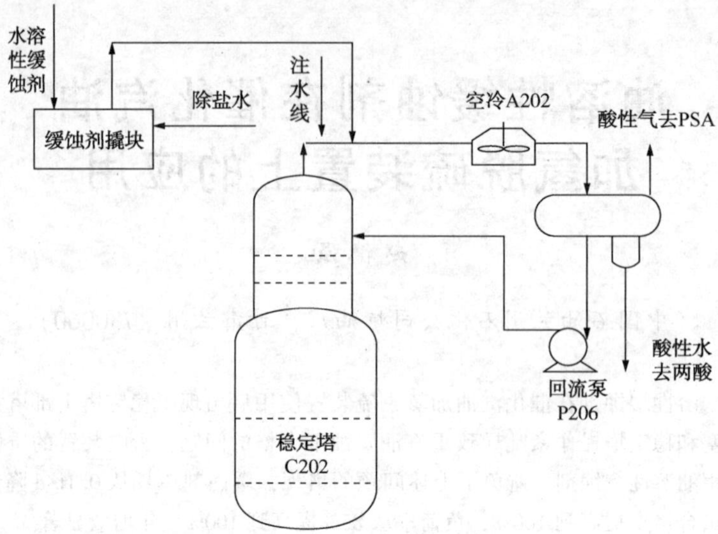

图1　水溶性缓蚀剂加注流程

表1　水溶性缓蚀剂性质

项目名称	技术指标	项目名称	技术指标
pH(1%水溶液)	≥10	凝点/℃	≤-15
水溶性	与水以任意比例互溶		

1.3　出现的问题

1.3.1　稳定塔C202塔顶空冷堵塞

装置自2011年至2016年一直在使用水溶性缓蚀剂，期间稳定塔C202多次出现塔顶与回流罐D206之间压差增大的现象。表2为2013年1~12月份稳定塔塔顶与回流罐压差统计情况。由表2可以看出稳定塔C202塔顶与回流罐压差从2013年1月至2013年11月不断增大的，并在2013年11月达到最高值0.25MPa，2013年12月装置停工对空冷A-202进行了清理，清理出的物质为白色不规则硬块，由表2可知2013年12月份稳定塔顶与回流罐压差仅为0.01MPa。由此可以推断出空冷A-202在未清洗前是堵塞状态。

表2　2013年1~12月份稳定塔C202塔顶与回流罐压差统计

月　份	1	2	3	4	5	6
压差/MPa	0.03	0.04	0.05	0.07	0.09	0.10
月　份	7	8	9	10	11	12
压差/MPa	0.12	0.14	0.16	0.19	0.25	0.01

1.3.2　稳定塔C202上部塔盘堵塞

表3为空冷A-202清洗后稳定塔C202塔顶压力、温度和回流量变化情况。从表3可以看出空冷A-202经过清洗后，稳定塔C202塔顶压力、温度和回流量还是有很大的波动，由此推断稳定塔上部塔盘堵塞。在2014年、2016年停工检修时均发现稳定塔C202上部塔盘

堵塞。图 2 为 2014 年检修时拆下的稳定塔上部塔盘，由图 2 可以清楚地看到稳定塔上部塔盘堵塞严重，部分浮阀甚至无法移动。对堵塞塔盘的垢样进行 X 衍射分析，表明垢样主要成分为硫酸钠铝，并含有少量金红石。

表 3 空冷 A-202 清洗后稳定塔塔顶压力、温度和回流量变化情况

项　目	稳定塔压/MPa	稳定塔塔顶温度/℃	稳定塔回流量/(t/h)
数值	0.6~1.0	80~130	10~30

图 2 2014 年检修拆下的稳定塔上部塔盘

1.3.3 重汽油腐蚀不合格

稳定塔 C202 塔顶与回流罐压差过大时，导致回流泵 P-206 不上量，无法将回流打回稳定塔塔顶内，塔顶温波动大，塔顶酸性气量波动大，操作紊乱，精馏效果变差，重汽油多次出现腐蚀不合格现象。

1.4 塔盘、空冷堵塞原因分析

稳定塔 C-202 中除了氢气、汽油等介质外，还有就是注入稳定塔塔顶的水溶性缓蚀剂。

1.4.1 2011~2016 年原料性质

表 4 为 2011—2016 年原料性质，从表 4 可以看出 2011~2016 年装置原料平均硫含量变化不大，可以确定塔盘、空冷堵塞与原料关联度不大，无直接关系。

表 4 2011—2016 年原料性质

年　份	平均硫含量/(μg/g)	年　份	平均硫含量/(μg/g)
2011	311	2014	306
2012	320	2015	288
2013	295	2016	293

1.4.2 水溶性缓蚀剂的加注

为了验证水溶性缓蚀剂的加注能否引起堵塞，进行了如下实验，模拟水溶性缓蚀剂加注情况，在带有冷凝装置的 4 个圆底烧瓶中分别加入 360mL 汽油和 40mL 除盐水，并加热至沸腾，然后分别加入一定量的缓蚀剂使 4 个烧瓶中的缓蚀剂浓度分别为 0mg/L、20mg/L、60mg/L 及 400mg/L，加热回流半个小时后，停止加热，并将圆底烧瓶迅速放入冷却水中冷却至 40℃，观察烧瓶中现象，然后在室温分别放置 3h 和 15h 再观察烧瓶中现象(固定注剂工艺即先注水、后注剂)。实验现象与结果见表 5。由表 5 可以看到未添加缓蚀剂的烧瓶中无悬浮物，添加缓蚀

剂的烧瓶中有悬浮物，且悬浮物的量随缓蚀剂量的增加而增多，说明悬浮物的产生与水溶性缓蚀剂的加注有关。由此可证明，塔盘、空冷堵塞是水溶性缓蚀剂引起的。

表5 实验现象与结果

实验	1#瓶	2#瓶	3#瓶	4#瓶
缓蚀剂浓度/(mg/L)	0	20	60	400
放置3h后现象	无色透明液体，油水相分层，无悬浮物	无色透明液体，在油水相界面有微量灰白色悬浮物	无色透明液体，在油水相界面有少量灰白色悬浮物	无色透明液体，在油水相界面有少量灰白色悬浮物
放置15h后现象	无色透明液体，油水相分层，无悬浮物	无色透明液体，在油水相界面有微量灰白色悬浮物	无色透明液体，在油水相界面有少量灰白色悬浮物	无色透明液体，在油水相界面有少量灰白色悬浮物

2 油溶性缓蚀剂介绍

2.1 技术指标

表6为油溶性缓蚀剂的技术指标。

表6 油溶性缓蚀剂的技术指标

项目名称	技术指标	项目名称	技术指标
密度(20℃)/(g/cm^3)	报告值	闭口闪点/℃	≥28
溶解性	溶于烃类物质	运动黏度(40℃)/(mm^2/s)	≤80
外观	均匀液体	缓蚀率/%	≥90
凝点/℃	≤-20		

2.2 特点[2]

(1) 可形成一层坚韧的保护膜阻止水相腐蚀，延长使用寿命，降低维修费用。
(2) 在相当宽的pH值范围内有效，在pH波动期间仍可提供保护。
(3) 具有抗乳化作用，有利于油水分离。
(4) 热稳定性高，可以随原料油一起进入后续系统。
(5) 不含有机卤化物，重金属等对有害的物质，对下游产品性能无影响。
(6) 有清除功能，对金属表面起清洗作用，可阻止铵盐聚结及由此产生的垢下腐蚀。

3 油溶性缓蚀剂的应用情况

3.1 加注流程

将油溶性缓蚀剂加入配剂罐中，用重汽油配制成10%左右的溶液，再用计量泵分别加注到稳定塔C-202塔顶出口、空冷A202前和二段稳定塔C-402塔顶出口、空冷A-402前。

采样点为D206稳定塔顶回流罐含硫污水出口和D406二段稳定塔顶回流罐含硫污水出口。图3为油溶性缓蚀剂加注流程。

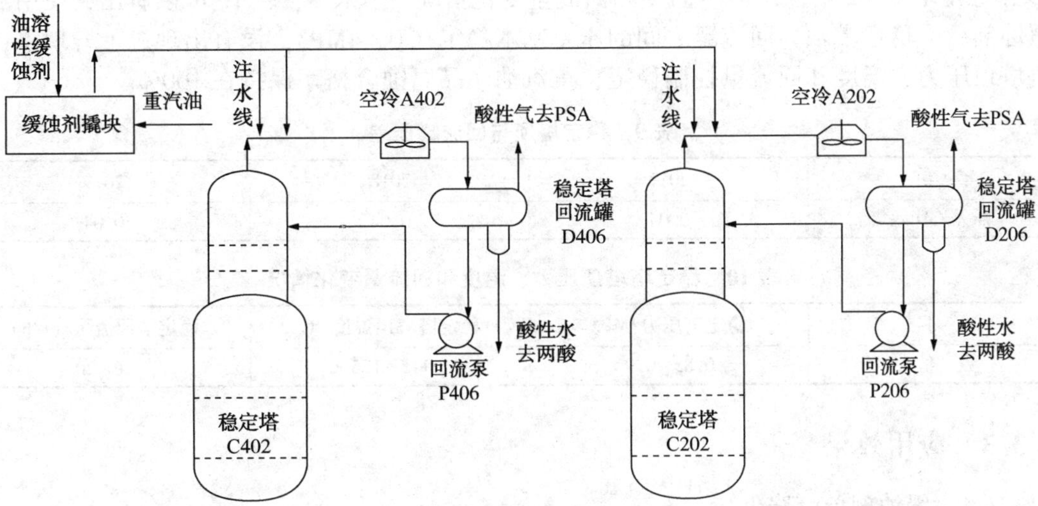

图3 油溶性缓蚀剂加注流程

3.2 工业试验情况

3.2.1 加注量的确定

油溶性缓蚀剂加注量一般为5~10μg/g。注入量与原料性质有关，随着原料硫含量升高，加注量要随之增加。在开始使用的7天内加注量加倍，用于清除设备表面原有FeS和铵垢，并形成良好的防蚀膜。

3.2.2 工业试验时D206酸性水中铁离子分析数据

表7为工业试验期间稳定塔C202的回流罐D206的酸性水的分析数据。

表7 工业试验期间D206的酸性水的分析数据

pH	铁离子/(mg/L)	铁离子合格率/%	缓蚀剂加注量/(μg/g)	缓蚀剂单耗/(t/d)
8.02	1.26	94.1	6.88	0.048

从表7可以看出，工业试验期间稳定塔C202的回流罐D206酸性水的pH平均为8.02，酸性水的Fe^{2+}平均为1.26mg/L，Fe^{2+}合格率均为94.1%。加注量为6.88μg/g，缓蚀剂单耗为0.048t/d，达到技术协议要求。

3.2.3 正式使用时的情况

表8为正式使用后D206的酸性水的分析数据。从表8可以看出正式使用后D206酸性水的pH平均为8.05，酸性水的Fe^{2+}平均为1.78mg/L，Fe^{2+}合格率平均达到95%以上。加注量为7.15μg/g，单耗为0.05t/d。

表8 正式使用后D206的酸性水的分析数据

pH	铁离子/(mg/L)	铁离子合格率/%	缓蚀剂加注量/(μg/g)	缓蚀剂单耗/(t/d)
8.05	1.78	95	7.15	0.05

3.2.4 稳定塔的情况

表9为2016年-2019年稳定塔C202塔顶压力与回流罐压力的压差，表10为2016~2019年稳定塔C202塔顶压力、温度和回流量变化情况。从表9、表10可以看出，使用油溶性缓蚀剂后，稳定塔顶与回流罐之间的压差基本稳定在0.04MPa，没有出现过上升现象；稳定塔塔顶压力、温度和回流量控制稳定，重汽油产品腐蚀合格率保持在100%。

表9 稳定塔顶与回流罐压差

年　份	2017	2018	2019
压差/MPa	0.04	0.04	0.04

表10 稳定塔塔顶压力、温度和回流量变化情况

项　目	稳定塔压力/MPa	稳定塔塔顶温度/℃	稳定塔回流量/(t/h)
数　值	0.85~0.9	115~125	16~20

3.3 应用效果

3.3.1 缓蚀剂单耗降低

水溶性缓蚀剂加注量0.1t/d；水溶性缓蚀剂价格：1.9401万元/t，油溶性缓蚀剂加注量0.05t/d；油溶性缓蚀剂价格：2.8万元/t；由水溶性缓蚀剂改为加注油溶性缓蚀剂，减少了加注量，缓蚀剂单耗降低，节约成本约(0.1t/d×365d×1.9401万/t)-(0.05t/d×365d×2.8万/t)≈20万元，一年减少除盐水用量365t。

3.3.2 产品合格率提高

重汽油产品合格率(腐蚀)达到100%，腐蚀不合格到合格，每次大约需要8h，每次损失效益约33万元，2013~2016年装置平均每年有3次腐蚀不合格情况，按照一年减少3次腐蚀不合格来计，年增效100万元。

3.3.3 空冷未出现堵塞情况

空冷未出现堵塞情况，不用停工清理，至少降低成本50万元。

3.3.4 装置负荷率提高到100%

2016年后装置负荷率提高到95%~100%，比2016年前80%~85%的负荷率有较大提升。

4 结论

(1) 使用油溶性缓蚀剂后，稳定塔塔盘、塔顶空冷堵塞的情况未出现。

(2) 使用油溶性缓蚀剂后，缓蚀剂单耗从0.1t/d降低到0.05t/d。

(3) 使用油溶性缓蚀剂后，重汽油产品合格率(腐蚀)达到100%。

(4) 使用油溶性缓蚀剂后，装置负荷率提高到100%。

参 考 文 献

[1] 赵德强. Prime-G⁺工艺在兰州石化1.8Mt/a催化汽油加氢装置的应用[C]//2013年中国石油炼制技术大会论文集. 北京：中国石化出版社，2013：491-498.

[2] 黄卫强. 油溶性缓蚀剂EC1010A在蒸馏装置的应用[J]. 高桥石化，2006，25(3)：25-27.

加工 PL19-3 原油高温腐蚀分析与防腐措施研讨

孙海鹏，应列平，宁海龙

（中海石油宁波大榭石化有限公司，浙江宁波　315812）

摘　要　以近期某常减压装置加工高酸值 PL19-3 原油为契机，重点研究如何解决某装置在炼制高酸值原油期间高温腐蚀严重问题。通过原油基本性质、高温腐蚀机理与防腐措施以及实际腐蚀情况进行综合分析，最终确定以工艺防腐的方法即对高温防腐剂注入点、注入量以及注入比例进行调整，解决高温腐蚀问题，并对调整前后的化验数据进行了对比分析，证实此次调整有效解决了炼制高酸值原油期间的高温腐蚀严重的问题。

关键词　高酸值原油　防腐措施

1　原油基本性质与分析

表 1 为 PL19-3 原油的基本性质数据，从数据可以看出该原油属于重质原油，其特点为酸值高。原油酸值大于 0. 5mgKOH/g 时，即可引起腐蚀，需对装置进行防腐处理，酸值大于 1. 5mgKOH/g 时，即可认定为高酸值原油。

表 1　PL19-3 的基本性质数据

项　目	分析数据	项　目	分析数据
API 度	18. 7	盐含量/（mgNaCl/L）	14. 8
密度（20℃）/（kg/m^3）	936. 5	硫/%	0. 335
黏度（50℃）/（mm^2/s）	160. 3	氮/%	0. 505
凝点/℃	<-20℃	水/%	0. 17
残炭/%	6	灰分/%	0. 02
酸值/（mgKOH/g）	4. 57		

2　常减压装置高温腐蚀类型与机理

2.1　高温硫腐蚀

按性质划分原油中的含硫化合物可分为活性硫化物和非活性硫化物两种[1]。高温环境下原活性硫化物中的元素硫、硫化氢和硫醇等与装置金属表面接触时会发生均匀腐蚀。其机理如下式所示：

$$S+Fe \longrightarrow FeS$$

$$H_2S+Fe \longrightarrow FeS+H_2$$

$$RSH+Fe \longrightarrow FeS+\text{不饱和烃}$$

原油中硫化物温度和总量直接影响高温硫腐蚀的速率。当温度升高时，在促进了活性硫化物与金属的化学反应速度的同时，使非活性硫化物转化为活性硫化物的速度加快[2]。随着时间延长其腐蚀速率会逐渐稳定下来。这是由于硫化亚铁的量不断增加，附着在金属表面，相当于形成了一层保护膜阻碍了腐蚀的进一步进行。但物料的流速过快便会将保护膜剥离，此时高温硫腐蚀又开始作用。

2.2 高温环烷酸腐蚀

环烷酸为原油中酸性氧化物的主要存在形式，约占全部酸值氧化物的90%左右。环烷酸腐蚀在220～400℃时才会发生，其中有两个峰值第一个是270～280℃，第二个是350～400℃。环烷酸腐蚀发生在流速较高的部位，流速增加其腐蚀效率也会增加。

环烷酸溶于油类，因此其腐蚀作用发生在液相之中，腐蚀机理如下式所示：

$$2RCOOH+Fe \longrightarrow Fe(RCOO)_2+H_2$$

$$2RCOOH+FeS \longrightarrow Fe(RCOO)_2+H_2S$$

$Fe(RCOO)_2$溶于油中并被其带走，H_2S再与裸露的金属表面发生反应，该反应循环往复进行使设备腐蚀不断加剧。

高温环烷酸腐蚀形态有两种：在高速区域呈锐缘流线沟槽；在低速区域呈锐缘凹坑状。其腐蚀过程主要包括：传输、吸附、反应、脱附等4个主要步骤[3]。

2.3 高温复合体系的腐蚀

高温环烷酸腐蚀的产物具有可溶性，腐蚀能力受温度和流速影响，腐蚀形态为凹坑或者线槽状。高温硫腐蚀的产物不具有可溶性，腐蚀能力受温度影响，腐蚀形式为均匀腐蚀。

两种腐蚀共同作用时，其腐蚀速率与含硫量的高低有直接关系。含硫量低于某一临界值时，环烷酸破坏了硫腐蚀产物，产生可溶性环烷酸亚铁和硫化氢，使腐蚀程度进一步加重；含硫量高于某一临界值时，活性硫化物与金属发生反应，在其表面生成FeS保护膜，使腐蚀程度有所减缓。

3 防腐措施

3.1 选材升级

解决高温腐蚀的其中一种手段就是在腐蚀部位选用耐腐蚀金属材料来进行设备保护。防止高温硫腐蚀的方法之一就是采用防腐材料。根据众多的现场数据，常减压蒸馏装置塔体材料可选用耐硫腐蚀和环烷酸腐蚀性能好且加工性能优越的碳钢+0Cr18Ni10Ti。设备、管线可选用Cr5Mo，如硫腐蚀比较厉害也可选用321，冲刷腐蚀严重的部位还可选用316L。材料的耐环烷酸腐蚀效果与材料本身的成分有很大关系。碳元素含量高耐腐蚀能力差。Cr、Ni、Mo含量高耐腐蚀能力强。综上所述选材顺序应为：碳钢→Cr-Mo钢→1Cr13→0Cr18Ni9Ti→

316L→317L。

3.2 复合体系高温腐蚀控制与装置选材情况分析

从防止高酸值按高酸原油的防护措施来考虑，材料应选 1Cr18Ni10Ti 或 316L 来进行防护。

表 2 为某常减压装置高温腐蚀易发生部位设备及管道选材情况。

表 2 设备及管道选材

设备名称	实际用料
减压炉	对流室炉管：15CrMo+316L 辐射室炉管：316L
减压塔	筒体:16MnR+_316L 塔盘：316L 规整填料：317L
减二、三汽提塔	筒体:16MnR+_316L 塔盘：316L 规整填料：317L
减二线	主体材料：16MnR+316L
减三线	主体材料：16MnR+316L
减四线	主体材料：16MnR+316L
减压转油线	主体材料：16MnR+316L

由表 2 可知，某常减压装置高温腐蚀易发生部位设备及管道多选用 316L 和 317L，上述两种不锈钢耐环烷酸腐蚀和耐硫腐蚀效果较好[4]。由此也可以看出某装置在设计建造时以考虑到高温腐蚀的问题，故重点部位选择了的耐高温腐蚀能力较强的材料，目前无升级改造的必要。

3.3 工艺防腐

工艺防腐具有实施难度较低且效果较好的特点，具体实施办法就是在重点高温腐蚀部位加注高温缓蚀剂。这也是某常减压装置现阶段应对高温腐蚀的主要手段。

高温缓蚀剂，其防腐原理是通过表面活性吸附于金属表面做定向排列形成一层坚硬、致密的疏水性保护膜来隔断腐蚀介质与金属的接触途径，达到减缓腐蚀的目的[5]。某常减压装置选用的高温缓蚀剂为 EC1245H，该高温缓蚀剂育膜时间短、隔断腐蚀效果好，可用于各种高酸值原油的处理。EC1245H 物化性质见表 3。

表 3 EC1245H 物化性质

项　目	质量指标	项　目	质量指标
外观与形状	液体	初沸点/沸程	162.2℃
颜色	深琥珀色	蒸气压	<689Pa(37.7℃)
气味	芳香烃类的	相对密度	0.991(20℃)
闪点	75.6℃	动力黏度	18.8mPa·s(15.6℃)
熔点/凝点	-67.8℃		

3.3.1 装置炼制高酸值原油期间的高温腐蚀情况

装置自 2 月初开始以掺炼的方式开始加工 PL19-3 原油，其后分阶提升 PL19-3 原油的掺炼量，至 3 月下旬掺炼量到达 300t/h。此后一直按此掺炼量加工 PL19-3 原油。在掺炼期间，以减压侧线铁离子含量作为腐蚀程度判断依据，其中尤以减四线的铁离子含量变化最具代表性。图1为2月至3月减四线铁离子的含量变化数据。

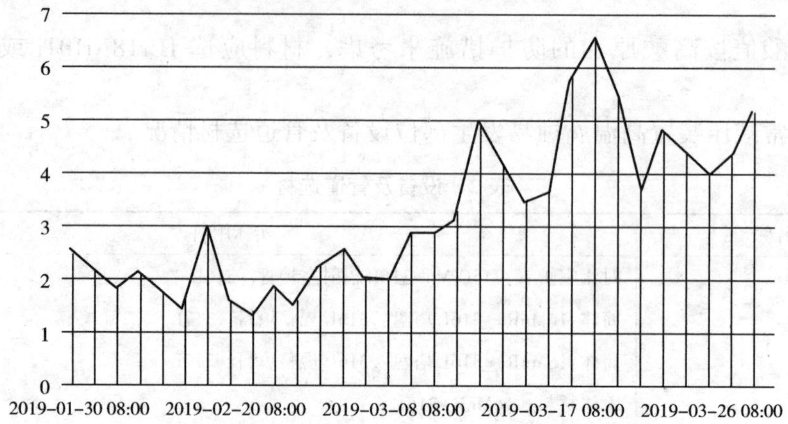

图1 减四线铁离子含量变化

从图1中的数据不难发现，装置在未掺炼PL19-3原油和掺炼量较低时，减四线铁离子含量较低，但从3月初PL19-3原油掺炼量逐渐增大后其铁离子含量开始大幅升高并在3月下旬到达最高值。结合近段时间装置加工原油情况，综合分析得出，减四线铁离子含量升高与装置大量掺炼PL19-3原油不无关系。

3.3.2 工艺防腐效果

针对高温腐蚀机理和重点腐蚀位置，4月初将高温缓蚀剂的注入点调整为减一中、减二中以及洗涤段内回流，注入量量从原先的15ppm提升至20ppm，三点注入比例调整为2：12：8。同时，增加减压侧线的采样频次与化验项目，根据化验数据对高温的缓蚀剂的调整后装置腐蚀情况进行持续跟踪。图2为4月减四线铁离子的含量变化数据。

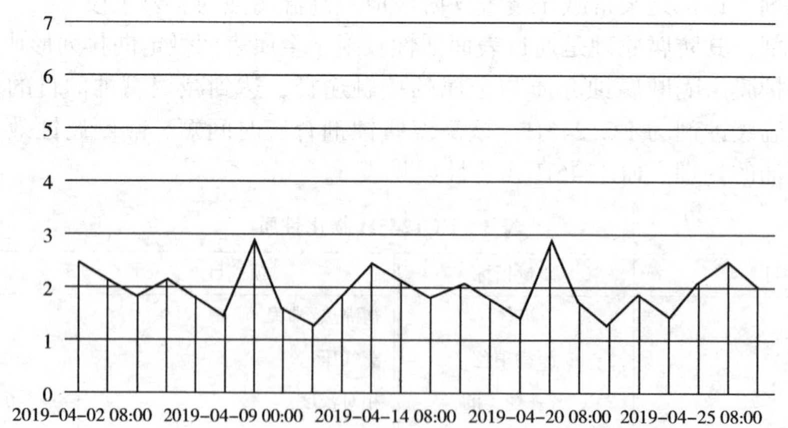

图2 减四线铁离子含量变化

从图2中的数据可以看出，装置在对高温缓蚀剂做出适当调整后，减四线铁离子含量较调整之前明显降低，从侧面反映出装置高温腐蚀程度有所降低。

4 结论

4.1 工艺防腐效果显著

工艺防腐因其投入成本低、见效快、防腐效果好等特点，是现阶段较为可行的高温防腐方法。在加强高温腐蚀监测和做好工艺防腐措施的前提下，是完全可以保证现有装置设备安全平稳运行的。相信随着新型高温缓蚀剂的不断出现，工艺防腐水平不断提高，装置对劣质原油的适应性还会得到持续的增强。

4.2 尝试与高硫、含硫原油掺炼

由于活性硫化物与金属发生反应生成 FeS 保护膜可使腐蚀程度有所减缓，所以高硫高酸值原油比低硫高酸值原油的高温腐蚀性要弱。因此应尝试与高、含硫原油掺炼供装置[6]，从源头入手降低装置高温腐蚀程度。

4.3 其他

某装置在掺炼 PL19-3 原油时曾短时间内出现过，因电脱盐罐电流升高进而引起电脱盐系统紊乱的现象的出现。初步判断此现象出现的原因是因为电脱盐罐内形成了较为牢固的乳化油层。此现象的出现，也可从侧面反映出某常减压装置现有电脱盐设备在加工此类原油时适应性较差，有进行升级改造的空间和必要。

参考文献

[1] 王广勤．常减压蒸馏装置长周期运行技术分析与应用[J]．北京：化工进展，2017，36(z1)：540-547.

[2] 刘锐，蔡萌，王继国．常减压装置炼制大庆原油的腐蚀原因分析[J]．北京：化工科技市场，2010，33(8)：9-12.

[3] 任立华，徐新良，于凤昌，等．乌石化高酸高硫原油及馏分油腐蚀性评价[J]．北京：石油化工安全环保技术，2011，27(1)，28-31.

[4] 史艳华，徐燕飞，马大永，等．炼油装置常用材质高温环烷酸腐蚀的主要影响因素及腐蚀行为[J]．武汉：材料保护，2014，47(10)，61-64.

[5] 刘瑷琴，赵文锋．高温缓蚀剂在常减压蒸馏装置高温部位的防腐应用[J]．北京：石油炼制与化，2014，45(4)：73-76.

[6] 何精平．硫代磷酸苯酯的合成及其缓蚀性能研究[D]．武汉：武汉纺织大学，2010.

延迟焦化装置换热器腐蚀分析

王永华，葛　昕

（中化泉州石化有限公司，福建泉州　362103）

摘　要　分析了中化泉州石化有限公司延迟焦化装置换热器产生腐蚀的原因并提出相应的防范措施。结果表明，换热器管束防腐层的脱落是造成换热器腐蚀的直接原因，而循环水水质差，流速低，造成换热管束的堵塞，诱发了换热器防腐层的脱落。因此，控制好循环水的水质以及流速是预防换热器腐蚀的关键。

关键词　延迟焦化　换热器　腐蚀　防腐措施

中化泉州石化有限公司延迟焦化装置于2014年6月建成投产，设计规模为160万吨/年，操作弹性为60%~100%，年开工时间为8400小时。该装置采用"一炉两塔"的工艺路线以及可灵活调节循环比的工艺流程，以常减压渣油、催化油浆以及罐区污油为原料。装置运行42个月后于2017年12月进行首次停工检修。

1　换热器运行现状

延迟焦化装置的换热器按照换热介质简单区分可以分为以下几种：油-水换热、油-油换热、油-蒸汽换热三类换热器。大检修期间换热器解体后发现，油-蒸汽换热的换热器、油-油换热的换热器腐蚀程度较轻，而油-水换热的换热器的腐蚀问题尤为突出。

在焦化装置中换热器冷却水主要为以下三种：循环水、除盐水、除氧水。其中，用循环水的换热器主要有E101、E113、E201、E202、E206、E208，用除盐水换热器的主要有E109、E114、E214，用除氧水的换热器有E112。其中，循环水冷却器E101、E201、E206腐蚀情况最为严重，表1是这几组换热器的运行参数。

表1　E101、E201、E206运行参数

位号	介质	操作条件			设计条件	
		温度/℃		压力/MPa	温度/℃	压力/MPa
		进	出			
E101A~F	汽油、水(壳)	58	40	0.061	220	1
	循环水(管)	32	42	0.32	80	1
E201A/B	富气、汽油(壳)	55.5	40	1.271	90	1.85
	循环水(管)	32	42	0.34	80	1
E206A/B	液态烃(壳)	54.6	40	1.6	100	1.94
	循环水(管)	32	42	0.3	80	1

2 结垢腐蚀原因分析

2.1 换热器结垢分析

打开换热器管箱后发现，除氧水和除盐水换热器 E109、E114、E214、E112 管箱内没有大量污垢，管束没有出现结垢的情况。然而，使用循环水的换热器管束结垢和腐蚀情况严重，管箱内壁大量污垢沉积，换热管外部也有大量沉积物，图 1 分别为分馏塔顶后冷器 E101、压机出口后冷器 E201、稳定塔顶后冷器 E206、稳定汽油出装置水冷器 E208 的结垢情况。

图 1 换热器结垢对比图

(a)—E101；(b)—E201；(c)—E206；(d)—E208

查询近两年来动力站循环水的化验结果，如图 2 所示，循环水的浊度基本在 6 左右波动，甚至有时会接近 20，对比除盐水的浊度基本都在 1 以下，循环水的水质问题是造成换热器管束结垢的主要原因[1]。

其次，循环水进入换热器的流速也是影响换热器结垢的重要原因。如果循环水水量偏小，流速较低，水中的杂质很容易在换热器管箱内沉积，加速换热器管束结垢和腐蚀，严重影响换热效果、损失能耗[2]。查询近一年的 DCS 数据，如图 3 所示，循环水进装置压力可以维持在 0.41~0.43MPa 之间，并且压力比较稳定，未出现大幅度波动。

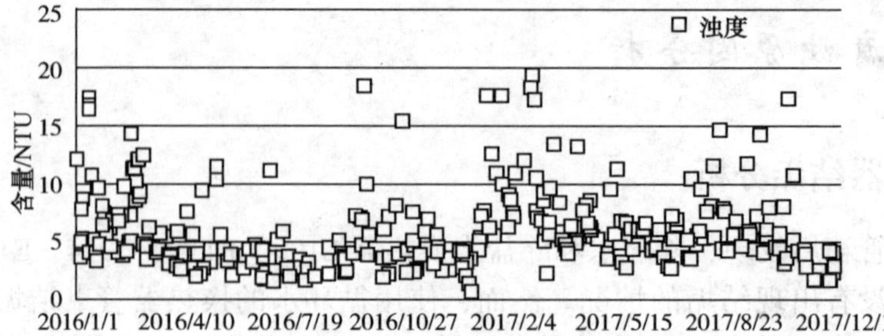

图2 循环水中浊度数据图

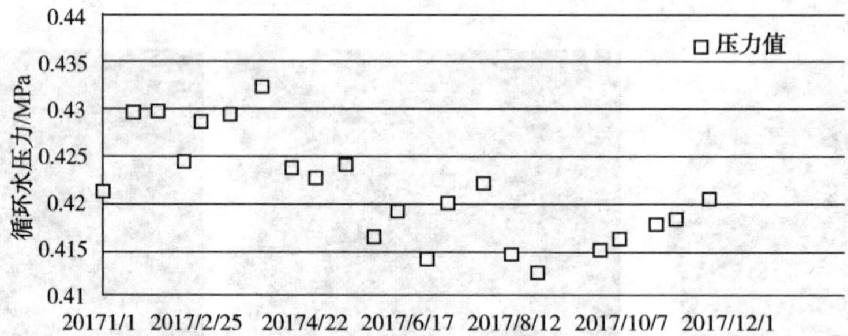

图3 2017年循环水压力趋势图

此时，换热器的安装高度直接影响循环水入换热器的流速。E101、E201、E206安装在三层平台，安装在二层平台的E113相对于E101、E201、E206来说，换热器管束的结垢情况要轻很多。因此，由于换热器安装高度较高，造成进入换热器的循环水压力不足，流速偏低，造成管束结垢和腐蚀[3]。

换热器管束结垢、封头内壁沉积污垢与换热器日常运行情况也密切相关。图1中d为E208的管束结垢情况。仔细观察发现，其管束入口表面仅仅有一层薄薄的污垢，每条管束的入口清晰可见，并未被结垢。然而，与E208同样使用循环水、安装在三层平台的E201、E206两个换热器却出现了一定程度的管束结垢问题。经现场检查比较，发现循环水进入E201、E206、E208的入口阀都为全开，但出口阀开度不同，E201、E206、E208出口阀开度依次为$\frac{1}{6}$、$\frac{1}{4}$和$\frac{1}{2}$。过小的出口阀开度使得换热器中冷却水流量偏小、流速偏低，造成换热管内污垢杂质沉积，影响换热效果[4]。在这方面，E206表现尤其明显，2017年夏季装置进入生产末期后，稳定塔顶后冷器E206冷后温度经常性超温，此时换热管内污垢杂质已经沉积的特别多，开大E206出口阀未出现较好的冷却效果。

2.2 换热器腐蚀分析

换热器管束的结垢，必然伴随换热器的腐蚀。管束结垢后，流入换热管内的冷却水量减少甚至没有，使得换热管束出现个别超温，进而诱发管束防腐涂层的破坏，随着时间的延长、由点入面，整根换热管渐渐被腐蚀[5]。在所有使用循环水换热的换热器中，都出现了不同程度的腐蚀情况，E101、E201、E206较为严重，现对被腐蚀较为严重的E101作举例分析。图4为E101用高压水清洗后的整体图与细节图以及E114的整体图。

图 4　E101 与 E114、E214 腐蚀情况对比图

从图 4 中可以很清楚地看出，使用除盐水做冷却水的换热器 E114、E214 基本未出现被锈蚀的情况。而 E101 的管束以及封头在用高压水清洗之后发现，管束入口表面腐蚀非常严重，而且较为均匀，可明显看到坑洼，管束内部腐蚀也很严重，虽然未发生泄漏，但可能会影响下个生产周期的设备使用；而换热器封头处发生严重的垢下腐蚀，污垢越多的地方，腐蚀越为严重。

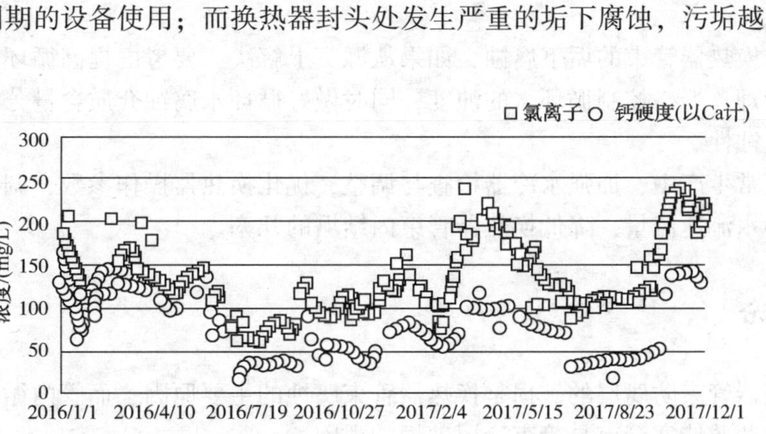

图 5　循环水中氯离子含量与钙硬度数据图

造成差别如此之大的原因，主要原因之一是循环水的水质问题。查询近两年来循环水以及除盐水的化验分析数据，如图 5 所示，循环水的氯离子浓度在 130mg/L 左右波动、最高 244.6mg/L，循环水钙硬度保持在 50~100mg/L，而除盐水的中的氯离子、钙离子、镁离子等都已基本被除去，浓度很低。循环水中的 Ca^{2+} 与 HCO_3^- 容易形成碳酸氢盐，进一步分解为 $CaCO_3$，碳酸钙从水中析出在换热器内加速结垢，进而产生垢下腐蚀而破坏防腐层，防腐层破坏后，溶解在循环水中的 O_2 会与管束发生如下反应：

$$2Fe+2H_2O+O_2 \longrightarrow Fe(OH)_2$$

产生的 $Fe(OH)_2$ 极其不稳定，在水和氧气的作用下进而发生一下反应：

$$4Fe(OH)_2+2H_2O+O_2 \longrightarrow 4Fe(OH)_3$$

$$2Fe(OH)_3 \longrightarrow Fe_2O_3+3H_2O$$

最终管束被腐蚀，生成红褐色的铁锈。此外，循环水中的 Cl^- 为该反应的发生提供了酸性环境，其浓度越高，该反应发生越快[6]。

其次，虽然说E101、E201、E206三台换热器的管束结垢情况基本相同，都出现了不同程度的腐蚀，但是三台换热器对比之后发现，E101管束腐蚀尤为严重，这与延迟焦化的生产工艺特点有一定关系。每天焦炭塔切塔后或新塔预热后，焦炭塔小吹气和塔内水汽对分馏系统产生汽提作用，造成分馏塔顶短时升高，入分馏塔顶后冷器E101的油气温度随之变化，在长时间生产运行下可能对E101的防腐层造成剥离或损坏。同时，油气温度的上升必然导致循环水温度的上升，造成循环水的电导率上升，会加速电极反应[7]，E101每天两次的生产波动，造成换热器油气温度升高、水汽量增加，对E101管束的腐蚀起到一定的促进作用。

2.3 小结

换热器管束防腐层的脱落是造成换热器腐蚀的直接原因，而循环水水质差，流速低，造成换热管束的堵塞，诱发了换热器防腐层的脱落[8]。其次，延迟焦化装置连续/间歇的生产工艺以及循环水中 Cl^-、Ca^{2+} 等对换热器管束的腐蚀起到了一定的促进作用。

3 采取措施

（1）对于换热器管束的垢下腐蚀，如果从源头上解决，要考虑提高循环水的质量，加强循环水厂的管理，严格控制循环水的浊度，同时做好循环水腐蚀介质含量分析测定工作，降低循环水的腐蚀性。

（2）在正常生产中，加强水冷器检查与调整，优化换热器操作参数，调整出入口阀门开度，调整循环水流速流量，降低换热器管束内结垢的几率。

4 结论

（1）换热器管束防腐层的破损是换热器管束腐蚀的主要原因；而管内循环水流速低以及循环水携带的杂质堵塞管束是管束涂层破损的诱因。

（2）加强循环水质管理，优化换热器操作参数，降低循环水的浊度以及适当提高循环水的流速，可以有效减弱换热器管束的垢下腐蚀，延长换热器的使用寿命。

（3）在正常生产中，优化操作，减弱因为换塔预热造成的对分馏系统的汽提，避免循环水短时温度突升，降低循环水的电导率。

参考文献

[1] 丛树林，黄海涛．延迟焦化装置中换热器管腐蚀失效分析[J]．机械工程材料，2008，32(9)：79-81.

[2] 刘宝，单素颖，安清泉．延迟焦化装置低温水-顶循换热器管束腐蚀原因分析及对策[J]．腐蚀科学与防护技术，2014，26(3)：281-284.

[3] 高俊生，王巍，刘宝．焦化装置分馏塔顶循换热器管束腐蚀原因分析及应对措施[J]. 石油化工设备技术，2011，32(6)：54-56.
[4] 石国伟．延迟焦化装置设备腐蚀的原因及预防措施[J]. 石化技术与应用，2013，31(1)：58-62.
[5] 邓福新．延迟焦化装置常见腐蚀部位分析及防腐措施[J]. 云南化工，2016，43(6)：49-52.
[6] 刘宝，单素颖，安清泉．延迟焦化装置低温水-顶循换热器管束腐蚀原因分析及对策[J]. 腐蚀科学与防护技术，2014，26(3)：281-284.
[7] 李招君．管壳式换热器腐蚀原因分析[J]. 化工管理，2017(26).
[8] 刘丽华，张林，吴建平，等．延迟焦化装置腐蚀与防护[J]. 石油化工腐蚀与防护，2007，24(6)：33-36.

延迟焦化装置腐蚀原因分析与对策

刘海涛，秦日明，杨志强

（中国石油乌鲁木齐石化分公司炼油厂，乌鲁木齐 830019）

摘　要　介绍了延迟焦化装置主要设备存在的不同类型的腐蚀机理，同时也针对各种腐蚀问题展开分析和提出对策，通过建立防腐蚀综合体系，诊断出装置容易发生腐蚀部位，采取工艺流程防腐和设备定点检测相结合的一体化防腐措施，提高防腐工作效果，确保装置的长周期运行。

关键词　延迟焦化　腐蚀机理　措施

前言

延迟焦化是重要的原油二次加工工艺，主要以重质油为原料，在高温条件下进行深度的热裂化和缩合反应，将渣油中的重组分转化为轻组分后，生产富气、汽油、柴油、蜡油及焦炭的技术。而随着原油劣质化的趋势加剧，焦化装置原料为减压渣油与小比例催化油浆，且原料越来越趋向高酸、高硫、高残炭、高重金属的特点，硫是重要的腐蚀元素，主要以硫醚、噻吩和硫醇等形态存在，不同形态的硫分解对设备构成严重腐蚀，另外，减压渣油中还存在着一定量的环烷酸，这些成分也会对设备造成腐蚀。

延迟焦化装置的防腐工程是一套综合的系统工程，装置产生腐蚀的部位、腐蚀类型、腐蚀机理，与装置所加工原料的性质有很大关系，根据腐蚀机理不同，需要制定不同的防腐对策，并建立综合的腐蚀检测与防控体系[1]。

1　焦化装置的腐蚀机理

延迟焦化装置原料是主要是常减压渣油，其原料中的硫、氮、氧等元素的化合物和有机物酸等物质是引起装置腐蚀的主要因素，其腐蚀类型主要包含高温硫腐蚀、低温硫腐蚀、环烷酸腐蚀等几种形式。另外，由于其高温、脱硫、一炉两塔间歇生产的工艺特点，还存在高温氧化腐蚀、应力腐蚀、碱腐蚀等腐蚀形式，其影响情况也各不相同。下面重点对不同腐蚀因素和腐蚀情况进行介绍：

1.1　低温硫腐蚀

1.1.1　低温 H_2S-HCL-NH_3-H_2O 型腐蚀

原油中存在的氮化物、硫化物以及电脱盐后原油中仍存在的氯化物和注水时带入的 Cl 离子，在焦化反应中分解形成 NH_3^+、少量 HCN、HCl 和 H_2S。H_2S、HCl 可与金属表面直接反应发生腐蚀，腐蚀形态为均匀减薄；但由于NH_3^+的存在，会与H_2S、HCl发生中和反应，使腐蚀的程度有所减弱，但中和反应生成的盐类NH_4Cl又造成垢下腐蚀。

此类型腐蚀主要发生在温度低于120℃的气液两相区域，如分馏塔顶回流系统及塔顶冷凝系统的管线及设备，特别是在该流程的三通、弯头以及进出口接管等部位，设备或管线长期处于低流速状态，又会发生反应结晶物堵塞管线、设备，不但磨损加剧，且在垢下腐蚀和硫腐蚀共同作用下会进一步加剧腐蚀程度，如图1为装置顶循系统三通和弯头部位腐蚀情况。

1.1.2 加热炉空气预热器的低温露点腐蚀

焦化加热炉燃料气的主要成分为脱硫干气，其内不可避免地含有一定量硫，瓦斯燃烧后会产生烟气，其主要成分为CO_2、SO_2、H_2O、N_2、O_2等，由于燃烧室中有过量的O_2存在，因此有少量的SO_2转化成SO_3，SO_3在低温下遇H_2O会发生反应生成稀硫酸，对设备造成腐蚀，此即低温露点腐蚀。

炼油装置为了提高加热炉的热效率，充分回收烟气余热，降低控制烟气出口温度，工艺流程上一般会设置烟气为热媒的空气预热器，当烟气温度低于露点温度时，就会在壁板和翅片管发生低温露点腐蚀。120万t/a延迟焦化装置曾出现过空气预热器低温露点腐蚀情况，如图2。

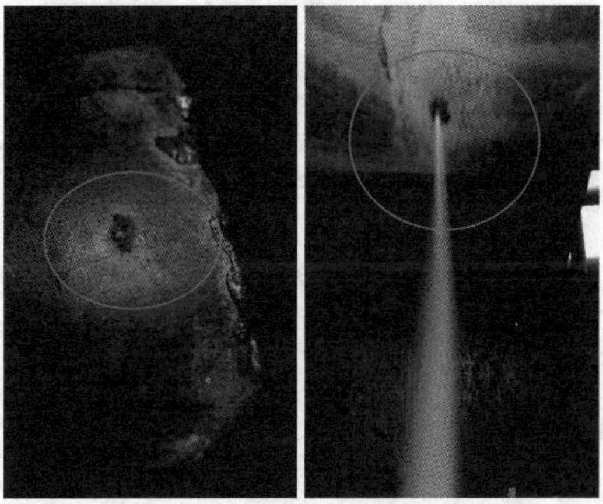

图1 顶循线腐蚀情况

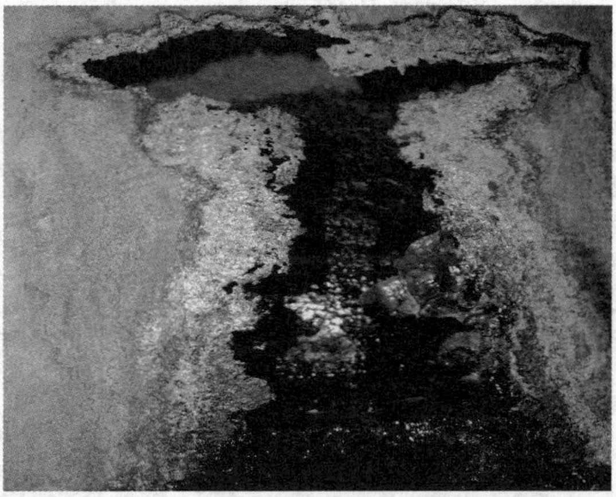

图2 空气预热器腐蚀情况

经过对空气预热器内部垢样进行化验分析，垢样的主要成分是硫酸亚铁以及二氧化硅以及部分稀有金属元素。二氧化硅主要是脱落的浇注料；稀有金属元素主要是翅片(304材质)中的稀有金属成分；硫酸亚铁是硫腐蚀产物。由此可以验证空气预热器内部的腐蚀主要是硫腐蚀。

1.2 高温硫腐蚀

1.2.1 高温S-H_2S-RSH型腐蚀

该类型腐蚀通常发生在焦炭塔顶部封头、焦炭塔上部泡沫段、加热炉炉管内壁，此类部位是气、液两相存在，且操作温度普遍较高，在高温硫化物作用下通常会发生腐蚀现象。

另外，焦炭塔吹汽、给水冷焦、高压水切焦等操作过程中会让焦炭塔内、外壁进一步与冷凝水接触，生成 H_2S—HCl—N_3H—H_2O 型腐蚀介质，特别是在切焦过程中高压水的冲刷下，腐蚀程度会进一步加剧，因此焦炭塔材质的选型极为重要。

1.2.2 高温 S-H_2S-RSH-RCOOH 型腐蚀

环烷酸腐蚀通常发生在焦炭塔顶油气线、加热炉辐射管内壁、分馏塔的高温重油抽出线、机泵及相关管线、分馏塔集油箱及塔底等部位。环烷酸的腐蚀受温度影响腐蚀程度会发生变化，这是其重要特点。环烷酸腐蚀开始于220℃，随着温度上升，腐蚀会逐渐增强，在270~280℃时腐蚀最大，此后随着温度上升，腐蚀速率开始下降，但是当温度升高到350℃时，腐蚀又会急剧上升，当温度达到400℃以上时环烷酸发生分解，不再对设备产生腐蚀。因此，当操作温度在270~280℃和350~400℃这两个温度区间，装置环烷酸腐蚀最为严重[2]。

环烷酸腐蚀因为温度跨度大，并且通常是高温硫和环烷酸腐蚀协同发生，因此腐蚀是最剧烈的，腐蚀现象也最明显。我厂60万t/a延迟焦化装置分馏塔底循环过滤器、辐射过滤器发生此类腐蚀极为明显，通过定点测厚检测，在4年时间里，辐射过滤器壁厚由13mm减薄到约6mm，塔底循环过滤器壁厚由13mm减薄到约4mm，腐蚀速率达到1.75mm/年、2.25mm/年，属于严重腐蚀。

1.3 高温氧化腐蚀

图3 炉管氧化爆皮情况

高温氧化腐蚀主要发生在加热炉管，高温氧化和硫化造成的氧化爆皮及腐蚀减薄是焦化装置加热炉辐射段炉管损坏的主要原因。

在高温下操作，一旦发生超温极易发生氧化腐蚀情况，并伴随炉管外壁氧化爆皮现象出现，120万t/a延迟焦化装置2012年在线清焦变温操作过程中，因高温恒温期间温度过高，发生炉管氧化爆皮情况，如图3所示。

正常生产时，加热炉辐射炉管中燃烧的是高硫燃料，不仅外壁遭受高温氧化，而且还经受着高温减压渣油硫化的联合腐蚀。洛阳石化公司焦化装置加热炉使用燃料气的主要成分为脱硫干气，其内不可避免地含有一定量硫，加热炉辐射炉管受到高温氧化和高温硫化腐蚀联合作用是难以避免的。

1.4 碱腐蚀

碱腐蚀是延迟焦化装置探讨比较少的腐蚀形式，但是仍是焦化装置不可忽视的防腐内容。此类腐蚀多发生在碱液脱硫系统，120万t/a延迟焦化装置曾发生含氧尾气线腐蚀、碱液换热器腐蚀泄漏等情况，主要是设备在碱性环境中发生腐蚀。

脱硫单元含氧尾气线因携带碱液较严重，在装置尾气分液罐处检测含氧尾气凝液pH值在8~9之间，存在碱腐蚀情况。120万t/a延迟焦化装置在连续运行3年后含氧尾气全管线检测壁厚由4.5mm减薄至4.0mm，减薄约10%，属于中度腐蚀，在此期间共发生过3次局部腐蚀减薄泄漏而碱液再生单元停工处理的情况。腐蚀泄漏部位主要发生在氧化塔顶部含氧尾气控制阀三通处，如图4所示。

另外，脱硫单元的碱液再生加热器和冷却器，也是受发生碱腐蚀比较频繁的设备。该类换热器管束内介质为浓度为20%左右的NaOH水溶液，换热管为10#钢，根据换热管腐蚀穿孔部位可以看出主要是由管内向外发生的腐蚀，如图5所示，此部位曾出现多次腐蚀情况。

图4　含氧尾气线腐蚀情况

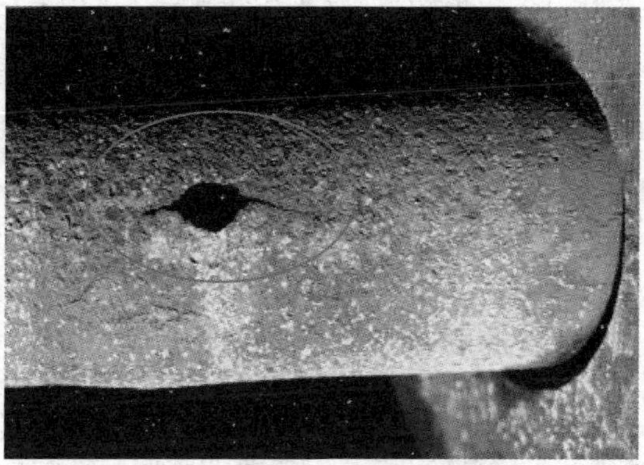

图5　碱液冷却器腐蚀情况

根据腐蚀的部位图6可以看出，腐蚀产生在管束上部中段位置，其他位置无明显的腐蚀现象。由此可以推断该管束的局部腐蚀可能是由于管束外壁腐蚀部位处碱液流动效果差或不流动，导致该处碱液浓度增高，腐蚀管束。管束的局部腐蚀可能是由于管束外壁腐蚀部位处碱液流动效果差或不流动，导致该处碱液浓度增高，发生碱致脆化，腐蚀管束。碱致应力腐蚀开裂是该类腐蚀的典型特征。

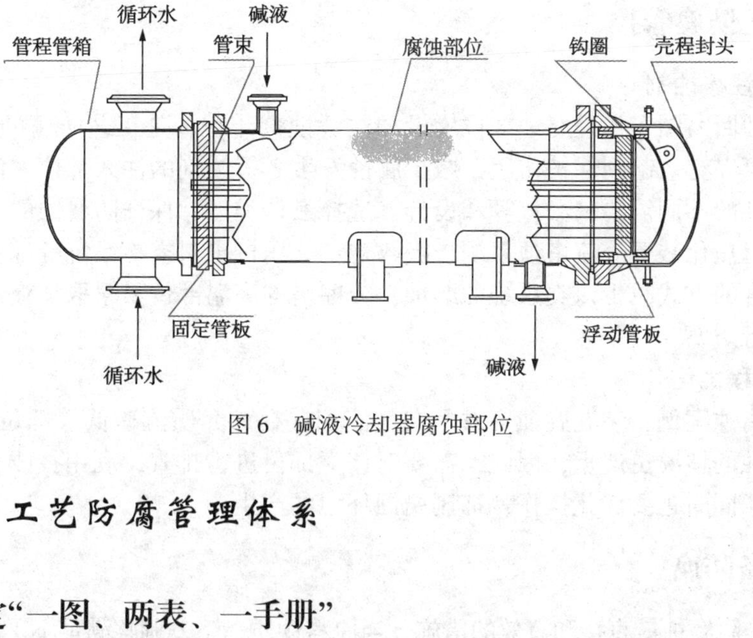

图6　碱液冷却器腐蚀部位

2　建立工艺防腐管理体系

2.1　制定“一图、两表、一手册”

“一图”是装置防腐蚀回路图，通过该流程图的制定，可以明确装置腐蚀部位的明细，宏观上监测装置易腐蚀部位，根据不同的防腐因素，制定相应的防腐措施。

“两表”指的是工艺防腐检测分析表与检查表，通过对在线检测、检验、分析等数据的定期收集，建立完善的防腐监控数据库，可以及时掌握设备的腐蚀程度和提前预警，达到有效监控的目的。

“一手册”指的是装置腐蚀控制手册，该手册目的是根据装置的实际腐蚀情况，制定完善的防腐蚀措施和防腐蚀需求，是装置防腐的最终导则和依据。

“一图、两表、一手册”的制定，可以有效帮助装置收集长期数据、检测设备腐蚀情况，是各项防腐措施执行好坏与否的重要依据、是防腐方向的判断依据，是建立综合防腐体系的指导和依据。

3 腐蚀防护与对策

3.1 原料监控

长期、定期监控原料的变化，可以有效预警，为装置工艺调整提供依据，一旦发现硫含量超标，一方面可以及时协调调整原料，另一方面可以及时做出工艺措施调整，减缓腐蚀的发生。

3.2 监控腐蚀情况

通过电感腐蚀探针在线监测、超声波定期定点测厚等手段，收集长期数据，建立管线和设备腐蚀台账，可以有效跟踪管线和设备腐蚀情况，并且能够提前预警风险，从而制定相应的防范措施或采取必要的防护手段，避免事故发生。

3.3 工艺防腐管控

3.3.1 加注缓蚀剂

根据防腐蚀回路图，在易腐蚀部位增设加注缓蚀剂流程，是工艺防腐的一项重要手段，缓蚀剂的加注可以有效起到保护作用，减少腐蚀发生。缓蚀剂的注入部位、注入量根据工艺介质、操作条件的不同需要精心核算和设计，选择最佳类型，保证防腐蚀的效果。

通常，延迟焦化装置分流塔顶系统、吸收稳定气压机出口空冷系统等部位多采用注水和注缓蚀剂相结合的方式减少该类系统的腐蚀；分馏塔的高温部位易采取加注高温抗环烷酸缓蚀剂的方式进行防腐。

3.3.2 流程优化

根据各类腐蚀案例，装置腐蚀多发生在气液相共存、介质流速低等部位，特别是三通、弯头等部位腐蚀的情况更严重，因此，需要对该类部位进行排查，利用技改消除腐蚀泄漏频繁发生的部位，同时也要优化操作，抑制腐蚀环境的产生[3]。

3.4 设备防腐

材质升级是防腐蚀最直接和有效的措施，当原料性质、工艺调整满足不了防腐要求时，设备的材质升级就变得至关重要。根据加工原料性质，对焦炭塔、分馏、加热炉系统等不同腐蚀环境、不同腐蚀机理的设备、管线材质选型应充分考虑，已达到防止不同腐蚀类型的目的。

4 结论

（1）腐蚀是影响装置长周期运行的重要因素，腐蚀的机理和类型各不相同，装置应建立综合的防腐蚀体系，根据“一图、两表、一手册”的内容建立完整的监测、预警机制，并依据数据趋势，预判和调整操作，降低腐蚀的发生。

（2）根据腐蚀部位、腐蚀方式的不同，应采取原料调整、工艺调整和设备升级相结合的防腐措施，确保能够长期有效地降低装置腐蚀的发生，达到长周期防腐的目的。

参考文献

[1] 杨万强，唐媛媛，马赟．延迟焦化装置防腐蚀体系的建立及应用[J]．应用技术，2018，35(2)：52-54.

[2] 贾晓龙．杨剑锋，刘文彬．延迟焦化装置腐蚀与防护分析[J]．当代化工，2015，44(4)：740-744.

[3] 翁敦机．延迟焦化装置的硫腐蚀与防腐措施[J]．化工管理，2017，(21)：207.

新型内混式空气雾化喷嘴雾化性能的实验研究

艾吉文[1,2,3]，高智雪[3]，张 丽[3]，雍玉梅[1]

（1. 中国科学院过程工程研究所，中国科学院绿色过程与工程重点实验室，北京 100190；
2. 中国科学院大学，北京 100049；3. 中科合成油技术有限公司，北京 101407）

摘 要 本文对一种内混式空气雾化喷嘴进行实验研究，考察了液滴索特尔直径 D_{32} 的轴向分布，以及气液比、液体流量与黏度对其的影响规律。研究结果表明：随着距喷嘴轴向距离的增大，液滴 D_{32} 也呈现不断增大的变化趋势；液体雾化主要通过喷嘴内气流对液膜的剪切、冲击作用，因此增大气液比可增强雾化效果，但随着气液比增大，对雾化的增强效果逐渐减弱；液量的增大不利于液膜破碎雾化；同时，液体黏度对雾化效果影响很大，液滴 D_{32} 随黏度增大而增加，雾化显得更为困难。

关键词 空气雾化喷嘴 雾化性能 索特尔直径 剪切破碎

1 前言

费托合成装置中的气液分离器可有效分离气体和液体产物，对工艺装置的稳定运行和生产具有重要作用。因此研究气液分离器的性能是费托合成工艺中的一项主要课题，而进入分离器的液滴大小和分布，对分离效率有重要影响[1]。雾化喷嘴是一种能够将液体转变成微小尺寸液滴的设备，能增加液体表面积和体积之比，可极大提高蒸发速率或反应速率，广泛应用于化工、制造、环保等工业领域。

液滴的粒径分布是评价喷嘴雾化性能的重要指标，粒径分布的影响因素很多，包括气压（流量）、液压（流量）、气液比，以及喷嘴内部的结构，液体物性参数如密度、黏度。此外，距喷嘴不同的轴向和径向距离，粒径分布也不同。目前国内外研究者通过实验和数值模拟对液滴粒径分布做了大量的研究工作。刘丽艳等[2]采用激光粒度仪对空气雾化喷嘴的液滴雾化性能进行实验研究，结果表明气相压力对雾化液滴粒径影响最大，气液比其次，液相压力影响最小；刘焜等[3]采用多普勒相位粒子动态分析仪研究了雾化喷嘴在受限空间内的雾化特性，测量了雾化场中液滴的粒径和轴向速度；郭荆璞等[4]对大流量内混式空气雾化喷嘴的雾化性能进行了试验，研究轴、径向距离以及气相、液相压力对液滴粒径分布的影响；李欣疏等[5]采用 CFD 方法，对内混式雾化喷嘴的内流场进行数值模拟，研究喷嘴内部气液两相流场的分布状况及其混合特性；尤靖辉等[6]通过实验研究水和石蜡两种介质在内混式两相流喷嘴的流量和雾化特性，分析气液质量比对雾化效果的影响以及气相压力对雾化粒径的影响；江莉[7]用水和空气进行试验，考察喷嘴结构参数与喷射条件对内混式空气雾化喷嘴雾化特性的影响，研究了喷嘴的结构参数、水流量以及气路压力对雾滴直径沿喷嘴出口轴向距离的变化规律、液滴尺寸数目分布以及喷雾锥角大小；李萍等[8]采用多组不同结构参数的喷头，研究气孔参数、气液流交角和喷孔直径等结构型式以及工况参数对喷雾粒径的影响，对比分析了具有较好雾化性能的喷嘴结构和工况参数。通过对现有雾化喷嘴的研究和对比，结合费托工艺分离器所对应的液滴分布状态，本文设计了一种新型内混式空气雾化喷嘴，并建立了气液两相进料喷嘴雾化实验平台，针对我们所设计的新型喷嘴，对其雾化性能进行了系统地实验研究。

实验考察了平均粒径的轴向分布，以及气液比，液体流量、黏度对粒径分布的影响，并系统地对其雾化性能进行研究。研究结果对空气雾化喷嘴雾化破碎机理的理解和喷雾操作条件的选择具有一定的参考价值，对费托合成体系中气液分离器的性能研究具有指导意义。

2 实验方法

本实验采用内混式空气雾化喷嘴，其内部结构如图 1 所示。气液两相流体进入喷嘴内部的混合室内，高速气体不仅对液柱产生强烈的碰撞冲击作用，同时对液体表面进行剪切破碎，液体被雾化成液滴，随后混合后的两相流离开混合室，进入前端锥形缩径段，在此气液两相流被压缩、加速，从喷嘴出口喷出，液滴受到外部空气进一步的摩擦剪切作用，发生二次雾化。

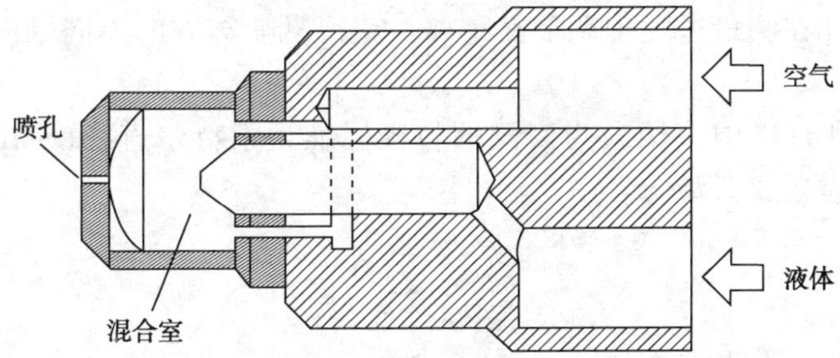

图 1 喷嘴结构图

实验流程如图 2 所示。空气和液体分别通过压缩机和泵增压，经两路管路进入喷嘴内部，在强烈的气液相互作用下，雾化破碎的液体从喷嘴水平喷出，由激光粒度仪采集粒径信息并通过计算机处理数据。空气和液体管路中均安装有压力表、调节阀与转子流量计，可对压力和流量进行调控。喷嘴进口通过软管与气路水路连接，以方便调节喷嘴与激光粒度仪的距离。

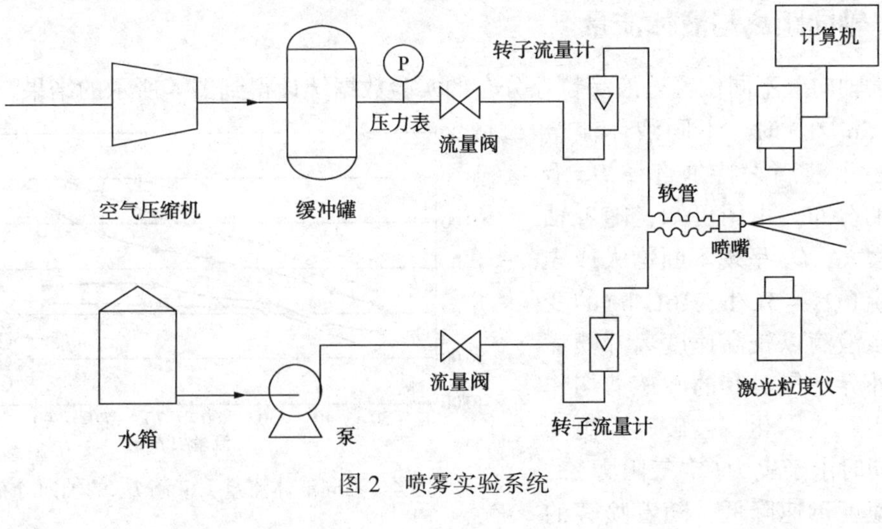

图 2 喷雾实验系统

空气压缩机型号为无锡五洋赛德 HSD 系列的螺杆压缩机，排气量 240m³/h，最大压力为 0.8MPa；泵采用上海中成泵业生产的螺杆泵，最高压力为 0.6MPa，最大流量为 400L/h。转子流量计均为兴化祥锦流量仪表厂生产，其中气相流量计量程：0~5m³/h，液相流量计量程为：0~200L/h。实验中气体流量为 0~1.6m³/h，液体流量为 0~90L/h。粒径分布测量系统采用丹东百特仪器有限公司生产的 Bettersize2000S 型激光粒度仪，由激光发射器、信号接收器以及数据处理系统三部分组成；粒径测量范围为 1~2000μm，误差小于 3%。

图3 激光粒度仪与喷雾系统实物图

本文拟考察不同黏度液体的雾化效果，故通过配置一定浓度增稠剂的溶液以改变液体的黏性。分别采用水、质量浓度 0.2%~0.6%的溶液（黏度为 20~200mPa·s）进行雾化实验。保持喷嘴中心与激光粒度仪光路在同一水平高度，并在测量过程中调节其距离，获得沿喷雾方向不同轴向距离（0.3~0.9m）处液滴的粒径分布。

在评价喷嘴雾化性能中应用最为广泛的粒径标准为索特尔直径（SMD）-D_{32}，即表面积平均粒径，其计算表达式[9]如下：

$$D_{32}=\frac{\sum_{i=1}^{N}D_i^3}{\sum_{i=1}^{N}D_i^2} \tag{1}$$

式中，N 为液滴总数，D_i 为第 i 个液滴的直径。

3 结果与分析

3.1 轴向距离与液体流量

沿喷嘴轴向上不同位置处液滴粒径分布的实验数据统计得到图 4 所示的结果，即气量不变（$Q_g=1.5m^3/h$）时，不同液体流量（5~40L/h）下液滴索特尔直径 D_{32} 沿喷雾方向的分布。由图可知，随着轴向距离的增大，D_{32} 呈现不断增大或先增大后稳定（$Q_1=5L/h$、$16L/h$）的变化趋势。当液滴以较高速度离开喷嘴后，受到外界空气对其的摩擦剪切作用从而发生二次雾化，被破碎为更小的液滴，同时由于曳力（空气阻力）的影响，其速度迅速降低，随着喷雾的

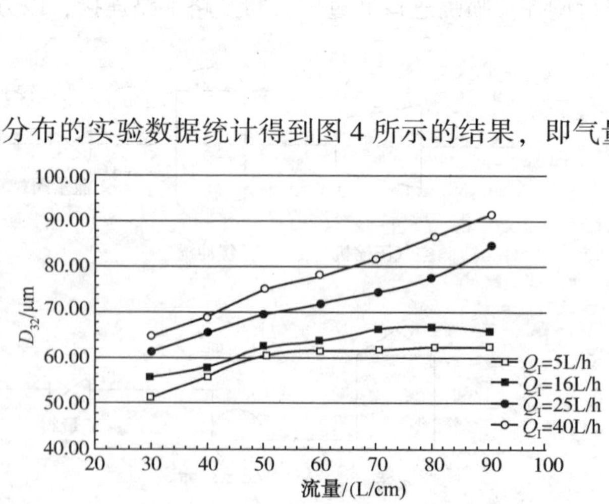

图4 不同液体流量下液滴 D_{32} 的轴向分布

发展，液滴群密度增大[3]，液滴间碰撞聚合的速率超过液滴被剪切分裂的速率[4]，因此粒径沿轴向不断增大。

图 5 为黏度分别为 25 mPa · s、50 mPa · s 时液体的雾化效果。如上所述，液滴 D_{32} 均随轴向距离而不断增大。此外，图 4 与图 5 均显示，当液体流量增大时，液滴粒径显著增大。在喷嘴内部，气液流量主要影响液体所受的外部作用力（即液膜受气流作用在其表面形成的扰动波）和其自身惯性力的平衡[6]。一方面，气流对液膜造成的强烈扰动会使射流失稳而破碎；另一方面，液量的增大使液膜惯性力增强，气体所提供的雾化能量相对减小，从而不利于液膜的破碎。

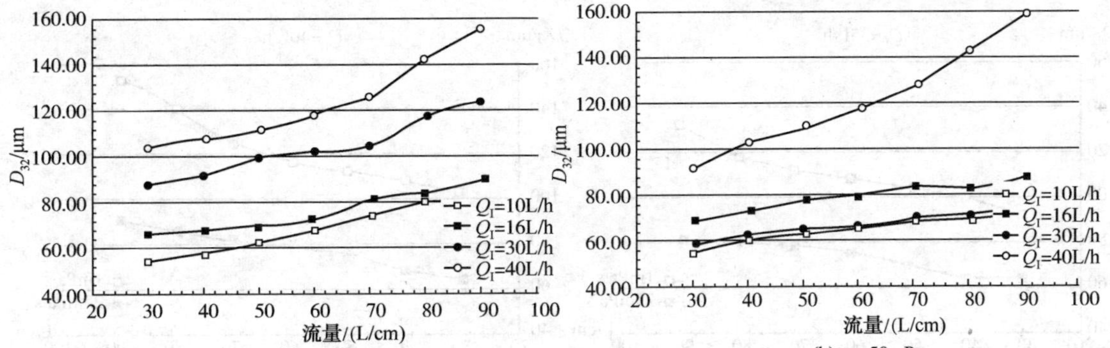

(a) μ_L=25mPa·s　(b) μ_L=50mPa·s

图 5　黏性液体形成液滴 D_{32} 的轴向分布

3.2　气液比

图 6 是黏度分别为 25 mPa · s、50 mPa · s 的液体所形成液滴的 D_{32} 在不同轴向距离下随气液比的变化。图 6(a) 显示：轴向距离 L 一定时，液滴 D_{32} 随气液比的增大而降低，且下降速率逐渐减小；而图 6(b) 则显示，当气液比低于 50 时，D_{32} 随 L 增大而急剧下降，当气液比高于 50 时，D_{32} 下降的趋势变缓，直至基本稳定。随着气液比的增加，液滴粒径变小。这是因为当气压一定时，气液比越大，相同的气体能量供给破碎数目较少的液滴，因此能使液滴分裂成更小的粒径。同时，随着气液比逐渐增大，粒径变小速度开始放缓，此时液滴已经被雾化成较小的颗粒，如果使液滴粒径进一步变小，那么新增小液滴表面积呈几何级增长，破碎其所需要的能量更大，因此，再增大气液比对雾化效果的提升作用并不显著[10,11]。

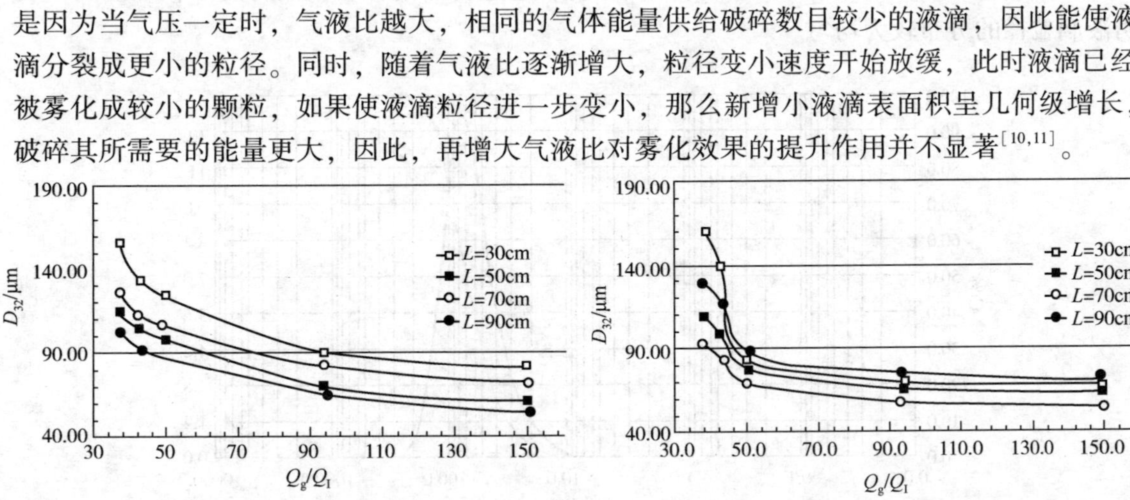

(a) μ_L=25mPa·s　(b) μ_L=50mPa·s

图 6　不同气液比液滴 D_{32} 分布情况

3.3　液体黏度

图7为气量1.5m^3/h，液量分别为35L/h、40L/h时，不同黏度液体所形成液滴的D_{32}轴向分布。由图可知，当Q_L=35 L/h时，1mPa·s和25 mPa·s的液滴D_{32}范围分别为80~110μm、130~250μm；当Q_L=40L/h时，D_{32}范围则分别为80~130μm、150~300μm。可见，液体黏度对液滴粒径影响很大，液体黏性增强，液滴粒径明显变大[11]。当液体黏度变大时，气体对液膜的破碎和雾化显得更为困难，需要更大的气动能克服液体分子间的相互作用实现液膜破碎，因此液滴粒径明显变大。

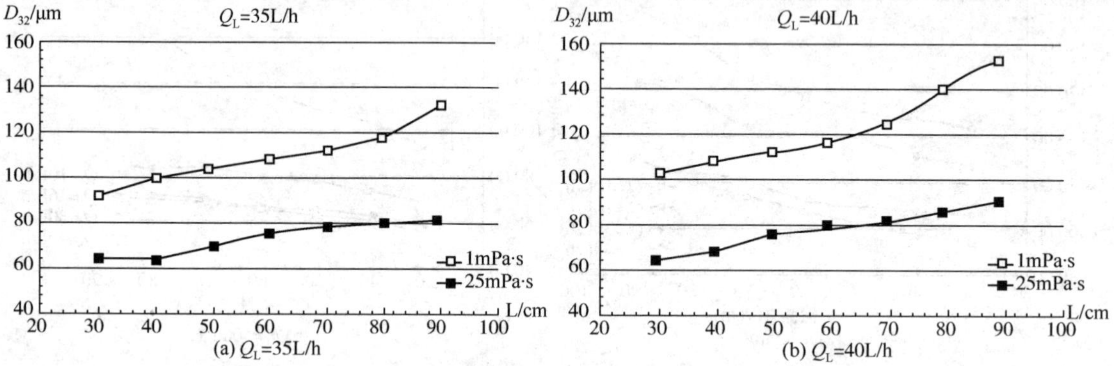

图7　不同液体黏度下液滴D_{32}的轴向分布

3.4　粒径分布

图8为当液体流量10L/h，空气流量1.5m^3/h，轴向距离40cm时激光粒度仪所测得的液滴体积加权粒径分布。各粒径区间上的液滴体积分数如表1所示。可见，大部分液滴(75.06%)分布在20.26~98.71μm区间。粒径分布曲线峰值在71.91~84.25 μm，体积分数为13.15%。此外，图8所示的粒径分布曲线符合正态分布规律，区间跨度窄，峰值高，表明液滴粒径的分布较为均匀。

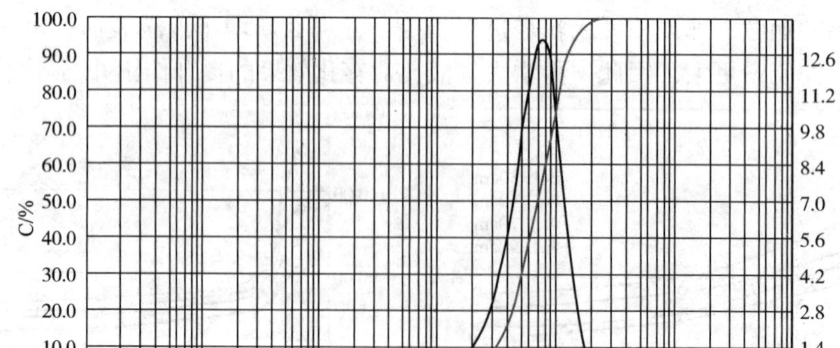

图8　液滴直径的数目分布

表 1　液滴粒径分布情况

粒径/μm	区间/%	累积/%	粒径/μm	区间/%	累积/%
9.179~10.75	0.11	0.11	52.39~61.38	10.97	40.57
10.75~12.59	0.31	0.42	61.38~71.91	12.69	53.26
12.59~14.76	0.56	0.98	71.91~84.25	13.15	66.41
14.76~17.29	0.82	1.80	84.25~98.71	11.64	78.05
17.29~20.26	1.19	2.99	98.71~115.6	9.33	87.38
20.26~23.73	1.66	4.65	115.6~135.4	6.60	93.98
23.73~27.80	2.32	6.97	135.4~158.7	3.63	97.61
27.80~32.58	3.28	10.25	115.6~135.4	6.60	93.98
32.58~38.17	4.53	14.78	135.4~158.7	3.63	97.61
38.17~44.72	6.24	21.02	158.7~185.9	1.64	99.25
44.72~52.39	8.58	29.60	185.9~255.2		

4　结论

本文针对一种新型内混式空气雾化喷嘴进行喷雾性能的实验研究，主要考察了气液比，液体流量、黏度对液滴索特尔直径轴向分布的影响，主要结论如下：

（1）随着喷雾沿喷射方向的发展，液滴索特尔直径 D_{32}不断增大。

（2）气液比增大，气流对液体产生更强烈的剪切、冲击作用，使得液膜破碎加剧，液滴 D_{32}减小；但当气液比达到一“饱和点”后，其对雾化效果影响不大；此外，液体流量增大，液滴 D_{32}增大，不利于液体雾化。

（3）液体黏度对雾化效果的影响很大。黏度增大，液滴 D_{32}增大。这是由于液体黏性越强，需要更大的能量以克服液体分子间的相互作用力，从而使雾化变得更为困难。

（4）距离喷嘴恰当轴向距离处，液滴粒径分布较为均匀，符合正态分布规律，区间跨度窄。

参 考 文 献

[1] 相宏伟，杨勇，李永旺．煤炭间接液化：从基础到工业化[J]．中国科学：化学，2014，44(12)：1876-1892.

[2] 刘丽艳，杨静，孔庆森，等．空气雾化喷嘴的液滴雾化性能实验研究[J]．化工过程与设备，2013，30(3)：60-65.

[3] 刘焜，余永刚，赵娜，等．某空气雾化旋流喷嘴在受限空间内雾化特性的实验研究[J]．兵工学报，2015，36(10)：1882-1887.

[4] 郭荆璞，安士杰，刘振明．内混式空气雾化喷嘴喷雾性能试验研究[J]．武汉理工大学学报，2017，39(6)：78-81.

[5] 李欣疏，刘雪东，李柏贤，等．FCC进料雾化喷嘴结构对内部流场及混合特性的影响[J]．石油炼制与化工，2016，2：21-25.

[6] 尤靖辉，张林进，叶旭初．内混式两相流喷嘴的雾化特性[J]．南京工业大学学报(自然科学版)，

2009，31(02)：102-105.

[7] 江莉．喷嘴结构及喷射条件对内混式空气雾化性能影响试验研究[D]．长安大学，2015.

[8] 李萍，张薇．内混式气液雾化喷嘴雾滴粒径的实验研究[J]．小型内燃机与摩托车，2006(04)：21-24.

[9] 田畅，石佚捷，王健，等．出口直径对压力旋流喷嘴雾化特性的影响[J]．现代矿业，2018，9(9)：125-129.

[10] 曾卓雄，姜培正，谢蔚明，等．喷嘴雾化粒径的实验研究[J]．西安交通大学学报，2000，34(4)：75-77.

[11] 肖 彬．内混式两相流喷嘴的雾化特性研究[J]．科学技术与工程，2012，12(27)：6912-6917.

[12] 龚景松，傅维镳．旋转型气-液雾化喷嘴的雾化特性研究[J]．热能动力工程，2006，21(6)：632-639.

[13] 李振祥，郭志辉，车俊龙，等．一种强剪切空气雾化喷嘴的流场和喷雾[J]．航空动力学报，2014，29(11)：2704-2709.

[14] 王喜忠．喷雾干燥[M]．北京：化学工业出版社，2003.

石油炼化设计院的数字化之路

马俊忠

（中石油华东设计院有限公司，山东青岛　266071）

摘　要　目前，数字化已是大势所趋。本文通过描述炼化设计行业的数字化发展历程，阐明了数字化技术发展对炼化设计业务产生的影响，并结合国内外的数字化发展现状，指出了开展数字化工作需要注意的一些具体问题。

关键词　三维模型设计　数字化集成设计　数字化交付

近一时期，似乎人人都在讲“数字化”，在石油炼化设计行业也不例外，数字化集成设计、数字化交付、数字化炼厂、智能炼厂等概念纷纷登台亮相。大家共同认为，“数字化”对于设计院来说已是大势所趋。

其实，任何新生事物都有其产生和发展的必然原因。数字化技术的开发与应用，同样也是随着设计院自身业务的不断发展应运而生的。

1　炼化设计行业的数字化发展历程

1.1　CAD 绘图

20 世纪 90 年代前后，CAD 开始取代手工绘图，形成了数字化设计的雏形，其准确性和可复制的特性，对设计效率和质量的提高发挥了积极的推动作用。

1.2　三维模型设计

到了 20 世纪末期，三维模型设计开始逐渐兴起。在这个三维设计系统中，工程设计对象都是以数据的形式存在于数据库中，工程师们根据自己在项目中的角色和权限，开展参数化的设计工作。相对于二维设计来说，三维模型设计的优越性主要体现在两个方面：一是可以实现快速精准的工程材料汇料统计；二是可以有效避免实体构件在三维空间里发生碰撞。

1.3　数字化集成设计

数字化集成设计的核心，就是通过一个数据共享平台，集成各专业的设计工具，保证各专业使用的设计软件之间能够自动进行数据交互，以解决本专业内部以及各专业间的数据共享问题。其主要特点是数据单点录入、多点共享，从而保证数据的一致性和准确性，进而提升设计的质量和效率。

随着设计院向 EPC 业务的拓展，以及企业对于提高自身决策和管理水平的需求，也赋予了数字化集成设计平台更广泛的功能要求，其集成范围可进一步向采购和施工等业务过程进行延展，还可以进一步同企业运营管理信息系统等进行集成。

上述各阶段数字化应用的不断进化，目的都是为了满足企业对于工作效率和质量的不懈追求，归根到底解决的还是自身传统业务的问题。

1.4 数字化炼厂与数字化交付

当前炼化行业大发展的时期已经过去，炼化企业依靠资源要素投入、规模扩张的粗放发展模式已经难以为继，急需转型升级、提质增效。在新形势下，数字化炼厂、数字化交付的概念就此应运而生。

数字化工厂的概念起源于制造业，在该领域的起步较早，建设方案也比较成熟，应用价值也已经凸显。在石油炼化行业，虽然大家对数字化工厂的认识还不是很清晰，尚处于探索起步阶段，但是大家普遍认为，在当前的环境下，数字化炼厂已经成为炼化企业实现转型升级的必由之路。

在数字化炼厂建设过程中，设计院无疑将扮演非常重要的角色。从本质上说，数字化交付是设计院为满足业主建设数字化炼厂的需求，而为业主提供的增值服务，其目标是要帮助客户创造价值，而对于设计院原来传统的工程建设业务，并没有实际的帮助。而从技术上说，数字化集成设计虽不是形成数字化交付的必经阶段，但是可以显著提高数字化交付的质量和效率。

1.5 智能炼厂

对智能工厂的认识，更是仁者见仁，智者见智。一般认为，智能工厂是在数字化工厂的基础上，综合运用移动互联、物联网、大数据等新兴技术手段，将人和智能设备有机地融合起来，使人从大量的例行工作中解放出来，专注于优化与创新。建设智能炼厂的最终目标，就是要实现炼化企业的卓越运营。

从本质上说，建设智能炼厂的核心是充分发挥人和机器各自的先天优势，实现人机合一，其典型特征是自动感知、人机协同、流程优化和智能预测。

设计院在规划设计、技术创新上的独特优势，注定了其在智能炼厂的建造和运营过程中，可以通过与业主的深度合作，帮助业主实现价值最大化，从而完成从传统的工程建设业务向为客户提供一体化综合服务的转型升级。

2 国内外石油炼化设计行业的数字化发展现状

国外石油炼化工程公司对数字化的认识相对较早，对总体规划比较重视，基础工作也比较扎实，随着数字化技术的发展，应用能力不断提升，应用效果日益显现。截至目前，国外先进工程公司大都已经实现了数字化的集成设计，并且将其拓展到了EPCO全业务链；数字化交付成为常态，数字化炼厂建设已经拓展到了设备、生产、安全、培训等多个方面。

国内一些大型炼化工程公司，数字化工作在最近几年也取得了积极进展，有的甚至已经发展到了集成设计和数字化交付阶段，但与国外先进企业相比，技术开发与推广应用显得有些脱节，应用范围和深度都存在较大差距。对内，还不能发挥企业级数据共享、业务协同的整体性优势。对外，数字化交付成果还难以满足工厂运维的实际要求，没能给业主带来真正的实惠。

3 开展数字化工作需要注意的问题

3.1 选择适合自己的道路

任何新技术应用，都应当与企业自身条件和内在需求、以及社会和市场的大环境相匹配，量力而行。由于各家设计院实际情况存在较大差异，虽然我们的大方向是一致的，但是对于道路的选择却应该是因人而异的。

就目前来说，我认为在国内真正形成炼厂全面数字化的大环境尚需时日，大家也没有必要人云亦云、一哄而上，都去搞什么数字化的交付。试想一下，花费大力气搞出的数字化交付成果，如果对炼厂的运营维护起不了什么作用，那还有什么意义？所以说，我们当前的工作重点，主要还是应该先练好内功，即以企业的内在需求为导向，通过数字化技术的开发应用，切实提高企业整体的数据共享和业务协作水平。

对于那些正在走向国际化的工程公司，应当加快数字化进程，使研发成果尽快形成生产力，以应对日趋激烈的国际化竞争。对于那些市场主要面向国内传统炼厂的中小型设计院，则宜小步慢行。

3.2 关于数字化集成设计

集成设计是多专业在不同的系统下协同工作，从而实现数据共享与同步。也就是说，首先需要一个共享的数据平台，所有设计软件都是通过数据接口，向这个平台发布数据，或者是从这个平台接收数据，从而实现数据共享。

在石油炼化设计行业，三维设计软件普遍使用鹰图和 AVEVA 产品，鹰图的 Smart Plant Foundation 和 AVEVA 的 Plant，自然也成了数据共享平台的首选。据了解，大部分设计院在开展集成设计和数字化交付课题研究时，一般会选择软件厂商的推荐方案，并且将数据接口的开发工作交给这些厂商。

在这里我们要特别注意两个问题：一是软件厂商并没有明确告诉你，按照他们所推荐的架构方案，由于专业软件与共享平台之间是刚性的集成关系，即便我们使用第三方设计软件开展工作，可能也会同时占用平台的一个点位！而众所周知，这些平台软件的价格都是非常昂贵的，一个点位都要几十万元。在科研开发阶段，因为应用规模小，投资问题还不十分明显，而到了应用推广的阶段，庞大的投资将会成为一个很大的问题。二是软件厂商在开发数据接口的时候，一般不会主动将数据的结构与流转过程告诉我们，那么今后任何一个小小的数据变更，都必须依赖于软件厂商。在这个问题上，我们应该向国外的工程公司学习，在架构设计和接口的开发上由我们自己来唱主角。

关于数字化集成设计，还有一个值得关注的问题。由于各个专业需要围绕一个数据共享平台开展工作，在这个平台上发布数据、接收数据，并行工作，从而打破了传统上下游专业之间的设计委托关系，必然也会大大增加上游专业的工作量。所以，集成设计最大的挑战，在于对工程公司现有专业划分和工作界面的重构。从这个意义上来说，集成设计在短期内不会显著提高设计效率，而且实施的难度较大，建议提前做好顶层设计，统筹规划、分步实施。

3.3 关于数字化交付

数字化交付成果最终是要为工厂运营服务的。从理论上讲，工程项目执行期间的所有数据，对于工厂运营都有潜在的利用价值。因此，数字化交付不仅仅是设计成果的交付，而应是EPCC的完整交付，交付内容必须要确保完整性，并与现场情况保持一致。站在工厂运维的角度，数字化交付不仅仅包括模型、图档和数据，还需要基于工厂位号，建立模型对象与相关文档、数据间的关联关系。数字化交付的核心内容是智能PID(满足PID与三维模型智能关联)。

也就是说，真正意义上的数字化交付，还需要在传统设计交付的基础上，增加大量额外的工作。当然，这些额外的工作可以由设计院自行完成，也可以通过与其他专业公司合作来完成。

数字化交付的生命力在于：支持业主典型场景应用(无须做二次加工)，数字化工厂数据更新和维护，与业主现有信息系统集成。从这个意义上来说，数字化交付可以大大增加工程公司与业主关系的黏度。但是在现阶段，数字化交付暂时还不能完全替代传统交付。是否进行数字化交付，交付的具体内容和深度，还需要设计院根据自身条件和业主要求，斟酌而定。

3.4 关于数据治理

毋庸置疑，数据是数字化工作的基础，而且随着数字化工作的不断推进，数据的标准化和规范管理会越发重要。而这恰恰是国内大部分设计院的短板。我参加过很多数字化工作会议，大家关注的往往都是应用平台，很少有人谈到数据的治理问题，这种现象让人担忧。在此，建议国内设计院向国际上的先进工程公司学习，自始至终把数据治理放在头等重要的位置，尽快建立企业统一的数据标准和管理规范，包括相应的组织、制度和流程等，在整个企业范围内推行主数据管理。

大数据下的未来炼厂模式

张建新

（中国石油集团东北炼化工程有限公司锦州设计院，辽宁锦州　121000）

摘　要　对炼油厂大数据的建立，完善，共享与应用进行了探讨；并对大数据的应用对未来炼油厂的生产模式的影响、实现大数据下的现代炼油厂所需要的技术及现在还需要解决的问题等进行了分析。

关键词　大数据　标准化　未来炼油厂模式

1　炼油厂的大数据建立，完善，共享与应用

大数据的应用是一个发展趋势，但是组建大数据是一个很繁琐和长期的过程，其主要的关键点就是数据的收集与存储。数据的应用都是在收集整合了数据的情况下做出的数据输出应用程序。所以数据的建立，并保持持续的数据收集，不断更新是炼油厂大数据的关键之处。

1.1　炼油厂大数据平台的数据标准化。

炼油厂的大数据要进行标准化，收集的数据要有统一的标准，这样才能汇总到一起，才能再共享。在查询的时候不会出现数据匹配不上的问题。炼油厂的大数据包括设计计算数据(不同的计算软件数据也不完全相同)，三维模型数据，设备数据，施工数据，生产运维数据等等，也就是说我们的数据平台可以看作是模拟软件计算生成的数据与现实情况生产及设备情况等数据的集合体以及管理体系文件等。所以各个部门提交的数据也要满足信息数据的标准，才可以让平台直接读取，保存，归档。各个部门关心的数据不同(在应用中解决)，但是基础的数据要全面(不同的数据来源)，各个部分要设置对各个部门的数据模板，存储，读取按照模板应用就可以解决。

所以建立一套标准化的数据体系是建立炼油厂大数据平台的首要解决的问题。

1.2　炼油厂大数据平台的数据完善

有了数据标准，各个部门要按照标准进行数据的归档，存储，在进行数据移交的时候，就可以顺利的存储到炼油厂大数据的平台中，方便进行数据的应用。

数据的移交的分为新建装置与老装置二种情况。

1.2.1　新建的装置的数据移交。

新装置从无到有的建立，已经有全生命周期的数据化管理体系。设计院设计 PID，图纸模型，设备清单等工程设计数据，移交给工程采购部门，在由施工单位建设施工，最后达到

生产的运营管理。各个部门产生的数据最后都移交到了生产运维部门。如图1，这就是数据的全生命周期的概念。数据从设计模拟计算时出生，到最后生产运维中应用，最后到生产装置拆除而死亡，数据是在每个过程中都起到其相应的作用，数据在下一环节起到指导的作用，让工作更快捷，更完善，更安全。

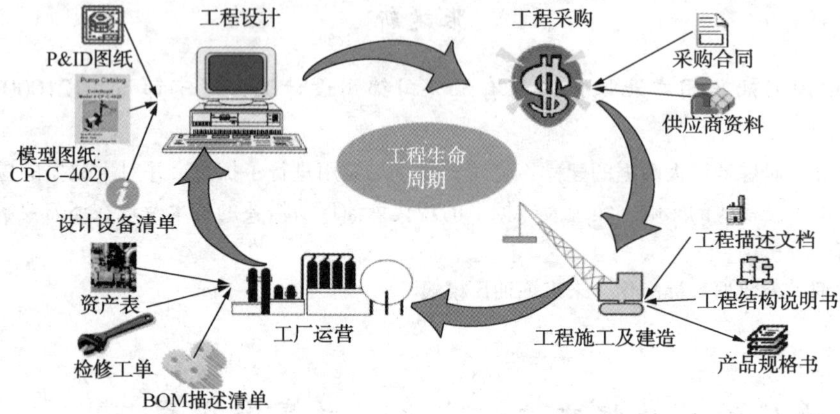

图1 全生命周期的数字化运维概念

1.2.2　老装置的数据移交

老装置存储的设计数据是平面图，文件都是纸质的。对于装置模型化可以采用三维扫描的方法获得三维模型数据，并为其赋予设计数据。纸质的图纸按照归档标准化的方式进行存储。这样数据也可以完整的存储在炼油厂大数据的平台中。如图2中为三维扫描模型与三维设计模型结合应用的技术。

图2　三维扫描模型与三维设计模型的结合

1.3　炼油厂的大数据的共享与应用

炼油厂大数据在不断的完善中，其数据也就可以开始进行应用了。辅助设计，安全管理，指导生产等方方面面都能发挥其数据的作用。大数据除了可以全生命周期的数据应用外，还可以把老装置的数据进行应用。

例如，加氢裂化的一个关键反应器的出口管线，其使用的材质是321，现在应用了10年，它没有出现过任何问题。此管线内的介质成分是什么，那么这个使用了10年的经验就是个数据点。多个同类装置的管线，其介质参数与使用的材质就会形成多个数据点。其他的装置在此处可能用的是316材质，但是只使用了3年，从而就会形成一个多材质的数据曲线表，这样的数据曲线表，对于我们再对相同类的介质选用的材质，具有决定的参考意义。例如SH3059标准中的附录中的C.3高温氢气和硫化氢共存时油品中各种钢材的腐蚀曲线。如图3：这样的曲线有了大数据的支持我们可以随时绘制。

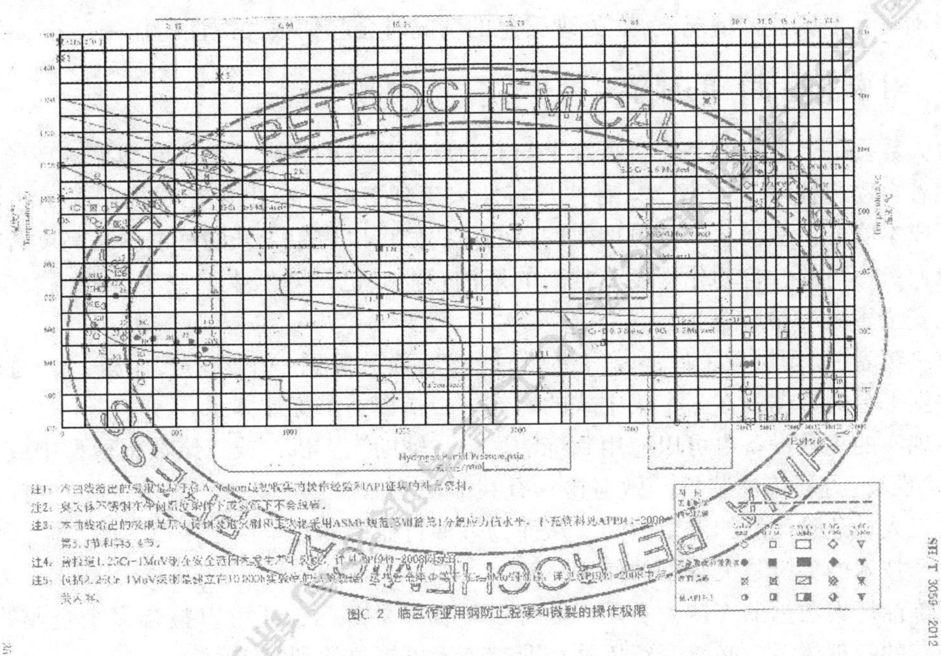

图3 高温氢气和硫化氢共存时油品中各种钢材的腐蚀曲线

同时，已经运行完善的装置，其运维数据。就是老的设计者与生产运营者的经验与智慧结晶。这同时也是一种传承。

炼油厂的运维数据可以横向对比，也能纵向对比，还能时间轴的对比，为生产提供更完善的数据指导。同类装置的数据对比可以找到不足之处，不同类型原料在同样的装置中的不同表现，不同年份生产情况的对比，这些数据都对生产具有指导作用。但都需要大数据的支持才能更有效地发挥作用。

2 大数据的应用对未来炼油厂的生产模式的影响

2.1 大数据对各个部门的影响。

大数据支持的炼油厂会发生翻天覆地的变化，大数据支持关键数据点的显示控制，对于不同的生产部门显示不同的数据。有了基础数据，各个部门提出需求，通过编程设计应用，让各个部门直接得到最想了解的数据，其工作效率都会有明显的提高，全体员工的工作效率的提高，会对企业产生一个质的飞跃。

例如：生产部门的设计委托，不单单根据自己现有的问题，还可以参照其他的相同装置提出改造申请。设计者可以参照现有的工厂数据与同类装置数据，还可以访问其他装置设计计算模型的结果。施工单位对施工后的成果与三维模型对比检测。生产部门还可以参照同类装置，改进生产工艺与流程，或原料配比等。生产数据全局化，有利于总部整体规划，全局掌控，合理布局等。

在炼油厂大数据支持下，与控制仪表配合工作，大数据的不断完善，必然会减少工人的工作量，炼油厂的监控设备与大数据平台联网，多方数据对比(流程，平面，历史维检修记录，安全预案，现场监控情况)，在处理紧急的情况时会起到很关键性的作用。

2.2 对未来炼油厂的展望

随着大数据平台数据的完善，再加上与其自动化设备的配合，会不断地缩减现场的操作员工，随着自动化程度的提高，只有执行特定人工任务时才会出现在现场，人工错误率降低，人工成本降低，从而达到减员增效的目的。我们可以想象未来的炼油厂是高度智能化控制、少量人员参与的，自动化程度非常高的炼油企业，也是降低生产成本，减少安全隐患，几乎杜绝安全事故的新型企业。

同时决策者(管理层，工厂运营等部门)能够远程链接到一个或者多个炼厂，通过网络根据大数据平台的数据，在一个集中式的操作中心指挥整个炼油体系。

虚拟现实的头戴设备也可以应用到炼油厂中，辅助无人机，或三维数据模型中或现场监控设备，“现场”查看炼油装置，做巡检，查找故障位置，到达人员难以达到的位置。这样就会减少工人在危险区域的停留时间，从而为炼油行业提高安全性带来巨大的影响。而这些新型的生产技术的关键是大数据的使用。

有了炼油厂大数据的支持，石油行业可以整合多个部门，还可以整合多个企业的部门，更精简完善的管理体系，必然会给炼油企业带来不可想象的利润空间。

随着电动汽车或其他新源汽车的发展，在未来必然会减少汽油的需求，那么以后的化工行业必然是炼油企业的发展方向。有了大数据的支持，可以随时帮助管理者分析数据，迅速切换化工种类，并进行新的协作技术，整合运营方式，使工厂具有更强的灵活性而适应未来炼厂的发展。

要想在未来的市场占有一席之地，整合创新技术，充分利用大数据，帮助分析决策未来的发展方向，等待与观望只会失去先机。毕竟就像有人说的那样，未来属于那些有准备的人。

数字孪生技术在流程行业数字化转型中的应用研究

张 敏 高 杨 尚宝霞

（中国石油兰州石化分公司自动化研究院，甘肃兰州 370060）

摘 要 数字孪生作为一项新兴技术，近年来在欧美国家及国内得到了广泛的研究，并应用于各类工业生产企业。本文详细介绍了数字孪生技术在炼化行业的研究成果及成功应用，包括数字化工厂的定义、总体架构、方案设计，应用效果分析等关键技术。该技术的应用一方面提高了石化企业各应用系统的使用水平，弥补其不足，另一方面，提高了企业在管理各领域的快速洞察力，降低资产的运维风险，提高资产的回报率。新技术的应用促进了石化企业信息化水平的提高，也为该技术的进一步推广及应用打下了良好的基础。

关键词 数字孪生 数字化工厂 三维建模 智能化

1 引言

随着工业 4.0 的到来，流程行业数字化转型成为企业运营维护管理的迫切需求。数字孪生技术作为现实世界实体或系统的数字表示，是企业数字化转型升级基石，数字化工厂技术是数据孪生的一种基本应用。目前世界知名石油石化公司 ExxonMobil、BP、Chevron、ConocoPhillips、Shell 等广泛采用数字化工厂解决方案，使得企业在资产运行管理、安全管理、规章管理、员工培训和检测维修管理等领域均得到了巨大帮助，有效地提升了工厂的资产效率、安全水平和决策能力，获得了巨大经济效益，国内石化行业，中国石油、中国石化及中国海洋石油等大型石油公司所属部分炼化企业已经实施了数字化工厂项目。

国内外对于数字化工厂的建设主要有大场景、工程数据管理平台和生产运营维护应用平台几个方向。以 3DMAX 技术实现的大场景模型具有查看大场景效果和模型渲染逼真的特点，但模型为非对象化的模型，不能实现实时修改、抽离、属性灵活自定义等操作，精度低，不能满足工程级应用；工程数据管理平台方向更关注于工程数据和文档的管理，模型不能集成下游的专业系统，并且模型与工厂现状存在差异；以生产运营维护应用平台方向为主的三维数字化工厂更关注于三维虚拟现实操作和业务应用，可以为工厂设备、生产、安全、经营等管理领域提供分析、沟通、计算、预测等服务。

但由于各企业对数字化工厂项目的认识与需求上存在差异，建设内容及效果也千差万别。像中海油海上平台数字化工厂项目、中海油壳牌数字化炼厂项目、康菲中国等采用的是工程数据管理方向，而中国石油兰州石化采用的是以生产运营维护应用平台为主的三维数字化工厂，选择北京绥通公司的 RealityLINx 数字化工厂解决方案，有效解决工业互联网时代管理集成、经营预测分析、设备的高可用性和可靠性以及资产运营的低风险等管理难题，取得了很好的应用效果。

2　数字孪生的定义

数字孪生是充分利用物理模型、传感器更新、运行历史等数据，集成多学科、多物理量、多尺度、多概率的仿真过程，在虚拟空间中完成映射，从而反映相对应的实体装备的全生命周期过程。数字孪生是现实世界实体或系统的数字表示，既从现实世界实体接收数据，还可以将数据，软件，模型和更新到现实世界实体或其附近的系统。

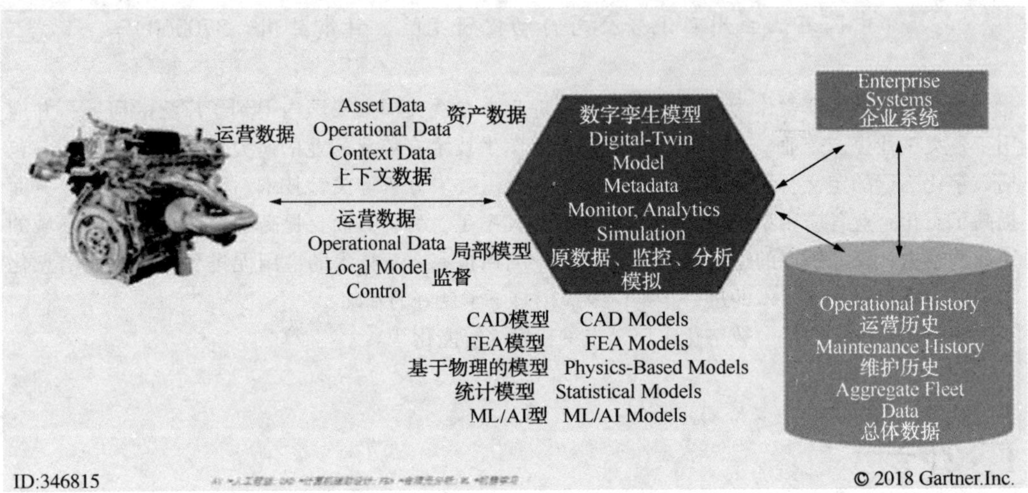

图1　数字孪生数据架构示意图

数字化工厂是流程行业集约化、精细化管理最新的技术；该技术是利用创新的虚拟现实的方法获得代表工厂现状的三维模型，模型集成工厂全生命周期(如设计、采购、安装、生产、检维修、腐蚀、安全等)的动静态数据，构建工厂全方位资产、生产、安全的数据生态环境，实现在虚拟世界里分析、规划、设计、掌握企业的资产管理、生产管理、安全管理、培训管理等领域的最佳实践，降低工厂的风险，提高工厂管理的效率。

3. 总体方案设计

3.1　总体架构

数字孪生的系统构架分为三层：数据层、服务层和应用层，如图2所示。

3.2　建设方案

数字孪生数据的产生主要分为两种，一种是通过EPC厂商的数字化移交，例如长庆乙烷制乙烯数字化移交建设方案，就是从设计阶段就开始数据移交标准、内容、格式、模板等提出统一的要求；另一种是通过逆向建模与智能化方式，产生孪生数据，支撑数字化工厂的以业务应用。

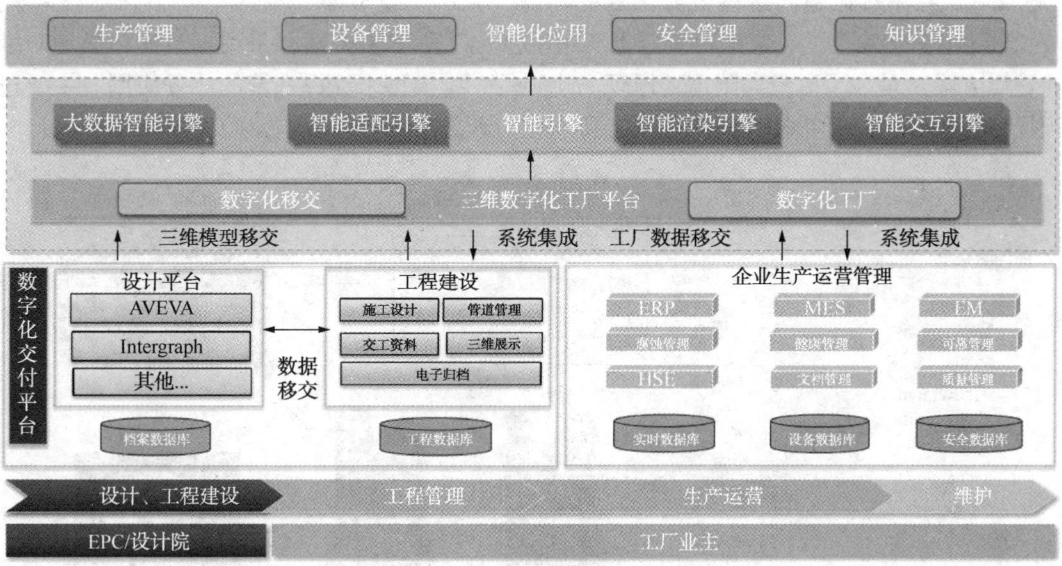

图 2　数字孪生平台架构图

3.2.1　长庆乙烷制乙烯数字化移交建设方案

长庆乙烷制乙烯数字化移交不仅实现三维模型、属性数据的移交，还可以实现三维模型与文档的关联关系的移交，实现在数字化工厂中通过三维模型可以很方便查阅关联文档，同时通过文档也可以自动定位对应的三维模型。在工程建设阶段的工程进度、安装调试、焊接管理、质量管理等业务以三维方式直观展示，方便管理人员了解现场的情况，为工程建设的管理提供直观参考；在业主进行设计三维模型审核阶段，平台可以自动对比可版本的三维模型，找到不同版本的三维模型的差异，实现三维模型的版本管理。示意图如图 3。

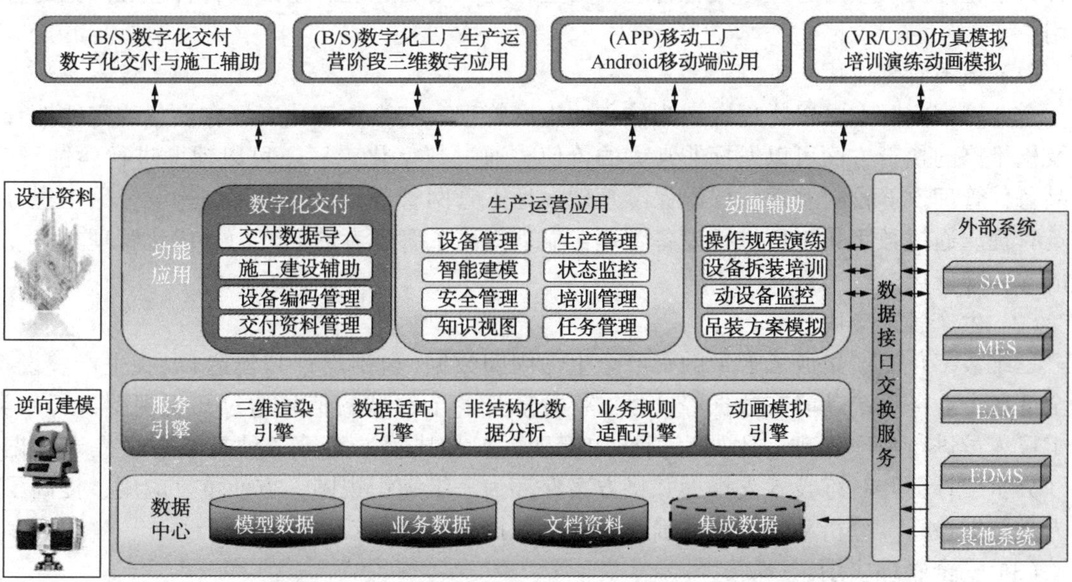

图 3　长庆乙烷制乙烯全生命周期数字化移交架构

3.2.2 兰州石化逆向建模智能化方案

兰州石化在550万t/a常减压装置上实施数字化工厂解决方案，采用了激光扫描加三维建模的建设方案，是为了以最大限度还原现场实际的三维模型来支撑系统的业务应用。主要过程为现场数据采集、点云拼接、三维建模、智能化、业务应用等步骤，示意图如图4所示。

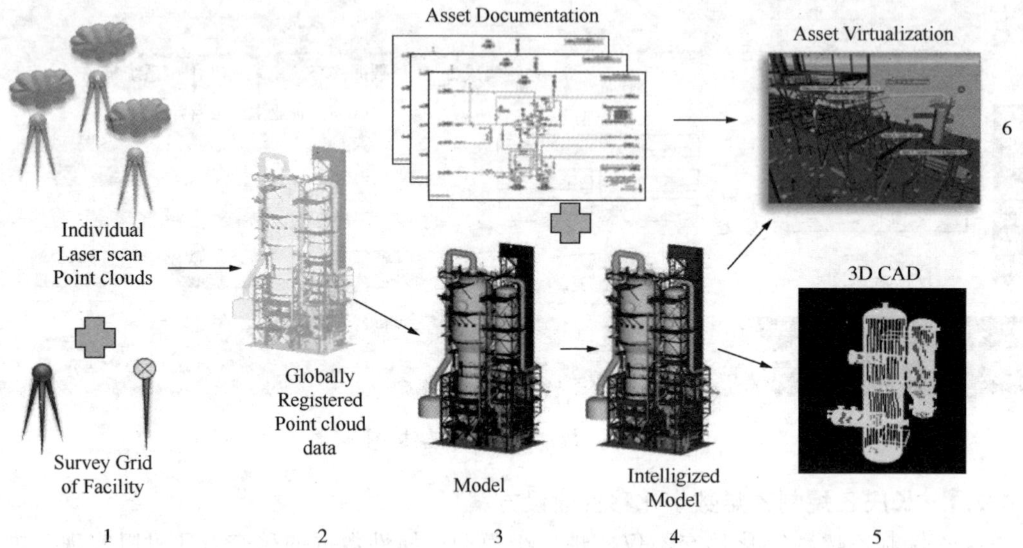

图4　数字化工厂实施方案示意图

3.2.3 数字孪生智能化应用

通过三维数字化工厂智能化模型与MES、EAM、资源文档管理系统、防腐蚀等系统集成，实现对各类生产数据智能化融合。根据石化公司建设要求，三维数字化工厂系统实现了装置数字化移交、生产管理、设备管理、安全管理、培训管理、基础资料管理五部分的管理应用。

（1）设备管理应用

企业管理实际上是以物理资产为核心的生产管理。三维数字化工厂在设备的完整性管理以及检维修的执行方面可以发挥非常大的价值，通过数字化工厂还可以辅助进行腐蚀管理、备品备件管理、静密封管理、保温保冷管理、地下管网管理、设备内部结构及公用工程分网浏览管理。通过数字化工厂进行设备管理，显著提高了管理者的洞察力、优化管理方案、降低成本，降低风险。

（2）生产管理应用

三维数字化工厂集成了大量的资产全生命周期数据（包括设计和建造）以及生产、设备、安全等各个业务系统动静态数据等，可以将分散于各个领域的信息通过知识视图进行聚类，为工厂人员进行生产管理，比如盲板抽加管理、工艺技术方案等各种复杂方案提供数据查询、分析、计算与三维技术支撑，并将方案保存为三维知识视图，方便重复应用，提高了工作人员数据检索、分析和应用的准确率和效率，提高了管理效率。

（3）安全管理应用

安全管理在石油石化行业是重要的管理领域，尤其是下游的炼化企业，安全管理任务更加艰巨。因为炼化企业规模巨大、工艺流程复杂、生产所使用的介质以及产出物多是易燃易爆的物质，导致安全体系的建构，安全管理与控制难度巨大。

三维数字化工厂集成装置生产数据（如温度、压力、流量、液位等）、介质的属性数据（如易燃易爆、有毒有害等）、设备数据（设备的检测与监测数据、RBI 分析的数据等），可以为装置的危险源辨识提供数据服务，使危险源的辨识更加快捷、准确与全面。另外，在该平台中可以方便地进行应急步骤规划、隐患管理，消防管理、安技设备可视化管理、环保设施可视化管理等，同时这些设施关联相关信息系统和基础资料，用户可以非常方便实现一站式查看各种信息，另外数字化工厂平台提供动态导出环保设施台账，对管理人员提供非常便捷的管理手段。

(4) 培训管理应用

目前企业培训方式主要是教室与现场相结合的方式，教室培训不直观，培训效果不好，现场培训受场地制约，安全性也有影响，培训成本逐年增加。尤其随着人员的流失，知识的传承存在很大的问题。而三维数字化工厂是物理工厂的镜像，其精细、精确的三维虚拟环境以及集成的工厂生产、设备、安全各领域的信息，可以为工厂工作人员提供浸入式、高效率的培训体验，是企业培训的综合平台；通过数字化工厂以岗位、事件、重点工艺、设备、安全等为核心构建培训体系，可以同时在多个领域提供培训服务。在数字化工厂平台的培训可以组态完成，不需二次开发，在应用领域方面可以由业主自己制作培训课件。

(5) 基础资料管理应用

数字工厂建设不仅仅是一个物理工厂建设、一套软件交付、海量工程资料的交付，更重要是一种数字化方法和理论的交付，为用户移交两个工厂，即物理工厂和数字工厂。

本项目根据企业组织架构和业务流程定义了一套完整的数字化移交方案，该数字化工厂系统可以集成石化资源文档管理系统，支持企业海量工程资料管理、关联、检索和查询，支持大量主流的文件格式，具有数字资料导入、校核和数据质量完整性检查的工作平台。

4 应用效果分析

本项目的实施实现了三维智能模型与生产、运营、经营业务融合，提升了管理业务的直观性、准确性、智能性和协同性，实现管理和决策业务的可管、可视，应用效果显著。

(1) 利用三维数字化工厂解决信息孤岛，获得三维资产数字孪生

① 数字化工厂的三维模型是根据现场激光扫描的点云数据建模得到，能真实代表工厂资产的现状；工厂的地下管网可以根据图纸建模，实现地上地下一体化三维展示，是工厂可靠、可信的三维资产副本。

② 数字化工厂集成了 MES、EAM、文档管理等 IT 系统动静态数据，以及资产的全生命周期数据，可以实现一站式各类数据查询、分析与应用，消除信息孤岛。

(2) 利用数字化工厂进行资产管理取得成效

数字化工厂为资产的完整性管理提供极大便利，可很方便地实现资产的设计、安装、维护、变更、更新等全生命周期管理，将资产的资料信息、运行现状、安装位置、变更信息以及上下游关系有机统一起来，及时把控资产的状况，预知维修，最大限度地为安全生产提供帮助，特别在装置大检修与防腐蚀工作中，成效显著：

① 基于数字化工厂进行大检修可视化的业务方案设计、技术交底，编制精确检修材料

计划，模拟大检修的立体吊装、抽芯等方案，进行检验检测三维规划、实施、记录等，充分保障了大检修按照预先制定的计划顺利进行，杜绝检修意外的发生，节省了检修时间、检修费用，减少材料浪费，杜绝工程安全隐患，提高了检维修的效率与质量。

② 数字化工厂为防腐蚀管理带来巨大帮助。数字化工厂集成了装置设计资料、采购资料以及介质属性与生产实时数据，RBI分析工程师可方便地进行数据采集，大大简化RBI分析，计算与定义风险、存量组、可及性，方便划分三维腐蚀回路等。在数字化工厂中基于三维腐蚀回路进行腐蚀检测点位置规划，不仅提高检测的准确率和效率，而且还可将腐蚀检测记录在三维环境中与精确的检测点统一起来，计算腐蚀的速率，预测设备的剩余寿命，可持续性对装置腐蚀变化进行监控。同时，在数字化工厂中进行定义IOW，将资产的腐蚀状况与生产工艺的变化有机结合，及时动态把控装置的腐蚀状况，有针对性地进行防腐蚀管理，最大限度地提高设备的安全性。

(3) 利用数字化工厂提高工厂安全管理的水平

① 利用数字化工厂可以对第一类和第二类危险源进行自动辨识，提高危险源辨识的准确率与效率；数字化工厂可以对风险进行辅助计算(入泄漏量)，提高对风险定量评价的水平。

② 利用数字化工厂可以对工厂装置应急进行推演，提高应急规划和演练的准确性。

③ 利用数字化工厂可以对装置安全技术设施的有效性进行分析推演，提高工厂本质安全的能力

(4) 利用数字化工厂提高培训的效率，降低培训成本

利用数字化工厂三维知识视图，可以对员工进行工艺、生产、设备、安全等领域全方位的培训，极大地提高培训效率，降低现场培训的安全风险，促进工厂知识与经验的快速沉淀、共享与转移，提高工厂人力资本。

5 总结与展望

运用智能的三维建模技术和开放的数据集成技术，建立三维智能虚拟现实模型，以基础设备、生产过程、生产管理数字化为基础，建立了数字化工厂管理系统，制定装置工程设计数据资产收集、整理、移交、存储、利用规范，集成分散在各应用系统中的设计、设备、生产、安全、环保等业务数据，在资料、生产、设备、安全和培训五大方面提供数据查询和各种三维虚拟应用支持，极大地降低了工厂风险，提高了工厂管理的效率。未来将继续结合日常管理，深化业务应用，使数字化工厂在工程检维修中的工程方案制订、工程预算、工程协同管理及腐蚀管理、安全管理、工艺管理，培训管理等方面形成体系化应用，充分发挥数字化工厂的效益。

总体来说，三维数字化工厂在国内还处于起步阶段，它的价值还有待进一步挖掘。结合当前的产品数字孪生的发展现状，未来的数字孪生将向集成化等方向发展。数字化孪生不仅利用人类已有的理论和知识建立虚拟模型，而且利用虚拟模型的仿真技术探讨和预测未知世界，发现和寻找更好的方法和途径、不断激发人类的创新思维、不断追求优化进步，因此数字化孪生给当前制造业的创新和发展提供了新的理念和工具。同时，数字化孪生出现和发展

为实现 CPS 提供了清晰的新思路、方法和实施途径，将对产品制造过程的智能化和产品本身的智能化有着巨大的推动作用。

参 考 文 献

[1] 梁坚史，富生施，英鹏．三维数字化技术在石化智能工厂中的价值及典型应用探讨[J]．中国石油和化工经济分析，2018，000(004)：51-53.

[2] 李智临，李磊，王春，刘刚．三维激光扫描技术在数字化工厂建模中的应用[J]．广东化工，2013，40(22)：73-74.

[3] 庄亚明，何建敏．数字化工厂动态建模方法研究[J]．中国软科学，2002，(2)：106-110.

催化重整建模与仿真技术进展

衣晓阳[1]，张　鹏[2]，胡长禄[2]，申宝剑[1]

（1. 中国石油大学（北京）化学工程与环境学院，北京　102249；
2. 中国石油石油化工研究院，北京　102206）

摘　要　催化重整集总动力学模型为重整工艺模拟和优化提供了理论基础，为模拟重整反应过程、预测产品分布和产品性质提供了计算工具，从催化重整集总动力学模型的集总划分、建模数据来源、参数估算以及重整流程模拟等方面，综述了模型的发展历程和发展现状，对催化重整集总数据来源、参数计算、流程仿真建模等研究中的问题进行了探讨，此外在分析总结的基础上，对催化重整集总动力学模型的研究前景进行了展望。

关键词　催化重整　集总模型　参数估算　流程模拟

催化重整是重要的炼油工艺之一，是一种以石脑油为原料生产高辛烷值汽油及轻芳烃的原油二次加工过程[1,2]。关于重整操作工艺条件的优化，目前成熟稳定的方法是构建集总反应动力学模型[3]。催化重整反应包含了大量反应，所以在构建动力学模型时，需对组分进行有效的集总划分。随着计算机技术的高速发展，现代化的炼厂都采用计算机进行过程的监督和控制，建立适合工艺过程的动力学模型，对实现可靠和高效的监督和控制就显得尤为必要[4]。

1　催化重整集总动力学模型

1959 年 Smith[5]提出了最早的包含 4 集总的重整动力学模型，Krane 等[6]建立的 20 个集总反应网络，含有 $C_6\sim C_{10}$的烃类，相比 Smith 模型更加精细。Pace 模型[7]将相同碳数的正异构烷烃区分集总，并且将五元和六元环烷烃区分集总，对于 C_9及以上的组分也划分为烷烃、环烷烃和芳烃。Ramage 等[8,9]以工业装置为基础提出了考虑 $C_6\sim C_8$环烷烃、链烷烃和芳烃的模型，并且在模型中考虑了催化剂失活因素。Froment[10]28 集总动力学模型按碳数从 C_1至 C_9^+划分，区分 C_5以上的正构（n）和异构（i）烷烃，并将环烷烃细分五元环或六元环，同时细分芳烃组分，共包含 28 个集总。该模型 28 个集总组分如下：

nP^6、SBP^6、MBP^6、$5N^6$、$6N^6$、A^6；nP^7、SBP^7、MBP^7、$5N^7$、$6N^7$、A^7；nP^8、SBP^8、MBP^8、$5N^8$、$6N^8$、A^8；nP^{9+}、iP^{9+}、$5N^{9+}$、$6N^{9+}$、A^{9+}；P_1、P_2、P_3、P_4、P_5。

Bommanna 模型[11]将石脑油划分为三种集总，即链烷烃，环烷烃和芳烃，将其平均性质分配给每一类，并利用两组工业装置数据验证反应器模型。Ancheyta-Juarez[12]在 Bommanna 模型中添加 Arrhenius 型变化，以包括压力和温度对速率常数的影响，在中试装置中加入不同量的催化剂以模拟三个重整反应器不同的反应速率，使用在固定床工业装置获得的实验信息估算动力学参数值。

Rodríguez[13]改进了 Krane 模型[10]，提出一种 27 集总动力学动力学模型，利用实验室等温装置确定反应动力学常数。Iranshahi[14]提出32个集总和84个反应的反应网络，利用工业实际数据开发了如图1所示的连续重整动力学模型，并且在考虑了催化剂的结焦失活基础上提出了一个新的动力学失活模型。Klein[15,16]使用动力学模型工具箱开发动力学模型编辑器，并构建了重整反应动力学网络。Boyas[17]在重整反应中考虑了加氢和脱氢的平衡，重新构建反应动力学网络，开发动力学模型。Stijepovic[18]在模型中引入“活化能团”概念，并通过工业数据的基准标记估算模型的参数，建立集总动力学模型。

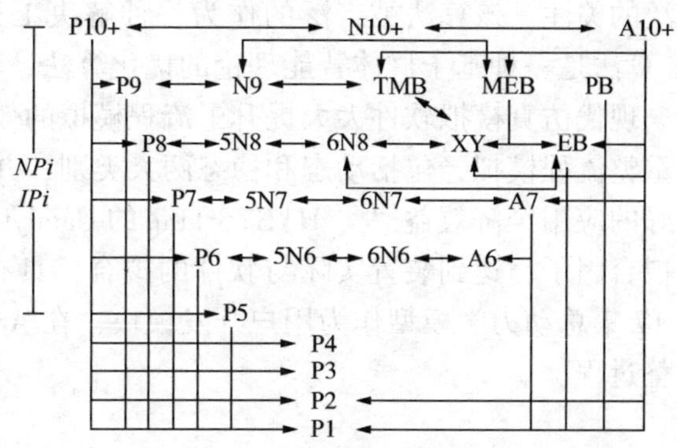

图1 Iranshahi 重整32集总动力学模型及反应网络

国内学者同样为推动重整集总动力学研究开展了卓有成效工作。翁惠新等[19]在 Ramage 模型基础上建立了包含16个集总和27个反应的重整动力学模型，并且假设动力学参数不随原料组成变化。丁福臣等[20]提出了包括17个集总37个反应的集总动力学模型。该模型将$C_6 \sim C_9$中的正异构烷烃、环烷烃和芳烃分别集总，C_5以下的小分子作为一个集总，该集总的目标函数如式(1)所示。

$$S_0 = \sum_{l=1}^{N} \sum_{i=1}^{M} [y_{\mathrm{expi}} - y_{\mathrm{cali}}]^T Q_i [y_{\mathrm{expi}} - y_{\mathrm{cali}}] \tag{1}$$

其中，y_{expi}代表实验数据，y_{cali}代表计算结果，n为观测数据组数($n=21$)，Q_{i}代表加权因子矩阵。胡永有[21]提出的17集总的模型，将催化剂的结焦失活考虑在内，在集总划分方面，不区分正异构烷烃，不区分五元环六元环，将C_8和C_9^+细分。侯卫锋等[22]建立的20集总动力学模型，是在胡永友17集总基础上发展而来，通过细分乙苯、邻二甲苯、间二甲苯和对二甲苯，提升该模型的精度，计算芳烃含量。周红军等[23]报道了具有27个集总的重整动力学模型，该模型将C_8芳烃细分为乙苯和二甲苯，C_9芳烃细分为三甲基苯，甲基乙基苯和丙基苯，从而预测苯、甲苯、乙苯等芳烃含量。王连山等[24]提出一个包含38个集总、86个反应的动力学模型，该模型将重整物料按碳原子数集总划分为$C_6 \sim C_{11}^+$组分，并利用工业数据进行拟合，该模型的参数拟合效果较好。

2 重整动力学模型数据处理与仿真模拟

利用实验室固定床反应器获取集总动力学建模数据是较为常见的方法，这种方法获取数据较为简便，并可在短时间内获得大量可靠的数据[25]。考虑到实验室装置与工业装置差异较大，引用催化剂选择性因子和装置因子这两个因子可实现用实验室数据对工业数据进行拟合[26]。动力学参数估计方法上，有 Gass-Newton 法、Marquarid 改进型算法、变尺度法(BFGS)、粒子群优化算法 PSO、遗传算法等各种方法，这些方法通常在可靠性、有效性、适用性、易用性等方面各具特点，需要根据建模者的不同需求来选择合适的数学方法。这样得到的动力学参数才能具有更改的针对性，且满足应用需求[27]。DE 算法[28]在当今受到了广泛的关注，该算法被广泛的作为一种解决工程领域复杂问题的有效算法被广泛应用[29]。DE 算法是一种基于群体智能理论的优化算法，具有较强的全局收敛能力和鲁棒性[30]。

现代仿真模拟软件大大提升了流程模拟的效率与准确性。以 ASPEN HYSYS 软件为代表的重整流程模拟，包括动态和稳态两大类别，并且内置了人工智能功能，在工业领域取得了较好的应用经济效益[31]。HYSYS 自带的 Catalytic Reformer 模块 50 集总动力学模型，通过修正拟合因子，达到装置实际与软件的拟合，具有良好的工业实用性。此外，侯卫锋[32]将重整 17 集总动力学模型作为用户开发模块，在 ASPEN PLUS 平台上模拟了整个工业连续催化重整过程。

3 总结与展望

分子尺度动力学模型[33]被称为后集总动力学模型，该类动力学模型受到广泛的关注，但是分子尺度动力学模型还处于初始阶段，目前较多应用于催化裂化领域。分子尺度动力学模型较之传统集总更加繁杂，但是考虑到模型非常复杂以及计算量巨大，并可能对最终结果没有显著的影响，所以最恰当的模型可能才是最优的选择。

自 Smith[5]创建了第一个催化重整集总动力学模型后，传统重整集总动力学模型依靠模型成熟可靠、应用广泛的优势，继续稳固自己在重整动力学模型中的核心地位。传统重整模型的不断优化，现代流程仿真模拟技术的革新，以及计算方法与工具的革新，提升了产品分布预测的准确性与效率，进一步降低了炼厂成本与人力投入。

参考文献

[1] ANTOS G J, AITANI A M. Catalytic naphtha reforming, revised and expanded[M]. CRC Press, 2004.

[2] 徐承恩. 催化重整工艺与工程[M]. 北京：中国石化出版社，2006.

[3] 马爱增. 连续重整装置设计参数研究[J]. 石油炼制与化工，2013，44(6)：64-69.

[4] 路守彦. 国内外催化重整工艺技术进展[J]. 炼油技术与工程，2009，39(8)：1-6.

[5] SMITH R. Kinetic analysis of naphtha reforming with platinum catalyst[J]. Chem Eng Prog, 1959, 55(6): 76-80.

[6] KRANE H G, GROH A B, SCHULMAN B L, et al. 4. Reactions in Catalytic Reforming of Naphthas[J]. World Petroleum Congress, 1959.

[7] JENKINS J, STEPHENS T. Kinetics of cat reforming[J]. Hydrocarbon Processing, 1980, 60(11): 163-167.

[8] RAMAGE M P, GRAZIANI K R, SCHIPPER P H, et al. KINPTR (Mobil's kinetic reforming model): a review of Mobil's industrial process modeling philosophy[M]. Advances in chemical engineering Elsevier. 1987: 193-266.

[9] RAMAGE M P, GRAZIANI K R, KRAMBECK F. 6 Development of mobil's kinetic reforming model[J]. Chemical Engineering Science, 1980, 35(1-2): 41-48.

[10] FROMENT G F. The kinetics of complex catalytic reactions[J]. Chemical engineering science, 1987, 42(5): 1073-1087.

[11] BOMMANNAN D, SRIVASTAVA R, SARAF D. Modelling of catalytic naphtha reformers[J]. The Canadian Journal of Chemical Engineering, 1989, 67(3): 405-411.

[12] ANCHEYTA-JUáREZ J, VILLAFUERTE-MACíAS E. Kinetic modeling of naphtha catalytic reforming reactions[J]. Energy & Fuels, 2000, 14(5): 1032-1037.

[13] RODRíGUEZ M A, ANCHEYTA J. Detailed description of kinetic and reactor modeling for naphtha catalytic reforming[J]. Fuel, 2011, 90(12): 3492-3508.

[14] IRANSHAHI D, KARIMI M, AMIRI S, et al. Modeling of naphtha reforming unit applying detailed description of kinetic in continuous catalytic regeneration process[J]. Chemical Engineering Research & Design, 2014, 92(9): 1704-1727.

[15] WEI W, BENNETT C A, TANAKA R, et al. Computer aided kinetic modeling with KMT and KME[J]. Fuel Processing Technology, 2008, 89(4): 350-363.

[16] WEI W, BENNETT C A, TANAKA R, et al. Detailed kinetic models for catalytic reforming[J]. Fuel Processing Technology, 2008, 89(4): 344-349.

[17] BOYAS R, FROMENT G. Fundamental kinetic modeling of catalytic reformer[J]. Ind Eng Chem Res, 2009, 48: 1107-19.

[18] STIJEPOVIC M Z, VOJVODIC-OSTOJIC A, MILENKOVIC I, et al. Development of a kinetic model for catalytic reforming of naphtha and parameter estimation using industrial plant data[J]. Energy & Fuels, 2009, 23(2): 979-983.

[19] 翁惠新，孙绍庄，江洪波．催化重整集总动力学模型(Ⅰ)：模型的建立[J]．化工学报，1994，45(4)：407-412.

[20] 丁福臣，周志军，杨桂忠，等．十七集总催化重整反应动力学模型研究(Ⅰ)：模型的建立[D]，2002.

[21] 胡永有．催化重整流程模拟及优化研究[D]．杭州：浙江大学，2004，

[22] 侯卫锋．催化重整流程模拟与优化技术及其应用研究[D]．杭州：浙江大学，2006.

[23] HONGJUN Z, MINGLIANG S, HUIXIN W, et al. Modeling and simulation of moving bed reactor for catalytic naphtha reforming[J]. Petroleum science and technology, 2010, 28(7): 667-76.

[24] 王连山，张泉灵，梁超．催化重整反应 38 集总动力学模型及其在连续催化重整中的应用[J]．化工学报，2012，63(4)：1076-1082.

[25] LYU W, ZHANG L, ZHAO S, et al. Molecular-level kinetic model for naphtha catalytic reforming; proceedings of the ABSTRACTS OF PAPERS OF THE AMERICAN CHEMICAL SOCIETY, F, 2018[C]. AMER CHEMICAL SOC 1155 16TH ST, NW, WASHINGTON, DC 20036 USA.

[26] 欧阳福生，江洪波．催化重整集总动力学模型(III)：工业应用软件的编制和验证[J]．化工学报，1994，45(5)：538-544.

[27] DOLAN E D, MORé J J. Benchmarking optimization software with performance profiles[J]. Mathematical programming, 2002, 91(2): 201-213.

[28] STORN R, PRICE K. Differential evolution-a simple and efficient heuristic for global optimization over continuous spaces[J]. Journal of global optimization, 1997, 11(4): 341-359.

[29] STORN R. Differential evolution homepage[J]. http: //www ICSI Berkeley edu/~ storn/code html, 2005.

[30] SUN J, ZHANG Q, TSANG E P. DE/EDA: A new evolutionary algorithm for global optimization[J]. Information Sciences, 2005, 169(3-4): 249-262.

[31] SUNNY A, SOLOMON P, APARNA K. Syngas production from regasified liquefied natural gas and its simulation using Aspen HYSYS[J]. Journal of Natural Gas Science and Engineering, 2016, 30: 176-181.

[32] 侯卫锋，苏宏业，胡永有，等．基于 ASPEN PLUS 用户模型技术的催化重整全流程模拟[J]．化工学报，2005，56(9)：1714-1720.

[33] LIGURAS D K, ALLEN D T. Structural models for catalytic cracking: 1. Model compound reactions[J]. Industrial & Engineering Chemistry Research, 1989, 28(6): 665-673.

石化行业智能制造现状分析与对策研究

易铁虎

（石油化工管理干部学院，北京　100012）

摘　要　结合九江石化等试点企业智能工厂案例，总结了合理谋划思路等五项实践特点；提炼出石化行业智能制造的四大技术趋势和三大建设理念。针对石化智能制造困境，从制造企业是主角、以价值创造为导向、自主创新和人才培养为依靠、支撑企业发展战略为动力等方面，提出了石化企业推进智能制造应该关注的重点及对策。

关键词　石化工业　智能工厂　现状　困境 对策

0　引言

近年来，大数据、云计算、移动物联网、人工智能等新一代信息技术的迅猛发展，推动经济社会各领域从数字化、网络化向智能化加速跃升。石化行业属于传统流程工业，具有资金、技术、劳动、风险密集的特点，随着供给侧改革深化和安全环保要求提高，智能化是石化企业转型升级的必然选择。同时，由于炼化大型化、一体化、高端化的趋势导致石化运营业务广、流程复杂，同时要求操作弹性大，反应灵活以应对市场快速变化，因此石化行业对智能制造的要求相对较高。

虽然自2015年国务院发布了《中国制造2025》国家战略以来，相继发布了《国家智能制造标准体系指南》等一系列体系、规划、政策和措施，并且对智能工厂的本质也取得了清晰共识[1,2]。然而，这些指导性政策对生产企业进行智能制造是远远不够的。企业更想了解石化行业智能工厂建设有哪些切入层次维度，分哪些阶段步骤，如何结合行业特点及企业现状制定行之有效的解决方案，以及在智能工厂建设中又要注意哪些问题等等。本文基于对石化行业智能制造实践，尝试提出一些观点和建议，以期引发业界的思考探索，共同加快推进智能石化的进程。

1　现状、特点与启示

1.1　建设现状

目前，国内石化行业数字化应用已在中石化、中石油、中海油等大型国有企业广泛开展。国有大型石化企业通过自上而下的方式，分期开展数字化示范项目，统筹推进数字化建设。总体上构建了以ERP为核心的经营管理层，以MES、APC、LIMS、PIMS为重点的生产执行层，以DCS、SCADA、PLC实时数据库为支撑的操作控制层，涵盖研发设计、工艺设计、生产执行、计划排产、运行优化、执行监控、数据采集、操作控制、生产调度、设备管理、安全防护等多个环节。通过装置、生产线及车间之间的横向集成，以及管理、生产、控制等业务流程间的纵向集成，实现经营管理的规范化、生产运行的精细化、操作控制的集中化。

在智能化应用上，2013 年中国石化燕山石化、镇海炼化、九江石化、茂名石化成为中国制造 2025 智能制造试点企业。4 家试点企业围绕生产管控、设备管理、安全环保、能源管理、供应链管理、辅助决策等 6 个方面开展智能化应用，采用云计算、物联网、移动应用、大数据等先进技术，实现了企业生产运营的自动化、数字化、模型化、可视化、集成化，从而提升工厂运营管理水平，推动企业生产方式和管控模式变革，提高安全环保、节能减排水平，促进了劳动效率和生产效益提升。

总体效果上，4 家企业先进控制投用率提高 10%左右，生产数据自动数采率提升 10%~20%，均在 90%以上；外排污染源自动监控率达到 100%；生产优化由局部优化、离线优化逐步提升为一体化优化、在线优化。企业生产组织模式也发生了重大变化，如九江石化员工总数减少 12%，班组数量减少 13%，外操室数量削减 35%。

其中九江石化“智能工厂”试点建设取得较好成效。成为石化行业首批入选工业和信息化部智能制造试点示范项目名单，深入总结九江石化的实践特色，可以带来更多启发。

1.2 实践特点

回顾九江石化智能工厂的建设之路，可以体会到几个特点[3]。

(1) 科学合理谋划建设思路；

九江石化提出顶层设计、整体规划、业务驱动、分工合作、有限目标、持续进步的建设思路。

序　号	建设思路	实施内容
1	顶层设计	制定整体建设蓝图，包含：目标、特征、领域、能力、支撑和技术五大要素
2	整体规划	资源配备上：建立适应智能工厂体制机制、成立智能组织机构，组建优化团队、三维数字建模团队、VOCS 管控团队；实施步骤上：填平补齐、完善提升、智能应用三步走路线图
3	业务驱动	以能源实时在线优化、数字化炼厂、HSSE、应急管理实时可视化、计量综合管控、综合安防等重点业务为切入点和突破口
4	分工合作	主管领导分管、业务部门牵头、信息部门统管
5	有限目标	2011~2015 年分别以方案规划、可行性研究、总体设计、全面建设、实现智能 1.0 目标有序推进
6	持续进步	十三五提出深化应用、固化标准、智能工厂 2.0 的三步走路线图

(2) 重视基础建设和新技术应用

智能化的前提是互联互通，打破信息孤岛和应用孤岛，在数据标准化的基础上通过 ODS 和 EBS 实现数据集成和应用集成。同时适时引入新技术，如利用无线移动通信技术建立企业移动宽带和融合通信；利用大数据技术进行报警分析、结焦预测、收率寻优。

(3) 积极引入外脑，形成产学研用合力

以企业为主体、以合作项目为载体，成立“陈丙珍院士工作站”“钱锋院士工作站”和一系列智能制造联合实验室，打造产学研用一体化“集智”工作模式

(4) 引进吸收与自主创新并重

采用国外成熟品牌的应用系统，如PIMS、ORION、RSIM、ASPEN；同时搭建企业内部“双创”平台，组建创新专业团队，如全流程优化团队、三维数字团队、模型优化团队、开展自主创新工作，一方面开展集成创新，对已有应用扩展改造和企业化深度定制；另一方面进行原始创新，主导构建炼油全流程一体化优化平台、工业企业移动宽带网络及音视频融合通信、全三维数字化炼厂。

(5) 产品选择上坚持国产化和强强联合并举

除了上述成熟的应用选择了外国品牌；在软硬件选择上，主要选择与华为、浙大中控、石化盈科等名企合作，为控制成本以及后续维护和开发奠定基础。

1.3 带来启示

基于上述实践，可以得到以下启示：

(1) 技术四大趋势显化

当前，石化行业智能化呈现四大趋势[4]：

序号	技术趋势	技术呈现
1	网络高速化	全覆盖的无线网络和先进的传感技术支是实现智能化的基础保障。包含两方面：一是全面覆盖的、高带宽的工业4G网，实现远程数据采集、无线视频监控、人员定位、智能巡检、无线抄表及生产现场设备运行状态的实时监测等应用；二是工业无线测控网络，实现对相对分散的计量、监测数据的低成本采集和传输
2	三维可视化	利用三维虚拟技术，实现工厂环境的可视化以及立体监控、侵入式交互、协同式管理，使设计到制造之间的不确定性降低，使生产过程在三维虚拟工厂中得以检验，提前发现设计、生产中存在的不足，缩短从计划到生产的转化时间。同时，满足面向资产、综合管理的三维应用需求
3	业务集成化	通过多业务的有效集成与优化整合，实现业务一体化和协同化。一方面，利用ESB通过标准的适配器和接口来完成服务之间的相互操作，提升信息共享水平；另一方面，ESB与实时数据总线OPC、数据集成总线配合，支撑企业应用集成和业务集成，扩展企业运营数据仓库的数据集成范围及共享范围
4	应用智能化	结合地理信息系统(GIS)、电子标签(RFID)、云计算、物联网等先进技术，搭建四层一体的智能化应用体系—全面感知及智能数据采集的传感终端层、可靠安全传输的网络层、信息共享的智能平台层、分析决策的智能应用层

(2) 企业主导、价值引领、顶层设计是经验理念

建设实践提升了理念清晰化，可以提炼三点：

① 企业主导建设；企业自身的内生需求是推动智能制造的核心动力，是智能制造企业管控体系、操作经验、资产对象、设备资产、组织架构、流程制度等核心内容的提供者。只有企业自身深入融合到智能工程等建设中，才不会出现需求频繁受外界左右，导致企业管理

与信息化的“两张皮”。

② 以价值创造为导向；以流程、技术、系统、文化、组织等进行深度融合，瞄准提高生产运营效率、降低生产成本、提高产品质量、缩短产品上市周期、降低能源消耗等经济技术指标，牵引项目建设的层次、计划及资源，既不能单纯成为一种管理手段，也不能为智能而智能。

③ 做好顶层设计做到扎实推进；传统石化企业建设智能工厂不同于新建企业，是一个边改边建的过程，周期长、任务杂、见效慢；必须要明确建设目标、规划实施路线、制定有效策略、落实保障措施，顶层设计、全员参与、积极培育 IT 文明。

2 困境与对策

针对未来如何提升石化行业智能制造水平，结合当前困境提出几点对策。

2.1 当前困境

(1) 政策支持有限

从全球看，石化产业智能制造缺乏建设动力和相关技术。发达国家的石化工业已是夕阳工业，正逐渐向发展中国家转移。发展中国家的石化工业处于初级生产及资本和技术的积累阶段，缺乏智能工厂的兴趣和资金，而智能工厂的投入相对较大，短期经济效益却不明显。从国内看，在智能工厂试点示范优先选择离散工业。

(2) 相关标准缺乏和制定滞后

按照《国家智能制造标准体系建设指南》2018 版说明，智能制造标准体系框架包括“基础共性”、“关键技术”、“行业应用”三个部分，其中基础共性标准中的《智能制造能力等级要求标准》和《智能制造能力等级评价方法标准》待制定；关键技术标准中智能工厂部分共 70 个计划内标准，尚有 17 待制定；而拟制定行业应用标准范围内没有列入石化行业，这些都对评价、指导、规范石化企业智能工厂建设造成影响。

(3) 传统行业先天局限性

石化行业流程长而复杂，工艺调整频繁，涉及业务范围广；同时不同企业发展不平衡，大量企业尚处于机械化、电气化、自动化、数字化并存，软件/网络/信息安全基础薄弱，智能制造新模式成熟度不高，系统整体解决方案供给能力不足。从目前国外知名技术公司和大型石化企业的设计思路来看，现阶段的智能石化主要还是在整合原有不同领域技术基础上的智能化设计与研究，尚未研发形成具有颠覆性的智能化技术。

(4) 关键共性技术和核心装备受制于人

一方面是目前国际上对于石化工业智能工厂的理论、定义、建设均不明确，多是仪表供应商或软件集成商的宣传，多有偏颇和片面。另一方面是不具备用于人工智能化工厂的建设、运行、维护的数学模型，对于化工工业这类高危险、多变化的流程工业，不可能采用不成熟的软件，而工艺流程和分包设备缺少综合考虑的控制策略。

(5) 数据资源利用不足

石化企业的流程复杂，工况多变，涉及多工种交叉，是复杂的系统工程。设计、施工、开车及运行数据的积累对于运行和维护非常重要。而一些企业购买各类功能单一的应用软件进行物理堆积，并没有从智能工厂的方面考虑问题，也无有效数据的挖掘、建模和共享。

2.2 对策思路

除了上述典型企业经验外，石化智能工厂建设除了需要先做顶层规划，在此基础上再确定具体信息化目标以外，还有如下对策建议[5,6,7]。

(1) 始终瞄定建设的根本目标；生产工艺是石化企业的核心，生产过程数字化、自动化和智能化是为工艺服务的。但是，市场、原料、需求的变化都会影响经济效益，智能化应用就是试图解决这些问题从而取得经济效益。该目标使企业不再局限在加工状态，而是让系统自动运行在满足装置安全、产品质量的约束下，原料、能源、资产利用率达到最优，适应多产品的精益化实现及时响应和柔性生产，应对市场变化和订单要求。

(2) 加强企业自身数据建模和知识管理能力；不管在哪个层级，要让计算机来解决问题，都需要将问题数字化并建立数学模型。只有将经验、信息通过检测技术数字化，通过数据可视化深入分析规律，然后将规律转化为数学模型，再通过计算机对数学模型自动求解、自动决策，将决策或结论自动传输给上一层或者下一层，从而达到集成化。

(3) 智能石化应以自主学习和智能预测为最终目标，要注重结合已有数据、经验和系统研发适应于复杂炼化生产过程的智能学习与预测系统，该系统应融合机理模型、数据科学和专家经验，并借助人工智能技术实现知识的自动获取、学习、推演、应用和改进。

(4) 避免智能工厂建设的几个误区。如把智能工厂简单等同于机器换人、无人工厂、黑屏操作、自动化仓库与物流等；也不能重蹈新瓶装旧酒的覆辙，简单地把 PLM、DCS、MES、ERP、EAM 等信息化系统平行的推一遍；更不能陷入到大数据、工业云、物联网、人工智能等技术的冥想之中。企业建设智能工厂务必对自身的基础条件、核心问题、资源投入等做冷静的思考，选择制定适合自身特定环境的解决方案方为上策。

(5) 实现自主创新和队伍培养相互融合。智能石化建设不能一味依赖供应商，要注重通过自我创新实现适合企业应用的改造、扩充和升级。加速提升员工专业知识结构，根据智能工厂的功能设计、运行模式等，逐步培养能够适应生产过程优化智能化、供应链优化智能化、资产全生命周期管理智能化等的专业技术人才，确保智能化后的高效运行。

3 结语

今后，石化企业智能工厂建设将继续以降本增效、绿色安全、节能环保为基础，推进企业产品服务质量升级、个性化定制与柔性化生产能力提升为主攻方向，主要以生产管控一体化优化、自主学习与智能预测等方面研发与应用为抓手，呈现出先进制造系统与新一代信息技术深度融合的发展态势。企业作为用户应联手系统集成商，融合业界各方力量与资源，深入探索和实践“产、学、研、用”新模式，将会是企业智能工厂建设的重要途径。由于炼化生产过程本身的复杂性和涉及多专业多领域的特点，使得石化智能工厂的发展不可能一蹴而就，而是一个长期的研究与建设过程。

参考文献

[1] 国务院．国发[2015]28 号中国制造 2025[EB/OL]．http：//www.gov.cn/zhengce/content/2015-05/19/

content_ 9784. htm.
[2] 工业和信息化部．工信部联科[2018]154号《国家智能制造标准体系建设指南(2018)》[EB/OL]. http: //www. miit. gov. cn/n1146295/n1652858/n1652930/n3757016/c6429243/content. html.
[3] 覃伟中，冯玉仲，陈定江，等．面向智能工厂的炼化企业生产运营信息化集成模式研究[J]. 清华大学学报(自然科学版)，2015，55(04)：373-377.
[4] 龚燕．我国智能炼厂技术现状及展望[J]. 石油科技论坛，2018(3)：28-33.
[5] 褚健．流程工业智能工厂的未来发展[J]. 科技导报，2018. 36(21)：23-29.
[6] 何德颂，汪志伟．关于化工行业智能化应用的展望[J]. 石油化工自动化，2018(8)：34-37.
[7] 赵路军．流程工业智能工厂建设的再思[J]. 化工进展，2018(6)：2053-2059.

炼油厂生产管控智能化技术探讨

王如强，黄明富

（中国石油天然气股份有限公司规划总院，北京　100083）

摘　要　分析了国内炼油厂生产管理模式和主要业务活动，结合近年信息化建设简述了炼油厂生产管控业务的现状，分析了存在的不足，指出建立机理模型和数据驱动模型并集成应用是生产管控业务活动智能化提升的必要手段。案例分析表明了基于机理的流程模拟模型和数据驱动模型能够有效地管理生产数据，挖掘数据关系，为节能降耗、提质增效提供优化建议方案。

关键词　炼油厂　生产管控　智能化　机理模型　数据驱动模型

1　前言

21 世纪的第二个十年，世界各国将制造业作为经济发展的重中之重，纷纷制定国家层面的战略和行动计划。美、英、德、法、日等发达国家及韩国、印度等新兴经济体先后发布工业发展战略。2015 年，中国提出了《中国制造 2025》，部署全面推进实施制造强国战略，以促进制造业创新发展为主题，以提质增效为中心，以加快新一代信息技术与制造业融合为主线，以推进智能制造为主攻方向。2017 年，国家发布《新一代人工智能发展规划》，提出了“大力发展智能企业”的重点任务，要求“加强智能工厂关键技术和体系方法的应用示范”，“实现生产设备网络化、生产数据可视化、生产过程透明化、生产现场无人化，提升工厂运营管理智能化水平，推广应用智能工厂”。

石油化工等流程工业是智能制造的主战场。近年来，石油化工行业以智能制造为重要抓手，积极推进“两化”深度融合，将先进的信息技术与传统石化流程型工业的核心业务紧密结合，以应对外部的市场竞争加剧、能源供应转变、生产方式变化等重大挑战和资源、能源、环境严重制约，解决内部盈利能力降低、生产管控与安全环保风险加强、人才吸引力减弱等问题，积极开展炼油向化工转型，走高质量发展道路。

国家工信部针对石油化工行业的业务特点，提出了石化智能工厂建设的六个主要智能化领域：生产管控、设备管理、安全环保、能源管理、供应链管理、辅助决策。生产管控作为石油化工企业核心业务活动，是石化智能工厂建设的重点，也是体现石化智能工厂建设效果的主要方面。生产管控包括生产计划、生产调度、生产执行、工艺监控、生产巡检、工艺分析、工艺优化、生产装置开停工、工艺知识管理等多种主要业务活动，如何在现有生产信息系统已实施，特别是生产过程数据已基本实现良好存储的情况下，利用机理建模和系统综合等过程系统工程技术和大数据、云计算、物联网等先进信息技术开展数据管理和挖掘，分析提炼生产管控业务活动的智能化提升点，提高生产管理业务活动效率，是石化智能工厂建设需要解决的关键问题。

2 炼油厂生产管控业务活动现状

国内大型炼化企业多为集团型企业，生产企业包括分布于不同省市的多个生产厂，一般实行总部和地区生产企业两级管理模式。集团总部一般负责确定原油加工总量和各生产企业的加工量、大的产品结构，年度/季度/月度生产计划，并掌控总体生产进度。地区生产企业作为生产运行的指导者，依据总部下达的生产计划进行计划分解、排产、调度与执行，组织具体的生产操作。各地区生产企业的生产管理模式也不尽相同，分为集中式管理和分布式管理。集中式管理模式下，企业的业务管理职能全部集中在职能处室，直接管辖各个生产车间，不设分厂；分布式管理模式下，企业采用公司、分厂和车间三级管理体系，公司主要掌控一些重要的指标和协调厂际间的互供料管理和动力平衡，监督生产计划执行情况。如中国石油某分布式管理模式的炼化企业，其在公司设置了生产运行处(总调度室)和生产技术处，公司具有 8 个分厂，分厂内设置生产车间落实具体生产装置的生产任务，并设置了分厂生产办负责公司生产任务的落实和车间间物料、公用工程的调度和车间绩效管理等工作。

围绕炼油厂生产管理业务活动效率提升需求，“十五”以来，国内大型石油石化公司开展了大规模信息化建设，围绕炼化生产管控业务，主要建成的信息化系统包括生产执行系统、计划优化系统等。如中国石化从 2003 年起启动中国石化生产执行系统(SMES)建设部署，2016 年实现了 SMES 对中国石化炼化企业的全覆盖，系统包括物料移动、生产调度、生产统计、综合展示与报表展示等核心业务模块和数据集成平台，SMES 应用后进一步规范了业务流程，实现了工厂物流的可视化管理，进一步优化和控制库存，节省了库存成本，实现了生产层面数据的集成与共享。中国石油按照“六统一”原则建设应用的炼化生产业务应用系统包括炼油与化工运行系统(MES)、炼化物料优化与排产系统(APS)、先进控制与优化应用系统、油品调和系统、流程模拟与仿真培训系统、炼化物联网系统、工艺技术分析系统等。MES 和 APS 均实现了炼化企业全覆盖，而其他系统则结合各企业生产需求和实施力量等采取了分步实施或功能侧重的不同建设方案。中国石油 MES 是炼化业务生产管控核心系统，该系统建立了统一的炼化生产运行管理平台，分为总部和地区公司 2 层功能，地区公司层包括实时数据库、实时数据库应用、物料移动、物料平衡、收率计算、生产统计、公用工程计量统计等 14 个功能模块，总部层包括生产实时动态跟踪、调度资料管理、生产绩效管理和综合展示平台与生产数据集成平台。MES 在 27 家炼化企业和公司总部建成应用，实时监测主要装置和重要工艺指标，加强了生产受控和量化考核，提升了炼化生产运行效率和精细化管理水平。中国石油 APS 建立了一个从公司总部到炼化企业两级集成的优化系统，根据资源、库存、市场需求、价格等条件，利用信息技术对单个炼化企业或一组炼化企业进行优化，实现原油、化工轻油和成品油等资源的优化配置，实现下游供应链的整体效益最大化。中国石油炼化物联网系统一方面建设了企业无线网等基础设施，另一方面针对生产管理业务需求开发了智能巡检、生产状态监测等功能，通过各种物联网技术的应用，能够实时获取设备、装置、罐区、仓储、能耗、人员和车辆等各项现场数据信息，实现物与物、物与人、人与人的有效互联互动。

MES、APS在炼化企业全面实施，显著提升了生产计划和生产执行的科学管理水平，实现了生产过程数字化；APC的实施提高了装置自控水平，推进装置卡边操作，提升装置效益；智能巡检的应用实现外操信息的实时记录和统计，提高了巡检质量，加强了内外操联动性等。但部分企业生产调度模型还无法有效应用，调度方案主要依赖调度员经验；调度方案执行多是电话方式，宝贵的调度记录没有进入数据库保存；工艺监测的内容仅为实测数据或简单处理后的数据，无法判断发展趋势或直接评价；工艺分析和工艺优化的广度和深度都有待加强；操作规程、工艺卡片、技术月报等工艺知识资料仅实现了电子文档的上传、下载和发布，无法直接与生产运行活动集成，作用于工艺监控、分析与优化等等。

3 生产管控智能化提升技术方向分析

在生产管控业务流程信息化和MES实施后，如何将海量的生产运行实时信息、化验分析信息、巡检信息、调度信息充分集成和挖掘，全面支持生产计划、生产调度、生产执行和工艺技术管理等核心业务活动，是提升炼油厂生产管控业务活动效率，推进生产管控智能化的主要方向。数据要实现有效的应用，需要利用良好的载体将数据进行有效管理，关键的是如何将信息关联起来，再利用关联关系去预测，开展深入分析、优化应用、预测决策，发挥海量数据的价值。目前主要方式就是炼化生产过程建模。炼化生产过程建模方法可以分为三类：严格机理建模及衍生的简化模型、数据驱动建模、机理和数据驱动集成建模。

采用过程系统工程方法研究炼化生产过程，在现有理论研究、实验研究、工程实践的基础上，通过分析研究及科学地合理简化，抽象出能够深刻、正确反映过程系统本质的数学描述(即数学方程组)并求解，即为炼化生产过程机理建模。该方式是二十世纪六十年代以来研究炼化生产过程的主要方法，为炼化装置的设计、运行、校核、优化、管理发挥了重要作用。目前，很多成熟的商业化流程模拟软件可用于机理模型的建立，如AspenTech公司的Aspen HYSYS Petroleum、KBC公司的Petro-SIM、Invensys公司的ROMeo等。利用流程模拟软件建立装置模拟模型，然后集成各装置模拟模型和产品调合模型，从而可建立一套可以模拟炼厂的模型—“桌面炼厂”，基于该“桌面炼厂”可以分析、预测、优化，寻找炼化企业的最佳运行参数。机理模型是大量的数学方程组，求解时需要大量计算资源，当模型规模过于庞大时，可以对计算模型进行简化处理，提高计算效率。

数据驱动模型是直接通过数据处理来解析与挖掘变量之间以及优化变量与优化目标之间的关系。随着近年来大数据方法的发展，该类建模方法逐渐也成为过程建模的重要方法。大数据建模是对海量类型多样、增长快速的数据进行分析，从中找出可以帮助决策的隐藏模式、未知的相关关系以及其他有用信息的过程，是对传统数据分析技术的继承和发展。神经网络方法是大数据建模的典型方法，该方法通过大量高度互联的神经元组成复杂的网络计算系统，通过神经元之间的相互作用来实现网络信息的存储和处理。

利用炼化生产过程建模方法实现生产运行等海量信息的有效管理和扩展应用，可以进一步支持炼化生产管控业务活动，深化各业务活动的模型化特征，提升其机理分析、预测预知、优化分析能力，推动生产管控迈向智能化。炼油厂生产管控主要业务活动的智能提升技术方向见表1。

表1 炼油厂生产管控主要业务活动智能化提升方向分析

序号	业务活动名称	智能化提升技术方向
1	生产计划	利用流程模拟软件建立装置机理模型，一方面可以基于机理模型产生二次/三次炼油装置Delta-Base模型，改进生产计划收率模型；另一方面，可以将生产计划优化结果作为优化目标，利用机理模型寻找实现该目标的最优操作条件。
2	生产调度	利用大数据挖掘生产调度经验知识，集成机理模型产生调度装置的收率模型，将调度与操作进行集成、协同。
3	生产执行	在计划模型、调度模型、操作模型一致性基础上，利用机理模型和数据驱动模型，寻找计划、调度方案的最优操作方案，开展计划-调度-操作协同优化，实现可记录的、科学的生产闭环管理。
4	工艺监控	将建立的机理模型与MES连接，实时开展模拟计算，产生易于判断设备、装置运行性能的指标，如分馏塔过气化率、换热器污垢热阻、机组效率等。
5	工艺分析	基于机理模型或数据驱动模型，集成MES开展如临氢装置氢油比、催化剂油比、分馏塔操作压力和回流比、原料性质变化等对产品收率的影响，为技术人员选择合理操作参数提供量化分析指导。
6	工艺优化	集成先进优化算法与严格机理模型或数据驱动模型，按照经济效益最大化或成本最小化，在合理的约束条件下，开展多变量寻优，维持装置或炼油厂最优运行。集成MES，针对关键变量开展在线优化，维持装置优化运行，实现节能增效。进一步在集成DCS、APC开展闭环实时优化(RTO)，持续保持装置最优化运行。
7	生产巡检	扩大智能巡检应用，优化巡检路线和内容，加强内外操信息共享和操作联动，利用机理模型和数据驱动模型实时预测，为外操、内操提供及时的关注点调整和安全风险提醒等。
8	工艺知识管理	利用大数据技术将操作规程、工艺台账、工艺卡片、标定报告、技术月报等进行结构化处理，将关键信息作为机理模型或数据驱动模型开展优化分析计算的约束条件，提高优化效率；建立支持语音输入、模糊识别的查询系统，方便员工培训和知识共享。

4 生产管控智能化提升技术应用案例

(1) 建立常减压装置机理模型，开展常压炉出口温度和常压塔底汽提蒸汽协同优化

某550万吨/年常减压装置常压炉出口温度372.9℃，常压塔底汽提蒸汽与常压塔进料比例为0.57wt%。采用流程模拟软件对装置进行严格模拟和分析，发现常压塔过气化率为8.77%。分析认为常压炉出口温度偏高，常压塔过气化率偏大，造成能量利用效率低，塔底汽提蒸汽比例偏小，在保证常压塔拔出率基本不变的情况下，存在常压炉出口温度与塔底汽提蒸汽协同优化的机会。利用软件优化功能，计算得出常压炉出口温度可降低至365℃，常压塔底汽提蒸汽量提高到4.87t/h。方案实施后，实现节能1584吨标煤/年、增效338万元/年。

(2) 建立"桌面炼厂"，优化重整原料

某重整装置重整反应进料C6P含量为10%，偏高，导致液收低、能耗高，反应氢油比(摩尔)为2.1，偏大，增加装置能耗。另外汽油调合池辛烷值过剩。采用流程模拟软件建立"桌面炼厂"，利用模型定量计算，提出将重整装置预分馏塔底温度由159.3℃提高至

166.2℃，重整反应氢油比(摩尔)由2.1降低至1.5，增加重整拔头油和抽余油去汽油调合池的量。方案实施后，重整装置液收提高3.11%，汽油总产量增加1.86万吨/年，增效2706万元/年。

(3) 建立大数据模型，优化装置操作目的产品收率

针对某催化裂化装置，利用粗糙集算法结合工艺分析得到24个独立变量(包括饱和烃含量、再生剂活性、进料流量、沉降器顶压力、反应温度、流化床温度、再滑压力降、分馏塔顶温度、稳定塔底液位等)，开发建立了目的产物(汽油)收率预测的神经网络模型，采用优化算法寻找逼近最佳收率的最优/最短路径，给出了提高汽油收率的建议方案。方案实施后，汽油累计收率提升0.5个百分点。

5 结论

生产管控是建设智能炼厂的核心领域，生产计划、生产调度、生产执行、工艺监控、生产巡检、工艺分析、工艺优化、生产装置开停工、工艺知识管理等是炼油厂的核心业务活动。通过十余年信息化建设，生产管控主要业务活动实现了流程信息化、过程数据化和部分模型化，提高了生产管控业务活动效率，提升了科学化生产管理水平。面对内外部压力，智能工厂建设是炼油厂发展的必然趋势，必须要在生产管控开展智能化提升，主要的技术方向是利用机理模型和数序驱动模型的方式开展生产数据的有效管理，通过产生数据-分析数据-优化数据的过程，强化生产管控各业务活动的模型化特征，实现生产管控智能化，构筑智能炼厂的关键一环。

参考文献

[1] 覃伟中，谢道雄，赵劲松等. 石油化工智能制造[M]. 北京：化学工业出版社，2019.

[2] 龚燕，杨维军，王如强等. 我国智能炼厂技术现状及展望[J]. 石油科技论坛：2018，37(3)：28-33.

[3] 王华. 中国石油天然气股份有限公司下游业务信息化建设现状与展望[J]. 化工进展，2003，22(10)：1038-1042.

[4] 王华. 炼油化工MES功能与架构研究[J]. 计算机与应用化学，2010，27(10)：1437-1440.

[5] 祝忠诚. 锦西石化MES设计与应用研究[D]. 天津大学，2010.

[6] 李立荣，张敏，张建涛. 中国石油MES系统中的PHD及其应用[J]. 数字石油和化工，2007，(11)：8-12.

[7] 马春娟. 中石化生产执行系统(SMES3.0)在天津炼油部的应用[J]. 信息系统工程，2013，(2)：41-42，47.

[8] 李鹏，郑晓军. 面向催化裂化装置运行分析的大数据平台解决方案[J]. 炼油技术与工程，2016，46(5)：53-57.

催化重整原料组分管理

孙　策

（中国石化沧州分公司，河北沧州　061000）

摘　要　催化重整原料的管理对于重整装置的经济高效生产至关重要，目前通常采用的是馏分管理而非组分管理。相同初馏点、不同芳潜的原料，C_5组分含量不同，最终导致的是重整装置生产差异化。变馏分管理为组分管理，根据原料实际组成，选择合适的终馏点。

关键词　催化重整　馏分　组分　管理　优化

1　当前背景

对于重整装置而言，重整负荷较低的问题正在得到初步解决，甚至有的厂重整料很富裕，因此如何保证更适宜的重整进料成为提高整个公司整体效益。从本次调研我们可以依据模拟软件和现场数据对比，针对某一炼厂找出其适宜的重整料，找出进入重整装置最佳的油品配置，尤其是重整料富裕的情况，如何调整操作、最优的选取组合，能够找出一个优化的方法便具有更大的推广意义。

由于各地连续重整或半再生重整陆续开车并满负荷，芳烃市场尤其苯市场饱和日渐明显。苯与石脑油的价差逐渐缩小，甚至出现负值。

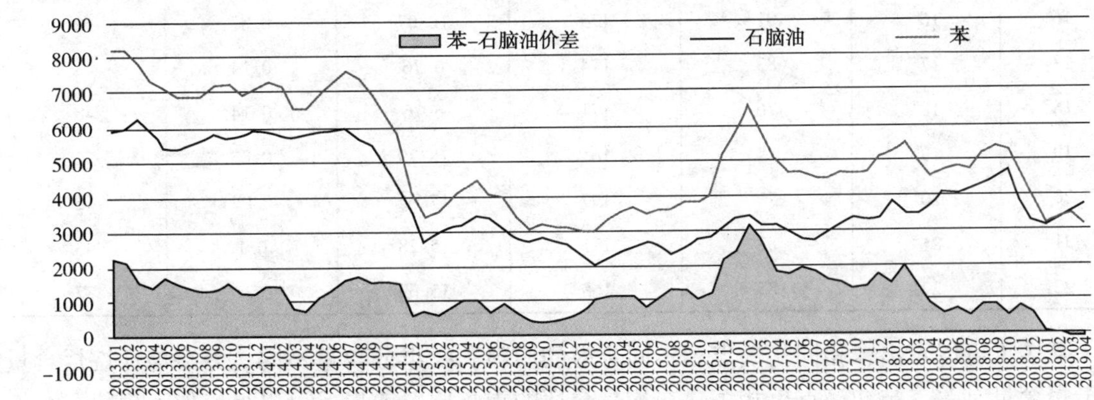

图 1　苯与石脑油的价差趋势

苯价格不断走低，不仅降低了各家苯生产企业产品产值，而且也降低了集团公司总体产品产值。

为了实现重整效益最大化和全厂效益最大化，需要对重整的原料进行组分管理。

2 组分管理的现实情况

统计了一些炼化企业重整原料汇总情况，如表1所示。

表1 不同炼化企业重整原料汇总

序号	企业	初馏点/℃	终馏点/℃	C_6^-含量/%	C_5^-含量/%	芳潜/%
1	1#	77	169	19.53	0.19	46
2	2#	90	171	6.3	0	47
3	3#	79	162	24.21	0.53	33
4	4#	80	161	10.68	0.16	33
5	5#	74	164	18.43	0.23	42
6	6#	82	161	15.51	0.15	38
7	7#	77	162	19.11	0.96	42
8	8#	70	177	16.86	11.89	49
9	9#	74	167	15.87	0.41	41
10	10#	72	167	15.87	0.41	41
11	11#	78	170	16.63	0.39	47
12	12#	74	167	18.62	1.07	43
13	13#	71	168	15.11	0	46
14	14#	76	176	13.3	0.3	38
15	15#	83	171	17.08	0.127	40
16	16#	81	175	13.07	0.87	52
17	17#	83	174	6.76	0.14	48
18	18#	76	171	6.76	0.14	48
19	19#	77	161	18.79	0.87	52
20	20#	71	197	17.65	0.04	46
21	21#	83	171	15.28	0.1	45
22	22#	85	165	15.69	0.16	37

从表1可以看出，相同初馏点、不同芳潜的原料，C_5组分含量不同。芳潜与环烷烃含量和芳烃含量有关，与初馏点也相关，在均是合适的重整原料前提下可以得出如下规律。

(1) 初馏点越高，重整原料中C_5^-越少。

(2) 初馏点与终馏点对原料的芳潜有影响。

众所周知，相同条件下，芳潜越高，则转化率和芳烃产率越高。

想提高催化重整的有效负荷，实现价值最大化，就必须尽量提高合适的初馏点和终馏点。

甲基环戊烷和环己烷与其他芳烃的调合辛烷值如表2所示。

表 2　各组分调合辛烷值[1] 118

化合物	调合辛烷值	化合物	调合辛烷值
甲基环戊烷	107	乙基环己烷	43
环己烷	110	苯	99
乙基环戊烷	75	甲苯	124
二甲基环戊烷	95	对二甲苯	146
甲基环己烷	104	邻二甲苯	120
二甲基环己烷	67~95	间二甲苯	145
三甲基环己烷	94	乙苯	124

甲基环戊烷和环己烷是形成苯的最主要成分，其沸点分别为 71.8℃和 80.7℃，其二者的辛烷值高于苯，建议有条件的单位，将两种组分调入汽油，即将石脑油分馏塔塔顶的轻石脑油进行二次切割，而非生产苯或调入乙烯料或进戊烷油加氢生产发泡剂。

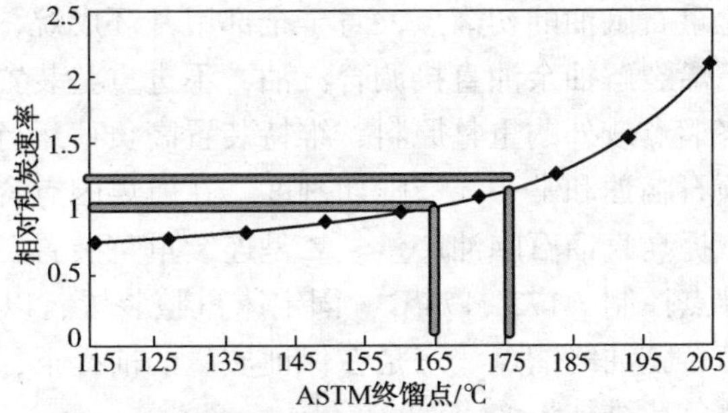

图 2　催化剂积炭速率与终馏点的关系[1] 113

表 3　各组分与沸点明细[1] 113

烃	分子式	沸点/℃	烃	分子式	沸点/℃
环烷烃			间二甲苯	C_8H_{10}	139.1
环戊烷	C_5H_{10}	49.3	对二甲苯	C_8H_{10}	128.4
甲基环戊烷	C_6H_{12}	71.8	乙苯	C_8H_{10}	136.2
环己烷	C_6H_{12}	80.7	烷烃		
乙基环戊烷	C_7H_{14}	103.4	正戊烷	C_5H_{12}	36.1
1-顺式，2-二甲基环戊烷	C_7H_{14}	99.6	异戊烷	C_5H_{12}	27.8
甲基环己烷	C_7H_{14}	100.9	正己烷	C_6H_{14}	68.7
环庚烷	C_7H_{14}	118.8	2-甲基戊烷	C_6H_{14}	60.3
异丙基环戊烷	C_8H_{14}	126.4	正庚烷	C_7H_{16}	98.4
乙基环己烷	C_8H_{16}	131.8	2,2-二甲基戊烷	C_7H_{16}	79.2
1,1-二甲基环己烷	C_8H_{16}	119.6	正辛烷	C_8H_{18}	125.6
1,1,2-三甲基环己烷	C_9H_{18}	145.2	2,2-二甲基己烷	C_8H_{18}	106.8
1,2,4-三甲基环己烷	C_9H_{18}	141.2	2,2,3-三甲基戊烷	C_8H_{18}	109.8
正丁基环己烷	$C_{10}H_{20}$	180.9	正壬烷	C_9H_{20}	150.8
芳烃			2,2-二甲基庚烷	C_9H_{20}	132.7
苯	C_6H_6	80.1	正癸烷	$C_{10}H_{22}$	174.1
甲苯	C_7H_8	110.6	正十一烷	$C_{11}H_{24}$	195.9
邻二甲苯	C_8H_{10}	144.4	正十二烷	$C_{12}H_{26}$	216.3

从图2可以看出，在相同条件下，由于终馏点越高，催化剂积碳速率越高，因此控制合适的终馏点非常重要。从表3可以看出，若想防止高干点进入，需要控制 C_{11}^{+} 组分即可控制合适的终馏点。

3 重整原料的管理建议

按照一般炼油厂的加工流程，石脑油的终馏点由上游装置蒸馏塔/分馏塔控制，石脑油的初馏点由预加氢的石脑油分馏塔控制。

（1）优化重整原料组成、提高初馏点，降低苯前体物含量。

一是提高重整进料初馏点至80℃以上。初馏点的优化值，要借助Petro-SIM、SPYRO模型并结合各企业炼油总流程、炼油与化工互供料、裂解炉产品分布等测算确定。对于纯燃料型或燃料芳烃型企业，可考虑将重整原料中全部甲基环戊烷，部分环己烷切入到预加氢拔头油中。二是提高加氢裂化重石脑油的初馏点，直至全部甲基环戊烷，大部分环己烷进入加氢裂化轻石脑油中。三是乙烯裂解抽余油直接调合汽油，不进重整装置。

（2）提高重整原料终馏点或外购重整原料，维持装置高负荷运行。

一是常减压提高常顶石脑油和常一线清晰切割度，在航煤闪点合格的前提下，降低常一线轻端中石脑油的含量，提高直馏石脑油产量。二是连续重整装置，以出厂汽油终馏点合格为前提，直馏石脑油终馏点控制≯172～174℃。固定床重整装置，以出厂汽油终馏点合格为前提，可进一步提高直馏石脑油终馏点。三是在保证质量的前提下，外购石脑油，保证重整原料初馏点提高后，重整负荷维持不变。

（3）研究降低PX装置歧化单元负荷及原料 C_7：C_9 比例。

根据PX、汽油等产品价格变化情况，以整体效益最大化为目标。一是研究降低歧化装置负荷，一方面可降低苯产量，另一方面原料甲苯和 C_9 芳烃可调和增产汽油。二是研究降低歧化原料 C_7：C_9 比例，降低苯产量，提高二甲苯产量。

（4）提高乙苯/苯乙烯装置负荷。

对于有乙苯、苯乙烯装置的单位，需要优化燃料气-氢气平衡，增加催化干气做乙苯/苯乙烯装置原料量，增产乙苯/苯乙烯，增加苯用量。

（5）调整重整的组分其他建议

重整的组分调整涉及全厂的氢平衡，对于没有干气（天然气或煤）制氢装置的单位，可能切除环己烷和甲基环戊烷后，氢平衡会有变化，需要兼顾。

切除的轻石脑油中含有的环己烷和甲基环戊烷辛烷值较高，有条件的单位建议对轻石脑油二次切割，轻组分去乙烯裂解装置，重组分根据情况调入汽油池。

参考文献

[1] 徐承恩．催化重整工艺与工程[M]．北京：中国石化出版社，2014：113；118.

石油产品与其他

新能源汽车产业发展对石化行业的影响

李亮耀

（中国石化润滑油有限公司，北京 100085）

摘 要 介绍了我国电动汽车、氢能源汽车、天然气汽车等发展现状与前景。对新能源产业发展对石化行业的相关影响进行分析并提出应对策略。

关键词 新能源汽车产业 石化行业 策略

0 引言

新能源汽车(专业名称新动力形式汽车)，就是非传统意义上的以汽油内燃机和柴油内燃机为动力的汽车。新能源汽车包含纯电动汽车、插电式混合动力汽车、燃料电池汽车，同时也包含以天然气、甲醇为燃料的内燃机汽车。

由于环保压力越来越大，国际社会都在大力推动新能源汽车的发展。部分国家出台了鼓励新能源汽车发展的相关政策。甚至有些激进的国家，已制定了停止生产销售传统汽柴油汽车的时间表。我国政府更是积极推动新能源汽车产业的发展。根据我国能源结构和技术现状，重点是发展纯电动汽车。今年的政府工作报告提出，2019 年中国将“巩固扩大蓝天保卫战成果”，在机动车领域，中国将“继续执行新能源汽车购置优惠政策，推动充电、加氢等设施建设。

我国推广新能源汽车有非常重大的现实意义。首先，是环境保护的需要。近十多年来，随着我国工业的高速发展和汽车保有量的急剧增加，空气污染问题日益突出，其中 PM2.5 指数不达标的城市越来越多。据分析，机动车排放是影响 PM2.5 指数的重要原因之一。发展新能源汽车，是减少排放的重要而有效的举措。特别是纯电动汽车和燃料电池汽车，就汽车本身使用来说达到了零排放。其次，我国能源结构是煤多油少，石油严重依赖进口。2018 年，我国石油对外依存度已经超过了 70%。此外，我国近年大力发展可再生能源和清洁能源，取得了不俗的成绩。风电、太阳能电、核电的比例逐步提高。再次，我国在新一代核电技术、特高压电力传输、电网运营等方面占有优势。因此，大力发展纯电动汽车，不但可以改善我国空气质量，防范我国能源风险，提高我国在汽车产业的竞争力都有极其重要的战略意义。

在全球范围内，各大车企也在积极研发新能源汽车，加上一些新的造车势力(比如特斯拉等企业)的加入，推动了新能源汽车的迅猛发展。当前，随着新能源汽车推广力度逐年加大，势必会带动相关配套行业的发展，与此同时，对原本与传统汽车行业密切相关的石化行业也将带来巨大的影响。因此，石化行业也必须采取积极措施应对。

1 我国新能源汽车现状与前景

在我国，政府大力倡导和扶持发展新能源汽车。早在2003年，在天津举行的汽车高峰论坛上，政府有关部门、部分车企代表，就展望了新能源汽车前景，吹响了向新能源汽车进军的号角。我国自主品牌车企，还有互联网企业都积极参与新能源汽车的发展，经过十多年的努力，取得很大的成绩，我国已经成为新能源汽车制造大国和全球最大的新能源汽车市场。

1.1 电动汽车

(1) 纯电动汽车作为短途交通及运输具有明显的优势，是最具发展前景的新能源汽车。

资料显示，过去6年里中国新能源乘用车市场在政策主导下的年复合增长率为115%。虽然2018年我国汽车产销量在下降，2018年新能源电动汽车的产、销量却达到了127万辆和125.6万辆，同比分别增长了59.9%和61.7%。

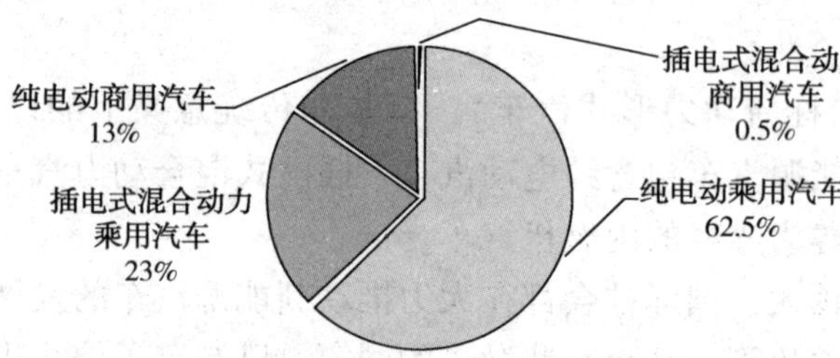

图1 2018年新能源汽车销量构成图

从图1的新能源汽车销量构成可以看出，目前纯电动汽车仍然占据新能源汽车的主导地位，尤其是在商用车领域，纯电动汽车销量在新能源汽车中占比达到96.6%。放眼全球新能源汽车市场，中国新能源汽车已经占有绝对的市场霸主地位，图2列出了全球新能源乘用车销量TOP20，中国自主品牌有9款车型进入TOP20，北汽EC系列2017年销量位居第一。而2018年全球电动汽车销量突破200万辆大关，达到201.8万辆，相比2017年增长65%。这其中中国电动汽车销量占据全球销量一半以上，撑起了全球电动车市半边天。

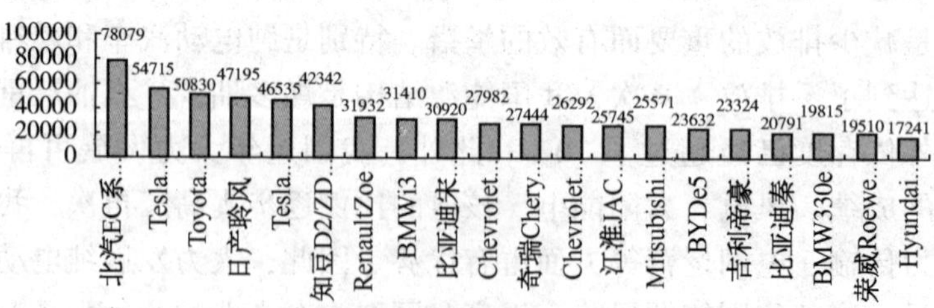

图2 2017年全球新能源乘用车销量TOP20(单位：辆)

(2) 纯电动汽车受政策支持发展迅速，但基数较小，占据主导地位还需时日。

作为整体社会层面，纯电动汽车在发展初期受到了各个国家的政策扶持。在中国市场，针对纯电动汽车的政府补贴更是促使了产业在近年来的迅速发展。纯电动汽车的保有成本低，无论是电力作为能源或者保有过程中的维护保养都与传统燃油车辆相比大幅降低，在终端消费者处的吸引力较大。

相较于燃油汽车，纯电动汽车的市场发展还是受一些因素制约。这其中，车型少以及由于电池带来的续航里程低、充电便利性、安全性、电池寿命等因素是制约市民购买新能源汽车的主要原因。车型少的问题通过产业发展的促进可以很快得到改善，目前各大汽车企业都推出了自己的电动汽车车型；关于续航里程，现阶段如果把纯电动汽车定位为短途交通工具，解决上下班和城市周边出行是完全可以满足要求的。近三年，纯电动汽车续航里程取得了很大进步，相信随着未来电池本身以及充电技术的不断提升，这个问题就能解决。如果家里有固定停车位并且能够安装充电桩，加之家庭第二辆车的需求不断增加，纯电动汽车对消费者的吸引力会越来越大。

如前所述，在对于新能源领域的商用车而言，纯电动客车的绝对占比无疑是各城市公共交通发展带来的市场，2018 年上半年，新能源电动客车对公交客户的贡献率趋近 100%，公交车工况、保障条件、城市排放需求都促成了这个领域的纯电动客车的高占有率。

(3) 混合动力汽车、增程式电动汽车从用户端来说具有天然的优势，但是自主车企的技术开发及市场策略还需要时间。

混合动力汽车由于兼顾了燃油车和纯电动车的特点，很容易被用户接受。目前国内自主企业主要在发展插电式混合动力汽车(PHEV)，受技术能力和生产规模的限值，再加上国内政策面支持力度不够大，目前混合动力汽车发展看起来不如电动汽车火热。对于中国这种幅员辽阔的国家来说，混合动力汽车因为其兼具燃油和充电的优势，在纯电动汽车续航及充电问题没有完全解决前还是有其发展空间的。

在新的汽车投资项目中，增程式电动汽车属于纯电动汽车范围。增程式电动汽车和纯电动汽车、混合动力汽车相比成本可能低一些，但是，增程式电动汽车的技术仍然需要一段时间发展，如何提高从发动机传递能力到电动机过程中的能量利用效率，是增程式电动汽车技术发展的核心。

总的来说，混合动力汽车终究是一个过渡产品，最终会被发展成熟的纯电动汽车和燃料电池汽车代替。纯电动汽车向前、向好发展的总趋势是很明确的，但是其作为较短途交通和运输的定位目前来看不会发生根本性改变。

1.2 氢能源汽车

氢能源汽车目前处于研究阶段，短期内发展不会太快。氢燃料电池汽车在 2018 年 5 月李总理参观丰田后又再次在国内掀起了热议。其实一直以来，《中国制造 2025》等重要战略纲要中，氢燃料电池汽车均被确认要大力发展。目前氢能汽车分为两种，一种是氢内燃机汽车(HICEV)，另一种为氢燃料电池车(FCEV)。氢为能源的最大好处是它仅产生水蒸气排出，有效减少了空气污染，加之氢燃料的五百公里以上高续航能力，被一些业内人士称作终极新能源汽车。

HICEV 一般以内燃机为基础改良而成，要实现并不困难，困难之处在于如何降低成本及达至安全，以及安全地解决氢气供应、储存的问题后才可以推出市场。而 FCEV 燃料电池汽车才是主要发展方向。

目前国内具备 FCEV 燃料电池汽车生产资质的企业包括宇通客车、福田、上汽等共 13 家，也已实现批量商业化运营燃料电池车，但基本都是以氢燃料电池客车、公交车、物流车等商业车为主，并没有家用车出现。这主要是但因氢本身极不稳定，氢燃料在实际运用过程中困难重重，而且产氢地往往与用氢地相隔遥远，运输成本很高，再加上加氢站的投入，成本便进一步飙升。所以对加氢站依赖度小、行驶路线和停放点相对固定的轻型货车、中大型客车等商用车也就成了氢燃料电池最先普及的领域。总之，发展氢燃料电池汽车前景光明、任重道远。

1.3 天然气汽车

长途运输行业天然气卡车未来前途光明。严格来说，天然气与汽油柴油一样同为化石能源，天然气汽车应该还是传统汽车范畴，但是业界依然把天然气汽车、甲醇汽车列为新能源汽车。在重卡领域，纯电动、氢燃料及甲醇等技术暂时还不够成熟，天然气依然是兼顾运营与环保的最佳选择，在未来5~10年都会是清洁能源重卡的主流代表。国六排放标准实施在即，2019年7月1日起，天然气重卡将率先实施国六排放标准。

较燃油车相比，天然气重卡在动力性能已经不相上下，稳定性也有很大提升。性价比方面，在天然气价格保持稳定的情况下，天然气重卡运营成本更低。按最低油气差价0.5元/公里、年行驶里程20万公里来计算，一辆天然气重卡一年可节省燃油费用10万元，首年就可抵消高出的购车成本。

总的来看，天然气重卡发展的制约因素主要是整车价格高、气价不稳定、特别是加气站少这几方面，但是这些问题相信随着产业的发展会逐渐得到改善。未来在节能环保的大背景下，天然气重卡必然会因为其独特的优势得到越来越好的发展。

对甲醇汽车，优点是使用成本低，缺点是对发动机的影响。另外业界对发展甲醇汽车分歧很大，这是甲醇汽车发展缓慢的主要原因。

总体来看，在政策支持下，纯电动汽车的发展是新能源汽车的发展的领头羊。各个路线的新能源汽车各有优缺点，相互之间不应该是替代关系，未来应在各自更适宜的应用领域内齐头并进。

2 新能源汽车对石化行业的影响

新能源汽车是未来动力运用的大势所趋。短期内，这一新趋势对石化工业的冲击不会太大，石油在动力消费中的地位依然重要。

2.1 新能源汽车对传统汽柴油的影响

短期内新能源电动汽车发展对汽柴油销售的冲击有限。尽管我国新能源汽车的发展非常迅速，但与汽车总体数量的增加相比，仍是个不大的数字，对石油需求量的影响也不大。2017年，在乘用车领域，新能源汽车保有量占比只有0.7%。根据《轿车工业中长期开展规划》，到2020年，新能源电动轿车年产销到达200万辆；2025年，新能源电动轿车占轿车产销占比达到20%以上。有观点认为，归纳考虑多方面因素，到2020年，我国因新能源轿车运用而替代的汽油约为251.1万吨，到2030年约为1225.49万吨，约相当于当年汽油产量的10%。

2.2 新能源汽车对其他传统石化燃料的影响

其他种类新能源汽车对石化行业的依存度仍然较高。无论是在中重型商用新能源卡车占比绝对数量的天然气(包括 CNG 和 LNG)汽车，还是被众多业内人士认为汽车动力最终形态的氢燃料电池汽车，以及在出租车行业被广泛使用的 LPG 车，这些新能源汽车都离不开石化行业。

2.3 新能源汽车对润滑油的影响

新能源汽车中，只有纯电动汽车和燃料电池汽车对润滑油总需求量有较大的影响。因为润滑油中占比较大的内燃机油不需要了。目前，因为纯电动汽车基数较小，影响还没有显现出来。然而城市公交车，特别是一线城市和旅游城市，公交车电动化发展迅猛，已经明显影响到柴油机油的需求。

总之，基于目前电动车基数小，石化行业已经多元化发展的现状，目前新能源汽车的发展没有对石化行业造成根本性影响，但是基于目前新能源汽车的发展趋势，石化行业不得不提前布局。

3 石化行业应对策略

3.1 加大 CNG/LNG 清洁燃料的生产以及加气站建设力度

近年来中国的天然气工业得到了快速发展，特别在中石化、中石油的努力下，页岩气等非常规天然气资源得到开发和利用，为我国天然气资源保证提供了基础。作为清洁能源 CNG/LNG 是石化行业近些年战略布局的重点，2018 年 4 月中国石化首套自主知识产权 LNG 工厂在重庆涪陵投产。页岩气和液化天然气产业发展迅速，为今后石化产业多元化及未来长远来看可能的转型打下了坚实的基础。

除了进一步加大 CNG/LNG 燃料的生产，不断提升燃料的质量和经济性外，加气站的数量也直接关乎天然气汽车的普及应用数量。近年来中国石化以及中国石油的加气站建设方面已经取得一些成效，未来应该继续加大这几方面的投入和建设力度，以解决 CNG/LNG 汽车加注便利性的问题。

3.2 利用石化行业优势，布局氢能源加气站

氢能是未来清洁能源的重要方向之一，目前看氢能源汽车的发展最大的制约在于原料的制造有一定的瓶颈，制氢、储氢和加氢，都需要很高的技术及资金的投入。氢能制取主要有三种模式：煤制氢、可再生能源制氢以及工业制氢，而石化领域的化工副产品就可以为氢能提供来源。《中国氢能与燃料电池年度报告》显示，2018-2019 年，在中国煤化工行业积极投入氢能燃料电池产业链的同时，领军的石油化工企业——中石化、中石油、延长石油，华谊，中化等，都在加大氢能燃料电池产业链布局。

“加大加氢设施建设”已经写进 2019 年政府工作报告。氢燃料电池汽车能源特点以及能量补给方式几乎完全与燃油车相同，氢能源的集中运输、集中储存、三分钟加注等等，几乎

就是一个加油站升级版，占有国内绝对加油站数量的中石化和中石油等石化企业具有建立氢加注站的天然基础优势，应重点在这一领域加大投入。

中国石化也公开表示，氢能产业发展符合中石化产业定位与发展方向，同时中石化也拥有发展氢能产业的绝对优势。比如：中国石化已有的广泛加油站网络可以为加氢站的审批带来便利；而在制氢方面，目前中国石化的氢能来源，包括制氢装置产氢、炼油重整副产氢和乙烯生产副产氢。中国石化氢气年产量在200万~300万吨；2018年底，中石化与日本能源集团JXTG签了协议，共同建设以“氢”为主燃料的加气站。

3.3 石化行业充电桩建设不具备优势

有新能源汽车专家说过，电动汽车相比燃油车最大的优势之一就是，能源的补给方式是分布式的。也就是说，电动汽车更加理想的充电方式，是在私家充电桩上慢充，唯有应急时才需要在公共充电桩进行快充，所以，私家慢充桩和公共快充桩的科学比例应该是8：2。而作为公共快充桩的建设方面，尽管也有不少传统的加油站，建了充电桩，但应该讲这确实不是石化行业自己的主场，因为电不是石化行业自己生产的，石化企业只不过是国家电网的“搬运工”，充电桩的建设需要与国家电网等企业进行协商及合作才能实现共赢。另外，前来充电的电动汽车在加油站就在加油停留时间，与曾经十几分钟加完油就走的燃油车相比，电动汽车占地时间实在不是传统加油站所能“承受”。石化行业并不具有大规模建立充电桩的优势。但是，如果纯电动汽车采用换电池的方式，石油企业利用完备的加油站网络，还是有优势的，条件是采用换电模式。

3.4 新能源汽车对润滑油液有新的需求

润滑油液作为石化企业的一个分支，对制造业的变化非常敏感。不同设备、不同工况、不同运转方式都会对润滑油液有不同的要求。针对新能源汽车来说，新能源汽车的迅速发展对润滑油液提出了与传统汽车不同的需求。主要有以下几个方面。

3.4.1 天然气汽车对润滑油的需求在数量没有变化在质量上有变化。

对天然气汽车来说，因为燃料从燃油转变为燃气，同样使用内燃发动机，所以同样需要发动机润滑油，但燃气燃烧温度更高，对燃气发动机润滑油的氧化安定性、沉积物性能要求更高。另外，燃气与燃油相比没有润滑性，因此气门处的润滑方式发生了变化，这就要求燃气发动机润滑油的配方组分要针对气门处的润滑方式进行调整，整个润滑油的配方都需要重新设计。甲醇汽车与天然气汽车对润滑油行业的影响相似。

3.4.2 电动车及混合动力汽车对润滑油的要求更复杂、更苛刻。

对于纯电动车来说，发动机没有了，那么发动机润滑油也就不再需要了，对润滑油总需求量将减少，这对润滑油行业的影响是非常大的。纯电动车的变速箱改为结构更简单的减速箱，减速箱从未来发展趋势看是与电机紧密连接的，因此减速箱润滑油不但需要润滑齿轮、散热，还需要有足够好的电化学性能。燃料电池汽车对润滑油行业的影响相似。

对混合动力汽车来说，发动机小型化是必然的，那么发动机的功率密度就会更高，热负荷更大，因此对发动机润滑油的氧化安定性、黏温性能、沉积物性能提出了更高要求。另外，混合动力汽车发动机和电机之间频繁切换工作，这对发动机润滑油的黏附能力提出了更高要求。

3.4.3 新能源电动车需要专用的电池冷却介质。

纯电动车的电池能量密度越来越高，电池的冷却成了纯电动车的重中之重。同时，因为锂电池对气温比较敏感，在低温下能效下降严重，电池需要保温。严格地说，称为恒温液更为恰当。因为电池的材质与发动机冷却系统不同，因此对冷却介质的材料兼容性要求发生了变化。另外，纯电动车的电池需要维持在比较恒定温度区间才能发挥最大效能，因此对冷却介质的传热要求与普通冷却液不同。最为关键的是电池的安全性，这就需要冷却介质有特殊的阻断功能，在电池发生破损时能够阻断电流，减少电池燃烧起火的风险。混合动力汽车的电池与纯电动车的电池要求相同，除此之外，发动机因为热负荷高，更需要冷却及保护。这就需要混合动力汽车的冷却介质能够兼顾发动机和电池的冷却及保护需求。

4 结束语

综上所述，我国新能源汽车蓬勃发展，纯电动、混合动力、天然气还是氢燃料汽车都有其各自对应的发展定位，多元化技术路线更有利于中国新能源汽车行业的健康发展；与汽车行业紧密相关的石化行业在汽车行业变革时代，应与时俱进、顺应趋势，积极加快转型晋级的步伐，协助汽车企业，真正在提供清洁动力、低碳动力上下功夫，切实推动绿色开展。

高软化点 SBS 改性沥青的乳化及其性能研究

付崇军[1]，蔡晓明[1]，夏　斌[1]，范维玉[2]，罗　辉[2]

（1. 中石油江苏燃料沥青有限责任公司，江苏江阴　214429；
2. 中国石油大学(华东)重质油国家重点实验室，山东青岛　266580）

摘　要　采用软化点为73.5℃的SBS改性沥青为原料，考察了乳化剂和助剂添加量、以及乳化工艺条件对改性乳化沥青乳液以及蒸发残留物性能的影响。结果表明，由于改性沥青SBS添加量较大，软化点高，需要较大量的乳化剂(2.5%)才能使乳液的稳定性满足要求，但乳化剂会在残留物中形成一些不均匀分散的聚集体，阻碍改性沥青之间的融合，从而明显降低蒸发残留物的延度。助剂HEC可在较低的乳化剂添加量(1.5%)条件下明显提高乳液的稳定性，且对残留物性质的影响比乳化剂小，特别是当HEC添加量小于0.06%时，对蒸发残留物的性质基本没有影响。提高乳化时改性沥青的温度可改善乳液的稳定性，且对蒸发残留物的性质影响较小。随着pH值的增大，乳液的稳定性降低，但蒸发残留物的延度随pH值的增大而变好。经过优化后，在乳化剂添加量为1.5%、助剂HEC添加量为0.06%、改性沥青温度为175℃、乳化剂溶液温度为60℃、pH值为3的条件下，制备得到的改性乳化沥青的乳液稳定性以及蒸发残留物的性质等均可满足要求。

关键词　SBS改性乳化沥青　高软化点　贮存稳定性　延度

随着我国交通运输体系的快速发展，公路事业的重点由“大规模建设”向“建养并重”转变，对道路材料特别是沥青材料提出了更高的要求，同时也提供了新的机遇和挑战。我国交通运输部门明确要求，在公路建设和养护中推荐使用改性乳化沥青，特别是对于一些路面处理技术只能使用改性乳化沥青，如微表处、冷再生、冷补、冷灌缝等[1,2]。改性乳化沥青，特别是SBS改性乳化沥青同时具有“乳化沥青”和“SBS改性沥青”的特点[3,4]，在使用时无须加热，常温下即可流动，具有施工便利，节约能源，保护环境和节约沥青使用量等明显优势，且固化成型后具有良好的高温稳定性、低温抗开裂性能、弹性恢复能力、和石料之间具有良好的黏附强度、混合料铺筑后具有一定的早期强度等，这些性能的改善可以大大延长路面的使用寿命，减少养护次数和修复费用。这些优势使得SBS改性乳化沥青在公路建设及养护中发挥着越来越重要的作用。

与基质沥青相比，SBS改性沥青具有黏度高，流动性差等特点，导致其难以乳化；而且，SBS的相对分子质量较大(>10万)，与沥青的平均相对分子质量(约1000)相差较大，导致改性沥青乳液的稳定性较差。很多学者研究了乳化剂、改性剂、以及乳化工艺等对SBS改性乳化沥青乳液稳定性和蒸发残留物性能的影响，得到了可满足要求的SBS改性乳化沥青。但得到的改性乳化沥青软化点均不高，很少有超过60℃。我国交通部JTG F40—2004《公路沥青路面施工技术规范》中对喷洒型改性乳化沥青(PCR)与拌和用改性乳化沥青(BCR)的软化点要求分别为不小于50℃和53℃，仅分别比70号A级沥青的要求高4℃和7℃；而对SBS改性沥青I-B、I-C、I-D的软化点要求分别为不小于50℃、55℃和60℃。

也就是说，改性乳化沥青破乳后残留物的软化点仅能达到 I-B 级改性沥青的水平。因此，改性乳化沥青的高温性能改善不明显，在炎热地区或车载量较大的情况下，容易出现高温变形、层间粘结力不足而出现车辙等病害，影响路面的使用寿命。

对于高软化点的 SBS 改性沥青来说，由于 SBS 掺加量更大，黏度更高，更难以乳化，需要使用更多的乳化剂才能得到满足稳定性要求的改性乳化沥青[5,6]。但破乳后乳化剂仍然会残留在沥青中，较多的乳化剂会对沥青的路用性能产生较大的影响[7~9]，而这也是改性乳化沥青研究过程中的关键问题。本文针对高软化点 SBS 改性沥青难以乳化的问题，研究乳化剂用量对乳液以及蒸发残留物性能的影响规律，在此基础上提出可行的乳化剂配方，并考察乳化工艺条件的影响，得到可满足要求的软化点大于 70℃ 的改性乳化沥青。

1 实验部分

1.1 原料

基质沥青为采用委内瑞拉的玛瑞原油直馏生产的 AH-70 沥青；SBS 改性剂为中国石油独山子石化公司生产的 T6302H；稳定剂为含硫稳定剂；相容剂为糠醛抽出油；乳化剂为美德维实伟克公司提供的一种带多个胺基的阳离子慢裂快凝乳化剂。助剂为美德维实伟克公司提供的羟乙基纤维素（HEC）。

1.2 实验设备

SBS 改性沥青制备采用的设备为 BME100L 型高剪切分散乳化机；改性沥青乳化采用的设备为美国 DALWORTH 公司生产的 DALWORTH DLP-005V 型胶体磨。

1.3 SBS 改性乳化沥青的制备

改性乳化沥青的制备采用先改性后乳化的方法：先加入改性剂对基质沥青进行改性，再将加热后的改性沥青与乳化剂水溶液同时经过胶体磨进行剪切分散，制备改性乳化沥青。

称取一定量的基质沥青，加入 2.0% 的相容剂，将体系加热到 185℃，放入剪切头，在转速为 4000r/min 下加入 3.5% 的 SBS 改性剂 T6302H，剪切 25min，再加入 0.3% 的稳定剂，继续剪切 10min，然后将温度降至 180℃，在搅拌的条件下发育 4h，制得 SBS 改性沥青。改性沥青的性质如表 1 所示。

表 1 SBS 改性沥青的性质

Pentration(25℃)/0.1mm	Softening point/℃	Ductility(5℃)/cm	Viscosity(135℃)/Pa·s	Segregation(48h)/℃
55	73.5	31.0	1.598	0.1

称取一定质量的乳化剂，加入到水中溶解，用盐酸调节水溶液至一定 pH 值，加热至一定温度，倒入胶体磨的皂液罐。称取一定量的 SBS 改性沥青，并加热至一定温度，倒入至沥青罐。启动改性沥青及皂液的循环泵，在各自循环状态下将改性沥青和皂液加热至乳化时所需的温度，调节好改性沥青和皂液的流量和压力，启动胶体磨的磨头，打开改性沥青和皂液的进样阀，通过胶体磨头的剪切作用，得到改性乳化沥青。

参照交通部JTG F40—2004《公路沥青路面施工技术规范》中改性乳化沥青的要求，对制备的改性乳化沥青乳液进行电荷、筛上剩余量、恩格拉黏度、粒径、贮存稳定性等性质分析，对蒸发残留物进行针入度、软化点、延度、溶解度等性质分析。

2 结果与讨论

2.1 乳化剂添加量的影响

在改性沥青的质量分数为60%，改性沥青温度为170℃、乳化剂水溶液温度为60℃、乳化剂溶液pH值为2.0的条件下，考察了乳化剂添加量为1.0~3.5%时对改性乳化沥青性能的影响，结果如图1、图2所示。

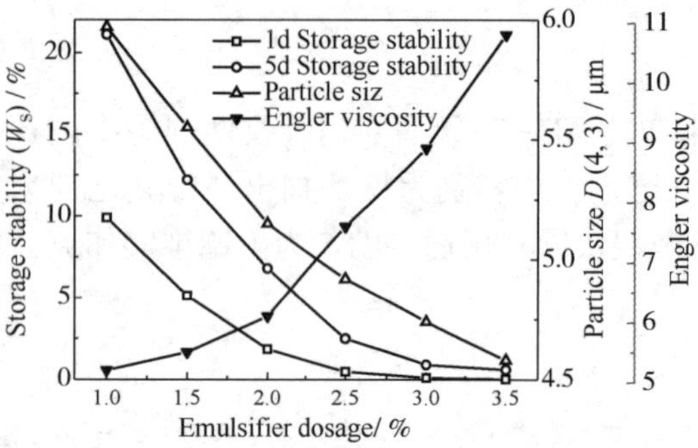

图1 乳化剂添加量对改性乳化沥青乳液性质的影响

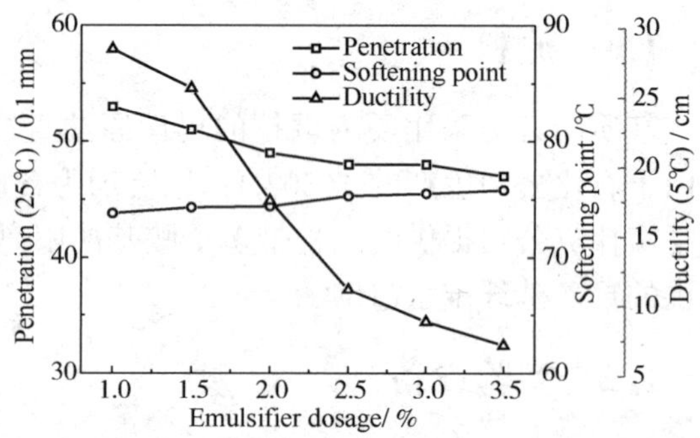

图2 乳化剂添加量对改性乳化沥青蒸发残留性质的影响

乳液的贮存稳定性是表征改性乳化沥青产品质量的重要指标，是关系到改性乳化沥青是否能在实际工程应用的关键影响因素。贮存稳定性是指在规定的容器和存储时间条件下，竖直方向的上、下两部分乳液的固体含量的差值。贮存稳定性的数值越大，说明乳液的稳定性越差，我国JTG F40—2004《公路沥青路面施工技术规范》中要求改性乳化沥青的1d和5d的贮存稳定性分别不超过1%和5%。由图1可以明显看出，随着乳化剂用量的增加，乳液的1d和5d贮存稳定性逐渐变好，这是由于乳化剂用量的增加，乳化剂分子形成的界面膜的厚度和强度增加，同时双电层的ζ电势增大，从而使乳液的稳定性变好。但当乳化剂用量增加到一定程度后，对界面膜和双电层的影响不再明显，乳液的稳定性也不再有明显的变化。由图1可知，当乳化剂的添加量达到3%时，乳液稳定性的变化趋于平缓。由于本文所采用的改性沥青SBS添加量较大，软化点高，需要较大量的乳化剂才能得到稳定的乳液，只有当乳化剂的添加量达到2.5%时，乳液的1d和5d贮存稳定性才可满足要求。

另外，从图1还可以发现，乳液的粒径较小，平均粒径($D(4, 3)$)在4.5~6.0的范围，且随着乳化剂用量的增加呈现减小的趋势；此外，乳液的恩氏黏度则随乳化剂用量的增加而增大。也就是说，乳液的粒径和恩氏黏度与其稳定性有一定的相关性，粒径越小，恩氏黏度越大，乳液的稳定性越好[4,10]。

将改性乳化沥青的水分蒸发之后，改性沥青微粒会重新融合，乳化剂会残留在改性沥青中而影响蒸发残留物的性能。如图 2 所示，乳化剂对蒸发残留物的针入度和软化点的影响相对较小，随着乳化剂添加量的增大，针入度稍有减小而软化点稍有增大。但乳化剂对延度的影响比较大，乳化剂添加量增大时，残留物的低温延度(5℃)明显变差，当乳化剂的添加量为 2. 0%时，蒸发残留物的延度(5℃)为 15. 6cm，不能满足 JTG F40—2004《公路沥青路面施工技术规范》中改性乳化沥青的延度要求(不小于 20cm)。

由上可知，乳化剂对改性乳化沥青的低温延度有不利的影响，为了解释其原因，采用红外光谱和荧光显微镜对改性沥青在乳化过程中结构和分散状态的变化进行了表征，结果见图 3、图 4。

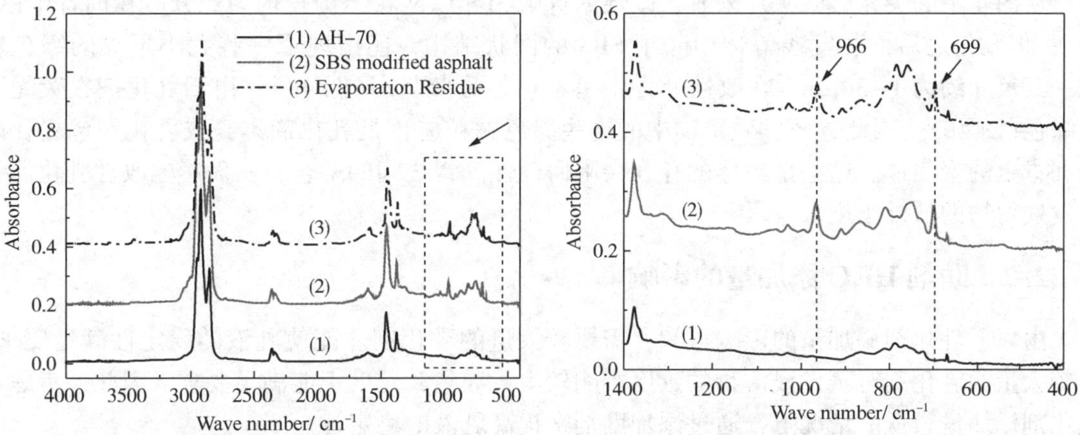

图 3　基质沥青、SBS 改性沥青及蒸发残留物的红外光谱图

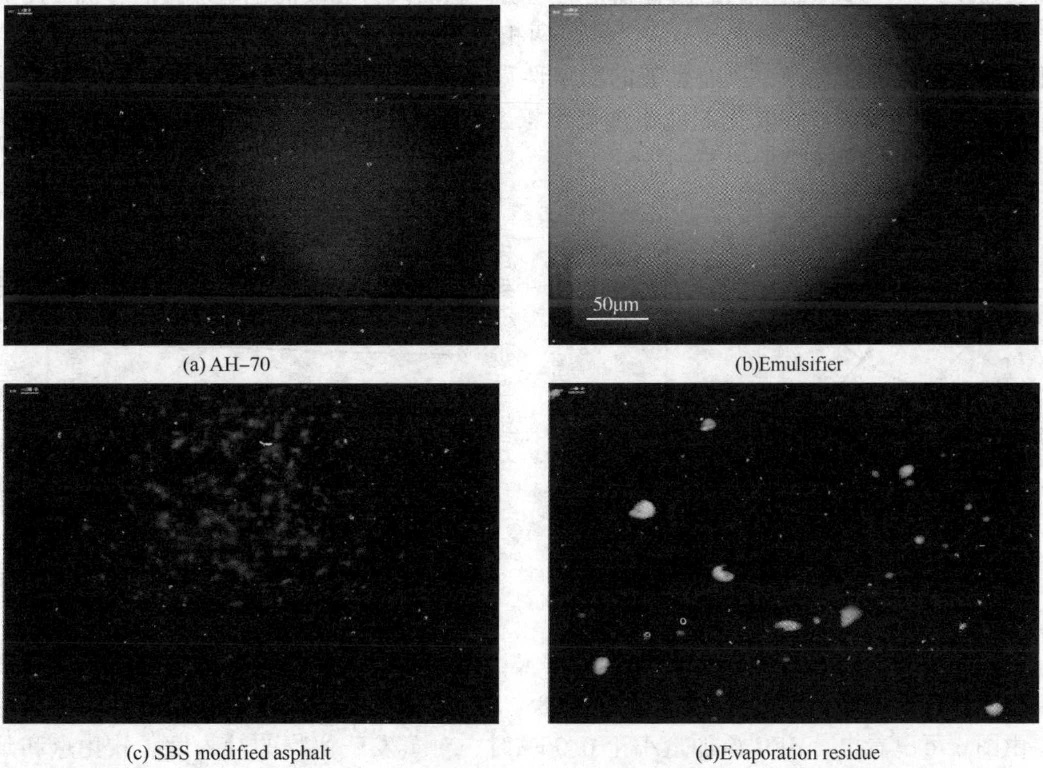

图 4　SBS 改性沥青及改性乳化沥青蒸发残留物的荧光显微照片(放大 400 倍)

由图3可知，改性沥青的红外谱图与基质沥青比较类似，只是在966cm^{-1}和699cm^{-1}处出现了两个明显的吸收峰，这是SBS的特征吸收峰，分别归属于丁二烯段的C-H弯曲振动峰和苯乙烯段苯环的C-H弯曲振动峰。对于SBS的化学改性过程，一般是丁二烯段发生反应，可以用966cm^{-1}和699cm^{-1}处峰面积的比值表征SBS的交联反应程度[11,12]，计算得到改性沥青的峰面积比值为2.64。蒸发残留物的红外光谱中，SBS的特征吸收峰966cm^{-1}和699cm^{-1}仍然存在，且二者峰面积的比值为2.70，与改性沥青的非常接近。因此，乳化过程对改性沥青的化学交联结构并没有影响。

从图4中的荧光显微照片来看，改性沥青中SBS以网状结构较均匀地分散在沥青中(图4c)；但乳化之后，蒸发残留物中除了SBS的网状结构，还出现了一些大小不等的绿色颗粒，其尺寸约为1~30μm，在改性沥青中呈不均匀分散状态(图4d)。由于乳化剂在荧光下呈绿色(图4b)，因此，蒸发残留物中的这些绿色颗粒应该是乳化剂本身或乳化剂包裹在改性沥青上的聚集体。这些聚集体的存在会阻碍改性沥青之间的融合，从而影响改性乳化沥青蒸发残留物的低温延度。

2.2 助剂HEC添加量的影响

由以上乳化剂添加量的影响可知，需要较大量的乳化剂才能使乳液的稳定性满足要求，但较大量的乳化剂对蒸发残留物的延度影响较大，导致其延度不能满足要求。因此，考虑在乳化剂添加量较低的情况下，通过添加助剂来提高乳液的稳定性。

提高乳液稳定性的助剂可分为无机类助剂和有机类助剂，无机类助剂主要是提高水溶液的离子强度，进一步限制带电的沥青颗粒的运动，从而改善乳液的稳定性，而有机类助剂则是增加分散介质的黏度。根据Stokes公式，两相间的密度差越小，分散介质的黏度越大，分散相越不容易沉降或上浮，从而乳液的稳定性得到提高[13,14]。本文采用有机类的羟乙基纤维素(HEC)作为助剂。在乳化剂的添加量为1.5%的条件下，考察了HEC添加量对改性乳化沥青性能的影响，结果见图5、图6。

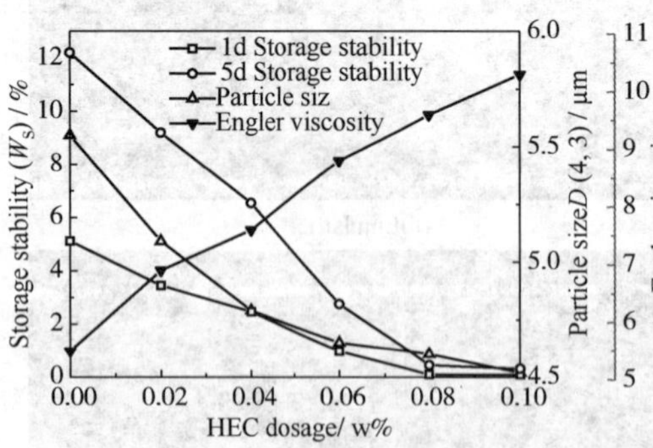

图5 HEC添加量对改性乳化沥青乳液粒径和贮存稳定性的影响

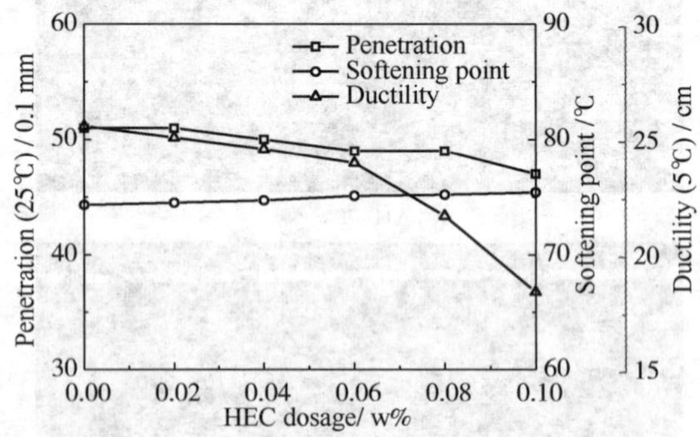

图6 HEC添加量对改性乳化沥青蒸发残留性质的影响

由图5可知，随着助剂HEC添加量的增大，得到改性乳化沥青乳液的恩氏黏度逐渐增大，稳定性逐渐变好，当HEC添加量为0.08%时，乳液的1d和5d贮存稳定性均可满足要求。由图6可以看出，HEC添加量小于0.06%时，对蒸发残留物的针入度、软化点和延度基本没有影响，但当HEC添加量大于0.06%时，残留物的延度随HEC添加量的增大而有所降低。相对乳化剂来说，由于 HEC 的添加量较小，对延度的影响相对较小。

2.3 改性沥青温度的影响

除了乳化剂和助剂之外，乳化工艺条件也会影响改性乳化沥青的性能。在乳化剂水溶液温度为 60℃、乳化剂溶液 pH 值为 2.0、乳化剂添加量为 1.5%、助剂添加量为 0.06% 的条件下了，考察了改性沥青温度的影响，结果见图 7、图 8。

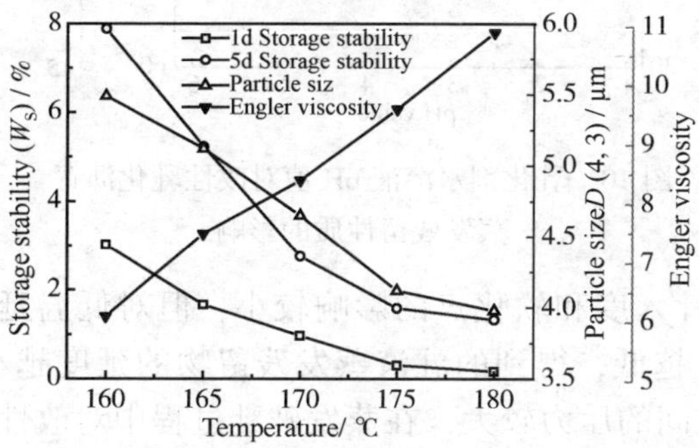

图 7 改性沥青温度对改性乳化沥青乳液粒径和贮存稳定性的影响

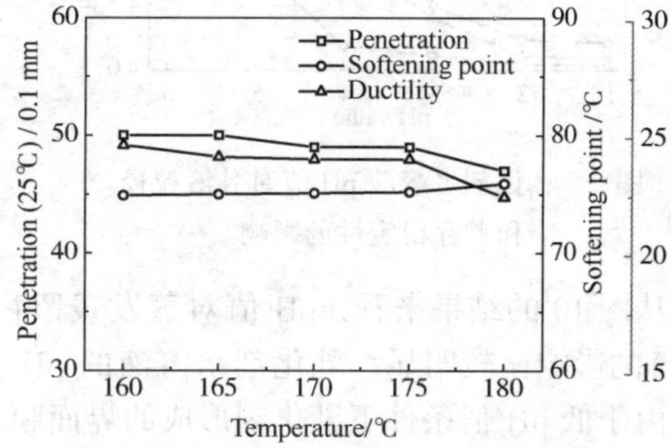

图 8 改性沥青温度对改性乳化沥青蒸发残留性质的影响

由图 7 可以看出，随着改性沥青温度升高，乳液粒径呈现逐渐减小的趋势，但当温度较高时再进一步提高温度，乳液粒径的减小幅度降低。改性沥青温度较低时，其黏度较大，流动性不好，乳化过程中的剪切分散效果差，导致乳液的粒径较大，提高改性沥青温度可降低沥青的黏度，改善乳化效果，从而降低乳液的粒径。从稳定性来看，乳液的贮存稳定性随改性沥青温度的升高而明显变好的，当改性沥青的温度达到 175℃时，乳液的 1d 和 5d 贮存稳定性均可满足要求；但再进一步提高改性沥青的温度，乳液贮存稳定性的变化趋于平缓。

从图 8 的结果来看，改性沥青的温度对蒸发残留物的针入度、软化点和延度的影响较小，只是当温度达到 180℃时，延度稍有减小，而软化点稍有增大，这可能是由于改性沥青的温度较高时导致改性沥青老化而引起的。因此，合适的改性沥青温度为 175℃。

2.4 乳化剂水溶液 pH 值的影响

本文所采用的乳化剂为一种带多个胺基的阳离子乳化剂，须添加无机酸或有机酸，将其转化为胺盐后才具有较强的表面活性和乳化能力，因此 pH 值对乳化剂的乳化效果及其乳液的状态有一定的影响[15]。乳化剂添加量为 1.5%、助剂添加量为 0.06%、改性沥青温度为 175℃的条件下，考察了 pH 值为 1~6 时，对改性乳化沥青性能的影响，结果见图 9、图 10。

由图 9 可知，在不同的 pH 值条件下，乳化剂展现出的乳化能力是不同的，随着 pH 值的增大，乳化剂的乳化能力逐渐降低，表现在乳液的粒径增大，乳液的稳定性变差，当 pH 值超过 4 之后，乳液的 1d 和 5d 贮存稳定性不能满足要求。pH 值较低时，乳化剂分子中的多个胺基均可转化为胺盐，从而使乳化过程中形成的界面膜双电层的 ζ 电势更高，乳液中改性沥青颗粒间的斥力更大，因此乳液的稳定性更好。

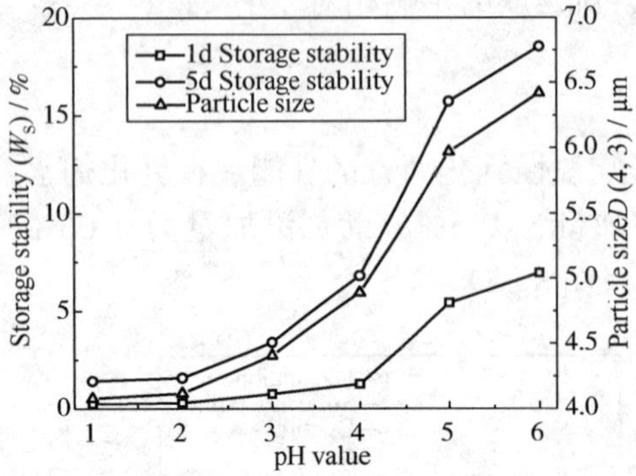

图9 乳化剂水溶液pH值对乳液粒径和贮存稳定性的影响

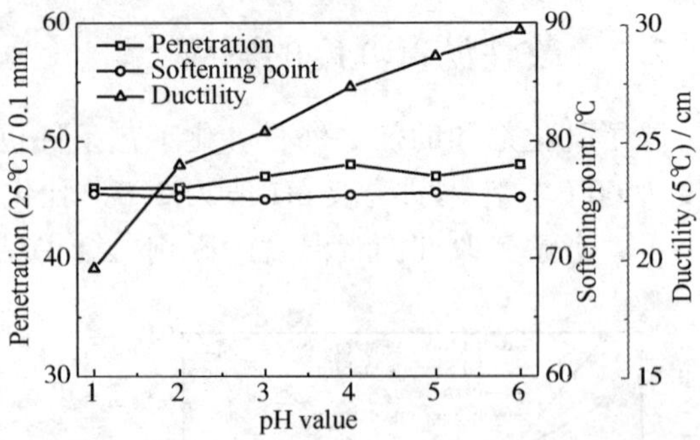

图10 乳化剂水溶液pH值对改性乳化沥青蒸发残留性质的影响

从图10的结果来看，pH值对蒸发残留物针入度和软化点的影响较小，但对低温延度(5℃)的影响比较明显，乳化剂水溶液的pH值越低，得到的乳液蒸发残留物的延度越小。这是由于低pH值条件下乳化剂形成的界面膜之间的斥力较大，在蒸发破乳过程中对改性沥青之间融合的阻碍同样也较大，使改性沥青更难以融合而恢复原有的状态，从而导致残留的延度更小。

3 结论

(1) 随着乳化剂用量的增加，改性乳化沥青的乳液粒径减小，恩氏黏度增大，贮存稳定性逐渐变好；由于改性沥青SBS添加量较大，软化点高，需要较大量的乳化剂(2.5%)才能使稳定性满足要求；乳化剂对蒸发残留物的针入度和软化点影响较小，但乳化剂会在残留物中形成一些不均匀分散的聚集体，阻碍改性沥青之间的融合，从而明显降低蒸发残留物的延度；乳化剂添加量较大(2.0%)时蒸发残留物的延度不能满足要求。

(2) 助剂HEC可在较低的乳化剂添加量(1.5%)条件下明显提高乳液的稳定性，且对残留物性质的影响比乳化剂小，特别是当HEC添加量小于0.06%时，对蒸发残留物的针入度、软化点和延度基本没有影响。

(3) 提高乳化时改性沥青的温度可改善乳液的稳定性，且对蒸发残留物的针入度、软化点和延度的影响较小，但当温度过高时(180℃)会导致延度有所减小；随着pH值的增大，乳液的粒径增大，稳定性降低，当pH值超过4之后，乳液的贮存稳定性不能满足要求，但蒸发残留物的延度随pH值的增大而变好。

(4) 以软化点为73.5℃的SBS改性沥青为原料，在乳化剂添加量为1.5%、助剂HEC添加量为0.06%、改性沥青温度为175℃、乳化剂溶液温度为60℃、pH值为3的条件下，制备得到的改性乳化沥青的乳液稳定性以及蒸发残留物的性质等均可满足要求。

参 考 文 献

[1] International Slurry Surfacing Association. Recommended Performance Guideline for Modified Asphalt Emulsion Slurry Seal[M]. Annapolis: ISSA, 1996: 143-144.

[2] THEVNIN T, COUSSON A. Evaluation of a modification of current micro-surfacing mix design procedures[J].

Journal of Solid State Chemistry, 2011, 42(2): 254-258.

[3] YOUSEFI AA, AIT-KADI A, ROY C. Effect of used-tire-derived pyrolytic oil residue on the properties of polymer-modified asphalts[J]. Fuel, 2000, 79: 975-986.

[4] 王红，王子军，王翠红，等 . SBS 改性乳化沥青储存稳定性研究[J]. 石油学报：石油加工，2013，29(6)：1009-1014.

[5] 魏莘欣，袁腾，吴永畅，等 . 阳离子 SBS 改性乳化沥青制备研究[J]. 化工新型材料，2015，43(12)：92-94.

[6] 曾勤，陈建福，黄慧珍 . 苯乙烯-丁二烯-苯乙烯嵌段共聚物改性乳化沥青的工艺条件优化[J]. 精细石油化工进展，2013(4)：48-50.

[7] Zhang Q, Fan W, Wang T, et al. Influence of emulsification on the properties of styrene - butadiene - styrene chemically modified bitumens[J]. Construction and building materials, 2012, 29: 97-101.

[8] 肖晶晶，郑南翔，宋哲玉 . 乳化剂对改性乳化沥青性能影响及机理研究[J]. 郑州大学学报：工学版，2008，29(3)：5-9.

[9] 弓锐，弥海展 . 乳化剂用量对 SBS 改性乳化沥青性能的影响研究[J]. 公路工程，2013，38(6)：234-236.

[10] 马育 . SBS 改性乳化沥青的性能及贮存稳定性研究[J]. 重庆交通大学学报：自然科学版，2007，26(5)：77-79.

[11] Masson J F, Collins P, Robertson G, et al. Thermodynamics, phase diagrams, and stability of bitumen-polymer blends[J]. Energy & Fuels, 2003, 17(3): 714-724.

[12] Larsen D O, Alessandrini J L, Bosch A, et al. Micro-structural and rheological characteristics of SBS-asphalt blends during their manufacturing[J]. Construction and Building Materials, 2009, 23(8): 2769-2774.

[13] 刘淑艳 . BCR 改性乳化沥青 1d 储存稳定性影响因素分析[J]. 交通标准化，2014，42(20)：17-19.

[14] 周灿锋，吴伟峰，陈守明，等 . 纤维素醚类稳定剂对乳化沥青的影响分析[J]. 石油沥青，2011，25(1)：63-67.

[15] 张承红，李莉，杨郭 . 阳离子沥青乳化剂合成及乳化性能研究[J]. 应用化工，2006，35(8)：604-605.

中海油加氢基础油生产 L-DAH46 螺杆空气压缩机油的研究

王 储，乔 琦，张向英，刘 燕

（中海油气（泰州）有限公司，江苏泰州 225300）

摘 要 以中海油气（泰州）石化有限公司全氢工艺生产的加氢基础油为原料，通过基础油组成优化研究、添加剂配方研究，研制出适用于中、重负荷工况下使用的 L-DAH46 螺杆空气压缩机油。该产品优良的氧化安定性，使用寿命长，性能优越并实现了工业化生产和市场应用。

关键词 加氢基础油 螺杆空气压缩机油 长寿命 工业化

近年来，随着空气压缩机设计与制造的发展，螺杆式空气压缩机正在逐步取代传统的往复式压缩机。其原因是螺杆式空气压缩机具有重量轻、体积紧凑、不需要坚固的基座、震动小、噪声低、易于操作和维修方便等优点[1]。

螺杆式空气压缩机机型分为干式压缩机、滴油式压缩机和喷油内冷式压缩机 3 种；喷油内冷式压缩机是目前应用最为广泛的一种类型。在这种压缩机中，润滑油由油泵压入压缩机内部，分别润滑轴承、转子、滑片（或螺杆），并将油直接喷入压缩机内，以雾状与压缩空气混合，吸收空气中的压缩热，同时在转子气缸及覆盖表面形成油膜，起密封与润滑作用，然后一起排至储气油箱中。大部分润滑油在这里借助机械碰撞，从压缩空气中分离出来，返回油池，少部分循环使用[2]。

螺杆式压缩机的润滑特点以及运行工况和环境，致使回转式螺杆压缩机油的使用条件较为苛刻，要求润滑油品除了具备适宜的黏度、闪点以外，还应具有极好的氧化安定性、抗腐蚀性、良好的油水分离性以及极好的消泡性。只有选用适宜的螺杆压缩机油才能避免运转问题的发生，因此市场对压缩机油的质量要求也越来越高，对中高档压缩机油的需求也越来越多。

1 螺杆空气压缩机油性能要求及产品技术指标

1.1 主要性能

螺杆空气压缩机油以高的循环速度反复被加热与冷却，还将不断受到铜、钢等金属的氧化催化，加剧了老化变质；润滑油中可能混入冷凝水而使油品严重乳化；润滑油在使用中易受吸入空气中颗粒状杂质、悬浮状粉尘和腐蚀性气体的影响，加速了油的老化变质等等[3]。这些实际工况要求回转式螺杆空气压缩机油具有以下性能：

（1）良好的黏温性能，黏度不随温度变化而有较大改变；

（2）积炭倾向性小；

(3) 由于油品在循环使用过程中易氧化变质生成各种酸类、胶质、沥青质等，使黏度增大，减少了喷油量，产生过量磨损，因此油品必须具有极佳的氧化安定性；

(4) 油水分离、油气分离性能好；

(5) 不腐蚀金属，防锈性能好。

1.2 技术指标

现行标准中，对排出温度80~110℃、有效工作压力800~1500kPa的中负荷和重负荷压缩机所需要的润滑油规定不够详尽。中、重负荷压缩机在选用润滑油时，通常与空气压缩机油进行载荷、排气量、压力、温度的对比，再结合自身气体的特性进行选择[4]。本文通过SH/T 0192润滑油老化特性测定法、SH/T 0193润滑油氧化安定性测定法(旋转氧弹法)和SH/T 0209液压油热稳定性测定法，从不同方面对油品老化、抗氧化性能进一步考察与约束，保证研制的L-DAH46螺杆空气压缩机油具有优越的抗氧化能力。

表1 螺杆空气压缩机指标要求

项目	质量标准	试验方法
运动黏度/(mm^2/s)		
40℃	41.4~50.6	GB/T 265
100℃	报告	
黏度指数	≥ 90	GB/T 2541
色度/(号)	≤ 1	GB/T 6540
密度(20℃)/(kg/m^3)	报告	GB/T 1884
闪点(开口)/℃	≥ 220	GB/T 3536
倾点/℃	≤ -9	GB/T 3535
酸值/(mgKOH/g)	报告	GB/T 7304
抗乳化(40-37-3mL)/min	≤ 30	GB/T 7305
泡沫倾向性/泡沫稳定性(24℃)/(mL/mL)	≤ 300/0	GB/T 12579
液相锈蚀(A)法	无锈	GB/T 11143
腐蚀试验(铜片，100℃，3h)/级	≤1	GB/T 5096
氧化试验(200℃，空气 Fe_2O_3)		
蒸发损失/%	≤ 20	SH/T 0192
康氏残碳增加/%	≤ 2.5	

2 L-DAH46配方筛选与评定

2.1 L-DAH46基础油的调制

根据泰州石化加氢基础油性能特点，选择1#、2#、3#、4#、5#、6#六种基础油进行理化性质分析，组合调制成L-DAH46螺杆空气压缩机基础油。

表2 泰石化加氢基础油性质

分析项目	1#	2#	3#	4#	5#	6#	试验方法
运动黏度/(mm²/s)							
100℃	5.087	10.360	31.900	4.425	5.808	5.410	GB/T 265
40℃	28.55	87.82	514.1	22.50	32.99	31.00	
黏度指数	105	99	92	106	113	109	GB/T 1995
闪点(开口)/℃	224	256	—	218	210	230	GB/T 3536
倾点/℃	-26	-23	-12	-27	-20	-22	GB/T 3535
总硫含量/(mg/kg)	<1	<1	<1	<1	<1	<1	SH/T 0631
饱和烃含量/%	99.14	99.01	98.87	98.70	98.64	99.18	SH/T 0607

由表2可以看出，2#基础油黏度较大，同时低温性能较好。3#基础油黏度过大，低温性能较差，不适宜用作本课题调和基础油。1#、4#、5#、6#与2#基础油制定调和黏度适中，同时低温性能优异，故按照产品黏度要求选择适合的组分进行调和试验，试验结果见表3。

表3 基础油调和方案

试验方案	基础油	方案1	方案2	方案3	方案4
调和比例/%	1#	56			
	2#	44	54	36	38
	4#		46		
	5#			64	
	6#				62

表4 L-DAH46基础油组成优化试验结果分析

分析项目	方案1	方案2	方案3	方案4	试验方法
运动黏度/(mm²/s)					
100℃	7.102	7.242	7.257	6.998	GB/T 265
40℃	46.81	46.94	46.93	46.05	
黏度指数	110	115	115	109	GB/T 1995
闪点(开口)/℃	220	220	228	240	GB/T 3536
倾点/℃	-25	-26	-24	-26	GB/T 3535
液压油热稳定性(135℃，168h)					SH/T 0209
外观	无沉淀	无沉淀	无沉淀	无沉淀	
液压油热稳定性测试后油品颜色/号	3.5	4.5	3.0	2.5	GB/T 6540

由表4组成优化试验结果可以看出：

(1) 对比基础油方案1、方案2试制的L-DAH46基础油倾点性能较好，但经液压油热稳定性测试后油品颜色色号较深。

(2) 对比基础油方案3、方案4试制的L-DAH46基础油，稳定性均满足要求，方案4闪点指标高于方案3，同时油品颜色变化较浅，方案较优。

（3）通过基础油评选，确定 L-DAH46 螺杆压缩机油基础油，由 2#与 6#中海油基础油按照方案 4 比例调和而成。

2.2 L-DAH46 螺杆压缩机油添加剂复配研究

本文研制的 L-DAH46 螺杆空气压缩机油是由中海油自产高品质基础油，添加抗磨剂、抗氧剂、防锈剂等添加剂调制而成。由于该种油品应用工况条件苛刻，在要求产品具有良好的抗泡、抗乳化、良好的黏温性能意外，还着重要求油品需拥有较长使用寿命，优异的抗氧化性能和防锈抗腐蚀性能。确保油品能够针对各种中、重负荷螺杆式空气压缩机起到冷却、润滑和保护的作用。

根据产品性能指标需求与理化特性，重点考察无灰抗磨剂 A、B、C。抗氧剂 D、E。防锈剂 F。

2.2.1 抗磨剂的评价

以最佳基础油方案的油品为原料，添加相同量（a%）的三种无灰抗磨剂，考察其抗磨性能和极压性能从而筛选最优无灰抗磨剂。

表 5 无灰抗磨剂评价方案

试验方案	方案 1	方案 2	方案 3	方案 4
L-DAH46 基础油	2#+6#基础油			
A/%	—	a%		
B/%	—		a%	
C/%	—			a%

表 6 L-DAH46 抗磨剂评选试验结果

分析项目	方案 1	方案 2	方案 3	方案 4
磨斑直径(392, 60min, 75℃, 1200r/min)/mm	0.72	0.39	0.43	0.45
P_B/kg	48	94	76	66

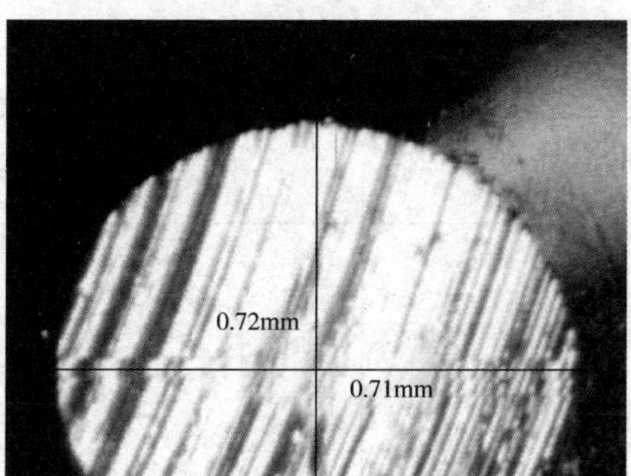

图 1 方案 1 磨斑直径 0.72mm

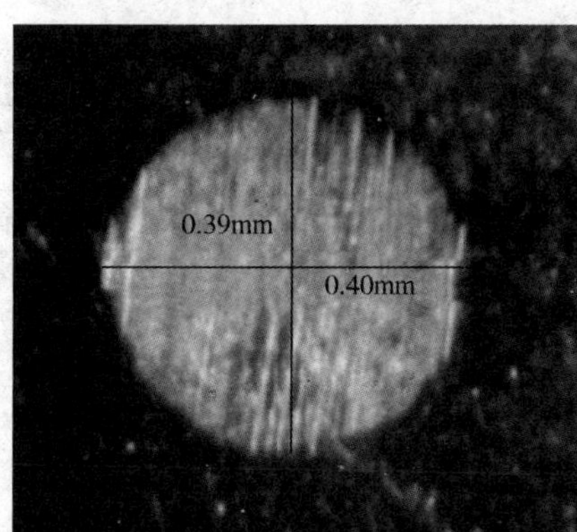

图 2 方案 2 磨斑直径 0.39mm

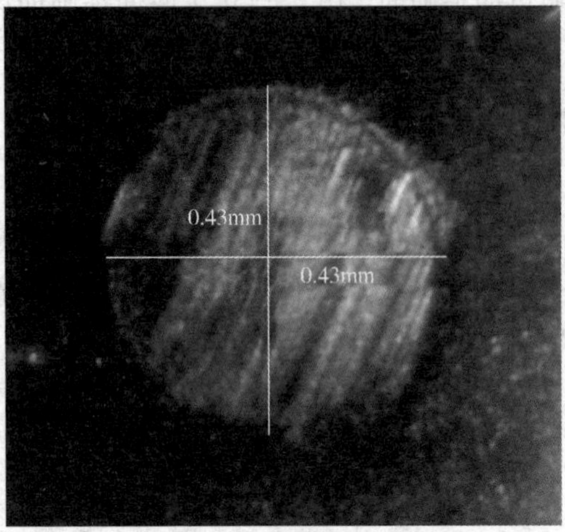

图3 方案3磨斑直径0.43mm

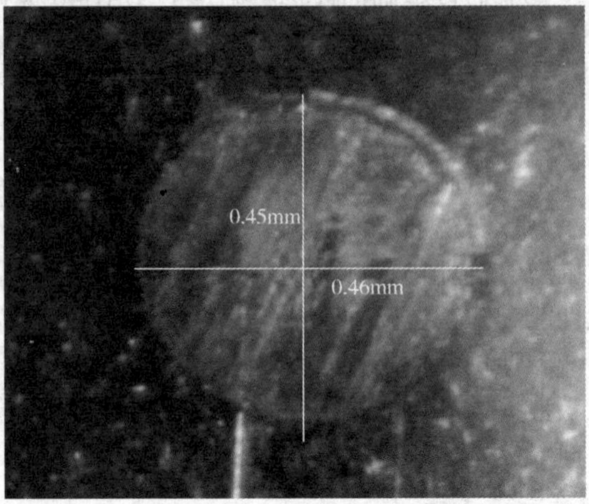

图4 方案4磨斑直径0.45mm

从表6及图1~图4抗磨剂评选实验结果可以看到，抗磨剂A与抗磨剂B、C相比，其调制的样品磨斑直径数值最小，同时其PB值较其他抗磨剂较强，具有相对较好的挤压性能。抗磨剂A能够有效提高油品抗磨性能，故通过抗磨试验结果对比，评选出抗磨剂A，加入量(a%)。

2.2.2 抗氧剂的评价

抗氧化性能是螺杆压缩机油最重要的性能指标之一。只有拥有良好的抗氧化性能，保证油品不变质氧化，油品才有可能在螺杆压缩机严苛的工况中得以有效发挥作用，进而才可以追求油品的长寿命使用。但实际工况中，工况温度和负荷压力都会对油品氧化寿命造成较大影响，其中工况温度影响尤为突出。在负荷压力不变的情况下，以85℃的工况温度为基准，一般每提升10℃其螺杆压缩机油氧化寿命将缩减50%。因此，为了保证工况波动的情况下依然保持油品良好的性能，需大幅提高其抗氧化性能，并留有富余。

实验室采用SH/T0193润滑油氧化安定性测定法(旋转氧弹法)和SH/T 0209液压油热稳定性测定法，考察不同类型抗氧剂A和B对L-DAH46螺杆压缩机油氧化安定性的改善效果。

表7 不同抗氧剂方案的氧化安定性分析

序号	添加量/%	指标分析	
		抗氧剂D旋转氧弹/min	抗氧剂E旋转氧弹/min
1	0.0	396	396
2	0.5	1189	808
3	1.0	1968	1152
4	1.5	2188	1233
5	2.0	2152	2008

由图5可以看到，随着抗氧剂添加量的增加，其旋转氧弹指标均呈上升趋势。但在添加量相同的情况下，抗氧剂D对油品抗氧性能提升的幅度更大。且当添加量量1.5%时，抗氧

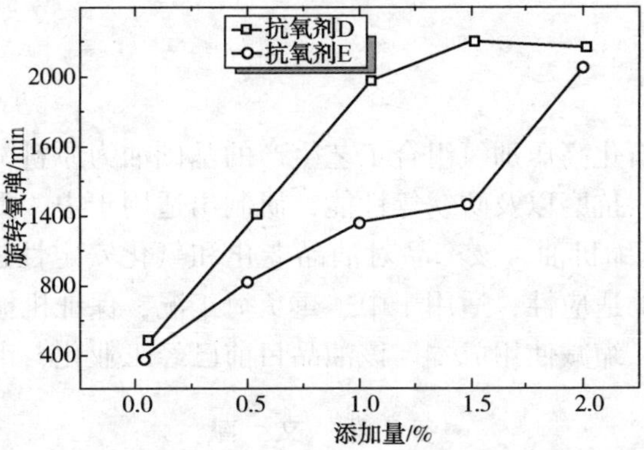

图 5 油品旋转氧弹指标随抗氧剂 D、E 添加量的关系

剂 D 效果达到峰值，继续增大添加量，其抗氧化性能无显著改善。故从性能提升和经济性方面综合考虑，评选出抗氧剂 D，添加量为 1.5%。

实验室确定使用抗氧剂 D 且添加量为 1.5%后，再通过 SH/T 0209—1992(2004)液压油热稳定性测定法(135℃，168h)考察其抗氧化性能，见表 7。

表 8 液压油热稳定性试验结果

分析项目	方案 1	试验方法
铜棒失重 Δm_1/g	0.0059	
钢棒失重 Δm_2/g	0.0042	
钢棒上沉积物重量 m_1/g	0.0046	
试样总沉渣 m_2/g	0.0096	
试验前后黏度变化(100℃)/%	1.12%	GB/T 265
试验前后酸值变化/%	1.61%	GB/T 264—1983(2004)

由表 8 可见，油品老化试验后，钢棒、铜棒质量损失较少，沉积物、总沉渣较少。同时，实验前后油品年度变化为 1.12%，酸值变化 1.61%，变化较小，说明油品热稳定性较好，抗老化能力较强，具有良好的氧化安定性。

2.2.3 防锈剂的评价

在基础油添加 a%抗磨剂 A、1.5%抗氧剂 D 的基础上，添加 0.05%防锈剂 F。通过 GB/T 5096 石油产品铜片腐蚀试验法和 GB/T 11143—2008 液相锈蚀试验方法，考察其防锈性能。

表 9 添加一定量的防锈剂 F 后油品性能分析

添加量/%	指标分析	
	防锈度验 A 法	腐蚀(T3 铜片，100℃，3h)
0.05	无锈	1a

由表 8 可以看到，防锈剂 F 添加量为 0.05%时，通过 GB/T 5096 石油产品铜片腐蚀试验法和 GB/T 11143—2008 液相锈蚀试验方法检测，油品防锈性能已经能够达到指标要求。为了保持产品防锈性能的富余，本着质量第一的原则，不再进行减小添加量的防锈性能评价。同时，兼顾经济因素，无须进行增大添加量的防锈性能考察。

3 结论

本文以中海油泰州石化高压加氢组合工艺生产的基础油为原料，通过功能添加剂的补强有效提升了油品抗氧化、抗磨以及防锈等性能，研制出适用于中、重负荷双螺杆空气压缩机的 L-DAH46 螺杆空气压缩机油。该产品对油品老化和氧化安定性进行了着重考察与提高。使油品对工况具有更好的适应性，适用于中、重负荷工况，保证机械的正常高效运行，同时大幅提升油品使用寿命，缩减使用成本。该油品目前已经工业化，市场前景广阔。

参考文献

[1] 张燕，许魏．加氢油调制空气压缩机油的研究[J]．高桥石化，2004(6)：41-44.
[2] 吕兆岐，谢泉．润滑油品研究与应用指南[M]．北京：中国石化出版社，1997：18-195.
[3] 蔡报华，林振国．压缩机润滑及其用油[M]．北京：中国石化出版社，1993：138-158.
[4] 黄福川，郝红，万嫦娥，等．可降解重负荷压缩机油的研制[J]．润滑与密封，2006，31(11)：161-164.

中国石化东海牌50号A级沥青产品研制和生产应用

柴志杰，王海瑛，董德安，韩青英

（中国石化炼油销售有限公司，上海　200050）

摘　要　本文介绍了中国石化50号A级沥青产品研制背景，在此基础上对该50号A级沥青进行了更广泛深入的研究，采用新的技术工艺如浅度改性技术工艺和抗车辙母粒调合技术工艺，研制出了质量稳定的50号A级沥青并进行了工业生产。其沥青产品稳定，热储存时间达5个多月，质量仍合格，沥青的性能分级为PG64-22。沥青混合料性能满足JTG F40-2004规范要求，抗车辙性能和水稳定性能更突出，在江西广吉高速进行了大规模的应用，铺路效果好。

关键词　沥青技术研究　50号A级沥青　生产　应用

1　50号A级沥青研究的背景

近年来随着我国公路运输交通量急剧增加，超载、重载现象严重，路面结构的损坏情况日益加剧，沥青混凝土高温稳定性不足，形成车辙，是我国高等级公路沥青路面的主要病害形式之一。为满足繁重交通量的需求，对沥青混凝土路面的抗高温变形能力和抗疲劳性能提出了更高的要求。

在此背景之下，为了解决我国南方、北方、甚至东北地区的沥青路面都出现的严重车辙病害，我国最普遍的技术选择是使用聚合物改性沥青，抗车辙剂的使用在最近几年也越来越多，低标号硬质沥青的市场潜在需求逐渐显现。目前，我国高速公路不仅表面层几乎全部采用改性沥青甚至同时使用抗车辙剂，而且越来越多的中面层也使用改性沥青混凝土，极大地增加了公路的建设成本。低标号硬质沥青混凝土技术是性价比最高的解决沥青路面车辙问题的技术途径，它不仅具备良好的抗车辙性能，同时还有相对较为低廉的价格，是中下面层材料的最佳选择，有很好的应用前景。

目前公路建设方面，市场以满足交通部JTG F40-2004的70号A级沥青、90号A级沥青为主，对低标号50号沥青使用需求相对较少，其主要原因是人们对低标号沥青路用性能认识还有待提高，尤其JTG F40-2004对50号A级沥青质量要求高，生产难度大、资源相对较少等使低标号沥青推广应用受到限制。

中国石化早期筛选很适合生产沥青的原油，通过减压深拔技术生产JTG F40-2004的50号A级沥青，但该技术对原油筛选苛刻度高，单储单炼，必须减压深拔等，生产难度较大，该50号A级沥青产品的质量指标针入度、10℃延度和软化点等三个指标相互制约，指标卡边问题突出，给该沥青产品销售及服务带来很大的压力。

基于50号A级沥青市场有需求，但通过常减压直拔对原油要求高、沥青产品质量卡边等等问题，中国石化科技人员进行技术攻关，开发出了通过浅度改性技术或抗车辙母粒调合技术来生产50号A级沥青，既解决了产品质量问题，也扩大了原油资源，为今后50号A沥青大规模生产应用提供了技术解决方案。

2 50号A级沥青的实验室研究

2.1 浅度改性工艺研制50号A级沥青

筛选了中国石化下属的三家沥青生产企业的基质沥青(10℃延度不合格的50号A级沥青)进行研究。利用改性剂、添加剂和部分基质沥青等通过胶体磨制备成改性剂含量较高的母液，该母液再被大量的基质沥青稀释为成品50号A级石油沥青。该石油沥青中含有少量的改性剂，其含量比常规改性沥青的改性剂含量少很多，因此把该工艺称为浅度改性工艺。

方案1的原料：基质沥青+A添加剂+B添加剂+C添加剂；方案2的原料：基质沥青+A添加剂+B添加剂

表1 中国石化JL企业50号A级沥青研制

项 目	JL基质沥青	方案1产品(热72h后)	方案2产品(热72h后)	质量要求[1]
针入度(25℃)/0.1mm	49	57	55	40~60
软化点(环球法)/℃	51.4	50.8	50.8	≥49
60℃动力黏度/(Pa·s)	278	318	326	≥200
延度(10℃，5cm/min)/cm	10	44	39	≥15
延度(15℃，5cm/min)/cm	>100	>100	>100	≥100
薄膜烘箱试验(TFOT)				
残留针入度比/%	68	70	76	≥61
延度(10℃，5cm/min)/cm	0	12	12	≥4

注：50号A级沥青产品热储存条件：140℃/72h，后面热储存条件相同。

表2 中国石化ZH企业50号A级沥青研制

项 目	ZH基质沥青	方案1产品(热72h后)	方案2产品(热72h后)	质量要求
针入度(25℃)/0.1mm	54	59	56	40~60
软化点(环球法)/℃	50.6	50.6	50.4	≥49
60℃动力黏度/(Pa·s)	308	283	280	≥200
延度(10℃，5cm/min)/cm	11	83	>100	≥15
延度(15℃，5cm/min)/cm	>100	>100	>100	≥100
薄膜烘箱(TFOT)				
残留针入度比/%	68	70	75	≥61
延度(10℃，5cm/min)/cm	6	9	10	≥4

表3 中国石化MM企业50号A级沥青研制

项 目	MM基质沥青	方案1产品(热72h后)	方案2产品(热72h后)	质量要求
针入度(25℃)/0.1mm	55	56	54	40~60
软化点(环球法)/℃	51.2	52.0	52.2	≥49
60℃动力黏度/(Pa·s)	332	318	301	≥200
延度(10℃，5cm/min)/cm	10	34	38	≥15
延度(15℃，5cm/min)/cm	85	>100	>100	≥100
薄膜烘箱试验(TFOT)				
残留针入度比/%	66	69	72	≥61
延度(10℃，5cm/min)/cm	5	8	8	≥4

从表1~表3可以看出，无论是方案1还是方案2，以三家沥青的基质沥青为原料研制的50号A级沥青，在烘箱140℃加热72h后的沥青主要指标满足JTG F40-2004中对50号A级石油沥青质量要求，并且有较大富裕度。

因为方案1多了一种添加剂，成本相对偏高，且对产品的延度贡献不明显，所以选择方案2进行后续方案优化和工业试验。

在表1~表3试验中，方案2中A添加剂加入量均为1.5%，B添加剂加入量均为1%，在此基础上再对添加剂进行优化，优化结果见表4。

表4 优化50号A级产品方案并进行热储存跟踪

项 目	MM	JL		ZH	
B添加剂%	0.7	0.8	0.6	0.8	0.6
A添加剂%	1.05	1.2	0.9	1.2	0.9
检测结果					
针入度(25℃，100g，5s)/0.1mm	55	50	49	55	56
软化点(环球法)/℃	51.5	51.2	50.8	51.2	50.4
60℃动力黏度/(Pa·s)	317	282	279	262	302
延度(10℃，5cm/min)/cm	17	17	16	29	21
延度(15℃，5cm/min)/cm	>100	>100	>100	>100	>100
TFOT烘箱试验					
残留针入度比/%	69	72	72	73	70
延度(10℃，5cm/min)/cm	7	5	7	11	8

从表4看出，A添加剂含量从1.5%降低0.9%~1.2%，B剂含从1%量降低0.6%~0.8%时，制得的50号沥青产品在高温储存后仍满足JTG F40-2004中对50号A级石油沥青质量要求。

2.2 抗车辙母粒调合技术研制50号A级沥青

2.2.1 原料的性质

原料的性质见表5和表6。

表5 中国石化三家沥青企业70号沥青检测结果

试验项目	技术要求	YZ	JL	MM	试验方法[2]
针入度(25℃)/0.1mm	60~80	66	67	69	T 0604
针入度指数 PI	-1.5~+1.0	-1.05	-1.3	-0.91	T 0604
软化点/℃	≥45	47.1	48.8	49.0	T 0606
60℃动力黏度/(Pa·s)	≥160	189.1	198.3	194.7	T 0620
延度(10℃)/cm	≥15	62	35	24.2	T 0605
延度(15℃)/cm	≥100	>100	>100	>100	T 0605
闪点(开口)/℃	≥260	>300	>300	>300	T 0611
溶解度/%	≥99.5	99.98	99.98	99.96	T 0607
密度(15℃)/(g/cm^3)	实测	1.041	1.035	1.029	T 0603
TFOT 烘箱试验					
质量变化/%	≤±0.8	0.003	-0.019	-0.070	T 0609
针入度比/%	≥61	65.4	61.8	63.3	T 0604
延度(10℃)/cm	≥6	7.3	5.9	6.2	T 0605

表6 抗车辙母粒质量检测结果

项　目		检测结果	母粒质量要求	试验方法
软化点(环球法)/℃		124	120~140	GB/T 4507
颗粒尺寸(直径<8mm)/%		99	实测	Q/SH 3210049
溶解度/%	不小于	99.98	99.5	GB/T 11148
灰分/%	不高于	0.087	1.0	SH/T 0029

2.2.2 抗车辙母粒调合技术研制50号A级沥青结果

将中国石化三家沥青企业的70号沥青分别与中国石化的抗车辙母粒分别进行调合。

调合条件：调合时间30min；调合温度145~150℃。

产品考察：加入比例均为2.5%抗车辙母粒分别与三家企业的70号沥青调合，对其产品50号沥青进行140℃、72h考察，其产品质量见表7，其中YZ方案满足质量要求，因此选择YZ方案进行工业生产。

表7 抗车辙母粒调合技术研制50号A级沥青及热考察的结果

试验项目	技术要求	YZ方案产品	JL方案产品	MM方案产品
针入度(25℃)/0.1mm	40~60	56	54	57
软化点/℃	≥49	50.4	50.6	51.2
60℃动力黏度/(Pa·s)	≥260	263.3	279.5	305.0
延度(10℃)/cm	≥15	17.8	10.5	10.1
延度(15℃)/cm	≥80	>100	>100	82.5
TFOT 烘箱试验				
针入度比/%	≥63	65.1	66.73	65.8
延度(10℃)/cm	≥4	5.3	4.6	4.7

3 沥青工业生产及产品质量

3.1 浅度改性技术50号A级沥青流程和产品质量

3.1.1 浅度改性技术50号A级沥青产品流程

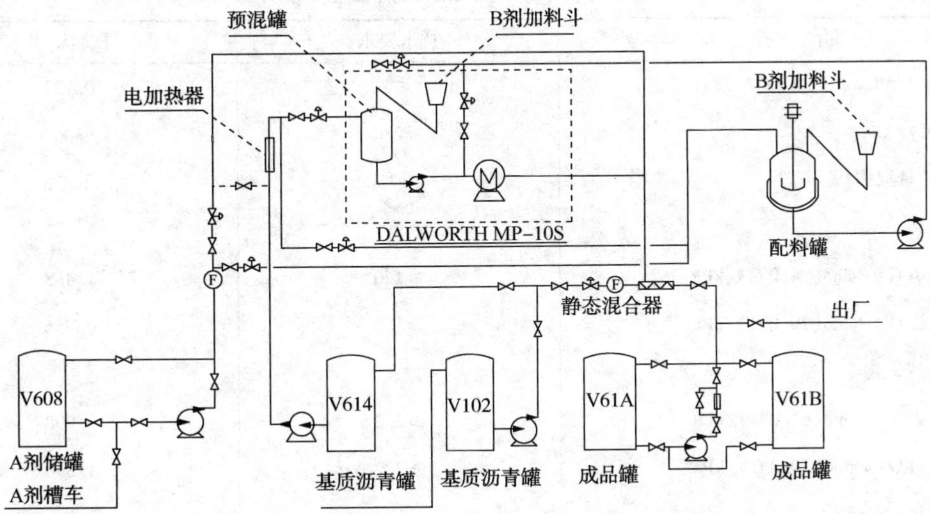

图1 浅度改性技术生产50号A级沥青流程图

加热基质沥青与添加剂预混—搅拌发育—胶体磨剪切—高浓度改性沥青+基质沥青—静态混合器—稀释调合—成品罐搅拌—成品50号A级沥青产品。

3.1.2 50号A级沥青产品质量及其跟踪

表8 50号A级沥青产品及其质量跟踪结果

项目	1月16日出厂结果(罐存温度138℃)	2月10日客户罐检测结果(罐存温度136℃)	2月20日客户罐检测结果(罐存温度115℃)	3月5日客户罐检测结果(罐存温度95℃)	6月8日客户罐检测结果(储存温度46~58℃)
针入度(25℃)/0.1mm	57	55	55	56	54
PI	-0.8	-0.51	—	—	—
软化点(环球法)/℃	50.0	50.5	50.0	49.9	49.6
60℃动力黏度/(Pa·s)	365	340	—	—	—
延度(10℃)/cm	34	17	20	26	27
延度(15℃)/cm	>150	>150	—	—	—
密度(15℃)/(g/cm^3)	1.03	1.03	—	—	—
闪点/℃	>300	280	—	—	—
薄膜烘箱试验	TFOT	RTFOT	RTFOT	RTFOT	RTFOT
质量变化/%	-0.014	-0.31	—	—	—
残留针入度比/%	67	63	65	66	67
延度(10℃)/cm	10	6	7	7	8

从表8可以看出，近2个月的高温储存和3个月的温度不小于46℃的储存，沥青的关键指标均满足规范JTG F40-2004要求，并且质量稳定。

3.1.3 50号A级沥青PG分级

委托国家道路及桥梁质量监督检测中心(中路高科交通检测检验认证有限公司)对该50号A级沥青产品进行PG分级检测，见表9，其分级为PG64-22。

表9 东海牌50号A级沥青的性能PG分级

指标	技术要求	试验结果
运动黏度(135℃)/(Pa·s)	≤3	0.737
闪点(COC)/℃	≥230	306
TFOT后质量损失/%	≤±1.0	-0.020
沥青原样		
动态剪切G*/sinδ(64.0℃)/kPa	≥1.0	1.488
动态剪切G*/sinδ(70.0℃)/kPa	≥1.0	0.756
RTFOT后残留物		
动态剪切G*/sinδ(64.0℃)/kPa	≥2.2	3.998
动态剪切G*/sinδ(70.0℃)/kPa	≥2.2	1.856
PAV残留物(100℃)		
动态剪切G*/sinδ，22.0℃)/kPa	≤5000	5238
动态剪切G*/sinδ，25.0℃)/kPa	≤5000	3605
蠕变劲度(-12℃)/MPa	≤300	223
蠕变劲度(-18℃)/MPa	≤300	410
m值(-12℃)	≥0.3	0.308
m值(-18℃)	≥0.3	0.209
路用性能PG等级	PG64-22	

3.1.4 沥青混合料性能评价：

委托国家道路及桥梁质量监督检测中心对该50号A级沥青进行了沥青混合料的性能评价，见表10~表13，其结果均满足规范要求。

表10 车辙试验结果

项目	试验温度	试验结果	技术要求
车辙动稳定度试验(0.7MPa)/(次/mm)	60℃	3418	动稳定度应不小于1000次/mm

表11 低温弯曲试验结果

试验温度/℃	加载速率/(mm/min)	破坏强度/MPa	破坏应变/με	破坏劲度模量/MPa	技术要求
-10	50	9.85	2323	7091.0	破坏应变应不小于2000με

表12 冻融劈裂试验结果

混合料类型	油石比/%	试验条件	劈裂强度/MPa	残留强度比/%	规范要求/%
AC-20	4.1	未冻融	0.99	88.8	不小于75
		经冻融	0.88		

表13 浸水马歇尔试验结果

混合料类型	油石比/%	浸水时间/h	稳定度/kN	残留强度比/%	规范要求/%
AC-20	4.1	0.5	11.93	98.3	不小于80
		48	11.73		

3.2 抗车辙母粒调合技术生产50号A级沥青产品

3.2.1 抗车辙母粒调合技术工艺流程

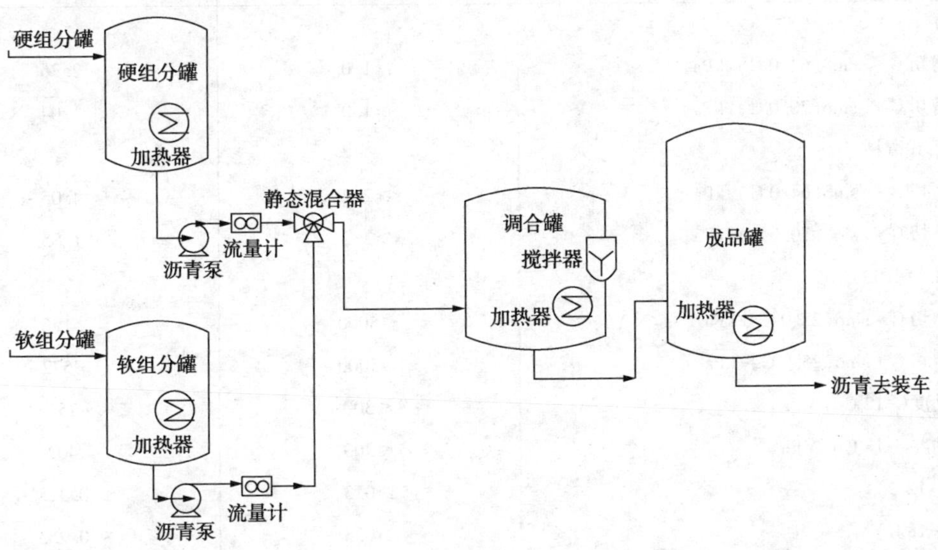

图2 抗车辙母粒调合技术工艺流程

3.2.2 抗车辙母粒调合技术生产50号A级沥青产品质量及其热跟踪

对该工业生产的50号A级沥青产品进行了30天热储存(储存温度140~80℃)质量考察跟踪，结果见表14，结果表明，该产品质量合格、质量稳定。

表14 抗车辙母粒调合技术生产的50号A沥青产品热储存质量跟踪

项　目	生产结果	30天热储存后(成品罐混合)	质量要求
针入度(25℃，100g，5s)/0.1mm	56	56	40~60
软化点(环球法)/℃	49.8	49.8	≥49
60℃动力黏度/(Pa·s)	242	236	≥200
延度(10℃，5cm/min)/cm	20	18	≥15
延度(15℃，5cm/min)/cm	>100	>100	≥100

续表

项目	生产结果	30天热储存后(成品罐混合)	质量要求
TFOT烘箱试验			
质量变化/%	0.019	0.028	±0.8
残留针入度比/%	68	64	≥61
延度(10℃，5cm/min)/cm	6	5	≥4
RTFOT烘箱试验			
质量变化/%	0.003	-0.040	±0.8
残留针入度比/%	66	63	≥61
延度(10℃，5cm/min)/cm	6	5	≥4

表15 抗车辙母粒调合技术生产50号A级沥青的性能PG分级

指标	技术要求	试验结果
沥青原样		
动态剪切G*/sinδ(64.0℃)/kPa	≥1.0	2.26
动态剪切G*/sinδ(70.0℃)/kPa	≥1.0	1.04
RTFOT后残留物		
动态剪切G*/sinδ(64.0℃)/kPa	≥2.2	4.05
动态剪切G*/sinδ(70.0℃)/kPa	≥2.2	1.85
PAV残留物(100℃)		
动态剪切G*sinδ(22.0℃)/kPa	≤5000	5196
动态剪切G*sinδ(25.0℃)/kPa	≤5000	3572
蠕变劲度(-12℃)/MPa	≤300	257
蠕变劲度(-18℃)/MPa	≤300	402
m值(-12℃)	≥0.3	0.325
m值(-18℃)	≥0.3	0.255
路用性能PG等级	PG64-22	

表15的结果表明，抗车辙母粒调合技术生产50号A级沥青的性能PG分级也为PG64-22。

4 该50号A级沥青在江西广吉高速的应用

江西广昌至吉安高速公路是《国家公路网规划(2013年—2030年)》规划的沈海高速一段，也是《江西省高速公路网规划(2013年—2030年)》“四纵八射”公路网主骨架中第三横的中段，于2019年1月22日通车。全长189km，按双向四车道高速公路标准建设，主线路基宽度为24.5m，设计荷载为公路-I级，采用三层沥青层结构：从下至上混合料类型依次为ATB-25、AC-20和AC-13，其中ATB-25采用中国石化“东海牌”50号A级沥青。

广吉高速公路共使用“东海牌”50号A级沥青2万余吨。该沥青质量满足《公路沥青路面施工技术规范》(JTG F40—2004)要求，其中软化点高、60℃动力黏度大、薄膜烘箱前后的10℃延度均有一定的富裕度。其沥青混合料经施工方送第三方评价各项路用性能均满足规范JTG F40-2004要求，混合料具有良好的施工和易性，路面压实性好，工程质量均达到设计及相关技术标准的要求。

5 结论

(1) 通过浅度改性沥青技术可研制和工业生产出50号A级沥青产品，且产品的热储存达5个多月，其产品质量仍合格、稳定。

(2) 通过抗车辙母粒调合技术可研制和工业生产出50号A级沥青产品，且产品的热储存1个月后，其质量合格、稳定。

(3) 该50号A级沥青产品的沥青混合料性能评价满足JTG F40-2004要求，高温抗车辙性能和抗水稳定性更好。

(4) 该50号A级沥青产品在江西广吉高速成功大规模应用。

参 考 文 献

[1] JTG F40—2004公路沥青路面施工技术规范[S]. 北京：人民交通出版社，2004.

[2] JTG E20—2011公路工程沥青及沥青混合料试验规程[S]. 北京：人民交通出版社，2011.

高压加氢异构降凝轻质馏分的利用

黄 灏

（中国石化荆门分公司，湖北荆门 448002）

摘 要 高压加氢异构降凝装置副产的石脑油馏分、煤油馏分及柴油馏分等轻质馏分，因经过了高压加氢，具有硫、氮、芳烃、烯烃等含量均较低和颜色好的特点，无色透明。经过优化合理的利用方案，高压加氢异构降凝装置副产轻质馏分的较轻部分可开发分析纯石油醚，高压加氢异构降凝装置副产轻质馏分的中间段至较重部分馏分可开发植物油抽提溶剂油、橡胶工业用溶剂油、无味煤油、铝箔或铝板轧制油基础油、D系列低芳烃溶剂油、异构烷烃类溶剂油、3#工业白油等，高压加氢异构降凝装置副产轻质馏分的重质部分馏分可作为白油调合组分开发5#、7#、10#、15#工业白油等白油系列产品。

关键词 异构降凝 溶剂油 轻质白油 优化

1 前言

中石化荆门石化拟建高压加氢异构降凝装置使用中石化石油化工科学研究院16MPa(氢分压)高压加氢处理、10MPa(氢分压)中压异构降凝技术。它与荆门现有加工流程组合[1]，适宜生产API Ⅱ类10#重质基础油和光亮油，可以较好地满足中石化润滑油公司对重质基础油的要求。而其副产的异构降凝轻质馏分由于经过了高压加氢，具有S、N、芳烃、烯烃等含量均较低和颜色好的特点，其硫、氮含量均小于1μg/g，无色透明，对人体无害，属环境友好产品，是生产附加值较高的特种溶剂油的良好原料，可作为精细化工加工和金属加工等领域的优质溶剂，用途广泛。通过开发高压加氢异构降凝装置副产品，可以充分利用荆门石化资源，立足产品高档次，技术高水平、效益最大化，为荆门石化增效开辟新的途径。开发附加值高的特种溶剂油等新产品，有利于提升高压加氢异构降凝装置的整体经济效益，有利于中石化润滑油高压加氢处理—中压异构降凝技术自主知识产权的推广应用。

2 异构降凝轻质馏分实验室切割数据

实验室以荆门石化拟建润滑油高压加氢异构降凝装置生成油切割 < 370℃馏分，作为异构降凝轻质馏分来进行优化利用，再用实沸点切割出不同的馏分，开展高压加氢异构降凝轻质馏分的利用探讨。异构降凝轻质馏分实验室实沸点切割馏分收率和部分性能见表1。

表1 实沸点切割馏分收率和性能

项 目	收率/%	紫外芳烃含量/%	硫含量/(μg/g)	40℃运动黏度/(mm²/s)
60~80℃	0.05	1.782	79	

续表

项目	收率/%	紫外芳烃含量/%	硫含量/(μg/g)	40℃运动黏度/(mm²/s)
80~98℃	0.08	0.683	12	
98~104℃	0.12	0.272	5.8	
104~115℃	0.07	0.149	2.8	
115~140℃	0.72	0.102	4.6	
140~163℃	1.80	0.072	1.1	
163~179℃	2.66	0.066	1.2	
179~190℃	3.49	0.094	2.3	
190~203℃	3.06	0.097	2.3	
203~223℃	10.85	0.201	3.6	
223~254℃	15.10	0.127	1.1	
254~273℃	11.69	0.184	2.7	3.158
273~310℃	15.18	0.286	4.8	4.85
>310℃	33.14	0.297	9.3	19.22

从表1可见：荆门石化拟建润滑油高压加氢异构降凝装置生成油切割<370℃馏分，其中60~140℃馏分收率较少，203~310℃馏分较多，>310℃馏分为33.14%。140~179℃馏分范围的硫含量达到了Exxon/Mobil公司脱芳烃溶剂油硫含量<2μg/g的指标要求[2]。254~273℃馏分可开发3#工业白油，273~310℃馏分可开发5#工业白油。>310℃馏分的40℃运动黏度达到19.22mm²/s，可以作为白油调合组分开发5#、7#、10#、15#工业白油等白油系列产品。

3 国内轻质馏分产品开发

3.1 惠州石化异构脱蜡装置轻质馏分开发

中海油惠州石化润滑油异构脱蜡装置采用Chevron公司的异构脱蜡和后精制专利催化剂，以加氢裂化尾油为原料，设计加工能力为400kt/a[3]，副产的轻质油的总体利用方案是用作环保型的特种溶剂油。石脑油馏分经再分馏切割可生产分析纯石油醚；煤油馏分具有芳烃含量低、硫含量低的特点，可开发无味煤油或铝箔轧制油基础油；柴油馏分可生产广泛应用于各有关行业的多种溶剂产品。

3.2 高桥石化异构脱蜡装置轻质馏分开发

中石化高桥石化润滑油异构脱蜡装置采用Chevron公司的加氢裂化、异构脱蜡和后精制专利催化剂，按照加氢裂化部分300kt/a进料、异构脱蜡部分400kt/a进料进行设计[4]。以减三线、减四线VGO和脱沥青油为设计原料，目标产品是APIⅡ、Ⅲ类润滑油基础油，副产低凝柴油、喷气燃料馏分、石脑油馏分等产品，其中石脑油馏分可生产分析纯石油醚，喷气燃料馏分可生产特种煤油与铝箔轧制油，轻质加氢基础油可生产变压器油、高档白油以及果冻蜡等。

4 异构降凝轻质馏分的利用

4.1 生产石油醚

一般情况下市场上石油醚的出厂价格远远高于石脑油馏分的出厂价格，利用异构降凝石脑油馏分精加工可能会产生一定的价值，将其进行分馏切割，使之相应馏分的各种指标满足不同类型石油醚的产品要求。石油醚相关规格产品的性质见表2。

表2 石油醚相关规格产品的性质

项　目	第Ⅰ类石油醚	第Ⅱ类石油醚	第Ⅲ类石油醚
馏程/℃	30~60	60~90	90~120
色度/黑曾单位	≤10	≤10	≤10
残渣量/%	≤0.001	≤0.001	≤0.001
H_2O/%	≤0.015	≤0.015	≤0.015
酸度(以H^+计)/(mmol/g)	≤0.000015	≤0.000015	≤0.000015
苯/%	≤0.025	≤0.025	0
硫化合物含量(以SO_4计)/%	≤0.015	≤0.015	≤0.000001
Fe/%	≤0.0001	≤0.0001	0
Pb/%	≤0.0001	≤0.0001	0
易碳化物质	合格	合格	合格

4.2 生产特种煤油

特种煤油的特点为低蜡(正构烷烃)、低硫、低氮、低芳烃含量，可广泛用作气雾杀虫剂的溶剂、无味煤油、上光剂、液体蚊香、印染用油、金属清洗剂、无味油漆调合油等。由于芳烃含量低，故在使用时对人体无害，有利于环境保护。荆门石化异构降凝轻质馏分开发特种煤油可比照金陵石化和高桥石化。金陵石化的特种煤油产品，采用直馏煤油作原料，经加氢精制、分子筛脱蜡、加氢脱芳烃等工艺精制而成，其特种煤油控制指标见表3。高桥石化异构降凝轻质馏分生产的无味煤油指标见表4[5]。

表3 金陵石化特种煤油控制指标

项　目	金陵石化特种煤油	
	ST-1	ST-3
色度/赛波特号	≥+30	≥+30
密度(20 ℃)/(kg/m^3)	770~800	790~820
馏程/℃		
馏点	≥140	≥180
干点	≤280	≤280

续表

项目	金陵石化特种煤油	
	ST-1	ST-3
闪点(闭口)/℃	≥32	≥60
实际胶质/(mg/100mL)	≤ 5	≤ 10
冰点/℃	≤-40	≤-30
芳烃/%	≤0.1	≤0.1
苯胺点/℃	报告	报告
硫/(μg/g)	≤5	≤5
溴值/(gBr/100g)	≤0.5	≤1.0
水溶性酸碱	无	无
机械杂质和水分	无	无

表 4 高桥石化无味煤油指标

项目		指标		试验方法
		1#无味煤油	2#无味煤油	
比色/号	不大于	30		GB/T 3555
馏程				
初馏点/℃	不高于	140	160	GB/T 6536
95%回收温度/℃	不高于	300	300	
溴值/(gBr/100g)	不大于	1	2	GB/T 11135
硫含量/%	不大于	0.0002		SH/T 0253
芳烃/%	不大于	0.1		SH/T 0409
外观		无色透明		目测

4.3 生产铝轧制油基础油

异构降凝副产的煤油馏分的硫和芳烃含量小且铝箔、铝板轧制油的理想组分含量高，是生产铝箔、铝板轧制油的优质原料[6]。铝轧制油基础油的开发工作主要是依据文献资料及与市售的铝轧制油基础油横向比较后开展。从文献可知，铝轧油基础油的理想组分为正构链烷烃，异构链烷烃与环烷烃次之[7]。目前，国内大中型铝箔厂完全采用进口轧制油和添加剂的厂家并不太多，主要原因是轧制油用量大，进口轧制油成本高，大部分铝箔厂采用国产轧制油。采用 D65、D80 溶剂油复配添加剂适用于铝箔轧制，要求染色倾向低及冷却效果高的操作较为有利；D90、D100 溶剂油适用于铝板带轧制，由于其挥发性低，故蒸发损失性能较好。部分公司铝箔轧制油基础油的理化性质见表 5。

表 5 部分公司铝箔轧制油基础油的理化性质

项目	LBYL-1(沧州)	LBYJ-2(秦城)	LBYJ-3(淮阴)
密度(20℃)/(kg/m^3)	811.8	781.1	790.7
黏度(40℃)/(mm^2/s)	1.813	1.585	1.608

续表

项　　目	LBYL-1(沧州)	LBYJ-2(秦城)	LBYJ-3(淮阴)
闪点(闭口)/℃	78	83	85
酸值/(mgKOH/g)	0.003	0.003	0.010
灰分/%	0.009	0	0.040
铜片腐蚀(100℃，3h)	1b	1b	1b
倾点/℃	<-41	<-23	<-31
硫含量/(μg/g)	<0.3	<1	1.25
芳烃/%	<1	<0.1	<0.045
馏程/℃			
初馏点	200	204	215
50%	231	228	226
90%	240	241	229
干点	248	248	241
馏程差	48	44	26

4.4 生产溶剂油

溶剂油的应用领域遍及医药、食用油、印刷油墨、皮革、农药、杀虫剂、橡胶、化妆品、香料、化工聚合、涂料以及IC电子部件的清洗等诸方面。目前以D系列低芳型为代表的特种溶剂油和植物油抽提溶剂油、120号溶剂油、200号溶剂油为主。生产溶剂油产品的发展趋势是：多品种、小批量、高质量、环保型。由于产品品种多，使用分散、零星，质量要求高，指标特殊，市场变化较大。国内溶剂油类主要生产企业产能见表6。

表6 国内溶剂油类主要生产企业产能

厂　　家	原　　料	产能/(万t/a)	主要品种
沧州炼油厂特种油有限公司	直馏煤油	15	无味煤油、铝箔油
金陵石化公司炼油厂	航煤、抽余油	3.5	无味煤油、D40、D60、D80
清江石化有限责任公司	直馏煤油	20	无味煤油、D40、D60、D80、D100
抚顺石化公司三厂	抽余油	4	D30、D50、D80
茂名实华公司	航煤	3	D30、D40、D65、D95
广州石化公司	航煤	3	低芳烃溶剂油
中石化荆门石化	航煤	11	D40
金陵石化分公司烷基苯厂	抽余油	1	D40、D80
洛阳金达石化有限公司	航煤、轻柴油宽馏分油	10	D20、D70、D80、PVC降黏剂、金属加工油、DLZ95铝轧制基础油等
中石化与韩国SK合资的企业上海高桥爱思开溶剂有限公司[8]	高桥石化润滑油异构降凝轻质馏分	6	D40~D130、异构烷烃类溶剂

国外溶剂油的生产主要集中在 Exxon Mobil、Shell 和 Total 等几个国际著名的石油公司。国外溶剂油产品种类齐全，其生产已向系列化、低硫、低芳烃含量方向发展，其中 Exxon Mobil 公司的 Dx 系列溶剂油、Shell 公司的 SS 系列溶剂油均要求芳烃质量分数小于 0.1%。随着环保要求日益严格和各行业对溶剂性能要求的提高，溶剂油的生产将向深度加氢脱硫、脱芳、脱氮后的低硫、低芳、低氮、无毒、无味、无色的环保型低芳溶剂油方向发展。荆门石化拟建高压加氢异构降凝工艺轻质馏分因其芳烃和硫含量低、颜色好等特点而具有广阔的应用和市场前景。

4.4.1 植物油抽提溶剂油

高压加氢异构降凝装置轻质馏分，因经过了高压加氢，具有硫、氮、芳烃、烯烃等含量均较低和无色透明(赛波特颜色≮+30)的特点，较为轻质的部分馏分适宜开发主要用于浸出法生产食用油脂的植物油抽提溶剂油。植物油抽提溶剂油执行 GB 16629—2008《植物油抽提溶剂》，主要有赛波特颜色≮+30、苯含量(质量分数)≯0.1%、馏程和硫含量的要求。

4.4.2 橡胶工业用溶剂油

橡胶工业用溶剂油主要用于橡胶工业、制鞋行业、再生胶的综合利用、调制各种黏合剂。橡胶工业用溶剂油执行 SH 0004—1990(2007)标准[9]，主要有馏程、硫含量和芳烃含量等指标。经过高压加氢的异构降凝轻质馏分用作橡胶工业用溶剂油，质量富余太多。

4.4.3 D 系列溶剂油用溶剂油

国内在 2003 年后开发和生产的特种溶剂油，多数企业在产品推介时，对产品的性质和用途是仿照 Exxon/Mobil 公司的，取名 Dx 系列溶剂油，并参照用途进行市场定位，仿照 Exxon/Mobil 公司开发 Dx 系列溶剂油。Dx 系列脱芳溶剂油基本用途见表 7，Exxon/Mobil 公司部分溶剂产品性能见表 8。

表 7 Dx 系列脱芳溶剂油基本用途

规格	主要质量指标				主要用途
	馏程/℃	硫/(μg/g)	芳烃/%	闪点/℃	
D20	90~130	<0.5	<0.5	>20	清洗剂、医药中间体、胶黏剂溶剂、皮革助剂
D30	120~160	<0.5	<0.5	>30	清洗剂、医药中间体、胶黏剂溶剂
D40	160~200	<0.5	<0.5	>40	纺织印染助剂、金属清洗剂、干洗剂、涂料和油漆溶剂、塑胶降黏剂
D60	190~230	<0.5	<0.5	>60	金属清洗剂、胶黏剂溶剂、气雾剂溶剂
D80	200~250	<0.5	<0.5	>80	车用胶黏剂溶剂、气雾剂溶剂、污水处理剂、铝板铝箔用基础油
D100	230~270	<0.5	<0.5	>100	玻璃胶溶剂、除草剂溶剂、铝板铝箔用基础油、电火花加工用油、电路板清洗油
D110	240~290	<0.5	<0.5	>110	矿物提炼助剂、油墨溶剂、烟用胶溶剂
D140	290~365	<0.5	<0.8	>140	油墨溶剂等

表8 Exxon/Mobil公司部分溶剂产品性能[2]

名称		初馏点/℃	干点/℃	密度/(g/cm³)	芳烃含量/%	硫含量/(μg/g)
脱芳烃溶剂油	Exxsol D30	141	159	0.763	<0.01	<2
	Exxsol D40	164	192	0.772	0.08	<2
	Exxsol D60	187	209	0.782	0.2	<2
	Exxsol D80	208	243	0.796	0.3	<2
	Exxsol D110	248	266	0.814	0.4	<2
	Exxsol D130	281	307	0.819	0.5	<2
异构烷烃类	Isopar C	98	104	0.699	0.01	≤5
	Isopar E	115	139	0.724	0.01	≤5
	Isopar G	163	176	0.748	0.01	≤5
	Isopar H	179	187	0.759	0.01	≤5
	Isopar L(S)	190	203	0.779	0.01	≤5
	Isopar M	223	254	0.792	0.01	≤5
	Isopar V	273	310	0.822	0.1	≤5

4.5 生产轻质工业白油

荆门石化拟建异构降凝轻质馏分切割的220~300℃馏分，因经过了高压加氢，具有硫、氮、芳烃、烯烃等含量均较低和赛波特颜色性能好的特点可以开发对芳烃和赛波特颜色要求高的3#工业白油(参照NB/SH/T 0913—2015轻质白油标准)，实际生产中可以比照荆门石化现有3#工业白油质量技术要求。

工业白油旧标准SH/T 0006—2002对5#、7#、10#、15#工业白油的硫和芳烃含量没有指标要求，代替旧标准SH/T 0006—2002的工业白油行业标准NB/SH/T 0006—2017对5#、7#、10#、15#工业白油的硫和芳烃含量要求较高[10]。荆门石化拟建异构降凝轻质馏分切割的>310℃馏分的40℃运动黏度达到19.22mm²/s，因经过了高压加氢，硫和芳烃含量均较低，可以作为工业白油调合组分开发5#、7#、10#、15#工业白油等白油系列产品。

5 小结

(1) 高压加氢异构降凝装置副产的石脑油馏分、煤油馏分及柴油馏分等轻质馏分，因经过了高压加氢，具有硫、氮、芳烃、烯烃等含量均较低和颜色好的特点，无色透明。经过优化合理的利用方案，高压加氢异构降凝装置副产轻质馏分的较轻部分可开发分析纯石油醚，高压加氢异构降凝装置副产轻质馏分的中间段至较重部分馏分可开发植物油抽提溶剂油、橡胶工业用溶剂油、无味煤油、铝箔或铝板轧制油基础油、D系列低芳烃溶剂油、异构烷烃类溶剂油、3#工业白油等，高压加氢异构降凝装置副产轻质馏分的重质部分馏分可作为白油调合组分开发5#、7#、10#、15#工业白油等白油系列产品。

(2) 荆门石化拟建高压加氢异构降凝装置副产轻质馏分开发附加值高的特种溶剂油等新产品，有利于提升高压加氢异构降凝装置的整体经济效益，有利于中石化润滑油高压加氢处理—中压异构降凝技术自主知识产权的推广应用。

参 考 文 献

[1] 黄灏，蒲祖国，苏光华等．加氢改质润滑油基础油的生产与应用[J]．石油炼制与化工，2003，34(9)：44-48.

[2] 王彦伟，刘晓欣．溶剂油生产与市场现状[J]．石油化工技术经济，2004，19(1)：44.

[3] 黄小珠，李鸣，宫卫国，等．加氢异构脱蜡反应温度的影响因素研究[J]．石油炼制与化工，2014，45(8)：54.

[4] 曹文磊，刘英．润滑油加氢装置的原料优化与合理利用[J]．润滑油，2012，27(4)55-60.

[5] 黄存超．利用异构航煤馏分生产 2#无味煤油[J]．高桥石化，2007，22(5)：4-6.

[6] 胡豫，满瑞林，刘小风，等．铝箔轧制油基础油的组成与性能[J]．石油学报(石油化工)，2008，24(3)：333-337.

[7] 黄灏，曾兰英．铝冷轧制油的研制[J]．润滑油，2003，18(5)：27-31.

[8] 程国良．脱芳烃溶剂油及其加氢生产技术的发展[J]．石油商技，2011，29(1)：58.

[9] 项晓敏．我国溶剂油产品规格的发展历程及趋势[J]．石油商技，2011，29(6).

[10] 中华人民共和国国家能源局．NB/SH/T 0006—2017 工业白油[S]．北京：中国石化出版社，2018.

L-HV32 低温液压油的研制

乔　琦，吉　祥

（中海油气（泰州）石化有限公司，江苏泰州　225300）

摘　要　采用泰州石化石蜡基高压加氢基础油为原料，评选黏度指数改进剂和复合添加剂，研制出 L-HV32 低温液压油，目标产品符合 GB 11118.1—2011 质量标准，确保所研制的产品具有优异的润滑性、抗剪切性以及卓越的低温流动性，以满足低温地区下的用油需求。

关键词　低温液压油　黏度指数改进剂　复合添加剂

随着工业化的发展，液压油逐渐成为工业润滑油中用量最大、应用面最广的品种，通常占工业润滑油一半以上，因此在国际和国内市场占有很重要的地位。液压油作为液压系统的重要组成部分之一，在系统运转过程中，除了实现能量的传递、转换和控制外，还起着系统的润滑、冷却、防锈、防腐等作用。因此，当人们把液压泵看作是液压系统的“心脏”时，液压油就被喻为液压系统的“血液”[1]。液压油质量的优劣直接影响着液压系统的灵活性、准确性和可靠性，特别对于严寒地区以及特别严寒地区（-30℃以下），液压系统工程机械、矿山机械、车辆和船舶等在野外作业时，由于环境温度变化大，使用条件极其恶劣，因此在冬季液压系统要求使用黏温性能、低温启动性和低温泵送性很好的液压油。设备可以在较宽的温度范围内进行最佳状态的操作，从而保证润滑油具有足够的润滑性，尽可能避免干摩擦，减少磨损，确保液压系统长时间地正常工作。

因此，低温液压油除了具有抗磨液压油的性能之外，还具有较低的倾点、较好的低温流动性、低温稳定性以及优异的黏温特性，同时需具有较好的剪切安定。为了以上要求，本文以中海油气（泰州）石化有限公司石蜡基高压加氢润滑油基础油为原料，加入抗剪切性能号的黏度指数改进剂并加入向配伍的添加剂，研制出符合 GB 11118.1—2011 质量标准的产品低温液压油 L-HV32，满足严寒地区设备用油要求。

1　L-HV32 低温液压油的研制质量标准

按照国标 GB 11118.1—2011 中[2]液压油产品 L-HV 系列的技术要求进行 L-HV32 低温液压油的研制，其质量指标列于表 1。

表 1　L-HV32 低温液压油指标要求

分析项目		L-HV32	试验方法
外观		透明	目测
运动黏度（40℃）/（mm^2/s）		28.8~35.2	GB/T 265
运动黏度 1500mm^2/s 时的温度/℃	不高于	-18	GB/T 265

续表

分析项目		L-HV32	试验方法
黏度指数	不小于	140	GB/T 1995
倾点/℃	不高于	-33	GB/T 3535
闪点/℃	不低于	175	GB/T 3536
密度/(kg/m^3)		报告	SH/T 0604
酸值/(mgKOH/g)		报告	GB/T4945
水分/(mg/kg)	不大于	痕迹	GB/T 260
泡沫性(泡沫倾向/泡沫稳定性)/(mL/mL)			
前 24℃	不高于	150/0	GB/T 12579
93℃	不高于	75/0	
后 24℃	不高于	150/0	
铜片腐蚀/级	不大于	1	GB/T 5096
机械杂质		无	GB/T511
液相锈蚀(24h)		无锈	GB/T11143
空气释放值(50℃)/min	不高于	8	GB/T0308
抗乳化性能(乳化液到 3mL 的时间)/min			
54℃	不大于	30	GB/T 7305
氧化安定性			
1500h 后总酸值(以 KOH 计)/(mg/g)	不大于	2. 0	GB/T 12581
热稳定性(135℃，168h)			
铜棒失重/(mg/200mL)	不大于	10	SH/T 0209
钢棒失重/(mg/200mL)		报告	
总沉渣重/(mg/100mL)	不大于	100	
40℃运动黏度变化率/%		报告	
酸值变化率/%		报告	
铜棒外观		报告	
钢棒外观		不变色	
旋转氧弹(150℃)/min		报告	SH/T0193
剪切安定性(250 次循环后，40℃运动黏度下降率)/%	不大于	10	SH/T 0103

从表 1 可以看出，L-HV32 低温液压油要具有适宜的黏度和良好的黏温性能，同时与不同功能剂的配伍性以确保低温液压油润滑性以防止液压元件出现边界润滑、甚至发生干摩擦，加剧磨损；良好的空气释放性、泡沫性，空气污染是造成液压油失效的原因，对移动设备液压系统而言，由于油箱体积的缩小，对油品此项性能的要求更加苛刻；较好的氧化安定性和热稳定性，油品在高温下运行，在钢、铜等金属的催化作用下，会发生氧化，生成油泥等沉积物，过度的氧化会造成油品黏度和酸值的增长，造成阀粘结、油泥堵塞和铜腐蚀等，损害液压系统，同时使油品的寿命大大缩短，因此要求油品有良好的氧化安定性和热稳定性；优良的剪切安定性，对于 HV、HS 等液压产品，为了提高其黏度指数，通常加入聚甲基丙烯酸酯、聚异丁烯等高分子聚合物作为黏度指数改进剂，这些物质的分子链较长，油液流经阀的小孔及环状缝隙时受到很大的剪切作用，往往会使高分子断链、油液黏温特性下

降，鉴于黏度和黏温特性的重要性，因此要求液压油有较强的抗剪切能力[3]。

2 基础油生产工艺及性质分析

基础油生产工艺过程见图1。

图1 石蜡基润滑油加氢工艺路

以涠洲石蜡基馏分油为原料，考察不同原料经加氢工艺得到的加氢基础油组分性质。再通过组成优化试验，评选出适宜用于生产L-HV低温抗磨液压油的基础油组分和方案。

基础油的主要性质见表1。

以馏分油Ⅰ和Ⅱ为原料，经加氢组合工艺分别得到基础油1#~4#和4#~6#，理化性质见表2和表3。

表2 石蜡基加氢基础油性质分析Ⅰ

项 目		1#	2#	3#	4#	试验方法
外观		清澈透明	清澈透明	清澈透明	清澈透明	目测
颜色/赛氏号		>+30	>+30	>+30	>+30	GB/T 3555
倾点/℃		−55	−25	−28	−16	GB/T 3535
运动黏度/(mm²/s)	40℃	6.640	32.77	33.63	79.98	GB/T 265
	100℃	2.036	5.43	5.846	10.58	
黏度指数		96	98	117	117	GB/T 265
密度(20℃)/(kg/m³)		820.7	845.8	848.7	857.5	GB/T 1884和GB/T 1885
闪点(开口)/℃		157	225	232	268	GB/T 261
蒸发损失(Noack法，250℃，1h)/%		—	1.52	1.33	—	GB/T 7325

表3 石蜡基加氢基础油性质分析Ⅱ

项 目		4#	5#	6#	试验方法
外观		清澈透明	清澈透明	清澈透明	目测
颜色/赛氏号		>+30	>+30	>+30	GB/T 3555
倾点/℃		−15	<−30	−14	GB/T 3535
运动黏度/(mm²/s)	40℃	29.71	27.7	64.47	GB/T 265
	100℃	5.301	5.132	9.375	
黏度指数		111	115	125	GB/T 265
密度(20℃)/(kg/m³)		829.4	843.7	849.8	GB/T 1884和GB/T 1885
闪点(开口)/℃		250	222	268	GB/T 261
蒸发损失(107℃，22h)/%		3.04	2.02	—	GB/T 7325

从表 2、表 3 分析数据可知：表 2 中石蜡基加氢基础油的性质均符合指标要求且优于表 3 中基础油性质，且表 2 中基础油黏度适宜、闪点高、倾点低且蒸发损失低，基础油的低温流动性良好、安全性高并且不易蒸发，可选表 2 中润滑油基础油用于调和低温液压油。

3 添加剂配方的评选

3.1 黏度指数改进剂的选择

黏度指数改进剂是低温液压油配方体系中的关键，它不仅影响目标产品的黏温特性、低温性能，还直接影响着目标产品的抗剪切性能。本文选烯烃共聚物类黏度指数改进剂 A 以及聚甲基丙烯酸酯类黏度指数改进剂 B，进行黏度指数改进剂的评定，结果见表 4~表 6。

表 4 L-HV32 低温液压油基础油方案

项　目	1#	2#	3#	4#	5#	6#
基础油 1#/%	16	20	28	23	19.5	18
基础油 2#/%	76	73	66	72	76	78
黏度指数改进剂 A/%	8	7	6	5	4.5	4
运动黏度/(mm^2/s)						
40℃	46.38	37.24	32.40	32.01	33.03	32.62
100℃	9.127	7.749	6.746	7.060	7.189	6.88
黏度指数	183	198	173	192	190	178
闪点/℃	195	192	181	185	188	193
运动黏度(-18℃)/(mm^2/s)	2371	1952	191	1424	1849	1783

表 5 L-HV32 低温液压油基础油方案

项　目	1#	2#	3#	4#	5#	6#
基础油 1#/%	8	15	15	20	25	28
基础油 2#/%	87	81	80.5	76.5	71.5	68.5
黏度指数改进剂 B/%	5	4	4.5	3.5	3.5	3.5
运动黏度/(mm^2/s)						
40℃	36.41	30.30	31.67	31.15	30.91	30.58
100℃	7.911	7.170	6.438	6.261	6.232	6.183
黏度指数	196	165	162	155	155	155
闪点/℃	201	196	196	192	190	189
运动黏度(-18℃)/(mm^2/s)	1573	1519	1118	1716	1662	1533

表 6 L-HV32 低温液压油基础油方案

项　目	1#	2#	3#	4#
基础油 1#/%	20	25	25	25
基础油 2#/%	77	72	71	70
黏度指数改进剂 C/%	2	3	4	5

续表

项目	1#	2#	3#	4#
运动黏度/(mm^2/s)				
40℃	27.43	28.61	29.89	31.18
100℃	5.711	6.114	6.471	4.215
黏度指数	154	168	177	192
闪点/℃	192	190	190	190
运动黏度(-18℃)/(mm^2/s)	1771	1653	1519	1323

由表4中可以看出，选用黏度指数改进剂A时，4#方案在加剂量在5%时，基础油的运动黏度及黏度指数均能达到指标要求，但是低温黏度对比指标明显不富余；由表5中数据可以看出，选用黏度指数改进剂B时，方案3#在加剂量为4.5%时，基础油的各项指标的典型数值均能符合并优于指标要求；由表6中数据得出，方案4#在黏度指数改进剂加剂量为5%时的各项分析数值均能够达到指标要求。由于黏度指数改进剂的分子链较长，油液流经阀的小孔及环状缝隙时受到很大的剪切作用，使得高分子断链，油液黏温特性下降，故本文针对以上三个方案对不同黏度指数改进剂的抗剪切性能进行了考察，结果见表7。

表7 不同黏度指数改进剂抗剪切性能的考察

项目	指标	典型数据		
		黏度指数改进剂A	黏度指数改进剂B	黏度指数改进剂C
剪切安定性(250次循环后，40℃运动黏度下降率)/%	<10	14.92	1.76	6.99

由表7中数据可以得出，采用黏度指数改进剂的抗剪切能力A<C<B，其中在使用黏度指数改进剂A时，基础油的剪切安定性不能满足指标要求；在使用黏度指数改进剂B和C时，基础油的剪切安定性能够达到指标要求。

3.2 复合配方的选择

HV低温液压油不仅要求具有常用液压油的抗磨性能，并且要求同时兼具卓越的低温性能。本文采用上述满足抗剪切性能要求的方案，选择四大添加剂公司的复合添加剂进行复合配方的筛选，其相同配方的目标产品性能见表8。

表8 低温液压油L-HV32与1#功能剂配伍

项目	1#复合添加剂		2#复合添加剂		试验方法
	黏度指数改进剂B	黏度指数改进剂C	黏度指数改进剂B	黏度指数改进剂C	
运动黏度(40℃)/(mm^2/s)	31.51	31.14	31.51	31.14	GB/T 265
黏度指数	162	192	162	192	GB/T 1995
色度/号	<0.5	<0.5	<0.5	<0.5	GB/T 6541
闪点	196	192	196	192	GB/T 3536
倾点/℃	-56	-42	-56	-42	GB/T 3535

续表

项　目	1#复合添加剂		2#复合添加剂		试验方法
	黏度指数改进剂 B	黏度指数改进剂 C	黏度指数改进剂 B	黏度指数改进剂 C	
运动黏度(-18℃)/(mm^2/s)	1118	1324	1118	1324	GB/T 265
酸值(以 KOH 计)/(mg/g)	0.32	0.32	0.48	0.29	GB/T 4945
空气释放值(50℃)/min	1.3	5.1	1.8	6.5	GB/T 0308
铜片腐蚀(100℃，3h)/级	1a	1a	1a	1a	GB/T 5096
抗乳化性(40-37-3)/min	10	11	12	13	GB/T 7305
泡沫性(泡沫倾向/泡沫稳定性)/(mL/mL)					
24℃	5/0	5/0	65/0	65/0	GB/T 12579
93.5℃	0/0	0/0	50/0	50/0	
后 24℃	5/0	5/0	75/0	75/0	
剪切安定性(250 次循环后，40℃黏度下降率)/%	1.76	6.99	1.76	6.99	SH/T 0103
液相锈蚀(24h℃)	无锈	无锈	无锈	无锈	GB/T 11143
密封性指数	1%	1%	1%	1%	GB/T 0305
旋转氧弹(150℃)	440	440	388	385	SH/T 0193
水解安定性					
铜片失重	0.00	0.00	0.00	0.00	GB/T 0301
铜片外观	1a	1a	1a	1a	
油品酸值增加量/(mgKOH/g)	0.03	0.03	0.12	0.12	
磨斑直径(392N，60min，75℃，1200r/min)/mm	0.43	0.43	0.52	0.52	GB/T 0189

由表 8 中可以看出，黏度指数改进剂 C 的低温性能不如黏度指数改进剂 B，并且黏度指数改进剂 C 与复合添加剂的配伍性不如黏度指数改进剂 B，并且采用 1#复合添加剂时，目标产品的酸值、空气释放性、抗乳化性、旋转氧弹、水解安定性以及磨斑性能都优于 2#复合添加剂。

综上所述，得出 L-HV32 低温液压油的黏度指数改进剂优选 B 剂，复合添加剂优选 1#。

4 结论

(1) 以石蜡基加氢基础油添加适宜的黏度指数改进剂和液压油复合剂，可以调制出满足 GB 11118.1—2011 的 L-HV32 低温液压油。

(2) 经过试验对比，得出黏度指数改进剂的抗剪切能力 A<C<B。

(3) 经过添加剂复配试验，得出采用黏度指数改进剂 B 与 1#复合添加剂的复配效果最好，目标产品满足并优于指标要求。

参 考 文 献

[1] 谢泉，顾军慧．润滑油品研究与应用指南[M]．北京：中国石化出版社．2011. 150-173.

[2] 中华人民共和国国家质量监督检验检疫总局．GB 11118.1—2011 液压油(L-HL、L-HM、L-HV、L-HS、L-HG)[S]．北京：中国标准出版社，2011.

[3] 王先会．工业润滑油生产与应用[M]．北京：中国石化出版社，2011. 125-126.

军用喷气燃料润滑性能的影响因素及改进措施

毛　哲，欧建魁

（中国石油大连石化分公司，辽宁大连　116031）

摘　要　叙述了喷气燃料润滑性能问题的重要性，对大连石化公司军用喷气燃料生产现状进行了介绍。通过实验，对比了直馏喷气燃料和加氢喷气燃料的区别，着重分析了喷气燃料的组成，喷气燃料的精制过程，加入的抗磨剂是影响喷气燃料润滑性能的主要因素，并提出了优化改进措施。

关键词　喷气燃料　润滑性　磨痕直径 WSD　酸值　抗磨剂　热氧化安定性

喷气发动机主油泵、加力油泵的润滑是靠燃料自身的润滑性来完成，当燃料润滑性能不足、燃料泵的磨损增大时，直接影响发动机燃油供应的灵敏调节、油泵寿命，乃至飞行安全。喷气燃料润滑性已成为科研生产及使用部门关注的重要使用性能指标。

喷气燃料的润滑性是喷气燃料重要的使用性能之一，我国现行 3 号喷气燃料产品对润滑性(磨痕直径 WSD)有严格的要求，民用喷气燃料要求 WSD 不大于 0.85mm，军用喷气燃料要求 WSD 不大于 0.65mm[1]。

1　军用喷气燃料生产现状

大连石化公司三联合车间二蒸馏装置以大庆原油为原料，常压塔常压一线直馏的煤油油组分，经脱硫醇反应器、玻璃毛过滤器、活性炭脱色罐、白土罐等精制过程，通过过滤器进入成品罐，加入抗磨剂、抗静电剂后，各项指标合格后，生产出军用喷气燃料出厂。

由于军用喷气燃料各项指标要求严格，需化验的指标项目也非常多，并且各项指标之间存在相互影响的情况，这就给调节军用喷气燃料产品质量，尤其是润滑性带来了难度。主要通过在二蒸馏装置生产军用喷气燃料过程中，对喷气燃料组成和各种生产异常情况的分析，对喷气燃料润滑性的影响因素、解决办法和改进措施进行研究和总结。

2　喷气燃料润滑性影响因素

2.1　喷气燃料组成的影响

液体燃料的润滑性能是由燃料的化学组成决定的，一般燃料的沸点愈高，组成燃料的相对分子量愈大，其黏度也较大，润滑性能也愈好。组成液体燃料的物质润滑性能按带极性非烃化合物、多环芳烃、单环芳烃、环烷烃、烷烃的顺序依次降低。所谓带极性的某些非烃化合物是指环烷酸、酚类化合物、以及某些含硫、氮的极性化合物。这些物质具有较强的极性，易被金属吸附在表面，形成牢固的油膜，有效地降低金属间的摩擦和磨损。一般烃类极性很小，远不如燃料中的这些非烃杂质。因此，喷气燃料的润滑性能实际上决定于这些具有极性物质含量的多少。

燃料中的非烃物质含量和生产工艺过程有密切关系。在加氢或深度精制的过程中，燃料中的有机酸、酚类、多环芳烃以及少量的杂环硫化物，例如：噻氢萘被部分或全部除去。这些强极性物质的脱除，虽然能提高燃料的热安定性，但却将燃料的润滑性能显著降低。所以，燃料的精制程度愈深，其润滑性能往往愈差。

2.2 直馏喷气燃料精制过程的影响

（1）分子筛脱硫醇反应器。直馏喷气燃料采用分子筛脱硫醇的精制过程，主要机理为：航煤中的硫醇在 Cu-13X 分子筛的催化剂作用下，与空气中的氧进行催化氧化反应。

反应式如下：

$$4RSH+2Cu^{2+} \rightleftharpoons RSSR+2CuSR+4H^{+}$$

$$2CuSR+O_2+4H^{+} \rightleftharpoons RSSR+2H_2O+2Cu^{2+}$$

一般分子筛反应器前的喷气燃料硫醇性硫含量在 0.0050%左右，经分子筛脱硫醇后硫醇性硫含量降至 0.0003%~0.0013%。2016 年 10 月 13 日对喷气燃料进分子筛脱硫醇反应器的润滑性变化情况进行了化验，反应器前喷气燃料的磨痕直径为 0.70mm，反应器后喷气燃料的磨痕直径为 0.69mm。硫醇性硫属于极性物质会提高喷气燃料的润滑性，从化验情况来看磨痕直径反而降低了 0.01mm，但是变化不大，因此分子筛脱硫醇对喷气燃料的润滑性的影响较小。

（2）颗粒白土罐。颗粒白土主要是由硅铝氧化物组成的多孔性物质，少量金属离子充当电荷平衡离子，具有极性和酸性中心，使得其表现出对极性或附有的碱性杂质有良好的吸附性能。在喷气燃料精制过程中主要吸附喷气燃料的显色极性物质，会降低喷气燃料的润滑性。为考察颗粒白土对喷气燃料润滑性的影响，对直馏喷气燃料进行了以下的实验。

磨痕直径的测量方法：将喷气燃料放在试验油池中，保持一定的空气湿度，一个不能转动的钢球被固定在垂直安装的卡盘中，使之正对一个轴向安装的钢环，并加上负荷。试验柱体部分浸入油池并以固定速度旋转。在试球上产生的磨痕直径是试样润滑性的量度。

表 1　喷气燃料进白土罐前后的润滑性

时　间	进白土罐前/WSD	进白土罐后/WSD
2016-10-11	0.71mm	0.79mm
2016-10-15	0.69mm	0.86mm
2016-11-23	0.70mm	0.85mm
2016-11-30	0.68mm	0.85mm

从表 1 中可以看出，喷气燃料经颗粒白土吸附后磨痕直径会上升 15mm 左右。由于颗粒白土吸附属于物理吸附过程，因此不具有选择性，势必会对喷气燃料的润滑性造成影响。

由于颗粒白土可以降低喷气燃料的酸值，而在后续过程中加入的抗磨剂主要由环烷酸组成，喷气燃料的酸值较高，加入一定量的抗磨剂后可能会造成喷气燃料酸值指标不合格，因此考察了喷气燃料进白土罐前后的酸值变化情况。

表 2　喷气燃料进白土罐前后的酸值

时　间	进白土罐前酸值/(mgKOH/g)	进白土罐后酸值/(mgKOH/g)
2016-11-23	0.014	0.006
2016-11-25	0.014	0.008

从表2中可以看出，喷气燃料经颗粒白土吸附后酸值会降低，但是随着颗粒白土使用天数增加，吸附深度加大，吸附量降低，酸值也会增大，当酸值增大到一定程度后(一般酸值上升到0.10mgKOH/g以上)，后续过程将无法加入抗磨剂调节喷气燃料的润滑性。

(3) 另外，喷气燃料中含有少量固体杂质和水分也会降低其润滑性，因此需及时更换过滤器滤芯，开好常压一线热虹吸系统，做好喷气燃料精制过程脱水操作，确保喷气燃料透明无水无杂。

2.3　抗磨剂的影响

由于直馏喷气燃料或加氢喷气燃料的润滑性依然不能达到军用喷气燃料的要求，因此为改进喷气燃料的润滑性，需向喷气燃料中加入抗磨剂。

为考察抗磨剂对喷气燃料润滑性(磨痕直径WSD)的影响，对直馏喷气燃料进行了以下的实验。

(1) 加入同一型号同一剂量的抗磨剂。

表 3　加入同一型号同一剂量的抗磨剂对喷气燃料润滑性的影响

时　间	加入抗磨剂前/WSD	加入抗磨剂后/WSD
2016-10-02	0.78mm	0.68mm(加剂量：20mg/L)
2016-10-11	0.79mm	0.69mm(加剂量：20mg/L)

从表3中可以看出，加同一型号同一剂量的入抗磨剂后，喷气燃料的磨痕直径可以降低10mm左右。

(2) 加入同一型号不同剂量的抗磨剂。

表 4　加入同一型号不同剂量的抗磨剂对喷气燃料润滑性的影响

时　间	加入抗磨剂前/WSD	加入抗磨剂后/WSD	
2016-10-15	0.86mm	0.66mm(加剂量：15mg/L)	0.68mm(加剂量：20mg/L)
2016-10-16	0.79mm	0.67mm(加剂量：10mg/L)	0.66mm(加剂量：15mg/L)
2016-10-18	0.80mm	0.65mm(加剂量：15mg/L)	0.65mm(加剂量：20mg/L)
2016-10-21	0.77mm	0.67mm(加剂量：20mg/L)	0.66mm(加剂量：25mg/L)

从表4中可以看出，加入同一型号不同剂量的抗磨剂后，喷气燃料的磨痕直径变化不大。如果加入较大剂量的磨痕直径可能会降低喷气燃料的磨痕直径，但是由于使用的抗磨剂主要由环烷酸组分组成，当剂量变大时，会使喷气燃料的酸值增大，使其酸值指标不合格，因此未在实验中加入较大剂量的抗磨剂。

（3）加入不同型号同一剂量的抗磨剂。

表5 加入不同型号同一剂量的抗磨剂对喷气燃料润滑性的影响

时间	加入抗磨剂前 WSD	加入抗磨剂 1/WSD	加入抗磨剂 2/WSD
2016. 10. 20	0. 86mm	0. 66mm（加剂量：20mg/L）	0. 64mm（加剂量：20mg/L）
2016. 10. 21	0. 79mm	0. 66mm（加剂量：0mg/L）	0. 65mm（加剂量：20mg/L）

由于本次实验中加入的抗磨剂性质较为接近，未考查其他类型的抗磨剂，仅从表5中可以看出加入不同型号的抗磨剂后，喷气燃料的磨痕直径变化相差不大。

3 优化改进措施

（1）确保原油性质。喷气燃料的组分尤其是直馏喷气燃料，受原油性质变化影响较大，一旦原油性质变差，喷气燃料指标很难调节合格。因此需采购优质原油，不得在原油中混入二次加工产品或污油，定期组织原油评价，确保原油性质满足生产军用喷气燃料的要求。

（2）跟踪喷气燃料酸值变化情况。在直馏喷气燃料精制过程中，易出现酸值较高，无法加入抗磨剂的情况，因此需增加喷气燃料酸值的化验频次，尤其是在颗粒白土使用周期接近末期时，及时跟踪喷气燃料酸值的变化情况。当酸值较高时，及时更换新颗粒白土，确保喷气燃料的酸值和磨痕直径指标满足要求。

（3）挑选优质高效的抗磨剂。目前世界上抗磨剂的种类分为酸化合物型、脂化合物型、酸和脂化合物混合型。由于不同原油会生产出不同性质的喷气燃料，需为喷气燃料挑选较为适合的抗磨剂，因此应在生产过程做好抗磨剂试验工作，既保证喷气燃料的润滑性，又不能对喷气燃料的其他指标造成影响。

4 总结

（1）喷气燃料的润滑性能是由燃料的化学组成决定的，取决于具有极性物质含量的多少。

（2）直馏喷气燃料经分子筛脱硫醇后对其润滑性影响较小。颗粒白土吸附后喷气燃料的润滑性变差，酸值降低。喷气燃料的酸值受颗粒白土的使用周期影响，生产中需及时跟踪酸值变化情况，确保可以加入抗磨剂调节喷气燃料的磨痕直径指标合格。

（3）加入抗磨剂后可以提高喷气燃料的润滑性，降低磨痕直径。在确保喷气燃料酸值指标合格的条件下，加入不同剂量的抗磨剂，喷气燃料的磨痕直径变化相差不大。

（4）在生产过程中做好对喷气燃料的优化措施，通过采购优质原油，增加喷气燃料的化验频次，挑选优质高效抗磨剂等工作，保证喷气燃料各项指标满足军用油要求。

参考文献

[1] 陶志平，张翠君，单国忠．喷气燃料润滑性的评定[J]．润滑与密封．2005，2(168)：130-132.

绿色冷媒配套低黏度节能 L-DRG5 全封闭冷冻机油研制

刘　燕，张向英，王海军，刘　杰，乔　琦，王　储

（中海油气（泰州）石化有限公司，江苏泰州　253600）

摘　要　利用绥中 36-1 环烷基原油常二减一线馏分油为原料，采用两段高压加氢精制工艺生产的含适量低芳烃的低黏度加氢基础油，通过基础油组成优化试验和添加剂复配后，研制出了满足用户要求的 L-DRG5 全封闭冷冻机油，该产品具有良好的低温性、化学稳定性、抗磨性和电绝缘性等，适用于绿色冷媒 R600a 为制冷剂的全封闭冰箱制冷压缩机。

关键词　绿色　冷媒　低黏度　节能　冷冻机油

氟氯烃 CFCS、氢氟氯烃 HCFCS 等含氟制冷剂被证明是臭氧层消耗和造成全球气候变暖的主要原因。在环保法律法规的约束下，HCFCs 制冷剂的替代将是大势所趋，目前所使用的替代制冷剂主要有 HFCs 制冷剂和天然制冷剂氨、R600a、CO_2 等[1]。R600a 制冷剂凭借其全球变暖潜能值为 0（GWP）、臭氧破坏潜能值为 0（ODP）、无毒、制冷效率较高、与水不发生化学反应、与铜质管材和矿物润滑油完全兼容等优势，在解决了充注量过大的技术难题之后，R600a 制冷剂在冰箱制冷压缩机制造行业得到大力推广与普及，相应地对与其配套使用的冷冻机油也提出了环保、节能、高效的要求。冷冻机油的选用与制冷剂的类型密切相关。冰箱和空调压缩机技术的发展趋势是节能和环保。从节能方面考虑，采用低黏度油有利于降低低温黏度，减少启动功率[2]。

本文针对 R600a 制冷压缩机使用工况的要求，依托中海油独特的环烷基原油的资源优势，利用中海油泰州石化公司先进的高压加氢组合工艺技术，以自产的环烷基和石蜡基低黏度基础油为原料，通过对基础油组成优化研究，解决 L-DRG5 低黏度油品黏度与闪点之间的矛盾，再通过添加剂配方研究，改善 L-DRG5 低黏度冷冻机油在烃制冷剂稀释条件下润滑能力和高温工况下的热-化学稳定性，从而提高冷冻机油在制冷设备中的制冷效率和延长其使用寿命。

1　L-DRG5 全封闭冷冻机油研制指标

目前冷冻机油质量标准 GB/T 16630—2012 中暂无 L-DRG5 黏度等级冷冻机油的产品标准，为满足 R600a 冰箱压缩机配套 L-DRG5 全封闭冷冻机油的工况需求，本文参照市场同类主流产品性能水平，与用户协议制定了该产品的质量指标。

表 1 L-DRG5 全封闭冷冻机油质量指标

项　目	质量指标	试验方法
ISO 黏度等级	L-DRG5	
外观	清亮透明	目测
色度/号	≤0.5	GB/T 6540
密度(20℃)/(kg/m^3)	≥0.84	GB/T 1884
运动黏度(40℃)/(mm^2/s)	4.7~5.7	GB/T 265
运动黏度(100℃)/(mm^2/s)	≥1.3	
黏度指数	报告	GB/T 2541
倾点/℃	≤-50	GB/T 3535
闪点(开口)/℃	≥135	GB/T 3536
中和值/(mgKOH/g)	≤0.02	GB/T 7304
苯胺点/℃	≥65	GB/T 262
碳型组成/%		
C_A	3~8	GB/T 8029
C_P	报告	
C_N	报告	
絮凝点(R600a)/℃	≤-42	JIS K2211
两相互溶温度/℃(油：R600a=1：9)	≤-40	JIS K2211
抗泡性能/(mL/mL)		
24℃	≤50/10	GB/T12579
93.5℃	≤50/10	
后 24℃	≤50/10	
FALEX 失效负荷/N	报告	SH/T 0187
热安定性试验(100℃，3h)		
质量变化/%	≤6.5	自建
运动黏度(40℃)变化/%	≤5	
色度变化/号	≤1.5	
中和值变化/(mgKOH/g)	≤0.05	

2 L-DRG5 全封闭冷冻机油研制

本文以泰州石化公司高压加氢组合工艺深度精制的环烷基和石蜡基低黏度基础油为原料，通过调整基础油的烃组成、控制基础油的沸程，以及不同功能剂复配研究，解决了矿物型低黏度冷冻机油闪点低、润滑性不理想的问题，开发出满足质量要求的 L-DRG5 低黏度全封闭冷冻机油。

2.1 技术难点

L-DRG5 低黏度全封闭冷冻机油产品研究的关键指标是黏度、闪点、低温流动性，本文以关键技术指标为研究目标，着重解决以下关键问题：

(1) 解决基础油黏度小、闪点要求高的矛盾。通过两段高压加氢工艺，分馏切割出适宜的低黏度基础油组分和添加适量有效富芳组分，在满足基础油黏度指标的前提下，尽可能提高油品的闪点和基础油的天然抗氧化性能。

(2) 解决基础油组成与热-化学稳定性之间的关系。平衡优化油品与添加剂有良好的溶解性和稳定性。

(3) 解决油品与制冷剂 R600a 的润滑性匹配问题。R600a 属于非含氯型环保制冷剂，不能与金属发生化学反应形成抗磨层，且从压缩机节能要求出发，要求油品黏度较低，所以油品的抗磨性能需要依托添加剂来给予补强，同时还需要添加剂进一步提高抗氧化性能和抗泡性能，因此功能添加剂的复配也是研究重点。

2.2 L-DRG5全封闭冷冻机油基础油评选

2.2.1 低黏度加氢基础油性质考察

以中海油绥中 36-1 环烷基常二减一线馏分油为原料，通过“高压加氢处理-临氢降凝”两段加氢工艺可以得到含适量低芳烃基础油，再通过分馏切割得到满足 L-DRG5 基础油黏度要求的低黏度基础油。工艺流程示意图见图 1，基础油性质见表 2。

图 1 低黏度加氢基础渥工艺流程

表 2 低黏度加氢基础油 A 性质分析

分析项目	低黏度基础油 A	试验方法
馏程范围/℃	275~325	GB/T6536
运动黏度(40℃)/(mm^2/s)	5.68	GB/T 265
密度(20℃)/(kg/m^3)	860.9	GB/T 1884
闪点(开口)/℃	128	GB/T 3536
倾点/℃	<-60	GB/T 3535
苯胺点/℃	72.5	GB/T 262
絮凝点(R600a)/℃	<-70	GB/T 12577
碳型组成/%		
C_A	1.8	
C_P	61.5	GB/T 8029
C_N	36.7	
两相互溶温度(R600a)/℃	<-50	JIS K2211
絮凝点(R600a)/℃	<-60	JIS K2211

从表 2 数据看，常二减一线馏分油经两段加氢精制得到的低黏度基础油含有少量芳烃化合物(CA%为 1.8%)，黏度满足 L-DRG5 基础油要求，低温性能优异(倾点、絮凝点和互溶性)，但存在的缺点是芳烃含量和闪点略低，这需要添加少量富芳组分来提高其有效芳烃的含量和降低其挥发性，保证油品使用时的安全性能。

2.2.2　富芳组分评选

根据 L-DRG5 全封闭冷冻机油碳型中 C_A%控制在 3%~8%的指标要求，实验室考察了几种主流高芳烃组分的性质，通过对 L-DRG5 基础油小样的调合试验，确定高芳烃组分的使用类型。

表 3　高芳烃组分性质

分析项目	芳烃 1	芳烃 2	芳烃 3	试验方法
运动黏度(40℃)/(mm^2/s)	4.45	2.61	10.35	GB/T 265
密度(20℃)/(kg/m^3)	857.5	979.9	901.8	GB/T 1884
闪点(开口)/℃	146	132	148	GB/T 3536
倾点/℃	<-60	-36	-48	GB/T 3535
碳型组成/%				
C_A	30	50	15.9	GB/T 8029
C_P	19.2	50	42.2	
C_N	50.8	0	41.9	
PCA/%	<3	<3	6.28	IP 346

(1) 芳烃 1 的低温性质优良，闪点和芳烃含量较高，其 40℃运动黏度接近 L-DRG5 基础油，可以将它视为调和组分来调整油品的组成结构。

(2) 芳烃 2 的芳烃含量很高，尽管它的 40℃运动黏度较小，作为添加剂来调整油品的组成结构加入量较小，但是由于它的低温性质较差，会影响到油品的低温性质。

(3) 矿物型高芳烃 3，原料来源比较稳定，虽然富含芳烃，但是含量较高的非理想组分含氮化合物与稠环芳烃的存在，会影响 L-DRG5 冷冻机油的氧化安定性。因此实验室选用芳烃 1 作为 L-DRG5 基础油组分。

2.2.3　L-DRG5 基础油方案

表 4　L-DRG5 基础油调合方案及关键性质分析

试验方案		方案 1	方案 2	方案 3
调和比例/%	A	95	90	85
	芳烃 1	5	10	15
40℃运动黏度/(mm^2/s)		5.4	5.4	5.5
闪点(开口)/℃		135	145	152
倾点/℃		<-55	-50	<-55
絮凝点(R600a)/℃		<-50	<-50	<-50
碳型组成/% C_A		2.8	4.2	7.4

从技术经济性出发，优选方案 2，即当芳烃 1 组分加入量为 10%时，L-DRG5 冷冻机油基础油的 C_A%控制在 3%~8%的指标要求，闪点也提高至 145℃，同时经济成本最优。

2.2.4　L-DRG5 基础油试制

实验室选用常二减一线低黏度加氢基础油 A 和芳烃 1 为原料，试制了 L-DRG5 冷冻机油基础油，其关键性质能够达到技术指标要求。

表5 L-DRG5基础油关键性质分析

分析项目	技术指标	L-DRG5	试验方法
密度(20℃)/(kg/m^3)	≮840.0	873.1	GB/T 1884
运动黏度(40℃)/(mm^2/s)	4.5~5.7	5.54	GB/T 265
闪点（开口）/℃	≮130	138	GB/T 3536
苯胺点/℃	≮65	71.2	GB/T 262
倾点/℃	<-50	-57	GB/T 3535
氮含量/(μg/g)	≯2	1.7	ASTM D4629
碳型组成/%			GB/T 8029
C_A	3~8	4.3	
C_P	报告	45.1	
C_N	报告	50.6	

2.3 L-DRG5全封闭冷冻机油添加剂评选

2.3.1 抗氧剂评选

抗氧剂可以抑制油品氧化，在润滑油中添加少量抗氧剂便可防止油品氧化，延长油品使用寿命。实验室采用常规抗氧剂和热稳定性试验考察不同剂量的油品氧化性能的差异。

表6 抗氧剂对氧化油品性质的影响

项目		抗氧剂加入量/%						
		0	0.1	0.2	0.3	0.4	0.5	0.6
热稳定性	40℃黏度变化/%	4.9	1.7	1.9	1.4	1.3	1.4	1.2
	酸值/(mgKOH/g)	0.135	0.051	0.003	0.006	0.003	0.005	0.004
	质量变化率/%	0.878	0.991	0.952	0.888	1.013	1.005	1.127
	抗氧剂变化/%	0.00	18.18	15.00	15.15	14.29	17.31	15.87
	颜色/号	21	30	30	29	29	29	30

抗氧剂的加入可以改善氧化后油品的颜色；降低氧化后油品的酸值；减少氧化后油品的黏度变化。当抗氧剂的加入量达到0.3%时，氧化后油品的酸值、黏度以及油品质量变化不大，呈稳定趋势。另外油品氧化后抗氧剂都有不超过10%~20%的损耗。

图2的氧化诱导期曲线充分说明0.3%抗氧剂加入量可同时满足技术性和经济性的要求，抗氧剂的加入量不小于0.3%。综合考虑上面提到的抗氧剂的衰耗，抗氧剂的加入量优选为0.4%。

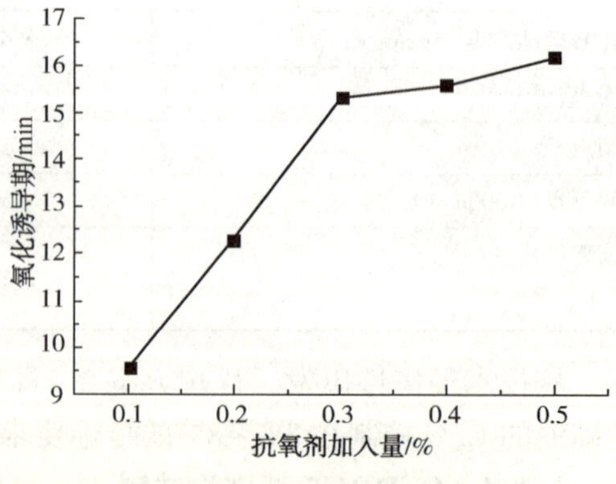

图2 抗氧剂含量与氧化诱导期关系

2.3.2 极压抗磨剂评选

在制冷系统中，R600a 制冷剂不能够像 R12 一样提供加压特性，对冷冻机油有稀释效应，降低油品的运动黏度和润滑性，因此仅靠基础油的润滑性是不够的。系统中的冷冻机油要保证足够的油膜强度，就必须添加一定量抗磨添加剂来提高油品的润滑性。通过法莱克斯(Falex)极压负荷试验和密封管试验，综合评选合适的抗磨剂。

表 7 抗磨剂类型评选试验

抗氧剂，0.4%		1#	2#	3#
抗磨剂-1/%		0.4		
抗磨剂-2/%			0.4	
抗磨剂-3/%				0.4
Falex 失效负荷/lbs		455	530	385
热安定性试验（100℃，3h）	外观	大量蓝色沉淀	无沉淀	量黑色沉淀
	质量变化/%	8.5	3.2	6.8
	运动黏度(40℃)变化/%	7.2	2.4	4.8
	中和值变化/(mgKOH/g)	0.1	0.02	0.05

表 8 抗磨剂加入量评选试验

分析项目	1#	2#	3#	4#	5#	6#
抗氧剂/%	0.4					
抗磨剂-2#/%	0.0	0.5	1.0	1.5	2.0	2.5
抗磨损性能 D_{60}^{20}/mm	0.613	0.398	0.315	0.302	0.29	0.275
Falex 失效负荷/lbs	380	600	780	950	1080	1200

(1) 在相同加入量条件下，抗磨剂 1 和 3 在热安定性中油品产生沉淀、黏度和中和值变化较大，同时 Falex 失效负荷低于抗磨剂 2。

(2) 抗磨剂-2 在改善油品热-化学稳定性、润滑性方面表现优良。当剂量增加到 1.0%时，油品的抗磨性已经能够满足产品指标要求了。

2.3.3 抗泡剂评选

润滑油基础油经过精制后仍会残存少量极性物质，油品中的添加剂会在循环润滑系统中产生发泡现象，不但影响润滑油的泵送，也破坏了油膜强度和稳定性，造成不应有的磨损事故。抗泡剂的作用是抑制泡沫的产生，以免形成稳定的泡沫。抗泡剂能吸附在气泡膜上，形成不安定的膜，从而达到破坏泡沫的目的。实验室采用泡沫倾向/稳定性试验进行抗泡剂的评选。

表 9 抗泡剂类型评选试验

相同加入量/(μg/g)	基础油	功能剂	硅型抗泡剂(黏度)			非硅型抗泡剂	复合型抗泡剂
			<5 仟	5 仟	6 万		
	1#	2#	3#	4#	5#	6#	7#
抗泡性能/(mL/mL)							
24℃	110	115	270	20	10	270	60
93.5℃	25	30	45	30	20	30	15
后 24℃	110	100	250	25	15	65	100

表 10　抗泡剂含量与抗泡性能的关系

项　目	加入量/(μg/g)					
	1#	2#	3#	4#	5#	6#
硅型-4#	基础油	功能剂	1	3	5	7
抗泡性能/(mL/mL)						
24℃	110	115	60	50	30	15
93.5℃	25	30	50	60	50	25
后 24℃	110	100	70	50	25	10

不同类型的抗泡剂的泡沫倾向/稳定性测试结果看，基础油的低温抗泡沫倾向较差，功能剂对它的抗泡沫倾向没有较明显的影响。非硅型、复合型抗泡剂对油品的低温抗泡性能改善不大，硅型抗泡剂的黏度大小对油品的低温抗泡沫倾向影响较大。黏度为 5 仟的 4#硅型抗泡剂能够满足低黏度油品对抗泡沫倾向的要求。

2.4　L-DRG5 全封闭冷冻机油综合性能评价

实验室通过对基础油的选择及其对抗氧剂、抗磨剂和抗泡剂的评选，确定了最优添加剂配方，研制出满足质量指标的 L-DRG5 全封闭冷冻机油，其综合性能评价见表 10。

表 11　L-DRG5 全封闭冷冻机油产品性能评价

分析项目	L-DRG5		试验方法
	指标	典型值	
色度/号	≤0.5	0.1	GB/T 6540
密度(20℃)/(kg/m^3)	≥840	860.2	GB/T 1884
运动黏度(40℃)/(mm^2/s)	4.7~5.7	5.56	GB/T 265
运动黏度(100℃)/(mm^2/s)	≥1.3	1.75	
黏度指数	报告	58	GB/T 2541
闪点(开口)/℃	≥130	148	GB/T 3536
苯胺点/℃	≥65	76.6	GB/T 262
中和值/(mgKOH/g)	≤0.02	0.01	GB/T 7304
倾点/℃	≤-50	-60	GB/T 3535
絮凝点(R600a)/℃	≤-42	<-60	GB/T 12577
碳型组成/%			
C_A	3~8	4.2	GB/T 8029
C_P	报告	43.5	
C_N	报告	52.3	
两相互溶温度(R600a)/℃	≤-42	-50	JIS K2211
铜片腐蚀(100℃×3h)/级	≯1	1b	GB/T 5096
微量水/(mg/kg)	≤30	18	SH/T 0207
绝缘强度/kV	≥30	50	GB/T 507

续表

分析项目	L-DRG5		试验方法
	指标	典型值	
抗泡性能/(mL/mL)			
24℃	≤50/10	20/0	GB/T 12579
93.5℃	≤50/10	10/0	
后 24℃	≤50/10	15/0	
热安定性试验(100℃, 3h)			
质量变化/%	≤6.5	1.6	自建
运动黏度(40℃)变化/%	≤5	0.25	
色度变化/号	≤1.5	0	
中和值变化/(mgKOH/g)	≤0.05	0.01	

表 12 L-DRG5 与参比油性能对比分析数据

分析项目	L-DRG5	S8P	国外-1	国外-2
Falex 烧结负荷/lbs	880	580	850	710
抗磨损性能 D_{60}^{20}/mm	0.297	0.675	0.325	0.370
热稳定试验				
40℃黏度变化率/%	2.95	7.16	2.36	5.86
色度/号	0.1	3.4	0.4	2.4
油失重率/%	3.95	2.70	2.53	3.38

(1) 实验室研制产品综合性能达到参比油质量水平，各项理化性能满足指标要求。

(2) 对比考察研制产品与国外市售油品的热稳定性与润滑性。表 12 分析数据显示，研制产品在热稳定性和润滑性能方面都优于参比油 S8P，并与其他国外同类产品质量相当。

3 结论

(1) 采用泰州石化常二减一线生产的低黏度加氢基础油 A 为原料，通过优化基础油的烃组成，较好的平衡了基础油的低倾点、低黏度和高闪点之间的矛盾，同时针对低黏度冷冻机油基础油黏度小节能效果好，抗磨能力不足的特性，开发了以抗磨剂为核心的全功能添加剂配方，赋予油品良好的抗磨性和抗氧化安定性。

(2) 本文研制的 L-DRG5 全封闭冷冻机油具有优良的低温性、抗磨性、绝缘性、与冷媒共存时的互溶性和化学稳定性，产品性能达到国内外同类产品质量水平，满足以 R600a 为制冷剂的全封闭冰箱压缩机的运行要求。

(3) 随着环保进程的推进，与 R600a 制冷剂匹配使用的冰箱冷冻机油的需求量将会越来越大，L-DRG5 全封闭冷冻机油具有广阔的市场前景。

参考文献

[1] 张霞玲，张美琼，郝盼东. HCFCs 制冷剂替代对冷冻机油产品需求的影响[J]. 润滑油，2017，32(1)：29-32.

[2] 李雁秋，王鹏. 新型环保冷冻机油的研制[J]. 润滑油，2006，21(4)：5-9.

异丁烯及混合碳四资源利用方案探讨

牛　瑾

（中国石化北京燕山分公司，北京　102500）

摘　要　本文首先简述了燕山石化公司 C_4 资源利用现状，接着综述了混合 C_4 资源的利用方案：回炼增产乙烯和丙烯、芳构化及直接/间接烷基化生产高辛烷值汽油调和组分；之后探讨了异丁烯的利用新途径：生产甲基丙烯酸甲酯（MMA）、丁基橡胶及卤化丁基橡胶、聚异丁烯等，最后指出超高分子量和高活性聚异丁烯工业开发、丁基橡胶新品种开发等是今后燕山石化异丁烯资源新的利用途径。

关键词　碳四资源　异丁烯　烷基化油　聚异丁烯　丁基橡胶

碳四产品是石油炼制、石油化工和煤化工重要的中副产品，主要成分有正丁烷、异丁烷、异丁烯、1，3-丁二烯、正丁烯、丁烯-2（顺式 2-丁烯、反式 2-丁烯）等。我国 2016 年碳四产能达到 3700 万吨，随着我国多套的千万吨炼油、百万吨乙烯的项目陆续建成，以及煤化工多套 MTO、MTP 的建成，碳四资源会更加丰富[1]。国外的碳四利用率一般为 70%～90%，我国利用率较低，与美国、日本及西欧等发达国家相比有明显的差距。

一直以来，MTBE 是碳四产业链中利用异丁烯的重要途径，但根据国家政策，2020 年乙醇汽油普及，MTBE 将停止使用，大量的异丁烯需要寻找利用途径，高辛烷值汽油添加组分也需要补充。

本文综述了碳四资源的几种主要利用途径，并对异丁烯的利用方案进行探讨，便于企业提前布局 C_4 产业链，开发高附加值利用的新技术，有效支撑企业持续发展。

1　混合碳四资源利用

1.1　燕山石化 C_4 资源利用现状

中石化北京燕山分公司（简称燕山石化）炼厂 C_4 主要来自二、三催化裂化以及焦化装置的液态烃，通过自行设计的气体分馏装置精馏得到各个馏分。异丁烯供橡胶厂作 MTBE 装置和丁基橡胶装置的原料；丁烯-2 供橡胶厂氧化脱氢装置作原料；异丁烷与丁烯-2 混合作烷基化装置原料。在化工厂中，C_4 主要由化一裂解制乙烯联产而成，裂解 C_4 主要作为丁二烯抽提装置的原料。醚后 C_4 组份经过气体分馏装置分馏后达到烷基化原料要求，由中间球罐区引入烷基化装置。

1.2　混合 C_4 回炼增产乙烯、丙烯

混合 C_4 及 C_4 以上轻烃是石油化工产业和煤制烯烃产业的主要副产品之一，目前有相当

一部分混入液化石油气作为民用燃料使用。为了实现 FCC 装置或裂解装置的碳四及以上轻烃高附加值利用，UOP 公司和阿托菲纳公司联合开发了烯烃裂解(OCP)工艺，鲁姆斯开发了烯烃转化技术(OCT)，美孚公司开发了烯烃相互转化(MOI)工艺，鲁齐公司和南方化学公司开发了 Propylur 工艺，旭化成公司开发了 Omega 烯烃转化工艺，陕西煤化工技术工程中心开发了 Hiolefin 工艺，上海石油化工研究院开发了催化裂解制烯烃(OCC)工艺。上述工艺均可将碳四及以上轻烃(通常是 C_5 ~ C_8)通过催化裂解或烯烃歧化工艺生产丙烯或同时生产乙烯和丙烯[2-6]。

1.3 混合 C_4 烃芳构化

混合 C_4 芳构化可将 C_4 烃资源转化为含芳烃的高辛烷值汽油调和组分。由于反应中 C_4 烯烃转化率高达 95%，反应尾气是烯烃含量小于 5%的碳四烷烃，因此 C_4 烃芳构化可在生产高辛烷值汽油调和组分的同时，副产优质的车用液化气，或将尾气循环至蒸汽裂解装置，用作乙烯生产的补充原料。

以醚后 C_4 烃为原料进行芳构化，可最大限度利用异丁烯组分的价值。国内多家研究单位开发了 C_4 烃芳构化技术[7~9]，主要的低温芳构化技术比较如表 1 所示。

表 1 国内 C_4 低温芳构化技术比较

技术名称	原料	反应条件	催化剂单程寿命	产物收率(质量分数)/%			
				干气	液化气	汽油	汽油中芳烃含量
大连理工大学技术	醚后碳四	2.0MPa；340~400℃；0.5~1h^{-1}；临氢	53.5 天	0.2	38.3	61.5	62
中国科学院大连化学物理研究所技术	醚后碳四(烯烃体积分数 45%~52%)	0.5MPa；350~390℃；2h^{-1}；非临氢	—	0.3	58[10]	41.7	30~60
SRIPT 技术	醚后碳四(烯烃质量分数 60%~81%)	0.5MPa；350~400℃；1.0h^{-1}；非临氢	50 天	1.0	40.0	59.0	46.9

1.4 混合 C_4 烃直接/间接烷基化

烷基化油是将石油加工生成的异丁烷与丙烯、丁烯在酸性催化剂下反应，生成以异辛烷为主的液体产品，它是清洁、理想的高辛烷值汽油调和组分。随着环保力度的加大，生产满足国家环境法规要求的清洁汽油成为当前企业面临的主要任务之一，这也意味着市场对于烷基化产品的需求将出现“井喷”式增长，中石化近两年将有总产能 290 万吨的烷基化装置陆续投产。天津石化 30 万 t/a 烷基化项目是中石化系统内第一个引进、批复的国外硫酸法烷基化专利技术装置，实现了多项国内第一。该项目的烷基化单元、待生酸单元采用工艺均属中国石化首次应用。该装置已成功开车并炼制出合格产品。经检测，产品质量优良，达到设计要求。

间接烷基化概念由 UOP 公司提出，以异丁烯为原料，先进行二聚生成异辛烯，再将异辛烯加氢，得到以异辛烷为主要组分的烷基化油，其组成和性质均与直接烷基化产物相似，但具有更高的辛烷值和更低的蒸气压，且二聚和加氢反应均可采用成熟的固体催化剂，生产过程环境友好，发展速度较快。石家庄炼化利用间接烷基化工艺，把闲置的MTBE装置，改造为异丁烯选择性叠合工业试验装置，并在2017年7月实现装置重要指标异辛烯产品辛烷值在102以上，标志着我国首套选择性叠合技术装置实现工业化应用。叠合汽油的处理方式见表2。

表2 叠合汽油的处理方式

企业汽油池状况		处理方式
烯烃含量	硫含量	
有余量	有余量	直接调合
有余量	无余量	S Zorb装置
无余量	无余量	全部加氢/部分加氢

2 异丁烯的利用新途径

在MTBE生产工艺中，有92%左右需经过中间产品异丁烯。在炼化一体化和煤(甲醇)制烯烃大发展背景下，异丁烯供应量将不断增加，而MTBE行业的没落必将加剧异丁烯过剩的态势，异丁烯出路在哪儿？开拓异丁烯其他利用途径势在必行。

2.1 异丁烯生产甲基丙烯酸甲酯(MMA)

MMA在欧美地区一般统称MMA树脂，主要应用于有机玻璃制造，建筑装饰材料，地坪涂料，防水涂料，工业制件，信息材料，电气部件封装等。MMA树脂具有低温快速固化，超强抗紫外线的特点，是防弹玻璃，耐候有机玻璃，户外路面涂料，人造浴缸的理想材料。MMA树脂具有天然的硬度与韧性的平衡，耐磨性、耐候性、耐高低温差(-20~70℃)等优点，其许多物理化学及使用性能均具有显著的独特优点。

根据国外研究机构的比较，在已工业化的MMA的生产工艺中，大规模的丙酮氰醇法和C_4法是生产MMA最具竞争力的工艺。对于丙酮氰醇法来讲，装置规模和原料氢氰酸价格对产品成本的影响很大，具备一定的生产规模和廉价的氢氰酸来源的丙酮氰醇法装置具有较强的竞争力。C_4法是日本三菱人造丝公司首先实现工业化生产，该工艺技术先进，成熟可靠，原料异丁烯易得，生产过程较简单，成本低，具有一定的竞争力，在日本、韩国、中国台湾和东南亚地区应用比较广泛。受国家产业政策、环保因素、原料的制约，C_4法将成为未来国内MMA行业的主要工艺。

国内MMA技术起步较晚，上海华谊集团2004年开始致力于C_4法生产MMA工艺技术研发，经过十几年的努力，至2017年，开发了具有完全自主知识产权的C_4法生产MMA的工艺技术和催化剂技术，打破了日本对该工艺的技术垄断，成为除三菱丽阳外唯一一个既有催化剂又有工艺技术的公司，为国内MMA行业的发展壮大打下了良好的基础。

据了解，2017年，我国MMA产能为83万t/a(其中C_4路线产能23万t/a)，产量59万t，进口量13万t，出口量6万t，表观消费量65万t，国内2019年需求量将达100万t左右，自给率仅60%左右，缺口很大[11]。

2.2 异丁烯生产丁基橡胶(IIR)及卤化丁基橡胶(HIIR)

丁基橡胶(IIR)是世界上第四大合成橡胶(SR)胶种，是异丁烯和异戊二烯在 Friedel-Craft 催化剂作用下进行阳离子聚合反应的产物，具有优良的气密性和良好的耐热、耐老化、耐酸碱、耐臭氧、耐溶剂、电绝缘、减震及低吸水等性能。IIR 分为普通丁基橡胶和卤化丁基橡胶(HIIR)两大类，其中 HIIR 又可分为氯化丁基橡胶(CIIR)和溴化丁基橡胶(BIIR)两大类。IIR 主要用于生产斜交胎和力车胎的内胎、医用瓶塞、口香糖、黏合剂、防水建材、减震材料等领域；而 HIIR 主要用于内衬密封层、医用瓶塞、防腐衬里等领域。国内 IIR 主要用于汽车轮胎，占总消费量的62%；其次用于力车胎(15%)、医用瓶塞(15%)等领域。

目前，世界上只有美国、德国、俄罗斯、意大利等少数几个国家拥有丁基及卤化丁基橡胶的生产技术，其中美国埃克森美孚公司和德国朗盛公司的丁基及卤化丁基橡胶生产技术和新产品开发能力在世界上处于绝对领先地位，对外不转让技术。淤浆法技术由美国埃克森公司和德国拜耳公司垄断；溶液法由俄罗斯陶里亚蒂合成橡胶公司与意大利 Pressindustra 公司合作开发，是世界唯一一套溶液法丁基橡胶；中国石油化工股份有限公司已经区域买断意大利 PI 丁基橡胶技术。

我国丁基橡胶的生产起步较晚，1999 年，燕山石化公司引进意大利 PI 公司技术，建成我国唯一的一套 3.0 万 t/aIIR 装置，2008 年 4 月扩能至 4.5 万 t/a，2010 年 10 月建成 3 万 t/a 溴化丁基橡胶，2012 年达 9 万 t/a。截至 2015 年底，我国丁基橡胶产能已达到 59.15 万 t/a，成为世界重要的丁基及卤化丁基橡胶生产国家之一。

目前我国丁基橡胶只有几个产品牌号，远远不能满足实际生产的需求，因此在保证现有丁基橡胶生产装置正常稳定运行的前提下，应积极开发丁基橡胶的新产品，如星型支化丁基橡胶、交联丁基橡胶、液体丁基橡胶、高阻尼丁基橡胶等的研制和开发，增加国产丁基橡胶的牌号品种，更好地满足市场需求。

2.3 异丁烯聚合生产聚异丁烯

聚异丁烯(PIB)由异丁烯聚合而成，按分子量高低不同，分为低、中、高和超高分子量。低分子量聚异丁烯主要用作胶黏剂基料、增黏剂、表面保护层、润滑剂、口香糖胶料和软化剂等，中、高分子量聚异丁烯可用做橡胶制品或树脂制品的改性剂、密封材料和绝缘材料等，超高分子量聚异丁烯只用于防辐射材料中，其用量较少。

国内聚异丁烯的第一大应用领域是润滑油添加剂，主要是聚异丁烯无灰分散剂，包括聚异丁烯丁二酰亚胺、聚异丁烯丁二酸酯、聚异丁烯无灰磷酸酯、硼改性无灰分散剂等品种，通常采用低分子量聚异丁烯(高活性)。其他应用领域还有汽油清净分散剂及燃烧性能改进剂、密封剂、黏合剂、胶基食品及食品包装、电绝缘材料、高分子聚合物改性剂等。2017 年，我国 PIB 产量约为 5 万 t 左右，进口量 5 万 t，发展前景良好。

据悉，北京化工大学吴一弦教授团队研究异丁烯阳离子聚合已有近 30 多年的研究积累，已形成了一系列的具有自主知识产权的技术，可以实现异丁烯可控阳离子聚合[11]。利用纯异丁烯+溶剂/稀释剂聚合或者轻 C_4 馏分中异丁烯参与聚合，可以设计合成不同分子量系列的聚异丁烯，产品多样化，包括低分子量系列、中分子量系列、高分子量系列、超高分子量系列。目前建成了世界上第一条超高分子量聚异丁烯全流程中试生产线，聚异丁烯产品的分子量高达400万甚至600万以上，明显超过目前国际上最高分子量聚异丁烯商业化产品的相应指标，填补了产品空白。同时他们以C_4馏分为原料，直接制备α-双键含量≥80%的高反应活性聚异丁烯，克服了现有技术不足，简化流程，目前已完成中试试验。

3 MTBE禁用后，燕山石化的应对措施及建议

到2020年，乙醇汽油普及，MTBE将停止使用，高辛烷值汽油添加组分也需要补充。对于燕山石化来说，地处北京，承担北京近60%汽油供应，汽油升级也一直走在全国前列。目前，燕山石化正在进行100万t/a连续重整联合装置油品升级改造项目和20万t/a固体酸烷基化装置建设项目，旨在为油品升级提供优质调和组分。燕山石化合成橡胶部已有MTBE合成和裂解装置，可同时生产高纯度MTBE和异丁烯，可按国家政策进行生产调整。另外，新建立了1.5万t/a1-丁烯装置，可生产纯度≥99.3%的1-丁烯。对于燕化石化来说MTBE禁用后，面临的最大问题应该是异丁烯的出路问题，根据燕化公司装置现状，建议进行超高分子量和高活性聚异丁烯工业开发，同时积极开发新牌号丁基橡胶品种。

4 结论

（1）混合碳四资源可回炼增产乙烯和丙烯、芳构化及直接/间接烷基化生产高辛烷值汽油调和组分—烷基化油，企业可根据国家政策结合自身实际情况进行产业调整；

（2）MTBE禁用后，用于生产MTBE的异丁烯可根据企业情况生产市场需求量大且附加值比较高的甲基丙烯酸甲酯(MMA)、丁基橡胶/卤化丁基橡胶和聚异丁烯等化工产品；

（3）对燕化公司来说，MTBE禁用后，面临的最大问题应该是异丁烯的出路问题，建议进行超高分子量和高活性聚异丁烯工业开发，同时积极开发新牌号丁基橡胶品种。

参考文献

[1] 杨为民．碳四烃转化与利用技术研究进展及发展前景[J]．化工进展，2015，34(1)：1-9.

[2] 王庆峰，王艳菊．炼厂碳四烃的利用研究[J]．中国新技术新产品，2011(7)：18.

[3] 闫国春．甲醇制烯烃工艺副产碳四的综合利用[J]．内蒙古石油化工，2007(8)：38-417.

[4] 兰秀菊，李海宾，姜涛．煤基混合碳四深加工方案的探讨[J]．乙烯工业，2011，23(1)：12-16.

[5] 魏飞，汤效平，周华群，等．增产丙烯技术进展[J]．石油化工，2008，37(10)：979-9866.

[6] 邢爱华，张新锋，索娅，等．碳四烃类资源综合利用现状及展望[J]．洁净煤技术，2015，21(5)：66-75.

[7] 黄剑锋，刘飞，马艳捷，等．SHY-DL催化剂碳四烃低温芳构化性能[J]．石化技术与应用，2013，31(3)：196-198.

[8] 张怀科，郝代军，郭益群，等．液化石油气制芳烃技术的研究与应用进展[J]．天然气与石油，2006，24(2)：35-38.

[9] 液化气低温芳构化和烷基化生产高辛烷值汽油[J]．炼油与化工，2009(3)：5.

[10] 牛雄雷，谢素娟，刘盛林，等．MCM-22分子筛催化剂催化液化气中丁烯的芳构化[J]．石油化工，2008，37(1)：22-28.

[11] 2018年MTBE转产方案与新技术论坛，北京，2018.

试剂级正戊烷产品的开发与生产

孙 艳，马 军，展江宏

（中国石油乌鲁木齐石化公司研究院，新疆乌鲁木齐 830019）

摘 要 本文基于“分子炼油”理念，利用炼厂轻烃资源，开发出了试剂级正戊烷产品，确定了试剂级(GR/AR)正戊烷产品的指标，通过研究试剂级正戊烷产品质量的影响因素，选择合适的原料及先进的“四塔精馏”工艺，通过严苛工艺条件提高产品性能，正戊烷产品纯度可达99%以上，作为精细化工产品销售，提高了重整拔头油的附加值，增加了炼厂经济效益。

关键词 试剂级正戊烷 纯度 原料 精馏工艺

正戊烷是一种非极性溶剂，主要用作萃取剂，如作为线性低密度聚乙烯(LL-DPE)的载溶剂；医疗行业的麻醉剂，也可用于制造人造干冰，同时也是生产正戊醇、异戊烷的化工原料。作为化学试剂主要应用在科学研究及产品质量检验等方面[1]，如在石油液化气的产品质量控制中需要使用正戊烷试剂测定蒸发残余物。此外高纯正戊烷试剂主要用于色谱检测的标准物质，目前国内高纯正戊烷试剂主要从美国、日本、德国进口。国内普通低纯度戊烷产品供大于求，但高档产品供不应求。本论文以炼油厂副产的重整拔头油为原料，经过原料的控制与工艺优化，分离得到纯度在99%以上的试剂级正戊烷产品，提高了炼厂轻烃的经济价值。

1 实验部分

1.1 原料性质

实验所用的重整拔头油性质见表1，组成见表2。

表1 原料油性质

项 目	重整拔头油
密 度(20℃)/(g/cm^3)	0.618
硫/(mg/kg)	<0.5
氮/(mg/kg)	<0.5
溴指数/(mgBr/100g)	68

从表1可以看出，重整拔头油杂质含量低，硫、氮含量均小于0.5mg/kg，几乎不含烯烃，从表2组成可以看出，重整拔头油中正戊烷含量在32.17%，是较好的生产正戊烷产品的原料。

表2 重整拔头油烃组成

项 目	组成/%	沸点/℃
正戊烷	32.1756	36.1

续表

项　目	组成/%	沸点/℃
异戊烷	29.6064	27.8
异己烷	12.4797	—
2，2-二甲基丁烷	0.9636	49.7
2，3-二甲基丁烷+环戊烷	3.8402	59.9
3-甲基戊烷	4.8564	63.2
正己烷	10.0013	68.7
苯	2.609	80.1
烯烃含量	0.002	—
其他碳六	3.4641	—

采用一定的技术手段，将上述轻烃中的正构烃和异构烃分离，分别加以利用，正构烃辛烷值低，但纯度高可以作为试剂级产品使用和销售，而分离出的异构烃辛烷值高，可直接作为汽油调和组分，实现了正构、异构烃最大化利用的目标，是实现轻烃资源增值化利用的有效途径[2]。

1.2 试剂级正戊烷产品标准

化学试剂作为科学研究、成分分析的相对标准物质，具有自己的性能特点，对试剂主成分含量、杂质含量等均具有较高的要求。目前国内没有化学试剂正戊烷的国家标准或行业标准，国内生产企业有各自的企业标准，标准的要求主要是主成分含量，高纯度、低杂质含量。化学试剂正戊烷指标见表3。

表3　化学试剂正戊烷产品标准

项　目	优级纯(GR)	分析纯(AR)	试验方法
含量/%	≥99.3	≥99.0	SY/T 0542
密度(20℃)/(g/cm^3)	0.6260-0.6300	0.6260-0.6300	SH/T0604
折光率(n_D^{20})	1.3560-1.3590	1.3560-1.3590	GB/T 614
蒸发残余物/(mg/100mL)	≤5	≤10	GB/T 3209
水分/%	≤0.01	≤0.02	SH/T 0246
总硫/(mg/kg)	≤5	≤10	SH/T 0689
溴指数/(mgBr/100g)	≤100	≤100	SH/T 0630
易炭化物质	合格	合格	GB/T 9737

1.3 实验方案

对于轻质烃类的高效利用，首先需要从其分子结构入手，针对不同结构的轻烃，做出合理的利用方案。其次需要选择合适的分离工艺，将轻烃中的正构烃和异构烃分开。针对正构、异构烃的分离，目前可以选择的技术有分子筛吸附分离，精馏法分离等。采用哪种方案主要是根据原料的特点及不同的目的产物进行选择。根据表2原料组成可知，原料中含有约

10%的正己烷，根据实验室研究结果，采用分子筛吸附分离提纯正戊烷，正戊烷纯度只能达到90%~95%，无法达到试剂级正戊烷的要求。表4为两种分离技术对比情况。

表4 两种技术目前对比情况

项　目	分子筛吸附法	精馏法
工业应用	国内未工业化应用	有工业化应用实例
产品特点	产品仅有正构烃和异构烃，单体烃分离不彻底	分离彻底，产品品种多，纯度可达99%以上
能耗	高	高
辅助材料	吸附剂5A分子筛，易积炭生焦，多次烧焦过程，选择性吸附性能逐渐下降	规整填料，使用寿命长，性能稳定
三废排放及环保问题	有废渣排放、环保费用，但经有效处理，可达国家和地方标准要求	无“三废”排放，仅有机泵及空冷器的噪声问题，经有效处理，可达国家和地方标准要求

根据技术对比，在实验室重点研究了精馏分离法进行正戊烷提纯过程的可行性。精馏分离法分离的原理是基于原料中各组分沸点不同，通过多次部分冷凝和部分汽化使物质提纯的过程。提纯工艺一般从轻端组分分离开始，根据原料组成特点可以灵活调整切割分离顺序，但核心目的都是从易分离组分开始切割，最后通过高塔板数、高回流比的方法对目的产品进行提纯。

1.3.1 实验装置

精密精馏装置为间歇进料，塔釜溶剂2L，电加热。精馏柱高6m，柱内装2×2θ环填料，填料层1m高度相当于理论板数约25块，塔顶设有冷却水，回流比靠电磁阀进行调节。

1.3.2 精馏实验

以重整拔头油为原料，在精密精馏装置上分离正戊烷产品，试验中控制塔釜温度，经过优化，塔顶回流比控制为12：1，收集不同切割温度下的产品，考察各馏分段产品性质，见表5。

表5 精密精馏实验结果

	质量/g	收率/%	正戊烷	异戊烷
原料	3500			
33~34℃	182	5.2	95.37	2.62
34~35℃	234.5	6.7	95.89	2.05
35~36℃	784	22.4	99.01	0.68
36~37℃	1011.5	28.9	99.57	0.24
37~38℃	693	19.8	98.62	0.06

采用重整拔头油经过精馏分离后，得到高纯度正戊烷谱图如下。

重整拔头油是重整装置分馏塔塔顶馏分，主要为C_4~C_6烷烃，几乎不含烯烃，少量的芳烃主要存在C_6组分中。正戊烷的沸点为36.1℃，异戊烷沸点为27.8℃，两者相差8℃，正戊烷与异戊烷分离可以实现。

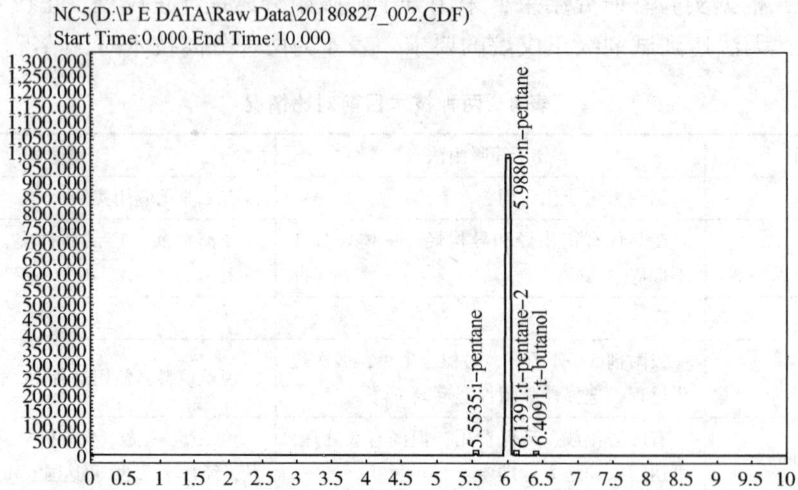

图1　正戊烷谱图

2　试剂级正戊烷产品的生产

利用乌石化公司升级改造的30万t/a轻烃分离装置，为满足化学试剂正戊烷产品的上述技术需求，本生产工艺采用经过加氢处理过的重整拔头油为原料，采用多塔精馏工艺。其中精馏塔是满足产品分离精度的重要场所。为满足产品分离精度要求，脱C_4塔采用立式板式塔，塔盘采用高效浮阀塔盘。异戊烷塔、正戊烷塔采用立式填料塔，填料上方设置H形回流分布管及新型三级导板全连通槽式液体分布器，使液相均匀地分布在填料上表面，填料塔的填料采用双向金属折峰式波纹ZUPAC系列规整填料，该填料是基于普通波纹规整填料与Intalox散堆填料的优良组合之上而开发出的一种综合性能优良的新型规整填料。装置重沸器热源采用性能稳定的导热油作为热源，保证装置稳定操作。利用高效规整填料，实现正构烷烃与异构烷烃的分离。四塔精馏流程见图2。

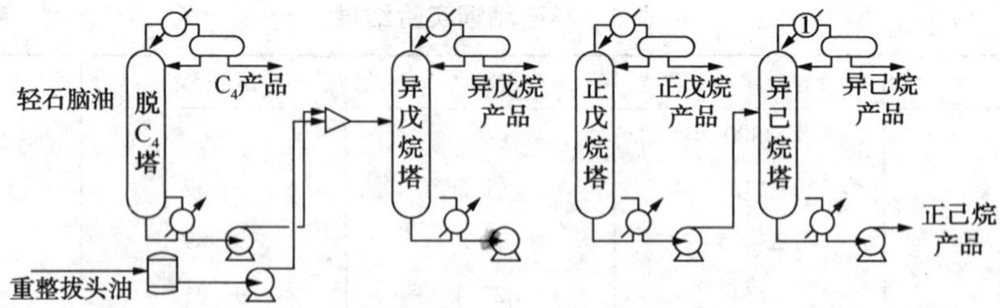

图2　试剂级正戊烷生产工艺流程图

正戊烷塔主要操作条件如下：

表6　正戊烷分离塔主要操作条件

项　目	数　值
C-1301进料温度/℃	71
C-1301塔顶压力/MPa	0.2

续表

项　目	数　值
C-1301 塔顶水冷器冷后温度/℃	30
C-1301 塔进料温度/℃	96
C-1301 塔进料压力/MPa	0.955
C-1301 塔底温度/℃	102
回流比	9-12
导热油温度/℃	176
导热油压力/MPa	0.86

2.1 产品纯度监控数据

生产试剂级正戊烷产品期间，进行了连续 10 天的产品关键指标-含量的监控分析，分析结果见表 7。连续 10 天正戊烷产品含量均在 99%以上，最高为 99.93%，产品质量稳定。

表 7　试剂级正戊烷生产监控数据(12：00)

日期	正戊烷/%	异戊烷/%	密度(20℃)/(kg/m^3)	硫含量/(mg/kg)	蒸发残余物/(mg/100mL)	溴指数/(mgBr/100g)
2018.3.5	99.61	0.33				
2018.3.6	99.74	0.2				38
2018.3.7	99.68	0.2			0.5	
2018.3.8	99.58	0.27		0.5		43
2018.3.9	99.75	0.19				
2018.3.10	99.84	0.08	626.4			
2018.3.11	99.89	0.05				51
2018.3.12	99.93	0.01		0.5		
2018.3.13	99.93	0.01				
2018.3.14	99.84	0.11				

2.2 产品性质检测及应用

委托通过国家实验室认可的权威油品检测实验室国家石化产品检测中心(新疆)对试剂级正戊烷产品进行了全部理化性质分析，分析结果表明各项理化性能指标均达到技术指标要求，见表 8。

表 8　试剂级正戊烷理化指标检测

项　目	优级纯(GR)	分析纯(AR)	实测值(GR)	实测值(AR)
含　量/%	≥99.3	≥99.0	99.7	99.4
密度(20℃)/(g/cm^3)	0.6260-0.6300	0.6260-0.6300	0.6278	0.6278
折光率(n_D^{20})	1.3560-1.3590	1.3560-1.3590	1.3576	1.3576

续表

项　　目	优级纯(GR)	分析纯(AR)	实测值(GR)	实测值(AR)
蒸发残余物/(mg/100mL)	≤5	≤10	0.2	0.2
水　分/%	≤0.01	≤0.02	0.001	0.001
总硫/(mg/kg)	≤5	≤10	0.5	0.5
溴指数/(mgBr/100g)	≤100	≤100	12	29
易炭化物质	合格	合格	合格	合格

经国家石油石化产品监督检验中心(新疆)检测，正戊烷产品各项指标达到要求。对装置生产的试剂正戊烷(AR)在乌石化公司炼油厂、独山子天利高新、自治区质检院等单位进行了实际应用，均能够满足使用要求。

3　经济效益分析

拔头油价格按4900元/t算，通过精馏分离出试剂级正戊烷，目前正戊烷烷(AR)市场价格20000元/t，分离出的异戊烷可以直接作为高辛烷值汽油调和组分，异戊烷价格7106元/t，根据价格对比，可以看出，采用精馏工艺将单体烃分离出来作为高价值组分，增值效果显著。

4　总结

(1) 以重整拔头油为原料，采用四塔精馏工艺，通过采用分离效率高的规整填料，严苛工艺参数，生产出了试剂级(GR/AR)规格的化学试剂产品，丰富了公司的产品结构。

(2) 试剂级(AR)正戊烷产品经过多家实验室应用实验，能够满足检测需求。

(3) 采用四塔精馏工艺，在不生产试剂级正戊烷产品时，利用该装置可加工戊烷油、加氢裂化轻石脑油等轻烃，分离出异构烃可作为高辛烷值汽油的调和组分，炼厂轻烃资源通过分离，提升了资源利用价值，提升了企业的经济效益。

参 考 文 献

[1] 郝修丽，万胜林. 重整拔头油利用方案探讨[J]. 精细石油化工进展，2003，4(8)：49-52.

[2] 李晓艳. 重整拔头油综合利用研究[D]. 上海：华东理工大学，2016.

溶剂精制过程中溶剂的进展

穆亦欣

（中石油克拉玛依石化有限责任公司，新疆克拉玛依　834000）

摘　要　介绍了溶剂精制技术的发展历史，分析了溶剂精制过程的主要影响因素，对比了工业上最常用的3种溶剂（糠醛、苯酚和*N*-甲基吡咯烷酮）的性质及使用效果，指出溶剂精制技术可通过改进现有工艺设备和选择适合的萃取剂等方法来提高该过程的效率，可通过继续寻找利用更高效的溶剂来改善溶剂精制过程的技术效果和环保性能，以适应越来越苛刻的环保要求的发展趋势。从目前国内外对溶剂选择的研究和应用效果来看，NMP因具有较高溶解能力、优良选择性、毒性小等优势，将成为未来润滑油生产过程中脱除油品中杂质来改善润滑油黏温性，抗氧化安定性的首选溶剂(萃取剂)。

关键词　溶剂　糠醛　苯酚　*N*-甲基吡咯烷酮

1　前言

溶剂精制技术是现代石油工业中石蜡和润滑油生产工艺的一个重要环节。根据文献介绍[1]，石油润滑油的工业生产起始于到18世纪中叶，当时生产润滑油的原料只是采用减压馏分油，而用减压渣油获得的高黏度的润滑油被用做了蒸汽机的润滑脂，而其唯一的精制方法就是先采用硫酸精制，再补充碱洗中和、白土吸附精制。19世纪30年代，开始逐渐推广较先进的馏分油和渣油的精制方法(该法改进的优势)，就是选择性溶剂精制方法。该法能够脱除油品中的稠、环芳烃、胶质、沥青质等，从而改善润滑油的黏温性质、抗氧化安定性、油品颜色、残炭值等指标。工业生产中常用的溶剂有糠醛、苯酚和*N*-甲基吡咯烷酮(NMP)。目前国内主要采用的是糠醛溶剂装置，其处理能力约占总处理能力的80%；其余大部分为苯酚精制装置，只有很少的企业采用NMP精制装置。在欧美国家，苯酚精制基本上已被淘汰。

各种来源的润滑油馏分，通常含有多环短侧链烃类，硫、氮、氧化合物以及胶质、沥青质等杂质和非理想组分。这些物质的存在会影响润滑油的黏温性、抗氧化安定性和颜色的稳定性等。在润滑油溶剂精制过程中，选用的溶剂对润滑油中的杂质和非理想组分的溶解度很大，而对油中的理想组分的溶解度则很小。通过液相萃取将非理想组分除去。当所用润滑油馏分中蜡质含量较高(如石蜡基或中间基原油得到的润滑油料)时，除了进行溶剂精制外，尚需经溶剂脱蜡与加氢精制(或白土精制)；对胶质、沥青质含量较大的润滑油原料(如减压渣油)，需先经溶剂脱沥青再进行溶剂精制、溶剂脱蜡与加氢精制(或白土精制)。

溶剂精制是用萃取的方法除去原料(或半成品)中所含杂质和非理想组分的工艺过程。在石油炼制过程中它是石油产品精制常用的方法之一。早期，用于除去煤油中的芳烃，以改善煤油的燃烧性能；20世纪30年代以后，大规模用于润滑油馏 分的精制，以除去其中的杂质和非理想组分。在中国，1955年糠醛精制装置投产，目前绝大多数的润滑油都是通过溶剂精制生产的[2]。

2 溶剂

现阶段较常用溶剂主要是糠醛、*N*-甲基砒咯烷酮或苯酚，国内糠醛精制仍占主导地位，NMP精制已在少量炼厂得到应用，在国外，新建的溶剂精制装置多采用NMP溶剂，由于NMP的热安定性比糠醛好，毒性比苯酚小，芳烃抽出比较好，因此NMP精制取代了糠醛和苯酚精制成为主流溶剂[3]。

2.1 糠醛

润滑油糠醛精制是目前国内润滑油精制常用的基础工艺之一。润滑油中的非理想组分对于其物理性质如黏温性质、抗氧化安定性、残炭值、色度等都有很大的影响。为了达到基础油规格要求，必须脱除润滑油中的多环芳烃和胶质等杂质。润滑油糠醛精制就是利用糠醛将极性的非理想组分抽提出来，有效实现润滑油中理想组分与杂质的分离[4]。相比其他溶剂，糠醛具有毒性低、价格低廉、对基础润滑油的适应性较广等优势。

糠醛精制装置是“老三套”润滑油生产的主要生产装置之一，该工艺是典型的液液萃取工艺，利用糠醛作为溶剂，根据糠醛对润滑油料中所含各种组分溶解度不同的物理特性，非理想组分(多环段侧链的芳烃和异构烷烃，胶质，硫和氮的化合物等)溶解度大，而理想组分(少环长侧链的芳烃和正构烷烃，烷烃等)不溶或少溶，通过抽提的方法除去非理想组分，从而达到精制的目的[5]。

国内多采用的糠醛溶剂却存在氧化结焦的问题，一直影响装置安全环保可靠运转，糠醛与空气中氧不停地接触造成氧化结焦，为了彻底解决这个难题，可利用氮气密封糠醛精制的部分装置，隔绝糠醛与氧接触，防止其出现氧化结焦。除此，加入抗氧剂也是不错的方法。

2.1.1 糠醛中加入脱酸助剂

针对糠醛精制工艺中存在脱酸选择性低、精制油收率低、萃取剂成本和再生能耗高等问题，在糠醛中加入脱酸助剂对糠醛精制工艺进行了优化研究。研究结果表明，与原有糠醛精制工艺相比较，优化工艺通过采用糠醛与脱酸助剂配成的糠醛复合剂，可以使脱酸选择性提高246.6%，精制油收率提高200.1%以上，萃取剂用量下降40%，萃取剂吨成本下降约30%，再生能耗也将大幅度下降[6]。

2.1.2 糠醛中加入脱氮助剂

润滑油中碱氮的存在，对油品的氧化安定性有很大的影响。传统的脱碱氮的方法是溶剂精制加白土精制，这种方法存在白土用量大，过多的白土渣难于处理等缺点，而单独的溶剂精制又只能抽提部分的碱氮。因此，不少研究者开展了在糠醛精制中加入脱氮助剂的研究。根据Lew is酸碱规则，碱性氮化物为Lew is碱，助剂则为Lew is酸，溶剂精制过程中加入助剂的目的就是选择性地与油品中的碱性氮化物进行化学反应并且将溶剂与对油品中的非理想组分进行物理抽提结合起来[7]。

2.2 *N*-甲基吡咯烷酮

N-甲基吡咯烷酮简称NMP，无色，透明，微有氨气味的非质子传递液体。可以与乙醇、

乙醛、酮、芳香烃、水等溶剂完全混合，挥发度低，毒性弱，是一种溶解能力极强的优良溶剂，又因不与水形成共沸物，热稳定性好，抽提温度易实现、产率高[8]。在化工工艺领域，如二烯烃分离、乙炔提浓、润滑油精制等方面作环氧树脂低温处理的增塑剂、金属防腐剂等，NMP 在反应过程中均作为关键物质。经过长期的工业实践，在其生产使用过程中无环境污染，被誉为“绿色溶剂”“绿色产品”，在国内外发展极为迅速。

NMP 是一种具有较高溶解能力、优良选择性、毒性很小的溶剂，且该溶剂精制工艺具有产品质量好、收率高等特点，在润滑油溶剂精制中有较大的优越性。自 1979 年埃克森公司在第 10 届世界石油会议上介绍 *N*-甲基吡咯烷酮精制装置以来，世界上采用此工艺的装置不断增多，有新建的，也有由苯酚、糠醛精制装置改建的，均取得很好的效果，目前世界上 NMP 精制工艺在润滑油溶剂精制中所占比重已超过 50%以上，NMP 精制工艺具有很大的发展潜力[9]。

2.2.1 国外 NMP 合成方法

国外首次合成 NMP，采用 r-GBL 与甲胺无催化剂高温工艺。但反应温度和压力较难达到，反应时间长，需要复杂的控制过程及设备设计，造成巨大的投资消耗。随着工业化生产标准和需求量的提高，巴斯福公司相继研发两种 NMP 合成方法，两者均以 GBL 为原料，在液相中通过连续非催化方法合成 NMP。但前者是以单甲基胺与 GBL 混合，后者是以混合甲基胺与 GBL 混合。其原料摩尔比优于前者，产率及纯度高，工艺成熟。并且 GBL 与混合甲基胺连续生产 NMP 方法将 NMP 装置和甲基胺合成装置联系在一起，省去了氨-甲醇反应的分馏步骤，大大减少了投资消耗[10]。

2.2.2 国内 NMP 合成方法

通过对 NMP 的合成方法的研究，引入水和惰性气体，通过液位仪表解决其原来方法的反应压力高、控制困难等问题，在保证产率的同时，降低设备成本，使物料的进入和流出得以稳定连续，增强了反应的可持续操作性。采用电解合成法，选用 *N*-甲基丁二酰胺在电极表面发生催化反应，产生原子氢，最后将隔膜电解槽中电解液进行萃取，蒸馏操作。该合成工艺以稀硫酸为电解介质，操作简单，易于开发，可提高 NMP 的产率及纯度。此外还有石油化工科学研究院研制的 1，4-丁二醇脱氢-胺化合成方法制备 NMP，报道了选以固体酸 $MgO-SiO_2$为催化剂，在自制的长管式反应器内标准压力下加热 γ-丁内酯和甲胺的混合物至气相，便可合成 NMP[11]。

2.3 苯酚

在国内，作为精制润滑油的选择性溶剂主要有糠醛和苯酚，其中糠醛的溶解能力适中，选择性好，精制油收率高而得到较快发展。相对糠醛来说，苯酚的选择性差，精制油收率低，但溶解能力较强，尤其适合精制重质及残渣润滑油。因此，国内除了一套苯酚精制装置被改为 NMP 精制外，其余六套装置皆保存至今[12]。

据苏联文献报道，在润滑油苯酚精制过程中，通过向苯酚中加入 5%～10%的乙二醇，可以改善苯酚溶剂选择性，提高精制油收率。用乙二醇做助溶剂的优点是：乙二醇的选择性高，对热稳定，毒性低，经济上便宜可行[13]。

3 溶剂的比较

3.1 溶剂性质的影响

为了实现润滑油的精制过程，溶剂应具有适当的选择性和一定的溶解能力，不同的选择性溶剂，因其本身的分子结构不同，溶解能力和选择性也不同，NMP 和其他溶剂性质比较见表 1。

表 1 苯酚、糠醛和 NMP 溶剂的主要理化性质比较

物质	苯酚	糠醛	NMP
相对分子质量	99	94	96
密度(66℃)/(kg/m^3)	0.996	1.04	1.11
黏度(50℃)/(m^2/s)	1.01	3.24	1.15
偶极矩 d	4.1	1.7	3.35
沸点温度/℃	204	182	162
凝点温度/℃	-24.2	41.1	-38.6
热稳定性	好	很好	中
腐蚀性	中	中	一般
溶剂比	很低	低	中
精制温度	低	低	中
抽余油收率	高	良	高
抽余油颜色	优	好	良

由表 1 可见，NMP 是一种具有较高溶解能力、优良选择性、毒性很小的溶剂，且该溶剂精制工艺具有产品质量好、收率高等特点，在润滑油溶剂精制中有较大的优越性。

石油原料溶剂精制时选择哪种溶剂，取决于原料和产品性质，溶剂来源和价格，设计和操作经验以及环保要求等多种因素。近年来，由于对环保和产品质量要求的提高，已逐渐采用 NMP 作精制溶剂。我国大多采用糠醛溶剂，主要原因是糠醛溶剂价格相对便宜，对石蜡基原料的选择性也较强，可以保证抽余油有较高的收率。如表 2 所示。

表 2 三种溶剂性质比较

项目	NMP	糠醛	苯酚
选择性	良	优	可
溶解能力	优	可	良
安定性	优	可	良
抽提温度	低	高	中
精油颜色	优	良	可
精油收率	优	良	可
毒性	低	中	大

续表

项　　目	NMP	糠醛	苯酚
生物降解性	可	可	可
与水形成共沸物	不能	能	能

3.2 技术经济分析

由于对生产和环保要求的提高，苯酚精制工艺已经逐渐退出历史舞台，在工业生产上被糠醛和NMP溶剂所取代，而糠醛溶剂也有被NMP溶剂所取代的趋势。对苯酚、糠醛和NMP溶剂的工业应用结果，各种文献已有了大量的报道。但对这3种溶剂使用效果和经济性的对比研究结果，特别是国内对NMP溶剂的研究报道还较少见。俄罗斯石油加工问题研究所对苯酚、糠醛和NMP溶剂的工艺和使用性能进行了对比分析，结果见表3。

表3　酚、糠醛和NMP的使用性能对比分析

技术指标	NMP	酚	糠醛
抽余收率/%	100	93~96	93~96
溶剂比/%	100	100~115	130~150
回收1kg溶剂的单位能耗(kJ/kg)	750	746	629
对抽余油的单位能耗/%	100	107~120	117~131
溶剂允许极限浓度/(mg/m³)	100	0.3	5
溶剂精制装置的能力/%			
按原料	100	100~87	77~67
按抽余油	100	93~83	71~64

表4提供了设计能力为50万t，以美国海湾、阿拉伯轻质混合原油为原料，新建糠醛和NMP精制装置建设投资和能耗比较。

表4　新建糠醛和NMP溶剂精制装置投资和能耗比较

原料来源	美国海湾		阿拉伯轻质	
溶　剂	糠醛	NMP	糠醛	NMP
处理量/(m³/d)	1590	1590	1590	1590
装置设备费/千美元	14000	9500	8200	7100
溶剂1次装入费/千美元	462	401	237	236
冷却水/(t/m³原料)	3.6	1.7	3.3	1.5
蒸汽(1.04MPa)/(kg/m³)	1.1	0	1.1	0
蒸汽(275kPa)/(kg/m³)	29.4	14.3	29.4	14.3
燃料气量/(MJ/m³)	1528	1068	724	636
电量/(kWh/m³)	7.6	5.6	5.7	4.3

由表3-4的数据可见，NMP溶剂与糠醛溶剂相比，在新建和改建后其投资及能耗等各项指标都优于后者，更主要的是NMP溶剂更符合对现代生产过程和产品质量的环境友好要求。

4 结论

从溶剂精制技术的历史发展过程，可以看出未来溶剂精制技术的发展方向。一方面，将会继续完善现有溶剂的使用技术，通过改进现有工艺和设备等方法来提高该过程的效率；另一方面，将通过继续寻找利用更高效的溶剂来改善溶剂精制过程的技术效果和环保性能，以适应越来越苛刻的环保要求。

NMP精制与糠醛精制和苯酚精制相比有如下优势：

(1) 生产相同黏度指数的产品所用溶剂比低，抽提温度低。

(2) 生产相同黏度指数的产品时，采用优化条件，精制油收率高。

(3) NMP精制工艺经济效益高。

(4) NMP溶剂在精制高黏度基础油时具有较大的优势。由于糠醛中等的溶解能力和易氧化性，在对高黏度基础油精制时存在溶剂比过高和精制深度不够的问题，限制它的应用范围，而NMP溶剂具有较大的溶解性和良好的选择性，使其在精制高黏度基础油时可达到合适的溶剂比和较高精制深度。

(5) NMP具有良好的环保性能；NMP毒性小，对人身和环境危害小，随着环保法规的完善和健全，选择NMP溶剂替代糠醛溶剂和苯酚溶剂是社会发展的趋势。无论从实验室研究，还是从实际生产情况看，NMP抽提工艺在生产相同质量(黏度指数)的基础油时，具有溶剂比小、剂耗低、收率高、职业危害小等优点，是成熟、先进、可靠的润滑油溶剂精制技术，应是未来溶剂精制的首选工艺。

参考文献

[1] 张德义．美国润滑油生产能力和工艺变化及对我们的启示[J]．润滑油，2010，18(3)：1-6.

[2] 水天德，张景河，余志英．现代润滑油生产工艺[M]．北京：中国石化出版社，2009.

[3] 邓修，吴俊生．化工分离工程[M]．北京：科学出版社，2012，199-205.

[4] 杨道胜．世界润滑基础油的进展[J]．润滑油，2009，18(3)：6-8.

[5] 谭均权，张秀英，李俊岭，等．胜利原油馏分糠醛精制的研究[J]．炼油设计，2013，32(4)：28- 30.

[6] 杨秋新，焦丽菲．高黏度指数润滑油生产工艺探讨[J]．润滑油，2008，21(3)：16-20.

[7] 刘彦峰，王莆村，吴显军，等．加氢裂化尾油异构脱蜡生产高黏度指数润滑油基础油的研究[J]．化工科技市场，2010，30(1)：45-47.

[8] 裘峰．提高润滑油基础油质量的工艺研究[J]．高桥石化，2010，23(1)：20-23.

[9] 卡扎科娃等．石油润滑油生产的物理化学基础[M]．莫斯科：化学出版社，2012：320.

[10] 亚乌舍夫等．甲基吡咯烷酮溶剂在润滑油选择性精制过程中的应用[M]．莫斯科：中央石油与天然气情报和技术经济考察科学研究所出版社，2009：89.

[11] 阿布拉莫维奇等．巴斯基尔石油加工问题研究所著作[M]．莫斯科：化学出版社，2012：15-17.

[12] 奥利克夫等．溶剂性质和润滑油馏分油的馏分组成对选择性精制过程指标的影响[J]．巴斯基尔化学杂志，2009，5(5)：22-24.

[13] 李绵北．国外炼油装置生产技术水平[M]．北京：中国石油化工集团公司催化裂化情报站，2010：317-330.

炼厂丙烷作固定床丙烷脱氢装置原料的技术经济分析

罗勤高[1]，王海瑛[1]，张　松[2]，朱　青[2]

（1. 中国石化炼油销售有限公司，上海　200050；2. 中国石化咨询公司，北京　100029）

摘　要　炼厂丙烷主要作为工业切割气和高热值燃料，工业丙烷占工业切割气总量的 80% 以上，自 2013 年 10 月国内第一套工业化装置—天津渤海化工集团 600kt/aPDH 装置投产后，截至 2018 年底，已有 8 套合计产能 4670kt/a 的丙烷脱氢装置建成投产，2014 年 7 月天津渤化采购济南炼化丙烷作为固定床丙烷脱氢装置原料获得成功。通过炼厂丙烷作固定床丙烷脱氢装置原料的技术经济分析，推导出丙烷随丙烯价格变化的回归公式，为丙烷的合理定价提供了理论依据。

关键词　炼厂丙烷　丙烷脱氢　技术经济　分析

目前国内丙烷规模化化工利用途径主要是丙烷脱氢（PDH）。由于行业进入门槛远低于炼油、乙烯，加之北美页岩气大规模开发带来国际丙烷供应量大幅增长，在旺盛的市场需求驱动下，“十二五”以来国内丙烷脱氢产业迅速崛起，自 2013 年 10 月国内第一套工业化装置—天津渤海化工集团 600kta PDH 装置投产后，截至 2018 年底，已有 8 套合计产能 4670kt/a 的丙烷脱氢装置建成投产。此外，行业内已经公布的规划以及在建丙烷脱氢项目共计 45 个，涉及生产能力 26050kt/a。单套最大规模已经上升到 900kt/a。算上已经建成运营的丙烷脱氢项目，整体产业规模将突破 30000kt。

2014 年到 2018 年，中国丙烷进口量分别为 4750kt、8550kt、11600kt、13370kt、13500kt；截至目前，我国已经建成的 8 家丙烷脱氢项目共计生产能力 4670kt/a，4 家混合烷烃脱氢项目共计生产能力 850kt。已实现工业应用的主要有 ABBLummus-Catofin（固定床）、UOP-Oleflex（移动床）等工艺，天津渤化、宁波海越、衡水海伟、东营神驰采用鲁姆斯工艺。丙烷脱氢装置对原料气有着高纯、低硫的要求，目前国产丙烷由于主要来自炼厂，硫含量偏高，不加以精制处理不能直接作为丙烷脱氢装置原料。而进口丙烷主要来自中东、北美油田伴生气，高纯、低硫。由于美国伴生气规模受页岩油气开采景气度影响较大，加之近年来北美也有丙烷脱氢装置在建。若国内丙烷脱氢产能进一步大规模增长，原料丙烷供应及价格存在较大的不确定性。

中国石化有 46 套气分装置，分布在 28 家炼油企业，装置加工总能力为 14970kt，2017 年总加工量为 12820kt ，生产丙烷 1350kt。目前工业丙烷主要作为饱和液化石油气、工业切割气和高热值燃料，工业丙烷占工业切割气总量的 80%以上，销售价格较民用气价格稍高。2014 年 7 月天津渤化采购济南炼化丙烷作为丙烷脱氢装置原料获得成功，实践证明炼厂丙烷完全满足鲁姆斯工艺丙烷脱氢装置原料质量要求。

1 基础数据

1.1 装置规模、投资

600kt/a 丙烷脱氢装置建设投资约 28.84 亿元(不含增值税投资约 26.33 亿元)。

1.2 原料产品价格及测算参数

1.2.1 经济评价方法

采用单装置增量法进行效益测算分析

1.2.2 价格选取

考查原油价格对丙烷、丙烯价格的影响，选取原油价格 45 美元/桶、50 美元/桶、60 美元/桶时的丙烷、丙烯价格数据。2016 年 11 月、2017 年 8 月、2017 年 10 月布伦特原油均价分别为 45.13 美元/桶、51.75 美元/桶、57.12 美元/桶，主要原料、产品价格分别采用 2016 年 11 月、2017 年 8 月、2017 年 10 月及课题研究时 2018 年 6 月实际采购及销售价格。原料、产品量及测算价格，具体列于见表 1。

表 1 原料、产品量及价格表

项目名称		数量/(kt/a)	测算价格/(元/t)			
			2016-11	2017-08	2017-10	2018-06
原料	丙烷	738.1	3200	3360	4550	4375
产品	聚合级丙烯	600.0	7000	7500	8000	8450
	氢气	22.4	10000	10000	10000	10000
	脱乙烷塔顶 C2	61.3	3000	3200	3200	3200
	脱丙烷塔釜 C4	27.9	3300	3500	3500	3500

公用工程价格参考华东地区炼油企业价格，公用工程消耗参考中石化丙烷脱氢同类装置消耗。具体消耗及价格(见表 2)。

表 2 公用工程消耗及价格表

项目名称	价格	消耗量
循环水	0.25 元/t	14862 万 t/a
电	0.7 元/kWh	5776 万 kWh/a
1.0MPa 蒸汽	160 元/t	30.00 万 t/a
新鲜水	2.8 元/t	20.00 万 t/a
净化压缩空气	0.15 元/m^3	141.60 万 m^3/a
燃料-折算天然气	2.5 元/m^3	1.08 万 m^3/a
4.2MPa 高压蒸汽	180 元/t	148 万 t/a
锅炉给水	8 元/t	41 万 t/a
氮气	0.5 元/m^3	90.60 万 m^3/a
外送蒸汽凝液	8 元/t	-217 万 t/a

1.2.3 其他测算参数

项目经济评价计算期为17年(含建设期2年)。固定资产修理费按原有固定资产原值的2.5%计取，固定资产残值率按5%考虑，综合折旧年限15年。无形资产摊销年限为10年，递延资产摊销年限为5年。装置定员35人，工资福利按12万元/(人·年)考虑。其他制造费用为3万元/(人·年)，其他管理费为4.5万元/(人·年)。

2 技术经济分析

采用2016年11月价格测算项目税后财务内部收益率为33.48%，税后财务净现值为505348万元，年均利润总额122861万元；采用2017年8月价格测算项目税后财务内部收益率为36.82%，税后财务净现值为591129万元，年均利润总额139541万元；采用2017年10月价格测算项目税后财务内部收益率为26.33%，税后财务净现值为335748万元，年均利润总额90203万元；采用2018年6月价格测算项目税后财务内部收益率为33.47%，税后财务净现值为508748万元，年均利润总额123809万元。效益测算结果(见表3)。

表3 丙烷脱氢装置效益测算结果

序号	项目名称	60万t/a丙烷脱氢装置			
		2016-11	2017-08	2017-10	2018-06
1	总投资/万元	309246	309749	313165	312712
1.1	其中：建设投资	288443	288443	288443	288443
1.2	建设期利息	9659	9664	9698	9694
1.3	流动资金	11144	11642	15024	14575
2	销售收入/(万元/年)	404655	431902	457543	480620
3	总成本/(万元/年)	279161	289445	365264	354155
4	流转税及附加/(万元/年)	27210	30134	21451	27444
6	利润总额/(万元/年)	122861	139541	90203	123809
7	所得税/(万元/年)	30715	34885	22551	30952
8	税后利润/(万元/年)	92146	104656	67652	92857
9	贷款偿还期/年	4.61	4.34	5.38	4.6
10	税后FIRR/%	33.48	36.82	26.33	33.47
11	税后NPV/万元	505348	591129	335748	508748

2.1 风险分析

丙烷脱氢装置效益取决于丙烯和丙烷的价差，2016年11月、2017年8月、2017年10月价差分别为3800元/t、4140元/t、3450元/t，其中2017年10月价差较小，收益相对较低。

根据2015~2016年华东市场价格分析，2015年下半年，国内丙烯价格出现大幅下滑，年均价在6300~6500元/t，丙烷进口均价516美元/t。2015年12月丙烯与丙烷价差仅为943元/t，按此价格情况测算，装置年亏损4.6亿元。2015~2016年丙烷、丙烯价格(见表4、图1)，2015~2016年丙烷脱氢装置效益测算结果(见表5)。

表4 2015年~2016年原料、产品量及价格表

项目名称		数量/(10kt/a)	测算价格/(元/t)		
			2015	2016	2015-12
原料	丙烷	73.81	4000 丙烷现货价格	3228 丙烷现货价格	3857 海关统计价格
产品	聚合级丙烯	60.00	6518	6295	4800

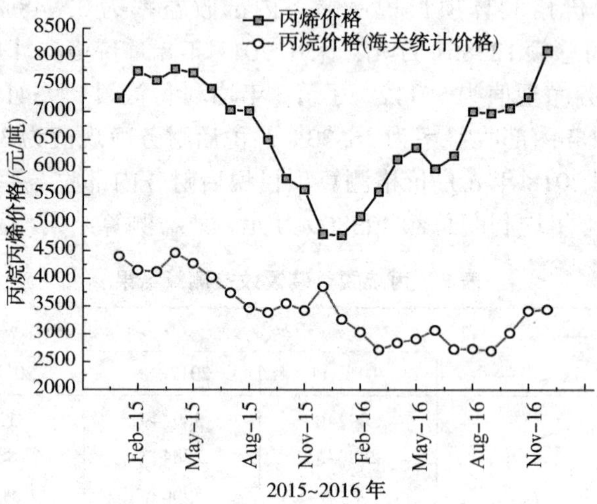

图1 2015~2016年华东市场丙烷丙烯价格图

表5 2015~2016年丙烷脱氢装置效益测算结果

序号	项目名称	60万t/a丙烷脱氢装置		
		2015均价	2016均价	2015-12
1	总投资/万元	311465	309258	310902
1.1	其中：建设投资	288443	288443	288443
1.2	建设期利息	9681	9659	9676
1.3	流动资金	13341	11156	12783
2	销售收入/(万元/年)	379931	368510	291835
3	总成本/(万元/年)	330478	280903	338140
4	流转税及附加/(万元/年)	14002	20549	111
6	利润总额/(万元/年)	48098	85618	-46316
7	所得税/(万元/年)	12025	21404	0
8	税后利润/(万元/年)	36073	64214	-46316
9	贷款偿还期/年	7.40	5.51	超过17
10	税后FIRR/%	16.56	25.53	—
11	税后NPV/万元	122025	313920	—

2.2 盈亏平衡分析

2.2.1 生产能力的盈亏平衡

以 2015 年价格为基准测算，装置开工率为 42.9%时为装置的盈亏平衡点。

2.2.2 盈亏平衡下原料产品价差分析

以丙烷脱氢装置利润总额为零时丙烯与丙烷价差为基准，测算不同丙烯价格下与丙烷价差(见表 6)。受增值税、销售费用等因素影响，不同丙烯价格下，其价差有所变动。

表 6 2015~2016 年丙烷脱氢装置效益测算结果

丙烯价格/元	丙烷价格/元	价差/元
6000	4315	1685
6500	4720	1780
7000	5120	1880
7500	5520	1980
8000	5920	2080
8500	6325	2175
平均		1930

2.2.3 敏感性分析

以 2017 年 10 月价格为基准测算丙烷脱氢装置的敏感性分析。根据敏感性分析可知，本项目对产品价格变化最为敏感，若原料价不变，产品价格下降 10%，项目税后财务内部收益率将降至 15.51%，下降 10.83 个百分点；若产品价格上升 10%，内部收益率上升 9.5 个百分点。除产品价格外原料价格变动最为敏感，若原料价格上升 10%，则内部收益率下降 6.98 个百分点；若原料价格下降 10%，内部收益率上升 6.45 个百分点。

表 7 丙烷脱氢装置敏感性分析

项目名称	变化率	内部收益率/%	
		基值	增减值
基准状况		26.33	
建设投资	10%	23.93	-2.41
	-10%	29.18	2.85
开工负荷	90%	23.70	-2.64
建设期延长	1	21.39	-4.94
原材料价格	10%	19.35	-6.98
	-10%	32.78	6.45
产品价格	10%	35.83	9.50
	-10%	15.51	-10.83
原材料及产品价格	10%	29.60	3.27
	-10%	22.91	-3.42

3 丙烷定价分析

以税后财务内部收益率10%倒算丙烷价格。当税后FIRR为10%时，固定床丙烷脱氢装置原料丙烷随丙烯价格变化的回归公式：

$$丙烷价格(元/t)=丙烯价格\times 0.8018-826.4$$

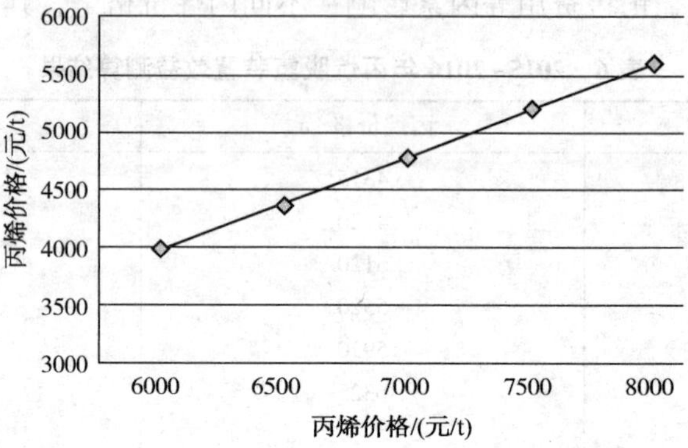

图2 600kt/a丙烷脱氢丙烷与丙烯价格关联图

PDH装置具有良好的经济性；丙烯-丙烷价格差是决定装置经济性的核心因素。装置规模和公用工程价格的波动对其经济性影响较小。通过丙烷随丙烯价格变化的回归公式对丙烷销售价格进行分析，以2016年11月为例，丙烷作为燃料销售价格为3200元/t，聚合级丙烯销售价格为7000元/t，如果丙烷作为固定床丙烷脱氢装置原料按回归公式计算丙烷价格应为4786.2元/t，丙烷两种销售方式的价差为1586.2元/t。两种销售方式价差分析一览表见表8。

表8 丙烷定价公式与丙烷销售价格分析一览表

项目名称	测算价格/(元/t)			
	2016-11	2017-08	2017-10	2018-06
丙烷	3200	3360	4550	4375
聚合级丙烯	7000	7500	8000	8450
丙烷(回归公式)	4786.2	5187.1	5588	5948.81
丙烷(回归公式)-丙烷	1586.2	1827.1	1038	1573.81
丙烯-丙烷(回归公式)	2214	2313	2412	2501

注：丙烷(回归公式)是指通过回归公式得出理论上作为丙烷脱氢装置原料的丙烷价格。

4 结论

(1) 天津渤化鲁姆斯工艺丙烷脱氢装置原料质量要求(丙烷体积分数大于95%，硫含量不大于30mg/kg，金属不大于5mg/kg)，炼厂丙烷完全能够满足要求。济南炼化丙烷在天津渤化丙烷脱氢装置上的成功应用为炼厂丙烷作为固定床丙烷脱氢装置原料奠定了基础。

（2）从丙烷定价公式与丙烷销售价格分析可以看出，作为丙烷脱氢装置原料的丙烷与作为燃料的丙烷价差都在1000元/t以上，扣除物流费用，经济效益还是非常可观的。

（3）中国石化有46套气分装置，分布在28家炼油企业，2017年生产丙烷1350kt，炼厂丙烷量不大，平均每家炼厂不到50 kt。但丙烷进口量很大，远远超过丙烷脱氢装置的设计能力，因此，目前炼厂丙烷能否作为丙烷脱氢装置原料关键在于炼厂丙烷与进口丙烷的竞争。

参 考 文 献

[1] 刘海军．丙烷脱氢新项目上马蹄疾步稳[J]．中国石油和化工，2019(02)：36-37.

[2] 张彩凤，付辉，周大鹏，等．丙烷脱氢工艺及其市场分析[J]．精细石油化工进展，2018，19(05)：39-42.

[3] 孟伟春．中国丙烯主要生产工艺竞争力分析[J]．中国石油和化工经济分析，2018(06)：59-63.

[4] 许晨，高海见，张启云．丙烷脱氢装置经济性分析[J]．当代石油石化，2017，25(05)：34-39.

脱除催化油浆中催化剂颗粒的试验研究

方　怡，王凯歌，孙　艳

（中国石油乌鲁木齐石化分公司研究院，乌鲁木齐　830019）

摘　要　采用破乳-絮凝法对催化油浆中的催化剂颗粒进行脱除。考察了不同的沉降温度、沉降时间、破乳剂、絮凝剂对催化油浆中固体催化剂颗粒脱除的影响。经过试验，催化油浆灰分从1700μg/g将至200μg/g以下。

关键词　催化油浆　破乳剂　絮凝剂

随着乌石化公司原油重质、劣质化程度的日益加剧，炼厂催化裂化装置加工的油品品质越来越差，催化裂化装置产生的油浆量也越来越多。目前，炼油厂主要将催化裂化油浆进行回炼。这种方案对催化裂化油浆这一宝贵资源的利用效率低，不是催化裂化油浆利用的最佳技术方案。

催化油浆富含芳烃，胶质与沥青质含量低，可作为石化生产过程中的原料、沥青改性剂、强化剂、活化剂等优质原料，以及用于生产针状焦、炭黑、碳纤维、乳化沥青等高附加值产品。但油浆固含量太高，达不到许多高附加值化工产品对原料的要求。例如：燃料油调合组分原料固含一般在500~1000μg/g，橡胶填充油或炭黑要求原料固含量不大于500μg/g，针状焦原料要求不大于100μg/g，加氢原料需小于20μg/g，碳素纤维原料则要求小于10μg/g，因此，在研究对油浆的充分利用前，必须脱除其催化剂粉末，降低油浆的固含量。

脱除催化油浆中催化剂粉末的主要方法有：自然沉降法、絮凝沉降法、沉降助剂法、静电分离法、过滤分离法和离心分离法、溶剂萃取法等。本实验采用破乳-絮凝法脱除催化油浆中催化剂颗粒。

1　试验部分

1.1　破乳-絮凝法使用机理

油浆中的固体催化剂颗粒主要是在催化裂化装置高温和流化条件下因催化剂被磨损或受热应力破裂而形成的细微 Al_2O_3-SiO_2 晶体颗粒，这些固体粉末在油浆中高度分散，油浆中的胶质、沥青质以及硫、氮和金属化合物等杂质的存在，对悬浮颗粒的分散有促进和稳定作用[2]。因此单纯靠重力自然沉降分离是很困难的[3]。但加入破乳剂和絮凝剂后，对油浆中催化剂粉末具有抗扩散或凝聚作用，可以加速催化剂粉末沉降。利用此原理，在催化油浆中加入破乳剂-絮凝剂，这些化合物与油浆和催化剂颗粒形成的体系均匀混合后能与被油相包裹的催化剂颗粒形成较强的界面亲和力，阻止催化剂颗粒的分散，促进颗粒凝聚，形成絮团或淤泥，从而将催化剂颗粒从催化油浆中通过沉降的方法分离出来。

1.2 原料油性质

表1 催化油浆性质

项目	性质	项目	性质
饱和烃/%	37.4	总硫/%	0.168
芳香烃/%	60.8	逆流黏度(50℃)/(mm^2/s)	227.1
胶质/%	1.8	密度/(kg/mg)	984.0
沥青质/%	<0.1	灰分/(μg/g)	1732

1.3 试验过程

将催化油浆在90℃烘箱内加热1h，摇匀。称取催化油浆200g，纯净水20g，按照试验条件分别加入适量助剂，配制成相应浓度，剪切乳化1min，倒入试验仪器匹配小瓶内，放入实验仪器，做好密封，升压至0.6~0.7MPa。设定电脱盐温度为90~130℃恒温，设定三级电场时间为3-5-3min，沉降60min，降温，查看试验结果。

2 结果与讨论

2.1 破乳剂的筛选

催化油浆中不仅含有高度分散纳米级的固体催化剂粉末，同时存在多种成膜物质，一方面对悬浮颗粒的分散有促进和稳定作用，另外还有利于在油水界面形成稳定的界面膜[1]。当加入破乳剂后，它能使乳化状的油浆结构破坏，促进油水分离，加速催化剂颗粒沉降。

在催化油浆中分别添加不同类型的破乳剂，在90℃下充分混合，然后在100℃下沉降1h，比较沉降后效果。试验表明：3#破乳剂脱水效果较好，脱水率高，水层清澈。

表2 破乳剂筛选试验

编号	原料油	破乳剂	加入量	脱水结果
1	催化油浆	1#	20ppm	脱水率47.5%，油水界面不清晰，水清澈，水层有大量油点挂壁。
2	催化油浆	2#	20ppm	脱水率60.3%，油水界面清晰，水清澈，水层有大量油点挂壁。
3	催化油浆	3#	20ppm	脱水率93.2.2%，油水界面清晰，水清澈。
4	催化油浆	4#	20ppm	脱水率64.8%，沉降不明显，油水分不清。
5	催化油浆	5#	20ppm	脱水率82.2.2%，油水界面清晰，分水浑浊。
6	催化油浆	6#	20ppm	脱水率73.5%，油水界面清晰，水清澈，水层有大量油迹片挂壁。

2.2 沉降温度和时间的影响

采用添加破乳剂的方法脱除催化剂颗粒时，油浆的黏度对沉淀分离效果有明显影响。油浆的黏度越大，催化剂颗粒的分离难度就越大。在低于破乳剂分解温度的条件下，升高温度可以降低催化油浆的黏度，有利于催化剂颗粒的沉降；当温度从 90℃升至 130℃，催化剂颗粒的脱除率从 54.6%升至 84.7%。延长沉降时间有利于催化剂颗粒的沉降分离。但当沉降时间超过 120min 后，催化剂颗粒的脱除率增幅很小。

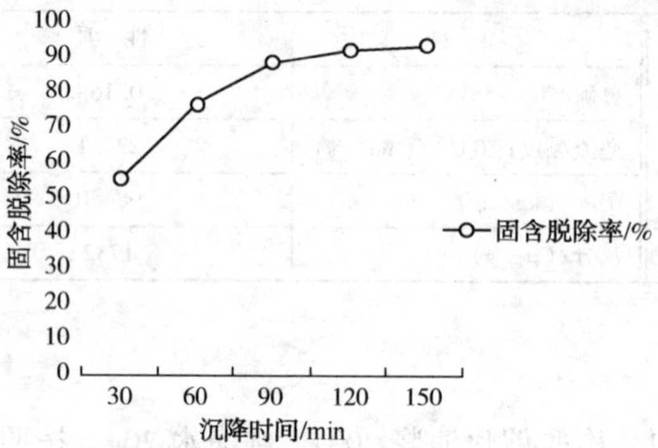

图 1 沉降时间对催化剂颗粒脱除的影响

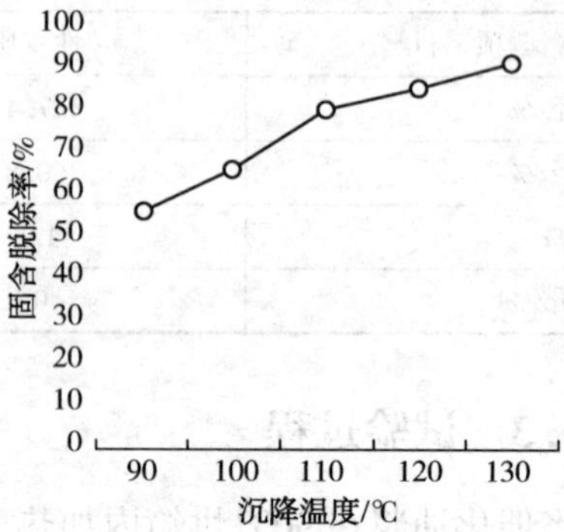

图 2 沉降温度对催化剂颗粒脱除的影响

2.3 絮凝剂的加入量选择

本实验选用聚丙烯酰胺絮凝剂，加入絮凝剂后水层浑浊，发黄。当絮凝剂从 10ppm 增至 100ppm，水层悬浮物减少。油浆的灰分含量先降低后增加，当其加量为 50ppm 时，油浆的灰分含量达到最低。因为有机絮凝剂分子链中有效官能团的吸附架桥作用，增大了絮提矾花的尺寸，并形成凝聚体，通过自身的极性或离子集团与质点形成氢键或离子对，加之范德华力，或者是这几种作用力的结合而吸附质点表面，在质点间进行桥连作用，形成絮凝沉淀[6-7]，从而从油浆中沉降分离。絮凝剂的加入量过高后，由于其本身的黏性较大，溶解在水中，阻碍了催化剂粉末的沉降。因此，最优的絮凝剂添加量为 50ppm，油浆灰分可以将至 155ppm。

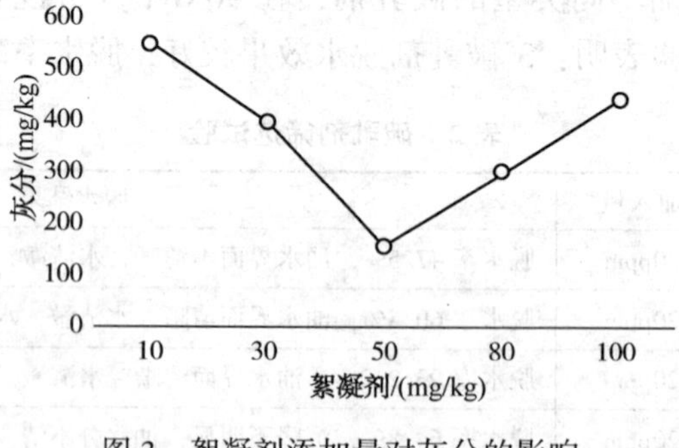

图 3 絮凝剂添加量对灰分的影响

3 结论

(1) 破乳剂的添加量为 20ppm 时，脱水率为 93.2%，且分出的水相澄清透明，聚丙烯酰胺絮凝剂的加入有利于催化剂颗粒的脱除，其添加量为 50ppm 时，油浆的灰分含量达到最低，但当絮凝剂的加入量继续增大，油浆的灰分不降反增。温度越高，沉降时间越长，越有利于重催油浆中催化剂颗粒的脱除。沉降时间超过 2h，催化剂颗粒脱除率增幅不大。

（2）最优的工艺条件是：选择 3#破乳剂，添加量为 20ppm，聚丙烯酰胺絮凝剂加入量为 50ppm，沉降温度 130℃，沉降时间 2h。催化油浆的灰分可以将至 150ppm 左右。

参 考 文 献

[1] 王峰，赵德智．催化裂化油浆的加工工艺及进展[J]．当代化工，2003，32(1)：45-47.

[2] 王振宇，于丽，徐振洪，等．从催化裂化油浆中脱除催化剂粉末的方法[P]．申请号：200510116840. 5.

[3]杨焜远，丁洛，郝荣坤，等．一种脱除催化裂化油浆中催化剂粉末的方法[P]．申请号：99125287. X.

[4] 杨莹，张兰波．催化裂化油浆沉降剂的研究及应用[J]．石化技术与应用，2006，24(3)，238-240.

[5] 陈俊杰，李林．用沉降助剂脱除催化裂化油浆中的催化剂粉末[J]．石油炼制与化工，2005，36(1)，16-19.

-35# 车用柴油的研制及工业化应用

田　超，马春阳

（陕西延长石油（集团）有限责任公司永坪炼油厂，陕西延川　717208）

摘　要　本文就某炼厂以精制柴油和3#喷气燃料为原料，通过调整调和比例和小样化验分析，确定调和方案解决了黏度、冷滤点和凝点相互制约关系，生产-35#车用柴油，进行简要探讨。

关键词　-35#柴油　3#喷气燃料　调和试验

-35#柴油具有优良的低温性能，适宜于气温在-29至-14℃环境中使用，尤其在冬季北方地区应用较为广泛。2016年永坪炼油厂经过多半年的努力，成功生产出3#喷气燃料，实现了当年改造、当年投产、当年准入、当年销售的目标，当年销售500t。为争取更大经济效益，和适应市场季节性变化需求，丰富产品种类，永坪炼油厂通过市场调研、技术分析，提出用3#喷气燃料调和生产低标号车用柴油的设想。

1　可行性分析

1.1　装置现状

陕西延长石油（集团）永坪炼油厂轻柴油的主要生产装置有20万t/a航煤精制装置、140万t/a柴油加氢装置。其中20万t/a航煤精制装置是由柴油加氢装置技术改造生产满足3#喷气燃料技术要求（GB 6537—2006）的精制航煤产品，140万t/a柴油加氢装置是柴油加氢精制+改质+降凝装置，生产低硫清洁低凝柴油馏分油。

1.2　产品质量分析

为论证3#喷气燃料和较高牌号柴油调和低标号柴油[1]的可行性，对低标号柴油指标和3#喷气燃料、较高标号柴油的产品性质进行分析研究，其主要性质数据见表1。

表1　-35#、-20#柴油指标与0#柴油、3#喷气燃料主要指标性质对比

项　　目	-35#车用柴油	-20#车用柴油	0#柴油	3#喷气燃料
硫含量/(mg/kg)	不大于10	不大于10	0.2~5	1~7
运动黏度(20℃)/(mm^2/s)	1.8~7.0	2.5~8.0	3.8~4.7	1.4
凝点/℃	不高于-35	不高于-20	-5~0	-40以下
冰点/℃	—	—	—	-54~-61
冷滤点/℃	不高于-29	不高于-14	-13~0	-30以下

续表

项目		-35#车用柴油	-20#车用柴油	0#柴油	3#喷气燃料
闪点(闭口)/℃		不低于 45	不低于 50	62~84	40.8~50.5
十六烷值		不小于 47	不小于 49	55~57.8	—
馏程	50%回收温度/℃	不高于 300	不高于 300	242~369	181~192
	90%回收温度/℃	不高于 355	不高于 355	303~353	209~218
	95%回收温度/℃	不高于 365	不高于 365	314~367	—
	终馏点/℃	—	—	—	226~255(终馏点)
密度(20℃)/(kg/m³)		790~840	790~840	744~825	783.0~788.5

由表1可见，与-35#柴油指标相比，3#喷气燃料具有较优良的低温流动性能，但是也存在运动黏度、闪点低等不利因素；0#柴油具有较高的运动黏度和闪点，但凝点和冷滤点高，低温流动性能差。因此，二者在调和-35#柴油时性能指标之间存在互补性[2]，用3#喷气燃料和0#柴油进行调和满足低标号柴油(-35#、-20#车用柴油)的方案可行。

2 实验及结果讨论

永坪炼油厂及时制定调和方案并根据调和结果动态调整对策，具体过程如下。

2.1 3#喷气燃料与0#柴油调和方案

表2 3#喷气燃料和0#柴油不同比例调和油主要指标分析数据表

调和比例(0#柴油：3#喷气燃料)	凝点/℃	冷滤点/℃	黏度/(mm²/s)
1：3	-31	-21	1.41
1：2	-25	-15	1.92
1：1.5	-20	-14	2.03
1：1	—	—	2.23
2：1	-12	-8	2.63

由表2可见，0#柴油与3#喷气燃料调和比例在1：3时，凝点、冷滤点、黏度均不满足-35#车用柴油产品指标，凝点、冷滤点符合-20#车用柴油指标；为使黏度值符合-20#车用柴油指标要求，需增大0#柴油比例，当调和比例为2：1时，黏度满足-20#车用柴油指标要求，但凝点、冷滤点不合格。

表3 加降凝剂后主要指标分析数据表

调和比例(0#柴油：3#喷气燃料)	凝点/℃	冷滤点/℃	黏度/(mm²/s)
1：2+500(0.05%)降凝剂	-42	-23	1.90
2：1+500(0.05%)降凝剂	-30	-9	2.61

由表3可见，在黏度值满足低标号柴油指标时，为使凝点、冷滤点符合低标号车用柴油指标，最大允许添加量添加柴油降凝剂(0.05%)，改善柴油低温流动性能，结果凝点降低

明显并符合指标要求，冷滤点变化不大，仍无法满足低标号柴油指标要求[3]。

综上，用3#喷气燃料和0#柴油调和低标号柴油，凝点、冷滤点和黏度相互制约，加入降凝剂后冷滤点仍不能满足指标要求，因此该方案不可行。

2.2 3#喷气燃料与-20#柴油馏分油调和方案

在查阅文献和市场调研的基础上，永坪炼油厂调整方案，用-20#柴油馏分油与3#喷气燃料调和-35#车用柴油。

为此，永坪炼油厂将140万t/a柴油加氢装置调整工艺参数，使其馏出口加氢柴油凝点满足-20#柴油指标要求后及时取样进行调和试验，部分主要指标试验数据见表4

表4 -20#柴油馏分油及其与3#喷气燃料不同比例调和油主要指标分析数据表

	柴油：3#喷气燃料	凝点/℃	冷滤点/℃	闪点/℃	黏度/(mm²/s)	十六烷值
-20#柴油馏分油		-25	-15	76	1.92	54
调和试验	2：1	-28	-19	60	2.57	51
	1：1	-39	-34	52	2.12	47
	1：1.5	-42	-37	50	1.81	45

由表4可见，当调和比为2：1时，凝点和冷滤点同时不符合指标要求；当调和比为1：1.5时，十六烷值不符合指标要求；当调和比为1：1时，黏度、冷滤点、凝点和十六烷值同时满足指标要求。在此基础上，考虑到低标号柴油润滑性较差，按照以往经验[4]，添加0.02%柴油润滑改进剂后，全分析试验结果见表5。

表5 实验室调和-35#车用柴油试验结果

项目	-20#柴油：3#喷气燃料=1：1	试验方法
氧化安定性，总不溶物/(mg/100mL)	0.9	SH/T 0175
硫含量/(mg/kg)	1.7	SH/T 0689
酸度(以KOH计)/(mg/100mL)	0.83	GB/T 258
10%蒸余物残炭/%	0.02	GB/T 268
灰分/%	0.0016	GB/T 508
腐蚀(铜片，50℃，3h)/级	1a	GB/T 5096
水含量(体积分数)/%	痕迹	GB/T 260
机械杂质	无	GB/T 511
润滑性，校正磨痕直径(60℃)/μm	442	SH/T 0765
多环芳烃含量/%	1.8	SH/T 0606
运动黏度(20℃)/(mm²/s)	2.12	GB/T 265
凝点/℃	-39	GB/T 510
冷滤点/℃	-34	SH/T 0248
闪点(闭口)/℃	52.0	GB/T 261
十六烷值	47	GB/T 386
十六烷值指数	47.6	SH/T 0694

续表

项目	-20#柴油：3#喷气燃料=1：1	试验方法
50%回收温度/℃	210.0	GB/T 6536
90%回收温度/℃	293.0	
95%回收温度/℃	317.0	
密度(20℃)/(kg/m³)	801.0	GB/T 1884
		GB/T 1885
脂肪酸甲酯(体积分数)/%	0.1	GB/T 23801

由表5可见，用-20#柴油馏分油和3#喷气燃料按照1：1调和比例，加入0.02%柴油润滑改进剂，调和样品分析结果满足-35#车用柴油各项指标要求。

3 工业放大试验

永坪炼油厂依据上述实验室调和方案，用1100t-20#柴油馏分油，按照1：1调和比例，加入1100t3#喷气燃料，同时加入0.02%柴油润滑改进剂，进行工业放大试验，分析结果见表6。

表6 工业放大生产-35#车用柴油[5](V)检测结果

项目		质量指标(-35#)	实测数据	试验方法
氧化安定性，总不溶物/(mg/100mL)	不大于	2.5	0.9	SH/T 0175
硫含量/(mg/kg)	不大于	10	2.4	SH/T 0689
酸度(以KOH计)/(mg/100mL)	不大于	7	5.4	GB/T 258
10%蒸余物残炭/%	不大于	0.3	0.02	GB/T 268
灰分/%	不大于	0.01	0.0016	GB/T 508
腐蚀(铜片，50℃，3h)/级	不大于	1	1a	GB/T 5096
水含量(体积分数)/%	不大于	痕迹	痕迹	GB/T 260
机械杂质		无	无	GB/T 511
润滑性，校正磨痕直径(60℃)/μm	不大于	460	360	SH/T 0765
多环芳烃含量/%	不大于	11	2.5	SH/T 0606
运动黏度(20℃)/(mm²/s)		1.8~7.0	2.2	GB/T 265
凝点/℃	不高于	-35	-38	GB/T 510
冷滤点/℃	不高于	-29	-29	SH/T 0248
闪点(闭口)/℃	不低于	45	55.0	GB/T 261
十六烷值	不小于	47	48.7	GB/T 386
十六烷值指数	不小于	43	48	SH/T 0694
50%回收温度/℃	不高于	300	213.0	GB/T 6536
90%回收温度/℃	不高于	355	287.0	
95%回收温度/℃	不高于	365	308.0	

续表

项目		质量指标(-35#)	实测数据	试验方法
密度(20℃)/(kg/m³)		790~840	800.5	GB/T 1884 GB/T 1885
脂肪酸甲酯(体积分数)/%	不大于	1.0	0.1	GB/T 23801

由表6可见，加入柴油润滑改进剂后柴油酸度变化较大，根据以往调和经验，不同批次柴油润滑改进剂(实验室调和使用润滑改进剂非当天调和使用润滑改进剂)对油品酸度的影响程度不一，同时考虑油罐调和环境不同于实验室调和也可导致酸度值变化较大。鉴于永坪炼油厂出厂成品柴油酸度平均水平，综合分析，工业放大试验分析结果满足-35#车用柴油各项指标要求。2017年1月19日实现首批-35#车用柴油销售出厂。

4 经济社会效益

4.1 经济效益

油品价格随市场波动，举例2017年10月18日各产品市场价格，如表7所示：

表7 当前市场各产品单价及价格对比

产品名称	0#车用柴油	3#喷气燃料	-20#车用柴油	-35#车用柴油
销售价格/(元/t)	5960.00	5569.00	6615.00	6845.00
-35#车用柴油与各产品价格差/(元/t)	+885.00	+1276.00	+230.00	—

由表7可见，-35#车用柴油较0#车用柴油、3#喷气燃料、-20#车用柴油价格差分别为+885.00元/t、+1276.00元/t和+230.00元/t。由此可得，生产-35#车用柴油较0#车用柴油、3#喷气燃料、-20#车用柴油具有更好的经济效益。

依据据相关政策扣除各类油品消费税、增值税及航煤运费后，按照月度实际销售量及差价计算，-35#柴油由精制柴油与航煤按1∶1比例调和；计算公式=不同油品差价×销售量。2017年生产调和-35#柴油共计7248t，累计销售5031t，实现增加经济效益约为287.67万元。

4.2 社会效益

-35#车用柴油在永坪炼油厂的成功生产，填补了延长石油在这一高端产品上的空白，提升了延长石油市场竞争力。

5 结论

(1) 用永坪炼油厂生产的0#柴油与3#喷气燃料的调和试验中，凝点、冷滤点和黏度指标相互制约，无法调和满足要求的低标号柴油；

（2）用–20#柴油馏分油与3#喷气燃料按照1∶1的调和比，加入0.02%柴油润滑性改进剂后，实验室调和出满足指标要求的–35#车用柴油；

（3）根据实验室调和方案，进行工业放大试验，成功生产出符合GB 19147《车用柴油》的–35#车用柴油，丰富了产品结构，增强了市场竞争力。

参 考 文 献

[1] 幕星华．–35#轻柴油的调和与优化[J]．石油化工技术与经济，2016，32(1)：6–9.
[2] 张宏宇，王建军，胡敦浩．调和法生产–35#柴油工业化试验[J]．黑龙江石油化工，1998(1).
[3] 陆蓉．提高–35号车用柴油冷滤点测定分析准确度[J]．科技与创新，2015(15)：15–16.
[4] 刘宝民．–35#轻柴油的开发[J]．广州化工，2011，36(16)：146–148.
[5] GB 19147–2016 车用柴油[S].

聚酰亚胺嵌段聚乙二醇锂离子电池隔膜研究

侯影飞，姜　琳，张瑶瑶，牛青山

（中国石油大学（华东）重质油国家重点实验室，山东青岛　266580）

摘　要　本文采用低温缩聚-化学亚胺化法合成了聚酰亚胺嵌段聚乙二醇共聚物（PI-*b*-PEG），并利用相转化法制得 PI-*b*-PEG 锂电池隔膜，将其性能与 PI 隔膜和商业 Celgard2325PP 膜进行了对比考察。结果表明，PI 和 PI-*b*-PEG 隔膜在 200℃可以保持尺寸稳定，具有优异的耐热性能。与商业 PP 膜相比，PI 和 PI-*b*-PEG 隔膜表现出更高的孔隙率、吸液率、锂离子迁移数和离子电导率。PI-*b*-PEG 隔膜离子电导率相对 PI 提升显著，常温下达到 1.9122mS · cm^{-1}，同时 PI-*b*-PEG 隔膜所组装电池表现出更好的循环稳定性和倍率性能。

关键词　锂离子电池　聚酰亚胺嵌段聚乙二醇　电池隔膜

1　引言

随着能源危机及环境污染等问题的日益凸显，利用电动汽车取代燃料发动机汽车受到广泛关注与期待[1]，新能源汽车以及新能源发电也已成为世界各国积极开发和推广的项目[2]。电池隔膜作为锂电池的重要组成部分，制约着电池的安全性能和电学性能。目前商业上广泛应用的锂离子电池隔膜熔断温度低、热稳定性差，会在高温时影响正负极的隔离，导致电池内部短路甚至引发安全事故[3]，限制锂离子电池发展[3,4]。

聚酰亚胺（PI）是主链中含有酰亚胺结构的一类聚合物材料，酰亚胺结构决定了 PI 具有突出耐热性能。根据文献报道，聚乙二醇（PEG）对锂盐有较好的溶解能力，PEG 中有聚乙氧基的链段可以储存并传递 Li^+，可以作为软段嵌段到 PI 主链上，提高链运动性，并提高离子电导率。

本文制备了热稳定性优异的聚酰亚胺嵌段聚乙二醇（PI-*b*-PEG）隔膜，将所制隔膜应用于锂离子电池中。利用扫描电镜等手段分析了隔膜的物理性能，利用电化学工作站和充放电测试仪对隔膜的电学性能和电池性能进行了测试。

2　实验

2.1　隔膜的制备

2.1.1　PI 和 PI-*b*-PEG 的合成

实验采用两步法合成 PI，将干燥好的 DMMDA 和 BTDA 研磨成细粉末，按 1∶1.005 的摩尔比加入盛有适量 NMP 溶液的三口烧瓶中，在氮气气氛保护下，冰水浴反应 12h，形成黏稠的聚酰胺酸（PAA）溶液。然后，向 PAA 溶液中加入体积比为 2∶1 的乙酸酐、吡啶混合液(乙酸酐作脱水剂，吡啶作催化剂)，撤去冰水浴，亚胺化反应 18h，最终形成黏稠的黄色 PI 溶液。将所得溶液缓慢倒入快速旋转搅拌的去离子水中，相转化得到淡黄的细丝状 PI，充分干燥备用。

采用两步法低温缩聚合成 PI-*b*-PEG 嵌段共聚物。首先将干燥并研磨好的 DMMDA、BTDA 单体加入盛有 NMP 溶剂的三口烧瓶中，通氮气保护冰水浴条件进行缩聚反应 12h，合成黏稠的 PAA 溶液。在得到的 PAA 中加入一定量的 PEG1000 以及 4-二甲氨基吡啶(DMAP)，撤去冰水浴，充分搅拌反应 6h 后加入乙酸酐和吡啶进行亚胺化，亚胺化反应 18 小时，得到黄色黏稠的 PI-*b*-PEG 溶液。将所得溶液缓慢倒入不断搅拌的去离子水中，得到细丝状 PI-*b*-PEG，充分干燥待用。

2.1.2 隔膜的制备

配置铸膜液：称取一定质量的 PI/PI-*b*-PEG 溶于 NMP 溶液，并加入适量 PEG200 作为制孔剂，利用机械搅拌使 PI/PI-*b*-PEG 在 NMP 溶剂中充分溶解，然后利用真空泵对溶解均匀的铸膜液进行抽真空脱气泡，最后将铸膜液静置 12h，制得固含量为 12%的均相铸膜液。

刮膜：本实验采用平板刮膜和相转化法成膜。将洁净干燥的玻璃板平铺在平板刮膜机上，调节好刮刀高度(100μm)，将适量均相铸膜液连续均匀地倒在玻璃板一端，启动刮膜机，使刮刀匀速通过。刮膜完成后将载有湿膜的玻璃板平放入盛有去离子水的容器，PI/PI-*b*-PEG 快速析出固化。将固化好的 PI/PI-*b*-PEG 在去离子水中充分浸泡，保证有机溶剂被充分置换后将薄膜经鼓风烘箱和真空烘箱充分干燥。用切片机将隔膜切割成直径 16mm 的圆待用。

2.2 组扣电池组装

如图 1，为锂离子电池结构示意图。在氩气手套箱中，按照正极壳/正极极片(LiFePO4)/电解液/电池隔膜/电解液/锂片/垫片/弹簧片/负极壳的组装顺序组装成 CR2032 型纽扣电池，并用扣式电池封口机进行电池密封。

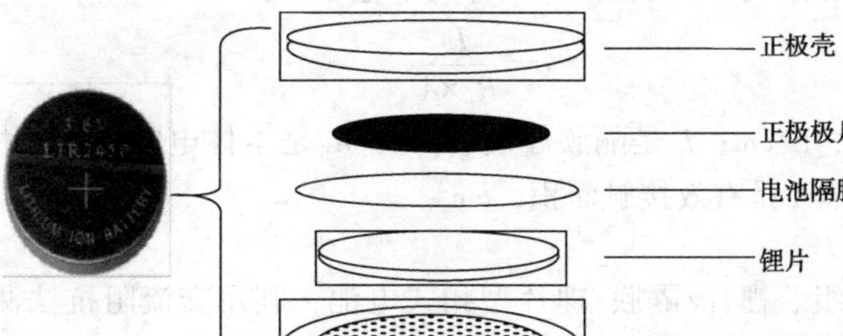

图 1 锂离子电池结构示意图

3 材料表征及测试

3.1 物理性能表征

(1) 扫描电子显微镜(SEM)

利用扫描电子显微镜(HITACHI，SU3500)对 PI 电池隔膜表面和断面形貌及厚度进行考察。测试前将样品置于氩气气氛中进行喷金处理，之后转入电镜观测室观察拍照。

(2)孔隙率测试

多孔材料孔隙率常采用压汞法、浸泡介质法和质量体积法3种实验方法测试[5]，本实验选取浸泡介质法-正丁醇法来测定各种隔膜孔隙率。将隔膜切割成直径18mm的圆并称量其初始质量M_0，然后置于正丁醇中浸泡2h使隔膜充分吸收正丁醇，取出隔膜用吸油纸将隔膜表面溶剂吸收，再次称重并记为M_t。隔膜孔隙率可用式(1)计算得到：

$$孔隙率(\%)=\frac{(M_t-M_0)/\rho}{V}\times 100 \tag{1}$$

式中，ρ为正丁醇的密度，V是隔膜的体积。

(3) 吸液率测试

将隔膜切割为相同形状尺寸，充分干燥后称重，记为W_1，称重好的隔膜置于EC/DMC/DEC(体积比为1：1：1)的三元电解液中完全浸泡2h，取出立即用滤纸吸收表面的电解液并再次称重，记为W_2。隔膜对电解液的吸收率由式(2)计算得到：

$$吸收率(\%)=\frac{W_2-W_1}{W_1}\times 100 \tag{2}$$

(4) 隔膜热稳定性测试

将隔膜切成直径18mm的圆，然后将其置于马弗炉中在一定温度(100℃、150℃、200℃)下加热30min，取出观察其尺寸大小的变化，测试隔膜热尺寸稳定性。

3.2 电化学性能表征

(1) 离子电导率测试

采用交流阻抗法测试PI膜的离子电导率。用将隔膜切割为直径18mm的圆片，用不锈钢代替正负极极片，组装成阻塞型电池(不锈钢片/隔膜/不锈钢片)，利用电化学工作站测试其在20~60℃下的本体阻抗，按照式(3)计算离子电导率：

$$\sigma=\frac{L}{R_b\times A} \tag{3}$$

式中，σ是离子电导率，S/cm；L是隔膜厚度，μm；R_b是本体电阻，Ω，由测试后得到的阻抗谱图中的截距得出；A是有效接触面积，cm^2。

(2) 锂离子迁移数

在氩气手套箱中，组装锂片/隔膜/锂片型扣式电池，利用交流阻抗法测试初始界面阻抗，然后用计时电流法测试初始电流和稳态电流，最后再次通过交流阻抗法测试稳态界面阻抗。t_+根据Evans[6]提出的理论计算，计算见式(4)。

$$t_+=\frac{I_S}{I_0}\times\frac{(\Delta V-I_0\times R_0^{el})}{(\Delta V-I_S\times R_S^{el})} \tag{4}$$

式中，I_0和I_S分别为电池初始电流和稳态电流；R_0和R_S分别为电池初始界面阻抗和稳态界面阻抗；ΔV为给定电压。

(3) 恒电流充放电

本文使用蓝电测试系统(CT2001A)对纽扣电池进行循环性能和倍率性能测试。循环性能测试设置充放电恒电流为1C，充放电次数设置为100圈；倍率性能设置充放电电流为0.2C、0.5C、1C、2C、5C、0.2C，同一电流下充放电5次。

4 结果与讨论

4.1 隔膜物理性能

图 2 为相转化法所制 PI 和 PI-*b*-PEG 膜的表面形貌和断面形貌图。由表面形貌可知，相转化所得隔膜表面孔径大小主要分布在几十到一百纳米，表面微孔形状近似圆形，隔膜孔隙率较高且均一性较好，既可以为锂离子迁移提供了良好的通道又有效地阻止了电极颗粒的直接接触。由断面形貌可知，电池隔膜表面致密，内部疏松。这是因为液膜刚浸入凝固浴(水相)时，液膜中有机溶剂大量浸入水相，液膜中溶剂损失速度快，而去离子水扩散至液膜的量要相对少很多导致界面处聚合物浓度升高，在表面形成较为致密的凝胶层[7]。

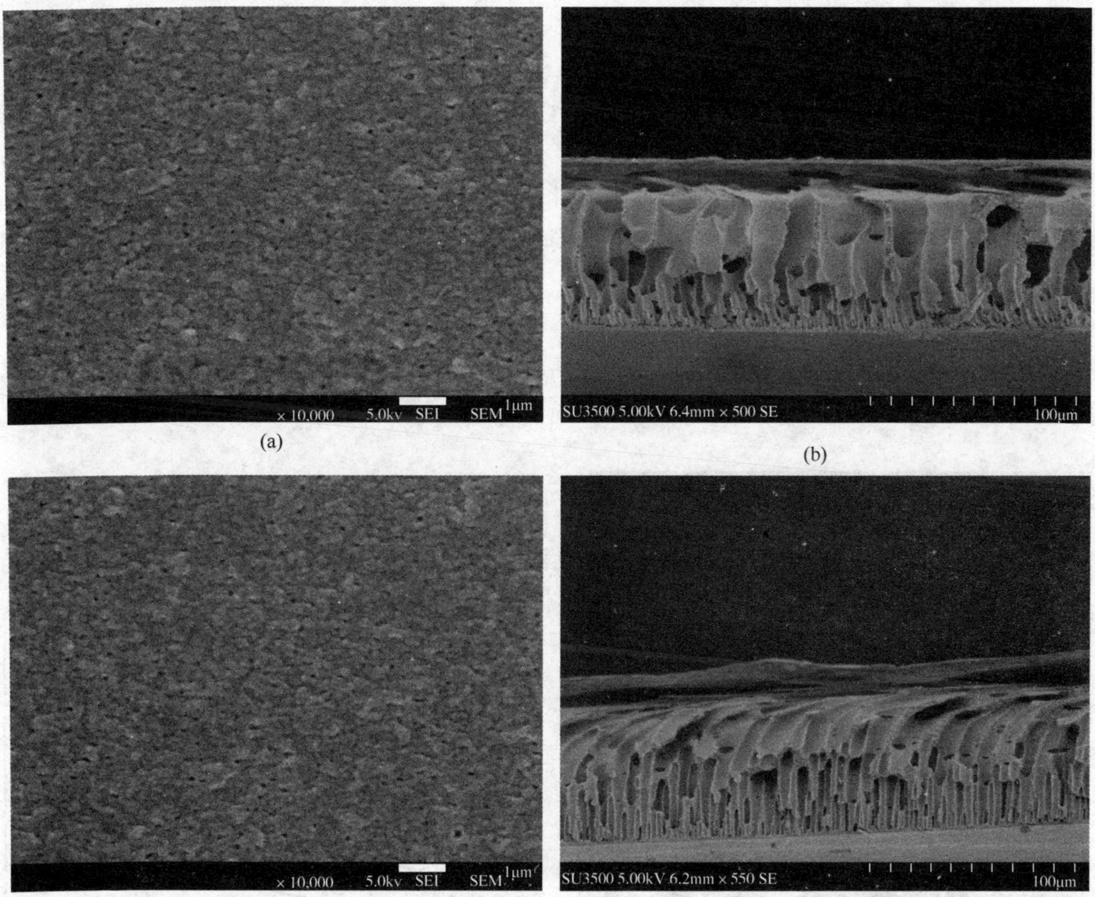

(a) (b) (c) (d)

图 2 (a)(b)PI 膜 SEM 图；(c)(d)PI-*b*-PEG 膜 SEM 图

Zhang[8]认为，隔膜的电导率几乎完全取决于隔膜孔道中固定的电解液，隔膜的吸液率与孔隙率的提高，有助于更快地吸收更多的电解液，使更多锂离子通过隔膜，这样就能提高离子电导率。表 1 为三种隔膜的孔隙率及吸液率对比。由表可知，PI 隔膜的孔隙率可达 71.67%、吸液率达 245.33%；PI-*b*-PEG 隔膜的孔隙率可达 78%、吸液率达 251%，均远高于PP膜。隔膜的高孔隙率是因为其发达的孔结构，吸液率提高一方面是由于孔隙率，使隔膜可以容纳更多的电解液，另一方面PI膜和PI-*b*-PEG膜表面含有C-N基团，容易电解液形成氢键，对电解液的亲和性好，更容易吸收电解液。

表1 隔膜孔隙率及吸液率对比

隔膜类型	PI-*b*-PEG			PI			PP		
样品序号	1	2	3	1	2	3	1	2	3
孔隙率/%	77	78	80	71	70	71	41	41	42
平均值/%	78.33			71.67			41.33		
吸液率/%	246	251	253	245	240	251	77	78	80
平均值/%	250			245.33			78.33		

将三种隔膜置于马弗炉中，分别在100℃、150℃、200℃下分别加热30min，尺寸变化如图3所示。

从图3中可以看出商业PP膜加热到200℃左右时严重收缩，收缩率达到90%以上，而PI膜和PI-*b*-PEG隔膜在该温度范围内尺寸不变，能保持结构完整，说明PI膜和PI-*b*-PEG隔膜具有更好的热稳定性，利用高耐热性的PI/PI-*b*-PEG作为电池隔膜，可以避免隔膜在电池过充或高温时严重收缩导致正负极接触短路，电池安全性可以得到保证。

4.2 隔膜电学性能

用电化学工作站采用交流阻抗法测试PI-*b*-PEG膜的本体阻抗，进而计算其离子电导率，结果见图4。

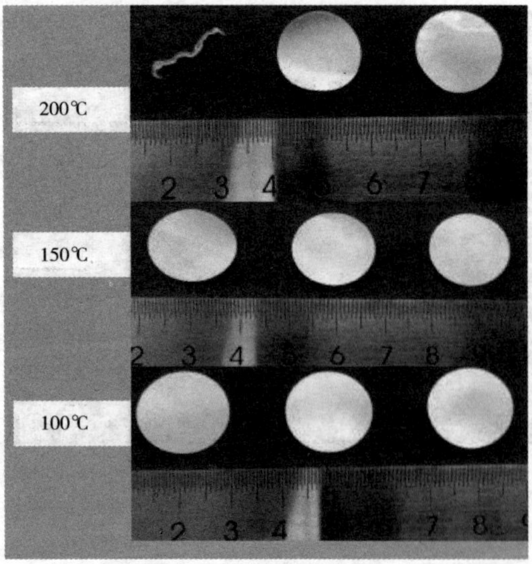

图3 PP膜(左)、PI膜(中)和PI-*b*-PEG膜(右)在不同温度下加热0.5h后的尺寸

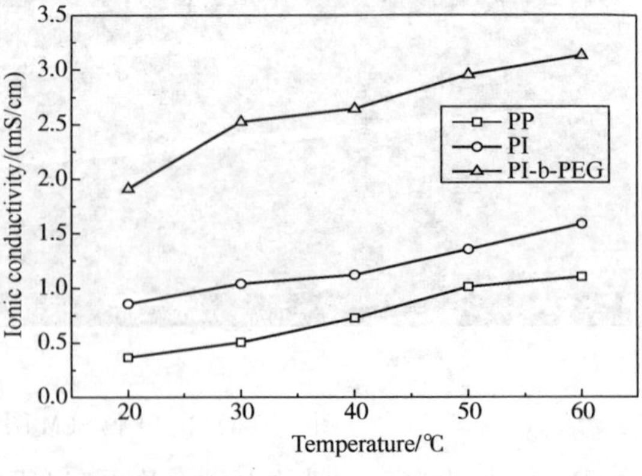

图4 PI-*b*-PEG和PI隔膜在不同温度下的离子电导率

观察同一个膜在不同温度下的离子电导率，发现随测试温度的升高，离子电导率提高。

这是由于温度升高，电解质本体阻抗减小，锂离子运动速率加快，单位时间内通过隔膜的锂离子数量增加，进而提高离子电导率。

对比相同温度下两种隔膜的离子电导率，同一温度下，PI 和 PI-*b*-PEG 隔膜的离子电导率均高于 PP 膜，这是因为一方面 PI 和 PI-*b*-PEG 隔膜对电解液具有更好的亲和性，且能吸收保存更多的电解液；另一方面，自制隔膜孔道疏松、孔结构丰富、孔隙率高，为锂离子传输提供了良好的通道，所以具有更高的离子电导率。PI-*b*-PEG 隔膜的离子电导率较 PI 有较大提升，对 PI 膜提升约 1.5 倍。这是因为 PI-*b*-PEG 隔膜的孔隙率和吸液率均高于前两种隔膜，使单位面积的隔膜允许更多的锂离子通过，更重要的是，通过引入 PEG 软段，隔膜的玻璃化转变温度明显降低，分子链运动性明显增强，提高了离子电导率。

锂离子迁移数(t_+)对锂二次电池的性能特别是在降低极化方面起着关键作用。利用计时电流法，设置给定电压为 5mV，测试电池的初始电流和稳态电流，利用交流阻抗法，测试电池的初始界面阻抗和稳态界面阻抗，结果如图 5 所示。

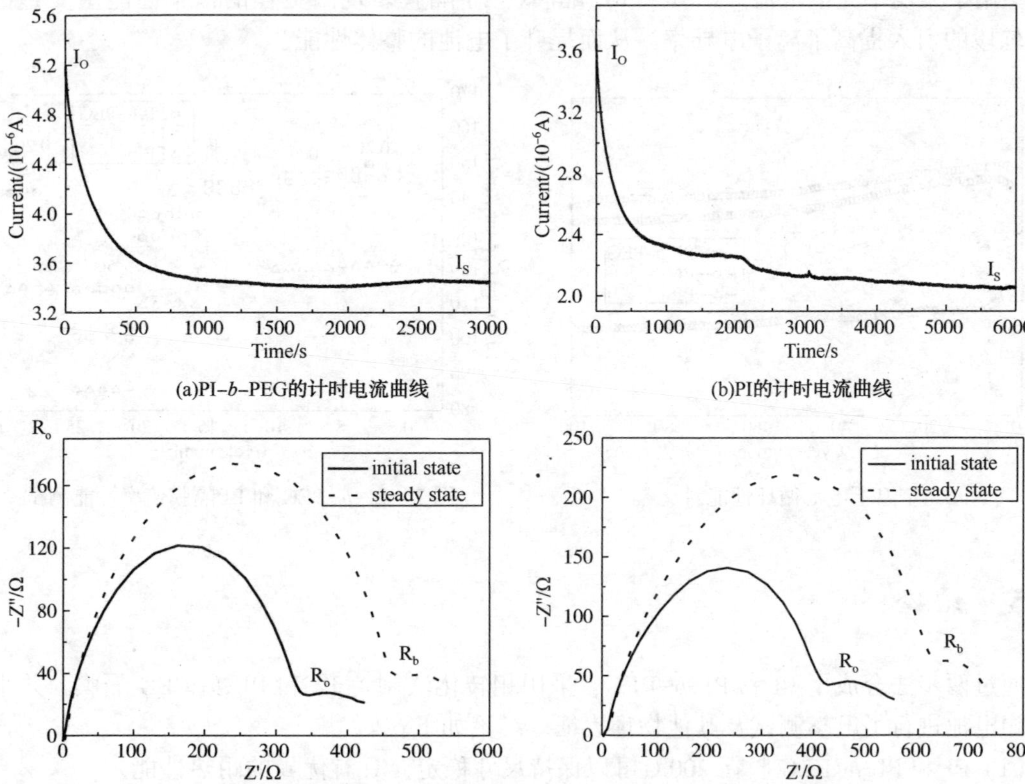

图 5 (a)PI-*b*-PEG 的计时电流曲线；(b)PI 的计时电流曲线；(c)PI-*b*-PEG 的界面阻抗；(d)PI 的界面阻抗

计算得到 PI-*b*-PEG 隔膜组装电池的锂离子迁移数(t_+)为 0.6020，PI 膜的锂离子迁移数(t_+)为 0.5228，PI-*b*-PEG 膜的 t_+ 之所以高于 PI 膜是因为软段 PEG 的引入，改善了聚合物链运动性，从而提高了锂离子迁移数。

4.3 电池性能

图6为室温下电池循环性能曲线，从图中可以看出，尽管因为锂片和电解液之间存在化学反应使得电池容量有所衰减[9,10]，但100次循环后PI-*b*-PEG膜容量仍然可以保持在137.6mAh·g^{-1}，为初始容量的94.79%，PI膜放电容量保持在132.6mAh·g^{-1}，为初始容量的93.98%，PP膜容量保持在108.9mAh·g^{-1}，为初始容量的92.60%，可以看出三种电池在100次充放电循环后均保持较高的容量保持率，循环性能都比较好，可以用于电池的长期充放电。

图7为不同倍率下三种隔膜的电池放电比容量对比图，对比相同倍率下不同隔膜材料的比容量可以看到，在各个倍率下PI-*b*-PEG和PI膜电池的放电容量均高于PP膜电池。在低倍率下，PI-*b*-PEG与PI隔膜电池比容量接近，但电流密度为5C时，PI-*b*-PEG膜电池的放电容量比PI高出13mAh·g^{-1}，表现出更好的倍率性能，说明PI-*b*-PEG隔膜比PI隔膜更有希望用于大功率充电电池。PI-*b*-PEG隔膜比PI隔膜表现出更佳的倍率性能主要是因为PEG软段的引入提高了离子电导率，从而提升了电池的整体性能。

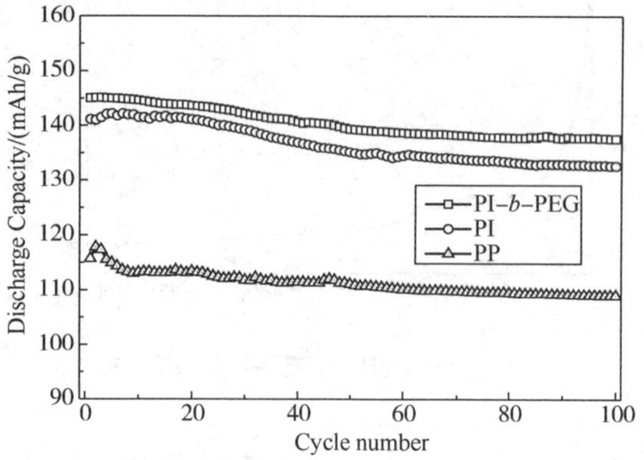

图6 室温下电池循环性能对比

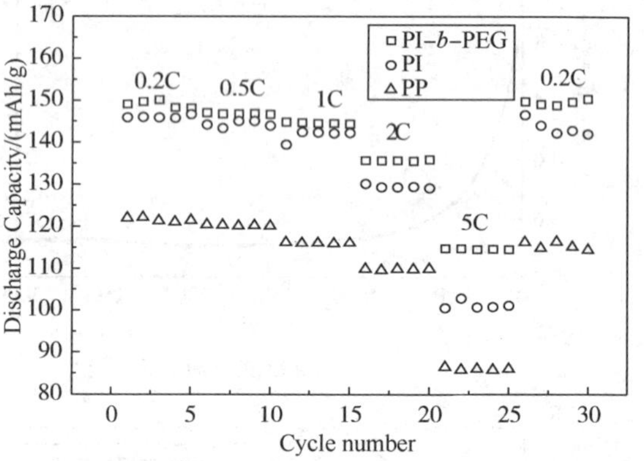

图7 PI-*b*-PEG和PI隔膜倍率性能测试

5 结论

通过两步法合成了PI和PI-*b*-PEG，采用相转化法制备PI和PI-*b*-PEG隔膜，并组装成纽扣电池进行了电学测试及其他物理表征。结论如下：

（1）PI和PI-*b*-PEG膜在200℃可以保持尺寸稳定，具有优异的耐热性能。

（2）与商业PP膜相比，PI和PI-*b*-PEG隔膜表现出更高的锂离子迁移数、吸液率、孔隙率和离子电导率。

（3）PI-*b*-PEG隔膜离子电导率相对PI提升显著，常温下达到1.9122mS/cm，同时PI-*b*-PEG隔膜电池较PI隔膜电池循环稳定性和倍率性能有所提高。

参考文献

[1] Wei Q, Wang X, Yang X, et al. Spherical concentration-gradient LiMn1.87Ni0.13O4 spinel as a high performance cathode for lithium ion batteries[J]. Journal of Materials Chemistry A. 2013, 1(12): 4010-4016.

[2] Park O K, Cho Y, Lee S, et al. Who will drive electric vehicles, olivine or spinel? [J]. Energy & Environmental Science. 2011, 4(5): 1621-1633.

[3] 黄素萄. 聚酰亚胺纳米纤维膜的微交联及其作为锂离子电池隔膜的应用研究[D]. 北京: 北京化工大学, 2016.

[4] Abajo J D, Campa J G D L. Processable Aromatic Polyimides[J]. Journal of Applied Polymer Science, 1985, 30(6): 2401-2411.

[5] 常振军, 陈师, 白璐, 等. 高导电纳米银/聚酰亚胺复合薄膜的制备及其性能研究[J]. 塑料工业, 2013, 41(12): 115-118.

[6] Chen W, Liu Y, Ying M, et al. Improved performance of lithium ion battery separator enabled by coelectrospinnig polyimide/poly(vinylidene fluoride-co-hexafluoropropylene) and the incorporation of TiO_2-(2-hydroxyethyl methacrylate)[J]. Journal of Power Sources, 2015, 273: 1127-1135.

[7] 何小芳, 韩雪鹏, 秦刚, 等. 聚酰亚胺(PI)锂电池隔膜材料的研究进展[J]. 塑料工业, 2016, 44(1): 1-4.

[8] Zhang S S, Xu K, Jow T R. An inorganic composite membrane as the separator of Li-ion batteries[J]. Journal of Power Sources, 2005, 140(2): 361-364.

[9] Wu X, Wang J, Fei D, et al. Lithium metal anodes for rechargeable batteries[J]. Energy & Environmental Science, 2014, 7(2): 513-537.

[10] Aurbach D, Zinigrad E, Cohen Y, et al. A short review of failure mechanisms of lithium metal and lithiated graphite anodes in liquid electrolyte solutions[J]. Solid State Ionics Diffusion & Reactions, 2002, 148(3): 405-416.

催化柴油加氢-催化裂解组合工艺的技术效益分析

周　鑫，赵　辉，杨朝合

（中国石油大学（华东）重质油国家重点实验室，山东青岛　266580）

摘　要　以石蜡基大庆常压渣油为原料，选择 RFCC，TMP 和 HTMP 三种重油加工技术的模拟结果进行技术经济对比。结果表明：HTMP 技术的催化柴油转化率为 69.06%，高辛烷值汽油质量收率较 TMP 装置提升了 7.9%，柴汽比降低至 0.14。采用布伦特原油每桶 80 美元（4712 元/t）原油价格及相应的国内产品出厂价进行效益分析，RFCC，TMP 和 HTMP 的单位毛利润分别为 64124292 元/t。综合对比三种方案的财务评价结果，HTMP 加工方案具有最高的净现值和内部收益率，且投资回收周期最短，说明该加工方案的投资回报率最高，并且抗风险能力最强，具有较好的经济效益。

关键词　催化裂化　催化柴油　加氢　催化裂解　技术经济

前言

催化裂化（FCC）是重油轻质化的重要手段，提供国内超过 70% 商用汽油和 30% 的柴油，在石油炼制过程中占据举足轻重的地位[1]。国内炼油厂过去一直以高柴汽比为主要生产目标，然而近年来，随着汽车保有量的增加，汽油消费量的增长速度高于柴油，柴汽比不断降低，预计 2020 年会降至 1.0[2]。因此，如何降低 FCC 装置的柴油产出，同时多产汽油组分，以更好地适应市场需求，成为国内炼油企业共同面临的重要问题。

中国石油大学（华东）重质油国家重点实验室在两段提升管催化裂解多产丙烯（TMP）技术基础上提出了以 LPG（丙烯、丁烯）为主要目的产物之一，并兼顾高辛烷值汽油组分生产的催化柴油（LCO）加氢-催化裂解组合工艺（Hydrogenation and TMP coupling process，HT-MP）[3-6]。HTMP 工艺通过采用专用催化剂并控制适宜的反应条件，将催化柴油通过选择性加氢后回炼，发生开环裂化反应生成高辛烷值的汽油组分，具有氢耗低，经济性好等优点，在提高轻油收率，灵活调整柴汽比方面具有明显优势[7,8]。本课题采用流程模拟软件，从经济性角度对 HTMP 技术进行了对比分析。希望能够为炼油厂产品结构方案调整，向化工转型提供参考。

1　原料性质和对比流程设计

1.1　原料的选择

本课题选择石蜡基大庆原油常压渣油作为原料，性质如表 1 所示。由表 1 可知，大庆常渣氢含量和饱和烃含量高，硫、氮含量以及残炭低，不需要对原料进行预处理就可以直接作为催化原料。

表1 大庆原油及其重质馏分油性质①

项　目	大庆原油常压渣油性质(500℃⁺)	项　目	大庆原油常压渣油性质(500℃⁺)
密度(20℃)/(kg/m^3)	896	氮/%	0.23
康氏残炭/%	4.66	饱和烃/%	69.64
碳/%	86.20	芳烃/%	22.40
氢/%	13.34	镍/(μg/g)	4.95
硫/%	0.23	钒/(μg/g)	0.03

①：大庆原油及其减压蜡油性质均来源于 Aspen HYSYS 原油数据库。

1.2 对比流程方案设计

采用流程模拟软件对大庆原油常压渣油设计不同的加工方案，对比研究重油催化裂化(RFCC)、TMP 和 HTMP 加工方案在当前原油价格下的技术经济指标。设计的基础条件如下：①加工规模为 2.0Mt/a，项目经济评价基准参见表 2[9]；②产品价格体系以"项目经济效益测算中国东海岸基础价格(ECBP)"2018 版为基准[10]，并参考 2018 年布伦特原油年平均价格，制定原油基准价格为 80US $/bbl，产品价格不包含增值税和消费税；③RFCC 建模数据来源于《中石油集团公司炼油生产装置基础数据汇编》，装置以多产汽柴油为主；TMP 和 HTMP 建模数据均来源于中试数据，采用较为缓和的操作条件，多产丙烯和满足国Ⅵ标准的 95#的高辛烷值汽油。

表2 项目投资及经济评价基准

项　目	基准	项　目	基准
项目建设周期/年	2	项目残值	5%
生产运行负荷安排	100%	定员及员工薪金	60~90 人，10×10^4 RMB/年
年操作时间	8400h	项目维护及管理费用(占投资额)	3%
项目评价周期/年	15(不包含建设期)	项目所得税税率	25%

2 工艺流程概述

RFCC 过程模型主要包括反应-再生模型和产物分离模型，工艺的流程简图如图 1 所示。大庆常压渣油进入提升管反应器中进行催化裂化反应，反应后的油气进入分馏塔进行分离，得到干气、液化气、裂解汽油、LCO、重循环油(HCO)和油浆。

HTMP 过程模型主要包括 TMP 反应-再生模型、产物分离模型和 LCO 选择性加氢反应模型。HTMP 工艺的流程简图如图 2 所示。大庆常压渣油进入一段提升管反应器中进行催化裂解反应，反应后的油气进入分馏塔进行分离，得到干气、液化气、裂解汽油、LCO、HCO 和油浆。混合 C4 部分进入一段提升管反应器进行回炼，另一部分作为产物出装置；裂解汽

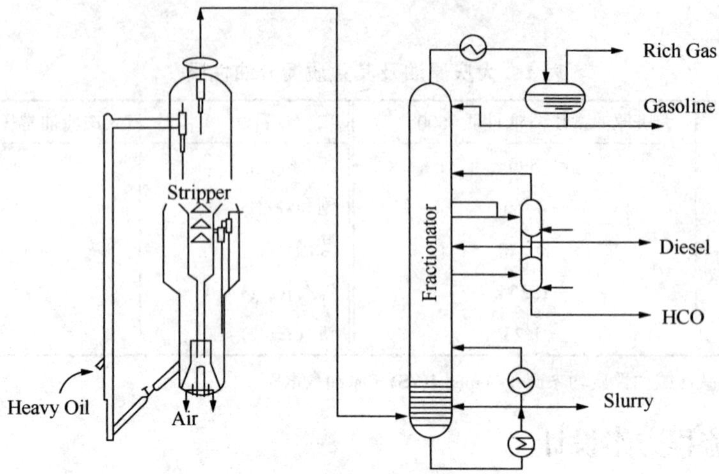

图1 RFCC工艺流程简图

油进入汽油分离塔，分离出的轻汽油进入二段提升管反应器进行回炼，富含芳烃的高辛烷值裂解汽油作为产品输出。LCO则通过选择性加氢反应后，与HCO一起进入二段提升管回炼，裂解油浆作为产品出装置。TMP工艺中LCO则作为产物出装置(图2中除去绿色框内部分)，不再赘述。

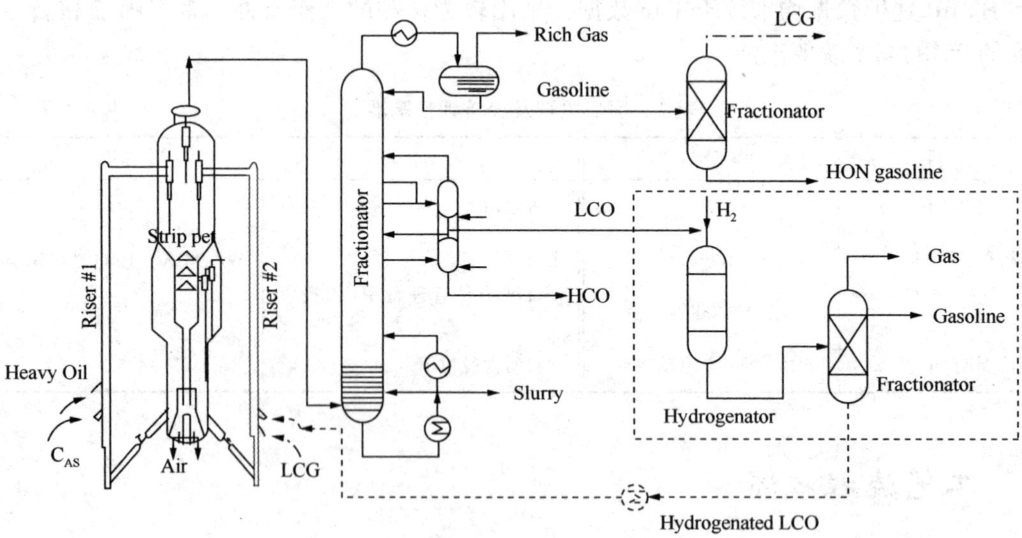

图2 TMP/HTMP工艺流程简图

3 效益分析

3.1 物料平衡

以大庆常渣为原料，分别通过RFCC，TMP和HTMP三种工艺加工得到的物料平衡对比结果如表 3 所示。从表 3 中可以看出，TMP 的柴汽比最高为 0.58，RFCC 居中为 0.47，HTMP 最低仅为 0.14。HTMP 装置的加氢 LCO 转化率为 69.06%，上述结果说明，通过集成 LCO 选择性加氢和催化裂解装置，可以大幅降低装置的柴汽比。

表 3　物料平衡对比

项　　目	RFCC 工艺	TMP 工艺	HTMP 工艺①
原料			
常渣	100.00	100.00	100.00
氢气②	—	—	0.27
产品			
干气	3.27	5.23	5.55
其中：乙烯	0.79	2.31	2.44
丙烷	1.06	3.42	4.07
丙烯	4.56	20.16	20.70
混合 C_4	9.65	13.49	15.27
汽油	49.33	29.25	37.15
柴油	23.22	17.10	5.29
油浆	—	2.39	2.92
焦炭	8.91	8.96	9.32
合计	100.00	100.00	100.27

①HTMP 工艺的加氢 LCO 回炼比为 0.171，以新鲜原料为基准。

②H_2 流量以新鲜原料为基准。

3.2 效益计算

以大庆常渣为原料，分别通过 RFCC，TMP 和 HTMP 三种工艺加工得到的物料平衡对比结果如表 4 所示。

表 4　效益估算对比

项　　目	RFCC 工艺		TMP 工艺		HTMP 工艺	
	单价/(¥/t)	总额/(10^4¥)	单价/(¥/t)	总额/(10^4¥)	单价/(¥/t)	总额/(10^4¥)
原料						
大庆常渣①	4089	817800	4089	817800	4089	817800
氢气②					8800	4752
原料总成本						
产品						
干气	3000	14880	3000	17520	3000	18660
其中：乙烯③	6160	9733	6160	28459	6160	30061
丙烷	4408	9345	4408	30151	4408	35881
丙烯	6470	59006	6470	260870	6470	267858
混合 C_4	4354	84032	4354	117471	4354	132971
90#汽油	4708	464491				0
95#汽油			5526	323271	5526	410582

续表

项目	RFCC工艺		TMP工艺		HTMP工艺	
	单价/(¥/t)	总额/(10^4¥)	单价/(¥/t)	总额/(10^4¥)	单价/(¥/t)	总额/(10^4¥)
0#柴油	4578	212602				0
裂解柴油			3088	105610	3088	32671
油浆			3020	14436	3020	17637
产品总收入		854090		897787		946321
加工成本		15800		36400		39000
装置折旧		3600		10600		11700
税金		4222		8247		19455
总毛利润		12667		24741		58366
单位毛利润		64		124		292

① 渣油价格计算方法来源于文献9。

② 氢气价格按煤制氢价格考虑。

③ 乙烯价格已除去相应的分离费用。

由表4可知，RFCC，TMP和HTMP三种技术的单位毛利润分别为64，124，292元/t，HTMP的经济效益明显高于其他两种加工方案。对于HTMP技术而言，加工石蜡基常压重油，新建一套2.0Mt/a规模的装置投资约21亿元(包含气分、柴油加氢)，投资回收期不到6a，说明该工艺具有较好的经济效益。

3.3 财务评价

净现值(net present value，NPV)、内部收益率(internal rate of return，IRR)和投资回收期均是项目的评价指标。各加工方案的NPV、IRR和投资回收周期如表5所示。对比各加工方案的NPV和IRR，均为HTMP最高，RFCC最低；从投资回收方面来分析，RFCC投资回收周期较长，TMP和HTMP回收周期较短。综合分析后，可以看出，在合理的价格体系下，各装置在经济上都是可行的。HTMP加工方案具有最高的NPV和IRR，且投资回收周期最短，说明该加工方案的投资回报率最高，并且抗风险能力最强。

表5 不同重质馏分油加工方案的财务评价结果

项目	基准	RFCC	TMP	HTMP
投资/亿元	—	9.56	19.36	21.05
净现值/亿元	>0	1.21	13.44	22.54
内部收益率/%	>10	12.05	17.73	25.05
投资回收期(含建设期2年)/年	FCC≤8 其余≤9	7.75	6.38	5.29

4 结论

以大庆常压渣油为原料，对RFCC，TMP和HTMP进行了流程模拟，并对各装置的经济效益进行了分析研究。研究结果表明：(1)HTMP的柴汽比最低仅为0.14，远低于RFCC的

0.47 和 TMP 的 0.58，通过集成 LCO 选择性加氢和催化裂解，可以大幅降低装置的柴汽比；(2)以布伦特原油价格每桶 80 美元为研究基准，RFCC，TMP 和 HTMP 的单位毛利润分别为 64，124，292 元/t。综合对比三种方案的财务评价结果，HTMP 加工方案具有最高的 NPV 和 IRR，且投资回收周期最短，说明该加工方案的投资回报率最高，并且抗风险能力最强，具有较好的经济效益。

参 考 文 献

[1] 许友好．我国催化裂化工艺技术进展[J]．中国科学：化学，2014，44(1)，13-24.

[2] 张海娜，祝晓琳，郑忠强，等．催化裂化柴油回炼调控柴汽比实验研究[J]．石化技术与应用，2017，35(2)：93-96.

[3] Zhang H , Zhu X , Chen X , et al. Fluid Catalytic Cracking of Hydrogenated Light Cycle Oil for Maximum Gasoline Production：Effect of Catalyst Composition[J]. Energy & Fuels，2017，31(3)：2749-2754.

[4] Xin L , Liu X , Chen X , et al. Efficient Conversion of Light Cycle Oil into High-Octane-Number Gasoline and Light Olefins over a Mesoporous ZSM-5 Catalyst[J]. Energy & Fuels，2017，31(7)：6968-6976.

[5] 周鑫，赵辉，杨朝合．催化柴油加氢-催化裂解组合工艺的模拟优化[J]．化学工程，2018，46(11)：6-10.

[6] Zhou X , Zhao H , Feng X，et al. Hydrogenation and TMP Coupling Process：Novel Process Design，Techno-Economic analysis，Environmental Assessment and Thermo - economic Optimization [J]. Industrial & Engineering Chemistry Research，2019，58(24)：10482-10494.

[7] 杨朝合，陈小博，李春义，等．催化裂化技术面临的挑战与机遇[J]．中国石油大学学报：自然科学版. 2017，41(6)：171-177.

[8] 刘熠斌，孙晓昉，陈小博，等．汽提条件对两段提升管催化裂化待生剂汽提过程的影响[J]．石油学报：石油加工，2018 34(2)：261-269.

[9] 汪燮卿，舒兴田．重质油裂解制轻烯烃[M]．北京：中国石化出版社，2015.

[10] 中国石油化工集团公司经济技术研究院．参数与数据[M]．北京：中国石化出版社，2018.